人工智能科学与技术丛书

智能优化算法与涌现计算

李士勇 李研 林永茂 编著

（第2版）

清华大学出版社
北京

内 容 简 介

智能优化正在成为人工智能、计算机科学、信息科学、生物信息学、仿生学、自然科学诸多领域交叉融合研究的前沿学科，它为解决许多领域中缺乏精确数学模型的复杂系统优化问题提供了强有力的工具。

本书将第1版的106种原创的智能优化算法与涌现计算增加到159种，全面地反映该领域创新性的研究成果，堪称国内先进的智能优化算法大全。全书共六篇：第一篇仿人智能优化算法（21种）；第二篇进化算法（12种）；第三篇群智能优化算法（70种）；第四篇仿植物生长算法（11种）；第五篇仿自然优化算法（40种）；第六篇涌现计算（5种）。本书取材广泛、内容新颖、结构严谨、系统性强、由浅入深、逻辑严密、辩证分析，旨在开阔读者视野，启迪创新思维，激励科研人员、研究生等在生生不息、丰富多彩的大千世界中捕捉更多的创新灵感。

本书可作为高等院校智能科学、人工智能、人工生命、自动化科学、计算机科学、信息科学、系统科学、管理科学等相关专业教学参考书，也可供高校教师、研究生、科研人员及工程技术人员学习参考。

图书在版编目(CIP)数据

智能优化算法与涌现计算/李士勇，李研，林永茂编著. —2版. —北京：清华大学出版社，2022.6(2025.1重印)
(人工智能科学与技术丛书)
ISBN 978-7-302-60399-3

Ⅰ. ①智… Ⅱ. ①李… ②李… ③林… Ⅲ. ①最优化算法 Ⅳ. ①O242.23

中国版本图书馆CIP数据核字(2022)第048657号

责任编辑：曾 珊
封面设计：常雪影
责任校对：李建庄
责任印制：杨 艳

出版发行：清华大学出版社
网　　址：https://www.tup.com.cn，https://www.wqxuetang.com
地　　址：北京清华大学学研大厦A座　**邮　　编**：100084
社 总 机：010-83470000　**邮　　购**：010-62786544
投稿与读者服务：010-62776969，c-service@tup.tsinghua.edu.cn
质量反馈：010-62772015，zhiliang@tup.tsinghua.edu.cn
课件下载：https://www.tup.com.cn，010-83470236
印 装 者：三河市春园印刷有限公司
经　　销：全国新华书店
开　　本：185mm×260mm　**印　　张**：53.25　**字　　数**：1366千字
版　　次：2019年8月第1版　2022年8月第2版　**印　　次**：2025年1月第3次印刷
印　　数：5201～5300
定　　价：189.00元

产品编号：093573-01

第2版前言

作为国内外最大篇幅的系统介绍原创性智能优化算法的专著,《智能优化算法与涌现计算》自2019年8月问世至2020年11月已经印刷3次,可见广大读者对该书内容的渴求。尽管有关智能优化算法方面的图书在国内外已经出版了百余种,但是单本书所涵盖的智能优化算法的种类数量还相当有限。为了更全面、迅速地反映这一领域的原创性成果,作者决定大幅度增加新内容,以满足广大科技人员和读者多角度、多维度、多方面的迫切需求。

人工智能时代呼唤智能优化

21世纪,人类社会已经全面迅速迈入以人工智能为引擎的智能时代。在科学研究、工程设计、经济管理、国防建设、社会生活等领域都面临着大量需要优化求解的复杂问题。对于这些日益复杂化的优化问题建立精确的数学模型往往比较困难,因而使得基于精确模型的传统优化算法陷入了极大的困境。然而,人们从自然界的多种生物、昆虫、动物、植物等的生存、繁衍过程,以及自然现象、水循环、生态平衡等过程中,发现了其中蕴含着大量的信息处理的优化机制和机理。于是人们从模拟这些优化机制、优化机理出发,提出了数以百计的不依赖被优化问题数学模型的优化算法,它们被称为元启发式算法、仿生计算、自然计算、智能计算等。这些优化算法中有些算法在一定程度上模拟了人的智能,有些算法模拟自然界中某些动物、植物生存行为的适应性、灵性、"智慧性",因此本书将它们统称为智能优化算法。

以遗传算法为开端的智能优化算法为解决缺乏精确数学模型的复杂优化问题开辟了新途径,尤其是以模拟蚁群觅食行为的蚁群优化算法和模拟鸟类飞行觅食行为的粒子群优化算法为代表的群智能优化算法的提出,极大地推动了智能优化算法开发的速度、深度和广度。随着人工智能技术的快速进步,必将催生智能优化技术和智能优化算法的进一步发展,为解决复杂系统的优化问题提供更广阔的途径及强有力的工具。

再版增加算法的数量及取材原则

这次再版对第1版进行了大幅度补充和完善,既保持了原书的基本结构和特色,又保留了原有章节的所有内容。但由于增加优化算法的种类较多,为便于读者查阅,对全部算法进行了重新归类,章节重新编号。下面就每篇增加的算法数目说明如下。

第一篇仿人智能优化算法,包括模拟人脑思维、神经系统、免疫系统、内分泌系统、代谢系统、组织、器官乃至细胞的结构与功能,以及模拟人类社会、团体、国家等通过相互之间协作、竞争实现优化的智能优化算法21种,较第1版增加了1种新算法。

第二篇进化算法,包括模拟自然界的生物在不断地生殖繁衍过程中,通过遗传和变异,使优良品种得以保存的生物层次的进化,也包括社会层次的进化,以及在社会环境下生物群体合作、竞争的自组织行为的进化算法共12种,较第1版增加了2种新算法。

第三篇群智能优化算法,包括模拟自然界微生物、群居昆虫、动物群体觅食、繁殖行为,以及动物群体的捕猎策略等对问题求解的优化算法70种,较第1版增加了33种新算法,同时将第1版有关蚁群、蜜蜂及萤火虫算法中各包括的2种算法进行单独介绍。

第四篇仿植物生长算法,包括从不同角度或某些方面来模拟种子、花、草、树木、森林等植物在生长过程中的向光性、光合作用、根吸水性、种子繁殖、花朵授粉及杂交育种等表现出的自适应、竞争、进而实现优化的算法11种,较第1版增加了1种新算法。

第五篇仿自然优化算法,包括模拟风、雨、云、水循环系统、生态系统等,模拟宇宙大爆炸、万有引力、热力学、电磁力、光的折射、电子、量子等物理学、化学、数学、非线性科学,乃至哲学思想的仿自然优化算法40种,较第1版增加了13种新算法。

第六篇涌现计算,指利用元胞自动机、蚂蚁群体等人工生命系统或实际的微生物群体,在一定的环境、初始条件和规则下,通过个体、群体、环境之间的相互作用,使得人工生命系统或实际的微生物系统不断地演化,向着自适应、自组织方向进化,直至获得优化问题模拟形式的最优解或准最优解,本篇包括第1版中5种涌现计算的例子,没有新增。

总之,第2版共包括智能优化算法与涌现计算159种,较第1版106种有大幅度的提升,包括大量的新算法,其中不乏近年内的新算法。收入本书的智能优化算法依据三个基本原则:一是具有原创性;二是具有较普遍的应用价值;三是原创算法的撰写规范、完整。

学习建议

本书对智能优化算法的分类原则

对于不依赖于优化问题精确数学模型的元启发式算法在国内外尚没有统一的分类标准。本书的分类是基于以下的基本原则:按照优化算法所模拟的主体的智能性、生物属性、自然属性来归类。本书中的算法依次模拟人、动物、植物、自然现象、自然系统、自然规律等。

从生物层面划分,包括人类、动物、植物、微生物等。人类区别于其他动物的本质特征在于人有高度发达的大脑,是自然界智能水平最高的生命体。因此,把模拟人、人体系统和组织、人类社会、组织、团体,乃至国家等智能行为的相关优化算法归为仿人智能优化算法,作为第一篇首先介绍。

第二篇进化算法是以遗传算法展开的,这不仅是因为遗传算法是最早提出的,而且还因为它是其他智能优化算法的重要基础。遗传进化包括生物层面的进化、社会层面的进化,或双层次的遗传进化。此外,遗传算法中的交叉和变异操作常被其他优化算法用来改进其性能。所以,它在智能优化算法中占有极其重要的地位。

模拟动物群体(或个体)的觅食、繁殖、狩猎等行为的群智能优化算法在智能优化算法中占有半壁江山,这不仅因为自然界的动物种类繁多,而且还因为各类动物的习性、生存行为各异,有的生存在地下巢穴中,有的在地上爬,有的在空中飞,有的在水中游;有小到人眼无法看见的病毒,也有重达几吨的庞然大物等。将群智能优化算法作为第三篇介绍。

介绍模拟动物行为的优化算法之后,就轮到模拟植物生长的优化算法。由于植物生长周期相对较长,因此这类算法的种类较少,安排在第四篇介绍。

前四篇的优化算法模拟的均为有生命的对象,而第五篇介绍模拟无生命的自然现象、自然系统、自然规律等的仿自然智能优化算法。

涌现计算作为求解复杂优化问题的另外一种方法,单独作为一篇在第六篇介绍。

涌现计算与智能优化算法之间的关系

涌现(Emergence)的概念是"遗传算法之父"、复杂适应系统理论的创始人霍兰在其专著《涌现——从混沌到有序》中提出的。涌现是复杂系统中最显著也是最重要的一种特征。霍兰指出，一些小而结实的种子竟能够长成极大的红衫、日常的雏菊和豆苗这样复杂而独具特色的结构！这些正是涌现现象的体现：复杂的事物是从小而简单的事物中发展而来的。涌现的本质就是由小生大、由简入繁。然而，涌现确实是我们周围世界普遍存在的一种现象。

在生活中的每一个地方，我们都面临着复杂适应系统中的涌现现象——蚁群、神经网络系统、人体免疫系统、因特网和全球经济系统等。在这些复杂系统中，整体的行为要比其各部分行为复杂得多。当各部分以比较复杂的形式相互作用时（就像蚁群中的蚂蚁彼此相遇一样），知道孤立的个体行为并不能了解整个系统（蚁群）的情况。涌现，就这种意义来说，仅仅发生在整体行为不等于部分行为简单相加的情况下。就涌现而论，整体行为确实远比各部分行为的总和更复杂。

在系统科学中，涌现意味着"整体大于部分之和"。任何系统都是由大量微观元素构成的整体，这些微观个体之间会发生局部的相互作用，然而，当我们把这些个体看作一个整体时，就会有一些全新的属性、规律或模式自发地冒出来，这种现象就称为涌现。

本书的"涌现计算"是指利用元胞自动机、蚂蚁群体等人工生命系统或实际的黏菌生物群，在对优化问题所设计特定的环境中，使其人工生命群体按照给定的规则，在初始条件下进行移动，通过个体之间、个体与群体之间以及它们与环境之间的相互作用，使得这样的系统不断地演化，向着自适应、自组织方向进化，最终涌现出优化问题的最优解或接近最优解。通过上述涌现计算方法获得的最优解往往不是数字解，而是反映优化问题所需要的最优路径曲线或离散点的集合等。

智能优化算法是通过对模拟主体的局部或整体动态行为的数学描述，进而构建出描述这些行为的数学公式，在对优化问题给出目标函数和对群体初始化及算法参数初始化后，通过计算机对描述优化算法的公式进行反复迭代，直至获得优化问题最优解的数值解。

不难看出，智能优化算法和涌现计算之间既有相同之处，又有区别。相同点在于它们都可以用人工生命系统来模拟自然界中的真实生命系统或自然系统的动态行为过程，从而实现对复杂优化问题的求解。关于二者的不同点，简单地说，前者是基于公式迭代的过程获得的问题最优解的数值解，后者是基于规则不断演化过程获得问题的最优解或准最优解的模拟解。此外，涌现计算能够通过简单规则的不断演化来研究复杂系统的自适应、自组织行为等，这是它区别于智能优化算法的一个重要应用方面。

为什么不把涌现计算称为涌现算法呢？"计算"，简而言之，就是符号串的变换。从一个已知的符号串开始，按照一定的规则，一步一步地改变符号串，经过有限的步骤，最后得到一个满足预先规定的符号串，这种变化过程就是计算。算法是求解某类问题的通用法则或方法，即符号串变换规则。算法使用某种精确的语言写成的程序，算法或程序的执行和操作就是计算。自然界的事件都是在自然规律作用下的过程，特定的自然规律实际上就是特定的"算法"。

致谢

作者在编写本书时，引用了原创算法作者发表的论文，还参考了国内外相关算法研究的重要文献及有价值的学位论文。为便于读者查阅，将这些主要论文一并列入本书的参考文献。在此，对被引用论文的作者表示衷心感谢！

参加本书编写、提供素材，或提供多种帮助的还有宋申民、张秀杰、宁永臣、班晓军、李盼池、左兴权、黄金杰、袁丽英、赵宝江、柏继云、李浩、张逸达、王振杨、黄忠报、李世宏、栾秀春、章钱、郭成、郭玉、杨丹、张恒、徐保华等。

作者对推荐本书的香港中文大学(深圳)张大鹏校长讲座教授、清华大学邓志东教授、哈尔滨工业大学刘劼教授、英国西英格兰大学朱全民教授、北京邮电大学左兴权教授深表谢意!

本书的出版始终得到清华大学出版社的大力支持,在此表示由衷的谢意!

编写这样一部全面反映智能优化算法和涌现计算的原创性成果的专著,不仅篇幅大,而且涉及自然科学的所有学科门类,受作者知识面所限,书中内容难免存在不足之处,恳请广大读者给予指正!

李士勇
2022年6月
于哈尔滨工业大学

第1版前言

“智能”已经成为当代出现频次越来越高的词汇，这正是人类社会迈入智能时代的一个重要标志。智能正飞速地融入科学、工程、经济、国防及人类社会生活的方方面面：智能科学、智能材料、智能机器人、智能生产线、智能控制、智能预测、智能决策、智能制导、智能炸弹、智能手机、智能家电、智能家居、智能楼宇……智能水平的高低，在很大程度上已经成为衡量一个国家综合国力、科技水平高低的重要标志。

在科学研究、工程设计、经济管理、国防建设等领域存在着大量需要优化求解的复杂问题。采用传统的优化方法通常需要给出待优化问题的精确数学模型，包括决策变量、约束条件和目标函数。传统优化方法包括线性规划、动态规划、整数规划和分支定界等运筹学中的经典算法，这些算法计算复杂，只适用于小规模问题；用构造型优化算法快速建立问题的解，一般优化效果差，难以满足工程需要。总之，传统的优化算法是以给出优化问题的精确数学模型为基础的。然而，科学、工程、经济等领域提出的优化问题越来越复杂，难以建立精确的数学模型；有的问题变量维数大，阶次高，目标函数多，约束条件复杂，即使建立复杂的数学模型也难以求解。因此，面临日益复杂的优化问题，基于精确模型的传统优化算法面临着极大的挑战。

大自然中的各种生物、植物、动物及各种自然现象呈现出生生不息的景象，总是给人以深刻的启迪。人们从中发现了许多隐含其中的信息存储、处理、交换、适应、更新、进化的机制，蕴含着优化的机理。于是，人们从中获得了设计灵感。例如，模拟蚁群从蚁穴到食物源避过障碍选择一条最短路径，Dorigo 博士于 1991 年设计了蚁群优化算法，开辟了模拟群居昆虫觅食行为或动物捕猎行为的群智能优化算法的先河。除早期模拟大脑功能的模糊逻辑算法、神经网络算法及遗传算法外，近 30 年来，大量的智能优化算法在国内外犹如雨后春笋般地涌现出来。为了向广大读者全面而系统地介绍原创的智能优化算法，弥补国内外同类书籍的不足，本书精选了 106 种原创的智能优化算法，一般称它们为基本算法。本书把这些算法概括分为六大类，并分别编入六篇共 106 章加以介绍。各篇的内容概括如下。

第一篇：仿人智能优化算法，包括模拟人脑思维、人体系统、组织、器官乃至细胞及人类社会竞争进化等相关的 20 种智能优化算法。

第二篇：进化算法，包括模拟自然界的生物在生殖繁衍过程中，通过遗传和变异及“优胜劣汰”的自然选择法则，不断地进化的优化算法 10 种。

第三篇：群智能优化算法，包括模拟自然界群居昆虫的觅食、繁殖等行为或动物群体的捕猎策略等对问题求解的优化算法 34 种。

第四篇：仿植物生长算法，包括模拟花、草、树木等植物生长过程中的向光性、光合作用、根吸水性、种子繁殖、花朵授粉等表现出的自适应、竞争、进化、优化行为的算法 10 种。

第五篇：仿自然优化算法，包括模拟风、雨、云等自然现象，模拟物理、化学、数学定律，模拟生态系统的自组织临界性、混沌现象、随机分形等非线性科学的优化算法 27 种。

第六篇：涌现计算，指模拟自然界中复杂适应系统的涌现现象、涌现行为，通过人工生命的主体按简单规则在一定的环境下不断地演化来获得优化问题最优或准最优的模拟解。本篇介绍涌现计算的5种例子,包括一维元胞自动机的涌现计算、Conway生命游戏的涌现计算、蚂蚁系统觅食路径的涌现计算、数字人工生命Autolife的涌现行为和黏菌的铁路网络涌现计算。

本书介绍的106种智能优化算法,涉及从地球上的万物之灵——智能水平最高的人,到介于动物和真菌之间的低级黏菌生物;从海洋中世界上最大的哺乳动物鲸鱼到海洋微小无脊椎动物磷虾;从凶猛的野生群居动物老虎、狮子到幼小的蚂蚁、蜜蜂;从自然界的风、雨、云、雷电现象到地球上的水循环、食物链……内容涵盖面之广,可以说陆海空无所不及:从陆地到海洋,从水中到空中,从有生命的动植物、微生物到无生命的自然现象,从物理化学数学、非线性科学到复杂适应系统等。

应该指出的是,有关智能优化算法的分类还没有统一的标准,因此从不同的角度会有不同的分类方法,如自然计算、仿生计算、进化计算、智能优化算法及计算智能等。本书之所以把上述前五大类优化算法统称为智能优化算法,是因为这些算法都凸显出智能性或灵性的特点。它们通过确定性算法加启发式随机搜索的反复迭代获取优化问题的最优数值解。而涌现计算是指模拟自然界中复杂适应系统的涌现现象、行为,通过人工生命的主体按简单规则在一定的环境下不断地演化来获得优化问题最优或准最优的模拟解。

本书介绍了百余种智能优化算法和涌现计算的原创算法,目的在于使广大读者开阔视野,从复杂适应系统理论的高度上认识、理解各种智能优化算法和涌现计算的原理及其本质特征,从中受到启迪;并进一步激励人们从千变万化、五彩斑斓的大千世界中生生不息的各种生物、各种周而复始的自然现象中发现、捕捉灵感,提出、设计、创造出更多更好的智能优化算法,以满足科学、工程、经济、管理、国防等领域中各种复杂优化问题的需要。

基于上述宗旨,加之受篇幅所限,每种算法只从原创算法的提出、个体行为或习性、算法原理、算法的数学描述、算法实现等方面简要介绍,每种算法的篇幅平均控制在5页左右。在编写中,尽可能保持原创算法的主要内容及所用符号。为方便起见,对少数算法的符号做了适当的改动,并适当补充一些从网上收集的相关插图和对算法原理说明的辅助材料。由于本书章节多,因此将作为智能优化算法的理论基础部分的内容以附录的形式给出,便于读者单独阅读。

参加编写或提供素材的还有宁永臣、李盼池、李浩、左兴权、柏继云、张秀杰、宋申民、李巍、班晓军、赵宝江、黄金杰、袁丽英、栾秀春、黄忠报、章钱、郭成、杨丹、郭玉、张恒、张逸达、王振杨、徐宝华等。

在编写过程中除引用了原创算法的文献外,还参考了国内外相关研究的主要文献及有价值的博士、硕士学位论文等,为便于读者进一步研究查阅,将这些文献一并列入本书的参考文献。在此,对被引用文献的作者表示衷心感谢!除参考文献前面的部分书籍外,文献的编号原则上是按照各章内容出现的顺序编排的。

本书的出版始终得到清华大学出版社的大力支持,在此表示由衷的谢意!

本书内容涉及专业知识面甚广,受作者知识面所限,书中内容难免存在不足,恳请广大读者给予指正!

李士勇

2018年5月

目录

第三篇　群智能优化算法

目　　录

第四篇 仿植物生长算法

第五篇　仿自然优化算法

第六篇 涌现计算

第一篇　仿人智能优化算法

仿人智能优化算法是指模拟人脑思维、神经系统、免疫系统、内分泌系统、代谢系统、组织、器官(乃至细胞)的结构与功能，以及模拟人类社会、国家、团体等通过相互竞争、协作得以优化，从而实现对复杂问题的优化求解、系统辨识、故障诊断等一大类优化算法的统称。本篇包括21种仿人智能优化算法。

1. 模糊逻辑算法

模糊逻辑算法通过“若……则……”规则表现人的经验、规则和知识，模拟大脑左半球模糊逻辑思维形式和模糊推理功能。模糊集合、模糊关系和模糊推理构成模糊系统的三要素。模糊系统是能以任意精度逼近任意区间的连续函数的万能逼近器，因此，它具有优化功能。

2. 神经网络算法

人工神经网络模拟人脑右半球神经系统的联结机制及神经推理功能。神经元模型、神经网络模型和学习算法构成神经网络系统的三要素。神经网络具有学习功能，已经证明，即使是一个三层前馈网络也能以任意精度逼近任意区间的连续函数，因此，它具有优化功能。

3. 免疫算法

在免疫细胞的水平上模拟人体免疫系统信息处理过程中的识别、记忆、学习、正反馈、适应、负反馈、优化等功能的算法称为免疫算法。免疫算法没有标准的模型，主要包括免疫克隆选择算法、反向选择算法、免疫遗传算法、基于免疫网络的免疫算法等。

4. 内分泌算法

模拟人体内分泌系统通过分泌多种激素来调节机体的生理功能，维持着机体内环境的相对稳定，进而影响生物体的行为。基于内分泌调节机制的行为自组织算法包括三个相互作用的组成部分——神经网络的记忆与决策、遗传的继承与变异、内分泌的高级调节。

5. 人工代谢算法

它是一种基于酶催化模拟生物体新陈代谢机理的仿生算法。将待优化的目标函数看作代谢反应速率，酶的催化过程则可视为对目标函数的优化过程。当反应实现平衡时，代谢速率取得稳态最大值，即目标函数取得最大值。

6. 膜计算

它是从细胞及细胞组成的组织和器官等细胞群之间物质交换中抽象出来的一种形式化的分布式、并行计算模型。它把生物细胞膜内的物质新陈代谢或内部生物膜之间的物质交流视为一种计算过程，细胞之间的物质交换被看成是计算单元之间的信息交流。

7. 禁忌搜索算法

模拟人脑的记忆功能，通过搜索历史记录，采用禁忌表技术标记并记忆已经搜索过的局部最优解，以尽量避免重复进入同样的搜索，以利于快速扩大搜索空间寻找到全局最优解。

8. 和声搜索算法

音乐演奏时，乐师们凭借自己的记忆，通过和声原理反复调整乐队中各乐器的音调，最终寻找到一个美妙的最佳和声状态；同样地,优化算法也是寻找由目标函数值所决定的最优状态,对应于优化问题的最优解。

9. 思维进化算法

模仿人类思维中的趋同、异化两种思维模式的交互作用推动思维进步的过程。采用趋同和异化操作代替遗传算法的选择、交叉和变异算子,引入记忆机制、定向机制和勘探与开采功能之间的协调机制,提高了搜索效率。

10. 社会进化算法

社会进化算法是一种将多智能体系统和传统遗传机制相结合的多目标优化算法。通过智能体之间的竞争提高了智能体的竞争能力,利用"关系网模型"完成多智能体邻域的建立及更新过程,以加快整体进化过程。

11. 人口迁移算法

根据函数全局优化和人口迁移两者的相似性,模拟人口迁移具有某种优化特征的群体演化机制,模拟了人口随经济重心而转移、随人口压力增加而扩散的机制。前者促使算法选择较好的区域搜索,后者可在一定程度上避免陷入局部最优点。

12. 标杆学习算法

标杆学习算法模拟企业界标杆管理过程中找出与最佳个案(局部最佳个体和全局最佳个体,相当于树立内部标杆和外部标杆)的差距,并通过模仿学习快速缩小差距乃至超越对手,进而成为其他个体学习的对象。

13. 瞭望算法

模拟人类视觉智能以及根据视觉信息分析问题推理机制,利用人们瞭望确定群山最高点的常识,通过瞭望管理机制、瞭望点产生策略、局部问题构造与求解机制,能在较短的时间内求解全局优化问题。

14. 视觉认知算法

分析了瞭望算法在解决全局优化问题时会产生漏点现象或只是达到局部最优的问题,通过模拟人视觉收集信息并用认知科学来分析和鉴别信息,以确保在产生眺望点时不存在漏点的现象。数学上证明了该算法产生的序列依概率收敛于全局最小值。

15. 头脑风暴优化算法

头脑风暴法通过不同背景的人彼此合作,激发更多的人提出更多想法的解决问题方法。与个体之和相比,群体参与能够达到更高的创造性协同水平,通常能够产生意想不到的智能。头脑风暴优化算法是模拟头脑风暴法创造性解决问题的优化算法。

16. 随机聚焦搜索优化算法

模拟人类根据自身记忆、经验、不确定性推理并相互交流的随机聚焦搜索行为,用以克服粒子群优化算法易于陷入局部最优和不易收敛的问题,以及其性能会随着待解决问题维数的增加而降低的缺点。

17. 教学优化算法

它源于教师工作对学习者的影响。该算法把一组学习者或一班学习者作为人群,使用一组解进而去求全局解。优化过程由"教师阶段"和"学习阶段"组成。教师阶段指向教师学习,学习阶段指通过学习者之间的互动学习。

18. 帝国竞争算法

它把社会群体中的个体称作"国家"(待优化问题的可行解)。按照国家强弱分为"帝国"和

“殖民地”。殖民地按一定准则分给不同帝国而形成“帝国集团”。通过帝国集团内部同化、更新及帝国集团间竞争的不断迭代，只剩下最后一个帝国为最优解。

19. 世界杯竞赛算法

模拟世界杯竞赛规则，比赛分组后的算法从第一轮开始。不同团队将开始与对手竞争。取胜的队伍晋升到下一阶段竞争，高水平的团队将晋级到淘汰阶段，并将在下一轮中相互竞争。在一个赛季结束时，产生一个冠军，它相当于优化问题的最优解。

20. 排球超级联赛算法

模拟排球超级联赛在一个完整赛季中产生最终获胜球队的过程。算法通过建立初始种群、比赛赛程及竞赛策略（失败的球队采用知识共享、位置重排和换人策略弥补劣势，获胜球队采用主导策略）和学习阶段，实现对优化问题的求解。

21. 集体决策优化算法

模拟人类集体决策的社会行为的元启发算法。集体决策特征包括决策者个人经验、成员互动、集体思考、领导者决策和创新阶段。该算法基于群体的搜索技术，使用候选解的群体进入全局最优。

第1章 模糊逻辑算法

模糊逻辑系统是一种符号计算模型,它通过"若……则……"等形式表现人的经验、规则、知识,模拟大脑左半球模糊逻辑思维的形式和模糊推理功能,在符号水平上表现智能。这样的符号最基本的形式就是描述模糊概念的模糊集合。论域、元素和隶属度是构成描述模糊集合的三要素;模糊集合、模糊关系和模糊推理构成了模糊逻辑系统的三要素。模糊逻辑系统具有万能逼近特性,它可以用于解决未知复杂系统建模、参数优化等问题。本章介绍模糊集合、模糊关系、模糊推理的概念及其运算,以及模糊系统的万能逼近特性。

1.1 模糊集合及其表示

19世纪末Cator创立的经典集合论,把具有某种属性、确定的、彼此间可以区别的事物的全体称为集合。集合的概念实质上就是对事物分类,或者是按照某种属性对事物的一种划分。将组成集合的事物称为集合的元素,被研究对象所有元素的全体称为论域。

设A是论域U中的一个子集,定义映射$\chi_A: U \to \{0,1\}$为集合A的特征函数,即

$$\chi_A(x) = \begin{cases} 1 & x \in A \\ 0 & x \notin A \end{cases} \tag{1.1}$$

集合A的特征函数如图1.1所示。

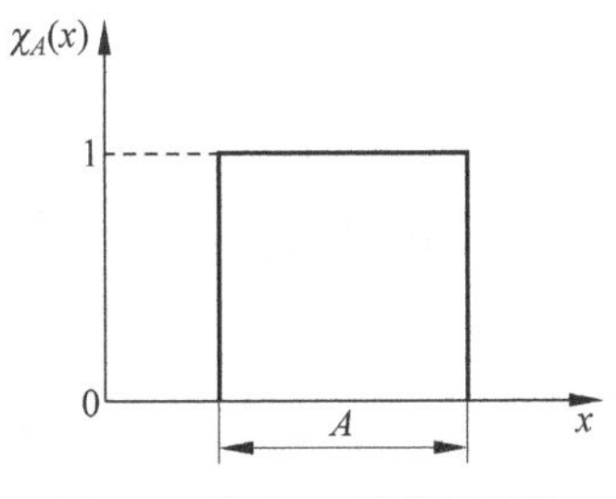

图1.1 集合A的特征函数

一个意义明确的可以分辨真假的句子称为命题,一个命题的真或假称为真值,分别记为1或0。显然,由特征函数描述的经典集合对应的逻辑是二值逻辑,即元素要么属于集合,特征函数取值为1;要么元素不属于集合,特征函数取值为0,二者必居其一。于是,特征函数与集合{0,1}相对应。

1965年,美国加利福尼亚大学Zadeh教授把经典集合的取值由{0,1}推广到[0,1]闭区间,开创性地提出了模糊集合(Fuzzy Set)新概念。

设定论域U到闭区间的任一映射

$$\begin{cases} \mu_{\underset{\sim}{A}}: U \to [0,1] \\ u \to \mu_{\underset{\sim}{A}}(u) \end{cases} \tag{1.2}$$

都确定U的一个模糊子集$\underset{\sim}{A}$,$\mu_{\underset{\sim}{A}}$称为$\underset{\sim}{A}$的隶属函数,$\mu_{\underset{\sim}{A}}(u)$称为论域$U$内元素$u$对于$\underset{\sim}{A}$的隶属度,可简记为$\underset{\sim}{A}(u)$,如图1.2所示。

若给定一个模糊集合$\underset{\sim}{A}$,实际上就是给出它的隶属函数,当论域$U=\{u_1,u_2,\cdots,u_n\}$为有

限集合时,$\underset{\sim}{A}$ 常用以下两种形式表示。

Zadeh 表示法: $\underset{\sim}{A}=\underset{\sim}{A}(u_1)/u_1+\underset{\sim}{A}(u_2)/u_2+\cdots+\underset{\sim}{A}(u_n)/u_n$ (1.3)

向量表示法: $\underset{\sim}{A}=(\underset{\sim}{A}(u_1),\underset{\sim}{A}(u_2),\cdots,\underset{\sim}{A}(u_n))$ (1.4)

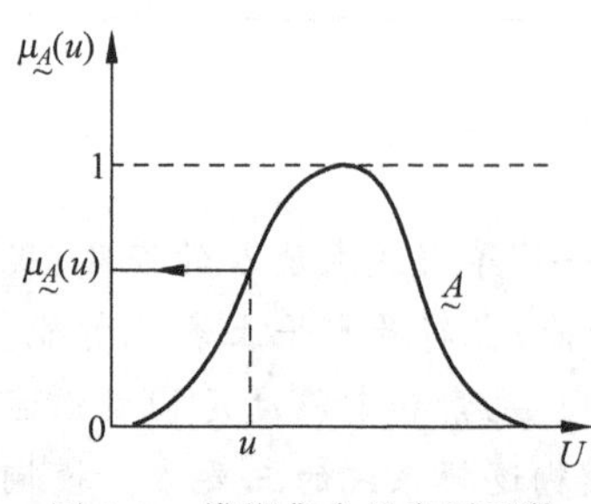

图 1.2 模糊集合的隶属函数

当论域 U 为有限集时,模糊集合实际上是通过属于[0,1]闭区间的一组数来描述一个模糊概念,这组称为隶属度的数定量地刻画了论域内元素隶属于模糊集合所表示的模糊概念的程度。显然,由隶属函数所描述的模糊集合对应的是[0,1]闭区间取值的多值逻辑,称为模糊逻辑。隶属度值的大小定量地刻画了论域内元素属于模糊概念真的程度,越接近1,就越真;越接近0,就越假。不难看出,经典集合只是模糊集合中只取0、1两个值的特例,而模糊集合是经典集合的推广。

1.2 模糊集合的运算及其性质

模糊集合的包含、相等与经典集合类同,有关模糊集合并、交、补运算分别定义如下。

并: $\mu_{\underset{\sim}{A}\cup\underset{\sim}{B}}(u)=\max(\mu_{\underset{\sim}{A}}(u),\mu_{\underset{\sim}{B}}(u))=\mu_{\underset{\sim}{A}}(u)\vee\mu_{\underset{\sim}{B}}(u)$ (1.5)

交: $\mu_{\underset{\sim}{A}\cap\underset{\sim}{B}}(u)=\min(\mu_{\underset{\sim}{A}}(u),\mu_{\underset{\sim}{B}}(u))=\mu_{\underset{\sim}{A}}(u)\wedge\mu_{\underset{\sim}{B}}(u)$ (1.6)

补: $\mu_{\underset{\sim}{A}^c}(u)=1-\mu_{\underset{\sim}{A}}(u)$ (1.7)

模糊集合的运算与经典集合中的幂等率、交换律、结合律、分配率、吸收率、同一律、复原率及对偶率都相同,只是模糊集不再满足互补率,因为 $\underset{\sim}{A}$ 与 $\underset{\sim}{A}^c$ 均无明确的边界,它们的并 $\mu_{\underset{\sim}{A}\cup\underset{\sim}{A}^c}(u)=\mu_{\underset{\sim}{A}}(u)\vee\mu_{\underset{\sim}{A}^c}(u)\neq 1$。

1.3 模糊关系与模糊矩阵

客观世界之间往往存在着联系,关系是描述事物之间联系的一种数学模型。

集合 X 与 Y 的直积定义为

$$X\times Y=\{(x,y)\mid x\in X,y\in Y\} \tag{1.8}$$

显然关系 R 是 X 与 Y 直积的一个子集,即 $R\subset X\times Y$。

集合 X 到集合 Y 的一个模糊关系 $\underset{\sim}{R}$,是直积 $X\times Y$ 的一个模糊子集,集合 X 到集合 X 的模糊关系,称为集合 X 上的模糊关系。

如果一个矩阵元素均在[0,1]闭区间取值,则该矩阵称为模糊矩阵。当论域为有限集合时,模糊关系可以用模糊矩阵来表示。用模糊矩阵 $\boldsymbol{R}$ 表示模糊关系时,矩阵内元素 r_{ij} 表示 X 中第 i 个元素和集合 Y 中第 j 个元素从属于关系 $\underset{\sim}{R}$ 的程度 $\mu_{\underset{\sim}{R}}(x,y)$,也反映了 x 与 y 关系的程度。下面说明模糊矩阵并、交、补、合成运算的规则。

模糊矩阵的并、交、补的运算类同于模糊集合的并、交、补运算。两个模糊矩阵的并、交运算是指对它们列与行对应元素分别取大、取小而组成一个新的模糊矩阵；一个模糊矩阵的补运算是指对其每个元素分别取补而组成一个新的模糊矩阵。两个模糊矩阵的合成运算类同于两个普通矩阵的乘法运算，只需将其中行与列的对应元素的乘、加运算变为取大、取小运算即可。

1.4 模糊推理规则

为了描述自然界客观事物在量的大小或质的程度方面的差异，人们通常采用大、中、小3个等级加以描述，考虑方向性上的正、负，可有7个语言词集{负大，负中，负小，零，正小，正中，正大}，分别用{NB，NM，NS，ZE，PS，PM，PB}表示，称NB、NM、NS等为语言变量。显然，语言变量是构成模糊系统的最基本元素。

模糊条件语句也是一种模糊推理，它有“若……则……”与“若……则……否则……”等形式。

(1) 若 $\underset{\sim}{A}$ 则 $\underset{\sim}{B}$（如果 x 是 $\underset{\sim}{A}$，则 x 是 $\underset{\sim}{B}$），如“若晴则暖”。

(2) 若 $\underset{\sim}{A}$ 则 $\underset{\sim}{B}$，否则 $\underset{\sim}{C}$，如“若明天是好天气，则去旅游，否则去图书馆”。

如果用 $\mu_{\underset{\sim}{A}}(x)$ 及 $\mu_{\underset{\sim}{B}}(y)$ 分别表示 $\underset{\sim}{A}$、$\underset{\sim}{B}$ 的隶属函数，则上述模糊条件语句(2)对应的模糊关系为

$$\underset{\sim}{R}(x,y)=[\underset{\sim}{A}(x)\wedge\underset{\sim}{B}(y)]\vee[(1-\underset{\sim}{A}(x))\wedge\underset{\sim}{C}(y)] \tag{1.9}$$

简记为

$$\underset{\sim}{R}=\underset{\sim}{A}\times\underset{\sim}{B}+\underset{\sim}{A}^c\times C \tag{1.10}$$

如果 $\underset{\sim}{A}$ 是论域 X 上的一个模糊子集，$\underset{\sim}{R}$ 是从论域 X 到 Y 的一个模糊关系，如图1.3所示，以 A 为底的柱状模糊集合 $\underset{\sim}{A}$ 与模糊关系 $\underset{\sim}{R}$ 的交所构成模糊集合 $\underset{\sim}{A}\cap\underset{\sim}{R}$，如图1.3所示的阴影区域。将其投影到 Y 区域可得

$$\underset{\sim}{B}=\underset{\sim}{A}\circ\underset{\sim}{R} \tag{1.11}$$

如果 $\underset{\sim}{R}$ 是 X 到 Y 上的模糊关系，且 A 是 X 上的一个模糊子集，则由 $\underset{\sim}{A}$ 和 $\underset{\sim}{R}$ 所推得的 Y 上的模糊子集为

$$Y=\underset{\sim}{A}\circ\underset{\sim}{R} \tag{1.12}$$

因此式(1.11)称为模糊推理合成规则。

模糊推理有多种形式，这里只介绍最常用的Mamdani最小-最大-重心推理法。对于两输入单输出的3条模糊规则可表示为

R_1: IF x_1 is $\underset{\sim}{A}_1$ and x_2 is $\underset{\sim}{B}_1$ THEN y is $\underset{\sim}{C}_1$

R_2: IF x_1 is $\underset{\sim}{A}_2$ and x_2 is $\underset{\sim}{B}_2$ THEN y is $\underset{\sim}{C}_2$

R_3: IF x_1 is $\underset{\sim}{A}_3$ and x_2 is $\underset{\sim}{B}_3$ THEN y is $\underset{\sim}{C}_3$

若两输入分别为 x_0 和 y_0，则根据最小-最大-重心推理法可得推理结果 C_i' 的隶属函数为

$$\mu_{C'}(z)=\mu_{\underset{\sim}{A}_i}(x_0)\wedge\mu_{\underset{\sim}{B}_i}(y_0)\wedge\mu_{\underset{\sim}{C}_i}(z)\quad i=1,2,3 \tag{1.13}$$

其中，∧表示取小(MIN)。

$$\mu_{C'}(z)=\mu_{C_1'}(z) \vee \mu_{C_2'}(z) \vee \mu_{C_3'}(z) \tag{1.14}$$

其中,∨表示取大(MAX)。

模糊集合 C' 的重心 z_0 如图1.4所示,计算公式为

$$z_0=\frac{\sum_{i=1}^{3}\mu_{C'}(z_i)z_i}{\sum_{i=1}^{3}\mu_{C'}(z_i)} \tag{1.15}$$

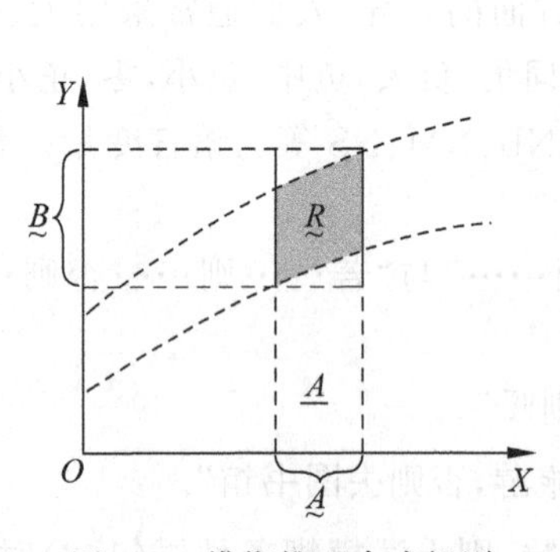

图1.3 模糊推理合成规则

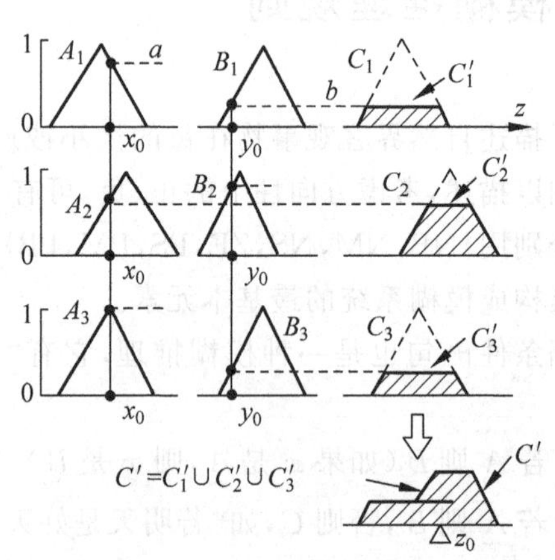

图1.4 最小-最大-重心法

1.5 模糊系统的万能逼近特性

1. 模糊系统逼近定理的几何形式

如果 X 是 $\mathbf{R}^n$ 的一个紧子集(有界闭集),向量映射 $f: X\to Y$ 是连续的,则一个可加性模糊系统 $F: X\to Y$ 一致地逼近 $f: X\to Y$(证明略)。

2. 模糊系统逼近定理的代数形式

假定输入论域 U 是 $\mathbf{R}^n$ 上的一个紧集,则对于任意定义在 U 上的实连续函数 $g(x)$ 和任意的 $\varepsilon>0$,一定存在一个模糊系统形式

$$f(x)=\frac{\sum_{l=1}^{M}\bar{y}^l\left[\prod_{i=1}^{n}a_i^l\exp\left(-\left(\frac{x_i-x_i^l}{\sigma_i^l}\right)^2\right)\right]}{\sum_{l=1}^{M}\left[\prod_{i=1}^{n}a_i^l\exp\left(-\left(\frac{x_i-x_i^l}{\sigma_i^l}\right)^2\right)\right]} \tag{1.16}$$

使下式成立:

$$\sup_{x\in U}|f(x)-g(x)|<\varepsilon \tag{1.17}$$

即具有求积推理机、单值模糊化、中心平均解模糊和高斯隶属函数的模糊系统是万能逼近器。

在证明本定理前,有必要对式(1.16)定义的模糊系统进行简要说明。该系统具有以下特征。

(1) 模糊系统是由IF-THEN组成的,第 l 条规则的形式为

$$R_u^l: 若\ x_1\ 为\ A_1^l\ 且\ x_2\ 为\ A_2^l\ 且\ \cdots\ 且\ x_n\ 为\ A_n^l,则\ y\ 为\ B^l \tag{1.18}$$

其中，A_i^l 和 B^l 分别是 $U_i \subset \mathbf{R}$ 和 $V \subset \mathbf{R}$ 上的模糊集合，输入 $x=(x_1,x_2,\cdots,x_n)^{\mathrm{T}} \in U$，输出语言变量 $y \in V$，$l=1,2,\cdots,M$，M 为规则数目。

在上述规则集中，对任意 $x \in U$ 都至少存在一条规则使其对规则 IF 部分的隶属度不为零，称这样的规则是完备的。

(2) 采用乘积推理机制，即给定 U 上的一个输入模糊集合 A'，输出 V 上的模糊集合 B' 按下式给出

$$\mu_{B'}(y)=\max_{l=1}^{M}\left[\sup_{x \in U}\left(\mu_{A'}(x)\prod_{i=1}^{n}\mu_{A_i^l}(x)\mu_{B'}(y)\right)\right] \tag{1.19}$$

(3) 采用单值模糊器。所谓单值模糊器，是指一种模糊化方法，即将一个实值点 $x^* \in U$ 映射成 U 上的一个模糊单值 A'，A'在 x^* 点上的隶属度为 1，在其他点上均为 0，即

$$\mu_{A'}(x)=\begin{cases}1 & x=x^* \\ 0 & \text{其他}\end{cases} \tag{1.20}$$

采用单值模糊器可以使模糊推理计算过程大为简化。

(4) 应用中心平均法解模糊，取代重心法解模糊，主要考虑重心法解模糊计算复杂，而中心平均法是其很好的近似形式，具有计算简单、直观合理等优点。

设 $\bar{y}^l$ 为第 l 模糊集的中心，w_l 为其权重，中心平均解模糊计算 y^* 为

$$y^*=\frac{\sum_{l=1}^{M}\bar{y}^l w_l}{\sum_{l=1}^{M}w_l} \tag{1.21}$$

图 1.5 给出 $M=2$ 的情况，应用式(1.21)可得

$$y^*=\frac{\bar{y}^1 w_1+\bar{y}^2 w_2}{w_1+w_2} \tag{1.22}$$

(5) 选用高斯隶属函数。一个模糊系统采用上述模糊规则形式(式(1.18))、乘积推理形式(式(1.19))、单值模糊化方法(式(1.20))，以及中心平均法解模糊方式(式(1.21))，它可以表示为

$$f(x)=\frac{\sum_{l=1}^{M}\bar{y}^l\left[\prod_{i=1}^{n}\mu_{A_i^l}(x)\right]}{\sum_{l=1}^{M}\left[\prod_{i=1}^{n}\mu_{A_i^l}(x)\right]} \tag{1.23}$$

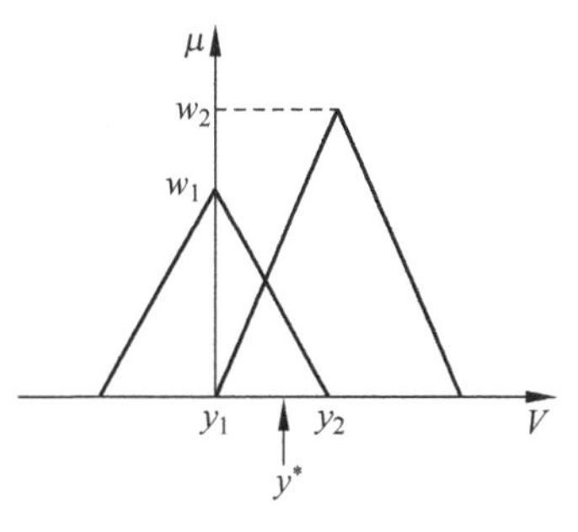

图 1.5　中心平均法解模糊图示

其中，$x \in U \subset \mathbf{R}^n$ 为模糊系统的输入，$f(x) \in V \subset \mathbf{R}$ 为模糊系统的输出。

将式(1.20)代入式(1.19)可得

$$\mu_{B'}(y)=\max_{l=1}^{M}\left[\prod_{i=1}^{n}\mu_{A_i^l}(x_i^*)\mu_{B^l}(y)\right] \tag{1.24}$$

对于给定输入 x_i^*，式(1.23)中第 l 个模糊集(即隶属度为 $\mu_{A_i^l}(x_i^*)\mu_{B^l}(y)$的模糊集)的中心是 B'的中心，故式(1.21)和式(1.23)中的 $\bar{y}^l$ 是相同的。式(1.23)中第 l 个模糊集的高度(即为式(1.21)中的 w_l)为

$$\prod_{i=1}^{n}\mu_{A_i^l}(x_i^*)\mu_{B'}(\bar{y}^l)=\prod_{i=1}^{n}\mu_{A_i^l}(x_i^*) \tag{1.25}$$

其中,B'为标准模糊集,即 $\mu_{B'}(\bar{y}^l)=1$。

将式(1.25)代入式(1.21)可得

$$y^*=\frac{\sum_{l=1}^{M}\bar{y}^l\left[\prod_{i=1}^{n}\mu_{A_i^l}(x_i^*)\right]}{\sum_{l=1}^{M}\left[\prod_{i=1}^{n}\mu_{A_i^l}(x_i^*)\right]} \tag{1.26}$$

将式(1.26)中 y^* 记为 $f(x)$,x_i^* 记为 x_i,则式(1.26)即为式(1.23)。

当选择 $\mu_{A_i^l}$ 及 $\mu_{B'}$ 为高斯隶属函数时,即

$$\mu_{A_i^l}(x_i)=a_i^l\exp\left[-\left(\frac{x_i-\bar{x}_i^l}{\sigma_i^l}\right)^2\right] \tag{1.27}$$

$$\mu_{B'}(y)=\exp\left[-(y-\bar{y}^l)^2\right] \tag{1.28}$$

其中,$\bar{x}_i^l$、$\bar{y}^l\in\mathbf{R}$ 均为实值参数,$a_i^l\in(0,1]$,$\sigma_i^l\in(0,\infty)$。于是式(1.23)的模糊系统就变为式(1.16)的形式。至此,为证明万能逼近定理的准备工作已经完成(定理证明略)。

正因为模糊逻辑系统具有万能逼近的特性,所以它可以用于参数优化、系统辨识等领域。

第 2 章 神经网络算法

人工神经网络是一种神经计算模型，它在细胞的水平上模拟智能。通过建立人工神经元模型、神经网络模型及其学习算法，可以从连接机制上模拟人脑右半球的形象思维功能。信息的输入、处理和输出构成了神经元的三要素；神经元、神经网络模型及其学习算法构成了神经网络系统的三要素。一个三层 BP 神经网络可以逼近任何在闭区间内的一个连续函数，因而神经网络同模糊系统一样可用于参数优化、系统建模等领域。本章介绍神经细胞与神经网络的结构、神经网络的训练、学习规则及神经网络的逼近特性等。

2.1 神经细胞结构与功能

人的智能来源于大脑的一百多亿个神经细胞。一个神经细胞由细胞体、树突和轴突组成，如图 2.1 所示。细胞体由细胞核、细胞质和细胞膜组成。细胞体外面的一层厚为 5～10nm 的膜，称为细胞膜，膜内有一个细胞核和细胞质。树突是细胞体向外伸出的许多长 1mm 左右的树枝状突起，用于接收其他神经细胞传入的神经冲动。

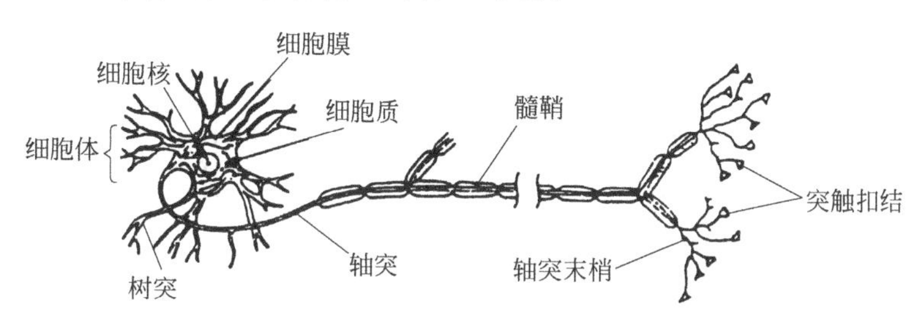

图 2.1 一个神经细胞的结构

神经细胞在结构上具有以下两个重要的特征。

(1) 细胞膜有选择的通透性：每个神经细胞用细胞膜和外部隔开，使细胞内、外有不同的电位。把没有输入信号的膜电位称为静止膜电位，约为－70mV。当有输入信号时（其他神经细胞传入的兴奋信号）使膜电位比静止膜电位高 15mV 左右时，该神经细胞就被激发，在 1ms 内就达到比静止膜电位高 100mV 左右。

(2) 突触连接的可塑性：神经细胞之间通过突触相连接，这种连接强度根据输入和输出信号的强弱而产生可塑性变化。细胞膜有选择的通透性使神经细胞具有阈值特性，如图 2.2 所示。神经细胞的阈值特性可表示为

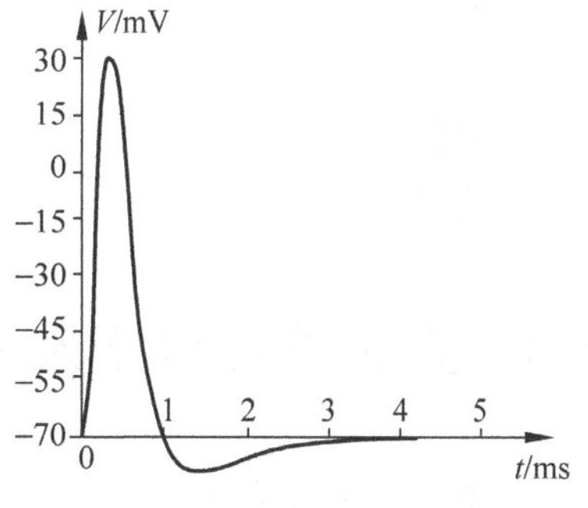

图 2.2 神经细胞的兴奋脉冲

$$y=\begin{cases}\bar{y} & u\geqslant\theta\\ 0 & u<\theta\end{cases}\tag{2.1}$$

其中,θ 是一个阈值,随着神经元的兴奋而变化,神经元兴奋时发出的电脉冲具有突变性和饱和性。突触是指一个神经元轴突末梢和另一个神经元树突或细胞体之间微小的间隙,直径为0.5～2μm,用于两个神经元之间传递信息。突触结合强度即连接权重 w 根据输入和输出信号的强弱,即两个神经元的活性(兴奋程度)情况而产生可塑性变化,可以认为由于这一点使神经元具有长期记忆和学习功能。

2.2 人工神经元的基本特性

神经元是一个多输入单输出的信息处理单元,它的形式化结构模型如图 2.3 所示,其中 $x_1,x_2,\cdots,x_n$ 表示来自其他神经元轴突的输出信号,$w_1,w_2,\cdots,w_n$ 分别为其他神经元与神经元 i 的突触连接强度,θ_i 为神经元 i 的兴奋阈值。每个神经元信息处理过程可描述如下。

图 2.3 神经元的形式化结构模型

$$S_i=\sum_{j=1}^{n}w_{ij}x_j-\theta_i\tag{2.2}$$

$$u_i=g(S_i)\tag{2.3}$$

$$y_i=f(u_i)\tag{2.4}$$

其中,S_i 为神经元 i 的状态;u_i 为神经元 i 膜电位;y_i 为神经元 i 的输出;$g(\cdot)$为活性度函数;$f(\cdot)$为输出函数。输出函数常用 5 种类型,如图 2.4 所示。

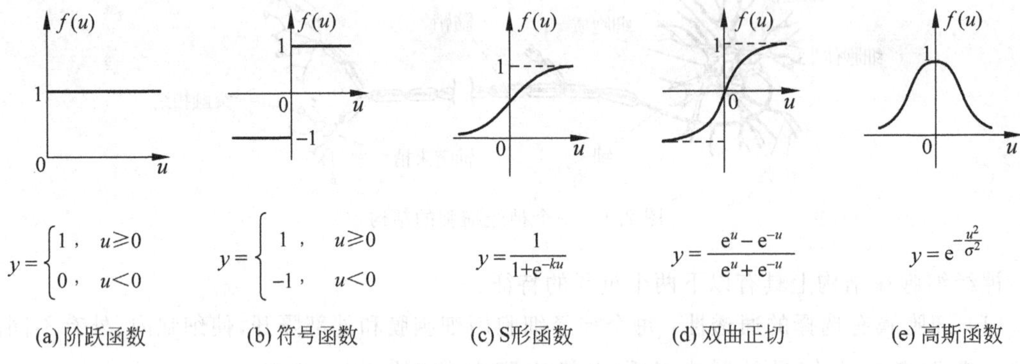

f(u)
u
$y=\begin{cases}1, & u\geqslant0\\ 0, & u<0\end{cases}$
$y=\begin{cases}1, & u\geqslant0\\ -1, & u<0\end{cases}$
$y=\frac{1}{1+e^{-ku}}$
$y=\frac{e^{u}-e^{-u}}{e^{u}+e^{-u}}$
$y=e^{-\frac{u^2}{\sigma^2}}$

(a) 阶跃函数　(b) 符号函数　(c) S形函数　(d) 双曲正切　(e) 高斯函数

图 2.4 神经元常用的输出函数类型

上述输出函数 $y=f(u)$都具有突变性及饱和性,用于模拟神经细胞兴奋产生神经冲动和疲劳时的饱和特性。

2.3 人工神经网络及其特点

大脑神经网络是由大量的神经细胞依靠大量的突触连接成神经网络的,为了模拟神经网络,采用层状、网状形式将人工神经元连接成网络。人工神经网络具有以下主要特点。

(1) 对信息存储是分布式的，因而具有很强的容错性。

(2) 对信息的处理和推理具有并行的特点。

(3) 具有很强的自组织、自学习的能力。

(4) 具有从输入到输出非常强的非线性映射能力。

下面通过一个如图 2.5 所示的简单神经网络结构来说明人工神经网络的主要特点。

设 x_1, x_2, x_3, x_4 为神经网络输入，经神经元 N_1，N_2，N_3，N_4 的输出分别为 x_1', x_2', x_3', x_4'，然后经过突触权 w_{ij} 连接到 y_1, y_2, y_3, y_4 的输入端，进行累加。

为简单起见，设 $\theta_i=0$，并将式(2.2)～(2.4)转换为

$$S_i=\sum_{j=1}^{n} w_{ij} x_j' \tag{2.5}$$

$$u_i=S_i \cdot 1(\text{量纲变换}) \tag{2.6}$$

$$y_i=f(u_i)=\begin{cases}1 & u_i \geqslant 0 \\ -1 & u_i<0\end{cases} \tag{2.7}$$

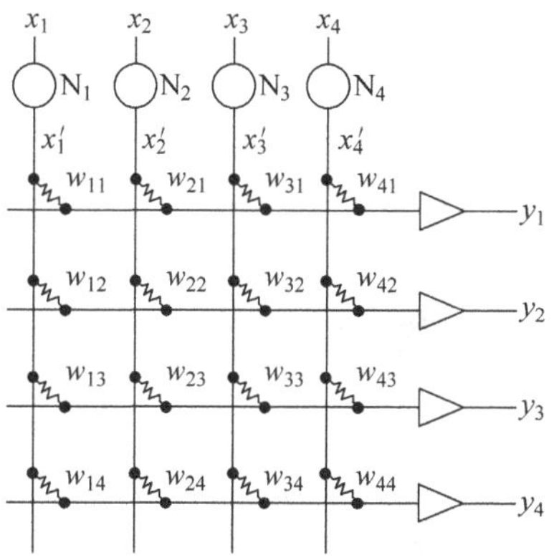

图 2.5　一个简单的神经网络结构

又设 $x_j'=\pm 1$ 为二值变量，且 $\boldsymbol{x}_j^1=x_j$，$j=1,2,3,4$。

x_j 是感知器输入，用向量 $\boldsymbol{x}'=(1,-1,-1,1)^{\mathrm{T}}$ 表示眼看到花、鼻嗅到花香的感知输入，从 $\boldsymbol{x}^1$ 到 $\boldsymbol{y}^1$ 可通过一个连接矩阵 $\boldsymbol{W}_1$ 来得到，即

$$\boldsymbol{W}_1=\begin{bmatrix}-0.25 & +0.25 & +0.25 & -0.25 \\ -0.25 & +0.25 & +0.25 & -0.25 \\ +0.25 & -0.25 & -0.25 & +0.25 \\ +0.25 & -0.25 & -0.25 & +0.25\end{bmatrix} \tag{2.8}$$

$$\boldsymbol{y}^1=f(\boldsymbol{W}_1 \boldsymbol{x}^1)$$

经计算

$$\boldsymbol{y}^1=[-1,-1,+1,+1]^{\mathrm{T}}$$

这表示网络决策 $\boldsymbol{x}^1$ 为一朵花。

不难看出，$\boldsymbol{x}^1 \rightarrow \boldsymbol{y}^1$ 不是串行计算得到的，因为 $\boldsymbol{W}_1$ 可以用一个 VLSI 中电阻矩阵实现，而 $y_i=f(v_i)$ 也可以用一个简单运算放大器来模拟，不管 $\boldsymbol{x}^1$ 和 $\boldsymbol{y}^1$ 维数如何增加，整个计算只用了一个运放的转换时间，网络的动作是并行的。

如果 $\boldsymbol{x}^2=[-1,+1,-1,+1]^{\mathrm{T}}$ 表示眼看到苹果、鼻嗅到苹果香味的感知器输入，通过矩阵

$$\boldsymbol{W}_2=\begin{bmatrix}+0.25 & -0.25 & +0.25 & -0.25 \\ -0.25 & +0.25 & -0.25 & +0.25 \\ -0.25 & +0.25 & -0.25 & +0.25 \\ +0.25 & -0.25 & +0.25 & -0.25\end{bmatrix} \tag{2.9}$$

得到 $\boldsymbol{y}^2=[-1,+1,+1,-1]^{\mathrm{T}}$ 表示网络决策 $\boldsymbol{x}^2$ 为苹果。

从式(2.8)和式(2.9)的权来看，并不知道其输出结果是什么。从局部权的分布也很难看出 $\boldsymbol{W}$ 中存储什么，这是因为信息是分布存储在权中，把式(2.8)、式(2.9)相加，得到一组新的权

$$W = W_1 + W_2 = \begin{bmatrix} 0 & 0 & 0.5 & -0.5 \\ -0.5 & 0.5 & 0 & 0 \\ 0 & 0 & -0.5 & 0.5 \\ 0.5 & -0.5 & 0 & 0 \end{bmatrix} \tag{2.10}$$

由 $\boldsymbol{x}^1$ 输入,通过权阵 $\boldsymbol{W}_1$ 运算可得到 $\boldsymbol{y}^1$,由 $\boldsymbol{x}^2$ 输入,通过权阵 $\boldsymbol{W}_2$ 运算可得到 $\boldsymbol{y}^2$,这说明 $\boldsymbol{W}$ 存储了两种信息,当然也可以存储多种信息。

如果感知器中某个元件损坏了一个,设第3个损坏,则 $\boldsymbol{x}^1=[1,-1,0,1]^{\mathrm{T}}$,经 $\boldsymbol{W}$ 算得 $\boldsymbol{y}^1=[-1,-1,+1,+1]^{\mathrm{T}}$,而 $\boldsymbol{x}^2=[-1,+1,0,1]^{\mathrm{T}}$,经 $\boldsymbol{W}$ 算得 $\boldsymbol{y}^2=[-1,1,1,-1]^{\mathrm{T}}$ 的结果和前面的一样,这说明人工神经网络具有一定的容错能力。

2.4 前向神经网络的结构、训练及学习

人脑中大量的神经细胞通过突触形式相互联系,构成结构与功能十分复杂的神经网络系统。人工神经网络也必须将一定数量的神经元适当地连接成网络,从而建立起多种神经网络模型。下面只介绍最常见的前向神经网络结构。

前向网络包含输入层、隐层(一层或多层)和输出层,如图2.6所示为一个三层网络。这种网络的特点是只有前后相邻两层之间神经元相互连接,各神经元之间没有反馈。每个神经元可以从前一层接收多个输入,并只有一个输出给下一层的各神经元。

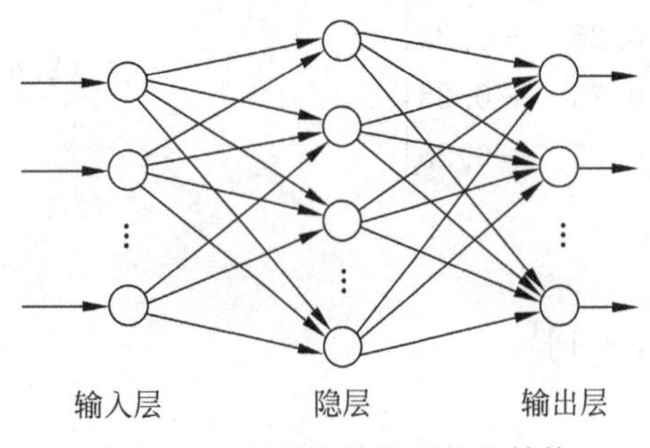

图2.6 三层前向神经网络的结构

人脑中的神经元通过许多树突的精细结构,收集来自其他神经元的信息,神经元又通过轴突发出电活性脉冲。轴突分裂为上千条分支,在每条分支末端,通过突触的结构把来自轴突的电活性变为电作用,从而使与之相连的各种神经元的活性受到抑制或产生兴奋。

当一个神经元收到兴奋输入,而兴奋输入又比神经元的抑制输入足够大时,神经元把电活性脉冲向下传送到它的轴突,改变轴突的有效性,从而使一个神经元对另一个神经元的影响改变,便产生了学习行为。因此,可以认为神经网络学习的本质特征在于神经细胞特殊的突触结构所具有的可塑性连接,而如何调整连接权重就构成了不同的学习算法。

神经网络按学习方式分为有教师学习和无教师学习两大类,如图2.7给出了这两种学习方式的直观示意图。

(1) 神经网络的训练如图2.7所示的上半部分,在训练学习中教师提供的样本数据集是指成对的输入和输出数据集$\{x_i^*, y_i^*\}$,实际上代表了实际问题的输入输出关系。训练的过程就是根据输入网络的 x_i^* 和网络输出 y_i^* 的正误程度来反复调整权重的大小,直到网络的实际输出 y_i^* 全部等于期望的输出为止,训练过程结束。

(2) 神经网络的学习如图2.7所示的下半部分,神经网络学习旨在根据实际输出数据和期望输出之间的误差,通过某种学习算法自动地、反复地去调整权值直到消除误差。要使人工神经网络具有学习能力,就是使神经元之间的结合模式变化,这同把连接权重用什么方法变化

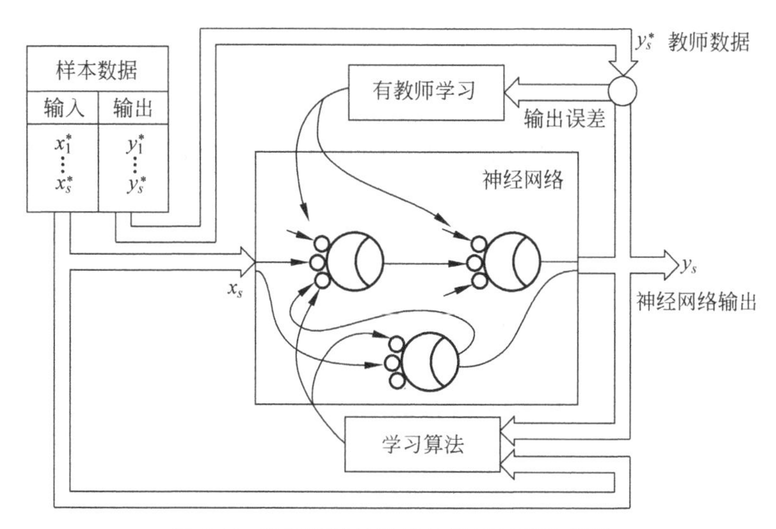

图 2.7 神经网络的训练与学习过程示意图

是等价的。因此，通过学习算法可实现对突触结合强度的调整，使其具有记忆、识别、优化等信息处理功能。

(3) 神经网络的泛化能力是指神经网络在经过样本数据集的训练后，当输入出现了样本数据集以外的新数据时，神经网络仍能通过学习获得新的输出，并能严格保持神经网络训练后所获得的输入输出映射关系的能力。网络的结构、训练样本的数量及质量都会影响泛化能力。

(4) 神经网络的生长与修剪是指通过改变神经网络的结构和参数，可以改变网络的规模大小，使之更适合于某个问题的求解。对于前向网络的生长算法，从单个隐层的小网络开始，通过增加一个隐层重新训练，一直持续到再增加一个单元网络的性能不再改变为止。相反，修剪是先从相对大的网络开始，再逐渐剪去不必要的单元，直到获得满意的网络性能为止。

2.5 神经网络的学习规则

1. 联想式学习——Hebb 规则

1949 年，神经心理学家 Hebb 提出突触前与突触后两个同时兴奋的神经元之间的连接强度将得到增强。后来研究者们将这一思想加以数学描述，称为 Hebb 学习规则。如图 2.8 所示，从神经元 u_j 到神经元 u_i 的连接强度，即权重变化 ΔW_{ij} 可表示为

$$\Delta W_{ij} = G[a_i(t), t_i(t)] \times H[\bar{y}_j(t), W_{ij}](t) \tag{2.11}$$

其中，$t_i(t)$为神经元 u_i 的教师信号；函数 G 为神经元 u_i 的活性度 $a_i(t)$和教师信号 $t_i(t)$的函数；H 为神经元 u_j 输出 $\bar{y}_j$ 和连接权重 ΔW_{ij} 的函数。

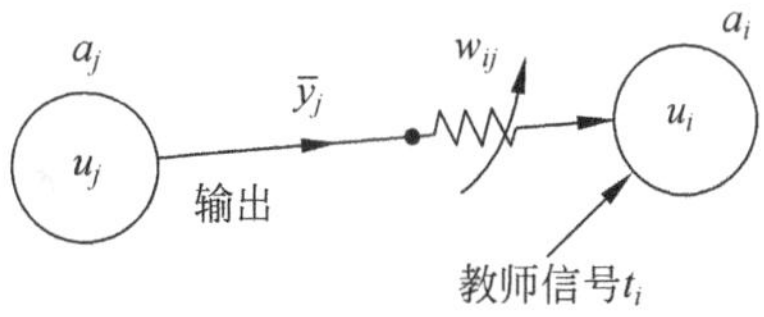

a_j $\bar{y}_j$ w_{ij} a_i u_j u_i 输出 教师信号t_i

图 2.8 Hebb 学习规则

输出 $\bar{y}_j(t)$与活性度 $a_i(t)$之间满足如下关系。

$$\bar{y}_j(t) = f_j[a_j(t)] \tag{2.12}$$

其中，f_j 为非线性函数。

当上述教师信号 $t_i(t)$没有给出时，函数 H 只与输出 $\bar{y}_j$ 成正比，于是式(2.11)可变为更简单的形式为

$$\Delta W_{ij}=\eta a_i \bar{y}_j \tag{2.13}$$

其中,η 为学习率常数($\eta>0$)。

式(2.13)表明,对一个神经元较大的输入或该神经元活性度大的情况,它们之间的连接权重会更大。Hebb 学习规则的哲学基础是联想,以 Hebb 规则为基础发展了许多联想学习模型。

2. 误差传播式学习

前述的函数 G 与教师信号 $t_i(t)$ 和神经元 u_i 实际的活性度 $a_i(t)$ 的差值成比例,即

$$G[a_i(t),t_i(t)]=\eta_1[t_i(t)-a_i(t)] \tag{2.14}$$

其中,η_1 为正数;把差值$[t_i(t)-a_i(t)]$称为 δ。

函数 H 和神经元 u_j 的输出 $\bar{y}_j(t)$ 成比例,即

$$H[\bar{y}_j(t),\Delta W_{ij}]=\eta_2\bar{y}_j(t) \tag{2.15}$$

其中,η_2 为正数。

根据 Hebb 学习规则可得

$$\begin{aligned}\Delta W_{ij}&=G[a_i(t),t_i(t)]\times H[\bar{y}_j(t),W_{ij}]\\&=\eta_1[t_i(t)-a_i(t)]\cdot\eta_2\bar{y}_j(t)\\&=\eta[t_i(t)-a_i(t)]\cdot\bar{y}_j(t)\end{aligned} \tag{2.16}$$

其中,η 为学习率常数($\eta>0$)。

在式(2.16)中,如将教师信号 $t_i(t)$ 作为期望输出 d_i,而把 $a_i(t)$ 理解为实际输出 $\bar{y}_j$,则该式变为

$$\Delta W_{ij}=\eta[d_i-\bar{y}_j]\bar{y}_j(t)=\eta\cdot\delta\cdot\bar{y}_j(t) \tag{2.17}$$

其中,$\delta=d_i-\bar{y}_j$ 为期望输出与实际输出的差值。式(2.17)称为 δ 规则,又称误差修正规则。根据这个规则的学习算法,通过反复迭代运算直至求出最佳的 ΔW_{ij} 值,使 δ 到最小。

除了上述学习规则外,还有从统计力学、分子热力学和概率论中关于系统稳态能量的标准出发,进行神经网络学习的概率式学习;在神经网络中的兴奋性或抑制性连接机制中引入竞争机制的竞争式学习;将奖惩机制引入神经网络的强化学习等。

2.6 前向网络误差反向传播学习算法及其逼近特性

如图 2.9 所示,前向网络的输入层和输出层各为一层。输入信息从输入层经中间层传递到输出层,在各层神经元之间没有相互连接和信息传递。输入层和输出层神经元的个数由具

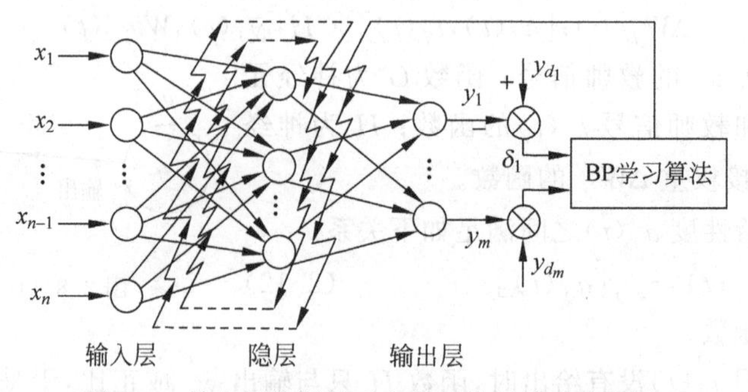

图 2.9 前向网络误差反向传播学习算法示意图

体问题而定，中间层神经元个数一般根据经验公式或实验选定。前向网络又称为 BP 网络，其误差反向传播学习过程如下。

(1) 网络初始化，权值初始值设为小的随机数。

(2) 向输入层输入向量，输入向量向输出层传播，各神经元求出来自前一层神经元的加权值和，由双曲函数决定输出值为

$$y_j = f\left(\sum w_{ij} x_i\right) \tag{2.18}$$

(3) 向输出层输入教师信号。

(4) 调整权值的学习算法为

$$W_{ij}(t+1) = W_{ij}(t) + \eta \delta_j y_j \tag{2.19}$$

其中，η 为学习率，为大于零的增益；δ_j 为节点 j 的误差。根据节点形式不同，δ_j 由下式分别计算：

$$\delta_j = \begin{cases} y_j(1-y_j)(\bar{y}_j - y) & j \text{ 为输出节点} \\ y_j(1-y_j)\sum_k \delta_k W_{jk} & j \text{ 为隐层节点} \end{cases} \tag{2.20}$$

(5) 转向步骤(2)，重复步骤(2)～步骤(4)，直到学习得到最佳权值。

为了加快 BP 网络的学习速度，可以采用变学习步长，或者引进惯性项等方法。惯性是借用力学中的概念，不仅考虑当前值，也考虑过去对现在的影响。

1989 年，Robert Hecht-Nielson 证明了对于任何在闭区间内的一个连续函数都可以用一个隐层的 BP 网络来逼近，因而一个 3 层的 BP 网络可以完成任意的 n 维到 m 维的映射。这个定理的证明，数学上依据 Weierstrass 的两个逼近定理(证明略)。

前向神经网络(BP 网络)是一类最重要的网络。它的网络结构及其误差反向传播算法(BP 算法)为后来研究、开发多种神经网络，如径向基神经网络、深度信念网络、卷积神经网络等奠定了基础。

许多神经网络都已被证明具有万能逼近的特性，这为神经网络的工程应用提供了理论依据。因此，神经网络已被广泛用于智能优化、系统辨识、故障诊断等领域。

第3章 免疫算法

生物免疫系统与脑神经系统、遗传系统并称为基于生物的三大信息处理系统。生物免疫系统的智能性和复杂性堪比大脑，有"第二大脑"之称。免疫算法是在免疫细胞的水平上模拟人体免疫系统信息处理过程中的识别、记忆、学习、正反馈、适应、负反馈、优化等功能。人工免疫算法没有统一的模型和算法结构。本章主要介绍生物免疫学的基本概念、免疫系统的组织结构、适应性免疫应答、克隆选择理论、克隆选择算法及其实现步骤。

3.1 免疫系统的基本概念

生物免疫系统的主要功能是识别"自己"与"非己"成分，并能破坏和排斥"非己"成分，而对"自己"成分能免疫耐受，不发生排斥反应，以维持机体的自身免疫稳定。下面先给出免疫学中的有关基本概念。

(1) 免疫应答：指免疫系统识别并消灭侵入机体的病原体的过程。

(2) 抗原(Ag)：指能够诱导免疫系统发生免疫应答，并能与免疫应答的产物在体内或体外发生特异性反应的物质。

(3) 表位：指抗原分子表面的决定抗原特异性的特殊化学基团，又称为抗原决定簇。

(4) 淋巴细胞：指能够特异地识别和区分不同抗原决定簇的细胞，主要包括T细胞和B细胞两种。

(5) 受体：指位于B细胞表面的可以识别特异性抗原表位的免疫球蛋白。

(6) 抗体(Ab)：指免疫系统受到抗原刺激后，识别该抗原的B细胞转化为浆细胞并合成和分泌可以与抗原发生特异性结合的免疫球蛋白。

(7) 匹配：指抗原表位与抗体或B细胞受体形状的互补程度。

(8) 亲和力：指抗原表位与抗体或B细胞受体之间的结合力，抗原表位与抗体或B细胞受体匹配得越好，二者之间的亲和力越高。

(9) 免疫耐受：指免疫活性细胞接触抗原性物质时所表现的一种特异性无应答状态。

(10) 免疫应答成熟：指记忆淋巴细胞比初次应答的淋巴细胞具有更高亲和力的现象。

3.2 免疫系统的组织结构

免疫器官是免疫细胞发生发育和产生效应的部位，免疫细胞主要在骨髓和胸腺中产生，从其产生到成熟并进入免疫循环，需要经历一系列复杂变化。免疫细胞主要包括淋巴细胞、吞噬细胞，淋巴细胞又分为B淋巴细胞和T淋巴细胞。

B淋巴细胞是由骨髓产生的有抗体生成能力的细胞，其受体是膜结合抗体，抗原与这些膜抗体分子相互作用可引起B细胞活化、增殖，最终分化成浆细胞以分泌抗体。

T淋巴细胞产生于骨髓，再迁移到胸腺并分化成熟。T细胞可分为辅助性T细胞(Th)和细胞毒性T细胞(CTL)，它们只识别暴露于细胞表面并与主要组织相容性复合体(MHC)相结合的抗原肽链，并进行应答。在对抗原刺激的应答中，Th细胞分泌细胞因子，促进B细胞的增殖与分化，而CTL则直接攻击和杀死内部带有抗原的细胞。

吞噬细胞起源于骨髓，成熟和活化后，产生形态各异的细胞类型，能够吞噬外来颗粒(如微生物、大分子，甚至损伤或死亡的自身组织)。

3.3　免疫系统的免疫机制

免疫系统的功能是免疫细胞对内外环境的抗原信号做出免疫应答反应。免疫应答是指免疫活性细胞对抗原分子的识别、活化、增殖、分化，以及最终发生免疫效应的一系列复杂的生物学反应过程，包括先天性免疫应答和适应性免疫应答两种。先天性免疫应答是生物在种系发展和进化过程中逐渐形成的天然防御机制，包括吞噬细胞对侵入机体的细菌和微生物的吞噬作用，以及皮肤、机体内表皮等生理屏障。适应性免疫应答不是天生就有的，而是个体在发育过程中接触抗原后发展而形成的，只对该特异抗原有作用而对其他抗原不起作用的免疫力，包括体液免疫和细胞免疫。

20世纪50年代，著名的免疫学家Burnet提出了关于抗体形成的克隆选择学说，该学说得到了大量的实验证明，合理地解释了适应性免疫应答机理。克隆选择理论认为抗原的识别能够刺激淋巴细胞增殖并分化为效应细胞。受抗原刺激的淋巴细胞的增殖过程称为克隆扩增。B细胞和T细胞都能进行克隆扩增，不同的是B细胞在克隆扩增中要发生超突变，即B细胞受体发生高频变异，并且其效应细胞产生抗体，而T淋巴细胞不发生超突变，其效应细胞是淋巴因子、T_K或T_H细胞。B淋巴细胞的超突变能够产生B细胞的多样性，同时也可以产生与抗原亲和力更高的B细胞。B细胞在克隆选择过程中的选择和变异导致了B细胞的免疫应答具有进化和自适应的性质。

当抗原侵入机体时，B细胞的适应性免疫应答能够产生抗体，如图3.1所示。如果抗原表位与某一B细胞受体的形状互补，则二者之间会产生亲和力而相互结合，在T_H细胞发出的第二信号作用下，该B细胞被活化。活化B细胞进行增殖(分裂)，增殖B细胞要发生超突变，一方面产生了B细胞的多样性，另一方面也可以产生与抗原亲和力更高的B细胞。

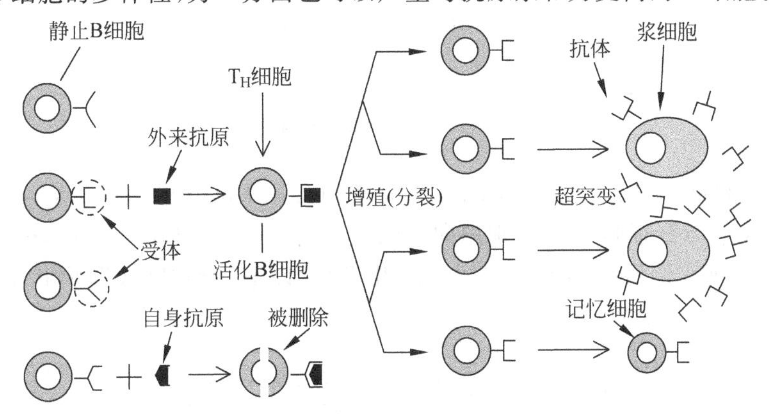

图3.1　B细胞的克隆选择过程

免疫系统通过若干世代的选择和变异来提高B细胞与抗原的亲和力。产生的高亲和力B细胞进一步分化为抗体分泌细胞,即浆细胞,浆细胞产生大量的活性抗体用以消灭抗原。同时,高亲和力B细胞也分化为长期存在的记忆细胞。记忆细胞在血液和组织中循环但不产生抗体,当与该抗原类似的抗原再次侵入机体时,记忆细胞能够快速分化为浆细胞以产生高亲和力的抗体。记忆细胞的亲和力要明显高于初始识别抗原的B细胞的亲和力,即发生免疫应答成熟。

3.4 免疫系统的学习及优化机理

从信息处理的观点看,生物免疫系统是一个并行的分布自适应系统,具有多种信息处理机制,它能够识别自己和非己,通过学习、记忆解决识别、优化和分类问题。

1. 免疫应答中识别、学习、记忆的机理

免疫系统中的每个B细胞的特性由其表面的受体形状唯一决定。体内B细胞的多样性极其巨大,可达10^8数量级。若B细胞的受体与抗原结合点的形状可用L个参数来描述,则每个B细胞可表示为L维空间中的一点,整个B细胞库都分布在这L维空间中,称此空间为形状空间。抗原在形状空间中用其表位的互补形状来描述。

形状空间的示意图如图3.2所示,B细胞与抗原的亲和力大小可用它们在形状空间的距离定量表示。B细胞与抗原距离越近,B细胞受体与抗原表位形状的互补程度越大,于是二者之间的亲和力就越高。对于某一侵入机体的抗原Ag_1与Ag_2,当体内的B细胞与它们的亲和力达到某一门限时才能被激活。被激活的B细胞大约为B细胞总数的(1~10)万分之一。这些被激活的B细胞分布在以抗原为中心,以ε为半径的球形域内,这一球形域称为该抗原的刺激球。

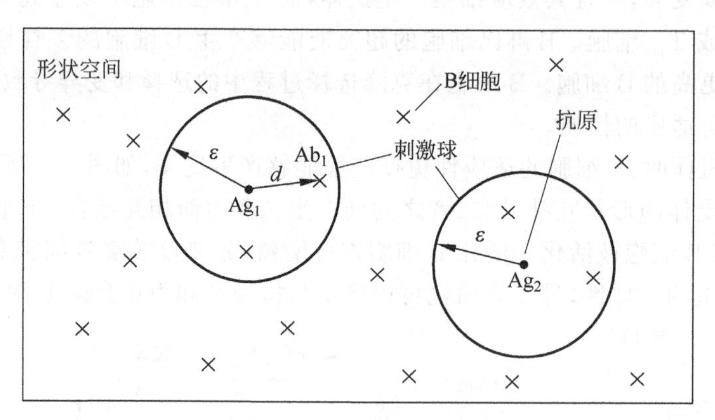

图3.2 形状空间的示意图

根据B细胞和抗原的表达方式的不同,形状空间可分为欧几里得形状空间和海明形状空间。假设抗原Ag_1与B细胞Ab_1分别用向量$(ag_1, ag_2, \cdots, ag_L)$和$(ab_1, ab_2, \cdots, ab_L)$描述,若每个分量为实数,则它们所在的形状空间为欧几里得(以下简称"欧氏")形状空间,抗原与B细胞之间的亲和力可表示为

$$\mathrm{Affinity}(Ag_1, Ab_1) = \sqrt{\sum_{i=1}^{L}(ab_i - ag_i)^2} \tag{3.1}$$

若B细胞和抗原的每个分量为二进制数,则它们所在的形状空间为海明形状空间,B细胞

和抗原之间的亲和力可表示为

$$\mathrm{Affinity}(\mathrm{Ag}_1,\mathrm{Ab}_1)=\sum_{i=1}^{L}\delta,\text{其中 }\delta=\begin{cases}1 & \mathrm{ab}_i\neq \mathrm{ag}_i\\ 0 & \text{其他}\end{cases} \tag{3.2}$$

生物适应性免疫应答中蕴含着学习与记忆原理，可通过B细胞和抗原在形状空间中的相互作用来说明。如图3.3(a)所示，对于侵入机体的抗原Ag_1，其刺激球内的B细胞Ab_1、Ab_2被活化。如图3.3(b)所示，被活化B细胞进行克隆扩增，产生的子B细胞发生变化以寻求亲和力更高的B细胞，经过若干世代的选择和变化，产生了高亲和性B细胞，这些B细胞分化为浆细胞以产生抗体消灭抗原。因此，B细胞是通过学习过程来提高其亲和力的，这一过程是通过克隆选择原理实现的。如图3.3(c)所示，抗原Ag_1被消灭后，一些高亲和性B细胞分化为记忆细胞，长期保存在体内。当抗原Ag_1再次侵入机体时，记忆细胞能够迅速分化为浆细胞，产生高亲和力的抗体来消灭抗原，这称为二次免疫应答。如图3.3(d)所示，若侵入机体的抗原Ag_2与Ag_1相似，并且Ag_2的刺激球包含由Ag_1诱导的记忆细胞，则这些记忆细胞被激活以产生抗体，这一过程称为交叉反应应答。由此可见，免疫记忆是一种联想记忆。

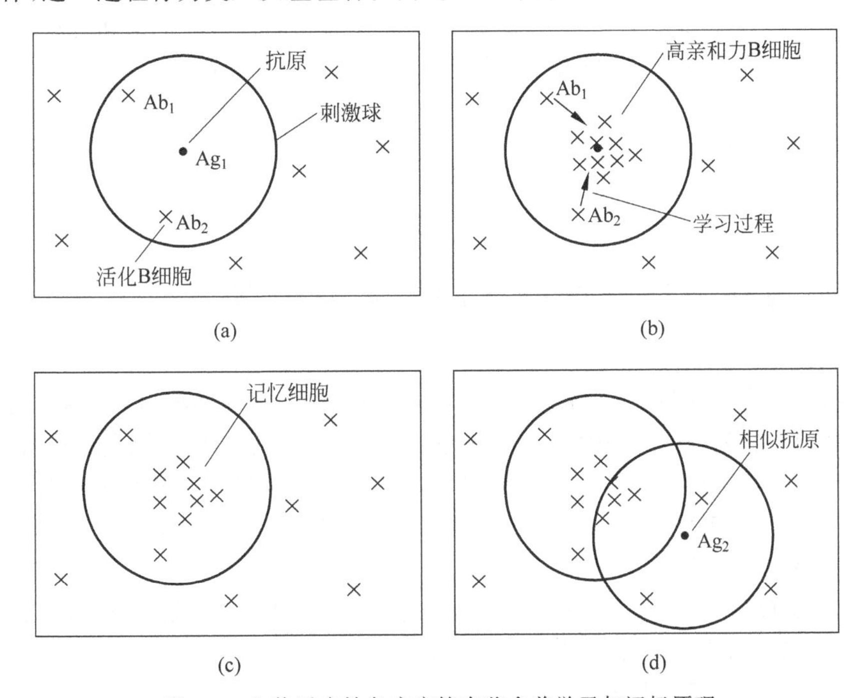

图3.3 生物适应性免疫应答中蕴含着学习与记忆原理

2. 免疫应答中的优化机理

免疫系统通过B细胞的学习过程产生高亲和力抗体。从优化的角度来看，寻求高亲和力抗体的过程相当于搜索给定抗原的最优解，这主要是通过克隆原理和变异机制实现的。B细胞的变异机制除了超突变外，还有受体修饰，即超突变产生的一些亲和力低的或与自身反应的B细胞受体被删除并产生新受体。B细胞群体通过选择、超突变和受体修饰来搜索高亲和力的B细胞，进而产生抗体消灭抗原，这一过程如图3.4所示。

为便于说明，假设B细胞受体的形状只需一个参数的一维形状空间来描述。图3.4中横坐标表示一维形状空间，所有B细胞均分布在横坐标上，纵坐标表示形状空间中B细胞的亲和力。在初始适应性免疫应答中，如果B细胞A与抗原的亲和力达到某一门限值而被活化，则该B细胞进行克隆扩增。在克隆扩增的同时B细胞发生超突变,使得子B细胞受体在母细胞的基础上发生变异,这相当于在形状空间中母细胞的附近寻求亲和力更高的B细胞。如果找到亲和力更高的B细胞,则该B细胞又被活化而进行克隆扩增。经过若干世代后,B细胞向上"爬山"找到形状空间中局部亲和力最高的点A'。

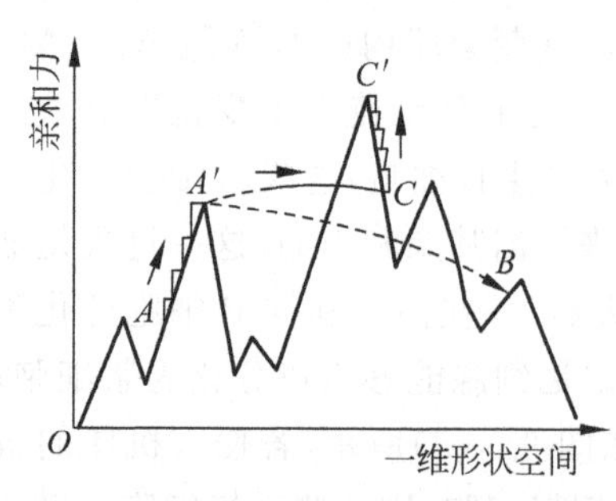

图3.4 免疫应答中的优化搜索过程

如果B细胞只有超突变这一变化机制,那么适应性免疫应答只能获得局部亲和力最高的抗体A',而不能得到具有全局最高亲和力的抗体C'。B细胞的受体修饰可以有效避免以上情况的发生。如图3.4所示,受体修饰可以使B细胞在形状空间中发生较大的跳跃,在多数情况下产生了亲和力低的B细胞(如B点),但有时也产生了亲和力更高的B细胞(如C点)。产生的低亲和力B细胞或与自身反应的B细胞被删除,而产生的高亲和力B细胞C则被活化而发生克隆扩增。

经过若干世代后,B细胞从C点开始,通过超突变找到形状空间中亲和力最高的B细胞C'。B细胞C'进一步分化为浆细胞,产生大量高亲和力的抗体以消灭抗原。

因此,适应性免疫应答中寻求高亲和力抗体是一个优化搜索的过程,其中超突变用于在形状空间的局部进行贪婪搜索,而受体修饰用来脱离或避免搜索过程中陷入形状空间中的局部最高亲和力的点。

3.5 免疫算法及克隆选择算法的实现步骤

免疫算法大多将T细胞、B细胞、抗体等功能合而为一,统一抽象出检测器概念,主要模拟生物免疫系统中有关抗原处理的核心思想,包括抗体的产生、自体耐受、克隆扩增、免疫记忆等。在用免疫算法解决具体问题时,首先需要将问题的有关描述与免疫系统的有关概念及免疫原理对应起来,定义免疫元素的数学表达,然后再设计相应的免疫算法。

1. 免疫算法的基本步骤

免疫算法没有统一的形式,已提出的多种形式有反向选择算法、免疫遗传算法、克隆选择算法、基于免疫网络的免疫算法、基于疫苗的免疫算法等。

免疫算法一般由以下基本步骤组成。

(1) 定义抗原。将需要解决的问题抽象成符合免疫系统处理的抗原形式,抗原识别则对应问题的求解。

(2) 产生初始抗体群体。将抗体的群体定义为问题的解,抗体与抗原之间的亲和力对应问题解的评估:亲和力越高,表明解越好。类似于遗传算法,首先产生初始抗体群体,对应问题的一个随机解。

(3) 计算亲和力。计算抗原与抗体之间的亲和力。

(4) 克隆选择。与抗原有较高亲和力的抗体优先得到繁殖,抑制浓度过高的抗体(避免局部最优解),淘汰低亲和力的抗体。为获得多样性(追求最优解),抗体在克隆时经历变异(如高频变异等)。在克隆选择中,抗体促进和克隆删除对应优化解的促进与非优化解的删除等。

(5) 评估新的抗体群体。若不能满足终止条件,则转向步骤(3),重新开始;若满足终止条件,则当前的抗体群体为问题的最优解。

2. 克隆选择算法的实现步骤

基于生物免疫系统克隆选择原理的克隆选择算法,模拟免疫系统的克隆选择过程进行优化与学习。克隆选择算法的步骤如下。

(1) 随机产生一个包含 N 个抗体的初始群体。

(2) 计算群体中每个抗体(相当于一个可行解)的亲和力(即可行解的目标函数值),根据抗体的亲和力,选出 n 个亲和力最高的抗体。

(3) 被选出的每个抗体均进行克隆,每个抗体克隆出若干新抗体,抗体的亲和力越高,其克隆产生的抗体越多。可以通过以下方法实现:将这些抗体按其亲和力的高低降序排列(假设有 n 个抗体),则这 n 个抗体克隆产生抗体的数目为

$$N_c=\sum_{i=1}^{n}\mathrm{round}\left(\frac{\beta\cdot N}{i}\right) \tag{3.3}$$

其中,N_c 为总共产生的克隆抗体的数目;β 为一个因子,用以控制抗体克隆数目的大小;N 为抗体的总数;round(•)表示取整操作。

(4) 这些新个体进行免疫应答成熟操作(即新个体发生变异以提升其亲和力),这些变异后的抗体组成下一代群体。

(5) 从群体中选出一些亲和力最高的个体加入记忆集合,并用记忆集合中的一些个体替换群体中的一些个体。

(6) 用随机产生个体替换群体中一部分个体。

(7) 返回步骤(2)循环计算,直到满足结束条件。

克隆选择算法的流程如图 3.5 所示。

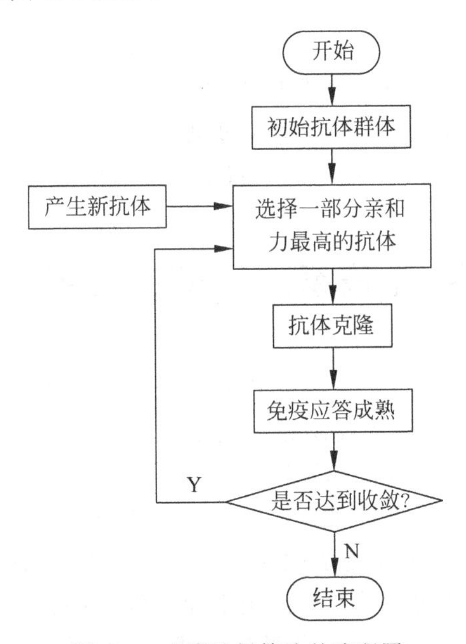

图 3.5　克隆选择算法的流程图

上述克隆选择算法已用于函数优化、组合优化(解决 TSP 问题)、模式识别等问题。

第4章　内分泌算法

神经系统、免疫系统和内分泌系统是人体的三大信息调节系统，它们的系统内部都蕴含着丰富的信息处理机理和奥秘。神经网络算法模拟脑神经系统信息分布存储、并行处理和自组织、自学习的机理；免疫算法模拟免疫系统的信息识别、记忆、学习、反馈、适应、进化、优化等功能。由于内分泌系统并不是孤立的，因此模拟内分泌系统的高层调节机制在很大程度上还要依赖正在崛起的神经免疫内分泌学发展。本章简要介绍基于内分泌调节机制的行为自组织算法。

4.1　内分泌算法的提出

内分泌系统通过分泌多种激素来调节机体的生理功能，它不仅有激素对效应器的正向作用，还有通过循环系统对内分泌腺、下丘脑和中枢神经系统的负反馈作用。因此，内分泌系统是很典型的闭环调节系统。内分泌系统与神经系统的密切配合，才使机体能更好地适应环境的变化。

基于内分泌调节机制的行为自组织算法是由黄国锐等于2004年提出的，在本书中简称为内分泌算法。行为自组织算法由3个相互作用的部分组成：神经网络的记忆与决策；遗传的继承与变异；内分泌的高层调节。黄国锐等通过倒立摆控制仿真及机器人足球队守门员训练的仿真结果表明，基于内分泌调节机制的行为自组织算法具有很强的自适应能力。

4.2　内分泌与神经、免疫系统之间的关系

人体内部系统可概括为两大类：一类是主要担负机体的营养、代谢及生殖等基本生理功能的系统，包括血液循环、呼吸、消化及泌尿生殖系统；另一类是神经、免疫及内分泌三大系统，起着调节上述各系统活动、机体防御及控制机体的生长和发育等重要作用。

神经、免疫及内分泌三大系统共同的基本功能是传递和感受信息。神经系统的信息传递主要由神经纤维上的动作电位及化学性和电突触来实现，而内分泌系统及免疫系统的信息传递更多是由体液运输完成的，后者还依赖于免疫细胞的循环而执行其细胞和体液免疫功能。此三大系统内部均存在正负反馈调节方式，使各系统的功能活动更协调、准确而精细。

从内外环境条件变动构成的刺激性质分析，三大系统的反应本质均可视为阻尼性振荡过程，即减少或消除刺激所造成的影响。从信息存储和记忆的角度考察，神经系统借助感官可存储和识记外界信息，免疫系统则在抗原识别等方面表现出记忆功能，但神经和免疫系统记忆的

分子机制有何异同，内分泌系统是否具有某种形式的记忆功能，尚待研究。

从系统之间的相互影响能力看，神经系统作用广泛、迅速而灵敏，控制着包括免疫和内分泌在内的机体各系统功能的活动。而免疫系统和内分泌系统作用相对缓慢，影响深远，在一定条件下，各自也可起到不同程度的主导作用。

用集合的观点表述神经(N)、免疫(I)及内分泌(E)三大系统之间的交互关系，如图4.1所示。图4.1中三集合两两相交处分别代表神经免疫(NI)、免疫内分泌(IE)、神经内分泌(NE)之间的相互作用。而三集合之交应视为神经免疫内分泌研究范畴。如图4.2所示，三者之间的相互作用方式可概括为：既有直接和间接之分，也有同时和先后之别；系统间作用的性质可为增强、减弱、修饰、允许或协同，借变频、变时和变力等方式而体现。

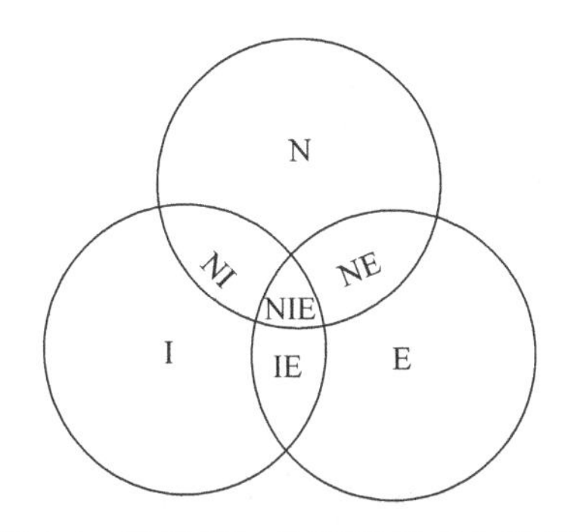

图4.1 神经(N)、免疫(I)及内分泌(E)系统之间的关系

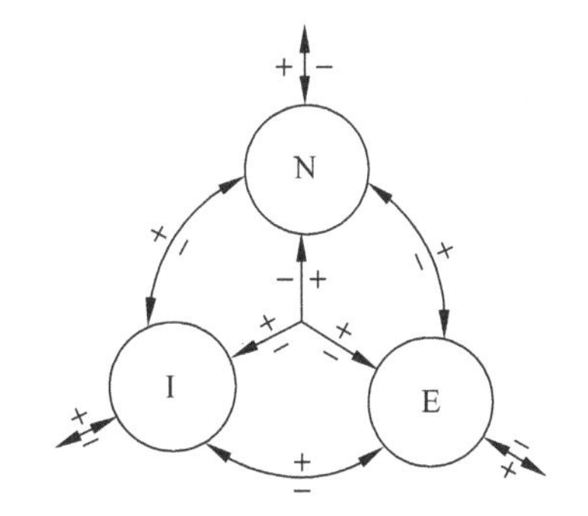

图4.2 神经(N)、免疫(I)及内分泌(E)系统之间的交互影响方式

4.3 生物内分泌系统

生物内分泌系统由内分泌细胞、内分泌细胞所释放的激素(荷尔蒙)和内分泌腺体组成。内分泌系统是通过分泌多种激素来调节机体的生理功能的，内分泌细胞将其产生的激素，随血液和细胞间液传送到机体的各部位，对所作用的靶细胞的生理活动起到兴奋性或抑制性作用。适宜的刺激可刺激生物体内分泌细胞产生适当种类和数量的激素，这些激素和神经系统的共同作用，维持着机体内环境的相对稳定，进而影响生物体的行为。

图4.3说明了内分泌系统和神经系统对生物机体的共同调节作用，图中各种内分泌腺体形成一个闭合回路，它们之间通过复杂的相互作用维持着机体内环境的相对稳定。在闭合回路的基础上，中枢神经系统可接受外环境中的声、光、温度、味等信息，通过下丘脑把内分泌系统与外环境联系起来，形成开口回路。

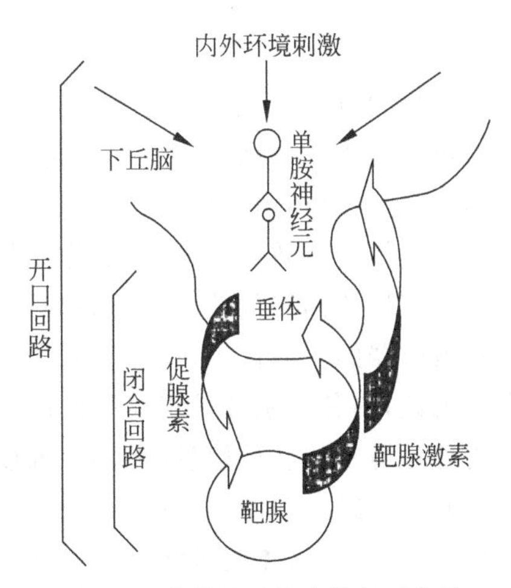

图4.3 内分泌系统和神经系统的共同调节作用

下丘脑中的部分神经细胞可分泌神经激素，神经激素作用于垂体，影响垂体的分泌，进而影响靶腺(如甲状腺、肾上腺等)的分泌。靶腺激素反过来影响神经系统的发育及其活动，进而影响生物体的行为。正是因为内

分泌系统与神经系统的密切配合,才使机体能更好地适应环境的变化,使生物体的内环境保持相对稳定。

4.4 内分泌激素调节规律的描述

2001年,L. S. Farhy 提出了激素腺体分泌激素的通用规律:激素的变化规律具有单调性和非负性,激素分泌调节的上升和下降遵循 Hill 函数规律,分别如式(4.1)和式(4.2)所示。

$$F_{\mathrm{up}}(G)=G^n/(T^n+G^n) \tag{4.1}$$

$$F_{\mathrm{down}}(G)=T^n/(T^n+G^n) \tag{4.2}$$

其中,F 表示 Hill 函数;up 和 down 分别表示刺激和拟制关系;G 为函数自变量;T 为阈值,且 $T>0$;n 为 Hill 系数,且 $n\geqslant 1$;n 和 T 共同决定曲线上升和下降的斜率。Hill 函数具有如下性质。

(1) $F_{\mathrm{up}}=1-F_{\mathrm{down}}$。

(2) $F(G)_{G=T}=1/2$。

(3) $0\leqslant F(G)\leqslant 1$,其中 $F(G)$ 表示 $F_{\mathrm{up}}(G)$ 或 $F_{\mathrm{down}}(G)$。

单个内分泌细胞分泌荷尔蒙的过程包括荷尔蒙的分泌和削减同时作用,荷尔蒙浓度计算公式为

$$C(t)=\int_0^t S(\tau)\mathrm{e}^{-\alpha(1-\tau)}\,\mathrm{d}\tau \tag{4.3}$$

其中,C 为荷尔蒙浓度;t 为时间;S 为荷尔蒙分泌的速率;α 为荷尔蒙削减率。

如果激素 x 受激素 y 调控,则激素 x 的分泌速率 S_x 与激素 y 的浓度 C_y 的关系为

$$S_x=\alpha F(C_y)+S_x^0 \tag{4.4}$$

其中,S_x^0 为激素 x 的基础分泌速率;α 为常量系数。

4.5 人工内分泌系统内分泌激素的调节机制

生物内分泌系统由内分泌腺体、内分泌细胞和内分泌细胞所释放的激素所组成。适宜的刺激可激发生物体部分内分泌细胞产生适当种类和数量的激素,这些激素和神经系统的共同作用,维持着机体内环境的相对稳定,进而影响生物体的行为。内分泌系统是用化学的方法来实现对机体的有效调节的,它的作用较慢而持久。中枢神经系统通过对于内分泌腺的作用,间接地调节机体内多种效应器官,这种活动的形式,称为神经-体液调节。内分泌系统不仅有激素对效应器的正向作用,还有通过循环系统对内分泌腺、下丘脑和中枢神经系统的负反馈作用。因此,内分泌系统是很典型的闭环调节系统。在闭环调节回路的基础上,中枢神经系统可接受外环境中的各种信息(声、光、温度、味等),通过下丘脑把内分泌系统与外环境联系起来,形成开口回路。如图4.4所示为神经-内分泌的多级调节作用。正是因为内分泌系统与神经系统的密切配合,才使机体能更好地适应环境的变化。

内分泌系统与免疫系统之间有着密切的双向调节联系。内分泌激素可以通过免疫细胞上的激素受体,使免疫功能减弱或增强;免疫系统通过细胞因子对内分泌系统发生作用,同一细

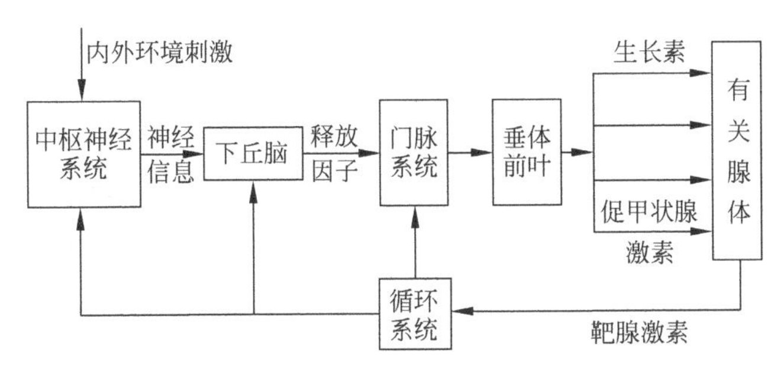

图 4.4　神经-内分泌调节系统

胞因子对于不同的激素分泌活动的调节具有特异性。大量的研究证明，激素可以导致免疫反应减弱或增强，这取决于激素的种类、剂量和时间。

人工内分泌系统的研究比人工神经网络、遗传算法和人工免疫系统的研究起步较晚，虽有国外学者提出一些内分泌激素调节的仿真模型，但这些模型多半都应用于医学研究领域，总体来说进展缓慢。随着神经科学、免疫学和内分泌学的长足进步，神经免疫内分泌学也将逐步丰富，将为人们研究基于神经免疫内分泌学的智能优化算法创造条件。

4.6　基于内分泌调节机制的行为自组织算法的实现

自主体行为自组织算法的工作结构如图 4.5 所示。自主体从遗传环境中通过染色体的输入得到神经网络的初始记忆。作为系统的一个主要组成部分，神经网络从行为环境中接收信息，并控制效应器的动作和内分泌系统的状态变化。内分泌系统在接收到相应的神经信号后，分泌相应的激素，这些激素通过激素回路返回给神经网络，对神经网络起着重要的调节作用，进而影响自主体的行为决策。神经网络中保存有自主体对行为环境的适应结果，这些适应结果通过染色体的输出而传给下一代个体。

行为自组织算法实际上由 3 个相互作用的部分组成：神经网络的记忆与决策；遗传的继承与变异；内分泌的高层调节。对前两部分的论述从略，下面将重点论述第三部分。

假设系统的状态是离散的，神经网络用<状态、动作、情感值>三维序列的集合来表述。集合的起始值是从遗传环境中通过染色体的输入而得到的。为了算法描述方便，引入 3 个记号：E、E_{ai} 和 E_i。其中，E 表示三维序列<状态、动作、情感值>的集合，可以用一个矩阵来表示，矩阵的行号表示动作的序号，矩阵的列号表示状态的序号，矩阵的元素值表示相应状态动作对的情感值；E_{ai} 表示在状态 i 下执行动作 a 的情感值；E_i 表示状态 i 的情感因子。内分泌的高层调节是通过对系统状态的评估及根据评估结果的反馈学习来实现的。

基于内分泌调节机制的行为自组织算法的实现步骤如下。

(1) 在状态 j 下选择一个动作，设所选动作为 a，在状态 j 下执行动作 a 后返回状态 i。动作选择规则描述公式为

$$a = \text{Afunc}\{E_{*j}\} = \max\{E_{*j}\} \tag{4.5}$$

其中，$*$ 号表示状态 j 下所有可能的动作。

(2) 对状态 i 进行情感评价，得到其情感因子 E，评价规则描述公式为

$$E_i = \text{Efunc}\{E_{*i}\} = \max\{E_{*i}\} \tag{4.6}$$

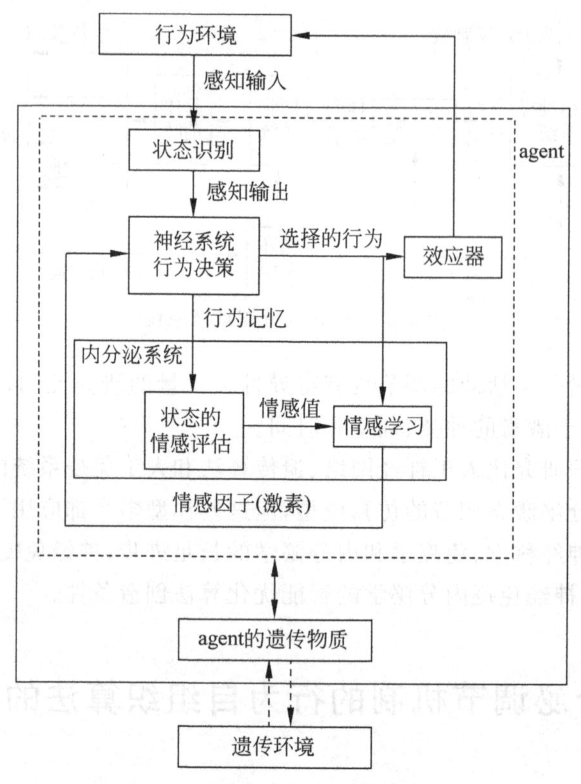

图 4.5 行为自组织算法的工作结构

(3) 情感学习。情感学习规则描述公式为

$$E_{aj}(t+1)=\text{Ufunc}(E_i,E_{aj}(t))=(1-\beta)E_{aj}+\beta E_i \tag{4.7}$$

其中,β 为学习率。

(4) 令 $j=i$,返回步骤(1)。

上面步骤中的3个函数关系可以针对实际问题自行设计,只要能保证学习过程的收敛就可以。另外,在实际应用中需要定义一个情感学习的结束条件。情感学习结束后,神经网络中保存有自主体对行为环境的自适应结果,这些自适应结果通过染色体的输出而传给下一代个体。因而,下一代与上一代相比,下一代有更加适应行为环境的趋势。

注:文中"自主体"是对图4.5中agent的一种译法,也称主体、智能体。

第5章 人工代谢算法

人工代谢算法是一种基于酶催化模拟生物体新陈代谢机理的仿生算法。代谢反应的核心是浓度的平衡，在酶对底物的催化效率达到最大且代谢反应实现平衡时，代谢系统的性能指标处于最优状态。如果将待优化的目标函数看作代谢反应速率，酶的催化过程则可视为对目标函数的优化过程。当反应实现平衡时，代谢速率取得稳态最大值，即目标函数取得最大值。本章简要介绍人工代谢算法的原理、编码、竞争算子、平衡算子、凋亡算子等代谢算子的描述及算法实现流程。

5.1 人工代谢算法的提出

人工代谢算法(Artificial Metabolic Algorithm，AMA)是2009年由胡杨和桂卫华以生物体新陈代谢机理为模型提出的一种基于酶催化的仿生算法。AMA面向的对象是一个网络化的控制系统，算法通过模拟生物体新陈代谢的环境，以代谢物浓度差及底物与酶的契合程度为控制量对系统变量进行调节。它的控制目的是使整个代谢网络的流量趋于平衡和协调，这与网络控制的目的恰好一致。因此，从定性的角度来说，人工代谢算法可以实现对复杂系统、多对象多目标系统较好的实时控制。起初，人工代谢算法用于解决多对象物流配送优化问题。后来，胡杨和桂卫华又将人工代谢算法用于解决TSP问题、多对象调度问题及故障诊断问题。

5.2 人工代谢算法的原理

人工代谢系统是在分析生物体新陈代谢规律的基础上，通过对酶识别能力、酶催化下细胞各类递阶调控模式的分析和模型抽象而成的一类模拟人的代谢系统。从生物化学层次看，任何代谢系统网络都是由一些支路连接而成的。对单条代谢支路的代谢反应模式为

$$A+B \xrightleftharpoons{x} C+D \tag{5.1}$$

其中，A、B为底物；C、D为生成物；x为催化酶。双向箭头表示该反应可以平衡移动，是可逆反应。

若底物浓度高于生成物浓度，此时酶起到正向催化作用，反应过程向合成生成物方向进行；若生成物浓度高于底物浓度，此时酶表现为逆向催化作用，反应过程向合成底物方向进行。在此处，酶只起常规的催化作用。若遇特殊情况，即使底物浓度低于生成物浓度，也可以

通过调节酶的浓度来改变反应过程的方向,迫使反应向合成生成物方向(正向催化方向)进行,以实现整个网络的代谢平衡。对可逆反应而言,通常提到的酶是指对正反应起加速作用的催化剂。而实际上,也存在促使化学平衡向逆反应方向进行起到抑制剂的作用。为了统一起见,对酶是正、逆反应催化剂的统称,其在算法中的作用通过平衡算子来统一表征。

由于酶对底物具有较强的选择契合性,对于不同的底物,需要不同的酶来与之发生催化作用。通过设计竞争算子来体现酶与底物催化时的专一性。同时,生物体细胞发育机制研究表明,染色体端粒(Telomeres)的DNA序列都随着细胞分裂次数的增加而进行缩短。在真核生物染色体中具有特殊的结构端区,即端粒区。细胞每次分裂,都由一种特殊的酶即端粒酶(Telomerase)负责将全部端粒重复序列加到子染色体上。但该酶总是只在配子细胞和癌细胞中存在。在一般的体细胞中,端粒酶数量下降,端粒变得越来越短。染色体丢失的不仅是非编码的重复序列,而且还危及基因编码。染色体一旦缩短到临界长度,细胞便会死亡。这就是多细胞生物衰老的端粒学说。据此,根据酶催化底物的专一性设计了凋亡算子,随着代谢网络中特定回路平衡的实现,对应催化该回路底物的酶开始凋亡。这一过程是为了降低计算成本,避免产生不必要的代谢计算。

人工代谢算法原理的核心是浓度平衡。当各条支路及整个代谢网络实现底物与反应物浓度达到协调平衡时,新陈代谢处于最旺盛阶段,对应的目标函数也将获得最优值。其中,当目标函数达到最优值时,对应的代谢浓度将达到稳态平衡,代谢过程的反应率也将达到稳态平衡,此时的代谢物数值对应目标函数的最优值。

5.3 人工代谢算法的描述

1. 浓度平衡与代谢算子

在人工代谢系统中,底物、反应物的初始浓度由输入输出物理量决定。系统输入输出量关系决定代谢反应率的初始值。AMA算法将"浓度平衡"即"浓度差"作为适应度函数,根据代谢支路上的代谢物的多少决定对应催化酶的浓度。

通过平衡算子和抑制算子等代谢算子对代谢浓度进行调节,浓度差越大,则调节幅度也越大。经反复循环调节,浓度的变化率为0(即浓度差为0),实现浓度平衡。此时系统已完全畅通,代谢量和代谢率也逐渐趋于稳定。此时从底物到生成物之间形成一条最优的代谢通路。代谢物数值达到最大,所对应的目标函数值最大而获得最优解。

凋亡算子适用于多酶调控的代谢体系,凋亡算子只取全0和全1两种情形。当酶所催化的代谢反应未达到平衡时,该酶的凋亡算子置全0,表示酶尚未退出代谢体系;当酶所催化的代谢反应已达到平衡时,该酶的凋亡算子置全1,表示酶退出代谢体系,在余下的反应中不再考虑该酶的作用。

2. 人工代谢算法的编码

设有代谢反应方程为式(5.2)、式(5.3),其中A和B为底物,P和Q为生成物,E为催化酶。在代谢规律中,酶E先与底物结合,生成中间复合物,再生成最终生成物。具体结合方式如式(5.3)所示。

$$A+B \xleftrightarrow{E} P+Q \tag{5.2}$$

$$A+B+E \longleftrightarrow [AE]+B \rightarrow E+P+Q \tag{5.3}$$

其中,$[AE]$为中间复合物。酶E先与底物A结合产生中间复合物$[AE]$,再释放出生成物P、Q并还原生成催化酶E。

基于共价催化的原理,人工代谢算法的编码规则如下。

底物A和B的浓度区间为$[0,1]$,由底物A和B的量各占整个反应平衡方程中全部物理量的比例可计算出浓度。在人工代谢算法中,代谢物(包括底物和生成物)和酶的编码都用二进制位串表示。

假设采用n位二进制代码的编码方式,即将底物实际浓度和酶的浓度各映射成$[0,2^n-1]$上的0、1组成的编码串。中间代谢物通过底物和酶对应位置上的0、1值经过"同或"逻辑的操作得到。例如,设底物A的编码为00101101,酶E的编码为10110001,则中间物$[AE]$的编码由$A\odot E$可得到,即为01100011。显然,当中间物$[AE]$的编码达到11111111时,代谢平衡予以实现。这样编码的优点在于充分体现底物与酶的契合程度,从直观意义上进一步加强了算法自身的生化背景和寻优意义。

3. 竞争算子的设计

通过对生物化学中相关知识的分析,可以发现酶的催化作用有很强的选择性。对于不同的底物有不同的选择性。设有两个不同的底物A_1、A_2,酶E对它们的契合程度很可能有较大的差距。通过引入竞争阈值h_1来评价契合程度,设待优化函数$y=f(x)$,其中自变量x的二进制编码(即为底物A的编码),反过来底物A的二进制串解码成对应的十进制数(即为f函数的自变量x)。设底物A_1、A_2分别对应的十进制数为x_1、x_2,当满足式(5.4)时,说明底物A_1的代谢量大于底物A_2的代谢量,且底物A_1与酶的契合程度要大于底物A_2与酶的契合程度,因此底物A_1较之于A_2是更为理想的代谢物,因此A_1应保留进入下一轮的代谢选择;当满足式(5.5)时,说明底物A_2的代谢量大于底物A_1的代谢量,且底物A_2与酶的契合程度要大于底物A_1与酶的契合程度,因此底物A_2较之于A_1是更为理想的代谢物,因此A_2应保留进入下一轮的代谢选择。当式(5.4)、式(5.5)均不能满足时,说明A_1、A_2相互之间无明显的竞争优势,因此随机选择A_1、A_2中的任一个进入下一轮的代谢。

$$\begin{cases} \left|\dfrac{f(x_1)-f(x_2)}{f(x_1)+f(x_2)}\right| \geqslant h_1 \\ \dfrac{f(x_1)-f(x_2)}{f(x_1)+f(x_2)} \geqslant 0 \end{cases} \tag{5.4}$$

$$\begin{cases} \left|\dfrac{f(x_1)-f(x_2)}{f(x_1)+f(x_2)}\right| \geqslant h_1 \\ \dfrac{f(x_1)-f(x_2)}{f(x_1)+f(x_2)} \leqslant 0 \end{cases} \tag{5.5}$$

4. 凋亡算子的设计

设计凋亡算子的目的是淘汰与酶过分不相匹配的底物,而对应产生新的底物。其设计过程如下。

设立凋亡阈值h_2,对任意底物A_1,对于已给定的酶E而言,基于"同或"逻辑操作计算出其中间代谢物$[A_1E]$,设中间代谢物$[A_1E]$对应的十进制数为k_1,各位全为1时的中间代谢物对应的十进制数为k_2(显然,当编码位数为n时,$k_2=2^n-1$)。当满足式(5.6)时,说明底物A_1与酶E匹配程度过低,底物A_1应予以凋亡,而用新的底物A_2来代替。

由于代谢操作希望中间代谢物的同或结果尽可能接近全为1,因此新底物A_2的产生过程如下。

设代谢物采用n位编码,则底物A_1与酶不契合的程度可定义为m位,m值可由式(5.7)得出,其中函数round()表示对自变量进行四舍五入取整运算。

$$\frac{k_1}{k_2} \leqslant h_2 \tag{5.6}$$

$$m = \operatorname{round}\left(\frac{k_1}{k_2} \times n\right) \tag{5.7}$$

得到m后,在组成A_1的二进制串的n位编码中随机选择m位编码进行取反操作,得到的结果即为A_2。显然,A_2与E的契合程度要高于A_1与E的契合程度。这时A_2代替A_1进入下一轮的代谢计算。当不能满足式(5.6)时,说明A_1尚未达到凋亡的程度,则保留A_1进入下一轮的代谢计算。

5. 平衡因子和拟制因子的设计

代谢反应的平衡是维系生命活动的关键。平衡算子的目的是当代谢平衡不能持续时,产生新的代谢物来尽可能保持代谢中间物的最大化。设有底物A、B和生成物C、D,在式(5.1)中作为可逆反应,酶可完成双向催化功能。故式(5.1)等价于式(5.8)中4个反应的合成。

$$\begin{cases} A+B \xleftrightarrow{E} [AE]+B \leftrightarrow C+D \\ A+B \xleftrightarrow{E} [BE]+A \leftrightarrow C+D \\ C+D \xleftrightarrow{E} [CE]+D \leftrightarrow A+B \\ C+D \xleftrightarrow{E} [DE]+C \leftrightarrow A+B \end{cases} \tag{5.8}$$

式中,酶是所有能催化代谢物的作用的统称。当反应实现平衡时,酶与各物质之间的总体协调功能达到最强。从式(5.8)可以看出,当酶E确定时,4个方程中只有3个是彼此独立的,故而可以由其中的任意3个代谢物推出第四个代谢物。如果设A、B、C的编码已知,则中间代谢物$[AE]$、$[BE]$、$[CE]$、$[DE]$的二进制编码可以由"同或"逻辑得到。例如,由A的二进制编码与E的二进制编码的"同或"可以得到$[AE]$的编码。

设$P_1=[AE]$,$P_2=[BE]$,$P_3=[CE]$,当代谢实现平衡时,P_1、P_2、P_3应尽可能达到全为1。设$P=P_1 \odot P_2 \odot P_3$,显然,$P$也尽可能达到全为1。再令$P_4=[DE]$,由代谢平衡条件,$P$与$P_4$应尽可能接近。故可知当达到完全理想平衡状态时有$P_4=P$成立。代谢物$D$的编码可用如下方法得到:逐位对比$P$和$E$的二进制位串,设对第$i$位,$P(i)=E(i)$时,$D(i)=1$;$P(i)\neq E(i)$时,$D(i)=0$;这样做的意义在于使$D$与$E$的匹配程度与$P$的取值更为接近,从而实现平衡状态下新代谢物的产生和搜索。

人工代谢算法的平衡因子k_{m0}和拟制因子k_{i0}的初值分别为式(5.9)、式(5.10),平衡因子$k_m(t)$和拟制因子$k_i(t)$的调节规律分别为式(5.11)、式(5.12)。

$$k_{m0}=\frac{f(A+B)}{f(A+B+C+D)} \tag{5.9}$$

$$k_{i0}=\frac{f(C+D)}{f(A+B+C+D)} \tag{5.10}$$

$$k_m(t)=k_{m0}\frac{\partial f(A+B+C+D)}{\partial f(A+B)} \tag{5.11}$$

$$k_i(t)=k_{i0}\frac{\partial f(A+B+C+D)}{\partial f(C+D)} \tag{5.12}$$

$$v(t)=\frac{\partial f(A+B)}{\partial f(A+B+C+D)}+\frac{\partial f(C+D)}{\partial f(A+B+C+D)} \tag{5.13}$$

式(5.9)～式(5.12)中，$f(\cdot)$表示对应物质的量，如 $f(A+B)$表示全部反应物的浓度之和。式(5.13)中，$v(t)$为系统反应速率。式(5.9)～式(5.13)中，A、B、C、D 为不同的底物或生成物，是随时间变化的量。

在人工代谢算法中，由于在实际情况下代谢路径中的代谢物浓度不可能完全为 0，因此引入数学上的某一极小值 ε。当代谢物浓度小于 ε 时，认为对应的代谢反应已实现平衡，即为

$$\frac{\partial v(t)}{\partial t}<\varepsilon \tag{5.14}$$

其中，ε 是不为 0 的某一极小值。ε 可以按实际优化进程进行交互式定义。

平衡算子的作用是随机选择酶 E 中的二进制数位，使对应的数位上的数值与底物对应数位上的数值相等，即若底物某一数位上的数值为 0，则平衡算子将酶 E 中与底物对应数位上的数值也转化为 0；若底物某一数位上的数值为 1，则平衡算子将酶 E 中与底物对应数位上的数值也转化为 1。

抑制算子的作用是随机选择酶 E 中的二进制数位，使对应的数位上的数值与底物对应数位上的数值不相等，即若底物某一数位上的数值为 0，则抑制算子将酶 E 中与底物对应数位上的数值转化为 1；若底物某一数位上的数值为 1，则抑制算子将酶 E 中与底物对应数位上的数值转化为 0。这种编码的思想是使酶 E 与底物之间的作用关系更好地与真实的“共价催化”原理相一致，从而通过调整酶 E 的变化来调整化学平衡。

平衡算子和抑制算子的值均在[0,1]区间。平衡算子在一个计算周期中的值为当前全部底物的浓度；抑制算子在一个计算周期中的值为全部生成物的浓度。在得到平衡算子和抑制算子的值后，决定所要变换的酶的二进制编码的位数。当代谢反应达到稳态，代谢物浓度变化率趋于不变或小于 ε 时，代谢反应速率已达到稳态最大值，代谢寻优终止。

5.4　人工代谢算法的实现流程

人工代谢算法的实现流程如图 5.1 所示。首先，设定基本的代谢参数，包括底物点数目 m；酶的取值 e；代谢计算迭代次数 G；代谢点编码位数 n；竞争阈值 h_1；凋亡阈值 h_2。其次，通过对实际问题的编码，将待优化问题的自变量空间用底物的取值来表示。采用竞争、凋亡、平衡等酶的 3 种代谢算子计算方式来选取新的底物。根据酶与底物契合程度的高低来筛选出一批更为合适的底物进入下一轮的代谢选择。上述过程反复进行，最后通过

判断是否达到代谢计算的迭代次数或判断酶与底物契合的稳固程度来决定代谢计算是否可以完成。在完成代谢计算后，通过对反复“发酵”后得到最优底物进行解码可以得到实际问题的最优解。

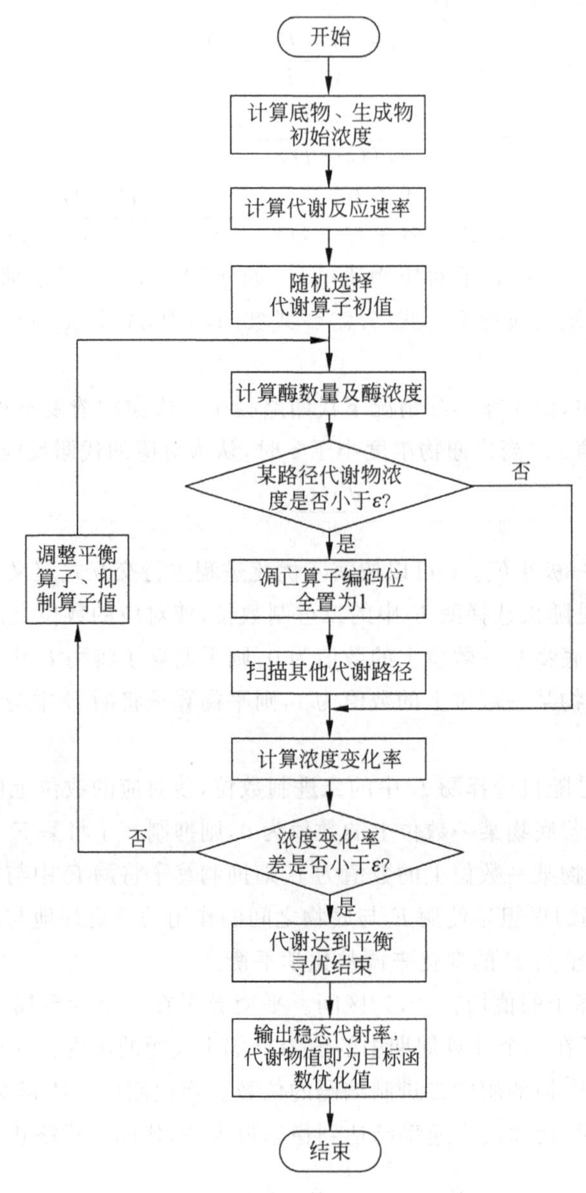

图 5.1　人工代谢算法实现流程图

第6章 膜 计 算

膜计算的主要计算模式是受生物活细胞的结构与功能启发而得到的，通过将活细胞的结构与功能抽象为形式化的进程，并将各个进程进行综合得到一种形式化的分布式并行计算模型。膜计算把细胞膜内的物质新陈代谢或内部生物膜之间的物质交流视为一种计算过程，细胞之间的物质交换被看作计算单元之间的信息交流。从复杂适应系统理论的观点看，活细胞对物质的新陈代谢的动态过程符合复杂适应系统的特性。本章介绍细胞膜的结构、模型及功能，膜计算的原理、概念、计算过程及实现步骤。

6.1 膜计算的提出

膜计算(Membrane Computing, MC)是1998年由欧洲科学院院士、罗马尼亚科学家Păun在芬兰图尔库计算机研究中心的研究报告中提出的。有关膜计算的论文*Computing with membrane*于2000年在*Journal of Computer and System Science*上发表。

Păun在深入研究DNA分子计算的基础上，受生物细胞的启发，提出了膜计算的概念。膜计算的本质是从活细胞以及由细胞组成的组织或器官的功能和结构中抽象出模型或计算思想。它是一种具有层次结构的分布式并行计算模型。从微观的角度看，细胞中的细胞核、泡囊等被抽象成一个细胞中的细胞膜。这些膜将各个计算单元按区域划分，其中的数据结构具有多重性，可以用字符集或字符串来表示。生物细胞膜内的生化反应或细胞膜之间的物质交流被看作一种计算过程，甚至细胞之间的物质交换也可以看作计算单元之间的信息交流。从某种意义上来说，可以将整个生物体看作一个细胞膜，甚至可以将一个生物系统看作一个膜系统。

6.2 细胞膜的结构、模型及功能

1. 细胞及细胞膜的结构

细胞是构成生命机体的基本单位，其机能主要表现在3方面：一是细胞能够利用能量和转变能量，以维持细胞各种生命活动；二是具有生物合成的能力，能把小分子的简单物质合成大分子的复杂物质；三是具有自我复制和分裂繁殖的能力，能将细胞的特性遗传给下一代细胞。此外，细胞还具有协调细胞机体整体生命的能力等。

一个真核细胞的结构如图6.1所示。细胞内部空间包含细胞核、线粒体、高尔基体和液胞等。细胞核含有细胞生命活动的最主要的遗传物质,包括核膜、核纤层、核基质、染色质和核仁等部分。染色质DNA是含有大量基因的生命遗传物质,因此细胞核是细胞生命活动的控制中心。线粒体是由内膜和外膜包裹着的囊状结构,囊内是液态的基质。在细胞中它不断移动并不时改变着自身的形状。线粒体是细胞进行氧化呼吸,产生能量的地方。高尔基体由扁平的膜囊组成,它将蛋白质和脂质集中起来,向细胞的特殊位置派送。高尔基体完成细胞分泌物的最后加工和包装。

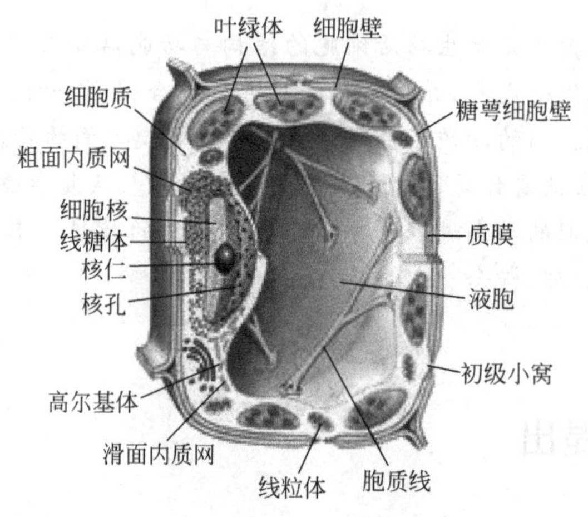

图6.1　真核细胞膜的结构

虽然细胞的形态结构与机能是多种多样的,但是它们在形态结构与机能上又有共同的特征。它的外面被一层薄膜——细胞膜包裹着,如图6.2所示。厚度为7～8nm的细胞膜是细胞的界限,它将具有生命力的活细胞与非生命的环境分隔开来。科学家们对细胞膜的研究发现,凡是可以溶于脂类的物质比不能溶于脂类的物质更容易透过细胞膜进入到细胞中去。化学分析表明,细胞膜的主要成分是磷脂和蛋白质。磷脂是一种由甘油、脂肪酸和磷酸组成的具有双重极性的分子。科学家提出细胞膜是一种磷脂双分子结构。因为只有这种双分子结构才可能稳定于细胞内外均为极性的液体环境中。

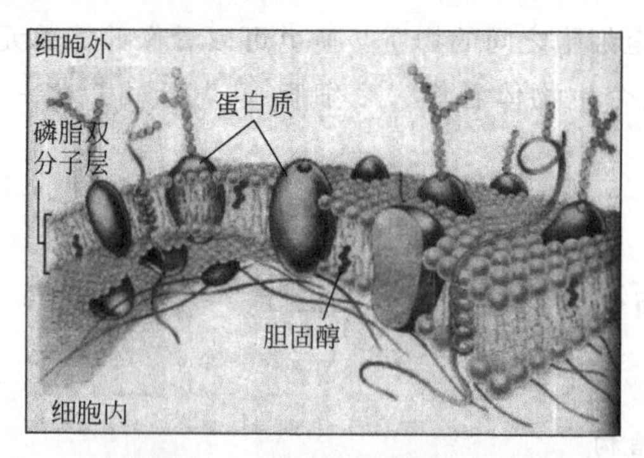

图6.2　生物细胞膜的结构

2. 细胞膜的模型

根据实验,并结合脂双层和膜蛋白的特性,科学家提出了细胞膜的“流动镶嵌模型”。该模型的主要特点如下。

(1) 磷脂双分子层构成了膜的基本结构,磷脂分子非极性的“尾”向着内侧疏水区,而磷脂分子极性的"头"向着外侧，暴露于两侧的亲水区。这种磷脂双分子主要由亲水的头部和疏水的尾部组成的结构体现了膜结构的有序性。

(2) 磷脂双分子层既有分子排列的有序性，又有脂类的流动性。这种流动性使得磷脂和蛋白质在膜的水平方向或者垂直方向都可以流动、反转和变化。同时膜的分子组成也可以发生变化。

(3) 膜脂与膜蛋白质在膜上的排列具有不对称性，主要表现在内外两层脂类的分子种类和含量有很大的差异。蛋白质分子在膜内外分布的位置和数量也有很大差异。这种差异导致的不对称性对于识别外来的受体或信号起到重要作用。

(4) 膜的有序性、流动性和不对称性对于生物膜适应膜内外环境的变化、选择通透性及物质的跨膜运输、电子传递和信号的传导等均具有重要意义。

3. 细胞膜的功能

活细胞新陈代谢的一个重要表现就是与外界环境的物质交换，细胞不断地从外界摄取生命活动所需的各种物质，同时，不停地把新陈代谢废物排到细胞外面。

(1) 物质如何进入细胞。细胞膜的构成以脂双层为基本框架，中间镶嵌着各种蛋白质。细胞膜的结构决定了它的选择通透性。一般来说，外界环境中的脂溶性的非极性分子容易透过细胞膜；水溶性的强极性的分子不容易透过细胞膜。水可以进出细胞膜，影响水进出细胞的主要因素是渗透压。溶于水的小分子物质进入细胞主要有 4 种方式：简单扩散、协助运输、主动运输和基因转移。前两种方式推动物质进入细胞的动力来自物质的浓度差。后两种方式物质逆浓度梯度进入细胞，需要细胞消耗能量才能做到。大分子或颗粒进入细胞不能仅依靠细胞膜上的载体来帮助完成，还要使用局部细胞膜将有关物质包围，形成一个内吞泡，这样的过程称为内吞过程。

(2) 物质如何被排出细胞。小分子被排出细胞由渗透压决定。蛋白质等大分子以一些颗粒状物质被排出细胞，主要通过细胞质中的泡液和细胞膜的融合，称为细胞的外排作用。

综上所述，细胞膜对进出入细胞的物质有很强的选择通透性，具有分离和过滤的功能，具有物质转运功能，具有控制细胞与周围环境之间的物质交换，以维持细胞内外的平衡和有序的功能。

6.3 标准膜计算的原理

由于膜计算的许多模型都是由 Păun 提出的，因此标准膜计算的各种模型又称为 P 系统。膜计算不是对生物膜的功能的简单模拟，而是 Păun 从各种生物膜的分层结构和处理化合物实现物质交流功能的原理中，抽象出一种可以用于计算的通用模型。

由细胞的结构和功能可知，生物膜的一个基本功能就是将自身和外在环境区分开，将细胞划分并构成不同功能的区域，区域中存在对象的多重集，也就是说，对象具有多重性，这是膜计算的基本特征之一。可以用一个字符串表示一个区域中的对象。这些对象通过"反应规则"来进化，而规则的选取具有并行性和非确定性。这些对象还能够穿越膜，进入系统中的另一个区域。膜能够改变其自身的渗透性，甚至可以溶解和分裂。用这些特征来定义系统的一个格局。在每一个时间步内，每个膜及其中的对象根据相应的规则进化，从而使系统产生一个新的格局。这样,一系列格局的转换就称为计算。当所有区域中没有任何规则可以发生作用,即不再发生任何事件时,称这种格局为停机格局。如果计算能达到一个停机的格局,则称为停机的计算或成功的计算。计算的结果是指那些被送到环境或指定膜中的对象。

一个膜系统主要包含3个要素:膜结构、对象、规则。膜结构是由细胞膜或生物膜抽象出来的。对象是由细胞或环境中的物质抽象出来的。规则是由细胞内的化学反应或细胞之间的信息交流方式抽象出来的。膜结构将空间分成若干不同的区域,区域中的对象按照特定的规则进化。细胞内的化学反应过程和细胞区域之间的物质流动过程可以理解为计算过程。这些过程的时间序列意味着许多基本操作的并行执行,而且从给定的初始状态出发,细胞可以按多种方式演化。因此,膜系统往往具有并行性和非确定性。

目前,膜计算模型主要有3种类型:类细胞(Cell-like)膜计算模型、类组织(Tissue-like)膜计算模型和类神经(Neural-like)膜计算模型。这3类模型分别是基于单细胞的结构和功能、组织中的细胞群及神经元细胞而建立起来的分布式并行计算模型,在膜结构上分别可以抽象为树、无向图和有向图。这3类模型已被证明具有不弱于图灵机的计算能力。

6.4 标准膜计算的描述

Păun院士提出的P系统是从活细胞体新陈代谢的适应过程中抽象出来的,用字母之间的传输变换来描述细胞内物质交流行为的一种迭代计算模型。

细胞膜系统一般由膜的层次结构、物质对象表示、进化规则3部分构成。给定一个细胞膜系统的基本结构,并且确定各个膜所包含的物质与进化规则,在初始化格局状态下,膜系统就会以非确定和最大并行的方式执行各个进化规则,直至细胞膜系统内的资源耗尽、规则不能再被执行为止,此时计算结束,系统陷入停机格局。

从生命细胞分层结构处理化合物的方式中抽象出膜计算的方法,借助于生物进化规则,用字母之间的传输变换来描述细胞内物质交流行为。一般地,一个度为m的膜系统可表示的多元组为

$$\prod=(V,T,C,\mu,w_1,w_2,\cdots,w_m,(R_1,\rho_1)(R_2,\rho_2),\cdots,(R_m,\rho_m)) \tag{6.1}$$

其中,V为输入字母表,其元素称为对象;$T\subseteq V$为输出字母表;$C\subseteq V-T$为催化剂,其元素在生物进化过程中不发生变化,用于控制特定进化反应;μ为包含m个膜的膜结构,用于描述膜系统的包含层次关系。各个膜及所围的区域用标号集H表示,$H=\{1,2,\cdots,m\}$,其中m称为模系统的度;$w_i\in V^*(1\leqslant i\leqslant m)$表示膜结构$\mu$中的区域$i$中含有对象的多重集,$V^*$为字母表$V$中字符组成的任意字符串的集合。

进化规则是二元组(u,v),通常写成$u\rightarrow v$,u是V^*中的字符串,v是T中输出的字符。$v=v'$,或者$v=v'\delta$,其中v'是集合$\{a_{\text{here}},a_{\text{out}},a_{\text{in}}|a\in V,1\leqslant j\leqslant m\}$中的字符串,$\delta$是不属于$V$的特殊字符。当某规则包含$\delta$时,执行该规则后膜就被溶解了。$u$的长度称为规则$u\rightarrow v$的半径。$R_i(1\leqslant i\leqslant m)$是进化规则的有限集,每一个$R_i$是与膜结构$\mu$中的区域$i$相关联的,$\rho_i$是$R_i$中的偏序关系,称为规则$R_i$执行的优先关系。

例如，对于进化规则

$$ca \rightarrow cb_{\text{in}} d_{\text{out}} \delta \tag{6.2}$$

其中，物质 c 在进化前后没有发生变化，称为生物催化剂；下角标 out 表示物质元素传输到细胞膜外区域；下角标 in 表示物质运输到子细胞膜区域内；δ 表示执行该规则后当前膜就被溶解消失。

给每个膜贴上标签(图 6.3 中为正整数)作为地址，并用这个标签来标识这个膜所确定的区域。每一个区域中有一个对象的多重集和一个进化规则集。这些对象由特定的字母表中的符号来表示。每个区域都有一个独特的属于自身的规则优先次序关系。也就是，一个规则只有当本区域没有比它具有更高优先级的规则时，才有可能起作用，处理字符对象。

每一个膜都有可能被溶解。当一个膜被溶解之后，其中所包含的对象将进入包含这个膜的区域，而原来区域中的规则随之消失。当然，膜也有可能变得不具有渗透性。

膜计算系统的结构具有层次性、区域性；计算的基本要素——对象，具有多重性；对象和规则的选取具有最大的并行性和不确定性。从复杂适应系统理论的观点看，活细胞对物质的新陈代谢的动态过程符合复杂适应系统的特性。实质上，细胞新陈代谢的过程是一个内外环境、新旧物质不断适应地转化、进化、优化的过程。

6.5　膜计算的过程及实现步骤

目前，膜计算算法可分为两类：一类是基于空间换时间的算法；另一类是膜计算优化算法。膜计算模型往往具有自我增加计算空间的能力，通过使用受生物启发的操作(膜分裂、膜分割、膜创生等)可以在线性时间内产生指数计算空间来求解问题的算法实现起来比较困难。Nishida 提出了膜计算优化算法(膜算法)是将膜系统框架与优化算法结合起来的一类分布式演化算法，他利用膜算法很好地解决了旅行商问题。

图 6.3 给出一个包含 4 个膜的 P 系统，P 系统置于环境中，系统中的 4 个膜按层次结构组织，分别标号为 1、2、3、4，最外层的膜称为表层膜，膜 3 因不含有其他膜而被称为基本膜，每个膜所包围的部分称为区域，区域内包含着对象 a、b、c、e 和相应的进化规则。图 6.3 所示的 P 系统从初始状态开始，运用膜结构中进化规则编码的程序完成计算的过程如下。

(1) 在初始状态时，在表层膜定义的区域 1 中，包含一个对象 b 和一个对象 c，在区域 4 中有一个对象 e，其他区域均为空。

(2) 区域 1 中存在催化剂 c，进化规则 $b \rightarrow bb_2|_c$ 在每一步计算中将一个对象 b 送入区域 2 中，并同时保留一份在区域 1 中，同时规则 $c \rightarrow ca_3$ 在催化剂 c 的作用下将对象 a 不断送入到区域 3 中，直到对象不可用为止。

(3) 在区域 1 中，如果规则 $c \rightarrow c_2$ 被使用，则一个对象 c 被送入区域 2 中。这样，区域 1 中不再有催化剂 c，规则 $b \rightarrow bb_2|_c$ 将不再向区域 2 发送对象 b。

(4) 当对象 c 到达区域 2 后，将会根据其中的规则 $c \rightarrow c_4$ 继续到达区域 4 中。

(5) 当对象 c 到达区域 4 后，其中对象 e 的产生将停止，因为 c 是规则 $e \rightarrow ee\neg_c$ 中的抑制剂。

在 P 系统中，使用规则的通常方式是极大并行，即凡是能使用的所有规则都必须使用；一

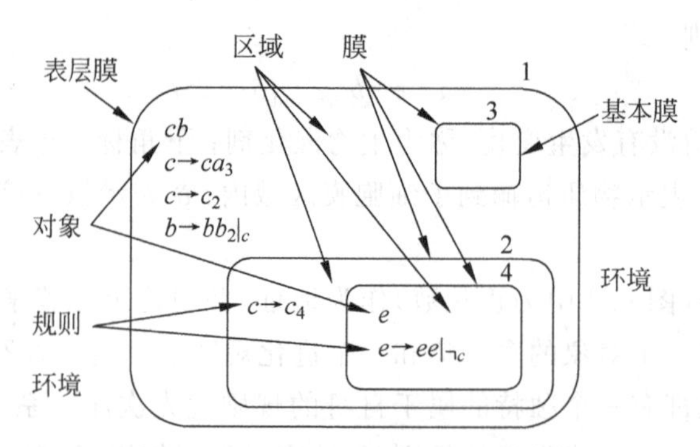

图 6.3　含有 4 个膜的膜系统结构示意图

个对象只能被一个规则使用,该规则按优先关系选择(如果优先关系 ρ_i 为空集,则非确定性选择规则);需要强调的是,任何能被规则使用的对象必须选择一个规则,按该规则进化。在本例中,经过计算操作后的结果为区域 3 中将产生 n 个 a,区域 2 中将产生 $n+1$ 个 b,区域 4 中将产生 $n+3$ 个 c。

针对无约束函数优化问题,谭世恒等提出一种细胞膜优化算法(Cell Membrane Optimization, CMO),根据细胞膜转运物质的过程,把物质分为 3 种:脂溶性物质、高浓度非脂溶性物质和低浓度非脂溶性物质。在解决优化问题时,一个物质对应优化问题的一个解,上述 3 种不同类型的物质对应 3 种不同特性的解。若干物质组成一个物质群,它是细胞膜优化算法进行优化计算的一个种群。在 CMO 算法中,把一个物质群划分为 3 种小物质群。在最小(大)化问题时,把结果数值小(大)的物质划分为脂溶性物质群,结果数值大(小)的物质划分为非脂溶性物质群,并把非脂溶性物质群进一步划分为两个子物质群。用物质某一邻域范围内包含的物质数占总物质数的百分比作为浓度的定义。根据非脂溶性物质所处的浓度,对非脂溶性物质群进一步划分为低浓度非脂溶性物质群和高浓度非脂溶性物质群。

CMO 算法的实现步骤包括参数设定和物质初始化、物质类型划分、高浓度脂溶性物质自由扩散、高浓度非脂溶性物质运动、低浓度物质运动、当前最优物质循环运动和物质的更新。具体步骤如下。

(1) 参数设定和物质初始化。

```
iteration ← 1
while iteration < G_max do
```

(2) 物质类型划分。

(3) 高浓度脂溶性物质自由扩散。

(4) 高浓度非脂溶性物质运动。

(5) 低浓度物质运动。

(6) 当前最优物质循环运动。

(7) 更新物质。

```
iteration ← iteration + 1
end while
```

细胞膜优化算法的流程如图 6.4 所示。

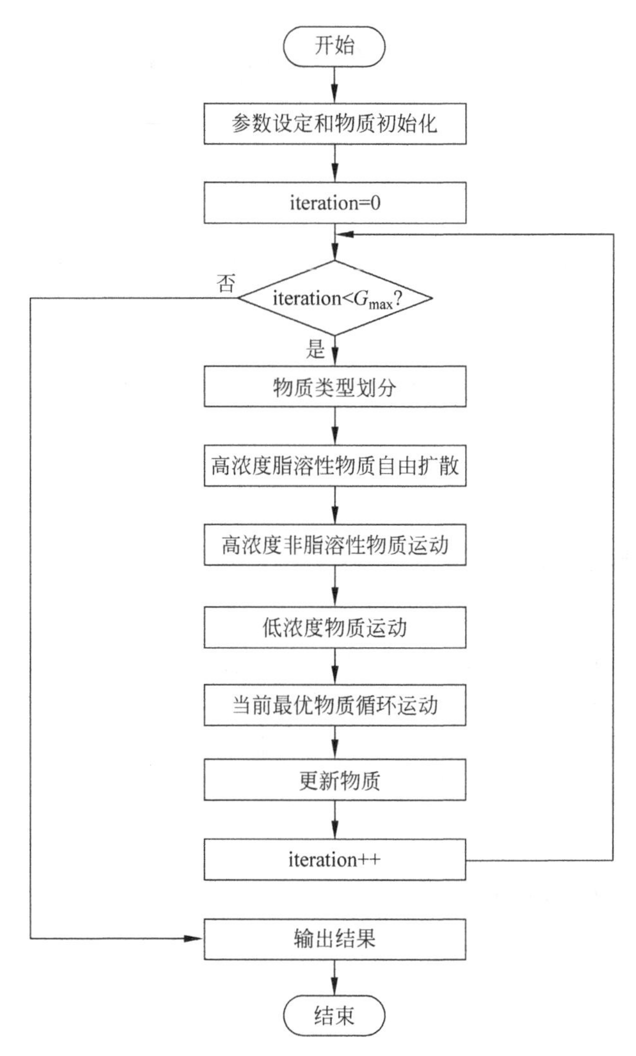

图 6.4 细胞膜优化算法的流程图

第7章　禁忌搜索算法

禁忌搜索算法模拟人脑的记忆功能，采用禁忌表技术标记并记忆已经搜索过的局部最优解，尽量避免重复进入同样的搜索，以利于快速扩大搜索空间寻找到全局最优解。禁忌算法是从过去的搜索历史中总结经验、获取知识，避免"犯错误"。因此，禁忌搜索是一种智能优化算法。本章介绍组合优化中的邻域概念，局部搜索算法，禁忌搜索算法的步骤、主要操作及参数等。

7.1　禁忌搜索算法的提出

禁忌搜索(Tabu Search或Taboo Search，TS)算法是由Glover在1986年提出的。它的基本思想是通过对搜索历史的记录，使用一个禁忌表来记录陷入局部最优解，在下一次搜索中利用禁忌表中禁止重复选择局部极值点的搜索信息，跳出局部最优点，以利于获得全局最优解。禁忌算法在组合优化、生产调度、机器学习、神经网络、电路设计等领域获得了广泛应用。

7.2　组合优化中的邻域概念

函数优化问题的数学模型为

$$\begin{cases} \min f(x) \\ \text{s.t. } g(x) \geqslant 0 \\ x \in D \end{cases} \tag{7.1}$$

其中，$f(x)$为目标函数；$g(x)$为约束函数；x为决策变量；D为决策变量的定义域，是有限点组成的集合。

邻域是光滑函数极值求解中的重要概念，它是距离空间中以一点为中心的圆，如图7.1所示。通过在邻域中一点寻求光滑函数下降或上升方向的变化，以便对函数极值求解。邻域从一个当前解向一个新解的移动，称为邻域移动。邻域移动选择策略应使目标函数向有利于优化求解的方向移动。

组合优化问题可表示为一个三元组：

$$(D, F, f) \tag{7.2}$$

其中，D为变量定义域；F为可行解区域，即

$$F = \{x \mid x \in D, g(x) \geqslant 0\} \tag{7.3}$$

F中任何一个元素称为该问题的可行解，满足目标函数$f(x)$的最小可行解x^*称为最优解，即

$$f(x^*)=\min\{f(x)\mid x\in F\}$$

显然,组合优化问题中可行解集合为一个有限点集,如图7.2所示。

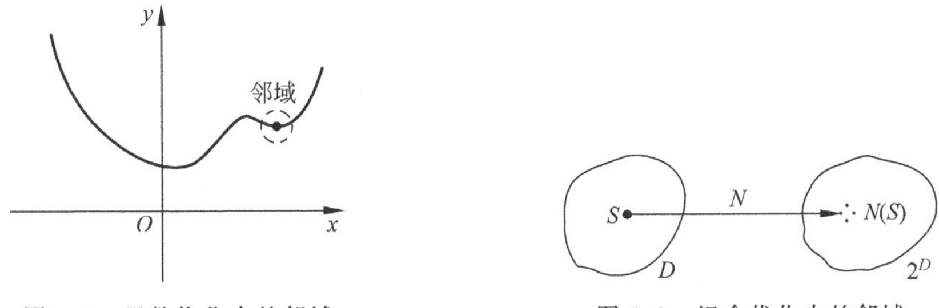

图7.1　函数优化中的邻域　　　　图7.2　组合优化中的邻域

组合优化问题求解的基本思想仍是在一点附近搜索另一个下降点,因为组合优化问题的可行解是一个有限的点集,所以连续函数中距离空间的邻域概念已不适用,需要从映射的角度给出新的定义。

【定义7.1】　对于组合优化问题(D,F,f),其中F为可行解区域,f为目标函数,定义域D上的一个映射

$$N: S\in D\rightarrow N(S)\in 2^D \tag{7.4}$$

式(7.4)称为一个邻域映射,其中2^D为D的所有子集组成的集合,$N(S)$为S的邻域,$S'\in N(S)$为S的一个邻居。

7.3　局部搜索算法

因为禁忌搜索算法要利用局部搜索算法,所以先介绍一下局部搜索算法的步骤。

(1) 设定一个初始可行解x^0,记当前最优解$x^{\text{best}}=x^0$,令$P=N(x^{\text{best}})$(x^0可根据经验或随机选取)。

(2) 当满足终止运算准则时或$P=\varnothing$时,输出结果,停止运算;否则从$N(x^{\text{best}})$中选取一个集合S,得到当前的最优解x^{now};若$f(x^{\text{now}})<f(x^{\text{best}})$,则$x^{\text{best}}:=x^{\text{now}}$,$P:=N(x^{\text{best}})$;否则,$P:=P-S$;重复步骤(2)。

下面通过旅行商问题(TSP)例子说明局部搜索算法。

【例7.1】　5个城市A、B、C、D、E对称TSP问题数据如图7.3所示。

解　与图7.3所对应的距离矩阵为

$$\boldsymbol{D}=(d_{ij})=\begin{array}{c} \\ A\\ B\\ C\\ D\\ E\end{array}\begin{array}{c}\begin{array}{ccccc}A & B & C & D & E\end{array}\\ \begin{bmatrix}0 & 10 & 15 & 6 & 2\\ 10 & 0 & 8 & 13 & 9\\ 15 & 8 & 0 & 20 & 15\\ 6 & 13 & 20 & 0 & 5\\ 2 & 9 & 15 & 5 & 0\end{bmatrix}\end{array}$$

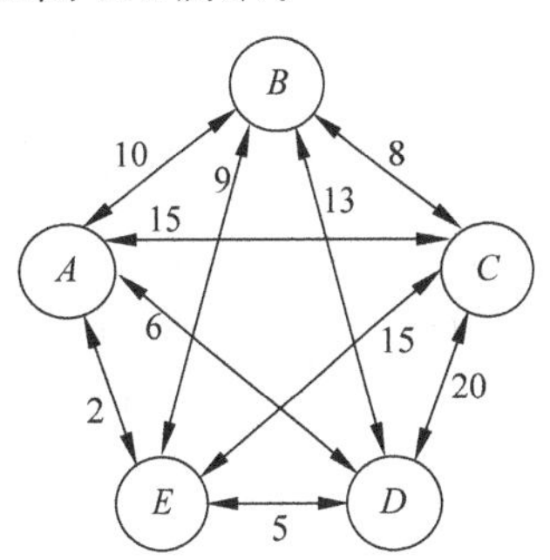

图7.3　5个城市对称TSP问题

(1) 选定 A 城市为起点,令初始解 $x^{best}=(ABCDE)$,$f(x^{best})=10+8+20+5+2=45$。

(2) 将对换两个城市位置定义为邻域映射,记为 2-opt。

情况 1 采用全邻域搜索,即 $S:=N(x^{best})$。

第一循环,

$$N(x^{best})=\{ABCDE,ACBDE,ADCBE,AECDB,ABDCE,ABEDC,ABCED\}$$

相对应的目标函数值为

$$f(x)=\{45,43,45,60,60,59,44\}$$

$$x^{best}=x^{now}=ACBDE$$

第二循环,

$$N(x^{best})=\{ACBDE,ABCDE,ADBCE,AEBDC,ACDBE,ACEDB,ACBED\}$$

对应目标函数值为

$$f(x)=\{43,45,44,59,59,58,43\}$$

$$x^{best}=x^{now}=ACBDE$$

至此,$P=N(x^{best})-S$ 已为空集,于是最优解为 $ADCBE$,目标函数值为 43。

情况 2 采用一步随机搜索方法。

随机设计 $x^{best}=ABCDE$,$f(x^{best})=45$。

第一循环,采用 $N(x^{best})$中一步随机搜索,如 $x^{now}=ACBDE$,因 $f(x^{now})=43<45$,故 $x^{best}=ACBDE$。

第二循环,从 $N(x^{best})$又随机选一点 $x^{now}=ADBCE$,因 $f(x^{now})=44>43$,故 $P=N(x^{best})-\{x^{now}\}$。

如此循环下去,最后得到最优解。综上不难看出,局部搜索算法具有容易理解、简单易行的优点,但缺点是难以保证获得全局最优解。

7.4 禁忌搜索算法

禁忌搜索算法是上述局部搜索算法的扩展,它的基本思想是,对已得到的局部最优解加以标记,以利于在下一步迭代中避开这些局部最优解。下面通过一个四城市非对称 TSP 问题的例子来理解禁忌搜索算法。

【例 7.2】 4 个城市 A、B、C、D 非对称 TSP 问题如图 7.4 所示。

解 设初始解 $x^0=ABCD$,邻域映射为两城市位置对换,始、终点均为 A 城市,目标值为 $f(x^0)=4$,城市之间的距离矩阵为

$$\boldsymbol{D}=(d_{ij})=\begin{array}{c} \\ A \\ B \\ C \\ D \end{array}\begin{array}{c} \begin{array}{cccc} A & B & C & D \end{array} \\ \begin{bmatrix} 0 & 1 & 0.5 & 1 \\ 1 & 0 & 1 & 1 \\ 1.5 & 5 & 0 & 1 \\ 1 & 1 & 1 & 0 \end{bmatrix} \end{array}$$

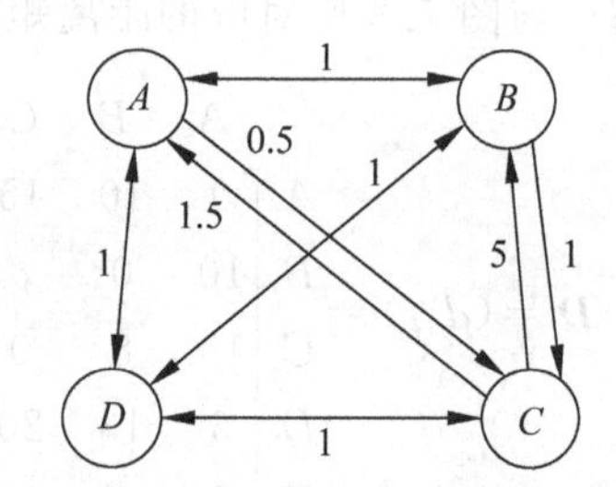

图 7.4 四城市非对称 TSP 问题

(1) 因为以 A 为始、终点，所以 $ABCD$ 当前解中 A 不动，只能 B、C、D 之间的两两对换最多形成 3 个对换对，对换后按目标值从小到大排列，均大于当前解，表明当前的解已达到局部最优解而停止。

如果允许从候选解中选一个最好的对换，即 CD 城市位置对换，则解从 $ABCD$ 变为 $ABDC$，目标值上升，但此法可能跳出局部最优。

(2) 由于在步骤(1)中选择了 CD 交换，于是希望这样的交换在下面的若干次迭代中不再循环出现，因此在禁忌表中限定在 3 次迭代中不允许 CD 或 DC 交换。

(3) 因为 BC 在步骤(2)中对换，在此禁忌迭代 3 次的 CD 被禁一次后还有两次禁忌，只有选择 BD 对换。

(4) 至此，所有候选解对换被禁忌，若把上述禁忌次数由 3 改为 2，则再迭代一步，又回到 $ABCD$ 初始解，出现循环。

由上面的例子不难看出，禁忌对象(指两个城市对换，即变化的状态)、被禁的长度(即禁止迭代的次数)、候选解、评价函数和停止规则等都对算法性能有影响。

7.5　禁忌搜索算法的主要操作及参数

1. 评价函数

评价函数用以评价候选解的质量，评价函数可分为以下两种情况。

(1) 用目标函数作为评价函数，即

$$p(x)=f(x) \tag{7.5}$$

也可以用目标函数值与 x^{now} 目标值的差值或与当前最优解 x^{best} 目标值的差值做评价函数，即

$$p(x)=f(x)-f(x^{\text{now}}),\quad \text{或}\quad p(x)=f(x)-f(x^{\text{best}}) \tag{7.6}$$

(2) 构造替代函数作为评价函数，以避免直接采用目标函数计算复杂或耗时。

2. 禁忌对象

禁忌对象是指禁忌表中被禁止的那些变化元素。解状态的变化分为简单变化、解向量分量变化、目标值变化 3 种。

(1) 简单变化：设 $x,y\in D$，D 为优化问题的定义域，$x\rightarrow y$，如例 7.1 中，$ABCDE\rightarrow ACBDE$，可视为简单变化。

(2) 向量分量变化：解向量中每一个分量变化为基本元素，如 $ABCDE\rightarrow ACBDE$，只是 B 和 C 的对换。

(3) 目标值变化：与等位线道理一样，把处于等位线的解视为相同。例如，目标函数 $f(x)=x^2$ 的目标值从 1 变到 4，隐含解空间中有 4 种变化的可能：$-1\rightarrow-2$，$1\rightarrow-2$，$-1\rightarrow2$，$1\rightarrow2$。

在上述 3 种形式中，解的简单变化比解的分量变化和目标值变化受禁忌的范围要小，能给出较大的搜索范围，但计算时间增加；解的分量变化和目标值变化的禁忌范围比解的简单变化的禁忌范围要大，这减少了计算时间，但可能导致陷于局部最优。因此在选择禁忌对象时，要根据实际问题采用适当的变化组合。

3. 禁忌长度

禁忌长度是指被禁对象不允许选取的迭代次数 t，分为下面3种情况。

(1) t 取常数。

(2) $t\in[t_{min},t_{max}]$，t 依据被禁对象的目标值和邻域的结构而变化。当函数值下降较大时，可能谷较深，欲跳出局部最优，t 应取大些。

(3) t_{min}，t_{max} 的动态选取。有的情况下用 t_{min}，t_{max} 的变化能获得更好的解。

禁忌长度选取同实际问题、实验和设计者经验有关。

4. 候选解集合的确定

由邻域中的邻居组成，一般从邻域中选择若干目标值或评价值最佳的邻居入选，也可以随机选取部分邻居。

5. 特赦规则

在禁忌搜索算法的迭代过程中，会出现候选解集中所有对象被禁忌，或一对象被禁忌但其目标值非常大的情况。在上述情况下，为了实现全局最优，令一些禁忌对象重新可选，即为特赦，其相应规则称为特赦规则。常用的特赦规则有以下3种。

(1) 基于评价值的规则。

(2) 基于最小错误的规则：从候选解中选出一个评价值最小的状态解解禁。

(3) 基于影响力的规则：使其影响力大的禁忌对象获得自由(解禁)。

6. 记忆频率信息

在计算过程中，记忆解集合、有序被禁对象组、目标值集合等出现的频率，有助于进一步加强禁忌搜索效率，以便动态控制禁忌长度。

7. 终止规则

(1) 以一个充分大的迭代次数 N 终止。

(2) 频率控制原则。

(3) 目标变化控制规则。

(4) 目标值偏离程度原则。

第8章 和声搜索算法

和声搜索算法模拟音乐演奏寻找一个极好的和声过程，类同于优化算法寻找目标函数值的最优状态。在和声搜索算法中，一个解对应一个和声，和声的分量对应一个乐器的音调，即一个和声由若干音调组成。和声搜索算法首先初始化生成和声记忆库；其次基于某种策略产生一个新和声；再次计算新和声的适应度，并基于更新策略更新和声记忆库；最后迭代这个过程，直到产生一个满足条件的和声为止。本章介绍和声搜索算法的原理、结构、主要步骤及流程。

8.1 和声搜索算法的提出

和声搜索(Harmony Search，HS)算法是2001年由韩国学者Zong Woo Geem等提出的一种基于音乐演奏和声原理的仿人智能优化算法。

在音乐演奏中，乐师们凭借自己的记忆，通过反复调整乐队中各乐器的音调，最终达到一种美妙的和声状态。音乐和声是一种来源于审美观的、令人欢愉的美妙的声音组合。在自然界中，和声是一些有不同频率的声波之间的特殊关系。音乐演奏是要寻找一个由美学评价所决定的最佳状态(极好的和声)，同样优化算法也是寻找由目标函数值所决定的最优状态(全局最优——最低花费、最大利益或效率)。美学评价是由参与演奏的乐器发出的声音集合所决定的，正如目标函数值是由设计变量值所组成的集合决定的。表8.1给出了优化过程与音乐演奏和声过程的对比情况。

表8.1 优化过程与音乐演奏和声过程的对比

类比元素	优化过程	和声过程
最佳状态	全局最优	极好的和声
被……评价	目标函数	美学评价
用……评价	设计变量值	乐器的音调
过程单元	每次迭代	每次练习

和声搜索算法已用于求解旅行商、多目标水坝调度、水资源网络优化、公交车路径优化、网络优化等问题。

8.2 和声搜索算法的原理及结构

和声搜索算法首先初始化和声记忆库，其次在和声记忆库中随机产生新的和声，如果新的和声比记忆库中最差的和声好，则把新的和声放进记忆库，把最差的和声换出记忆库。如此循环直至满足停止准则。和声记忆库(HM)的结构图如图8.1所示。

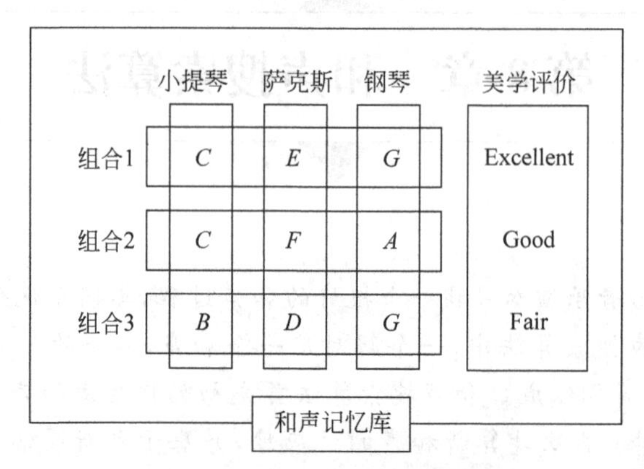

图8.1　和声记忆库结构图

考虑由小提琴、萨克斯、钢琴组成的爵士三重奏乐曲。最初,记忆库被随机的和声(C,E,G)、(C,F,A)和(B,D,G)充满,它们被美学评价所分类。在演奏调试的过程中,3个乐器产生了新的和声,如(C,D,A),小提琴的音调$\{C\}$来自$\{C,C,B\}$;萨克斯的音调$\{D\}$来自$\{E,F,D\}$;钢琴的音调$\{A\}$来自$\{G,A,G\}$。在和声记忆库中每一个音调有同样的机会被选中,如在和声记忆库中萨克斯的每一个音调E、F和D都有33.3%的概率被选中。如果新生成的和声(C,D,A)比和声记忆库中现存的任何一个和声都好,那么新的和声就被换进和声记忆库,而最差的和声(在例子中为(B,D,G))就被换出和声记忆库。一直重复这个过程直到得到令人满意的结果(最优解)。

为了更深地理解和声搜索算法的原理,考虑如下的最优化问题。

$$f(x)=(x_1-2)^2+(x_2-3)^4+(x_3-1)^2+3 \tag{8.1}$$

式(8.1)为一个最小化问题,当全局最小时可以很容易地找到解向量为(2,3,1),和声搜索寻找解向量是用另一种方法。如图8.2所示的和声记忆库是由随机生成的值所构成的,这些随机生成的值被目标函数值所分类。接下来,新的和声(1,2,3)是在和声记忆库中随机搜索产生的:x_1的值是从{2,1,5}中搜索到的{1};x_2的值是从{2,3,3}中搜索到的{2};x_3的值是从{1,4,3}中搜索到的{3}。因为新的和声函数值是9,所以新的和声(1,2,3)被放入和声记忆库,最差的和声(5,3,3)被换出和声记忆库,如图8.3所示。最后,和声搜索随机地找到函数值是3的和声(2,3,1),此时问题达到全局最小。

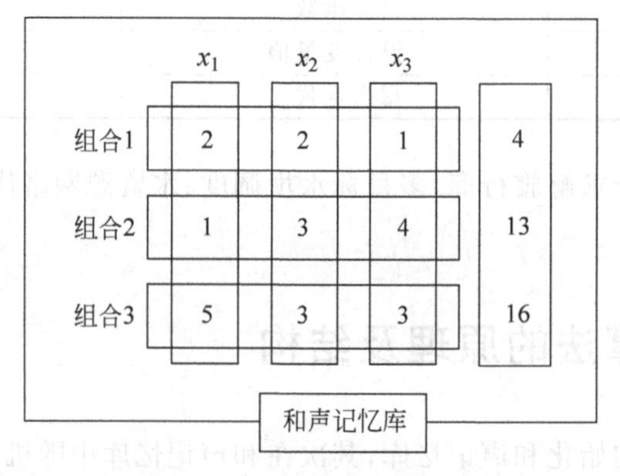

图8.2　初始的和声记忆库

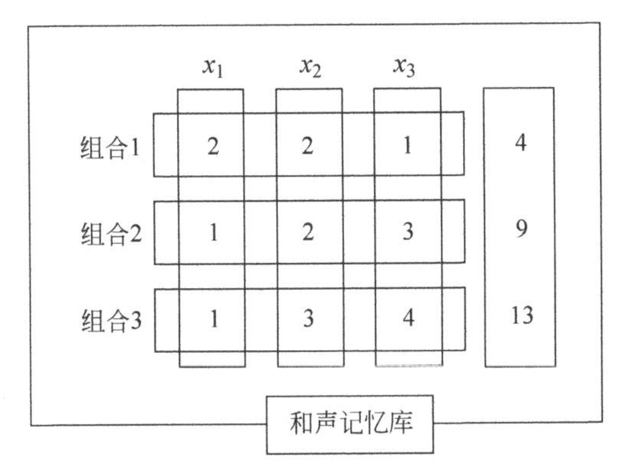

图 8.3　后来的和声记忆库

当然,以上假设所有全局最优解起初就存在于和声记忆库中。但实际情况并不总是这样,为了找到全局最优,和声搜索提出了一个参数,和声记忆库保留概率(HMCR),它的范围为0～1。如果一个在0～1均匀分布的数超过了和声记忆库保留概率的值,那么和声搜索就在允许的范围内随机地寻找乐器音调(变量值)而不用考虑和声记忆库。和声记忆库的保留概率为0.95,也就是在下一步,算法在和声记忆库中选择乐器音调(变量值)的概率为95%。

为了使目标函数值逃离局部最优,提出了另一个参数——音调调节率(PAR)。这种方案模拟了在音乐演奏中,为了调整合奏的效果而对每种乐器进行音调调整。音调调整办法是在可能存在的音调范围内转移到相邻的音调去。如果有5个可能存在的音调为{1,3,4,6,7},则在音调调节的过程中{6}可以被移向临近的{4}、{7}。音调调节的概率为0.1,也就是说,算法以10%的概率选择相邻的音调。

假设一种乐器可能存在的音调的集合为$\{C,D,E,F,G\}$,和声记忆库的保留概率为0.95,音调调节概率为0.1,乐器现有音调$\{C,E,G\}$在和声记忆库中,在和声搜索算法随机处理的过程中,算法以95%的概率从$\{C,E,G\}$中任意选取一个音调,或者以5%的概率从$\{C,D,E,F,G\}$中选取一个音调,且当$\{E\}$被选取时可以以10%的概率被$\{D\}$或$\{F\}$替换。

如上所述,和声搜索自然地包含了现有的启发式算法的结构。它保留了类似禁忌算法的初始向量元素(和声记忆库)的来历,并且从计算的开始到结束能够以类似模拟退火算法的方式改变适应率(和声记忆库保留概率),并且能够以类似遗传算法的方式同步地处理多个向量元素。但是遗传算法与和声搜索算法最主要的不同是和声搜索算法从所有现存的向量(在和声记忆库中所有的和声)中生成一个新的向量,而遗传算法仅从现存的两个向量(亲代)中生成新的向量。此外,当生成一个新的向量时和声搜索算法能够考虑到这个向量中的每一个组成变量,但是遗传算法却不能,因为它必须要保持遗传结构。

8.3　和声搜索算法的主要步骤及流程

将乐器$i(i=1,2,\cdots,m)$类比于优化问题中的第i个变量,各乐器的音调相当于各变量的值,各乐器音调的和声$\boldsymbol{X}^j(j=1,2,\cdots,N)$相当于优化问题的第$j$组解向量,其中$\boldsymbol{X}^j=(x_1^j,x_2^j,\cdots,x_m^j)$,音乐效果评价类比于目标函数$f(\boldsymbol{X}^j)(j=1,2,\cdots,N)$。于是,和声搜索的计算步骤可描述如下。

(1) 确定优化问题的目标函数、约束条件及和声搜索基本参数。

① 乐器(变量)个数 m;

② 各种乐器的音调范围(变量取值范围);

③ 和声记忆库 HM 可保存的和声个数 M,而 M 应远小于所有可行解数目;

④ 和声记忆库保留概率 HMCR,即在产生新解时从和声记忆库中保留解分量 x_i^j 的概率大小;

⑤ 记忆库扰动概率 PAR,即每次对部分解分量进行微调扰动的概率大小;

⑥ 最大迭代次数,即循环的最大次数,为循环终止条件。

(2) 和声记忆库初始化。将随机产生 m 优化问题的初始解放入和声记忆库 HM 中,可表示为

$$\left[\begin{array}{cccc|c} x_1^1 & x_2^1 & \cdots & x_m^1 & f(X^1) \\ x_1^2 & x_2^2 & \cdots & x_m^2 & f(X^2) \\ \vdots & \vdots & & \vdots & \vdots \\ x_1^M & x_2^M & \cdots & x_m^M & f(X^M) \end{array}\right] \tag{8.2}$$

其中,$\boldsymbol{X}^j$ 为第 j 个解向量;x_i^j 为第 j 个解向量的第 i 个分量;$f(\boldsymbol{X}^j)$为第 j 个解向量的函数值。

(3) 产生新的解。每次产生一个新解 $\boldsymbol{X}^{\text{new}}=(x_1^{\text{new}},x_2^{\text{new}},\cdots,x_m^{\text{new}})$,其中新解分量 x_i^{new} 可通过 3 种机理产生:

① 保留和声记忆库中的某些解分量;

② 随机选择产生;

③ 对①、②中某些分量进行微调扰动。

保留和声记忆库中某些解分量,以一定概率随机对和声记忆库的某些分量进行保留,即新产生的 x_i^{new} 来源于记忆库中第 i 个解分量的集合 $X_i=(x_i^1,x_i^2,\cdots,x_i^M)$的概率为 HMCR。按机理②产生的新解分量 x_i^{new} 是从第 i 个解分量的可行解空间(即变量 i 的取值范围)中以 1−HMCR 的概率随机产生的。对两种机理产生的解分量按概率 PAR 进行扰动,得到按机理③产生的新解分量。扰动原则为

$$x^{\text{new}}=x'^{\text{new}}+2\times u\times \text{rand}-u \tag{8.3}$$

其中,x'^{new},x^{new} 分别为扰动前后新解的第 i 个解分量;u 为带宽;rand 为 0~1 的随机数。

(4) 更新记忆库。判断新解是否优于 HM 中的最差解,若是,则将新的解替换最差解,得到新的和声记忆库。

(5) 重复步骤(3)和步骤(4),直到达到最大迭代次数或满足停止准则后结束循环输出最优解。

实现和声搜索算法的流程如图 8.4 所示。和声搜索算法的初始解可以随机给出,也可以事先使用其他启发式算法等构成一个较好的初始解。和声搜索算法主要是基于邻域搜索的,初始解的好坏对搜索的性能影响很大。尤其是一些带有很复杂约束的优化问题,随机给出的初始解很可能是不可行的,甚至通过多步搜索也很难找到可行解,这时应针对特定的复杂约束,采用启发式方法或其他方法找出一个可行解作为初始解。

和声记忆库 HM 的大小 M 是 HS 的一个重要参数,HS 之所以具有更强的全局搜索能力,很大程度上依赖于 HM 的存在。一般来说,M 越大,找到全局最优区域的能力越强。但由

于 HS 是多点开始的，随 M 的增大，计算量将会变大，从而影响到最终搜索到最(近)优解的速度。HMCR 是和声搜索算法的另一个重要参数，其取值范围为 0～1，它决定每次迭代过程中新解产生的方式。在和声搜索算法中，因新解产生时每个变量都依赖于 HMCR，故 HMCR 应取较大的值，通常 HMCR 的值为 0.9～1.0。音调调节率 PAR 在和声搜索中起控制局部搜索的作用，它可使搜索逃离局部最优，其取值一般为 0.1～0.5，局部扰动中 u 可取值为 0.001～0.01。

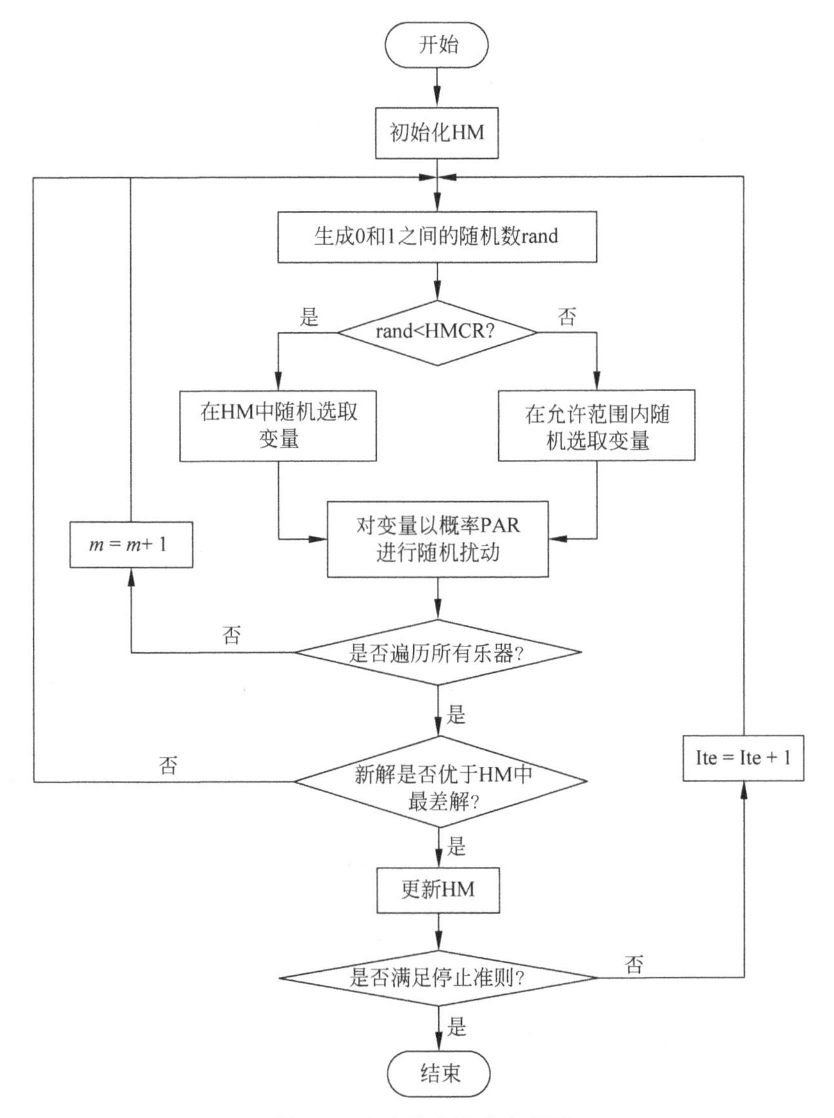

图 8.4 和声搜索算法流程图

第9章 思维进化算法

思维进化算法模仿人类思维中的趋同、异化两种思维模式交互作用推动思维进步的过程。趋同是采用模仿或改进现有的、他人的思维方式或方法解决问题，异化是摆脱常规的思维方式。思维进化算法采用趋同和异化操作代替遗传算法的选择、交叉和变异算子，引入记忆机制、定向机制以及勘探与开采功能之间的协调机制，使得该算法具有搜索效率高、收敛性好，并具有良好的适应性和拓展性。本章介绍思维进化算法的基本思想、描述、实现步骤及流程。

9.1 思维进化算法的提出

思维进化算法(Mind-Evolution-Algorithm，MEA)是1998年由孙承意提出的一种新的进化算法。该算法模仿人类思维中趋同、异化两种思维模式交互作用，旨在推动思维进化过程。同遗传算法相比，思维进化算法采用了不同的进化操作和运行机制，而使其具有以下的特点。

(1) 把群体划分为子群体，通过趋同和异化操作使局部开采与整体勘探相辅相成，协调发展。

(2) 利用局部和全局公告板记忆子群体和环境的信息，以便指导趋同与异化向着有利的方向进行。

(3) 采用多子群体并行进化机制，具有本质上的并行性。

(4) 通过趋同算子实现个体之间、子群体之间的学习，体现了向前者和优胜者学习的机制。

(5) 易扩充，可移植性强。

思维进化算法已用于优化计算、图像处理、系统建模等方面。

9.2 思维进化算法的基本思想

思维进化算法的提出是通过对简单遗传算法的深入分析，认为导致遗传算法存在早熟、计算代价高等问题，以及性能改进效果显著的主要原因如下。

(1) 单一的一个基因可能同时影响一系列表象，而某一表象可能是由许多基因的交互作用决定的，由于多表象性和多基因性的交互影响，遗传操作的结果一般是不可预知的，使得难以控制进化的方向,造成 GA 性能改进变得困难。

(2) 由于遗传算法是模拟生物进化的过程,而生物进化没有记忆,因此有关产生个体的信息包含在个体所携带的染色体的集合及染色体编码的结构中。GA 进化过程中获得的信息都保存在当前群体中的个体里,如果在进化过程中没有遗传给后代,将导致优良个体信息的丧失。若 GA 没有充分利用从环境得到的信息指导进化的方向,则导致 GA 的计算效率较低。

(3) 勘探与开发利用功能协调配合差。遗传算法用随机方法生成初始群体,采用变异和交叉算子在搜索空间进行"勘探",利用选择算子对群体中的信息进行"开发"利用。但是这两种作用的配合难以确保"探测"与"开采"功能始终协调得最好。个体描述方式的特殊化及操作算子的复杂性,使得问题的初始化及控制参数的合理选择存在一定的困难,从而导致群体的多样性与选择压力难以达到有效平衡。这是造成算法过早收敛、搜索效率低的主要原因。

通过分析人类思维过程和自然进化过程,我们认为人类思维的进步速度远高于生物进化的原因有如下两点。

(1) 向前人和优胜者学习。在人类的进步过程中,产生了科学,并以书籍等形式记载供后人学习。信息的快速交流使人类能够共享他人的成功经验、研究成果。由于这些知识的积累和交流,使得近二三百年人类的思维进步越来越快。

(2) 不断地探索与创新。在学习前人和优胜者经验的同时,人们不断地改变自己的思维方式,另辟蹊径,探索新的领域。正是思维上的这种方式,使新概念、新科学、新技术、新方法不断涌现。

思维进化算法认为,有两种思维模式普遍存在于各个领域的人们的思维活动中,称为趋同和异化：趋同指的是采用现有的、他人思维模式或方法解决问题,但可能不是完全机械地模仿别人；异化指的是摆脱常规思维方式,提出解决问题的新观点、新方法、新途径或提出新问题、开拓新领域。这两种不同的思维模式的交互作用推动人类思维越来越快地进步。模拟人类思维过程的趋同和异化方式是思维进化算法的基本思想。

9.3　思维进化算法的描述

思维进化算法由群体、子群体、个体、公告板、特征提取系统等部分组成,其系统结构如图 9.1 所示。下面介绍 MEA 的基本概念及定义。

(1) 环境。所求问题的解空间和信息空间,即所有可能的解及其所携带的知识的集合。

(2) 适应度函数。对所求问题的解的适应性进行度量的函数,对每一个解给出其数值评价,也称评价函数。

(3) 个体和胜者。个体表示所求问题的每一个可能解。在 MEA 中,每个个体都可以拥有自己的知识,并管理它们。每个个体都有其自己的性格,如有保持自己成功经验的趋势,或者有向其他个体学习的趋势。胜者指的是这样的个体,它依据适应度函数计算出的评价值高于解空间中其他的个体。

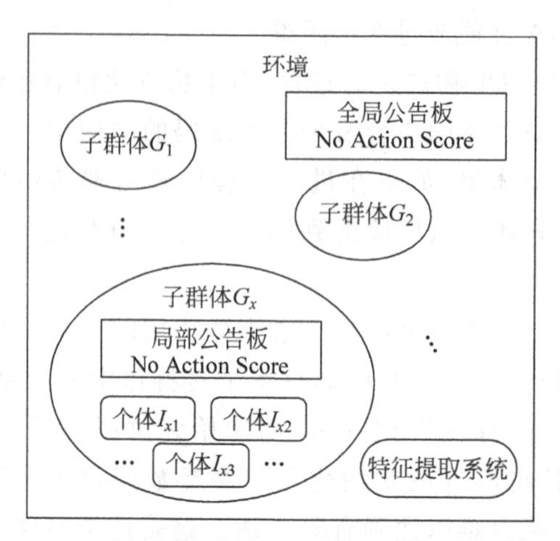

图 9.1 思维进化算法的结构

(4) 群体、初始群体和子群体。进化过程的每一代中所有个体的集合称为群体。初始群体是指算法初始化以后,个体在解空间中随机散布,然后计算得到每个个体的得分,一些得分高的个体成为胜者,并以它们为中心形成初始群体。优胜子群体记录全局竞争中的优胜者的信息,临时子群体记录全局竞争的中间过程。

(5) 公告板。为个体之间和子群体之间交流信息提供了环境和机会,在算法中有局部公告板和全局公告板。公告板包含3类基本信息(或称为必要信息):个体或子群体的序号、动作、得分。根据需要,还可以包含其他信息,如前若干代群体或个体的信息。

序号是算法对操作对象的编号。动作是指被执行的进化操作,动作的描述因领域而异。个体的得分是个标量,它是环境依据适应度函数对个体动作的评价。子群体的得分按该子群体中胜者的得分计算。

这些信息就是个体或群体得到的关于环境的知识。公告板中的信息根据应用的不同可以按不同的要求排序。子群体中的个体在局部公告板记录各自的信息。全局公告板用于记录各子群体信息。

(6) 进化操作。包括趋同和异化两个基本算子。下面给出它们的定义。

【定义 9.1】 在子群体范围中,个体竞争成为胜者的过程称为趋同。

趋同是一个局部竞争的过程,在这个过程中个体的信息在局部公告板中记录。在 MEA 中将完成这一趋同过程的操作称为趋同(算子)。在数值优化中,趋同操作的实现方法是,在子群体前一代的胜者附近按正态分布散布新一代的个体,并计算这些个体的得分,其中得分最高的个体是本子群体的新的胜者。胜者的得分作为该子群体的得分。该正态分布可以表示为$N(\boldsymbol{X},\boldsymbol{\Sigma})$,其中$\boldsymbol{X}$是正态分布的中心向量,$\boldsymbol{\Sigma}$是该正态分布的协方差矩阵,当各维变量相互独立时,该矩阵为对角矩阵,在迭代的第i代,其对角元素记为$\{\sigma_{id}\}$,其中$d=1,2,3,\cdots$是解空间的维数。

一个子群体在趋同过程中,若不再产生新的胜者,则称该子群体已经成熟(Maturation)。当子群体成熟时,该子群体的趋同过程结束。子群体从诞生到成熟的期间称为生命期(Lifecycle)。子群体成熟的判别准则如下。

如果一个子群体在连续M代中的得分增长小于给定的ε,即

$$\max(\Delta f \mid t=i-M+1, i-M+2, \cdots, i-1;\ M-1<i<\infty)<\varepsilon \tag{9.1}$$

则认为此子群体在第 i 代成熟，其中 Δf_t 为子群体在第 t 代得分增长。

【定义 9.2】 在整个解空间中，各子群体为成为胜者而竞争，不断地探测解空间中新的点，这个过程称为异化。

异化有两个含义。一是各子群体进行全局竞争，若一个临时子群体的得分高于某个成熟的优胜子群体的得分，则该优胜子群体被获胜的临时子群体替代，原优胜子群体中的个体被释放；若一个成熟的临时子群体的得分低于任意一个优胜子群体的得分，则该临时子群体被废弃，其中的个体被释放。二是被释放的个体在全局范围内重新进行搜索并形成新的临时群体。

在算法开始时，所有的个体进行全局搜索，并形成若干子群体，即产生初始群体及子群体。显然，异化是一个全局竞争的过程，其结果是得到一个全局最优解。在 MEA 中将完成这种异化过程的操作称为异化(算子)。

趋同和异化在 MEA 运行过程中要反复进行，直到满足算法终止运行的条件。定义 9.1 和定义 9.2 是从竞争的角度定义的，类似地，也可以从解空间的搜索角度进行定义。趋同进行局部搜索，异化进行全局搜索。从另一个角度分析，趋同可以看作是对局部信息开发利用，异化可以看作是全局性的探测。

9.4 思维进化算法的实现步骤及流程

在思维进化算法流程描述中所用到的符号及说明如表 9.1 所示。

表 9.1　算法描述中所用符号含义

符　号	说　明
S	整个解空间中群体的规模，即为初始群体中所含个体数目，也可表示子群体的总数目
N	整个解空间中同时存在的子群体的个数
N_S	整个解空间中优胜子群体数
N_T	整个解空间中临时子群体数
G_i	第 i 个子群体
S_{Gt}	第 i 个子群体的规模。若各子群体的规模相同时，记为 S_G
S_R	被释放的临时子群体或成熟子群体中的个体数
N_R	被释放的临时子群体或成熟子群体的个数
C_i^t	第 i 个子群体在第 t 代的中心
t_i	第 i 个子群体迭代的次数
B_G	全局公告板信息
B_L	局部公告板信息
I_i	第 i 个子群体信息

注：若各子群体的规模相同，则 $S=(N_S+N_T)S_G$；若用子群体表示时，则 $N=N_S+N_T$

在数值优化问题中,思维进化算法用伪代码表示如下。

```
/* Procedure MEA */
begin; /* 公告板初始化 */
  t←0
  在整个解空间中随机产生 S 个个体
  计算 S 个个体的得分,评价 S 个个体
  选择得分最高的 N_S 个个体,分别作为 N_S 个子群体的初始中心 C_i^t,构成 N_S 个优胜子群体
  以 N_T 个个体作为初始中心 C_i^t,构成 N_T 个临时子群体
  while (不满足终止条件时)do
  begin
    t←t+1
    /* 各子群体内进行趋同操作 */
    for
      在每一个子群体的中心 C_i^{t+1} 的周围随机散布 S_G - 1 个个体
      计算 S_G 个个体的得分
      选择得分最高的个体作为子群体新的中心 C_i^t
    end for
    /* 各子群体内进行异化操作 */
    for
      if 子群体 G_i 已成熟,G_i 的得分优于全局公告板的某一个解
        该子群体得到的局部最优解替代全局公告板中较差的解
          释放该子群体的全部个体,N_R←N_R+1,S_R←S_R+S_{G_i},记录被释放的子群体序号
      end if
    end for
  end while
end
```

关于上面思维进化算法的学习步骤如下。

(1) 初始群体的个体在解空间中随机散布,计算每个个体的得分。

(2) 选出 N_S 个得分最高的个体,即胜者,公布在全局公告板上,并排序;其余为失败者,其中一些失败者在胜者周围散布,形成 N_S 个优胜子群体。

(3) 其余失败者随机地在解空间散布,再在其中选择 N_T 个胜者,形成 N_T 个临时子群体。

(4) 趋同学习是在每个子群体中进行的(包括优胜子群体和临时子群体)。子群体中的个体以子群体的胜者为中心进行随机散布,它们在胜者周围进行搜索、相互竞争,产生新的胜者。每个个体的信息公布在局部公告板上。每个子群体中胜者的得分作为该子群体的得分。

(5) 异化操作是在全局范围内进行的。如果一些临时子群体的得分高于一个成熟的一般子群体,那么临时子群体将取代一般子群体。被取代的子群体中的个体在空间中重新散布,形成新的临时子群体。

(6) 收敛的判别。如果此次过程不收敛,则重复步骤(4)和步骤(5)。

思维进化算法的流程如图 9.2 所示。

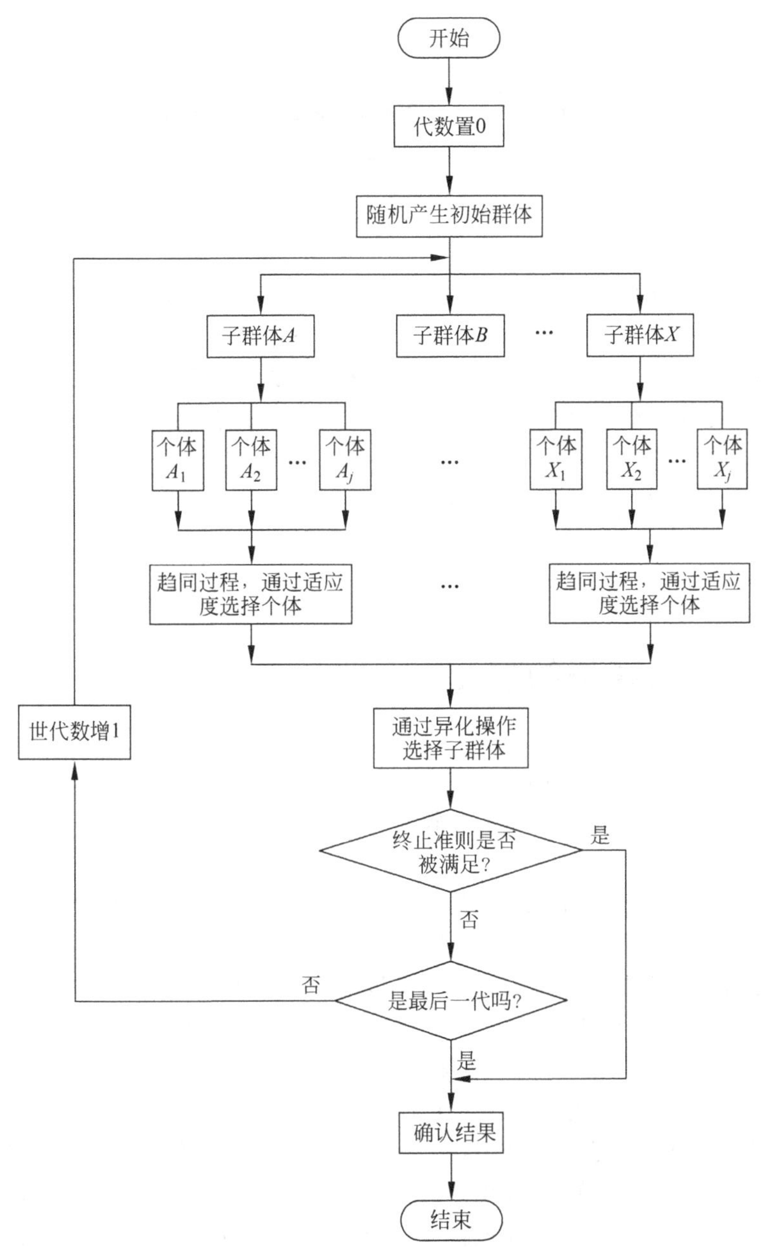

图 9.2　思维进化算法的流程图

第10章 社会进化算法

多目标多智能体社会进化算法(本书简称为社会进化算法)是一种将多智能体系统和传统遗传机制相结合的多目标优化算法。在算法中将个体作为一个具有局部感知、竞争协作和自学习能力的智能体。通过智能体之间的竞争提高了智能体的竞争能力;采用正交交叉算子完成智能体之间的协作以增加智能体种群中个体的多样性;利用智能体自学习特性能够充分利用其本身所具有的先验知识;利用"关系网模型"完成多智能体邻域的建立及更新过程,可以实现快速整体进化过程。本章介绍社会进化算法的基本思想、算法描述及实现步骤。

10.1 社会进化算法的提出

多智能体社会进化算法(Multi-Agent Social Evolutionary Algorithm for Multiobjective, MOMASEA,简记MASEA)是2009年由潘晓英、刘芳和焦李成提出的一种用以求解多目标优化问题的进化算法。

多目标优化问题是工程中常见的问题,其各目标之间的相互矛盾性使得问题不存在使所有目标函数同时达到最优化的最优解,而是存在"矛盾目标集",即Pareto解集。求解Pareto解集的传统方法是将多目标问题转换为多个不同的单目标优化问题分别加以求解。这些算法对于Pareto前端非凸的情形不能求出所有的Pareto最优解,而且多个目标之间很难进行比较。这些方法为了获得近似的Pareto最优解集,需要多次运行求解单目标优化问题,计算开销非常大,对于复杂的多目标优化问题往往无能为力。

通过多智能体进化的思想来完成Pareto解集的寻优过程的仿真实验结果表明,该算法能够较好地收敛到Pareto最优解集上,并且具有良好的多样性。另外,对智能体局部邻域环境建立方式的分析结果表明,引入"关系网模型"可有效提高算法的收敛速度,并能在一定程度上提高解的质量。

10.2 社会进化算法的基本思想

社会进化算法是一种将多智能体系统和传统演化技术相结合的多目标进化算法。该算法将遗传机制融合到多智能体系统,将进化算法中的个体作为一个具有局部感知、竞争协作和自学习能力的智能体,通过智能体与环境及智能体之间的相互作用达到全局优化的目的。

社会进化算法通过定义可信任度来表示智能体之间的历史活动信息,并据此确定智能体的邻域、控制智能体之间的行为。根据多智能体的社会进化模型中需要遵循的一些原则,以及多目标优化问题的特点，算法设计了两个种群：一是普通的智能体种群；二是存储 Pareto 解的存储种群，并设计了竞争、协作和自学习策略。在智能体种群中，每个智能体视为一个节点，以可信任度作为连接的权值，并据此确定智能体的邻域，控制智能体之间的行为。

遗传变异和适者生存机理及多智能体的相互竞争和自学习的特性，使得算法表现出优越的性能。竞争算子体现了适者生存、弱肉强食及多样性的原则。通过智能体之间的竞争作用，使得能量较高的智能体具有较强的竞争能力，能够更容易生存下去。协作算子体现了个体的交配，将优良的基因保留到下一代。采用正交交叉算子完成智能体之间的协作过程，使得智能体种群中的个体多样性增加。由于该算法利用了智能体的自学习特性，因此能够充分利用它本身所具有的先验知识进行启发式搜索的过程，并采用“擂台赛法则”构造 Pareto 解的存储种群。利用“关系网模型”完成多智能体邻域的建立及更新过程，更贴近真实的复杂适应系统，可以更加快速而有效地完成整体进化过程。利用“擂台赛法则”构造存储集种群可以有效地降低构造非支配集的复杂度，提高运行效率。各种因素的综合作用，使得该算法在求解多目标优化问题的 Pareto 解集上具有较优越的性能。

10.3　多智能体社会进化系统

1. 多智能体进化思想

智能体 agent 是一个物理的或抽象的实体，它能作用于自身和环境中，并能对环境做出反应。多智能体进化系统的基本思想是使传统遗传算法中的每个个体形成智能体，每个智能体采用进化机制，能够同时与环境和其他智能体交换信息，互相影响彼此的进化过程，使各个智能体之间能够产生协作行为，最终形成各个智能体之间及智能体与环境之间的共同适应。

在多智能体进化模型中，将遵循以下一些原则：每个 agent 都有初始能量；agent 具有局部性，其感知能力和行为只能针对有限的局部环境，即邻域；由于环境资源的有限性，agent 之间存在着激烈的竞争，能量较低的 agent 将死亡，这一行为称为适者生存原则；由于 agent 死亡而空余出来的节点会由其邻域内能量最高的 agent 产生一个子 agent 来替代，这一行为称为弱肉强食，或者由随机生成的一个 agent 占据，这种行为称为多样化原则。每个 agent 具有交配能力，agent 在其邻域内找到合适的配偶进行交配，把优良的基因传给下一代。另外，agent 具有知识，它可以利用知识进行启发式搜索，以提高自身的能量和对环境的适应能力。

2. 智能体协作机制——关系网模型

陈刚等人对 agent 社会组织方法和 agent 协作行为表现进行了研究，引入了一个表示 agent 之间联系的“熟人关系网模型”，同时对 agent 之间信任度的关系进行了讨论。

【定义 10.1】　可信任度。agent a 认为 agent b 在时间 t 的可信任度为 trust(a, b, t)，规定 trust$(a,b,t)\in[-1,+1]$，并将初始时间 $t=0$ 时 agent b 的可信任度设为 0，即 trust$(a,b,0)=0$。

智能体 a 的属性包括 name、address、capability 与 contact-list，其中，name(a)表示名称；address(a)表示联系地址；capability(a)用于描述 a 对问题的求解能力；contact-list(a)表示 a 所有熟人通信信息的列表，表示为 contact-list$(a)=(L_1,L_2,\cdots,L_s)$，列表中的每一个元素 L_i 称为熟人 i 的联系信息，有 $L_i=$(name, address, trust)，其中 name(i)，address(i)，trust(i)分别表示熟人 i 的名称、联系地址及可信任度，与可信任度值大的熟人合作，成功的可能性也就越大。

10.4 社会进化算法的描述

1. 智能体的定义

【定义 10.2】 智能体 a 表示待优化函数的一个候选解，其能量等于根据 Zitzler 所提出的适应度赋值方法计算所得的值，其目标为尽可能地增加智能体的能量。

智能体 a 可表示为 a=(address, body, energy, neighbor)，其中，address 为智能体的联系地址，这里即为标号；body 为智能体所包含的内容，以编码表示；energy 为智能体的能量；neighbor=($A_1, A_2, \cdots, A_w$)表示智能体所能感知的局部环境，称为邻域。其中 A_i = (address, trust)为邻域中的一个智能体，其可信任度 trust 表示两个智能体之间可信任的程度，用来控制智能体之间的行为。所有的智能体均在规模为 lat×lat 的网格上生存，每个智能体占据网格上的一个节点，且不能移动，如图 10.1 所示。

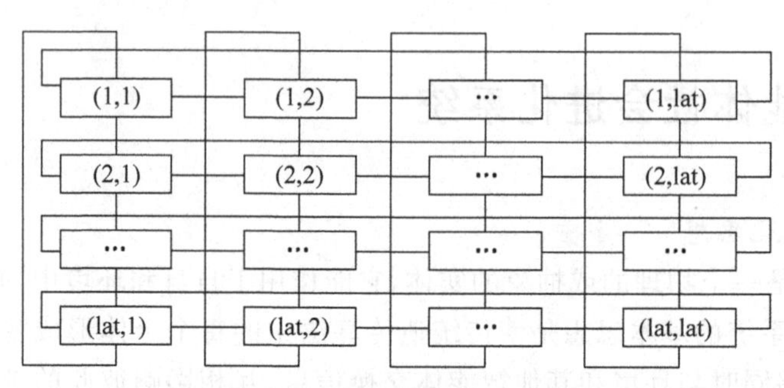

图 10.1 智能体网格结构图

通过一种人类社会“关系网模型”新的智能体协作机制，来完成智能体邻域的建立及更新，使其更符合真实的复杂适应系统，进一步加快信息的扩散过程，快速而有效地完成整体进化过程。

2. 邻域的建立及其更新

(1) 邻域初始化：对智能体种群中的智能体 a，随机选择 4 个智能体形成其初始邻域，放入 a.neighbor 中。

(2) 邻域更新：随着智能体与智能体及环境之间不断地相互作用，其局部感知环境也在不断地发生变化。agent 系统的活动在很大程度上看是一种社会现象，可以通过构造 agent 社会关系网模型来表示协作 agent 的基本信息。设计智能体邻域扩充方式如下。

① 令 a=(address, body, energy, neighbor)，其中，a.neighbor=($l_1, l_2, \cdots, l_s$)。在网格中随机选取位于(i,j)上的智能体 b 加入到 a 的邻域中，即 a.neighbor=($l_1, l_2, \cdots, l_s, b$)，其中，trust(a,b)=0。

② 若 $b \in a$.neighbor，$c \in b$.neighbor，且 trust(a,b)=1，trust(b,c)=1，则 $c \in a$.neighbor，trust(a, c)=0。

类似地，其邻域缩减方式为：若 a.neighbor=($l_1, l_2, \cdots, l_s, b$)，trust(a,b)=−1，则 a.neighbor=($l_1, l_2, \cdots, l_s$)。

根据多社会进化模型中需要遵循的一些原则及多目标优化问题的特点，算法设计了两个种群：一是普通的智能体种群，二是存储 Pareto 解的存储种群；还设计了竞争、协作和自学习策略。在智能体种群中,每个智能体视为一个节点,以可信任度作为连接的权值,并据此确定智能体的邻域,控制智能体之间的行为;竞争算子体现了适者生存、弱肉强食及多样性原则。协作算子体现了个体的交配,将优良的基因保留到下一代;自学习算子完成智能体利用其自身知识进行启发式搜索的过程,并采用擂台赛法则构造 Pareto 解的存储种群。

3. 算法的进化策略

1) 竞争行为

竞争行为模拟的是"社会中的竞争,失败的 agent 将无法继续生存"。对种群中的每个智能体,都将与其邻域内能量最大的智能体进行竞争操作。当智能体的能量小于其邻域中智能体的最大能量时,该智能体即无法继续存活,其位置由新的智能体来替代。通过竞争算子,可以清除种群中能量较低的智能体,提高群体总的能量水平,具体描述如下。

设网格内某智能体为 $a=((i,j)(a_1,a_2,\cdots,a_n),\text{energy},\text{neighbor})$,$m=((k,l)(m_1,m_2,\cdots,m_n),\text{energy},\text{neighbor})$ 为智能体 a 的邻域内能量最高的智能体。如果 $a.\text{energy}<m.\text{energy}$,则 a 死亡,并产生一个新智能体 $\text{child}=((i,j)(c_1,c_2,\cdots,c_n),\text{energy},\text{neighbor})$ 代替 a。其中,$\text{child.neighbor}=a.\text{neighbor}$,body 部分 $(c_1,c_2,\cdots,c_n)$ 根据式(10.1)产生。

$$c_i=m_i+U(-1,+1)\times(m_i-a_i),\quad i=1,2,\cdots,n \tag{10.1}$$

其中,$U(\cdot)$ 为均匀分布的随机数。

为了同时体现弱肉强食和多样性原则,采用占据概率 poccupy 来确定以何种方式产生的智能体去替代原智能体的位置。若 rand≤poccupy,则以产生的 child 替代;否则,以随机产生的一个智能体来替代。竞争操作的主要目的是清除能量较低的智能体,以提高整个智能体系统的整体能量。因此,poccupy 的取值应较大。

2) 协作行为

协作行为模拟了"从别处获得经验"。对于生存在环境中的智能体,它将与其局部环境中的智能体发生协作关系,以提高自身能量。智能体将以概率 pcross+trust×0.1 与其局部环境中的所有智能体进行合作操作,保证智能体与其所信任的智能体之间会有更多的概率进行合作。这非常符合人类社会中的协作机制,减少了可能无效的操作,可进一步加快搜索速度。

假设 $(a',b')=\text{cooperate}(a,b)$,判断 a 和 a' 的占优情况。若 $a\succ a'$,则认为合作失败,保持原有的 a 不变,同时令 $\text{trust}(a,b)=\text{trust}(a,b)-0.2$;若 $a\prec a'$,则合作成功,以 a' 替代原有的 a,并令 $\text{trust}(a,b)=\text{trust}(a,b)+0.1$;若 $a\sim a'$,则根据其拥挤程度来选择保留的 agent。这里所遵循的是人类社会中"知己难觅,冤家易结"的原则,即一次失败的合作对其信任度的影响要大于一次成功的合作。将正交交叉算子作用在 a.body 及其邻域内的智能体上,形成邻域正交交叉算子,完成智能体的协作行为。

3) 自学习行为

自学习行为模拟了"根据自身能力学习环境以提升能量"。在该行为中,智能体利用自己的知识来提高自身的能量,以增强竞争能力。为了减少计算量,该行为只作用于当前代能量最优的智能体上。

假设该代中 Pareto 最优解的智能体为 CSAgent,其中 $\text{CSAgent.body}=(v_1,v_2,\cdots,v_n)$,根据式(10.2)产生一个新的解 $(c_1,c_2,\cdots,c_n)$ 为

$$c_i=\begin{cases}v_i & U(0,1)<1/n\\ v_i+G(0,1/t) & \text{其他}\end{cases}\quad i=1,2,\cdots,n \tag{10.2}$$

其中,$G(0,1/t)$ 表示高斯分布的随机数产生器;t 为进化代数。若新的解支配原有解,则替代

原有解成为 CSAgent.body。该算子的作用是对 Pareto 最优解进行局部爬山操作。

4. *存储集种群构造规则*

在基于 Pareto 的优化算法中,多目标进化群体的最优解集都是通过构造当前进化群体的非支配集来实现的。为尽量减小时间复杂度,这里采用了擂台赛法则来构造非支配集,并形成存储集种群。假设 L 为 k 个目标的多智能体进化群体,初始时令非支配集 $\text{Nds}=\varnothing$,并令 $Q=L$。存储集种群构造的具体过程如下。

(1) 从 Q 中任意选取一个个体 x 作为比较对象。

(2) 令 $Q=Q-x$,$RK=\varnothing$,$R=\varnothing$。

(3) 若 Q 为空,则转步骤(5),否则转步骤(4)。

(4) 一次从 Q 中取一个个体 y,与 x 比较其相互关系。

① 若 $x\succ y$,则令 $Q=Q-y$,转步骤(3)。

② 若 $y\succ x$,则令 $x=y$,$Q=Q-y$,$RK=RK\cup R$,$R=\varnothing$。

③ 若 x 与 y 无关,则令 $R=R\cup\{y\}$,$Q=Q-y$,转步骤(3)。

(5) 令 $RK'=\{y\in RK \operatorname{lnot}(x\succ y)\}$,$\text{Nds}=\text{Nds}\cup\{x\}$。

(6) 令 $Q=RK'\cup R$,若 $|Q|>1$,则转步骤(1);否则,令 $\text{Nds}=\text{Nds}\cup Q$,结束。

10.5 社会进化算法的实现步骤

假设多智能体种群 L 的规模为 N,存储集种群为 P,规模为 M,占据概率为 poccupy,交叉概率为 pcross。

(1) 初始化 $L(0)$,同时计算每个智能体的能量值,令 $P\leftarrow\varnothing$,$\text{gen}\leftarrow 0$。

(2) 停机条件判断。若满足停机条件,则算法停止运行并输出结果,否则转步骤(3)。

(3) 存储集种群构造。对智能体种群 L 中的智能体根据擂台赛法则构造非支配集,将其添加到存储集种群 P 中,并删除 P 中的劣解;若 P 的规模大于预设规模 M,则删除较拥挤的解,结果仍记为 P。

(4) 对 $L(\text{gen})$ 中的每个智能体执行邻域竞争操作,得到 $L(\text{gen}+1/3)$。

(5) 对 $L(\text{gen}+1/3)$ 中的每个智能体进行邻域协同操作,得到 $L(\text{gen}+2/3)$,并更新智能体局部环境。

(6) 对 $L(\text{gen}+2/3)$ 中的 Pareto 最优个体进行自学习操作,得到下一代的初始智能体 $L(\text{gen}+1)$。

(7) 令 $\text{gen}\leftarrow\text{gen}+1$,并转步骤(2)继续操作。

第11章　人口迁移算法

人口迁移是人们跨过特定的地域改变常住地的移动，是人口在不断聚集和扩散的矛盾运动中寻找优惠区域的过程。人口迁移是具有某种优化特征的群体演化过程。人口迁移算法是一种基于人口迁移机制的全局优化搜索算法。该算法通过比较函数全局优化和人口迁移两者的相似之处，模拟了人口随经济重心而转移、随人口压力增加而扩散的机制，前者促使算法选择较好的区域搜索，后者可在一定程度上避免陷入局部最优点。本章介绍人口迁移算法的原理、描述及实现步骤。

11.1　人口迁移算法的提出

人口迁移算法(Population Migration Algorithm，PMA)是2003年由周永华和毛宗源提出的一种基于人口迁移机制的全局优化搜索算法。该算法通过比较函数全局优化和人口迁移两者的相似之处，模拟了人口随经济重心而转移、随人口压力增加而扩散的机制，前者促使算法选择较好的区域搜索，后者可在一定程度上避免陷入局部最优点。

数值仿真表明，人口迁移算法具有良好的全局优化性能。

11.2　人口迁移算法的原理

人口移动是指人口在空间或地域位置上的一切移动，包括人口流动和人口迁移。人口是有生命的群体，为了生存和发展，人口一直不断地进行移动。“逐水草而居”即是较早的一种人口移动。人口流动是人们在居留的地域环境上的移动，是带有某种自发性质的、移居规律性相对较差的人口行为。

人口迁移是人们跨过特定的地域改变常住地的移动，通常是带有选择性质的人口行为。物质方面的因素或经济因素是对人口迁移经常起作用的主要因素，人口重心随经济重心转移。换句话说，人们一般总是迁往经济发展水平高、就业机会多的优惠区域。中国经济体制改革以来的人口迁移具有明显的“人往富处流”的基本流向特征。

如果相对过剩人口不断增多，人口压力增大，人口密度增加，经济发展水平高的地区也会出现人口向外扩散，通常扩散到人口密度低的未开发地区或谋生相对容易的地区。

由上述讨论可归纳出人口迁移的基本框架如下。

(1) 人们在原籍进行人口流动。

(2) 受优惠区域吸引出现人口迁移。

(3) 人口在优惠区域进行流动直到人口压力达到一定限度。

(4) 人口从优惠区域迁出,向外扩散,寻找新的机会。

在这个持续不断的过程中,人口一方面经迁移而聚集到优惠区域,另一方面又因人口压力的增加而迁离优惠区域向外扩散。人口迁移是人口在不断聚集和扩散的矛盾运动中寻找优惠区域的过程。可见,人口迁移是具有某种优化特征的群体演化过程,通过比较函数全局优化和人口迁移两者的相似之处,进而建立了基于人口迁移机制的全局优化搜索算法。该算法模拟了人口随经济重心而转移的机制和随人口压力增加而扩散的机制,前者促使算法选择较好的区域搜索,后者可在一定程度上避免陷入局部最优点。

11.3 人口迁移算法的描述

考虑无约束函数优化问题为

$$\max f(x) \quad \text{s.t.}\ x \in S \tag{11.1}$$

其中,$f: S \to \mathbf{R}^1$ 为一实值映射;$x \in \mathbf{R}^n$;$S = \prod_{i=1}^{n} [a_i, b_i]$ 为搜索空间,且 $a_i < b_i$。

假定式(11.1)恒有全局最优解 $f(x^*)$ 存在,全局最优点集合 M 非空。函数全局优化是在搜索空间内寻找最优解,人口迁移是在地域空间内寻找优惠区域,两者存在相似之处。表11.1给出了两者要素之间的类比关系。

表11.1 函数全局优化与人口迁移之间的要素类比

函数全局优化要素	人口迁移要素
x	人口所在地点
$f(x)$	人口所在地收入或吸引力等经济因素
S	人口可移动地表空间
最优点	收入最高点或吸引力最大点
最优值	最高收入或最大吸引力
上升/爬山	迁往优惠区域
脱离局部最优点	人口压力导致迁离优惠区域

人口迁移是一个比较复杂的过程,它与函数全局优化并不是完全对应的。因此,通过模拟人口迁移机制建立全局优化搜索算法的原则是提取人口迁移过程中有用的要素,而不是完全照搬。下面讨论各环节模拟的具体实现。

人口流动是在各个地球表面被规定居留区域内的空间进行的,在PMA中将其扩展为被规定的空间。模拟时,如果直接按行政区域或经纬线划分法来划分,那么随着优化问题维数的增加,会出现维数灾问题。因此,采用随机划分法,在搜索空间 S 内随机生成 N 个点 x^1, $x^2, \cdots, x^N$,对于每一点 x^i 及预先确定的 δ^i ($\delta^i x^i, \in \mathbf{R}^n$;$\delta^i > 0$;$i=1,2,\cdots,N$;$j=1,2,\cdots,n$),得到一个区域

$$\prod_{j=1}^{n} [x_j^i - \delta_j^i, x_j^i + \delta_j^i] \tag{11.2}$$

考虑到人口流动的规律性较差,为使区域内各处的搜索机会均等,将人口流动处理成均匀

随机的变动。模拟时，可以在每一区域内随机生成若干个点，再随机变动这些点。还可以用更为简单的等效方法来处理，即用一个点的多次随机变动来等效多个点的一次随机变动，这样，每一区域内便只有一个随机变动的点做预定次数的均匀随机变动。

优惠区域将其他区域的人口吸引过来。为简单起见，将迁移过程做简化处理，即迁移时所有人都向优惠区域迁移。模拟时，在优惠区域内随机生成 N 点，替换掉其他区域内的点。优惠区域是以当前最大的 $f(x)$ 值所在的点为中心重新划定的。在算法中，用当前最大的 $f(x)$ 值来衡量优惠区域的吸引力，用每一个 $f(x)$ 值来表示每一点的人口收入。

人口迁入优惠区域后进行人口流动。优惠区域此时有 N 点，这 N 点每完成一次随机变动，就要找出收入最高的点，并以它为中心重新划定区域，这是为了模拟人口重心随经济重心的转移。同时还要收缩该区域，以模拟人口压力（或密度）的增加。

当优惠区域收缩到一定程度时，也就是人口压力增加到一定程度后，出现人口向外扩散，人口迁出优惠区域扩散到人口密度低的未开发区域。模拟时，将人口均匀随机扩散到整个搜索空间内，在搜索空间内重新随机生成 N 点，并重新划分区域。

最后是优惠区域信息传媒的模拟。将亲友、媒体广告、劳务市场等传媒抽象为最优点记录单元。在算法中，最优点记录单元全程记录 $f(x)$ 的当前最大值和相应的点 x，为优惠区域的确定提供依据。

以上就是无约束函数优化问题的基于人口迁移机制的全局优化搜索算法的优化原理。

11.4　人口迁移算法的实现步骤

在算法中，人及其所在地用点表示，$x^i=(x_1^i,x_2^i,\cdots,x_n^i)$ 表示第 i 点，$x^i\in\mathbf{R}^n$，x_j^i 表示第 i 点的第 j 分量；$\delta^i=(\delta_1^i,\delta_2^i,\cdots,\delta_n^i)$，$\delta^i\in\mathbf{R}^n$，$\delta_j^i$ 表示 δ^i 的第 j 分量，$\delta_j^i>0$；$i=1,2,\cdots,N$，$j=1,2,\cdots,n$，N 表示人口规模。

人口迁移算法实现的具体步骤如下。

① 在搜索空间内均匀随机产生 N 点 $x^1,x^2,\cdots,x^N$。对每一个 i，令第 i 区域的中心 $\text{center}^i=x^i$，确定第 i 区域的上下界 $\text{center}^i\pm\delta^i$，其中 $\delta_j^i=(b_j-a_j)/(2N)$，$i=1,2,\cdots,N$，$j=1,2,\cdots,n$（$\delta_j^i$ 的上述取法使得各 δ^i 是相等的，故下面的步骤中取消 δ^i 的上标）。

② 计算各点的收入/吸引力 $f(x^i)$。

③ 按步骤②所得的计算值，初始化最优记录值和最优记录点。

④ 在各自区域内进行人口流动。均匀随机变动每一个点：

$x^i=2\delta\text{rand}(*)+(\text{center}^i-\delta)$，rand(*)为随机数函数。若 $x_j^i>b_j$，则令 $x_j^i=b_j$；若 $x_j^i<b_j$，则令 $x_j^i=a_j$。

⑤ 计算各点的收入/吸引力 $f(x^i)$。

⑥ 记录最优值，记录最优点。

⑦ 人口流动次数 l 若小于预先指定的次数，则转步骤④。

⑧ 人口迁移：以吸引力最大的点（即最优记录点）为中心，按 δ 各分量的大小确定优惠区域。在该区域内均匀随机产生 N 点，替换原来的点。

⑨ 计算各点的收入/吸引力 $f(x^i)$。

⑩ 记录最优值,记录最优点。

⑪ 收缩优惠区域：$\delta=(1-\Delta)\delta$,Δ 为收缩系数，$0<\Delta<1$。

⑫ 在优惠区域内进行人口流动且人口随经济重心转移：以吸引力最大的点(即最优记录点)为中心,按 δ 各分量的大小确定优惠区域。在该区域内均匀随机产生 N 点,替换原来的点。

⑬ 计算各点的收入/吸引力 $f(x^i)$。

⑭ 记录最优值,记录最优点。

⑮ 若 $\max\delta_j>\alpha$ (α 为人口压力参数,预先给定的正小量),转步骤⑪。

⑯ 报告结果。

⑰ 人口扩散：在搜索空间内均匀随机产生 N 点 $x^1,x^2,\cdots,x^N$,替换原来的点。按步骤①的方法确定人口流动区域。

⑱ 计算各点的收入/吸引力 $f(x^i)$。

⑲ 记录最优值,记录最优点。

⑳ 迭代次数 m 加 1,若迭代次数小于指定次数则转步骤④。

㉑ 结束。

人口迁移算法是一种概率型搜索算法。周永华等基于人口迁移算法的上述步骤,运用概率论有关定理对算法的收敛性及时间复杂性进行了分析,并给出了定理：PMA 依概率收敛到全局最优解,并对该定理给出了证明(从略)和对收敛速度的估计。

第12章　标杆学习算法

标杆学习算法是受到标杆管理理念的启发而设计的基于动态小生境的竞争性学习算法。通过对标杆的模仿学习，种群内个体执行方向明确的主动学习式搜索，能够快速搜索到解空间内的目标区域，具有较好的智能性。整个小生境种群系统通过自组织学习实现与环境的友好交互，较好地解决了保持种群多样性的难题。仿真对比结果表明，算法能够与环境进行稳定而友好的交互，表现出较强的鲁棒性，其搜索速度和寻优能力在实验中均有较好的表现。本章介绍标杆管理的基本思想、标杆学习算法的基本原理、数学描述、算法实现的流程。

12.1　标杆学习算法的提出

标杆学习算法(Benchmark Learning Algorithm，BLA)是由谢安世博士在他的硕士论文“一种新型的智能优化算法”(安徽工业大学，2010)中提出的。2014年他在清华大学攻读博士学位期间又发表了两篇论文：在一篇论文中，作者将该算法称为基于标杆的优化算法(Benchmarking-based Optimization Algorithm，BOA)，通过15种测试函数将该算法同5种算法进行综合比较后认为，BOA既是一种学习式的搜索策略，又是竞争性的寻优方法，具有总体结构简单、易于编程、搜索效率较高、收敛速度较快的特点；在另一篇论文中，作者将该算法用于最优化供电商购电组合求解，仿真结果表明，该算法具有一定的实用性和灵活性。

12.2　标杆管理的基本思想

标杆管理(Benchmarking)一词来源于美国企业管理界，首次出现于施乐公司(Xerox Corporation)。20世纪80年代初，该公司在全美复印机市场的比例，由80%骤降至10%，出现了生存危机。为拯救危亡，公司推出策略计划“Leadership through Quality”，它是由员工参与、学习标杆及质量改进3项重要策略所构成的，由于领导者坚持贯彻执行，因此终于带领公司走出困境，并为此于1989年获美国国家质量奖，他们所采用“学习标杆”的做法，后来也成为企业界通行的管理理念和管理工具。

标杆管理原意为“固定对象的标记，诸如用石柱来说明高出海平面之高度，作为调查中的参考点”，有基准之意，其构想是寻找学习的对象，以他们的既有成就为基准，通过合法管道学习，以“见贤思齐”的方式，达到改善自己经营品质的目的。

美国生产力与质量中心将标杆管理定义为“标杆管理是一项有系统、持续性的评估过程，通过不断地将企业与世界上居领导地位之企业相比较，以获得协助改进经营绩效之信息”。

标杆管理包括4项基本原则(核心价值观)：全面品质观、流程观、衡量标准观和学习观。全面品质观旨在达成顾客的全面性满意；流程观是指标杆管理涵盖学习对象的运营流程及组织内部的计划和运作流程；衡量标准观是指标杆管理须制定出某些组织功能上共同绩效衡量标准,作为比较的依据;学习观则同时强调向他人学习与自我学习的精神。在管理学中,标杆管理既是一种态度也是一种行动,表现为一个持续的学习过程,不断地向标杆迈进,不断地创新与改善,不断地提升发展优势,不断地提升组织绩效。

标杆管理是以知己知彼的方式,来检验自己和了解竞争对手,从而知道自己到底与竞争对手的差距有多少。一般来说,标杆因对象和范围的不同可分成4类:内部标杆、竞争标杆、机能标杆及一般标杆。

(1) 内部标杆:指企业内各部门、工厂、分公司之间某一类似作业过程或工作方法,彼此相互观摩学习,找出组织内不同部门之间的绩效差异,进行改善。

(2) 竞争标杆:指向竞争对手学习,将与其营运有关的重要项目,与竞争对手进行标杆研究比较,比较的项目包括产品的质量、价格、生产/服务过程、绩效等,择优学习。

(3) 机能标杆:指针对某一机能或过程的改善,先定出某些企业机能领域,例如生产、营销、财务、服务等的绩效衡量标准,而后寻求在此特定领域内表现卓越的其他组织,比较企业本身与标杆组织之间的绩效差距,分析其作业过程的优点,以达到改善绩效的目的。

(4) 一般标杆:指将创新的学习方法运用到过程或策略的改善上,专注于学习卓越的作业过程。

12.3 标杆学习算法的基本原理

标杆管理旨在找出与最佳个案的差距,并通过模仿学习快速缩小差距乃至超越对手。

标杆学习算法的基本思想:整个生态系统(解空间)内分布着若干小生境种群,即全球市场上各大企业法人主体,种群内众多个体相当于企业内部员工(或部门);根据优化目的,以目标值大小为衡量标准,确定各小生境种群内最佳个体(即局部最佳个体)和整个生态系统内的最佳个体(即全局最佳个体),相当于树立内部标杆和外部标杆;各小生境种群中的每个个体向全局最佳个体和局部最佳个体学习,即每个个体既会向外部标杆和内部标杆进行学习,还会进行自我学习;通过对标杆进行模仿学习,迅速超越学习对象(标杆),进而成为其他个体学习的对象。

在算法运行过程中,用一个记录本记录算法在每次迭代中产生的全局最佳个体和各小生境种群内的最佳个体,即记录每一代的外部标杆和内部标杆。随着学习过程的进行,当某个小生境种群发现了较好的全局解时(即重新树立了外部标杆),其他小生境种群将指派部分个体进入该小生境种群以协助进行密集搜索。但如果某个小生境种群在进化过程中一直都没发现较好的全局解,则其中所有个体将会逐渐被调往其他小生境种群,最终导致该小生境种群消亡。同理,如果某个体能够发现较好的全局解,则将会从其他小生境种群中吸引更多的个体到其邻域内而形成新的小生境种群,这就是所谓的动态小生境技术。

在搜索学习的过程中,每个个体的学习欲望和学习强度各不相同,其大小是由该个体自身的目标值与其学习对象的目标值及两者距离决定的,差距越小,学习欲望越大,随之其学习强度也越大。这种策略使得生态系统内有前途的个体快速聚集到最优个体的邻域之内,以协助其进行密集搜索,这个自组织过程体现了强者更强、弱者更弱的马太效应(Matthew Effect)。这种策略是否会使种群的多样性降低呢?在搜索空间的某一局部区域,即某个小生境种群内,多样性会有一定程度的降低,但这对整个生态系统(即整个搜索空间)并无太多消极影响,因为随着学习过程的进行,取得最优解的个体(包括全局最佳个体和局部最佳个体)也会不断发生改变,因此生态系统内其余个体的学习对象也在不断变化着,因此不可能出现所有个体呈现相同基因型的情况,这就保证了整个生态系统和各小生境种群内的多样性,从而保证了算法在搜索过程中的勘探性,这已在仿真结果中得到了证实。

12.4　标杆学习算法的数学描述

1. 外部标杆学习

设 X_E^{best} 是整个生态系统内具有最佳目标值(全局最大或最小)的个体,也即外部标杆,其对应的基因表达式为 G_E^{best}；种群 P_K 所属的第 i 个个体 X_K^i 所对应的基因表达式为 G_K^i,则个体 X_K^i 的外部学习率为

$$\begin{cases}\max f(x)\colon \text{Grate}_K^i=\text{Grate}'+f_K^i/\tilde{f}_K-1\\ \min f(x)\colon \text{Grate}_K^i=\text{Grate}'+\tilde{f}_K/f_K^i-1\end{cases}\tag{12.1}$$

其中,Grate′为外部学习率的初始值；f_K^i 为个体 X_K^i 的目标值；$\tilde{f}_K$ 为该个体所在种群 P_K 的平均目标值。

可以看出,某个体的目标值越符合优化目的,则其学习欲望越强烈,其外部学习率越大。即生态系统内那些有前途的个体主动聚集到全局最佳个体所在的搜索邻域内,因而能起到协助搜索的作用。

如果采用 0-1 编码方案,则个体 X_K^i 进行外部标杆学习,指 G_K^i 与 G_E^{best} 相异的基因位值以 Grate_K^i 的概率替换成 G_E^{best} 中相应的基因位值,即个体 X_K^i 主动缩小与全局最佳个体 X_E^{best} 的海明距离。

如果采用浮点数编码方案,则个体 X_K^i 进行外部标杆学习,指 G_K^i 以 G_E^{best} 的概率按式(12.2)进行更新,即个体 X_K^i 主动缩小与全局最佳个体 X_E^{best} 的欧氏距离。

$$G_K^i=G_K^i+\lambda\times(G_E^{\text{best}}-G_K^i)\tag{12.2}$$

其中,$\lambda\in[0,1]$为 X_K^i 进行外部标杆学习时的移动步长因子。

实验结果表明,当 λ 与搜索空间的大小成正比例时,优化效果较好；另外,也可以引入目标值等因素,使 λ 在学习过程中动态变化,效果会更好。

2. 内部标杆学习

设 X_K^{best} 是小生境种群 P_K 内具有最佳目标值的个体(局部最佳个体,即内部标杆),其对应的基因表达式为 G_K^{best}；该种群内第 i 个个体 X_K^i 所对应的基因表达式为 G_K^i,则个体 X_K^i 的内部学习率为

$$\begin{cases}\text{0-1 编码: }\text{Brate}_K^i=\text{Brate}^i-\text{HD}_{k,h}/\text{Length}+1\\ \text{实数编码: }\text{Brate}_K^i=\text{Brate}^i-\text{ED}_{k,h}/\text{Radius}+1\end{cases}\tag{12.3}$$

其中,Brate_K^i 为内部学习率的初始值；$\text{HD}_{k,h}$ 为该个体与 X_K^{best} 的海明距离；Length 为种群内个体的基因表达式编码长度；$\text{ED}_{k,h}$ 为该个体与 X_K^{best} 的欧氏距离,即 $\text{ED}_{k,h}=\sqrt{\sum_1^n(x_i^{\text{baset}}-x_i)^2}$；Radius 为搜索空间的直径,即 $\text{Radius}=\sqrt{\sum_1^n(b_i-a_i)^2}$,其中 x_i 是个体基因表达式中的第 i 维分量,且 $x_i\in[a_i-b_i]$。

由式(12.3)可知,当小生境种群中某个体与该种群的最佳个体的海明(或欧氏)距离较小时,其学习欲望会自动增加,从而迅速迁移到该种群内最佳个体的搜索邻域内,以协助该局部最佳个体进行搜索。

与外部标杆学习类似,当采用 0-1 编码方案时,个体 X_K^i 进行内部标杆学习是指 G_K^i 与 G_K^{best} 相异的基因位值以 Brate_K^i 的概率转换成 G_K^{best} 中相应的基因位值,即个体 X_K^i 主动缩小与局部

最佳个体 X_K^{best} 的海明距离；采用浮点数编码方案时，个体 X_K^i 进行内部标杆学习，指 G_K^i 以 $Brate_K^i$ 的概率按式(12.4)进行更新，即个体 X_K^i 主动缩小与局部最佳个体 X_K^{best} 的欧氏距离。

$$G_K^i = G_K^i + \lambda \times (G_K^{best} - G_K^i) \tag{12.4}$$

同理，$\lambda \in [0,1]$是 X_K^i 进行内部标杆学习时的移动步长因子。这里的外部标杆学习和内部标杆学习都是缩小个体之间的海明(或欧氏)距离，看似相同，但事实上两者却有很大的差异。这种拉近与最优个体距离的行为，既有利于种群个体进行集中搜索，从而形成群集效应，快速搜索到全局最优解，同时又是保持种群多样性的最佳手段之一，因为每个个体的学习对象是不断动态变化的，所以生态系统内个体群集的层次也是动态变化的。

3. 自我学习

设 X_K^i 是隶属小生境种群 P_K 的个体，则个体 X_K^i 的自我学习率为

$$\begin{cases} \max f(x):\ \mathrm{Srate}_K^i = \mathrm{Srate}' \times (\tilde{f}_K / f_K^i) \\ \min f(x):\ \mathrm{Srate}_K^i = \mathrm{Srate}' \times (f_K^i / \tilde{f}_K) \end{cases} \tag{12.5}$$

其中，Srate′为自我学习欲望的初始值；f_K^i 为个体 X_K^i 的目标值；$\tilde{f}_K$ 为该个体所在种群 P_K 的平均目标值。

由式(12.5)可以看出，当优化目的是实现目标最大化时，如果个体的目标值小于其所在种群的平均目标值，则其学习欲望会迅速增强，学习率快速提高到一个较大的数值，于是有较多机会得到其对偶个体，以提高其自身的目标值；但如果该个体的目标值已经比该种群的平均目标值大，则其学习欲望会快速消退，学习率快速降低到一个较小的数值，这样可保护优良基因避免遭到破坏。同理，当优化目的是实现目标最小化时，其自学习欲望也会相应地自动调整，以符合优化目的。

如果采用 0-1 编码方案，则个体进行基于对偶映射的自我学习，是指该个体的基因表达式中每个基因位都以 Srate_K^i 的概率执行对偶映射，即 0↔1，如图 12.1 所示。

原基因表达式：	1	0	1	0	0	1	0	1	1	0	0	0	1	0	0
对偶基因表达式：	0	1	0	1	1	0	1	0	0	1	1	1	0	1	1

图 12.1 对偶映射

如果采用浮点数编码方案，则个体进行基于混沌的逻辑斯蒂映射自我学习，即指个体 X_K^i 的基因表达式 $G_K^i = [x_1, x_2, \cdots, x_{n-1}, x_n]$以 Srate_K^i 的概率按式(12.6)进行更新。

$$\begin{cases} \lambda_i(0) = \dfrac{x_i - a_i}{b_i - a_i} \\ \lambda_i(t+1) = \delta \lambda_i(t)(1 - \lambda_i(t)) \\ x_i(t) = a_i + \lambda_i(t)(b_i - a_i) \end{cases} \tag{12.6}$$

其中，$x_i \in [a_i - b_i]$，$i = 1,2,3,\cdots,n$；$\delta \in [2,4]$。

个体利用混沌运动对初始状态的敏感性和非重复的遍历性，能及时跳出当前所在区域，以便对解空间的其他区域进行全局搜索。

12.5 标杆学习算法的实现流程

在搜索学习的过程中，各个小生境种群进行自组织学习：在学习方案确定的前提下，种群内每个个体首先进行外部标杆学习，即向整个生态系统内具有最佳目标值的个体学习，参照该

最佳个体来调整自己的搜索方向和搜索步长，即主动拉近与外部标杆的距离；如果目标值没有得到改善，则该个体进行内部标杆学习，即向该个体所在种群内具有最佳目标值的个体学习，参照本种群内的最优个体来调整自己的搜索方向和搜索步长，即主动拉近与内部标杆的距离；如果目标值仍然没有得到改善，则该个体继续进行自我学习，即个体通过对偶(或混沌)映射转变为自己的对偶个体。此外，各小生境种群在学习过程中不断相互交换最佳个体，即各小生境种群内个体的学习对象(内部标杆)不断发生改变。个体的上述3个学习行为并不是顺序执行的，而是有选择地执行的，即当个体在执行前一个学习行为之后没有得到改善时才会执行另一个学习行为。标杆学习算法的实现流程如图12.2所示。

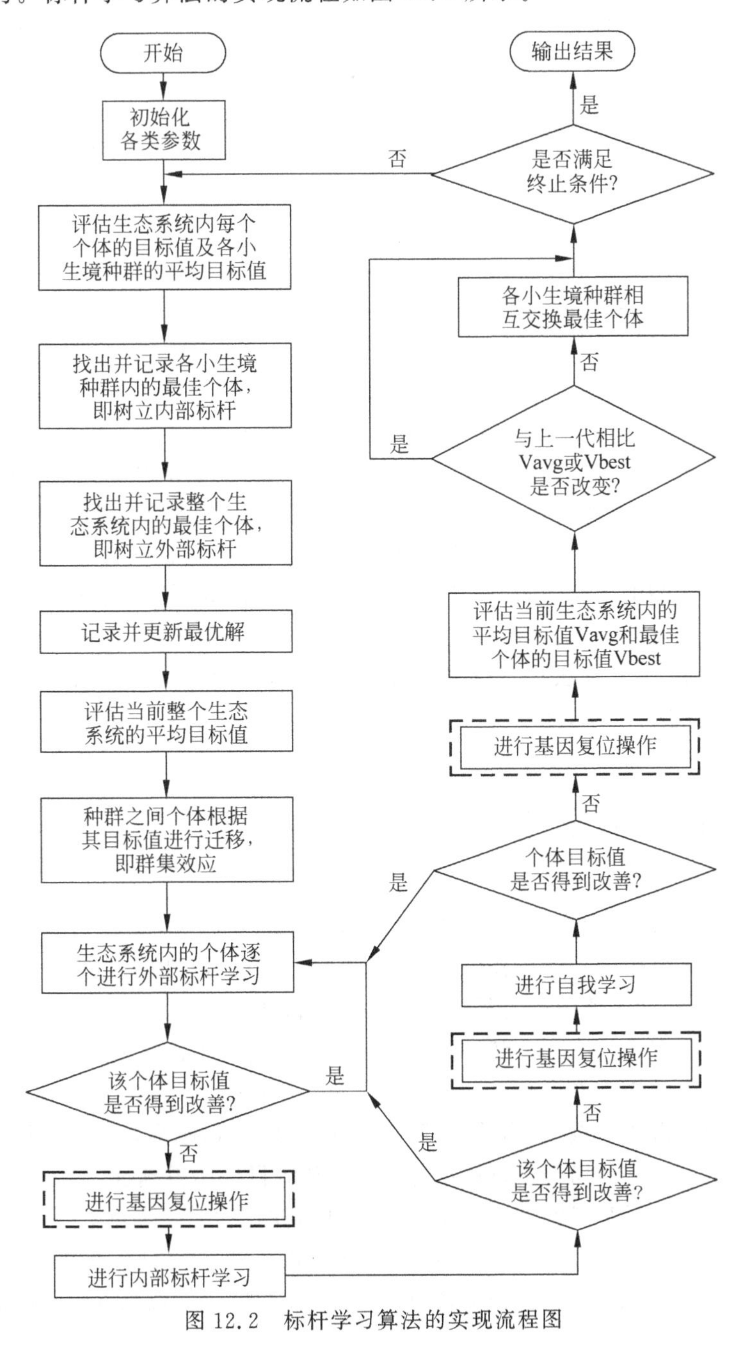

图12.2 标杆学习算法的实现流程图

第13章 瞭望算法

瞭望算法利用人们瞭望确定群山最高点的常识，通过瞭望管理机制、瞭望点产生策略、局部问题构造与求解机制，能在较短的时间内求解全局优化问题。瞭望算法能够保证在迭代过程中迭代点的质量逐步变好，该算法提出的3层次记忆机制提高了瞭望算法的收敛速度。在大多数情况下，瞭望算法耗时较少。大量的测试表明，瞭望算法具有较高的收敛率和较强的获得问题全部解的能力，对初始点几乎没有依赖，参数选择简单。本章介绍瞭望算法的基本原理、数学描述、求解全局优化问题的瞭望算法的实现(C语言编程)。

13.1 瞭望算法的提出

瞭望算法(Outlook Algorithm，OA)是2006年由蔡延光、钱积新和孙优贤提出的一种求解全局优化问题的智能优化算法。由于它模拟了人类的视觉智能和根据视觉信息分析问题的推理智能，因此它是一种智能优化算法。该算法本质上是一种基于监督的并行算法。为了加快瞭望算法的收敛速度，引入瞭望算法的3层次记忆机制：基点记忆、瞭望点记忆、局部寻优记忆。在瞭望管理机制的协调下，把瞭望点产生策略和局部寻优算法有机地结合起来，能在较短的时间内求解全局优化问题。

大量的测试表明，瞭望算法具有较高的收敛率和较强的获得问题全部解的能力，对初始点几乎没有依赖，参数选择简单，能够保证在迭代过程中迭代点的质量逐步变好。

13.2 瞭望算法的基本原理

人们很早以前就有通过瞭望确定群山最高点的常识。为了寻找群山的最高点，人们一般在群山中任意选取某座山的一个点作为出发点，进行局部爬高(即向该座山的最高点攀登)，达到该座山的最高点(相对于群山而言是局部最高点)后，此局部最高点作为基点进行瞭望，寻找比基点"更高的点"。以此"更高的点"所在的山的某个点作为出发点，开始下一轮的局部爬高……直至找到群山的最高点。

如何通过瞭望获得比基点"更高的点"呢？众所周知，站得越高，看得越远；观测目标离得越近，看得越清楚，可对它的局部进行精细的观察；观测目标离得越远，分辨的尺寸越大，能对其进行粗略的观察。选择基点的若干瞭望点作为"更高的点"的候选点：在基点附近可稠密地选取一些瞭望点，在离基点远的地方瞭望点可取得稀疏一些。人们站在基点对瞭望点进行目测，瞭望点在水平视线的上方，则认为瞭望点高于基点(如果忽略观测者自身的高度)，"更高的点"就是该瞭望点。

瞭望算法是利用瞭望技术确定群山最高点的常识而设计的一种求解全局优化问题的智能算法。瞭望算法由瞭望管理机制(主要负责算法进程控制与协调)、瞭望点产生策略(负责产生瞭望点)、局部问题构造与求解机制3部分组成,其求解全局优化问题的基本过程如下。

(1) 由瞭望管理机制确定基点。

(2) 由瞭望点产生策略产生基点的瞭望点。

(3) 由瞭望管理机制按照一定的标准选择瞭望点。

(4) 构造所有被选定的瞭望点的局部问题并用局部寻优算法求解这些局部问题。

(5) 在获得所有被选定的局部问题的解后,瞭望管理机制确定下一个基点,进行新一轮的迭代,直至算法终止条件出现,当前最好可行解作为问题的解。

13.3　瞭望算法的数学描述

1. 全局优化问题的描述

考虑全局优化问题

$$\begin{cases}\min F(x) \quad X \in \mathbf{R} \subset E^n \\ \mathbf{R} = \{X \mid g_i(X) \geqslant 0, \quad i = 1, 2, \cdots, m\}\end{cases} \tag{13.1}$$

记 $\boldsymbol{G}(X) = (g_1(X), g_2(X), \cdots, g_m(X))^{\mathrm{T}}$。

为了表述方便,定义以下几个基本概念。

【定义 13.1】 对于全局优化问题,设 $\mathbf{R}' \subseteq \mathbf{R}, X^O \in \mathbf{R}'$:

(1) 把 $\min F(x)(X \in \mathbf{R})$ 称为 X^O 处的局部优化问题,在不引起混淆时简称局部问题,求局部问题的解,称为局部寻优。

(2) 如果在 $\mathbf{R}'$ 上 $F(x)$ 是(下)单峰函数,则称 $\mathbf{R}'$ 为 $F(x)$ 的(下)单峰区域,在不引起混淆时简称单峰区域。

【定义 13.2】 对于全局优化问题:

(1) 瞭望基准点(简称基点)是可行域 $\mathbf{R}$ 中的一个点。

(2) 设 $\boldsymbol{X}^B \in \mathbf{R}$ 是基点,基于基点 $\boldsymbol{X}^B$ 的瞭望点是可行域 $\mathbf{R}$ 中的一个点,在不引起混淆时把基于基点的瞭望点简称基点的瞭望点或瞭望点;按照某种标准(如欧氏距离、海明距离)把 $\boldsymbol{X}^B$ 的全部瞭望点分类,称 $\boldsymbol{X}^B$ 的第 k 类瞭望点为 $\boldsymbol{X}^B$ 的第 k 阶瞭望点。

【定义 13.3】 局部寻优算法是一个基于迭代的优化问题的求解方法,它具有固有特性:寻优过程所产生的迭代点必须在初始点所在的单峰区域内。

2. 瞭望点产生策略

根据在基点附近可稠密地选取一些瞭望点,而在离基点远的地方瞭望点可取得稀疏一些的思想,可以设计多种瞭望点产生策略。

设 $\boldsymbol{X}^B = (x_1^B, x_2^B, \cdots, x_n^B)^{\mathrm{T}}$ 为基点,下面讨论在 $\boldsymbol{X}^B$ 处产生第 k 阶瞭望点的方体瞭望点产生策略和球面瞭望点产生策略。

1) 方体瞭望点产生策略

方体瞭望点产生策略是在以 $\boldsymbol{X}^B$ 为中心的棱长为 $2r_k$ 的 n 维立方体表面和可行域 $\mathbf{R}$ 的交集中选取 $\boldsymbol{X}^B$ 的第 $k(k=0,1,2,\cdots)$ 阶瞭望点,其中 $r_k = H(h, k, X^n, F, G)$,它是 h、k、$\boldsymbol{X}^B$、

F、G 的函数，$h(>0)$为预先设定的一个常数(称为基本瞭望步长)，且 $r_0=0<r_1<r_2<\cdots$；当 $k=0$ 时，$\boldsymbol{X}^B$ 是唯一的瞭望点。

以 $n=2$ 为例，说明由方体瞭望点产生策略所产生的第 k 阶瞭望点的几何意义。如图 13.1 所示，第 k 阶瞭望点取自于

$$\{(x_1^B \pm r_i, x_2^B \pm r_k)^{\mathrm{T}}, (x_1^B \pm r_k, x_2^B \pm r_j)^{\mathrm{T}} \mid i=0,1,2,\cdots,k;\ j=0,1,2,\cdots,k-1\} \cap \mathbf{R} \tag{13.2}$$

关于 r_k 的构造主要考虑 r_k 是 h、k 函数的情形，可以用等距法、算术增距法、Fibonacci 增距法、几何增距法确定 r_k(具体方法参见文献[49])。

2) 球面瞭望点产生策略

球面瞭望点产生策略是在 n 维球面

$$(x_1-x_1^B)^2+(x_2-x_2^B)^2+\cdots+(x_n-x_n^B)^2=r_k^2 \tag{13.3}$$

和可行域 $\mathbf{R}$ 的交集中选取 $\boldsymbol{X}^B$ 的第 $k(k=0,1,2,\cdots)$ 阶瞭望点，其中 r_k 与方体瞭望点产生策略的意义及确定方法完全相同。因为 $r_0=0<r_1<r_2<\cdots$，所以在球面瞭望点产生策略下，同阶的瞭望点与 $\boldsymbol{X}^B$ 的距离相等，较高阶瞭望点距离 $\boldsymbol{X}^B$ 较远。

以 $n=2$ 为例，说明由球面瞭望点产生策略所产生的第 k 阶瞭望点的几何意义。如果希望至多取 q 个第 k 阶瞭望点，则不妨在 $\boldsymbol{X}^B$ 出发的 q 条射线(q 条射线一般是均匀分布的)与圆周 $(x_1-x_1^B)^2+(x_2-x_2^B)^2=r_k^2$ 的交点中选取可行点作为瞭望点，如图 13.2 所示，这里 $q=q(h,k,\boldsymbol{X}^B,F,G)$。类似于算法 2(见 13.4 节)，可获得球面瞭望点产生策略产生瞭望点的算法。

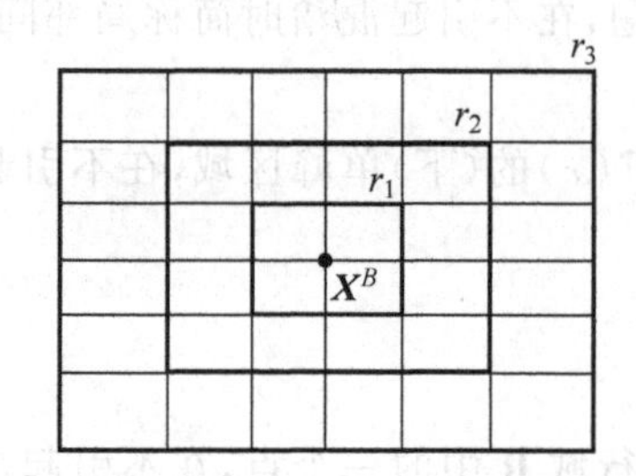

图 13.1 用方体瞭望点产生策略产生瞭望点

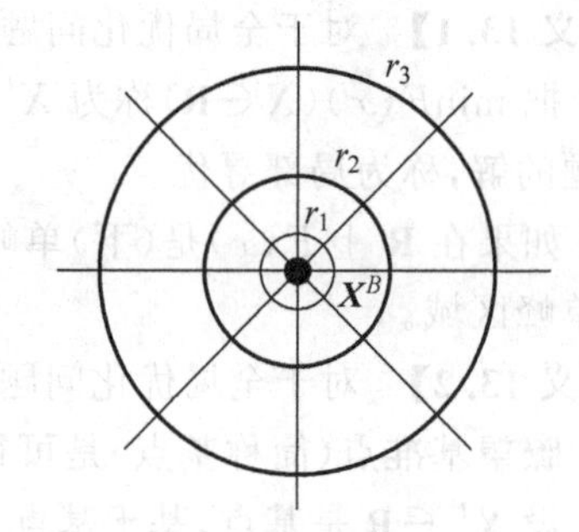

图 13.2 用球面瞭望点产生策略产生瞭望点

3. 局部问题的构造与局部寻优算法

瞭望算法的提出也是为了求解目标函数是多峰函数的全局优化问题，首先把 $\mathbf{R}$ 划分为数量尽量少的两两互不相交的单峰区域(或把 $\mathbf{R}$ 划分为两两互不相交的单峰区域，并使每个单峰区域尽量大)，每个单峰区域对应一个局部问题，这样把全局优化问题分解为一系列目标函数是单峰函数的子问题(即局部问题)；其次用目标函数是单峰函数的优化问题的求解方法获得局部问题的解；最后通过简单地比较各局部问题的解就可获得全局优化问题的解。但是，以上设想直接实现起来非常困难。

瞭望算法充分地利用局部寻优算法的固有特性构造并求解局部问题。根据局部寻优算法的固有特性，显然只要给出局部寻优的初始点(为了节约计算时间，通常把瞭望点作为初始点)，就可以获得局部问题的解，只要给出局部寻优的初始点，局部问题也就随之确定了。

局部寻优算法可以通过对求解目标函数是单峰函数的优化问题的方法(如一维无约束优

化的黄金分割法、成功-失败法、牛顿法、多维无约束优化的拟牛顿法、共轭梯度法、DFP 法，以及有约束优化问题的罚函数法、SWIFT 法、可行方向法、线性逼近法等）做一些必要的改造得到，使其最大限度地满足局部寻优算法的固有特性。按照这个思路，可以对以上提到的一些算法进行改造。例如，局部牛顿法是在牛顿法的基础上增加了对边界和拐点等的特别处理而获得的局部寻优算法，局部 DFP 法是在 DFP 法的基础上增加了对边界等的特别处理而获得的局部寻优算法（限于篇幅，改造过程从略）。

4. 瞭望算法的记忆机制

为了避免在搜索过的区域进行重复搜索，提高算法的收敛速度，引入瞭望算法的 3 层次记忆机制：第一层的基点记忆；第二层的瞭望点记忆；第三层的局部寻优记忆。

1）基点记忆

基点记忆（MB）记忆全部基点。初始的 $\mathrm{MB}=\varnothing$；如果 $\boldsymbol{X}^B$ 为基点，则 $\mathrm{MB}=\mathrm{MB}\cup\{\boldsymbol{X}^B\}$。如果实行基点记忆，则将算法 1（见 13.4 节）的片段 3 所对应的条件改为：如果 $F(\mathrm{Local}X^{\min})\leqslant F(X^{\min})$ 且 $\mathrm{Local}X^{\min}\notin\mathrm{MB}$。这样，可以避免在迭代过程中重复地把一个点作为基点。

2）瞭望点记忆

瞭望点记忆（MO）记忆全体构造过局部问题并实施过局部寻优的瞭望点。初始的 $\mathrm{MO}=\varnothing$；如果 X^O 是某个基点的瞭望点，且求解过 X^O 处的局部问题，则 $\mathrm{MO}=\mathrm{MO}\cup\{X^O\}$。如果实施瞭望点记忆，则将算法 1（见 13.4 节）的片段 1 所对应的条件改为：如果 $F(X^O)\leqslant F(\boldsymbol{X}^B)$ 且不存在 $X'\in\mathrm{MO}$ 使 $\|X'-X^O\|\leqslant\varepsilon$（$\varepsilon\geqslant0$ 为预设的精度）。这样，对任意点及其附近的点至多只能构造一次局部问题。

3）局部寻优记忆

局部寻优记忆（ML）记忆局部寻优过程所经历的部分迭代点。初始的 $\mathrm{ML}=\varnothing$；如果 X^L 是局部寻优过程所获得的一个迭代点，且不存在 $X'\in\mathrm{ML}$ 满足 $\|X'-X^L\|\leqslant\varepsilon$（$\varepsilon\geqslant0$ 为预设的精度），则 $\mathrm{ML}=\mathrm{ML}\cup\{X^L\}$；否则终止此局部寻优，因为如果 $F(X)$ 是平滑的、不具有突变性，若继续进行局部寻优，则所得到的迭代点的质量一般不会比以前有实质性更好。此外，当有局部寻优记忆时，算法 1 的片段 1 所对应的条件也可改为：$F(X^O)\leqslant F(\boldsymbol{X}^B)$ 且不存在 $X'\in\mathrm{ML}$ 使 $\|X'-X^O\|\leqslant\varepsilon$（$\varepsilon\geqslant0$ 为预设的精度）。

MB、MO、ML 体现了瞭望算法 3 个层次的记忆，显然有 $\mathrm{MB}\subseteq\mathrm{ML}$、$\mathrm{MO}\subseteq\mathrm{ML}$，根据需要选择其中一个或多个记忆。为了实现对 MB、MO、ML 中的元素进行快速查找（如二分查找），在迭代过程中应该同时对它们的元素进行排序（如二分插入排序）。

13.4　求解全局优化问题的瞭望算法的实现

算法 1 是瞭望算法的一种实现形式，用于求解全局优化问题，其核心包括以下 3 部分。

（1）外层循环：控制瞭望算法的进程、选择基点 $\boldsymbol{X}^B$。当基点数超过预先设定的最大值或允许瞭望标志等于 False 时，算法终止运行，输出最优解。

（2）第二层循环：通过调用算法 2，产生基于基点 $\boldsymbol{X}^B$ 的各阶瞭望点。

（3）内层循环：选择瞭望点进行局部寻优、设置允许瞭望标志的值。

算法1 求解全局优化问题(式(13.1))的瞭望算法(C语言编程)。

```
输入:目标函数 F(X)及约束条件 G(X)≥0.
控制参数设置:
Max_Global_Outlook = 正整数;  //(允许考虑的基点个数,即最大基点数,该参数为预先设定)
Max_Local_Outlook = 正整数;  //(基点的瞭望点的最大阶数, Max_Local_Outlook 应该取得足够大,
//使得对于该基点,在 R 中不存在(或可忽略)基于它的大于 Max_Local_Outlook 阶的瞭望点)
初始:给定初始可行解 X^0∈R;
X^B = X^0;                                      //基点
X^min = X^B;                                    //到目前为止的最好可行解
OldX^min = X^min;                               //临时变量
LocalX^min = X^B;                               //局部问题的解
Outlook_Flg = True;                             //允许瞭望标志, = True 允许瞭望, = False 不
                                                //允许瞭望
Global_Outlook = 0;                             //基点计数
Local_Outlook = 0;                              //瞭望阶数
While Outlook_Flg = True 且 Global_Outlook < Max_Global_Outlook   //外层循环开始
{
  OldX^min = X^min;
  Outlook_Flg = False;
如果 Global_Outlook = 0 则 Local_Outlook = 0,否则 Local_Outlook = 1;
                                                //(初始时因为 X^B = X^0,故需要求解 X^B 处的局部
                                                //问题;但以后的 X^B 本身是前面某个局部问题的
                                                //解,因此不必求解 X^B 处的局部问题)
  While Local_Outlook≤Max_Local_Outlook          //第二层循环开始
  {
    Set_Outlook_Points = ∅;
    Generate_Outlook_Point(X^B,Local_Outlook, Set_Outlook_Points);  //(产生瞭望点)
    While Set_Outlook_Points≠∅                  //内层循环开始
    {
      取集合 Set_Outlook_Points 中的第一个元素 X^0;
      如果 F(X^0)≤F(X^B),则                      //片段 1,选择瞭望点进行局部寻优
      {
      LocalX^min = Local_Search(X^0);           //(片段 2.Local_Search(X):局部寻优算法.其
                                                //功能是寻找 X 处的局部问题的解(通常把 X
                                                //作为初始点),返回值为局部问题的解)
      如果 F(TrueX^min)≤F(X^min)且 LocalX^min ≠OldX^min   //片段 3
      {
        X^min = LocalX^min;
        Outlook_Flg = True;
      };
      };
      在集合 Set_Outlook_Points 中删除 X^0;
    };                                          //内层循环结束
    Local_Outlook = Local_Outlook + 1;          //处理更高阶的瞭望点
      };                                        //第二层循环结束
  Global_Outlook =  Global_Outlook + 1;
  X^B = X^min;                                  //X^min 作为新的基点
  };                                            //外层循环结束
输出最优解 X^min;
结束.
```

算法 2　用方体瞭望点产生策略产生瞭望点(C 语言编程)。

```
Function Generate_Outlook_Point(X^B,Local_Outlook,Set_Outlook_Points)
/* 功能与参数说明:以 X^B 为基点产生其第 Local_Outlook 阶的全部瞭望点,并保存在集合
Set_Outlook_Points 中. */
      {for (i_1 = - Local_Outlook; i_1 ≤ Local_Outlook; i_1 ++)
        {x_1 = x_1^B + sign(i_1) r_{|i_1|} ;//sign(x)为符号函数
          for (i_2 = - Local_Outlook; i_2 ≤ Local_Outlook; i_2 ++)
          {x_2 = x_2^B + sign(i_2) r_{|i_2|} ;
            for (i_3 = - Local_Outlook; i_3 ≤ Local_Outlook; i_3 ++)
            {x_3 = x_3^B + sign(i_3) r_{|i_3|} ;
              ...
              for (i_n = - Local_Outlook; i_n ≤ Local_Outlook; i_n ++)
              {x_n = x_n^B + sign(i_n) r_{|i_n|} ;
                  如果|i_1|,|i_2|,…,|i_n|中至少有一个等于 Local_Outlook,且(x_1,x_2,…,x_n)^T∈R,
则 Set_Outlook_Points = Set_Outlook_Points∪{(x_1,x_2,…,x_n)^T};
              };
            };
          };
        };
      };
```

第14章 视觉认知优化算法

瞭望算法是基于通过瞭望确定群山最高点的常识提出的一种算法,此算法是全局搜索,但易产生漏点现象。禁忌搜索算法、模拟退火算法、神经网络算法、遗传算法、蚁群算法、瞭望算法在解决全局优化问题会产生漏点的现象或只是达到局部最优。基于视觉认知的全局优化算法正是为了弥补上述不足,确保在产生瞭望点时,不存在漏点的现象。本章简要介绍基于视觉认知的优化算法及基于视觉认知的可视化算法的原理、实现步骤等。

14.1 视觉认知优化算法的提出

视觉认知优化算法(Visual Cognitive Optimization Algorithm,VCOA)是2010年由孙雅芳等提出的一种基于视觉认知的全局优化算法,本书简称为视觉认知优化算法。该算法是针对瞭望算法在解决全局优化问题时,会产生漏点现象或只是达到局部最优的问题,从而提出的基于视觉认知的全局优化算法,以确保在产生瞭望点时,不存在漏点的现象,且用数学的方法证明了由该算法产生的序列依概率收敛于全局最小值。

14.2 视觉认知优化算法的原理

视觉是一种极为复杂和重要的感觉,人所感受的外界信息80%以上来自视觉。视觉为多功能名称,常说的视力仅为其功能之一,广义的视功能应由视觉-感觉、量子吸收、特定的空间-时间构图及心理神经一致性4个连续阶段组成。视网膜中的特殊感受器便是视功能的主要物质基础。目前视觉科学已经成为一门独立的科学。

认知科学是当代世界科学的前沿学科,原因在于认知科学是探究人脑的尖端学科。认知科学定义为智能实体与其环境相互作用的原理的研究,向两个方向展开,是研究人类的认知和智力的本质和规律的科学。

视觉认知方法是视觉科学与认知科学的交叉结合,从视觉的角度收集信息,用认知科学来分析和鉴别信息。人们获得的信息是人类通过不同的手段获得的初始资料。所谓结构数据,是指能够用数据或统一的结构加以表示。非结构化数据是指无法用数据或统一的结构加以表示。通过视网膜获得的原始信息是非结构化的,通过大脑的分析,即可以获得现实世界的真实内容。大脑还有自动优化的功能,比如在已有的经验分析下,人们能够很快分辨出同种两个物体的大小。现在所面临的巨大挑战是如何使得计算机能够像人那样看懂图、能够从复杂环境中辨识目标及能够准确感知环境,换句话说,就是怎样完成由非结构化到结构化的信息编码。

神经生理学和认知科学最好的结合方法之一,就是视觉认知方法。用视觉认知方法来解决非结构化信息是一个非常有效的手段。信息处理就是一个优化的过程，从纷杂的非结构化信息中整理出想要的部分，视觉认知方法的引入能很好地降低这个过程的计算量，使信息处理的时间能够缩短。

目前研究视觉认知是从两方面展开的：一方面研究视觉系统的具体机制；另一方面研究视觉环境及视觉系统对视觉环境的总体反应。视觉认知研究的最新成果是“脑视觉”。近年来，美国脑神经科学者和心理学者发现神经细胞会根据人们所看到东西的线的倾斜度，做出不同的反应。日本的研究者发现：根据线的倾斜被分解后的视觉信息到达视觉野，这些信号群被传递到一个个图形构造中。神秘的脑宇宙中壮大的网络开始运转，这些图形所具有的特异功能再次组合，从而认识全体的图像。视觉认知研究还发现两个重要的现象：一是，画不同的图像时，人的“一次视觉野”的位置不同；二是，看不同色彩、形状及静态或动态的事物时，大脑中相应区域中神经细胞的反应有所不同。

14.3　视觉认知优化算法的描述与步骤

视觉认知优化算法是为了避免瞭望算法存在漏点的现象而提出的一种全局优化算法。

考虑如下形式的全局优化问题

$$c^* = \min_{x \in \mathbf{R}^n} f(x) \tag{14.1}$$

假设：(1) $f: \mathbf{R}^n \to \mathbf{R}$ 连续有下界。(2) 存在一个实数 c_0，使得水平集 $H_{c_0} = \{x \in \mathbf{R}^n \mid f(x) \leqslant c_0\}$ 非空有界。

1. 视觉认知优化算法的步骤

(1) 取 $\varepsilon > 0$ 充分小，样本点数 $N \in \mathbf{Z}^+$，令 $k=0, c_0 = f(x_0)$。

(2) 取样，令 $k=k+1$，产生样本点集 $\{X_i^k, i=1,2,\cdots,N\} \sim g_k(x)$，其中 $g_k(x)$ 为取样密度函数。

(3) 产生瞭望记忆机制

计算函数值 $f(X_i^k)$，记 $X^k = \{X_i^k \mid f(X_i^k) \leqslant c_{k-1}, i=1,2,\cdots,N\}$，将 $f(X_i^k), X_i^k \in X^k$ 从小到大排列得到次序瞭望样本集

$$\hat{X}^k = \{\hat{X}_i^k, i=1,2,\cdots,N'\} \quad N' \leqslant N$$

若 $\hat{X}^k$ 为空，转步骤(2)。

(4) 计算当前瞭望水平值 $c_k = f(\hat{X}_1^k)$。

(5) 计算 $\sigma_k^2 = \sum\limits_{x \in \hat{X}^k} (f(x) - c_k)^2$。

(6) 给出终止条件，如果 $\sigma_k^2 < \varepsilon$，循环停止，则 $c^* = c_k$ 为近似总极值，否则更新取样密度 $g_{k+1} = g_k(x, \hat{X}^k)$，转步骤(2)。

2. 取样与更新

在算法中，起始密度选取为 $g_0(\boldsymbol{x}) = U(D), D \in \mathbf{R}^n$ 为足够大的超立方体，其他步骤的取样密度选取以下核密度函数，即令

$$g_{k+1}(\boldsymbol{x})=\frac{1}{N'h_{N'}^{n}}\sum_{i=1}^{N'}\ker\left|\frac{\boldsymbol{x}-\hat{X}_{i}^{k}}{h_{N'}}\right| \quad k=0,1,\cdots \tag{14.2}$$

为了简化计算,利用相对熵方法来更新取样密度函数 $g_{k+1}(\boldsymbol{x})$,选取的核函数为

$$\ker(\boldsymbol{x})=\prod_{j=1}^{n}\frac{1}{\pi(1+x_{j}^{2})} \tag{14.3}$$

其中,x_j 为向量 $\boldsymbol{x}=(x_1,x_2,\cdots,x_n)$的第 j 个分量。

选取这样的核函数给取样和密度函数的更新带来方便,结合式(14.2)与式(14.3),可以得到取样核密度函数为

$$g_{k+1}(\boldsymbol{x})=\frac{1}{N'h_{N'}^{n}}\sum_{i=1}^{N'}\left|\prod_{j=1}^{n}\frac{1}{\pi\left|1+\left|\frac{x_{j}-\hat{X}_{ij}^{k}}{h_{N'}}\right|^{2}\right|}\right| \quad k=0,1,\cdots \tag{14.4}$$

其中,$\hat{X}_{ij}^{k}$ 为第 k 次重点样本中的第 i 个样本点的第 j 个分量。

14.4 算法的收敛性证明

【定理 14.1】 设$\{c_k\}$是由算法产生的序列,存在 c 使

$$p(\lim_{k\to\infty}c_k=c)=1$$

证明:由算法可知 $c_k=f(X_1^k)\leqslant f(X_1^{k-1})=c_{k-1}$,因此$\{c_k\}$为单调下降序列。又因为由假设(1)可知 c_k 有界,则 $p(\lim\limits_{k\to\infty}c_k=c)=1$。

【引理 14.1】 若 $c_k\to c$,$\exists\bar{x}\notin\hat{X}^k\subset\mathbf{R}^n(k=1,2,\cdots)$,且 $f(\bar{x})\leqslant c$,则 $\exists\bar{X}^k\in\hat{X}^k$,$k=1,2,\cdots$,使得$\{\bar{X}^k\}\to\bar{x}(k\to\infty)$。

证明:当 $k\to\infty$时,通过上述所构造的取样密度函数 $g_k(x)$所选取重点样本集的方法,可知对$\forall\varepsilon>0$,$\exists\hat{X}^k\cap U(\bar{x},\varepsilon)\neq\varnothing$。即$\exists\bar{X}^k\in\hat{X}^k$,$k=1,2,\cdots$,使得$\{\bar{X}^k\}\to\bar{x}(k\to\infty)$。

【定理 14.2】 $c=\lim\limits_{x\in\mathbf{R}^n}f(x)$充要条件为:当 $c_k\to c$ 时,对于$\forall x\in H_c$,有 $f(x)=c$。

证明:先证必要性,由已知 $c=\lim\limits_{x\in\mathbf{R}^n}f(x)$,$H_c=\{x\mid f(x)\leqslant c\}$。所以$\forall x\in H_c$,只能有 $f(x)=c$。

再证充分性,由已知对$\forall x\in H_c$,且 $c_k\to c$,有 $f(x)=c$,则$\forall x\in\mathbf{R}^n$,有 $f(x)\geqslant c$。采用反正法证明如下。

假设:(1) 存在 k,使得 $x_0\in\hat{X}^k\subset\mathbf{R}^n$ 且 $f(x_0)<c$。

根据算法 $c_k=f(\hat{X}_1^k)$,所以 $f(\hat{X}_1^k)\leqslant f(x_0)$,即可知 $c_k\leqslant f(x_0)$,又因为 $c_k\to c$,再由定理 14.1 知 $c\leqslant c_k\leqslant f(x_0)$与假设矛盾。

(2) $\exists\bar{x}\in\mathbf{R}^n$,$\bar{x}\notin\hat{X}^k$,使得 $f(\bar{x})<0$。

由引理 14.1 可知$\exists\bar{x}\notin\hat{X}^k$,$k=1,2,\cdots$,使得$\{\hat{X}^k\}\to\bar{x}(k\to\infty)$,根据算法 $c_k=f(\hat{X}_1^k)$,所以 $f(\hat{X}_1^k)<f(\bar{x})$,即可知 $c_k<f(\bar{x})$,又因为 $c_k\to c$,再由定理 14.1 可知 $c<c_k\leqslant f(\bar{x})$与

假设矛盾。

综上,对 $\forall x \in \mathbf{R}^n$,有 $f(\bar{x}) \geqslant c$。

【定理 14.3】 若 $c_k \to c(k\to\infty)$,则当 $k\to\infty$时,$\sigma_k^2 \to 0$。

证明:由于 $c < c_k \leqslant f(\hat{X}_i^k) \leqslant c_{k-1}, i = 1,2,\cdots,N'$,又有 $c_k \to c(k \to \infty)$,所以可得 $\sigma_k^2 = \sum_{x\in\hat{X}^k} (f(x) - c_k)^2 \leqslant N'(c_{k-1} - c_k)^2 \to 0$,定理得证。

14.5 视觉认知优化算法的实现举例

对上述算法使用 MATLAB 编程实现,计算条件:CPU P4 1.0GHz,256MB RAM,MATLAB 7.0。

【例 14.1】 Rosenbroke 测试函数:

$$F_2(x_1,x_2) = 100(x_2 - x_1^2)^2 + (1 - x_1)^2 \quad x_i \in [-10,10], \quad i = 1,2$$

最优解是$[1,1]^{\mathrm{T}}$,$\min F_2(x_1,x_2)=0$。

根据视觉认知算法,投点数为 $N = 2000$,迭代次数取 $k = 4$,得到最优解为$[1,1]^{\mathrm{T}}$,$\min F_2(x_1,x_2)=0$。

【例 14.2】 Easom(ES)测试函数:

$$\mathrm{ES}(x_1,x_2) = -\cos x_1 \cos x_2 \exp(-((x_1 - \pi)^2 + (x_2 - \pi)^2))$$

搜索范围:$-100<x_i<100, i=1,2$。

全局最优解:$x^* = (\pi,\pi)$,$\mathrm{ES}(x^*) = -1$。

通过视觉认知算法,当 $N = 4000, k = 3$ 时,最优解为$(3.1423, 3.1489)^{\mathrm{T}}$,最优值为$-0.999\,959$。

【例 14.3】 Sphere Model 测试函数:

$$F_4(x_1,x_2,\cdots,x_n) = x_1^2 + x_2^2 + \cdots + x_n^2 \quad x_i \in [-100,100], i = 1,2,\cdots,n$$

取 $n=3$ 最优解 $x_i=0(i=1,2,3)$,$\min F_4(x_1,x_2,x_3)=0$,根据视觉认知算法,当 $N=3000$,$k=9$ 时,得到最优解$(0.0020,0.0019,0.0021)^{\mathrm{T}}$,$\min F_4(x_1,x_2,\cdots,x_8)=0.000\,012\,02$。

14.6 基于视觉认知的可视化算法

受图像处理中图像分割与特征提取思想的启发,与水平值下降算法思想相结合,基于函数局部最大 Lipschitz 常数与水平值下降距离的关系,文献[52]提出了一种新的求解一维约束全局优化问题的可视化算法。该算法采用先删除区间再加细取点的原则以减少计算量,并通过目标函数可视化处理动态调整目标函数局部最大 Lipschitz 常数,以提高算法收敛速度。其优点在于对目标函数没有过高要求,不仅适用于求解连续可微的光滑函数,也同样适用于求解非光滑函数。

考虑一维约束全局最优化问题:

$$f(x^*) = \min_{x\in[a,b]} f(x) \tag{14.5}$$

其中,$f(x):[a,b]\to\mathbf{R}$,是$[a,b]$上的多峰函数,x^*为$f(x)$在$[a,b]$上的最优解。

假设:(1) 目标函数$f(x)$有下界,即存在常数$M\in\mathbf{R}$,使得$f(x)\geqslant M$, $\forall x\in[a,b]$。

(2) 目标函数$f(x)$在$[a,b]$上是Lipschitz连续,存在$L>0$,使得$\forall x_1,x_2\in[a,b]$,有$|f(x_1)-f(x_2)|\leqslant L|x_1-x_2|$。

为估计目标函数Lipschitz常数,对一类函数给出一种求其Lipschitz常数L的方法如下。

若$f(x)$在$[a,b]$上一阶可微,则$L=\max|f'(x)|$, $x\in[a,b]$;若c点为函数$f(x)$在$[a,b]$内唯一不可导点,则$L=\max\{|f'(x)|,x\in[a,c];|f'(x)|,x\in[c,b]\}$。

可视化算法包括以下两个基本阶段。

阶段1:区域划分及估计函数Lipschitz常数。

将目标函数在给定区域内以较大间隔取点绘制函数粗略曲线,通过对目标函数粗略曲线的观察,将目标函数按照坡度陡缓差异分成不同区域。在不同的区域中分别按照上述方法求解函数Lipschitz常数。

阶段2:区间删除策略(注意,为提高算法收敛速度,算法中L_k指不同区间Lipschitz常数,但l^k为当前全局极小点)。

以区间$[\alpha,\beta]$为例,$[\alpha,\beta]\subseteq[c,b]$,函数$f(x)$在区间$[\alpha,\beta]$连续可微。可视化算法的实现步骤如下。

(1) $k=1$,计算精度为$\varepsilon>0$,在$[\alpha,\beta]$上间隔h_k取值,记此点集为

$$S_0^k=\{x_0^k,x_1^k,\cdots,x_{n^k}^k\}$$

其中,$x_0^k=\alpha$;$x_1^k=\alpha+h_k,\cdots$;$x_{n^k-1}^k=\alpha+(n^k-1)h_k$;$x_{n^k}^k=\beta$。

(2) 计算n^k+1自变量的函数值,设$l^k=\min\{f(x_i^k)\},i=0,1,\cdots,n^k$。

(3) 记

$$\begin{aligned}
&S_1^k=S_0^k\backslash P_0^k,S_2^k=S_1^k\backslash P_1^k,\\
&P_0^k=\{x_i^k\mid f(x_i^k)\geqslant l^k+d_k\quad i\in\{0,1,\cdots,n^k\}\}\\
&P_1^k=\{x_i^k\mid f(x_i^k)=l^k,\\
&f(x_{i-1}^k)=l^k+d_k\cup f(x_{i+1}^k)=l^k+d_k\},\\
&C^k=\{x_i^k\mid f(x_i^k)\geqslant l^k\}
\end{aligned}$$

(4) 若$h_k\leqslant\varepsilon/L_k$,算法终止,$C^k$为近似最优解集合,否则,转步骤(5)。

(5) 在S_2^k中所有相邻点对之间(以h_k为间隔的两个点之间,也就是说,间隔距离为h_k的两点)加细取点,间隔变为$h_{k+1}=h_k/10$,令$d_{k+1}=d_k/10$。

(6) 将加细取点后的所有点组成的集合记为S_0^{k+1},若$S_0^{k+1}=S_2^k$,算法终止,C^k为近似最优解集合,否则,$k=k+1$,转步骤(2)。

第15章　头脑风暴优化算法

头脑风暴方式是通过不同背景的人彼此合作,激发更多的人提出更多想法的解决问题的方法。头脑风暴法较之于个体之和,群体参与能够达到更高的创造性协同水平,通常能够产生意想不到的智能。这种模拟头脑风暴法创造性解决问题思想的脑风暴优化算法,每一个个体都代表一个潜在的问题的解,通过个体的演化和融合进行个体的更新,这一过程与人类头脑风暴的过程相似。该算法具有优化过程非常简单的特点。本章简要介绍头脑风暴优化算法的基本思想、算法的描述和实现步骤等。

15.1　头脑风暴优化算法的提出

头脑风暴优化(Brain Storm Optimization, BSO)算法是2011年由史玉回教授基于人类创造性解决问题的头脑风暴方式而提出的一种优化算法。在头脑风暴优化算法中,每个想法都代表问题的一个可行解。头脑风暴优化算法首先需要产生一定数量的可行解,其次分类,找出每类最优的个体作为类中心,再在一定规则下更新类中心和个体,直到得到问题的最优解,达到停止条件停止迭代。这一寻优过程与人类头脑风暴过程相似,所以称为脑风暴优化算法。该算法具有优化过程非常简单的特点。

15.2　头脑风暴优化算法的基本思想

头脑风暴(Brain-Storming)最早是精神病理学上的用语,指精神病患者的精神错乱状态,而现在则成为无限制的自由联想和讨论的代名词,其目的是产生新观念或激发创新设想。

头脑风暴法是由美国创造学家A.F.奥斯本于1939年首次提出、于1953年正式发表的一种激发性思维的方法。此方法经各国创造学研究者的实践和发展,已经形成了一个发明技法群,在管理上发展形成了一系列改善群体决策的方法。

头脑风暴在现代管理学上是一种集体研讨行为,它是一种常见的创造能力集体训练方法。头脑风暴是一种激发更多的人提出更多想法的解决问题的方法,最初主要用于广告设计,后来逐渐用于管理和其他方面。头脑风暴法主要通过会议的形式聚集具有不同背景的一群人或小组,围绕一个特定的兴趣或领域,进行创新或改善,产生新点子,提出新办法。让参会者围绕设定的话题敞开思想,畅所欲言,从而产生尽可能多的观点。然后通过交流思想,使各种设想在相互碰撞中激起脑海的创造性风暴,最后形成解决问题的最佳方案。头脑风暴的效用在于,较之于个体之和,群体参与能够达到更高的创造性协同水平。如图15.1所示是一群人集体研讨展示头脑风暴示意图。

为了尽可能地避免头脑风暴组内成员之间的社交障碍,提高整体的创造性,激发产生更多

图 15.1 头脑风暴法示意图

的方案,头脑风暴法在实行的过程中要遵守如下 4 条基本准则。

(1) 任何想法都是有意义的,无论好坏,所有想法被提出来以后,直到一轮头脑风暴过程结束前,不会对其做出判断进行取舍。

(2) 头脑风暴小组成员要毫无保留,头脑中产生的任何想法都值得分享和研究。

(3) 很多新想法的产生,都是通过以现有想法为线索来联想产生的。

(4) 需要产生尽可能多的新想法,然后从大量想法中进行挑选,获得优秀的解决方案。

这 4 条基本准则是为了保障头脑风暴小组中,每一个成员都可以充分发挥才智,提出尽可能多而且丰富的方案,进而由量变获得质变,得到较好的解决方案。

头脑风暴为什么能激发创新思维?根据奥斯本及其他研究者的观点,头脑风暴法的激发机理主要基于以下几点。

第一,联想反应。联想是产生新观念的基本过程。在集体讨论问题的过程中,每提出一个新的观念,都能引发他人的联想。相继产生一连串的新观念,产生连锁反应,形成新观念堆,为创造性地解决问题提供了更多的可能性。

第二,热情感染。在不受任何限制的情况下,集体讨论问题能激发人的热情。人人自由发言、相互影响、相互感染,能形成热潮,突破固有观念的束缚,最大限度地发挥创造性的思维能力。

第三,竞争意识。在有竞争意识的情况下,人人争先恐后,竞相发言,不断地开动思维机器,力求有独到见解,新奇观念。由心理学的原理可知,人类有争强好胜心理,在有竞争意识的情况下,人的心理活动效率可增加 50%或更多。

第四,个人欲望。在集体讨论解决问题的过程中,个人的欲望自由,不受任何干扰和控制,是非常重要的。头脑风暴法有一条原则,不得批评仓促的发言,甚至不允许有任何怀疑的表情、动作、神色。这就能使每个人畅所欲言,提出大量的新观念。

头脑风暴的方式就是通过不同背景的人彼此合作,通常能够产生意想不到的智能。基于这种创造性解决问题的思想提出的头脑风暴优化算法中,每一个个体都代表一个潜在的问题的解,通过个体的演化和融合进行个体的不断更新,这一寻优过程直到得到问题的最优解。

15.3 头脑风暴过程的描述

现实社会中有很多问题,一个人费尽心力不一定能够解决,但如果召集一群来自不同背景的人进行头脑风暴,却可以大大提高问题成功解决的可能性。通过不同背景的人彼此合作,通常能够产生意想不到的智能。头脑风暴过程可以概括为如下几个步骤。

(1) 聚集一群具有不同背景的人。

(2) 按照一定原则为待解决问题提出大量的解决方案。

(3) 选出几个人作为领袖，由他们在众多的解决方案中选择若干优秀的方案。

(4) 将现有方案作为线索，产生更多的方案，这里需要注意，要对步骤(3)中选出的优秀方案予以侧重，因为它们更为优秀，具有更大可能性成为问题最终的解决方案。

(5) 像步骤(3)一样，由领袖在所有的现有方案中再次选出若干优秀的方案。

(6) 对问题再次进行观察和分析，再按照一定原则随机产生更多的解决方案。

(7) 由领袖在所有的现有方案中再次选出若干优秀的方案。

(8) 对现有方案进行总结归纳甚至融合，产生并决定问题的最优解决方案。

15.4　头脑风暴优化算法的描述及实现步骤

在头脑风暴优化算法中，每个想法都代表问题的一个可行解。头脑风暴优化算法首先需要产生一定数量的可行解；其次分类，找出每类最优的个体作为类中心；最后在一定的规则下更新类中心和个体，达到停止条件停止迭代。

用头脑风暴优化算法寻找 v-SVR 的最佳参数(C,σ,v)的具体步骤如下。

(1) 在可行解空间中，随机产生 n 个(种群规模)个体(可行解)。

(2) 计算这 n 个个体的适应度值(适应度函数为交叉验证下的均方误差)。

(3) 用 k-means 聚类方法将 n 个个体分成 m(预先设定的常数)类。

(4) 根据个体的适应度值将每一类中的个体进行排序，把每类中取得最优适应度值的个体作为这个类别中的类中心。

(5) 以一定概率 p_a 进行类中心的更新，随机选中一个中心，随机产生一个 0～1 的数 r_1，若 $r_1<p_a$，则随机产生一个个体替换随机选中的类中心。

(6) 进行个体的更新。个体的更新主要有以下 4 种方式。

① 随机选中的一个类的类中心加一个随机扰动产生新个体。

② 在随机选中的类上随机选择一个个体，个体加一个随机扰动产生一个新的个体。

③ 随机选中的两个类的类中心，先进行融合，再在融合的基础上加一个随机扰动产生一个新个体。

④ 在随机选中的两个类上分别随机选择一个个体，先进行融合，再在融合的基础上加一个随机扰动产生新个体。

设 p_b 是调节上述前两种方式更新个体的概率，随机产生一个 0～1 的数 r_2，若 $r_2<p_b$，则进行个体更新。随机产生一个 0～1 的数 r_3，p_m 代表第 m 类个体被选中的概率，又有 $r_3<p_m$，$r_3<p_c$ 按上述方式①更新个体；若 $r_3\geqslant p_c$，则按方式②更新个体；若 $r_2\geqslant p_b$，则再随机产生一个 0～1 的数 r_4；若 $r_4<p_d$，则按方式③更新个体；若 $r_4\geqslant p_d$ 按方式④更新个体。

(7) 比较新产生的个体与原个体的适应度函数值，若新个体较优，则替换原个体。

(8) 比较 m 类别中的个体，找出其中适应度函数值最优的个体。

(9) 个体逐一进行更新，若达到迭代停止的条件，则停止迭代，否则，返回步骤(3)。

在上述步骤中，每一类的小群体被选中的概率与群体中个体的数量成正比，随机扰动可以用下式表示，即

$$x_{\text{new}}^{d}=x_{\text{selected}}^{d}+\xi\cdot N(\mu,\sigma) \tag{15.1}$$

$$\xi=\operatorname{logsig}((0.5\cdot N_{\text{max\_gen}}-N_{\text{cur\_gen}})/k)\cdot \operatorname{rand}() \tag{15.2}$$

其中，x_{new}^{d} 为新个体的第 d 维值；x_{selected}^{d} 为被选中个体的第 d 维值；ξ 为一个调节随机扰动的

参数；$N(\mu,\sigma)$是均值为μ、方差为σ的正态分布；logsig 是一个对数型变换函数，$\text{logsig}(x)=1/(1+\exp(-x))$；$N_{\text{max_gen}}$为最大迭代次数；$N_{\text{cur_gen}}$为目前迭代次数；$k$为一个调节 logsig 坡度的参数，rand()代表 0～1 的一个随机数。

两个个体融合过程可以用下式表示

$$x_{\text{combined}}^{d}=vx_{1}^{d}+(1-v)x_{2}^{d} \tag{15.3}$$

其中，x_{combined}^{d}为两个个体x_{1}^{d}和x_{2}^{d}融合产生的新个体的d维取值；v是一个 0～1 的随机数。

头脑风暴算法的流程如图 15.2 所示。

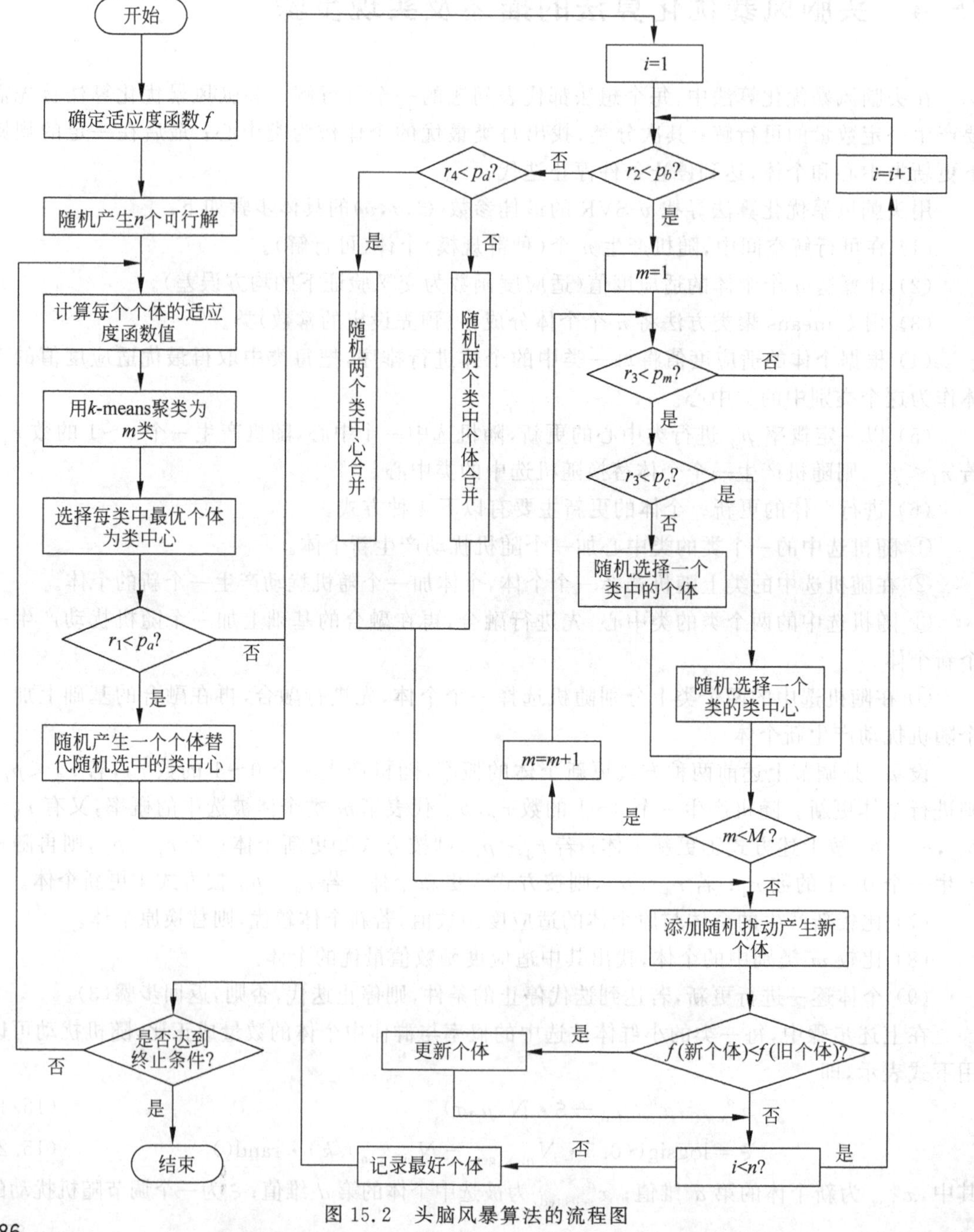

图 15.2　头脑风暴算法的流程图

15.5　基于讨论机制的头脑风暴优化算法

杨玉婷等对基本的头脑风暴优化算法个体更新过程的分析，发现 4 种更新方式具有不同的效果，提出将原 BSO 算法的讨论过程分为组内讨论和组间讨论，分别控制局部搜索和全局搜索。设计组内某一个体的演化或者组内两个个体融合产生新个体的操作，分别称为演化方式 1 和方式 2；设计不同组间的个体进行融合或者随机产生新个体的操作，分别称为演化方式 3 和方式 4。组内讨论次数设为单调递增函数（见式(15.4)）；组间讨论次数设为单调递减函数（见式(15.5)）。在搜索开始阶段，加强广泛搜索，充分发现潜在的全局最优；在搜索后期，着重细致搜索，加速收敛。

$$N_{t\_in}=N_{m\_t}(N_{c\_i}/N_{m\_i}) \tag{15.4}$$

$$N_{t\_ex}=N_{m\_t}(1-N_{c\_i}/N_{m\_i}) \tag{15.5}$$

其中，N_{t_in} 为当前组内讨论次数上限；N_{t_ex} 为当前组间讨论次数上限；N_{c_i} 为当前产生第几代个体；N_{m_i} 为最多产生的个体代数；N_{m_t} 为组内讨论和组间讨论次数上限的最大值。

基于讨论机制的头脑风暴优化（DMBSO）算法流程图如图 15.3 所示。图中 p_{Dis} 为类中心个体被随机产生的个体替换的概率。组间和组内讨论的伪码实现详见文献[55]。

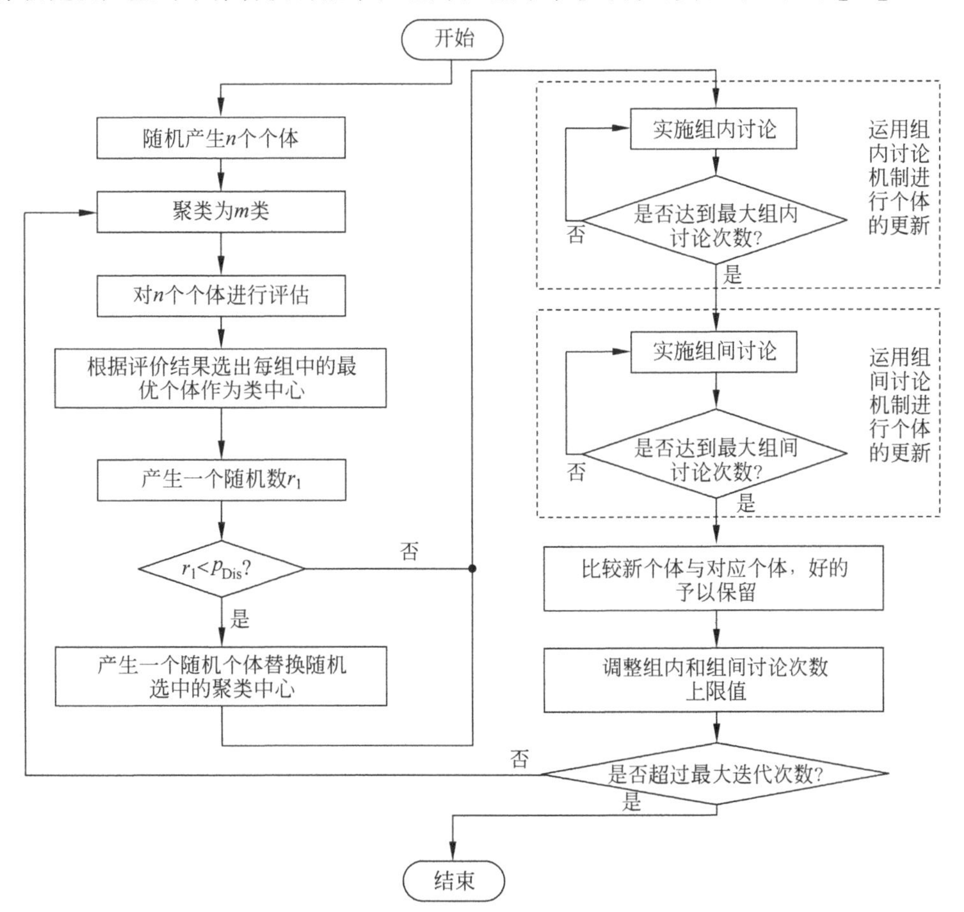

图 15.3　基于讨论机制的头脑风暴优化算法流程图

在算法实现过程中涉及两个个体的融合，融合过程按下式进行：

$$I_{\text{new}} = vI_1 + (1-v)I_2 \tag{15.6}$$

其中，I_{new} 为两个个体融合产生的子代个体；I_1 和 I_2 为接受融合操作的两个个体；v 为一个 0～1 的随机数，调节两个个体的权重。在新个体产生过程中要加上随机扰动的方式为

$$I_{\text{new}}^d = I_{\text{sel}}^d + \xi \times n(\mu,\sigma) \tag{15.7}$$

其中，I_{sel}^d 为选中个体在 d 维的值；I_{new}^d 为新产生个体在 d 维上的值；$n(\mu,\sigma)$ 为高斯随机函数，均值为 μ、方差为 σ；ξ 为步长，调节随机扰动的取值范围。ξ 取值按下式计算得到：

$$\xi = \text{logsig}((0.5N_{\text{m\_t}} - N_{\text{c\_i}})/k) \times \text{rand}() \tag{15.8}$$

其中，logsig()为一个对数 S 变换函数；k 控制 logsig()的坡度；rand()产生一个 0～1 的随机数。

第16章 随机聚焦搜索优化算法

随机聚焦搜索优化算法模拟人类根据自身记忆、经验、不确定性推理并相互交流的智能搜索行为，用以克服粒子群优化算法易于陷入局部最优的缺陷。该算法把每个搜索个体作为M维搜索空间(解空间)中的一个点，以模仿人类的搜索行为及其在搜索过程中的随机性。通过选取适当的邻域空间参数，在避免收敛于局部最优值的同时可高效地搜寻全局最优值。本章介绍随机聚焦搜索优化算法的原理、描述及基本步骤。

16.1 随机聚焦搜索优化算法的提出

随机聚焦搜索优化(Stochastic Focusing Search，SFS)算法是2009年由郑永康、陈维荣等提出的一种模仿人类搜索行为的随机搜索优化算法，它模拟了人根据自身记忆、经验、不确定性推理并相互交流的智能搜索行为。在SFS算法中，所有个体立足于自身的最好位置(个体极值)，随机向群体中到目前为止获得最好搜索效果个体(全局极值)的一个邻域点搜索。SFS算法优化思想类似于PSO算法，但PSO算法模拟的是鸟类生物群体智能行为，而SFS算法模拟的是人类自身的智能行为，所以本书将SFS算法归为仿人智能优化算法。该算法具有算法简单、计算速度较快、计算复杂度小的特点。它已用于对板料冲压成形工艺参数优化等。

16.2 随机聚焦搜索优化算法的原理

粒子群优化算法是基于生物群体智能用于求解优化问题的算法，目前已经得到广泛的应用。但该算法不仅可能存在陷入局部最优和不易收敛的问题，而且还存在其性能会随着待解决问题维数的增加而降低的缺点。为了提高寻优结果的可靠性和使算法计算快速收敛，郑永康等根据人群在启发式随机搜索方面的行为提出了一种新的优化算法——SFS算法。

SFS算法模仿人类的搜索行为及其在搜索过程中的随机性，选取适当的邻域空间参数，在避免收敛于局部最优值的同时可高效地搜寻全局最优值。在SFS中，所有个体立足于自身的最好位置(个体极值)，随机向群体中到目前为止获得最好搜索效果个体(全局极值)的一个邻域点搜索。从SFS算法的表达形式看，它聚焦于全局最好的位置点，在该点的一个动态收敛的邻域内随机进行搜索，因此将其称为随机聚焦搜索优化算法。

16.3 随机聚焦搜索优化算法的描述

在SFS算法中,每个搜索个体作为M维搜索空间(解空间)中的一个点。设s为该人群的大小,则每个个体$i(1\leqslant i\leqslant s)$有如下属性:第$t$次迭代(搜索)时个体在搜索空间中的位置为

$$\boldsymbol{x}_i(t)=[x_{i1},x_{i2},\cdots,x_{ij},\cdots,x_{iM}] \tag{16.1}$$

其中,j为变量$\boldsymbol{x}_i(t)$的第j维分量;M为维数。

所有个体到目前为止获得的全局极值的位置为$\boldsymbol{g}_{\text{best}}$;个体的速度为

$$\boldsymbol{v}_i(t)=[v_{i1},v_{i2},\cdots,v_{ij},\cdots,v_{iM}] \tag{16.2}$$

假设待解决的优化问题为极小值问题,SFS算法中个体的位置更新公式为

$$\boldsymbol{v}_i(t)=\begin{cases}\text{rand}()\times(R_t-\boldsymbol{x}_i(t-1)) & \text{fun}\boldsymbol{x}_i(t-1)\geqslant \text{fun}\boldsymbol{x}_i(t-2)\\ \boldsymbol{v}_i(t-1) & \text{fun}\boldsymbol{x}_i(t-1)<\text{fun}\boldsymbol{x}_i(t-2)\end{cases} \tag{16.3}$$

$$\boldsymbol{x}_i(t)=\boldsymbol{v}_i(t)+\boldsymbol{x}_i(t-1) \tag{16.4}$$

如果$\text{fun}\boldsymbol{x}_i(t)\geqslant\text{fun}\boldsymbol{x}_i(t-1)$,则有

$$\boldsymbol{x}_i(t)=\boldsymbol{x}_i(t-1) \tag{16.5}$$

其中,$\text{fun}\boldsymbol{x}_i(t)$为个体$i$在第$t$次迭代时的搜索效果(目标函数值);$R_t$为$\boldsymbol{g}_{\text{best}}$邻域空间$R$中随机选取的一个点。

$$R\in\left[\boldsymbol{g}_{\text{best}}-\frac{w(\boldsymbol{g}_{\text{best}}-\boldsymbol{x}_{\min})}{(\boldsymbol{x}_{\max}-\boldsymbol{x}_{\min})^{1-w}},\boldsymbol{g}_{\text{best}}+\frac{w(\boldsymbol{x}_{\min}-\boldsymbol{g}_{\text{best}})}{(\boldsymbol{x}_{\max}-\boldsymbol{x}_{\min})^{1-w}}\right] \tag{16.6}$$

其中,$\boldsymbol{x}_{\max}$和$\boldsymbol{x}_{\min}$为搜索空间的边界;w为惯性权值。当w从1逐渐减小到0时,R就从整个解空间收敛到点$\boldsymbol{g}_{\text{best}}$。

式(16.3)的第1部分相当于PSO的“社会认知”部分,也表示个体之间的信息共享与相互合作;式(16.4)计算个体在当代更新后的所在位置;式(16.5)相当于PSO的“自我认知”部分。

从SFS算法的表达形式看,它聚焦于全局最好位置点$\boldsymbol{g}_{\text{best}}$,在该点的一个动态收敛的邻域内随机进行搜索,因此将其称为随机聚焦搜索优化算法。R的变化受到参数w的控制,w的确定选择了如下形式:

$$w=\left(\frac{G-t}{G}\right)^{\delta} \tag{16.7}$$

其中,G为最大进化代数;δ为正实数。随着迭代次数t的增加,w将逐渐减小为0。

为了进一步避免搜索过程陷入局部最优,提高全局搜索能力,SFS算法对种群还提出了一种分组策略,其表达式为

$$w'=\left(\frac{G-t}{G}\right)^{\delta'} \tag{16.8}$$

$$\mu=\lfloor w's+1\rfloor \tag{16.9}$$

其中,w'为惯性权值;δ'为一个正实数;μ为分组数;符号$\lfloor\cdot\rfloor$表示对·向下取整。

16.4 随机聚焦搜索算法的基本步骤

SFS算法的优化计算步骤如下。

(1) 初始化一群个体,随机确定其位置。

(2) 根据优化函数来确定目标函数,再根据目标函数计算每个个体的适应度值。

(3) 进行分组并找到每个分组中的 $\boldsymbol{g}_{\text{best}}$。

(4) 根据式(16.3)和式(16.4)更新个体的速度和位置。

(5) 根据目标函数再次计算每个个体的适应度。

(6) 根据式(16.5)确定 $\boldsymbol{x}_i(t)$。

(7) 如果满足结束条件,则终止计算,输出最优结果;否则返回步骤(3)。

通常选取足够好的适应度值或达到一个预先设定的最大迭代次数作为结束条件。

SFS 算法的实现流程图如图 16.1 所示。

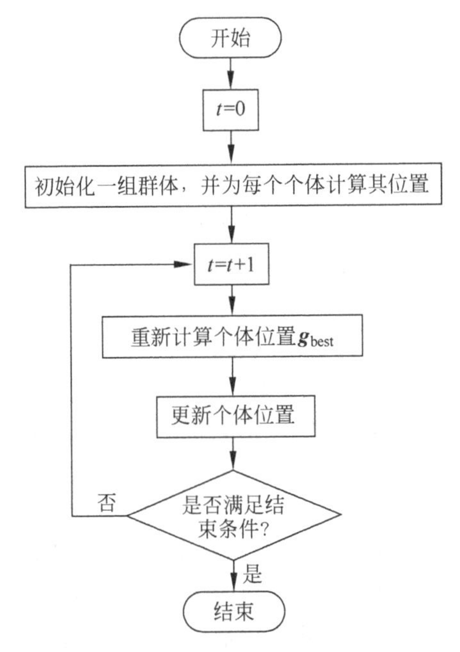

图 16.1　SFS 算法的实现流程图

16.5　基于随机聚焦搜索算法的冲压成形工艺优化

龙玲等将随机聚焦搜索算法用于解决冲压成形工艺优化问题。某型深盒形罩壳冲压由于盒形件在拉深成形过程中变形不均匀,圆角部分变形大,直边部分变形小,并且它们之间存在相互影响。在拉深时圆角部分有大量的材料向直边部分流动,使直边部分拉深变形增大,更容易导致破裂、起皱等工艺问题。因此,为了预测和控制其成形质量,有必要研究更有效的优化方法,以实现冲压工艺的最优化。

1. 实验设计

在有限元软件中建立制件成形的仿真模型并划分好网格。工件材料性能参数为:材料为 08 钢,材料厚度 $t=0.8\text{mm}$,杨氏模量 $E=2.07\text{GPa}$,泊松比 $\mu=0.29$,厚向异性系数 $\gamma=2.15$。

由工艺经验可知,凹模圆角半径(R),压边力(BHF),凸模、凹模、压边圈与板料之间的摩擦因数(分别为 μ_1、μ_2 和 μ_3),冲压速度 v 是影响盒形件拉深成形的重要工艺参数,并且调整较容易,因此选择它们为优化变量,其他工艺参数根据经验作为定量处理。

2. 优化目标设定

深盒形件的拉深容易出现的成形问题主要为拉裂与起皱,因此其质量评价指标可作为工艺优化目标,以判断制件发生工艺问题的趋势。

(1) 起皱问题及优化目标的确定。

起皱主要是材料内压力过大使板厚方向超过失稳极限所产生的。对于深盒形件,其起皱多发生于法兰部分,评价法兰起皱的主要指标是厚向应变 ε_3。根据塑性成形体积不变原理,有 $\varepsilon_1+\varepsilon_2+\varepsilon_3=0$。由于主应变 $\varepsilon_1\geqslant 0$,当厚向应变 $\varepsilon_3\geqslant 0$ 时,次应变 $\varepsilon_2=-(\varepsilon_1+\varepsilon_3)\leqslant 0$,为压应变,同时压应变的绝对值 $|\varepsilon_2|\geqslant|\varepsilon_1|$,说明此处的板料受到很大的压应力,有可能导致压缩失稳而起皱。当主应变 ε_1 相同时,ε_3 越大,ε_2 的绝对值越大。因此,最大的厚向应变 $\varepsilon_{3\max}$ 能够反映毛坯在成形过程中起皱的趋势。

(2) 拉裂问题及优化目标的确定。

作为一种成熟的方法,基于应变成形极限评价方法目前在预测冲压成形破裂质量方面得到了广泛应用。而成形极限图(FLD)是基于应变破裂指标评价的主要方法之一,它表示板料在不同应力状态下的变形极限。成形裕度是从成形极限图提取出的冲压成形质量评价指标,它表示坯料在目前的变形程度下,沿原变形路径尚具有的继续变形的能力。冲件坯料某测量点的成形裕度表示为

$$\Delta\varepsilon=\frac{\varepsilon_k-\varepsilon_1}{\varepsilon_k}\times 100\% \tag{16.10}$$

其中,ε_1 为该测量点的最大主应变;ε_k 为该变形路径下的破裂极限应变。实际生产中一般要求最小成形裕度 $\Delta\varepsilon_{\min}$ 范围为8%~10%,以保证零件成形的安全性。

(3) 优化函数的确定。

由于实验将拉裂和起皱均作为优化目标,而在实际工程问题中,也可能出现多个优化目标之间相互矛盾或制约的问题。处理多目标优化的方法可以通过数学变换,将多目标优化转化为单目标优化问题进行求解。在盒形件冲压成形中,拉裂和起皱是反映材料塑性成形的重要信息,优化中认为它们同样重要,取其权重相等。由前述可知,拉裂与起皱的优化目标分别为 $\Delta\varepsilon_{\min}$ 和 $\varepsilon_{3\max}$,因此用SFS算法优化函数设为 $\varepsilon_{3\max}$ 与 $\Delta\varepsilon_{\min}$ 倒数的和值最小,即

$$\text{fun}(\varepsilon_{3\max},\Delta\varepsilon_{\min})=\min(\varepsilon_{3\max}+1/\Delta\varepsilon_{\min}) \tag{16.11}$$

则约束条件:

$$\begin{gathered}8\leqslant R\leqslant 12\\ 100\leqslant \text{BHF}\leqslant 200\\ 0.125\leqslant \mu_1\leqslant 0.275\\ 0.080\leqslant \mu_2\leqslant 0.175\\ 0.080\leqslant \mu_3\leqslant 0.175\\ 1500\leqslant v\leqslant 3500\end{gathered}$$

3. 随机聚焦搜索算法目标函数模型的建立

板料拉深过程中,凹模半径、压边力和冲压速等工艺参数对板料成形质量的影响并没有明确的函数关系,因此可认为其冲压成形是一个高度非线性的过程。目前有学者提出通过构建响应面模型拟合函数的方式建立关于此类型函数输入输出之间的映射关系,但借鉴这种方式通过实验分析发现误差较大。而人工神经网络具有很强的多输入、多输出的非线性映射能力,可以按任意精度逼近任何非线性连续函数。因此,通过建立各输入变量与优化目标之间的BP

神经网络映射关系，即经过训练后的神经网络，作为 SFS 的寻优函数。神经网络学习样本通过有限元数值模拟获得，然后通过神经网络进行训练得到工艺参数与成形质量之间的映射关系，建立神经网络模型。选取 BP 网络层数为 3 层，输入 6 个节点（凹模圆角半径 R、压边力 BHF、凸模与板料之间的摩擦因数 μ_1、凹模与板料之间的摩擦因数 μ_2、压边圈与板料之间的摩擦因数 μ_3、冲压速度 v），隐层 5～6 个节点，输出层 2 个节点（起皱与拉裂 $\varepsilon_{3\max}$、$\Delta\varepsilon_{\min}$）。输入层和隐层之间使用传递函数 transig，隐层与输出层之间使用 logsig 函数，网络训练采用 rainlm 函数，训练误差控制在 10^{-5} 以内。

4. 随机聚焦搜索算法寻优计算

在神经网络模型的基础上，利用 SFS 算法对各工艺参数进行优化。整个优化过程流程如图 16.2 所示。SFS 算法的具体步骤如下。

(1) 初始化一群粒子，随机确定其位置。

(2) 调用神经网络仿真函数求解拉裂与起皱输出值 $\varepsilon_{3\max}$ 和 $\Delta\varepsilon_{\min}$，根据式(16.11)计算每个粒子的适应度值。

(3) 进行分组并找到每个分组中的 $\boldsymbol{g}_{\text{best}}$。

(4) 根据式(16.3)和式(16.4)更新粒子的速度和位置。

(5) 根据式(16.11)再次计算每个粒子的适应度。

(6) 根据式(16.6)确定 $\boldsymbol{x}_i(t)$。

(7) 如未达到结束条件(通常为足够好的适应度值或达到一个预设最大迭代次数)，则返回步骤(3)。

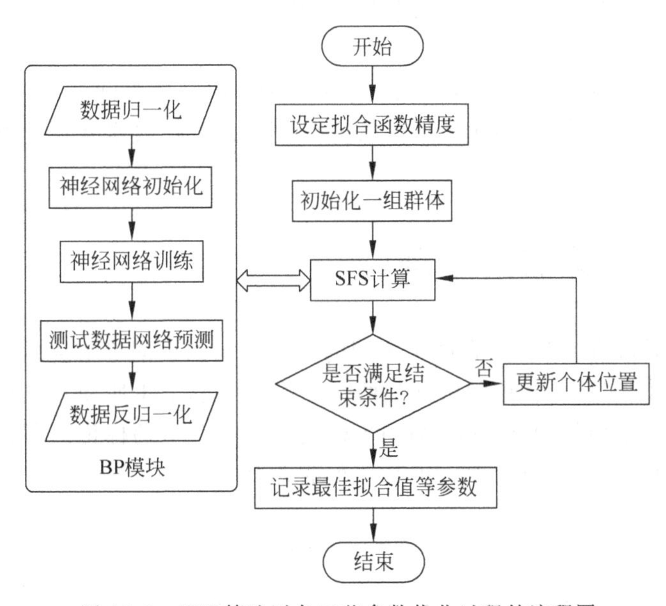

图 16.2　SFS 算法对各工艺参数优化过程的流程图

第17章　教学优化算法

教学优化算法的设计思想源于教师工作对学习者的影响。该算法是基于人群智能的优化方法，把一组学习者或一班学习者作为人群，使用一组解进而去求全局解。优化过程由“教师阶段”和“学习阶段”组成：教师阶段是指向教师学习；学习阶段是指通过学习者之间的互动学习。本章介绍教学优化算法的原理、数学描述、实现步骤及流程。

17.1　教学优化算法的提出

教学学习优化(Teaching-Learning-Based Optimization，TLBO)算法是2011年由Rao等提出的一种基于教学学习优化算法，简称教学优化算法，又称教与学优化算法。该优化算法的设计思想源于教师的工作对学习者的影响。它是基于人群智能的优化方法，使用一组解进而去求全局解。把一组学习者或一班学习者作为人群。TLBO的过程分为两部分：第一部分由“教师阶段”组成；第二部分由“学习阶段”组成。教师阶段是指向教师学习，学习阶段是指学习者之间互动学习。

通过测试了5个不同的约束基准测试函数和4个不同基准机械设计问题及6个实际的机械设计优化问题，结果表明，TLBO算法在最优解、平均解、收敛速度及计算量方面比其他优化算法更具优势。

17.2　教学优化算法的原理

假设两个不同教师T1和T2，在两个不同的班级中对两个同等程度的学生讲授同一门课的相同内容。如图17.1所示为由教师评估两个不同班级的学生所获得的标记分布曲线。曲线1和曲线2分别表示由教师T1和教师T2教授的学生获得的标记。假设获得的标记为正态分布，但在实际中可以具有偏斜度。正态分布定义为

$$f(x)=\frac{1}{\sigma\sqrt{2\pi}}\mathrm{e}^{\frac{-(x-\mu)^2}{2\sigma^2}} \tag{17.1}$$

其中，σ^2 为方差；μ 为平均值；x 为服从正态分布函数的任意值。

从图17.1中可以看出，曲线2表示的结果比曲线1表示的结果更好，可以说在教学方面教师T2比教师T1好。两者结果的主要区别是曲线2的平均值 M_2 大于曲线1的平均值 M_1，即一个好的教师对学生的教学效果产生更好的平均值。学习者从他们之间的互动中学习也有助于他们的学习效果。

如图17.2所示的是针对具有平均 M_{A} 的曲线A的班级中的学习者获得的标记模型。教师被认为是社会中的知识渊博的人，所以最好的学习者被模仿为教师，如图17.2所示的 T_{A}。

老师试图在学习者之间传授知识，这将反过来提高全班的知识水平，帮助学生获得良好的标记或成绩。因此，增加班级的平均值是根据教师的能力。教师 T_A 将根据他/她的能力尝试把 M_A 提高到他们自己的水平，从而将学习者的水平提高到新的平均 M_B。教师 T_A 将尽最大努力教授他/她的学生，但学生将根据教师的教学质量和课堂上学生的质量获得知识。所以，他的学生质量是从全班的平均值来评价的。教师 T_A 努力把学生的质量从 M_A 提高到 M_B，在这个阶段，学生就需要一个新的教师 T_B，其质量优于 T_A。于是，将会出现一个新的曲线 B 与新的教师 T_B，如图 17.2 所示。

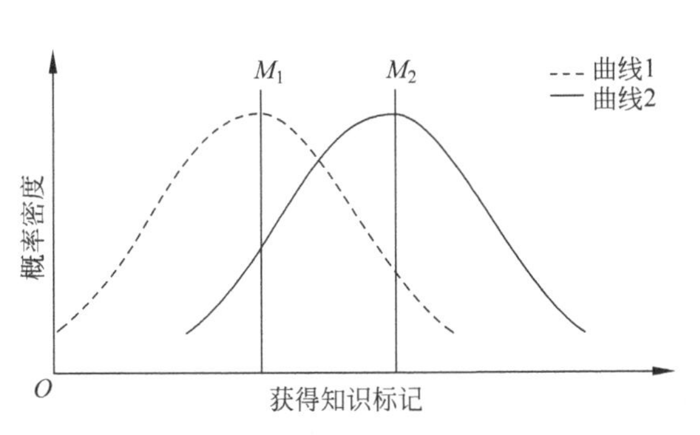

图 17.1　由两个不同教师教授获得知识标记的分布

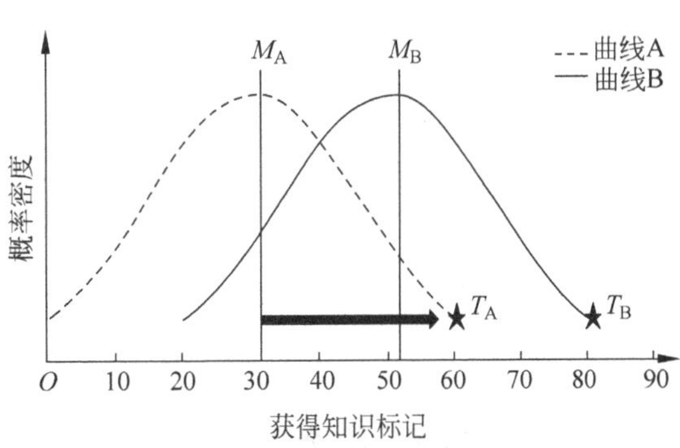

图 17.2　一组学生获得的知识标记分布模型

上述教学过程表明，一个最优秀的教师，教出一班优秀的学生；为了提高优秀学生的水平，需要更新更优秀的教师。如此循环下去，这就是一个最优化的过程，也是教学优化算法的基本原理。

17.3　教学优化算法的数学描述

为了解决无约束非线性连续函数的优化问题，需要建立上述教学过程的数学模型，从而设计教学优化(TLBO)算法。

TLBO 算法也是基于群体的优化算法，使用群体的一组解进而求取全局最优解。该算法把一组学习者或一班学习者作为群体，群体由不同的设计变量组成。不同的设计变量类似于向学习者提供的不同主题，并且学习者的结果类似于“适合度”，教师被认为是迄今为止获得的最好的解。

TLBO 算法的过程分为两部分：第一部分由“教师阶段”组成；第二部分由“学习阶段”组成。“教师阶段”是指向教师学习，而“学习阶段”是指学习者之间相互学习。

1. 教师阶段

如图 17.2 所示，一个班的平均值从 M_A 增加到 M_B，取决于一个好的教师。一个好的教师是一个使他/她的学习者在知识方面达到他/她的水平的人。但在实践中这是不可能的，教师只能根据这个班级的能力在一定程度上提高这个班级的平均值。这是一个取决于许多因素的随机过程。

设 M_i 为平均值，T_i 为所有迭代 i 的教师。T_i 将尝试将平均值 M_i 提高到其自己的水平，因此，现在新的平均值为 M_{new}，根据现有和新的平均值之间的差异更新解为

$$\text{Difference\_Mean}_i = r_i (M_{\text{new}} - T_F M_i) \tag{17.2}$$

其中，T_F 为决定要改变平均值的教学因子；r_i 为在[0,1]区间中的随机数。T_F 的取值可以是 1 或 2，这也是一个启发式步骤并以等概率随机地决定 $T_F = \text{round}[1 + \text{rand}(0,1)\{2-1\}]$。

根据这个差异修改现有解的表达式为

$$X_{\text{new},i} = X_{\text{old},i} + \text{Difference\_Mean}_i \tag{17.3}$$

2. 学习阶段

学习者通过两种不同的方式增加他们的知识：一是通过教师的传授；二是通过学习者在小组讨论、演示、正式沟通等方式随机与其他学习者交互等。如果学习者从比他/她有更多知识的学习者那里学习到新的知识，则学习者修改表示为

```
For i = 1:Pn
随机选择两个学生 xi 和 xj, i≠j
If f(xi)<f(xj)
Xnew,i = Xold,i + ri(xi - xj)
Else
Xnew,i = Xold,i + ri(xj - xi)
End If
End For
Xnew 若给出最好的目标函数值接受它
```

17.4 教学优化算法的实现步骤

TLBO 算法实现的具体步骤如下。

(1) 定义优化问题并初始化优化参数。初始化种群大小 P_n，迭代次数 G_n，设计变量的数量 D_n 和设计变量的约束(U_L，L_L)。

定义优化问题为使目标函数 $f(X)$最小化。X 是设计的变量，$X_i \in x_i = 1,2,\cdots,D_n$ 且满足 $L_{L,i} \leqslant x_i \leqslant U_{L,I}$。

(2) 初始化群体。根据种群大小随机生成种群和设计变量的数量。群体规模表示学习者的数量，设计变量表示所提供的科目(即课程)。这个群体表示为

$$\text{population} = \begin{bmatrix} x_{1,1} & x_{1,2} & \cdots & x_{1,D} \\ x_{2,1} & x_{2,2} & \cdots & x_{2,D} \\ \vdots & \vdots & & \vdots \\ x_{P_n,1} & x_{P_n,2} & \cdots & x_{P_n,D} \end{bmatrix}$$

(3) 教师阶段。按上述矩阵所列的人口计算平均值，这将是给出特定主体的平均值

$$M_D = [m_1, m_2, \cdots, m_D] \tag{17.4}$$

最好的解将作为该迭代的教师

$$X_{\text{teacher}} = X_{f(X)=\min} \tag{17.5}$$

教师会尝试将平均值从 M_D 移动到 X_{teacher}，这将作为迭代的新平均值。所以

$$M\_\text{new}_D = X_{\text{teacher},D} \tag{17.6}$$

两个均值之间的差值表示为

$$\text{Difference}_D = r(\text{M\_new}_D - T_F M_D) \tag{17.7}$$

T_F 的值选择为 1 或 2。将获得的差值添加到当前解中，以使用更新其值

$$X_{\text{new},D} = X_{\text{old},D} + \text{Difference}_D \tag{17.8}$$

如果它给出更好的目标函数值，则接受 X_{new}。

(4) 学习阶段。如上所述，学习者借助于他们之间的互动来增加他们的知识，其数学描述如

上所述。

(5) 终止标准。如果达到最大迭代次数则停止,否则重复步骤(3)。

从上述步骤可以看出,没有规定处理该问题中的约束。在 TLBO 算法中使用启发式约束处理方法。此方法使用竞争选择算子,选择其中的两个解,并进行比较。采用以下 3 个启发式规则选择。

(1) 如果一个解是可行的,而另一个不可行,则选择可行解。

(2) 如果两个解都是可行的,那么优选目标函数值更好的解。

(3) 如果两个解都不可行,那么违反约束最小的解是优选的。

将这些规则加在步骤(3)和步骤(4)的结尾,即加在教师阶段和学习阶段的结尾。

如果替代的可行解 X_{new} 在步骤(3)和步骤(4)结束时给出更好的目标函数值,则使用上述 3 个启发式规则来选择 X_{new}。

教学优化算法的流程如图 17.3 所示。

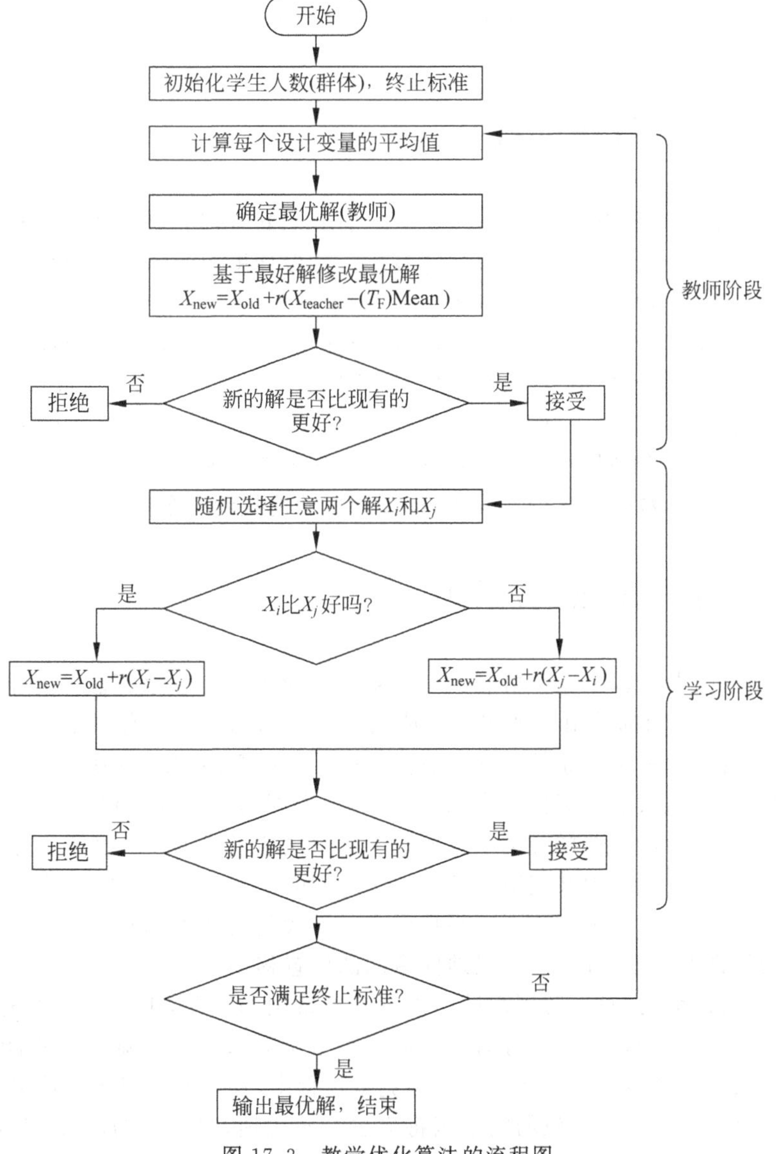

图 17.3　教学优化算法的流程图

第18章　帝国竞争算法

帝国竞争算法是一种基于社会群体的优化算法，群体中的个体称为“国家”，即为待优化问题的可行解。按照强弱国家分为“帝国”和“殖民地”。殖民地按一定准则分给不同帝国而形成“帝国集团”。操作包括帝国集团内部同化、更新及帝国集团之间的竞争。每次迭代后，较强帝国有更大概率获得殖民地而变得更强，而较弱帝国失去殖民地而变得更弱，当失去所有殖民地时该帝国就被删除。算法不断迭代，当群体中只剩下最后一个帝国时即为最优解。本章介绍帝国竞争算法的原理、数学描述、算法的实现步骤及流程。

18.1　帝国竞争算法的提出

帝国竞争算法(Imperialist Competitive Algorithm，ICA)是2007年由Atashpaz-Gargari等提出的一种基于社会政治进化的全局优化算法。其设计思想源于对人类社会殖民地竞争过程的一种模拟。ICA把种群个体称为国家，根据国家权力的大小分为殖民地和帝国。每个帝国拥有总的权力包括其帝国自身的权力与所其占有的殖民地平均权力的加权。对于最小化问题，帝国的权力与其目标函数值成反比关系。该算法的核心是基于帝国之间的竞争，在竞争过程中，权力弱小的帝国逐渐灭亡，而由权力较强的帝国占有其殖民地。竞争的最终结果是使殖民地的目标函数收敛至全局最小，仅存在一个帝国，其余殖民地均归属该帝国。

对4种标准测试函数的仿真结果表明，ICA均成功地找到了全局最小解。

18.2　帝国竞争算法的原理

帝国竞争算法是基于国家竞争机制的一种新的优化算法。在该算法的种群中，每一个个体被称为一个国家，它们都是由一个实序列或向量来表示的。把所有国家都分成两类：帝国或殖民地。通过计算每一个国家的目标函数值来衡量每一个国家的势力。

将最初势力比较强大的国家作为帝国，剩余的国家即为殖民地。根据每个国家的势力将殖民地分配给不同的帝国。这样帝国及其所包含的殖民地组成了一个整体。每个帝国的势力都是由帝国势力和殖民地势力共同组成的。一个帝国的总势力等于帝国的势力加上一定比例的该帝国所包含的殖民地的平均势力。当把所有的殖民地分配给帝国后，殖民地开始向其所属的帝国主靠近，即在搜索空间内，殖民地向帝国的位置移动。

为了获得更大的势力，每个帝国都试图占有其他帝国的国家，正如社会历史一样，通过占有其他帝国的殖民地来增强自身的势力。任何一个帝国如果在这场竞争中不能获胜，不能增强自己的势力，必将在竞争中被淘汰。在帝国竞争过程中，强大的帝国势力越来越大，相反，较弱的帝国势力逐渐减弱。因此，较弱的帝国将失去其殖民地，势力变弱，最终走向灭亡。在帝国竞争中，殖民地国家只向其所属的帝国移动。这种占有机制最终只保存下来一个帝国，其余的国家都是这个帝国的殖民地，该帝国即为最优解。

18.3　帝国竞争算法的数学描述

在 ICA 优化算法中，每一个国家代表一个特定的优化问题的可行解。每一个国家都是由一个实数数组或向量来表示的。对于一个 N_{var} 维优化问题，该数组定义为

$$\text{country}=[p_1,p_2,\cdots,p_{N_{var}}] \tag{18.1}$$

一个国家的势力大小需要通过计算一定的目标函数 f 来得到，变量$(p_1,p_2,\cdots,p_{N_{var}})$的目标函数(代价函数)为

$$\text{cost}=f(\text{country})=f(p_1,p_2,\cdots,p_{N_{var}}) \tag{18.2}$$

1. 帝国的初始化

在搜索空间中随机产生数量为 N_{pop} 的初始国家。然后，将势力最强的 N_{imp} 个国家选为帝国主义国家，殖民地国家则由剩下的 N_{col} 个国家组成。这些殖民地国家所属于帝国主义国家。

$$N_{pop}=N_{imp}+N_{col} \tag{18.3}$$

为了形成最初的帝国集团，依据各个帝国主义国家的势力情况来决定分配给它的殖民地国家的数量。最初，一个帝国集团所拥有的殖民地国家的数量直接与其势力大小相关。为了按照比例将殖民地国家分配给帝国，定义帝国的相对势力为

$$C_n=c_n-\max_i\{c_i\} \tag{18.4}$$

其中，c_n 为第 n 帝国的代价函数值；C_n 为第 n 帝国集团标准化后的代价函数值。标准化后的 C_n 代表了帝国集团的相对势力。

若优化目标函数为最小化问题，则帝国代价函数值越小，其所拥有的势力越大。第 n 个帝国主义国家的势力大小定义为

$$p_n=\left|\frac{C_n}{\sum_{i=1}^{N_{imp}}c_i}\right| \tag{18.5}$$

最初决定分配给帝国主义国家的殖民地的数量依赖于帝国主义国家的势力。因此，最初的殖民地分配方法为

$$N.C._n=\text{round}\{p_n\cdot N_{col}\} \tag{18.6}$$

其中，$N.C._n$ 为第 n 帝国主义国家所拥有的殖民地国家的数量；N_{col} 为殖民地国家的总数量。$N.C._n$ 个殖民地被随机地选为第 n 帝国的殖民地。这些殖民地国家和该帝国主义国家共同组成了第 n 帝国集团。

从殖民地分配的规则中可以看出，势力越大的帝国主义国家所拥有的殖民地国家的数量越多，同时，势力越小的帝国主义国家拥有的殖民地数量就越少。如图 18.1 所示为帝国集团的初始化情况。在该图中可以看出，帝国 1 为最有势力的国家而且拥有最多的殖民地。

2. 殖民地向所属帝国移动

当帝国集团形成后，每个帝国集团中的帝国主义国家试图去增加其殖民地的数量。在 ICA 算法中，殖民地国家沿着指向其所属帝国的方向靠近帝国，移动过程如图 18.2 所示。殖民地移动的单位为 x。x 的值是一个均匀分布的随机数

$$x\sim U(0,\beta\times d) \tag{18.7}$$

其中，d 为殖民地与帝国之间的距离；β 为一个大于 1 的数。$\beta>1$ 会使殖民地国家从两个方

向向其所属的帝国主义国家移动。

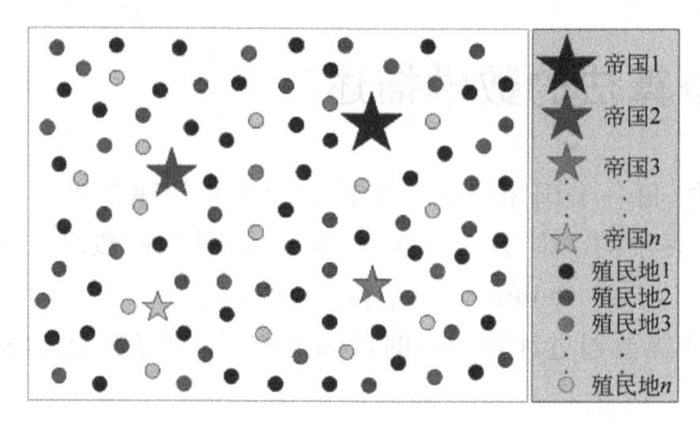

图 18.1　帝国集团初始化情况

为了从不同的方向靠近帝国主义国家,引入一个随机的角度 θ 来作为殖民地国家相对帝国的移动方向。

$$\theta \sim U(-\gamma,\gamma) \tag{18.8}$$

其中,β 和 γ 的值是任意的。Atashpaz-Gargari 建议 β 的值选为 $\pi/4$,从而增强帝国达到全局最优的收敛性。

3. 交换帝国和殖民地的位置

一旦一个殖民地国家移动到一个新的位置,它的势力可能会比其所属的帝国更大。在这种情况下,交换殖民地与帝国的位置。之后,这一殖民地就作为新的帝国主义国家进行竞争过程。如图 18.3 所示为帝国与殖民地交换位置的过程及帝国与殖民地交换位置后的状态。

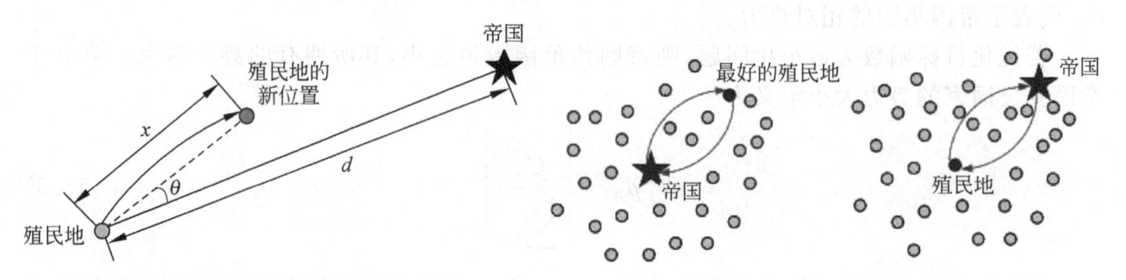

图 18.2　殖民地向其所属帝国的移动　　图 18.3　帝国与殖民地交换位置的过程

4. 计算帝国集团的总势力

一个帝国集团的总势力包括两部分:一部分为帝国主义国家的势力,另一部分为它所拥有的殖民地国家的势力。在这两部分中,帝国主义国家的势力对总势力有更大的影响。因此,一个帝国的总势力定义为

$$T.C._n = c_n + \xi \frac{\sum_{i=1}^{NC_n} w_i}{N.C._n} \quad i=1,2,\cdots,N.C._n \tag{18.9}$$

其中,$T.C._n$ 为第 n 个帝国集团的总代价函数值;w_i 为帝国集团的殖民地的代价函数值;ξ 为一个小于 1 的正实数。将 ξ 的值选为 0.1~0.5 可以解决大多数情况下的问题。

5. 帝国集团的竞争

帝国主义国家的竞争过程发生在帝国集团之间,因为每一个帝国集团都试图占有其他帝国的殖民地并且控制它们。通过竞争使得强大的帝国集团更加强大,弱小的帝国集团更加弱小。在 ICA 算法中,最弱帝国集团中的最弱的一个殖民地国家将被其他帝国集团通过竞争去

占有。这种情况如图 18.4 所示，在竞争中，每一个帝国集团都有可能占有最弱的国家。这种可能性的大小由下式定义得到

$$p_{p_n}=\left|\frac{N.T.C._n}{\sum_{i=1}^{N_{\mathrm{imp}}}N.T.C._i}\right| \tag{18.10}$$

其中，N_{imp} 为帝国主义国家的数量；$N.T.C._n$ 为第 n 帝国集团的相对代价函数值，定义如下：

$$N.T.C._n=T.C._n-\max_i\{T.C._i\} \quad i=1,2,\cdots,N_{\mathrm{imp}} \tag{18.11}$$

为了将以上所述的帝国集团中的殖民地国家分类，引入以下向量 $\boldsymbol{P}$

$$\boldsymbol{P}=[p_{p_1},p_{p_2},\cdots,p_{p_{N_{\mathrm{imp}}}}] \tag{18.12}$$

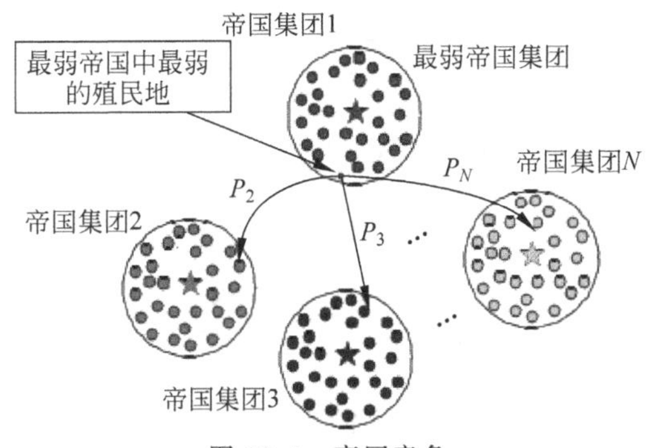

图 18.4　帝国竞争

向量 $\boldsymbol{R}$ 是与向量 $\boldsymbol{P}$ 相同规格的向量：

$$\boldsymbol{R}=[r_1,r_1,\cdots,r_{N_{\mathrm{imp}}}] \quad r_1,r_2,\cdots,r_{N_{\mathrm{imp}}}\sim U(0,1) \tag{18.13}$$

向量 $\boldsymbol{D}$ 由以下方程得到：

$$\boldsymbol{D}=\boldsymbol{P}-\boldsymbol{R}=[D_1,D_2,\cdots,D_{N_{\mathrm{imp}}}]=[p_{p_1}-r_1,p_{p_2}-r_2,\cdots,p_{p_{N_{\mathrm{imp}}}}-r_{N_{\mathrm{imp}}}] \tag{18.14}$$

在向量 $\boldsymbol{D}$ 中最大的元素所对应的帝国集团将会占有上述最弱的殖民地国家。

6. 弱势帝国的灭亡

在帝国竞争中，失去势力的帝国集团将会灭亡，而且它所拥有的殖民地将被其他帝国集团瓜分。在建模的破坏机制中，可以定义不同的规则使得一个帝国失去势力。在 ICA 算法中，假定当一个帝国集团失去了其所有的殖民地国家时视为该帝国灭亡。

7. 算法终止条件

当一个帝国失去所有的殖民地时，该帝国会被从当前群体中删除。除了最强大的帝国之外，所有的帝国都将崩溃，所有的殖民地将在这个独特的帝国的控制之下。在理想情况下当整个群体只剩下一个帝国集团(帝国)时，算法终止。

另外，算法终止也可以采用不同的标准：设定最大迭代次数，当算法达到最大迭代次数时，算法停止；假设群体中剩下不止一个帝国，则选择势力最强的帝国作为最优解输出。

18.4　帝国竞争算法的实现步骤及流程

帝国竞争算法实现的主要步骤的伪码描述如下。

(1) 在函数上选择一些随机点并初始化帝国。

(2) 将殖民地移向他们相关的帝国主义者(同化)。
(3) 如果有一个帝国的殖民地拥有比帝国主义更低的成本,交换殖民地和帝国主义的位置。
(4) 计算所有帝国的总成本(与帝国主义及其殖民地的力量有关)。
(5) 从最弱的帝国选择最弱的殖民地(们)并把它(它们)给最可能拥有它的帝国(帝国主义竞争)。
(6) 消除无能的帝国。
(7) 如果只有一个帝国,停止,否则转步骤(2)。

帝国竞争算法的流程如图18.5所示。

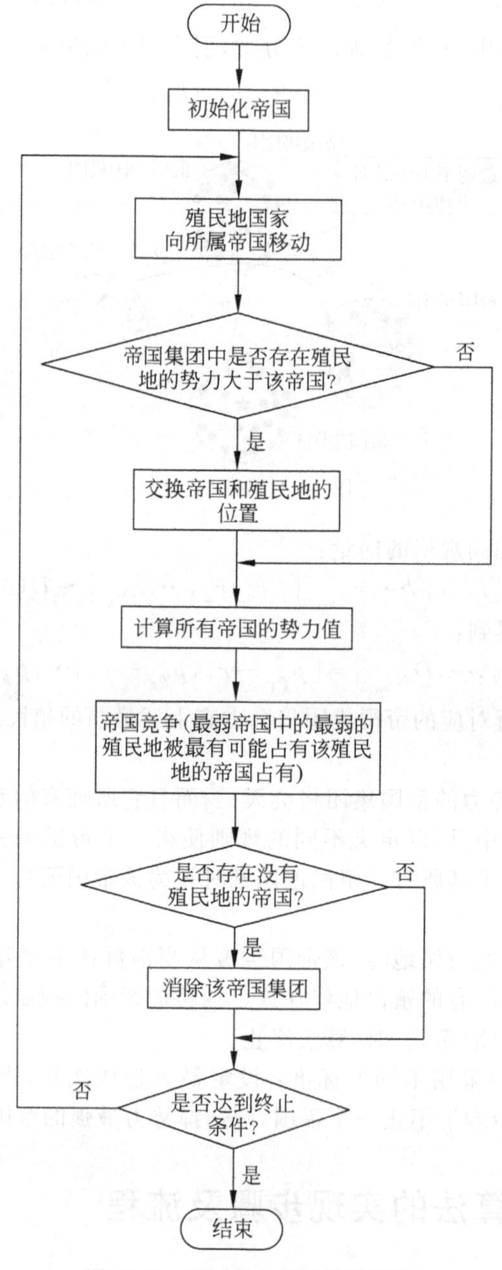

图18.5 帝国竞争算法的流程图

第 19 章　世界杯竞赛算法

世界杯竞赛算法是一种模拟世界性竞赛(俗称世界杯)的优化算法。世界杯竞赛对每个团队都有一套规则。在比赛分组后,该算法从第一轮开始,不同的团队将开始与他们的对手队竞争。取胜的队伍晋升到下一阶段继续其竞争,高水平的团队将晋升到淘汰阶段,并将在下一轮中相互竞争。在一个赛季结束时,冠军产生,其他团队将等待新的赛季开始。本章介绍世界杯竞赛算法的描述及其实现流程。

19.1　世界杯竞赛算法的提出

世界杯竞赛(World Competitive Contests,WCC)算法是 2016 年由 Yosef 和 Habib 提出的一种模拟世界杯竞赛的优化算法。该算法的设计灵感来自世界杯竞赛的运动规则,如篮球世界杯竞赛。我们知道,有许多竞争竞赛形式的体育运动,每个团队都有一套规则,并把一些队员分成不同的组。该算法从第一轮开始,竞赛队伍进入不同的组,将开始与他们的对手队竞争。取胜的队伍晋升到下一阶段继续其竞争。高水平的团队将上升到最后的淘汰阶段,并将在下一轮中相互竞争。在一个赛季结束时,冠军产生,其他团队将等待新的赛季。

世界杯竞赛算法通过对 8 个基准函数的实验和数值结果,与遗传算法(GA)、帝国竞争算法(ICA)、粒子群优化算法(PSO)、蚁群优化算法(ACO)和学习自动机(LA)5 种算法对比,在稳定性、收敛性、标准差和寻优时间几方面进行比较的结果表明,在许多情况下,WCC 算法比其他算法具有更好的性能。

WCC 算法属于无约束的优化算法,它既可以作为离散和连续的优化算法,也可以应用于多目标或单目标优化问题。虽然 WCC 是受人类运动规则启发而提出的优化算法,但它可以应用于求解经济学、计算机科学、工程等领域的优化问题。

19.2　世界杯竞赛算法的描述

WCC 算法从第一批团队开始。每个团队都有几个机动的选手。所要参赛的团队根据地理距离被分成不同的组,并开始在不同组内相互竞争。这个阶段的比赛可以被看作是局部优化。全局优化阶段是在分组比赛之后开始的。被淘汰的团队将不会被从比赛中移除,他们将等待新赛季的比赛。WCC 算法包括几个主要阶段:生成初始团队、分组、举办比赛、评分、淘汰、终止。下面对 WCC 算法每一阶段进行具体介绍。

1. 生成初始团队

生成初始团队的数量通常根据问题变量的具体性质随机生成。图 19.1 列出一个有 9 个选手的球队的例子。一支球队由不同角色的多名选手组成。每个选手都有自己的角色,这对于算法的良好性能和收敛性非常重要。根据问题的性质,可以应用许多不同角色。每一支球队都用一个 $1\times(N+1)$ 数组表示,作为问题的一个解,定义如下。

$$\text{Team}=[P_1, P_2, \cdots, P_i, \cdots, P_N] \tag{19.1}$$

其中,N 表示问题的维度;P_i 表示第 i 球员。

图 19.1 一支有 9 个选手的球队

2. 分组

分组或分类是指组织团队分成不同的组,以便互相竞争。分组有许多方法,如海明距离、最大可能、最小似然等方法。第二个阶段是根据问题的性质,图 19.2 表示 8 个组及一个必须被放入其中一个组的团队。标记在边缘的值在团队和组之间是相似的。第一组比赛将在球队分组后进行。

3. 举办比赛

举办比赛必须遵循一些比赛规则,如何定义规则取决于竞赛的性质。这里只考虑一个竞争比赛规则的两个终止条件:一是时间间隔;二是根据达到得分数呼叫"比赛终止",而不是考虑"时间"终止条件。在比赛中,对手团队通常模仿对方的价值观,并采取措施通过帮助他们的球员更加积极地改善自己的状态、发挥更积极的作用,并获得更多的进球。得分越高,表明团队的状态越好。

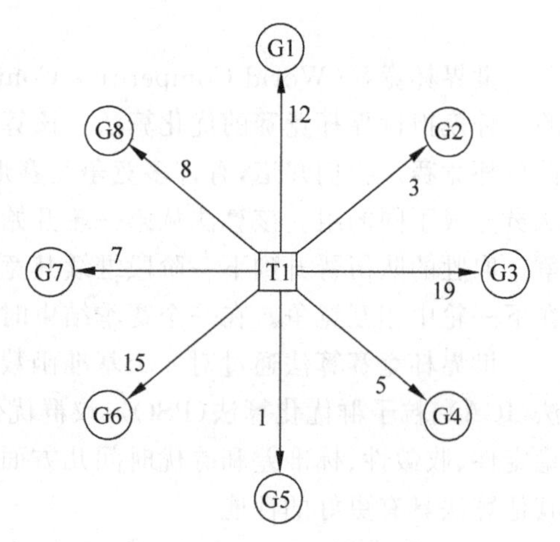

图 19.2 分为 8 组的情况

在 WCC 算法中,有一个到对方篮板投中得一分的罚球。当球员接到球后,裁判将发出投球指令,球员投篮后,裁判宣布判罚得分数。

球员在比赛过程中的角色可概括为如下几方面。

(1) 投篮。投篮是一个球员朝向对手的篮板投掷一个球的过程。在 WCC 算法中,球员向对手的篮板投出的球数及投球得分数被认为是他对队友的价值。如果竞争对手获得的分数提升,团队将更新其球员的价值;否则,就无法更换球员。

(2) 进攻。在投篮等进攻角色中,一名球员以不同的价值向对手球队掷球是随机发生的。尽管进攻和投篮角色在某些方面是相似的,但他们在其他方面是不同的。一个球员在投篮角色中选择他最有价值的队友,而进攻角色中的球员传球会为对手随机创造价值。

(3) 传球。传球是球员之间的主要联系之一。如图 19.3 所示,一个球员将球传给一个随机选择的队友,并改变他的价值。

(4) 穿越。穿越是从球员到他的队友长传球的一种方式。在 WCC 算法中,交叉传递命名为一个 α 角度,如图 19.4 所示。α 值越大,距离范围越大。正如图 19.4 所示,将交叉传递作为左旋转来实现。

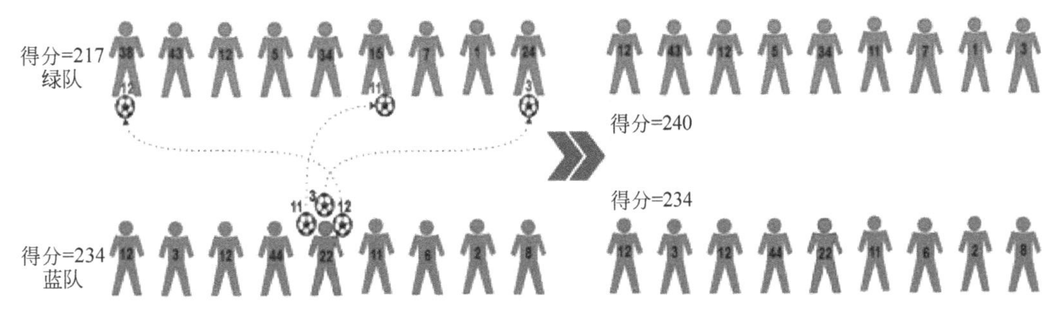

(a) 左侧表示投球前的状态和得分，右侧表示进行投篮后的状态和得分

(b) 传球操作：申请传球球员必须传到6号的球员

(c) 穿越操作：由6号球员开始左旋实现交叉操作(交叉角为69°)

图 19.3　蓝队和绿队之间比赛的实例

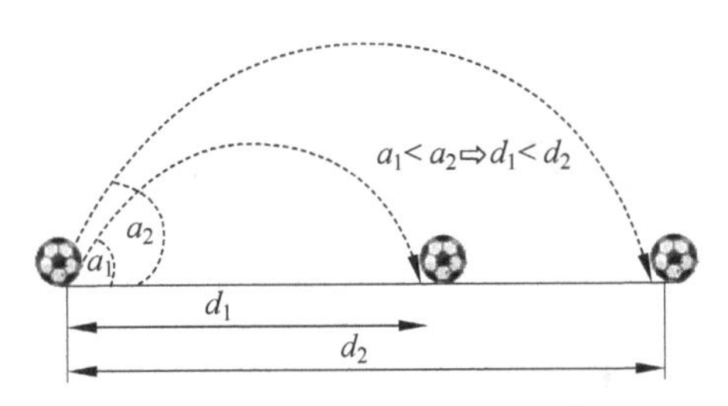

图 19.4　交叉操作中 α 角度的影响

4. 评分函数

每个团队都可以视为待优化问题的一个解。有很多团队，每个团队都有不同于其他团队的优点。分数值是指示开发的解如何接近最好解的值。正如前面提到的，一个团队是由一些球员组成的，他们的价值观是 DNA 序列起始位置的基序。适应度函数在优化算法和算法的收敛性和相关性方面起主要作用，要么会收敛到一个不好的解，要么在设计不合适的情况下收敛困难。优化速度也是一个至关重要的因素，因此必须快速计算。考虑到问题的本质，可以把评分函数的最大化(或最小化)定义为

$$\text{Score(team)} = \text{Score}(P_1, P_2, \cdots, P_N, \text{Score}) \tag{19.2}$$

显然，要解决对式(19.3)这个得分函数的最大化问题。得分值更高的团队表示更值得称赞的成功团队。图 19.5 列出了如何计算得分的示例。

$$\text{Score}=\sum_{i=1}^{l}\max(\text{count}(k,i)) \tag{19.3}$$

其中,$k\in\{A,T,C,G\}$;l 为基序的长度;i 为 DNA 序列的样品编号。

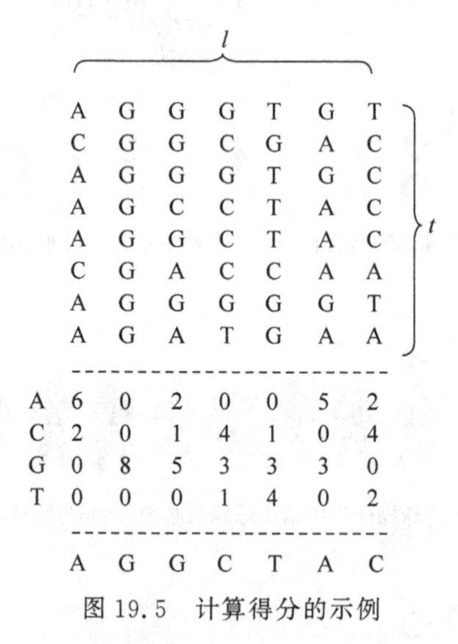

图 19.5 计算得分的示例

5. 淘汰阶段

在第一组比赛举行之后,其中最有功绩的球队彼此将进入最后的淘汰阶段。一个球队的竞争对手可以通过不同的方法选择,如随机确定、最大相似性、最小相似性、最大似然、最小似然和许多其他方法。这些阶段将继续,直到选择出冠军。弱队将等待一个新的季节开始。在一个新的季节开始时,弱队必须改变球员的角色和价值观。图 19.6 所示为 16 个优秀球队在淘汰赛阶段的对阵图。

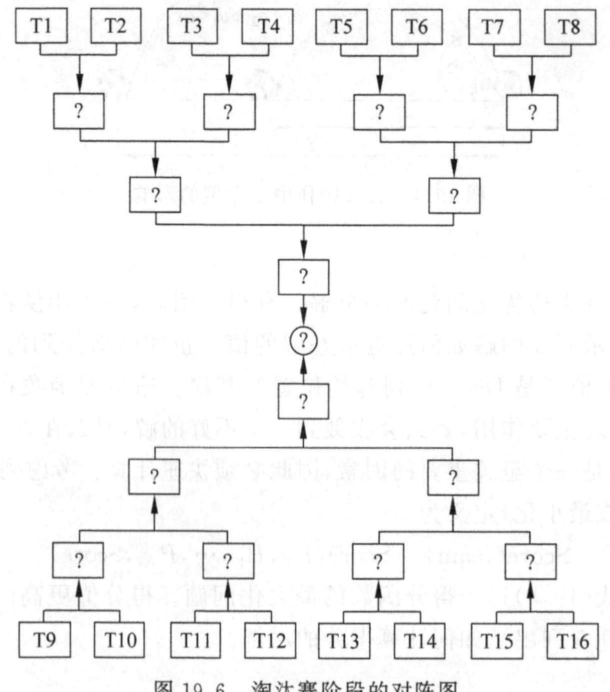

图 19.6 淘汰赛阶段的对阵图

被其他队淘汰的未能晋级淘汰赛的那些球队，在这个阶段必须为国际比赛的新赛季做好准备。

6. 停止条件

可以选择以下选项之一作为终止条件。

(1) 预定季节结束。

(2) 分配的时间已到。

(3) 达到确定的精度。

(4) 保持好几个赛季的最好成绩。

(5) 调用评分函数的防腐数据。

(6) 使用上述选项的组合。

19.3 世界杯竞赛算法的实现流程

世界杯竞赛算法的实现流程如图 19.7 所示。

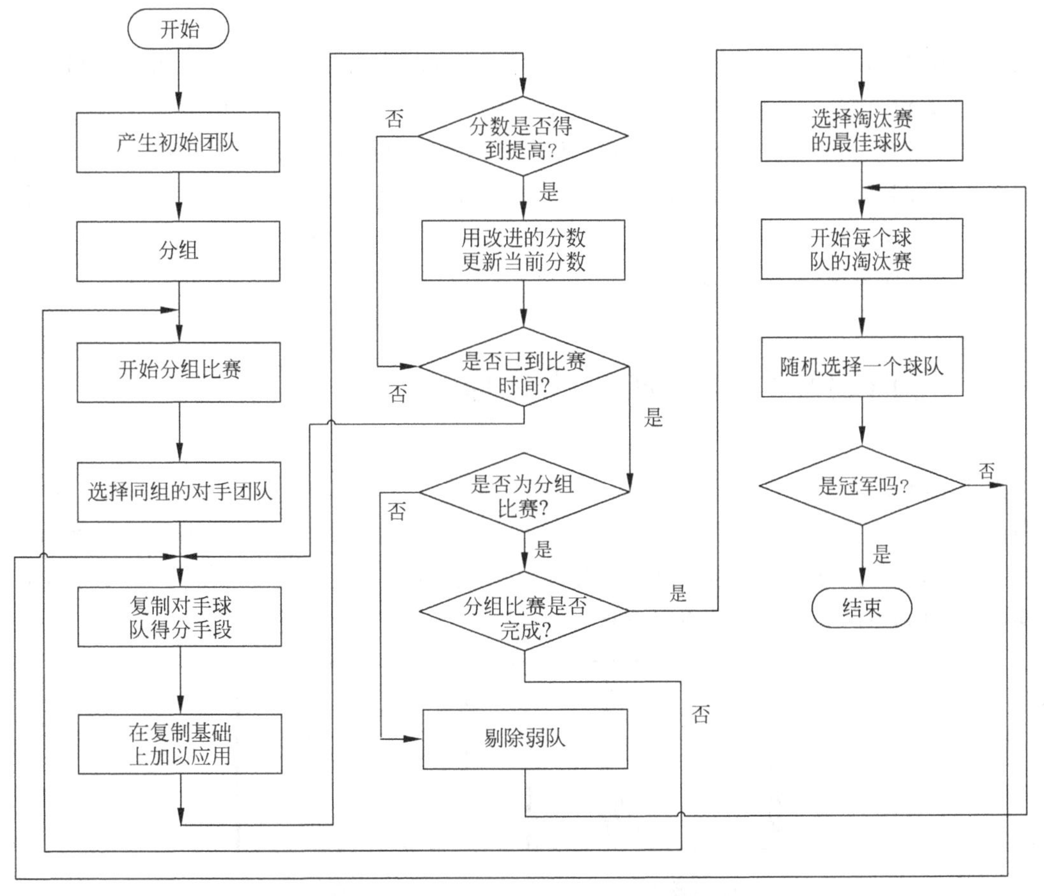

图 19.7 世界杯竞赛算法的实现流程图

第20章 排球超级联赛算法

排球超级联赛算法是一种新的仿人智能优化算法。该算法模拟排球超级联赛在一个完整赛季中产生最终获胜球队的过程,这同优化问题求解过程类似。算法通过建立初始种群、比赛赛程及竞赛策略(失败的球队采用"知识共享""位置重排"和"换人"策略弥补劣势,获胜球队采用"主导"策略)和学习阶段,实现对优化问题的求解。本章介绍排球超级联赛算法的优化原理、数学描述及实现步骤。

20.1 排球超级联赛算法的提出

排球超级联赛算法(Volleyball Premier League Algorithm,VPLA)是2018年由伊朗学者Moghdani等提出的一种仿人智能优化算法,用于解决全局优化问题。算法设计的灵感来自在排球超级联赛的一个完整赛季中各排球队之间的比赛和互动过程。在排球比赛过程中,教练的临场指挥起到关键作用。因此VPLA算法将临场指挥作为重要算子之一,还考虑了排球比赛过程中的换人活动和排球队员通过学习而提高自身能力的过程。该算法已用于PID控制器参数和其他系统的优化参数等。

20.2 排球超级联赛算法的优化原理

排球比赛场地及双方队员布位情况如图20.1所示。一张球网将两队各六名队员分开,为了获得一分,每个队必须让球落在另一队的场地上。一方的球员试图让球越过球网落到另一队的场地上,另一队球员极力救球并尽力让球过网落到对方场地,场上形成了拉锯战。拉锯战持续进行,直到某队出现失误使得对方得1分。

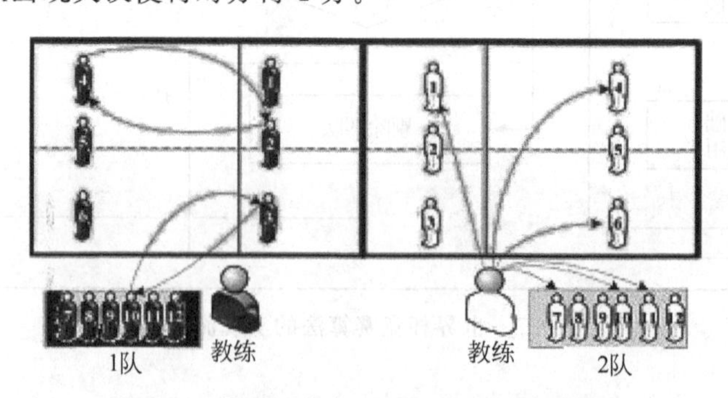

图20.1 排球比赛场地及双方队员布位情况

在一场普通排球比赛中，影响比赛结果的因素很多。每场比赛的结果未知，球队输赢都有可能。根据之前的比赛结果和当前球队实力，估计赢下比赛的概率，每支球队在场上的首发阵容会进行相应调整。当球队 i 击败球队 j 时，球队 i 赢得比赛的优势就是球队 j 的劣势。球队有了某种劣势，也说明球队缺少某种优势。

教练在平时通过模拟与真实比赛强度相同的训练，来提升运动员的移动速度、预判能力、把握时机能力、沟通能力和团队合作能力，从而满足团队的战略要求。不难看出，排球超级联赛过程和问题优化求解过程类似。把联赛中若干球队视为优化算法的种群，赛季轮次就对应迭代次数，最终获胜的球队就是优化问题的最优解。

20.3　排球超级联赛算法的数学描述

1. *初始种群*

1）解的表达方式

球队成员分为场上球员、替补球员和教练。算法的解由两部分组成——主动部分和被动部分。如图 20.2 所示，主动部分代表每支团队的 6 名场上队员，被动部分代表替补队员。解的适应度值由这 6 名场上队员决定。

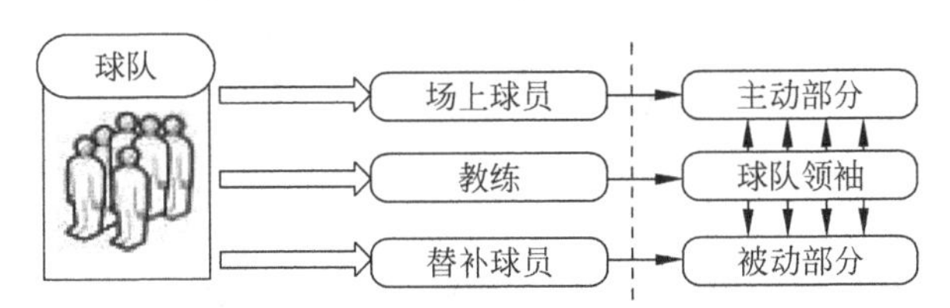

图 20.2　球队结构和解的表达之间关系示意图

球队的阵容决定了球队在场上的整体风格。一般来说，排球比赛里通常有 3 种阵容：4-2、2-4 和 5-1，队形中 H-S 风格表示攻击手和二传手的个数。教练需要根据场上球员和替补球员的类型和能力决定最好的阵容，通常场上队员和替补球员的数量相同，如图 20.3 所示。在比赛过程中，阵容会不断变化。教练在比赛中会不断安排阵容调整，因此场上队员与替补队员的角色也不断变化。

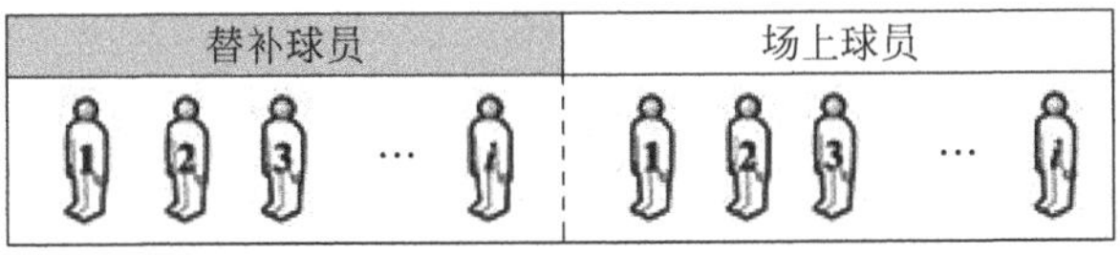

图 20.3　解的组成示意图

2）初始解

每支球队都有自己的阵容和替补，在 VPLA 算法中，$x^f_{i,j}$ 为第 i 支球队场上阵容的第 j 队员，$x^s_{i,j}$ 为第 i 支球队替补席的第 j 队员，分别为

$$x^f_{i,j} = lb_j + \text{rand} \times (ub_j - lb_j) \tag{20.1}$$

$$x^s_{i,j} = lb_j + \text{rand} \times (ub_j - lb_j) \tag{20.2}$$

其中，ub_j 和 lb_j 为变量上界和下界；rand 为[0,1]之间随机数。

初始种群可以由 $\boldsymbol{F}$ 矩阵和 $\boldsymbol{S}$ 矩阵分别表示如下：

$$\boldsymbol{F}=\begin{bmatrix} x_{1,1}^{f} & x_{1,2}^{f} & \cdots & x_{1,n}^{f} \\ x_{2,1}^{f} & x_{2,2}^{f} & \cdots & x_{2,n}^{f} \\ \vdots & \vdots & & \vdots \\ x_{NT,1}^{f} & x_{NT,2}^{f} & \cdots & x_{NT,n}^{f} \end{bmatrix};\quad \boldsymbol{S}=\begin{bmatrix} x_{1,1}^{s} & x_{1,2}^{s} & \cdots & x_{1,n}^{s} \\ x_{2,1}^{s} & x_{2,2}^{s} & \cdots & x_{2,n}^{s} \\ \vdots & \vdots & & \vdots \\ x_{NT,1}^{s} & x_{NT,2}^{s} & \cdots & x_{NT,n}^{s} \end{bmatrix}$$

其中，矩阵的行为球队个数；矩阵的列为球队员数；NT 为球队数量。

2. 比赛赛程及竞赛策略

VPLA 算法采用单循环赛制生成联赛赛程。在每个赛季，每支球队都与其他球队碰面一次且仅一次。进入下一个赛季，所有球队再重复碰面。球队的数量一般为偶数，如果球队的数量非偶数，则增加一个虚拟球队，与虚拟球队碰面的球队当期轮次轮空。

在应用 SRR 方法时，如图 20.4 所示，画一个具有 $N-1$ 条边的规则多边形，每个顶点和中心点表示一支球队，用水平线连接多边形左右两边对应的顶点，还有一条边连接多边形的中心点和最上边的顶点。每条连接边代表一场比赛，端点表示两支对战的球队。通过顺时针旋转多边形，可以确定下一轮次的对阵表，一旦多边形转了一圈，则进入下一个赛季。对于单循环赛制，设有 N 支球队，每支球队每个赛季要打 $N-1$ 场比赛，赛季总比赛场次为 $N(N-1)/2$。

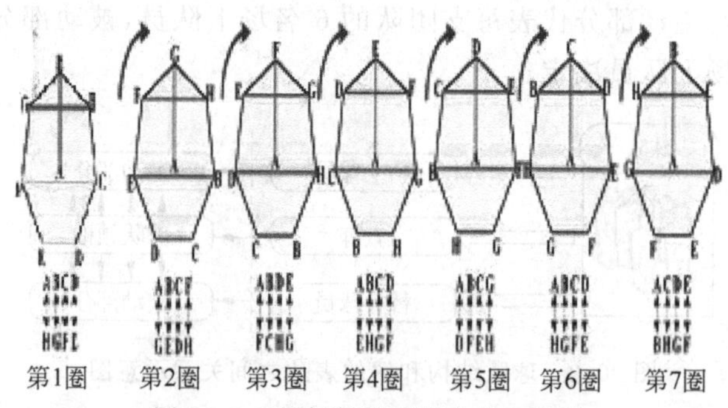

图 20.4　联赛赛程对阵表产生过程

1) 竞赛

通常情况下，每支球队每周只有一场比赛，比赛成绩只有输赢两种情况。球队成绩要通过5局3胜制决定，前四局中局点为25分，如果两队比分为24比24，则赢得该局比赛需要2分分差，第五局比赛为抢15分。算法通过式(20.5)确定球队赢球概率(实力)。

$$T(i)=\frac{f(X_i^F)}{Z} \tag{20.3}$$

$$Z=\sum_{i=1}^{NT} f(X_i^F) \tag{20.4}$$

其中，$T(i)$为第 i 支球队的实力；$f(X_i^F)$为第 i 支球队的适应度值；Z 为所有球队的适应度值总和。如果目前有两支球队 j 和 k 进行比赛，则 j 队胜 k 队的概率 $P(j,k)$为

$$P(j,k)=\frac{T(j)}{T(j)+T(k)} \tag{20.5}$$

VPLA 算法采用均匀分布的随机数 $r\in[0,1]$来确定比赛的获胜者，如果 $r\leqslant p(j,k)$，则 j 队获胜，否则 k 队获胜。显然，如果两个球队的适应度值相差不大，则 $r\leqslant p(j,k)$和 $r\leqslant p(k,j)$趋近于0.5。比赛获胜者确定后，失败的球队采用“知识共享”“位置重排”和“换人”策略弥补劣势，获胜球队采用“主导”策略。

2）知识共享策略

VPLA 算法将教练的活动称为知识共享，这有助于处于劣势的球队在比赛中改善场上表现。教练负责训练运动员，在比赛中评估球员的技能和安排场上阵容，分析队员和对手在比赛中的表现，使得教练获取了新的技战术知识。教练实时分析比赛中的对战过程，比赛间歇和每局比赛的持续时间，并指导场上队员和替补队员。

$$x_j^f(t+1)=x_j^f(t)+r_1\lambda^f(ub_j-lb_j) \tag{20.6}$$

$$x_j^s(t+1)=x_j^s(t)+r_2\lambda^s(ub_j-lb_j) \tag{20.7}$$

其中，λ^f 和 λ^s 是场上阵容和替补阵容系数；r_1 和 r_2 是[0,1]之间的随机数。如果用 δ_{ks} 表示知识共享率，则 $N_{ks}=n\times\delta_{ks}$ 表示球队中需要进行知识共享的队员数量。

3）位置重排策略

在排球比赛中，场上队员的角色包括拦网手、外线攻击手、自由人、二传手和对手。教练试图为每个角色安排最合适的球员，以便在联赛中获得最好的战绩。球员在教练的领导下接受训练，以便他们有能力完成各种场上所有不同位置的角色。

VPLA 算法对输球的球队采用位置重排策略，使得球队中的队员位置可以相互交换，以获得更好的表现。图 20.1 中给出了位置重排策略，左边球队将球员 2 和 4 的位置互换。如果 δ_{rs} 位置重排率，则 $N_{rs}=n\times\delta_{rs}$ 表示位置重排次数。

$$x_i^f \Leftrightarrow x_j^f \tag{20.8}$$

$$x_i^s \Leftrightarrow x_j^s \tag{20.9}$$

其中，式(20.8)为将场上阵容的第 i 和第 j 位置相交换；式(20.9)为将替补阵容的第 i 和第 j 位置相交换。

4）换人策略

换人是排球比赛中主教练调整队员位置的主要策略之一，每个回合之后都可以换人。教练必须清楚哪些球员能力强以及哪些球员组合在一起能够配合默契，从而最大限度地提高球队获胜概率。如图 20.1 左边球队通过改变球员的位置来形成不同的阵容。在当今的排球比赛中，换人的次数是有限的，但在 VPLA 算法中的换人次数是无限的。如果 r 表示[0,1]之间的随机数，则 $N_s=n\times r$ 表示换人次数。

在每场比赛之后，对于输球的一方，集合 h 为所有被选择的、需要进行换人的位置的集合，集合 F 是场上球员的候选集，集合 S 是板凳球员的候选集。首先将集合 S 与集合 h 的对应位置球员进行替换，后将集合 F 与集合 h 的对应位置球员进行替换。

5）胜方策略

在 VPLA 算法中，每支获胜球队通过结合最佳球队在之前比赛中的一些赢球经验和自身的临场发挥来竞争联赛排名。根据胜方策略，球队的最新排名与球队当前排名 $X(t)$、最佳球队 $X(t)^*$ 和惯性权重 ψ 关系如下：

$$X^f(t+1)=X^f(t)+r_1\psi^f(X^f(t)^*-X^f(t)) \tag{20.10}$$

$$X^s(t+1)=X^s(t)+r_2\psi^s(X^s(t)^*-X^s(t)) \tag{20.11}$$

其中，r_1 和 r_2 是[0,1]之间均匀分布的随机数。

3．学习阶段

VPLA 算法用 rank1 表示当前迭代中的最好解，以此类推第 2 个和第 3 个最好解分别为 rank2 和 rank3。其余球队都会向这 3 支球队学习，球队的学习行为用式(20.12)～式(20.15)表示如下：

$$\theta=(\beta r_1-1)b \tag{20.12}$$

$$v=\beta r_2 \tag{20.13}$$

$$b=\beta\left(1-\frac{t}{T}\right) \tag{20.14}$$

$$X_j^g(t+1)_\phi=(X_j^g(t))_\phi-\theta(\left|v(X_j^g(t))_\phi-X_j^g(t)\right|) \tag{20.15}$$

其中,θ 和 v 为系数;β 为常数;t 为当前迭代次数;T 为最大迭代次数;$g=\{s,f\}$;$\phi=\{1,2,3\}$;s 和 f 分别为球队的替补和场上阵容;ϕ 中的值分别对应 rank1、rank2 和 rank3,根据 g 和 ϕ 的值可以构造 6 种不同的集合$\{\{s,1\},\{s,2\},\{s,3\},\{s,4\},\{s,5\},\{s,6\}\}$。

学习阶段的作用是帮助算法进行局部搜索,其数学描述如下:

$$X_j^s(t+1)=\frac{X_j^s(t+1)_1+X_j^s(t+1)_2+X_j^s(t+1)_3}{3} \tag{20.16}$$

1) 球员转会

在排球联赛中,转会是一个球员从一个球队转出到另一个球队的过程。根据规定,球员可以在赛季结束后转会。VPLA 算法定义了转会算子来帮助算法收敛到最优解。在转会窗口开放期,选择 H 支转会球队,设置随机变量 r 取值范围为[0,1]。从每支转会球队的每个队员开始判断,如果 $r>0.5$,随机选择不在 H 支球队中的某支球队的对应位置的场上队员和替补队员,用随机选择的场上队员和替补队员分别替换转会球队中的对应球员,直到所有的转会球队都完成转会过程为止。如果用 δ_{st} 表示参与转会的球队比率,则 $H=N\times\delta_{st}$。

2) 升级和降级

一个赛季结束后,低级别的顶级球队将被提升到更高级别的联赛,而高级别联赛中最差的几支球队将在下一个赛季进入更低级别的联赛。如果 δ_{pr} 表示升降级球队的比率,则 $N_{pr}=N\times\delta_{pr}$ 表示升级或降级的球队数量。首先移除 N_{pr} 支球队,然后重新产生 N_{pr} 支球队。从第 1 支需要随机产生的球队的第 1 个位置的场上队员和替补队员开始,从剩余球队中随机选择某支球队的对应位置的场上队员和替补队员作为随机产生球队中的队员。

20.4 排球超级联赛算法的实现步骤

排球超级联赛算法的实现步骤如下。

① 设置参数,种群初始化。

② 计算联赛中各支球队的实力(适应度值)排序球队,并且确定当前最佳球队。

③ 根据单循环赛制生成比赛赛程表,并开始进行比赛。

④ 通过实力指数判断每场比赛的结果,确定胜方和败方。

⑤ 应用不同算子并排序联赛球队。

⑥ 应用学习阶段算子并排序球队。

⑦ 判断是否达到最大周数限制;若是,则转步骤⑧,否则转步骤③。

⑧ 采用升降级策略。

⑨ 采用球员转会策略。

⑩ 排序球队。

⑪ 判断是否达到最大赛季;若是,则输出最好球队,算法结束;否则,转步骤③。

第21章　集体决策优化算法

集体决策优化算法是模拟人类集体决策社会行为的元启发算法。集体决策特征包括决策者的个人经验、成员互动、集体思考、领导者决策和创新阶段。该算法基于群体的搜索技术，随机生成候选解群体并将其放置在全局最优解周围。在每次迭代时，由先前移动产生的新位置作为下一步由另一个位置引导搜索的开始点。随机游走稍微改变其位置作为局部搜索，对全局搜索是有益的。本章介绍集体决策优化的基本思想、数学描述及算法的实现。

21.1　集体决策优化算法的提出

集体决策优化算法(Collective Decision Optimization Algorithm，CDOA)是2016年由Zhang Qingyang等提出的，用于训练人工神经网络的一种元启发算法。集体决策特征包括决策者的个人经验、成员互动、集体思考、领导者决策和创新阶段。

CDOA是一种基于群体的搜索方法，使用候选解群体进行全局最优化。在每次迭代时，由不同的位置引导，个体在多步的位置选择方案中产生几个有前途的解，其涉及由先前移动产生的新位置将被定义为下一步由另一个位置引导运动的开始点。通过随机游走稍微改变其位置作为局部搜索，对于全局搜索是有益的。在这种情况下，随机生成几个候选解，并放置在全局最优解中。因此，增加每个个体的可比较解的数量，有利于系统地对搜索空间进行抽样，并通过不断地优选直到搜索到全局最优解。

对基准函数和两个非线性函数的仿真结果表明，CDOA相对于现有的其他优化算法具有一定的竞争力。

21.2　集体决策优化的基本思想

以群体为基础的算法都是基于它们的适应度值(搜索空间的信息)来更新候选解的。毫无疑问，准确的空间信息对于找到全局最优的粗略近似是非常有益的。然而，绝大多数以群体为基础的算法往往具有共同的特征，每个个体在每次迭代中只产生一个新的个体。因为缺乏足够的新解来引导搜索，所以搜索空间不能被系统地利用或勘探。

Zhang Qingyang等认为，可以通过组合新的向量生成策略和利用宝贵的空间消息，改进候选解的数量来设计新的启发式算法。换句话说，可以通过增加可选择解的数量来系统地对每个个体周围的搜索空间进行采样。

集体决策优化方法设计的主要灵感源于人类的决策行为。在人们的生活中，典型的决策行动是举行一次会议，如图21.1所示。会议的每个成员称为决策者，他们对应一个思想或计划。在会议的讨论过程中,每个人都会表达和交换自己的想法或计划。选择方案中最好的一个作为最终结果。

事实上,制订一个好的计划并不是一个简单的过程,因为这个过程通常涉及一些影响因素。例如,一些研究者坚定地认为群体思维是研究集体决策行为的一个重要概念,贯穿整个集体决策的整个过程,在一定程度上影响决策行为。从众行为是集体思维的典型形式之一。其他影响因素包括经验、领导、其他决策者的观点和创新。这些因素在决策过程中也起着重要的作用。值得一提的是,这些因素可以任意组合。5个因素中的任何一个或多个都能产生好的结果。因此,可采用多步定位搜索方案设计操作算子。21.3节将详细介绍集体决策优化算法的数学描述模型。优化过程和集体决策过程之间的对应关系如表21.1所示。

图21.1 举行会议决策问题

表21.1 优化过程与集体决策过程之间的对应关系

优化过程	集体决策过程
群体	会议
群体规模	决策者的数量
代理商	决策者或计划
可行解	计划
适应度值	计划的质量
全局最优解	最好的计划

21.3 集体决策优化算法的数学描述

1. *初始群体的生成*

为了明确地模拟决策行为,假设从可行解空间中随机抽样 N 个成员组成初始群体。

$$X_i(t)=(x_i^1(t),x_i^2(t),\cdots,x_i^D(t)) \quad i=1,2,\cdots,N \tag{21.1}$$

$$x_i^k(t)=\mathrm{LB}^k+r\times(\mathrm{UB}^k-\mathrm{LB}^k) \quad i=1,2,\cdots,D \tag{21.2}$$

$$\mathrm{Pop}(t)=(X_1(t),X_2(t),\cdots,X_N(t))$$

其中,N 为种群大小;D 为优化问题的维数;t 为当前生成数;r 为0~1的随机数;LB和UB分别为变量的下限和上限。

2. *基于个人经验阶段*

在会议中,对于一个问题,决策者的第一反应是根据从日常生活中积累的个人经验来思考和制订初步计划。在CDOA中,把个人经验定义为个人 φ_{P} 迄今为止的最佳位置,表示为

$$X_{i0}^{\mathrm{new}}=X_i(t)+\boldsymbol{\tau}_0\times\mathrm{step}_{\mathrm{size}}(t)\times d_0 d_0=\varphi_{\mathrm{P}}-X_i(t) \tag{21.3}$$

其中,$\boldsymbol{\tau}_0$ 为每个成员在(0,1)范围中的随机向量;$\mathrm{stzp}_{\mathrm{size}}(t)$为当前迭代的步长;$d_0$ 为移动方向。

3. *成员互动阶段*

在体验阶段之后,决策者已经有了自己的想法或计划。他们会在会议中随机与其他成员互动。如果其他决策者在讨论和沟通的帮助下有比他(或她)更好的想法,那么这个决策者可以得到新的东西。在CDOA模型中,从群体中随机选择一个个体 $X_j(t)$,使得其适应度值优

于当前成员 $X_i(t)$。计算公式为

$$X_{i_1}^{\text{new}} = X_{i_0}^{\text{new}} + \boldsymbol{\tau}_1 \times \text{step}_{\text{size}}(t) \times d_1 \quad d_1 = \beta_1 \times d_0 + \beta_{11} \times (X_j(t) - X_i(t)) \tag{21.4}$$

其中,j 表示范围$[1,N]$中的随机整数；$\boldsymbol{\tau}_1$ 为每个数字均匀分布在区间(0,1)中的随机向量；$\text{step}_{\text{size}}(t)$为当前迭代的步长；$d_1$ 为新的移动方向；β_1 和 β_{11} 是分别在(−1,1)和(0,2)范围内的随机数。

个人搜索及成员之间的互动搜索轨迹如图 21.2 所示。

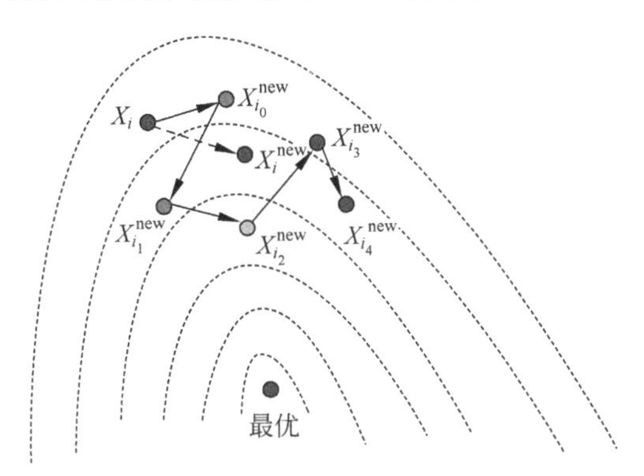

图 21.2　个人搜索及成员之间互动搜索轨迹

4. 集体思考阶段

在会议中,每个人都可以表明自己的立场。那么,每个决策者的决定也可能受到集体思考的趋势的影响。从统计学的角度来看,几何中心是一个重要的数字特征,代表了一定程度上群体的变化趋势。在提出的模型中,为了简单起见,可以认为所有个体的几何中心 φ_{G} 被定义为群体思维的位置：

$$\begin{aligned}\varphi_{\text{G}} &= 7\,\frac{1}{N}(X_1(t), X_2(t), \cdots, X_N(t)) \\ &= \left\{\frac{1}{N}\sum_{i=1}^{N} x_i^1(t), \frac{1}{N}\sum_{i=1}^{N} x_i^2(t), \cdots, \frac{1}{N}\sum_{i=1}^{N} x_i^D(t)\right\}\end{aligned} \tag{21.5}$$

然后,使用下式计算个体的新位置为

$$X_{i_2}^{\text{new}} = X_{i_1}^{\text{new}} + \boldsymbol{\tau}_2 \times \text{step}_{\text{size}}(t) \times d_2 \quad d_2 = \beta_2 \times d_1 + \beta_{22} \times (\varphi_{\text{G}} - X_i(t)) \tag{21.6}$$

其中,$\boldsymbol{\tau}_2$ 为一个随机向量,每个数字在区间(0,1)中均匀生成；$\text{step}_{\text{size}}(t)$为当前迭代的步长；$d_2$ 为新的移动方向；β_2 和 β_{22} 是分别在(−1,1)和(0,2)范围中的随机数。

5. 领导者决策阶段

作为主要决策者之一,领导者在整体决策程序中发挥着重要作用。他不仅对其他政策制订者产生不同的影响,而且决定了决策的方向和最终结果。在 CDOA 模型中,领导者 φ_{L} 被认为是群体中最好的个体(最优元素)。

$$X_{i_3}^{\text{new}} = X_{i_2}^{\text{new}} + \boldsymbol{\tau}_3 \times \text{step}_{\text{size}}(t) \times d_3 \quad d_3 = \beta_3 \times d_2 + \beta_{33} \times (\varphi_{\text{L}} - X_i(t)) \tag{21.7}$$

其中,$\boldsymbol{\tau}_3$ 为在间隔(0,1)中均匀生成的每个数字的随机向量；$\text{step}_{\text{size}}(t)$为当前迭代的步长；$d_3$ 为新的移动方向,β_3 和 β_{33} 是分别在(−1,1)和(0,2)范围内的随机数。

此外,为了方便,假设领导的思想或方案只能由自己任意改变。在 CDOA 模型中,使用作为本地搜索的随机游走策略稍微改变其位置是有利的。在这种情况下,可以围绕最佳解随机生成一些邻居。

$$X_q^{\text{new}} = \varphi_{\text{L}} + \boldsymbol{W}_q \quad q = 1,2,3,4,5 \tag{21.8}$$

其中,$\boldsymbol{W}_q$ 为每个数字均在范围(0,1)内取值的一个随机向量。

6. 创新阶段

众所周知,创新不仅打破了旧的框框,而且拓宽了人们的视野。一些学者认为,这也是在决策过程中产生好方案的另一个有效途径。在CDOA模型中,创新是指在变量之间进行小的变化。这相当于进化方法中的一维变异算子。该运算形式可以描述为

$$r_1 \leqslant \text{MF} \cdot X_{i_4}^{\text{new}} = X_{i_3}^{\text{new}} \cdot X_{i_4}^{\text{new},p} = \text{LB}(p) + r_2(\text{UB}(p) - \text{LB}(p)) \tag{21.9}$$

其中,r_1 和 r_2 为在区间(0,1)中分布的两个随机值; p 为在范围$[1,D]$中生成的随机数; MF为创新(突变)因子,用于改善群体多样性,以防止算法过早收敛。

另外一个问题是更新迭代步长。大的搜索步长可以使生成的向量在搜索空间中广泛分布,并且可以在进化的初始阶段有效地勘探搜索空间。在其余的迭代中,小的步长使得搜索集中在解的邻域内进行,从而可以加快收敛速度。因此,CDOA采用一种自适应机制的形式为

$$\text{step}_{\text{size}}(t) = 2 - 1.7\left(\frac{t-1}{T-1}\right) \tag{21.10}$$

其中,T 为迭代的最大数目。

21.4 集体决策优化算法的实现

CDOA算法的主伪码描述如下。

```
初始化群体(Pop)和终止标准 T
计算每个搜索个体的适应度
个人最好的位置←Pop, t=1;
while 终止标准不满足(t<T)  do
  找到全局最好的(ϕL)
  用式(21.10)计算步长 step_size(t)
for i=1→N do
  新群体←[ ]
  if ϕL then
    用式(21.8)计算新解 X_q^new
    新群体← X_q^new
  else
    通过式(21.3)~(21.7)和式(21.9)更改个体的位置
    新群体←[X_i0^new, X_i1^new, X_i2^new, X_i3^new, X_i4^new]
  end if
    评估新群体的适应度
    使用这些最终位置中的最佳位置更新 X_i(t)和个人最佳位置
  end for
t=t+1
end while
输出最优候选解
```

第二篇　进化算法

自然界的生物遵循着优胜劣汰的自然选择法则，在不断生殖繁衍的过程中，人们可以通过遗传和变异，使优良品种得以保存，并比上一代的性状有所进化。生物的进化过程包括生物层次的进化与社会层次的进化，也包括社会环境下生物群体合作、竞争的自组织行为的进化。生物的进化过程蕴含着优化的机理。进化算法是指模拟生物层次、社会层次以及生物群体自组织行为的进化机理，用于求解复杂工程优化问题的一大类进化算法的总称，而遗传算法则是进化算法的基础。本篇介绍遗传算法、自组织迁徙算法、文化算法等12种进化算法。

1. 遗传算法

遗传算法是模拟生物遗传和进化过程的计算模型。生物的遗传物质的主要载体是染色体，该算法用字符串作为染色体表达问题，通过选择、交叉和变异对字符串操作进行反复迭代，逐步实现进化遗传对复杂问题优化求解。遗传算法是进化算法乃至智能优化算法的基础。

2. 遗传编程

遗传算法用定长的字符串表示问题，限制了对问题结构和大小的处理。遗传编程采用广义的层状化结构的计算机程序表达问题。在遗传进化过程中，个体不断动态变更结构及大小，自适应搜索并寻找合适的广义计算机程序形式来表达复杂问题。

3. 进化规划

进化规划采用传统的十进制实数表达问题，在标准的进化规划中没有选择和交叉操作，个体的进化主要依靠突变。新个体是在旧个体适应度添加一个随机数，如此反复迭代，直至得到满意结果。该算法的自适应调节功能主要依赖于适应度来实现。

4. 进化策略

与进化规划类似，个体也采用传统的十进制实数表达问题，但个体含有两个变量，而个体进化依靠突变、交叉、选择进化操作。新个体是在旧个体的基础上添加一个独立随机变量，若新个体适应度优于旧个体，则用新个体取代旧个体，否则重新产生新个体。

5. 分布估计算法

它是一种基于概率模型的遗传算法，通过对当前优秀个体集合建立概率分布函数产生新的个体，并用来指导算法的下一步搜索。它没有交叉和变异操作，改变了遗传算法通过重组操作产生群体的途径，改善了基本遗传算法中存在的欺骗问题和连锁问题。

6. 差分进化算法

它是具有特殊“变异”“交叉”和“选择”方式且采用实编码的遗传算法。“变异”是把种群中两个体间的加权差向量加到第三个体上产生新参数向量；“交叉”是将变异向量的参数与另外预先决定的目标向量的参数按一定规则混合产生子个体；“选择”指新的子个体只有当它比种群中的目标个体优良时才对其进行替换。

7. 自组织迁徙算法

它是基于社会环境下群体合作、竞争策略的自组织行为的一种新型的进化算法。原理上不同于一般的进化算法,在演化过程中产生新一代并不是基于进化原理,而是通过寻优群体在搜索空间中的自组织迁移运动,逐步达到或接近最优解。

8. 回溯搜索优化算法

它是一种基于种群迭代的进化算法,用于解决实值优化问题。它与差分进化算法相似,通过种群的变异、交叉和选择来达到寻优的目的,但它有两个选择过程:选择Ⅰ是随机选择一个历史种群;选择Ⅱ用来更新种群。该算法仅有一个控制参数,具有结构简单,不过分依赖初始解的选取等优点,因而能够有效且快速求解多目标优化问题。

9. DNA计算

利用DNA特殊的双螺旋结构和碱基互补配对规律进行信息编码,把要运算的对象映射成DNA分子链,在生物酶的作用下生成各种数据池。按一定规则将原始问题的数据运算高度并行地映射成DNA分子链的可控生化过程,再用分子生物技术检测出求解的结果。

10. 基因表达式编程算法

它继承遗传算法刚性,使用定长线性串简单编码解决简单问题;又继承遗传编程柔性,采用非线性树结构的复杂编码解决复杂问题。因此,它是刚柔相济,利用简单编码形式来解决复杂问题的进化算法,在速度上比传统的进化算法提高了3~4个数量级。

11. Memetic算法

它是将生物层次进化与社会层次进化相结合,应用基因与模因分别作为这两种进化信息编码的单元,可将它视为具有全局搜索的遗传算法和局部搜索相结合的进化算法。基于模因理论的局部搜索有利于改善群体结构,及早剔除不良种群,进而减少迭代次数,增强局部搜索能力,提高求解速度及求解精度。

12. 文化算法

它是一种基于知识的双层进化系统,包含两个进化空间:一个是进化过程中获取的经验和知识组成的信念空间;另一个是由个体组成的种群空间,通过进化操作和性能评价进行自身的迭代实现对问题求解。接收函数提供了信念空间宏观层次的文化进化和种群空间微观层次的个体进化之间的交互协作机制。

第22章 遗传算法

遗传算法是基于达尔文进化论和孟德尔遗传学说的模拟生物进化过程的计算模型。遗传算法通过对染色体的选择、交叉和变异3种基本操作,仿效生物遗传过程遗传物质基因的重组、突变和变异3种方式。控制生物遗传的物质单位称为基因,因此,遗传算法是在基因的水平上模拟生物的进化行为。霍兰创立的遗传算法是多种进化计算的基础,已成为许多智能优化算法的重要基石。本章介绍遗传算法及原对偶遗传算法的原理、实现。

22.1 遗传算法的提出

遗传算法(Genetic Algorithm,GA)是1975年由霍兰(J. H. Holland)教授提出的。它是模拟达尔文的遗传选择和自然淘汰的生物进化过程的计算模型,其目的：一是抽取和解释自然系统的自适应过程；二是设计具有自然系统机理的人工系统。霍兰被称为“遗传算法之父”,至今遗传算法一直被认为是智能优化算法的基础。

遗传算法已广泛应用于多个领域,如函数优化、组合优化、生产调度问题、自动控制、机器人学、图像处理、多机器人路径规划等。改进的原对偶遗传算法在边坡稳定性分析方面获得了应用。

22.2 遗传算法的优化原理

19世纪上半叶达尔文创立的进化论,曾被作为生物界及人类文明史上的一个里程碑,1859年英国生物学家达尔文(C. R. Darwin)发表了巨著《物种起源》,提出了物竞天择,适者生存、不适者淘汰的以自然选择为基础的生物进化论,指出生物的发展和进化有3种主要形态：遗传、变异和选择。1966年,奥地利植物学家孟德尔(G. Mendel)发表著名论文《植物杂种实验》,阐明了生物的遗传规律。

地球上的生物都是经过长期进化而发展起来的,根据达尔文的自然选择学说：地球上的生物具有很强的繁殖能力,在繁殖过程中大多数通过遗传使物种保持相似的后代,部分由于变异产生差别,甚至产生新物种。由于大量繁殖,生物数目急剧增加,但自然界资源有限,为了生存,生物之间展开竞争,适应环境的、竞争能力强的生物就生存下来,不适应者就消亡,通过不断竞争和优胜劣汰,生物在不断地进化。

遗传算法的基本思想是借鉴生物进化的规律,通过繁殖-竞争-再繁殖-再竞争实现优胜劣汰,使问题一步步逼近最优解；或者说进化算法是仿照生物进化过程,按照优胜劣汰的自然选择优化的规律和方法,来解决科学研究、工程技术及管理等领域用传统的优化方法难以解决的优化问题。

22.3 生物的遗传及遗传算法的基本概念

构成生物体的最小结构与功能单位是细胞。细胞是由细胞膜、细胞质和细胞核组成的。细胞核由核质、染色质、核液三者组成,是遗传物质存储和复制的场所。细胞核位于细胞的最内层,它内部的染色质在细胞分裂时,在光谱显微镜下可以看到产生的染色体。染色体主要由蛋白质和脱氧核糖核酸(DNA)组成,它是一种高分子化合物,脱氧核糖核酸是其基本组成单位。由于大部分在染色体上,可以传递遗传物质,因此,染色体是遗传物质的主要载体。

控制生物遗传的物质单位称为基因,它是有遗传效应的片段。每个基因含有成百上千个脱氧核苷酸在染色体上呈线性排列,这种有序排列代表了遗传信息。生物在遗传过程中,父代的遗传物质(分子)通过复制方式向子代传递遗传信息。此外,在遗传过程中还会发生3种形式的变异:基因重组、基因突变和染色体变异。基因重组是指控制物种性状的基因发生了重新组合;基因突变是指基因分子结构的改变;染色体变异是指染色体结构或数目上的变化。

下面介绍遗传算法的基本概念。

(1) 染色体:遗传物质的主要载体,是多个遗传因子的集合。

(2) 基因:遗传操作的最小单元,基因以一定排列方式构成染色体。

(3) 个体:染色体带有特征的实体。

(4) 种群:多个个体组成群体,进化之初的原始群体称为初始种群。

(5) 适应度:用来估计个体好坏程度的解的目标函数值。

(6) 编码:用二进制码字符串表达所研究问题的过程(除二进制编码外,还有浮点数编码等)。

(7) 解码:将二进制码字符串还原成实际问题解的过程。

(8) 选择:以一定的概率从种群中选择若干对个体的操作。

(9) 交叉:把两个染色体换组的操作,又称重组。

(10) 变异:让遗传因子以一定的概率变化的操作。

22.4 遗传算法的基本操作

遗传算法的基本操作过程如图22.1所示。

1. 选择

从种群中按一定标准选定适合做亲本的个体,通过交配后复制出子代。选择首先要计算个体的适应度,再根据适应度不同,有多种选择方法。

(1) 适应度比例法:利用比例于各个个体适应度的概率决定于其子孙遗留的可能性。

(2) 期望值法:计算各个个体遗留后代的期望值,然后减去0.5。

(3) 排位次法:按个体适应度排序,对各位次预先已被确定的概率决定遗留为后代。

(4) 精华保存法:无条件保留适应度大的个体,不受交叉和变异的影响。

(5) 轮盘赌法:类似于博采中的轮盘赌,按个体的适应度比例转化为选中的概率。

2. 交叉

交叉是把两个染色体换组(重组)的操作,交叉有多种方法,如单点交叉、多点交叉、部分映射交叉(PMX)、顺序交叉(OX)、循环交叉(CX)、基于位置的交叉、基于顺序的交叉和启发式交叉等。

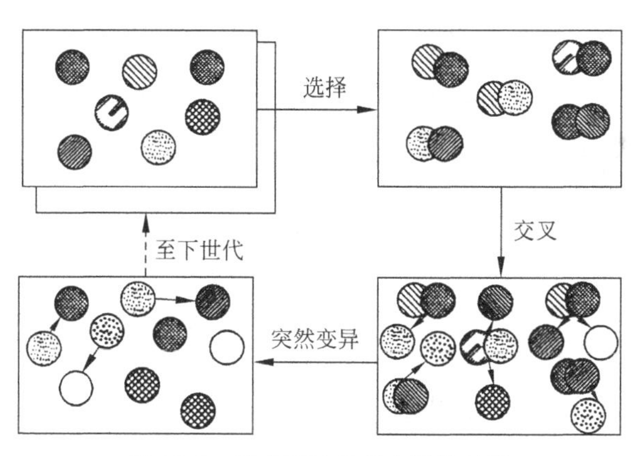

图 22.1　遗传算法的基本操作过程

3. 变异

变异是指基因 0、1 以一定的概率施行 0→1、1→0 的操作。变异有局部随机搜索的功能，相对变异而言，交叉具有全局随机搜索的功能。交叉和变异操作有利于保持群体的多样性，避免在搜索初期陷于局部极值。

在选择、交叉和变异 3 个基本操作中，选择体现了优胜劣汰的竞争进化思想，而优秀个体从何而来，还靠交叉和突然变异操作获得，交叉和变异实质上都是交叉。

22.5　遗传算法的求解步骤

下面通过一个求解二次函数最大值的例子来熟悉遗传算法的步骤。

【例 22.1】 利用遗传算法求解二次函数 $f(x)=x^2$ 的最大值，设 $x\in[0,31]$。此问题的解显然为 $x=31$，用遗传算法求解步骤如下。

(1) 编码。用二进制码字符串表达所研究的问题称为编码，每个字符串称为个体。相当于遗传学中的染色体，在每一遗传代次中个体的组合称为群体。由于 x 的最大值为 31，所以只需 5 位二进制数组成个体。

(2) 产生初始种群。采用随机方法，假设得出初始群体分别为 01101、11000、01000、10011，其中 x 值分别对应为 13、24、8、19，如表 22.1 所示。

表 22.1　遗传算法的初始群体

个体编号	初始群体	x_i	适应度 $f(x_i)$	$f(x_i)/\sum f(x_i)$	$f(x_i)/\bar{f}$（相对适应度）	下一代的个体数目
1	01101	13	169	0.14	0.58	1
2	11000	24	576	0.49	1.97	2
3	01000	8	64	0.06	0.22	0
4	10011	19	361	0.31	1.23	1
适应度总和 $\sum f(x_i)=1170$，适应度平均值 $\bar{f}=293$，$f_{\max}=576$，$f_{\min}=64$						

(3) 计算适应度。为了衡量个体（字符串、染色体）的好坏，采用适应度（Fitness）作为指标，又称目标函数。

本例中用 x^2 计算适应度,对于不同 x 值,适应度如表22.1所示中的 $f(x_i)$。

$$\sum f(x_i)=f(x_1)+f(x_2)+f(x_3)+f(x_4)=1170$$

平均适应度 $\bar{f}=\sum f(x_i)/4=293$ 反映群体整体平均适应能力。

相对适应度 $f(x_i)/\bar{f}$ 反映个体之间优劣性。

显然2号个体相对适应度值最高为优良个体,而3号个体为不良个体。

(4) 选择(Selection)又称复制(Reproduction),从已有群体中选择出适应度高的优良个体进入下一代,使其繁殖;删掉适应度小的个体。

本例中,2号个体最优,在下一代中占两个,3号个体最差删除,1号与4号个体各保留一个,新群体分别为01101,11000,11000,10011。对新群体适应度计算如表22.2所示。

表22.2 遗传算法的复制与交换

个体编号	复制初始群体	x_i	复制后适应度	交换对象	交换位数	交换后的群体	交换后适应度
1	01101	13	169	2号	1	01100	144
2	11000	24	576	1号	1	11001	625
3	11000	24	576	4号	2	11011	729
4	10011	19	361	3号	2	10000	256
适应度总和 $\sum(x_i)$			1682	—			1754
适应度平均值 $\bar{f}(x_i)$			421	—			439
适应度最大值 f_{max}			576	—			729
适应度最小值 f_{min}			169	—			256

由表22.2可以看出,复制后淘汰了最差个体(3号),增加了优良个体(2号),使个体的平均适应度增加。复制过程体现优胜劣汰原则,使群体的素质不断得到改善。

(5) 交叉(Crossover)又称交换、杂交。虽然复制过程的平均适应度提高了,但不能产生新的个体,模仿生物中杂交产生新品种的方法,对字符串(染色体)的某些部分进行交叉换位。对个体利用随机配对方法决定父代,如1号和2号配对;3号和4号配对,以3号和4号交叉为例:经交叉后出现的新个体3号,其适应度高达729,高于交换前的最大值576,同样1号与2号交叉后新个体2号的适应度由576增加为625,如表22.2所示。此外,平均适应度也从原来的421提高到439,表明交叉后的群体正朝着优良方向发展。

(6) 突变(Mutation),又称变异、突然变异。在遗传算法中模仿生物基因突变的方法,将表示个体的字符串某位由1变为0,或由0变为1。例如,将个体10000的左侧第3位由0突变为1,则得到新个体为10100。

在遗传算法中,突变由事先确定的概率决定。一般,突变概率为0.01左右。

(7) 重复步骤(3)~步骤(6),直到得到满意的最优解。

从上述用遗传算法求解函数极值过程可以看出,遗传算法仿效生物进化和遗传的过程,从随机生成的初始可行解出发,利用复制(选择)、交叉(交换)、变异操作,遵循优胜劣汰的原则,不断循环执行,逐渐逼近全局最优解。

实际上给出具有极值的函数,可以用传统的优化方法进行求解,当用传统的优化方法难以求解时,甚至不存在解析表达隐函数不能求解的情况下,用遗传算法优化求解就显示出巨大的潜力。

22.6 原对偶遗传算法

遗传算法已广泛应用于求解各类静态优化问题。近年来，许多研究者提出了多种改进策略，将 GA 用于求解动态优化问题。2003 年，Yang Shengxiang 提出了原对偶遗传算法(Primal-Dual Genetic Algorithm，PDGA)用于解决动态优化问题。

在 PDGA 的种群中，直接记录的染色体称为初始染色体，也称原染色体。在给定距离空间中，两个染色体之间的海明距离指的是这两个染色体对应基因位点的值的不同个数。与原染色体最大海明距离的染色体称为对偶染色体，即 $x'=\mathrm{dual}(x)$；dual(•)是原对偶映射(Primal-Dual Mapping，PDM)的函数。在 PDM 运算时，设计为染色体的每一位都要参与计算。

在种群进行遗传运算后，将其中相对较差的个体进行对偶映射。对于任何原染色体，如果它的对偶染色体更优秀，则原染色体将被其对偶染色体替代；否则原染色体保留。这样，种群中一些较差的个体将有机会被较好的新个体替代，而较好的个体也有机会保留在种群中。

在二进制空间中，考虑 0-1 编码的 GA，采用海明距离作为 PDM 运算函数。这样原染色体 $x=(x_1,x_2,\cdots,x_L)\in I=\{0,1\}^L$ (L 为染色体的长度)，它的对偶染色体 $x'=\mathrm{dual}(x)=(x_1',x_2',\cdots,x_L')\in I$，其中 $x_i'=1-x_i$。在一对原对偶染色体中，如果对偶染色体优于原染色体，则这样的原对偶映射被称为有效映射，反之称为无效映射。

在 PDGA 中，当产生一个中间种群 $P(t)$ 并完成常规的遗传运算(交叉变异运算)之后，再从 $P(t)$ 中选择一定数量 $D(t)$ 的个体，并计算它们的对偶染色体。对于任何 $x\in D(t)$，如果它的对偶染色体 x' 适应度值更大，则 x 将被 x' 所取代；否则 x 被保留下来。也就是说，只有有效的 PDM 运算才能够使好的对偶染色体有机会传递到下一代种群中，从而体现了一种显性机制。这样既有助于增强种群的多样性，保持种群的搜索能力；又不会影响当前种群的迭代过程，保持种群的开发能力。

原对偶遗传算法的伪码描述如下。

```
开始
  参数设置(N,Pc,Pm);
  令迭代指标 t = 0;
  初始化种群 P(0);
  对种群 P(0)中的所有染色体进行估值;
  从种群 P(0)中选择一部分个体构成 D(0);
  for D(0)中的每一个体 x do
    计算 x 的对偶染色体 x',并对 x'进行估值;          //x' = dual(x)
    if f(x')>f(x), then 用 x'替代 P(0)中的 x;
  end for;
  repeat
  产生中间种群 P(t);
  对 P(t)进行交叉、变异等正常的遗传操作;
  从种群 P(t)中选择一部分个体构成 D(t);
  for D(t)中的每一个个体 x do
    计算 x 的对偶染色体 x',并对 x'进行估值;          //x' = dual(x)
    if f(x')>f(x), then 用 x'替代 P(0)中的 x;
  end for;
  t = t + 1
  until 满足终止条件;                              //例如,t>tmax
结束
```

第23章 遗传编程

遗传编程是在遗传算法的基础上开发的一种进化计算机程序的算法。遗传算法采取字符串进行操作,存在不能描述层次化的结构问题、缺乏表达状态的可变性、不能描述计算机程序等问题。而遗传编程的每个染色体通过树结构来表示计算机程序,因而其群体中存在形状、复杂度不一的个体。遗传编程和遗传算法类似,都会经历初始群体生成、个体适应度计算、复制、交叉、突变、反复迭代的过程。因此,遗传编程被看作遗传算法的特殊情况。本章介绍遗传编程的原理、基本概念、基本操作、算法的设计步骤与流程以及遗传编程的本质属性。

23.1 遗传编程的提出

遗传编程(Genetic Programming, GP)是1992年由美国Standford大学的Koza在他出版的第一本著作*Genetic Programming*: *On the Programming of Computers by Means of Natural Selection*中提出的。遗传算法用字符串表达问题,而遗传编程采用层次化的树结构表达问题,类似于计算机程序分行或分段描述问题,这样有利于根据环境状态自动改变程序的结构和大小,以适应对问题的结构和大小的灵活处理。

遗传编程算法是一种在可能空间中寻找合适的计算机程序的自适应搜索算法,本质上属于随机搜索算法,但其空间遍历性比传统的启发式搜索要好,遗传操作使得路径可随机跳跃到不同的子空间,从而在全局空间中以若干搜索集的并集方式从时序过程方面逼近全集。

23.2 遗传编程的原理及基本操作

遗传编程的原理和遗传算法类似,都要随机产生一个适用于给定问题的初始种群,即搜索空间;不同的是,遗传编程种群中的每个个体为树状结构(也称程序树)。二者同样需要计算每个个体的适应度值;选择遗传算子(复制、交叉、突变等)对种群不断进行迭代优化,直到找到最优解或近似最优解。因此,遗传编程被看作遗传算法的特殊情况。

1. 遗传编程的基本概念

下面给出遗传编程的几个基本概念。

(1) 函数集。函数集F包含n个函数:

$$F=\{f_1,f_2,\cdots,f_n\} \tag{23.1}$$

其中函数集内的f_i包括运算符(+、−、*、÷,布尔运算符等)或函数(sin、tan等),以及一些表达式(循环表达式与条件表达式等)。

(2) 终止符集。终止符集 T 包含 m 个终止符:

$$T=\{t_i, t_2, \cdots, t_m\} \tag{23.2}$$

终止符集内的终止符可以是 x、y、z 等变量或 a、b、π 等常量。

将上述函数 f_i 和终止符 t_j 组合,可以得到 4 种函数描述的层次化的树状结构形式如下:

$$y_1=a+b*x$$

$$y_2=a*+\exp(b*x)$$

$$y_3=a+b*\log x$$

$$y_4=a*x^b=a*x\uparrow b$$

函数集应满足闭合性,即每个函数都应能够接受任何终止符或任何函数的输出作为输入,以确保 GP 中产生语法正确的个体。此外,函数集与终止符集还应满足 Koza 所说的充分性,即所提供的终止符与函数应该可以用来表示出问题的解。因此,通常要为遗传编程系统提供冗余的函数及终止符,而后在进化中剔除那些用处不大的函数和终止符。

(3) 适应度。个体适应度是衡量个体表达式逼近最优解的优劣程度。

(4) 控制运行的参数(变量)。

(5) 表明结果的方法和终止运行的准则。

遗传编程中适应度函数、控制参数、表明结果的方法和终止运行的准则与遗传算法类似,这里不再赘述。其中最重要的控制参数是群体大小和迭代次数。

2. 遗传编程的个体表示法

遗传编程的个体表示法根据其基本结构可大致分为 3 种:树状结构、线性结构和基于图形的结构。其中最常见的每个个体都是一个以树状结构来表示的程序或表达式。如图 23.1 所示,树 A 与树 B 分别代表两个个体(多项式):$[(x^2)+(5x)]-9$ 和 $(3\times x)\times(x\div 1)$。可见,遗传编程中的个体具有分层结构。树中的节点可分为两类:一类位于内部的节点称为“函数”,另一类位于端点的叶节点称为“终止符”。图 23.1 中的函数都是基本算术运算,如+、−、×、÷等,由简单的基本运算进行组合表示复杂的表达式。图 23.1 中的终止符包括变量 x 和常量 9、5、3 等。称虚线以上的 2 个节点(−和×)为根节点。就表示方法而言,遗传编程输出的解是显式的直接的表达式或程序。

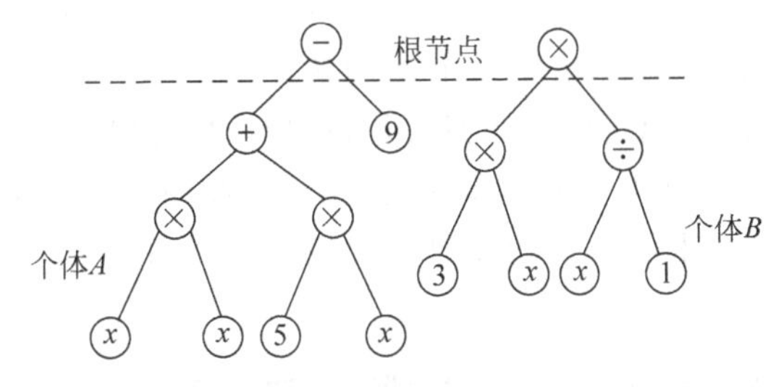

图 23.1　遗传编程个体的树状结构表示法

3. 初始个体的生成及基本操作

GP 的初始群体(第 0 代)中的个体是随机生成的,由给定的函数和终止符构成程序,生成初始群体的过程可看作在程序空间中的盲目搜索。生成初始个体时,首先从函数集中随机选取一个函数作为根节点,如图 23.1 中的“−”和“×”。根据该函数所处理的自变量数目(相当于节点的度)选择同样数量的子节点,此时可以随机地从函数集与终止符集的并集中选取。"—"与"×"都是二元操作符,因此各有两个子节点。以个体 A 为例,其左节点选中的是函数"+",将重复上述操作;而其右节点选中终止符"9",则该子树停止生长。左子树继续生长,直到树中各分支都选择终止符作为子节点为止。生成初始个体时,为控制个体的大小,可以规定叶节点的最大深度(即叶节点的最大层数),在个体 A 中节点最大深度为 3,也可以将所有叶节点的深度统一规定为最大深度。

遗传编程的基本操作包括复制、交叉、突变等。通常,上述操作以适应度为基础随机进行,即个体的适应度越大,它被选中的概率越大。其中,复制操作即基于适应度,随机地选择一个个体,将其复制到下一代群体中。而交叉操作是从两个随机选取的父代个体中产生两个子代个体。两个交叉点分别在父代个体中随机选取。接前例,如图 23.2 与图 23.3 所示,个体 A 中选中交叉点为"+",而个体 B 中为"÷",则自两个节点以下的子树进行互换生成两个子代个体 A':$(x\div1)-9$ 和 B':$(3\times x)[(x\times x)+(5\times x)]$。

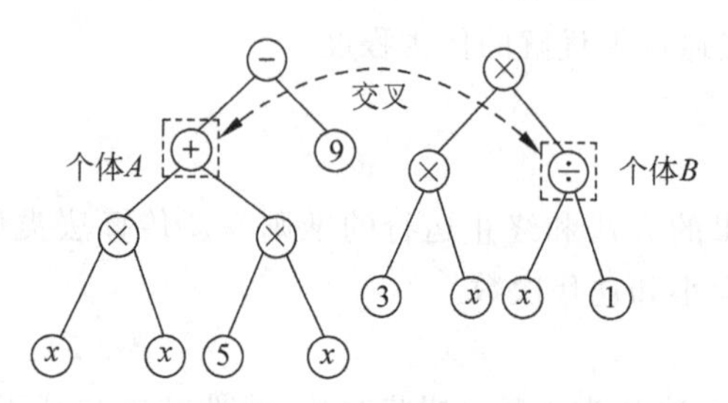

图 23.2　被选择交叉的两个父代个体

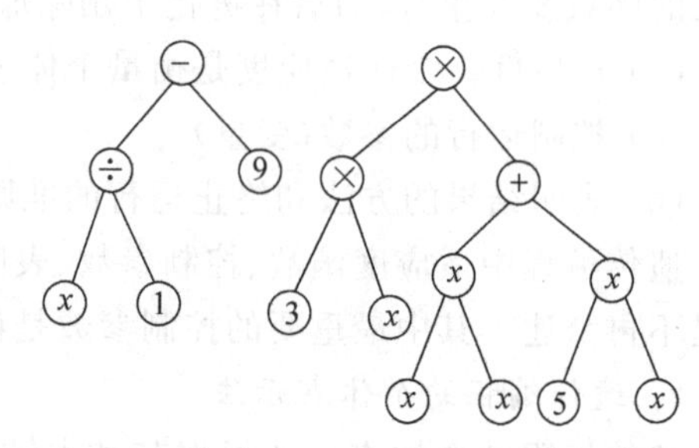

图 23.3　交叉后产生的两个子代个体

通过突变操作,从基于适应度随机选出的一个父代个体中,产生一个子代个体。随机选中父代个体上的突变点后,该节点处的子树就被删除,而后应用类似于生成初始个体的生长方法生成新的子树。接前例中的个体 B,如选中"÷"为突变点,则子树$(x\div1)$将被删除,置换成随机生成的$(9-5)$,如图 23.4 所示。生成新个体 B':$(3\times x)\times(9-5)$。很多人认为突变对于遗传编程不是非常重要,有的 GP 系统中不包括突变操作。突变操作是个体的树状结构的某个分支被一个随机出现的结构所替代,这种操作可以扩充种群结构的多样性。

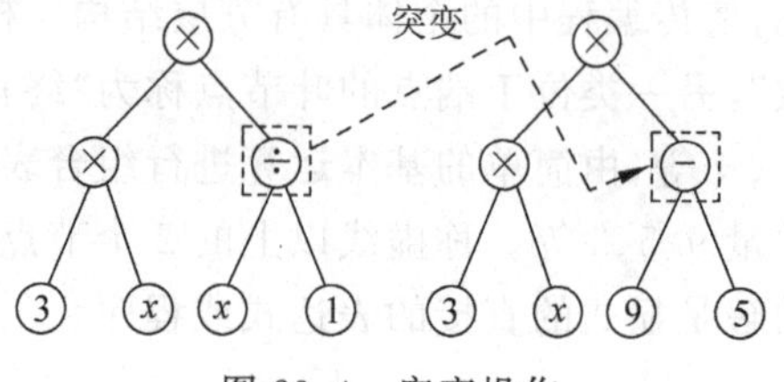

图 23.4　突变操作

综上所述,遗传编程的种群中每个个体的大小、结构和内容都是动态变化的,这是由遗传操作来实现的。因此,遗传编程是一种可变结构的更为灵活的算法。

23.3　遗传编程算法的设计步骤及流程

遗传编程算法的设计步骤一般分为以下 3 部分。

(1) 代数置 0,随机生成初始群体,其中个体是由表示问题的函数和终止符随机组合的计算机程序。

(2) 对群体循环执行遗传操作,直至满足终止准则为止。遗传操作包括以下两个步骤。

① 为群体中的个体选择合适的适应度值。

② 采用复制操作、交叉操作和变异操作的遗传操作，产生一个新的群体，新群体中个体的选择是根据其适应度随机选择的。

(3) 遗传编程算法满足终止条件后，要找出一个结果作为问题的解(确定结果的方法有全局最优个体法、末代最佳个体法和多种解答法)。

遗传编程算法的流程如图 23.5 所示。

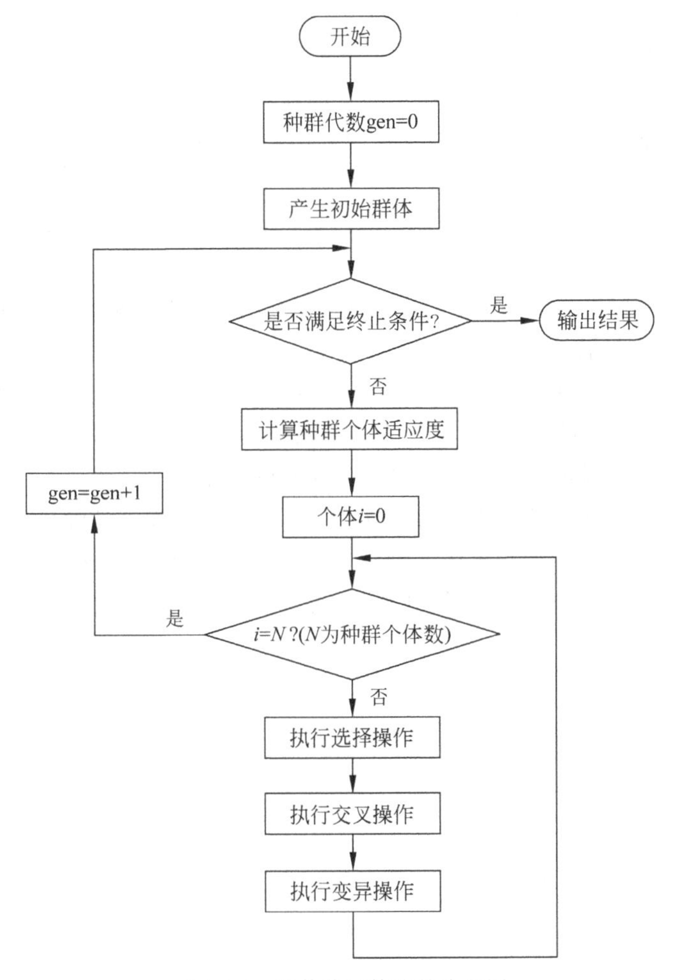

图 23.5　遗传编程算法的流程图

23.4　遗传编程算法的本质属性

遗传编程的创始人 Koza 与其他学者归纳了如下 16 种自动编程系统的本质属性。

(1) 自动编程系统从对指定问题的上层描述开始(始于“需要做什么”)。

(2) 系统产生的结果形式是一系列能令人满意地解决问题的步骤(告诉人们“如何做”)。

(3) 系统将产生一个可在计算机上运行的实体(产生一个计算机程序)。

(4) 系统可以自动确定必须执行的步骤数目，因而用户无须事先规定解的确切规模(即自动确定程序规模)。

(5) 系统能够自动将有用的步骤组织起来以便重用,即代码重用。

(6) 系统能够重用具有不同实参(用实参代替的形式参数或哑变量)的步骤组合(参数化重用)。

(7) 系统有使用中间存储的能力。其可利用的中间存储形式包括单个变量、向量、矩阵、数组、堆栈、队列、表、相关存储等数据结构。

(8) 系统能够执行迭代、循环和递归操作。

(9) 系统可以进而将步骤自动组织成一个分层结构。

(10) 系统能够自动确定程序的结构。即自动地确定是否使用子程序、迭代、循环、递归和中间存储,以及确定各子程序、迭代、循环、递归和中间存储所具有的自变量的数目。

(11) 系统具有宽泛的编程结构。它能够模拟编程人员认为有用的编程结构(包括宏、库、指针、条件运算、逻辑函数、整型函数、浮点型函数、复合值函数、多输入、多输出和机器码指令等)。

(12) 系统是严格定义的,它在严格定义的方式下运作并严格地区分哪些是必须由用户提供的、哪些是由系统交付的。

(13) 系统不依赖于所解决的问题,它不必为每个新问题修改自己的可执行步骤。

(14) 系统应具有广泛的适用性,可为许多不同领域中的问题提供令人满意的解。

(15) 系统对同一个问题的较大的版本有良好的可扩充性。

(16) 系统产生的结果可以与那些程序员、工程师、数学家和设计师得出的结果相媲美。

由于上述特点,因此遗传编程可用多种语言(如 LISP、C、C++、Prolog 等)编写遗传编程系统,它们被广泛应用于系统辨识、控制、分类、设计、最优化等诸多领域,并取得了令人满意的效果。

第24章 进化规划

进化规划的个体不是采用遗传算法中的字符串表示，而是采用有序的序列表示。它在搜索迭代过程中，使用变异和选择两个算子，没有使用重组或交叉算子。变异是向进化规划中的群体加入新个体的唯一手段，因此设计变异算子要考虑勘探与开发之间的权衡问题。选择操作是采用父代与子代一同竞争的方式，与其他进化算法不同的是，它采用相对适应度进行竞争。标准进化规划使用进化算法的初始化、变异、评估和选择4部分。本章介绍进化规划的原理及基本操作、实现步骤及流程。

24.1 进化规划的提出

进化规划(Evolutionary Programming, EP)是1962年由美国的Fogel应用模拟进化开发人工智能而提出的，当时并没有引起足够的关注。直到30年后，其子D. B. Fogel对原有算法进行了改进和完善，才使进化规划作为一种进化算法得到广泛应用。自从1992年在美国召开第一届进化规划国际会议以来，每年都举行一次进化规划国际会议。

D. B. Fogel认为，智能可以看作"使得一个系统能够调整其行为，在一定环境中实现其期望目标的属性"。因此，进化规划中的适应度函数与其他进化算法不同，适应度函数是用相对于个体所处环境中该个体的行为误差来衡量的。

与遗传算法中个体的字符串表示不同，在进化规划群体中的个体用有序的序列表示。进化规划在搜索迭代过程中，使用了变异和选择两个算子，没有使用重组或交叉算子。

24.2 进化规划的原理及基本操作

标准进化规划使用进化算法的初始化、变异、评估和选择4部分，具体说明如下。

1. 种群初始化

在标准进化规划中采用传统十进制实数表达问题，个体的表达形式为

$$x_i' = x_i + \sqrt{f(X)} \cdot N_i(0,1) \tag{24.1}$$

其中，x_i为旧个体目标变量X的第i分量；x_i'为新个体目标变量X的第i分量；$f(X)$为旧个体X的适应度；$N_i(0,1)$为针对第i分量发生的服从标准正态分布的随机数。

根据上述的个体表达方式，种群初始化要先产生μ个个体，这就是突变。然后再从μ个旧个体和μ个新个体中根据适应度选出μ个个体组成新一代群体。

2. 适应度计算

由于进化规划采用十进制数表达问题，因此个体的适应度计算变得比较简单。

3. 变异算子

变异是向进化规划中的群体加入新个体的唯一手段,因此设计变异算子要考虑勘探(全局搜索)与开发(局部搜索)之间的权衡问题。进化规划也是采用随机搜索,其引入随机性的方法通常是将步长作为从一些概率分布取样得到的噪声函数来计算。

对于基本的进化规划突变操作为

$$x_i'=x_i+\sqrt{\beta_i\cdot\Phi(X)+r_i}\cdot N_i(0,1) \tag{24.2}$$

其中,x_i、x_i'、$N_i(0,1)$表示的意义同式(24.1);$\Phi(X)$为旧个体 X 的适应度函数;r_i 为系数,常取 0;β_i 为系数,常取 1。

当 $r_i=0,\beta_i=1$ 时,式(24.2)变为

$$x_i'=x_i+\sqrt{\Phi(X)}\cdot N_i(0,1) \tag{24.3}$$

从式(24.3)可以看出,变异是通过父代 x_i 添加步长$\sqrt{\Phi(X)}\cdot N_i(0,1)$来产生子代 x_i',步长取决于一些概率分布取样得到的噪声与个体 X 的适应度之积。如果个体 X 的适应度 $f(X)$很大,去直接乘 $N_i(0,1)$会使 x_i'远离 x_i,致使在算法后期无法平稳收敛。故使用 $f(X)$ 的平方根$\sqrt{f(x)}$或按比例缩小适应度的方法,这样就改写为 $\Phi(X)$的形式。当采用 $\Phi(X)$代替 $f(X)$时,目标变量 X 的变动较剧烈,导致难以准确收敛,这是标准进化规划的缺陷。

为了克服标准进化规划变异算子的缺陷,已经开发出多种变异算子。例如,在动态进化规划中,变异算子步长的标准差以特定的个体适应度函数随时间改变;在自适应进化规划中,变异算子通过标准差的最优值和决策变量同步学习使得步长的方差自适应变化等。

从概率分布上考虑,提出了高斯分布、柯西分布、指数分布、混沌分布、勒威分布及组合分布等。

4. 选择算子

在进化规划中变异之后便执行选择操作来选择进入到下一代的个体,具体做法是采用父代与子代一同竞争的方式,与其他进化算法不同的是,它采用相对适应度进行竞争,而不是采用绝对适应度。相对适应度是指个体和一组从父代与子代随机选择的竞争者相比时表现的好坏程度。

进化规划的选择采用随机型的 q-竞争选择法,具体选择过程如下。

为了确定某一个体 i 的优势,先从新群体和旧群体的 2μ 个个体中,随机取 q 个个体作为测试群体,再将个体 i 的适应度与 q 个个体的适应度分别进行对比,并记录个体 i 优于或等于 q 个测试个体的次数,作为个体 i 的得分 W_i。重复上述步骤,直至 2μ 个个体都有得分 W。选择得分大的前 μ 个个体作为新群体。通常选 q 大于 10,可取 $q=0.9\mu$。上述根据得分选择出最优的 μ 个个体的方法,称为精英选择策略。

此外,根据个体的得分选择出 μ 个个体,还可使用锦标赛法、比例选择、非线性排序选择、中心选择法等。

24.3 进化规划的实现步骤及流程

进化规划的工作流程包括表达问题、产生初始群体、计算适应度、执行突变、选择操作、反复迭代,直到获得满意的结果。进化规划的具体实现步骤如下。

(1) 确定问题的表达式。

(2) 随机产生初始群体,并计算其适应度。

(3) 执行变异算子和选择算子操作产生新群体。

① 突变操作：对旧个体添加随机量，产生新个体。

② 计算新个体的适应度。

③ 选择操作：挑选优良个体组成新群体。

(4) 反复执行步骤(3)，直至满足终止条件，选择最佳个体作为进化规划的最优解。

进化规划的流程如图 24.1 所示，其中 gen 表示进化的代次。在第 0 代时，首先根据问题的表达式，随机产生初始群体，并计算其适应度。然后，进入正常迭代循环。在每次迭代中，执行变异操作，计算新个体的适应度。若新个体达到 μ 个后，从 2μ 个新、旧个体中择优选出 μ 个个体构成新一代群体。如此反复迭代，直到满足终止条件。

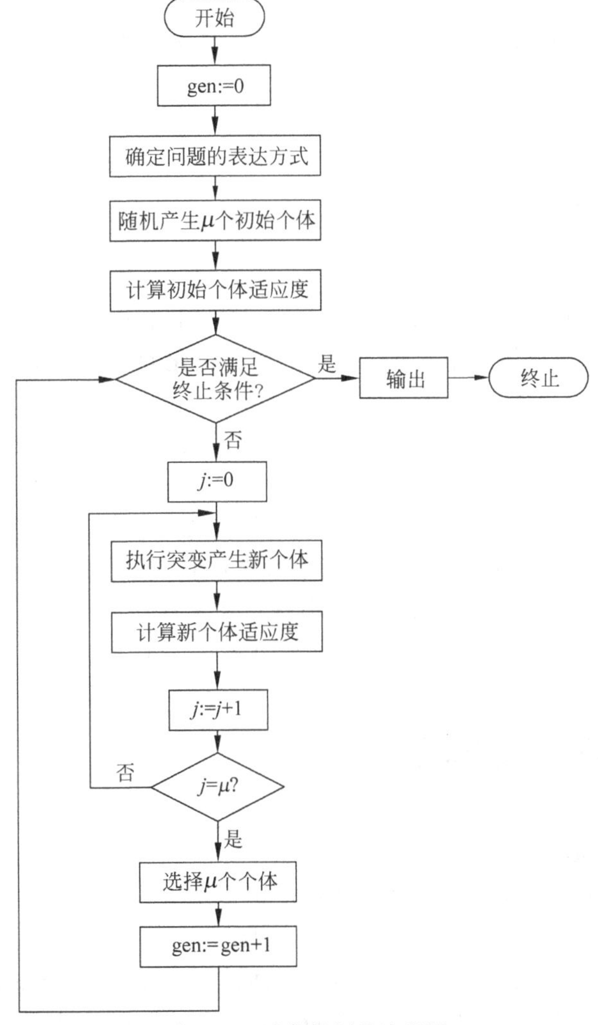

图 24.1　进化规划的流程图

进化规划的终止条件可采用下述 4 个判据之一。

(1) 最大进化代次数。

(2) 最优个体与期望值的偏差。

(3) 适应度的变化趋势。

(4) 最优适应度与最差适应度之差。

第25章 进化策略

进化策略有别于遗传算法，采用十进制实数表达问题；进化策略采用重组算子既可以复制父代的部分信息，也可以通过中值计算产生新的信息；进化策略的突变和选择也与遗传算法不同。进化策略的进化顺序是首先执行重组，然后是突变，最后是选择。而遗传算法的进化顺序是先执行选择、复制，其次是交换，最后是突变。本章介绍进化策略的基本原理、几种进化策略、进化策略的基本操作、实现步骤及流程。

25.1 进化策略的提出

进化策略(Evolution Strategy, ES)是1963年由德国柏林技术大学Rechenberg提出的，目的是为了用优化算法解决风洞中的流体力学的实验优化问题。进化策略提出时，这种优化算法没有群体，只有一个个体，由该个体变异仅产生一个下一代的新个体，所以这样的优化算法被称为(1+1)-进化策略。后来被Schwefel进一步发展的进化策略(ES)，称为基于“进化的进化”。

进化策略的每个个体的进化包括基因型特征的进化和控制基因型进化的策略参数的进化，这就是所谓“进化的进化”的含义。进化策略的变异个体只有在变异结果的适应度增加的条件下才能被接受。此外，可以有多余两个亲代来产生子代。

进化策略已应用于参数优化、控制设计、神经网络训练、计算机安全等领域。

25.2 进化策略的基本原理

1. (1+1)-进化策略

进化策略中的个体用传统的十进制实数表示为

$$X^{t+1} = X^t + N(0,\sigma) \tag{25.1}$$

其中，X^t 为第 t 代个体的数值；$N(0,\sigma)$为零均值、标准差为 σ、正态分布的随机数。

进化策略中的个体也可以用包含两个变量的二元组(X,σ)来表示。从式(25.1)可以看出，新个体 X^{t+1} 是在旧个体 X^t 的基础上，添加一个独立随机变量 $N(0,\sigma)$。如果新个体的适应度优于旧个体，则用新个体代替旧个体；否则放弃这个新个体，重新产生下一代新个体。

由于(1+1)-进化策略进化操作只使用变异一种形式，仅使用一个个体，难以提高个体的适应能力。因此这是一种最简单的进化策略。

2. $(\mu+1)$-进化策略

为了克服(1+1)-进化策略单个个体存在的不足，Rechenberg又提出了$(\mu+1)$-进化策略，被称为多元进化策略。在父代中有 $\mu(>1)$ 个个体，又引入了重组算子，使用父代个体组合出新个体。重组操作是用随机方法从 μ 个父代个体中选出两个个体。然后利用这两个个体组合出新个体，再对该个体执行与(1+1)-进化策略相同的变异操作。

将变异操作后的个体与父代 μ 个个体进行对比，如果优于父代中最差的个体，则代替它后成为下一代 μ 个个体的新成员；否则重新执行重组和变异操作产生另一个新个体。

$(\mu+1)$-进化策略与(1+1)-进化策略不同之处表现在两方面：一是采用包括 μ 个个体的群体；二是增加重组算子，便于从父代继承信息构成新个体。

3. $(\mu+\lambda)$-ES 及 (μ,λ)-ES

1975 年，Schwefel 又相继提出了 $(\mu+\lambda)$-ES 和 (μ,λ)-ES。这两种进化策略都采用含有 μ 个个体的父代群体，并通过重组和突变产生 λ 个新个体。它们的差别仅在于下一代群体的组成上，$(\mu+\lambda)$-ES 是在原有 μ 个个体及新产生的 λ 个新个体中再择优选择 μ 个个体作为下一代群体。而 (μ,λ)-ES 是只在新产生的 λ 个新个体中再择优选择 μ 个个体作为下一代群体，这就要求 $\lambda>\mu$。

由于 (μ,λ)-ES 使每个个体的寿命只有一代，更新进化很快，特别适合于目标函数有噪声干扰或优化程度明显受迭代次数影响的优化问题。因此，(μ,λ)-ES 得到了广泛应用。

25.3　进化策略的基本操作

进化策略的基本操作包括问题表达、初始群体生成、适应度计算、重组操作、变异操作、选择操作、终止操作。

1. 问题表达

进化策略采用十进制实数表达问题，通常有二元、三元两种问题表达方式。

1) 二元表达方式

个体由目标变量 X 和标准差 σ 二元组成，每个元又可由 n 个分量构成。具体形式可表示为

$$(X,\sigma)=((x_1,x_2,\cdots,x_i,\cdots,x_n),(\sigma_1,\sigma_2,\cdots,\sigma_i,\cdots,\sigma_n)) \tag{25.2}$$

目标变量 X 和标准差 σ 满足

$$\begin{cases} x_i'=x_i+\sigma_i'\cdot N_i(0,1) \\ \sigma_i'=\sigma_i+\exp(\tau'\cdot N(0,1)+\tau\cdot N_i(0,1)) \end{cases} \tag{25.3}$$

其中，(x_i,σ_i) 为父代个体的第 i 分量；(x_i',σ_i') 为子代新个体的第 i 分量；$N(0,1)$ 为服从正态分布的随机数；$N_i(0,1)$ 为针对第 i 分量重新产生一次正态分布的随机数；τ' 为全局系数，一般取 1；τ 为局部系数，一般取 1。

2) 三元表达方式

在二元表达方式中再引入坐标旋转角度 α 作为第三个因子，这样个体的三元表达方式变为 (X,σ,α)，具体表示为

$$(X,\sigma,\alpha)=((x_1,x_2,\cdots,x_i,\cdots,x_n),(\sigma_1,\sigma_2,\cdots,\sigma_i,\cdots,\sigma_n),(\alpha_1,\alpha_2,\cdots,\alpha_j,\cdots,\alpha_m)) \tag{25.4}$$

个体 (X,σ,α) 中三者的关系为

$$\begin{cases}\sigma'_i=\sigma_i \cdot \exp(\tau' \cdot N(0,1)+\tau \cdot N_i(0,1)) \\ \alpha'_j=\alpha_j+\beta \cdot N_i(0,1) \\ x'_i=x_i+z_i\end{cases} \tag{25.5}$$

其中,α_j 为父代个体第 i 分量与第 j 分量之间坐标的旋转角度;α'_j 为子代新个体第 i 分量与第 j 分量之间坐标的旋转角度;β 为系数,常取 $0.01<\beta<0.1$;z_i 为取决于 σ' 和 α' 的正态分布随机数;其余符号同式(25.3)。

2. 初始群体生成

初始群体由 μ 个个体组成,每个个体(X,σ,α)可包含 n 个 α_i、σ_i 分量及 $n\cdot(n-1)/2$ 个 α_j 分量。初始群体用随机方法生成,可从可行域选择某一初始点$(X(0),\sigma(0),\alpha(0))$出发,经过多次突变生成 μ 个初始个体。

初始个体的标准差 $\sigma(0)$ 利用下式计算:

$$\sigma(0)=\Delta X/\sqrt{n} \tag{25.6}$$

其中,ΔX 为初始点到最优点的距离;n 为个体所含分量的个数。由于 ΔX 在初始时不便确定,取 $\sigma(0)$ 不宜太大,尽管如此,在进化过程中通过个体的自适应调整仍可使搜索点很快散布在可行域内。

3. 适应度计算

进化策略采用十进制实数表达问题,因此,比起遗传算法和进化规划,适应度计算变得更加直观、简便、容易。对于有约束条件的处理,主要采用重复试凑法。当新个体生成时,将其代入约束条件检验是否满足约束条件。若满足则接纳为新个体;否则,舍去该新个体。通过重组、突变再产生一个新个体。

4. 重组

进化策略的重组操作相当于遗传算法中的交叉。重组有以下3种方法。

(1) 离散重组。先随机选择两个父代个体(X^1,σ^1)及(X^2,σ^2),再将其分量随机进行交换,构成子代新个体的各个分量,从而得到新个体(X,σ)。因为新个体的分量是从两个父代个体随机选取的,所以 x_i 的分量不一定等于 σ_i 的分量。

(2) 中值重组。先随机选择两个父代个体,再将父代个体分量的平均值作为子代新个体的各个分量,从而得到新个体。这样,新个体的各个分量兼容两个父代个体的信息,但在中值重组中只含有某一个父代个体的因子。

(3) 混杂重组。先随机选择一个固定的父代个体,然后对子代个体每个分量再从父代群体中随机选择第二个父代个体。这样,第二个父代个体是经常变化的。父代两个个体的组合可以用离散方式,也可以用中值方式,甚至可以把中值重组中的1/2改为[0,1]范围内的任一权值。

5. 突变

进化策略的突变是在旧个体基础上添加一个随机量,形成的新个体为

$$\begin{cases}\sigma'_i=\sigma_i \cdot \exp(\tau' \cdot N(0,1)+\tau \cdot N_i(0,1)) \\ \alpha'_j=\alpha_j+\beta \cdot N_j(0,1) \\ x'_i=x_i+z_i\end{cases} \tag{25.7}$$

其中,τ、τ' 分别为全局步长系数及局部步长系数,通常 τ 及 τ' 取1;β 为涉及旋转角度的系数,一般 β 取 $5°$。

按 Schwefel 的建议，上述系数可以这样计算：$\tau=(\sqrt{2\sqrt{n}})^{-1}$，$\tau'=(\sqrt{2n})^{-1}$，$\beta=\pi\times 1/180\approx 0.0873$，$n$ 为个体中含有分量的数目。

若取消旋转因子，进化策略突变的个体表达式由三元组变为二元组，即

$$\begin{cases}\sigma_i'=\sigma_i\cdot\exp(\tau'\cdot N(0,1)+\tau\cdot N_i(0,1))\\ x_i'=x_i+\sigma_i'\cdot N_i(0,1)\end{cases}\tag{25.8}$$

若进一步简化，σ_i 都相同时，最简单的突变的个体表达式变为

$$\begin{cases}\sigma'=\sigma\cdot\exp(\tau_0\cdot N_i(0,1))\\ x_i'=x_i+\sigma'\cdot N_i(0,1)\end{cases}\tag{25.9}$$

其中，$\tau_0=1/\sqrt{n}$。

进化策略在执行突变过程中，一方面要防止 σ_i 在进行过程中变为 0 致使 x_i 进化停止；另一方面要防止旋转角度 α_j 在可行域$[-\pi,\pi]$之外。为此，要经常检查 σ_i 及 α_j 是否符合规定，由此引入下述操作：

$$\text{If } |\alpha_j'|>\pi \text{ then } \alpha_j':=\alpha_j'-2\pi\cdot\text{sign}(\alpha_j')$$

及

$$\text{If } \sigma_i'<\varepsilon_\sigma \text{ then } \alpha_j':=\varepsilon_\sigma$$

其中，ε_σ 为大于 0 的一个小数。

6. 选择

进化策略中的选择有两种：一种是$(\mu+\lambda)$选择；另一种是(μ,λ)选择。$(\mu+\lambda)$选择是从 μ 个父代个体及 λ 个子代新个体中确定性地择优选择出 μ 个个体组成下一代新群体。(μ,λ)选择是从 λ 个子代新个体中确定性地择优选择 μ 个个体(要求 $\lambda>\mu$)组成下一代群体。

实践表明，(μ,λ)-ES 优于$(\mu+\lambda)$-ES，已成为进化策略的主流。在(μ,λ)-ES 中，为了控制群体的多样性和选择的力度，比值 μ/λ 是一个重要参数，它对算法的收敛速度影响很大。研究表明，μ/λ 宜取 1/7 左右，若取 $\mu=15$，则宜取 $\lambda=100$。

7. 终止

对于进化策略的终止条件，Schwefel 提出用最优个体与最差个体之比来决定算法是否终止。只要最优适应度与最差适应度的差值或相对差小于允许值，就令算法终止。

25.4 进化策略的实现步骤及流程

进化策略的实现步骤如下。

(1) 确定问题的表达方式。

(2) 随机生成初始群体，并计算适应度。

(3) 根据选定的进化策略，用下述操作产生新群体。

① 重组。将两个父代个体变换目标变量和随机因子，产生新个体。

② 突变。对重组后的新个体添加随机量，产生新个体。

③ 计算新个体的适应度。

④ 选择。根据选定的选择策略，挑选优良个体组成下一代新群体。

(4) 反复执行步骤(3),直至达到终止条件,选择最佳个体作为进化策略的结果。

进化策略算法的流程如图 25.1 所示,其中 gen 表示进化的代次,在第 0 代,根据问题确定采用二元组或三元组表达方式,随机产生 μ 个初始个体,并计算它们的适应度。然后依次执行重组和突变操作,产生新个体。j 为新个体数目,重组和突变执行 λ 次,产生 λ 个新个体。计算新个体的适应度,再根据选择策略,从$(\mu+\lambda)$个体或 λ 个新个体中选择 μ 个个体组成新群体。这样就完成了一代进化。重复这样的进化过程,直至满足终止条件。

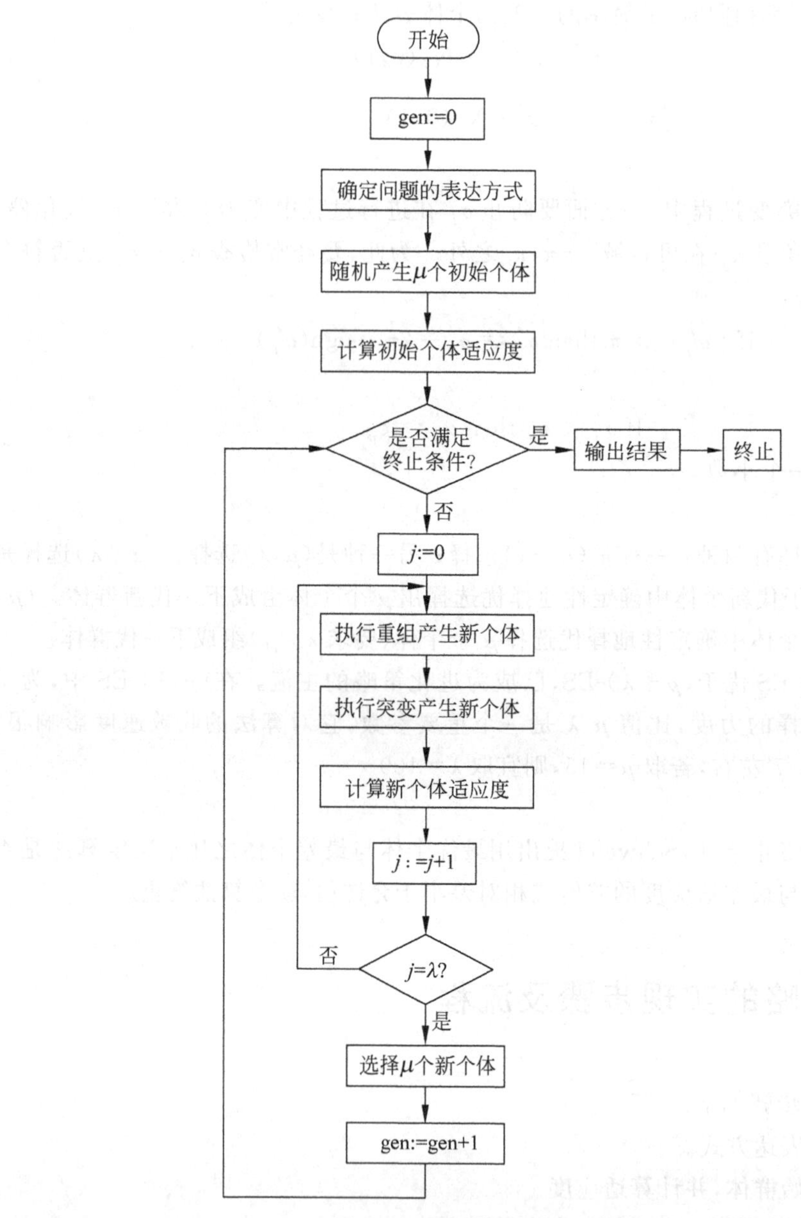

图 25.1 进化策略算法的流程图

第26章　分布估计算法

分布估计算法是一种基于概率模型的遗传算法。它通过对当前优秀个体集合建立概率模型描述候选解的空间分布来指导算法下一步的搜索，并从所获得较优解的概率分布函数中抽样产生新的个体。它与遗传算法不同的是没有交叉和变异操作，在本质上改变了具备遗传算法通过重组操作产生群体的途径，因此改善了基本遗传算法中存在的欺骗问题和连锁问题。本章介绍分布估计算法的基本原理、算法的基本步骤及流程，并举例说明算法的进化操作过程。

26.1　分布估计算法的提出

分布估计算法(Estimation of Distribution Algorithm，EDA)是20世纪90年代初提出的一种启发式优化算法。1994年由美国卡耐基-梅隆大学Baluja提出的用于解决二进制编码优化问题的PBIL(Population-Based Incremental Learning)算法被认为是最早的分布估计算法模型；1996年由Mühlenbein提出的UMDA(Univariate Marginal Distribution Algorithm)算法给出了分布估计算法的概念。

分布估计算法的提出是为了解决基本遗传算法存在的欺骗问题和连锁问题。在遗传算法执行过程中，根据模式定理可知，短的、低阶的具有较高适应度值的模式将在种群中呈指数增长，就会增加求解时间，这样的问题称为欺骗问题。在遗传算法中，基因的不同排列顺序将直接导致"积木块"的长度发生变化，改变"积木块"的增长速度，从而影响遗传算法的收敛速度。交叉操作往往会破坏"积木块"，这样的问题称为连锁问题。为了解决遗传算法中存在的欺骗问题和连锁问题，人们提出不使用重组操作，通过先从优选的解集中提取信息，其次利用这种信息建立合适的概率分布，最后从概率分布中抽取出新解的方法，可以避免积木块的破坏，达到全局优化的目的。Baluja提出的分布估计算法模型有利于改善基本的遗传算法存在的欺骗问题和连锁问题。因此，分布估计算法又称为基于概率模型的遗传算法。

根据概率模型的学习和采样形式不同，发展了许多不同的实现算法，并用于多目标优化、运筹学、工程优化、模式识别、聚类分析、机器学习和生物信息等领域。

26.2　分布估计算法的基本原理

分布估计算法的基本思想是通过寻找群体的概率模型，指导生成新的群体来代替简单遗传算法中通过交叉和变异算子以引导算法的进化方向。

图26.1给出了一般分布估计算法与基本遗传算法执行过程中，从初始群体到构造新群体的对比关系。在分布估计算法中，没有遗传算法中的交叉和变异等操作，而是通过学习概率模

型和采样操作使群体的分布朝着优秀个体的方向进化。从生物进化角度看,遗传算法模拟了个体之间微观的变化,而分布估计算法则是对生物群体整体分布的宏观建模和模拟。

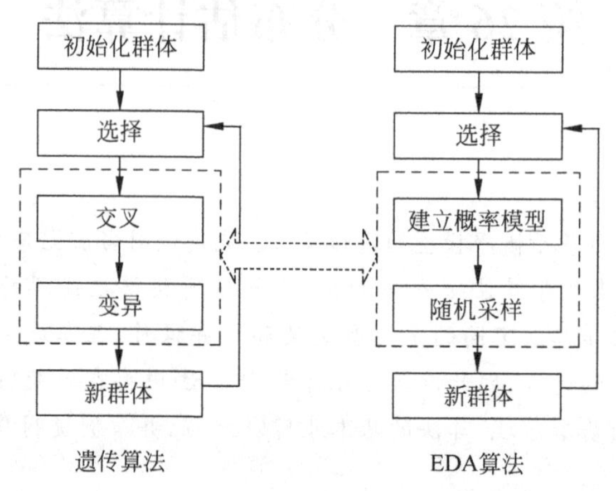

图 26.1 从遗传算法到分布估计算法的群体结构对比

分布估计算法是使用概率分布的方法描述和表示每一代群体。分布中包含了随机变量之间的概率依赖关系,这种关系也是一种基因之间的关系,学习随机变量的分布就等于学习基因之间的关系。在一个概率分布上的采样过程可以生成更有价值的群体和个体。因此,分布估计算法利用每一代的个体,从中学习随机向量的分布,然后在学习到的分布的基础上再生成下一代新个体,如此循环。

根据优化问题的复杂性不同,已提出多种不同的概率模型表示变量之间的关系,基本可归为两类:一类是基于优选解集的统计信息建立优选解集的概率模型;另一类是采用蒙特卡罗方法由概率模型随机采样产生新的种群。根据概率模型所描述变量是离散的还是连续的来分类,又可以分为离散分布估计算法和连续分布估计算法。

26.3 分布估计算法的描述

下面介绍离散变量的分布估计算法中变量无关的分布估计算法描述。

假设随机向量的元素之间是相互独立的,每一个个体的概率仅由每个变量各自的概率来确定,即

$$\boldsymbol{p}(\boldsymbol{x})=\prod_{i=1}^{n} p(x_i) \quad \boldsymbol{x}=(x_1,x_2,\cdots,x_n) \tag{26.1}$$

二进制编码的优化问题表示的解空间分布概率模型是一个概率向量 $\boldsymbol{p}(\boldsymbol{x})=(p(x_1),p(x_2),\cdots,p(x_n))$,其中 $p(x_i)$表示第 i 基因位上取值为 1 的概率,概率图模型如图 26.2 所示。

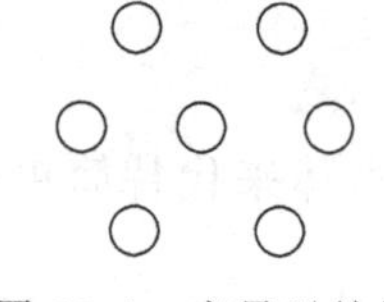

图 26.2 变量无关的概率图模型

早期的分布估计算法都是针对变量无关的问题的,如基于群体的增量学习算法(PBIL)、单变量边缘分布算法(UMDA)等。1994 年 Baluja 提出了 PBIL 算法用以解决二进制编码的优化问题。在 PBIL 算法中,表示解空间分布的概率模型是一个概率向量 $\boldsymbol{p}(\boldsymbol{x})=(p(x_1),p(x_2),\cdots,p(x_n))$,$p(x_i)$表示 x_i 取值为 1 的概率。其概率模型及新个体描述如下。

(1) 设 $x_t^1, x_t^2, \cdots, x_t^\mu$ 表示第 t 代所选择的 μ 个优秀个体，则概率模型构造方式为

$$\boldsymbol{p}(\boldsymbol{x}, t+1) = (1-\alpha)\boldsymbol{p}(\boldsymbol{x}, t) + \alpha \frac{1}{\mu}\sum_{i=1}^{\mu} x_t^i \tag{26.2}$$

其中，α 为学习率；$\boldsymbol{p}(\boldsymbol{x}, t)$为第 t 代群体的概率分布。

(2) 由 $p(x_i), i=\{1,2,\cdots,n\}$随机采样得到每一个变量值，从而采样得到一个新的解，重复 N 次获得 N 个新的个体。

在优化问题中，每个自变量 x_i 可看作一个随机变量(可以编码为遗传算法中的一个基因)，所有随机变量构成一个随机向量 $\boldsymbol{x}=(x_1, x_2, \cdots, x_n)$(对应于遗传算法中的基因串)。这样，每一个体就是该随机向量的一个取值，而一个群体就对应于该随机向量的一个分布。随机向量的分布是群体性能的一个指标，利用这个指标可以紧凑和整体地表示该群体。

26.4　分布估计算法的基本步骤及流程

分布估计算法的基本步骤如下。

(1) $t \leftarrow 0$，随机产生初始群体 Pop(t)，其中 Pop(t)表示第 t 代群体。

(2) 根据某种选择机制从 Pop(t)中选择部分优秀解来组成 $S(t)$。

(3) 估计 $S(t)$的分布，并依据此分布产生下一代新个体 Pop($t+1$)。

(4) 若终止条件不满足，则 $t \leftarrow t+1$，转步骤(2)，否则，结束。

分布估计算法的流程如图 26.3 所示。

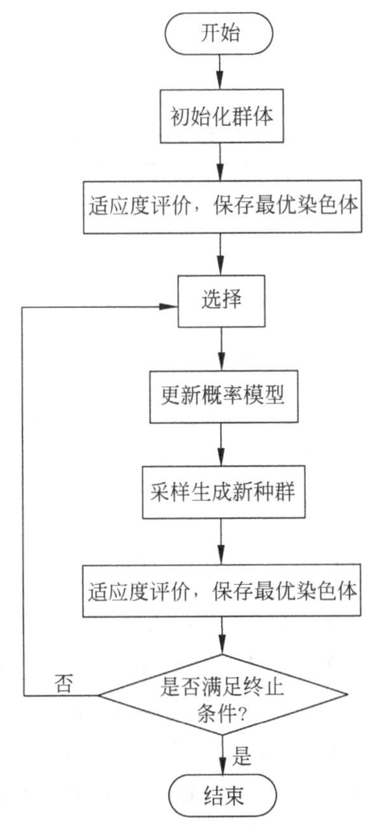

图 26.3　分布估计算法的流程图

下面通过一个简单例子,介绍分布估计算法独特的进化操作过程。

【例 26.1】 假设用分布估计算法求解函数 $f(x)=\sum_{i=1}^{n} x_i$ 的最大值,$x \in \{0,1\}^n$,$n=3$。在这个例子中,描述解空间的概率模型用简单的概率向量 $\boldsymbol{p}=(p_1,p_2,\cdots,p_n)$ 表示,$\boldsymbol{p}$ 表示群体的概率分布,$p_i \in [0,1]$表示基因位置 i 取 1 的概率,$1-p_i$ 表示基因位置 i 取 0 的概率。

(1) 初始化群体 B_0。初始群体在解空间中按照均匀分布随机产生情况如表 26.1 所示,概率向量 $\boldsymbol{p}=(0.5,0.5,0.5)$。群体大小为 8,通过适应度函数 $f(x)=\sum_{i=1}^{n} x_i$ 计算各个个体的适应度值。

(2) 选择适应度值较高的 4 个个体更新概率向量 $\boldsymbol{p}$,如表 26.2 所示。X_s 表示选择后的优势群体,概率向量 $\boldsymbol{p}$ 通过 $p_i=P(x_i=1|X_s)$更新,如 $p_1=P(x_1=1|X_s)=0.75$,这样得到新的概率向量 $\boldsymbol{p}=(0.75,0.75,0.75)$。

表 26.1 初始群体在解空间中按照均匀分布随机产生的情况

编 号	x_1	x_2	x_3	$f(x)$
1	0	0	1	1
2	1	1	0	2
3	0	0	0	0
4	0	1	1	2
5	0	1	0	1
6	1	0	0	1
7	1	0	1	2
8	1	1	1	3

表 26.2 选择操作后的优势群体 X_s 用来更新概率向量 p

编 号	x_1	x_2	x_3	$f(x)$
2	1	1	0	2
4	0	1	1	2
7	1	0	1	2
8	1	1	1	3

(3) 由概率向量 $\boldsymbol{p}$ 产生新一代群体。概率向量描述了各个可能解在空间的分布情况,产生任意解 $\boldsymbol{b}=(b_1,b_2,\cdots,b_n)$的概率为

$$P(\boldsymbol{b})=P(x_1=b_1,x_2=b_2,\cdots,x_n=b_n)$$

$$=\prod_{i=1}^{n} P(x_i=b_i)=\prod_{i=1}^{n} |1-b_i-p_i| \tag{26.3}$$

例如,$\boldsymbol{b}=(1,1,0)$,则 $P(1,1,0)=0.75\times0.75\times0.25\approx0.14$。通过随机采样的方法产生新的群体,如表 26.3 所示,可以发现新产生的群体的个体适应度有了显著的提高。

至此,分布估计算法完成了一个周期。然后返回步骤(2),从表 26.3 当前群体中选择最优秀的 4 个个体,建立新的概率模型 $\boldsymbol{p}=(1.00,0.75,0.75)$,然后再对概率模型随机采样产生新一代群体。本例中,最优解为(1,1,1),可以发现随着分布估计算法的进行,(1,1,1)的分布概率由最初的 0.125(0.5×0.5×0.5)变为 0.42(0.75×0.75×0.75),然后变为 0.56(1.00×

0.75×0.75)，可以看出，适应度高的个体的出现概率越来越大。按照上面的步骤，改变个体在解空间的概率分布，使适应度高的个体分布概率变大，适应度低的个体分布概率变小，如此反复进化，最终将产生待优化问题的最优解。

表 26.3　经过一代 EDA 操作之后产生新的群体

编　　号	x_1	x_2	x_3	$f(x)$
1	1	1	1	3
2	1	1	0	2
3	1	1	0	2
4	0	1	1	2
5	1	1	0	2
6	1	0	1	2
7	1	1	1	3
8	1	0	0	1

第27章　差分进化算法

差分进化算法是一种具有特殊"变异""交叉"和"选择"方式且采用实编码的遗传算法。变异操作通过从种群中随机选择一个个体作为基向量和另外两个不同个体的差分向量加权和的线性组合产生变异向量；交叉操作通过变异向量和目标向量各维分量随机组合完成；选择操作是以"贪婪"方式选择比目标向量个体适应度值更好的新向量个体进入种群。本章介绍差分进化算法的原理、基本操作、实现步骤及差分进化算法的扩展形式等。

27.1　差分进化算法的提出

差分进化(Differential Evolution，DE)算法是1995年由美国学者Storn和Price提出的一种求解全局优化问题的实编码的进化算法，又称为微分进化算法。最初用于解决切比雪夫不等式问题，后来发现它对于解决复杂优化问题具有计算过程更简单、控制参数少的优越性。目前，差分进化算法已广泛应用于化工、电力、机械设计、控制工程、机器人、人工神经网络、信号处理、数据挖掘、生物、运筹学、调度问题等领域。

27.2　差分进化算法的原理

差分进化算法的基本思想源于遗传算法，同其他进化算法一样也是对候选解的种群进行操作，而不是对一个单一解。DE算法利用实数参数向量作为每一代的种群，它的自参考种群繁殖方案与其他优化算法不同。DE算法是通过把种群中两个个体之间的加权差向量加到第三个个体上来产生新参数向量，这一操作称为"变异"；然后将变异向量的参数与另外预先决定的目标向量的参数按照一定的规则混合起来产生子个体，这一操作称为"交叉"；新产生的子个体只有当它比种群中的目标个体优良时才对其进行替换，这一操作称为"选择"。DE算法的选择操作是在完成变异、交叉之后由父代个体与新产生的候选个体一一对应地进行竞争，优胜劣汰，使得子代个体总是等于或优于父代个体。而且，DE算法给予父代所有个体以平等的机会进入下一代，不歧视劣质个体。

差分进化算法把一定比例的多个个体的差分信息作为个体的扰动量，使得算法在跳跃距离和搜索方向上具有自适应性。在进化的早期，因为种群中个体的差异性较大，使得扰动量较大，从而使得算法能够在较大范围内搜索，具有较强的勘探能力；到了进化的后期，当算法趋向于收敛时，种群中个体的差异性较小，算法在个体附近搜索，这使得算法具有较强的局部开采能力。正是由于差分进化算法具有向种群个体学习的能力，使得其拥有其他进化算法无法比拟的性能。

27.3 差分进化算法的基本操作

1. 个体编码方式

DE 算法采用实数编码方式，直接将优化问题的解 $x_1, x_2, \cdots, x_n$ 组成个体 $X_{i,G}=(x_1, x_2, \cdots, x_n)$，$i=1,2,\cdots,\text{NP}$。每个个体都是解空间中的一个候选解，个体的变量维数 D 与目标函数决策变量的维数 n 相等，即 $D=n$。

2. 种群初始化

初始种群用随机方法产生为

$$x_j = x_j^L + \text{rand} \cdot (x_j^U - x_j^L) \quad j=1,2,\cdots,D \tag{27.1}$$

其中，rand 为[0,1]之间的随机数。

种群大小 NP 直接影响算法的收敛速度，通常 NP 取问题维数(向量参数的个数)的 3～10 倍。

3. 变异操作

DE 算法和其他进化算法的主要区别是变异操作，也是产生新个体的主要步骤。变异操作后得到的中间个体 $\boldsymbol{V}_{i,G+1}$ 表示为

$$\boldsymbol{V}_{i,G+1} = \boldsymbol{X}_{r_1,G} + F \cdot (\boldsymbol{X}_{r_2,G} - \boldsymbol{X}_{r_3,G}) \tag{27.2}$$

其中，$r_1, r_2, r_3 \in \{1,2,\cdots,\text{NP}\}$ 且 $r_1 \neq r_2 \neq r_3 \neq i$；$F \in [0,1]$ 为变异因子，它是 DE 算法控制差分向量的幅度，又称为缩放因子，通常 F 取值为 0.3～0.7，初始值可取 $F=0.6$；$\boldsymbol{X}_{r_1,G}$ 为基点向量。

DE 的中间个体是通过把种群中两个个体之间的加权差向量加到基点向量上来产生的，相当于在基点向量上加了一个随机偏差扰动。而且由于 3 个个体都是从种群中随机选取的，个体之间的组合方式有很多种，这使 DE 算法的种群多样性很好。由于进化早期群体的差异较大，使得 DE 前期勘探能力较强而开发能力较弱；而随着进化代数增加，群体的差异度减小，使得 DE 后期勘探能力变差，开发能力增加，从而获得一个具有非常好的全局收敛性质的自适应程序。目标函数为二维的 DE 算法变异操作示意图如图 27.1 所示，其中 X_1 和 X_2 分别表示目标函数的第一维和第二维变量。

变异因子 F 是变异操作中添加到被扰动向量上差异值的比率，其作用是控制差分向量的幅值。因此，又被称为缩放因子。

4. 交叉操作

交叉操作采用将变异得到的中间个体 $\boldsymbol{V}_{i,G+1}=(v_{1i,G+1}, v_{2i,G+1}, \cdots, v_{Di,G+1})$ 和目标个体 $\boldsymbol{X}_{i,G}=(x_{1i,G}, x_{2i,G}, \cdots, x_{Di,G})$ 进行杂交，如式(27.3)所示。经过杂交后得到目标个体的候选个体 $\boldsymbol{U}_{i,G+1}=(u_{1i,G+1}, u_{2i,G+1}, \cdots, u_{Di,G+1})$。

$$u_{ji,G+1} = \begin{cases} v_{ji,G+1} & (\text{randb}(j) \leqslant \text{CR}) \quad \text{或} \quad j=\text{rnbr}(i) \\ x_{ji,G} & \text{其他} \end{cases} \tag{27.3}$$

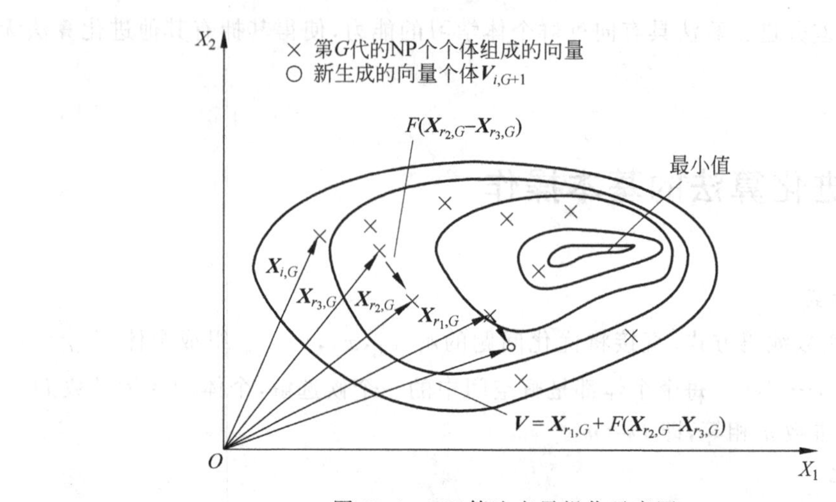

图 27.1　DE算法变异操作示意图

其中,$i=1,2,\cdots,\mathrm{NP}$,$j=1,2,\cdots,D$;rnbr(i)为[1,D]范围内的随机整数,用来保证候选个体$\boldsymbol{U}_{i,G+1}$至少从$\boldsymbol{V}_{i,G+1}$中取到某一维变量;randb(j)∈[0,1]为均匀分布的随机数;交叉因子CR∈[0,1]为DE算法的重要参数,它决定了中间个体分量值代替目标个体分量值的概率,较大的CR值表示中间个体分量值代替目标个体分量值的概率较大,个体更新速度较快。交叉因子CR一般选择范围为[0.3,0.9],通常CR初始值取0.5较好。DE算法交叉操作示意图如图27.2所示。

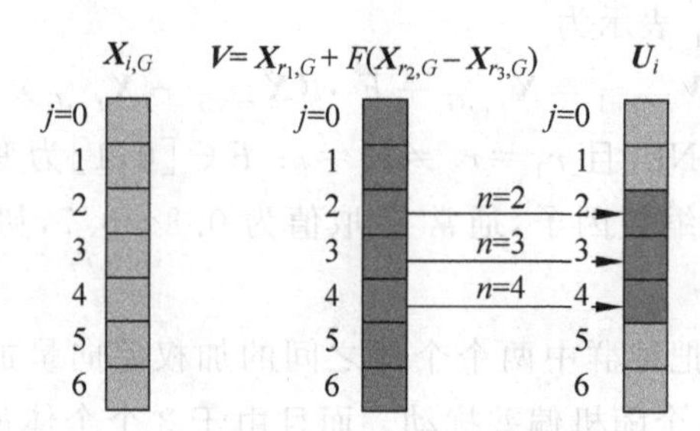

图 27.2　DE算法交叉操作示意图

5. 选择操作

对候选个体$\boldsymbol{U}_{i,G+1}$进行适应度评价,然后根据式(27.4)决定是否在下一代中用候选个体替换当前目标个体。

$$\boldsymbol{X}_{i,G+1}=\begin{cases}\boldsymbol{U}_{i,G+1} & f(\boldsymbol{U}_{i,G+1})\leqslant f(\boldsymbol{X}_{i,G})\\ \boldsymbol{X}_{i,G} & \text{其他}\end{cases}\tag{27.4}$$

6. 适应度函数

适应度函数用来评估一个个体相对于整个群体的优劣相对值的大小。DE选择适应度函数有以下两种方法。

(1) 直接将待求解优化问题的目标函数作为适应度函数。

若目标函数为最大优化问题,则适应度函数选为

$$\mathrm{Fit}(f(x))=f(x)\tag{27.5}$$

若目标函数为最小化问题,则适应度函数选为

$$\mathrm{Fit}(f(x))=\frac{1}{f(x)} \tag{27.6}$$

(2) 当采用问题的目标函数作为个体适应度时,必须将目标函数转换为求最大值的形式,而且保证目标函数值为非负数。转换可以采用以下的方法进行。

假如目标函数为最小化问题,则

$$\mathrm{Fit}(f(x))=\begin{cases}C_{\max}-f(x) & f(x)<C_{\max}\\0 & \text{其他}\end{cases} \tag{27.7}$$

其中,$C_{\max}$ 为 $f(x)$的最大估计值,可以是一个适合的输入值,也可以采用迄今为止过程中 $f(x)$的最大值或当前群体中最大值,当然 $C_{\max}$ 也可以是前 K 代中 $f(x)$的最大值。显然,存在多种方式来选择系数 $C_{\max}$,但最好与群体本身无关。

假如目标函数为最大化问题,则

$$\mathrm{Fit}(f(x))=\begin{cases}f(x)-C_{\min} & f(x)>C_{\min}\\0 & \text{其他}\end{cases} \tag{27.8}$$

其中,$C_{\min}$ 为 $f(x)$的最小估计值,$C_{\min}$ 可以是一个适合的输入值,或者是当前一代或 K 代中 $f(x)$的最小值,也可以是群体方差的函数。

27.4　差分进化算法的实现步骤及流程

下面通过求解函数 $f(x_1,x_2,\cdots,x_n)$的最小值问题来叙述 DE 算法的求解步骤及算法流程。其中$(x_1,x_2,\cdots,x_n)\in\mathbf{R}^n$ 是 n 维连续变量且满足 $x_j^L\leqslant x_j\leqslant x_j^U$,$j=1,2,\cdots,n$,$x_j^L$ 和 x_j^U 分别代表第 j 维变量的下界和上界。目标函数 $f:\mathbf{R}^n\to\mathbf{R}^1$ 可以是不可微函数。

假设 DE 算法种群规模为 NP,每个个体有 D 维变量,则第 G 代的个体可表示为 $X_{i,G}$,$i=1,2,\cdots,\mathrm{NP}$。

DE 算法的主要步骤如下。

(1) 随机产生初始种群,进化代数 $G=0$。

(2) 计算初始种群适应度,DE 算法一般直接将目标函数值作为适应度值。

(3) 判断是否达到终止条件。若进化终止,将此时的最佳个体作为解输出,否则继续。

终止条件一般有两种:一种是进化代数达到最大进化代数 $G_{\max}$ 时算法终止;另一种是在已知全局最优值的情况下,设定一个最优值误差(如 10^{-6}),当种群中最佳个体的适应度值与最优值的误差在该范围内时算法终止。

(4) 进行变异和交叉操作,得到临时种群。

(5) 对临时种群进行评价,计算适应度值。

(6) 进行选择操作,得到新种群。

(7) 进化代数 $G=G+1$,用新种群替换旧种群,转步骤(3)。

DE 算法的流程如图 27.3 所示。DE 算法采用下述两个收敛准则。

(1) 计算当前代全体个体与最优个体之间目标函数值的差值,若在误差范围内,则算法收敛,否则继续生成新的种群。

(2) 计算当前代和父代种群中最优个体之间目标函数值的差值,若在误差范围内,则算法收敛,否则继续生成新的种群。

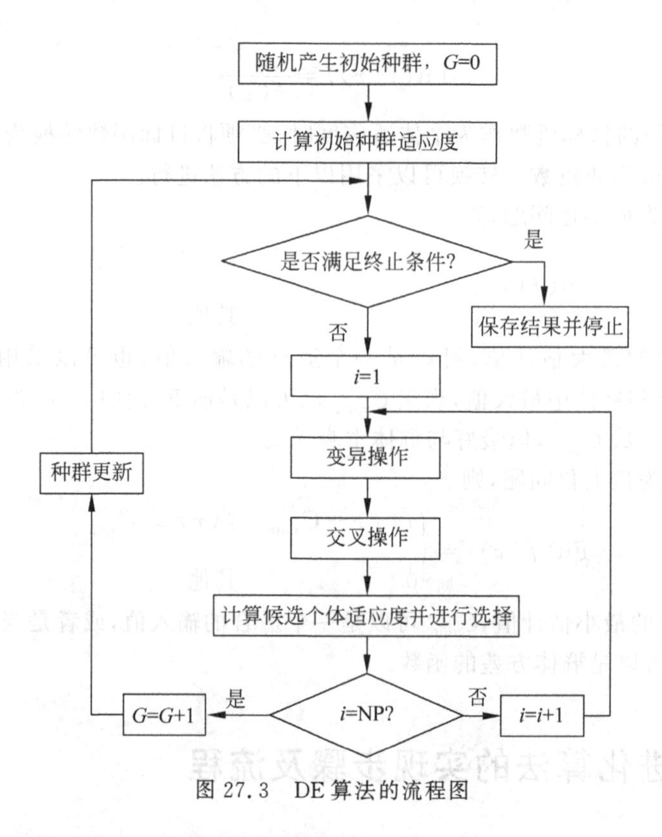

图 27.3　DE 算法的流程图

27.5　差分进化算法的扩展形式

前面介绍的差分进化算法是一种基本形式。根据生成差分向量来实现变异操作的形式不同,R. Storn 和 K. Price 提出了多种微分进化算法差分策略的改进形式。为了方便,改进策略采用符号 DE/***X***/***Y***/***Z*** 来表示,其中 ***X*** 表示确定将要变化的向量,当 ***X*** 是 rand 或 best 分别表示随机在群体选择个体或选择当前群体中的最优个体; ***Y*** 表示需要使用差向量的个数; ***Z*** 表示交叉模式,***Z*** 是 bin 表示交叉操作的概率分布满足二项式形式,***Z*** 是 exp 表示交叉操作的概率分布,满足指数形式。Price 和 Storn 对差分进化算法共提出 10 种策略: DE/best/1/exp、DE/rand/1/exp、DE/rand-to-best/1/exp、DE/best/2/exp、DE/rand/2/exp、DE/best/1/bin、DE/rand/1/bin、DE/rand-to-best/1/bin、DE/best/2/bin、DE/rand/2/bin。

显然,由于差向量的个数不同,差分进化算法的差向量有如下两种形式。

(1) 一个微分差向量时: $F\cdot(\boldsymbol{x}_{r_2}-\boldsymbol{x}_{r_3})$。

(2) 两个微分差向量时: $F_1\cdot(\boldsymbol{x}_{r_2}-\boldsymbol{x}_{r_3})+F_2\cdot(\boldsymbol{x}_{r_4}-\boldsymbol{x}_{r_5})$。

考虑到交叉操作的概率分布为二项式形式,微分进化算法的变异操作有如下形式。

(1) DE/rand/1/bin: $\boldsymbol{v}_i=\boldsymbol{x}_{r_1}+F\cdot(\boldsymbol{x}_{r_2}-\boldsymbol{x}_{r_3})$。

(2) DE/best/1/bin: $\boldsymbol{v}_i=\boldsymbol{x}_{\text{best}}+F\cdot(\boldsymbol{x}_{r_2}-\boldsymbol{x}_{r_3})$。

(3) DE/rand-to-best/2/bin: $\boldsymbol{v}_i=\boldsymbol{x}_i+F_1\cdot(\boldsymbol{x}_{\text{best}}-\boldsymbol{x}_{r_1})+F_2\cdot(\boldsymbol{x}_{r_1}-\boldsymbol{x}_{r_2})$。

(4) DE/rand/2/bin: $\boldsymbol{v}_i=\boldsymbol{x}_{r_1}+F_1\cdot(\boldsymbol{x}_{r_2}-\boldsymbol{x}_{r_3})+F_2\cdot(\boldsymbol{x}_{r_4}-\boldsymbol{x}_{r_5})$。

(5) DE/best/2/bin: $\boldsymbol{v}_i=\boldsymbol{x}_{\text{best}}+F_1\cdot(\boldsymbol{x}_{r_1}-\boldsymbol{x}_{r_2})+F_2\cdot(\boldsymbol{x}_{r_3}-\boldsymbol{x}_{r_4})$。

第28章　自组织迁徙算法

自组织迁徙算法是一种新型的基于群体的进化算法。原理上它又不同于一般的进化算法，在演化过程中产生新一代并不基于进化原理，而是基于社会环境下群体合作、竞争策略的自组织行为。通过寻优群体在搜索空间中的自组织迁移运动，逐步达到或接近最优解。该算法具有描述简单、调整参数较少、设置通用性强和便于并行化等优点。本章介绍自组织迁徙算法的基本思想、数学描述、实现步骤及算法的伪代码。

28.1　自组织迁徙算法的提出

自组织迁徙算法(Self-organizing Migrating Algorithm，SOMA)是2000年由捷克的Zelinka等在第六届国际软计算大会上提出的一种新型的进化算法。在2004年和2015年Zelinka出版的专辑和专著中，详细介绍了该算法的原理、实现、改进版本及其应用情况。

SOMA描述简单且具一般性，具有调整参数较少，设置通用性好，便于并行化，通用性好等特点，能应用于所有整数、离散和连续变量函数的优化，同时也能优化带有多个非平凡约束的非线性多目标函数。SOMA已用于飞机机翼设计、综合机器人控制程序、混沌控制，控制参数优化、车间调度及进化算法综合等领域。

28.2　自组织迁徙算法的基本思想

Zelinka在深入分析研究遗传算法、差分进化等进化算法(EA)和蚁群算法、粒子群算法等群智能优化算法基本原理的基础上，综合了进化算法的进化原理和群智能优化算法中群居动物在社会环境下群体合作觅食等的自组织行为，所设计的SOMA本质上是一种基于群体的进化算法。但与传统的进化算法不同，SOMA在演化过程中并不产生新的代，也就是说，新的代的产生并不是基于进化原理，而是基于社会环境下群体合作、竞争策略的自组织行为。例如，一群动物在寻找食物时，若某一个体率先发现食物而成为群体中的领先者，群体中其他个体得到此信息后，往往会改变其运动方向，向领先者所在位置前进。如在搜索过程中，某个体比先前的领先者发现更多或更好的食物，群体中其他个体往往会再次改变其运动方向，转而向新的领先者所在位置前进。SOMA从上述“合作-竞争”行为中得到启发，通过寻优群体在问题搜索空间中的自组织迁移运动，逐步达到或接近最优解。

28.3 自组织迁徙算法的数学描述

1. 种群的描述

SOMA 的群体可以视为一个大小为 $N\times M$ 的矩阵，其中矩阵的列表示个体 $l_1,l_2,\cdots,l_M$，矩阵的行依次代表每个个体为给定的问题或系统发送一个候选解或输入向量，即对目标函数的一组适应度值 $P_1,P_2,\cdots,P_N$，它本身并不参与进化过程，只是指导搜索过程。

在随机初始化种群前，必须定义个体参数的类型为

$$\text{Specimen}=\{\{\text{Real},\{\text{Lo},\text{Hi}\}\},\{\text{Integer},\{\text{Lo},\text{Hi}\}\},\cdots\} \tag{28.1}$$

其中，Specimen 表示每个个体参数的类型(例如整数、实数、离散数等)及其边界。

式(28.1)保证了所有个体的参数为在允许的边界内随机生成，即初始候选解是从搜索空间中包含一个可行的区域中选择的优化问题的解。

定义个体的参数类型后，可以在搜索空间中随机生成的个体形式为

$$P^{(0)}=x_{i,j}^{(0)}=\text{rnd}_{i,j}\cdot(x_j^{(\text{Hi})}-x_j^{(\text{Lo})})+x_j^{(\text{Lo})} \tag{28.2}$$

其中，$P^{(0)}$ 为初始种群；$x_{i,j}^{(0)}$ 为第 i 个体的第 j 参数的初值；$\text{rnd}_{i,j}$ 为(0,1)的随机数；$x_j^{(\text{Hi})}$ 和 $x_j^{(\text{Lo})}$ 分别为第 j 参数的上下界值；$i=1,2,\cdots,n_{\text{PopSize}}$；$j=1,2,\cdots,m_{\text{param}}$。

2. 突变策略

与其他进化算法的变异策略不同，SOMA 的突变是采用在[0,1]范围内定义的扰动向量 PRT 对个体随机扰动的操作策略，确保了个体之间的多样性，这还意味着提供了恢复种群中丢失的信息。扰动向量 PRT 定义如下：

$$\text{if } \text{rnd}_j<\text{PRT then PRTVector}_j=1,\text{else}=0,\quad j=1,2,\cdots,n_{\text{param}} \tag{28.3}$$

其中，rnd_j 为(0,1)的随机数；PRT 为定义为[0,1]区间内的实数；PRTVector_j 为一个依赖于 PRT 的向量，如果在(0,1)的随机数小于 PRT，则 PRTVector_j 取 1，否则为 0。

3. 交叉策略

在标准的进化算法(EA)中，交叉运算通常根据来自上一代的信息。从几何学上讲，新位置从 N 维超平面中选择。在 SOMA 中，交叉策略模拟人合作的智能行为，新位置序列在 N 维超平面中产生，可以将它们视为一系列通过特殊交叉操作获得的新个体。这个交叉操作确定 SOMA 中个体的运动行为描述如下：

$$\boldsymbol{r}=\boldsymbol{r}_0+\boldsymbol{m}\cdot t\cdot\text{PRTVector} \tag{28.4}$$

或者，更准确地描述如下：

$$x_{i,j}^{\text{ML}+1}=x_{i,j,\text{start}}^{\text{ML}}+(x_{i,j}^{\text{ML}}-x_{i,j,\text{start}}^{\text{ML}})\cdot t\cdot\text{PRTVector}_j \tag{28.5}$$

其中，ML(Migration Loops)为迁移循环；$x_{i,j}^{\text{ML}+1}$ 为群体中在第 ML+1 次迁移过程后的第 i 个体；$x_{i,j,\text{start}}^{\text{ML}}$ 为第 i 个体迁移开始时的位置；$x_{i,j}^{\text{ML}}$ 为群体中在第 ML 次迁移过程结束后选择的最佳个体；$t\in\langle 0,\text{by Step to},\text{PathLength}\rangle$ 表示以步长 Step 为间隔长度，最大取到路径长度(PathLength)。

4. 迁徙循环

在 SOMA 运行之前，在搜索空间中随机产生一群个体。SOMA 在不停的循环中工作，这个循环叫作迁移循环。SOMA 的迁移有多种策略，基本的迁移策略和一次迁移过程的示意如

图 28.1 所示。

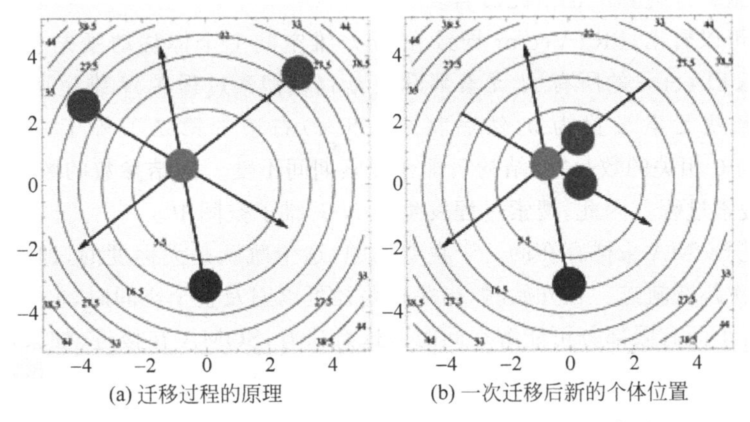

图 28.1 SOMA 基本迁移策略和一次迁移过程示意图

在每一次迁移循环中，选择出最好的个体——领导者(Leader)，在群体中的其他个体都在搜索空间中朝向领导者移动。移动采用小步跳跃(Step)的形式向领先者跳跃。每跳跃一步都根据目标函数对当前位置进行评价并重新生成向量 PRTVector，从而形成一条由个体 i 当前位置指向领导者位置的搜索轨迹，分别如图 28.2 和图 28.3 所示。跳跃一直持续到最大迁移路径长度(PathLength)所限定的位置。在整个运动结束后，个体把在运动中遇到的最好位置选择出来，如果这个最好位置比个体的原来位置好，则个体就迁移到新位置，否则个体原地不动。所有个体都完成移动以后，新的领导者被选出来，然后进行下一次迁移。

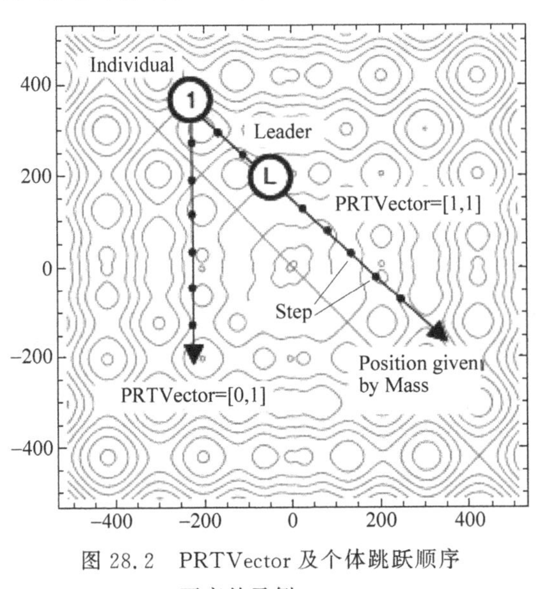

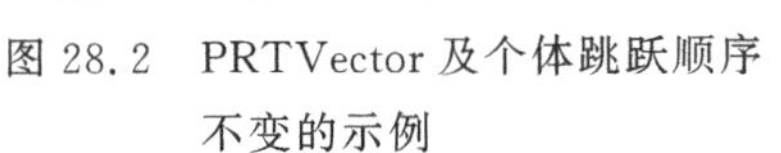

图 28.2 PRTVector 及个体跳跃顺序不变的示例

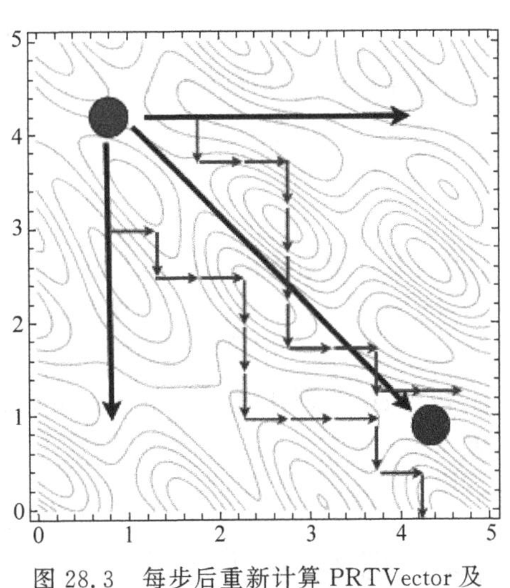

图 28.3 每步后重新计算 PRTVector 及对个体跳跃的影响

个体在 N-k 维子空间中移动，它垂直于原来的空间。实验表明，这种移动方式使算法达到全局最优具有更高的鲁棒性。迁移也可以视为竞争-合作的阶段。在竞争阶段，每个个体都试图在自己的道路上找到最好的位置，也试图从所有的个体中找到最好的个体位置。因此，在迁移过程中，所有的个体相互竞争。当所有个体都进入新位置时，它们会发布关于它们的成本价值。这可以看作一个合作阶段。所有的个体都相互合作，从而选出最好的个体(领导者)。

在SOMA中,群体中的个体在迁徙过程中的竞争与合作是自发组织起来的,这是一种自组织行为。因此,自组织迁徙算法也由此命名。

从图28.3可以看出,PRTVector导致在N-k维空间上个体移动领先于领导者(最佳个体)。如果将PRTVector的所有N元素都设置为1,则搜索过程在N维超平面上进行。如果PRTVector的某些元素设置为0,然后将式(28.4)右边的第二项等于0,这表示一个在PRTVector中与0相关的数是“冻结的”,即在搜索期间不变。冻结参数的数量k只是维数没有参与实际的搜索过程。因此,搜索过程发生在N-k维子空间中。

步进跳跃是SOMA采样存在的一个重要问题,这个跳跃是无标度的,即,对于所有轨迹,每个个体有30次跳跃轨迹。在开始时,当跳跃路径可以遍及整个空间时,也可以在结束时,当所有个体都只占小而有限部分可能解空间时。这意味着,SOMA在接近(如果可能的话)全局极限时,采样将变得更加密集,并且搜索空间将被更深入地探索。根据这种想法,制定了另一种更好的更新扰动策略是在每个步骤之后都会生成扰动向量。这导致了动态变化,如图28.3所示的粗实线黑色箭头显示方向向量及其分量(根据PRT选择),细实线显示在许多可能的轨迹上,当PRTVector在每一步后重新计算时,可能有两种轨迹,第一种如图28.3所示;第二种是个体在向量分量上跳跃。还可以基于产生负面扰动,允许负步长,从而导致更多类似随机的行为。另一种可能性是在-1和1之间包含0,以此类推。例如:

$$\text{if } \mathrm{rnd}_j < \mathrm{PRT} \text{ then } \mathrm{PRTVector}_j = 1, \quad \text{else} = -1, \quad j = 1, 2, \cdots, n_{\mathrm{param}} \tag{28.6}$$

5. 目标函数

对于基本SOMA的目标函数,如果考虑到SOMA的原理,那么单个个体运行期间的评价函数形式如下:

$$N_{\text{eval-1-individual}} = \frac{\text{PathLength}}{\text{Step}} \tag{28.7}$$

因为在一个迁移循环中有一个Leader,所以只有(PopSize$-$1)个体运行,对一个迁移循环的目标函数形式如下:

$$N_{\text{eval-1-migation}} = \frac{(\text{PopSize} - 1) \cdot \text{PathLength}}{\text{Step}} \tag{28.8}$$

对所有迁移过程的目标函数形式如下:

$$N_{\text{eval}} = \frac{(\text{PopSize} - 1) \cdot \text{PathLength} \cdot \text{Migrations}}{\text{Step}} \tag{28.9}$$

其中,PopSize为群体规模;PathLength为路径长度;Step为步长;Migrations为所有的迁移过程。

28.4 自组织迁徙算法的实现

自组织迁徙算法的实现步骤如下。

① 参数定义。个体参数类型(Specimen);群体规模(Pop Size);步长(Step);路径长度(Path Length);扰动向量(PRT);最大迁移循环次数(ML);Min Div;Migrations;目标函数及个体移动等。

② 个体初始化。在搜索空间中随机产生NP个体,$M=0$。每个个体的每个参数都必须

使用式(28.2)从给定的范围[Lo,Hi]中随机选择。

③ 根据目标函数评价每一个体所对应的适应度值。

④ 确定当前领先个体 L(通常采用适应度值最小的个体)。

⑤ 迁移循环。对整个种群中除当前领导者之外的其他个体执行迁徙操作,即开始向领导者跳跃。在个体开始跳向领导者之前,根据式(28.3)对个体执行突变操作。在每次跳转后对每个个体进行评估。按照式(28.5)继续跳跃,直到一个新的位置到达所定义的路径长度。每次跳跃后的新位置由式(28.5)确定。

⑥ 判断结束条件,如领先者与最差个体之间适应度值之差的绝对值大于预定的 MinDiv 且未达到最大迁移次数 ML,则转到步骤③,否则执行步骤⑦。

⑦ 算法结束,调出在搜索过程中找到的最优解,并输出最优解,算法结束。

自组织迁徙算法的伪码描述如下。

```
算法 SOMA
1.   SOMA 初始化
2.   while t < max_iteration do
3.     从种群中选择领导者 x_L
4.     for i = 1 to NP do
5.       for t = Step to Path do
6.             生成扰动向量 PRTVector
7.             将 x_i 迁移到 x_L
8.       end for
9.       把最好的 x_i 存入新种群
10.    end for
11.    记录最优解
12.  end while
```

第29章　回溯搜索优化算法

回溯搜索优化算法是一种基于种群迭代的进化算法，用于解决实值优化问题。它与差分进化算法相似，通过种群的变异、交叉和选择来达到寻优的目的，但它有两个选择过程：选择Ⅰ是随机选择一个历史种群；选择Ⅱ用来更新种群。该算法仅有一个控制参数，具有结构简单，不过分依赖于初始解的选取等优点，因而能够有效且快速地求解多目标优化问题。本章阐述回溯搜索优化算法的优化原理、数学描述、实现步骤、伪代码及算法流程。

29.1　回溯搜索优化算法的提出

回溯搜索优化算法(Backtracking Search Optimization Algorithm，BSA)是 2013 年由 Ciricioglu 提出的一种新的进化算法。它与差分进化算法相似，通过种群的变异、交叉和选择来达到寻优的目的，但 BSA 有两个选择过程：选择Ⅰ是随机选择一个历史种群的个体用于产生变异策略中的差分量；选择Ⅱ用来更新种群。它拥有依概率自适应的记忆前代种群的功能，在不增加算法复杂度的前提下增强了种群的多样性。

BSA 算法仅有一个控制参数，具有结构简单、不过分依赖于初始解的选取等优点，易于适应不同的数值优化问题，因而能够有效且快速地求解多目标优化问题。

对 BSA 使用 75 边界约束的基准问题和天线、雷达和 FM 设计 3 个实际问题进行性能测试，并与 PSO、CMAES、ABC、JDE、CLPSO 和 SADE 算法的性能采用 Wilcoxon 符号秩检验统计比较，结果表明，BSA 更能成功地求解基准问题。

29.2　回溯搜索优化算法的优化原理

传统的回溯算法也叫试探法，其基本思想是从一条路往前走，能进则进，不能进则退回来，换一条路再试。在尝试搜索的过程中，每次只构造解的一个分量，当发现构造解的部分满足求解条件时，下一个分量就接受所做的第一个分量的选择；当发现部分构造解不满足求解条件时，就回溯返回，尝试另外的路径。这种走不通就回头的算法称为回溯算法。

回溯搜索优化算法与传统回溯算法不同，它是将进化算法中的选择、变异和交叉这 3 种遗传算子和传统回溯搜索思想相结合的基于种群迭代的进化算法，主要包括 5 个基本操作——初始化种群、选择Ⅰ、变异、交叉和选择Ⅱ。选择Ⅰ是在之前产生的种群中随机选择一个种群作为历史种群；变异操作采用随机突变策略，从随机选择的上一代个体中随机选择个体，再对历史种群中的个体进行随机排序，并重新赋予历史种群；交叉操作使用一种非均匀交叉策略，比许多遗传算法中的交叉策略更为复杂；选择Ⅱ主要是记录更好的解和全局最优解，用于更新种群。

BSA 独有的两次选择过程、独特的交叉策略及记忆历史种群机制，使其能从该历史种群中获取经验；BSA 独特的生成试验个体和种群的机制，使其能够成功快速地解决数值优化问题，比传统进化算法具有更强的全局搜索能力。

29.3　回溯搜索优化算法的数学描述

BSA 算法包括 5 部分：初始化种群、选择Ⅰ、变异、交叉和选择Ⅱ。各部分的数学描述如下。

1. 初始化种群

随机产生种群 P，如式(29.1)所示：

$$P_{i,j} \sim U(\mathrm{low}_j, \mathrm{up}_j) \tag{29.1}$$

其中，P_i 为种群 P 中的第 i 个体，$i=1,2,\cdots,N$；$P_{i,j}$ 为第 i 个体的第 j 维分量，$j=1,2,\cdots,D$；N 和 D 分别为种群个体数和种群维数；low_j 和 up_j 分别为第 j 维分量的下界和上界；U 为均匀分布随机函数。

2. 选择Ⅰ

选择Ⅰ阶段首先利用式(29.2)初始化历史种群 $oldP$：

$$oldP_{i,j} \sim U(\mathrm{low}_j, \mathrm{up}_j) \tag{29.2}$$

BSA 可以选择在每次迭代的开始通过再利用式(29.3)中的"if-then"规则对其中个体位置进行随机排序。

$$\text{if } a < b \text{ then } oldP := P \mid a, b \sim U(0,1) \tag{29.3}$$

其中，符号 := 为更新操作；a 与 b 为(0,1)中产生的两个均匀分布的随机数。

选择Ⅰ阶段主要针对历史种群 $oldP$ 进行选择，在每次迭代过程中，由随机数 a 和 b 的大小决定历史种群 $oldP$ 是否更新。若满足 $a<b$，依据式(29.3)将原始种群 P 中的粒子保留下来，并存放在有对应编号的历史种群 $oldP$ 中，使 BSA 具有记忆功能，利于种群快速搜索；若不满足 $a<b$，则将历史种群中 $oldP$ 的粒子编号进行随机排序，以便于下一步在原始种群 P 和历史种群 $oldP$ 之间进行变异操作。

式(29.3)确保 BSA 算法将属于随机选择的前一代的种群指定为历史种群，并将这一历史种群记住，直至其改变为止。因此，BSA 算法有记忆前代历史种群的功能。这是算法能够进行"回溯"搜索的前提。该选择机制有一个特点：随着算法的迭代次数增多，选择前代历史种群 $oldP$ 的概率会越来越小，而选择前代种群 P 的概率一直保持 0.5 不变。显然，选择前代种群 P 作为当代历史种群 $oldP$ 的可能性更大。

确定 $oldP$ 后，利用式(29.4)随机改变 $oldP$ 中个体的顺序，实现对 $oldP$ 的更新：

$$oldP := \mathrm{permuting}(oldP) \tag{29.4}$$

3. 变异

变异过程是在原始种群 P 和历史种群 $oldP$ 之间进行变异操作。以原始种群 P 为中心，历史种群 $oldP$ 为搜索方向，利用式(29.5)进行变异产生变异种群 M：

$$\mathrm{Mutant} = P + F \cdot (oldP - P) \tag{29.5}$$

其中，F 为变异尺度系数，$F=3 \cdot \mathrm{rand}$，rand 为[0,1]区间服从正态分布的随机数。

4. 交叉

BSA 的交叉操作实质是将历史种群 $oldP$ 中个体的元素与变异种群 M 中相同位置个体

的同维元素进行互换,生成新的个体。因此需要确定每个交换个体所在的维数,交叉维数的选取有两种不同方式。交叉过程可分为如下两步。

第一步,产生一个二进制0-1、$N \times D$维映射矩阵map,其初始元素值均为0,然后采用式(29.6)等概率策略更新映射矩阵map。

$$\begin{cases} map_{i,u(1:\lceil \text{mixrate} \cdot \text{rnd} \cdot D \rceil)} = 1 \mid u = \text{permuting}(1,2,\cdots,D) & c < d \\ map_{i,\text{randi}(D)} = 0 & \text{其他} \end{cases} \tag{29.6}$$

其中,c和d为(0,1)上的均匀随机数;符号⌈⌉为向上取整函数;randi(•)为均匀分布的随机整数函数;mixrate为交叉概率,在BSA中其值设置为1。

第二步,根据生成的矩阵map确定种群P中交叉个体元素的位置,然后将P中的此类个体元素与种群M中对应位置元素进行互换,进而得到试验种群T,如式(29.7)所示。简言之,该交叉过程由0-1矩阵map决定。当map中元素为1时,将M中对应元素赋给种群T;否则,将P中对应元素赋给种群T。

$$T_{i,j} = \begin{cases} M_{i,j} & map_{i,j} = 1 \\ P_{i,j} & map_{i,j} = 0 \end{cases} \tag{29.7}$$

交叉结束后,对试验种群T中个体进行边界控制,若T中个体中存在越界元素,则这些元素均采用式(29.8)重新生成如下:

$$T_{i,j} = rnd \cdot (up_j - low_j) + low_j \quad T_{i,j} < low_j \text{ 或 } T_{i,j} > up_j \tag{29.8}$$

5. 选择Ⅱ

选择Ⅱ主要是记录更好的解和全局最优解。选择过程通过比较种群P和试验种群T中对应个体适应度值的大小来决定:如果试验种群T中个体的解优于对应的原种群P中个体的解,则替换原种群P中的个体;如果当前种群的最优解P_{best}优于目前已经取得的全局最优解,则记录并更新当前全局最优解为P_{best}。

选择出具有更优适应度值的个体,进而产生新的种群P,如式(29.9)所示。

$$P_i = \begin{cases} T_i & \text{fitness}(T_i) < \text{fitness}(P_i) \\ P_i & \text{fitness}(T_i) \geqslant \text{fitness}(P_i) \end{cases} \tag{29.9}$$

BSA利用选择Ⅱ这一步骤更新种群P,再回到选择Ⅰ步骤参与下一次迭代,直至满足终止条件,输出最优解。

29.4 回溯搜索优化算法的实现

回溯搜索优化算法的实现步骤如下。

① 设定种群规模N、维数D、最大进化代数、交叉概率和搜索边界。

② 根据式(29.1)生成初始化种群P。

③ 根据式(29.3)对种群$P(t)$进行选择Ⅰ的操作,确定历史种群$oldP(t)$。

④ 根据式(29.5)进行变异操作,生成变异个体。

⑤ 根据式(29.6)和式(29.7)对变异个体进行交叉操作,生成新个体T_i。

⑥ 计算fitness(T_i)和fitness(P_i),根据式(29.9)进行选择Ⅱ的操作。

⑦ 若满足终止条件,则输出结果,算法结束;否则,转到步骤③。

回溯搜索优化算法的伪码描述如下。

```
    Input: ObjFun,N,D,maxcycle,mixrate,low_{1:D},up_{1:D}
    Otput: globaminimum,globaminimizer
    //rnd~U(0,1),rndn~N(0,1),w = rndint(.),rndint(.)~U(0,·)|w∈{1,2,3,…,·}
1.   function bsa(ObjFun,N,D,maxcycle,low,up)          //初始化
2.   globaminimum = inf
3.    for i from 1 to N do
4.       for j from 1 to D  do
5.           P_{i,j} = rnd·(up_j - low_j) + low_j        //种群 P 初始化
6.           old P_{i,j} = rnd·(up_j - low_j) + low_j    //历史种群 oldP 初始化
7.       end
8.       fitness P_i = ObjFun(P_i)                       //种群的 P 初始适应度值
9.   end
10.  for iteration from 1 to maxcycle  do
       //SELECTION - Ⅰ                                  //选择Ⅰ
11.       if (a<b|a,b~U(0,1)) then oldP := P end
12.      oldP := permuting(oldP)                         //在 oldP 中任意置换两个个体位置的变化
13.      Generation of  Trial - Population
14.          mutant = P+3·rndn·(oldP - P)                //变异
15.          map_{1:N,1:D} = 1                           //map 是 N*D 的全 1 矩阵
16.          if (c<d|c,d~U(0,1)) then                    //交叉
17.              for i from 1 to N  do
18.                  map_{i,u(1:⌈mixrate·rnd·D⌉)} = 0|u = permuting(⟨1,2, … ,D⟩)
19.              end
20.           else
21.              for i from 1 to N  do,map_{i,randi(D)} = 0,end
22.          end
23.          T := mutant                                 //产生实验种群 T
24.          for i from 1 to N  do
25.              for j from 1 to D  do
26.                  if map_{i,j} = 1 then  T_{i,j} := P_{i,j}
27.              end
28.          end
             // Boundary Control Mechanism               //边界控制机制
29.          for i from 1 to N  do
30.              for j from 1 to D  do
31.                  if (T_{i,j} < low_j)or(T_{i,j} > up_j) then
32.                      T_{i,j} = rnd·(up_j - low_j) + low_j
33.                  end
34.              end
35.          end
36.      end
         //SELECTION - Ⅱ                                 //选择Ⅱ
37.      fitnessT = ObjFnc(T)
38.      for i from 1 to N  do
39.          if fitnessT_i < fitnessP_i then
40.              fitnessP_i = fitnessT_i
                 P_i := T_i
41.          end
42.      end
```

```
43.     fitnessP_best = min(fitnessP)|best∈{1,2,3,…,N}
44.     if fitnessP_best < globaminimum then                  //记录全局最优解
        globaminimum = fitnessP_best
        globaminimum := P_best
45.             // Exportglobalminimum and globalminimizer
46.       end
47.   end
```

回溯搜索优化算法的基本流程如图 29.1 所示。

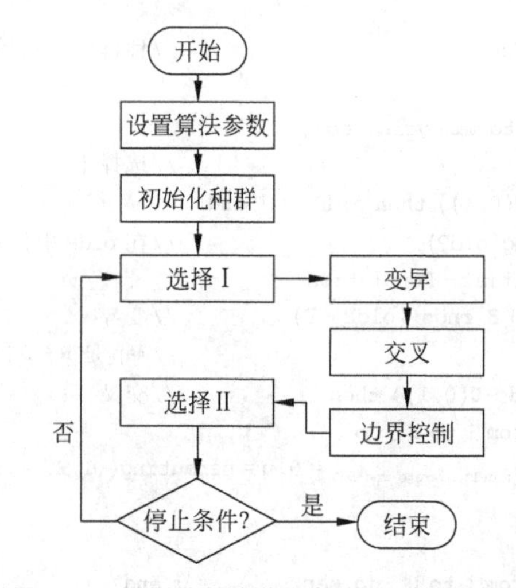

图 29.1　回溯搜索优化算法的基本流程图

第30章　DNA计算

DNA是自然界唯一能够自我复制的分子，是重要的遗传物质。DNA计算是利用DNA特殊的双螺旋结构和碱基互补配对规律进行信息编码，把要运算的对象映射成DNA分子链，在生物酶的作用下，生成各种数据池。再按照一定的规则将原始问题的数据运算高度并行地映射成DNA分子链的可控的生化过程。最后利用分子生物技术检测出所需要的运算结果。本章介绍DNA计算的生物学基础、基本原理、基本操作、编码方法及DNA计算系统的原型。

30.1　DNA计算的提出

DNA计算(DNA Computing)是1994年由美国南加州大学的Adleman博士提出的。Adleman利用DNA(脱氧核糖核酸)对一个有向图的Hamilton路径问题进行编码，借助一系列生物操作求解出这一图论中的NP-完全问题。DNA计算是利用DNA特殊的双螺旋结构和碱基互补配对规律进行信息编码，把要运算的对象映射成DNA分子链，在生物酶的作用下，生成各种数据池。再按照一定的规则将原始问题的数据运算高度并行地映射成DNA分子链的可控的生化过程。最后利用分子生物技术检测出所需要的运算结果。

30.2　DNA计算的生物学基础

构成生物体最小单位的细胞是由细胞膜、细胞质和细胞核组成的。细胞核由核质、染色质、核液三部分组成，是遗传物质存储和复制的场所。细胞核位于细胞的最内层，它内部的染色质在细胞分裂时，在光谱显微镜下可以看到产生的染色体。染色体主要由蛋白质和脱氧核糖核酸(DNA)组成，它是一种高分子化合物，脱氧核糖核酸是组成的基本单位。由于DNA大部分在染色体上，可以传递遗传物质，因此，染色体是遗传物质的主要载体。

DNA的基本元素是核苷酸，核苷酸又分为腺嘌呤(A)、鸟嘌呤(G)、胞嘧啶(C)和胸腺嘧啶(T)。依据其拥有碱基的类型不同，可以将核苷酸分成4类：A核苷酸、G核苷酸、C核苷酸、T核苷酸。一个核苷酸的羟基可与另一个核苷酸的羟基相互作用形成一种较弱的氢键，键的形成遵从互补性配对原则：A和T配对(2个氢键)，C和G配对(3个氢键)。DNA的4种核苷酸分子形成各种不同的特殊组合或序列便构成了成千上万种基因，携带着不同的遗传信息，指导和控制着生物体的进化、生理、形态和行为等多种性状的表达。

1953年，Waston和Crick经研究发现DNA是一种高分子化合物，DNA分子是两条各由

4种脱氧核糖核酸组成的双螺旋长链结构，它们构造出一个右手双螺旋结构，如图30.1所示。当碱基排列呈现这种结构时，分子能量处于最低状态。利用Watson-Crick互补性原则，单链DNA分子能够形成双链分子。

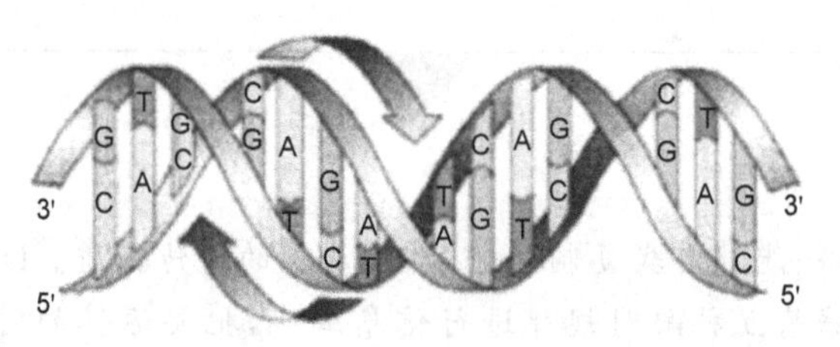

图30.1 DNA的双螺旋结构

30.3 DNA计算的基本原理及主要步骤

DNA计算是利用巨量的不同的核酸分子杂交，产生类似某些数学运算的一种组合结果并对其进行筛选来完成的。核酸分子杂交应用核酸分子的变性和复性的性质，使来源不同的DNA片段按碱基互补关系形成双链分子。

DNA计算的基本思想是，利用DNA特殊的双螺旋结构和碱基互补配对规律进行信息编码，把要运算的对象映射成DNA分子链，在生物酶的作用下，生成各种数据池(Data Pool)，再按照一定的规则将原始问题的数据运算高度并行地映射成DNA分子链的可控的生化过程。最后，利用分子生物技术(如聚合链反应PCR、超声波降解、亲和层析、克隆、诱变、分子纯化、电泳、磁珠分离等)，检测所需要的运算结果。DNA计算的核心问题是将经过编码后的DNA链作为输入，在试管内或其他载体上经过一定时间完成可控的生物化学反应，以此来完成运算，使得从反应后的产物中能得到全部的解空间。

在DNA计算系统中，DNA分子中的密码作为存储的数据，当DNA分子之间在某种酶的作用下瞬间完成某种生物化学反应时，可以从一种基因代码变为另一种基因代码。如果将反应前的基因代码作为输入数据，那么反应后的基因代码就可以作为运算结果。

DNA计算最大的优点是充分利用海量的DNA分子中的遗传密码，以及巨量的并行性。

DNA计算主要包括以下3个步骤。

(1) 编码：将所要解决的问题映射为一个分子的集合。

(2) 计算：进行各种生化反应，如杂交、连接及延伸等生成可能解空间。

(3) 解的分离和读取：如PCR反应和凝胶电泳。

DNA计算模型运行示意图如图30.2所示。输入的是DNA片段和一些生物酶，然后通过可控的生物化学反应，输出DNA片段，这些DNA片段，就是所需要的问题的解。DNA计算的基本原理可视为将实际问题创造性地映射到DNA计算这种模式上去。

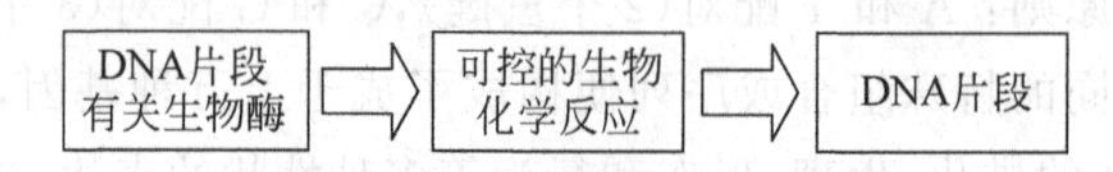

图30.2 DNA计算模型运行示意图

30.4　DNA 计算的基本操作

DNA 计算的基本操作是通过物理操作和化学操作两种生物操作来实现的。物理操作是指对外部条件(如温度)的调控；化学操作是指起催化剂作用的各种酶。下面介绍一些 DNA 计算中的基本的生物操作。

(1) 变性：DNA 双链加热(85～95℃)分解为两条 DNA 单链。

(2) 复性：变性后的两条 DNA 单链冷却后形成 DNA 双链。将两个互补的 DNA 单链结合在一起的过程，也称为退火。

(3) 杂交：单链互补形成双链结构。杂交就是利用 DNA 分子的变性与复性，使 DNA 片段按照碱基互补原则杂交成双链分子。杂交不仅能在 DNA 链与 DNA 链之间，RNA 链与 DNA 链之间，也可以在 PNA 链与 DNA 链之间，杂交本质就是在一定条件下使互补核酸链实现复性。

(4) 切割：限制性酶在特定位置上把一条 DNA 链切割成两条。DNA 的切割分为外切和内切。图 30.3 给出了核酸外切酶的作用示意图。图 30.4 给出了混合 DNA 分子的单链内切割作用示意图。

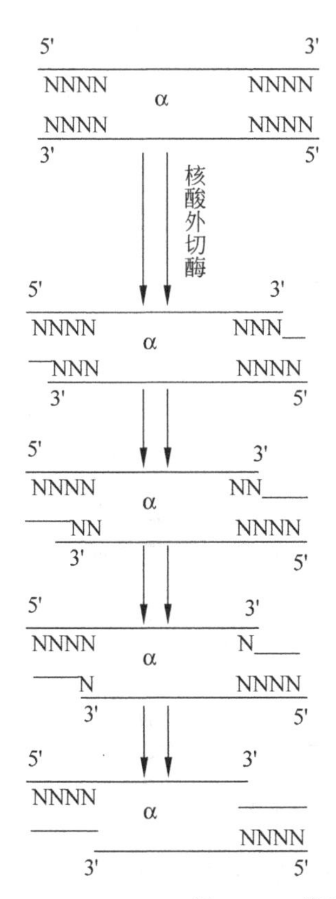

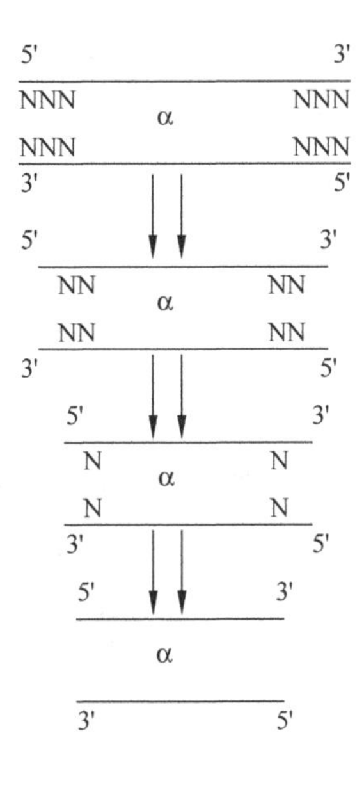

图 30.3　核酸外切酶的作用示意图

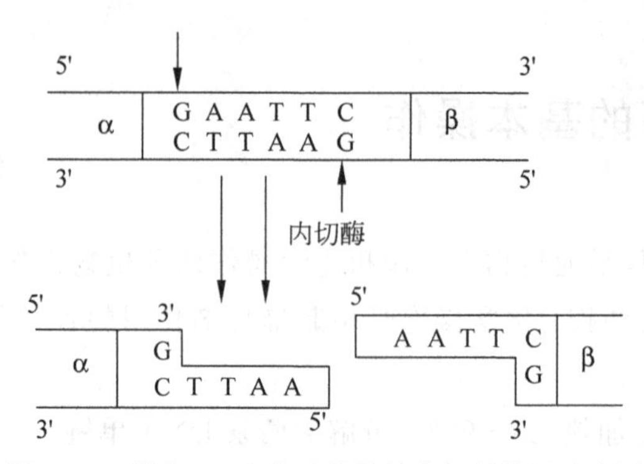

图 30.4　混合 DNA 分子的单链内切割作用示意图

(5) 连接：将两个有黏性末端的 DNA 链通过 DNA 连接酶连接在一起，如图 30.5 所示。

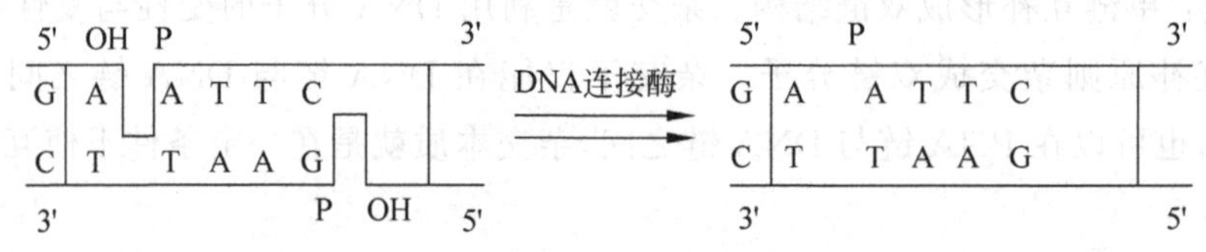

图 30.5　DNA 分子的连接

(6) 延长：给 DNA 分子一端添加核苷酸让 DNA 链变长，一般用聚合酶，如图 30.6 所示。

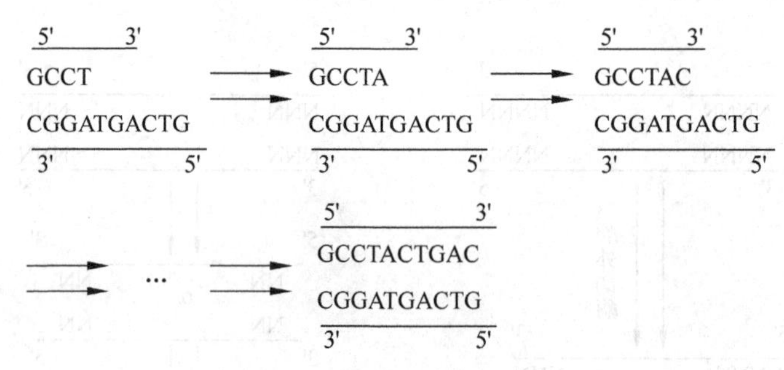

图 30.6　DNA 分子的延长

(7) 缩短：用核苷酸外切酶从 DNA 链的末端切除核苷酸，如图 30.7 所示。

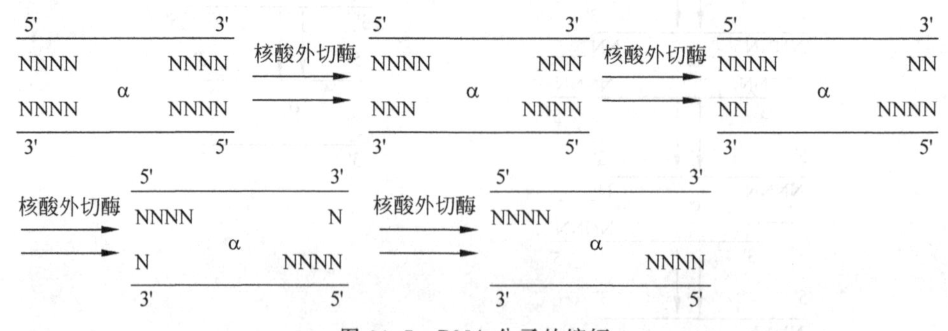

图 30.7　DNA 分子的缩短

(8) 分离：用凝胶电泳的方法使 DNA 链按长度不同分离，如图 30.8 所示。

(9) 提取：将含有特定子串的 DNA 链提取出来，如图 30.9 所示。

(10) 破坏：利用限制性酶或外切酶，破坏被标记的链。

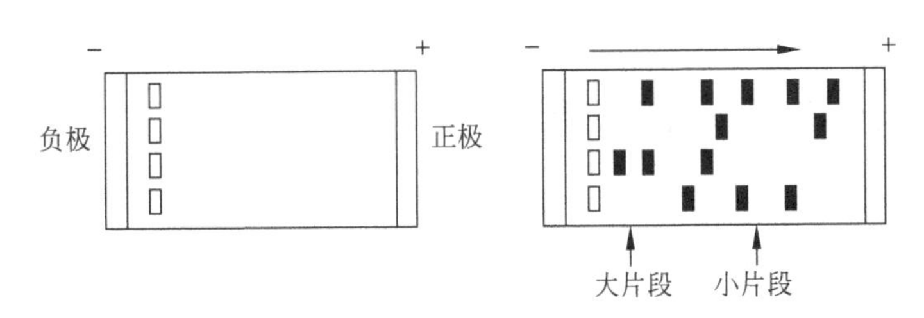

图 30.8　凝胶电泳示意图

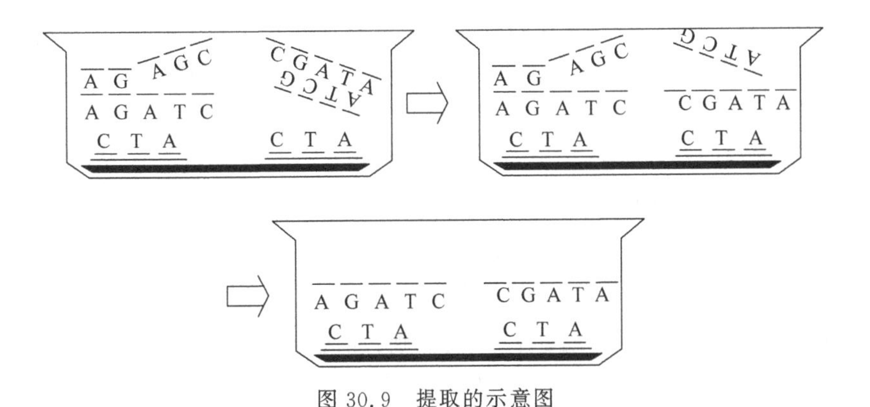

图 30.9　提取的示意图

(11) 复制：利用聚合酶链式反应(即 PCR 扩增)，可复制 DNA 链。这种方法，可使链的数目成指数速度增长，因此复制的效率是非常高的。复制可以分为 3 个过程，如图 30.10 所示。

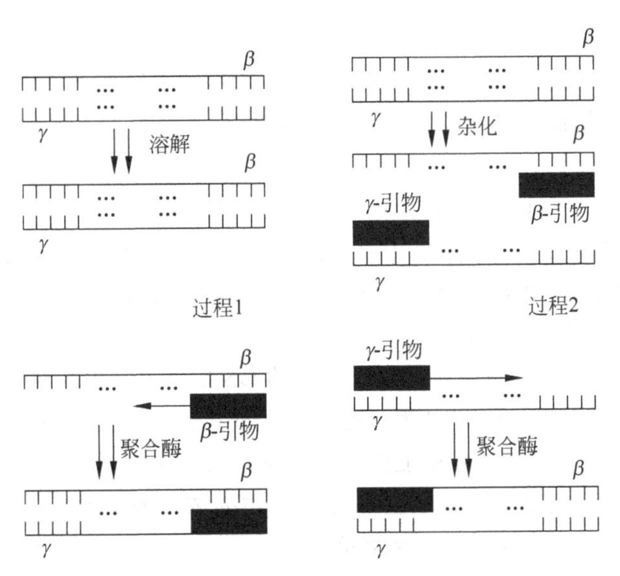

图 30.10　DNA 分子的复制(PCR 扩增)

(12) 重组：DNA 重组或分子克隆就是将不同来源的 DNA 分子在体外进行特异切割，重新在一个载体上连接起来，组装成一个新的杂合 DNA 分子，再将其导入宿主细胞，随着细胞的繁殖而使重组的基因扩增，形成大量子代 DNA 分子。

30.5 DNA计算的编码问题

1. DNA编码问题的提出

DNA计算是通过DNA分子的杂交来完成的,编码希望最大限度地使被编码的DNA分子都能够完成杂交,而不希望出现非完全互补的DNA分子的杂交及完全互补的DNA分子不杂交的现象出现。为了降低错误,杂交目前主要有3种途径:一是优化DNA计算中表示每个信息元的编码;二是避免出现不希望的各种二级结构;三是提高生化操作的可靠性和精度。

2. DNA编码问题的描述

DNA计算中编码问题的形式化语言表述为,在由DNA分子4个碱基组成的字母集合$\sum_{\text{DNA}}=\{A,T,C,G\}$上,存在一个长度为$n$的DNA分子的编码集合$S$,显然集合$S$的大小$|S|=4^n$。求$S$的一个子集$C\subseteq S$,使$\forall s_i,s_j\in C$满足

$$\tau(s_i,s_j)\geqslant k \tag{30.1}$$

其中,k为正整数;τ是评价DNA编码性质的准则,如海明距离、移位距离、最小相同子序列数目等。评价DNA编码的指标为编码数量、编码质量。

总之,DNA编码问题就是在满足一定物理约束及化学约束等各种约束条件下筛选出尽可能好的DNA编码,以便应用DNA计算解决各种实际问题。

3. DNA计算编码的约束条件

DNA计算要求DNA编码有足够的码长以表现出特异性,一般要求DNA编码长度$L(A)\geqslant 10$。根据实际问题的规模n,至少需要n个DNA编码,即A中元素个数$|A|\geqslant 10$。

(1) 连续性约束。连续相同核苷酸数目过多的DNA序列与正常的DNA序列在二级结构上的差异,会导致解链温度及杂交温度不同,因此,有必要控制DNA序列连续相同的核苷酸数目。

(2) 编码距离约束。编码距离是指两个编码之间相似度的参数。一般认为距离与相似度成反比。DNA编码之间的匹配关系可用海明距离来描述。海明距离就是两个等链长的DNA序列之间对应位碱基不相同的碱基对数目,海明距离越小,发生错误杂交的机会越大。因此,好的DNA编码之间海明距离有下界。

(3) 解链温度约束。解链温度一般是指一半的DNA分子发生变性时的温度,影响解链温度的因素主要有外部条件(温度)和内部结构(GC含量和分子类型)两种。

(4) Gibb自由能增量约束。自由能的变化通常用ΔG来表示。它是影响DNA分子热力学稳定性的关键参数,影响ΔG的因素主要是反应物的浓度及DNA分子的组成。任意两个DNA分子之间的杂交反应可用化学方程式表示为

$$x+y\Leftrightarrow yx \tag{30.2}$$

其中,yx为杂交后的双链。

4. DNA编码方法

由于DNA计算模型的多样性,目前常见的DNA编码有以下几种方法。

(1) 模板-映射方法。分为两个步骤:一是寻找一定要求的二进制串作为模板集T,其中1代表A/T的位置,0代表G/C的位置;二是寻找满足一定要求的二进制串作为映射集合

M，由

$$T \times M \rightarrow S \tag{30.3}$$

得到满足条件的 DNA 编码序列 S，其规则为，$1\times1\rightarrow T$，$1\times0\rightarrow A$，$0\times1\rightarrow G$，$0\times0\rightarrow C$。

(2) 最小长度子串方法。设长度为 n_s 的 DNA 序列的相同子串的最大长度为 n_b-1，而长度为 n_b 的子串出现的次数不能超过一次。于是定义

$$\phi=(n_b-1)/n \tag{30.4}$$

为 DNA 序列之间的相似度。显然 ϕ 越大，DNA 分子的相似度就越小，出错杂交的概率也就越小。

(3) 遗传算法。遗传算法研究的是一组对象，而不是一个单一的对象。它有许多搜索轨迹，具有隐含并行性。然而由于影响编码的因素太多，遗传算法很难应用于编码搜索。为此，Deaton 等就用 DNA 遗传算法解决了 DNA 计算问题。

此外，还有利用智能优化算法、线性编码算法等来解决 DNA 编码问题，这里不再赘述。

30.6　DNA 计算系统的原型

1994 年，Adleman 用 DNA 序列和对 DNA 进行简单的生物操作解决了有向图的 Hamilton 路径问题。他使用的是具有 7 个节点的有向图，如图 30.11 所示。

Hamilton 路径问题：一个具有指定节点 v_{in} 和 v_{out} 的有向图，当且仅当存在一个始于 v_{in}、止于 v_{out} 可相容的“单向”边缘线序列 $e_1,e_2,\cdots,e_n$（即一条路径），且经过每一个其他节点只有一次，则有一条 Hamilton 路径。

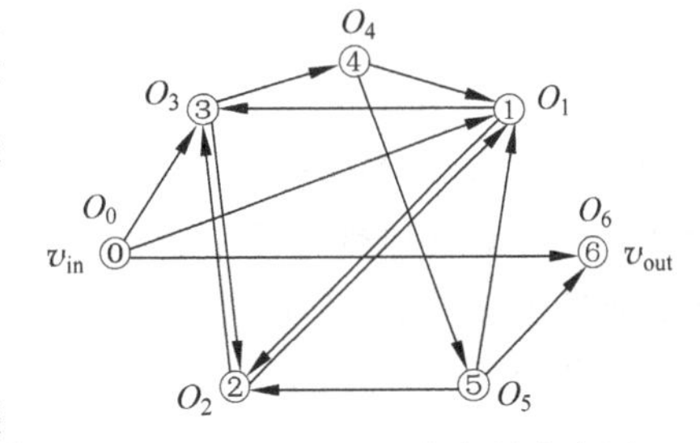

图 30.11　具有 7 个节点的有向图

Adleman 生化运算实验计算步骤如下。

(1) 问题的编码及输入，每个节点的编码 $O_i(i=0,1,\cdots,6)$ 长度为 20bp(base pair)，即 20 个核苷酸链(字母链)，保证编码是可识别的、唯一的。

(2) 生成一个通过图的随机路径集，通过温度控制，DNA 链接酶，溶液来实现。

(3) 搜索出以 O_0 开始 O_6 结束的路径集，通过以 O_0 和 O_6 作引物的聚合酶链反应来实现。

(4) 搜索出具有 6 个边的路径集，层析分离，3%～5%琼脂糖凝胶。

(5) 搜索出不重复边的路径集，生物素亲和层析磁珠分离。

(6) 选择出最短路径，电泳分离，选取分子量最小者。

上述 Adleman 应用生化运算实验计算解决了有向图的 Hamilton 路径问题，可视为 DNA 计算系统模型的原型。

第31章　基因表达式编程算法

基因表达式编程算法是融合了遗传算法和遗传编程优点的一种新的进化算法，它实现了从生物基因表达到基因表达式编程的跨越。它的个体编码方法和结果在表达形式上继承了GA的定长线性编码简单、快捷的优点；在基因表达上继承了GP的树状结构灵活多变的优点。这种把基因型(染色体)和表现型(表达式树)既分离又互相转化的结合，使得基因表达式编程算法克服了GA损失功能复杂性的可能性和GP难以再产生新的变化的可能性，极大地提高了解决问题的能力和效率。本章介绍基因表达式编程算法的原理、基本概念、遗传操作和算法流程。

31.1　基因表达式编程算法的提出

基因表达式编程(Gene Expression Programming，GEP)算法是2001年由葡萄牙的Ferreira博士提出的，2002年Ferreira出版了关于基因表达式编程的第一本专著。

GEP算法在个体的表示、处理和结果的形式等方面与传统遗传算法(GA)及遗传编程(GP)算法有着显著的区别。GEP算法融合了GA算法和GP算法的优点——GEP算法不仅继承了GA算法刚性地使用定长的线性染色体为遗传物质，采用简单编码解决简单问题的优点；而且还继承了GP算法柔性地使用非线性的、不定长的树状结构，采用复杂编码解决复杂问题的优点。所以GEP算法刚柔相济，表现为定长线性串，易于遗传操作，又间接地对应于柔性的具有非线性的树状结构，从而达到了以简单编码解决复杂问题的目的，使得在速度上比传统进化算法提高了2～4个数量级。

GEP算法被广泛用于解决函数发现、关联规则、分类规则挖掘、聚类、时间序列预测、自动控制、多模函数优化等重要问题。

31.2　基因表达式编程算法的原理

GEP算法是一种有导向性的随机搜索算法。基因表达式编程操纵的对象和遗传编程同样是程序，基因表达式编程处理的对象是数值表达式，或者是布尔表达式。

GEP算法的基本步骤为：首先，从随机产生一定数量的染色体个体形成初始种群开始；其次，对这些染色体进行表达，依据一个适应度样本集(问题的输入)计算出每个个体的适应度；最后，个体按照适应度值被选择，进行遗传操作，产生具有新特性的后代。这样的过程反复进行若干代，直到算法发现一个优良解而结束。

GEP算法的核心技术是将变异过程和评估过程完全分开。它的变异过程使用定长的线性符号串，而评估过程采用表达式树，两者之间可以通过规则进行相互转化。对每个具体问题来说，算法执行之前必须确定产生染色体的符号，即选择适合问题解的函数集和终点集；确定基因的结构及基因的头长，每个染色体中的基因数和各基因的连接运算符号；最后还要选择一个适应度函数，确定遗传控制参数。理论和实践均证明了该算法依概率收敛到最优染色体。

31.3　基因表达式编程的基本概念

1. 终结符

终结符是提供给系统数据的最末端结构。终结符自己提供信息，但不处理另外的信息。通常，终结符集合包括基因表达式编程程序中的输入、常量和没有参数的函数。

如果用树状结构来表示程序，则终结符代表树的那些叶节点。当程序运行时，这些叶节点，或者接受外部的输入，或者自己就是一个常量，或者自己计算产生一个量。它们向系统提供信息，以供处理。通常用 T 表示一个基因表达算法的终结符集合。

2. 函数

基因表达式编程中的函数概念包括系统中其他任何非终结符的中间结构。函数集合可以包括与应用有关问题领域的运算符号，也可以包括程序设计语言中的程序构件，甚至是表示系统中间层次的一种符号。

常见的函数包括：算术运算符，如＋、－、×、÷等；初等数学函数，如 sin、cos、$\sqrt{\ }$ 等；其他一些函数，如 max、min、自定义函数等；布尔运算符，如∨、∧等；关系运算符，如＜、＞、＝、≠、≤、≥等；条件运算符，如 if-then-else。

函数表示树状结构程序中的非叶节点。根据问题空间的描述不同，要么接受子节点传递的信息，进行处理；要么代表一种抽象子树的中间层次结构。

通常用 F 表示基因表达算法中的函数集合，每一个函数 $f\in F$ 记为 $f(p_1,p_2,\cdots,p_m)$，其参数个数记为 $\lambda(f)$；函数参数的最大个数为函数集合的参数数量，记为

$$\lambda(F)=\max(\lambda(f)\mid f\in F) \tag{31.1}$$

基因表达式编程环境可以用一个表示函数集合 F 和表示终结符集合 T 的二元组描述，简记为

$$\mathrm{GEP}=\langle F,T\rangle \tag{31.2}$$

3. 函数和终结符集合的选择

基因表达式编程首先需要选择构造程序的函数及终结符集合，选择应该满足以下要求。

(1) 充分性：选择的函数和终结符集合要足以能够表示问题的解。至少要对每一个输入定义一个终结符，如果需要，可根据问题的特点，再选择若干常数或无参数的自定义函数。选择哪些函数才能保证能表示问题的解需要经验和尝试。不要选择过大的函数集合，否则将极大地扩大基因表达式编程的搜索空间，大大降低搜索效率。

(2) 封闭性：因为寻找的公式可能以任意的方式进行组合，子节点的输出一定要能够被父节点接受。要求所有的终结符和函数的值域及函数的每一个参数的定义域都是相同的。

(3) 所有函数在所有输入下都应该是有定义的。

4. GEP 中的 K-表达式

基因表达式编程的染色体是由 K-表达式构成的。Ferreira 直观地描述了一种很简单的将表达式线性化方法，这种方法就是 K-表达式。对于定义在 GEP＝$\langle F,T\rangle$上的一棵表达式树，按照从上到下、从左到右的顺序遍历，所得到的序列称为表达式树的 K-表达式。

【例 31.1】 对于算术表达式

$$\sin((a+b)c^2) \tag{31.3}$$

其表达式树如图 31.1(a)所示。

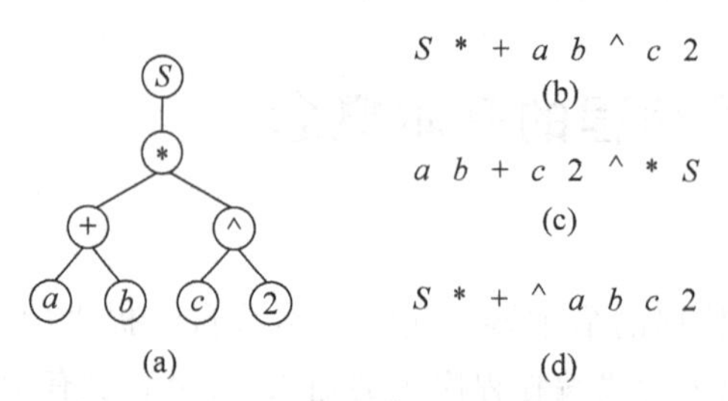

图 31.1 $\sin((a+b)c^2)$的各种表现形式

K-表达式是一种很简单、很直观的遍历表达式树的方法。应该注意表达式的K-表达式和先序、后序遍历都存在很大的差异。图 31.1(b)、(c)给出了式(31.3)表达的先序、后序遍历序列,图 31.1(d)则是$\sin((a+b)c^2)$的K-表达式。

5. GEP 的基因与多基因

如果K-表达式长度不够,或者说,K-表达式不完整,那么解码算法中可能没有足够的符号用于构造表达式树,构造的表达式树将是不完整的,也就不能表示一个表达式的完整意义。所以,任意的符号串并不能当成K-表达式作为遗传编码。只有完整的K-表达式才能解码为一个表达式,也才能够作为遗传编码。

Ferreira 在提出的 GEP 算法中对K-表达式作为遗传编码做了一定的限制,使得可以将K-表达式作为遗传编码,进而利用进化计算的力量来进行公式发现。

若有 GEP=$\langle F,T\rangle$,则头部长度为h的 GEP 基因是满足下列条件的K-表达式。

(1) 长度为$h+t$,其中

$$t=h\times(\lambda(F)-1)+1 \tag{31.4}$$

其中,$\lambda(F)$为集合F中函数的最大参数个数。

(2) 前h个符号a满足$a\in F\cup T$,后t个符号b满足$b\in T$。基因的前h个符号称为头部,后t个符号称为尾部。

实践证明,如果选择一个过分长的基因编码长度,那么 GEP 算法的搜索效率将很低。但是,如果基因太短,那么其可以表示的表达式的复杂程度就会很有限。为了解决这个矛盾,Ferreira 模拟大自然的解决方案,引入了多基因。在一个 GEP 算法的染色体中包含多个基因,然后,用一个指定称为连接函数的函数来连接这些基因解码得到的表达式树。

6. 适应度函数

在 GEP 算法中,由于解答是一个程序,在很多应用中确切地说是一个表达式,对表达式进行评价,就是要评测利用表达式计算得到的数据和训练数据的符合程度。

Ferreira 提出了两种评价模型。令T是训练数据集合,包含m组数据,T_j表示训练数据中第j组数据的输入;y_j表示对应于T_j的观测数据;$\hat{y}_j$利用公式从T_j计算得到的y_j的估计值。M是一个常数。

$$\text{fitness}=\sum_{j=1}^{m}(M-|y_j-\hat{y}_j|) \tag{31.5}$$

$$\text{fitness}=\sum_{j=1}^{m}\left(M-\frac{|y_j-\hat{y}_j|}{y_j}\right) \tag{31.6}$$

实际上就是利用绝对误差或相对误差进行评价。

7. 数值常量

数值公式发现是 GEP 算法的重要应用。在这类应用中,数值常量处理是其中的一个重要特征。在 GEP 算法中,Ferreira 提出了一种随机产生、随机变化的数值常量方法。

31.4 GEP 算法的遗传操作

由于 GEP 算法采用了线性等长编码,因此其遗传操作更加类似于遗传算法。只要在进行遗传操作的过程中满足保持基因的长度且尾部只能出现终结符,那么得到的子代染色体就仍然是合法的基因。所以 GEP 算法的遗传算子变得非常简单、灵活。如图 31.2 所示的例子中,设 $F=\{+,-,*\}$,$T=\{a,b\}$,头部长度为 $h=8$。

```
   01234567890123456          01234567890123456
P  +a++b-*-bbbabbaab    ⇒   S  +a+++-*-bbbabbaab
```

图 31.2 变异操作

(1) 选择。选择算子的设计在 GEP 算法中没有特殊性,可以选择任何常用的选择算子,如比例选择或锦标赛选择等。通常在遗传算法中为了防止超级个体独霸种群,多采用锦标赛选择算子,在 GEP 算法中同样适用。

(2) 变异。变异作用在单个染色体上,对染色体的每一位进行随机测试,当满足变异概率时,重新产生该位的编码。如果变异位在基因头部,可以重新选择所有的符号,否则只能选择终结符。图 31.2 演示了父代染色体 P,经过变异产生子代 S 的过程。它变异了第 4 个位置的编码。

(3) 插串。插串是 GEP 算法所特有的遗传算子。它随机在基因中选择一段子串,然后将该子串插入到头部随机指定的一个位置(但不能是第 1 个位置),将头部的其他符号向后顺延。超过头部长度的编码将被截去。图 31.3 演示了父代染色体 P,经过插串操作产生子代 S 的过程。它选择了第 10~12 位置的编码,插入到第 3 个位置,父染色体中的第 5~7 位置的编码被截掉了。

```
   01234567890123456          01234567890123456
P  +a++b-*-bbbabbaab    ⇒   S  +a+bab+bbbbabbaab
```

图 31.3 插串操作

(4) 根插串。插串算子不允许将选择的串插入到第 1 个位置,而根插串算子则是专门将选择的子串插入到第 1 个位置。根插串算子从头部随机选择的一个位置开始向后扫描,找到第 1 个函数,然后以该位置为起始,选择一段子串,将该子串插入到第 1 个位置,头部编码依次后移,超过头部的部分被截去。如果扫描过程没有找到函数,则不做任何事情。图 31.4 演示了父代染色体 P 经过插串操作产生子代 S 的过程。它选择了第 3~5 位置的编码,插入到第 3 个位置,父染色体中的第 5~7 位置的编码被截掉了。

```
   01234567890123456          01234567890123456
P  +a++b-*-bbbabbaab    ⇒   S  +b-+a++bbbbabbaab
```

图 31.4 根插串操作

(5) 单点重组。单点重组作用在两个父代染色体上,随机选择一个交叉位置,互换交叉点后面的染色体部分,得到两个子代染色体。

(6) 双点重组。双点重组也是作用在两个父代染色体上。在染色体上随机选择两个交叉点,然后互换交叉点之间的染色体部分。

(7) 基因重组。基因重组只作用于多基因的染色体。随机选择一个基因,然后交换两个父代染色体相对应的基因。

很显然,经过这些遗传算子的作用,得到的子代染色体仍然符合 GEP 基因的定义,也能够解码为一棵完整的语法树。

31.5 基本的 GEP 算法流程

GEP 算法的流程如图 31.5 所示。

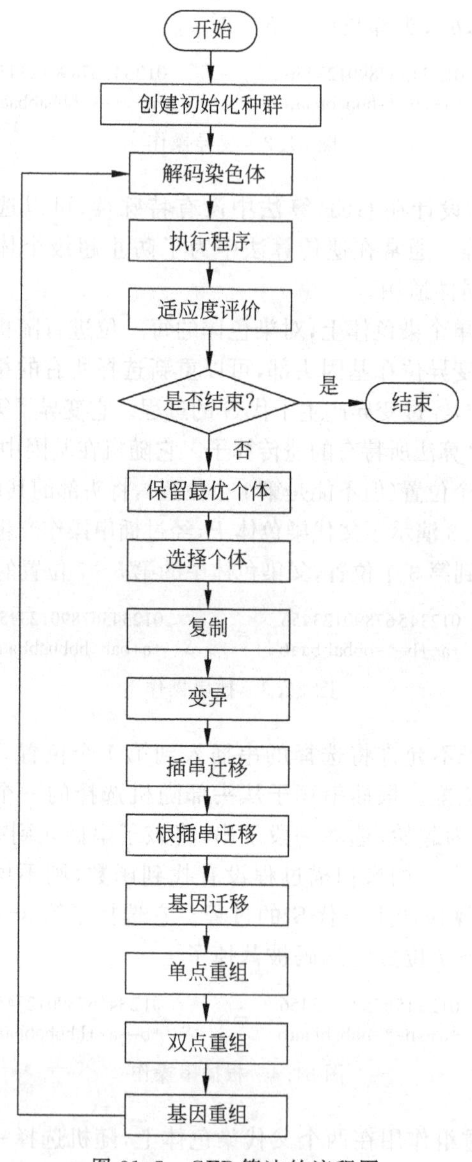

图 31.5　GEP 算法的流程图

在 GEP 算法中,除了有类似 GA 算法的单点重组、双点重组、单点变异等以外,还包括插串、根插串等具有独特动作和含义的遗传算子,以便形成具有特色的 GEP 算法。

第 32 章　Memetic 算法

Memetic 算法将生物层次进化与社会层次进化相结合，应用基因与模因分别作为这两种进化信息编码的单元，被视为遗传算法和局部搜索相结合的仿生智能算法。该算法包括染色体编码及初始种群产生、遗传进化操作、局部搜索、群体更新，反复迭代直至满足终止条件。基于模因的局部搜索有利于改善群体结构，及早剔除不良种群，增强局部搜索能力，提高求解速度及求解精度。本章介绍 Memetic 算法的原理、描述、流程、特点及其意义。

32.1　Memetic 算法的提出

Memetic 算法(Memetic Algorithm，MA)是 1992 年由澳大利亚学者 Moscato 和 Norman 提出的一种全局搜索算法和局部启发式搜索混合的仿生智能算法。

早在 1976 年，英国的生态学家 Dawkins 在学术著作 *The Selfish Gene* 中首次提出新概念“meme”。“meme”(模因)的构词类似于“gene”(基因)，模因是与基因相对应的术语，它是文化资讯传承的单位，一般译为模仿因子、文化基因。文化基因是一个模仿的概念，通过模仿的方法实现自我复制，在 Memetic 算法中作为信息编码的单元。

1989 年，Moscato 在撰写的技术报告中首次提出了 Memetic 算法的概念，并把它作为一种基于群体优化的混合式搜索算法。1992 年，Moscato 和 Norman 在他们发表的论文中正式确立了 Memetic 算法，并成功应用于求解 TSP 问题。目前 Memetic 算法已用于解决函数优化、组合优化、车间生产调度、物流与供应链、神经网络训练、模糊系统控制、图像处理等问题。

32.2　Memetic 算法的原理

基于达尔文的自然选择、生物进化论而创立的遗传算法只限于生物进化的层次。然而在 19 世纪，达尔文的理论受到了拉马克的挑战。拉马克的理论认为生物体可以将其在生命过程中获得的知识和经验在进化中传递到后代。虽然从本质来说，生物进化和社会发展是不同的，但这两个过程具有某些共同的特征，而且生物进化与社会进化是相互作用、相辅相成的。社会的发展主要通过知识进行传递，而传递方式主要通过结构化的语言、思想和文化，而承载这些知识的器官是生物进化的结果。美国细胞生物学家威尔逊认为，从本质来说，基因进化主要发生在生物世界中，依赖于几个世代的基因频率的改变，因此是缓慢的；而文化的发展总是以拉马克理论为特征的，依赖于获得性状的传递，相对来说传递速度比较快。

在 Memetic 算法中类似于遗传算法中的基因库，也有一个供模因进行繁殖的模因库，模因库在复制过程中有的模因也会表现出比其他模因更为成功的可能。Dawkins 认为模因和基因常常相互加强,自然选择也有利于那些能够为其自身利益而利用其文化环境的模因。模因在传播中往往会因个人的思想和理解而改变,因此父代传递给子代时信息可以改变,表现在算法上就有了局部搜索的过程。

Dawkins 的模因理论认为,模因与基因类似,它是一代接一代往下传递的文化单位,如语言、观念、信仰、行为方式等文化的传递过程中与基因在生物进化过程中起到类似的作用。在模因的影响下,个体都具有自我学习的倾向,即个体进行自我调整,提高自身竞争力,并由此影响下一代新产生的个体。所以在这个过程中,因为模因的引入,代与代之间的个体竞争力在不断提高。

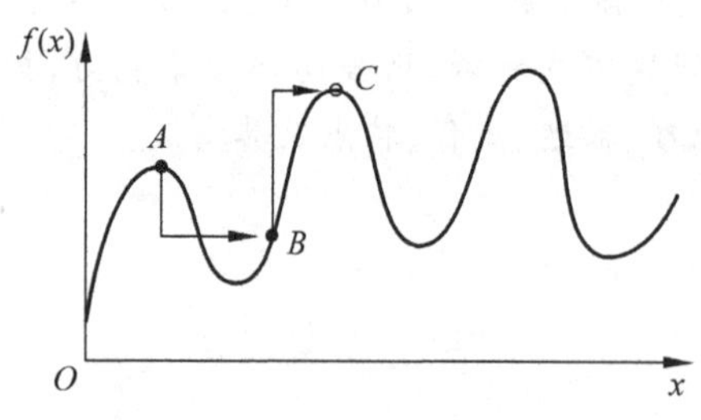

图 32.1 Memetic 算法原理示意图

Memetic 算法也可以看成遗传算法与局部搜索算法的结合,在遗传算法过程中,所有通过进化生成的新的个体在被放入种群之前均要执行局部搜索,以实现个体在局部领域内的学习。基于这样的观点,Memetic 算法原理示意图如图 32.1 所示,其中横坐标为自变量 x,也就是种群中的个体,纵坐标为适应度函数值 $f(x)$。点 A 表示一个初始解,首先对点 A 经过遗传算法的交叉、变异等操作使其到达点 B,然后在点 B 进行局部搜索,搜索到局部最优解点 C。这样寻优过程将遗传算法的全局搜索能力和局部算法的局部最优搜索能力有效地结合,使得该算法以更高的概率搜索到全局最优解。

在 Memetic 算法中,基因对应着问题的解,而模因对应着解的局部搜索策略。每一个解不但在进化过程中由基因的交叉、变异与选择不断提高自身适应度,以产生出一代比一代更优秀的解,而且由于模因,即局部搜索策略的干预,每个个体经过自我的学习,同样可以提高自身的竞争力,即搜索到更优的解。

32.3 Memetic 算法的描述

Memetic 算法的描述包括以下几个阶段。

1. *染色体编码及初始种群产生*

首先要确定染色体的编码方式,编码方式的选择需要根据问题的类型而确定。在确定了染色体编码方式之后,则随机产生种群大小的染色体,生成初始种群。在产生初始种群时一般有两种方法:一种是完全随机的方法,它适用于没有任何先验知识的求解;另一种是结合先验知识产生的初始群体,这样将会使算法更快地达到最优解。

2. *进化阶段*

进化阶段是产生新种群的遗传操作,它是通过选择、交叉、变异 3 个遗传算子来实现的。

(1) 选择。选择算子作用于现有的种群,根据适应度值函数来评价每个染色体的质量,那些适应度值较好的个体将以更大的概率被选择进入下一操作。在遗传算法中,有很多种选择方式,如轮盘赌、排序法、锦标赛、最优个体保留方法等。在一代循环中,经过选择操作,产生新一代的种群。

(2) 交叉。交叉也是模仿生物体的繁殖过程,通过对完成选择操作后的种群中的个体进行两两交叉，将会生成同等数量的新的个体。如何进行部分基因的交换，常用的交叉算子有以下几种。

① 单点交叉：在个体编码串中随机设置一个交叉点，然后在该点相互交换两个配对个体的部分基因。

② 多点交叉：具体操作过程首先在相互配对的两个个体编码串中随机设置几个交叉点，然后交换每个交叉点之间的部分基因。

③ 均匀交叉：两个配对个体的每一位基因都以相同的概率进行交换，从而形成两个新的个体。具体操作过程为，首先随机产生一个与个体编码长度相同的二进制屏蔽字 $W=w_1w_2\cdots w_n$；其次按下列规则从 A、B 两个父代个体中产生两个新个体 X、Y。若 $w_i=0$，则 X 的第 i 个基因继承 A 的对应基因，Y 的第 i 个基因继承 B 的对应基因；若 $w_i=1$，则 A、B 的第 i 个基因相互交换，从而生成 X、Y 的第 i 个基因。

④ 算术交叉：由两个个体的线性组合而产生出新的个体。设在两个体 A、B 之间进行算术交叉，则交叉运算后生成的两个新个体 X、Y 为

$$\begin{cases}X=\alpha A+(1-\alpha)B \\ Y=\alpha B+(1-\alpha)A\end{cases} \tag{32.1}$$

(3) 变异。变异操作是指将个体编码串中的某些基因值用其他基因值来替换，从而形成一个新的个体。在 Memetic 算法中，变异运算是产生新个体的辅助方法，但它是必不可少的一个运算步骤，它可以提高算法的局部搜索能力。交叉运算和变异运算的相互配合，共同完成对搜索空间的全局搜索和局部搜索。变异运算的设计包括两方面：一是确定变异点的位置；二是进行基因值替换。常用的变异操作方法有以下几种。

① 基本位变异：对个体编码以变异概率 p 随机指定某一位或某几位基因做变异运算。

② 均匀变异：分别用符合某一范围内均匀分布的随机数，以某一较小的概率来替换个体中的每个基因。

③ 高斯变异：进行变异操作时，用均值为 μ、方差为 σ^2 的正态分布的一个随机数来替换原有基因值，具体操作过程与均匀变异类似。

④ 二元变异：它的操作需要两条染色体参与，两条染色体通过二元变异操作后生成两个新个体，新个体中的各个基因分别取原染色体对应基因值的同或/异或。

3. 局部搜索阶段

局部搜索是 Memetic 算法对遗传算法改进的主要方面，通过局部搜索，选出局部区域的最优个体以替换种群中原有的个体，其关键问题如下。

(1) 邻域的选择。局部搜索中，如何选择邻域是一个关键问题，局部搜索将在这个邻域内搜索潜在的最优解，这样将会在原有进化过程的基础上进行再次优化，从而提高算法的效率。而邻域的选择是局部搜索的关键问题，因为局部最优解是在这个邻域中搜索得到的。对于连续系统，可以选取以当前个体为中心，以 ε 为距离的欧氏空间；对于离散系统，可以选择一个空间结构作为个体的邻域空间。邻域空间越大，整体算法的优化效率越高，但算法的时间也会越长。

(2) 局部搜索策略。在 Memetic 算法中，具体的局部搜索策略与特定的求解问题有关，如针对 TSP 问题比较常用的局部搜索策略有 X-opt、LK、EAX 和 RAI 等方法。该类方法主要是借助图论知识，充分考虑到 TSP 问题的邻域结构，因此各类算法的效果还是比较理想的。针对车间调度问题，比较常用的局部搜索策略有爬山法、禁忌搜索和拉格朗日松弛法等。

(3) 局部搜索与进化计算的结合方式的选择。因为Memetic算法是进化算法与局部搜索算法的结合，所以如何将这两种算法进行结合也是Memetic算法的一个关键问题。因为在遗传算法的过程中将有两次机会获得新的种群：一是在交叉后，二是在变异后，不同的计算过程有不同的考虑，有些算法是在一次迭代完成后，而有些算法是在交叉和变异后分别进行局部搜索，形成两次局部优化。

4. 对群体进行更新

经过一个循环的进化操作(交叉和变异)和局部搜索后，会产生一些新的个体，这些个体与原来的个体将组成一个大的种群，为了保持种群的大小，将采用如轮盘赌、锦标赛等方法进行选择，从而生成一个新的种群。在选择的过程中，为了保持种群的多样性，也可以将模拟退火的相关准则应用到算法中。

5. 算法的终止

类似于所有其他进化算法，当进化过程达到一定的迭代步数，或者解的适应度值收敛，算法将会终止。

32.4 Memetic算法的流程

Memetic算法的实现，首先初始化种群，随机生成一组空间分布的染色体(解)，其次通过迭代搜索最优解。在每一次迭代中，染色体通过交叉、变异和局部搜索进行更新。该算法的一般流程如图32.2所示。

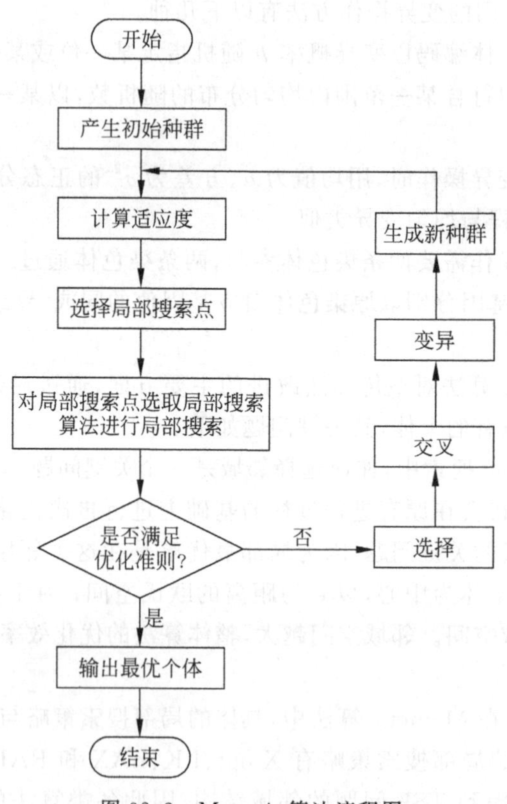

图32.2 Memetic算法流程图

从图 32.2 可以看出，Memetic 算法流程和 GA 有很多相似之处，其关键区别是，Memetic 算法在交叉和变异后多了一个局部搜索优化的过程。虽然 Memetic 算法采用与遗传算法相似的框架，但它不局限于简单遗传算法，该算法充分吸收了遗传算法和局部搜索算法的优点。它不仅具有很强的全局寻优能力，同时每次交叉和变异后均进行局部搜索，通过优化种群分布，及早剔除不良种群，进而减少迭代次数，加快算法的求解速度，保证了算法解的质量。因此，在 Memetic 算法中，局部搜索策略非常关键，它直接影响到算法的效率。

32.5 Memetic 算法的特点及其意义

Memetic 算法具有以下几个优点。

（1）具有并行性，表现在两方面：一是内在并行性，适合于大规模运算，让多台机各自独立运行种群进化运算，适合并行机或分布系统并行处理；二是内含并行性，可以同时搜索种群的不同方向，提高了搜索最优解的概率。

（2）仅需要适应度函数来评估个体，不受函数约束条件的限制，不需要目标函数的导数，尤其适合很难求导的复杂优化问题，扩大了算法的应用领域。

（3）采用群体搜索策略，扩大了解的搜索空间，提高了算法的全局搜索能力与求解质量。

（4）算法采用局部搜索策略，改善了种群结构，提高了算法局部搜索能力。

（5）具有很强的容错能力，算法的初始种群可能包含与最优解相差很远的个体，但算法能通过遗传操作与局部搜索等策略过滤到适应度很差的个体。

Memeti 算法提供了一种解决优化问题的新方法，对于不同领域的优化问题，可以通过改变交叉、变异和局部搜索策略来求解，扩大了算法的应用领域。因此，基于模因的 Memetic 算法对于推动智能优化算法的研究与发展具有重要意义。

第33章 文化算法

人类通过文化交流传播使得社会进化比单纯依靠基因遗传的生物进化速度更快、更广、更有效。基于人类社会文化进化思想的文化算法是一个双层进化系统，能够提供在进化过程获取经验和知识的信念空间与由个体组成的种群空间的两个不同进化层次上的交互协作。从种群演化过程中获得待解决问题的知识，在信念空间中存储和更新。种群空间与信念空间通过一组由接受函数和影响函数组成的通信协议提供了在不同空间发生双层进化的机制。本章结合求解约束优化问题介绍文化算法的结构、原理、描述、设计、步骤及流程。

33.1 文化算法的提出

文化算法(Cultural Algorithm,CA)是1994年美国学者Reynolds在对进化计算系统的经验积累建模研究的基础上，最早提出的文化系统演化模型，并定义为文化算法。1995年，Reynolds和Chung利用文化算法求解全局优化问题，并取得了较好结果。

文化算法是一个具有双层进化空间的文化演化计算模型。种群在进化过程中，个体知识的积累及群体内部知识的交流在另外一个层面上促进群体的进化，这种知识称为文化。文化被定义为"一个通过符号编码表示众多概念的系统，而这些概念是在群体内部及不同群体之间被广泛和相对长久传播的"。文化算法已用于解决约束单目标优化、多目标优化、作业调度、图像分割、语意网络、数据挖掘、航迹规划等问题。

33.2 文化算法的基本结构与原理

文化算法是一种基于知识的双层进化系统，包含两个进化空间：一个是进化过程中获取的经验和知识组成的信念空间；另一个是由个体组成的种群空间，通过进化操作和性能评价进行自身的迭代求解。文化算法的基本结构如图33.1所示。

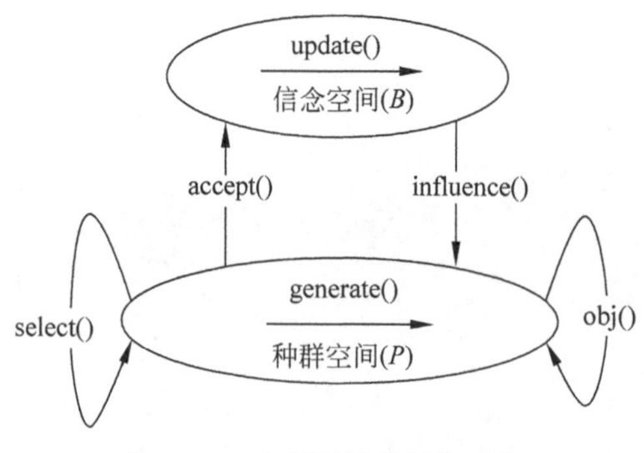

图33.1 文化算法的基本结构

文化算法基本结构包括三大部分：种群空间、信念空间和接口函数。接口函数又包括接收函数、更新函数、影响函数。种群空间从微观的角度模拟个体根据一定的行为准则进化的过程，而信念空间则从宏观的角度模拟文化的形成、传递、比较和更新等进化过程。种群空间和信念空间是各自保存自己群体的两个相对独立的进化过程，并各自独立演化。下层空间定期贡献精英个体给上层空间，上层空间不断进化自己的精英群体来影响或控制下层空间群体，这两个空间通过特定的协议进行信息交流，最终形成“双演化、双促进”的进化机制。

文化算法的基本原理：初始化种群空间、信念空间及接口函数后，通过性能函数评价种群空间中的个体适应度。将种群空间个体在进化过程中所形成的个体经验，通过接收函数传递给信念空间，信念空间将得到的个体经验按一定的规则进行比较优化，形成群体经验，并根据新获取的个体经验通过更新函数更新现有的信念空间。信念空间再用更新后的群体经验通过影响函数来对种群空间中个体的行为规则进行修改，进而高效地指引种群空间的进化。选择函数从现有种群中选择一部分个体作为下一代个体的父辈，进行下一轮的迭代，直至满足终止条件。

文化算法提供了一种多进化过程的计算模型，因此从计算模型的角度来看，任何一种符合文化算法要求的进化算法都可以嵌入文化算法框架中作为种群空间的一个进化过程。所以根据不同的进化算法，就会有不同的文化算法。

33.3　文化算法求解约束优化问题的描述与设计

文化算法的设计过程包括：种群空间和信念空间设计；接收函数、更新函数和影响函数设计。文化算法中存在着多种类型的知识，即约束知识、规范知识、地形知识、环境知识等。

下面重点介绍种群空间设计、约束知识、规范知识、地形知识、接收函数、信念空间和种群空间信息交互过程。

1. 种群空间设计

种群空间设计是指对个体进行编码。如果以浮点数编码为例，编码长度等于问题定义的解的变量个数，编码中的每一个基因等于解的每一维变量。若待求解问题中的一个有效解为 $x_i=(x_i^1,x_i^2,\cdots,x_i^{D-1},x_i^D)$，$D$ 为解的变量维数，则 $(x_i^1,x_i^2,\cdots,x_i^{D-1},x_i^D)$ 即为解对应的编码。

2. 约束知识

1) 信念元

约束知识(区域知识)用于表达和处理约束条件(边界)。约束条件将搜索空间划分为可行域(满足所有约束条件的个体集合，图 33.2 中白色部分)和非可行域(不满足全部约束条件的个体集合，图 33.2 中灰色部分)。进一步将搜索空间划分为较小的子空间，称为“元”。这些元，位于可行域的是可行的，位于非可行域的是不可行的，还有一些是半可行的，它们位于可行域与非可行域的交界处，这样的元称为“信念元”。如图 33.3 所示，灰色部分为不可行信念元，白色部分为可行信念元，黑色部分为半可行信念元。

每个信念元都包含若干属性，信念元的数据结构可以表示为

$$C_i=(\text{Class}_i,\text{Cnt1}_i,\text{Cnt2}_i,\text{Deep}_i,d[\,],l\text{Node}[\,],u\text{Node}[\,],\text{Parent}_i,\text{Children}_i)$$

其中，Class_i 是第 i 信念元的约束性质(可行、非可行、半可行或未知)；Cnt1_i、Cnt2_i 是内置于信念元的计数器，分别表示该区域中可行和非可行候选解的个数，初始化为零；Cnt1_i 与 Cnt2_i 结合起来还可提供该区域内可行候选解与非可行候选解的相对比例；Deep_i 用来表示第 i 信念元所处的信念树(在“地形知识”部分介绍)的深度；$d[\,]$用来记录第 i 信念元在哪些维度上进行划分，生成子树。$l\text{Node}[\,]$、$u\text{Node}[\,]$均为 $1\times n$ 的向量，分别表示第 i 信念元各维

度上的最小值(信念元 i 的左边界)和最大值(信念元 i 的右边界); lNode[]与 uNode[]结合起来,定义了信念元 i 的边界范围; Parent_i 表示信念树中该信念元的父节点; Children_i 表示信念树中该信念元的子节点列表。

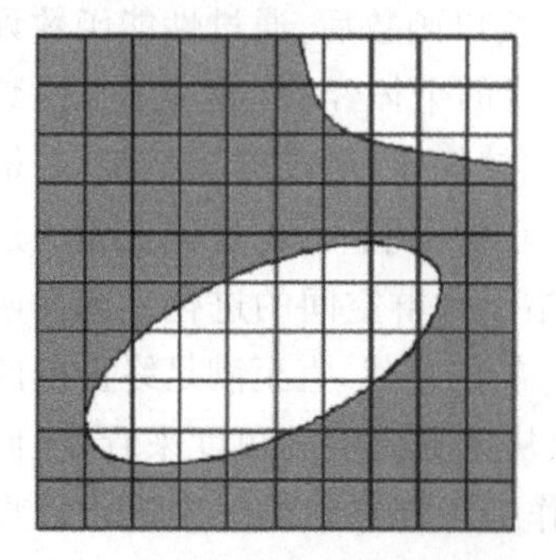

图 33.2 约束条件对搜索空间的划分

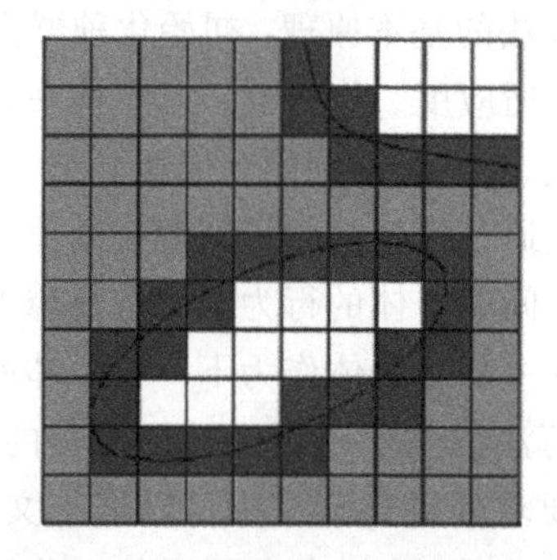

图 33.3 信念元表示的信度空间

随着信念空间的更新,尤其是地形知识的更新,信念元的约束范围、约束性质也会随之变化,这就要根据地形知识信念树的建立来更新信念元的各个属性。

问题的约束边界以信念元的形式被保存下来,作为约束知识。把信念元能够与目标函数的形态特征联系起来,利用这些知识来指导搜索过程在可行域和半可行域内产生更多的个体,在非可行域内抑制个体的产生。

2) 约束知识的更新

约束知识可以通过信念元内的每个个体的信息来更新,对于一个信念元 i,用 Cnt1_i 记录该信念元中可行个体的数目,而用 Cnt2_i 记录非可行个体的数目。信念元的约束性质域 Class_i 的更新如下。

$$\text{Class}_i=\begin{cases}\text{unknow} & \text{Cnt1}_i=0\ \&\ \text{Cnt2}_i=0\\ \text{feasible} & \text{Cnt1}_i>t_1\ \&\ \text{Cnt2}_i=0\\ \text{unfeasible} & \text{Cnt1}_i=0\ \&\ \text{Cnt2}_i>t_2\\ \text{semi-feasible} & \text{其他}\end{cases}\tag{33.1}$$

其中,t_1 和 t_2 为指定的非负整数,一般可以设置为 1,适当增大可以提高分类的可靠性,为简单起见,可以令 t_1 和 t_2 均为 0。

信念元的约束条件、约束性质的属性并不是一成不变的。一个二维的例子如图 33.4 所示,其中空心圆点表示非可行个体,实心圆点表示可行个体。在图 33.4(a)中,可行个体数目为 3,非可行个体数目为 2,因此它所代表的信念元是一个半可行信念元;图 33.4(b)中可行个体数目为 0、非可行个体数目为 2,表示一个非可行信念元;同理,图 33.4(c)表示一个可行信念元;图 33.4(d)为未知信念元。图 33.4(a)和图 33.4(c)、图 33.4(d)将成为接下来重点搜索的信念元。

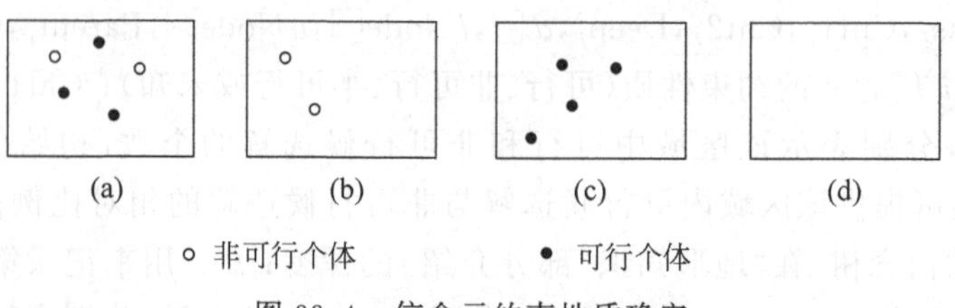

图 33.4 信念元约束性质确定

对于半可行信念元，在地形知识建立信念树的过程中，需要进一步划分，如图 33.5 所示，进一步划分为 4 个信念元：一个非可行信念元、一个半可行信念元和两个可行信念元。

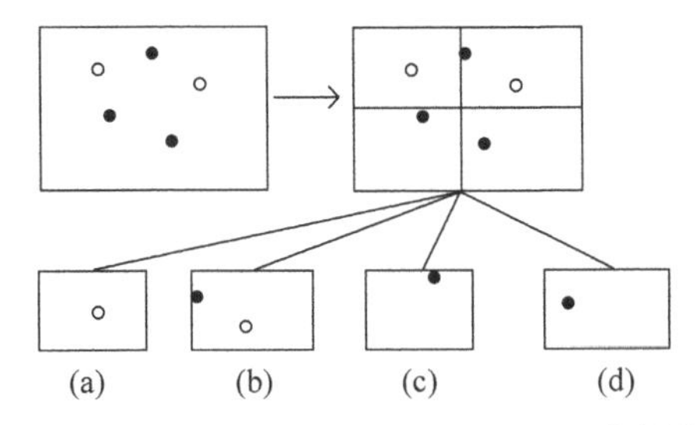

图 33.5　信念元约束性质确定的进一步划分

3. 规范知识

规范知识(标准知识)用来表示最好解的参数范围。在表 33.1 中，l_j、u_j 分别表示第 j 决策变量定义域的下限和上限；L_j 表示下限 l_j 对应的目标函数的适应度值；U_j 表示上限 u_j 对应的目标函数。

表 33.1　规范知识表示形式

l_1	l_2	l_3	…	l_n
L_1	L_2	L_3	…	L_n
u_1	u_2	u_3	…	u_n
U_1	U_2	U_3	…	U_n

1) 规范知识对种群进化的影响

利用规范知识更新种群空间时，步长较大，相当于对种群空间有指导的全局搜索，可以有效地寻找到最优解所在的区域。使用规范知识调整变量变化步长及变化方向如下。

$$x_{i,j}^{t+1}=\begin{cases}x_{i,j}^{t}+|(u_j-l_j)\times N_{i,j}(0,1)| & x_{i,j}^{t}<l_j\\ x_{i,j}^{t}-|(u_j-l_j)\times N_{i,j}(0,1)| & x_{i,j}^{t}>u_j\\ x_{i,j}^{t}+\lambda\times(u_j-l_j)\times N_{i,j}(0,1) & \text{其他}\end{cases}\tag{33.2}$$

其中，$N(0,1)$为服从标准正态分布的随机数；l_j 为信念空间中规范知识中保存区间的下限；u_j 为信念空间中规范知识中保存区间的上限；λ 为步长收缩因子，一般可取值为 1。

2) 规范知识的更新

规范化知识的更新可以减小和扩大存储在其中的参数区间范围，当一个被接受的个体不在当前区间范围时，可以扩大区间范围；当所有被接受的个体都在当前区间范围时，可以相应减小区间范围。

更新策略是选取当前最优的 TOP 个体来更新规范知识的，对于 $j=1,2,\cdots,\text{TOP}$，按下述公式更新为

$$l_i^{t+1}=\begin{cases}x_{j,i} & x_{j,i}\leqslant l_i^t \text{ 或 } f(x_j)<L_i^t\\ l_i^t & \text{其他}\end{cases}$$

$$L_i^{t+1}=\begin{cases}f(x_j) & x_{j,i}\leqslant l_i^t \text{ 或 } f(x_j)<L_i^t\\ L_i^t & \text{其他}\end{cases}$$

$$u_i^{t+1}=\begin{cases}x_{j,i} & x_{j,i}\geqslant u_i^t \text{ 或 } f(x_j)<U_i^t \\ u_i^t & \text{其他}\end{cases}$$

$$U_i^{t+1}=\begin{cases}f(x_j) & x_{j,i}\geqslant u_i^t \text{ 或 } f(x_j)<U_i^t \\ U_i^t & \text{其他}\end{cases} \tag{33.3}$$

4. 地形知识

地形知识(又称拓扑知识)用一个树状结构的信念元集合(信念树)$C=(C_1,\cdots,C_i,\cdots,C_l)$来表示,$C_i$ 表示第 i 信念元,每个信念元都包含若干属性,又可以表示为

$$C_i=(\text{Class}_i,\text{Cnt1}_i,\text{Cnt2}_i,\text{Deep}_i,d[],l\text{Node}[],u\text{Node}[],\text{Parent}_i,\text{Children}_i)$$

如图 33.6 所示为信念空间中地形知识的树状结构,在这个例子中选取两个维度进行划分,即每个信念元下有 4 个子节点。树中的每一个节点表示存储某个特定区域知识的信念元。例如,节点 Region_0 表示初始搜索区域。这个信念元被分成 4 个子区域:Region_1、Region_2、Region_3 和 Region_4。按照相同的方式,Region_1、Region_3 和 Region_12 在搜索过程中会被继续分割成更小的区域。这样一来,这个创建的信念树就可以进化,并更新存储包含约束知识的地形知识。

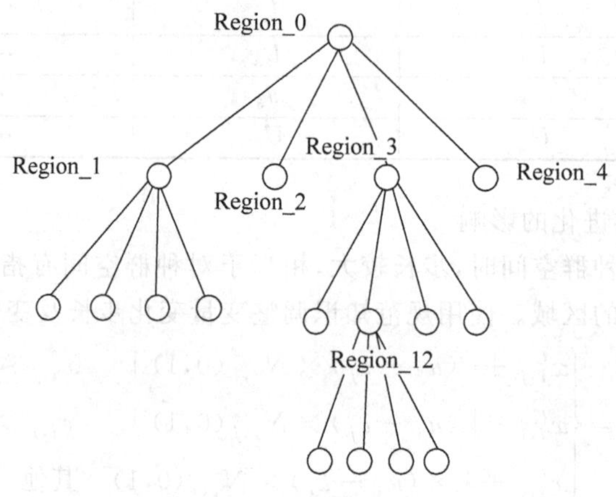

图 33.6 地形知识信念树

1) 地形知识对种群空间的影响

地形知识是对规范知识所定义区域的进一步划分。如果说,规范知识对种群空间的影响相当于全局搜索,那么地形知识对种群空间的影响就相当于局部搜索。由于地形知识是用树状结构建立的,因此这种搜索的效率是对数数量级的。

可以使用 lNode[]和 uNode[]来指导进化,调整变量变化步长及变化方向为

$$x_{i,j}^{t+1}=\begin{cases}x_{i,j}^t+|(u\text{Node}_j-l\text{Node}_j)\times N_{i,j}(0,1)| & x_{i,j}^t<l\text{Node}_j \\ x_{i,j}^t-|(u\text{Node}_j-l\text{Node}_j)\times N_{i,j}(0,1)| & x_{i,j}^t>u\text{Node}_j \\ x_{i,j}^t+\lambda(u\text{Node}_j-l\text{Node}_j)\times N_{i,j}(0,1) & \text{其他}\end{cases} \tag{33.4}$$

其中,lNode[]、uNode[]均是 $1\times n$ 的向量,分别表示第 i 信念元的各个维度上的最小值(信念元 i 的左边界)和最大值(信念元 i 的右边界)。

2) 地形知识的更新

地形知识的更新主要体现在信念树的建立。信念树的初始信念元是规范知识所确定的区

域，由这个初始信念元分割形成信念树。

分割的条件是由信念元的约束知识决定的，如果某个信念元是可行域或非可行域，则不进行分割；如果某个信念元是半可行域，并且该信念元的深度不为0，则分割该信念元。

分割后，需要重新更新各个信念元的 Class_i、Cnt1_i、Cnt2_i、Deep_i、$d[\,]$、$l\text{Node}[\,]$、$u\text{Node}[\,]$、Parent_i、Children_i 属性。Class_i、Cnt1_i、Cnt2_i 3个属性的更新同上述的约束知识更新。$\text{Deep}_i=\text{Parent}_i \rightarrow \text{Deep}_i-1$。$d[\,]$为随机选取的维度。$l\text{Node}[\,]$、$u\text{Node}[\,]$为分割后的子信念元的取值范围。

5. 接收函数

接收函数是从种群空间到信念空间的信息传递函数，主要是在当前种群空间中选取优势个体，为信念空间的进化提供基础。接收函数可以选取当前种群中最好的前 TOP 个体来更新信念空间，TOP 可以取当前种群数的20%。可以采用如下策略评价个体的优良来选取 TOP 个体。

(1) 如果个体 i 与个体 j 都是可行解，则适应度大的更优良。

(2) 如果个体 i 是可行解，j 是非可行解，则个体 i 更优良。

(3) 如果个体 i 与个体 j 都是非可行解，则离可行域近的个体优良。

在个体选择的过程中，为了保存种群的多样性，希望所有个体都有被选中的机会，且越优良的个体被选中的机会越大，同时，希望保留最优的个体。

6. 信念空间和种群空间信息交互过程

在文化算法实施过程中，信念空间与种群空间并不是完全孤立分开的。下面以一个较为简单的二维约束优化问题为例，详细说明信念空间和种群空间信息之间的交互过程。

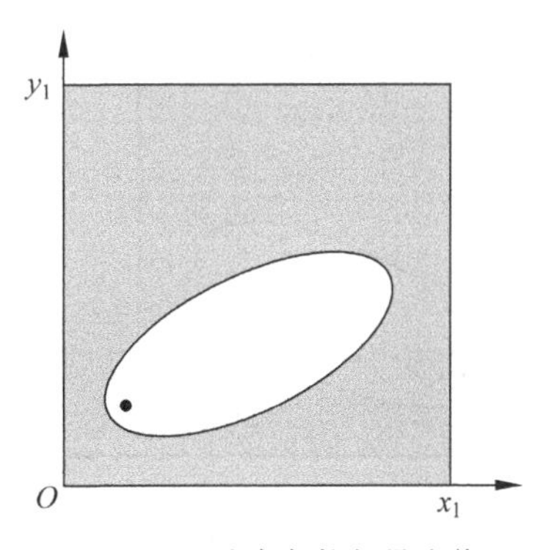

图 33.7　约束条件与最小值

如图33.7所示，图中椭圆形曲线表示约束条件曲线。白色区域是可行域，即其中的任何一个个体均满足所有约束条件。灰色部分为非可行域，即其中的个体至少不能满足一个约束条件。设可行域左下角的黑点为该约束优化问题的最优解，即在此处目标函数取得了最小值。

1) 初始化阶段

算法初始时需要初始化信念空间和种群空间，初始化信念空间就要对信念空间中约束知识、规范知识和地形知识进行初始化。初始化种群空间就是随机产生 n 个个体。

初始化约束知识主要考虑信念元的初始化及其 Class、Cnt1_i、Cnt2_i 属性，初始阶段只包含一个信念元，如图33.7所示的整个方形区域，并设置信念元的约束属性为半可行域，设置可行个体计数器和非可行个体计数器为零，即

$$\begin{cases}\text{Class}_i=\text{SEMIFACTIBLE}\\ \text{Cnt1}_i=0\\ \text{Cnt2}_i=0\end{cases} \tag{33.5}$$

初始化规范知识主要考虑 l_j，u_j，即分别为第 j 决策变量定义域的下限和上限，其中($j=1,2$)，初始阶段设置为

$$l_1=0,\quad l_2=0,\quad u_1=x_1,\quad u_2=x_2 \tag{33.6}$$

初始化地形知识主要考虑到信念树的建立，根据信念树结构更新信念元的 Deep_i、$d[\,]$、

lNode[]、uNode[]、Parent$_i$、Children$_i$ 属性,初始设置如下。

$$\begin{cases}\text{Deep}_i = 5 \\ l\text{Node}[\,] = l[\,] \quad u\text{Node}[\,] = u[\,] \\ \text{Parent}_i = \text{null} \quad \text{Children}_i = \text{null}\end{cases} \tag{33.7}$$

初始化种群空间,随机产生 n 个初始个体。种群分布如图 33.8 所示,其中每一个小黑点代表了一个个体。

2) 更新规范知识

采用接收函数的评价策略选取最优的 TOP=2 个个体,即当前种群空间中适应度最大的个体和除该个体外的最大个体。如图 33.9 所示,选取的两个个体为(x_2,y_2)和(x_3,y_3)。用这两个个体更新规范知识如下。

$$l_1 = x_2, \quad l_2 = y_2, \quad u_1 = x_3, \quad u_2 = y_3 \tag{33.8}$$

由此得到规范知识区域如图 33.10 所示的矩形区域。规范知识确定了最优解可能出现的大体位置,使用规范知识指导种群进化:使位于规范知识之外的个体以一个较大的步长向规范知识区域进化;使位于规范知识之内的个体产生一个较大的摄动。规范知识对种群进化的影响,相当于对种群空间的一种全局搜索,并且具有指导性。规范知识区域为地形知识信念树的建立奠定了基础。

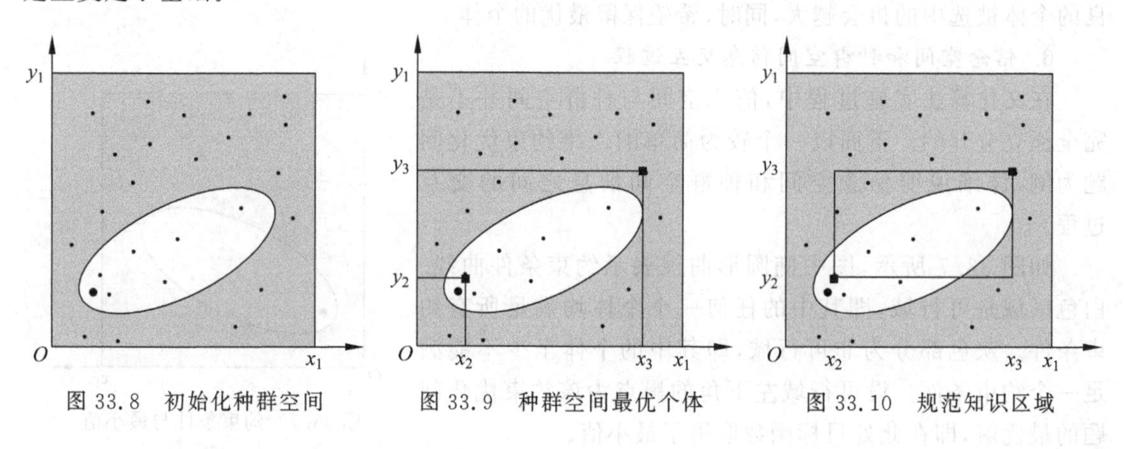

图 33.8 初始化种群空间　　图 33.9 种群空间最优个体　　图 33.10 规范知识区域

3) 更新地形知识与约束知识

前面有关地形知识的每次更新都在 3 个维度上进行划分并创建信念树。下面以一个二维约束优化问题为例,在 2 个维度上进行划分并创建信念树。根据前面已介绍的创建过程,信念树的第一次建立过程如图 33.11 所示。

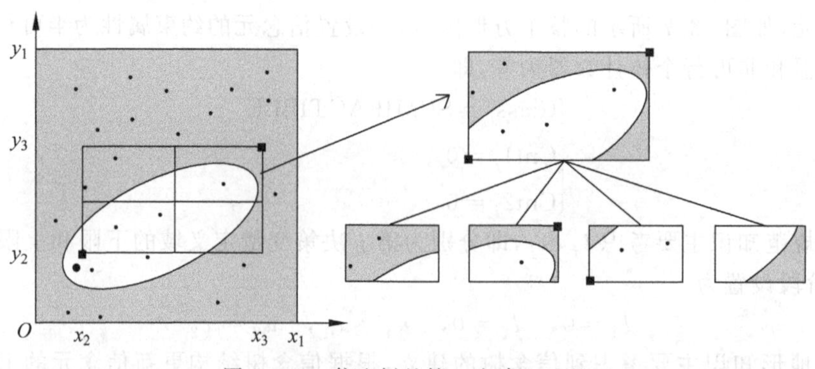

图 33.11 信念树的第一次建立过程

在第一次建立完成后，信念元由原来的 1 个变为了 5 个。建立完信念树后，相应的更新新建信念元的属性，以信念元的第二个子元为例，其属性更新的同时包含了约束知识的更新，属性更新如下。

$$\begin{cases} \text{Class}_i = \text{SEMIFACTIBLE} \\ \text{Cnt1}_i = 1 \quad \text{Cnt2}_i = 1 \\ \text{Deep}_i = \text{Deep}_{i-2} - 1 \\ d[1] = 1 \quad d[2] = 2 \\ l\text{Node}[1] = (x_2 + x_3)/2 \quad l\text{Node}[2] = x_3 \\ u\text{Node}[1] = (y_2 + y_3)/2 \quad u\text{Node}[2] = y_3 \\ \text{Child}_i = \text{null} \quad \text{Parent}_i = i - 2 \end{cases} \tag{33.9}$$

第二次建立过程如图 33.12 所示。地形知识相当于在规范知识内部，创建了一张细化的地图，以较高的精度和准确性来指导种群的进化，提高搜索效率。相当于对种群空间的一种局部搜索。

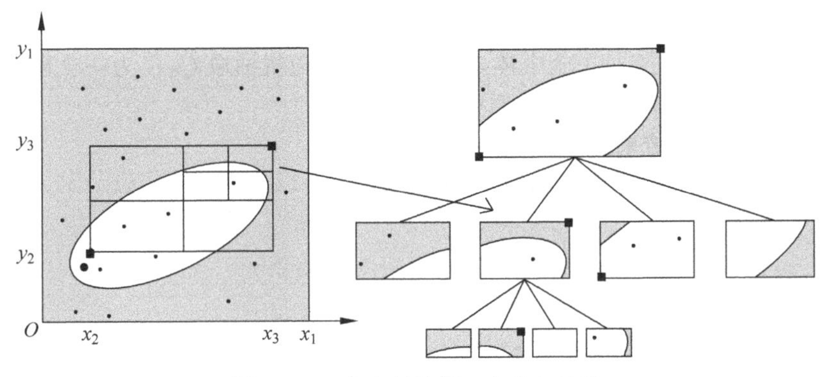

图 33.12　信念树的第二次建立过程

4) 指导种群进化

对于处于规范知识范围外的个体，采用前面介绍的规范知识更新策略对其更新；对于处于规范知识范围内的个体，采用前面介绍的地形知识更新策略对其更新。

33.4　基本文化算法的实现步骤及流程

文化算法的实现可分为 4 个步骤：参数初始化、算法初始化、搜索求解、输出结果。

(1) 参数初始化。对一些手动参数的输入设置，具体步骤如下。

① 输入种群规模。

② 输入种群最大迭代次数。

③ 输入随机种子(用于产生随机数)。

④ 设置输出文件。

(2) 算法初始化。主要实现对种群空间和信念空间的初始化，初始化规范知识、约束知识、地形知识，具体步骤如下。

① 由随机种子产生随机数。

② 初始化信念空间(初始化规范知识和约束知识)。

③ 初始化种群空间，产生初始种群。

④ 评估初始种群适应度。

(3) 搜索求解。包含约束知识、规范知识、地形知识对种群空间进化的影响和对这些知识的更新,尤其是地形知识中信念树的建立、搜索与遍历,均在此步骤实现。具体步骤如下。

① 更新规范知识。

② 更新地形知识(将初始信念元扩展成信念元树)。若某个信念元没有子元,则创建 8 个子元(因为这里考虑从 3 个维度搜索)并建立父子关系,并设置子元的深度为父元的深度减 1;若某个信念元没有父元(说明是初始搜索的信念元),则更新规范知识。

a. 随机选取解空间的 3 个维度。

b. 根据选取的维度更新子元信念元的约束范围。

c. 判断子元信念元的属性:可行、不可行、半可行、未知。

d. 若子元深度不为零,且子元属于半可行域,则对子元递归扩展。

③ 指导种群进化。在保留原种群的基础上,对于种群中每一个个体,考查对其影响最大的知识,用这种知识对其更新,产生新一代个体。

④ 对新种群进行评估。

⑤ 选择优势个体。对于每一个个体,从种群空间里随机抽取 C(C 为一个固定常数)个个体,与之分别比较,如果胜出,则保留种群中最好的个体。

(4) 算法结束。输出结果。

实现基本文化算法的程序流程如图 33.13 所示。

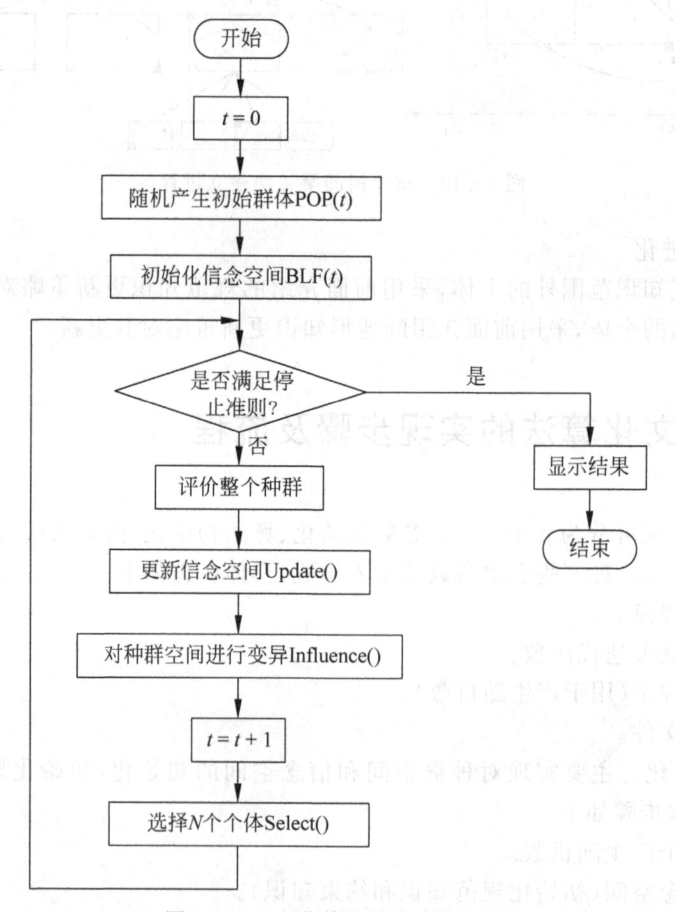

图 33.13 文化算法的程序流程图

第三篇　群智能优化算法

由一群具有简单、低级智能的微生物、昆虫或动物通过任何形式的聚集、协同、适应等行为，从而表现出个体所不具有的较高级的智能行为，称为群智能。例如，蚂蚁、蜜蜂、鸟、鱼、狼、狮子、大象等个体的动作，它们的行为虽然简单，呈现出较低级智能，但这些昆虫或动物集结成群，相互作用，相互协作，就可以完成筑巢、觅食捕猎、避险等复杂任务，群体就呈现出自组织的较高级智能。模拟自然界微生物、群居昆虫、动物的觅食、繁殖等行为或者动物群体的捕猎策略等对问题求解的算法统称为群智能优化算法。本篇介绍 70 种群智能优化算法。

1. 蚁群优化算法

蚂蚁群体有能力在没有任何可见提示的情况下找出从蚁穴到食物源的最短路径，并能随环境变化而自适应地搜索新的路径。蚁群算法模拟蚂蚁觅食过程的优化机理，对组合优化问题或函数优化问题进行求解。蚁群算法开辟了群智能优化算法的先河。

2. 蚁狮优化算法

蚁狮又称蚁蛉，它在狩猎捕食前在沙质土中挖漏斗状沙坑作为陷阱，自身隐藏在沙坑底部，等待蚂蚁或其他小昆虫的到来。蚁狮优化算法模拟自然界的蚁狮构造陷阱捕捉蚂蚁的行为实现对函数优化问题的求解，具有调节参数少和求解精度高的优点。

3. 粒子群优化算法

模拟鸟群飞行过程中每只鸟既要飞离最近的个体(防碰撞)，又要飞向群体的中心(防离群)，还要飞向目标(食物源、巢穴等)，就要根据自身经历的最好位置及群体中所有的鸟经历过的最好位置校正它的速度和飞行方向，实现对连续优化问题的求解。

4. 人工蜂群算法

模拟蜜蜂群体的采蜜行为，通过引领蜂发现食物源，跟随蜂从中选择一个食物源，被放弃一个食物源时，引领蜂变为侦察蜂随机寻找新的食物源。侦察蜂的全局搜索同跟随蜂与侦察蜂的局部搜索相结合，使得蜜蜂在对食物源的勘探和开采中保持了平衡。

5. 蜂群优化算法

模拟蜜蜂繁殖行为的蜂群优化算法由蜂王、雄蜂和工蜂组成蜂群，只有蜂王才能与不同雄蜂交配繁育后代，繁殖过程是蜂王不断更新的优化过程，最终的蜂王是优化过程中待求解问题的最优解。

6. 萤火虫优化算法

萤火虫求偶的荧光素越高，对异性吸引力越强，萤火虫优化算法受蚁群算法的启发，在每一次迭代时首先对荧光素进行更新，然后对萤火虫的路径选择、位置更新和决策域更新，通过反复迭代直至萤火虫最优的位置，即为优化问题的最优解。

7. 萤火虫算法

该算法受到粒子群算法的启发，利用发光弱的萤火虫被发光强的萤火虫吸引而移动的过程，完成位置的迭代，在搜索区域内所有发光弱的萤火虫向发光强的萤火虫移动，从而完成最优位置的迭代,找出最亮的萤火虫的位置,即为优化问题的最优解。

8. 果蝇优化算法

该算法模拟真实果蝇群体的觅食过程。果蝇的嗅觉系统对各种食物的味道非常敏感,每一只果蝇都在根据每一时刻感知和寻找气味浓度最大的果蝇所在位置,并根据该位置不断修改自身飞行方向和飞行距离,经过反复寻找飞行,最终寻找到食物源。

9. 蝴蝶算法

该算法模拟蝴蝶种群寻找食物的行为。每只蝴蝶都会散发出一定浓度的香气,每只蝴蝶都会感受到周围其他蝴蝶的香味,并朝着那些散发更多香味的蝴蝶移动。通过蝴蝶个体的全局搜索、局部搜索及两种搜索形式的概率切换,达到全局寻优的目的。

10. 蝴蝶交配优化算法

模拟蝴蝶通过敏锐的嗅觉在小范围寻找伴侣,而雄性在大范围采用发射紫外线寻找伴侣的行为,雌性采用接收或拒绝接收雄性发出的紫外线作为联络工具。该算法通过紫外线更新、紫外线分配、伴侣选择和位置更新的循环迭代,实现对函数优化问题的求解。

11. 蝴蝶优化算法

模拟蝴蝶群体觅食行为和信息共享的群智能行为。蝴蝶利用敏锐的嗅觉感知空气中的气味来确定花蜜的潜在位置。当一只蝴蝶感知到来自任何位置的香味时,它会向目标移动进行全局搜索。当蝴蝶没有感知周围的气味时,它会随机移动进行局部搜索。蝴蝶群体通过信息共享来完成觅食行为。

12. 蜻蜓算法

模拟蜻蜓群体捕食和迁移行为。蜻蜓群体分为用于局部开发的静态群体和用于全局搜索的动态群体。蜻蜓个体根据避撞、结队、聚集、觅食和避敌5种行为更新其自身飞行方向和位置。蜻蜓算法具有原理简单,易于实现,稳定性好,寻优能力强等特点。

13. 蜉蝣优化算法

该算法模拟昆虫蜉蝣交配的社会行为,包括单目标蜉蝣优化算法和在单目标蜉蝣优化算法基础上改进的多目标蜉蝣优化算法。该算法通过雄蜉蝣的运动、雌性蜉蝣的运动和蜉蝣的交配三种操作的反复迭代,不断地提高蜉蝣个体的适应度值,最终获得优化问题的全局最优解。

14. 蚱蜢优化算法

模拟蚱蜢种群寻求食物过程的群智能行为。蚱蜢幼虫只能短距离局部觅食,成虫可在空中快速飞翔,大范围、全局性地寻求食物。蚱蜢种群间存在斥力和引力,斥力允许蚱蜢个体展开搜索,而引力使它们去探索未知区域。该算法通过蚱蜢自身位置及与其他个体相对位置的影响不断地更新自身位置,实现蚱蜢自身位置逐渐逼近最优位置。

15. 飞蛾扑火优化算法

飞蛾扑火优化算法源于对飞蛾横向定位飞行方式的模拟。飞蛾夜间保持相对于月亮的固定角度长距离直线行进。遇灯光时,飞蛾误认是“月光”并试图在直线上与光保持类似角度,导致它不停地绕灯光飞行,并朝向光源会聚,最后“扑火”而死去,相当于算法获得最优解。

16. 蛾群算法

模拟飞蛾夜晚以月光或星光作为定向导航飞行行为。算法根据适应度值的不同把飞蛾分为探路蛾、勘探蛾和观察蛾,在迭代过程中,3种飞蛾的角色会转换。通过融入交叉变异机制和学习机制,确保了种群的多样性及有效地平衡算法的探测和开采能力。

17. 群居蜘蛛优化算法

模拟群居蜘蛛捕食、交配、蜘蛛网设计中的协作行为。个体之间通过蜘蛛网络振动的强弱传递有用信息，搜索个体按雌、雄性别分为两类，寻优过程中依照不同的搜索准则，有效避免个体在优势群体周围的聚集，避免早熟收敛，达到全局搜索。

18. 蟑螂优化算法

蟑螂是群居的社会性昆虫，虽然视力很差，但嗅觉极为灵敏。蟑螂的社会是平等的。每个蟑螂的觅食、寻找黑暗巢穴等行为都会引来其同伴的追随。该算法模拟蟑螂觅食行为，利用了蟑螂社会的平等特性和群体智慧，通过群体协作达到寻优的目的。

19. 天牛须搜索算法

模拟天牛用两只长长的触角探测气味强弱，并朝着气味强的方向移动的觅食行为。在移动一定距离后，再用触角感知探索周围空间，寻找食物气味的最大方向，再转向、移动，经过不断地探测、比较和移动，天牛最终能够找到食物最丰富的地方。

20. 蚯蚓优化算法

该算法基于蚯蚓繁殖行为提出理想化规则，模拟自然界中蚯蚓的两种繁殖方式。通过繁殖1(仅产生一个后代)、繁殖2(能产生一个或多个后代)、交叉算子、加权求和以及柯西突变操作的反复迭代实现对连续和离散约束优化问题的求解。

21. 布谷鸟搜索算法

模拟布谷鸟借巢生蛋和借鸟孵化的繁殖行为，以及它为产蛋寻巢的莱维飞行策略。该算法对布谷鸟寻巢产蛋行为进行了简化、抽象，提出了3个理想化假设条件，模拟布谷鸟寻巢产蛋的繁殖行为和寻巢过程的莱维飞行策略，从而实现对优化问题的求解。

22. 候鸟优化算法

模拟候鸟自然迁徙过程中采用V字形编队飞行行为。该算法包括初始化、领飞鸟进化、跟飞鸟进化和领飞鸟替换4个阶段，具有并行搜索特点。个体的进化不仅在其邻域内搜索较优解，还可以利用前面个体产生的未使用的、较优的邻域解来更新个体。

23. 雁群优化算法

根据雁群结队飞行理论提出5条雁群飞行规则假设：强壮假设、视野假设、全局假设、局部假设、全局假设及简单假设。将上述规则假设同粒子群优化算法相结合，视一只雁为一个粒子，从而改进了标准粒子群优化算法成为一种新的雁群优化算法。

24. 燕群优化算法

模拟燕群的觅食行为，燕群在迁徙和觅食过程中分工为引领燕、探索燕和漫游燕3种角色。燕子个体在迁徙或觅食时不断地根据自身位置改变其角色，进行分工协作，并时刻掌握群体信息，最大限度地保证燕子尽可能快地找到食物源。

25. 麻雀搜索算法

模拟麻雀觅食行为和反捕食行为。麻雀喜欢群居，非常聪明，有很强的记忆力。麻雀通常可以采用“发现者”和“共享者”这两种行为策略进行觅食。在捕食和反捕食群体活动中，麻雀能够用叫声交流信息。麻雀算法就是模拟麻雀群体智慧、觅食和反捕食行为，实现对优化问题求解。

26. 鸽群优化算法

模拟鸽子归巢行为的导航机制，鸽子远离目标时利用地磁场导航，距离目标较近时利用地标进行导航。该算法通过建立地图和指南针算子、地标算子来模拟鸽子在寻找目标的不同阶段使用不同导航工具的寻优机制,实现对函数优化问题的求解。

27. 鸟群算法

该算法从鸟类群体的社交行为和社交互动中提取群体智能并获取信息,提出了描述鸟群种群觅食行为、警惕行为和飞行行为的5个简化规则及其搜索策略,通过模拟鸟类种群觅食行为、警惕行为和飞行行为规则的反复迭代从而实现对函数优化问题的求解。

28. 乌鸦搜索算法

该算法模拟乌鸦群体之间相互追踪窃取食物的社会行为,通过初始化、计算适应度、更新乌鸦位置、评估新位置适应度、更新记忆和判断终止条件操作,从而实现对函数优化问题的求解。该算法具有结构简单、控制参数少、使用灵活等优点。

29. 缎蓝园丁鸟优化算法

该算法模拟雄性缎蓝园丁鸟搭建鸟巢,吸引雌性缎蓝园丁鸟求偶机制,通过随机生成初始鸟巢种群、计算鸟巢对雌性缎蓝园丁鸟的吸引概率、精英化、鸟巢位置的更新和鸟巢变异等步骤,实现对函数优化问题的求解。

30. 海鸥优化算法

该算法模拟海鸥迁徙行为和海鸥攻击行为。迁徙是为了获得最丰富的食物来源的全局搜索过程。海鸥在局部搜索一旦发现猎物就会以螺旋形运动形态对猎物发动攻击,并捕获猎物,相当于求解优化问题获得最优解。

31. 哈里斯鹰优化算法

该算法通过哈里斯鹰对猎物探索、探索与开发的转换、开发这3个阶段,模拟哈里斯鹰采用合作和追逐方式的捕食行为,实现对函数优化问题的求解。该算法具有原理简单、结构灵活、调节参数较少、全局搜索能力强等特点。

32. 秃鹰搜索算法

该算法模拟秃鹰寻找鱼的狩猎策略和智能社交行为。通过将秃鹰的狩猎行为分为选择搜索空间、搜索空间猎物和俯冲捕获猎物3个阶段的迭代运算,实现对各类复杂数值优化问题的求解。该算法具有较强的全局搜索能力。

33. 蝙蝠算法

微型蝙蝠具有惊人的回声定位能力,即使在完全黑暗的环境中,这些蝙蝠也能找到猎物并能区分不同种类的昆虫。蝙蝠算法模拟蝙蝠高级回声定位能力,通过对蝙蝠回声定位行为的公式化描述,从而实现对优化问题的求解。

34. 动态虚拟蝙蝠算法

该算法模拟蝙蝠狩猎时回声定位功能,只用两只动态虚拟蝙蝠——探险者蝙蝠和开发者蝙蝠。蝙蝠根据它们的位置动态交换探险和开发的角色。当探险者蝙蝠探索搜索空间时,攻击者蝙蝠以最大的概率对本地进行密集搜索,以找到所需目标。

35. 飞鼠搜索算法

该算法模拟飞鼠能够根据季节变化选择最佳利用两种食物源营养方式的智能动态觅食行为。通过飞鼠位置初始化、适应度值估计、排序分类和随机选择、位置更新、飞鼠滑行动力学和季节变化对觅食影响操作,求解单模态、多模态和多维优化问题。

36. 混合蛙跳算法

模拟一群青蛙在沼泽地中跳动觅食行为,它以文化算法为框架,局部搜索策略类似粒子群优化的个体进化,全局搜索则包含混合操作。全局性信息交换和内部思想交流机制结合指引着向全局最优点的方向进行搜索，具有避免陷入局部极值的能力。

37. 人工鱼群算法

该算法基于动物自治体模型，从底层描述生物在复杂多变的环境里能够自主地产生自适应的智能行为，同基于行为主义的人工智能方法相结合，通过鱼群觅食、聚群、追尾、随机等行为的不断迭代，实现对优化问题的求解。它具有良好的全局搜索能力。

38. 大马哈鱼洄游算法

模拟捕食者对洄游大马哈鱼捕食策略，小鱼群密度作为函数适应值。捕食者们每搜索到一个新的鱼群密度较大区域时都会相互交流信息，从而实现种群一次位置更新，不断地更新，直至密集最大的鱼群被大马哈鱼捕获，相当于问题求得极值点。

39. 鲸鱼优化算法

模拟鲸鱼独特的泡泡网捕食行为，开始围绕猎物螺旋形成泡泡并向上游去，然后珊瑚循环、尾叶拍打水面和捕获循环。鲸鱼优化算法通过收缩包围机制和螺旋更新位置以模拟鲸鱼群体包围、追捕、攻击猎物等过程实现对优化问题的求解。

40. 海豚回声定位优化算法

该算法模拟海豚依靠回声定位导航和狩猎使用的生物声呐原理，海豚以点击形式持续发声并接受回声的时间间隔大小的判断，不仅能够发现猎物，而且能够评估猎物的距离，通过全局搜索和局部搜索，不断跟踪、瞄准直至捕捉猎物。

41. 海豚群算法

模拟海豚回声定位、信息交流、分工合作的捕食行为。海豚通过回声定位搜索周围的食物，回波强度可以帮助海豚预估猎物的位置及大小。该算法通过海豚搜索、呼叫、接收和捕食4种操作的迭代寻优，实现对函数优化问题的求解。

42. 口孵鱼算法

该算法模拟口孵鱼产出的卵要在口中孵成小鱼，并用大嘴保护幼鱼免受外界危险的优生优育机制，通过口孵鱼的自主运动行为、鱼苗的附加运动、轮盘赌法选择交配个体，鲨鱼攻击或外界危险对口孵鱼运动的影响等环节，实现对函数优化问题的求解。

43. 河豚圆形结构算法

该算法模拟雄性河豚在海床上建造圆形结构的过程，通过定义初始参数、圆形结构半径更新及初始参数设置、圆形结构随迭代次数变化等环节，实现对函数优化问题的求解。其特点是算法参数来自河豚的真实圆形结构，不需要人为确定。

44. 樽海鞘群算法

该算法模拟海洋生物樽海鞘群体在导航和觅食过程中会自发地首尾相连聚集成樽海鞘链，位于链首的樽海鞘为领导者，起引领作用，其余的为跟随者。该算法采用优生劣汰策略不断地更新领导者和跟随者，直至樽海鞘群体成功捕获到食物。

45. 珊瑚礁优化算法

该算法模拟海生无脊椎动物珊瑚虫的繁衍生存及相互之间争夺空间的竞争行为。算法通过初始化、外部有性繁殖、内部有性繁殖、幼虫安置、无性繁殖和毁灭机制等环节不断迭代，实现对优化问题的求解。

46. 磷虾算法

该算法模拟磷虾个体受全局最优食物信息和相邻个体的局部位置信息的引导，形成稳定的虾群结构不断地朝着食物位置移动。算法通过种群迁移引起的个体移动、觅食行为、个体的随机游动、个体位置更新和遗传操作等环节,实现对优化问题的求解。

47. 细菌觅食优化算法

该算法基于大肠杆菌生物模型,模拟大肠杆菌的觅食行为。算法通过趋向性操作、复制操作和迁徙操作模拟大肠杆菌的趋化行为、复制行为、迁徙行为和描述生物群体感应机制的聚集行为等环节,实现对优化问题的求解。

48. 细菌(群体)趋药性算法

该算法模拟细菌在化学引诱剂环境中的运动行为,针对细菌趋药性算法只依赖于单个细菌的运动行为,缺乏考虑在引诱剂环境下细菌群中细菌个体之间的信息交互模式等不足进行了改进。使其全局性、快速性、精度等得到较大的提高。

49. 细菌菌落优化算

该算法模拟细菌菌落生长演化过程,建立了个体泳动、翻滚、停留等运动方式。借鉴菌落中细菌信息交互方式,建立个体信息共享机制,提供了一种在没有任何迭代次数或精度要求的条件下,算法会随着菌落的消失而保持一定精度的自然结束。

50. 病毒种群搜索算法

该算法模拟病毒的生存依靠病毒扩散和宿主细胞感染,宿主的免疫系统起着保护宿主细胞免受病毒感染或破坏的作用。算法通过病毒扩散、宿主细胞感染以及免疫反应3种操作的反复迭代,促使种群个体收敛到全局最优解,实现对优化问题求解。

51. 猫群优化算法

猫具有对移动目标强烈好奇的本性和天生的狩猎技能,该算法模拟猫的搜寻模式(全局搜索)和跟踪模式(局部搜索),通过类似粒子群优化方式对跟踪模式的猫的速度和位置不断更新,实现对复杂问题的优化求解。

52. 鼠群优化算法

老鼠在觅食过程中,选择路径受环境吸引程度和个体经验的影响。虽然老鼠不清楚食物的位置,但是每只老鼠都能快速找到最近的食物,同时又具有找到最近食物趋势的最优策略。鼠群算法模拟老鼠的觅食行为,用于求解机器人路径规划问题。

53. 猫鼠种群算法

将人工鱼群算法和猫群算法相结合,老鼠行为类似于鱼群算法中的鱼群行为。猫群与鼠群之间既存在竞争又存在捕食关系。猫群具有搜索、捕鼠、跟踪行为;鼠群有觅食、聚群、跟随和随机行为。该算法起初用于解决分散式风力发电优化配置问题。

54. 鸡群优化算法

该算法模拟鸡群的等级制度和觅食中的竞争行为,把鸡群分为若干子群,每个子群都有一只公鸡、若干母鸡和小鸡组成。不同的鸡群在等级制度的约束下,在觅食过程中展开竞争,按照各自的运动规律更新位置直至最终搜索到最佳的觅食位置。

55. 斑鬣狗优化算法

该算法模拟斑鬣狗的社会等级以及个体依靠自身的视觉、听觉、嗅觉的捕食行为。通过把斑鬣狗的捕食行为分为搜寻、包围、追捕、攻击猎物4个过程的反复迭代,实现对函数优化问题的求解。它具有原理简单、调节参数少、易于实现的特点。

56. 猴群算法

猴群算法模拟猴群爬山过程的攀爬、眺望、空翻行为,攀爬过程用于找到局部最优解;眺望过程为了找到优于当前解,并接近目标值的点;空翻过程让猴子更快地转移到下一个搜索区域,以便搜索到全局最优解。

57. 蜘蛛猴优化算法

该算法模拟蜘蛛猴种群裂变-融合社会结构的觅食行为,通过种群初始化、本地领导者和全局领导者阶段、全局领导者和本地领导者学习阶段、本地领导者和全局领导者决策阶段的反复迭代,实现对函数优化问题的求解。

58. 狼群算法

该算法模拟狼群严密组织和协作捕猎行为,抽象出游走、召唤、围攻3种智能行为,建立"胜者为王"的头狼产生规则和"强者生存"的狼群更新机制,构建包括头狼、贪狼和猛狼的人工狼群和猎物的分配原则,从而实现对复杂函数优化问题的求解。

59. 灰狼优化算法

该算法模拟灰狼种群的社会等级制度,将灰狼群分为四种类型(α、β、δ、ω),通过灰狼群跟踪、包围、追捕、攻击猎物等过程来模拟狼的捕猎行为,对上述捕猎过程的反复迭代,实现对优化问题的求解。

60. 狮子优化算法

该算法模拟狮群的社会行为及在捕猎、交配、地域标记、防御等竞争过程。在生成解空间后,通过狩猎机制、向安全地方移动、漫游行为、交配等操作的反复迭代,狮子不断地更新位置以提高自身的捕猎能力,实现对优化问题的求解。

61. 北极熊优化算法

该算法模拟北极熊在北极冰地和海洋中寻找猎物行进的过程作为全局搜索策略,将北极熊的具体捕猎行为作为局部搜索策略,并采用控制种群出生和死亡的机制来模拟自然条件下北极熊的繁衍生存行为,实现对函数优化问题的求解。

62. 大象放牧优化算法

该算法模拟大象的放牧行为,用于求解连续空间全局优化问题。该算法包括氏族更新操作和分离操作两个阶段——氏族中的大象执行局部搜索,离开氏族的公象执行全局搜索。该算法具有结构简单、控制参数少以及易于和其他方法相结合等特点。

63. 象群水搜索算法

该算法模拟象群的水源搜索策略,象群在附近区域局部搜索水源或去更偏远的地方全局搜索水源,并以概率对两种搜索形式进行切换。通过大象速度更新、位置更新、惯性权重更新和切换概率更新环节的反复迭代,实现对函数优化问题的求解。

64. 自私兽群优化算法

该算法模拟群居动物遇到被捕猎危险时的自私行为。将种群分为猎物组和狩猎组并初始化后,通过个体生存价值、种群/猎物组/狩猎组个体之间交流及位置更新、交配等操作的反复迭代,实现对优化问题的求解。

65. 捕食搜索算法

该算法模拟动物的捕食策略,先是在整个搜索空间进行全局搜索,直至找到一个较优解;然后在较优解附近的区域进行集中搜索,如果搜索很多次也没有找到更优解,则放弃局域搜索;再在整个搜索空间进行全局搜索。如此循环,直至找到最优解。

66. 自由搜索算法

自由搜索算法是模拟生物界中相对高等的多种群居动物的觅食习性,采用蚂蚁的信息素指导其行动,借鉴马牛羊个体各异的嗅觉和机动性感知能力特征,提出了灵敏度和邻域搜索半径的概念,通过信息素和灵敏度的比较确定寻优目标。

67. 食物链算法

该算法基于生态系统进化的观点,引入生命能量系统的相互作用关系及其在生态系统进化中的影响,通过计算机来创造人工生命,利用人工生命体之间及与人工生命环境之间的相互作用,进而产生群落突现现象,并以此来实现对全局优化问题的求解。

68. 生物共生搜索算法

该算法模拟共生生物体在生态系统中生存和繁殖所采用的相互作用策略。在算法中新的一代解模仿两种生物之间的相互作用,通过个体之间的互利共生、偏利共生、寄生等操作迭代,进行信息交互,改善个体适应度值,进而取得优化问题的最优解。

69. 生物地理模型优化算法

该算法基于物种在栖息地之间迁移过程中物种数量的概率曲线存在极值的情况,在对栖息地初始化后,通过迁移操作、变异操作和消除操作的反复迭代,不断提高栖息地的适应性,即提高了解的质量,直至获得优化问题的最优解。

70. 竞争优化算法

使用蚁群算法、粒子群算法、蜂群算法和猫群算法4种优化算法作为竞争者,通过帝国竞争算法来决定哪些算法可以存活,哪个算法的群体必须增加及哪个算法必须减少。每次迭代后4种算法交互竞争,识别最弱物种并使其最弱成员帮其他物种加强。

第34章　蚁群优化算法

蚂蚁个体结构和行为都很简单,但这些简单个体所构成的群体——蚁群,却表现出高度结构化的社会组织,所以蚂蚁是一种典型的社会性昆虫。蚂蚁群体的觅食、筑巢等行为显示出高度的组织性和智慧。蚂蚁群体能从蚁巢到食物源找到一条最短路径的觅食过程蕴含着最优化的思想,蚁群算法正是基于这一思想而创立的,它开创了群智能优化算法的先河。本章首先介绍蚂蚁的习性及觅食行为、蚁群觅食策略的优化原理、蚁群算法的模型及基本蚁群算法的流程。

34.1　蚁群优化算法的提出

蚁群优化(Ant Colony Optimization,ACO)算法是1991年由意大利M. Dorigo博士等提出的一种群智能优化算法,它模拟蚁群能从蚁巢到食物源找到一条最短路径的觅食行为,并成功用于求解组合优化的TSP问题。后来,一些研究者把它改进应用于连续优化问题。

2008年,Dorigo等又提出了一种求解连续空间优化问题的扩展蚁群优化(Extension of Ant Colony Optimization,ACO_R)算法,通过引入解存储器作为信息素模型,使用了连续概率分布取代ACO算法中离散概率分布,将基本蚁群算法的离散概率选择方式连续化,从而将其拓展到求解连续空间优化问题。

34.2　蚂蚁的习性及觅食行为

1. 蚂蚁的习性与蚁群社会

蚂蚁是一种社会性昆虫,起源在一亿年前。蚂蚁种类为9000～15 000种,但无一独居,都是群体生活,建立了独特的蚂蚁社会。之所以说蚂蚁是一种社会性昆虫,是因为蚂蚁不但有组织、有分工,还有相互的信息的传递。蚂蚁有着独特的信息系统:视觉信号、声音通信和更为独特的无声语言——分泌化学物质信息素(Pheromone)。

蚂蚁王国分工细致,职责分明,有专门产卵的蚁后;有为数众多,从事觅食打猎,兴建屋穴,抚育后代的工蚁;有负责守卫门户,对敌作战的兵蚁;还有专备蚁后招婚纳赘的雄蚁。蚁后产下的受精卵发育成工蚁或新的蚁后,而未受精的卵发育成为雄蚁。雄蚁是二倍体,雌蚁(工蚁和蚁后)是单倍体,所以在蚂蚁社会,姐妹情大于母女情。

2. 蚂蚁觅食行为与信息素

昆虫学家研究发现:蚂蚁有能力在没有任何可见提示下找出从蚁穴到食物源的最短路

径,并能随环境变化而自适应地搜索新的路径。蚂蚁在从食物源到蚁穴并返回过程中,能在走过的路径上分泌一种化学物质——信息素,通过这种方式形成信息素轨迹(或踪迹),蚂蚁在运动中能感知这种物质的存在及其强度,以此指导自己的运动方向。

蚂蚁之间通过接触提供的信息传递来协调其行动,并通过组队相互支援,当聚集的蚂蚁数量达到某一临界数量时,就会涌现出有条理的大军。蚂蚁的觅食行为完全是一种自组织行为,自组织地选择去往食物源的路径。

34.3 蚁群觅食策略的优化原理

1. 对称二元桥实验

对称二元桥实验如图34.1所示,目的是让一些蚂蚁从蚁巢处出发,分别通过A桥、B桥到达食物源。设起初两个桥上都没有信息素,走两个分支蚂蚁的概率相同。实验中有意选择A桥的蚂蚁数多于B桥,由于蚂蚁在行进中要释放信息素,因此A桥的信息素多于B桥,从而使更多蚂蚁走A桥。Deneubourg开发了一个信息素模型如下。

设 A_i 和 B_i 是第 i 只蚂蚁过桥后已经走过A桥和B桥的蚂蚁数,第 $i+1$ 只蚂蚁选择A桥(或B桥)的概率为

$$P_A=\frac{(K+A_i)^n}{(K+A_i)^n+(K+B_i)^n}=1-P_B \tag{34.1}$$

其中,n 为非线性程度的参数;K 为未标记分支的吸引程度。

式(34.1)表明,走A桥的蚂蚁越多,选择A桥的概率越高。

2. 不对称二元桥实验

如图34.2所示,其中,AB<AC、BD<CD、ABD<ACD为不对称二元桥。已知蚂蚁从蚁巢到食物源经过的路径分别为蚁巢→ABD→食物源和蚁巢→ACD→食物源,其长度分别为4和6个单位长度。设蚂蚁在单位时间内可移动一个单位长度的距离,并释放一个单位的信息素。开始时所有路径上都未留有任何信息素。

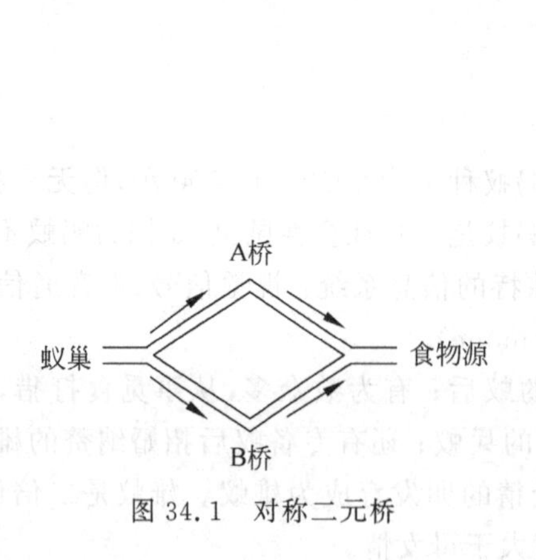

图34.1 对称二元桥

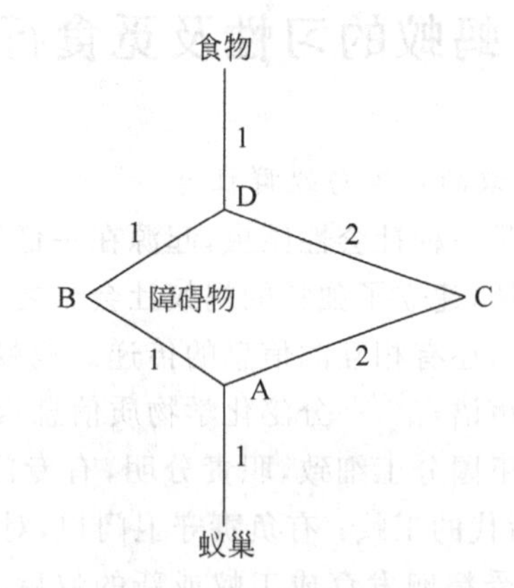

图34.2 不对称二元桥

在 $t=0$ 时刻,第一组有20只蚂蚁从蚁巢出发移动到A,由于所有的道路上都没有信息素,它们以相同概率选择左侧(ABD)路径或右侧(ACD)路径。因此,有10只蚂蚁走左侧

(ABD),10 只走右侧(ACD)。

在第 4 个单位时间,走左侧(ABD)路径到达食物源的蚂蚁将折回,此时走右侧(ACD)路径蚂蚁到达 CD 中点处。

在第 5 个单位时间,两组蚂蚁将在 D 点相遇。此时 BD 上的信息素数量和 CD 上的相同,因为各有 10 只蚂蚁选择了相应的路径,从而有 5 只返回的蚂蚁选择 BD 而另 5 只将选择 CD,走右侧(ACD)路径的蚂蚁继续向食物方向移动。

在第 8 个单位时间,前 5 只蚂蚁将返回蚁巢,此时在 AC 中点处、CD 中点处及 B 点上各有 5 只蚂蚁。

在第 9 个单位时间,前 5 只蚂蚁又回到 A,并且再次面对往左还是往右的路径选择。这时,AB 上的轨迹数是 20 而 AC 上是 15,因此将有较为多数的蚂蚁选择往左,从而增强了该路线的信息素。

随着上述过程的继续,两条路径上的信息素数量的差距将越来越大,直至绝大多数蚂蚁都选择了最短的路径。这就是蚂蚁从蚁巢到食物源的觅食过程中能够找到最优路径的原理。

3. 蚂蚁觅食过程的优化机理

蚂蚁的觅食行为实质上是一种通过简单个体的自组织行为所体现出来的一种群体行为,具有以下两个重要特征。

(1) 蚂蚁觅食的群体行为具有正反馈过程,反馈的信息是全局信息。通过反馈机制进行调整,可对系统的较优解起到自增强的作用。从而使问题的解向着全局最优的方向演变,最终获得全局最优解。

(2) 具有分布并行计算能力,可使算法全面地在多点同时进行解的搜索,有效地降低陷入局部最优解的可能性。

34.4　蚁群优化算法的原型——蚂蚁系统模型的描述

Dorigo 提出的蚁群优化算法以求解 TSP 问题为背景建立了蚂蚁系统模型,包括蚂蚁系统的符号定义、为人工蚁赋予特征、确定蚂蚁移动策略、信息素更新规则等。

1. 蚂蚁系统的符号定义

m 表示蚂蚁数目;

$b_i(t)$表示 t 时刻位于城市 i 的蚂蚁个数,它表示为

$$m=\sum_{i=1}^{n}b_i(t) \tag{34.2}$$

d_{ij} 表示两城市 i、j 的距离;

η_{ij} 为路径(i,j)的能见度,反映由城市 i 转移到 j 的启发程度,一般取$(1/d_{ij})$;

τ_{ij} 为路径(i,j)间的信息素强度;

Δij 为蚂蚁 k 在(i,j)路径上单位长度留下的信息素量;

p_{ij}^k 为蚂蚁 k 从 $i\rightarrow j$ 转移的概率,j 是尚未访问的城市。

2. 为每个人工蚁赋予特征

(1) 从 $i\rightarrow j$ 完成一次循环后在路径(i,j)上释放信息素。

(2) 蚂蚁以一定概率选择下一个要访问的城市,该概率是城市 i 与 j 之间路径存在信息

素轨迹量的函数。

(3) 不允许蚂蚁访问已访问过的城市(TSP问题所要求)。

3. 蚂蚁移动策略

受信息素启发选择路径采用随机比例规则,在 t 时刻,蚂蚁 k 在城市 i,选择城市 j 的转移概率 $p_{ij}^{k}(t)$ 为

$$p_{ij}^{k}(t)=\begin{cases}\dfrac{\tau_{ij}^{\alpha}(t)\eta_{ij}^{\beta}(t)}{\sum\limits_{s\in \text{allowed}_k}\tau_{is}^{\alpha}(t)\eta_{is}^{\beta}(t)} & j\in \text{allowed}_k\\ 0 & \text{其他}\end{cases} \tag{34.3}$$

式(34.3)表明,转移概率 p_{ij}^{k} 与 $\tau_{ij}^{\alpha}(t)\eta_{ij}^{\beta}(t)$ 成正比。α、β 分别反映蚂蚁在运动中所积累的信息和启发信息在选择路径中的相对重要性。

为满足蚂蚁对TSP求解不能重复走过同一城市的约束条件,对人工蚁设计禁忌表以满足约束条件。

经过 n 时刻,蚂蚁完成一次循环,各路径上信息素调整为

$$\tau_{ij}(t+1)=\rho\cdot\tau_{ij}(t)+\Delta\tau_{ij}(t,t+1) \tag{34.4}$$

$$\Delta\tau_{ij}(t,t+1)=\sum_{k=1}^{m}\Delta\tau_{ij}^{k}(t,t+1) \tag{34.5}$$

其中,$\Delta\tau_{ij}^{k}(t,t+1)$ 为第 k 只蚂蚁在 $(t,t+1)$ 时刻留在路径 (i,j) 上的信息素量;$\Delta\tau_{ij}(t,t+1)$ 为本次循环路径 (i,j) 的信息素量的增量;ρ 为路径上信息素的挥发系数(通常取 $\rho<1$)。

根据 $\Delta\tau_{ij}$、$\Delta\tau_{ij}^{k}$ 及 P_{ij}^{k} 的表达形式的不同,Dorigo 定义了以下3种不同的蚂蚁系统模型。

(1) 蚁密系统(Ant Density System)

$$\Delta\tau_{ij}^{k}(t,t+1)=\begin{cases}Q & \text{第}\,k\,\text{只蚂蚁在}(t,t+1)\text{间经过路径}(i,j)\\ 0 & \text{其他}\end{cases} \tag{34.6}$$

(2) 蚁量系统(Ant Quantity System)

$$\Delta\tau_{ij}^{k}(t,t+1)=\begin{cases}\dfrac{Q}{d_{ij}} & \text{第}\,k\,\text{只蚂蚁在}(t,t+1)\text{间经过路径}(i,j)\\ 0 & \text{其他}\end{cases} \tag{34.7}$$

(3) 蚁周系统(Ant Cycle System)

$$\Delta\tau_{ij}^{k}(t,t+n)=\begin{cases}\dfrac{Q}{L_k} & \text{第}\,k\,\text{只蚂蚁经过}\,n\,\text{步的一次循环中经过路径}(i,j)\\ 0 & \text{其他}\end{cases} \tag{34.8}$$

其中,式(34.6)中 Q 为一只蚂蚁经过路径 (i,j) 单位长度上释放的信息素量;式(34.7)中 (Q/d_{ij}) 为一只蚂蚁在经过路径 (i,j) 单位长度上释放的信息素量;式(34.8)中 (Q/L_k) 为第 k 只蚂蚁在 $(t,t+n)$ 经过 n 步的一次循环中走过路径 (i,j) 长度 L_k 所释放的信息素量。

在上述蚁密、蚁量系统模型中,利用的是局部信息,而蚁周系统利用的是整体信息,通常使用蚁周系统模型,它也被称为基本蚁群算法。

在蚁周系统中信息素的更新应用下式:

$$\tau_{ij}(t,t+n)=\rho_1\cdot\tau_{ij}(t)+\Delta\tau_{ij}(t,t+n) \tag{34.9}$$

$$\Delta\tau_{ij}(t,t+n)=\sum_{k=1}^{m}\Delta\tau_{ij}^{k}(t,t+n) \tag{34.10}$$

其中，ρ_1 与 ρ 不同，因为该方程式不再是在每一步都对轨迹进行更新，而是在一只蚂蚁建立了一个完整的路径（n 步）后再更新轨迹量。

34.5　基本蚁群优化算法的流程

基本蚁群优化算法又称标准蚁群优化算法，它的流程如图 34.3 所示。

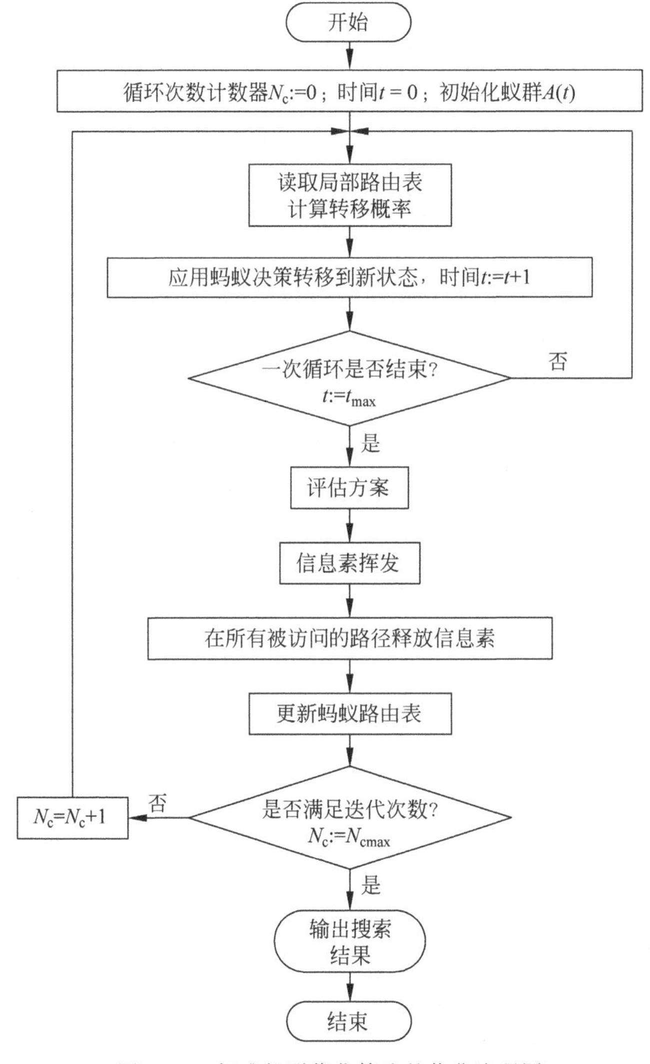

图 34.3　标准蚁群优化算法的优化流程图

用蚁群优化算法解决旅行商问题(TSP)的流程如图34.4所示。

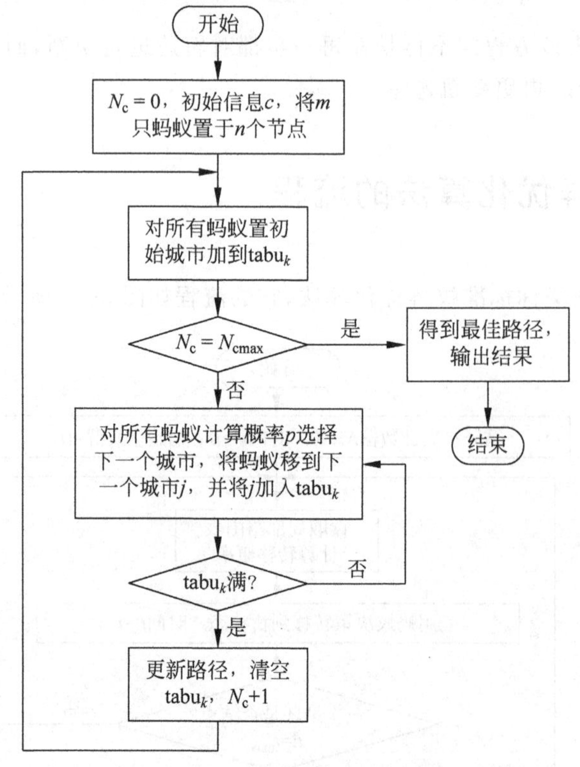

图34.4 求解TSP问题的蚁群算法流程图

第35章 蚁狮优化算法

蚁狮优化算法模拟自然界的蚁狮构造陷阱捕捉蚂蚁的狩猎行为。蚁狮在狩猎捕食前在沙质土中挖漏斗状沙坑作为陷阱,它自身隐藏在沙坑底部,等待被捕食的蚂蚁或其他小昆虫的到来。该算法通过随机游走、构造陷阱、诱捕蚂蚁、捕获蚂蚁、重筑陷阱和精英更新等操作的反复迭代,实现对函数优化问题的求解。本章实现介绍蚁狮的狩猎行为,然后阐述蚁狮优化算法的原理、数学描述及蚁狮优化算法的实现。

35.1 蚁狮优化算法的提出

蚁狮优化(Ant Lion Optimizer,ALO)算法是2014年由澳大利亚学者Seyedali Mirjalili提出的一种群智能优化算法。蚁狮优化算法模拟自然界中的蚁狮构造陷阱捕猎蚂蚁的行为。该算法通过蚂蚁的随机游走、蚁狮构造陷阱、诱捕蚂蚁、捕获蚂蚁、重筑陷阱和精英更新来实现对函数优化问题求解。

蚁狮优化算法具有调节参数少、求解精度高的优点,已被成功应用于三杆桁架设计、船舶螺旋桨形状优化、无人机三维航迹规划、天线布局优化、短期风电功率发电调度和控制器参数优化等工程领域。

35.2 蚁狮的狩猎行为

蚁狮(Antlions)属脉翅目、蚁蛉科昆虫,又称蚁蛉,其生存期包括幼虫和成虫两个阶段。它们大多在幼虫期捕猎,在成年期繁殖。成虫与幼虫皆以其他昆虫为食。

一只蚁狮在狩猎捕食前,在沙质土中先用其巨大的下颚通过旋转和向下挖掘漏斗状的沙坑作为陷阱,用来诱捕猎物,如图35.1(a)所示。挖完陷阱后,蚁狮就隐藏在沙坑的底部,等待

(a) 蚁狮挖掘圆锥形的沙坑

(b) 蚁狮隐藏在沙坑的底部

图35.1 圆锥形陷阱和蚁狮的狩猎行为

蚂蚁(当然也包括其他一些小昆虫)到来,如图35.1(b)所示。在蚁狮周围随机游走的蚂蚁有可能落入沙坑中。蚂蚁一旦落入陷阱后会拼命试图逃脱,这时蚁狮向陷阱边缘抛沙,迫使蚂蚁向下滑动。最后蚂蚁掉入陷阱的底部,被蚁狮捕获并吃掉。随后蚁狮会重新构造陷阱,以准备进行下一次捕猎。

35.3 蚁狮优化算法的原理

蚁狮优化算法模拟自然界中蚁狮捕捉蚂蚁的狩猎行为,实现对函数优化问题的求解。在利用陷阱捕捉蚂蚁的过程中,根据捕捉蚂蚁数量的多少蚁狮调整陷阱的位置,并在当前位置的周围寻找更佳的陷阱位置。蚁狮通过不断地构造陷阱,当其中某个陷阱捕捉到的蚂蚁数量超过目前最佳陷阱位置时,则认为出现了更好的陷阱位置,这样不断进行位置更换,最终找到最佳的陷阱位置。

蚁狮优化算法包括蚂蚁的随机游走、陷阱对蚂蚁随机游走的影响、蚁狮捕获策略、捕获猎物并重筑陷阱、精英更新来实现对函数优化问题的求解。和粒子群算法中记录最佳位置粒子一样,蚁狮优化算法通过记录最佳陷阱的位置来保证算法收敛的一致性。

35.4 蚁狮优化算法的数学描述

1. 蚂蚁的随机游走

由于蚂蚁在搜寻食物时随机移动,因此选择一个随机游走过程模拟蚂蚁在可行域的运动过程,数学上可表示为

$$X(t)=[0,\mathrm{cumsum}(2r(t_1)-1),\mathrm{cumsum}(2r(t_2)-1),\cdots,\mathrm{cumsum}(2r(t_n)-1)] \tag{35.1}$$

其中,$X(t)$为蚂蚁的随机游走步数集;cumsum 为计算累加和;n 为最大的迭代步数;$r(t)$为一个随机函数,定义为

$$r(t)=\begin{cases}1 & \mathrm{rand}>0\\ 0 & \mathrm{rand}\leqslant 0\end{cases} \tag{35.2}$$

其中,t 为随机游走步数;rand 为[0,1]上均匀分布的随机数。

图35.2给出了500次迭代中的3次随机游走曲线,可以看出,随机游走过程具有较强的搜索能力。

为了保证蚂蚁随机游走在可行域的范围内,不能只根据式(35.1)更新蚂蚁的位置,还要根据下式对它们进行归一化为

$$X_i^t=\frac{(X_i^t-a_i)\times(d_i-c_i^t)}{(d_i^t-a_i)}+c_i \tag{35.3}$$

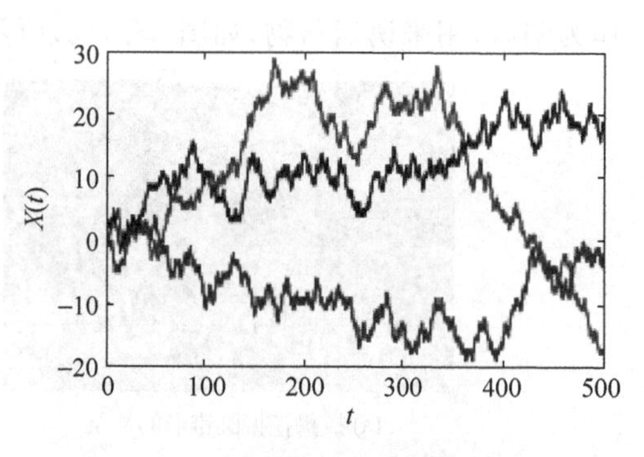

图35.2 蚂蚁的3次随机游走过程

其中，X_i^t 为第 i 只蚂蚁在第 t 代的归一化位置；a_i 为第 i 个变量随机游走的最小值；d_i 为第 i 个变量随机游走的最大值；c_i^t 为第 t 代第 i 个变量的最小值，d_i^t 为第 t 代第 i 个变量的最大值。

2. 陷阱对蚂蚁随机游走的影响

蚁狮陷阱对落入陷阱的蚂蚁随机游走行动产生影响，数学上表示为

$$c_i^t = \text{Antlion}_j^t + c^t \tag{35.4}$$

$$d_i^t = \text{Antlion}_j^t + d^t \tag{35.5}$$

其中，c^t 为第 t 代所有变量的最小值；d^t 为第 t 代所有变量的最大值；c_i^t 为第 t 代第 j 只蚂蚁的最小值；d_i^t 为第 t 代第 j 只蚂蚁的最大值；Antlion_j^t 为第 t 代选中的第 j 只蚁狮的位置。

式(35.4)和式(35.5)表明，蚂蚁随机地走在蚁狮周围由选定向量 $\boldsymbol{c}$ 和 $\boldsymbol{d}$ 定义的超级球面上。图 35.3 表示了一只蚂蚁在陷阱二维空间内随机行走的模型。

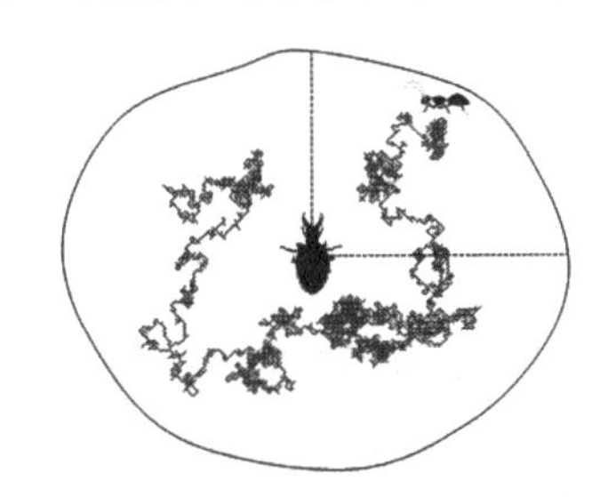

图 35.3　蚂蚁在陷阱二维空间内随机行走模型

3. 蚁狮的捕获策略

每只蚂蚁只能被一只蚁狮捕获，捕获某只蚂蚁的蚁狮是通过轮盘赌策略来选择的，适应度越高的蚁狮有着更高的捕获蚂蚁的机会。蚂蚁一旦落入陷阱，蚁狮就会向外扬沙迫使蚂蚁向沙坑底滑落，而不至于逃脱，因此蚂蚁围绕蚁狮的随机游走范围将急剧缩小，数学上表示为

$$c^t = \frac{c^t}{I} \tag{35.6}$$

$$d^t = \frac{d^t}{I} \tag{35.7}$$

$$I = \begin{cases} 1 & t \leqslant 0.1T \\ 10^w \cdot \dfrac{t}{T} & t > 0.1T \end{cases} \tag{35.8}$$

其中，I 为比例系数；T 为最大迭代次数；w 为一个随着迭代次数增大的数。当 $t>0.1T$ 时，$w=2$；当 $t>0.5T$ 时，$w=3$；当 $t>0.75T$ 时，$w=4$；当 $t>0.9T$ 时，$w=5$；当 $t>0.95T$ 时，$w=6$。

4. 捕获猎物并重筑陷阱

当蚂蚁掉到沙坑底部时，若某只蚂蚁的适应度变得高于蚁狮的适应度时，则认为它已被蚁狮捕获。为增加捕获新猎物的机会，此时蚁狮会根据蚂蚁的位置来更新其位置为

$$\text{Antlion}_j^t = \text{Ant}_i^t \quad f(\text{Ant}_i^t) > f(\text{Antlion}_j^t) \tag{35.9}$$

其中，t 为当前的迭代次数；Ant_i^t 为第 i 只蚂蚁在第 t 代的位置；Antlion_i^t 为第 i 只蚁狮在第 t 代的位置；f 为适应度函数。

5. 精英更新

将适应度最好的蚁狮作为精英，它能够影响所有蚂蚁的游走行为。假定每只蚂蚁的随机游走同时受到轮盘赌策略选择的蚁狮和精英的影响，第 t 只蚂蚁在第 $t+1$ 代的位置为

$$\text{Ant}_i^{t+1} = \frac{R_A^t(l) + R_E^t(l)}{2} \tag{35.10}$$

其中，Ant_i^{t+1} 为第 $t+1$ 代第 i 只蚂蚁的位置；$R_A^t(l)$为围绕第 t 代轮盘赌策略选择的蚁狮随

机游走第 l 步产生的值；$R_E^t(l)$ 为围绕第 t 代的精英随机游走第 l 步产生的值；l 为随机游走步数，可以选 $l=t$。

35.5 蚁狮优化算法的实现

对于求解全局优化问题，蚁狮优化算法可定义为如下三元组函数：

$$\mathrm{ALO}(A,B,C) \tag{35.11}$$

其中，A 为随机产生初始解的函数；B 为对 A 提供的初始种群进行操作的函数；C 为满足结束条件时返回的操作函数。函数 A、B 和 C 分别定义为

$$\phi \xrightarrow{A} \{M_{\mathrm{Ant}},M_{\mathrm{OA}},M_{\mathrm{Antlion}},M_{\mathrm{ALO}}\} \tag{35.12}$$

$$\{M_{\mathrm{Ant}},M_{\mathrm{Antlion}}\} \xrightarrow{B} \{M_{\mathrm{Ant}},M_{\mathrm{Antlion}}\} \tag{35.13}$$

$$\{M_{\mathrm{Ant}},M_{\mathrm{Antlion}}\} \xrightarrow{C} \{\mathrm{true},\mathrm{false}\} \tag{35.14}$$

其中，M_{Ant} 为蚂蚁的位置矩阵；M_{Antlion} 为蚁狮的位置矩阵；M_{OA} 为相应蚂蚁的适应度矩阵；M_{ALO} 为蚁狮的适应度矩阵。

蚁狮优化算法的伪代码描述如下。

```
随机初始化蚂蚁群体和蚁狮群体
 计算每只蚂蚁和蚁狮的适应度值
找到最好的蚁狮设为初始解(最优解)
while 不满足结束条件
 for 每一只蚂蚁
   使用轮盘赌策略选择一个蚁狮
   使用式(35.6)和式(35.7)更新 c 和 d
   创建一个随机游走并用式(35.1)和式(35.3)进行归一化
   使用式(35.10)更新蚂蚁的位置
 end for
 计算所有蚂蚁的适应度值
 用式(35.9)确定为更好的蚂蚁替换一个蚁狮
 用一个比精英更好的蚁狮替换精英
end while
Return 精英
```

第36章　粒子群优化算法

粒子群优化算法是模拟鸟类觅食行为的群智能优化算法。鸟类在飞行过程中，当一只鸟飞离鸟群而飞向栖息地时，将影响其他鸟也飞向栖息地。鸟类寻找栖息地的过程与对一个特定问题寻找解的过程相似。鸟在搜索空间中以一定的速度飞行，要根据自身的飞行经历和周围同伴的飞行经历比较，模仿其他优秀个体的行为，不断修正自己的速度的大小和方向。鸟在粒子群算法中被视为一个粒子，粒子们追随当前的最优粒子在解空间搜索最优解。本章介绍粒子群优化算法的基本原理、描述、实现步骤、流程，以及粒子群优化算法的特点及其改进。

36.1　粒子群优化算法的提出

粒子群优化(Particle Swarm Optimization，PSO)算法是在1995年由美国社会心理学家Kennedy和电气工程师Eberhart共同提出的，又称为粒群算法、微粒群算法。

最初PSO算法模拟鸟群捕食的群体智能行为，它是以研究连续变量最优化问题为背景提出的。虽然PSO算法是针对连续优化问题而提出的，但通过二进制编码可以得到离散变量的PSO形式。因此，它也可以用于离散系统的组合优化问题求解，如用于求解TSP问题等。PSO还可以用于求解多目标优化、带约束优化、多峰函数优化、聚类、调度与规划、控制器参数优化等问题。

36.2　粒子群优化算法的基本原理

PSO算法的基本思想是利用生物学家Heppner的生物群体模型，模拟鸟类觅食等群体智能行为的进化算法。鸟类在飞行过程中是相互影响的，当一只鸟飞离鸟群而飞向栖息地时，将影响其他鸟也飞向栖息地。鸟类寻找栖息地的过程与对一个特定问题寻找解的过程相似。鸟的个体要与周围同类比较，模仿优秀个体的行为，因此可利用其解决优化问题，而人类的决策过程使用了两种重要的知识：一类是自己的经验；二是他人的经验。这样有助于提高决策的科学性。

鸟在飞行过程中要具有个性，鸟不能互相碰撞，又要求鸟的个体要向寻找到好解的其他鸟学习。因此，通过仿真研究鸟类群体行为时，要考虑以下3条基本规则。

(1) 飞离最近的个体，以避免碰撞。

(2) 飞向目标(食物源、栖息地、巢穴等)。

(3) 飞向群体的中心,以避免离群。

PSO算法模拟鸟类捕食行为。假设一群鸟在只有一块食物的区域内,随机捕索食物。所有鸟都不知道食物的位置,但它们知道当前位置与食物的距离,最为简单而有效的方法是搜寻目前离食物最近的鸟的区域。PSO算法从这种思想得到启发,将其用于解决优化问题。

设每个优化问题的解是搜索空间中的一只鸟,把鸟视为空间中的一个没有重量和体积的理想化"质点",称为"粒子"或"微粒",每个粒子都有一个由被优化函数所决定的适应度值,还有一个速度决定它们的飞行方向和距离。然后粒子通过追随当前的最优粒子在解空间中搜索最优解。

36.3 粒子群优化算法的描述

设 n 维搜索空间中,粒子 i 的当前位置 X_i、当前飞行速度 V_i 及所经历的最好位置 P_i(即具有最好适应度值的位置)分别表示为

$$X_i=(x_{i1},x_{i2},\cdots,x_{in}) \tag{36.1}$$

$$V_i=(v_{i1},v_{i2},\cdots,v_{in}) \tag{36.2}$$

$$P_i=(p_{i1},p_{i2},\cdots,p_{in}) \tag{36.3}$$

对于最小化问题,若 $f(X)$为最小化的目标函数,则微粒 i 的当前最好位置由下式确定

$$P_i(t+1)=\begin{cases} P_i(t) & f(X_i(t+1))\geqslant f(P_i(t)) \\ X_i(t+1) & f(X_i(t+1))<f(P_i(t)) \end{cases} \tag{36.4}$$

设群体中的粒子数为 S,群体中所有粒子所经历过的最好位置为 $P_g(t)$,称为全局最好位置,即

$$f(P_g(t))=\min\{f(P_1(t)),f(P_2(t)),\cdots,f(P_s(t))\},\quad P_g(t)\in\{P_1(t),P_2(t),\cdots,P_s(t)\} \tag{36.5}$$

基本粒子群算法粒子 i 的进化方程可描述为

$$v_{ij}(t+1)=v_{ij}(t)+C_1r_{1j}(t)(P_{ij}(t)-x_{ij}(t))+C_2r_{2j}(t)(P_{gj}(t)-x_{ij}(t)) \tag{36.6}$$

$$x_{ij}(t+1)=x_{ij}(t)+v_{ij}(t+1) \tag{36.7}$$

其中,$v_{ij}(t)$为粒子 i 第 j 维第 t 代的运动速度;C_1、C_2 为加速度常数;r_{1j}、r_{2j} 分别为两个相互独立的随机数;$P_g(t)$为全局最好粒子的位置。

式(36.6)描述了粒子 i 在搜索空间中以一定的速度飞行,这个速度要根据自身的飞行经历(式(36.6)中右第2项)和同伴的飞行经历(式(36.6)中右第3项)进行动态调整。

PSO算法中粒子飞行方向的校正示意如图36.1所示,图中 $P_i(t)$是粒子 i 当前所处位置,$P_{ib}(t)$是粒子 i 到目前为止找到的最好位置,$P_{gb}(t)$是当前种群 $X(t)$到目前为止找到的最好位置;$v_i(t)$是粒子 i 的当前飞行速度。$v_i(t+1)$是粒子 i 的$(t+1)$时刻根据它自身到目前为止找到的最好位置,以及当前种群到目前为止找到的最好位置来调整后的运动速度。

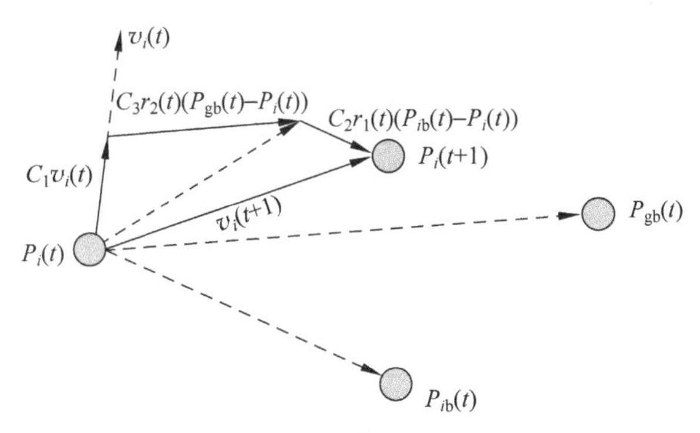

图 36.1　PSO 算法中粒子 i 飞行方向校正图

36.4　粒子群优化算法的实现步骤及流程

在问题求解中，每个粒子以其几何位置与速度向量表示，每个粒子参考自身所经历的最优方向和整个鸟群所公共认识的最优方向来决定自己的飞行方向。

每个粒子 X 可标识为

$$X=\langle p,\boldsymbol{v}\rangle=\langle \text{几何位置,速度向量} \rangle \tag{36.8}$$

PSO 算法的实现步骤如下。

(1) 构造初始粒子群体，随机产生 n 个粒子 $X_i=\langle p_i,v_i\rangle(i=1,2,\cdots,n)$。

$$\begin{aligned}X(0)&=(X_1(0),X_2(0),\cdots,X_n(0))\\&=(\langle p_1(0),v_1(0)\rangle,\langle p_2(0),v_2(0)\rangle,\cdots,\langle p_n(0),v_n(0)\rangle)\end{aligned} \tag{36.9}$$

置 $t:=0$。

(2) 选择。

① 假定以概率 1 选择 $X(t)$每一个体。

② 求出每个粒子 i 到目前为止所找到的最优粒子 $X_{ib}(t)=\langle P_{ib}(t),v_{ib}(t)\rangle$。

③ 求出当前种群 $X(t)$到目前为止所找到的最优粒子 $X_{gb}(t)=\langle P_{gb}(t),v_{gb}(t)\rangle$。

(3) 繁殖，对每个粒子 $X_i(t)=\langle p_i(t),v_i(t)\rangle$，令

$$p_i(t+1)=p_i(t)+\alpha v_i(t+1) \tag{36.10}$$

$$\begin{aligned}v_i(t+1)=&C_1v_i(t)+C_2r_1(0,1)[P_{ib}(t)-P_i(t)]+\\&C_3r_2(0,1)[P_{gb}(t)-P_i(t)]\end{aligned} \tag{36.11}$$

其中，$r_1(0,1)$、$r_2(0,1)$分别为(0，1)中的随机数；C_1 为惯性系数；C_2 为自身认知系数；C_3 为社会学习系数；一般 C_2、C_3 取值为 0～2，C_1 为 0～1。

由此形成第 $t+1$ 代粒子群。

$$\begin{aligned}X(t+1)&=(X_1(t+1),X_2(t+1),\cdots,X_n(t+1))\\&=(\langle p_1(t+1),v_1(t+1)\rangle,\langle p_2(t+1),v_2(t+1)\rangle,\cdots,\langle p_n(t+1),v_n(t+1)\rangle)\end{aligned} \tag{36.12}$$

(4) 终止检验，如果 $X(t+1)$已产生满足精度的近似解或达到进化代数要求，则停止计算并输出 $X(t+1)$最佳个体为近似解。

否则对于 $t:=t+1$ 转入步骤(2)。

一个基本微粒群算法流程如图 36.2 所示。

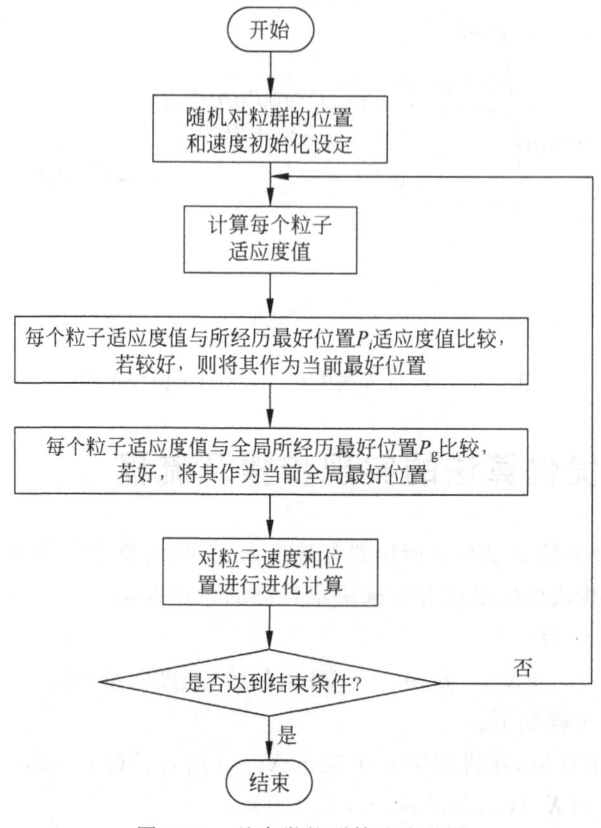

图 36.2　基本微粒群算法流程图

36.5　粒子群优化算法的特点及其改进

PSO 算法具有的特点是：设计模型简单，无须梯度信息，控制参数较少，易于实现，运行速度快；但存在收敛过程易出现停滞及收敛精度较低的缺点。

为了提高基本 PSO 算法的局部搜索能力和全局搜索能力以加快搜索速度，提出了一些改进方法。

1. 带有惯性因子的 PSO 算法

对于式(36.11)中 $v_i(t)$项前加以惯性权重 ω，一般选取

$$\omega(t)=(0.9\sim 0.5)t/[\text{最大截止代数}] \tag{36.13}$$

此外，对惯性因子可以在线动态调整，如采用模糊逻辑将 $v_i(t)$表示成[低]、[中]、[高] 3 个模糊语言变量，通过模糊推理决定相应的加权大小。

2. 带有收缩因子的 PSO 算法

$$\begin{aligned} v_{ij}(t+1)=\mu[v_{ij}(t)+C_1r_{1j}(t)[P_{ij}(t)-x_{ij}(t)]+ \\ C_2r_{2j}(t)[P_{gj}(t)-x_{ij}(t)]] \end{aligned} \tag{36.14}$$

$$\mu=\frac{2}{|2-l-\sqrt{l^2-4}|} \tag{36.15}$$

其中，μ 为收缩因子；$l=C_1+C_2$，$l>4$。

此外，通过与其他智能优化算法，如遗传算法、差分进化、量子优化等相融合，以及基于动态邻域(小生境)等方法加以改进。

第37章　人工蜂群算法

蜜蜂同蚂蚁一样，属于群居的社会性昆虫，虽然单个蜜蜂的行为极其简单，但是由这些简单的个体所组成的蜂群却表现出有条不紊、极其复杂的自组织行为。人工蜂群算法是受到自然界的蜜蜂采蜜行为启发而提出的元启发式仿生优化算法。蜂群算法主要分两类：基于蜜蜂采蜜机理的人工蜂群算法和基于蜜蜂繁殖机理的蜂群优化算法。本章介绍人工蜂群算法的优化原理、算法描述、实现步骤及流程。

37.1　人工蜂群算法的提出

人工蜂群(Artificial Bee Colony，ABC)算法是2005年由土耳其学者Karaboga提出的基于蜜蜂采蜜机理的蜂群算法；该算法将蜂群分为引领蜂、跟随蜂和侦察蜂，通过它们的分工协作、各司其职、信息交流和角色转换实现对食物源的优化搜索。由于ABC算法参数少、易于实现，因此ABC算法已被用于函数优化、目标识别、语音识别、目标最优潮流、地震属性聚类分析、机器人路径规划等领域。

37.2　人工蜂群算法的基本原理

1. 蜂群自组织的采蜜行为

蜜蜂也是一种群居昆虫。蜂群由蜂王、雄蜂和工蜂组成，蜂王负责繁殖后代，雄蜂除了和蜂王交配外还负责警备工作，工蜂负责抚养后代和觅食等工作。一个蜂群中，工蜂占大多数，工蜂根据需要又分为不同的工种。在整个蜂群中，单个蜜蜂的行为极其简单，通过不同角色的蜜蜂分工合作、各司其职，整个蜂群通过交流协作，有条不紊地开展采蜜、筑巢等，表现出了复杂的群体智能行为。

蜜蜂在觅食过程中，负责寻找蜜源的蜜蜂四处勘探以寻找合适的食物源。当蜜蜂发现蜜源后，会飞回蜂巢跳一种圆圈式或“8”字形的舞蹈，称为“摇摆舞”，如图37.1所示。舞蹈的动作及幅度与蜜源到蜂巢的距离、花蜜的多少及花蜜的品种、质量等均有关，并以此作为蜜蜂间交流信息的独特方式。

通常情况下，蜂巢中有一个公共的舞蹈区域，当蜜蜂发现新的蜜源时，它先飞回到舞蹈区以不同舞姿把蜜源的信息传递给其他蜜蜂。而其他负责觅食的蜜蜂根据舞姿的不同判断到哪

图 37.1　蜜蜂用于交流采蜜信息的摇摆舞

个蜜源采蜜,逐渐地所有的采蜜蜂都会选择到蜂蜜质量较好的蜜源采蜜。当一个蜜源被开采殆尽时,蜜蜂会放弃这个蜜源,同时寻找新的食物源。在蜜蜂的这种采蜜机制下,通过蜜蜂之间的交流和合作,完成整个蜂群觅食的任务。

2. 蜜蜂采蜜过程的优化机理

蜜蜂在采蜜过程中,不仅需要搜索蜜源,还要为蜜源招募蜜蜂和放弃食物源。蜜源的好坏由多种因素决定,如蜜源到蜂巢的距离、蜂蜜的多少及开采的难易等。为简单起见,用收益来表示蜜源的好坏。

雇佣蜂是指正在某个蜜源采蜜或已经被这个蜜源雇佣的蜜蜂。它们会把这个蜜源的信息,如离蜂巢的距离和方向、蜜源的收益等通过舞蹈的方式告知其他的蜜蜂。非雇佣蜂包括侦察蜂和跟随蜂。侦察蜂负责四处勘探寻找新的蜜源。侦察蜂的数量为蜂群总数的5%~10%。跟随蜂在舞蹈区等待由雇佣蜂带回的蜜源信息,根据舞蹈信息决定到哪个蜜源采蜜。较大收益的蜜源,可以招募到更多的蜜蜂去采蜜。

蜜蜂的采蜜过程可用图37.2加以说明。假设有两个已经被发现的蜜源A和蜜源B,刚开始时,待工蜂也就是非雇佣蜂,它对蜂巢周围的蜜源没有任何认知,它有下面两种选择。

(1) 成为侦察蜂,自己到四周勘探,寻找新蜜源,如图37.2中的S。

(2) 在舞蹈区看到摇摆舞后,成为被招募者,寻找招募的蜜源,如图37.2中的R。

当被招募的蜜蜂找到蜜源后,它会记住蜜源的位置并开始采蜜,这时它成为一个雇佣蜂。当它带着蜂蜜回到蜂巢,卸下蜂蜜后,又将面临下面3种选择。

(1) 放弃这个蜜源,成为跟随者,如图37.2中的UF。

(2) 在返回蜜源采蜜之前,在舞蹈区跳舞,招募更多的蜜蜂,如图37.2中的EF1。

(3) 继续返回采蜜,而不招募其他的蜜蜂,如图37.2中的EF2。

有一点是值得注意的,不是所有的蜜蜂都同时去采蜜,根据蜂群中蜜蜂的总数和正在采蜜的蜜蜂数的不同,新加入采蜜的蜜蜂的数量会呈现一定比例的变化。

蜂群采蜜过程的智能性体现在以下基本特征。

(1) 蜂群有明确的组织分工：侦察蜂负责全局搜索；引领蜂是寻找到优质食物源的蜜蜂,并且在下一次采蜜行为中重新访问该食物源,这就保留了食物源的优良性,其作用在保优；跟随蜂则根据引领蜂的信息搜索优质食物源,从而提升了整个蜂群的采蜜能力。

(2) 丰富的信息传递的交互性：引领蜂在找到食物源后会回到蜂巢的舞蹈区,通过跳摇摆舞来向跟随蜂传递信息,蜜蜂沿直线爬行,然后再向左转并摇摆其腹部呈"8"字形的舞蹈。舞蹈的中轴线与地心引力的夹角正好表示蜜源方向和太阳方向的夹角。

(3) 概率选择：由于引领蜂并不能确定其所寻找到的食物源是最佳的食物源,或者说并

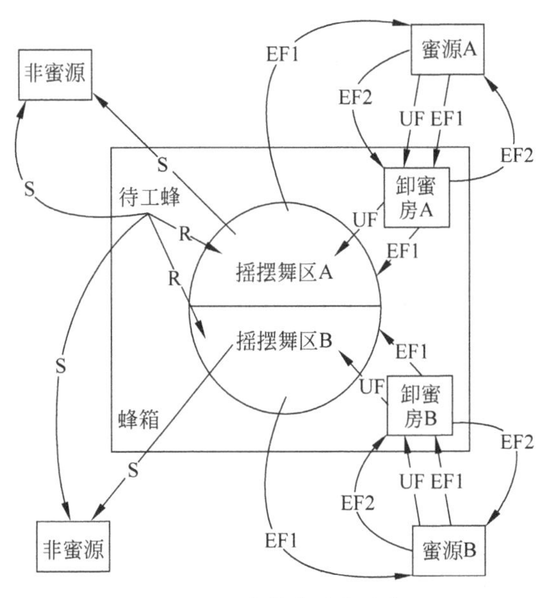

图 37.2 蜜蜂的采蜜过程

不在最佳食物源附近，因此跟随蜂对食物源的选择是依据概率决定的，这样做能更有效地增加对食物源进行搜索的多样性。

37.3 人工蜂群算法的数学描述

在 ABC 算法中，蜂群中包含 3 种蜜蜂：雇佣蜂（也称引领蜂）、跟随蜂和侦察蜂。引领蜂和跟随蜂各占蜂群数量的一半，每个食物源只有一个引领蜂，换句话说，引领蜂的数量等于蜜源数量。当一个食物源被放弃时，它所对应的引领蜂就变成了侦察蜂。

蜜蜂对食物源的搜索主要由以下 3 部分组成。

(1) 引领蜂发现食物源，并记录食物源的信息。

(2) 跟随蜂根据引领蜂提供的食物源信息，选择一个食物源。

(3) 当一个食物源被放弃时，与之对应的引领蜂变为侦察蜂，随机寻找新的食物源。

在用 ABC 算法求解优化问题时，每个食物源表示要优化问题的一个可行解，花蜜的数量（适应度值）代表解的质量，解的个数 N 等于引领蜂的个数。首先，ABC 算法随机生成含有 N 个解的初始种群，每个解 $x_i(i=1,2,\cdots,N)$ 用一个 d 维向量 $\boldsymbol{x}_i=(x_{i1},x_{i2},\cdots,x_{id})^{\mathrm{T}}$ 来表示，d 是待优化问题参数的个数。产生初始解根据下式：

$$\boldsymbol{x}_i=\mathrm{lb}+(\mathrm{ub}-\mathrm{lb})\cdot\mathrm{rand}(0,1) \tag{37.1}$$

其中，ub、lb 分别为 x 取值范围的上、下限；rand(0,1)为 0 与 1 之间的随机数。

蜜蜂对所有的食物源进行循环搜索，循环次数为 MCN。引领蜂首先对食物源进行邻域搜索，并比较搜索前后两个食物源的花蜜数量，选择花蜜数量较多的食物源，即是适应度较高的解。当所有的引领蜂完成了搜索后，回到舞蹈区把食物源的信息通过跳摇摆舞的方式传达给跟随蜂。然后,跟随蜂根据得到的食物源信息按照概率进行选择,花蜜越多的食物源,被选择的概率越大。跟随蜂也进行一次邻域搜索,并选择较好的解。

引领蜂和跟随蜂搜索食物源按照下式进行:

$$x'_{ij}=x_{ij}+r_{ij}(x_{ij}-x_{kj}) \tag{37.2}$$

其中,$j\in\{1,2,\cdots,d\}$,$k\in\{1,2,\cdots,N\}$,j 和 k 都是随机选取的,但是 k 不等于 j; $r_{ij}\in[-1,1]$,是一个随机数。

跟随蜂采蜜选择第 i 食物源的概率为

$$p_i=\frac{\mathrm{fit}_i}{\sum_{i=1}^{\mathrm{SN}}\mathrm{fit}_i} \tag{37.3}$$

其中,p_i 为第 i 食物源(解)被选择的概率; fit_i 为第 i 解的适应度值。它的计算公式如下:

$$\mathrm{fit}_i=\begin{cases}\dfrac{1}{1+f_i} & f_i>0\\ 1+\mathrm{abs}(f_i) & f_i<0\end{cases} \tag{37.4}$$

其中,f_i 为目标函数值。如果某个解 x_i 经过有限次循环之后仍然没有得到改善,那么这个解要被引领蜂放弃,引领蜂变为侦察蜂,按照式(37.5)随机产生一个新的食物源来代替。

$$x_i^j=x_{\min}^j+(x_{\max}^j-x_{\min}^j)\cdot\mathrm{rand}(0,1) \tag{37.5}$$

其中,$x_{\min}^j$ 为目前得到的第 j 维最小值; $x_{\max}^j$ 为得到的第 j 维的最大值。

不难看出,ABC算法是将侦察蜂的全局搜索和引领蜂和跟随蜂的局部搜索相结合的方法,使蜜蜂在食物源的勘探和开采两方面达到了较好的平衡。

37.4 人工蜂群算法的实现步骤与流程

人工蜂群算法的实现步骤如下。

(1) 初始化。产生初始种群。

(2) 引领蜂根据式(37.2)搜索食物源 x_i,并计算其适应度值。

(3) 用贪婪法选择较好食物源。

(4) 根据式(37.3)计算食物源 x_i 被跟随蜂所选择的概率。

(5) 跟随蜂根据式(37.2)搜索选择的食物源,并计算其适应度值。

(6) 用贪婪法选择较好食物源。

(7) 判断是否有被放弃食物源,若有,侦察蜂按式(37.5)随机搜索新的食物源。

(8) 记录迄今为止最好的食物源。

(9) 判断是否满足终止条件,如果是,则输出最优解; 否则转步骤(2)。

人工蜂群算法的流程图如图37.3所示。

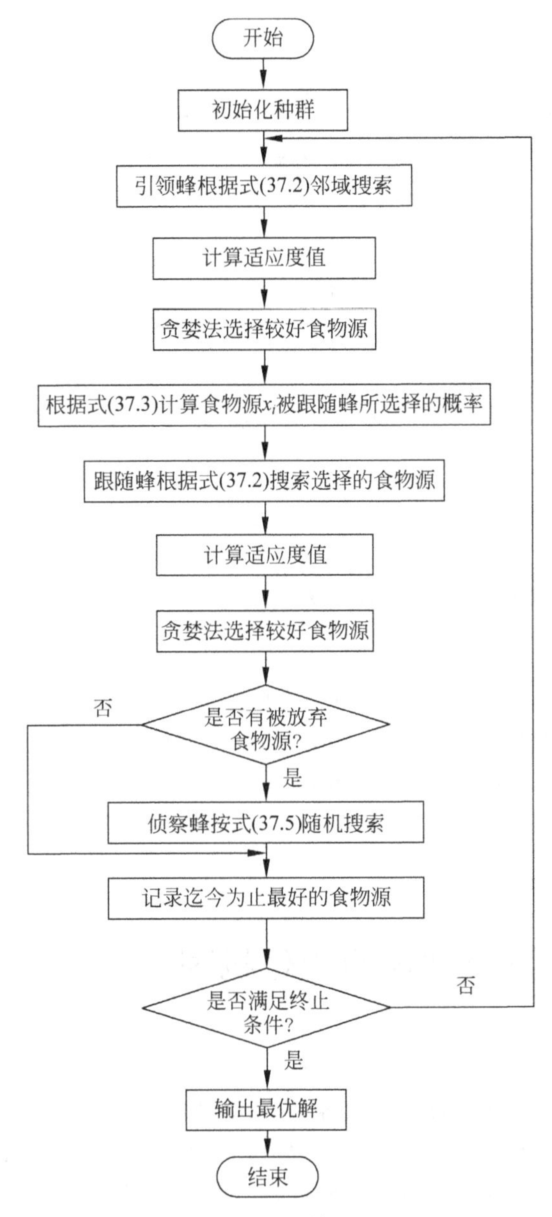

图 37.3　人工蜂群算法的流程图

第38章　蜜蜂交配优化算法

蜜蜂交配优化算法是模拟蜜蜂繁殖行为的群智能优化算法。在算法中，由蜂王、雄蜂和工蜂组成蜂群，只有蜂王才能与不同雄蜂交配繁育后代，工蜂负责照顾幼蜂。繁殖过程是蜂王不断更新的进化过程，最终的蜂王即为优化过程中待求解问题的最优解。本章首先介绍蜜蜂竞争繁殖过程的优化原理，然后阐述基于繁殖行为的蜂群优化算法的数学描述、实现步骤及算法流程。

38.1　蜜蜂交配优化算法的提出

蜜蜂交配优化(Marriage in Honey-Bees Optimization，MBO)算法是 2001 年由 Abbass 提出的一种基于蜜蜂繁殖行为的群智能优化算法。在蜜蜂繁殖过程中，蜂王是蜂群中的母体，雄蜂是父代，承担与蜂王交配任务。该算法通过在繁殖过程中蜂王不断更新的进化，最终的蜂王即为优化过程中待求解问题的最优解。该算法已被用于多目标优化问题、蛋白质结构预测、T-染色问题等。

38.2　蜂群竞争繁殖过程的优化机理

一个完整的蜂群由蜂王、雄蜂和工蜂组成。

蜂王是蜂群中唯一具有生殖能力的雌蜂，它由受精卵发育而成，是工蜂从幼蜂中精心培养出来的，其个体最大，体重约为工蜂的 2 倍，寿命为 5～6 年，而一般的工蜂和雄蜂的寿命不超过 6 个月。蜂王的主要任务是与不同的雄蜂进行交配与产卵，雄蜂由未受精的卵发育而成，主要职责是与蜂王交配。工蜂由受精卵发育而来，个体最小，生殖器官发育不完全，无生殖能力，负责照顾幼蜂、采蜜等工作。

蜂王性成熟后，出巢飞舞，一群雄蜂追随其后。只有雄蜂的飞行速度与蜂王匹配才能完成交配。通过竞争，优秀的雄蜂会为蜂王提供优良的基因，将精子存储于蜂王的受精囊中供蜂王繁育后代。和蜂王交配后那只雄蜂立即死亡，而蜂王可以多次交配。当蜂王受精囊存储满精子后飞回蜂巢。然后蜂王开始产卵，在产卵的过程中，受精囊中的精子会随机和卵细胞进行结合，形成受精卵。受精卵由工蜂负责照顾培育，形成幼蜂，其中优秀的个体会成为新的蜂王。

为了避免近亲繁殖，蜂王有时会寻找其他蜂群的雄蜂交配。刚开始交配时，蜂王飞行速度很快，每交配一次，蜂王的飞行速度有所衰减。当蜂王衰弱到一定程度时，则由成熟且胜任的幼蜂替代，即产生新一代蜂王，此时结束原蜂王的生命周期。

蜂群繁殖进化过程也是蜂王不断更新的过程，如图 38.1 所示。新蜂王的产生类似于进化计算中的一个优化过程，蜂王是优化过程中待求解问题的最优解。

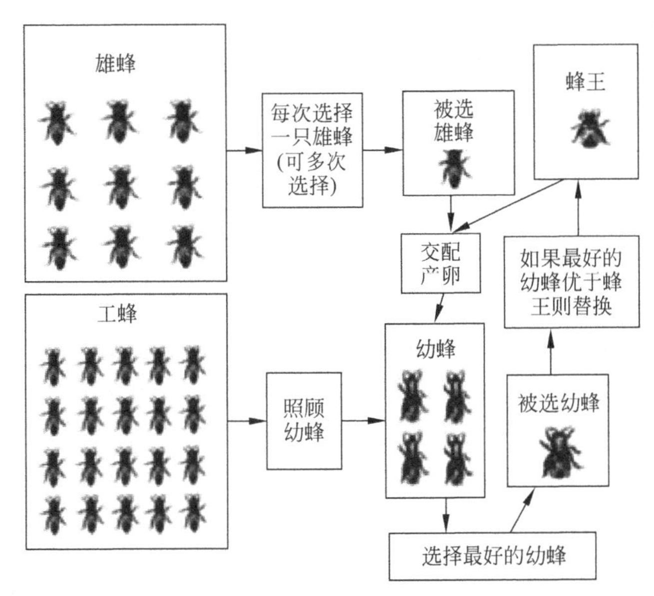

图 38.1　蜂群繁殖进化过程

38.3　蜜蜂交配优化算法的数学描述

在蜜蜂繁殖过程中，蜂王作为蜂群中的母体，主要承担着产生子代的任务；雄蜂是父代，承担着与蜂王进行交配的任务；工蜂负责照顾幼蜂。在优化问题中，蜂王代表当前最优解，雄蜂是候选解；工蜂等同于局部搜索算法；幼蜂是子代的个体，由蜂王和雄蜂交叉产生。

为了模拟蜜蜂繁殖过程的竞争和优胜劣汰的优化机制，将蜂群作为要解决问题的解集，组成蜂群的个体可以看作是编码后的染色体。在形成最开始的蜂群后，通过优胜劣汰的原则产生蜂王。然后通过迭代模拟蜂王的交配行为，再逐代地产生优良的解。可以利用模拟退火(SA)产生雄蜂群体，再通过交叉产生新的代表可行解集合的幼体集合，并替换当前蜂王。

蜜蜂繁殖算法的整个过程分为 4 个阶段：初始化蜂群、蜂王与雄蜂交配、产生幼蜂、更新蜂王。对每一阶段具体描述如下。

(1) 初始化蜂群。对初始蜂群进行初始化，需要设置以下 5 个参数。

① 雄蜂个数。雄蜂代表的是问题的候选解，求解空间的大小直接受雄蜂数量影响。

② 幼蜂个数。幼蜂个数会影响算法的多样性，对算法中交叉和变异次数也会产生影响。

③ 蜂王受精囊容量。蜂王受精囊容量可以反映出蜂王一次婚飞中可以进行交配的次数，若受精囊容量过大，则所有精子都会被蜂王容纳，精子的选择过程就毫无意义；若受精囊容量过小，则精子多样性下降，易导致早熟。

④ 蜂王婚飞次数。这是算法迭代次数的体现，若次数过多，势必影响算法运行效率，否则，难以收敛。

⑤ 蜂王能量和速度阈值。这关系到模拟退火(SA)的程度，一般设置为 0。

蜜蜂交配算法使用随机方式产生初始蜂群，虽然简单，但难以保证算法的整体性能。

(2) 蜂王与雄蜂交配。蜂王会对雄蜂进行选择,完成受精囊吸纳精子的过程。蜂王进行婚飞之前会有一个初始的能量和速度,此时能量和速度数值都比较大。随着婚飞过程中雄蜂与蜂王交配次数增加,蜂王的能量和速度会按照一定的模式衰减。婚飞期间蜂王按照式(38.1)挑选雄蜂进行交配:

$$p(Q,D_i)=e^{\frac{-\Delta(f_i)}{S(t)}} \tag{38.1}$$

$$\Delta(f_i)=|f(Q)-f(D_i)| \tag{38.2}$$

$$S(t+1)=\alpha(t)\times S(t) \quad t\in\{1,2,\cdots,t\},\quad \alpha\in[0,1] \tag{38.3}$$

$$E(t+1)=\gamma(t)E(t) \quad t\in\{1,2,\cdots,t\},\quad \gamma\in[0,1] \tag{38.4}$$

其中,$p(Q,D_i)$为蜂王 Queen 与雄蜂 Drone_i 能够交配的概率;$\Delta(f_i)$为蜂王 Queen 与雄蜂 Drone_i 适应度值之差的绝对值,由式(38.2)表示;$E(t)$为蜂王在 t 时刻的能量。由式(38.1)可以看出,雄蜂能量较高或者蜂王与雄蜂适应度值相差不大时,雄蜂更可能被蜂王选中。蜂王与雄蜂完成交配后,蜂王具有的速度和能量分别按式(38.3)和式(38.4)所示规则进行衰减。其中,$\alpha(t)$为速度衰减因子;$\gamma(t)$为能量衰减因子。当蜂王的能量低于临界值时或达到蜂王受精囊数值时,蜂王会结束婚飞。

(3) 产生幼蜂。这一阶段主要是受精卵(幼蜂)的产生与维护。蜂王结束婚飞后,算法进入产生幼蜂阶段。在这个阶段中,蜂王会随机从受精囊中选取精子,进行交叉操作,然后产生一个幼蜂后代,后代由工蜂喂养照顾。工蜂会采用启发式算法对处于培育阶段的幼蜂进行局部搜索,产生高适应度值的可行解。幼蜂的数量达到设定值时,进入下一个阶段。

(4) 更新蜂王。在这个阶段中,选出最优秀的幼蜂同蜂王进行比较,如果幼蜂比蜂王的适应度值高,那么幼蜂替换当前蜂王,然后舍弃其余幼蜂。进入下一轮迭代循环,令蜂王与雄蜂交配,当交配次数达到设置的临界值时,停止迭代。

38.4 蜜蜂交配优化算法的实现步骤及流程

蜜蜂交配优化算法实现的基本步骤如下。

(1) 初始化。初始化算法所需的各个参数,确定蜂群的大小,对初始蜂群进行初始化;将蜂群按照适应度值的大小进行排序;选出适应度值最大的个体作为蜂王,其余作为雄蜂。

(2) 蜂王婚飞。比较子代个数与所需种群大小,前者小于后者,则重复步骤(2)~步骤(6);初始化蜂王受精囊容量及蜂王的起始速度和能量;当蜂王的速度和能量下降到阈值后,蜂王返回蜂巢。

(3) 交配操作。让蜂王随机选择一个雄蜂,用雄蜂被选中的概率和0~1之间的一个随机数进行比较,当且仅当雄蜂被选中概率小于该随机数时,才将该雄蜂加入到蜂王的受精巢中。同时,将蜂王的速度和能量分别按照式(38.8)和式(38.9)进行衰减。

(4) 产生子代。蜂王与雄蜂进行基因交叉,生成子代种群。

(5) 子代优化。子代产生后,用工蜂对其进行优化培育;使用局部邻域搜索算法将子代加入新种群中。

(6) 选择新蜂王将新种群个体进行排序,选出最优个体与当前蜂王进行比较,如果优于当前蜂王则替换。

(7) 检验终止条件，若满足，则终止算法，输出最优解；否则，返回步骤(2)。

蜜蜂交配优化算法的流程如图 38.2 所示。

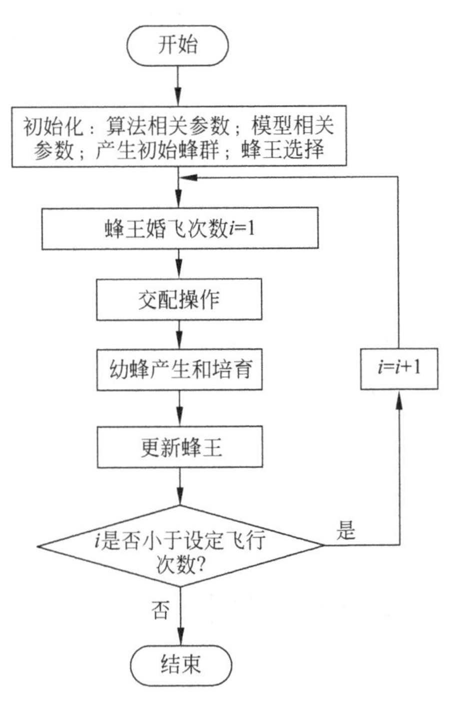

图 38.2　蜜蜂交配优化算法的流程图

第39章　萤火虫群优化算法

萤火虫闪烁荧光的两个基本功能是通过闪光吸引异性求偶和猎取食物，还有保护预警等用途。萤火虫算法是模拟萤火虫发光的生物学特性而提出的群智能优化算法。萤火虫算法有两种不同形式：一种是印度学者源于对蚁群算法的分析提出的萤火虫群优化算法(GSO)；另一种是剑桥学者源于对粒子群算法的分析提出的萤火虫算法(FA)。上述两种形式的萤火虫算法的仿生原理相同，但在算法的具体实现方面有一定的差异。本章首先介绍萤火虫发出闪光的特点及功能，然后分别介绍萤火虫群优化算法的数学描述、实现步骤和流程。

39.1　萤火虫群优化算法的提出

萤火虫群优化(Glowworm Swarm Optimization，GSO)算法是2005年由印度学者Krishnanand和Ghose在研究改进蚁群算法求解连续型最优化问题时提出的，并将其成功用于机器人群体协作。该算法思想来源于萤火虫求偶行为中荧光素越高，吸引力越强的生物习性。接着，他们对萤火虫群优化算法的动态决策做了改进，提出将萤火虫群优化算法用于多个移动信号源的追踪、多极值函数优化，并对该算法的收敛性理论做了研究。

39.2　萤火虫闪光的特点及功能

自然界中的多数萤火虫都会发生短促、有节奏的闪光。通常闪光仅在一定的距离范围内可见。一方面是由于光强度和距离的平方存在反比关系；另一方面是由于空气会吸收光。萤火虫闪光的可见距离仅为几百米，可以满足萤火虫之间通过闪光沟通的需要。

在同一物种萤火虫中，如图39.1所示，雌性是以一种独特的闪烁模式回应雄性。而在一

(a) 雌萤火虫　　(b) 雄萤火虫

图39.1　萤火虫及其发光器官

些物种中，雌性萤火虫可以模仿其他物种交配闪烁模式，以吸引并吃掉那些可能错误地为潜在的适合自己的伴侣闪烁的雄性萤火虫。

萤火虫通过闪光吸引异性求偶和猎取食物。萤火虫发的光越亮越绚丽，越能吸引同伴行为或食物。此外，闪烁也可以作为一个保护预警机制。有节奏的闪光，闪烁的速率与时间成为了吸引异性的信号。

39.3　萤火虫群优化算法的数学描述

在基本GSO算法中，把 n 只萤火虫个体随机分布在一个 D 维的目标搜索空间中。每只萤火虫都携带了荧光素 l_i。萤火虫个体都发出一定量的荧光素相互影响周围的个体，并且拥有各自的决策域 $r_d^i(0<r_d^i\leqslant r_s)$。萤火虫个体的荧光素大小与自己所在位置的目标函数有关，荧光素越大、越亮的萤火虫表示它所在的位置越好，即有较好的目标值。

萤火虫会在决策域内寻找邻居集合 N_i，在集合中，荧光素越大的邻居拥有越高的吸引力，吸引萤火虫往这个方向移动，每一次移动的方向会随着选择的邻居不同而改变。另外，决策域的大小会受到邻居数量的影响：邻居密度越小，萤火虫的决策半径会加大以便寻找更多的邻居；邻居密度越大，它的决策半径则会缩小。最后，大部分萤火虫会聚集在多个位置上。萤火虫初始时，每个萤火虫个体都携带了相同的荧光素浓度 l_0 和感知半径 r_0。

GSO算法每一次迭代都由两个阶段组成：第一阶段是荧光素更新阶段；第二阶段是萤火虫的运动阶段。其具体算法包括萤火虫的初始分布、荧光素更新、路径选择、位置更新和决策域更新，分别介绍如下。

1. 荧光素更新

每只萤火虫 i 在 t 迭代的位置 $x_i(t)$ 对应的目标函数值 $J(x_i(t))$ 转化为荧光素值，即

$$l_i(t)=(1-\rho)l_i(t-1)+\gamma J(x_i(t)) \tag{39.1}$$

其中，$l_i(t)$ 为第 t 代萤火虫 i 的荧光素值；$\rho\in(0,1)$ 为控制荧光素值的参数；γ 为荧光素更新率。

2. 路径选择

每个个体在其动态决策域半径 $r_d^i(t)$ 之内，选择荧光素值比自己高的个体组成其邻域集 $N_i(t)=\{j: d_{ij}(t)<d_d^i(t);\ l_i(t)<l_j(t)\}$。其中 $0<r_d^i\leqslant r_s$，r_s 为萤火虫个体的感知半径，即当萤火虫 j 的荧光素值大于萤火虫 i 的荧光素，且萤火虫 j 与萤火虫 i 之间的距离小于萤火虫 i 所在邻域的决策范围时，将萤火虫 j 划分到萤火虫 i 所在的邻域。

移向邻域集 $N_i(t)$ 内个体 j 的路径选择概率为

$$p_{ij}(t)=\frac{l_j(t)-l_i(t)}{\sum\limits_{k\in N_i(t)}(l_k(t)-l_i(t))} \tag{39.2}$$

3. 位置更新

$$x_i(t+1)=x_i(t)+s\left(\frac{x_j(t)-x_i(t)}{\|x_j(t)-x_i(t)\|}\right) \tag{39.3}$$

其中，$x_i(t)\in\mathbf{R}^m$ 为 i 萤火虫在 m 维实数空间的位置；$\|\cdot\|$ 为标准欧氏距离运算符；$s(>0)$ 为移动步长。

4. *决策域更新*

$$r_d^i(t+1)=\min\{r_s,\max\{0,r_d^i(t)+\beta(n_t-|N_i(t)|)\}\} \tag{39.4}$$

其中，β 为一个比例常数；n_t 为控制邻域范围内邻居萤火虫个数的参数；$|N_i(t)|$ 为萤火虫 i 邻域内的邻居萤火虫个数。

39.4 萤火虫群优化算法的实现步骤及流程

萤火虫群优化算法的实现步骤如下。

(1) 初始化各个参数。控制萤火虫邻居数目的邻域阈值 n_t；萤火虫移动的步长 s；初始荧光素的值 l_0；控制邻居变化范围的参数 β；控制荧光素值的参数 ρ；荧光素更新率 γ；初始化萤火虫的位置。

(2) 对每一个萤火虫 i 按式(39.1)更新荧光素的值。

(3) 进入移动阶段，按式(39.2)选出符合条件的萤火虫。

(4) 用轮盘赌法选择出目标函数值较大的萤火虫 $j(j\in N_i(t))$。

(5) 按式(39.3)更新萤火虫的位置。

(6) 按式(39.4)更新决策半径。

(7) 一次迭代完成，进入下一次迭代，判断是否满足终止条件，满足退出循环；否则转到步骤(2)。

萤火虫群优化算法的流程图如图 39.2 所示。

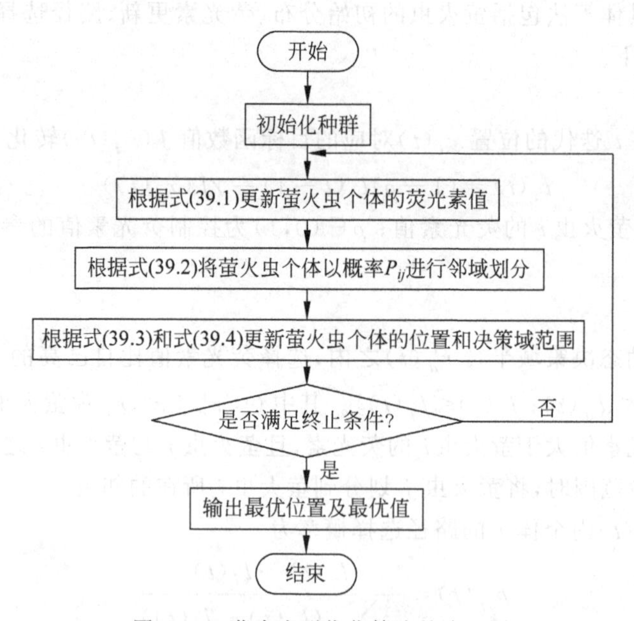

图 39.2 萤火虫群优化算法的流程图

第40章　萤火虫算法

萤火虫算法受粒子群算法的启发，把搜索空间的各点看成萤火虫，将发光最亮的萤火虫视为优化问题的解。利用发光弱的萤火虫被发光强的萤火虫吸引而移动的过程，完成位置的迭代，在搜索区域内所有发光弱的萤火虫向发光强的萤火虫移动，从而完成最优位置的迭代，找出最亮的萤火虫的位置，即为优化问题的最优解。本章首先介绍萤火虫算法的基本思想，然后阐述萤火虫算法的实现描述、实现步骤及算法流程。

40.1　萤火虫算法的提出

萤火虫算法(Firefly Algorithm，FA)是2008年由英国剑桥大学学者Xin-She Yang提出的一种群智能优化算法。该算法是模拟萤火虫发光强度并汲取了粒子群算法的先进思想后形成的，并用于解决工程中的压力管道设计优化问题。通过对该算法的多种改进，已被用于连续铸造工艺优化、电力负荷调度优化、车间调度、优化粒子滤波、参数辨识、聚类、PID调节器参数优化等。

40.2　萤火虫算法的基本思想

萤火虫算法是受萤火虫发光强度的启发提出的，萤火虫发光主要是用来吸引异性。为了使算法更加简单、有效，在萤火虫算法中，忽略一些不重要的因素，仅考虑萤火虫发光强度的变化和吸引力两个重要的因素。将萤火虫的闪光特性做如下假设。

假设1　萤火虫不再区分雌雄，每个萤火虫都会被吸引到所有其他比它更亮的萤火虫那里去。

假设2　吸引力和它们的闪光亮度成正比关系。

假设3　萤火虫的亮度是由待优化目标函数的值决定的。

萤火虫算法的主要原理就是把搜索空间的各点看成萤火虫，将搜索及优化过程模拟成萤火虫之间相互吸引及位置迭代更新的过程。将求解最优值的问题看作是寻找最亮萤火虫的问题。

搜索过程和萤火虫的两个重要参数有关：萤火虫的发光亮度和相互吸引度。发光亮的萤火虫会吸引发光弱的萤火虫向它移动，发光越亮的萤火虫代表其位置越好，它对周围萤火虫的吸引度越高。若发光亮度一样，则萤火虫做随机运动。这两个重要参数都与距离成反比，随着萤火虫之间的距离逐渐增加，吸引度会迅速减小。如果一个萤火虫没有找到一个比给定的萤火虫更亮，它会随机移动。

利用发光强的萤火虫会吸引发光弱的萤火虫的特点，在发光弱的萤火虫向发光强的萤火虫移动的过程中，就是位置好的萤火虫取代位置差的萤火虫的过程，完成位置的迭代。假设在一定的搜索区域内所有发光弱的萤火虫向发光强的萤火虫移动，从而实现最优位置的迭代，找出最亮萤火虫的位置，即完成了优化问题最优解的寻优过程。

40.3 萤火虫算法的数学描述

在待优化目标函数的 d 维解空间中，随机地初始化一群萤火虫 $\boldsymbol{x}_1,\boldsymbol{x}_2,\cdots,\boldsymbol{x}_n$，$n$ 为萤火虫的个数，$\boldsymbol{x}_i=(\boldsymbol{x}_{i1},\boldsymbol{x}_{i2},\cdots,\boldsymbol{x}_{in})$ 是一个 d 维向量，表示萤火虫 i 在解空间中的位置，可以代表优化问题的一个可行解。

1. 绝对亮度

为了表示萤火虫 i 的亮度随着距离 r 的变化，定义如下绝对亮度的概念。

【定义 40.1】 绝对亮度。萤火虫 i 的初始光强度($r=0$ 处的光强度)为绝对亮度，记为 I_i。

通过建立萤火虫 i 的绝对亮度 I_i 和目标函数的联系，用萤火虫的绝对亮度表示萤火虫所在位置处可行解的目标函数值。对于求最大值优化问题而言，为了降低复杂度，假定在 $\boldsymbol{x}_i(x_{i1},x_{i2},\cdots,x_{id})$ 处的萤火虫 i 的绝对亮度 I_i 与 $\boldsymbol{x}_i$ 处的目标函数值相等，则有 $I_i=f(\boldsymbol{x}_i)$。

2. 相对亮度

为了表示萤火虫 i 对萤火虫 j 的吸引力大小，定义如下相对亮度的概念。

【定义 40.2】 相对亮度。萤火虫 i 在萤火虫 j 所在位置处的光强度为萤火虫 i 对萤火虫 j 的相对亮度，记为 I_{ij}。

考虑到萤火虫 i 的亮度随着距离的增加及空气吸收的衰弱，萤火虫 i 对萤火虫 j 的相对亮度可表示为

$$I_{ij}(r_{ij})=I_i\mathrm{e}^{-\gamma r_{ij}^2} \tag{40.1}$$

其中，I_i 为萤火虫 i 的绝对亮度，等于萤火虫 i 所处位置的目标函数值；γ 为光吸收系数，可设为常数；r_{ij} 为萤火虫 i 到萤火虫 j 的距离。

3. 吸引力计算

进一步假设萤火虫 i 对萤火虫 j 的吸引力和萤火虫 i 对萤火虫 j 的相对亮度成比例，于是萤火虫 i 对萤火虫 j 的吸引力可表示为

$$\beta_{ij}(r_{ij})=\beta_0\mathrm{e}^{-\gamma r_{ij}^2} \tag{40.2}$$

其中，β_0 为最大吸引力，等于光源处($r=0$)的吸引力，通常取 $\beta_0=1$；γ 为光吸收系数，表示吸引力的衰减的快慢，其值的大小对萤火虫算法的收敛速度及优化效果影响很大，对于大部分问题可取 $\gamma\in[0.01,100]$；r_{ij} 为萤火虫 i 到萤火虫 j 的笛卡儿距离。r_{ij} 表示为

$$r_{ij}=\|\boldsymbol{x}_i-\boldsymbol{x}_j\|=\sqrt{\sum_{k=1}^{d}(x_{i,k}-x_{j,k})^2} \tag{40.3}$$

4. 萤火虫位置更新

萤火虫 i 吸引萤火虫 j 向其移动，从而更新自己的位置，萤火虫 j 的位置更新为

$$\boldsymbol{x}_j(t+1)=\boldsymbol{x}_j(t)+\beta_{ij}(r_{ij})(\boldsymbol{x}_i(t)-\boldsymbol{x}_j(t))+\alpha\boldsymbol{\varepsilon}_j \tag{40.4}$$

其中，t 为算法的迭代次数；$\boldsymbol{x}_i$、$\boldsymbol{x}_j$ 分别为萤火虫 i 和萤火虫 j 所处的空间位置；$\beta_{ij}(r_{ij})$ 为萤火虫 i 对萤火虫 j 的吸引力；α 为常数，一般可以取 $\alpha\in[0,1]$；$\boldsymbol{\varepsilon}_i$ 为由高斯分布、均匀分布或

其他分布得到的随机数向量。

位置更新式(40.4)的右边第二项取决于吸引力,而第三项是带有特定系数的随机项。

40.4　萤火虫算法的实现步骤及流程

萤火虫算法的实现过程包括3个阶段:初始化、萤火虫位置更新、萤火虫亮度更新。根据上述过程,萤火虫算法FA实现步骤如下。

(1) 初始化各个参数。设置萤火虫数目 m;最大吸引度 β_0;光强吸收系数 γ;步长因子 α;最大迭代次数 $T_{\max}$ 或搜索精度 ε。

(2) 随机初始化萤火虫位置,计算萤火虫的目标函数值作为各自最大发光亮度 I_0。

(3) 由式(40.1)、式(40.2)分别计算群体中萤火虫的相对亮度和吸引力,根据相对亮度决定萤火虫的移动方向。

(4) 根据式(40.4)更新萤火虫的空间位置,对处在最佳位置的萤火虫进行随机扰动。

(5) 根据更新后萤火虫的位置,重新计算萤火虫的亮度。

(6) 当满足搜索精度或达到最大搜索次数则转到步骤(7);否则,搜索次数增加1,转步骤(2),进行下一次搜索。

(7) 输出全局极值点和最优个体值;算法结束。

萤火虫算法实现的流程如图40.1所示。

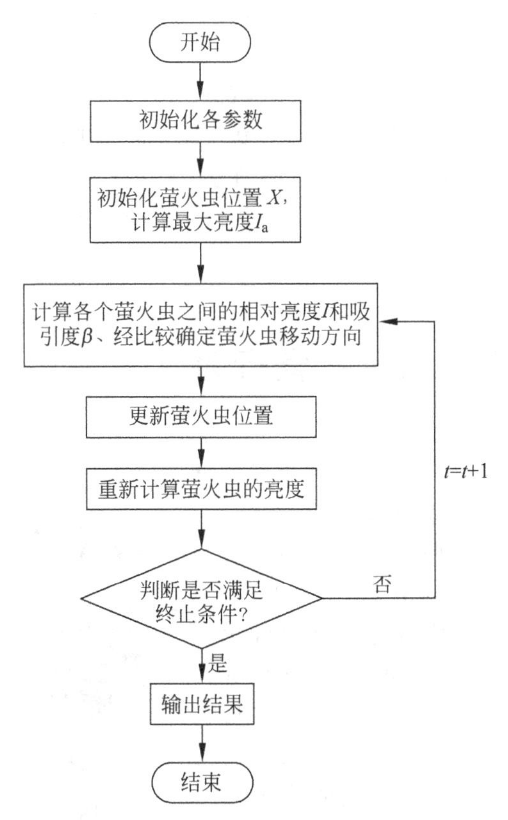

图40.1　萤火虫算法实现的流程图

第41章　果蝇优化算法

果蝇优化算法是模拟果蝇觅食行为而提出的一种新的群智能优化算法。果蝇自身在感觉和感知方面优于其他物种,尤其是在嗅觉和视觉方面更为突出。果蝇的嗅觉极为灵敏,它可以闻到各种飘浮在空气中的气味,甚至可以闻到来自40km以外食物源气味,并将飞往有食物的方向。相对于其他复杂的优化算法,果蝇优化算法是一种更为简单的优化算法。本章介绍果蝇的生物价值及觅食行为,以及果蝇优化算法的基本原理、数学描述、实现步骤及流程。

41.1　果蝇优化算法的提出

果蝇优化(Fruit Fly Optimization,FFO)算法是2011年由潘文超(Wen-Tsao Pan)基于模拟果蝇觅食行为而提出的一种新的群智能优化算法。潘文超首先以求测试函数极大值来检验该优化算法的功能;然后,进一步以财务比率作为自变量,以绩效好坏作为因变量,采用果蝇优化算法优化广义回归神经网络、一般广义回归神经网络和多元回归模型,进行构建企业经营绩效预测模型。

果蝇优化算法相对于其他复杂的优化算法,它具有计算过程简单,易于将算法转换为程序代码,容易理解,易于实现,并行处理等优点,为复杂优化问题的求解提供了一种新的途径。在应用上不受领域限制,可以运用到数学、计算机科学、生物学、经济学及工程应用等各种领域。另外,也可与其他数据挖掘技术联合使用,如复杂网络系统分析、社区模型构建、数据统计可视化、神经网络等。

41.2　果蝇的生物价值及觅食行为

果蝇是一种只有几毫米长的昆虫,具有生命周期短、生物体系完善等特点,它已成为典型的模式生物。图41.1给出了果蝇的身体外形。100多年来一直被数以千计的博士、教授、科学家从不同的角度广泛而深入地研究着。1933年、1947年、1995年和2011年,6位研究果蝇的科学家先后4次获诺贝尔奖。事实证明,研究果蝇对于遗传学,演化、发育生物学等都起了关键作用,也促进了神经生物学和细胞生物学等多个基础和应用学科的发展。到目前为止,对它的研究仍兴致盎然。

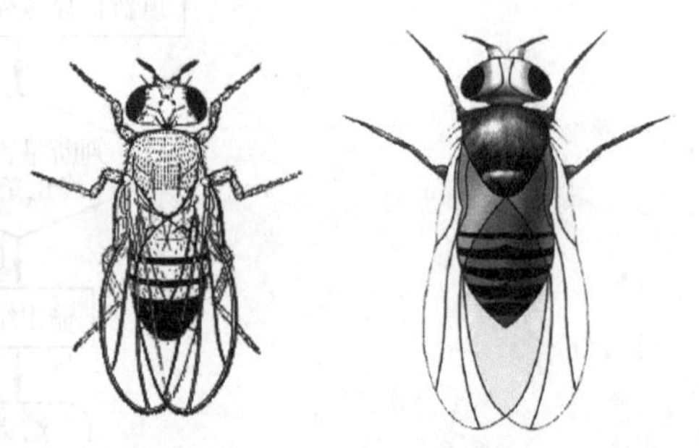

图41.1　果蝇的身体外形

果蝇主要生活在热带，它的食物一般都是腐烂的食物，由于温度高气味传播速度快，同时食物的味道越浓，果蝇对其越敏感。果蝇自身在感觉和感知方面优于其他物种，尤其是在嗅觉和视觉方面更为突出。果蝇的嗅觉极为灵敏，它可以闻到各种飘浮在空气中的气味，有的甚至可以嗅到 40km 以外的食物源。然而，食物味道是否浓烈与食物所处的位置距离有很大的关系，一般而言，距离越远，味道的浓度越小，果蝇就是通过从味道浓度低的地方往浓度高的地方，飞往有食物的方向。当它们到达接近食物的位置时，果蝇可以使用敏锐的视觉来寻找食物及其与同伴聚集的位置，并朝着那个方向飞去搜寻所需的食物。

41.3　果蝇优化算法的基本原理

果蝇优化算法模拟真实果蝇群体的觅食过程。由于果蝇的嗅觉系统对各种食物的味道非常敏感，因此果蝇群中的每一只果蝇都在根据每一时刻感知和寻找气味浓度最大的果蝇所在位置，并不断地以这位置来修改自身的飞行方向和飞行距离，经过这样的反复寻找和反复地飞行，最终会寻找到食物源。

在果蝇算法中，果蝇随机从初始位置出发，首先利用嗅觉充分感知搜集飘浮在空气中的各种气味，果蝇群体均飞向味道浓度高的大致位置。当果蝇飞到靠近食物后，在敏锐的视觉可行的距离内，准确判断食物的确切位置与同伴聚集的位置，形成一个新的果蝇群体位置。然后它们再沿随机方向飞出，利用敏锐的嗅觉找到食物，再往食物浓度高的果蝇位置聚合。经过这样不断循环反复，直到找到食物，从而实现在求解空间内的全局寻优。

果蝇优化算法包括两个阶段：

(1) 嗅觉搜索阶段。利用嗅觉充分感知空气中的各种气味，判断食物的大约位置，并向食物接近，这是一种全局搜索。

(2) 视觉定位阶段。在靠近食物后在视觉可行的距离内，准确判断食物的确切位置，飞向食物，这是局部搜索。经过这样两个搜索不断循环反复，最终会寻找到最优食物源。

41.4　果蝇优化算法的数学描述

下面通过一群果蝇反复搜索食物的过程来给出果蝇算法的数学描述。为简单起见，图 41.2 给出了 3 只果蝇 Fly1、Fly2 和 Fly3 的觅食情况。

(1) 随机生成一个果蝇群体的初始位置。

```
Init X_axis, Init Y_axis.
```

(2) 赋予果蝇个体(Fly1、Fly2、Fly3)利用嗅觉搜寻食物的随机方向和距离。第 i 只果蝇在 X 轴和 Y 轴上的位置的更新规则分别为

$$X_i = X\_\text{axis} + \text{Random value} \tag{41.1}$$

$$Y_i = Y\_\text{axis} + \text{Random value} \tag{41.2}$$

(3) 由于无法得知食物位置，因此先估计第 i 只果蝇与原点的距离(Dist)，再用距离的倒数来估计气味浓度(S)，第 i 只果蝇的气味浓度计算公式为

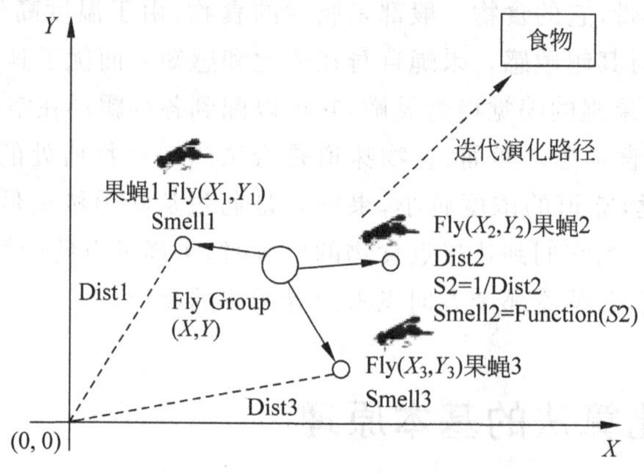

图 41.2 果蝇群体反复搜索食物的过程

$$\mathrm{Dist}_i = \sqrt{X_i^2 + Y_i^2},\quad S_i = 1/\mathrm{Dist}_i \tag{41.3}$$

(4) 以气味浓度作为适应度函数,第 i 只果蝇的气味浓度 S_i,即它的适应度为

$$\mathrm{Smell}_i = \mathrm{Function}(S_i) \tag{41.4}$$

(5) 在果蝇群体中寻找气味浓度最大的果蝇(求极大值,如 Fly2),即

$$[\text{best Smell best Index}] = \max(\text{Smell}) \tag{41.5}$$

例如,在图 41.2 中气味浓度最大的果蝇是 Fly2。

(6) 保持最大气味浓度的值和与 X 轴和 Y 轴的坐标位置,此时果蝇群中的果蝇将使用视觉向该位置(Fly2)飞去,形成新的群聚位置。

$$\text{Smell best} = \text{best Smell} \tag{41.6}$$

$$X\_\text{axis} = X(\text{best Index}) \tag{41.7}$$

$$Y\_\text{axis} = Y(\text{best Index}) \tag{41.8}$$

(7) 进入果蝇迭代寻优,重复执行步骤(2)~步骤(5)后,判断气味浓度是否高于前一次迭代的气味浓度,若是则执行步骤(6)。

41.5 果蝇优化算法的实现步骤及流程

基本果蝇优化算法的实现步骤如下。

(1) 初始化。随机设定果蝇群体初始位置。设定果蝇群体规模、最大进化代数、群体搜寻步长等参数。

(2) 嗅觉搜索。令初始迭代次数 0,对果蝇个体通过嗅觉方式搜寻食物的随机方向和距离进行赋值。

(3) 预估每只果蝇到原点的距离,然后计算每只果蝇的距离的倒数作为气味浓度的判定值。

(4) 将已得到的每只果蝇气味浓度判定值代入气味浓度判定函数,用来计算该果蝇的气味浓度值(适应度)。

(5) 根据气味浓度值,找出当前种群中气味浓度最高(或者最低)的果蝇个体(最优个体)。

(6) 视觉搜索。记录并保留最佳味道浓度值和此时的最优果蝇个体坐标,与此同时,整个果蝇种群利用敏锐的视觉飞往最优个体的位置，从而构成一个新的群聚位置。

(7) 果蝇迭代寻优。首先判断是否达到终止条件，如果没有达到，则重复执行步骤(2)～步骤(5)，并判断气味浓度是否优于前一迭代气味浓度，若是，则执行步骤(6)；否则继续重复步骤(2)～步骤(5)的循环迭代过程，直到满足终止条件时，结束算法。

果蝇优化算法寻优的流程如图 41.3 所示。

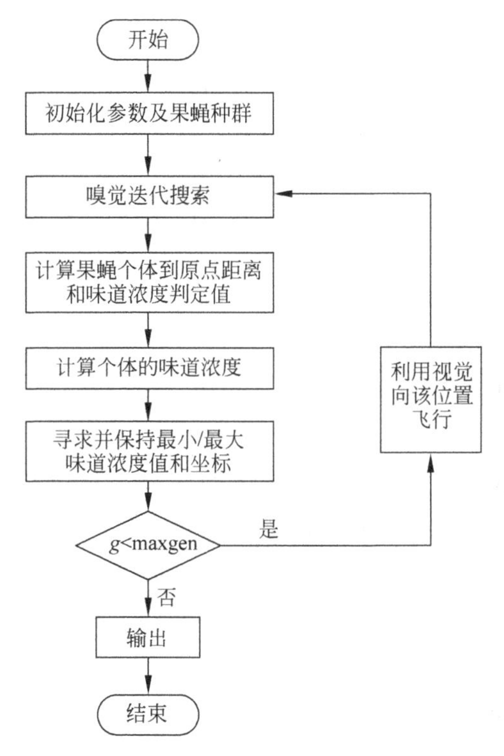

图 41.3　果蝇优化算法寻优的流程图

第42章 蝴蝶算法

蝴蝶算法是一种模拟蝴蝶觅食行为的群智能优化算法。蝴蝶种群寻找食物时，每只蝴蝶也都会散发出一定浓度的香气，每只蝴蝶也都会感受到周围其他蝴蝶的香味，并朝着那些散发更多香味的蝴蝶移动。通过蝴蝶个体的全局搜索、局部搜索及两种搜索形式的概率切换，达到全局寻优的目的。本章首先介绍蝴蝶的生活习性、蝴蝶算法的优化原理，然后阐述蝴蝶算法的数学描述、实现步骤及算法的伪代码。

42.1 蝴蝶算法的提出

蝴蝶算法(Butterfly Algorithm,BA)是 2015 年由 Sankalap Arora 等提出的模拟蝴蝶觅食行为的群智能优化算法。通过 20 种标准函数测试结果表明，同 PSO、GA、ABC 和 FA 比较，BA 在所有情况下均具有出色的性能，并能更有效地以更高的成功率找到全局最优值。BA 性能具有优势的根本原因在于，BA 有效地处理了优化过程中探索和开发之间的平衡关系。

42.2 蝴蝶的生活习性

Butterfly 一词泛指所有种类的蝴蝶。蝴蝶的种类比其他任何种类的昆虫都要多，多达 12 万种。蝴蝶有嗅觉、触觉、视觉、品味和听觉，这些感官帮助蝴蝶找到食物。蝴蝶不能咀嚼固体，只能以液体为食，大部分蝴蝶吸食花蜜。为了吃到花朵里的花蜜，它们的嘴巴像一根吸管，这根吸管伸入花朵中就能吸到花蜜。

蝴蝶喜欢留在那些能持续供应花蜜的花朵，由于蝴蝶所在范围内的花蜜含量可能会降低，因此它们要飞行一段距离以搜索花蜜。蝴蝶具有许多镜片的复眼，可从多个方向观看，但距离有限。所以蝴蝶必须依靠敏锐的嗅觉，不仅用于感觉到花蜜的香气找到食物(通常是较低的花蜜)，而且用于寻找伴侣(雌性雄性信息素)，并用于保护其免受有毒植物的侵害。

42.3 蝴蝶算法的优化原理

蝴蝶可以用它们的嗅觉、视觉、味觉、触觉和听觉去寻找食物(花蜜)来源及交配对象的潜在方向。这些感觉能够帮助它们迁徙、躲避狩猎者以及找到合适的地方产卵。在蝴蝶的所有感觉中，最重要的是嗅觉，嗅觉能够帮助蝴蝶寻找食物，即使在很远的地方也不例外。

每只蝴蝶会产生一定浓度的香味，这种香味会传播到很远的地方，其他蝴蝶也能感觉到，这就是蝴蝶个体共享个体信息，形成一个群体的社会知识网络。当一只蝴蝶能够闻到来自其他蝴蝶分泌的香味的时候，它将会朝着香味最浓的方向移动，该阶段在算法中被称为全局搜索。在另一种情况下，当蝴蝶不能从周围感知香味时，它会随机移动，这一阶段在算法中称为局部搜索。通过蝴蝶个体的全局搜索、局部搜索及两种搜索形式的概率切换，最终成功找到食物源，这就是蝴蝶算法的优化原理。

42.4 蝴蝶算法的数学描述

为了模拟蝴蝶种群的觅食花蜜的行为，蝴蝶算法提出以下假设条件。

(1) 每只蝴蝶都应该散发出一定浓度的香气。

(2) 蝴蝶可以相互吸引，具体取决于它们散发出的香气。蝴蝶朝着那些散发更多香气的蝴蝶移动。

(3) 蝴蝶释放出的香气浓度受环境影响或由目标函数确定。

(4) 考虑到风、雨等自然环境因素影响香气的传递，利用随机数 $p\in[0,1]$对全局搜索和局部搜索过程切换控制。

蝴蝶的香气浓度取决于感知形态、刺激强度以及幂指数这 3 个因素，用方程表示为

$$F=cI^a \tag{42.1}$$

其中，F 为香气的浓度；c 为感知形式；I 为刺激强度；a 为幂指数。

通过目标函数 $f(x_i)$可以确定每只蝴蝶 x_i 的刺激强度 I_i。通过计算蝴蝶种群的个体适应度值，可以找到最佳位置的蝴蝶。

为减少外界环境因素对蝴蝶散发香味的影响，利用随机数 $p\in[0,1]$来确定蝴蝶是执行局部搜索还是全局搜索。

(1) 全局搜索。处于低香味位置的蝴蝶 x_i 要飞向当前适应度最高的蝴蝶，x_i 的位置更新为

$$\boldsymbol{x}_i^{t+1}=\boldsymbol{x}_i^t+(g^*-\boldsymbol{x}_i^t)\times \text{Levy}(\lambda)\times F_i \tag{42.2}$$

其中，$\boldsymbol{x}_i^t$ 为第 i 只蝴蝶在第 t 次迭代的解向量；g^* 为当前所有蝴蝶中的最优解。

(2) 局部搜索。为了避免蝴蝶陷入局部最优，蝴蝶 $\boldsymbol{x}_i$ 采用 Levy 随机飞行进行局部搜索，$\boldsymbol{x}_i$ 的位置更新为

$$\boldsymbol{x}_i^{t+1}=\boldsymbol{x}_i^t+(\boldsymbol{x}_j^t-\boldsymbol{x}_k^t)\times \text{Levy}(\lambda)\times F_i \tag{42.3}$$

其中，$\boldsymbol{x}_i^t$、$\boldsymbol{x}_j^t$、$\boldsymbol{x}_k^t$ 分别为第 i 只、第 j 只、第 k 只蝴蝶在第 t 次迭代的解向量；$\boldsymbol{x}_j^t$ 和 $\boldsymbol{x}_k^t$ 均为随机个体。算法中 Levy 飞行的形式为

$$\text{Levy}\sim u=t^{-\lambda}\quad (1<\lambda\leqslant 3) \tag{42.4}$$

Levy 飞行加速了局部搜索，并提高了搜索效率。

42.5 蝴蝶算法的实现步骤

蝴蝶算法的实现步骤如下。

(1) 初始化蝴蝶种群，并通过目标函数 $f(x_i)$确定每只蝴蝶 x_i 的刺激强度 I_i。

(2) 计算蝴蝶种群中的个体适应度值,找到最佳位置的蝴蝶。

(3) 计算蝴蝶散发的香味。用随机数 $p \in [0,1]$ 确定蝴蝶是在执行局部搜索还是全局搜索。

(4) 全局搜索。低香味的蝴蝶个体飞向全局适应度值最高的蝴蝶,使用式(42.2)更新蝴蝶 x_i 的位置。

(5) 局部搜索。蝴蝶个体进行 Levy 随机飞行,使用式(42.3)和式(42.4)更新蝴蝶 x_i 的位置。

(6) 满足终止条件判断。如果满足终止条件,则输出最优解,算法结束;否则,转到步骤(2)。

蝴蝶算法的伪码描述如下。

```
1   目标函数 f(x),x = (x1,x2,…,xd)^T
2   生成蝴蝶的初始种群 xi(i = 1,2,…,n)
3   由 f(xi)确定 xi 的刺激强度 Ii
4   定义传感形式 c,幂指数 a 和切换概率 p
5   while 在不满足终止条件情况下 do
6           for each 种群中的蝴蝶 bf   do
7                   评估 bf 的适应度值
8           end for
9           找到最好的蝴蝶 bf
10          for each 种群中的蝴蝶 bf
11                计算 bf 的香气
12                从[0,1)中生成一个随机数 r
13                 if 如果 r < p
14                      计算与最佳 bf 的距离并向其移动
14                      else
15                      执行一次 Levy 随机飞行
16                else if
17          end for
18  end while
19  输出找到的最优解
```

第 43 章　蝴蝶交配优化算法

蝴蝶交配优化算法是模拟蝴蝶交配行为的群智能优化算法。蝴蝶的嗅觉极敏锐，不仅用于寻找花蜜，而且用于短距离范围寻找伴侣。蝴蝶在远距离寻找伴侣时，雄性采用发射紫外线，而雌性采用接收或拒绝接收雄性发出的紫外线作为联络方式。算法通过紫外线更新、紫外线分配、伴侣选择和位置更新的循环迭代，实现对函数优化问题求解。本章介绍蝴蝶的生活习性、蝴蝶交配优化算法的机理，阐述蝴蝶交配优化算法的数学描述及算法的伪代码。

43.1　蝴蝶交配优化算法的提出

蝴蝶交配优化(Butterfly Mating Optimization，BMO)算法是 2016 年由 Jada 等提出的一种模拟蝴蝶交配行为的群智能优化算法。

通过一些标准测试函数仿真并与 GSO、PSO 算法比较的结果表明，BMO 算法不仅实现了对多峰函数极大值的求解，而且可以更好地实现全局搜索与个体最优之间的平衡。

43.2　蝴蝶的生活习性

Butterfly 一词泛指所有种类的蝴蝶(见 42.2 节)。蝴蝶依靠敏锐的嗅觉感觉到花蜜的香气找到食物(通常是较低的花蜜)，而且用于寻找伴侣(雌性雄性信息素)，并保护其免受有毒植物的侵害。图 43.1 示出了蝴蝶的交配行为。

图 43.1　蝴蝶的交配行为

43.3　BMO 算法的机理

雄性蝴蝶在最初的接近雌性和求爱的过程中，它们不断地使用颜色和气味作为视觉和嗅觉因素来寻找雌性。为了对寻找伴侣定位，短距离范围蝴蝶会使用信息素作为搜寻工具，而远距离则会通过产生彩虹色的紫外线光作为通信手段。雄性蝴蝶通常能够反射紫外线(UV),而雌性蝴蝶则能够吸收或排斥这种反射的紫外线。

当雌性蝴蝶的接收器感知到来自雄性蝴蝶的高频彩色紫外线光时,如果雌性蝴蝶吸收来自雄性蝴蝶反射的紫外线,则意味着接受交配;如果雌性蝴蝶反射雄性蝴蝶的紫外线,则意味着拒绝参与交配,雄性蝴蝶会离开。

已有研究采用不同的伴侣选择机制进行广泛的实验,模拟结果表明,如果分别在雄性和雌性之间进行互动,则不如仅在雄性和雌性个体之间进行交配,可以改善个体在搜索空间中的定位。BMO算法正是基于蝴蝶个体寻找伴侣采用的搜索空间定位机理而设计的。

43.4 BMO算法的数学描述

在BMO算法中,假设蝴蝶个体之间没有差别,都能反射它得到的紫外线(UV),并同时接收来自其他所有蝴蝶发出的UV,这样的蝴蝶个体称为“元蝴蝶模型”。初始状态的元蝴蝶在空间中随机分布,通过制定搜寻空间中“元蝴蝶模型”的交互机制,可以使得元蝴蝶在搜寻空间中自适应地选择它的局部伴侣,从而在每次UV迭代过程中,元蝴蝶根据自身实时的UV量,选择局部伴侣并向其靠近,在这个过程中,局部伴侣的自适应选择在BMO算法中发挥了重要作用。

1. 紫外线更新

在UV更新阶段,元蝴蝶接收其他蝴蝶个体发出的UV,同时元蝴蝶的UV值与它们在搜寻空间的适应性成比例地被更新,其表达式为

$$\mathrm{UV}_i(t)=\max\{0,b_1\cdot\mathrm{UV}_i(t-1)+b_2\cdot f(t)\} \tag{43.1}$$

其中,b_1、b_2为UV更新系数;$\mathrm{UV}_i(t-1)$为前一时刻元蝴蝶所含UV量;$f(t)$为适应性函数。由于UV量的大小会随时间而变化,元蝴蝶会向搜寻空间中更有利的位置移动。因此,可以根据b_1、b_2的值调整元蝴蝶当前时刻的UV值,如$0\leqslant b_1\leqslant 1$、$b_2>1$,则强调当前的适应性,并弱化前一时刻的UV值。

2. 紫外线分配

在搜寻空间中,元蝴蝶会分配UV给其他蝴蝶,距离最近的蝴蝶会比距离最远的得到更多份额。元蝴蝶之间UV的分配由蝴蝶在空间中的相对位置确定,拥有UV_i的元蝴蝶i分配给元蝴蝶j的计算式为

$$\mathrm{UV}_{ij}=\mathrm{UV}_i\cdot\frac{d_{ij}^{-1}}{\sum_k d_{ik}^{-1}} \tag{43.2}$$

其中,$i=1,2,\cdots,N$,N为搜寻空间中元蝴蝶数量;$j=1,2,\cdots,N$且$j\neq i$;UV_{ij}为元蝴蝶j吸收来自i的UV量;d_{ij}为元蝴蝶i与j的欧氏距离;d_{ik}为元蝴蝶i与k的欧氏距离,$k=1,2,\cdots,N$且$k\neq i$。

3. 伴侣选择

如果元蝴蝶都选择拥有最大UV的蝴蝶作为伴侣,并向它靠近,这将导致所有蝴蝶在单一峰值处会合。在BMO算法中,伴侣的定位范围是动态的,即要求元蝴蝶在每次迭代时自适应地选择伴侣。首先,元蝴蝶i会根据其接收到的其他元蝴蝶散发的UV值,并对其降序排

序。此时，每只蝴蝶抓取序列第1位的元蝴蝶作为伴侣并朝着它的方向移动，这将导致蝴蝶局部化。在进一步抓取峰值的同时，元蝴蝶 i 继续接收其他UV，并通过将当前UV(j)与先前UV(i)降序列的值顺序对比，选择满足伴侣条件的蝴蝶，即

$$\mathrm{UV}(i) < \mathrm{UV}(j) \tag{43.3}$$

式中：$i=1,2,\cdots,N$；$j=1,2,\cdots,N-1$。

4. 位置更新

每只元蝴蝶会根据下式朝其配偶方向移动

$$x_i(t+1)=x_i(t)+B_{\text{step}}\cdot\left\{\frac{x_{\text{L-mate}}(t)-x_i(t)}{\|x_{\text{L-mate}}(t)-x_i(t)\|}\right\} \tag{43.4}$$

其中，$x_i(t)$为元蝴蝶 i 在 t 时刻的空间位置；$x_{\text{L-mate}}(t)$为伴侣蝴蝶在 t 时刻的空间位置；B_{step} 为元蝴蝶每次迭代的步长，步长取值过大会导致峰值精度下降。

43.5 BMO算法的伪代码实现

BMO算法的伪代码描述如下。

```
随机初始化 Bflies;
∀i,设置 UVi = UV(0);
设置最大迭代次数 = iter_max;
设置 iter = 1;
while (iter ≤ iter_max) do
{
    for 每一只蝴蝶 i do
        使用式(43.1)对紫外线更新
        使用式(43.2)对紫外线分配
    for 每一只蝴蝶 i do
        选择伴侣
        使用式(43.4)更新位置
    iter = iter + 1;
}
```

第 44 章　蝴蝶优化算法

蝴蝶优化算法是一种模拟蝴蝶群体觅食行为和信息共享的群智能优化算法，用于解决全局优化问题。蝴蝶利用敏锐的嗅觉，根据空气中的气味来确定花蜜或交配对象的潜在位置。当一只蝴蝶感知到来自任何位置的香味时，它会向目标移动进行全局搜索。当蝴蝶没有感知周围的气味时，它会随机移动进行局部搜索。蝴蝶群体通过信息共享来完成觅食行为。本章介绍蝴蝶的生活习性，阐述蝴蝶优化算法的优化原理、数学描述、实现步骤及算法伪代码。

44.1　蝴蝶优化算法的提出

蝴蝶优化算法（Butterfly Optimization Algorithm，BOA）是 2018 年由 Sankalap Arora 提出的群智能优化算法。该算法基于蝴蝶的觅食行为和信息共享策略，利用它们敏锐的嗅觉来决定花蜜或交配对象的潜在位置，以解决全局优化问题。BOA 具有结构简单、易于实现的优点，通过对 30 个具有多模性、可分性、规则性、维数等不同特性的基准函数测试，并与 ABC、CS、DE、FA、GA、MBO、PSO 等知名优化算法进行性能比较，结果表明，BOA 的结果具有竞争力，算法效率更高，已被用于解决弹簧、焊接梁、齿轮系 3 类经典工程问题的优化设计。

44.2　蝴蝶的生活习性

Butterfly 一词泛指所有种类的蝴蝶（见 42.2 节）。

图 44.1 示出了蝴蝶的觅食和交配行为。

(a) 一只蝴蝶

(b) 多只蝴蝶觅食

(c) 蝴蝶在花之间交配

图 44.1　蝴蝶的觅食和交配行为

44.3 蝴蝶算法的优化原理

蝴蝶可以用它们的嗅觉、视觉、味觉、触觉和听觉去寻找食物(花蜜)来源及交配对象的潜在方向。这些感觉能够帮助它们迁徙、躲避狩猎者以及帮助它们找到合适的地方产卵。在所有感觉中最重要的是嗅觉,嗅觉能够帮助蝴蝶寻找食物,即使在很远的地方也不例外。

每只蝴蝶会产生一定浓度的香味,这种香味会传播到很远的地方,其他蝴蝶也能感觉到,这就是蝴蝶个体共享个体信息,形成一个群体的社会知识网络。当一只蝴蝶能够闻到来自其他的蝴蝶分泌的香味的时候,它将会朝着香味最浓的方向移动,该阶段在算法中称为全局搜索。在另一种情况下,当蝴蝶不能从周围感知香味时,它会随机移动,这一阶段在算法中称为局部搜索。通过蝴蝶个体的全局搜索、局部搜索及两种搜索形式的切换,最终找到食物源,这就是蝴蝶算法的优化原理。

44.4 BOA 的数学描述

BOA 对模拟蝴蝶觅食行为的条件假设如下。

(1) 所有的蝴蝶都应该散发出某种香味,使蝴蝶能够互相吸引。

(2) 每只蝴蝶都会随机移动,或朝着散发出更多香味的最佳蝴蝶移动。

(3) 蝴蝶的刺激强度受目标函数值的影响或由目标函数决定。

BOA 包括初始化、迭代和结束 3 个阶段。

1. 初始化阶段

在初始化阶段,定义目标函数及其搜索空间(解空间),对算法参数进行赋值,创建蝴蝶的初始种群。由于在 BOA 中蝴蝶的总数保持不变,因此分配一个固定大小的存储器来存储蝴蝶的信息。在搜索空间中随机生成蝴蝶的位置,计算并存储蝴蝶的香味和适应度值。

2. 迭代阶段

迭代阶段包括香味感知、全局搜索和局部搜索 3 部分内容。

1) 香味感知

迭代阶段要用人工蝴蝶执行若干次搜索。在每次迭代中,所有蝴蝶在搜索空间移动到新的位置,然后评估它们的适应度值。首先计算所有蝴蝶在搜索空间中不同位置的适应度值,然后这些蝴蝶将在它们的位置使用式(44.1)产生香味:

$$f = cI^a \tag{44.1}$$

其中,f 为其他蝴蝶对香味的感知强度;c 为感知因子;I 为刺激强度;a 为依赖形态的幂指数,它反映了吸收香味的不同程度。

在大多数情况下,a 和 c 可以在[0,1]范围内取值。a 和 c 的取值对算法的收敛速度有至关重要的影响。如果 $a=1$,这意味着没有吸收香味,也就是说,一只特定的蝴蝶散发出的香味,其他蝴蝶以同样的能力感知到。也就是说,香味是在一个理想化的环境中传播的。如果 $a=0$,这意味着任何一只蝴蝶散发出的香味都不会被其他蝴蝶感知到。所以,参数 a 控制了算法的行为。参数 c 决定 BOA 算法收敛速度和性能。理论上 $c\in[0,\infty]$,但实际上它由要优化的系统特性确定。在最大化问题中,强度可以与目标函数成正比。

在原始的 BOA 中,在模拟所有基准函数时使用了 BOA 的固定参数组合:种群规模 n 为 50;模态感知因子 $c=0.01$;幂指数 a 在迭代过程中从 0.1 增加到 0.3;将 $p=0.5$ 作为初始值,仿真发现 $p=0.8$ 在大多数应用中的效果更好。

有的文献提出对 c 的更新采用迭代形式如下:

$$c^{t+1}=c^t+(b/c^t \times N\text{gen}) \tag{44.2}$$

其中,c^t 为第 t 代的值;b 为常数;Ngen 为最大迭代次数。

2) 全局搜索

全局搜索阶段,当蝴蝶能感觉到其他任何蝴蝶的香味时并朝它移动一步,可用式(44.3)表示为

$$x_i^{t+1}=x_i^t+(r^2 \times g^*-x_i^t)\times f_i \tag{44.3}$$

其中,x_i^{t+1} 为第 i 只蝴蝶在第 $t+1$ 次迭代的位置;x_i^t 为第 i 只蝴蝶在第 t 次迭代的位置;r 为[0,1]中的随机数;g^* 为全局最优解;f_i 为第 i 只蝴蝶的香味感知量。

3) 局部搜索

当蝴蝶不能感觉到周围香味时,它会随机移动,这个阶段称为局部搜索。利用转换概率 $p\in[0,1]$控制全局搜索和局部搜索过程。蝴蝶随机移动的位置迭代公式如下:

$$x_i^{t+1}=x_i^t+(r^2 \times x_j^t-x_k^t)\times f_i \tag{44.4}$$

其中,x_j^t 和 x_k^t 分别为属于同一群的第 j 只和第 k 只蝴蝶;r 为[0,1]中的随机数。式(44.4)描述了蝴蝶的局部随机漫步行为。

在 BOA 中采用切换概率 p,实现了在普通全局搜索和密集局部搜索之间的切换,迭代阶段继续,直到算法满足终止条件。

3. 结束阶段

可以用不同的方式给出停止标准,如达到的最大迭代数、没有改进的最大迭代数、达到的特定错误率值或任何其他适当的标准。当迭代阶段结束时,算法输出最优解。

44.5 BOA 的实现步骤及伪代码

BOA 的实施步骤如下。

(1) 初始化种群规模及转换概率等参数。

(2) 计算每只蝴蝶的适应度值,并求出当前最优值 $f_{\min}$ 和最优解 x_{best}。

(3) 用式(44.1)计算香味感知量,若 rand$<p$,则用式(44.3)计算,否则用式(44.4)计算。

(4) 重新计算每只蝴蝶的适应度值,若 $F_{\text{new}}<f_{\min}$,则替换之前的最优值和最优解。

(5) 用式(44.2)更新 c。

(6) 判断是否达到最大迭代次数,如果是,输出最优值和最优解,否则跳至步骤(2)。

BOA 的伪代码描述如下。

```
1    目标函数 f(x),x = (x1,x2,…,xd),d 为维数
2    初始化蝴蝶种群 xi(i = 1,2,…,n),n 为蝴蝶数
3    利用 f(xi)确定 xi 的刺激强度 Ii
```

```
4   定义感知因子 c,幂指数 a 的初始值和转换概率 p
5   While 未满足终止条件 do
6       for each 种群中的蝴蝶 do
7           用式(44.1)计算蝴蝶的香味浓度
8       end for
9       找到最优蝴蝶个体 do
10      for each 种群中的蝴蝶 do
11          随机产生[0,1]之间的随机数 r
12           if r<p then
13                  用式(44.3)对最好蝴蝶进行位置更新
14           else
15                  用式(44.4)对蝴蝶进行局部随机游走
16          end if
17      end for
18      更新 a 的值
19  end while
20  输出全局最优解
```

第45章　蜻蜓算法

蜻蜓算法是模拟蜻蜓群体捕食和迁移行为的群智能优化算法，有3个版本，分别用于单目标、多目标及二进制离散优化问题。蜻蜓群体分为用于局部开发的静态群体和用于全局搜索的动态群体。在算法中，蜻蜓个体根据避撞、结队、聚集、觅食和避敌5种行为更新其自身飞行方向和位置。蜻蜓算法具有原理简单、易于实现、稳定性好、寻优能力强等特点。本章介绍蜻蜓的生活习性、蜻蜓算法的优化原理，阐述3种蜻蜓算法的数学描述及其伪码实现。

45.1　蜻蜓算法的提出

蜻蜓算法(Dragonfly Algorithm，DA)是2015年由Mirjalili提出的模拟蜻蜓群体捕食和迁移行为的群智能优化算法，用于求解单目标优化问题；提出的二进制蜻蜓算法(BDA)用于求解离散问题；提出的多目标蜻蜓算法(MODA)用于多目标优化问题，并应用于求解潜艇螺旋桨优化设计问题。

对DA和BDA的测试结果表明，DA与其他知名算法相比，DA提供了非常有竞争力的结果。对潜艇螺旋桨设计的结果表明，MODA在解决未知的挑战性实际问题中具有优势。由于DA具有原理简单、易于实现、稳定性好、寻优能力强等特点，已被应用于解决0-1背包问题、支持向量机的参数优化、组合经济排放调度、彩色图像分割、信号检测与识别、变压器故障诊断、发电调度等问题。

45.2　蜻蜓的生活习性

蜻蜓是一种奇特的昆虫，属于无脊椎动物，世界上有近3000种。蜻蜓的生命周期主要包括幼虫和成虫两个阶段，如图45.1(a)所示。它们一生的大部分时间都在幼虫状态，经历多次

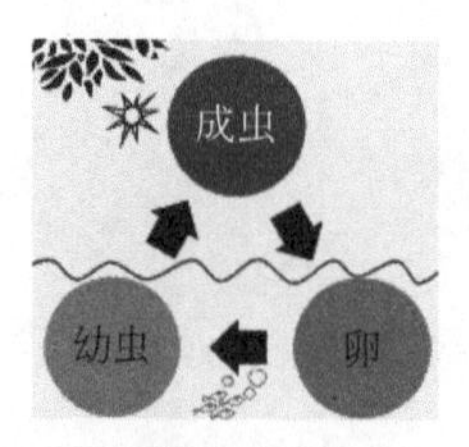

(a) 蜻蜓的生命周期

(b) 成虫

图45.1　蜻蜓和它的生命周期

蜕变变成成虫，如图 45.1(b)所示。蜻蜓具有独特而罕见的群居行为，分为静态和动态两种群体形式。静态群体完成捕食任务，动态群体完成迁移任务。

蜻蜓是世界上眼睛最多的昆虫。蜻蜓的眼睛又大又鼓，占据着头的绝大部分，且每只眼睛又有数不清的"小眼"构成，这些"小眼"都与感光细胞和神经相连。它们的视力极好，不仅可以辨别物体的形状大小，而且还能向上、向下、向前、向后看而不必转头。此外，它们的复眼还能测速。当物体在复眼前移动时，每一个"小眼"依次产生出反应，经过加工就能确定出目标物体的运动速度。这使得它们成为昆虫界捕食小昆虫的高手。

45.3　DA 的优化原理

为了适应群体行为的需要，蜻蜓个体通过以下 5 种行为决定其飞行方向和位置。

(1) 避撞行为。避免和邻近个体相碰撞。

(2) 结队行为。和邻近个体的平均速度保持一致。

(3) 聚集行为。向邻近个体的平均位置移动。

(4) 觅食行为。靠近食物源。

(5) 避敌行为。避开天敌。

蜻蜓群体中的各个体根据上述 5 种行为来更新其自身飞行方向和位置，如图 45.2 所示。

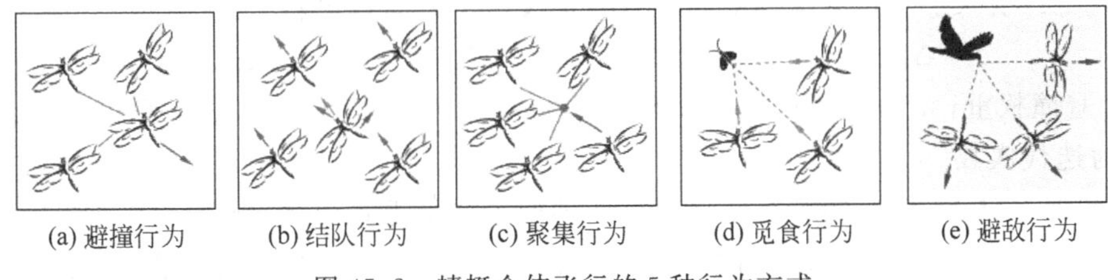

图 45.2　蜻蜓个体飞行的 5 种行为方式

蜻蜓个体的上述行为有利于群体的迁移和捕食活动。蜻蜓两种群体之间寻找猎物以及躲避天敌的社会互动行为，非常类似于元启发式优化的探索和开发过程。在静态群体行为中，蜻蜓会分成几个子群体在不同区域中捕食昆虫，具有局部移动和飞行路径突变的特征，这有利于进行局部开发；在动态群体行为中，大量蜻蜓会成群结队聚集成一个更大的群体，朝着同一个方向进行长距离迁移，这有利于进行全局搜索。蜻蜓算法通过避撞、结队、聚集、觅食和避敌 5 种操作的迭代来实现对优化问题求解。

45.4　DA 的数学描述

对于 DA 的数学描述如下。

(1) 避撞行为。尽量避免和环绕中的蜻蜓个体产生碰撞行为的数学描述如下：

$$S_i = -\sum_{j=1}^{N} X - X_j \tag{45.1}$$

其中，X 为当前蜻蜓个体的位置信息；N 代表和当前个体相邻的蜻蜓个体的数量；X_j 是第 j

相邻个体的位置。

(2) 结队行为。若干个体之间以同等速度结队飞行的数学描述如下：

$$A_i = \frac{\sum_{j=1}^{N} V_j}{N} \tag{45.2}$$

其中,V_j 是第 j 个体的相邻个体的飞行速度。

(3) 聚集行为。若干蜻蜓个体向某个体飞行聚集行为的数学描述如下：

$$C_i = \frac{\sum_{j=1}^{N} X_j}{N} - X \tag{45.3}$$

其中,X 是当前个体的位置；N 是数量；X_j 为第 j 个体邻居个体位置。

(4) 觅食行为。个体向着食物源所在位置靠拢,食物源对蜻蜓吸引力的数学描述如下：

$$F_i = X^+ - X \tag{45.4}$$

其中,X^+ 为食物源所在位置信息,即已记录的目标最优解。

(5) 避敌行为。每个蜻蜓个体远离天敌所在位置的数学描述如下：

$$E_i = X^- + X \tag{45.5}$$

其中,X^- 为天敌所在位置,即为已记录的最差解。

蜻蜓群体的飞行行为被认为是这5种个体行为的正确结合。为了更加准确模拟蜻蜓的移动方向和步长,引入了步长向量 $\Delta\boldsymbol{X}$ 和位置向量 $\boldsymbol{X}$。步长向量更新公式为

$$\Delta\boldsymbol{X}_{t+1} = (sS_i + aA_i + cC_i + fF_i + eE_i) + w\Delta\boldsymbol{X}_i \tag{45.6}$$

其中,s 为避撞权重；a 为结队权重；c 为聚集权重；f 为食物因子；e 为天敌因子；w 为惯性权重；t 为迭代次数。

为了提高算法的性能,蜻蜓算法设置了两种位置向量更新模式,当该个体周围有邻近个体时,以式(45.7)更新位置向量,否则以式(45.8)Levy飞行方式更新位置向量如下：

$$\boldsymbol{X}_{t+1} = \boldsymbol{X}_t + \Delta\boldsymbol{X}_{t+1} \tag{45.7}$$

$$\boldsymbol{X}_{t+1} = \boldsymbol{X}_t + \text{Levy}(d) \times X_t \tag{45.8}$$

其中,d 为向量维度；Levy函数具体形式如下：

$$\text{Levy}(x) = 0.01 \times \frac{r_1 \times \sigma}{|r_2|^{1/\beta}} \tag{45.9}$$

$$\sigma = \left(\frac{\Gamma(1+\beta) \times \sin(\pi\beta/2)}{\Gamma((1+\beta)/2) \times \beta \times 2^{(\beta-1)/2}}\right)^{1/\beta} \tag{45.10}$$

其中,$\Gamma(x) = (x-1)!$；r_1、r_2 为区间[0,1]内的随机数；β 为常数。

45.5 单目标及多目标DA的实现步骤及伪代码

DA假设天敌和食物源位置分别为当前发现的最差解和最优解,种群内的个体可以通过两种方式更新自身的位置,经过多次迭代后得到全局最优解。

1. 单目标DA的实现

单目标DA的实现步骤如下。

(1) 初始化设置算法参数：最大迭代次数 $T_{\max}$、种群内个体数 N、群体的可搜索空间、问题维度 d 及各类权重(s、a、c、f、e、w)等。

(2) 在搜索空间内随机初始化种群中每个个体的位置，并计算其对应的适应度值，从而得到当前全局最优解和最优位置。

(3) 更新食物源位置(当前最优解)和天敌位置(当前最差解)，并更新蜻蜓 5 种行为对应的权重(s、a、c、f、e)及惯性权重 w。

(4) 通过式(45.1)～式(45.5)更新蜻蜓群体的 5 种行为因子 s、a、c、f、e。

(5) 判断该个体周围是否有邻近个体，若有邻近个体，则通过式(45.7)更新位置并进行越界处理，否则通过式(45.8)更新位置并进行越界处理。

(6) 根据更新的位置，重新计算个体的适应度值，并找出最优的适应度值，判断其是否优于当前记录中的全局最优解。若是，则更新全局最优解。

(7) 判断算法是否满足迭代终止条件，若满足，则输出全局最优解，否则返回到步骤(3)。

单目标 DA 的伪码描述如下。

```
初始化蜻蜓种群 Xi(i = 1,2,…,n)
初始化步长向量 ΔXi(i = 1,2,…,n)
While 未满足结束条件
    计算所有蜻蜓的适应度值
    更新食物源和天敌
    更新 w、s、a、c、f 和 e
    使用式(45.1)至(45.5)计算 S、A、C、F 和 E
    更新领域半径
    if 一个蜻蜓个体至少存在一个环绕或紧挨着的蜻蜓个体
        使用式(45.6)计算和更新速度向量
        使用式(45.7)计算和更新位置向量
    else
        使用式(45.8)更新位置向量
    end if
    基于变量的边界,检查并纠正新的位置
end while
```

DA 的流程如图 45.3 所示。

2. 二进制蜻蜓算法(BDA)的实现

在连续搜索空间中，DA 的搜索个体可以通过增加步长来搜索新位置。然而，在二进制搜索空间中，由于搜索个体的位置向量只能被赋值为 0 或 1，所以不能直接通过增加步长来更新搜索个体的位置。因此，在二进制蜻蜓算法中，通过引入传递函数来更新搜索个体位置。传递函数把速度(步长)值作为输入，并返回[0,1]中的数字，便定义了更改的概率。这些函数的输出与速度向量的值成正比。因此，较大速度值很可能使搜索个体更新其位置。

采用传递函数的形式为

$$T(\Delta x)=\left|\frac{\Delta x}{\sqrt{\Delta x^{2}+1}}\right| \tag{45.11}$$

传递函数首先用于计算所有蜻蜓改变位置的概率。然后，在二进制搜索空间中更新搜索个体的位置公式如下：

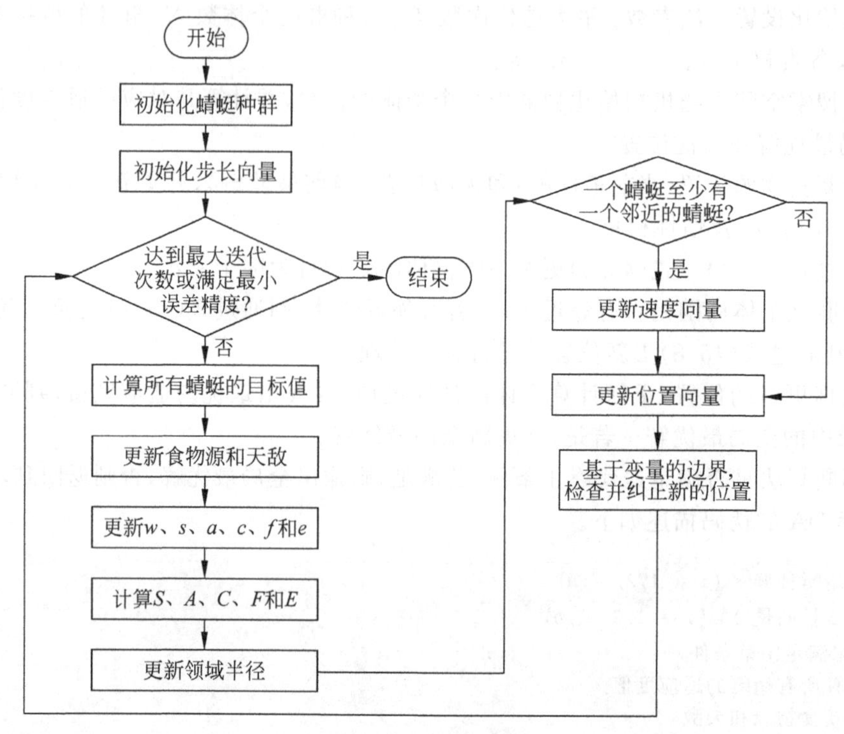

图 45.3 DA 的流程图

$$X_{t+1}=\begin{cases}-X_t & r<T(\Delta x_{t+1})\\ X_t & r\geqslant T(\Delta x_{t+1})\end{cases} \tag{45.12}$$

其中,r 为介于[0,1]区间中的一个数。

将 BDA 用于求解二进制问题时应注意,由于在二元空间中无法像连续空间那样清楚地确定蜻蜓的距离,因此 BDA 将所有蜻蜓作为连续空间的一个群体,并通过自适应地调整群系数 s、a、c、f、e 及惯性权重 w 来模拟勘探与开发。

BDA 算法的伪码表述如下。

```
初始化蜻蜓种群 X_i(i = 1,2, …,n)
初始化步长向量 ΔX_i(i = 1,2, …,n)
While 未满足结束条件
      计算所有蜻蜓的适应度值
      更新食物源和天敌
      更新 w、s、a、c、f 和 e
      使用式(45.1)至(45.5)计算 S、A、C、F 和 E
      使用式(45.6)计算和变更速度向量
      使用式(45.11)计算概率
      使用式(45.12)更新位置向量
end while
```

3. 多目标蜻蜓算法(MODA)的实现

MODA 除了两个新定义参数——超球体的最大数量和归档文件的大小外,其余的所有参数都与 DA 的参数相同。

MODA算法的伪码表述如下。

```
初始化蜻蜓种群 X_i(i = 1,2,…,n)
初始化步长向量 ΔX_i(i = 1,2,…,n)
定义超球体的最大数量(段)
定义档案大小
While 不满足最终条件
    计算所有蜻蜓的适应度值
    找到非主导解
    根据得到的非支配解更新存档
    if 档案已满
        运行存档维护机制以省略当前存档成员之一
        将新解添加到存档中
    end if
        如果对归档的任何新添加解都位于超范围之外
        更新并重新定位所有超球面以覆盖新的解
    end if
    从档案中选择一个食物源: X+ = SelectFood(archive)
    从档案中选择一个天敌: X- = SelectEnemy(archive)
    使用式(45.11)更新步长向量
    使用式(45.12)更新位置向量
    根据变量边界检查并修正新的位置
end while
```

第46章　蜉蝣优化算法

蜉蝣优化算法是模拟昆虫蜉蝣的社会行为，特别是交配行为的群智能优化算法。该算法包括单目标蜉蝣优化算法和在单目标蜉蝣优化算法基础上改进的多目标蜉蝣优化算法。蜉蝣优化算法包括3个主要组成部分：雄蜉蝣的运动、雌性蜉蝣的运动和蜉蝣的交配。本章首先介绍蜉蝣的习性及其交配行为，然后阐述单目标蜉蝣优化算法的数学描述、伪代码及流程，以及多目标蜉蝣优化算法的数学描述及伪代码。

46.1　蜉蝣优化算法的提出

蜉蝣优化算法（Mayfly Optimization Algorithm，MA）是2020年由Zervoudakis和Tsafarakis提出的模拟蜉蝣交配行为的群智能优化算法。对单目标蜉蝣优化算法（MA）的改进，又提出了多目标蜉蝣优化算法（Multi-objective Mayfly Algorithm，MMA）。MA是吸收了群体智能优化算法和进化算法优势的混合方法，它通过蜉蝣婚舞和随机飞行过程增强了探索和利用两者之间的平衡关系，有力地避免局部最优。

通过使用25个基准测试函数和13个CEC2017测试函数，以及一个经典的流水车间调度问题进行了测试，并与7个高质量的元启发式优化算法对比，结果表明，MA方法的性能优于大多数元启发式优化算法，它不仅适用于局部搜索，也适用于全局搜索。

46.2　蜉蝣的习性及其交配行为

蜉蝣是蜉蝣目昆虫，蜉蝣目（英文Mayfly，学名Ephemeroptera）昆虫通称蜉蝣。据估计，世界上有超过3000种蜉蝣。蜉蝣具有古老而特殊的性状，是最原始的有翅昆虫，它们的翅膀不能折叠。

蜉蝣目昆虫体形细长柔软，体长通常为3～27mm，触角短，复眼发达，中胸较大，前翅发达，后翅退化，腹部末端有一对很长的尾须，部分种类还有中央尾丝。图46.1示出了几种蜉蝣的图片。

图46.1　几种蜉蝣的图片

从卵中孵化出来后，未成熟的蜉蝣肉眼可见，它们花了几年时间成长为水生昆虫，直到它们成年后上升到水面。一只成年蜉蝣只能存活几天，直到它完成繁殖的最终目标。为了吸引雌性，大多数雄性成虫成群结队地聚集在水面上几米的地方，通过特有的上下运动模式，表演一场求偶舞蹈。雌性蜉蝣飞入这些区域，为了与空中的雄性交配。交配可能只持续几秒钟，当交配完成后，雌性蜉蝣将卵落在水面上，它们的生命周期就结束了。

46.3　蜉蝣优化算法的优化原理

该算法在最初随机产生两组蜉蝣，分别代表雄性和雌性种群。将每个蜉蝣随机置于求解问题的搜索空间中，作为一个候选解，用一个 d 维向量 $\boldsymbol{x}=(x_1,x_2,\cdots,x_d)$ 表示，并用定义的目标函数 $f(x)$ 评价其性能。蜉蝣的速度 $v=(v_1,v_2,\cdots,v_d)$ 定义为其位置的变化，而每只蜉蝣的飞行方向是个体和对社会飞行体验的动态互动。特别是，每只蜉蝣都会调整自己的轨迹，以适应自身到目前为止的最佳位置(pbest)，以及到目前为止任何一种蜉蝣种群所获得的最佳位置(gbest)。

蜉蝣算法通过分别对雄性蜉蝣和雌性蜉蝣按适应度值排序，选择最好的雌性与最好的雄性交配，第2好的雌性和第2好的雄性交配，以此类推，按等级进行蜉蝣的交配。通过算法的迭代过程，不断地提高蜉蝣个体的适应度值，最终获得优化问题的全局最优解。

46.4　单目标蜉蝣优化算法的数学描述

MA包括雄蜉蝣的运动、雌蜉蝣的运动和蜉蝣的交配3部分，它们的数学描述如下。

1. *雄蜉蝣的运动*

雄蜉蝣的群居，意味着每只雄蜉蝣的位置是根据自己的经验和邻居的经验调整的。假设 x_i^t 是在时间 t 时蜉蝣 i 在搜索空间中的当前位置，通过在当前位置增加一个速度来更新位置如下：

$$x_i^{t+1}=x_i^t+v_i^{t+1} \tag{46.1}$$

其中，x_i^0 取值的上下限分别为 $x_{\max}$ 和 $x_{\min}$。

考虑到雄性蜉蝣总是在离水面几米高的地方表演求偶舞蹈，因此它们的速度不能增加到很大，它们不断地移动，计算一只雄蜉蝣的速度为

$$v_{ij}^{t+1}=v_{ij}^t+a_1\mathrm{e}^{-\beta r_p^2}(\mathrm{pbest}_{ij}-x_{ij}^t)+a_2\mathrm{e}^{-\beta r_g^2}(\mathrm{gbest}_j-x_{ij}^t) \tag{46.2}$$

其中，v_{ij}^t 为时间 t 时蜉蝣 i 在 j 维上的速度，$j=1,2,\cdots,n$；x_{ij}^t 为时间 t 时蜉蝣 i 在 j 维上位置，a_1 为蜉蝣个体的认知常数；a_2 为蜉蝣群体社会的认知常数；pbest_i 为蜉蝣 i 迄今最好的位置；β 为蜉蝣固定的能见度系数，用于限制一只蜉蝣的能见度；r_p 为 x_i 和 pbest_i 之间的笛卡儿距离；r_g 为 x_i 和蜉蝣种群的最佳位置 gbest 之间的笛卡儿距离。

计算笛卡儿距离 r_p、r_g 的公式如下：

$$\| x_i - X_i \| = \sqrt{\sum_{j=1}^{n} (x_{ij} - X_{ij})^2} \tag{46.3}$$

考虑最小化问题,蜉蝣 i 在下一个时间 $t+1$ 时的最好位置为

$$\text{pbest}_i = \begin{cases} x_i^{t+1} & f(x_i^{t+1}) < f(\text{pbest}_i) \\ \text{pbest}_i & f(x_i^{t+1}) \geqslant f(\text{pbest}_i) \end{cases} \tag{46.4}$$

其中,$f:R^n \to R$ 为评价解的质量的目标函数。在时间 t 时的全局最优位置定义为

$$\text{gbest} \in \{\text{pbest}_1, \text{pbest}_2, \cdots, \text{pbest}_N \mid f(\text{cbest})\} = \min\{f(\text{pbest}_1), f(\text{pbest}_2), \cdots, f(\text{pbest}_N)\} \tag{46.5}$$

其中,N 为种群中雄性蜉蝣的总数。

群中最好的蜉蝣继续表演特有的求偶舞蹈,在这种情况下必须不断改变速度,为

$$v_{ij}^{t+1} = v_{ij}^t + d \cdot r \tag{46.6}$$

其中,d 为求偶舞蹈系数;r 为[−1,1]范围内的随机数,它是考虑上下运动舞蹈为算法引入的一个随机因素。

2. 雌蜉蝣的运动

雌性蜉蝣与雄性不同,不会成群聚集。它们飞向雄性蜉蝣是为了繁殖。设 y_i^t 是时间 t 时雌性蜉蝣 i 在搜索空间中的当前位置,通过在当前位置增加一个速度来更新位置,如下:

$$y_i^{t+1} = y_i^t + v_i^{t+1} \tag{46.7}$$

其中,y_i^0 取值的上下限分别为 $y_{\max}$ 和 $y_{\min}$。

尽管吸引过程是随机的,但这里决定将其建模为确定性的过程。也就是说,根据它们的适应度值,最好的雌性浮游被最好的雄性所吸引,第2好的雌性被第2好的雄性2所吸引,以此类推。因此,考虑到极小化问题,它们速度的计算式为

$$v_{ij}^{t+1} = \begin{cases} v_{ij}^t + a_2 e^{-\beta r_{mf}^2} (x_{ij}^t - y_{ij}^t) & f(y_i) > f(x_i) \\ v_{ij}^t + fl \cdot r & f(y_i) \leqslant f(x_i) \end{cases} \tag{46.8}$$

其中,v_{ij}^t 为时间 t 雌性蜉蝣 i 在 j 维上的速度,$j=1,2,\cdots,n$;y_{ij}^t 为时间 t 雌性蜉蝣 i 在 j 维上的位置;a_2 为正吸引力常数;β 为固定的能见度系数;r_{mf} 为雌雄蜉蝣之间的笛卡儿距离;fl 为[−1,1]范围内的随机行走系数,用于雌性不被雄性吸引时随机而飞;r 为在[−1,1]范围内的随机值。

3. 蜉蝣的交配

交叉算子表示两只蜉蝣的交配过程:从雄性种群中选择一个亲本,从雌性种群中选择一个亲本。父母被选择的方式和雌性被雄性吸引的方式是一样的。特别是,选择可以是随机的,也可以是基于它们的适合度值。对于后者,最好的雌性和最好的雄性交配,第2好的雌性和第2好的雄性交配,以此类推。杂交的结果生成两个后代如下:

$$\begin{aligned} \text{offspring1} &= L \cdot \text{male} + (1-L) \cdot \text{female} \\ \text{offspring2} &= L \cdot \text{female} + (1-L) \cdot \text{male} \end{aligned} \tag{46.9}$$

其中,male 为父本;female 是母本;L 为特定范围内的随机值。后代的初始速度设置为零。

46.5　单目标蜉蝣优化算法的伪代码实现

单目标蜉蝣算法(MA)的伪代码描述如下。

```
目标函数 f(x),x=(x_1,x_2,…,x_d)^T
初始化雄蜉蝣种群 x_i(i=1,2,…,N)和速度 v_mi
初始化雌蜉蝣种群 y_i(i=1,2,…,M)和速度 v_fi
评估解
找到种群最优解 gbest
Do While 不符合停止标准
        更新雄性和雌性浮游的速度和解
        评估解
        蜉蝣的排序
        蜉蝣伴侣交配
        评估后代
        将后代随机分为雄性和雌性
        用最好的新解取代最坏的解
        更新 pbest 和 gbest
end while
输出结果和可视化
```

46.6　多目标蜉蝣优化算法的伪代码实现

对MA进行改进,使之适用于多目标优化问题。MA只保存一个最优解,而不是多目标问题需要的多个解。此外,MA在每次迭代中使用迄今为止得到的最优解pbest进行更新,而在多目标优化问题中,不存在单一的最优解。因此,为MA配备了一个解的存储库,用于保持迄今为止在优化过程中获得的最优非支配解。此外,与MA相反,在MMA中雌性蜉蝣也更新了自身最优位置。

1. 多目标优化中雄蜉蝣的运动

雄蜉蝣在多目标优化中的运动与它们在单目标优化问题中的运动相似。由于在多目标问题中没有单一的最优解,因此选择gbest通过从非支配解的存储库中随机选择一个解来执行。如果雄蜉蝣被gbest支配,则使用式(46.10)。否则,使用式(46.11)。

$$v_{ij}^{t+1}=g\cdot v_{ij}^{t}+a_1\mathrm{e}^{-\beta r_p^2}(\mathrm{pbest}_{ij}-x_{ij}^{t})+a_2\mathrm{e}^{-\beta r_g^2}(\mathrm{gbest}_{ij}-x_{ij}^{t}) \tag{46.10}$$

$$v_{ij}^{t+1}=\begin{cases}g\cdot v_{ij}^{t}+a_2\mathrm{e}^{-\beta r_{mf}^2}(x_{ij}^{t}-y_{ij}^{t}) & f(y_i)>f(x_i)\\ g\cdot v_{ij}^{t}+fl\cdot r & f(y_i)\leqslant f(x_i)\end{cases} \tag{46.11}$$

其中,g为重力系数,可以是(0,1]范围内的一个固定数,也可以在迭代中逐渐减少。

2. 多目标优化中雌性蜉蝣的运动

类似于式(46.8),在多目标优化中雌性蜉蝣运动速度的计算式为

$$v_{ij}^{t+1}=\begin{cases}g\cdot v_{ij}^{t}+a_{2}\mathrm{e}^{-\beta r_{mf}^{2}}(x_{ij}^{t}-y_{ij}^{t}) & \text{雄性占主导}\\ g\cdot v_{ij}^{t}+fl\cdot r & \text{其他}\end{cases}\tag{46.12}$$

3. 在多目标优化中蜉蝣的交配

式(46.9)也适用于多目标优化中蜉蝣的交配过程。特别地，根据雄性和雌性的等级对等原则来选择。为了提高MMA的收敛性能，交叉算子采用了每个蜉蝣个体的最佳位置执行交叉。

4. 拥挤距离

该存储库具有用于存储非主导解的最大容量。为了对蜉蝣进行排序并保留最好的蜉蝣，使用拥挤距离(CD)进行快速的非优势分类。通过计算相邻个体之间的欧氏距离，CD可以估算出一个最大的长方体，其中包含一个解，不包括任何其他解。具有最低和最高目标函数值的边界解总是通过赋予无穷大的CD值来选择的。通过每个目标函数的CD值求和，可以计算出解的最终CD值。

5. 多目标蜉蝣算法的伪代码

多目标蜉蝣算法(MMA)的伪代码描述如下。

```
初始化雄蜉蝣种群 x_i(i=1,2,…,N)和速度 v_mi
初始化雌蜉蝣种群 y_i(i=1,2,…,M)和速度 v_fi
使用定义的目标函数评估解
将非主导解存储在外部存储库中
对蜉蝣排序
Do While 不符合停止标准
        更新雄性和雌性蜉蝣的速度和位置
        评估解
        如果一只新的蜉蝣占据了个体最佳解
            用新的解取代个体最优解
        如果没有个体占据主导地位
            新的解有 50% 的机会取代个体最好解
        对蜉蝣排序
        蜉蝣伴侣交配
        评估后代
        将后代随机分为雄性和雌性
        如果后代主宰了同性父母
            用子代替换父代
        插入外部存储库中找到的所有新的非主导解
        对非主导解排序，并在需要时截断存储库
end while
输出结果及非支配解可视化
```

第 47 章　蚱蜢优化算法

蚱蜢优化算法是模拟蚱蜢种群寻求食物过程的群智能优化算法。蚱蜢幼虫只能短距离缓慢跳跃式地局部觅食，而蚱蜢成虫可在空中快速飞翔，大范围全局性地寻求食物。蚱蜢种群间存在排斥力和吸引力，斥力允许蚱蜢个体展开搜索，而吸引力使它们去探索未知区域。蚱蜢优化算法通过蚱蜢自身位置及与其个体相对位置的影响不断地更新自身位置，实现蚱蜢自身位置逐渐逼近最优位置。本章介绍蚱蜢的习性，阐述蚱蜢优化算法的优化原理、数学描述、实现步骤及算法流程。

47.1　蚱蜢优化算法的提出

蚱蜢优化算法(Grasshopper Optimization Algorithm，GOA)是 2017 年澳大利亚 Mirjalil 受自然界中蚱蜢种群寻求食物过程的启发，提出的一种新的群智能优化算法(又称蝗虫优化算法)。将 GOA 通过 CEC2005 一组问题的测试和用于 52 杆桁架、3 杆桁架及悬臂梁的设计，并与已有的多种算法结果比较表明，GOA 能够提供更好的结果，尤其对于求解未知搜索空间的结构优化问题，它具有优越性。GOA 已被用于有约束无约束测试函数、数据聚类、背包问题、支持向量机优化、深度神经网络、微电网系统优化、发电规划模型优化、无人机轨迹优化等方面。

47.2　蚱蜢的习性

蚱蜢是亚科昆虫的统称。由于它们通常以农作物为食，为此被认为是害虫。雌虫较比雄虫大，蚱蜢身体呈绿色或黄褐色。头尖，呈圆锥形，触角短，基部有明显的复眼。后足发达，善于跳跃，飞时可发出“札札”的声音。

蚱蜢的生长周期一般分为虫卵、幼虫、成虫三个阶段，如图 47.1 和图 47.2 所示。蚱蜢在幼虫期的运动能力较弱，只能进行短距离缓慢跳跃觅食。当蚱蜢成年后，可以通过翅膀在空中长距离地飞行，以便寻找更多的食物。尽管蚱蜢在自然界通常以个体形式存在，但是一旦蚱蜢个体到达一定数量将形成蚱蜢种群，种群在突然性长距离迁移过程中将会对植被和农作物进行毁灭性破坏。

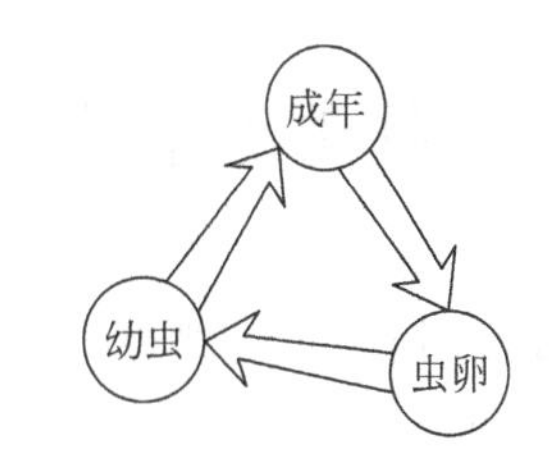

图 47.1　蚱蜢的生命周期

图 47.2 蚱蜢成虫

47.3 蚱蜢优化算法的优化原理

蚱蜢在幼虫和成虫两个阶段搜索食物时所表现出的不同行为。蚱蜢在幼虫时依靠强有力的双腿进行跳跃和移动,虽移动缓慢,但能够较为细致地对所经过区域是否存在食物进行判断;当其进入成虫期后长出翅膀,可在空中飞翔,移动变得十分迅速,且移动范围迅速扩大,搜索范围大幅度扩大,但同时对于食物的搜索精确度会受到一定程度的削弱。

蚱蜢在成虫期的长距离移动捕食与在幼虫期短距离跳跃觅食的过程,蕴含着对问题求解全局搜索与局部搜索的寻优机制。蚱蜢种群可视为一个网络,这个网络将所有的个体联系起来,使每个蚱蜢个体的位置协调一致,个体可以通过群体中的其他个体来决定掠食的方向。

蚱蜢种群间存在排斥力和吸引力,斥力允许蚱蜢个体在搜索空间内展开搜索,而吸引力则使得它们去探索未知的区域,处于此区域的蚱蜢个体所受到的斥力和引力是相等的。由于目标的位置是未知的,具有最佳适应度的蚱蜢的位置被认为是与目标最接近的位置,蚱蜢会随着网络中目标的方向而移动。随着蚱蜢的位置更新,为了在全局搜索与局部搜索之间取得平衡,适宜范围区将自适应地下降,直到最后,蚱蜢汇聚在一起并向最优解进行逼近。

蚱蜢优化算法通过蚱蜢的自身位置以及与其他蚱蜢个体的相对位置关系,对自身位置的影响来不断地更新自身位置,实现蚱蜢自身位置不断逼近最优位置。

47.4 蚱蜢优化算法的数学描述

GOA 模拟了自然界中蚱蜢群体在觅食和迁徙过程中,蚱蜢群体的个体之间存在舒适区、吸引区和排斥区,舒适区为蚱蜢的排斥力和吸引力达到平衡时的区域,如图 47.3 所示。

蚱蜢之间在一定距离内存在排斥力和吸引力。蚱蜢的排斥力使蚱蜢间的距离过近时相互排斥,距离越近排斥力越强,这可以避免算法过早地收敛在一起,有效实现算法的勘探效果。当蚱蜢间距离超过舒适区域时,距离越远吸引力越强,之后慢慢减弱。当达到一定距离时,则

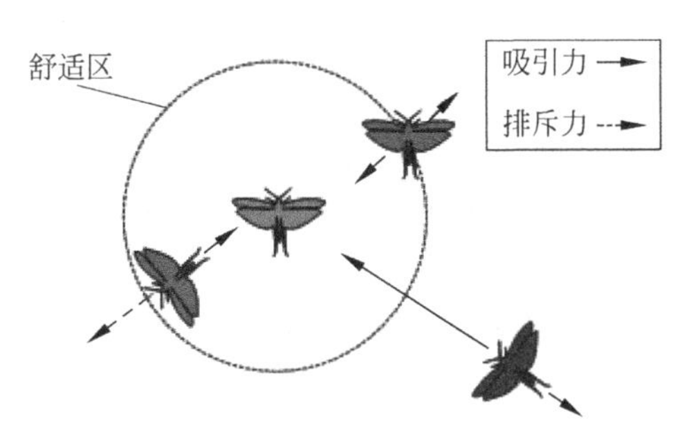

图 47.3　蚱蜢间的排斥力、吸引力和舒适区

蚱蜢间的吸引力消失。

在 GOA 中,蚱蜢在种群中的位置代表了给定优化问题的可行解,食物源就是最优解。每只蚱蜢的位置受到其他蚱蜢相互作用力、自身重力和风的平流作用力的共同影响。

1. 蚱蜢个体的位置表示

第 i 只蚱蜢位置的数学模型如下:

$$X_i = S_i + G_i + A_i \tag{47.1}$$

其中,X_i 为第 i 只蚱蜢的位置;S_i 为蚱蜢群体中第 i 只蚱蜢与其他个体社交互动作用力;G_i 为第 i 只蚱蜢的重力;A_i 为第 i 只蚱蜢受到风的平流作用力。

注意,为了提供随机行为,式(47.1)可写为 $X_i = r_1 S_i + r_2 G_i + r_3 A_i$,其中 r_1、r_2、r_3 均为[0,1]区间的随机数。

(1) S_i 的计算。

$$S_i = \sum_{j=1, j\neq i}^{N} s(d_{ij}) \cdot \boldsymbol{d}_{ij} \tag{47.2}$$

其中,d_{ij} 为第 i 只蚱蜢和第 j 只蚱蜢之间的距离,$d_{ij} = |X_j - X_i|$;$\boldsymbol{d}_{ij} = (X_j - X_i)/d_{ij}$ 为第 i 只蚱蜢到第 j 只蚱蜢的单位向量。

s 为一个函数,以蚱蜢间的距离为自变量,随着距离的改变所受的作用力相应改变,用于定量描述蚱蜢间社交互动(吸引和排斥)影响的程度。s 函数的具体形式如下:

$$s(r) = f\mathrm{e}^{-r/l} - \mathrm{e}^{-r} \tag{47.3}$$

其中,f 为吸引力的强度;l 为吸引力的范围。

(2) G_i 的计算。

$$G_i = -g\boldsymbol{e}_g \tag{47.4}$$

其中,g 为引力常数;$\boldsymbol{e}_g$ 为指向地球中心的单位矢量。

(3) A_i 的计算。

$$A_i = u\boldsymbol{e}_w \tag{47.5}$$

其中,u 为空气漂移常量;$\boldsymbol{e}_w$ 为风力方向的单位向量。蚱蜢幼虫没有翅膀,因此它们主要的动力来源于风对蚱蜢的作用力。

将上述的 S_i、G_i 和 A_i 分别代入式(47.1)可得

$$X_i = \sum_{j=1, j\neq i}^{N} s(|x_j - x_i|)\frac{x_j - x_i}{d_{ij}} - g\boldsymbol{e}_g + u\boldsymbol{e}_w \tag{47.6}$$

其中,N 为蚱蜢的数量;$s(|x_j - x_i|)$表明蚱蜢是否被排斥进入探索区域或者被吸引进入开发区域。

2. 蚱蜢的位置更新

式(47.6)使得蚱蜢群体能够快速聚集于舒适区,但不能很好地收敛到理想位置。为此引入自适应参数 c,一方面为了平衡蚱蜢群体全局搜索和局部开发能力,另一方面为了收缩蚱蜢个体间的吸引区、排斥区、舒适区;同时引入蚱蜢群体当前搜索到最接近最优解的位置,使蚱蜢群体在下一次位置更新时能朝着当前最优解位置,并不断向着全局最优解的位置移动。

在不计重力影响及假设风速始终吹向当前目标最优解的情况下,将式(47.6)修改成蚱蜢个体位置更新的计算式为

$$X_i^d(t+1)=c\left(\sum_{j=1,j\neq i}^{N} c\,\frac{\mathrm{ub}_d-\mathrm{lb}_d}{2}\cdot s(|x_j^d(t)-x_i^d(t)|)\cdot\frac{x_j(t)-x_i(t)}{d_{ij}}\right)+\boldsymbol{T}_d \tag{47.7}$$

其中,$X_i^d(t+1)$为第 $t+1$ 次迭代时第 i 只蚱蜢在 d 维搜索空间的位置;ub_d 和 lb_d 分别为 d 维搜索空间的上下界;$\boldsymbol{T}_d$ 为当前的最优解;c 为收缩系数,c 定义为

$$c=c_{\max}-t\cdot\frac{c_{\max}-c_{\min}}{t_{\max}} \tag{47.8}$$

其中,$c_{\max}$ 和 $c_{\min}$ 分别为系数 c 的最大值和最小值,分别等于 1 和 0.00001;t 为当前迭代次数;$t_{\max}$ 为最大迭代次数。

在式(47.7)中,c 使用了两次,但这两次 c 的作用不同。左边第一个 c 用以减缓蚱蜢群体在目标最优解附近的移动速率,反映最优解附近的搜索区域随着迭代次数的增加而减少,以平衡整个蚱蜢群体向最优解的探索和开发能力;第 2 个 c 用于压缩蚱蜢之间的吸引区、舒适区和排斥区,反映蚱蜢之间的吸引力和排斥力随着迭代次数的增加而线性递减。

47.5 蚱蜢优化算法的实现步骤及伪代码

蚱蜢优化算法的主要步骤如下。

(1) 初始化种群 $X_i(i=1,2,\cdots,N)$,种群维度 d;初始化算法参数:ub_d 和 lb_d,$c_{\max}$ 和 $c_{\min}$,最大迭代次数 $t_{\max}$ 等。

(2) 计算蚱蜢种群中每个个体适应度值,保存适应度值最好的蚱蜢位置,并将其记为 T。

(3) 使用式(47.8)更新参数 c。

(4) 使用式(47.7)更新蚱蜢位置,计算每个蚱蜢的适应度值,更新最优蚱蜢位置。

(5) 判断是否达到最大迭代次数终止条件,如果满足,则算法结束;否则,返回步骤(3)。

蚱蜢优化算法的伪代码描述如下。

```
初始化种群 X_i(i=1,2,…,N)
初始化 c_max 和 c_min,最大迭代次数 t_max
计算每个搜索个体的适应度值
T = 最佳搜索个体
While(t<最大迭代次数)
    使用式(47.8)更新 c
    for 每个搜索个体
        蚱蜢之间的距离在[1,4]中归一化
        通过式(47.7)更新当前搜索个体的位置
```

```
        如果当前搜索个体超出边界,则做越界处理
    end for
    如果有更好的解 a,则用其更新 T
    t = t + 1
end while
返回 T
```

第 48 章 飞蛾扑火优化算法

飞蛾扑火优化算法源于对飞蛾横向定位飞行方式的模拟。飞蛾夜间保持相对于月亮的固定角度长距离直线行进。遇灯光时，飞蛾误认是"月光"并试图直线上与光保持类似角度，导致它不停地绕灯光飞行，并朝向光源会聚，最后"扑火"而死去。算法视飞蛾和火焰都是解，迭代过程中对待和更新它们的方式不同。飞蛾是搜索主体，而火焰是飞蛾到目前为止获取的最佳位置。若找到一个更好解，飞蛾便标记并更新它，这样飞蛾永远不会错过最优解。本章介绍飞蛾的横向导航、飞蛾扑火的原理、飞蛾扑火优化算法的数学描述及其实现步骤。

48.1 飞蛾扑火优化算法的提出

飞蛾扑火优化(Moth-Flame Optimization，MFO)算法是 2015 年由澳大利亚 Mirjalili 提出的一种新颖的自然启发式优化算法，它的设计思想灵感源于飞蛾的一种称为横向定位的导航方法。夜间飞蛾相对于月亮保持一个固定角度来飞行，由于飞蛾远离月亮，这种导航方式对于长距离直线飞行非常有效。在实际中，飞蛾常把离它较近的点光源误认为月亮，并与其保持一个相同角度而做螺旋形飞行，导致了"扑火"行为的发生。MFO 算法通过数学方法对这种行为进行建模以用于优化。MFO 算法与其他众所周知的自然启发算法在 29 个基准函数和 7 个实际工程问题上进行仿真比较。基准函数的统计结果表明，该算法能够提供非常有前途的竞争结果。此外，用于实际问题的结果表明该算法在解决有限和未知搜索空间的优化问题具有优越性。

48.2 飞蛾的横向导航方法

飞蛾是奇特的昆虫，它非常类似于蝴蝶家族。基本上，飞蛾有超过 16 万种不同的种类。它们一生分成两个主要阶段：幼虫和成虫。幼虫被转换为蛾茧。最有趣的是飞蛾在夜间使用月光的横向导航方法，图 48.1 显示了飞蛾的横向定向的模型。利用这种横向导航方法，一只蛾子通过对月球保持一个固定的角度飞行。由于月亮离蛾甚远，这种横向定向机制保证蛾子直线飞行。这样的导航方法可以用人在地面上行走来说明。假设月亮在天空的南侧，人想要去东方。如果人在行走时保持月亮在右侧，他将能够沿直线向东移动。

图 48.1 飞蛾的横向定向模型图

飞蛾等昆虫在夜间飞行活动时，主要是依靠月光来辨别方向的。当它们确定飞行方向时，飞蛾总是使月光从一个方向投射到它的眼里，它们会记住飞行方向和月光的夹角(注：月亮离地球很远，因此月光可以看作平行光)。飞蛾在逃避蝙蝠的追逐或者在遇到障碍物时，它们就可以依据这个角度来调整飞行路线，而又不至于偏离原来的飞行方向。飞蛾绕过障碍物转弯以后，只要再转一个弯，月光仍将从原先的方向射来，于是飞蛾也就找到了方向。

48.3　飞蛾扑火的原理

飞蛾遇到灯光时，因为飞蛾对灯的热辐射并不敏感却对灯光敏感，所以强烈的灯光使飞蛾错误地以为这就是“月光”。它们试图与直线上的光保持类似的角度。因为这样的光与月亮相比非常接近，导致飞蛾保持与光源类似的角度绕着灯光不停地绕圈飞行。因此，它也用这个假“月光”来辨别方向。月亮距离地球遥远得很，飞蛾只要保持同月亮的固定角度，就可以使自己朝一定的方向飞行。可是，灯光距离飞蛾很近，由于灯光是呈辐射状的，因此飞蛾本能地为了与所谓的月光保持固定夹角，只能绕着灯光不停地绕圈，越绕越接近光源的螺旋形路径，如图 48.2 所示。图 48.3 给出了飞蛾绕光源飞出的螺旋线轨迹。蛾子最终朝向光源会聚，直到它筋疲力尽，最后“扑火”而死去。这就是所谓的飞蛾扑火的原理。

图 48.2　飞蛾接近光源飞的螺旋形图路径

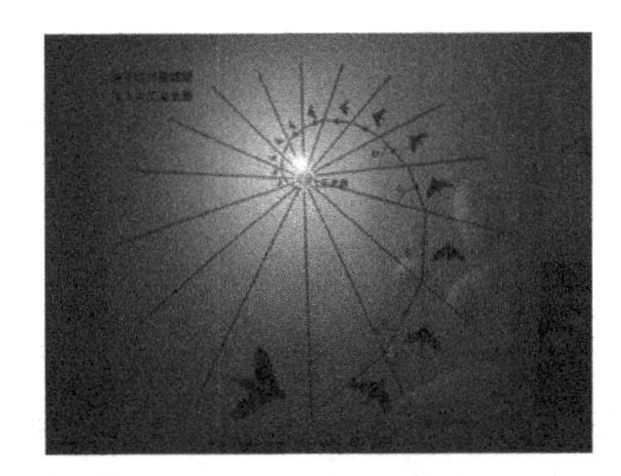

图 48.3　飞蛾绕光源飞出的螺旋线轨迹

48.4　飞蛾扑火优化算法的数学描述

在 MFO 算法中，假设候选解是飞蛾，问题的变量是飞蛾在空间中的位置。因此，飞蛾可以在一维、二维、三维或超高维空间中飞行，它们的位置向量用矩阵表示如下：

$$\boldsymbol{M}=\begin{bmatrix} m_{1,1} & m_{1,2} & \cdots & m_{1,d} \\ m_{2,1} & m_{2,2} & \cdots & m_{2,d} \\ \vdots & \vdots & & \vdots \\ m_{n,1} & m_{n,2} & \cdots & m_{n,d} \end{bmatrix} \tag{48.1}$$

其中，n 为飞蛾的数目；d 为变量的维数。

对于所有的飞蛾，假设有一个数组存储相应的值如下：

$$OM=\begin{bmatrix}OM_1\\OM_2\\\vdots\\OM_n\end{bmatrix}\tag{48.2}$$

其中,n 为飞蛾的数目。

注意,适应度值是每个蛾的适应目标函数的返回值。每个蛾的位置向量(如在矩阵 $\boldsymbol{M}$ 中第一行)传递给适应度函数,并将适应度函数的输出分配给相应的飞蛾作为其适应度值(如在矩阵 $\boldsymbol{OM}$ 中 $\boldsymbol{OM}_1$)。

在MFO算法中的另一个关键组件是火焰,用矩阵 $\boldsymbol{F}$ 表示如下:

$$\boldsymbol{F}=\begin{bmatrix}F_{1,1} & F_{1,2} & \cdots & F_{1,d}\\F_{2,1} & F_{2,2} & \cdots & F_{2,d}\\\vdots & \vdots & & \vdots\\F_{n,1} & F_{n,2} & \cdots & F_{n,d}\end{bmatrix}\tag{48.3}$$

其中,n 为飞蛾的数目;d 为变量的维数。

从式(48.3)可以看出,矩阵 $\boldsymbol{M}$ 和 $\boldsymbol{F}$ 的维数是相等的。对于火焰,还假定用一个数组 $\boldsymbol{OF}$ 存储对应的适应度值为

$$\boldsymbol{OF}=\begin{bmatrix}OF_1\\OF_2\\\vdots\\OF_n\end{bmatrix}\tag{48.4}$$

其中,n 为飞蛾的数目。

应该注意的是,飞蛾和火焰都是可行解。它们之间的区别在于每次迭代中处理和更新它们的方式不同。飞蛾是在搜索空间移动的实际搜索的主体,而火焰是飞蛾到目前为止获得的最佳位置。换句话说,火焰可以被认为是在搜索空间搜索时被飞蛾丢弃的标记。因此,每个飞蛾在火焰周围的一个标记区域搜索,并在找到更好的解的情况下更新它。通过这种机制,飞蛾从不会错过其最好解。

MFO算法近似于优化问题中全局最优的三元组,定义如下:

$$\text{MFO}=(I,P,T)\tag{48.5}$$

其中,I 为一个随机产生飞蛾种群和相应适应度值的函数。该函数的模型如下:

$$I:\phi\rightarrow\{\boldsymbol{M},\boldsymbol{OM}\}\tag{48.6}$$

P 是使飞蛾围绕搜索空间移动的主函数。该函数接收矩阵 $\boldsymbol{M}$ 并最终返回其更新的 $\boldsymbol{M}$。

$$P:\boldsymbol{M}\rightarrow\boldsymbol{M}\tag{48.7}$$

如果满足终止条件,T 函数返回真;如果不满足终止条件,则返回假:

$$T:\boldsymbol{M}\rightarrow\{\text{true},\text{false}\}\tag{48.8}$$

通过 I、P 和 T 描述MFO算法的一般框架定义如下:

```
M = I();
while T(M) is equal to false
  M = P(M);
end
```

函数 I 生成初始解,并计算它的目标函数值。这个函数可以使用任何随机分布,默认情况下使用以下方法:

```
for i = 1:n
  for j = 1:d
    M(i,j) = (ub(i) - lb(i)) * rand() + lb(i);
  end
end
OM = Fitness Function(M)
```

上述的 ub 和 lb 两个数组定义变量的上限和下限如下:

$$ub = [ub_1, ub_2, ub_3, \cdots, ub_{n-1}, ub_n] \tag{48.9}$$

$$lb = [lb_1, lb_2, lb_3, \cdots, lb_{n-1}, lb_n] \tag{48.10}$$

其中,ub_i 为第 i 变量的上限;lb_i 为第 i 变量的下限。

在初始化之后,P 函数迭代运行直到 T 函数返回。P 函数是主函数使飞蛾在搜索空间周围移动。为了对飞蛾横向定向行为进行建模,使用下式更新每个飞蛾相对于火焰的位置:

$$M_i = S(M_i, F_j) \tag{48.11}$$

其中,M_i 为第 i 飞蛾;F_j 为第 j 火焰;S 为螺旋线函数。

在飞蛾的更新机制中选择的对数螺旋线定义如下

$$S(M_i, F_j) = D_i \cdot e^{bt} \cdot \cos(2\pi t) + F_j \tag{48.12}$$

其中,M_i 为第 i 飞蛾;F_j 为第 j 火焰;b 为定义对数螺旋线形状的常数;t 为$[-1,1]$中的随机数;D_i 为第 i 飞蛾与第 j 火焰间的距离。其值计算如下:

$$D_i = |F_j - M_i| \tag{48.13}$$

式(48.12)模拟飞蛾螺旋飞行路径,并确定飞蛾相对于火焰的下一个位置。螺旋线方程中的参数 t 定义为飞蛾的下一位置应该接近火焰的程度($t=-1$ 是最接近火焰的位置,而 $t=1$ 表示离火焰最远的位置)。因此,可以假定飞蛾的下一个位置将在这个火焰所有方向上的超椭圆空间内。螺旋线方程让飞蛾"围绕"火焰飞行,而不是在它们之间的空隙中飞行。图 48.4 中给出了飞蛾围绕火焰空间不同 t 在对数螺旋线上的位置。图 48.5 给出在火焰周围飞蛾位置更新的概念模型。

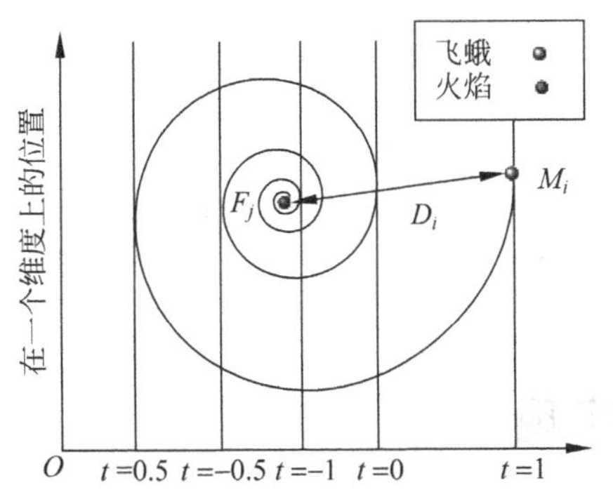

图 48.4 对数螺旋,火焰周围空间相对于 t 的位置

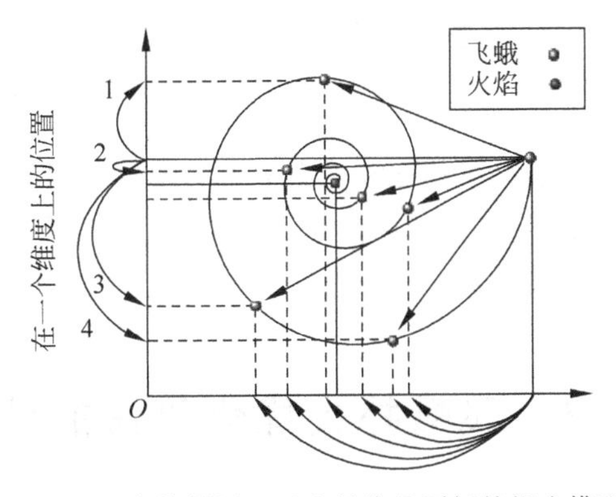

图 48.5 火焰周围一只飞蛾位置更新的概念模型

为了简便,图 48.5 中的垂直轴仅示出一个维度。飞蛾可以在火焰周围一维的搜索空间中勘探和开发。当下一个位置在飞蛾和火焰之间的空间之外时,如在由 1、3 和 4 标记的箭头中

可以看到的,进行探测;当下一个位置位于飞蛾和火焰之间的空间内时,进行开发,如由 2 箭头标记的。显然,飞蛾可以通过改变 t 收敛到火焰邻近的任何点,t 越减少离火焰的距离越近。随着飞蛾越接近火焰,它在火焰两侧的位置更新频率增加。

由位置更新式(48.12)可知,只许飞蛾朝着火焰的方向移动,会导致 MFO 算法快速陷入局部最优。为了防止这种情况,每个飞蛾只能使用式(48.12)中的一个火焰来更新其位置。在每次迭代和更新列表之后,根据列的值对列表进行排序。然后将飞蛾相对于它们对应的火焰更新它们的位置。第一飞蛾总是相对于最佳飞行更新其位置,而最后飞蛾相对于列表中最差飞行更新其位置。图 48.6 给出了如何将列表中的火焰分配给每个飞蛾的情况。

将特定的火焰分配给每个飞蛾的目的是为了防止局部最佳停滞。如果所有飞蛾被吸引到一个单一的火焰,由于它们只能向着火焰飞而不是向外飞行,因此全都收敛到搜索空间中的一点。然而,要求它们围绕不同的火焰移动,会使在搜索空间更高的勘探效率和更低的局部最优停滞概率。

因此,飞蛾可以在不同的火焰周围的位置更新,这种机制在搜索空间中引起飞蛾突然移动有利于促进勘探,即全局搜索。

飞蛾在搜索空间中 n 个不同的位置更新,不利于对最有希望解的开发。为了解决这个问题,图 48.7 给出了在迭代过程中采用下式自适应地减少火焰的数量:

$$\text{flame no} = \text{round}\left(N - l \cdot \frac{N-1}{T}\right) \tag{48.14}$$

其中,l 为当前迭代次数;N 为火焰最大值数量;T 为最大迭代次数。

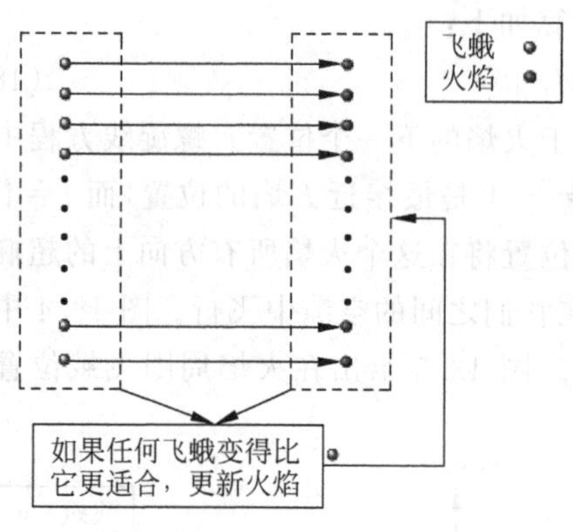

图 48.6 每个飞蛾分配到一个火焰

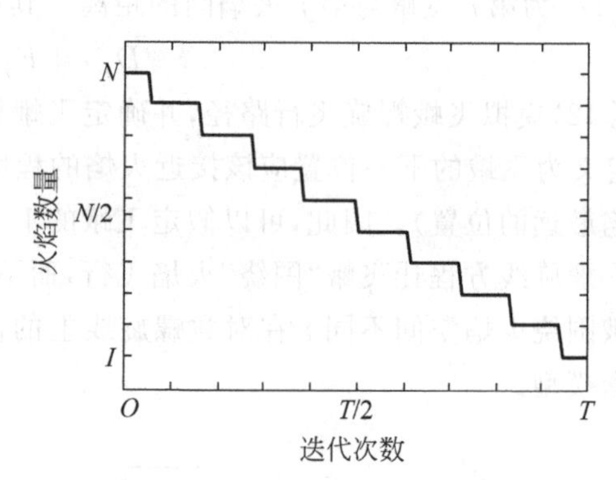

图 48.7 在迭代过程中自适应地减少火焰数

火焰数量的逐渐减少平衡了搜索空间的勘探和开发之间的关系。

根据式(48.7),执行 P 函数直到 T 函数返回真。终止 P 功能后,最好的飞蛾是作为获得的最优值返回。

48.5 飞蛾扑火优化算法的伪代码实现

飞蛾扑火优化算法的伪码描述(P 函数实现的一般步骤)如下。

```
Update flame no using Eg.(48.14)
```

```
OM = Fitness Function(M)
if iteration == 1
      F = sort(M)
      OF = sort(OM)
else
      F = sort(M_{t-1},M_t);
      OF = sort(M_{t-1},M_t);
end
for i = 1: n
    for j = 1:d
      Update r and t
      Calculate D using Eg.(48.13)with respect to the
   corresponding moth
      Update M(i,j) using Egs.(48.11)and(48.12)with respect
   to the corresponding moth
    end
end
```

如上所述，执行 P 函数直到 T 函数返回真。在终止 P 函数之后，最好的飞蛾是作为获得的最优解返回。

第49章　蛾群算法

蛾群算法模拟飞蛾夜晚以月光或星光作为定向导航的飞行行为，该算法根据适应度值的不同把飞蛾分为探路蛾、勘探蛾和观察蛾，在迭代过程中，3种飞蛾的角色会转换。在算法中还融入交叉变异机制和学习机制，确保了种群的多样性，以便更有效地平衡算法的探测和开采能力。蛾群算法具有结构简单、参数较少、求解精度高以及鲁棒性强等优点。本章首先介绍飞蛾的生活习性及趋光性，然后阐述蛾群算法的数学描述、实现步骤及算法流程。

49.1　蛾群算法的提出

蛾群算法(Moth Swarm Algorithm，MSA)是2016年由Al-Attar Ali Mohamed提出的模拟飞蛾在夜间朝月光飞行行为的群智能优化算法。该算法把飞蛾分为3类：探路蛾，勘探蛾和观察蛾。MSA在模拟飞蛾自然行为的同时，在算法中还融入交叉变异和学习机制，确保了种群的多样性，更有效地平衡算法的探测和开采能力。

蛾群算法具有结构简单、参数较少、求解精度高以及鲁棒性强等优点，已应用于求解电力系统无功优化、水资源脆弱性评价、优化电力系统潮流计算、网络流量预测、电力系统环境经济调度、电容器组分配等问题。

49.2　飞蛾的生活习性及趋光性

飞蛾属于鳞翅目昆虫，多数蛾类在夜晚活动，通常还具有较强的趋光性。像飞蛾等具有趋光性的夜行性昆虫，在飞行时会以月光或星光作为定向导航的依据。飞蛾的眼睛是由很多单眼组成的复眼，它在夜晚飞行的时候，总是使月光从一个方向投射到它的眼里，当它绕过某个障碍物或是迷失方向的时候，只要转动身体，找到月光原来投射过来的角度，便能继续探索到前进的方向。

然而，飞蛾看见灯火时就会分辨不清月亮和灯火，由于月亮远在天边，灯火近在眼前，飞蛾就会把灯火误认为月亮。在这种情况下，它只要飞过灯火前面一点，就会觉得灯火射来的角度改变了，从侧面或者从后面射来，因此便把身体转回来，直到灯火以原来的角度投射到眼里为止。于是飞蛾就会不停地对着灯火转来转去，绕着灯火以对数螺旋线的方式飞向光源，如图49.1(a)所示，怎么也脱不了身，于是便有了“飞蛾扑火”说法，如图49.1(b)

所示。

飞蛾是害虫。飞蛾的幼虫长有咀嚼式口器，它以植物的叶子为食物，是农林作物、果树、茶叶、蔬菜、花卉等的重要害虫。成虫无法咀嚼食物，而用类似吸管的长型口器吮吸树汁、花蜜等，如图 49.1(c)所示。

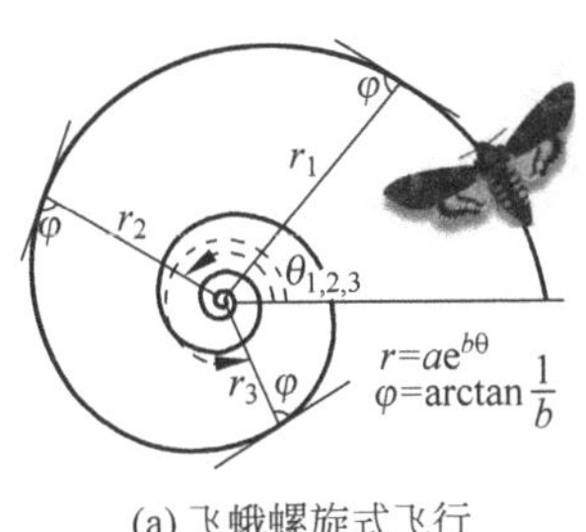

(a) 飞蛾螺旋式飞行

(b) 飞蛾扑火

(c) 飞蛾觅食

图 49.1　飞蛾觅食、飞蛾扑火及螺旋线式飞行示意图

49.3　蛾群算法的数学描述

在 MSA 中，光源位置代表待优化问题的可行解，光源发光强度代表可行解的适应度值。根据适应度值的不同，MSA 把飞蛾分为探路蛾、勘探蛾和观察蛾。在每次迭代过程中，最好的适应度值被认为是探路蛾的空间位置所对应的发光强度。探路蛾的主要任务是找到最好的位置作为光源来引导飞蛾个体的移动。第 2、3 好的适应度值分别定义为勘探蛾和观察蛾。勘探蛾的任务是围绕着被探路蛾标记出的最好光源附近以对数螺旋线的方式来移动。观察蛾的任务是直接移动到被探路蛾标记出的最亮光源处。

1. 初始化蛾群

在 d 维搜索空间中，蛾群中飞蛾数量为 n，随机生成 $n\times d$ 只蛾初始候选解的位置如下：

$$x_{i,j}=\text{rand}[0,1]\cdot(x_j^{\max}-x_j^{\min})+x_j^{\min}\quad i\in\{1,2,\cdots,n\},j\in\{1,2,\cdots,d\}\tag{49.1}$$

其中，$x_{i,j}$ 为第 i 只蛾的第 j 维位置；$x_j^{\max}$ 和 $x_j^{\min}$ 分别为飞蛾个体初始位置的上下限。

2. 探路阶段

为了消除早熟及趋同现象，采用轮盘赌法选择若干只蛾作为下一阶段的探路蛾，采用多样性交叉操作以扩大种群的多样性，对于第 t 次迭代第 j 维蛾群个体归一化分散度 σ_j^t 描述为

$$\sigma_j^t=\frac{\sqrt{\dfrac{1}{n_p}\sum_{i=1}^{n_p}(x_{ij}^t-x_j^i)^2}}{\bar{x}_j^t}\tag{49.2}$$

其中，n_p 为探路蛾的数量；$\bar{x}_j^t=\sum_{i=1}^{n_p}x_{ij}^t$。

相对于分散度，变异系数 μ^t 可以表示为

$$\mu^t=\frac{1}{d}\sum_{j=1}^{d}\sigma_j^t\tag{49.3}$$

探路蛾分散的时候将纳入 c_p 种群进行变异操作,服从以下形式

$$i \in c_p, \quad \sigma_j^t \leqslant \mu^t \tag{49.4}$$

蛾群的交叉点随着迭代的进行在动态变化。在 $n_c \in n_p$ 的交叉机制中,子向量 $\boldsymbol{v}_p = [v_{p1}, v_{p2}, \cdots, v_{pn_c}]$ 是用扰乱所选择的主向量 $\boldsymbol{x}_p = [x_{p1}, x_{p2}, \cdots, x_{pn_c}]$ 生成的,公式如下:

$$\begin{gathered} \boldsymbol{v}_p^t = \boldsymbol{x}_{r^1}^t + L_{p1}^t \cdot (\boldsymbol{x}_{r^2}^t - \boldsymbol{x}_{r^3}^t) + L_{p2}^t \cdot (\boldsymbol{x}_{r^4}^t - \boldsymbol{x}_{r^5}^t) \\ \forall r^1 \neq r^2 \neq r^3 \neq r^4 \neq r^5 \neq p \in \{1, 2, \cdots, n_p\} \end{gathered} \tag{49.5}$$

其中,$L_t \sim \text{step} \oplus \text{Levy}(\alpha) \sim 0.01 \dfrac{u}{|y|^{1/\alpha}}$; $u \sim N(0, \sigma_u^2)$; $y = N(0, \sigma_y^2)$; $\sigma_y = 1$。

$$\sigma_u = \left\{ \frac{\Gamma(1+\beta)\sin(\pi\beta/2)}{\Gamma[(1+\beta)/2]\beta 2^{(\beta-1)/2}} \right\}^{1/\beta} \tag{49.6}$$

为了获得较好的飞行路径,每只探路蛾通过和变异过后的子向量进行交叉操作来更新自身的位置。完整的飞行路径 V_{pj}^t 可以定义如下:

$$V_{pj}^t = \begin{cases} V_{pj}^t & j \in c_p \\ x_{pj}^t & j \notin c_p \end{cases} \tag{49.7}$$

在以上迭代之后,每一代的适应度值将会重新计算,并与探路蛾的适应度值进行比较。适应度值较好的飞蛾将继续保留到下一次迭代中,用于求解极小值的过程表示如下:

$$\boldsymbol{x}_p^{t+1} = \begin{cases} \boldsymbol{x}_p^t & f(\boldsymbol{V}_p^t) \geqslant \boldsymbol{x}_p^t \\ \boldsymbol{v}_p^t & f(\boldsymbol{V}_p^t) < \boldsymbol{x}_p^t \end{cases} \tag{49.8}$$

概率值 P_p 与发光强度 fit_p 成比例,计算如下:

$$P_p = \frac{\text{fit}_p}{\sum_{p=1}^{n_p} \text{fit}_p} \tag{49.9}$$

目标函数的适应度值 f_p 表示光的强度,在用于求解极小值的问题中,表述如下:

$$\text{fit}_p = \begin{cases} \dfrac{1}{1+f_p} & f_p \geqslant 0 \\ 1+f_p & f_p < 0 \end{cases} \tag{49.10}$$

3. 勘探阶段

勘探蛾感受到光的强度次于探路蛾,探路蛾的数量 n_f 随着迭代次数 T 的增加而减少,计算式为

$$n_f = \text{round}\left((n - n_p) \times \left(1 - \frac{t}{T}\right)\right) \tag{49.11}$$

在探路蛾搜索完成之后,将光源强度的信息传递给勘探蛾,勘探蛾紧跟着更新自身的位置。每只勘探蛾 x_i 将绕着人工光源 x_p(轮盘赌法选择的探路蛾)做螺旋形式盘旋。勘探蛾更新位置的公式如下:

$$x_i^{t+1} = | x_i^t - x_p^t | \cdot \mathrm{e}^\theta \cdot \cos 2\pi\theta + x_p^t \quad \forall p \in \{1, 2, \cdots, n_p\}; \ i \in \{n_p+1, n_p+2, \cdots, n_f\} \tag{49.12}$$

其中，θ 为飞蛾螺旋形状盘旋常数，其取值为$[r,1]$之间的随机数；$r=-1-t/T$。

在 MSA 中，每只蛾的分类是随着迭代次数的变化而变化的。因此，每只蛾找到光源强度比较好的位置时，将有可能变换为探路蛾。也就是说，在这个阶段会产生新的光源。

4. 观察阶段

在优化的过程中，随着勘探蛾数量的减少，观察蛾数量将会增多($n_o=n-n_f-n_p$)。这种机制可以提高算法的收敛速度。在观察阶段，将观察蛾的数量分为两部分，一部分采用式(49.13)高斯游走方式更新位置如下：

$$x_i^{t+1}=x_i^t+\varepsilon_1+(\varepsilon_2\times g\text{best}^t-\varepsilon_3\times x_i^t)\quad \forall i\in\{1,2,\cdots,n_G\}$$
$$\varepsilon_1\sim \text{random}(\text{size}(d))\oplus N\left(\text{best}_g^t,\frac{\log t}{t}\times(x_i^t-\text{best}_g^t)\right)\tag{49.13}$$

其中，ε_1 为高斯分布中随机生成的种群数量；$g\text{best}^t$ 为观察阶段中最好蛾的位置(包括探路蛾和勘探蛾)；ε_2 和 ε_3 为$[0,1]$之间的随机数。

另一部分采用式(49.14)加入即时记忆的联想学习机制进行位置更新如下：

$$x_i^{t+1}=x_i^t+0.001G[x_i^t-x_i^{\min},x_i^{\max}-x_i^t]+(1-g/G)\cdot r_1\cdot(\text{best}_p^t-x_i^t)+$$
$$\left(\frac{2g}{G}\cdot r_2\cdot(\text{best}_g^t-x_i^t)\right)\tag{49.14}$$

其中，$i\in\{1,2,\cdots,n_A\}$；$2g/G$ 为社会因子；$1-g/G$ 为认知因子；r_1 和 r_2 为$[0,1]$之间的随机数；best_p 为基于一定概率随机选出来的光源的位置。

49.4 蛾群算法的实现步骤

(1) 初始化参数：群体规模 n，最大迭代次数 iterMax。

(2) 初始化种群：按照式(49.1)在搜索空间随机产生飞蛾个体的位置。

(3) 根据目标函数计算适应度值，开始算法迭代过程。

(4) 在探路阶段，根据式(49.2)～式(49.9)对探路蛾进行位置更新，计算探路蛾的个体适应度值，与初始种群适应度值作比较，选择较优的个体作为光源，引导飞蛾群体的移动。

(5) 在勘探阶段，随着迭代次数增加，勘探蛾的数目减少。勘探蛾绕着探路蛾找到的光源按式(49.12)对数螺旋线飞行，计算适应度值，如果适应度值优于光源位置的适应度值，勘探蛾转变为探路蛾。

(6) 在观察阶段，随着勘探蛾数目的减少，观察蛾的数目增多。观察蛾根据式(49.13)和式(49.14)来更新位置，根据更新的位置计算适应度值，与勘探蛾阶段计算的适应度值作比较，较优的观察蛾转变为勘探蛾，较差的作为探路蛾。

(7) 判断是否满足算法的终止条件(达到最大迭代次数)，若满足，则输出最优解；否则转到步骤(3)。

蛾群算法的流程如图 49.2 所示。

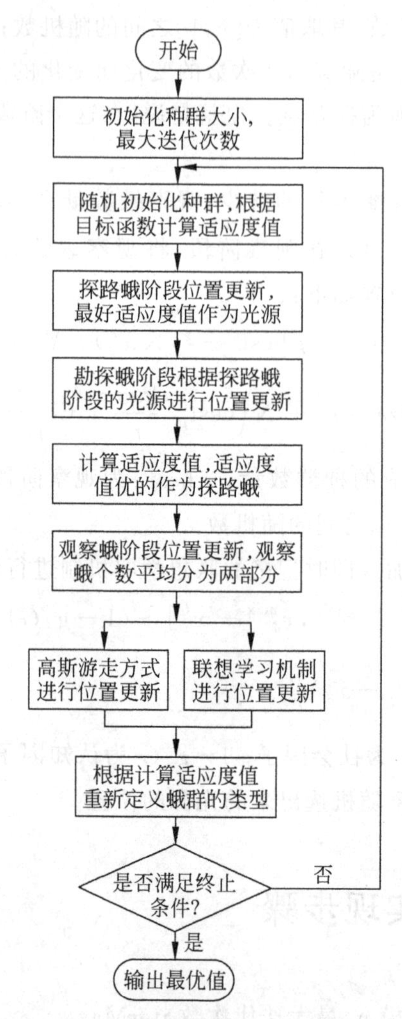

图 49.2　蛾群算法的流程图

第50章　群居蜘蛛优化算法

群居蜘蛛的个体之间保持有复杂的协作行为准则，种群依据个体雄雌分配不同的任务，如捕食、交配、蜘蛛网设计及群体协作等。个体之间通过蜘蛛网络振动的强弱传递有用信息。振动的强弱可被群居中个体解码成不同的信息，如猎物的大小、相邻个体特征等，而振动的强度取决于蜘蛛的重量和距离。蜘蛛优化算法在真实模拟群居蜘蛛群体内不同协作行为的基础上，引入新的计算机制，有效避免了常规群智能优化算法中存在早熟和局部收敛问题。本章介绍蜘蛛的习性与特征，以及蜘蛛优化算法的基本思想、数学描述、实现步骤及流程。

50.1　群居蜘蛛优化算法的提出

群居蜘蛛优化(Social Spider Optimization，SSO)算法是2013年由墨西哥学者Cuevas等提出的群智能优化算法。该算法模拟群居蜘蛛的捕食、织网交流、繁衍后代等协作行为。在群居蜘蛛优化算法模型中，个体性别分为雌、雄两类，雌、雄个体寻优过程中依照不同的搜索准则，并根据性别分工合作。这样的搜索模式不但更真实地模仿了群体的合作行为，也有效避免个体在优势群体周围的聚集，能有效避免早熟收敛和搜索结果的不稳定，也在一定程度上平衡了算法探测和开采能力。

该算法起初用于求解函数优化和工程优化问题，并与其他算法进行了对比。测试结果表明，该方法具有对初值和参数选择不敏感、稳健性强、收敛速度快的特点。目前该算法已用于求解约束优化问题、神经网络训练和帕金森病的鉴定、车辆调度和交通拥挤管理、电站优化调度、网络服务、能源防盗检测等问题。

50.2　蜘蛛的习性与特征

蜘蛛不是昆虫。昆虫有6条腿，绝大多数蜘蛛有6只眼睛和8条腿，如图50.1所示。不过，虽然有这么多只眼睛，蜘蛛的视力仍旧不太好。相反，它们的每条腿上都有2～3个爪子及一簇细绒毛，感觉十分敏锐，能像人的舌头、耳朵和手指那样感受刺激。蜘蛛的腿上长有一些特殊的毛，可以用来品尝实物的味道，并能感受到空气和蜘蛛网上的微小振动。蜘蛛也能利用腿上潮湿的绒毛吸附在垂直的墙上。

与许多昆虫不同的是，蜘蛛没有翅膀和触角。科学家已经命名了约40 000种蜘蛛，蜘蛛不但种类多，个体数量也多，而且它的某些结构和行为在动物界中十分奇特。所有已发现的蜘蛛都会“吐”丝，但并不是所有的蜘蛛都会结网。所有蜘蛛都有丝腺，而且用途很广，如制造卵

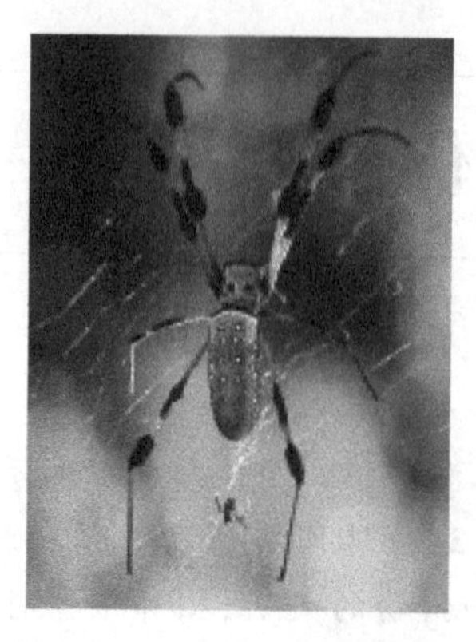
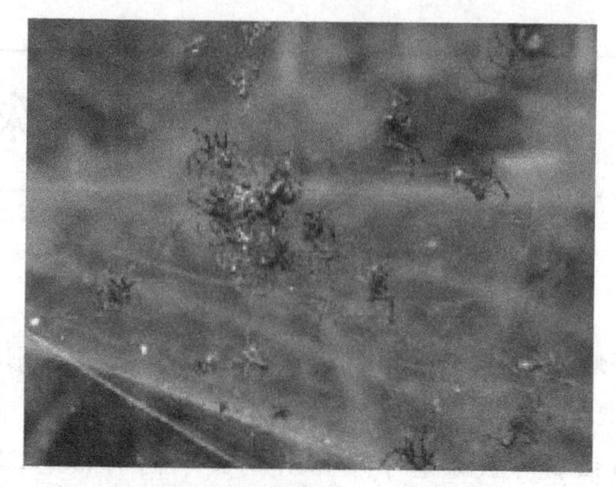

图 50.1 个体蜘蛛和群居蜘蛛的照片

袋、结网(或隐蔽所)、飞航、交配(精网、交配丝)、安全(拖丝)、传递信息(信号丝)及捆缚食物等都需用丝。蜘蛛已结过网的旧丝可以迅速回收,结新网时几乎不需要体内其他蛋白参与合成。雌性蜘蛛吐丝时会释放一种特别的化学物质附着在上面,当一只成年的雄性蜘蛛接触到丝,它会从化学物质得知附近有一只和它同种类的成年雌性蜘蛛在求爱。

大多数的蜘蛛独来独往,仅有18个品种属于群居蜘蛛,它们以互助合作取代互相残杀。群居蜘蛛一生住在一起,彼此合作捕猎,分享食物,修补巢穴,甚至互相照顾下一代。群居蜘蛛属母系社会,猎捕等粗活都由母蜘蛛担当,它们个头虽小,却能联手猎杀体型大过它们数十倍的蚱蜢。科学家还在厄瓜多尔发现群居蜘蛛合作编织的一张直径长达100多米的捕虫网,这简直像是发动上万的"宗亲"来修筑一道"万里长城"。

50.3 群居蜘蛛优化算法的基本思想

蜘蛛是一类倾向群居的物种,个体间保持有复杂的协作行为准则,根据雌雄执行多种任务,如捕食、交配、蜘蛛网设计及群体协作等。群居蜘蛛由个体和蜘蛛网络组成,个体分为雄性和雌性两种类别。种群依据个体雌雄分配不同的任务,个体之间通过直接或间接的协作将有用信息通过蜘蛛网传递给群居中的其他个体,并将此信息编码成振动的强弱在个体间进行协作。研究人员发现,蜘蛛能够感受到纳米级别的振动。振动的强弱可被群居中个体解码成不同的信息,如猎物的大小、相邻个体特征等,而振动的强度取决于蜘蛛的重量和距离。

SSO算法模拟蜘蛛群集运动规律实现寻优过程,将整个搜索空间视为蜘蛛运动所依附的蜘蛛网,蜘蛛位置对应于优化问题的可能解,相应权值对应于评价个体好坏的适应度值。该算法在解决函数优化问题时,随机产生蜘蛛的位置,通过雌性蜘蛛和雄性蜘蛛的内部协作运动及婚配过程进行信息交互,最终获得问题的最优解。

SSO算法在真实模拟群居蜘蛛群体内不同协作行为的基础上,引入新的计算机制,有效避免了目前常规群算法中存在的早熟收敛和局部极值问题。在解决连续变量优化问题时,SSO算法是以迭代的方式不断地寻找最优值,最终个体蜘蛛所处的位置即优化问题的解。

50.4　群居蜘蛛优化算法的数学描述

1．蜘蛛群体的初始化

群居蜘蛛优化算法的初始个体分雌性蜘蛛和雄性蜘蛛两类，其中雌性蜘蛛的数量 N_f 占全部群落个体数量 N 的 65%～90%，雌性蜘蛛的数量 N_f 可由式(50.1)计算如下：

$$N_f = \text{floor}[(0.9 - \text{rand} \cdot 0.25) \cdot N] \tag{50.1}$$

其中，floor(•)为取整函数；rand 为[0,1]上的随机数。

雄性蜘蛛的数量 N_m 由式(50.2)计算如下：

$$N_m = N - N_f \tag{50.2}$$

把群居蜘蛛个体的总量 N 再分成 S 个子群，其中 F 表示雌性蜘蛛种群，$F=\{f_1,f_2,\cdots,f_{N_f}\}$；$M$ 表示雄性蜘蛛种群，$M=\{m_1,m_2,\cdots,m_{N_M}\}$。$S=F\cup M$，$S=\{s_1,s_2,\cdots,s_N\}$，由此可得：

$$S=\{s_1=f_1,s_2=f_2,\cdots,s_{N_f}=f_{N_f},s_{N_{f+1}}=f_{N_{f+1}}=m_1,s_{N_{f+2}}=m_2,\cdots,s_N=m_{N_m}\}$$

雌雄蜘蛛分别根据式(50.3)和式(50.4)初始化位置：

$$f_{i,j}^0 = p_j^{\text{low}} + \text{rand}(0,1) \cdot (p_j^{\text{high}} - p_j^{\text{low}}) \quad i=1,2,\cdots,N_f;\quad j=1,2,\cdots,n \tag{50.3}$$

$$m_{k,j}^0 = p_j^{\text{low}} + \text{rand}(0,1) \cdot (p_j^{\text{high}} - p_j^{\text{low}}) \quad k=1,2,\cdots,N_m;\quad j=1,2,\cdots,n \tag{50.4}$$

2．计算个体权重及适应度

从生物学角度来说，蜘蛛的大小是评估单个个体对指派任务完成好坏能力的特征值。因此，在 SSO 算法中，每个个体都获得一个权重 w_i 代表种群中个体 i 所对应的解决问题的能力。每个蜘蛛的权重由式(50.5)计算如下：

$$w_i = \frac{J(s_i) - \text{worst}_s}{\text{best}_s - \text{worst}_s} \tag{50.5}$$

其中，$J(s_i)$为蜘蛛 s_i 所在位置对应的适应度值，由目标函数 $J(\cdot)$计算获得。最优值 best_s 和最劣值 worst_s 由式(50.6)计算如下：

$$\text{best}_s = \max_{k\in\{1,2,\cdots,N\}}(J(s_k)),\quad \text{worst}_s = \min_{k\in\{1,2,\cdots,N\}}(J(s_k)) \tag{50.6}$$

3．蜘蛛网振动的建模

蜘蛛个体的相互协作是蜘蛛个体在编织的公共网络上通过振动相互交流，传递信息，寻找优势个体，不断进化。蜘蛛个体的相互作用取决于蜘蛛个体自身的适应度值、蜘蛛的性别和蜘蛛个体之间的距离。其中，蜘蛛个体的性别在初始化时已经确定，而蜘蛛个体的适应度值则通过目标函数 $J(\cdot)$计算。

蜘蛛在传递信息时，蜘蛛个体之间的相互作用通过蜘蛛网的振动，取决于蜘蛛个体间的距离，因而需要分别计算同性别的蜘蛛单个最优的蜘蛛个体与同性别的最劣蜘蛛个体之间的距离，$d_{i,j}$ 是蜘蛛 i 和蜘蛛 j 之间的距离，可以用下式进行描述为

$$Vib_{i,j} = w_j \cdot e^{-d_{i,j}^2} \tag{50.7}$$

其中，$d_{i,j}$ 为蜘蛛和蜘蛛之间的欧氏距离，可用公式 $d_{i,j}=\| s_i - s_j \|$ 计算获得，其中，s_i、s_j 分别为蜘蛛个体 i、j 的向量值。

蜘蛛个体之间是通过振动相互影响的,寻找距离其他蜘蛛个体最近的蜘蛛个体,判断最优个体是雄性还是雌性,分情况计算蜘蛛个体对外界发出的振动。蜘蛛相互之间的振动有以下3种形式,振动传递信息示意图如图50.2所示。

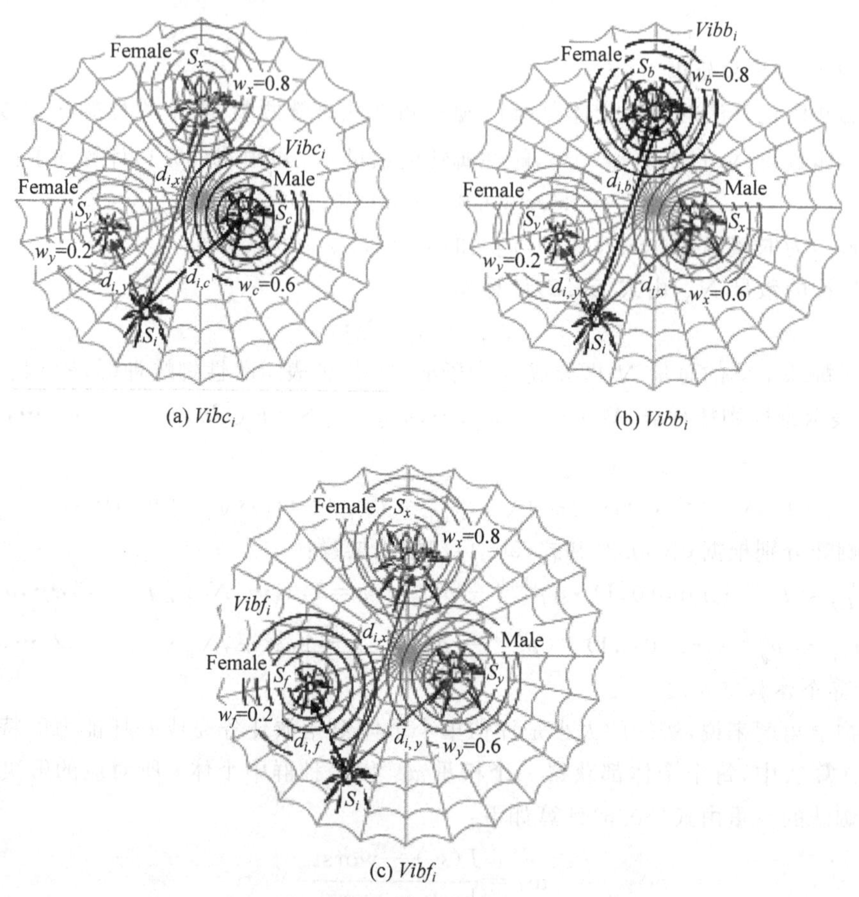

图50.2 蜘蛛相互之间振动传递信息示意图

(1) 振动$Vibc_i$。它由个体i向觉察到的个体c传递信息,个体c有两个重要的特征:它距离个体i最近、它和个体i相比有更高的权重($w_c > w_i$)。其振动为

$$Vibc_i = w_c \cdot e^{-d_{i,c}^2} \tag{50.8}$$

(2) 振动$Vibb_i$。它由个体i向觉察到的个体b传递信息,个体b的权重是全局最优的,即$w_b = \max_{k \in \{1,2,\cdots,N\}} (w_k)$。而$Vibb_i$的计算为

$$Vibb_i = w_b \cdot e^{-d_{i,b}^2} \tag{50.9}$$

(3) 振动$Vibf_i$。它由个体i向觉察到的个体f传递信息,个体f是距离个体i最近的雌性个体。$Vibf_i$的计算为

$$Vibf_i = w_f \cdot e^{-d_{i,f}^2} \tag{50.10}$$

4. 雌雄蜘蛛位置的更新

雌雄蜘蛛对外界振动的反应结果表现为雌雄蜘蛛位置的移动,即蜘蛛的位置更新。

(1) 雌性蜘蛛位置更新。雌性蜘蛛对外界的反应分为对其他蜘蛛的吸引或是排斥,可通

过随机过程描述。首先产生一个[0,1]之间的均匀分布的随机数 r_m。如果 r_m 小于阈值 PF，那么就会产生吸引举动；反之，就会产生厌恶举动。因此，雌性蜘蛛位置更新如下：

$$f_i^{k+1}=\begin{cases}f_i^k+\alpha\cdot Vibc_i\cdot(s_c-f_i^k)+\beta\cdot Vibb_i\cdot(s_b-f_i^k)+\delta(\text{rand}-0.5), & r_m<PF\\ f_i^k-\alpha\cdot Vibc_i\cdot(s_c-f_i^k)-\beta\cdot Vibb_i\cdot(s_b-f_i^k)+\delta(\text{rand}-0.5), & r_m\geqslant PF\end{cases}\tag{50.11}$$

其中，α、β、δ 和 rand 为[0,1]之间的随机数；k 为迭代次数；s_c 为距离个体 i 最近的个体；s_b 为所有群体最优的个体；r_m 为[0,1]之间的均匀分布的随机数；PF 为阈值。

(2) 雄性蜘蛛位置更新。蜘蛛群中雄性蜘蛛会根据权重大小降序排列进行分类，分为统治蜘蛛与非统治蜘蛛。权重较大的统治蜘蛛会吸引异性蜘蛛进行繁殖交配行为，而权重较小的非统治蜘蛛则会向中间位置聚集，一起利用统治蜘蛛所浪费的食物和资源等。模拟雄性蜘蛛的行为，雄性蜘蛛个体的进化运动过程的位置更新如下：

$$m_i^{k+1}=\begin{cases}m_i^k+\alpha\cdot Vibf_i\cdot(s_f-m_i^k)+\delta\cdot(\text{rand}-0.5) & w_{N_f+i}>w_{N_f+m}\\ m_i^k+\alpha\cdot\left(\dfrac{\sum\limits_{h=1}^{N_m}m_h^k\cdot w_{N_f+h}}{\sum\limits_{h=1}^{N_m}w_{N_f+h}}-m_i^k\right) & w_{N_f+i}\leqslant w_{N_f+m}\end{cases}\tag{50.12}$$

其中，个体 s_f 为距离雄性蜘蛛 i 最近的雌性蜘蛛；$\left(\sum\limits_{h=1}^{N_m}m_h^k\cdot w_{N_f+h}\Big/\sum\limits_{h=1}^{N_m}w_{N_f+h}\right)$ 为雄性蜘蛛权重的平均值。

(3) 蜘蛛位置的检验。由于蜘蛛个体只能在公共网上移动并发生信息交换，因此检验新的蜘蛛个体的向量是否超过了向量分量取值的上下限，如果超过了取值范围，则在取值范围内采用随机的方法重新赋值。

5. 交配选择机制

交配空间依赖于搜索空间的大小，计算雌雄个体的交配范围的半径采用下式：

$$r=\frac{1}{2n}\sum_{j=1}^{n}(p_j^{\text{high}}-p_j^{\text{low}})\tag{50.13}$$

其中，p_j^{high}、p_j^{low} 分别为单个蜘蛛各个分量的最大值、最小值。

形成新个体的交配机制：雌雄蜘蛛个体通过交配行为在优势蜘蛛个体之间形成新的个体，雌雄蜘蛛的交配行为发生在雌性蜘蛛 S_{f} 与中级以上的雄性蜘蛛 S_{mm} 之间，而且雌雄蜘蛛之间的距离 $r_0<r$ 时交配行为才能发生。

(1) 选择交配的雌雄蜘蛛个体。将能够发生交配行为的蜘蛛个体放在一起形成如下矩阵：

$$\boldsymbol{S}_1=\{S_{\text{mm}1},S_{\text{mm}2},\cdots,S_{\text{mm}i};\ S_{f1},S_{f2},\cdots,S_{fj}\},\quad i=1,2,\cdots,m;$$
$$j=1,2,\cdots,n;\quad \boldsymbol{S}=\{x_1,x_2,\cdots,x_d\}$$

不妨设中级以上的雄性蜘蛛个数为 m，雌性蜘蛛个数为 n，单个蜘蛛个体的维数为 d，则 $\boldsymbol{S}_1$ 是维数为 $(m+n)\times d$ 的矩阵。将相应的蜘蛛个体的适应度值写成向量 $\boldsymbol{S}_2$，$\boldsymbol{S}_2=J(\boldsymbol{S}_1)$，$J(\cdot)$ 为适应度函数。

(2) 新蜘蛛个体的生成。新生成的单个蜘蛛个体 $\boldsymbol{S}=\{x_1,x_2,\cdots,x_d\}$，$x_j$ 由下式确定：

$$x_j = \boldsymbol{S}_1(x_{ij}), \quad 如果 J(\boldsymbol{S}_{1(i,j)}) > \text{rand} \cdot \text{sum}(\boldsymbol{S}_2)$$

其中，$\text{sum}(\boldsymbol{S}_2)$为适应度向量$\boldsymbol{S}_2$的和；$i$为矩阵$\boldsymbol{S}_1$的行数；$j$为矩阵$\boldsymbol{S}_1$的列数。

(3) 个体的选择机制。有很高权重的个体影响新子代的可能性很大，相反具有更小权重的个体影响新个体的可能性很小。因此根据个体的权重利用轮盘赌方法确定个体的交配概率如下：

$$Ps_i = \frac{w_i}{\sum_{j \in T^g} w_i} \tag{50.14}$$

新生成的蜘蛛由适应度函数$J(\cdot)$计算适应度后，与原有的蜘蛛种群进行比较。优势蜘蛛将取代原有的劣势蜘蛛，这样的机制保证了雄性和雌性蜘蛛在全部种群中的比例，同时能够使蜘蛛群体向优势蜘蛛群体发展。在这样的机制下，为了发现更好的个体，算法在交配生成的全部个体中进行局部搜索。图50.3给出了群居蜘蛛优化算法数据流示意图。

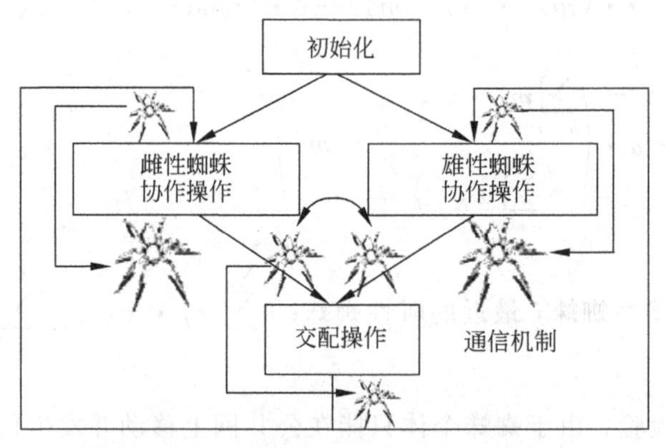

图50.3　群居蜘蛛优化算法数据流示意图

50.5　蜘蛛优化算法的实现步骤及流程

SSO的实现步骤可归纳如下。

(1) 设搜索空间的维度为n；雌性蜘蛛数为N_f；雄性蜘蛛数为N_m；总的种群数量为N。由式(50.1)、式(50.2)分别求出N_f及N_m。根据式(50.3)和式(50.4)初始化个体在搜索空间的位置。

(2) 设种群S由N只蜘蛛个体组成；N由两个子群的F、M组成。随机初始化雌性蜘蛛($F=\{f_1, f_2, \cdots, f_{N_f}\}$)和雄性蜘蛛($M=\{m_1, m_2, \cdots, m_{N_m}\}$)。根据式(50.13)计算交配半径$r$。

(3) 根据式(50.5)和式(50.6)计算每一只蜘蛛的权重w_i。

(4) 由式(50.8)及式(50.9)分别计算振动因子$Vibc_i$和$Vibb_i$，再根据协作机制按式(50.11)更新雌性蜘蛛的位置f_i^{k+1}。

(5) 由式(50.10)计算振动因子$Vibf_i$，再按式(50.12)更新雄性蜘蛛的位置m_i^{k+1}。

(6) 以每个个体权重定义交配概率，利用式(50.14)按轮盘赌法确定蜘蛛的交配概

率 Ps_i。

(7) 判断是否满足终止条件，若满足则算法结束；否则，返回步骤(3)。

群居蜘蛛优化算法的流程如图 50.4 所示。

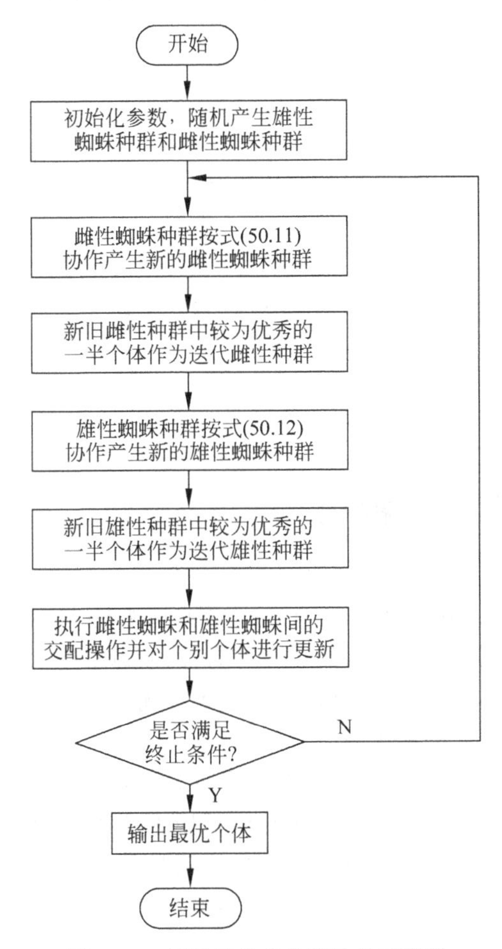

图 50.4　群居蜘蛛优化算法的流程图

第51章　蟑螂优化算法

蟑螂是一种群体居住的昆虫，虽然蟑螂的视力很差，但它的嗅觉极为灵敏。蟑螂社会是平等的，没有等级差别。尽管如此，它们仍然产生集体智慧。每一个蟑螂的行为，如觅食、寻找黑暗巢穴等都会引来其同伴的追随。模拟蟑螂觅食行为的蟑螂算法利用了蟑螂社会的平等特性和群体智慧，通过群体协作达到寻优的目的，再分配和大变异策略使算法具有较强的全局搜索和跳出局部最优的能力。本章介绍蟑螂的习性，以及蟑螂优化算法的原理、数学描述及实现步骤。

51.1　蟑螂优化算法的提出

蟑螂优化(Cockroach Swarm Optimization，CSO)算法是2008年由程乐提出的群智能优化算法。该算法通过简化模型模拟蟑螂的觅食行为，因而蟑螂优化算法公式简单，充分利用了蟑螂社会的平等特性和群体智慧，通过群体协作达到寻优的目的，再分配和大变异策略使算法具有较强的全局搜索和跳出局部最优的能力。

食物再分配策略充分考虑了在相对优秀解附近，查找更优秀解或最优解成功的可能性最大。基于这样的观点，使得算法具有较强的局部搜索能力。利用回巢、平等搜索、大变异等策略提高了算法全局搜索能力，加快了算法寻找到最优解或相对最优解的速度。对TSP问题的仿真表明了蟑螂优化算法的有效性及收敛性。2011年程乐又将该算法用于函数优化问题。

51.2　蟑螂的习性

蟑螂是一种在地球上生存了3.5亿年最古老的群居昆虫。蟑螂的视力很差，但它的嗅觉极为灵敏。蟑螂能够生存至今的重要原因是它们属于社会性昆虫，群体居住，利用群体智慧。

图51.1给出了蟑螂个体与蟑螂群体的图片。昆虫学家J. Halloy研究蟑螂群体生活习性发现，蟑螂社会没有蚁群社会的等级差别，蟑螂的社会地位是平等的。即使如此，它们仍然产生集体智慧。每一个蟑螂的行为，如觅食、寻找黑暗巢穴等都会引来其同伴的追随。

蟑螂是杂食性昆虫，几乎无所不吃，它爬过的食品上，会留下一股让人恶心的异臭。它繁殖快，雄虫一生可多次交配，雌虫一次交配可终生产卵。雌雄蟑螂交配后，一只受精的雌性蟑螂在食料充足下，一年内可繁殖演化成数十万只，且可无性繁殖三代以上。蟑螂生存能力强，它善于爬行，会游泳，危机时也可飞行。蟑螂的扁平身体使其善于在细小的缝隙中生活，几乎有水和食物的地方都可生存。如果条件不好，较长时间内不吃不喝也不会死亡，甚至会互相咬食，大吃小，强吃弱。蟑螂喜暖又爱潮，喜欢暗怕光，喜欢昼伏夜出，白天偶尔可见。一般在黄昏后开始爬出活动、觅食，清晨回窝。

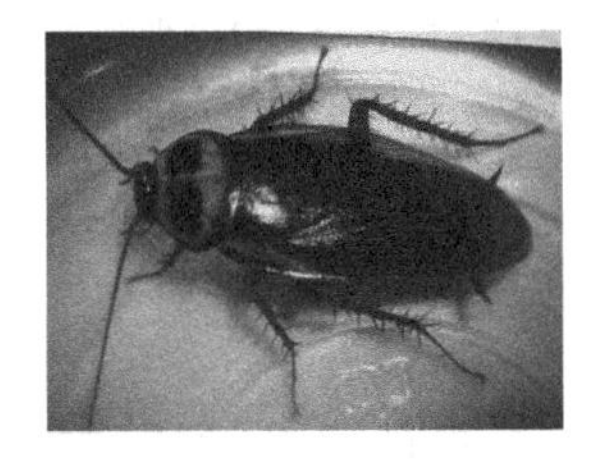

图 51.1　蟑螂个体与蟑螂群体

51.3　蟑螂优化算法的原理

蟑螂优化算法是模拟蟑螂觅食行为而提出的群智能优化算法。下面通过求解旅行商问题（TSP）来说明蟑螂优化算法的原理。

在蟑螂优化算法中用 F_g 表示当前所有蟑螂到目前为止已知的最优解；用 F_p 表示每只蟑螂到目前为止已知的、除 F_g 以外的最优解。设算法中有 m 只蟑螂 C_i（$i=1,2,\cdots,m$），则 F_{p_i}（$i=1,2,\cdots,m$）为每只蟑螂目前已知的、除 F_g 以外的最优解。

每只蟑螂每次向 F_p 或者 F_g 爬行前，蟑螂都回到初始的 TSP 解，然后从初始的 TSP 解爬向 F_p 或者 F_g，并且沿途搜索更优的解，即回巢策略。回巢策略使算法具有全局搜索能力，从而避免早熟。

蟑螂觅食的特点是每只蟑螂的爬行行为都会引发其他蟑螂的追随。因此，在 CSO 中，每只蟑螂 C_i 对应的 F_{p_i} 都会引来算法内其他所有蟑螂向其爬行，并沿途搜索更优秀的解。这种平等搜索策略使算法具有较强的全局和局部搜索能力。

当算法内所有蟑螂回巢后，向 F_g 和所有的 F_p 爬行完成后，作为完成一次总迭代。若 T 次总迭代完成后 F_g 不再进化，则大变异发生。大变异策略提高算法全局搜索能力和避免陷入局部最优解。

蟑螂优化算法就是通过蟑螂群体中的每只蟑螂爬行觅食、食物再分配、跟随平行搜索、大变异策略，从而达到了群体觅食的路径优化。

51.4　蟑螂优化算法的数学描述

下面针对 TSP 问题介绍蟑螂优化算法的基本概念、进化策略及计算公式。

设 $S=(s_1,s_2,\cdots,s_n)$ 是一个城市的集合；集合内所有城市连通。TSP 目的就是寻找一条遍历所有城市且每个城市只访问一次的路径，并且要求总的路线长度最短。

在一个规模为 n 的 TSP 问题中，蟑螂优化算法把一个 S 的城市排列看作 n 维空间的一个位置坐标，其唯一标识 n 维空间中一个点的位置。S 可以是蟑螂的位置坐标，也可以是食物的位置坐标。例如，在一个城市规模为 6 的 TSP 问题中，蟑螂的当前位置在点 $A(4,2,1,6,5,3)$，食物的位置在点 $B(3,2,1,6,5,4)$。

1. 步(Step())

Step()表示蟑螂向前爬行一步。在TSP问题中Step(x,y)表示TSP解中第x个城市和第y个城市位置交换。如图51.2所示,若蟑螂在A点的坐标为(4,2,1,6,5,3),则蟑螂爬行Step(1,6)以后到达B点的坐标为(3,2,1,6,5,4)。

2. 路径

路径(Road)表示蟑螂爬行的一段距离,由若干Step()构成,即

$$\text{Road} = \text{Step1} + \text{Step2} + \cdots + \text{Step}_m \tag{51.1}$$

例如,若一只蟑螂从A点(4,2,1,6,5,3)到达D点(1,2,3,4,5,6)的情形,如图51.3所示,则Road$=D-A=$Step(1,3)+Step(3,6)+Step(4,6)。

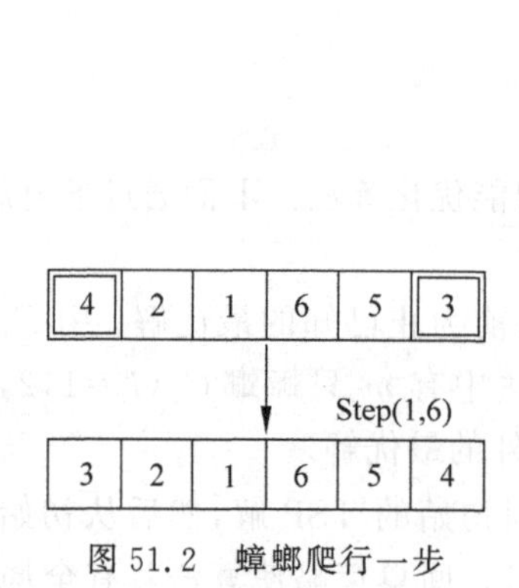

图51.2 蟑螂爬行一步

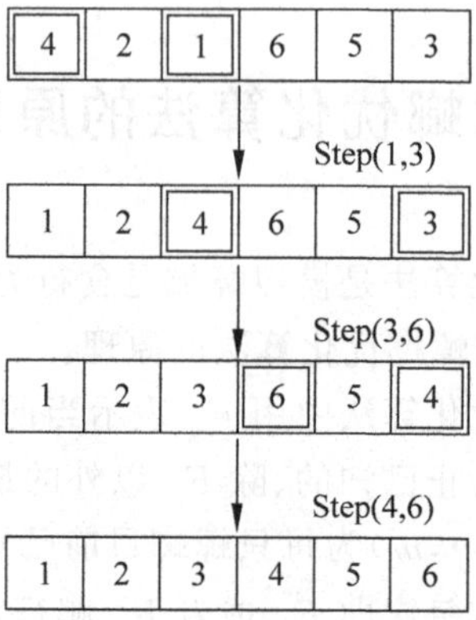

图51.3 蟑螂爬行一段距离

3. 食物再分配策略

蟑螂C向F_p及F_g爬行的公式如下:

$$F_\text{p} - C = \text{Road} \tag{51.2}$$

$$F_\text{g} - C = \text{Road} \tag{51.3}$$

随着蟑螂优化算法迭代的进行,将会出现$F_\text{g}=F_{\text{p}_1}=F_{\text{p}_2}=\cdots=F_{\text{p}_m}$,此时需要对每只蟑螂$C_i$进行再分配$F_{\text{p}_i}$,分配策略是执行随机的一个Step(),即Rand() Step(),得出的解作为每只蟑螂新的F_p,如图51.4所示。

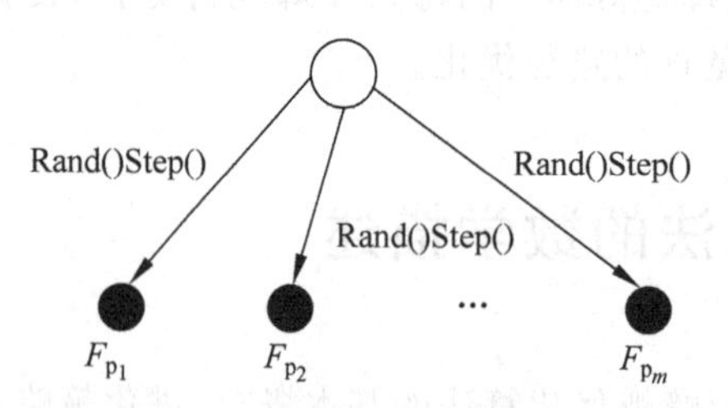

图51.4 食物再分配策略

食物再分配的公式如下:

$$F_\text{g} + \text{Road()Step()} = F_\text{p} \tag{51.4}$$

4. 回巢策略

对TSP问题而言,蟑螂优化算法中蟑螂从一个解爬行到另一个目标解所需的Step()是有限的,可以证明,一个n城市的TSP问题,从一个解到达另一个目标解最多需要n Step()。因

此，从 TSP 的一个随机解到达 TSP 的最优解最多需要 n Step()，而且一定可达。区别于 PSO、ACO 等算法，CSO 算法中的初始解不进化。每个蟑螂每次向 F_p 或者 F_g 爬行前，蟑螂都回到初始的 TSP 解，然后从初始的 TSP 解爬向 F_p 或者 F_g，并且沿途搜索更优的解，即回巢策略。回巢策略使算法具有全局搜索能力，从而避免早熟。

5. 平等搜索策略

蟑螂觅食的特点是每只蟑螂的爬行行为都会引发其他蟑螂的追随。因此，在 CSO 算法中每个蟑螂 C_i 对应的 F_{p_i} 都会引来算法内其他所有蟑螂向其爬行，并沿途搜索更优秀的解。这种平等搜索策略使算法具有较强的全局和局部搜索能力。

6. 大变异策略

针对 TSP 问题的解空间特性，蟑螂优化算法采用食物再分配、平等搜索、回巢策略，使算法在某一相对优的解 F_g 附近充分挖掘更优的解。同时，为了进一步增强算法全局搜索能力、避免陷入局部最优，CSO 算法引入了大变异策略。当算法内所有蟑螂回巢后，向 F_g 和所有的 F_p 爬行完成后，作为完成一次总迭代。若 T 次总迭代完成后 F_g 不再进化，则大变异发生。

在 CSO 算法中 F_gRemb 记录了到目前为止 CSO 算法所查找到的最优解。每次变异新的 F_g 都由 F_gRemb 执行 X 次 Rand() Step()得出，每次变异 X 取 1 到 $n/5$（n 为 TSP 中城市数）内的任意一个随机整数。实现大变异策略包括如下的步骤。

(1) CSO 算法判断 F_g 在 T 次迭代不进化后，CSO 算法更新当前的 F_gRemb，即如果 F_g 的解优于 F_gRemb，则执行 $F_g\text{Remb}=F_g$，否则 F_gRemb 保持不变。

(2) 由 F_gRemb 通过执行 X 步 Rand()Step()生成新的 F_g，即

$$F_g=F_g\text{Remb}+[\text{Rand()Step()}]_1+[\text{Rand()Step()}]_2+\cdots+[\text{Rand()Step()}]_x \quad (51.5)$$

其中，$x\in[1,n/5]$。

(3) 执行一次食物再分配生成新的 $F_{p_i}(i=1,2,\cdots,n)$。

(4) CSO 算法在新的 F_g 和 $F_{p_i}(i=1,2,\cdots,n)$下查找最优解。大变异策略最终目的使 CSO 算法跳出局部最优，使 F_g 在一个新的位置引领所有蟑螂在空间内搜索最优解。

51.5　蟑螂优化算法的实现步骤

利用蟑螂优化算法求解 n 城市的 TSP 组合优化问题的具体步骤如下。

(1) 初始化 $C_i(i=1,2,\cdots,m)$，初始化 $F_{p_i}(i=1,2,\cdots,m)$，此时 $C_i=F_{p_i}(i=1,2,\cdots,m)$对算法无影响。在 $F_{p_i}(i=1,2,\cdots,m)$中选出最优的作为 F_g，初始化 $F_g\text{Remb}=F_g$，初始化 T（算法 T 次迭代 F_g 不进化则执行大变异）。

(2) FOR($i=1$; $i\leqslant m$; i++)

① 由式(51.2)得出所有蟑螂到 F_{p_i} 的路径为 $F_{p_i}-C_1$；$F_{p_i}-C_2$；$F_{p_i}-C_3$；$F_{p_i}-C_mF_{p_i}$。

② 按步骤(2)由式(51.2)中所得出的路径 $C_i(i=1,2,\cdots,m)$开始爬行，用沿途搜索到的更优解来更新 F_{p_i}，如图 51.5 所示。

③ 所有 $C_i(i=1,2,\cdots,m)$返回初始状态(回巢)。

(3) 在所有 $F_{p_i}(i=1,2,\cdots,m)$ 中选出最优秀的作为 F_g。

(4) FOR($i=1$; $i\leqslant m$; i++)

① 由式(51.3)得出所有蟑螂到 F_g 的路径为 F_g-C_1; F_g-C_2; F_g-C_3; F_g-C_m。

② 按步骤(4)的①中所得出的路径 $C_i(i=1,2,\cdots,m)$ 开始爬行,用沿途搜索到的更优解来更新 F_{p_i},如图 51.6 所示。

③ 所有 $C_i(i=1,2,\cdots,m)$ 返回初始状态(回巢)。

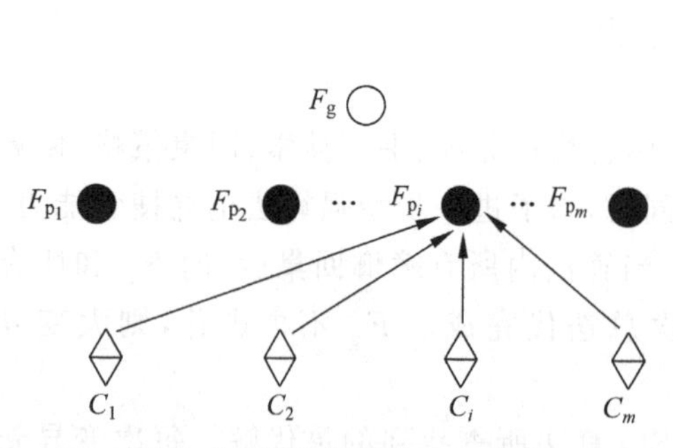

图 51.5 所有蟑螂向 F_{p_i} 爬行

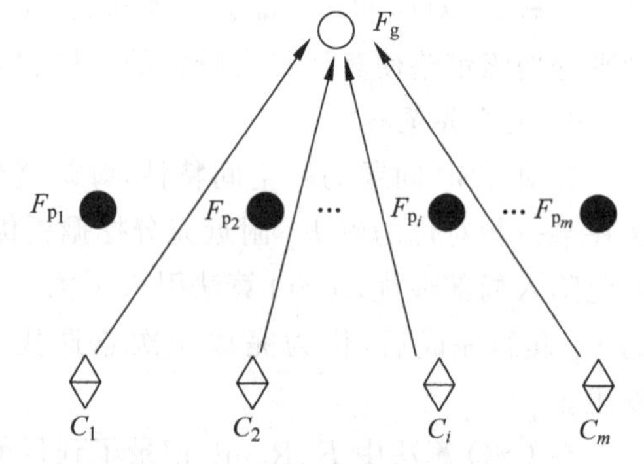

图 51.6 所有蟑螂向 F_g 爬行

(5) 所有 $F_{p_i}(i=1,2,\cdots,m)$ 中选出最优秀的作为 F_g。

(6) 判断是否 $F_g=F_{p_1}=F_{p_2}=\cdots=F_{p_n}$,如等式成立则用式(51.4)进行事物再分配,重新得到 $F_{p_i}(i=1,2,\cdots,m)$。

(7) 判断是否满足大变异条件(T 次迭代中 F_g 不进化),如果满足,则执行大变异。

(8) 判断是否得到最优解,如果得到,则退出算法;否则转至步骤(2)。

注:CSO 算法较 PSO 算法在解决 TSP 问题方面性能有所提高,但是 CSO 算法仍然存在一些不足。例如,算法中每个 C 的行为都引来其他所有 C 的追随,势必会影响算法执行效率。在真正的蟑螂社会中,一只蟑螂的行为也只是引来大部分同伴的追随,并不是绝对的全部。

第52章 天牛须搜索算法

天牛须搜索算法是模拟天牛觅食行为的一种智能优化算法。天牛用两只长长的触角探测气味强弱，并朝着气味强的方向移动。在移动一定距离后，再用触角感知、探索周围空间，寻找最大食物气味的方向，再转向、再移动，经过不断地探测、比较和移动，天牛最终能够找到食物最丰富的地方。本章首先介绍天牛的习性、天牛须的功能、天牛须搜索算法的寻优原理，然后阐述天牛须搜索算法的数学描述、实现步骤、伪代码及算法流程。

52.1 天牛须搜索算法的提出

天牛须搜索(Beetle Antennae Search,BAS)算法是2017年由JIANG等受到天牛觅食原理的启发提出的一种新的智能优化算法。天牛有两只长长的触角(须)，在觅食时会用左右两个触角来探测气味的强弱，然后朝着气味强的方向移动，经过不断地探测、比较和移动，天牛最终能够找到食物最丰富的地方。

BAS算法最大的特点是在不知道函数的具体形式和梯度信息的情况下，通过天牛单个个体就可以实现高效寻优。因此，该算法具有易于实现、运算量小、寻优高效的优点。因而已成功应用于无线传感器网络覆盖、微电网能量管理、投资组合优化、疾病分类模型构建、灾害损失预测、船舶运动控制以及无人机回避等领域。

52.2 天牛的习性及天牛须的功能

天牛是一种常见的甲虫族，即长角的甲虫。天牛触角(天牛须)很长，多数具有两只比身体还长的触角，如图52.1(a)所示。天牛的触角中有许多嗅觉受体细胞，能够在很远的距离感受到食物的气味，并能获得潜在合适伴侣的性信息素。较长的触角可扩大检测面积，也可起到保

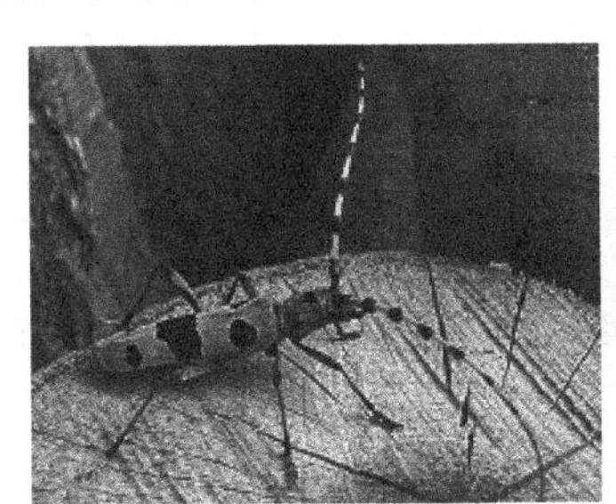

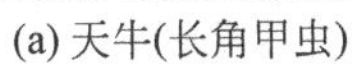

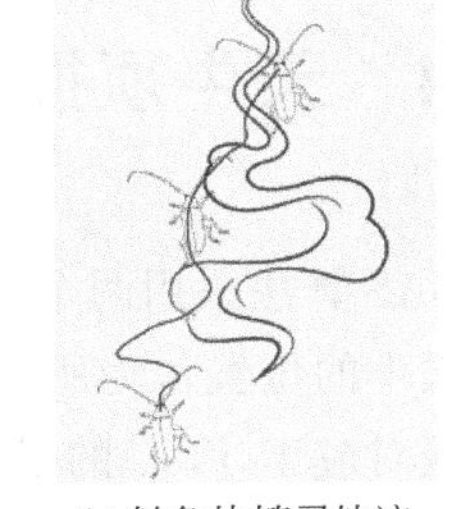

(a) 天牛(长角甲虫)　　(b) 触角的搜寻轨迹

图52.1 天牛(长角甲虫)及其触角的搜寻轨迹

护作用。

天牛在捕食或觅食过程中会在身体的一侧摆动每个触角,以吸收气味。当一侧的触角检测到较高的气味浓度时,天牛会朝向同一侧方向移动,否则,它将转向另一边。图 52.1(b)显示了天牛用长触角搜寻行为的轨迹,其中粗线条表示气味的传播区域,细线条表示天牛触角搜寻气味的轨迹。

52.3 天牛须搜索算法的寻优原理

天牛的觅食行为主要分为移动行为和转向行为。当天牛觅食时,首先使用触角探索周围的空间,找到最大食物气味方向,并转向该方向,然后沿此方向进行移动。例如,右边触角感受到的气味强度比左边的大,则下一步天牛就往右边移动,否则就往左边移动。在移动一定距离后,再用触角感知探索周围空间,寻找最大食物气味的方向,再转向、再移动,如此进行下去,直到寻找到食物。

食物的气味可以看作优化问题中的适应度函数。这个函数在空间中的每个点的值都不同。天牛的目的是寻找食物的位置,也就是在全局中气味最大的点。为了简单起见,将天牛及其觅食行为简化、抽象为如下模型,如图 52.2 所示。

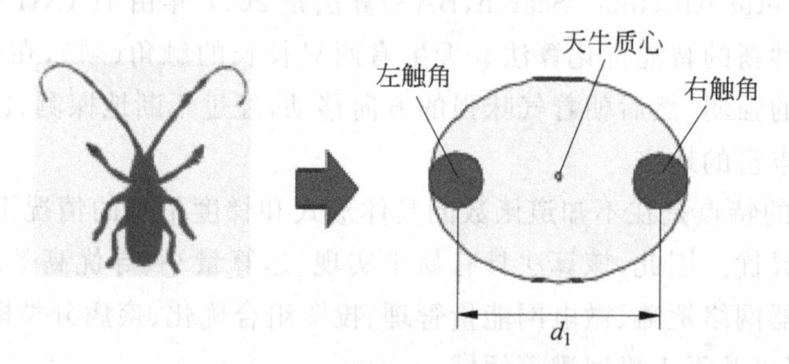

图 52.2 天牛觅食行为的抽象模型

(1) 天牛在三维空间运动,可以认为 BAS 算法对函数寻优时,天牛在一个任意维的空间觅食。

(2) 为了简化天牛的觅食运动,将天牛的身体抽象为一个质点,左右触角位于质点两边,并以质心的中心对称,两只触角的距离即为身长。

(3) 天牛的移动步长与身长呈固定比例。

(4) 为了简化转向行为,假设天牛每前进一个步长后,触角的朝向是随机的。

52.4 天牛须搜索算法的数学描述

BAS 算法采用两个基本规则来模拟天牛觅食行为——搜索行为和探测行为。用 x 定义 t 时刻天牛的位置作为所求解问题的一个可行解,适应度函数 $f(x)$定义 x 处气味的浓度,气味的源点对应于 $f(x)$的最大值。

1. 随机向量归一化

产生天牛左右触角朝向的随机向量并进行归一化为

$$\boldsymbol{b}=\frac{\text{rnd}(k,1)}{\|\text{rnd}(k,1)\|} \tag{52.1}$$

其中，rnd(·)为随机函数；k 为搜索空间维数。

2. 天牛左右须位置

天牛左右触角搜索位置(坐标)的计算公式分别为

$$\begin{aligned} x_r &= x^t + d^t\boldsymbol{b} \\ x_l &= x^t - d^t\boldsymbol{b} \end{aligned} \tag{52.2}$$

其中，x_r 和 x_l 分别为天牛右触角、左触角搜索区域中的位置；x^t 为天牛在第 t 次迭代时的质心位置；d 为触角感应长度，代表天牛的探索能力，其长度应足够大，以覆盖适当的搜索区域，以使触角跳出局部最小点，然后随着时间的推移而衰减。

3. 天牛位置更新

考虑搜索行为并更新天牛位置来检测气味的迭代模型如下：

$$x^t = x^{t-1} + \delta^t\boldsymbol{b}\,\text{sgn}(f(x_r)-f(x_l)) \tag{52.3}$$

其中，x^t 为天牛在第 t 次迭代时的质心位置；δ 为搜索步长，为保证收敛速度和精度需要，随着迭代次数 t 递减，δ 的初始化应该等于搜索区域；sgn()为一种符号函数。

4. 触角感应长度

天牛触角感应长度 d 的更新规则为

$$d^t = 0.95d^{t-1} + 0.01 \tag{52.4}$$

5. 触角搜索步长

天牛触角搜索步长 δ 的更新规则为

$$\delta^t = 0.95\delta^{t-1} \tag{52.5}$$

其中，t 为当前迭代次数。值得指出的是，如果有必要，这两个参数都可以指定为常量。

52.5　天牛须搜索算法的实现步骤及流程

(1) 初始化参数：优化问题维数 k，天牛初始位置 x^0，初始身长 d^0，初始步长 δ^0。

(2) 利用式(52.1)产生一个天牛搜索方向向量。

(3) 获得方向向量后，利用式(52.2)求出右触角和左触角位置坐标。

(4) 计算天牛左、右两触角的适应度值，根据两者的大小关系，判断天牛的前进方向。

(5) 用式(52.3)对天牛在第 t 次迭代时的位置更新，计算位置更新后的适应度值 $f(x^t)$，如果 $f(x^t)>f_{\text{best}}$，则 $f_{\text{best}}=f(x^t)$，$x_{\text{best}}=x^t$。

(6) 用式(52.4)和式(52.5)分别对触角感应长度 d 和步长 δ 进行更新。

(7) 判断是否满足算法终止条件，若满足则算法结束，输出最优解；否则转到步骤(2)。

天牛须搜索算法(用于全局最小化问题)的伪代码实现描述如下。

```
输入:  建立目标函数 f(x^t),其中变量 x^t = [x_1, x_2, …, x_i]^T,
       初始化参数 x^0, d^0, δ^0.
```

```
输出:  x_bst, f_bst.
while  (t < T_max) 或(不满足停止准则) do
        根据式(52.1)生成单位方向向量 b;
        根据式(52.2)利用两个触角在搜索空间进行搜索;
        根据式(52.3)更新状态变量 x^t;
        if f(x^t) < f_bst   then
              f_bst = f(x^t), x_bst = x^t.
        根据式(52.4) 和式(52.5)分别利用减函数更新感知长度 d 和步长 δ(设计者可进一步研究)
返回  x_bst, f_bst.
```

天牛须搜索算法的流程如图 52.3 所示。

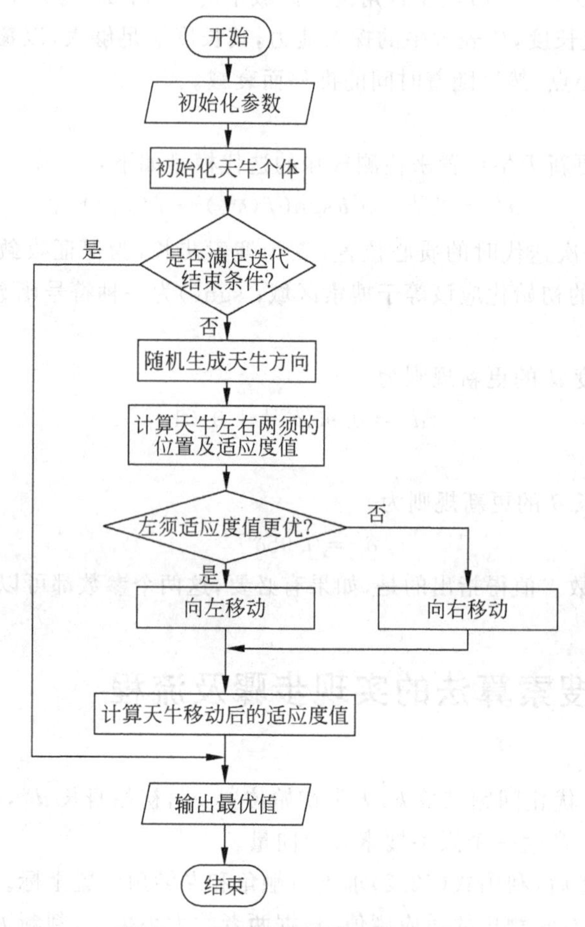

图 52.3　天牛须搜索算法的流程图

第53章　蚯蚓优化算法

蚯蚓优化算法是模拟自然界中蚯蚓的两种繁殖方式的群智能优化算法。该算法基于提出的蚯蚓繁殖行为的理想化规则，通过繁殖1(仅产生一个后代)、繁殖2(能产生一个或多个后代)、交叉算子、加权求和柯西突变操作，实现对连续和离散约束优化问题的求解。本章首先介绍蚯蚓的生活习性、蚯蚓优化算法的基本思想，然后阐述蚯蚓优化算法的数学描述、蚯蚓优化算法的伪代码及算法流程。

53.1　蚯蚓优化算法的提出

蚯蚓优化算法(Earthworm Optimization Algorithm，EWA)是2018年由王改革等提出的模拟蚯蚓两种繁殖方式的群智能优化算法，用于求解连续和离散约束优化问题。繁殖1本身仅产生一个后代；繁殖2每次能产生一个或多个后代，是通过几个改进的交叉算子完成的。这些交叉算子是对差分进化(DE)和遗传算法(GA)中使用的经典交叉算子的扩展。通过对所有后代进行加权求和，得到下一代的最后一条蚯蚓。为了使某些蚯蚓摆脱局部最优并改善搜索能力，增加了柯西突变(CM)操作。

针对48个基准函数和一个工程设计实例的测试，将EWA和7种最新的元启发式算法的优化性能比较结果表明，在大多数基准问题上，EWA方法能比7个其他元启发式算法找到更好的解。

53.2　蚯蚓的生活习性

蚯蚓是环节动物门、寡毛纲的无脊椎动物，俗称地龙，又名曲鳝。蚯蚓种类约有2500种，我国有100多种。蚯蚓身体呈长圆柱形，长30cm左右，由70～100体节组成。蚯蚓是一种低等的环节动物，它整个身体就像两头尖的管子套在一起组成的，体腔内充满液体。蚯蚓虽有头、有尾，有口腔、肠胃和肛门，但没有眼睛，但整个身体能感觉明暗。蚯蚓有中枢神经和末梢神经系统。它的运动取决于位于每一部分外边界的肌肉。

蚯蚓没有特别的呼吸器官，它是靠皮肤进行呼吸的，靠大气扩散到土壤里的氧气进行呼吸，以便补充氧气，排出二氧化碳。蚯蚓的身体必须保持湿润，怕太阳晒，愿意在地下通气良好的洞里生活。土壤通气越好，其新陈代谢越旺盛，不仅产卵多，而且成熟期缩短。

蚯蚓具有贯穿整个身体的强大消化系统，它生活在潮湿的环境中，能吸收活的和死的腐败有机物中的营养。蚯蚓喜阴暗，属夜行性动物，白昼蛰居泥土洞穴中，夜间外出活动。蚯蚓也是变温动物，体温随外界温度的变化而变化。一般蚯蚓的活动温度在5～30℃。

蚯蚓喜同代同居，具有母子两代不愿同居的习性。蚯蚓是雌雄同体、异体受精的动物，交配一次繁育终生，但必要时也能自我受精生殖，繁殖率极高，寿命1～3年。蚯蚓生活环境内充满了大量的微生物却无疫病,这与蚯蚓体内独特的抗生素和免疫系统有关。蚯蚓的再生能力很强,即使蚯蚓被切成两半,仍能活下来,并长成两条蚯蚓。

53.3 蚯蚓优化算法的基本思想

蚯蚓优化算法的设计灵感来自自然界中蚯蚓的两种繁殖。在EWA中,后代分别通过繁殖1(复制1)和繁殖2(复制2)生成,然后,使用对所有后代进行加权求和,以获得下一代的最终的一条蚯蚓。繁殖1本身仅产生一个后代,这也是自然界中的一种特殊繁殖;繁殖2一次生成一个或多个后代,这可以通过几个改进的交叉算子来完成。这些算子是通过对DE和GA中使用的经典交叉算子的扩展得到的。为了使某些蚯蚓摆脱局部最优并改善搜索能力,在EWA方法中,增加了柯西突变(CM)操作。这也可以帮助整个蚯蚓个体前进到更好的位置。

在EWA中,根据改进的9个交叉算子,提出了9种不同的EWA方法,分别具有1个、2个和3个后代。通过22个高维基准测试并将它们相互比较,结果表明EWA23的性能最佳。

53.4 蚯蚓优化算法的数学描述

为了模拟蚯蚓的繁殖行为求解优化问题,可以将蚯蚓的繁殖行为理想化为以下规则。

(1) 在种群中的所有蚯蚓都有能力繁殖后代,每条蚯蚓都有两种繁殖方式。

(2) 由任一种繁殖方式生成的每个子蚯蚓个体都包含所有长度与父代蚯蚓相等的基因。

(3) 适应性最好的蚯蚓会直接传给下一代,任何操作者都无法对其进行更改。这样才能保证蚯蚓种群不会随着世代的增加而恶化。

1. 第1种繁殖(复制1)

蚯蚓是雌雄同体,每个个体都携带雄性和雌性的性器官。因此,某些蚯蚓只能由一个母体生成,这种繁殖过程可以表述为

$$x_{i1,j}=x_{\max,j}+x_{\min,j}-\alpha x_{i,j} \tag{53.1}$$

其中,$x_{i,j}$ 为蚯蚓 i 第 j 维的位置;$x_{i1,j}$ 为蚯蚓 $i1$ 的第 j 维新生成的位置;$x_{\max,j}$、$x_{\min,j}$ 分别为蚯蚓 i 位置的上界和下界;$\alpha\in[0,1]$为相似因子,可以决定父蚯蚓和子蚯蚓之间的距离。

如果 α 很小,它们之间的距离就很短。这使得该方法实现了对蚯蚓 i 的局部搜索,如图53.1(a)所示。当 $\alpha=0$ 时,蚯蚓 i 和新生成的蚯蚓 $i1$ 的最大距离为

$$x_{i1,j}=x_{\max,j}+x_{\min,j} \tag{53.2}$$

如果 α 较大,则两者之间的距离大,并且远离1。这就加强了探索,并使算法用大步进行全局搜索,如图53.1(b)所示。

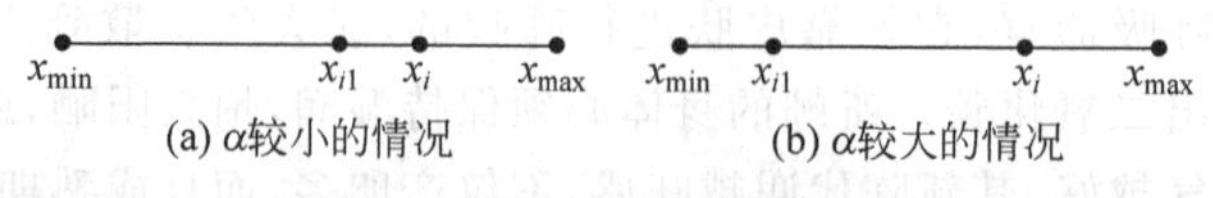

图53.1 繁殖1的简化图示表示

当 $\alpha=1$ 时,式(53.1)变为

$$x_{i1,j}=x_{\max,j}+x_{\min,j}-x_{i,j} \tag{53.3}$$

此时,蚯蚓 i 与新生成蚯蚓 $i1$ 的距离最小。蚯蚓 i 与新生成蚯蚓 $i1$ 的位置相对于$(x_{\max,j}+x_{\min,j})/2$ 对称。式(53.3)在本质上是一种基于对立的学习方法,被广泛应用于各种随机优化

方法中。

通过以上分析可以看出，EWA 方法可以通过调整相似因子 α 来平衡勘探与开发之间的关系。基本的 EWA 方法，实现全局搜索主要依赖于繁殖 1。因此，采用较大的 α。

2. 第 2 种繁殖（复制 2）

第 2 种繁殖是蚯蚓的一种特殊繁殖方式，即某些蚯蚓可以产生不止一个个体。设 N 为亲本蚯蚓数，N 必须是大于 1 的整数；M 表示繁殖 2 最终生成新的子蚯蚓数量，理论上 M 可以是不小于 0 的任何整数，而实际上，M 在大多数情况下是 1、2 或 3。

以下用 S、M 和 U 分别表示单点交叉、多点交叉和均匀交叉。用 $S1$ 表示单点交叉只产生 1 个子代，其余（如 $S2$、$S3$、$M1$、$M2$、$M3$、$U1$、$U2$、$U3$）可以类推。

1) $N=2$ 和 $M=1$ 的情况

通过轮盘赌法选择两个父代蚯蚓，分别称为 P_1 和 P_2，生成的后代由 P_1 和 P_2 组成，表示为

$$P=\begin{bmatrix}P_1\\P_2\end{bmatrix} \tag{53.4}$$

(1) 单点交叉（$S1$）。

为了实现单点交叉，首先应计算两个临时变量，分别为

$$y_1=SD\{P_1(r:D),P_2(r:D)\} \tag{53.5}$$

$$y_2=SD\{P_2(r:D),P_1(r:D)\} \tag{53.6}$$

其中，SD 表示两个数组的集合差；$SD(A,B)$表示返回不在 B 中的 A 中的数据，A 和 B 为两个矩阵或向量；$P_1(r:D)$和 $P_2(r:D)$分别表示 P_1 和 P_2 中从 r 到 D 的元素；r 为一个介于 1 和 D 之间的随机选择的整数；D 是一个蚯蚓个体的长度，即它是函数的维。随后，通过以下等式产生了两个后代分别为

$$x_{12}=[P_2(1:D-|y_1|),y_1] \tag{53.7}$$

$$x_{22}=[P_1(1:D-|y_2|),y_2] \tag{53.8}$$

其中，$|y_1|$ 和 $|y_2|$ 分别为 y_1 和 y_2 的长度。

$$x_{i2}=\begin{cases}x_{12} & \text{rand}<0.5\\x_{22} & \text{rand}\geqslant 0.5\end{cases} \tag{53.9}$$

其中，rand 为可以得出一定分布的随机数。

(2) 多点交叉（$M1$）。

多点交叉，首先随机生成两个整数 r_1 和 r_2，并设 r_1 始终小于 r_2，生成两个后代分别为

$$x_{12}=[P_1(1:r_1),P_2(r_1+1:r_2),P_1(r_2+1:D)] \tag{53.10}$$

$$x_{22}=[P_2(1:r_1),P_1(r_1+1:r_2),P_2(r_2+1:D)] \tag{53.11}$$

可以通过式(53.9)确定繁殖 2 所产生的子蚯蚓。

(3) 均匀交叉（$U1$）。

当随机数 rand>0.5 时，均匀交叉可以生成两个后代 x_{12} 和 x_{22} 分别为

$$\begin{aligned}x_{12,j}&=P_{1,j}\\x_{22,j}&=P_{2,j}\end{aligned} \tag{53.12}$$

其中，$x_{12,j}$ 和 $x_{22,j}$ 分别为后代 x_{12} 和 x_{22} 的第 j 元素。同样地，$P_{1,j}$ 和 $P_{2,j}$ 是两个父代蚯蚓 P_1 和 P_2 的第 j 元素。否则，它们被更新为

$$\begin{aligned}x_{12,j}&=P_{2,j}\\x_{22,j}&=P_{1,j}\end{aligned} \tag{53.13}$$

再由式(53.9)确定繁殖2生成的蚯蚓 x_{i2}。

2) $N=2$ 和 $M=2$ 的情况

通过轮盘赌法选择两个父代蚯蚓 P_1 和 P_2,如式(53.4)所示。

(1) 单点交叉($S2$)。

为实现单点交叉,将 y_1 和 y_2 分别用式(53.5)和式(53.6)计算,然后分别由式(53.7)、式(53.8)生成两个子代 x_{12} 和 x_{22}。新生成的蚯蚓可以表示为

$$x_{i2}=\omega_1 x_{12}+\omega_2 x_{22} \tag{53.14}$$

其中 ω_1 和 ω_2 为权重因子,其计算式为

$$\begin{cases}\omega_1=\dfrac{E_2}{E_1+E_2}\\ \omega_2=\dfrac{E_1}{E_1+E_2}\end{cases} \tag{53.15}$$

其中,E_1 和 E_2 分别为蚯蚓 x_{12} 和 x_{22} 的适应度值。

(2) 多点交叉($M2$)。

分别用式(53.10)和式(53.11)生成两个子代 x_{12} 和 x_{22},新生成的蚯蚓可由式(53.14)计算。

(3) 均匀交叉($U2$)。

均匀交叉分别由式(53.12)或式(53.13)生成两个子代 x_{12} 和 x_{22},再根据它们新的适应度由式(53.15)计算相应的权重因子 ω_1 和 ω_2。繁殖2新生成的蚯蚓可按式(53.14)计算。

3) $N=3$ 和 $M=3$ 的情况

3个蚯蚓的父母同样是通过轮盘赌法选择,分别称为 P_1、P_2 和 P_3,子代可以由3个父母组成,表示为

$$\boldsymbol{P}=\begin{bmatrix}P_1\\P_2\\P_3\end{bmatrix} \tag{53.16}$$

(1) 单点交叉($S3$)。

实现交叉操作首先需要计算以下临时变量:

$$y_1=\mathrm{SD}\{P_1(r:D),P_3(r:D)\} \tag{53.17}$$

$$y_2=\mathrm{SD}\{P_3(r:D),P_2(r:D)\} \tag{53.18}$$

$$y_3=\mathrm{SD}\{P_2(r:D),P_1(r:D)\} \tag{53.19}$$

然后,生成3个子代分别为

$$x_{31}=[P_3(1:D-|y_1|),y_1] \tag{53.20}$$

$$x_{32}=[P_2(1:D-|y_2|),y_2] \tag{53.21}$$

$$x_{33}=[P_1(1:D-|y_3|),y_3] \tag{53.22}$$

其中 $|y_1|$、$|y_2|$、$|y_3|$ 分别为 y_1、y_2、y_3 的长度。

(2) 多点交叉($M3$)。

多点交叉同样随机生成两个整数 r_1 和 r_2,且 $r_1<r_2$。生成的3个子代分别为

$$x_{31}=[P_1(1:r_1),P_2(r_1+1:r_2),P_3(r_2+1:D)] \tag{53.23}$$

$$x_{32}=[P_2(1:r_1),P_3(r_1+1:r_2),P_1(r_2+1:D)] \tag{53.24}$$

$$x_{33}=[P_3(1:r_1),P_1(r_1+1:r_2),P_2(r_2+1:D)] \tag{53.25}$$

(3) 均匀交叉($U3$)。

当随机数 rand>0.5 时,均匀交叉生成的 3 个子代 x_{31}、x_{32} 和 x_{33} 的每个元素分别为

$$\begin{aligned} x_{31,j} &= P_{2,j} \\ x_{32,j} &= P_{3,j} \\ x_{33,j} &= P_{1,j} \end{aligned} \tag{53.26}$$

其中,$x_{31,j}$、$x_{32,j}$ 和 $x_{33,j}$ 分别为子代 x_{31}、x_{32} 和 x_{33} 的第 j 元素。同样地,$P_{1,j}$、$P_{2,j}$ 和 $P_{3,j}$ 是 3 个父元素 P_1、P_2 和 P_3 的第 j 元素。否则,它们将更新为

$$\begin{aligned} x_{31,j} &= P_{3,j} \\ x_{32,j} &= P_{1,j} \\ x_{33,j} &= P_{2,j} \end{aligned} \tag{53.27}$$

在生成后代 x_{31}、x_{32} 和 x_{33} 后,繁殖 2 生成的新蚯蚓为

$$x_{i2} = \sum_{j=1}^{3} \omega_j x_{3j} = \omega_1 x_{31} + \omega_2 x_{32} + \omega_3 x_{33} \tag{53.28}$$

其中 ω_1、ω_2 和 ω_3 为权重因子,它们的计算式分别为

$$\begin{cases} \omega_1 = \dfrac{1}{2} \dfrac{E_2 + E_3}{E_1 + E_2 + E_3} \\ \omega_2 = \dfrac{1}{2} \dfrac{E_1 + E_3}{E_1 + E_2 + E_3} \\ \omega_3 = \dfrac{1}{2} \dfrac{E_1 + E_2}{E_1 + E_2 + E_3} \end{cases} \tag{53.29}$$

其中,E_1、E_2 和 E_3 分别为蚯蚓 x_{31}、x_{32} 和 x_{33} 的适应度。

对于上述 $M=1$、2、3 的情况,x_{i2} 的计算可以在 M 后代的基础上进行推广。

$$x_{i2} = \sum_{j=1}^{M} \omega_j x_{Mj} \tag{53.30}$$

其中,权重因子 ω_j 的计算式为

$$\omega_j = \frac{1}{M-1} \frac{\sum\limits_{k=1,k\neq j}^{M} E_k}{\sum\limits_{k=1}^{M} E_k} = \frac{1}{M-1} \frac{E_1 + E_2 + \cdots + E_{j-1} + E_{j+1} + \cdots + E_{M-1} + E_M}{E_1 + E_2 + \cdots + E_{j-1} + E_j + E_{j+1} + \cdots + E_{M-1} + E_M} \tag{53.31}$$

其中,E_k 为第 k 后代的适应度。实施两种繁殖后,下一代 i 的位置可以形成为

$$x'_i = \beta x_{i1} + (1-\beta) x_{i2} \tag{53.32}$$

其中,β 为比例因子,它可以调整通过上述多种复制产生的 x_{i1} 和 x_{i2} 的比例,其计算式为

$$\beta^{i+1} = \gamma \beta^t \tag{53.33}$$

其中,t 为当前一代,当 $t=0$ 时,初始 β 设置为 1,即 $\beta_0=1$;γ 为一个常数,类似于模拟退火中冷却进度的冷却因子。

从式(53.33)可以看出,比例因子 β 相对较大,利用 x_{i1} 使 EWA 实现了全局搜索。比例因子 β 随着代数的增加而减小。这表明,随着代数的增加,繁殖 1 所产生的 x_{i1} 所占的比例越来越小,即由繁殖 2 产生的 x_{i2} 变得越来越多,这导致 EWA 主要在搜索过程的末尾进行局部搜索。从以上分析可以得出结论,与相似因子 α 一样,比例因子 β 也能够有效地调整全局搜索

和局部搜索之间的平衡。

3. 柯西突变

为了逃避局部最优和提高蚯蚓的搜索能力，在EWA中增加了柯西突变(Cauchy mutation,CM)，这也可以帮助整个蚯蚓个体前进到更好的位置。一维柯西密度函数定义为

$$f(x)=\frac{1}{\pi}\frac{t}{\tau^2+x^2}\quad x\in R \tag{53.34}$$

其中，$\tau>0$ 为比例参数。柯西分布函数为

$$F_\tau(x)=\frac{1}{2}+\frac{1}{\pi}\arctan\left(\frac{x}{\tau}\right) \tag{53.35}$$

这个变异算子很好地降低了陷入局部最优的可能性。

在EWA中，CM算子的描述如下：

$$W_j=\frac{1}{\mathrm{NP}}\left(\sum_{i=1}^{\mathrm{NP}}\boldsymbol{x}_{i,j}\right) \tag{53.36}$$

其中，$\boldsymbol{x}_{i,j}$ 为第 i 蚯蚓的第 j 维位置向量；NP为种群大小；$\boldsymbol{W}_j$ 为权重向量。

$$x'_{i,j}=x_{i,j}+W_j\cdot C \tag{53.37}$$

其中，C 为从柯西(Cauchy)提取的随机数 $\tau=1$ 的分布。

53.5 蚯蚓优化算法的实现及流程

蚯蚓优化算法的伪代码描述如下。

```
开始
    1: 初始化.置生成计数器 t = 1;
       初始化的种群 P,将蚯蚓 NP 个体随机均匀分布在搜索空间;
       设置保留蚯蚓的数目 nKEW,最大代数 MaxGen,相似因子 α,
       比例系数 β 的初值 β0,常数 γ = 0.9.
    2: 根据每个蚯蚓个体的位置评估其适应度值;
    3: While 没有找到最好的解或 t < MaxGen do
       将所有的蚯蚓个体按照它们的适应度值排序.
       for i = 1 到 NP(对于所有蚯蚓个体),do
           //实现繁殖 1
           通过繁殖 1 生成 xi1;
           //实现繁殖 2
           //这个过程本质上是实现改进交叉操作.
           if i > nKEW then
               定义所选父代(N)和已生成的后代(M)的数量;
               使用轮盘赌法选择 N 父代;
               生成 M 子代
               根据 M 用式(53.30)计算生成的后代 xi2;
           else
               随机选择一条蚯蚓个体作为 xi2.
           end if
               用式(53.32)更新蚯蚓的位置.
           end for i
           for j = nKEW + 1 to NP(对所有非保留蚯蚓个体)
               对蚯蚓 j 实现柯西突变;
           end for j
               根据最新更新的位置评估种群
```

```
        t = t + 1.
    4:  end while
    5: 输出最优解.
End.
```

蚯蚓优化算法的流程如图 53.2 所示。

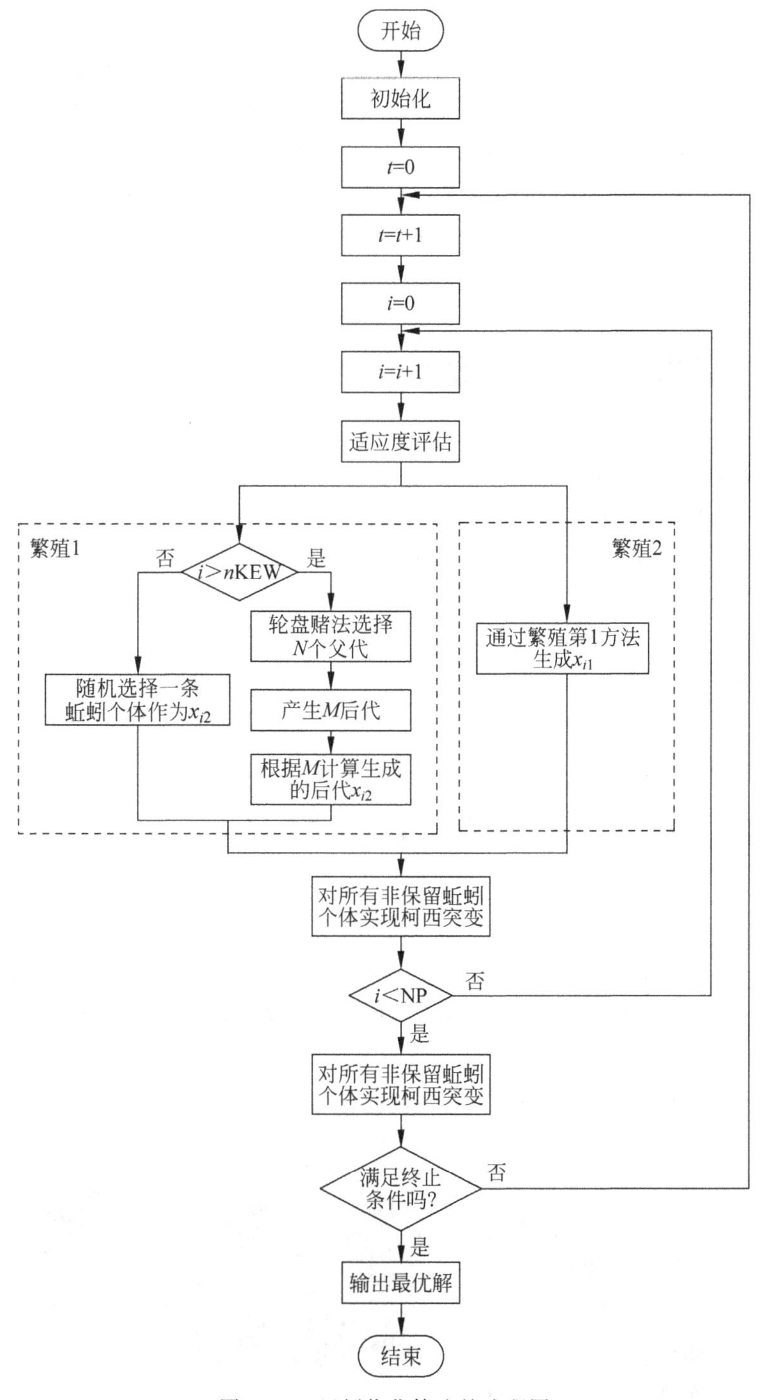

图 53.2　蚯蚓优化算法的流程图

第54章　布谷鸟搜索算法

布谷鸟具有两个特性：一是它的借巢生蛋和借鸟孵化的侵略性繁殖行为；二是它的为产蛋寻窝的Levy飞行策略。受布谷鸟上述行为特性的启发而提出的布谷鸟搜索算法，对布谷鸟的寻窝产蛋行为进行了简化、抽象，提出了3个理想化的假设条件，来模拟布谷鸟寻窝产蛋的繁殖行为和寻窝过程的Levy飞行策略。本章介绍布谷鸟的繁殖行为、Levy飞行，以及布谷鸟搜索算法的原理、数学描述、实现步骤及流程。

54.1　布谷鸟搜索算法的提出

布谷鸟搜索(Cuckoo Search,CS)算法是2009年由英国剑桥大学学者Xin-She Yang和Suash Deb在世界自然和生物启发计算大会(NaBIC′09)上首次发表的论文*Cuckoo search via Lévy flights*中提出的一种基于Levy飞行的启发式智能优化算法。2010年，Yang等将CS算法应用于多目标优化和工程优化中。CS算法因简单、参数少、易于实现等优点受到了学者们的关注。

CS算法已用于弹簧优化设计、焊接梁优化设计、AUV路径规划、背包问题、无线传感器网络、车间调度、交通流量预测等方面。

54.2　布谷鸟的繁殖行为与Levy飞行

1. 布谷鸟的繁殖行为

布谷鸟的中文名杜鹃，如图54.1所示，它不仅可以发出动听的声音，还具有侵略性的繁殖策略。多数居住在热带和温带地区的树林中。许多种类的布谷鸟喜欢在公共巢穴产蛋，所以它们可能会将其他鸟类的蛋移走，或者常常选择在巢主鸟刚刚产蛋的鸟窝里放置自己的鸟蛋，从而增加其蛋的孵化率。寄生布谷鸟的蛋一般会比巢主鸟蛋先孵化出来，一旦小布谷鸟孵化出来，它能本能地将巢主鸟蛋推出巢外，它还会模仿巢主鸟幼鸟的叫声，以得到更多的喂养机会。

布谷鸟通过Levy飞行随机选择与其蛋形相似，雏鸟形态也相似的巢主，在巢主孵蛋之前，趁巢主鸟离巢期间产蛋并将巢主的蛋移走。这样就由巢主鸟对布谷鸟的蛋进行孵化。在从蛋到雏鸟的整个

图54.1　布谷鸟

过程中，一旦巢主发现自己鸟窝中的蛋异常，它要么把蛋或雏鸟移走；要么放弃此鸟窝重新搭建一个。

2. Levy 飞行

20 世纪二三十年代，法国数学家莱维(Levy)研究了在什么情况下，N 个独立分布的随机变量的和的概率分布与其中的任意的一个随机变量的概率分布相同。这基本上是一个分形问题，也就是说，在什么情况下部分与整体的性质相同。莱维完全解决了这个问题，满足这个条件的概率分布称为莱维(Levy)分布。

近年来，人们在物理、化学、生物及金融系统中发现了许多以 Levy 飞行为形式的反常扩散行为。从物理上来看，Levy 飞行来源于粒子和周围环境之间的强烈地相互作用。它是以发生长程跳跃为特征的一类具有马尔可夫性质的随机过程，其跳跃的长度满足莱维分布。

莱维提出的一种随机游走模式，它的步长服从莱维分布，通常简单的表示为

$$L(s) \sim |s|^{-1-\lambda} \quad (0 < \lambda \leqslant 2)$$

其中，s 为步长；$L(s)$为步长为 s 时的概率。

从数学角度来看，莱维分布定义如下：

$$L(s,\gamma,\mu)=\begin{cases}\sqrt{\dfrac{\gamma}{2\pi}}\exp\left[-\dfrac{\gamma}{2(s-\mu)}\right]\dfrac{1}{(s-\mu)^{3/2}} & 0<\mu<s<\infty \\ 0 & \text{其他}\end{cases} \tag{54.1}$$

其中，γ 为数量级参数；$\mu>0$ 为最小步长。显然，当 $s\to\infty$时，有

$$L(s,\gamma,\mu) \approx \sqrt{\frac{\gamma}{2\pi}} \cdot \frac{1}{s^{3/2}} \tag{54.2}$$

通常情况，逆积分 $L(s)=\dfrac{1}{\pi}\int_0^\infty \cos(ks)\exp[-\alpha\ |k|^\beta]\mathrm{d}k$，在 $s\to\infty$ 时估算为

$$L(s)=\frac{\alpha\cdot\beta\cdot\Gamma(\beta)\sin(\pi\beta/2)}{\pi\ |s|^{1+\beta}} \quad s\to\infty \tag{54.3}$$

其中，$\Gamma(\beta)$是 Gamma 函数 $\Gamma(\beta)=\int_0^\infty t^{z-1}\mathrm{e}^{-t}\mathrm{d}t$，当 $z=n$ 是整数时，$\Gamma(n)=(n-1)!$。

在 Mantegna 算法中，步长 $s=\dfrac{u}{|v|^{1/\beta}}$，其中 u 和 v 均服从标准正态分布，即

$$u\sim N(0,\sigma_u^2),\quad v\sim N(0,\sigma_v^2) \tag{54.4}$$

其中，

$$\sigma_u=\left\{\frac{\Gamma(1+\beta)\sin(\pi\beta/2)}{\Gamma(1+\beta)/\beta 2^{(\beta-1)/2}}\right\}^{1/\beta},\quad \sigma_v=1$$

此种莱维分布只是针对$|s|\geqslant|s_0|$的情况满足，其中 s_0 是步长的最小值。理论上，$s_0\to 0$，但现实中通常取 0.1～1。

图 54.2 为莱维分布的一种特例，它展示了$\beta=1$ 时从原点(0,0)开始的 50 次 Levy 飞行的轨迹。由于 Levy 飞行的长尾渐进形式，其分布二次矩是发散的，而对于一般的布朗运动来说，粒子的各次矩都是有限的，如图 54.3 所示。因此，Levy 飞行的这一独特性质有别于布朗运动。通过观察粒子的布朗运动和 Levy 飞行的轨迹图可以看出，对于布朗运动，粒子的运动轨迹中不存在长跳跃，而对于 Levy 飞行，粒子在某些区域偶尔出现长跳跃。Levy 飞行是一种长时间的小范围搜索与偶尔较大范围勘探相配合的随机飞行方式，具有小步移动的很多，但间

或有很大步的位移,使得飞行主体不会重复在一个地方。Levy 飞行方向是随机的,而它的运动的步长是按幂次率分布的。

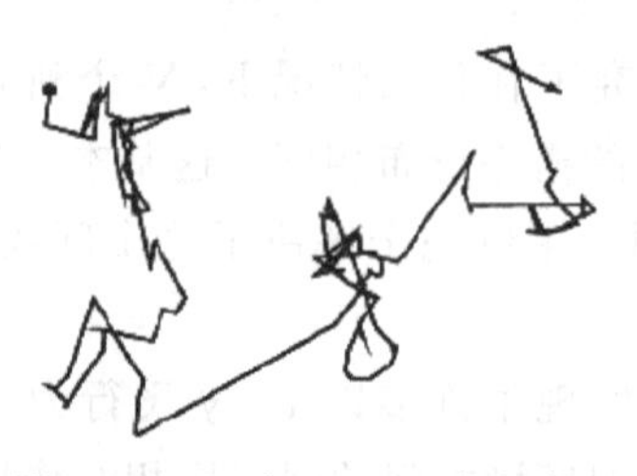

图 54.2　50 次 Levy 飞行的轨迹

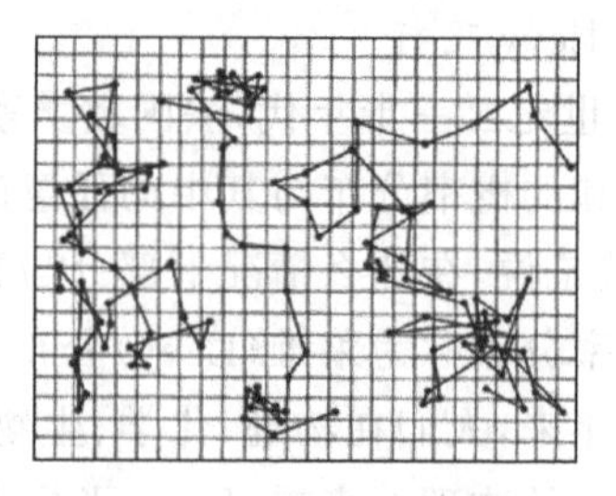

图 54.3　布朗运动图示

在自然界中,动物以随机或拟随机的方式来觅食。许多飞行动物像信天翁、蜘蛛猴等,其飞行间隔服从幂率分布。信天翁是南极地区最大的飞鸟,也是世界飞鸟之王,如图 54.4 所示。它身披洁白色羽毛,尾端和翼尖带有黑色斑纹,躯体呈流线型,展翅飞翔时,翅端间距可达 3.4m。图 54.5 是信天翁的飞行轨迹,将其与图 54.2 中的 50 次 Levy 飞行的轨迹对比,不难看出鸟的飞行轨迹是符合莱维分布的。

图 54.4　信天翁

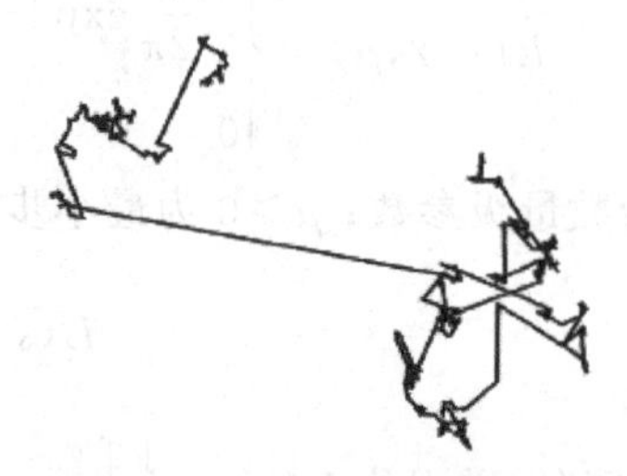

图 54.5　信天翁的飞行轨迹

研究信天翁的飞行轨迹(图 54.5)发现,较长线段出现的频率与无标度的负二次方莱维分布相像,都具有 Levy 飞行的特征。Levy 飞行的上述独有特性,特别适用作优化算法的最优化搜索策略。

54.3　布谷鸟搜索算法的原理

布谷鸟搜索算法设计灵感源于布谷鸟的繁殖后代行为和 Levy 飞行搜索模式。布谷鸟繁殖后代的时候不会为自己孵化后代,总是把蛋产在其他鸟的巢中,由它们代为孵化。而其他鸟类不愿孵化外来的蛋,当它们发现外来的蛋就将其扔掉,有时候甚至抛弃整个鸟巢,另做新巢。为了降低被发现的风险,布谷鸟将自己的蛋模仿成所选鸟类的卵。

Levy 飞行是一种长时间的小范围搜索与偶尔较大范围勘探相配合的随机飞行方式。个体在 Levy 飞行运动中,短距离小步长和长距离大步长交替出现。布谷鸟搜索算法采用 Levy 飞行方式,能拓宽搜索领域、丰富种群多样性,更容易跳出局部最优解。

布谷鸟搜索算法主要包括 3 个组成部分。

(1) 选择最优。通过保留最好的鸟窝,确保搜索移动在局部最优解的邻域内,以保证最优解被保留到下一代。

(2) 局部随机移动。利用局部随机移动搜索最优解。

(3) 全局 Levy 飞行进行随机搜索。这一过程模拟布谷鸟在树林中通过 Levy 飞行去寻找最好的为自己的鸟蛋孵化的鸟窝,相当于优化问题的最优解。

由于布谷鸟搜索算法采用 Levy 飞行方式,因此在搜索开始时,采用较大步长有利于搜索整个空间,也就是说,全局搜索占优势,使得算法不陷入局部极小值;在搜索后期,个体以小步长在最优解附近仔细搜索,也就是说,局部搜索占优势。这就很好地协调局部搜索和全局搜索的关系,更好地使勘探和开发间达到平衡,从而使算法能够快速收敛到全局最优解。通过算法模拟布谷鸟的繁殖行为和 Levy 飞行策略对优化问题求解,就是布谷鸟搜索算法的基本思想。

54.4 布谷鸟搜索算法的数学描述

自然界中的布谷鸟选择鸟窝产蛋的方式是随机的或是类似随机的。在模拟布谷鸟寻窝产蛋方式时,为了使得布谷鸟寻窝孵蛋行为能够适用于解决优化问题,Yang 等对布谷鸟寻窝产蛋行为进行了简化、抽象化、理想化处理,提出了以下 3 个理想化的假设条件。

假设 1 每个布谷鸟每次只产一只蛋,并随机选择鸟窝来放置它。

假设 2 每次随机选择的鸟窝位置中适应度最好的鸟窝位置被保留到下一代。

假设 3 可以利用的巢主鸟窝的数量 n 是固定的,巢主鸟能发现外来鸟蛋的概率是 $p_a \in [0,1]$。在这种情况下,巢主鸟可将该鸟蛋丢弃,或者干脆抛弃这个鸟窝,在一个新的位置建立一个全新的鸟窝。

上述的假设 3 可以近似理解为这 n 个鸟窝的 p_a 值被新的鸟窝所取代(在新的位置具有新的随机解)。对于一个最大化问题而言,解的质量及适应度可以简单地由目标函数来权衡,其他形式的适应度可以类比遗传算法的适应度函数。

CS 算法将局部随机过程和全局搜索随机过程结合,它们之间的转换由转换参数 p_a 来控制。下面分别给出局部随机过程和全局随机过程的描述。

1. *局部随机移动*

局部随机过程可以描述为

$$x_i^{(t+1)} = x_i^{(t)} + \alpha s \oplus H(p_a - \varepsilon) \otimes (x_j^t - x_k^t) \tag{54.5}$$

其中,x_j^t 和 x_k^t 为两个不同的随机序列;s 为步长;α 为步长比例因子;$\oplus$为点对点的乘法;$H(u)$为海维赛德函数;ε 为取自随机分布中的一个随机数。

2. *全局 Levy 飞行*

全局随机过程按 Levy 飞行过程描述为

$$x_i^{(t+1)} = x_i^{(t)} + \alpha L(s,\lambda) \tag{54.6}$$

$$L(s,\lambda) = \frac{\lambda \Gamma(\lambda) \sin(\pi\lambda/2)}{\pi} \frac{1}{s^{1+\lambda}} \quad s \gg s_0 > 0, \quad 1 < \lambda \leqslant 3 \tag{54.7}$$

其中,$x_i^{(t)}$ 为第 i 鸟窝在第 t 代的位置;L 为问题利害关系的特征范围,大多数情况下取 $\alpha = o(L/10)$,但取 $\alpha = o(L/100)$更加有效且避免飞行距离过远。s_0 为步长最小值。

式(54.6)实质上是一个随机过程的随机方程。一般情况下,一个随机过程就是一个马尔可夫链,它的下一个位置完全取决于当前位置及向下一个位置转移的可能性。

54.5 布谷鸟搜索算法的实现步骤及流程

布谷鸟搜索算法的实现步骤包括：初始化布谷鸟搜索算法参数；更新鸟窝位置；抛弃被巢主鸟发现概率较大的鸟窝位置；选出全局最优的鸟窝位置；判断终止条件。具体步骤如下。

(1) 随机产生 n 个鸟窝的初始位置 $\boldsymbol{p}_0=[x_1^{(0)},x_2^{(0)},\cdots,x_d^{(0)}]^{\mathrm{T}}$，并进行测试找出最优鸟窝的位置 $x_b^{(0)},b\in[1,2,\cdots,n]$和初始全局最优位置，保留到下一代。

(2) 利用式(54.5)和式(54.6)进行位置更新，并测试更新后的位置与上一代鸟窝比较，如果现有的鸟窝好于上一代鸟窝位置，则将其作为当前的最好位置。

(3) 生成服从正态分布的随机数 $r\in(0,1)$和布谷鸟的鸟蛋被巢主鸟发现的概率 $p_a=0.25$ 比较，如果 $r>p_a$，则对 $x_i^{(t+1)}$ 进行随机改变；否则鸟窝位置不变被保存下来。

(4) 再对上一步改变后得到的鸟窝进行测试，与上一代一组鸟窝位置进行对比，取对应测试值较好的鸟窝位置，并选出当代的全局最优位置 pb_t^*。

(5) 判断 $f(pb_t^*)$是否满足终止条件，如果满足，则 pb_t^* 为全局最优解 gb；否则返回步骤(2)。

基本布谷鸟搜索算法的流程如图 54.6 所示。

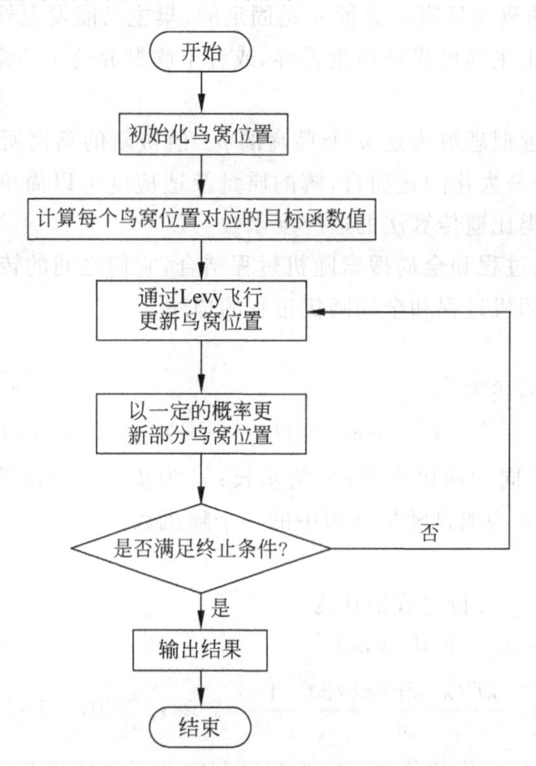

图 54.6 基本布谷鸟搜索算法的流程图

第55章 候鸟优化算法

候鸟迁徙过程中采用V字形飞行编队既可以节省能量消耗，又可避免相互碰撞。候鸟优化算法模拟候鸟的自然迁徙行为来实现对组合优化问题求解。该算法包括初始化、领飞鸟进化、跟飞鸟进化和领飞鸟替换4个阶段。该算法具有并行搜索特点，个体进化机制独特，每个个体不仅在其邻域内搜索较优的解，还可以利用前面个体产生的未使用的、较优的邻域解来更新个体。通过更新领飞鸟，增加算法的局部搜索能力。本章介绍候鸟V字形编队飞行的优化原理，以及候鸟优化算法的描述、实现步骤及流程等。

55.1 候鸟优化算法的提出

候鸟优化(Migrating Birds Optimization，MBO)算法是2012年由土耳其Duman等提出的一种新的邻域搜索算法。该算法模拟候鸟在迁徙过程中保持V字形飞行编队，以减少能量损耗的过程来实现优化。该算法首先被用于求解二次分配问题，获得了比模拟退火算法、禁忌搜索算法、遗传算法、散射搜索、粒子群优化、差分进化和指导进化的模拟退火算法更高质量的解。从对QAPLIB获得的许多基准问题进行测试，在大多数情况下，它能够获得最好解。目前已被成功应用于求解作业车间调度、二次分配问题、信用卡欺诈检测等问题。

55.2 候鸟V字形编队飞行的优化原理

鸟翼的形状称为翼型，如图55.1所示。当翼型通过空气移动时，气流在上表面的移动必须比翼的下部移动得更远。为了使得两股空气流同时到达翼的边缘，顶部气流必须更快。因此，上部的空气比在下部流动的空气具有较低的压力，该压力差可使翼获得升力。

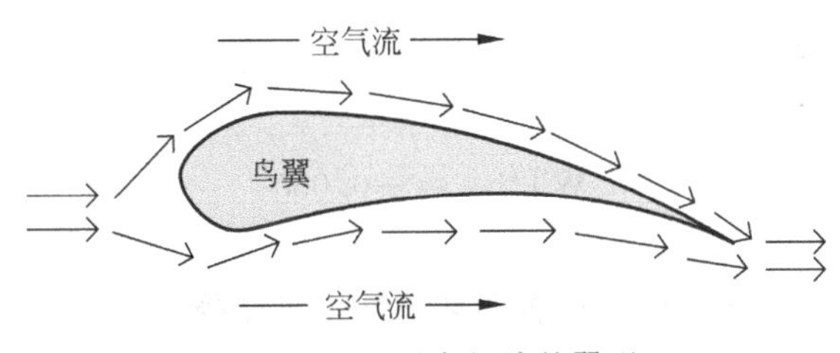

图55.1 一只鸟翅膀的翼型

对于一只单独的鸟，速度是实现升力的最重要因素。可以提高鸟翼通过空气的前进速度来提高升力。因为当速度较高时，应该以压力差时间除以较短的时间，从而实现更高的提升压力。产生这种提升动力所需的功率被称为诱导功率,它不同于通过空气抵抗表面摩擦移动鸟所需的外形功率。

鸟翼下方的高压空气围绕翼尖并向内跨过背侧翼表面流动。后者的流形成从后缘进入鸟尾翼的平面湍流空气流。该平面涡流板卷起成两个集中的管状涡流,分别从每个翼尖发出。在翼尖内侧微小的涡流,在翼的外侧产生大的上冲区域和更集中的下流区域,如图 55.2 所示。上冲区域有助于后续鸟的升力,从而降低其对诱导功率的要求。

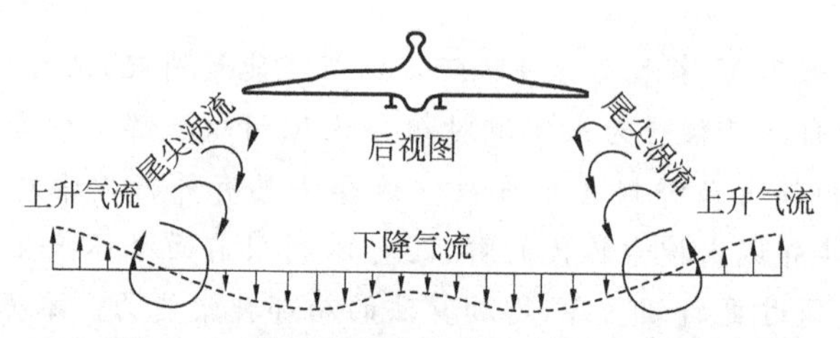

图 55.2 拖尾涡流产生的上流和下流区域

生物学家研究表明,候鸟迁徙过程中采用 V 字形编队飞行可以节省 70%左右的能量消耗。影响能量损耗的两个重要参数:一是相邻飞行两只鸟翼尖之间的横向距离(WTS);二是鸟群中每只鸟与前一只鸟翼尖间的纵向距离称为深度(depth),它决定了“V”字形的开度,如图 55.3 所示。

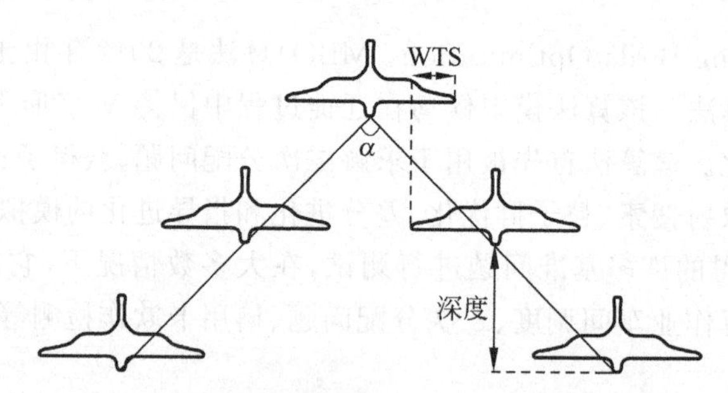

图 55.3 候鸟迁徙过程中的 V 字形编队飞行

鸟类使用 V 字形编队飞行,一是可能节省能量,二是鸟群之间的视觉关系及避免相互碰撞。生物学家对 V 字形编队飞行节能的研究表明,当鸟互相接近(一个较小的 WTS)和鸟类的数目增加将节省更多的能量。例如,25 只鸟一组比单只鸟将增加约 71%的飞行范围。这些结果从空气动力学理论获得,其中假设鸟为飞机的大小,仅假设 WTS 为正值,即不考虑重叠的情况。

生物学家对加拿大鹅的实验研究表明,当翼展宽度为 1.5m,而两只鹅的翼间重叠 16cm 时获得最大节能,获得最佳 WTS 为

$$\mathrm{WTS}_{\mathrm{opt}} = -0.05b \tag{55.1}$$

其中,b 为翼展。

除了 WTS,相邻飞行候鸟之间的位置距离节能也可能受到深度的影响。在固定翼后面的涡旋片在稳定的水平卷起来在翼的两个弦长(最大翼宽)内形成两个集中的涡流。因此,最佳深度可以表示为

$$D_{\mathrm{opt}} = 2w \tag{55.2}$$

其中,w 为翼的最大宽度。实际上,深度是由翼展、WTS 和角度 α 确定的。这提供了鸟之间

的舒适的视觉接触。如果鸟类有一个固定的跨宽比，那么，一旦跨度是已知的，可以计算深度。在这方面，它似乎不是一个独立的飞行参数。也许正因为如此，深度的影响不像 WTS 那么重要，大多数研究人员忽略了深度的影响。

在 V 字形编队中，领飞鸟是消耗最多能量的鸟。除了领飞鸟外，同样其他鸟也是节能的，节省更多是在中间部分的一只鸟。通常，假设当领飞鸟在飞行一段时间后疲劳时，它就到达编队的队尾，其后的一只鸟取代领头位置。

55.3　候鸟优化算法的描述

MBO 算法把鸟群中的每只鸟视为对应优化问题的一个解，鸟的进化过程就是执行一系列邻域搜索。算法从倒 V 字形排列鸟的许多初始解开始，其中领飞鸟对应第 1 个解，其余排在两边朝着行进尾部的是跟飞鸟。

进化过程中每只鸟(解)都在其邻域内进行搜索，并试图通过其邻域解来改进自己，因此，如果搜索到的邻域解优于当前解，则被那个解替换(对于 QAP 问题的实现，邻域解是通过任意两个位置的成对交换获得)。同时，较好的、未使用的邻域解存到某个集合中，以供给跟飞鸟进化时使用(这里的“未使用”意味着不用于替换现有解的邻域解)。

每只跟飞鸟通过其自身的邻域解，以及前面个体未使用的、较好的邻域解进化，若它们中最优的优于当前解，则当前解被最优的替换。

一旦所有解都通过邻域解得到改进(或试图改进)，直到所有的个体都完成进化。这样的过程经过几次巡回，更新领飞鸟。然后，第一个解就变为最后一个解，第二个解的之一变为第一个解。该算法开始循环，在多次迭代之后停止。

候鸟优化算法包括初始化、领飞鸟进化、跟飞鸟进化、领飞鸟替换 4 个阶段，分别描述如下。

(1) 初始化。初始化包括设置鸟群的数量及算法所需要的各种参数。

(2) 领飞鸟进化。在鸟群中首个个体称为领飞鸟，领飞鸟搜索自己的邻域解，并用其中最优个体替代自身。

(3) 跟飞鸟进化。除了领飞鸟外的其余个体称为跟飞鸟，跟飞鸟搜索自己的邻域解及排在自己前面的个体在上一次搜索过程中产生的未使用的较优邻域解，并在这些解中找到最优解来替换自身。

(4) 领飞鸟替换。鸟群的进化一直从 V 字形飞行编队的队头向 V 字形的两边进行到队尾。重复进化过程到达一定的巡回次数后，领飞鸟移动到队伍的队尾，在领飞鸟后面的鸟(左边或右边)成为新的领飞鸟。然后开始下一次搜索过程。重复上述步骤，直到满足终止准则为止。

55.4　候鸟优化算法的实现步骤及流程

MBO 算法的实现步骤分为初始化、领飞鸟进化、跟飞鸟进化和领飞鸟替换 4 个阶段。

初始鸟群的数量为 n；要考虑的邻居解的数目为 k；与下一个解共享的邻居解的数量为

x；巡回次数为 m；最大迭代次数为 K(算法中生成邻域解的总数)。

MBO 算法的伪代码描述如下。

```
1.  初始化种群,并对个体进行 V 字形编队,设置算法参数和终止条件;
2.  设置 i = 0;
3.  while (i < K)
4.    for (j = 0; j < m; j++)
5.        产生 k 个邻域解,更新领飞鸟;
6.        i = i + k;
7.        for (跟飞鸟进化完毕)
8.            对于每只跟飞鸟在自身(k - x)个邻域和排前个体 x 个未使用的较优邻域解中搜索最优
              解进行更新;
9.            i = i + (k - x)
10.       end for
11.   end for
12.   更新领飞鸟
13. end while
14. 输出最优解
```

候鸟优化算法的流程如图 55.4 所示。

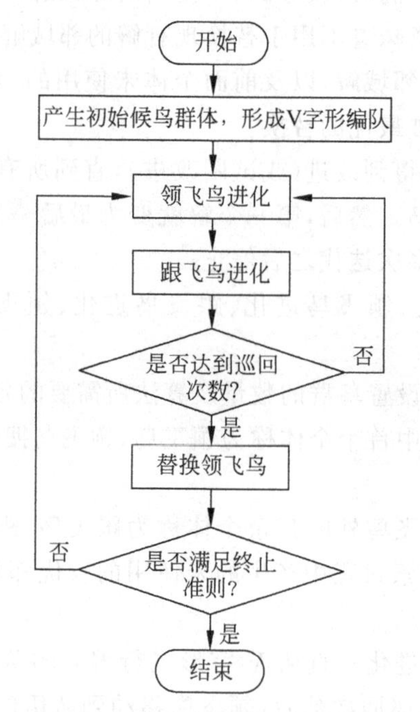

图 55.4　候鸟优化算法的流程图

55.5　候鸟优化算法的特点及参数分析

MBO 算法与鸟类迁徙过程有很大的相似之处：MBO 算法将解视为在 V 字形上排列的鸟；生成的邻居的数量 k 可以解释为所需的诱导功率,其与速度成反比；假设用更大的 k,鸟类以低速飞行时,勘探周围的过程更为细致；尊重鸟类之间的利益共享机制,通过在后面产生更少的相邻的解，使得它们有可能通过使用前面的解的邻居来减少疲劳和节省能量。

因为候鸟优化算法基于迁徙鸟V字形编队飞行优化原理，所以MBO算法与其他群智能算法相比具有以下特点。

(1) 并行搜索。并行解进化方式可以扩大搜索范围，更容易搜索到全局最优解。

(2) 个体进化机制是目前群智能算法中独特的，每个个体不仅在其邻域内搜索较优的解，还可以利用前面个体产生的未使用的、较优的邻域解来更新个体。这种进化机制使得种群中的个体不仅并行优化，个体之间还会分享较优的解，增加了算法的全局搜索能力。

(3) 在一定的巡回次数后，更新领飞鸟，每个个体都会在它的邻域内充分搜索，从而增加算法的局部搜索能力。

为了使MBO算法更好地执行，有必要确定一些参数的最佳值，包括鸟群的数量n、飞行速度k、WTS(x)和鸟翼的数量m。参数m可以认为是鸟翼的数量或需要的轮廓功率，可以假设因为每只鸟行进相同的距离，它们都花费相同的盈利能量。根据鸟的飞行常识，可以预期利用这些参数某些值的组合可以提高算法的性能。参数x被视为可寻求最优值的WTS，其最优值可以解释为翼尖的最佳重叠量。期望x较小的值可以预期执行得更好，因为最佳WTS显示为非常小的重叠量。k和m的适当取值可被认为是在外形和感应功率之间的折中。另一个参数是迭代极限K，为获得更好的解，需要取更高的K值，但花费更多的运行时间。

第 56 章　雁群优化算法

雁群优化算法根据雁群结队飞行理论的能量节省和视觉交流的两种假说，归纳和提出5条雁群飞行规则假设，即强壮假设、视野假设、全局假设、局部假设和简单假设。在此基础上，将雁群飞行规则和假设同标准粒子群优化算法相结合，并将一只雁视为一个粒子，从而改进了标准粒子群优化算法，使其变为一种新的雁群优化算法。本章介绍雁群结队飞行理论的能量节省和视觉交流的两种假说、雁群飞行规则及其假设，以及雁群优化算法的基本思想、数学描述、实现步骤及流程。

56.1　雁群优化算法的提出

雁群优化(Geese Swarm Optimization，GSO)算法是2013年由戴声奎、庄培显等提出的一种新的群智能优化算法。他们在分析雁群结队飞行的群体智能现象及借鉴前人的研究成果基础上，根据空气动力学原理，除头雁外，在每一只大雁飞行的过程中会产生涡流，后面相邻大雁正好处于此位置上，有利于节省后一只大雁的飞行体力，从而有助于整个群体的省力飞行，因此这种飞行方式会增加雁群的飞行距离。因此，认为能量节省假说更为合理。在此理论研究的基础上，归纳和提出雁群飞行的5条规则假设，构建出一个较为合理的雁群飞行理论框架，并将其同粒子群优化算法相结合，设计出雁群优化算法。

仿真结果表明，与粒子群的两种改进算法SPSO和GPSO相比较，GSO算法在收敛速度、收敛精度、算法的鲁棒性及优异比率等性能指标上都有明显提高。目前，GSO算法已用于图像分割、几何约束求解等问题。

56.2　雁群飞行规则及其假设

雁群“一”字形和“V”字形编队飞行是常见而又神奇的自然现象，如图56.1所示。从国内外学者对雁群编队飞行的智能现象研究成果来看，主要有能量节省和视觉交流两种假说。

1. 能量节省假说

在雁群“V”字形飞行的过程中，大雁在拍动翅膀时，尾部会引发涡旋，而这些气流的流动处于上升的方向，如果后面紧邻的大雁刚好处在这些气流中，则该大雁会节省很多体力，从而能飞行更远的距离。不相邻的大雁刚好处在上升的空气涡流中，此大雁将会受到向上的抬升力，不同角度下观察大雁飞行原理和不同风速下提升力示意图，如图56.2所示。

此假说是由德国的空气动力学家Wieselsberger首次提出的。此后Lissaman等利用空气动力学理论首次对雁群结队飞行进行一个模拟估算：在顺风条件下，一个由25只大雁组成的

(a) "一" 字形编队飞行　　(b) "V" 字形编队飞行

图 56.1　大雁"一"字形和"V"字形的编队飞行现象

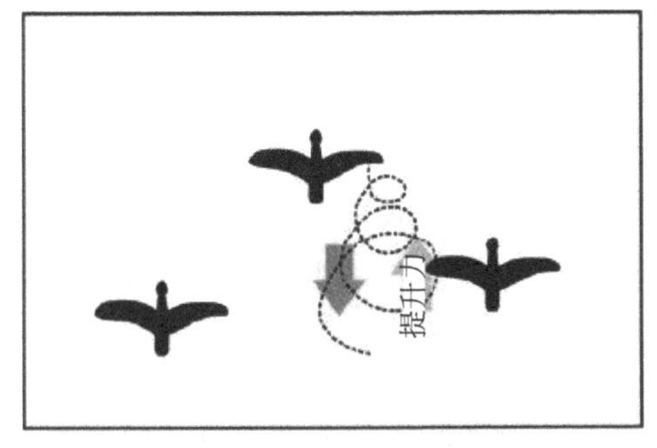

(a) 俯视观察大雁飞行图

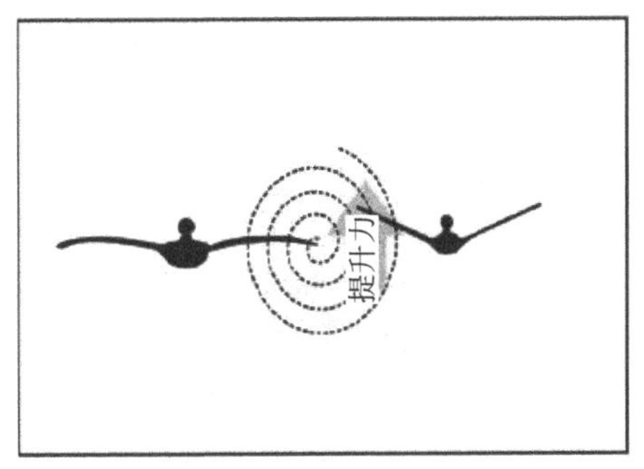

(b) 正视观察大雁飞行图

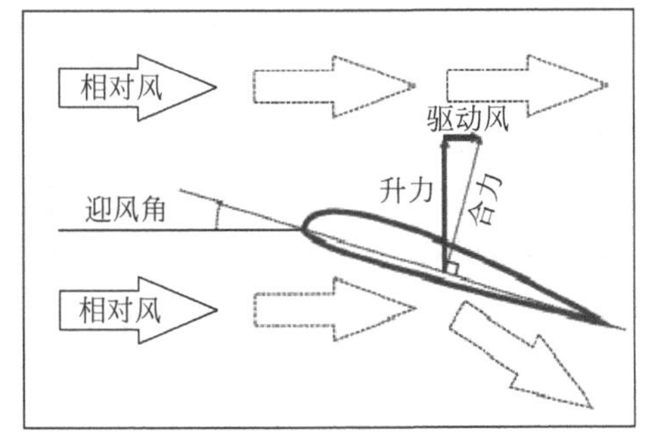

(c) 慢速风中大雁间提升力图

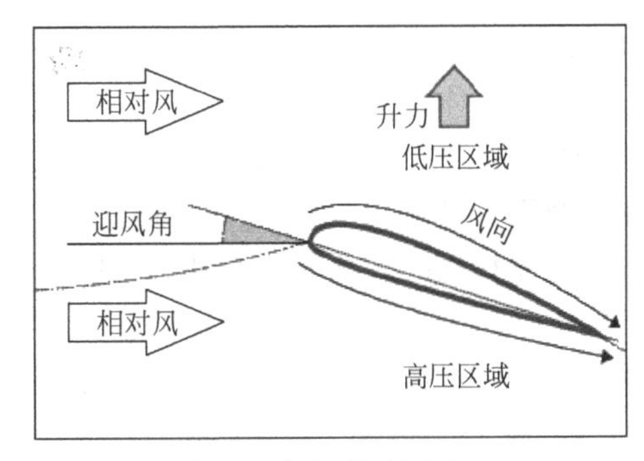

(d) 快速风中大雁间提升力图

图 56.2　雁群结队飞行原理示意图

雁群的协作飞行方式要比孤雁单独飞行时增加大约 70%的飞行距离，并且 V 字形的最佳省力夹角为 120°。但是，他们的估算模拟中采用简单的模型，假设这些大雁的翅膀与飞机的机翼相同，不考虑机翼和翅膀间的本质区别。然而，此后的理论研究表明，大雁结队飞行的能量节省率远小于此模拟估计值。

2. 视觉交流假说

雁群在长途飞行时有两件重要的事情：一是信息交流；二是躲避天敌的进攻。雁群编队飞行时采用一定的角度，使每一只大雁都能看见整个编队，从而能够更好地调整自己在队形中的位置，避免相互碰撞，又可以进行相互交流；同时通过叫声相互加油和鼓励，编队飞行有利于共同防御天敌的进攻，提高整体生存概率。因此每只大雁都可以获得雁群整体的经验信息，实现更高的群体合作效率，体现出雁群内信息交流和共享的重要性。虽然上述雁群假设都得到相关的研究和分析,但是对雁群智能飞行的理论还有待于进一步深入研究。

通过深入分析雁群结队飞行的现象和前人的研究成果,庄培显以雁群结队飞行的省力假说为核心思想并将此扩展,归纳和提出以下5条雁群飞行的规则假设。

(1) 强壮假设:大雁结队飞行时,从头雁到尾雁的强壮程度逐渐减小。

因为没有前面的空气涡流可以利用,所以雁群中最强壮的大雁作为头雁。其飞行强度最大,其他大雁产生涡流有利于后面紧邻大雁的省力飞行,因此雁群按照大雁的强壮程度进行排序飞行。当头雁疲劳时则退后到雁群的尾部,原来排在第二位的大雁此时在雁群中最强壮,所以由其充当头雁带领大家继续飞行,其后大雁相继都向前移动一位。

(2) 视野假设:大雁飞行时的视野有限,只能看见前方的部分大雁。

要借用前面大雁飞行时产生的空气涡流,大雁需要一直跟随在前一只大雁的斜后方,大雁飞行的"一"字形队伍实际上是一个斜阵。有研究表明,大雁的视野范围有128°,大雁结队飞行时可以看见整个队伍,飞行队伍的角度在20°~120°之间变化。但当前大雁为了利用涡流,只需要看见视野前方部分队伍即可。

(3) 全局假设:每只大雁飞行时根据视野前方内所有大雁的状态进行自身位置调整。

在雁群呈斜阵形飞行时,位置靠前的大雁对雁群队伍有引导作用。其余大雁都在其前方大雁的指引下,通过对自身状态调整来保持队形的完整性以便达到整体最优。这也是大雁综合利用视野前方大雁产生的涡流的综合效应,所以全局假设是视野假设的自然延伸。

(4) 局部假设:大雁根据前面最靠近自己的那只大雁的状态快速调整自己的位置。

当前大雁为了快速和有效地利用前面大雁产生的涡流,所以要根据前面大雁的状态快速调整自己的飞行位置,因为前面大雁产生的涡流最直接、最有效和最有利用价值。局部假设是全局假设的细节体现。

(5) 简单假设:大雁采用简单有效的方法调整自己的状态。

在雁群飞行过程中,除头雁外,其他所有大雁对自己位置的调整都是一个动态过程。根据以上符合群体智能的5条基本原则,假设大雁采用一种简单有效的方法,以便快速和实时地调整自己以达到一个局部最优或次优位置。分析可知,雁群中每只大雁都能感知到自身、群体状态(即群体全局极值)和前一大雁的状态(即个体极值)。

56.3 雁群优化算法的基本思想

由于粒子群优化算法在搜索后期会出现粒子多样性不足,使得算法容易陷入局部极值区域,导致算法的收敛精度较差。通过对雁群飞行时特性的分析和研究,刘金洋等提出基于雁群启示的粒子群优化算法(Geese Particle Swarm Optimization,GPSO),将雁群飞行原理应用到PSO算法。庄培显对此算法进行详细分析和研究,通过仿真验证GPSO算法在一定程度上提高了PSO算法的收敛精度和收敛速度等性能,减缓搜索后期粒子过早同一化的问题。但是发现GPSO算法还存在一些缺陷,仍具有进一步改进和提高的空间。

通过分析雁群结队飞行的群体智能现象及借鉴前人的研究成果,庄培显认为能量节省假说更为合理。根据空气动力学原理,除头雁外,在每一只大雁飞行的过程中会产生涡流,后面相邻大雁正好处于此位置上,有利于节省后一只大雁的飞行体力,从而有助于整个群体的省力飞行,因此这种飞行方式会增加雁群的飞行距离。在此理论研究的基础上,归纳和提出雁群飞行的5条规则假设，构建出一个较为合理的雁群理论框架，然后将雁群结队飞行特性中的基本原理应用到群体智能优化，提出了雁群优化算法。

雁群优化算法是应用雁群结队飞行理论对标准粒子群优化算法的一种改进的群智能优化算法。标准PSO算法在搜索最优解的后期，粒子会趋向于同一化，这种"同一化"限制了粒子的搜索范围。要想扩大搜索范围，就要增加粒子群的粒子数，或者减弱粒子对全局最优点的追逐。增加粒子个数将导致算法计算复杂度增高，而减弱粒子对全局最优点的追逐又将使算法不易收敛。雁群算法将全局极值变为排序后其前面那个较优粒子的个体极值，则所有粒子不止向一个方向飞去，这就避免了粒子趋向于同一化，保持了粒子的多样性，平衡了算法搜索速度和精度之间的矛盾。

56.4 雁群优化算法的数学描述

为方便起见，将雁群中的个体仍称为粒子。随机初始化一个雁群 M，其中第 i 粒子在 N 维空间中位置为 $X_i=(x_{i1},x_{i2},\cdots,x_{iN})$，速度为 $V_i=(v_{i1},v_{i2},\cdots,v_{iN})$，该粒子个体极值和全局极值分别表示为 $\text{pbest}_i=(p_{i1},p_{i2},\cdots,p_{iN})$ 和 $\text{gbest}_i=(\text{gbest}_1,\text{gbest}_2,\cdots,\text{gbest}_N)$。

首先，GSO算法根据强壮假设的原则将算法中的粒子在每次迭代过程中进行排序，以便得到按照粒子优异强度(即粒子适应度)统一排列的雁群队列；然后根据视野、全局和简单规则和假设来计算每一只大雁感受到的群体最优值(即有多个全局极值)。根据群体智能中的5条基本原则(相似性原则、品质性原则、多样性原则、稳定性原则及适应性原则)的启示，采用简单平均方法计算视野内大雁的个体极值作为当前大雁感受到的全局极值，即

$$\text{gbest}_i(k)=\frac{1}{i}\sum_{m=1}^{i}\text{pbest}_m(k) \tag{56.1}$$

然后，根据视野、局部和简单规则假设来调整大雁自己的个体最优值，同样采用一种简单方法更新自己的个体极值，直接采用前一只大雁的个体极值作为当前大雁的个体极值，即

$$\text{pbest}_i(k)=\text{pbest}_{i-1}(k) \tag{56.2}$$

根据以上雁群飞行规则的两点改进后，在GSO算法中第 i 粒子的速度更新公式为

$$\begin{aligned}V_i(k+1)=w(k)\cdot V_i(k)+c_1\cdot r_1\cdot(\text{gbest}_{i-1}(k)-X_i(k))+\\c_2\cdot r_2\cdot(\text{pbest}_i(k)-X_i(k))\end{aligned} \tag{56.3}$$

第 i 粒子的位置更新公式为

$$X_{id}(k+1)=X_{id}(k)+V_{id}(k+1) \tag{56.4}$$

其中，$w(k)$为第 k 次迭代时的惯性权重，在一定程度上平衡算法的全局和局部收敛能力；$V_{id}(k)$、$X_{id}(k)$分别为第 i 粒子在第 k 次迭代时的速度和位置；粒子维数 $d=1,2,\cdots,N$；r_1 和 r_2 为服从[0,1]均匀分布的随机数；c_1 和 c_2 为非负的加速度学习因子，分别用于调节向当前粒子的个体极值和全局极值方向上的最大移动步长。

权重系数 $w(k)$的更新公式为

$$w(k)=w_{\max}-\frac{(w_{\max}-w_{\min})}{\text{iter}_{\max}}\times\text{iter} \tag{56.5}$$

其中，$w_{\max}$ 和 $w_{\min}$ 分别为 w 的最大值和最小值；iter为当前迭代次数；$\text{iter}_{\max}$ 为最大迭代次数。w 在开始时较大，在较大范围中搜索解的大体位置，随着迭代次数增加，w 逐步减小，在

局部范围内搜索到精细的解,此方法均衡了粒子群优化算法的局部和全局搜索能力,在一定程度上提高了算法的搜索精度和收敛性能。

56.5 雁群优化算法的实现步骤及流程

雁群优化算法的具体实现步骤如下。

(1) 随机初始化一个雁群 M。每只雁的初始位置和初始速度及相关参数;将每只大雁的初始位置设置为其初始的个体极值;将雁群中个体极值中选择最好的个体极值作为初始群体的全局极值;选择算法参数并给定其初始值。

(2) 利用目标函数来计算所有大雁对应的函数适应度值。

(3) 按照大雁的强壮程度(粒子适应度高低)来排序雁群,并且选出最好适应度值的大雁作为头雁。

(4) 根据计算式(56.1)和式(56.2)分别更新雁群内的当前大雁的全局极值和个体极值,然后对其他大雁都进行相同操作。

(5) 根据式(56.3)和式(56.4)来更新当前大雁的速度和位置,然后对其他大雁都进行该操作。

(6) 判断是否满足终止条件(最大收敛次数或最小误差阈值),如果满足,则算法迭代结束;否则,转至步骤(2)进行下一次循环迭代。

雁群优化算法实现的流程如图 56.3 所示。

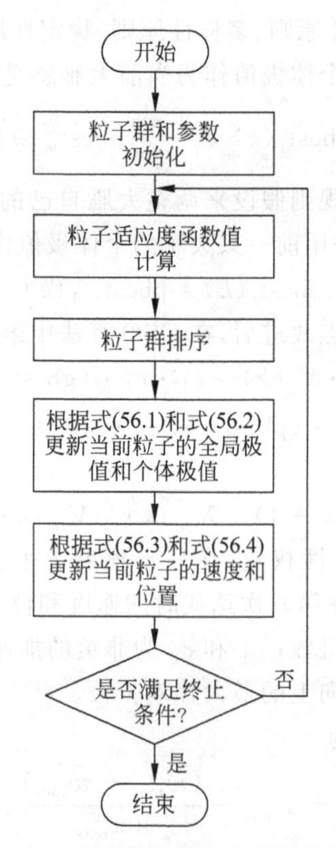

图 56.3 雁群优化算法实现的流程图

第57章 燕群优化算法

燕群优化算法是模拟燕子群体觅食行为的群智能优化算法。该算法将燕群在迁徙和觅食过程中的燕子分工为引领燕、探索燕和漫游燕3种角色。燕子个体之间在迁徙或觅食中不断地根据自身位置改变其角色,进行分工协作,并时刻掌握群体信息,最大限度地保证燕子尽可能快地找到食物源。本章首先介绍燕子的生活习性及觅食行为、燕群优化算法的优化原理,然后阐述燕群优化算法的数学描述、实现步骤、算法伪代码及算法流程。

57.1 燕群优化算法的提出

燕群优化(Swallow Swarm Optimization,SSO)算法是2013年由Neshat等基于对燕子群体觅食行为的模拟提出的一种新的群智能优化算法。该算法将燕群在迁徙和觅食过程中根据自己在群体中的位置分工分为引领燕、探索燕和漫游燕3种角色。燕子个体之间在迁徙或觅食时不断地根据自身位置改变其角色,进行分工协作,并时刻掌握群体信息,最大限度地保证燕子群体的整体优势。

通过19个基准测试函数测试并与PSO等算法对比结果表明,SSO算法在多模式、旋转和移位模式下函数优化均取得了良好的效果,具有收敛速度快、不会陷入局部最小值等优点。

57.2 燕子的生活习性及觅食行为

燕子是雀形目燕科74种鸟类的统称。燕子体形小,翅尖窄,凹尾短喙,足弱小,羽毛不算太多。羽衣呈单色,或有带金属光泽的蓝或绿色,大多数种类两性都很相似。

燕子细长而尖的流线型翅膀,不仅使其在高速飞行或滑翔中具有很高的机动性、灵活性和耐力,而且允许它们高效地飞行。燕子飞得很快,速度通常在30~40km/h,最高可达170km/h。燕子用出色的飞行技能来觅食和吸引配偶。

燕子消耗大量时间在空中捕捉蚊、蝇等害虫和昆虫,是人类的益鸟。在树洞或缝中营巢,或在沙岸上钻穴,或在城乡把泥黏在楼道、房顶、屋檐等的墙上或突出部上为巢。一般在4~7月繁殖,每次产3~7枚卵,繁殖结束后,幼鸟仍跟随成鸟活动,并逐渐集成大群。燕子是典型的迁徙鸟,在第一次寒潮到来前,从它们的故乡北方南迁越冬。图57.1是一只燕子,图57.2是飞行中的燕群。

燕子是非常聪明的鸟。在群体成员之间的互动中,它们会在不同的情况下使用不同的声音,用来表达警告、寻求帮助、邀请食物、准备繁殖,或者在捕食者进入时发出警报等,这些声音的种类比其他鸟类要多。

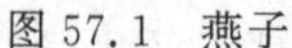

图 57.1 燕子

图 57.2 飞行中的燕群

57.3 燕群优化算法的优化原理

燕子是一种有高级智慧的动物,为了躲避严寒,它们每年秋季会向南方迁徙过冬,到了春季,它们又返回北方生活。燕子在迁徙的过程中,为了有效躲避天敌、高效捕食猎物,快速达到目标地,燕子会以群体的形式一起迁徙。

燕群在作为一个群体存在的同时,其内部还划分为更小的群落,这样有明确的分工,有利于燕子各司其职,使整个群体高效运转。在燕群优化算法中,燕子在开始阶段根据自己在群体中的位置优劣分为3种不同的角色:引领燕、探索燕和漫游燕。

引领燕是处于燕群中位置比较优的燕子,它们负责控制整个群体的飞行方向,其中处于最优位置的燕子为当前群体的最优燕子,处于较优位置的燕子为自己所在群落的最优燕子。

探索燕是处于燕群中次要位置的燕子,它们的主要任务是在根据当前群体最优个体位置及群落的最优位置探索自己周边区域是否存在更优位置,它们会根据群体及群落的最优位置动态地调整速度以向最优位置靠近,在飞行的过程中,它们与漫游燕动态地交换信息。

漫游燕是当前群体中较差的一部分燕子,它们根据自己当前位置及飞行状态随机地调整飞行状态,如果它们在飞行过程中发现更优的位置,它会将自己的位置信息告诉离自己最近的探索燕,然后自己继续保持飞行。

燕子个体在每个时刻都会根据当时自己在群体中位置优劣不断地变更自己的角色,分工协作,使燕群整体向着食物源的位置靠近,最终寻找到食物源。上述思想就是燕群优化算法实现对函数优化问题求解的基本原理。

57.4 燕群优化算法的数学描述

为了模拟自然界真实燕子的群体行为,在燕群算法中,将一个大的燕群分成若干子群(称为群落)。将燕子个体又分为探索燕、漫游燕及引领燕3种类型,如图57.3所示。

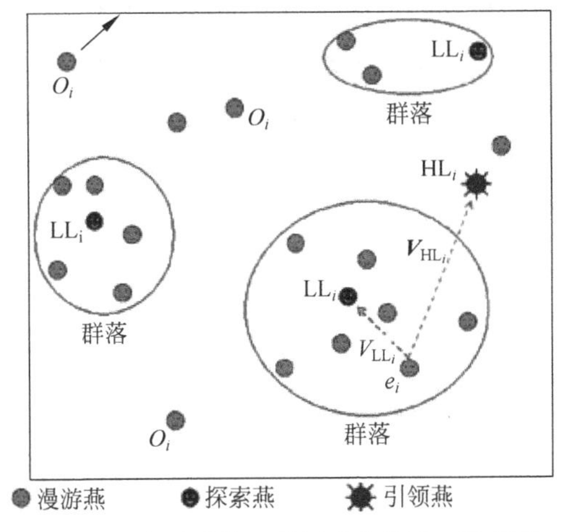

图 57.3 燕子种类以及探索燕的运动示意图

1. 探索燕

探索燕(e_i)的主要任务是负责在当前飞行空间进行探索,如果它探索到群体中当前最优位置,那么它就担当群体的引领燕(HL_i),当前位置对应的速度为 $\boldsymbol{V}_{HL_i}$;如果它在探索到自己所在群落的最优位置,那么它就是当前群落的引领燕(LL_i),当前对应位置的速度为 $\boldsymbol{V}_{LL_i}$。随着时间的推移,它们的速度和位置会按照下式进行变化:

$$\boldsymbol{V}_{HL_{i+1}}=\boldsymbol{V}_{HL_i}+\alpha_{HL}\text{rand}()(e_{best}-e_i)+\beta_{HL}\text{rand}()(HL_i-e_i) \tag{57.1}$$

其中,α_{HL}、β_{HL} 分别为

$$\alpha_{HL}=\{\text{if}(e_i=0 \parallel e_{best}=0)\rightarrow 1.5\} \tag{57.2}$$

$$\alpha_{HL}=\begin{cases}\text{if}(e_i<e_{best})\&\&(e_i<HL_i)\rightarrow \dfrac{\text{rand}()\cdot e_i}{e_i\cdot e_{best}}, & e_i\cdot e_{best}\neq 0\\ \text{if}(e_i<e_{best})\&\&(e_i>HL_i)\rightarrow \dfrac{2\text{rand}()\cdot e_{best}}{1/(2e_i)}, & e_i\neq 0\\ \text{if}(e_i>e_{best})\rightarrow \dfrac{e_{best}}{1/(2\text{rand}())}\end{cases} \tag{57.3}$$

$$\beta_{HL}=\{\text{if}(e_i=0 \parallel e_{best}=0)\rightarrow 1.5\} \tag{57.4}$$

$$\beta_{HL}=\begin{cases}\text{if}(e_i<e_{best})\&\&(e_i<HL_i)\rightarrow \dfrac{\text{rand}()\cdot e_i}{e_i\cdot HL_i}, & e_i,HL_i\neq 0\\ \text{if}(e_i<e_{best})\&\&(e_i>HL_i)\rightarrow \dfrac{2\text{rand}()\cdot HL_i}{1/(2e_i)}, & e_i\neq 0\\ \text{if}(e_i>e_{best})\rightarrow \dfrac{HL_i}{1/(2\text{rand}())}\end{cases} \tag{57.5}$$

其中,$\boldsymbol{V}_{HL_i}$ 为探索燕的速度向量,它对探索燕的行为具有重要影响;e_i 为探索燕在搜索空间的当前位置;e_{best} 是从开始到现在燕子记住的最佳位置;HL_i 为引领燕在群体中当前的最佳位置;α_{HL} 和 β_{HL} 为自适应控制加速度系数,这两个参数在燕子运动过程中会根据位置发生变化。

如果粒子是一个最小点(最小化问题),燕子的位置比 e_{best} 和 HL_i 处于更好的位置,则应考虑该粒子位置成为全局最优位置的可能性,并且控制系数估计会减小以使粒子运动降至最低。如果燕子的位置处于比 e_{best} 更好,但要比 HL_i 更糟,则它应以平均量向 HL_i 移动。如果粒子的位置比 e_{best} 差,那么它也比 HL_i 差,所以它可以向 HL_i 移动更大的量。速度向量 $\boldsymbol{V}_{\text{LL}_i}$ 影响这一运动描述如下:

$$\boldsymbol{V}_{\text{LL}_{i+1}} = \boldsymbol{V}_{\text{LL}_i} + \alpha_{\text{LL}} \text{rand}()(e_{\text{best}} - e_i) + \beta_{\text{LL}} \text{rand}()(\text{LL}_i - e_i) \tag{57.6}$$

其中,α_{LL}、β_{LL} 分别为

$$\alpha_{\text{LL}} = \{\text{if}(e_i = 0 \parallel e_{\text{best}} = 0) \rightarrow 2\} \tag{57.7}$$

$$\alpha_{\text{LL}} = \begin{cases} \text{if}(e_i < e_{\text{best}}) \&\& (e_i < \text{LL}_i) \rightarrow \dfrac{\text{rand}() \cdot e_i}{e_i \cdot e_{\text{best}}}, & e_i, e_{\text{best}} \neq 0 \\ \text{if}(e_i < e_{\text{best}}) \&\& (e_i > \text{LL}_i) \rightarrow \dfrac{2\text{rand}() \cdot \text{LL}_i}{1/(2e_i)}, & e_i \neq 0 \\ \text{if}(e_i > e_{\text{best}}) \rightarrow \dfrac{\text{LL}_i}{1/(2\text{rand}())} \end{cases} \tag{57.8}$$

$$\beta_{\text{LL}} = \{\text{if}(e_i = 0 \parallel e_{\text{best}} = 0) \rightarrow 2\} \tag{57.9}$$

$$\beta_{\text{LL}} = \begin{cases} \text{if}(e_i < e_{\text{best}}) \&\& (e_i < \text{LL}_i) \rightarrow \dfrac{\text{rand}() \cdot e_i}{e_i \cdot \text{LL}_i} & e_i, \text{LL}_i \neq 0 \\ \text{if}(e_i < e_{\text{best}}) \&\& (e_i > \text{LL}_i) \rightarrow \dfrac{2\text{rand}() \cdot \text{LL}_i}{1/(2e_i)} & e_i \neq 0 \\ \text{if}(e_i > e_{\text{best}}) \rightarrow \dfrac{\text{LL}_i}{1/(2\text{rand}())} \end{cases} \tag{57.10}$$

$$\boldsymbol{V}_{i+1} = \boldsymbol{V}_{\text{HL}_{i+1}} + \boldsymbol{V}_{\text{LL}_{i+1}} \tag{57.11}$$

$$e_{i+1} = e_i + \boldsymbol{V}_{i+1} \tag{57.12}$$

每只燕子 e_i 利用最接近的燕子LL_i 来计算 $\boldsymbol{V}_{\text{LL}_i}$ 的向量。

2. 漫游燕子

漫游燕(o_i)在初始阶段处于群体较差的位置,它们的职责是探索性和随机搜索,可以漫无目的地来回飞翔,监视各个群落中个体状况。如果在漫游过程中发现了一个当前群落中最优的位置,它立即将自己所在的位置信息告诉最近的探索燕个体 e_i,自己继续漫游状态,漫游个体处于自主状态,漫游个体按照下式更新自身的位置如下:

$$o_{i+1} = o_i + \left[\text{rand}(\{-1,1\}) \cdot \frac{\text{rand}(\min_s, \max_s)}{1 + \text{rand}()}\right] \tag{57.13}$$

3. 引领燕

引领燕(l_i)在初始阶段处于群体的一个较好位置,靠近食物和一个休息的地方,它们主要负责领导整个群体飞行方向。处于整个群体最前面位置的是群体引领燕,它负责带领整个群体向最优目标地飞行;处于群落位置最前面的位置的是群落引领燕,它负责带领本群落个体向最佳目标飞行。

燕子个体虽然在燕群中有明确的分工,但是燕子个体在迁徙的过程中会不间断地进行信息交换,并且根据自己在群体中的位置不断调整角色,使它们尽可能快地到达目的地。

57.5　燕群优化算法的实现步骤及伪代码

燕群优化算法的主要步骤如下。

(1) 初始化燕群，随机确定每只燕子的速度、位移，设置最大迭代次数等参数。

(2) 检查是否达到最大迭代次数，如果是，转步骤(6)；否则，转步骤(3)。

(3) 根据目标函数值，确定燕群中最优个体 e_i 为群体的引领燕 HL，将排名为 $m-1$ 的个体确定为群落的引领燕LL_i，将排名最后的 b 个体作为漫游燕 o_i，其他个体作为探索燕。

(4) 分别按照探索燕速度、位移公式更新每只燕子对应的速度、位移信息，根据目标函数值调整群体引领燕信息，并依次调整每个群落的引领燕信息。

(5) 计算每个漫游燕目标函数值 $f(o_i)$，如果 $f(o_i)<f(LL_i)$，即当前的漫游燕优于当前群落的最优个体LL_i，将距离当前漫游燕最近的探索燕位置更新为当前漫游燕；当 $f(o_i)<f(HL_i)$时，即当前群落最优位置处于群体最优位置，当前的LL_i 同时担当群体最优位置HL_i，转步骤(2)。

(6) 算法停止，输出最优解。

燕群优化算法的伪码描述如下。

```
1.  初始化种群(随机生成所有粒子 e_i)
2.  Iter = 1
3.  While(iter < max_iter)
4.  for 每个粒子(e_i)计算 f(e_i)
5.  将 f(e_1,e_2,…,e_n)从最小到最大排序
6.  所有粒子 e_i =  f(e_i)
7.  HL = e_min
8.  for(j = 2 至 j < m)LL_i = e_j
9.  for(j = 1 至 j < b)o_j = e_{n-j+1}
10. i = 1
11. While(k < iter)
12. While(j < n)
13. if(e_best > e_i)e_best = e_i
14. While(i < N)
15. 搜索 (最近的 LL_i 到 e_i)
16. α_HL = {if(e_i = 0 ‖ e_best = 0)→1.5}
17. 利用式(57.3)计算 α_HL
18. β_HL = {if(e_i = 0 ‖ e_best = 0)→1.5}
19. 利用式(57.5)计算 β_HL
20. V_{HL_{i+1}} = V_{HL_i} + α_HL rand()(e_best - e_i) + β_HL rand()(HL_i - e_i)
21. α_LL = {if(e_i = 0 ‖ e_best = 0)→2}
22. 利用式(57.8)计算 α_HL
23. β_LL = {if(e_i = 0 ‖ e_best = 0)→2}
24. 利用式(57.10)计算 β_LL
25. V_{LL_{i+1}} = V_{LL_i} + α_LL rand()(e_best - e_i) + β_LL rand()(LL_i - e_i)
26. V_{i+1} = V_{HL_{i+1}} + V_{LL_{i+1}}
```

```
27. e_{i+1} = e_i + V_{i+1}
28. 利用式(57.13)计算 o_{i+1}
29. if(f(o_{i+1}) > f(HL_i))e_nearest = O_{i+1} → go to 30
30. While (k_o ≤ b)
31. While (l ≤ n_l)
32. if(f(o_{k_o}) > f(LL_i))
33. e_nearest = O_{i+1}
34. Loop//i < N
35. Loop//iter < max_iter
36. End
```

第 58 章　麻雀搜索算法

麻雀搜索算法是一种模拟麻雀觅食行为和反捕食行为的群智能优化算法。麻雀喜欢群居，麻雀非常聪明，有很强的记忆力。麻雀通常可以采用“发现者”和“共享者”这两种行为策略进行觅食。在捕食和反捕食群体活动中，麻雀能够用叫声交流信息。本章首先介绍麻雀的生活习性、麻雀搜索算法的优化原理、麻雀搜索算法中的假设规则，然后阐述麻雀搜索算法的数学描述、算法的伪代码实现。

58.1　麻雀搜索算法的提出

麻雀搜索算法(Sparrow Search Algorithm，SSA)是 2020 年由 Jiankai Xue 和 Bo Shen 受麻雀群体智慧、觅食和反捕食行为的启发而提出的一种新的群智能优化算法。

通过 19 个基准函数测试 SSA 的性能，并与灰狼优化算法(GWO)、重力搜索算法(GSA)、粒子群优化算法(PSO)等算法进行性能比较，结果表明 SSA 在精度、收敛速度、稳定性和鲁棒性等方面均优于 GWO 算法、PSO 算法和 GSA 算法。通过两个工程实例也验证了该算法的有效性。

58.2　麻雀的生活习性

麻雀(Sparrow)是雀科、麻雀属的小型鸟类，通常是群居，种类繁多，常见的有树麻雀、家麻雀和山麻雀。树麻雀是最常见的麻雀，通称麻雀。如图 58.1 所示，麻雀体长 13～15cm，上体呈棕、黑色的斑杂状，嘴短粗、强壮，呈圆锥状，嘴峰稍曲。麻雀的适应性好，飞行能力强。即使在地面，麻雀通常是双脚跳跃前进。

图 58.1　树麻雀、家麻雀和山麻雀的照片

麻雀是一种非常容易接近人的鸟类，胆子很大。无论是树麻雀还是家麻雀，它们主要在人类的居住地附近觅食，以谷粒、草子、种子、果实等植物性食物为食。它们的栖息地大都远离人

类的居住地。为了自身的安全,麻雀通常会选择田野里比较隐秘的草丛或者是小树上筑巢。繁殖期间也吃大量昆虫,特别是雏鸟,几乎全以昆虫和昆虫幼虫为食。

树麻雀是世界分布广、数量多和最为常见的一种小鸟。树麻雀一般均为地方性留鸟,一年四季均为集群活动。麻雀的繁殖能力很强,基本上一年三季都在繁殖时期,一般产卵的数量在6个左右。每年大概能繁殖两窝幼鸟。雏鸟刚出生时都是靠成年麻雀出去觅食喂养它,要半个月以后才能够自己觅食。成年麻雀的寿命通常在7～8年,个别麻雀可以活到10年。

58.3 麻雀搜索算法的优化原理

麻雀是常见的留鸟,而且非常喜欢群居。麻雀除了繁殖期和育雏期外,秋季时容易形成成百上千的大群体,而在冬季时它们则多是十几只或几十只聚集起来的小群体。

麻雀非常聪明,有很强的记忆力。有研究表明,麻雀中有两种不同类型的麻雀——发现者和共享者。发现者在种群中负责寻找食物并为整个麻雀种群提供觅食区域和方向,而共享者则是利用发现者来获取食物。此外,鸟类通常可以灵活地使用这些行为策略,也就是能够在发现者和共享者这两种个体行为之间进行转换。由此可知,为了获得食物,麻雀通常可以采用发现者和共享者这两种行为策略进行觅食。

研究还发现,种群中个体会监视群体中其他个体的行为,并且该种群中的攻击者会与高摄取量的同伴争夺食物资源,以提高自己的捕食率。在麻雀种群中选择不同的觅食行为与能量储备是密不可分的。此外,处在种群外围的鸟更容易受到捕食者的攻击,因此这些外围的麻雀要不断地调整位置以获得更好的位置。与此同时,处在种群中心的动物会去接近它们相邻的同伴,这样就可以尽量减少它们的危险区域。

麻雀的警惕性非常高,它们会时刻观察周围环境的变化。当群体中有麻雀发现周围有捕食者时,此时群体中的一个或多个个体会发出啁啾声,一旦发出这样的声音整个种群就会立即躲避危险,进而飞到其他安全区域进行觅食。

作为群居的智慧鸟类,麻雀在捕食和反捕食群体活动中,能够用叫声交流信息,相互协作,麻雀群体智慧体现着一种优化机制。麻雀搜索算法就是模拟麻雀群体智慧、觅食和反捕食行为,实现对优化问题求解。

58.4 麻雀搜索算法中的假设规则

为了使算法数学描述更加简洁,将麻雀的某些行为理想化,特制定如下假设规则。

(1) 发现者通常拥有较高的能源储备并且在整个种群中负责搜索到具有丰富食物的区域,为所有共享者提供觅食的区域和方向。在模型建立过程中,能量储备的高低取决于麻雀个体所对应的适应度的好坏。

(2) 一旦麻雀发现了捕食者,个体开始发出鸣叫作为报警信号。当报警值大于安全值时,发现者会将共享者带到其他安全区域进行觅食。

(3) 发现者和共享者的身份是动态变化的。只要能够寻找到更好的食物来源,每只麻雀都可以成为发现者,但是发现者和共享者所占整个种群数量的比重是不变的。也就是说,若有一只麻雀变成发现者,则必然有另一只麻雀变成共享者。

(4) 共享者的能量越低,它们在整个种群中所处的觅食位置就越差。一些饥肠辘辘的共享者更有可能飞往其他地方觅食,以获得更多的能量。

(5) 在觅食过程中,共享者总是能够搜索到提供最好食物的发现者,然后从最好的食物中获取食物或者在该发现者周围觅食。与此同时,一些共享者为了增加自己的捕食率可能会不断地监控发现者进而争夺食物资源。

(6) 当意识到危险时,群体边缘的麻雀会迅速向安全区域移动,以获得更好的位置,位于种群中间的麻雀则会随机走动,以靠近其他麻雀。

58.5　麻雀搜索算法的数学描述

1. 麻雀种群的表示

由 n 只麻雀组成的种群可用矩阵形式表示如下:

$$\boldsymbol{X}=\begin{bmatrix} x_{1,1} & x_{1,2} & \cdots & x_{1,d} \\ x_{2,1} & x_{2,2} & \cdots & x_{2,d} \\ \vdots & \vdots & & \vdots \\ x_{n,1} & x_{n,2} & \cdots & x_{n,d} \end{bmatrix} \tag{58.1}$$

其中,d 为待优化问题变量的维数;n 为麻雀的数量。所有麻雀的适应度值可以表示如下:

$$\boldsymbol{F}_X=\begin{bmatrix} f(x_{1,1} & x_{1,2} & \cdots & x_{1,d}) \\ f(x_{1,1} & x_{1,2} & \cdots & x_{1,d}) \\ \vdots & \vdots & & \vdots \\ f(x_{1,1} & x_{1,2} & \cdots & x_{1,d}) \end{bmatrix} \tag{58.2}$$

其中,$\boldsymbol{F}_X$ 为表示适应度矩阵;f 表示适应度值。

2. 发现者位置更新

在 SSA 中,具有较好适应度值的发现者在搜索过程中会优先获取食物。发现者负责为整个麻雀种群寻找食物并为所有共享者提供觅食的方向。因此,发现者可以获得比共享者更大的觅食搜索范围。根据 58.4 节中假设规则(1)和规则(2),在每次迭代的过程中,发现者的位置更新描述如下:

$$x_{i,j}^{t+1}=\begin{cases} x_{i,j}^{t}\cdot\exp\left(\dfrac{-i}{\alpha\cdot\text{iter}_{\max}}\right) & R_2<\text{ST} \\ x_{i,j}^{t}+Q\cdot L & R_2\geqslant\text{ST} \end{cases} \tag{58.3}$$

其中,$x_{i,j}$ 为第 i 麻雀在第 j 维中的位置信息;$j=1,2,\cdots,d$;t 为当前迭代数;$\text{iter}_{\max}$ 为最大的迭代次数;$\alpha\in(0,1]$为一个随机数;$R_2\in[0,1]$和 $R_2\in[0.5,1]$分别为预警值和安全值;Q 为服从正态分布的随机数;$\boldsymbol{L}$ 为一个 $1\times d$ 的矩阵,其中该矩阵内每个元素全部为 1。

当 $R_2<\text{ST}$ 时,这意味着此时的觅食环境周围没有捕食者,发现者可以执行广泛的搜索操作。如果 $R_2\geqslant\text{ST}$,这表示种群中的一些麻雀已经发现了捕食者并向种群中其他麻雀发出警报,此时所有麻雀都需要迅速飞到其他安全的地方进行觅食。

3. 共享者位置更新

对于共享者,它们需要执行假设规则(4)和规则(5)。如前所述,在觅食过程中,一些共享者会时刻监视发现者。一旦它们察觉到发现者已经找到了更好的食物,它们会立即离开现在的位置去争夺食物。如果它们赢了,它们可以立即获得该发现者的食物,否则需要继续执行假设规则(5)。共享者的位置更新如下:

$$x_{i,j}^{t+1}=\begin{cases}Q\cdot\exp\left(\dfrac{x_{\text{worst}}^{t}-x_{i,j}^{t}}{i^{2}}\right) & i>\dfrac{n}{2}\\ x_{p}^{t+1}+\left|x_{i,j}^{t}-x_{p}^{t+1}\right|\cdot\boldsymbol{A}^{+}\cdot L & i\leqslant\dfrac{n}{2}\end{cases}\tag{58.4}$$

其中,x_p 是目前发现者所占据的最优位置;x_{worst} 为当前全局最差的位置;$\boldsymbol{A}$ 为一个 $1\times d$ 的矩阵,其中每个元素随机赋值为 1 或 −1,并且 $\boldsymbol{A}^{+}=\boldsymbol{A}^{\mathrm{T}}(\boldsymbol{A}\boldsymbol{A}^{\mathrm{T}})^{-1}$。当 $i>n/2$ 时,这表明,适应度值较低的第 i 共享者没有获得食物,处于十分饥饿的状态,此时需要飞往其他地方觅食,以获得更多的能量。

在模拟实验中,假设这些意识到危险的麻雀占总数量的 10%~20%。这些麻雀的初始位置是在种群中随机产生的。根据假设规则(6),其数学表达式如下:

$$x_{i,j}^{t+1}=\begin{cases}x_{\text{best}}^{t}+\beta\cdot|x_{i,j}^{t}-x_{\text{best}}^{t}| & f_i>f_g\\ x_{i,j}^{t}+K\cdot\left(\dfrac{|x_{i,j}^{t}-x_{\text{worst}}^{t}|}{(f_i-f_w)+\varepsilon}\right) & f_i=f_g\end{cases}\tag{58.5}$$

其中,x_{best} 为当前的全局最优位置;β 为步长控制参数,是服从均值为 0 且方差为 1 的正态分布的随机数;$K\in[-1,1]$为一个随机数;f_i 为当前麻雀个体的适应度值;f_g 和 f_w 分别为当前全局最佳和最差的适应度值;ε 是小的常数,以避免分母出现零。

为简单起见,当 $f_i>f_g$ 时表示此时的麻雀正处于种群的边缘,极其容易受到捕食者的攻击。x_{best} 表示麻雀种群的中心位置,它的周围也是十分安全的。$f_i=f_g$ 时表示处于种群中间的麻雀意识到了危险,需要靠近其他麻雀以此尽量减少它们被捕食的风险。K 表示麻雀移动的方向,同时也是步长控制参数。

58.6 麻雀搜索算法的伪代码实现

麻雀搜索算法的伪代码描述如下。

```
输入:
G: 最大迭代次数
PD: 发现者麻雀的数量
SD:感知到危险的麻雀数量
R2: 告警值
n: 麻雀的数量
初始化 n 只麻雀的种群并定义其有关参数.
输出: x_best, f_g
1:  while (t<G)
2:  按适合度值进行排序,找出当前最佳个体和当前最差个体.
3:  R_2 = rand(1)
4:  for i = 1: PD
5:       利用式(58.3)更新麻雀的位置;
6:  end for
```

```
7:  for i = (PD + 1): n
8:      利用式(58.4)更新麻雀的位置;
9:  end for
10: for i = 1: SD
11:     利用式(58.5)更新麻雀的位置;
12: end for
13: 获取当前的新位置;
14: 如果新位置比以前好,用新位置更新它;
15: t = t + 1
16: end while
17: 返回 x_best, f_g.
```

第59章　鸽群优化算法

鸽群优化算法是一种模拟鸽子归巢行为的导航机制的新型群体智能优化算法。大量研究结果表明，鸽子距离目标较远时利用地磁场导航，距离目标较近时利用地标导航。该算法通过建立地图和指南针算子、地标算子来模拟鸽子在寻找目标的不同阶段使用不同导航工具的寻优机制。本章首先介绍鸽子自主归巢行为的导航机制，然后阐述鸽群优化算法的数学描述、实现步骤及算法流程。

59.1　鸽群优化算法的提出

鸽群优化(Pigeon-Inspired Optimization，PIO)算法是2014年由段海滨等提出的一种基于鸽子归巢行为的新型群体智能优化算法。该算法通过建立地图和指南针算子模型、地标算子模型来模仿鸽子在寻找目标的不同阶段使用不同导航工具的固有机制，从而实现对函数优化问题的求解。由于该算法具有原理简单、调整参数少、易于实现等优点，已在无人机编队、控制参数优化、图像处理以及生命科学等多个领域获得应用。

59.2　鸽子自主归巢导航的优化原理

在久远的时代人们就知道鸽子有归巢的能力，之后不久鸽子就被用作通信工具。这种鸽子就是我们所熟知的信鸽，如图59.1所示；归巢中的鸽群如图59.2所示。鸽子究竟是如何做到远距离条件下的准确归巢，在很长的一段时间里都是未解之谜，吸引了很多研究者去探寻。相关的研究成果多次发表在包括*Nature*、*Science*等顶级学术刊物上。研究结果表明，影响鸽群归巢的关键因素分为3类：一是太阳，二是地磁场，三是地形地标。

图59.1　信鸽

图59.2　归巢中的鸽群

1．太阳对鸽子归巢的影响

美国 Keeton 做了一个有趣的实验，将磁铁安置在飞行娴熟的鸽子的背后，选了一个阴沉的天气，在一个离目的地 27～50km 的位置将鸽子放飞，最终实验表明鸽子也会失去方向，而在晴天做同样的实验时，就不会出现这样的情况。英国学者 Whiten 同样认为，太阳是鸽子巡航中一个至关重要的要素。德国 Wiltschko 和他的学生通过实验得出结论：鸽子在归巢的过程中，它的导航能力会因为太阳的高度改变而改变，是将来自太阳而确定的方向信息与地磁感知的信息结合起来，一起完成导航。

2．地磁场对鸽子导航的影响

美国 Schiffne 等经过验证表明，有规律的地磁场不但能够引导鸽子的起始的飞行，还在鸽子飞行过程中表现出极大的影响。奥地利 Ioall 等将 Helmholtz 线圈安置在鸽子的脖子和头部，然后发出 14Hz 频率的磁场进行干扰，这个实验表明，磁场振荡为长方形的时候，鸽子飞行的起始方向都会受到严重的干扰，形状为三角形或者正弦形的时候，就不会有干扰发生。德国 Vislberghi 等发现，地磁场对鸽子回到起始的地方起到重要的作用。英国 Wiltschko 等经过多次实验表明，在鸽子的上喙结构处有一种磁感应的结构，经过实验发现此种结构在鸽子飞行的过程中有着非凡的意义。美国 More 等和他的学生就磁场对鸽子的飞行所产生影响进行了深入的研究，发现磁场的信号是通过鸽子鼻子从三叉神经传输到头部的。

3．地形地标对鸽子导航的影响

澳大利亚 Breithwaite 等认为，通常鸽子没有把眼睛作为飞行的重要工具之一，实验表明，相像的环境会给鸽子的归巢飞行产生影响。美国 Bire 等在释放鸽子的时候，假如给鸽子 6min 用于观察所释放位置的地貌情况，就能够促进鸽子回到释放位置的过程。荷兰 DellAricce 等在实验中发现，放飞鸽子前，增加鸽子在起始位置等待的时间，可以加快鸽子的归巢速度和减少鸽子的归巢时间，还能够极大地减短鸽子飞回所放飞点上空的盘旋时间。放飞前让鸽子在原地的等待不仅仅能够提升鸽子飞到放飞点过程中的巡航能力，还可以加强鸽子的归巢意愿。

综上所述，鸽子在飞行的过程中，根据不同的情况会使用不同的导航工具。当鸽子距离自己目的地较远时，利用地磁场来辨别大概的方向；当距离目的地比较近时，就利用当地地标来进行导航，利用地貌景象对目前的方向实施修正，直到到达精确的目的地。不难看出，鸽子自主归巢行为的导航机制蕴含着优化的原理。

59.3　鸽群优化算法的数学描述

PIO 算法通过建立地图和指南针算子模型、地标算子模型来模仿鸽子在寻找目标的不同阶段使用不同导航工具，从而实现对函数优化问题的求解。

1．地图和指南针算子

鸽子可以使用磁性物体感知地磁场，然后在头脑中形成地图。它们把太阳高度作为指南针来调整飞行方向，当它们接近目的地的时候，对太阳和磁性物体的依赖性便减小。

在鸽群优化模型中，使用虚拟的鸽子模拟导航过程。如图 59.3 所示，依据地图和指南针算子模型初始化鸽子的位置和速度，并且在多维搜索空间中，鸽子的位置和速度在每一次迭代时都会更新。

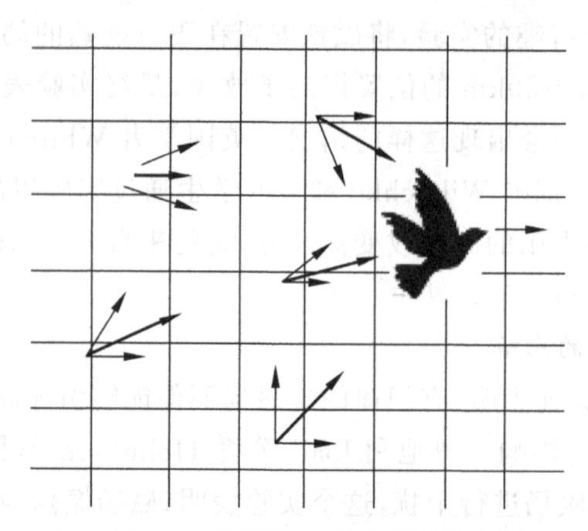

图 59.3 地图和指南针算子模型

将第 i 只鸽子的位置和速度分别记为 $X_i=[x_{i1},x_{i2},\cdots,x_{iD}]$ 和 $V_i=[v_{i1},v_{i2},\cdots,v_{iD}]$。其中 $i=1,2,\cdots,N$；D 为空间维度。第 i 只鸽子的速度和鸽子的位置将分别用式(59.1)和式(59.2)进行更新如下：

$$V_i(t)=V_i(t-1)\cdot \mathrm{e}^{-Rt}+\mathrm{rand}\cdot(X_g-X_i(t-1)) \tag{59.1}$$

$$X(t)=X_i(t-1)+V_i(t) \tag{59.2}$$

其中,R 为地图和指南针因子,取值范围设定成 0～1；rand 是取值范围在 0～1 的随机数；t 为目前迭代次数；X_g 是在 $t-1$ 次迭代循环后,通过比较所有鸽子的位置得到的全局最优位置。当该循环次数达到所要求的迭代次数后,停止地图和指南针算子的工作,进入地标算子中继续运行。

2. 地标算子

地标模型是根据鸽子利用地标来进行导航而建立的。在利用地标导航时,距离目的地的位置比利用地图导航的距离更近。如果鸽子对现在所处的位置地标不熟悉时,则在附近鸽子的带领下进行飞行；当找到标志性建筑物或者熟悉位置时,则根据经验自由飞行。

在地标算子中,那些远离目的地的鸽子对地标不熟悉,它们将不再有分辨路径的能力,因而被舍去。如图 59.4 所示,每一次迭代后鸽子的数量都会减少一半,在每一代中用 N_p 来记录一半鸽子的个数。$X_c(t)$为第 t 代所有鸽子的中心位置,将被当作地标,即作为飞行的参考方向,由此依据下列方程：

$$N_p(t)=\frac{N_p(t-1)}{2} \tag{59.3}$$

$$X_c(t)=\frac{\sum X_i(t)\cdot \mathrm{fitness}(X(t))}{N_p\sum \mathrm{fitness}(X(t))} \tag{59.4}$$

$$X_i(t)=X_i(t-1)+\mathrm{rand}\cdot(X_c(t)-X_i(t-1)) \tag{59.5}$$

其中,$\mathrm{fitness}(X(t))$为鸽子个体适应度。对于最大化问题选 $\mathrm{fitness}(X_i(t))=f_{\max}(X_i(t))$；对于最小化问题选 $\mathrm{fitness}(X_i(t))=1/(f_{\min}(X_i(t))+\varepsilon)$。

对于每只鸽子,第 t 次迭代的最佳位置可用 X_p 表示,而 $X_p=\min(X_{i1},X_{i2},\cdots,X_{it})$。

图 59.4　地标算子模型

59.4　鸽群优化算法的实现步骤及流程

鸽群优化算法的实现步骤如下。

(1) 根据给定的环境建模，初始化地形信息和威胁信息(包括威胁的中心坐标、半径和威胁级别)。

(2) 初始化 PIO 算法参数，解空间维度 D，种群规模 N_p，地图和指南针因子 R，两算子的最大迭代次数 $Nc_{1\max}$ 和 $Nc_{2\max}$，其中要求 $Nc_{1\max}>Nc_{2\max}$。

(3) 给每只鸽子设置随机速度和路径。比较每只鸽子的适应度值，找出目前最好的解。

(4) 操作地图和指南针算子。使用式(59.1)和式(59.2)更新每一只鸽子的速度和路径，比较所有鸽子的适应度值，找到目前最好的解。

(5) 如果 $Nc>Nc_{1\max}$，停止地图和指南针因子，转到下一个操作；否则，转到步骤 (4)。

(6) 根据适应度对所有鸽子进行排序。根据式(59.3)，一半适应度低的鸽子被舍弃。再根据式(59.4)找到所有剩余鸽子的中心，这个中心是理想的目的地。所有的鸽子将飞到目的地，根据式(59.5)调整它们的飞行方向。然后，存储最佳解的参数。

(7) 如果 $Nc>Nc_{2\max}$，停止地标算子的操作，并输出结果；否则，转到步骤(6)。

鸽群优化算法的基本流程如图 59.5 所示。

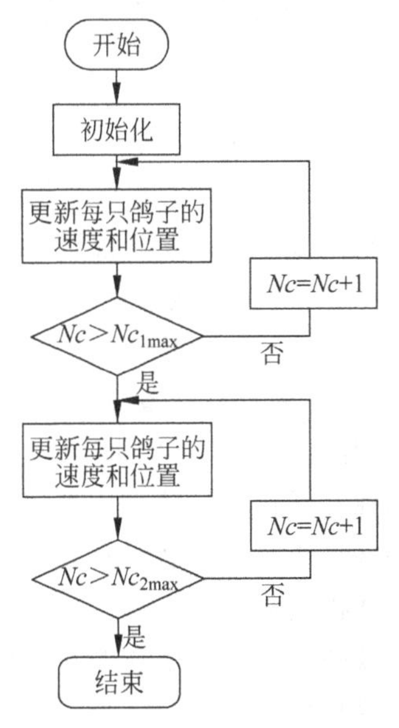

图 59.5　鸽群算法的基本流程图

第60章　鸟群算法

鸟群算法是一种模拟鸟类种群觅食、警惕和飞行行为的群智能优化算法。该算法从鸟类群体的社交行为和社交互动过程中提取群体智能并获取信息，提出了描述鸟群种群觅食、警惕和飞行行为的5个简化规则及其搜索策略。本章首先介绍鸟群觅食、警惕和飞行行为的理想化规则，然后阐述鸟群算法的数学描述、伪代码描述及算法流程图。

60.1　鸟群算法的提出

鸟群算法(Bird Swarm Algorithm,BSA)是2015年由Meng等提出的一种基于鸟类种群飞行和觅食行为的群智能优化算法。BSA提出鸟类群体活动主要有3种行为：觅食行为、警惕行为和飞行行为。BSA通过从鸟类群体的社交行为和社交互动中提取群体智能并获取信息进行建模，并制定了5个简化的规则及其搜索策略。基于对18个基准测试问题的仿真结果比较表明，BSA具有寻优精度高、稳定性好等优点。该算法已应用到气动调节阀粘滞检测系统和微电网多目标运行优化中。

60.2　鸟群觅食、警惕和飞行行为规则

鸟群算法为了模拟自然界的鸟群觅食、警惕和飞行行为，提出了如下理想化规则。

规则1　鸟群中的每只鸟都可以选择觅食和警惕这两种状态，选择的方式是随机的。

规则2　在觅食状态下，每只鸟都会将经过的最优觅食位置以及鸟群最优觅食位置记录下来并进行更新，该信息也会被传递到整个鸟群中进行信息共享。

规则3　在警惕状态下，每只鸟都会试图飞往鸟群的中心，但这种行为被种群间竞争所干扰，拥有更多食物储备量的鸟更容易接近群体的中心。

规则4　鸟群会周期性地向其他地点转移，当飞往另一个地点时，鸟群中个体将会在生产者和掠食者这两种状态中选择。拥有最高食物储备量的鸟将成为生产者，拥有最少食物储备量的鸟将成为掠食者。食物储备量介于最高和最低之间的其他鸟在生产者和掠食者这两个角色中随机选择。

规则5　生产者主动积极地寻找食物，掠食者会被生产者影响，随机选择跟随一个生产者开始寻找食物。

60.3 鸟群算法的数学描述

根据上述鸟群觅食、警惕和飞行行为的5条理想化规则，鸟群算法的数学描述如下。

设有 N 只鸟在 D 维空间中飞行觅食，第 i 只鸟在 t 时刻的位置为 $x_i^t(i=1,2,\cdots,N)$。根据规则1，由于每只鸟个体在觅食和警惕状态的选择是随机的，所以可设置一个常数 P，在[0,1]之间等概率地产生一个随机数 P_m。当 $P_m>P$ 时，选择觅食状态，否者则选择警惕状态。

1. 觅食行为

根据规则2，每只鸟都根据自己的经验和鸟群的经验来寻找食物，每只鸟在觅食状态下的位置变化更新如下：

$$x_{i,j}^{t+1}=x_{i,j}^t+(p_{i,j}-x_{i,j}^t)\cdot C\cdot \text{rand}(0,1)+(g_i-x_{i,j}^t)\cdot S\cdot \text{rand}(0,1) \tag{60.1}$$

其中，$x_{i,j}^t$ 为第 t 代鸟群中第 i 只鸟第 j 维所处的位置；$i=1,2,\cdots,N$；$j=1,2,\cdots,D$；rand(0,1)为(0,1)独立均匀分布的随机数；C 为认知系数；S 为社会加速系数；$p_{i,j}$ 为第 i 只鸟的最好位置；g_i 为种群共享的最好位置。

2. 警惕行为

根据规则3，鸟类在保持警惕行为时会尝试向种群中心移动，当一只鸟朝着群的中心移动过程中，不可避免地会出现与其他的鸟竞争的情况。因此，种群中的鸟不会直接移动到种群的中心，它们的位置变化更新如下：

$$x_{i,j}^{t+1}=x_{i,j}^t+A1\cdot(\text{mean}_j-x_{i,j}^t)\cdot \text{rand}(0,1)+A2\cdot(p_{k,j}-x_{i,j}^t)\cdot \text{rand}(-1,1) \tag{60.2}$$

其中，$x_{i,j}^t$ 为第 t 代鸟群中第 i 只鸟第 j 维所处的位置；mean_j 为整个鸟群平均适应度值；$p_{k,j}$ 为第 k 只鸟的最佳位置，k 为从1到 N 中随机选择的正整数；rand(0,1)为(0,1)独立均匀分布的随机数；rand(−1,1)为保证正负两个方向都能进行搜索的随机系数；A_1 为一只鸟个体向种群中心转移引起的间接作用；A_2 为整个种群向中心移动时引发的直接作用。

A_1 和 A_2 分别由式(60.3)和式(60.4)计算如下：

$$A_1=a_1\cdot\exp\left(-N\cdot\frac{p\text{Fit}_i}{\text{sumFit}+\varepsilon}\right) \tag{60.3}$$

$$A_2=a_2\cdot\exp\left(\frac{p\text{Fit}_i-p\text{Fit}_k}{|p\text{Fit}_k-p\text{Fit}_i|+\varepsilon}\cdot\frac{N\cdot p\text{Fit}_i}{\text{sumFit}+\varepsilon}\right) \tag{60.4}$$

其中，a_1 和 a_2 为[0,2]之间的正数；N 为种群规模；k 为小于 N 且不等于 i 的正整数；$p\text{Fit}_i$ 为第 i 只鸟的最佳适应度值；sumFit 为种群最佳适应度值的总和；ε 为避免分母为零而选择的计算机中的最小常数。

由于鸟在向种群中心移动时会间接影响周围环境，因此种群的平均适应度值也会改变。实际上，每只鸟儿都想处在种群的中心，因此，A_1 和 rand(0,1)的乘积不能大于1。A_2 用来表示鸟飞行过程中所造成的影响。如果第 k 只鸟的最佳适应度值优于第 i 只鸟，则 $A_2>a_2$，这意味着第 i 只鸟会受到比第 k 只鸟更大的干扰。虽然这一特征不可预测而且又具有一定的随机性，但是第 k 只鸟会比第 i 只鸟更容易到达种群中心。

3. 飞行行为

鸟类为了躲避天敌、觅食或者由于一些其他原因，鸟群会从一个地方迁移到另一个地方，在新的地点鸟群会重新开始寻找食物。一些作为生产者的鸟类会开始觅食，另一些作为掠食者的鸟类会跟随生产者寻找食物。根据规则，生产者和掠食者可以从种群中分离开来，它们的位置变化分别更新如下：

$$x_{i,j}^{t+1} = x_{i,j}^{t} + x_{i,j}^{t} \cdot \text{rand}n(0,1) \tag{60.5}$$

$$x_{i,j}^{t+1} = x_{i,j}^{t} + (x_{k,j}^{t} - x_{i,j}^{t}) \cdot \text{FL} \cdot \text{rand}n(0,1) \tag{60.6}$$

其中，$\text{rand}n(0,1)$为均值为0标准差为1的高斯分布随机数；$k \in [1,N]$且 $k \neq i$；$j \in [1,D]$；$\text{FL} \in [0,2]$为掠食者跟随生产者寻找食物的因子。

为简单起见，这里假设每只鸟在每个FQ单位间隔内都会飞到另一个地方，其中FQ是一个正整数。

60.4 鸟群算法的伪代码描述及流程

鸟群算法(BSA)的伪代码描述如下。

```
输入：种群所包含鸟的个体数量 N
     最大迭代次数 M
     鸟类飞行行为的频率 FQ
     觅食的概率 P
     5 个常量参数 C,S,a1,a2,FL
t = 0; 初始化种群并定义相关参数
对 N 个体的适应度值进行评估，找出最优解
While(t < M)
    If (t % FQ≠0)
        For i = 1:N
            If rand(0,1) < P
                根据式(60.1)鸟类觅食
            Else
                根据式(60.2)鸟类保持警惕
            End if  End for
    Else
        把鸟群分成两部分：生产者和掠食者
        For i = 1:N
            If i 是一个生产者
                根据式(60.5)生产者位置更新
                Else
                根据式(60.6)掠食者位置更新
            End if  End for
    End if 评估新的解，结束
    If 新的解比先前的解更好就用新的解更新它
    找到目前最好的解
t = t + 1; End while
输出：种群中适应度值最好的个体
```

鸟群算法的流程如图 60.1 所示。

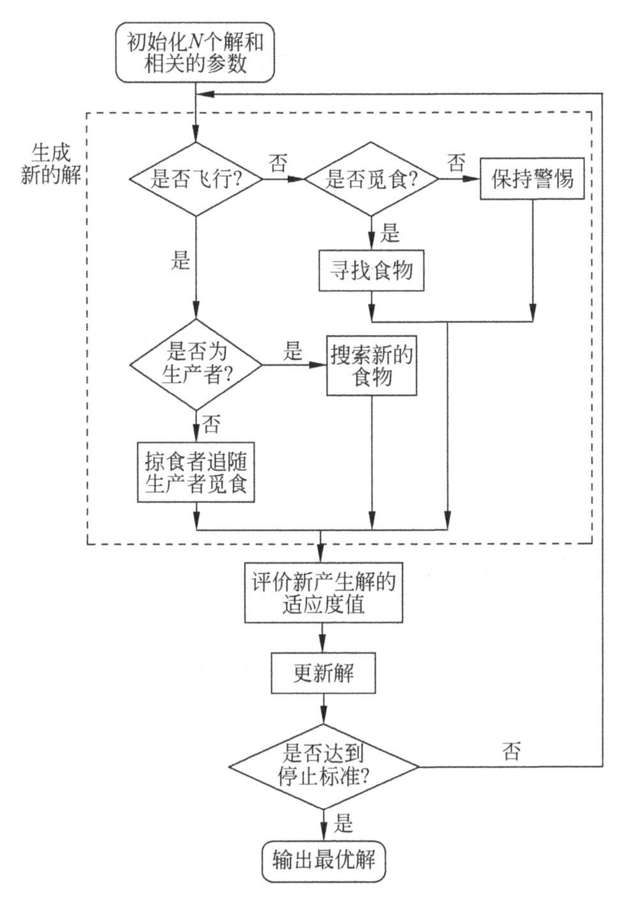

图 60.1　鸟群算法的流程图

第61章 乌鸦搜索算法

乌鸦搜索算法模拟了乌鸦群体之间相互追踪窃取食物的社会行为。乌鸦具有很好的记忆力和非凡的智力，被认为是世界上最聪明的动物之一。若乌鸦通过观察发现了其他鸟类隐藏食物的地点，一旦食物的主人离开，乌鸦将立即偷走食物，并转移食物的储藏地点，从而避免将来被偷走。本章介绍乌鸦的生活习性和乌鸦搜索算法的优化原理，然后阐述乌鸦搜索算法的数学描述、实现步骤、伪码描述及实现流程。

61.1 乌鸦搜索算法的提出

乌鸦搜索算法(Crow Search Algorithm，CSA)是2016年由伊朗学者Alireza Askarzaden提出的一种新兴的元启发式算法。该算法基于对乌鸦习性的研究，模拟了乌鸦群体之间相互追踪窃取食物的社会行为，这一特性使算法种群的多样性不会随着迭代次数的增加而有较大的降低，因而提高了跳出局部最优的能力。

CSA算法具有很强的收敛能力；结构简单，只需要设置乌鸦飞行距离和感知概率两个可调参数；控制参数少，易于学习和掌握，使用灵活等优点。已被证明在工程优化方面比GA、PSO、DE等算法效果更好，已被应用于图像分割、地下水质评价、潮流预测、配电系统电容器布置、电磁优化等工程优化和函数优化问题中。

61.2 乌鸦的生活习性

乌鸦是鸟类的一种，它被认为是世界上最聪明的动物之一。相对于乌鸦的体型，它拥有最大的大脑。根据大脑与身体的比例来看，乌鸦的大脑仅略低于人类的大脑，如图61.1所示。作为一个群体，乌鸦表现出非凡的智力。乌鸦是人类以外的动物中具有独到的使用甚至制造

图61.1 乌鸦的图片

工具达到目的的能力，能借助石块砸开坚果，它们还能够根据容器的形状准确判断所需食物的位置和体积。它们可以记住同伴的“脸”，用复杂的方式与同伴进行交流，当不友好的乌鸦靠近时，它们会发出警告。

乌鸦通过观察其他鸟类发现它们隐藏食物的地点，一旦食物的主人离开，乌鸦将立即偷走食物。一旦偷取成功，乌鸦会采取措施保护食物，例如转移食物的储藏地点，从而避免未来成为受害者。事实上，乌鸦利用自己偷取食物时的经验预测盗窃者的行为，并且能确定最安全的方法来防止它们储藏的食物被盗。

乌鸦具有很好的记忆力，能在不同的季节藏匿多余的食物，可以回忆起几个月之前的隐藏食物的地点，并在需要时取回。同时它们也互相跟随，窃取别的乌鸦所藏匿的食物以获得更好的食物来源。但是当一只乌鸦发现被跟随时，它会试图通过改变藏匿地点来避免被盗。

61.3　乌鸦搜索算法的原理

乌鸦是一种聪明且贪婪的鸟类，它可以识别同伴的“脸”，用不同方式与同伴进行交流，为了获得更多的食物，它会偷偷地跟踪其他乌鸦，发现它们存储食物的地点，并偷取食物。如果乌鸦发现被其他乌鸦跟踪，则该乌鸦将随机飞行，从而迷惑跟踪它的乌鸦。

为了模拟乌鸦的社会行为，乌鸦搜索算法采用以下原则。

(1) 乌鸦以群居形式生活。

(2) 每只乌鸦都能清楚地记住各自藏匿食物的位置。

(3) 乌鸦相互之间随机选择盗窃其他乌鸦藏匿的食物。

(4) 乌鸦对于跟随者有一定的感知能力，若感知到被跟随就会改变藏匿地点，并能保证它们所藏匿的食物在一定概率下不被偷窃。

乌鸦搜索算法为了模拟上述乌鸦的智慧行为，类比一群乌鸦在特定环境中飞行，隐藏食物，记忆并保护它们储藏的食物，同时相互跟踪，从而找到更好的食物来源。从优化的角度看，乌鸦是搜索者，周围的飞行环境是搜索空间，环境中随机存储食物的每一个位置对应优化算法的一个可行解，食物来源位置的优劣对应于某一位置的目标函数值(适应度值)的大小，存放最多食物的位置被认为是全局最优解。

乌鸦在寻找食物的过程中不断改变位置，如果新位置没有比当前的位置更优，只要新位置在搜索空间范围内，它依然会飞向新位置。这样可以增加产生解的多样性，使得算法寻到最优解的概率增大。乌鸦在搜索过程中会随机地选择一只乌鸦进行跟踪，从而增大了搜索空间，所以 CSA 算法具有全局搜索能力。在迭代过程中，所有乌鸦都会不断地更新储藏食物的地点，从而保证目前所藏食物的地点是最优的，并通过记忆记录最优的储存食物的位置。在迭代结束后，找到种群中乌鸦的适应度值最优的记忆作为最后得到的最优解。

61.4　乌鸦搜索算法的数学描述

假设存在一个包含 N 只乌鸦的 d 维环境。在搜索空间中，第 i 乌鸦迭代时的位置用向量表示为 $x^{i,\mathrm{iter}}=[x_1^{i,\mathrm{iter}},x_2^{i,\mathrm{iter}},\cdots,x_d^{i,\mathrm{iter}}]$，其中 $i=1,2,\cdots,N$；iter 和$\mathrm{iter}_{\max}$ 分别表示迭代次

数和最大迭代次数，$\text{iter}=1,2,\cdots,\text{iter}_{\max}$。显然，$N$ 为乌鸦种群的数量，d 是决策变量的维数。

每只乌鸦都有记忆中最佳的藏食之处。在第 iter 次迭代时，藏食的位置为 $m^{i,\text{iter}}$。乌鸦试图搜索和跟踪其他乌鸦来发现比现有的更好的食物来源。

在 CSA 的每一次迭代中，为了更新乌鸦 i 的位置，乌鸦 i 随机选择另一只乌鸦 j。乌鸦 i 试图跟随乌鸦 j 接近它的藏食之处 $m^{i,\text{iter}}$。根据感知概率 AP，将有如下两种情况：

情况 1：如果乌鸦 j 不知道被乌鸦 i 跟踪，乌鸦 i 更新它的位置为

$$x^{i,\text{iter}+1}=x^{i,\text{iter}}+r_1\cdot \text{fl}^{i,\text{iter}}\cdot(m^{j,\text{iter}}-x^{i,\text{iter}}) \tag{61.1}$$

其中，r_1 为区间[0,1]之间均匀分布的随机数；$\text{fl}^{i,\text{iter}}$ 是乌鸦 i 在第 iter 次迭代中的飞行距离。飞行距离决定移动到选定隐藏位置的步长。若飞行距离较小，则局部搜索能力强，飞行距离较大则全局搜索能力强。

图 61.2 显示了在情况 1 中乌鸦飞行位置及 fl 的值对搜索能力的影响。fl 较小的值会导致在 $x^{i,\text{iter}}$ 附近进行局部搜索，较大的值会导致远离 $x^{i,\text{iter}}$ 进行全局搜索。如图 61.2(a)所示，如果选择的 fl 值小于 1，则乌鸦 i 的下一个位置在 $x^{i,\text{iter}}$ 和 $m^{i,\text{iter}}$ 之间的虚线上；如果选择 fl 的值大于 1 时，下一个乌鸦 i 的位置在虚线上，可能超过 $m^{i,\text{iter}}$，如图 61.2(b)所示。

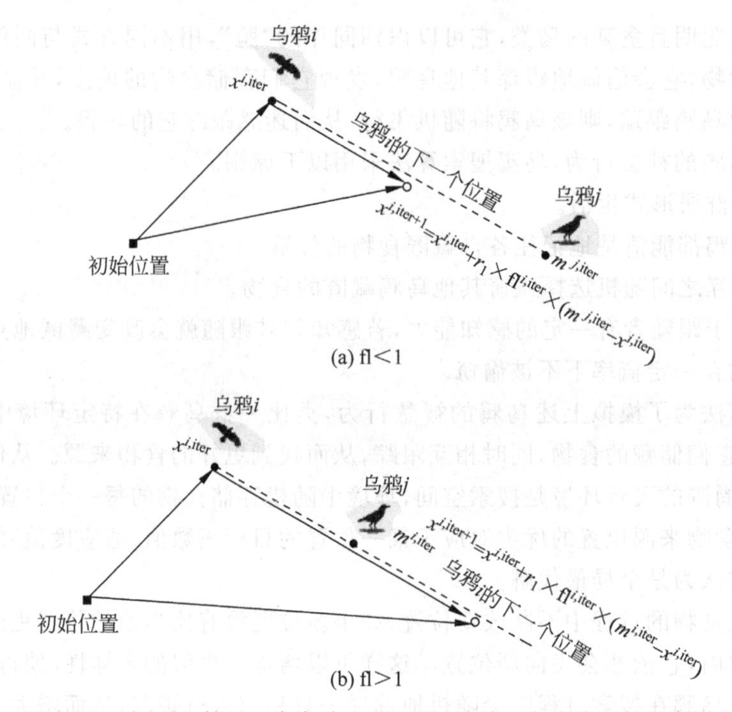

(a) fl＜1

(b) fl＞1

图 61.2　在 CSA 情况 1 中乌鸦 i 可以到达虚线上每个位置的示意图

情况 2：如果乌鸦 j 发现被乌鸦 i 跟踪，它会随机进入搜索空间的位置来愚弄乌鸦 i。根据情况 1 与情况 2，乌鸦的位置更新为

$$x^{i,\text{iter}+1}=\begin{cases} x^{i,\text{iter}}+r_1\cdot \text{fl}^{i,\text{iter}}\cdot(m^{j,\text{iter}}-x^{i,\text{iter}}) & r_j\geqslant \text{AP}^{j,\text{iter}} \\ \text{任意位置} & r_j<\text{AP}^{j,\text{iter}} \end{cases} \tag{61.2}$$

其中，r_j 为区间[0,1]之间均匀分布的随机数；$\text{AP}^{j,\text{iter}}$ 为乌鸦 j 在第 iter 次迭代后的 AP。

为了实现全局优化，需要将元启发式中的多样化和集约化进行良好组合。多样化就是在全局范围内进行搜索，生成不同的解；集约化就是专注于在局部搜索空间生成一个好的解。为了提高算法的收敛速度，在选择最优解时，要在多样化和集约化之间取得良好的平衡。在

CSA 中,通过感知概率(AP)来平衡多样化和集约化。

当 AP 较小时,乌鸦不容易发现自己被跟踪,算法倾向于局部搜索,增强了集约化;当 AP 较大时,算法倾向于全局搜索,增加了解的多样性。

61.5 乌鸦搜索算法的实现步骤及流程

乌鸦搜索算法的实现步骤如下。

(1) 初始化参数。定义决策变量,设置乌鸦的数量(N)、最大迭代次数($iter_{max}$)、飞行距离(fl)和感知概率(AP)。

(2) 初始化乌鸦的位置和记忆。N 只乌鸦随机分布在一个 d 维搜索空间可用矩阵表示为

$$\boldsymbol{C}=\begin{bmatrix} x_1^1 & x_2^1 & \cdots & x_d^1 \\ x_1^2 & x_2^2 & \cdots & x_d^2 \\ \vdots & \vdots & & \vdots \\ x_1^N & x_2^N & \cdots & x_d^N \end{bmatrix} \tag{61.3}$$

每只乌鸦表示问题的一个可行解,d 为决策变量的数量。在首次迭代中,假设乌鸦把食物隐藏在初始位置,用矩阵表示为

$$\boldsymbol{M}=\begin{bmatrix} m_1^1 & m_2^1 & \cdots & m_d^1 \\ m_1^2 & m_2^2 & \cdots & m_d^2 \\ \vdots & \vdots & & \vdots \\ m_1^N & m_2^N & \cdots & m_d^N \end{bmatrix} \tag{61.4}$$

(3) 评估适应度(目标)函数。计算每只乌鸦对应的适应度值。

(4) 更新乌鸦位置。根据式(61.2)生成新的位置。

(5) 检测每只乌鸦的新位置的可行性。如果乌鸦的新位置是可行的,乌鸦则会更新它的位置。否则,乌鸦停留在当前位置,不会移动到新的位置。

(6) 评估新位置的适应度函数。计算每只乌鸦新位置的适应度值。

(7) 更新记忆。如果乌鸦的新位置的适应度值比记忆位置的适应度值更好,乌鸦就通过新的位置更新它的记忆;否则保持原来的记忆,如式(61.5)所示。

$$m^{i,\mathrm{iter}+1}=\begin{cases} x^{i,\mathrm{iter}+1} & f(x^{i,\mathrm{iter}+1})\text{ 优于 }f(m^{i,\mathrm{iter}}) \\ m^{i,\mathrm{iter}} & f(x^{i,\mathrm{iter}+1})\text{ 次于 }f(m^{i,\mathrm{iter}}) \end{cases} \tag{61.5}$$

(8) 判断终止条件。当满足终止条件时,输出最优适应度值对应的位置,算法结束;否则重复步骤(4)～步骤(7)直至,达到最大迭代次数。

CSA 的伪代码描述如下。

```
设置参数步长 fl、感知概率 AP、迭代次数 iter、种群大小 N、维度 n;
初始化 N 只乌鸦的位置和藏食位置;
    while iter < iter_max
        for i = 1 : N
        随机选择一只乌鸦 j
            if r_j ≥ AP^{j,iter}
                x^{i,iter+1} = x^{i,iter} + r_i · fl^{i,iter} · (m^{j,iter} − x^{i,iter})
```

```
            else
                x^{i, iter+1} = 任意位置
            end If
        end for
计算适应度值 FIT (iter)
评估乌鸦的新位置
更新乌鸦的记忆
end while
迭代完毕后,m 中储存的最优位置即为最优解的位置。
```

乌鸦搜索算法的流程如图 61.3 所示。

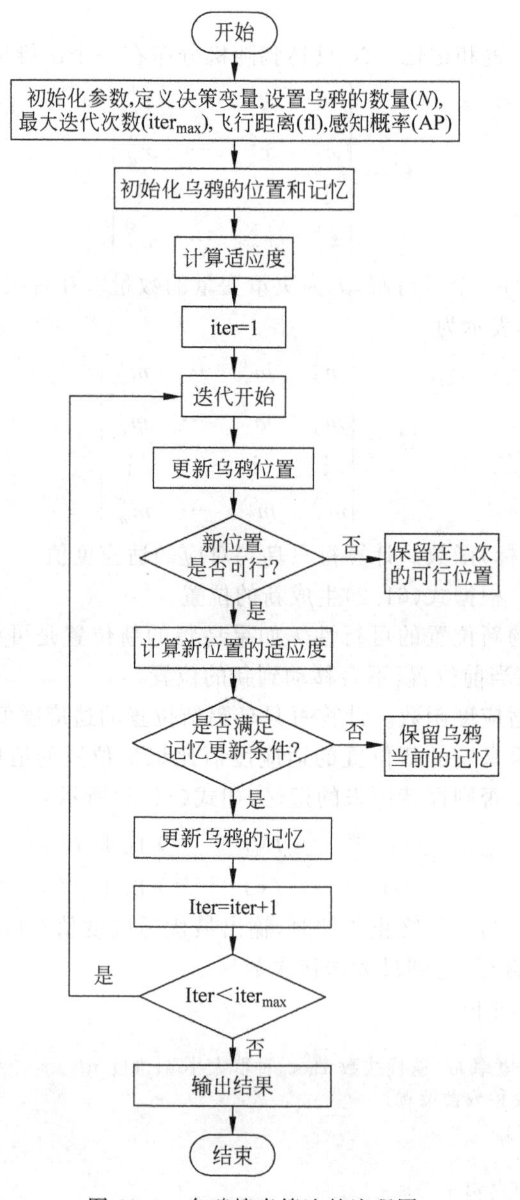

图 61.3　乌鸦搜索算法的流程图

第62章　缎蓝园丁鸟优化算法

缎蓝园丁鸟优化算法是模拟雄性缎蓝园丁鸟搭建鸟巢，吸引雌性缎蓝园丁鸟求偶机制的一种新的群智能优化算法。该算法通过随机生成初始鸟巢种群、计算鸟巢对雌性缎蓝园丁鸟的吸引概率、精英化、鸟巢位置的更新和鸟巢变异等步骤来实现对函数优化问题的求解。本章首先介绍缎蓝园丁鸟的习性及求偶机制，然后阐述缎蓝园丁鸟优化算法的数学描述、算法伪代码及算法流程。

62.1　缎蓝园丁鸟优化算法的提出

缎蓝园丁鸟优化算法(Satin Bowerbird Optimizer，SBO)是 2017 年由 Samareh Moosavi 等提出的模拟雄性缎蓝园丁鸟搭建鸟巢求偶机制的群智能优化算法。由于 SBO 算法具有易于理解、结构简单、算法灵活、高效、稳定性较强的特点，因此已被成功应用于自适应神经模糊推理系统、软件开发代价的估算、固体氧化物燃料电池稳态和动态模型规划、发电机实时功率调度和非连续型函数优化等问题。

62.2　缎蓝园丁鸟的习性及求偶机制

缎蓝园丁鸟(学名为 Ptilonorhynchus violaceus，英文名为 Satin Bowerbird)是园丁鸟科园丁鸟属的鸟类，又称紫光园丁鸟。体形略似鸽子，体长 27～33cm，属于中型鸣禽，体羽光亮。雄性缎蓝园丁鸟全身长着蓝黑色的羽毛，犹如绸缎，泛着幽幽的蓝光，紫色的眼睛炯炯有神，而雌性缎蓝园丁鸟为黄绿色。园丁鸟栖息于热带、温带和山区的雨林、河边林地和稀树林地，以及岩石峡谷、草地和干旱地带。以食用果实为主，但也会摄取花、花蜜、叶、昆虫和小型脊椎动物。

缎蓝园丁鸟有园丁般的园艺天才和高超的建筑艺术才能，能够设计建造一个美丽的新婚洞房和求偶舞池以吸引雌鸟进来交配，因此被称为“园丁鸟”。雄性缎蓝园丁鸟和它建造的洞房和求偶舞池如图 62.1 所示。紫光园丁鸟的求偶炫耀行为十分奇特。每年当进入繁殖期时，雄鸟先是在森林里到处游荡，选择既通风透光又有林间空地，食物和水源都比较丰富的幽静处所建造鸟巢和舞池，以吸引雌鸟与自己一同生活。

在整个繁殖季节中，雄鸟在美丽的舞池中不停地唱歌和跳舞，这种表演一直继续到赢得雌鸟的爱慕为止，然后双双进入洞房。交配之后，雌鸟另在几百米远的空地上或树枝上，营造一

图 62.1 雄性缎蓝园丁鸟和它建造的鸟巢及求偶舞池

个简单的杯形巢,独自孵卵和抚育1～3只幼鸟。而雄鸟仍然继续维修和装饰它的洞房和舞池,试图再吸引来新的雌鸟。至于能够吸引到多少雌鸟,很大程度上取决于它建造的鸟巢及求偶舞池有多大的吸引力。

62.3 缎蓝园丁鸟优化算法的数学描述

1. 初始化鸟巢种群

在搜索空间中随机生成一组鸟巢,每个鸟巢对应一个 N 维向量。这些值均匀分布在上限和下限之间,每个鸟巢的参数数量与优化问题的变量数量相同。

2. 求偶鸟巢的吸引概率

为了吸引配偶,每只雄性缎蓝园丁鸟建造求偶鸟巢被选择的概率由式(62.1)计算如下:

$$p_i = \frac{fit_i}{\sum_{n=1}^{N} fit_n} \tag{62.1}$$

其中,p_i 求偶鸟巢被选择的概率,取值为0～1;fit_i 为第 i 个求偶鸟巢的适应度值;N 为鸟巢的数量,即种群个数;fit_i 由式(62.2)计算如下:

$$fit_i = \begin{cases} \dfrac{1}{1+f(X_i)} & f(X_i) \geqslant 0 \\ 1+|f(X_i)| & f(X_i) < 0 \end{cases} \tag{62.2}$$

其中,$f(X_i)$为第 n 个鸟巢的适应度值。

3. 精英化和鸟巢位置更新

为了模拟经验丰富的雄性园丁鸟更善于建造自己的鸟巢,在每次迭代完成后,具有最佳适应度值的园丁鸟被保存为精英。在算法的每次迭代中,每只鸟的鸟巢位置变化由式(62.3)更新如下:

$$X_{ik}(t+1) = X_{ik}(t) + \lambda_k \left(\left(\frac{X_{jk} + X_{\text{best},k}}{2} \right) - X_{ik}(t) \right) \tag{62.3}$$

其中,X_i 为第 i 鸟巢;$X_{ik}(t)$为第 t 次迭代中第 i 鸟巢的第 k 维分量;X_{jk} 为当前搜索到最优位置的第 k 维分量;j 由轮盘赌公式得出,这意味着每一个鸟巢的改变可能会影响到其他鸟巢的位置变化；$X_{best,k}$ 为整个种群当前最优位置的第 k 维分量；λ_k 为步长因子，由式(62.4)计算如下：

$$\lambda_k = \frac{\alpha}{1+p_j} \tag{62.4}$$

其中，α 为步长的最大值；p_j 为求偶鸟巢被选择的概率，当求偶鸟巢被选中概率越大时，步长越小；当求偶鸟巢被选中概率为 0 时，步长最大，为 α；当目标位置被选中概率为 1 时，步长最小，为 $\alpha/2$。

4. 鸟巢变异

由于雄性园丁鸟在忙着建造自己的鸟巢的同时，鸟巢可能会被其他雄性园丁鸟破坏，并且搭建鸟巢的材料被抢走甚至鸟巢被摧毁。因此，在算法的每次迭代中，鸟巢以一定的概率随机变异，在变异过程中，X_{ik} 服从正态分布，由式(62.5)表示为

$$X_{ik}(t+1) \sim N(X_{ik}(t), \sigma^2) \tag{62.5}$$

为了便于编程模拟，变异概率由式(62.6)计算如下：

$$X_{ik}(t+1) = X_{ik}(t) + (\sigma \cdot N(0,1)) \tag{62.6}$$

其中，标准差 σ 的计算如下：

$$\sigma = z \cdot (\mathrm{var}_{max} - \mathrm{var}_{min}) \tag{62.7}$$

其中，var_{max} 和 var_{min} 分别为位置的上下界；z 为缩放因子，取 0～1 之间随机数。

62.4　缎蓝园丁鸟优化算法的实现

CSBO 算法伪代码描述如下。流程图见图 62.2。

```
1.  初始化种群：鸟巢的第一个种群 X_i(i = 1,2, … ,n)
2.  初始化参数：α = 0.94,z = 0.023.
3.  计算鸟巢的适应度
4.  找到最好的鸟巢并把它作为精英
5.  While 不满足结束标准或 iter < max
6.  用式(62.1)和式(62.2)计算鸟巢被选择的概率.
7.  For 每个鸟巢
8.    For 鸟巢的每个分量
9.      使用轮盘赌法选择一个鸟巢
10.     使用式(62.4)计算 λk
11.     使用式(62.3)和式(62.6)更新鸟巢的位置.
12.     End for
13.   End for
14. 计算所有鸟巢的适应度
15. 对鸟巢种群从最佳到最差进行排序
16. 如果鸟巢比精英更适合,更新精英
17. End while
18. Return 最佳鸟巢
```

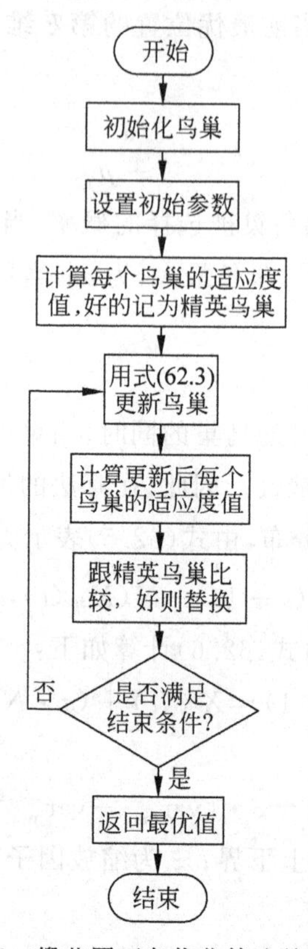

图 62.2 缎蓝园丁鸟优化算法的流程图

第63章　海鸥优化算法

海鸥优化算法是模拟海鸥迁徙行为和海鸥攻击行为的群智能优化算法。海鸥是具有智慧的群居鸟类。它们最重要的特征是迁徙行为和攻击行为。迁徙是为了获得最丰富的食物来源的全局搜索过程。海鸥在局部搜索一旦发现猎物就会以螺旋形运动形态对猎物发动攻击,并捕获猎物,该过程相当于求解优化问题获得最优解。本章首先介绍海鸥的习性及迁徙和攻击行为,然后阐述海鸥优化算法的数学描述、实现步骤及流程。

63.1　海鸥优化算法的提出

海鸥优化算法(Seagull Optimization Algorithm,SOA)是2018年由Dhiman等提出的一种新的群智能优化算法。该算法模拟全局搜索的海鸥迁徙和局部搜索的海鸥攻击行为。海鸥优化算法是一个鲁棒的全局优化算法,具有处理高维问题的能力。该算法简单,既可以得到全局最优解,又具有较高的搜索精度和搜索效率,已被应用于滚动轴承设计、井区页岩气储层最优评价问题中。

63.2　海鸥的习性及迁徙和攻击行为

海鸥是遍布全球的海鸟,海鸥种类繁多且大小和身长各不相同。大多数海鸥的身体覆盖着白色的羽毛。海鸥是杂食动物,吃昆虫、鱼、爬行动物、两栖动物和蚯蚓等。海鸥是具有智慧的鸟类,经常用面包屑来吸引鱼群。它们可以用脚发出雨水落下的声音来吸引藏在地下的蚯蚓和攻击蚯蚓。海鸥可以喝淡水和盐水,通过眼睛上方的一对特殊腺体,将盐从它们的体内排出。

海鸥是以群居式生活,它们最重要特征是迁徙和攻击行为。海鸥迁移是一种季节更替性移动,通常从一个地方飞到另外一个地方去获得最丰富的食物来源,以便获得充足的能量。在迁移的途中,海鸥通常以群为单位进行行动。而且,迁徙时每只海鸥的所在位置不同,这样可以防止它们相互碰撞。在迁徙过程中,海鸥群体会朝着最佳位置的方向前进,每只海鸥会自适应更新自身所在的位置。

海鸥经常会在海面攻击迁移中的候鸟。在进攻时,海鸥群体做出螺旋形的运动形态,如图63.1所示。

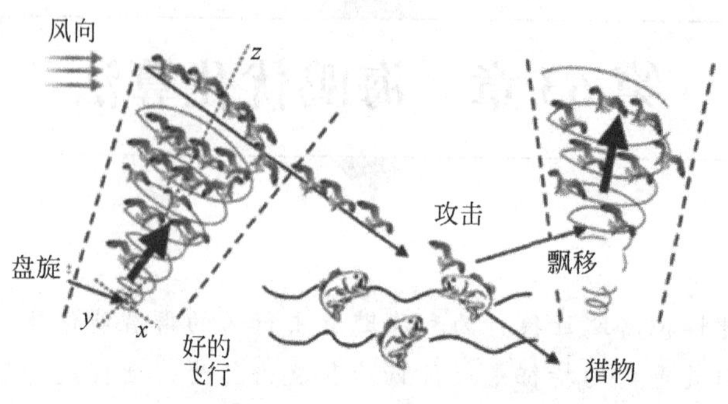

图 63.1 海鸥迁徙和攻击猎物运动方式示意图

63.3 海鸥优化算法的数学描述

海鸥优化算法是通过模拟海鸥迁徙行为和攻击行为这 2 个操作的迭代来寻求最优解。

1. 迁徙行为

海鸥群体从某一地方转移到另一个地方的迁徙过程,实现全局搜索。在这个阶段,海鸥应该满足以下 3 个条件。

1) 避免碰撞

为了防止海鸥之间的相互碰撞,如图 63.2(a)所示,算法通过采取添加额外变量 A 的方法来计算其转移后新位置,表达式为

$$C_s(t+1)=AP_s(t) \tag{63.1}$$

其中,t 为当前迭代;$P_s(t)$为海鸥现在所在位置;$C_s(t+1)$为海鸥迁徙之后的新位置,与其他海鸥的位置没有矛盾;A 为海鸥在指定空间中运动行为的描述:

$$A=f_c-[t(f_c/\mathrm{Max}_{\mathrm{iteration}})] \tag{63.2}$$

其中,f_c 可以调节变量 A 的频率,将 A 的取值从 2 线性降低到 0;$\mathrm{Max}_{\mathrm{iteration}}$ 为迭代最大次数。

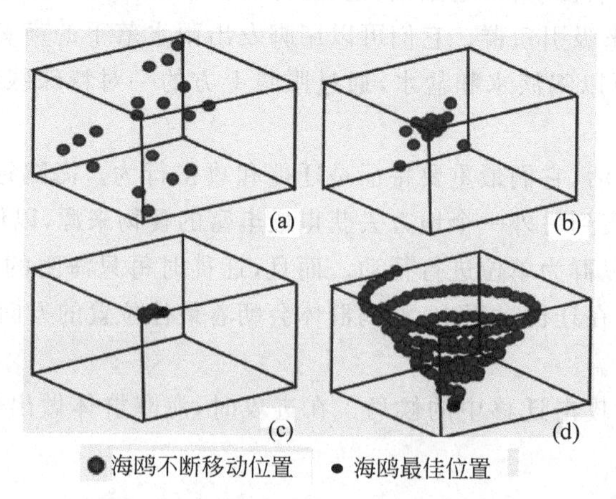

图 63.2 海鸥迁徙行为和攻击行为示意图

2）最佳位置方向

为了避免在移动过程中与其他海鸥的位置发生冲突，如图63.2(b)所示，海鸥会向最佳位置所在方向移动，表达式为

$$M_{\mathrm{s}}(t+1)=B(P_{\mathrm{bs}}(t)-P_{\mathrm{s}}(t)) \tag{63.3}$$

其中，$M_{\mathrm{s}}(t+1)$为海鸥向最佳位置移动的方向；$P_{\mathrm{bs}}(t)$表示海鸥最佳位置；$P_{\mathrm{s}}(t)$为海鸥当前位置；B为起平衡全局搜索和局部搜索作用的随机数

$$B=2A^2 r_{\mathrm{d}} \tag{63.4}$$

其中，r_{d}为[0,1]范围内的随机数。

3）靠近最佳位置

海鸥移动到与其他海鸥不发生相撞的位置后，就朝着最佳位置方向移动，如图63.2(c)所示，海鸥到达新位置所移动到距离为

$$D_{\mathrm{s}}=|C_{\mathrm{s}}+M_{\mathrm{s}}| \tag{63.5}$$

其中，$D_{\mathrm{s}}(t)$为海鸥移动到最佳位置(适合度值较小的最佳海鸥)的距离。

2. 攻击(局部搜索)

海鸥在迁徙过程中，通过翅膀的运动和身体重量之间的关系来保持攻击的最佳高度。当发现猎物时，海鸥通过不断改变攻击角度和速度，会以螺旋状的运动方式攻击猎物，如图63.2(d)所示，x、y和z平面中的运动行为描述如下：

$$x=r\cos(k) \tag{63.6}$$

$$y=r\sin(k) \tag{63.7}$$

$$z=rk \tag{63.8}$$

$$r=u\mathrm{e}^{kv} \tag{63.9}$$

其中，r为半径；k为[0,2π]范围内的随机角度值；u和v为螺旋形状的相关常数。

海鸥的攻击位置由式(63.5)～式(63.9)计算如下：

$$P_{\mathrm{s}}(t)=(D_{\mathrm{s}}xyz)+P_{\mathrm{bs}}(t) \tag{63.10}$$

其中，$P_{\mathrm{s}}(t)$为海鸥的攻击位置，保存这一最佳解，并更新其他搜索个体的位置。

63.4 海鸥优化算法的实现步骤及伪代码

海鸥优化算法实现要步骤如下。

(1) 初始化算法参数：A，B，$\mathrm{Max}_{\mathrm{iteration}}$，$f_c=2$，$u=1$，$v=1$，$r_{\mathrm{d}}$为[0,1]范围内取随机数，$k$在[0,2π]范围内取随机值。

(2) 初始化海鸥种群P_{s}。

(3) 使用目标函数$P_{\mathrm{s}}(t)$计算每只海鸥的适应度值。

(4) 使用式(63.1)～式(63.5)计算每只海鸥当前的位置$D_{\mathrm{s}}(t)$。

(5) 使用式(63.6)～式(63.10)计算海鸥攻击的新位置$P_{\mathrm{s}}(t)$。

(6) 更新最佳海鸥的位置和适应度值。如果海鸥(i)的适应度值小于最佳值，用海鸥(i)的适应度值替代最佳值，用海鸥(i)的位置替代Best的位置。

(7) 判断终止条件，若满足终止条件，则输出最佳海鸥位置和适应度值，算法结束；否则，转到步骤(3)。

海鸥优化算法的伪代码描述如下。

```
输入: 海鸥种群 P_s
输出: 最优海鸥 P_bs 位置
1:  程序: SOA
2:  初始化参数 A,B 和 Max_iteration
3:      置 f_c←2
4:      置 u←1
5:      置 v←1
6:      While (t<Max_iteration) do
7:          P_bs←计算 P_s 的适应度        /*使用目标函数计算每个个体的适应度值*/
  /*迁移行为*/
8:            r_d← Rand(0,1)             /*在[0,1]范围生成随机数*/
9:            k ← Rand(0,2π)             /*在[0,2π]范围生成随机数*/
  /*攻击行为*/
10:           r←u×e^kv                   /*在迁移过程中产生螺旋行为*/
11:           用式(63.5)计算距离 D_s
12:           P←x×y×z                    /*使用式(63.5)~式(63.9)在x,y,z平面计算P*/
13:           P_s(t)←(D_s×P)+P_bs
14:           t←t+1
15:     end while
16: 返回 P_bs
17: end 程序
```

```
1: 程序: 计算 P_bs 适应度
2:     for i←1 to n do                             /* 其中n表示给定问题的维数*/
3:         FIT_s[i] ← Fitness Function(P_s(i,:))   /* 计算每个个体的适应度值*/
4:     end for
5:     FITs_best ← BEST(FIT_s[])                   /*使用BEST函数计算最佳适应度值*/
6: 返回 FITs_best
7: end 程序
```

```
1: 程序: BEST(FIT_s[])
2:     Best←FIT_s[()]
3:     for i←1 to n do
4:         if (FIT_s[i]<Best) then
5:             Best←FIT_s[(i)]
6:         end if
7:     end for
8: 返回 Best                                   /*返回最佳适应度值*/
9: end 程序
```

第64章　哈里斯鹰优化算法

哈里斯鹰优化算法是模拟哈里斯鹰捕食行为的群智能优化算法。哈里斯鹰的捕食策略采用合作和追逐方式，几只老鹰合作，从不同的方向扑向猎物，对猎物进行突然袭击。哈里斯鹰可以根据捕猎场景的动态性和猎物的逃跑模式选择出追踪、围攻和攻击猎物的多种模式。该算法具有原理简单、结构灵活、调整参数较少、全局搜索能力强等特点。本章首先介绍哈里斯鹰的习性及觅食策略，然后阐述哈里斯鹰优化算法的数学描述和算法流程。

64.1　哈里斯鹰优化算法的提出

哈里斯鹰优化(Harris Hawk Optimization，HHO)算法是2019年由Heidari等模拟哈里斯鹰捕食行为提出的群智能优化算法。该算法通过哈里斯鹰对猎物探索、探索与开发的转换、开发3个阶段来模拟哈里斯鹰的捕食行为。通过29个基准问题和几个实际工程问题测试，并与其他成熟的元启发算法比较的统计结果表明，HHO算法提供了非常有前途的结果，有时甚至具有竞争性。HHO算法具有原理简单、结构灵活、调整参数较少、全局搜索能力强等特点，已被用于图像分割、神经网络训练、电机控制等领域。

64.2　哈里斯鹰的习性及觅食策略

栗翅鹰(Parabuteo unicinctus)是鹰科鵟属最典型的中型猛禽的学名，别名称为哈里斯鹰，如图64.1所示。哈里斯鹰长度为46～76cm，翼展为100～120cm，体重为700～1000g。全身覆盖有棕色羽毛，翅膀上下方是栗子色，大腿稍带黑棕色。尾巴的末端和臀部是白色，相间黑带。雌鸟体型大于雄鸟10%。幼鸟和成鸟有相似的斑纹。

图64.1　哈里斯鹰的图片

哈里斯鹰分布在美国新墨西哥州和亚利桑那州的部分地区。它们喜欢集群，经常发现几只鸟同时寻找、休息或者徘徊。它们一同掠食、巡航、合作狩猎。在同一棵树上可以栖息两只或多只哈里斯鹰。哈里斯鹰的食物很杂,经常搜寻捕食所在地的鸟、松鼠、狐尾林鼠和其他长耳大野兔等啮齿目动物,也吃蛇、蜥蜴,还时常用夜苍鹭和鸭子作为哺养小鸟的食物。

哈里斯鹰在自然界中采取合作和追逐方式的捕食策略,几只老鹰合作从不同的方向扑向猎物,对猎物进行突然袭击。哈里斯鹰可以根据捕猎场景的动态性和猎物的逃跑模式选择出多种追逐模式。HHO 算法正是在数学上模拟哈里斯鹰追踪、围攻和攻击猎物的动态模式和行为而开发的群智能优化算法。

64.3 哈里斯鹰优化算法的数学描述

哈里斯鹰优化算法包括探索、探索到开发的转换和开发 3 个阶段。

1. 探索阶段

在探索阶段,哈里斯鹰随机在一些地点栖息,通过敏锐的眼睛探测和跟踪猎物,并以下列两种机会均等的策略进行狩猎。

$$X(t+1)=\begin{cases}X_{\text{rand}}(t)-r_1\left|X_{\text{rand}}(t)-2r_2X(t)\right| & q\geqslant 0.5\\ X_{\text{prey}}(t)-X_a(t)-r_3(LB+r_4(UB-LB)) & q<0.5\end{cases}\tag{64.1}$$

其中,$X(t)$为哈里斯鹰当前位置;$X(t+1)$为下一次迭代哈里斯鹰的位置;$X_{\text{prey}}(t)$为猎物的位置;$X_{\text{rand}}(t)$为种群中随机选择的鹰;r_1、r_2、r_3、r_4 和 q 为(0,1)区间的随机数;UB 和 LB 分别为种群位置的上下界;$X_{\text{m}}(t)$为哈里斯鹰所有个体的平均位置,如下式所示:

$$X_{\text{m}}(t)=\frac{1}{N}\sum_{i=1}^{N}X_i(t)\tag{64.2}$$

其中,$X_i(t)$为每只鹰在当前迭代 t 中的位置;N 为所有鹰的数量。

2. 探索到开发的转换阶段

哈里斯鹰在追赶和狩猎过程中,它的能量减少了。因此,鹰从全局搜索向局部搜索的转换主要依靠逃逸能量因子 E 来控制。一个猎物的能量可以定义为

$$E=2E_0\left(1-\frac{1}{T}\right)\tag{64.3}$$

其中,E 为逃逸能量;E_0 为初始能量;T 为最大迭代次数。在此阶段,由 $\|E_0\|$ 的大小来控制探索到开发的转换。当 $\|E\|\geqslant 1$ 时,为执行探索;当 $\|E\|<1$ 时,为执行开发。

3. 开发阶段

哈里斯鹰在找到猎物后,根据猎物的逃逸和老鹰的追赶,在攻击阶段提出 4 种策略,并通过参数 E 和一个 0 到 1 的随机数来决定使用哪种策略。HHO 算法的不同阶段如图 64.2 所示。

1) 软包围

当 $r\geqslant 0.5$ 和 $|E|\geqslant 0.5$ 时,猎物有足够的能量,试图通过随机地跳跃逃出包围圈,但最终无法逃脱,因此哈里斯鹰使用软包围方式进行狩猎的公式如下:

$$X(t+1)=\Delta X(t)-E\left|JX_{\text{prey}}(t)-2X(t)\right|\tag{64.4}$$

$$\Delta X(t)=X_{\text{prey}}(t)-X(t)\tag{64.5}$$

其中,ΔX 为当前迭代 t 中最优个体鹰的位置与猎物位置之间的差值;J 是逃逸时猎物的随机

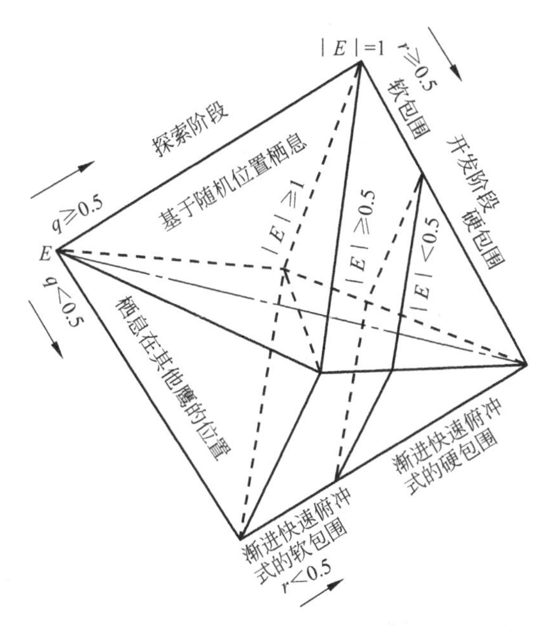

图 64.2　HHO 算法的不同阶段

跳跃强度因子，$J=2(1-r_5)$，r_5 为 0～1 均匀分布的随机数。

2）硬包围

当 $r\geqslant 0.5$ 和 $|E|<0.5$ 时，猎物既没有足够的能量摆脱，也没有逃脱的机会。因此，哈里斯鹰通过硬包围的方式进行狩猎，公式如下：

$$X(t+1)=X_{\text{prey}}(t)-E_n\cdot|\Delta X(t)| \tag{64.6}$$

图 64.3 描绘了用一只鹰执行对猎物兔子硬围攻的简单示例。

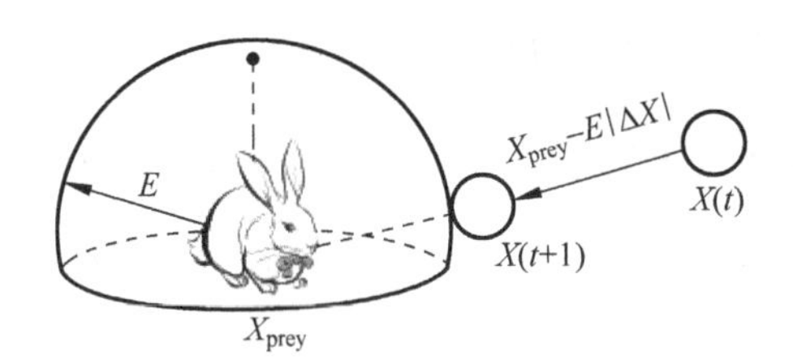

图 64.3　鹰硬围攻猎物情况下的整体向量示例

3）使用渐进快速俯冲式的软包围

当 $r<0.5$ 和 $|E|\geqslant 0.5$ 时，猎物逃逸能量足够，有机会从包围圈中逃脱，因此哈里斯鹰需要在进攻前形成一个更加智能的软包围圈，通过以下两个策略实施。当第 1 个策略无效时，执行第 2 个策略。

$$Y=X_{\text{prey}}(t)-E\,|\,JX_{\text{prey}}(t)-X(t)\,| \tag{64.7}$$

第 2 个策略更新公式为

$$Z=Y+\boldsymbol{S}+\text{LF}(D) \tag{64.8}$$

其中，D 为问题的维度；$\boldsymbol{S}$ 为一个 D 维的随机向量；LF 为 Levy 飞行函数，公式如下：

$$\text{LF}(x)=0.01\times\frac{u\sigma}{|v|^{\frac{1}{\beta}}} \tag{64.9}$$

$$\sigma=\left(\frac{\Gamma(1+\beta)\sin(\pi\beta/2)}{\Gamma\left(\frac{1+\beta}{2}\right)\beta\times 2^{\frac{\beta-1}{2}}}\right)^{\frac{1}{\beta}} \tag{65.10}$$

其中,u 和 v 为 0 到 1 均匀分布的随机数;β 为取值 1.5 的常数。因此,该阶段更新策略最终如下:

$$X(t+1)=\begin{cases}Y & f(Y)<f(X(t))\\ Z & f(Z)<f(X(t))\end{cases} \tag{64.11}$$

4) 使用渐进快速俯冲式的硬包围

当 $r<0.5$ 和 $|E|<0.5$ 时,猎物有机会逃逸,但逃逸能量不足,因此哈里斯鹰在突袭前形成一个硬包围圈,缩小它们和猎物的平均距离,采用以下策略进行狩猎:

$$X(t+1)=\begin{cases}Y=X_{\text{prey}}(t)-E\mid JX_{\text{prey}}(t)-X_{\text{m}}(t)\mid & f(Y)<f(X(t))\\ Z=Y+S+\text{LF}(D) & f(Z)<f(X(t))\end{cases} \tag{64.12}$$

其中,$X_{\text{m}}(t)$可由式(64.2)得到。

64.4 哈里斯鹰优化算法的实现

哈里斯鹰优化算法的伪代码描述如下。

```
输入: 种群规模 N 和最大迭代次数 T
输出: 猎物的位置及其适应度值
初始化种群 X_i(i = 1,2, … ,N)
while (不满足停止条件) do
    计算鹰的适应度值
    将 X_prey 设置为猎物的位置(最佳位置)
    for (每只鹰 (Xi)) do
        更新初始能量 E_0 和跳跃强度 J              ▷ E_0 = 2rand() - 1, J = 2 (1 - rand())
        使用式(64.3)更新 E
        if (|E| ≥ 1) then                          ▷ 探索阶段
            使用式(64.1)更新位置向量
        if (|E| < 1) then                          ▷ 开发阶段
            if (r ≥0.5 且 |E| ≥ 0.5) then          ▷ 软围攻
                使用式(64.4)更新位置向量
            else if  (r ≥0.5 且 |E| < 0.5) then    ▷ 硬围攻
                使用式 64.(6)更新位置向量
            else if (r < 0.5 且 |E| ≥ 0:5) then    ▷ 用渐进式快速俯冲软围攻
                使用式(64.10)更新位置向量
            else if (r < 0.5 且 |E| < 0:5) then    ▷ 用渐进式快速俯冲硬围攻
                使用式(64.11)更新位置向量
返回 X_prey
```

第65章 秃鹰搜索算法

秃鹰搜索算法是模拟秃鹰寻找鱼的狩猎策略和智能社交行为的群智能优化算法。该算法将秃鹰的狩猎行为分为选择搜索空间、搜索空间猎物和俯冲捕获猎物3个阶段,通过上述3个阶段的迭代运算来实现对各类复杂数值优化问题的求解。该算法具有较强的全局搜索能力。本章首先介绍秃鹰的习性及其狩猎策略,然后阐述秃鹰搜索算法的思想描述、秃鹰搜索算法的伪代码实现。

65.1 秃鹰搜索算法的提出

秃鹰搜索(Bald Eagle Search,BES)算法是2020年由马来西亚学者 Alsattar 等提出的模拟秃鹰寻找鱼的狩猎策略和智能社交行为的群智能优化算法。BES算法通过将秃鹰的狩猎行为分为选择搜索空间、搜索空间猎物和俯冲捕获猎物3个阶段循环迭代,实现对优化问题的求解。

通过 CEC 2005 和 CEC 2014 的两次会议中提供的基准测试组件对 BES 算法进行测试,并与其他多种优化算法比较,结果表明,BES算法具有较强的竞争能力和全局搜索能力,能够有效地解决各类复杂数值优化问题。它的改进算法已被用于优化支持向量机的特征选择问题。

65.2 秃鹰的习性及其狩猎策略的优化机制

白头鹰又称白头海雕、美洲雕,常被人们习惯上从英文直译为秃鹰。实际上,成年后的秃鹰全身羽毛丰满,头部、颈部和尾部的羽毛逐渐变成白色,如图65.1所示。秃鹰为北美洲所特

图65.1 秃鹰及狩猎期间秃鹰的行为

有的一种大型猛禽,一只完全成熟的秃鹰,体长可达1m,翼展2m。它的眼、嘴和脚为淡黄色,头、颈和尾部的羽毛为白色,身体其他部位的羽毛为暗褐色,十分雄壮美丽。它的体重为5～10kg,平均寿命为15～20年。

秃鹰拥有一副轻而薄且中空的骨架,空隙中充满空气,骨架重量还不到羽毛重量的一半。秃鹰的两足强壮有力,4个足趾顶端长有长而弯曲锋利的爪,这是它捕杀猎物最厉害的武器。秃鹰的眼睛不仅和人的眼睛一样大,而且飞行时视力敏锐,是人类视力的4倍。依靠颈部灵活地活动可以使头部转动270°,便于在高空搜索猎物。秃鹰被认为是食腐动物,吃任何现成的、简单的、富含蛋白质的食物。它主要选择(活的或死的)鱼类,特别是鲑鱼作为主要食物。

秃鹰寻找鱼的狩猎策略分为3个阶段。第1阶段选择空间,秃鹰会选择拥有最多猎物的空间,该阶段相当于全局搜索;第2阶段秃鹰在所选空间内移动以寻找猎物,相当于局部搜索;第3阶段秃鹰一旦发现猎物,它们将在高空逐渐下降,高速俯冲到达猎物,并从水中捕获鲑鱼。图65.2为秃鹰狩猎3个主要阶段的示意图。

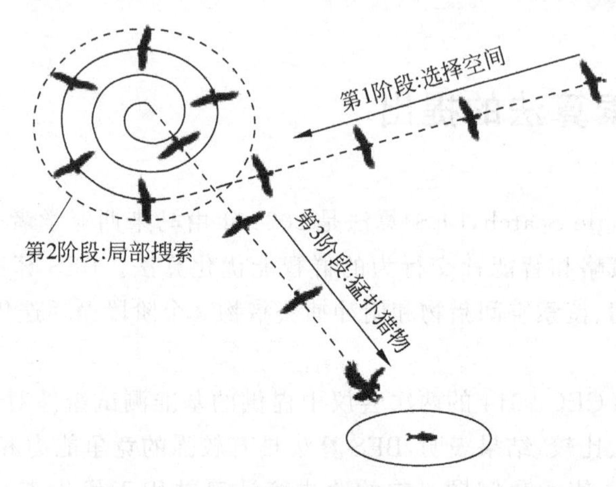

图65.2　秃鹰狩猎3个主要阶段的示意图

65.3　秃鹰搜索算法的数学描述

秃鹰搜索算法包括选择阶段、搜索阶段和捕获阶段3部分。

1. 选择搜索空间

在选择阶段,秃鹰通过识别猎物数量来选择最佳搜寻区域,便于搜索猎物,该阶段秃鹰位置$P_{i,\text{new}}$更新由随机搜索的先验信息乘以α来确定,其数学描述如下:

$$P_{i,\text{new}}=P_{\text{best}}+\alpha r(P_{\text{mean}}-P_i) \tag{65.1}$$

其中,α控制位置变化的参数,取值在1.5和2两者之间;r为一个介于0和1之间的随机数;P_{best}为当前秃鹰搜索确定的最佳搜索位置;P_{mean}为先前搜索结束后秃鹰的平均分布位置;P_i为第i只秃鹰的位置。

2. 搜索空间猎物

在搜索阶段,秃鹰在选定搜索空间内以螺旋形状向内飞行搜索猎物,从不同方向加速搜索进程,寻找最佳俯冲捕获位置。螺旋飞行数学描述采用极坐标方程进行位置更新,如下所示:

$$P_{i,\text{new}}=P_i+y(i)(P_i-P_{i+1})+x(i)(P_i-P_{\text{mean}}) \tag{65.2}$$

$$x(i)=\frac{xr(i)}{\max(|xr|)},\quad y(i)=\frac{yr(i)}{\max(|yr|)} \tag{65.3}$$

$$xr(i)=r(i)\sin(\theta(i)),\quad yr(i)=r(i)\cos(\theta(i)) \tag{65.4}$$

$$\theta(i)=a\pi\cdot\text{rand} \tag{65.5}$$

$$r(i)=\theta(i)+R\cdot\text{rand} \tag{65.6}$$

其中,P_{i+1} 为第 i 只秃鹰下一次更新的位置；式(65.3)～式(65.6)为描述螺旋轨迹的极坐标方程,$x(i)$与 $y(i)$表示极坐标中秃鹰位置,取值均为(−1,1)；$\theta(i)$与 $r(i)$分别为螺旋方程的极角与极径；a 与 R 为控制螺旋轨迹形状变化的参数,它们的变化范围分别为(0,5)和(0.5,2)；rand 为(0,1)内随机数。

图 65.3 显示了秃鹰在选定的搜索空间内以螺旋方向移动,并确定了俯冲和捕猎的最佳位置。图 65.4 显示的是一组参数 $a=5$ 和 $R=1.5$ 时的螺旋形状。

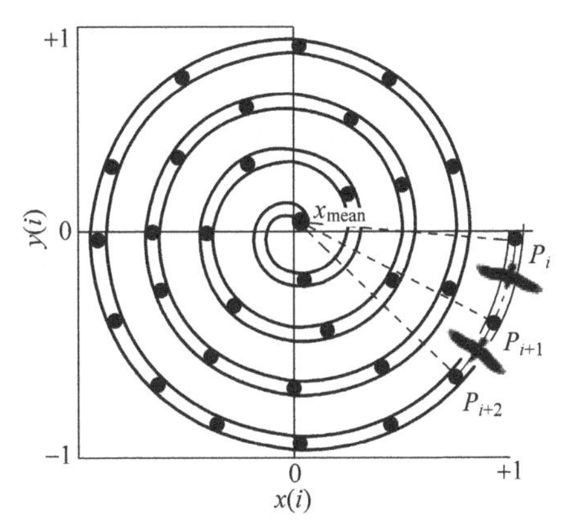

图 65.3　秃鹰在螺旋形空间内搜寻

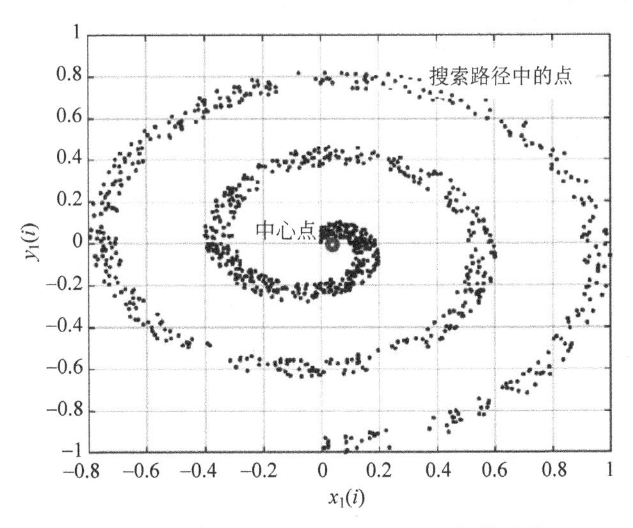

图 65.4　参数 $a=5$ 和 $R=1.5$ 时的螺旋形状

3. 俯冲捕获猎物

秃鹰一旦发现猎物,就从搜索空间的最佳位置快速俯冲飞向目标猎物,种群其他个体也同

时向最佳位置移动并攻击猎物,俯冲攻击运动状态用极坐标方程描述如下:

$$P_{i,\text{new}} = \text{rand} \cdot P_{\text{best}} + x_1(i)(P_i - c_1 \cdot P_{\text{mean}}) + y_1(i)(P_i - c_2 \cdot P_{\text{best}}) \tag{65.7}$$

$$x_1(i) = \frac{xr(i)}{\max(|xr|)}, \quad y_1(i) = \frac{yr(i)}{\max(|yr|)} \tag{65.8}$$

$$xr(i) = r(i) \cdot \sinh[\theta(i)], \quad yr(i) = r(i) \cdot \cosh[\theta(i)] \tag{65.9}$$

$$\theta(i) = a\pi \cdot \text{rand}, \quad r(i) = \theta(i) \tag{65.10}$$

其中,c_1、c_2 分别描述秃鹰向中心位置和最佳位置的移动强度,c_1、$c_2 \in [1,2]$。

65.4 秃鹰搜索算法的伪代码实现

秃鹰搜索算法的伪代码描述如下。

```
1:  对 Pi 的 n 点随机初始化
2:  计算初始点 Pi 的适应度值
3:  WHILE (终止条件不满足)
    选择空间
4:  For (种群中的每个点)
5:  P_new = P_best + α * rand(P_mean - P_i)
6:  If f(P_new) < f(P_i)
7:  P_i = P_new
8:  If f(P_new) < f(P_best)
9:  P_best = P_new
10: End If
11: End If
12: End For
    搜索空间
13: For (种群中的每个点)
14: P_new = P_i + y(i) * (P_i - P_i+1) + x(i) * (P_i - P_mean)
15: If f(P_new) < f(P_i)
16: P_i = P_new
17: If  f(P_new) < f(P_best)
18: P_best = P_new
19: End If
20: End If
21: End For
    俯冲袭击
22: For (种群中的每个点)
23: P_new = rand·P_best + x1(i) * (P_i - c1·P_mean) + y1(i) * (P_i - c2·P_best)
24: If f(P_new) < f(P_i)
25: P_i = P_new
26: If f(P_new) < f(P_best)
27: P_best = P_new
28: End If
29: End If
30: End For
31: k : = k + 1
32: END WHILE
```

第66章 蝙蝠算法

蝙蝠算法是一种模拟微蝙蝠的回声定位原理的随机搜索算法。微型蝙蝠尽管很小，但它发出短暂的脉冲超声波，并能利用探测回声的时间延迟、双耳的时间差、回声的响度变化探测猎物的距离与方向、猎物的种类、猎物的移动速度及周围环境的三维场景。蝙蝠算法把蝙蝠看作分布在搜索空间中的解，蝙蝠算法通过发射频率控制蝙蝠个体位置的不断更新来实现全局搜索，同时与通过脉冲发生率和响度来进行局部搜索相配合，以实现对优化问题的求解。本章介绍蝙蝠的习性及回声定位，以及蝙蝠算法的基本思想、数学描述、实现步骤及流程。

66.1 蝙蝠算法的提出

蝙蝠算法(Bat Algorithm, BA)是2010年由英国剑桥学者Xi-She Yang受蝙蝠回声定位行为的启发提出的一种新的元启发式算法。微型蝙蝠具有惊人的回声定位能力，即使在完全黑暗的环境中，这些蝙蝠也能找到猎物并能区分不同种类的昆虫。蝙蝠算法的思想源于对蝙蝠高级回声定位能力的模拟，通过对蝙蝠回声定位行为的公式化描述，从而形成了一种新的群智能优化算法。

在适当条件下，蝙蝠算法看作和声算法和粒子群算法的混合算法。已有研究将蝙蝠算法用于函数优化、分类、特征提取、调度、车辆路径问题、数据挖掘等方面。

66.2 蝙蝠的习性及回声定位

蝙蝠是唯一长有翅膀的哺乳动物，自然界约有千种不同种类蝙蝠，它们体型千差万别，有大到翼展约1.56m，质量约1kg的巨型蝙蝠，也有小到翼展约2cm，质量1.5～2g的大黄蜂蝙蝠——微型蝙蝠。多数微型蝙蝠都是食虫类动物，习惯在夜间活动，因为它们的视觉辨别能力很差，即使在白天它的观察能力也很弱，但是蝙蝠的听觉器官却异常发达，所以大多数蝙蝠具有敏锐的回声定位能力，即超声波定位。

微型蝙蝠靠一种声呐，也称为回声定位器，来探测猎物，避开障碍物，在黑暗中找到它们的栖息地。这些蝙蝠发出响亮尖锐的脉冲叫声，然后用灵敏的耳朵聆听从周围的物体反弹回来的回声。回声会告诉蝙蝠附近物体的位置和大小，以及物体是否在移动。这种回声定位法可以帮蝙蝠在黑暗中找到方向以及捕捉飞行中的昆虫等猎物。蝙蝠尖锐的回声属于超声，人们是听不到的，但蝙蝠发出的其他声音有些是我们能听得到的。

根据回声定位的声学原理尽管蝙蝠发出的每个脉冲只持续几毫秒(最高达10ms)，然而，它有一个恒定频率,通常为25～150Hz,每次发射的声波通常会持续5～20s。微型蝙蝠每秒发出10～20个这样的声波,而在寻找猎物时,蝙蝠可以每秒发出大约200个这样的声波脉冲。如此急促的声波发射意味着蝙蝠有超强的信号处理能力。由于声音在空气中的速度通常为340m/s,而超声波在f频率下的波长为$\lambda=v/f$,相对于频率25～150kHz,它在2～14mm的范围,这样的波长正好等同于猎物的大小。发出在超声波范围内的声波,响度能达到100dB,并且响度在搜索猎物时最高,而在靠近猎物时最低。蝙蝠发出这样短暂的脉冲的传送距离通常只有几米。微型蝙蝠通常能够设法避开障碍物,哪怕障碍物只有发丝细小。飞行中的蝙蝠如图66.1所示。

图66.1 飞行中的蝙蝠

由于物种的不同,蝙蝠所发出的脉冲性质不同,这与它们的猎物策略有关。大多数蝙蝠用短波、调频信号,通过对一个音阶横扫,另一些蝙蝠则更经常使用固定频率的定位信号。它们的信号带宽变化取决于物种,并经常通过更多使用谐波来提高。

研究表明,微型蝙蝠利用发出和探测回声的时间延迟,利用双耳的时间差,利用回声的响度变化去建立周围环境的三维场景。蝙蝠能够探测目标物的距离与方向,猎物的种类,猎物的移动速度,哪怕猎物只是一只小昆虫。蝙蝠似乎能够通过目标昆虫鼓翼所引起的多普勒效应的变化区分目标物。

蝙蝠进化得如此成功,关键还在于它们具有超强的飞行能力。研究表明,蝙蝠具有比滑翔复杂得多的动力飞行能力,这主要归功于翼的特殊结构。由指骨形成的框架能改变蝙蝠翼的形状,进而能灵活地改变它的翼向背部隆起的程度和前伸的位置。它的这种能力超过鸟类,飞行具有很强的机动性,在飞行时能产生复杂的空气动力轨迹,并且飞行时都具有局部自相似性。

66.3 蝙蝠算法的基本思想

有些蝙蝠拥有良好的视力,大多数蝙蝠也有很敏感的嗅觉。事实上,它们将用所有的感官联合运用使探测猎物的效率最大化,使飞行能够顺利无误。然而,从设计新优化算法的角度出发,人们感兴趣的只是微型蝙蝠回声定位及其相关的行为。因为微型蝙蝠这样的回声定位行为方式可以与优化目标的功能相关联,这正是设计蝙蝠优化算法的基本思想。

蝙蝠算法把蝙蝠看作分布在搜索空间中的解,模拟在复杂环境中精确捕获食物的机制解决优化问题。

首先,在搜索空间随机分布若干蝙蝠,确定种群个体的初始位置及初始速度,对种群中各个蝙蝠进行适应度评价,寻找出最优个体位置。

然后，通过调整频率产生新的解并修改个体的飞行速度和位置。在蝙蝠的速度和位置的更新过程中，频率本质上控制着这些蝙蝠群的移动步伐和范围。

蝙蝠在寻优过程中，通过调节脉冲发生率和响度促使蝙蝠朝着最优解方向移动。蝙蝠在刚开始搜索时具有较小的脉冲发生率，蝙蝠有较大的概率在当前最优解周围进行局部搜索，同时较大的响度使得局部搜索的范围比较大，有较大的概率勘探到更好的解。随着迭代的增加，脉冲发生率增加，响度减小，局部搜索概率减小，局部挖掘的范围也很小，蝙蝠不断扫描定位目标，最终搜索到最优解。

66.4　蝙蝠算法的数学描述

1. 蝙蝠回声定位的理想化规则

要把微型蝙蝠回声定位机制形成算法，就可以设计基于蝙蝠回声原理的蝙蝠算法。为简单起见，假设蝙蝠回声定位及飞行速度、位置使用下面的理想化规则。

(1) 所有的蝙蝠利用超声波回声的感觉差异来判断食物/猎物和障碍物之间的差异。

(2) 蝙蝠是以速度 v_i、位置 x_i 和固定频率 $f_{\min}$、可变化波长 λ 和响度 A_0 随机飞行的，并用不同的波长 λ(或频率 f)和响度 A_0 去搜索猎物。它们会根据接近猎物的程度自动调整它们发出脉冲的波长(或频率)。

(3) 尽管响度会以很多方式变化，可以假定它的变化是从一个很大的值 A_0(正值)到最小值 $A_{\min}$。

另一个简化是用无限追踪来估计时间的延迟和三维地形的。尽管它在几何计算中的应用很好，但是一般不会使用它，因为它在多维问题中会增大计算量。

除了上面的假设外，为简单起见还使用一些近似值。在一般的频率范围内 $[f_{\min}, f_{\max}]$ 对应的波长范围为 $[\lambda_{\min}, \lambda_{\max}]$。例如，频率范围是[20kHz, 500kHz]对应的波长范围从 0.7mm 到 17mm。

对于一个给定的问题，为便于算法实现，可以使用任何的波长，并可以通过调整波长(或频率)来调整搜索范围，而可探测的区域(或最大的波长)的选择方式为先选择感兴趣的区域，然后慢慢缩小。因为波长 λ 和频率 f 之积 λf 为常数，所以可以在固定波长 λ 时改变频率。

为简单起见，可以假定 $f \in [0, f_{\max}]$。显然，较高的频率有较短的波长和较短的搜索距离。通常蝙蝠的搜索范围在几米以内。脉冲发生率可以设定在[0,1]范围内，其中 0 表示没有发出脉冲，1 表示脉冲发生率最大。

2. 蝙蝠的速度和位置更新

在一个 d 维搜索空间中，定义蝙蝠 i 的位置 x_i 和速度 v_i，在 t 时刻更新的位置 x_i^t 和更新的速度 v_i^t 的计算公式如下：

$$f_i = f_{\min} + (f_{\max} - f_{\min})\beta \tag{66.1}$$

$$v_i^t = v_i^{t-1} + (X_i^{t-1} - X_*) f_i \tag{66.2}$$

$$x_i^t = x_i^{t-1} + v_i^t \tag{66.3}$$

其中，f_i 为蝙蝠 i 发射的频率；$\beta \in [0, 1]$为一个随机向量；X_* 为当前全局最优位置(解)，它是在所有 n 只蝙蝠搜索到的解中比较后确定的位置。

由于乘积$\lambda_i f_i$是速度增量,因此可根据待优化问题的类型,固定一个变量λ_i(或f_i),同时使用另一个变量f_i(或λ_i)调整速度变化。在实际操作中,可以根据问题搜索范围的大小,使用$f_{\min}=0$和$f_{\max}=100$。初始时,每只蝙蝠是按照$[f_{\min},f_{\max}]$间的均匀分布赋给一个频率。

对于局部搜索,一旦从现有的最优解中选中了一个解,那么每只蝙蝠按照随机游走法则产生局部新解为

$$x_{\text{new}}=x_{\text{old}}+\varepsilon A^t \tag{66.4}$$

其中,$\varepsilon\in[-1,1]$为一个随机数;$A^t=\langle A_i^t\rangle$为所有蝙蝠在同一时间段里的平均响度。

蝙蝠的速度和位置更新步骤有些类似标准粒子群优化算法,如f_i基本上控制了聚焦粒子运动的节奏和范围。在某种程度上,BA被视为标准粒子群优化和强化的局部搜索的一种均衡组合,而均衡是受响度和脉冲发生率控制的。

3. 响度和脉冲发生率更新

脉冲发射的响度A_i和脉冲发生率r_i要随着迭代过程的进行来更新。蝙蝠一旦发现了猎物,响度会逐渐降低,同时脉冲速率就会提高,响度会以任意简便值改变。例如,可以用$A_0=100$和$A_{\min}=1$。为简单起见,也可以用$A_0=1$和$A_{\min}=0$,假设$A_{\min}=0$意味着一只蝙蝠刚刚发现一只猎物并暂时停止发出任何声音。响度A_i和脉冲发生率r_i的更新公式为

$$A_i^{t+1}=\alpha A_i^t,\quad r_i^{t+1}=r_i^0[1-\exp(-\gamma t)] \tag{66.5}$$

其中,α和γ是常量。事实上α类似于模拟退火算法中冷却进程表中的冷却因素。对于任何$0<\alpha<1$和$\gamma>0$的量都有

$$A_i^t\to 0,\quad r_i^t\to r_i^0,\quad t\to\infty \tag{66.6}$$

最简单的情况,令$\alpha=\gamma=0.9$。参数选择需要一定的经验。初始时,每只蝙蝠所发出的响度和脉冲发生率的值都是不同的,这可以通过随机选择。例如,初始的响度A_i^0通常在$[1,2]$之间,而初始的脉冲发生率r_i^0一般取在0附近,或由式(66.5)得出的$r_i^0\in[0,1]$中的任何值。如果搜索到了更优的解,蝙蝠的响度和发生率将随之更新,这意味着这些蝙蝠能够不断飞向最优解。

66.5 蝙蝠算法的实现步骤及流程

蝙蝠算法实现的具体步骤如下。

(1) 确定目标函数和初始化相关参数。

(2) 初始化蝙蝠种群位置$x_i(i=1,2,\cdots,N)$和速度v_i,定义第i只蝙蝠在位置x_i处的脉冲频率f_i,初始化脉冲发生率r_i及响度A_i。

(3) 计算每只蝙蝠的初始适应度值。

(4) 通过调整频率用式(66.1)~式(66.3)更新蝙蝠的速度v_i^t和位置x_i^t而产生后代个体。

(5) 若随机产生的随机数大于脉冲发生率r_i^t,则在当前所有个体中选择一个个体为全局最优个体x_*,且在选择的最优个体附近利用式(66.4)产生一个局部个体,并计算这个局部个体的适应度值。

(6) 若由步骤(5)产生局部个体的适应度值较全局最优个体有改进且产生的随机数小于

响度 A_i^t，则接受该新解为当前全局最优个体，保存这个个体的适应度值，用式(66.5)增大 r_i^t 和减小 A_i^t。

(7) 更新算法迭代次数，判断是否达到终止条件，若是，则打印结果算法结束；否则，转入步骤(4)进行循环。

蝙蝠算法的计算流程如图 66.2 所示。

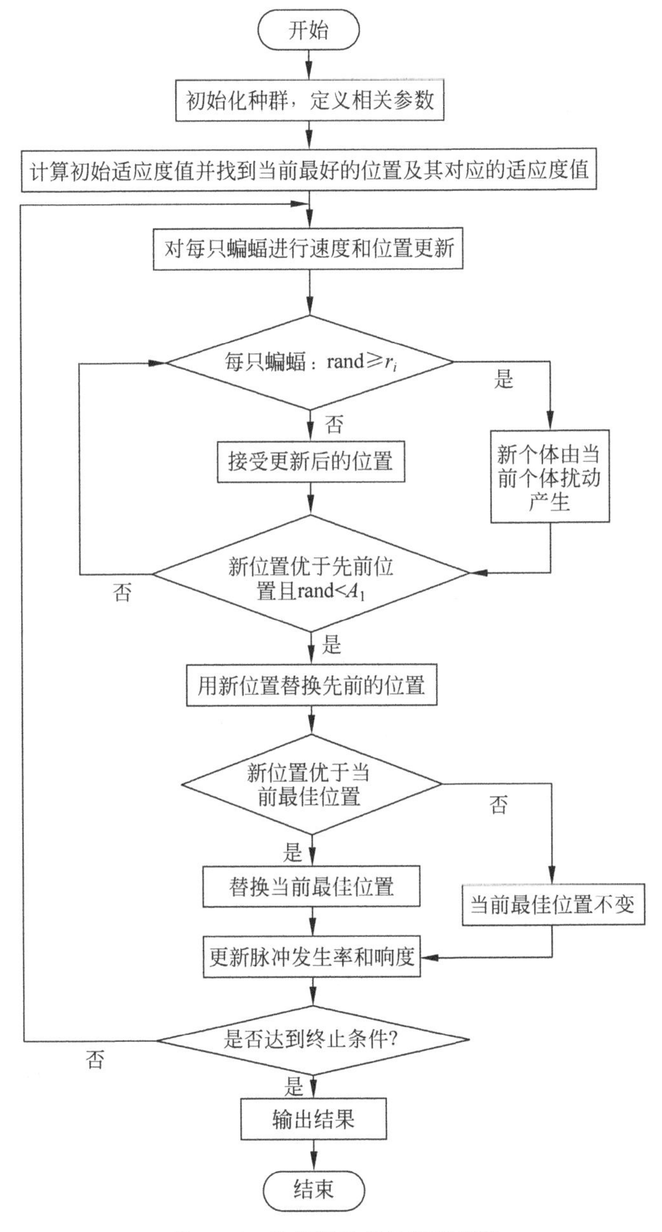

图 66.2　蝙蝠算法的计算流程图

从蝙蝠算法计算过程来看，实质上是通过发射频率来控制蝙蝠个体位置的更新，相当于一个步长因子，这里的频率是随机变化的，这个过程可称为"位置更新"。第二个过程是通过脉冲发生率和响度来进行局部搜索。算法最后，局部搜索有效后需要进一步加强，减小搜索范围,同时为了保证一定的种群多样性,需要减小局部搜索的概率。这个过程可称为“步伐控制”。在位置更新过程中,频率的更新属于随机选择,随机性较强;同时,种群之间进行了种群最优个体和蝙蝠个体之间的交流,具有一定的搜索指导性。在局部搜索中,蝙蝠个体在种群最优个体周围进行勘探,使得算法具有较快的收敛速度。步伐控制过程中,脉冲发生率的增加和响度的减小是在局部搜索有效后进行的,减小响度表示蝙蝠个体在靠近猎物,直至搜索到最优解。

第67章 动态虚拟蝙蝠算法

动态虚拟蝙蝠算法是只用两只动态虚拟蝙蝠模拟蝙蝠狩猎时回声定位功能的智能优化算法。蝙蝠通过发出声波并聆听回声，可以生成其环境的3D蓝图，并利用延迟的时间和响度来区分微小猎物的形状、大小和质地，以及猎物前进方向，甚至猎物的速度。蝙蝠还可以通过改变脉冲的频率和传播范围来搜索猎物。本章首先介绍蝙蝠的回声定位功能、动态虚拟蝙蝠算法的优化原理，然后阐述动态虚拟蝙蝠算法的数学描述、算法的伪代码实现。

67.1 动态虚拟蝙蝠算法的提出

动态虚拟蝙蝠算法(Dynamic Virtual Bats Algorithm，DVBA)是2016年由Topal等提出的一种新的群智能优化算法。该算法模拟蝙蝠狩猎时能够操纵所发射声波的频率和波长的回声定位功能。在DVBA中，只有两个蝙蝠——探险者蝙蝠和开发者蝙蝠。当探险者蝙蝠探索搜索空间时，开发者蝙蝠以最大的概率对本地进行密集搜索，以找到所需目标。蝙蝠根据它们的位置动态交换探险和开发的角色。

通过CEC 2014的30个有约束的优化问题对DVBA的性能进行测试，并与4种标准优化算法、4种改进的BA算法和6种最新算法进行比较，结果表明，就最优解的质量和收敛速度等大多数测试性能上，总体而言，DVBA优于或与其他算法相当。

67.2 蝙蝠的回声定位功能

蝙蝠具有独特的能力，能够使用基于高频声音的系统回声定位技术来检测昆虫并避开障碍物。蝙蝠通过发出声波并聆听回声，可以生成其环境的3D蓝图。蝙蝠可以利用延迟的时间和响度来区分微小猎物的形状、大小和质地，猎物前进的方向，甚至猎物的速度。蝙蝠还具有改变其发出声音脉冲方式的能力。通过改变脉冲的频率，蝙蝠可以改变脉冲的传播范围。频率 f 与波长 λ 成反比，它们的乘积 $v=f\lambda$ 可得到声音在空气中的速度 $v=340\text{m/s}$。

蝙蝠狩猎时，它们会发出频率较低且波长较长的声音脉冲，因此声音脉冲可以传播更远的距离。在这种远距离模式下，很难检测到猎物的确切位置，但是搜索大面积区域变得容易。当蝙蝠检测到猎物时，脉冲会以更高的频率和更短的波长发出，因此蝙蝠能够更频繁地更新猎物的位置。根据猎物种类不同，声音脉冲的范围为2.4～62m。

除了频率和波长以外，蝙蝠还能改变声音的响度，寻找猎物时的声音最大，接近猎物时的声音更小。因此，我们可以说，声音脉冲的响度和频率(脉冲率)成反比。总而言之，蝙蝠狩猎策略有两个明显的特点。

(1) 当蝙蝠搜寻猎物时,其声音频率较低,波长较长且声音很大,如图67.1(a)所示。

(2) 当蝙蝠检测到猎物时,其声音频率更高,波长更短且更安静,如图67.1(b)所示。显然,蝙蝠对猎物的搜索自然解决了勘探与开发之间的平衡问题。

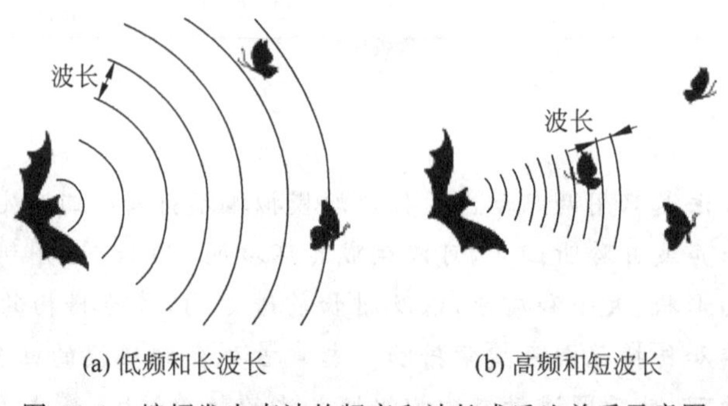

图67.1 蝙蝠发出声波的频率和波长成反比关系示意图

67.3 动态虚拟蝙蝠算法的优化原理

动态虚拟蝙蝠算法与蝙蝠算法(BA)的设计思想不同,只专注于蝙蝠如何在搜索过程中改变声音频率和波长,而不考虑声音响度。当蝙蝠在寻找猎物时,有两种搜索行为。一种是探索行为,蝙蝠发出低频和较长波长的声波。波就像一个灯泡,照亮一个宽阔的圆圈,如图67.2(a)所示。另一种是开发行为,当蝙蝠靠近猎物时,它将增加频率并减小声波的波长,以获取猎物的确切位置。此时声波就像一股闪光,发散出狭窄的光束,如图67.2(b)所示。

DVBA受到蝙蝠上述两种搜索行为的启发,只需要通过使用两只蝙蝠就成功地处理典型的探索和开发之间的平衡问题,不需要有庞大数量的种群规模就可以提供最优解。每只蝙蝠在算法中都有自己的角色,在搜索过程中,它们根据各自的角色进行位置交换。这两种蝙蝠分别称为探险家蝙蝠和开发者蝙蝠。处于有利位置的蝙蝠成为开发者,另一个蝙蝠成为探险者。

当开发者蝙蝠加大对有利位置周围的搜索力度时,探索者蝙蝠会继续寻找更好的位置,直到蝙蝠找到更好的位置。每一次迭代后,开发者蝙蝠会加大搜索力度以获得最优解。图67.2(a)、(b)中的三角形▲代表蝙蝠,加号(+)代表了猎物。黑点是波上的位置(H),为了得到更好的解,将对它们进行检查。如图67.2(a)所示,在搜索过程中,搜索蝙蝠创建的搜索点在搜索空间中分布广泛。然而在图67.2(b)中,蝙蝠创造了一个非常小的搜索范围,搜索点之间越来越近。

DVBA通过两个虚拟蝙蝠——探索者蝙蝠和开发者蝙蝠的不断探索和开发行为的竞争中交换角色,算法经过反复迭代,最终获得优化问题的最优解。

67.4 动态虚拟蝙蝠算法的数学描述

1. 虚拟蝙蝠的搜索范围

与真正的蝙蝠类似,虚拟蝙蝠也在其搜索范围内寻找更好的猎物(解)。它们使用默认的搜索范围从随机位置 X_i 和随机速度 V_i 开始飞行。在搜索过程中,搜索范围会动态变化:

图 67.2(a)所示的搜索范围扩大,或者如图 67.2(b)所示的靠近猎物时搜索范围会缩小。搜索范围的长度和宽度分别由波长 λ_i 和频率 f_i 控制。利用波向量 $\mathbf{V}_j^i$ 和搜索点 h_{jk} 向量模拟搜索范围,如图 67.2(a)、(c)所示。

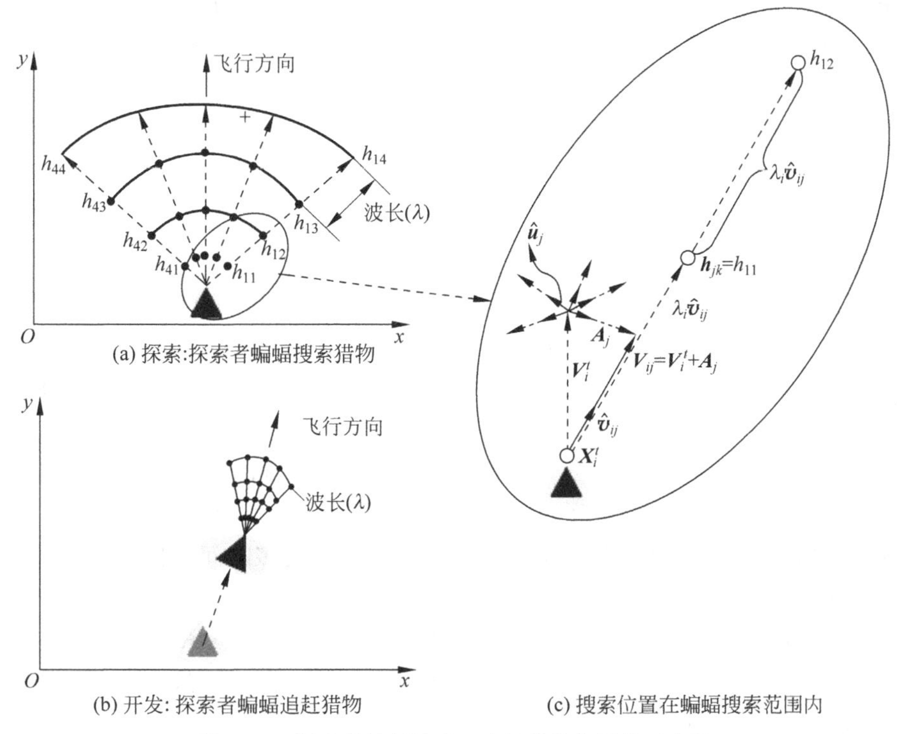

图 67.2　探索者蝙蝠搜索:追赶猎物范围的示意图

为了在搜索范围内分布波向量,需要生成单位向量$\hat{\boldsymbol{u}}_j$,它给出了范围宽度向量 $\mathbf{A}_j$ 的方向。如图 67.2(c)所示,单位向量$\hat{\boldsymbol{u}}_j$ 是随机生成的;因此,波向量也在搜索范围内随机分布。$\mathbf{A}_j$ 的大小会改变搜索范围的宽度,并与波的频率 f_i 成反比。如图 67.2(b)所示,当频率 f 增加时,通过以与波长 λ_i 相同的长度缩放单位向量$\hat{\boldsymbol{v}}_{ij}$ 来分布搜索点 h_{jk}。图 67.2(c)示出的搜索范围宽度向量 $\boldsymbol{h}_{jk}$、单位向量$\hat{\boldsymbol{u}}_j$、波向量 $\mathbf{V}_j^i$,以及在时间步 t 处蝙蝠的搜索范围内搜索点 h_{jk} 的位置由式(67.1)～式(67.5)分别计算如下:

$$\mathbf{A}_j=\frac{\hat{\boldsymbol{u}}_j b}{f_i}\quad j=1,2,\cdots,w\quad i=1,2,\cdots,n \tag{67.1}$$

$$\mathbf{V}_{ij}=\mathbf{V}_i^t+\mathbf{A}_j \tag{67.2}$$

$$\hat{\boldsymbol{v}}_{ij}=\frac{\mathbf{V}_{ij}}{\|\mathbf{V}_{ij}\|} \tag{67.3}$$

$$\boldsymbol{h}_{jk}=X_i^t+\hat{\boldsymbol{v}}_{ij}k\lambda_i\quad k=1,2,\cdots,m \tag{67.4}$$

$$\boldsymbol{H}_{j,k}=\begin{bmatrix} h_{1,1} & h_{1,2} & \cdots & h_{1,k} \\ h_{2,1} & h_{2,2} & \cdots & h_{2,k} \\ \vdots & \vdots & & \vdots \\ h_{j,1} & h_{j,2} & \cdots & h_{j,k} \end{bmatrix} \tag{67.5}$$

其中,w 为波向量的数量;i 为蝙蝠的序号(最大值为 2),$b\in(20,40)$为波向量宽度变量;m 为波向量上搜索位置的数量。

增加 m 和 w 的数量将提供更详细的搜索,但将需要更长的计算时间。如果频率增加,向量将越来越近,波长(搜索点之间的距离)将越来越短,这是从蝙蝠的动态搜索能力中获得启发的。频率 f_i 和波长 λ_i 的变化在时间步 $t+1$ 时由式(67.6)~式(67.8)分别计算如下:

$$f_i^{t+1}=f_i^t\pm\rho \tag{67.6}$$

$$\lambda_i^{t+1}=\lambda_i^t\pm\rho \tag{67.7}$$

$$\rho=\mathrm{mean}\left(\frac{U-L}{\beta}\right)\quad\{\beta\in\Re:\beta>0\} \tag{67.8}$$

其中,ρ、β 为正常数;U 和 L 分别为搜索空间的上、下限。

在原 DVBA 中,β 取为 100。增加 β 可能会导致蝙蝠陷入多峰问题的局部最优,但在单峰问题中会提高准确性。选择波长范围非常重要,如果波长太短,在较大的搜索空间中,收敛可能会非常缓慢;相反地,如果波长过长,则可能会绕过全局最佳波长,无法找到最佳位置。为了克服这个问题,波长的长度与问题的范围有关。为简单起见,在$[\lambda_{\min},\lambda_{\max}]=[\rho,5\rho]$的波长范围内选取 λ 对应于频率$[f_{\min},f_{\max}]=[\rho,5\rho]$的范围。在测试 β 值对算法收敛特性的影响表明,当 β 增加时,DVBA 性能会变差。这是因为它降低了 ρ 的增量率,导致两只蝙蝠的搜索范围变小。这对于开发者蝙蝠更好,但探索者蝙蝠将需要更多时间来找到最佳解。

2. 虚拟蝙蝠的搜索行为

两只蝙蝠从随机的位置、随机的方向、默认的波长和频率开始搜索。一开始,它们都像蝙蝠一样开始搜寻。根据它们在第一次尝试中找到的最佳位置,其中一只将成为探险者蝙蝠,另一只成为开发者蝙蝠。为了分配它们的角色,从蝙蝠的搜索范围 H 中找到它们的最佳解 h_*,并对它们进行比较。在确定了它们的角色之后,蝙蝠在下一步$(t+1)$中将 x_i^t 与 h_* 进行比较,可能采取以下三种行动。

(1) 如果搜索范围的最佳位置 h_* 优于蝙蝠的当前位置 x_i^t,则蝙蝠会飞向该位置。同时它的方向也将朝下一个位置改变。蝙蝠将成为开发者蝙蝠,其波长将缩短,频率将增加。只要它在声波范围内具有更好的位置,它就会增加搜索强度。为了避免 V_i^{t+1} 非常小或很大,使用等式对其进行归一化。因此,当 V_i^{t+1} 接近零时,它将始终在[0,1]之间。

如果 h_* 比蝙蝠的当前位置更差,算法将检查当前位置 x_i^t 是否为已经找到迄今为止的最佳位置 x_{gbest}。

$$x_i^{t+1}=h_* \tag{67.9}$$

$$V_i^{t+1}=|\ x_i^{t+1}-x_i^t\ | \tag{67.10}$$

$$\hat{\boldsymbol{v}}_i=\frac{V_i^{t+1}}{\|V_i^{t+1}\|} \tag{67.11}$$

(2) 如果当前解不是最好解,则蝙蝠将成为探索者蝙蝠,随机改变其方向,增加波长,并降低频率,扩大搜索范围。这些动作有助于蝙蝠继续探索搜索空间,而不会陷入局部最优状态,并提供了随机行走的能力。

(3) 如果蝙蝠已经在最佳位置 x_{gbest},则该蝙蝠将成为开发者蝙蝠。波长将被最小化$(\lambda_i^{t+1})=(\lambda_{\min})$,频率将被最大化$(f_i^{t+1})=(f_{\max})$,并且搜索方向将随机改变,因此,蝙蝠可以增加对周围的搜寻强度。

67.5 虚拟蝙蝠算法的伪代码实现

求解最小化 $f(x)$ 问题的虚拟蝙蝠算法的伪代码描述如下，其中 x_{gbest} 是全局最优解，d 是维数。

```
1.  目标函数 f(x),x=(x_1,x_2,…,x_d)^T
2.  初始化蝙蝠种群 x_i(i=1,2)和 v_i
3.  初始化波长 λ_i 和频率 f_i
4.  初始化波数
5.  while(t <最大迭代次数)do
6.      for 每只蝙蝠 do
7.          创建声波范围
8.          评估波上的解
9.          选择波上的最佳解 h_*
10.      if (f(h_*)<f(x_i)) then
11.         将 x_i 移至 h_*
12.         减小 λ_i 并增大 f_i
13.     else (f(x_i)>f_gbest) then
14.         随机改变方向
15.         增加 λ_i 并减小 f_i
16.     else if (x_i = x_gbest) then
17.         最小化 λ_i 并最大化 f_i
18.         随机改变方向
19.     end if
20.     对蝙蝠进行排序并找到当前最好的蝙蝠 x_gbest
21. end while
```

第68章 飞鼠搜索算法

飞鼠搜索算法是一种模拟飞鼠智能动态觅食行为的群智能优化算法。飞鼠自身能够根据外界环境供给的营养数量的变化，选择最佳地利用两种食物源的营养方式。实际上，飞鼠并不会飞，而是使用一种特殊的滑行方式在树与树之间移动，这样可以节省能量、躲避捕食者，更有利于觅食和节省觅食成本。本章首先介绍飞鼠的生活习性和飞鼠搜索算法的优化原理，然后阐述飞鼠搜索算法的数学描述、算法的伪代码及程序流程。

68.1 飞鼠搜索算法的提出

飞鼠搜索算法(Squirrel Search Algorithm，SSA)是2019年由Jain等提出的群智能优化算法，用于解决单模态、多模态和多维优化问题。该算法模拟南方飞鼠的动态觅食行为及其古老的滑翔运动方式。飞鼠自身能够随着季节变化供给营养数量的变化，选择最佳地利用两种食物源营养的觅食行为，这体现出一种寻优的机制。飞鼠还能用一种滑行方式在树与树之间移动，这样既可以节省能量、躲避捕食者，又有利于觅食和节省觅食成本。

通过对经典和现代CEC2014基准函数的测试，并与其他现有的优化算法比较，统计结果的分析表明，SSA具有更高的优化精度和收敛速度。

68.2 飞鼠滑行及觅食行为的寻优机制

飞鼠是小型啮齿哺乳动物，它们大多生长在欧亚的落叶林区，树栖夜行，善于滑行。如图68.1所示，飞鼠有一个类似降落伞的薄膜，它能够调整升力和阻力，从一棵树上滑翔到另一棵树上，如图68.2所示。因此，飞鼠是滑行方式的空气动力学最为复杂的动物。

图68.1 飞鼠自然环境下滑行实景图

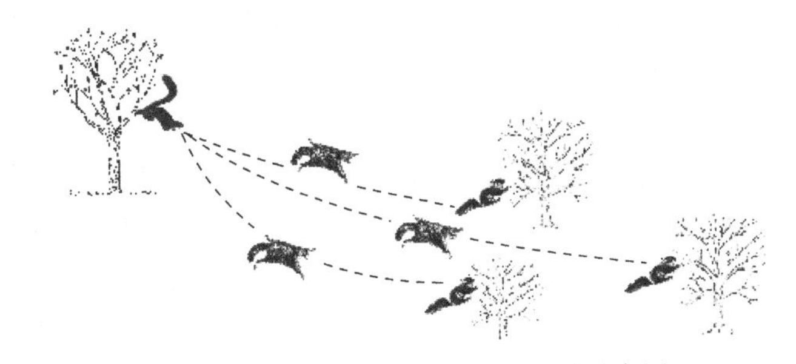

图 68.2　飞鼠在两棵树之间滑行的示意图

飞鼠并不会飞，它们使用一种特殊的“滑翔”方式进行移动，滑翔是一种节省能量的方式，可以让小型哺乳动物快速而有效地跨越很远的距离。研究表明，飞鼠进化出滑行能力是为了躲避天敌，并且滑行更有利于觅食和节省觅食成本。

飞鼠有一种智能动态觅食行为。例如，为了保证秋天的营养供给充足，它们更喜欢吃橡子，同时在它们的巢、洞穴或者地面上储存山核桃之类坚果。在冬季，由于温度较低、营养需求较高，在觅食过程中发现的山核桃会被迅速吃掉，如果营养不够，就吃秋天的储备粮食。飞鼠能够根据外界环境供给的营养数量的变化，有选择地吃一些坚果并且储存其他坚果，可以最佳地利用这两种食物源，体现了飞鼠动态觅食的智能行为。

模拟飞鼠的智能动态觅食行为和特殊的滑行方式体现出的寻优机制，正是飞鼠搜索算法的优化原理。

68.3　飞鼠搜索算法的数学描述

1. 飞鼠的位置随机初始化

在 d 维搜索空间中，飞鼠的位置由 d 维向量表示，d 可以是一维、二维和三维甚至更高的维度。设森林里有 n 只飞鼠，所有飞鼠的位置向量可以用矩阵表示为

$$\begin{bmatrix} \boldsymbol{FS}_{1,1} & \boldsymbol{FS}_{1,2} & \cdots & \boldsymbol{FS}_{1,d} \\ \boldsymbol{FS}_{2,1} & \boldsymbol{FS}_{2,2} & \cdots & \boldsymbol{FS}_{2,d} \\ \vdots & \vdots & & \vdots \\ \boldsymbol{FS}_{n,1} & \boldsymbol{FS}_{n,2} & \cdots & \boldsymbol{FS}_{n,d} \end{bmatrix} \tag{68.1}$$

其中，$\boldsymbol{FS}_{i,j}$ 为第 i 只飞鼠的 j 维分量。采用均匀分布对飞鼠位置进行随机初始化为

$$\boldsymbol{FS}_{i,j} = \boldsymbol{FS}_L + U(0,1)(\boldsymbol{FS}_U - \boldsymbol{FS}_L) \tag{68.2}$$

其中，$\boldsymbol{FS}_U$、$\boldsymbol{FS}_L$ 分别为第 i 只飞鼠 j 维分量的上下界；$U(0,1)$为 $[0,1]$均匀分布的随机数。

2. 适应度值估计

适应度函数是飞鼠所处位置的函数，每个飞鼠的适应度值由预先定义的适应度函数确定如下：

$$\boldsymbol{f} = \begin{bmatrix} f_1([\boldsymbol{FS}_{1,1}, \boldsymbol{FS}_{1,2}, \cdots, \boldsymbol{FS}_{1,d}]) \\ f_2([\boldsymbol{FS}_{2,1}, \boldsymbol{FS}_{2,2}, \cdots, \boldsymbol{FS}_{2,d}]) \\ \vdots \\ f_n([\boldsymbol{FS}_{n,1}, \boldsymbol{FS}_{n,2}, \cdots, \boldsymbol{FS}_{n,d}]) \end{bmatrix} \tag{68.3}$$

每只松鼠位置的适应度值描述了食物源的等级,最佳食物源为山核桃树,正常食物源为橡树,没有食物来源的树为普通树。处在最佳质量食物源树上的飞鼠更容易生存下来。

3. 排序、分类和随机选择

在存储了每只松鼠位置的适应度值后,数组按升序排序。最小适应度值的松鼠停留在山核桃树上,接下来的3只松鼠停留在橡树上,它们可以向山核桃树飞行,其余松鼠停留在普通树上。通过随机选择方式,选择已经满足每日所需能量的松鼠朝着山核桃树移动,剩余松鼠将朝着橡树移动,以获取每日所需能量。松鼠的觅食行为会受到天敌的影响,松鼠具体采用哪种移动策略也要根据天敌出现的概率而定。

4. 飞鼠的位置更新

在松鼠的飞行觅食过程中,可能会出现3种情况。在每种情况假设没有天敌的情况下,松鼠在整个森林中滑行并高效地搜寻它最喜欢的食物,而天敌的存在使它变得谨慎,松鼠被迫在小范围内随机行走,来搜寻附近的躲藏地点。

(1) 情况1。在橡树上的松鼠会向山核桃树移动的位置更新公式为

$$\mathrm{FS}_{at}^{t+1}=\begin{cases}\mathrm{FS}_{at}^{t}+d_gG_c(\mathrm{FS}_{ht}^{t}-\mathrm{FS}_{at}^{t}) & R_1\geqslant P_{dp}\\ \text{随机位置} & R_1<P_{dp}\end{cases} \tag{68.4}$$

其中,d_g 为随机滑行距离;R_1 为[0,1]均匀分布的随机数;P_{dp} 为天敌出现的概率;FS_{at}^{t} 为橡子树的位置;FS_{ht}^{t} 为山核桃树的位置;t 为目前的迭代次数。G_c 为滑动常数,用于全局探索与局部探索之间的平衡。通过不断尝试,G_c 取1.9。

(2) 情况2。在普通树上的松鼠会向橡树移动的位置更新公式为

$$\mathrm{FS}_{nt}^{t+1}=\begin{cases}\mathrm{FS}_{nt}^{t}+d_gG_c(\mathrm{FS}_{at}^{t}-\mathrm{FS}_{nt}^{t}) & R_2\geqslant P_{dp}\\ \text{随机位置} & R_2<P_{dp}\end{cases} \tag{68.5}$$

其中,R_2 为[0,1]均匀分布的随机数;FS_{nt}^{t} 为普通树的位置;FS_{at}^{t} 为橡树的位置。

(3) 情况3。一些在普通树上的松鼠已经吃了橡果,它们为了储存山核桃来应对食物短缺而向山核桃树移动的位置更新公式为

$$\mathrm{FS}_{nt}^{t+1}=\begin{cases}\mathrm{FS}_{nt}^{t}+d_gG_c(\mathrm{FS}_{ht}^{t}-\mathrm{FS}_{nt}^{t}) & R_3\geqslant P_{dp}\\ \text{随机位置} & R_3<P_{dp}\end{cases} \tag{68.6}$$

其中,R_3 为[0,1]均匀分布的随机数;FS_{nt}^{t} 为普通树的位置;FS_{ht}^{t} 为山核桃树的位置。天敌出现的概率 P_{dp} 取0.1。

5. 飞鼠滑行的空气动力学

飞鼠在树与树之间滑行过程的受力分析如图68.3所示。飞鼠滑行产生的空气浮力 L 和阻力 D 的合力 R,其大小与松鼠的重力大小相等,方向相反。合力 R 为松鼠提供了恒定的速度以沿着一条直线路径滑行,如图68.4所示。

当飞鼠恒定速度滑行时,空气浮力与阻力比值的表达式为

$$\frac{L}{D}=\frac{1}{\tan\phi} \tag{68.7}$$

其中,L 为空气浮力;D 为空气阻力;ϕ 为滑行角度。

飞鼠翼膜所受到的空气浮力 L 和空气阻力 D 分别表示为

$$L=\frac{1}{2}\rho V^2SC_L \tag{68.8}$$

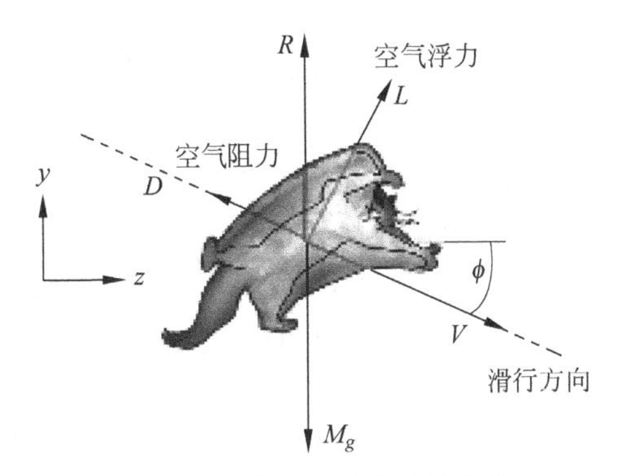

图 68.3　飞鼠滑行过程的受力分析

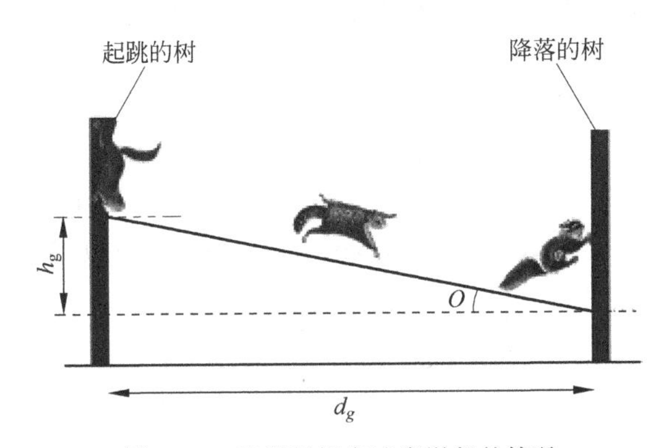

图 68.4　飞鼠以恒定速度滑行的情况

$$D=\frac{1}{2}\rho V^2 SC_D \tag{68.9}$$

其中，ρ 为空气密度；V 为飞鼠滑行速度；S 为飞鼠与空气接触的表面积；C_L 为提升因子，取[0.675,1.5]的随机数；C_D 为阻力因子，取 $C_D=0.6$。

滑行角度的表达式为

$$\phi=\arctan\left(\frac{D}{L}\right) \tag{68.10}$$

滑行距离的表达式为

$$d_g=\frac{h_g}{(\tan\phi)s_f} \tag{68.11}$$

其中，$h_g=8\text{m}$，为飞鼠滑行后下降高度；s_f 为缩放因子，用于调节算法的局部搜索能力与全局搜索能力之间的平衡。仿真实验表明，$s_f=18$ 时的效果最好。此时，$0.5\leqslant d_g\leqslant 1.11$。飞鼠滑行距离是随机的，它可以通过控制提升力和阻力的比例来改变滑行的距离。在 SSA 模型中，滑行距离为 9～20m。

6. 季节变化对飞鼠觅食的影响

季节变化极大地影响飞鼠的觅食活动，在 SSA 中通过检查季节变化条件，防止算法过早地收敛到局部最优值，具体步骤如下。

(1) 计算季节常数 S_c。

$$S_c^t=\sqrt{\sum_{k=1}^{d}(\mathrm{FS}_{at,k}^t-\mathrm{FS}_{ht,k})^2} \tag{68.12}$$

其中,$t=1,2,3$。

(2) 检验季节改变条件 $S_c^t < S_{\min}$ 是否成立,$S_{\min}$ 是季节常数最小值,计算式为

$$S_{\min} = \frac{10E^{-6}}{(365)^{(t/t_m)/2.5}} \tag{68.13}$$

其中,t 为当前的迭代次数;t_m 为总的迭代次数;$S_{\min}$ 影响 SSA 的局部寻优能力和全局寻优能力,若取得大一些,算法的全局寻优能力更强,取得小一些,算法的局部寻优能力更强。

式(68.4)~式(68.6)中的参数 G_c 由大到小自适应改变是为了平衡好全局寻优与局部寻优两者之间的关系。

(3) 若季节改变条件成立(冬季结束),则随机更新那些普通树上的飞鼠位置更新公式为

$$\mathrm{FS}_{nt}^{\mathrm{new}} = \mathrm{FS}_L + \mathrm{Levy}(n) \cdot (\mathrm{FS}_U - \mathrm{FS}_L) \tag{68.14}$$

其中,Levy 飞行是一类步长服从 Levy 分布的特殊的随机行走,步长服从幂律分布 $L(S) \sim |S|^{-1-\beta}$,其中 $0<\beta\leqslant 2$。Levy 分布可以表示为

$$L(s,\gamma,\mu) = \begin{cases} \sqrt{\dfrac{\gamma}{2\pi}} \exp\left[-\dfrac{\gamma}{2(s-\mu)}\right] \dfrac{1}{(s-\mu)^{3/2}} & 0<\mu<s<\infty \\ 0 & \text{其他} \end{cases} \tag{68.15}$$

其中,γ 为缩放参数,$\gamma>0$;μ 为平移参数,$\mu>0$。Levy 分布还可以用下列简单的式子描述为

$$\mathrm{Levy}(x) = 0.01 \frac{r_a \sigma}{|r_b|^{1/\beta}} \tag{68.16}$$

其中,r_a、r_b 是服从均值为 0,方差为 1 的正态分布随机数;$\beta=1.5$。方差表达式为

$$\sigma = \left[\frac{\Gamma(1+\beta)\sin\left(\dfrac{\pi\beta}{2}\right)}{\Gamma\left(\dfrac{1+\beta}{2}\right)\beta \cdot 2^{\frac{\beta-1}{2}}}\right]^{\frac{1}{\beta}} \tag{68.17}$$

其中,$\Gamma(x)=(x-1)!$。SSA 算法的终止条件为最大迭代次数。

68.4 飞鼠搜索算法的伪代码实现及流程

飞鼠搜索算法的伪代码描述如下。

```
1.  定义输入参数: Iter max,NP,n,P_dp, sf,G_c,FS_U,FS_L
2.  种群初始化,用式(68.2)随机生成 n 只飞鼠的初始位置.
3.  评估每只飞鼠位置的适应度值.
4.  根据飞鼠的适应度值按升序对飞鼠的位置进行排序
5.  将飞鼠分配到山核桃树、橡子树和普通树.
6.  随机选择一些普通树上的飞鼠向山核桃树移动,剩下的将向橡子坚果树移动
7.  While 不满足终止条件
8.      For t = 1:n1                //n1 为在橡树上向山核桃树移动的飞鼠数量
9.          if R_1 ≥ P_dp
10.             FS_at^(t+1) = FS_at^t + d_g G_c (FS_ht^t - FS_at^t)
11.         else
12.             FS_at^(t+1) 为搜索空间的随机位置
13.         end
```

```
14.     end
15.     For t = 1:n2                          //n2 为普通树上向橡树移动的飞鼠数量
16.         if R_2 ≥ P_dp
17.             FS_nt^(t+1) = FS_nt^t + d_g G_c (FS_at^t - FS_nt^t)
18.         else
19.             FS_nt^(t+1) 为搜索空间的随机位置
20.         end
21.     end
22.     For t = 1:n3                          //n3 为普通树上向山核桃树移动的飞鼠数量
23.         if R_3 ≥ P_dp
24.             FS_nt^(t+1) = FS_nt^t + d_g G_c (FS_ht^t - FS_nt^t)
25.         else
26.             FS_nt^(t+1) 为搜索空间的随机位置
27.         end
28.     end
23. 计算季节常数(S_c)
30.     if  满足季节变化条件
31.         使用式(68.14) 随机更新那些普通树上的飞鼠的位置
32.     end
33. 利用式(68.13)更新季节常数(S_min)的最小值
34. end
35. 飞鼠在山核桃树上的位置是最终的最优解
36. End
```

飞鼠搜索算法的流程如图 68.5 所示。

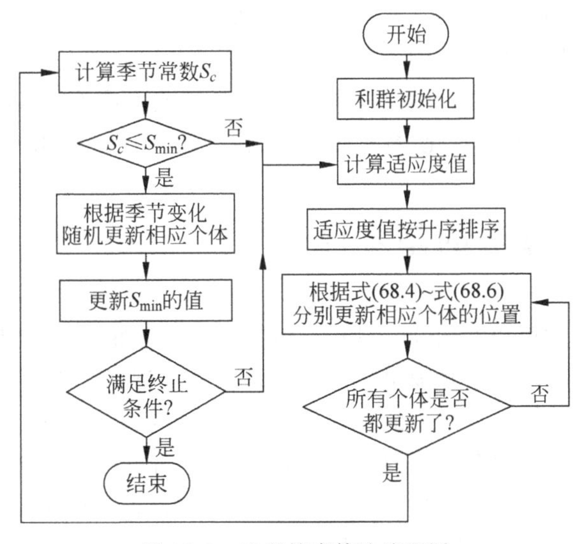

图 68.5 飞鼠搜索算法流程图

第 69 章　混合蛙跳算法

混合蛙跳算法模拟青蛙在沼泽地中跳动觅食的行为。它基于文化算法框架，采用类似粒子群优化算法的局部搜索策略，而全局搜索则包含混合操作。随机生成初始青蛙种群后再分成若干族群，每个族群先进行局部搜索，然后各个族群进行信息交换。族群中适应度越好的蛙被选中进入子族群的概率就越大。按照适应度值的大小将族群内的青蛙重新排序，重新生成子族群。全局性的信息交换和族群内部交流机制结合，可指引算法搜索过程向着全局最优点的方向进行搜索。本章介绍混合蛙跳算法的基本原理、描述、实现步骤及流程。

69.1　混合蛙跳算法的提出

混合蛙跳算法(Shuffled Frog Leaping Algorithm，SFLA)是 2001 年由美国学者 Eusuff 和 Lansey 等为解决水资源网络管径优化设计问题而提出的一种群智能优化算法，并在 2003 年和 2006 年对此算法又做了详细的说明。混合蛙跳算法基于文化算法框架，根据青蛙群体中个体在觅食过程中交流文化基因来构建算法模型，采用类似粒子群优化算法的个体进化的局部搜索和混合操作的全局搜索策略。在算法中，虚拟青蛙是文化基因的宿主并作为算法最基本的单位。这些文化基因由最基本的文化特征组成。

SFLA 具有思想简单、寻优能力强、实验参数少、计算速度快等特点，已被用于成品油管网优化、函数优化、生产调度、网络优化、数据挖掘、图像处理、多目标优化等领域。

69.2　混合蛙跳算法的基本原理

混合蛙跳算法的基本思想如图 69.1 所示，模拟了一群青蛙在一片沼泽地中不断地跳跃来寻找食物的行为。混合蛙跳算法从随机生成一个覆盖整个沼泽的青蛙种群开始，然后这个种群被均匀分为若干族群。这些族群中的青蛙采用类似粒子群算法的进化策略朝着不同的搜索方向独立进化。在每一个文化基因体内，青蛙们能被其他青蛙的文化基因感染，进而发生文化进化。为了保证感染过程中的竞争性，算法使用三角概率分布来选择部分青蛙进行进化，保证适应度较好的青蛙产生新文化基因的贡献比较差的青蛙大。

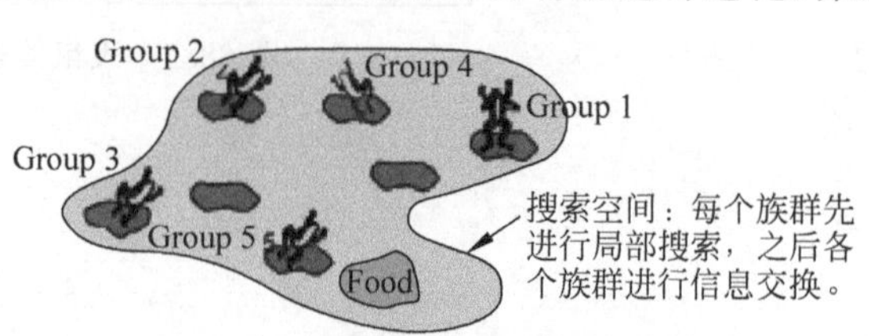

图 69.1　混合蛙跳算法的基本思想

在进化过程中，青蛙们可以使用文化基因体中最佳和种群最佳的青蛙信息改变文化基因。青蛙每一次跳跃的步长作为文化基因的增量，而跳跃达到的新位置作为新文化基因。这个新文化基因产生后就随即用于下一步传承进化。

在达到预先定义的局部搜索(传承进化)迭代步数后,这些文化基因体被混合,重新确定种群中的最佳青蛙,并产生新的文化基因族群。这种混合过程提高了新文化基因的质量,这一过程不断重复演进,保证算法快速满足预先定义的收敛性条件,直到获得全局最优解。总之,混合蛙跳算法的局部搜索和全局信息交换一直持续交替进行到满足收敛条件结束为止。

不难看出,混合蛙跳算法随机性和确定性相结合。随机变量保证搜索的灵活性和鲁棒性,而确定性则允许算法积极有效地使用响应信息来指导启发式搜索。混合蛙跳算法全局信息交换和局部深度搜索的平衡策略使得算法具有避免过早陷入局部极值点的能力,从而指引算法搜索过程向着全局最优点的方向进行搜索。

69.3　基本混合蛙跳算法的描述

下面介绍基本混合蛙跳算法的基本概念及算法描述。

1. 蛙群、族群及其初始化

混合蛙跳算法把每只青蛙作为优化问题的可行解。开始时,随机生成一个覆盖整个沼泽地(解空间,可行域)的青蛙种群(蛙群)。再把整个蛙群按照某种具体原则(如均分原则)划分成多个相互独立排序的族群(子种群)。每个族群具有不同文化基因体,所以族群又被称为文化基因体或模因组。

选取族群的数量为 n,每个族群中青蛙数量为 m,蛙群中总的青蛙数为 $S=m\times n$。设在可行域 $\Omega\in\mathbf{R}^d$ 中,有青蛙 $F(1),F(2),\cdots,F(S)$,其中 d 为决策变量数(每只青蛙基因所含的特征数)。第 i 只青蛙用决策变量表示为 $F(U_i^1,U_i^2,\cdots,U_i^d)$。

每只青蛙用适应度为 $f(i)$来评价其好坏程度。个体青蛙被看作元信息的载体,每个元信息包含多个信息元素,这与遗传算法中基因和染色体的概念相类似。

2. 族群划分

将青蛙种群 S 中的青蛙平均分到 m 族群 $M^1,M^2,\cdots,M^m$ 中,每个包含 n 只青蛙。分配方式为

$$M^k=[F^k(j),f^k(j)\mid F^k(j)=F(k+m(j-1)),f^k(j)=f(k+m(j-1))\\ j=1,2,\cdots,n;\ k=1,2,\cdots,m] \tag{69.1}$$

这些族群可以朝着不同的搜索方向独立进化。根据具体的执行策略,族群中的蛙在解空间中进行局部搜索,使得元信息在局部个体之间进行传播,这就是元进化过程。图 69.2 给出了将一个由 F 只青蛙组成的蛙群划分为 m 个族群的例子。

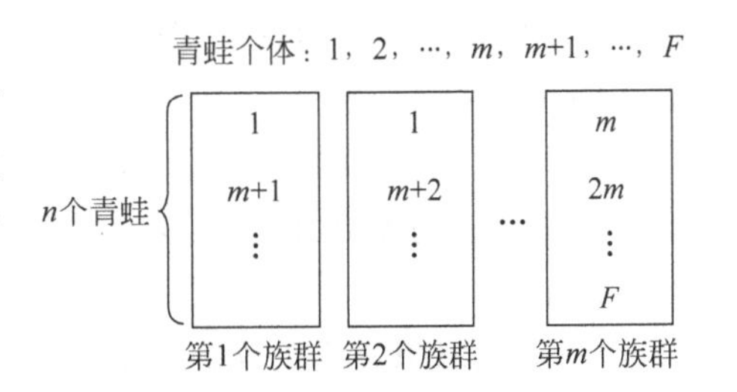

图 69.2　青蛙族群的划分

3. 构建子族群

子族群是为了预防算法陷于局部最优值而设计的,它由族群中按照适应度进行选择后产生的青蛙所构成。族群中的青蛙具有的适应度越好,则被选中进入子族群的概率就越大。子族群代替族群在解空间进行局部搜索,每次完成子族群内的局部搜索,族群内的青蛙就需要按照适应度的大小进行重新排序,并重新生成子族群。

选取族群中的青蛙进入子族群是通过如下三角概率分布公式完成的：

$$p_j = 2(n+1-j)/n(n+1) \quad j=1,2,\cdots,n \tag{69.2}$$

即文化基因体中适应度最好的青蛙有最高的被选中的概率 $p_j=2(n+1)$，而适应度最差的青蛙有最低的被选中的概率 $p_j=2/n(n+1)$。选择过程是随机的，这样就保证选出的 $q(q<n)$ 只青蛙能全面反映该文化基因体中青蛙的适应度分布。将选出的 q 只青蛙组成子文化基因体 Z，并将其中青蛙按照适应度递增的顺序排序。分别记录适应度最好的青蛙($iq=1$)为 P_{B}，最差的青蛙($iq=q$)为 P_{W}。

4. 青蛙位置的更新

计算子文化基因体中适应度最差青蛙的跳跃步长为

$$L=\begin{cases}\min\{r(P_{\mathrm{B}}-P_{\mathrm{W}}),L_{\max}\} & \text{正文化特征}\\ \max\{r(P_{\mathrm{B}}-P_{\mathrm{W}}),-L_{\max}\} & \text{负文化特征}\end{cases} \tag{69.3}$$

其中，r 为[0,1]之间的随机数；P_{B} 和 P_{W} 分别为子文化基因体中对应于青蛙最好位置和最差位置；$L_{\max}$ 为青蛙被感染之后最大跳跃步长。

青蛙的新位置的计算公式为

$$F(q)=P_{\mathrm{W}}+L \tag{69.4}$$

若更新的最差青蛙位置不能产生较好的结果，则需要再次更新最差青蛙位置，并根据式(69.5)计算跳跃步长为

$$L=\begin{cases}\min\{r(P_{\mathrm{X}}-P_{\mathrm{W}}),L_{\max}\} & \text{正文化特征}\\ \max\{r(P_{\mathrm{X}}-P_{\mathrm{W}}),-L_{\max}\} & \text{负文化特征}\end{cases} \tag{69.5}$$

其中，P_{X} 为青蛙的全局最好位置。更新最差青蛙位置的计算仍采用式(69.4)。

5. 算法参数

混合蛙跳算法的计算包括如下一些参数。

S 为种群中青蛙的数量；m 为族群的数量；n 为族群中青蛙的数量；P_{X} 为全局最好解；P_{B} 为局部最好解；P_{W} 为局部最差解。

S 的值一般和问题的复杂性相关，样本容量越大，算法找到或接近全局最优的概率也就越大。对于族群数量 m 的选择，要确保子族群中青蛙数量不能太小。如果 n 太小，则局部进行进化搜索的优点就会丢失。

q 为子族群中青蛙的数量，引入该参数的目的是为了保证青蛙族群的多样性，同时也是为了防止陷入局部最优解。

$L_{\max}$ 为最大允许跳动步长，它可以控制算法进行全局搜索的能力。如果 $L_{\max}$ 太小，会减少算法全局搜索的能力，使得算法容易陷入局部搜索；如果 $L_{\max}$ 太大，又很可能使得算法错过真正的最优解。

SF 为全局思想交流次数。SF 的大小一般也和问题的规模相关，问题规模越大，其值相应也越大。

LS 为局部迭代进化次数，它的选择也要大小适中。如果太小，会使得青蛙子族群频繁地跳跃，减少了信息之间的交流，失去了局部深度搜索的意义，算法的求解精度和收敛速度就会变差；相反，虽然可以保证算法的收敛性能，但是进行一次全局信息交换的时间过长，而导致算法的计算效率下降。

6. 算法停止条件

SFLA 通常可以采用如下条件来控制算法停止：一是可定义一个最大的迭代次数；二是至少有一只青蛙达到最佳位置；三是在最近的 K 次全局思想交流过程之后，全局最好解没有得到明显的改进。无论哪个停止条件得到满足，算法都要被强制退出整个循环搜索过程。

69.4　混合蛙跳算法的实现步骤

混合蛙跳算法的实现过程分为全局搜索过程和局部搜索过程，分别介绍如下。

1. 全局搜索过程

(1) 青蛙种群初始化。

(2) 青蛙分类。对种群 S 中的青蛙按照适应度递增的顺序排序，记录 S 中适应度最好的青蛙位置 P_X 为 $F(1)$。

(3) 按式(69.1)划分族群(文化基因体)。

(4) 文化基因体传承进化。每个文化基因体 $M^k(k=1,2,\cdots,m)$根据局部搜索步骤独立进化。

(5) 将各文化基因体进行混合。在每个文化基因体都进行过一轮局部搜索之后，将重新组合种群 S，并再次根据适应度递增排序，更新种群中最优青蛙，并记录全局最优青蛙的位置 P_X。

(6) 检验停止条件。若满足了算法收敛条件，则停止算法执行过程；否则，转到步骤(3)。

2. 局部搜索过程

局部搜索过程是对上面全局搜索过程中步骤(4)的进一步展开，具体过程如下。

(1) 定义计算器。设 im=0，其中 im 是文化基因体的计数器，标记当前进化文化基因体的序号；设 ie=0，其中 ie 是独立进化次数的计数器，标记并比较当前文化基因体的独立进化次数是否小于最大独立进化次数。

(2) 初始化计算器 im=im+1。

(3) 初始化计算器 ie=ie+1。

(4) 按式(69.2)构建子文化基因体。

(5) 按式(69.3)更新最差青蛙位置，并利用式(69.4)计算新位置 $F(q)$，若 $F(q)$在可行域，计算新的适应度 $f(q)$；否则进入步骤(6)。若新的适应度比旧的适应度好，即产生一个更好的结果，则用新 $F(q)$替换旧 $F(q)$，并转入步骤(8)；否则进入步骤(6)。

(6) 若上一步不能产生较好的结果，再次更新最差青蛙位置。根据式(69.5)计算跳跃步长。若 $F(q)$在可行域，则计算新的适应度 $f(q)$，否则转入步骤(7)；若新的适应度比旧的适应度好，即产生一个更好的结果，则用新 $F(q)$替换旧 $F(q)$，并转入步骤(8)，否则进入步骤(7)。

(7) 随机产生青蛙的新位置。若新位置不可行，又不比旧位置好，则在可行域内随机产生一个新青蛙 $F(r)$取代原来青蛙，以终止有缺陷文化基因的传播，并计算适应度 $f(r)$。

(8) 升级文化基因体。子文化基因体中最差青蛙经过传承进化后，替换其在文化基因体 M^{im} 的出处，并以适应度递减的顺序排列 M^{im}。

(9) 检查进化次数。若 ie<e，则跳转到步骤(3)，进行下一次传承进化。

(10) 检查文化基因体数。若 im<m，则跳转到步骤(2)，进行下一个文化基因体传承进化，否则回到全局搜索以混合文化基因体。

69.5 混合蛙跳算法实现的流程

混合蛙跳算法实现的流程如图69.3所示。图中左侧部分为全局搜索主程序流程图,而右侧部分为进入主程序流程图中的局部搜索程序的流程图。局部搜索部分称为文化基因体传承进化过程。当完成局部搜索后,将所有文化基因体内的青蛙重新混合并排序和划分文化基因体,再进行局部搜索;如此反复,直到定义的收敛条件结束为止。全局信息交换和局部深度搜索的平衡策略使得算法能够跳出局部极值点,向全局最优方向进行。

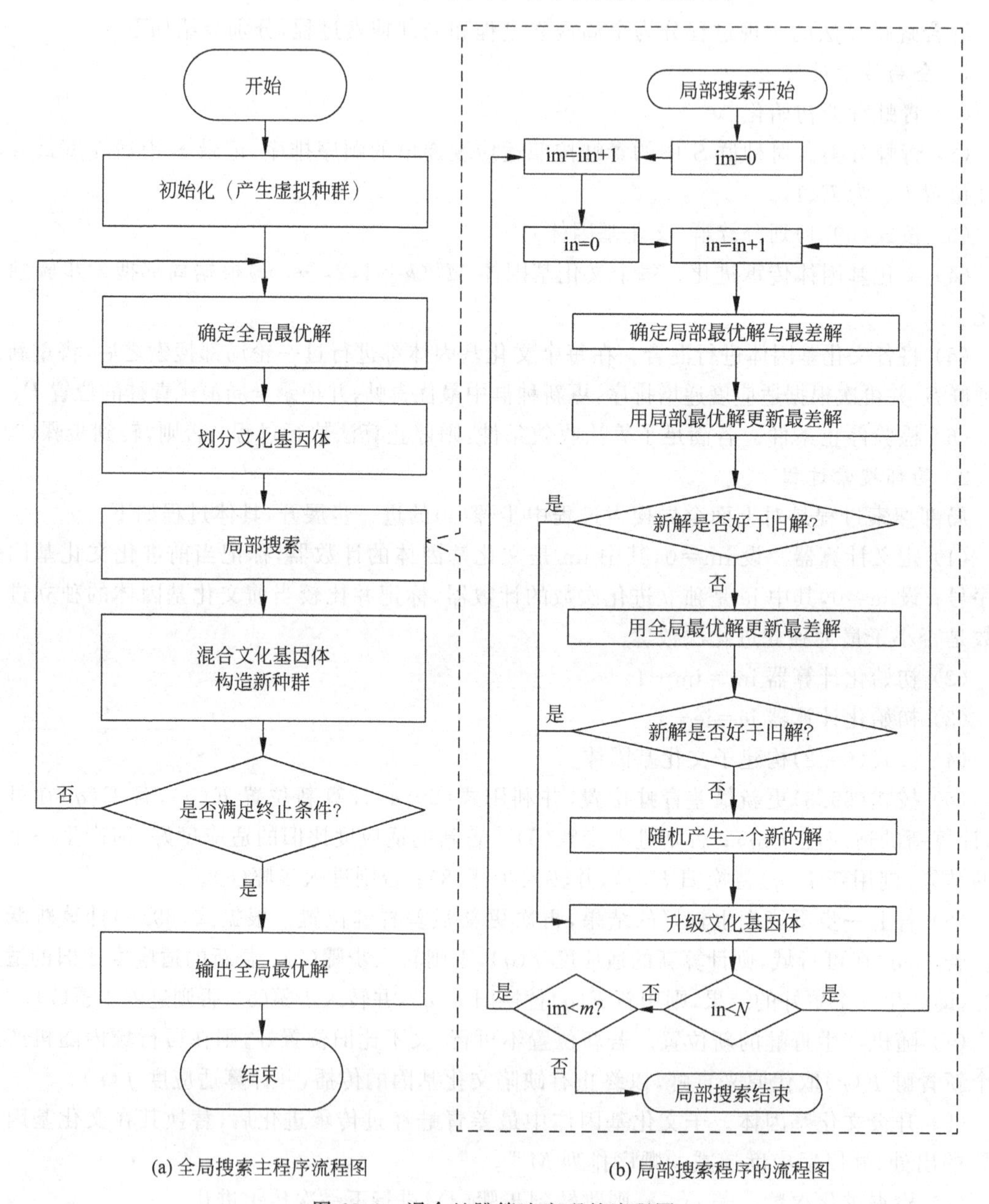

图69.3 混合蛙跳算法实现的流程图

混合蛙跳算法是全局搜索过程和局部搜索过程交叉进行的。

第70章 人工鱼群算法

人工鱼群算法是一种模拟鱼群觅食、聚群、追尾、随机等行为的群智能优化算法。动物自治体模型是用来展示动物在复杂多变环境里能够自主地产生自适应智能行为的模式，该算法将鱼视为自治体的概念引入优化算法，应用这种模型结构具有自下而上的特点，同基于行为主义的人工智能方法相结合，具有良好的全局优化能力。本章介绍动物自治体模型与鱼类的觅食行为，以及人工鱼群算法的基本原理、数学描述及算法流程。

70.1 人工鱼群算法的提出

人工鱼群算法(Artificial Fish Swarm Algorithm，AFSA)是2002年由李晓磊等基于动物自治体的模型，通过模拟鱼群觅食行为提出的一种群智能优化算法。该算法将动物自治体的概念引入优化算法，使得该算法的自下而上的寻优模式具有良好的全局优化能力。由于该算法对初值和参数的选择不敏感，具有鲁棒性强、简单易实现等优点，因此在组合优化、生产调度、聚类分析、系统辨识、图像处理、电力规划、负荷预测等领域获得了应用。

70.2 动物自治体模型与鱼类的觅食行为

大自然中存在着形形色色的生物经历了漫长的自然界的优胜劣汰，作为一个种群生存至今。它们所形成的觅食和生存方式为人类解决问题的思路带来了不少启发。动物一般不具有人类所具有的复杂逻辑推理能力和综合判断能力的高级智能，它们的目标是在个体的简单行为中通过群体的表现而突现出来的。

动物自治体是一种从底层来研究生物的适应性行为，或者说是生物的智能行为的模型。与传统的基于知识的顺序结构的智能系统相比较，它是一种基于行为的多通路的并行结构，如图70.1所示。动物自治体具有以下特点。

(1) 并行性：自治体的各行为是并行处理的。

(2) 自下而上的设计方法：它从分析自治体的底层行为出发，来实现整体的设计。

(3) 任务分解：对于自治体的某一种行为仅限于执行某一任务。

(4) 分散智能：自治体不需要一个总体的完善的知识库和推理库，而是由一系列分散的、简单的适应性反应行为表现出来的。

(5) 突现性：自治体的单一行为与总体目标之间有时候没有必然的逻辑关系，总体目标的实现往往是在自治体内部各行为间、自治体与其所处环境的相互作用中突现出来的。

通过对鱼类生活习性的观察，如图70.2所示，可以总结并提取出几种典型的鱼群行为。

(1) 鱼的觅食行为：一般认为，鱼类通过视觉或味觉感知水中的食物量或浓度来选择游动趋向。当发现食物时，会向着食物逐渐增多的方向快速游去；若没有发现食物或周围食物

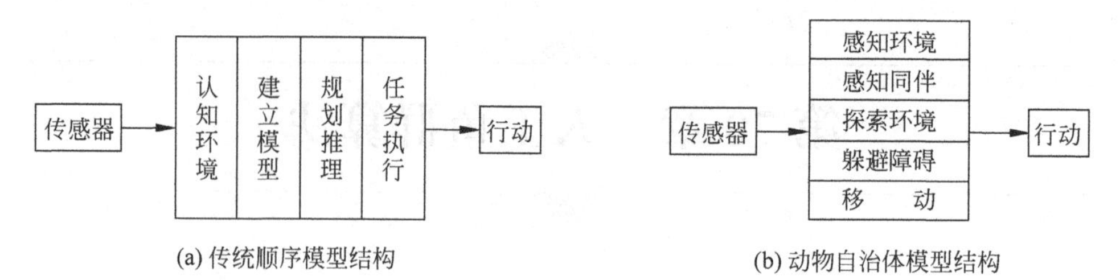

图 70.1 动物自治体模型与传统顺序模型的结构对比

图 70.2 几种鱼类聚群觅食行为

浓度都较低,则自由随机游动。

(2) 鱼的聚群行为:一般的鱼类属于群体生物,为了保证群体的生存和躲避危害而形成一种聚集成群的生活习性。于是鱼群中的个体在水中游动所采用的规则有3条:

① 尽量避免与邻近伙伴过于拥挤的分隔规则;

② 尽量与邻近伙伴平均方向一致的对准规则;

③ 尽量朝邻近伙伴中心移动的内聚规则。

(3) 鱼的追尾行为:在鱼群的游动过程中,当其中一条或几条发现食物时,其临近的伙伴会尾随其快速到达食物所在位置。

上述鱼的几个典型行为在不同时刻会相互转换,而这种转换通常是鱼通过对环境的感知来自主实现的,这些行为与鱼的觅食和生存都有着密切的关系。

70.3 人工鱼群算法的基本原理

在一片水域中,鱼生存数目最多的地方一般就是该水域中富含营养物质最多的地方,依据这一特点来模仿鱼群的觅食等行为,以期完成寻优目的,从而实现全局寻优,这就是鱼群算法的基本思想。

在鱼类的活动中,觅食行为、聚群行为、追尾行为和随机行为与寻优问题的解决有着较密切关系。觅食行为是循着食物多的方向游动的一种行为,在寻优算法中则是向较优方向前进的迭代方式,如鱼群模式中的视觉概念。在聚群行为中,每条人工鱼遵守两个规则:一是尽量向临近伙伴的中心移动;二是避免过分拥挤。追尾行为是向临近的最活跃者追逐的行为,在寻优算法中可以理解为是向附近的最优伙伴前进的过程。

在人工鱼群算法中,每个备选解被视为一条"人工鱼",多条人工鱼共存,实现合作寻优(类似鱼群寻找食物)。人工鱼是真实鱼个体的一个虚拟实体,它采用动物自治体的概念来构造,如图 70.3 所示。人工鱼通过感官接收环境的刺激信息,并通过控制尾鳍做出相应的应激活动,它采用的是基于行为的多并行通路结构。

人工鱼所处环境是问题的解空间和其他人工鱼的状态，它在下一时刻的行为取决于目前自身状态和目前环境状态（包括问题当前解的优劣和其他同伴的状态），并且通过它及自身活动同时影响环境，进而影响其他同伴的活动。

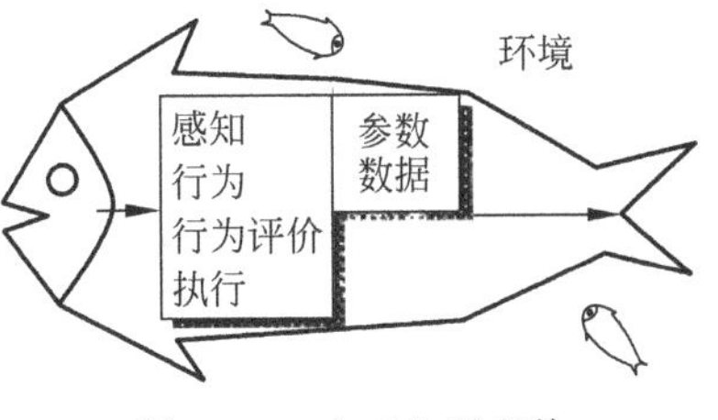

图 70.3　人工鱼群实体

70.4　人工鱼群算法的数学描述

首先初始化为一群人工鱼（随机解），然后通过迭代搜寻最优解。在每次迭代过程中，人工鱼通过觅食、聚群及追尾等行为来更新自己，从而实现寻优。也就是说，算法的进行是人工鱼个体的自适应行为活动，即每条人工鱼根据周围的情况进行游动，人工鱼的每次游动就是算法的一次迭代。算法具体过程的数学描述如下。

人工鱼个体的状态表示为向量 $\boldsymbol{X}=(x_1,x_2,\cdots,x_n)$，其中 $x_i(i=1,2,\cdots,n)$ 为欲寻优的变量；人工鱼当前所在位置的食物浓度表示为 $Y=f(x)$，其中 Y 为目标函数值；人工鱼个体之间的距离表示为 $d_{i,j}=|x_i-x_j|$；Visual 表示人工鱼的感知距离；Step 表示人工鱼移动的最大步长；δ 为拥挤度因子。

（1）觅食行为。觅食行为是鱼循着食物多的方向游动的一种行为。

设第 i 条人工鱼的当前状态为 X_i，适应度值为 Y_i，执行式(70.1)，在其感知范围内随机选择一个状态 X_j，根据适应度函数计算该状态的适应度值 Y_j，如果在求极大值问题中，$Y_i<Y_j$（或在求极小值问题中 $Y_i>Y_j$），则向该方向前进一步，执行式(70.2)，使得 X_i 到达一个新的较好状态 $X_{i|\text{next}}$；否则，执行式(70.1)，继续在其感知范围内重新随机选择状态 X_j，判断是否满足前进条件，如果不能满足，则重复该过程，直到满足前进条件或试探次数达到预设的最大的试探次数 Try_number。

当人工鱼试探次数达到预设的最大试探次数 Try_number 后仍不能满足前进条件，则执行式(70.3)，在感知范围内随机移动一步，即执行随机行为使得 X_i 到达一个新的状态 $X_{i|\text{next}}$。

$$X_j=X_i+\text{rand}()\times\text{Visual}\tag{70.1}$$

$$X_{i|\text{next}}=X_i+\text{rand}()\times\text{Step}\times\frac{X_j-X_i}{\|X_j-X_i\|}\tag{70.2}$$

$$X_{i|\text{next}}=X_i+\text{rand}()\times\text{Step}\tag{70.3}$$

其中，X_i 为第 i 条人工鱼当前的状态；$X_{i|\text{next}}$ 为第 i 条人工鱼的下一步状态；rand()为产生 0～1 之间的随机数；$\|X_j-X_i\|$ 为 X_j 与 X_i 之间的距离。

（2）聚群行为。聚群行为是每条鱼在游动过程中，尽量向临近伙伴的中心移动以避免过分拥挤的行为。

设人工鱼当前状态为 X_i，勘探当前邻域内（即 $d_{i,j}<\text{Visual}$）的伙伴的数目 n_f 及中心位置 X_c。如果 $(Y_\text{c}/n_\text{f})>\delta Y_i$，表明伙伴中心有较多的食物并且不太拥挤，则朝伙伴的中心位置方向前进一步；否则执行觅食行为。

设第 i 条人工鱼的当前状态为 X_i，适应度函数值为 Y_i，以自身位置为中心在感知范围内的人工鱼数目为 N_f，这些人工鱼形成集合 S_i 表示为

$$S_i=\{X_i \mid \|X_j-X_i\|\leqslant\text{Visual}\quad j=1,2,\cdots,i-1,i+1,\cdots,N\}\tag{70.4}$$

若集合 $S_i\neq\varnothing$（$\varnothing$为空集），表明第 i 条人工鱼 X_i 的感知范围内存在其他伙伴，即 $N_\text{f}\geqslant1$，

则按式(70.5)计算该集合的中心位置为

$$X_c = \frac{\sum_{j=1}^{N_f} X_j}{N_f} \tag{70.5}$$

计算该中心位置的适应度值 Y_c 如果满足

$$Y_c < Y_i \quad 和 \quad N_f Y_c < \delta Y_i \quad (\delta > 1) \tag{70.6}$$

表明该中心位置状态较优并且不太拥挤,则执行式(70.7)朝该中心位置方向前进一步;否则,执行觅食行为。

$$X_{i|\text{next}} = X_i + \text{rand}() \times \text{Step} \times \frac{X_c - X_i}{\| X_c - X_i \|} \tag{70.7}$$

其中,$\| X_c - X_i \|$ 为 X_c 与 X_i 之间的距离。若集合 $S_i = \varnothing$,则表明第 i 条人工鱼 X_i 的感知范围内不存在其他伙伴,即 $N_f = 0$,则执行觅食行为。

(3) 追尾行为。追尾行为是鱼向临近的最活跃者追逐的行为。

设第 i 条人工鱼的当前状态为 X_i,适应度值为 Y_i,人工鱼 X_i 根据自己当前状态搜索其感知范围内的所有伙伴中适应度值为最小的伙伴 $X_{\min}$,适应度值为 $Y_{\min}$。如果 $Y_{\min} \geqslant Y_i$,则执行觅食行为;否则,以 $X_{\min}$ 为中心搜索其感知范围内的人工鱼数目为 N_f,如果满足

$$Y_{\min} < Y_i \quad 和 \quad N_f Y_{\min} < \delta Y_i \quad (\delta > 1) \tag{70.8}$$

则表明该位置状态较优并且其周围不太拥挤,则执行式(70.9)朝最小伙伴 $X_{\min}$ 的方向前进一步;否则,执行觅食行为。

$$X_{i|\text{next}} = X_i + \text{rand}() \times \text{Step} \times \frac{X_{\min} - X_i}{\| X_{\min} - X_i \|} \tag{70.9}$$

其中,$\| X_{\min} - X_i \|$ 为 $X_{\min}$ 与 X_i 之间的距离。若第 i 条人工鱼 X_i 的感知范围内不存在其他伙伴,也执行觅食行为。

(4) 行为选择。根据所要解决的问题性质,对人工鱼当前所处的环境进行评价,从上述各行为中选取一种合适的行为。

常用的方法有以下两种。

① 先进行追尾行为,如果没有进步则进行聚群行为;如果依然没有进步则进行觅食行为。也就是选择较优行为前进,即任选一种行为,只要能向较优的方向前进即可。

② 试探执行各种行为,选择各行为中使得向较优方向前进最快的行为,如果没有能使下一状态优于当前状态的行为,则采取随机行为。

(5) 设立公告板。在人工鱼群算法中,设置一个公告板,用以记录当前搜索到的最优人工鱼状态及对应的适应度值。

各条人工鱼在每次行动后,将自身当前状态的适应度与公告板上的值进行比较,如果优于公告板上的值,则用自身状态及其适应度取代公告板上的相应值,以使公告板能够记录搜索到的最优状态及该状态的适应度。算法结束时,最终公告板上的值就是系统的最优解。

人工鱼群算法通过这些行为的选择形成了一种高效的寻优策略,最终,人工鱼集结在几个局部极值的周围,且在值较优的极值区域周围一般能集结较多人工鱼。

(6) 人工鱼群算法中的参数。巡视次数 Try_ number,在觅食行为中人工鱼的个体总是尝试向更优的方向前进,如果巡视次数达到一定的次数,Try_ number 仍旧没有找到更优的状态,那么就做随机的游动;视野 Visual 越大,越容易使人工鱼发现全部极值并收敛;步长 Step 采用随机步长 Random(Step)(在 0~Step 之间随机取值);拥挤度因子 δ 在求极大的问题中 δ

选取规则如下：

$$\delta = 1/(\alpha n_{\max}) \quad (0 < \alpha < 1) \tag{70.10}$$

其中，α 为极值接近水平；$n_{\max}$ 为期望在该邻域内聚集的最大人工鱼数目。

在求极小值的问题中 δ 选取规则如下：

$$\delta = \alpha n_{\max} \quad (0 < \alpha < 1) \tag{70.11}$$

其中，α 为极值接近水平；$n_{\max}$ 为期望在该邻域内聚集的最大人工鱼数目。

人工鱼群数目 Number 越多，跳出局部极值的能力越强，且收敛的速度也越快。在使用过程中，满足稳定收敛的前提下，应尽可能减少个体的数目。

70.5　人工鱼群算法的流程

人工鱼群算法的基本流程如图 70.4 所示。

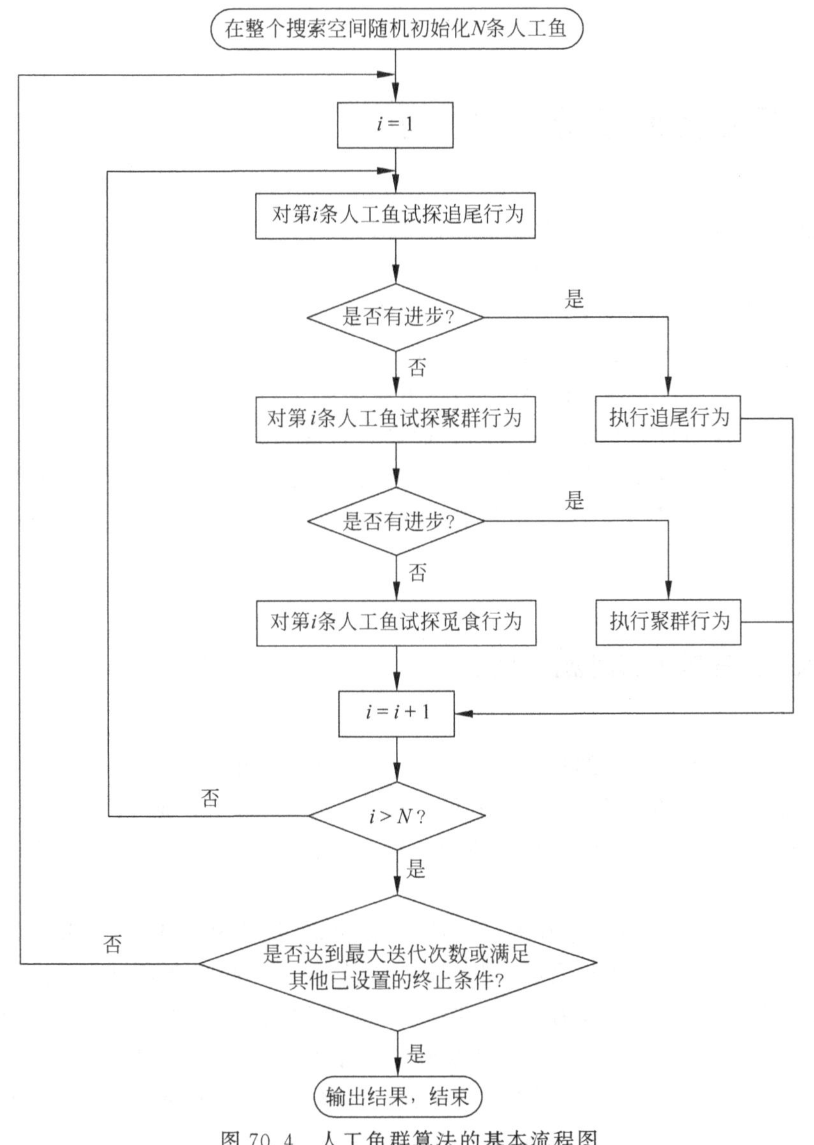

图 70.4　人工鱼群算法的基本流程图

第71章 大马哈鱼洄游算法

大马哈鱼洄游算法把鱼群密度最大的位置视为优化问题的极值点。算法假设大马哈鱼通过两条不同的路径回到出生地，在洄游的过程中，大马哈鱼群会分为很多个小群体，这些小组鱼群视为搜索空间的个体，小组鱼群密度作为目标函数适应度值。捕食者每搜索到一个新的鱼群密度较大的区域，表示种群完成一次位置更新。经过不断地对鱼群密度较大区域的更新，直至密集度最大的大马哈鱼群被成功捕获，相当于对优化问题求解获得了极值点。本章介绍大马哈鱼的洄游习性，以及大马哈鱼洄游算法的原理、描述、实现步骤及流程。

71.1 大马哈鱼洄游算法的提出

大马哈鱼洄游(Great Salmon Run，GSR)算法是2012年由Mozaffari等提出的一种模拟熊类和人类对洄游大马哈鱼捕食策略的群智能优化算法。

大马哈鱼属于溯河洄游鱼类，每年到了繁殖季节，大马哈鱼就会成群结队地返回出生地繁殖下一代。在大马哈鱼洄游途中会遭遇熊类和人类对其捕捉。大马哈鱼洄游算法把大马哈鱼群密度最大的位置作为优化问题的极值点，模拟熊类和人类对洄游大马哈鱼捕食策略，算法以大马哈小鱼的密度作为目标函数适应度值。捕食者每搜索到一个新的鱼群密度较大的区域，就会通过信息传递给其他捕食者。从而实现种群的一次位置更新。经过不断地对鱼群密度较大区域的更新，直至密度最大的大马哈鱼群被捕食者成功捕获，相当于对优化问题求解获得了极值点。

71.2 大马哈鱼的洄游习性

大马哈鱼分布于太平洋北部和北冰洋中，主要有大马哈鱼、驼背大马哈鱼、红大马哈鱼、大鳞大马哈鱼、孟苏大马哈鱼、银大马哈鱼6种。从渔获量来看，无论亚洲沿岸还是美洲沿岸，驼背大马哈鱼均占据首位。国内的大马哈鱼产于黑龙江、乌苏里江，大马哈鱼又称“大麻哈鱼”，属鱼纲、鲑科。

大马哈鱼的习性很古怪，每年春天，幼鱼刚孵化出来，就从黑龙江、乌苏里江顺水而下进入大海，摄食生长。经3～5年成长之后，到9月初，成熟的大马哈鱼要产卵了，它便离开海洋进入江河，溯流而上，越过鄂霍次克海，洄游到乌苏里江和黑龙江。它们凭着特异功能，寻找到自己出生的地方，进行产卵、孵化幼鱼。由于历经长途艰辛溯游，加之长期不吃食物和生殖期间体力消耗，大马哈鱼亲鱼在产卵后不久就会死去。根据大马哈鱼的特殊习性，一般每年9～10月为捕获旺季。

到达性成熟后，驼背大马哈鱼便开始洄游到河中产卵。在洄游过程中，它们逐渐完成精卵的发育，来到产卵场时，精卵已经成熟，特别是雄鱼，两颌部显著扩大，背部明显隆起(驼背大马哈鱼的名字便由此而来)，体色改变。每年 7 月底，黑龙江驼背大马哈鱼便开始产卵，8 月份达到盛期；产卵时，先在砾石底质的河床上建起一个坑状巢，然后将卵产于其中，产完后，便用沙石将卵埋藏起来。尽管如此，驼背大马哈鱼的鱼卵还是大量地被凶猛鱼类如红点鲑所吞食，最后能孵化成仔鱼的已经微乎其微。驼背大马哈鱼的产卵量极少，其平均产卵量仅 10 000 粒左右，孵化期高达 110～130 天。幼鱼一般在同年的 12 月孵出，一直等到第二年的春天都在产卵巢中生活。幼鱼离开产卵巢后，便开始向海中洄游，并在那里长大。

大马哈鱼洄游是北美洲最壮阔的自然景观之一，每年到了繁殖季节，大马哈鱼就会成群结队地返回出生地繁殖下一代。在大马哈鱼洄游途中危机重重，除了自然地理位置带来的不便，更多的危机主要来自棕熊、灰熊的觅食及人类的捕捞。棕熊和灰熊觅食洄游的大马哈鱼时，通过彼此间的信息交流，能够迅速找到鱼群密度最大的区域，以便它们捕食更多的猎物；而在一些宽阔的水域，等待大马哈鱼的则是人类的捕捞。不同于熊，人类的捕捞船队通过无线电来交流信息，以找到鱼群密度最大的地方，以便获得丰厚的利润。

图 71.1 给出了大马哈鱼洄游及棕熊对其捕获的觅食行为。

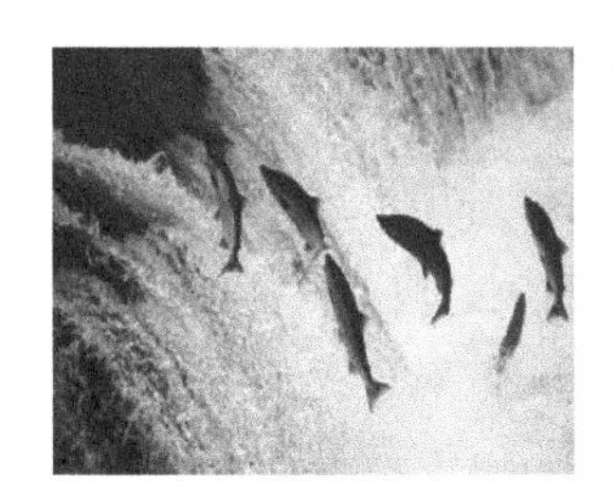

图 71.1　大马哈鱼洄游及棕熊对其捕获的觅食行为

71.3　大马哈鱼洄游算法的原理

大马哈鱼洄游算法把大马哈鱼鱼群密度最大的位置作为优化问题的极值点，对大马哈鱼的捕捞可对应于搜寻极值点。为了将熊类和人类的不同捕食策略引入大马哈鱼洄游算法，假设大马哈鱼通过两条不同的路径回到出生地：一条路径是通过深林山沟的溪流；另一条路径是通过一些较为宽阔的水域(如大河、江、湖等)。

按照上述假设，整个大马哈鱼群将分为两部分：第一部分经第一条路径洄游；第二部分通过第二条路径洄游。在洄游的过程中，大马哈鱼群会分为很多个小群体，把每个小群体的大马哈鱼当作一个小组，这小组鱼群在算法中视为搜索空间的一个个体，小组的鱼群密度可以视为目标函数适应度值。

熊类捕食者每搜索到一个新的鱼群密度较大的区域，就会通过信息传递给其他熊，则表示算法中的种群完成一次位置更新；而人类的多艘捕鱼船每搜索到一个新的鱼群密度较大的区域，也会通过无线电相互交流信息，从而实现种群一次位置更新。

经过熊类或人类这样不断地对鱼群密度较大的捕鱼区域的更新，直至密度最大的大马哈鱼群被成功捕获，相当于对优化问题求解获得了极值点。这就是大马哈鱼洄游算法对优化问题求解的原理。

71.4 大马哈鱼洄游算法的描述

熊捕食大马哈鱼的策略很简单。在熊捕食大马哈鱼的过程中,每当熊搜索到一个鱼群密度较高的位置时,就会把其当前位置信息分享给附近的熊,然后整个的熊群会向鱼群密度较高的区域靠近,并在靠近过程中不断搜索其附近区域。熊的位置更新方式表示如下:

$$X_{t+1}=\cos(\phi)(X_{\text{best}}-X_t)+X_t \tag{71.1}$$

其中,X_{t+1} 为熊的新位置;X_t 为熊的当前位置;X_{best} 为熊群所找到的当前鱼群密度最高的位置;$\phi\in[0,2\pi]$为熊移动的方向角度。

为了节省人力、物力和财力,捕鱼船队会雇用信息侦察船来获取鱼群的位置信息,信息侦察船负责获取鱼群的位置信息并反馈给捕鱼船。一般一个捕鱼船队包括两艘捕鱼船和一艘信息侦察船,当捕鱼船获取到鱼群密度(目标函数适应度)较大的区域,会通知它们雇用的信息侦察船在其附近搜索鱼群密度最大位置。信息侦察船的位置按以下公式更新位置:

$$\begin{cases}X_t=X_{t-1}+\delta(t,(\text{ub}-X_{t-1}))\\ \text{或}\\ X_t=X_{t-1}+\delta(t,(X_{t-1}-\text{lb}))\\ \delta(x,y)=y\cdot\text{rand}\left(1-\dfrac{x}{T}\right)^b\end{cases} \tag{71.2}$$

其中,X_t 为信息侦察船在 t 时刻的位置;X_{t-1} 为 $t-1$ 时刻的位置;t 为算法当前迭代的次数;T 为算法最大的迭代的次数;ub 与 lb 分别为优化问题的定义域的上界与下界;b 为一个大于 1 的常数。

当信息侦察船搜索到鱼群密度比现在大的位置时,会更新到新的位置。如果鱼群密度比现在小,则会分为两种情况考虑:当 rand $<a$ 时(a 为[0,1]均匀分布的随机数),更新到新的位置;或者信息侦察船退回到原来的位置。捕鱼船的位置更新如下:

$$X_i'=\beta\cdot(X_i-X_j)+X_i \tag{71.3}$$

其中,β 为[0,1]均匀分布的一个随机数;X_i 和 X_j 为从所有捕鱼船中随机选择的两个捕鱼船,并把 X_i 和 X_j 视为一个捕鱼船队的两艘捕鱼船;X_i' 为捕鱼船队信息侦察船在两个捕鱼船附近搜索的位置;X_i、X_j 和 X_i' 选择两个鱼群密度最大的位置作为捕鱼船的更新位置。

71.5 大马哈鱼洄游算法的实现步骤及流程

大马哈鱼洄游算法的步骤如下。

(1) 初始化算法中的各个参数大小及算法种群。

(2) 把算法种群分为两部分:一部分转步骤(3);另一部分转步骤(4)。

(3) 执行熊捕食策略,更新位置。

(4) 执行人类船队捕捞策略,更新位置。

(5) 如果满足终止准则,则输出最优解;否则,转到步骤(2)处执行。

大马哈鱼洄游算法的流程如图 71.2 所示。

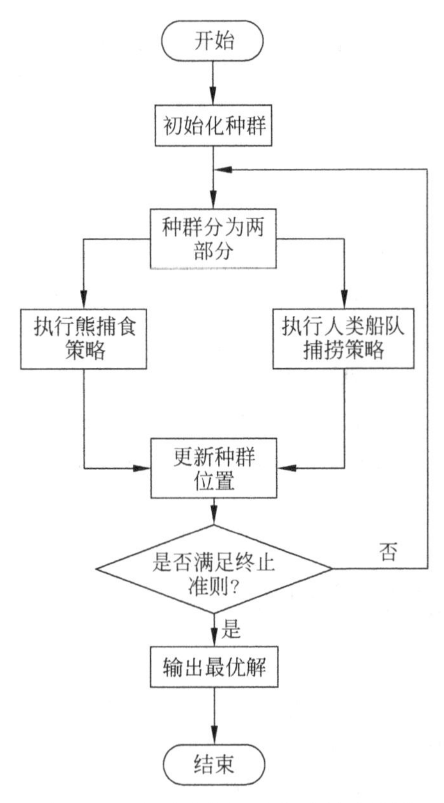

图 71.2　大马哈鱼洄游算法的流程图

第 72 章　鲸鱼优化算法

鲸鱼是以群居为主，觅食成群磷虾和小鱼的世界上最大的哺乳动物。鲸鱼独特的泡泡网捕食行为分为两个阶段：在向上螺旋阶段，先在 12m 下潜水，开始围绕猎物螺旋形成泡泡并向上游去；双循环阶段包括珊瑚循环、尾叶拍打水面和捕获循环。鲸鱼优化算法设计了收缩包围机制和螺旋更新位置模拟鲸鱼群体包围、追捕、攻击猎物等过程实现优化搜索，该算法具有原理简单、参数设置少、在处理连续函数优化方面具有较强的全局搜索能力等特点。本章介绍鲸鱼的泡泡网觅食行为，以及鲸鱼优化算法的原理、数学描述、实现步骤及流程。

72.1　鲸鱼优化算法的提出

鲸鱼优化算法(Whale Optimization Algorithm，WOA)是 2016 年由澳大利亚学者 Mirialili 等提出的一种新型群体智能优化算法。该算法源于对自然界中座头鲸群体捕食行为的模拟，通过鲸鱼群体包围、追捕、攻击猎物等过程实现优化搜索。

WOA 算法具有原理简单、参数设置少、较强的全局搜索能力等特点，在处理连续函数优化方面，已被证明在求解精度和收敛速度上均优于 PSO 算法和引力搜索算法。

72.2　鲸鱼的泡泡网觅食行为

鲸鱼被认为是世界上最大的哺乳动物。已知最大的鲸是蓝鲸，最大的体长可达 30 多米，质量约 180t；最小的也超过了 6m，质量约 40kg。鲸鱼的眼小，嘴形较短，前肢进化呈平鳍状，后肢退化，有贝鳍，尾巴宽大且平并呈水平鳍状，有一个气孔，用肺呼吸。

过去的研究显示，鲸鱼们利用鲸须(Baleen)锁定食物的位置。然而，最新的研究指出鲸鱼中的弓头鲸，又称北极鲸，具有嗅觉，更可能利用此能力锁定食物的位置。

生物科学家——汉斯先生(Hans Thewissen)在一次生物解剖的研究过程中发现，弓头鲸的脑部不但有连接装置直达鼻子，而且有嗅觉接收器；还发现弓头鲸的鼻孔是分开的，这也让生物学家进一步假设，弓头鲸能通过嗅觉确认食物(如磷虾)的方向。

鲸鱼是以群居为主的食肉动物，行动上都采取群体活动较多，鲜少单独行动。寻食的时候喜欢玩乐，如跃身击浪、鲸尾扬升、鲸尾击浪及浮窥等。它们最喜欢的食物是成群的磷虾和小鱼。鲸鱼有一种独特的捕食行为，即泡泡网觅食方法，如图 72.1 所示。鲸鱼的捕食行为分为两个阶段：向上螺旋和双循环。在向上螺旋阶段，鲸鱼首先在 12m 下潜水，开始围绕猎物螺旋形成泡泡并向上游去；双循环阶段包括珊瑚循环、用尾叶拍打水面和捕获循环。

(a)

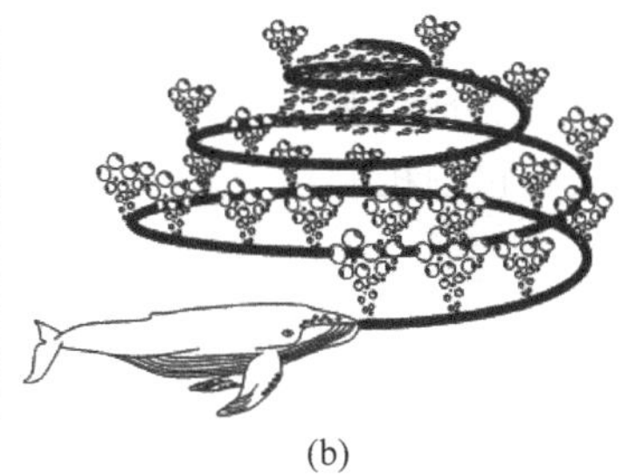
(b)

(c)

图 72.1　鲸鱼及其泡泡网觅食行为

72.3　鲸鱼优化算法的原理

鲸鱼优化算法模拟鲸鱼的泡泡网捕食行为，该算法设计收缩包围机制和螺旋更新位置模拟鲸鱼群体包围、追捕、攻击猎物等过程实现优化搜索。算法开始先在搜索空间中随机产生 N 个鲸鱼个体组成初始种群；然后，在进化过程中，群体根据当前最优鲸鱼个体或随机选取一个鲸鱼个体更新各自的位置；最后，根据随机产生的数 p 决定鲸鱼个体进行螺旋或包围运动，通过循环迭代直至 WOA 算法满足终止条件。

72.4　鲸鱼优化算法的数学描述

在鲸鱼优化算法中，假设鲸鱼种群规模为 N，搜索空间为 d 维，第 i 只鲸鱼在 d 维空间中的位置可表示为 $\boldsymbol{X}_i=(x_i^1,x_i^2,\cdots,x_i^d)$，$i=1,2,\cdots,N$，猎物的位置对应于问题的全局最优解。

鲸鱼能够识别猎物的位置并包围它们。由于在求解优化问题前对搜索空间中的全局最优位置没有任何先验知识，在 WOA 算法中，假设当前群体中的最优位置为猎物，群体中其他鲸鱼个体均向最优个体包围。利用式(72.1)更新位置：

$$\boldsymbol{D}=|\boldsymbol{C}\cdot\boldsymbol{X}^*(t)-\boldsymbol{X}(t)| \tag{72.1}$$

$$\boldsymbol{X}(t+1)=\boldsymbol{X}^*(t)-\boldsymbol{A}\cdot\boldsymbol{D} \tag{72.2}$$

其中，t 为当前迭代次数；$\boldsymbol{X}^*$ 为猎物位置；$\boldsymbol{A}$ 和 $\boldsymbol{C}$ 为系数向量。$\boldsymbol{A}$ 和 $\boldsymbol{C}$ 可定义为

$$\boldsymbol{A}=2\boldsymbol{a}\cdot\boldsymbol{r}_1-\boldsymbol{a} \tag{72.3}$$

$$\boldsymbol{C}=2\cdot\boldsymbol{r}_2 \tag{72.4}$$

其中，$\boldsymbol{r}_1$ 和 $\boldsymbol{r}_2$ 为[0,1]之间的随机向量；$\boldsymbol{a}$ 为收敛因子，随着迭代次数增加，它从 2 线性地减小到 0，即

$$\boldsymbol{a}=2-\frac{2t}{t_{\max}} \tag{72.5}$$

其中，$t_{\max}$ 为最大迭代次数。

图 72.2(a)解释了式(72.2)对二维问题的位置更新的基本原理，一个搜索个体的位置 (X,Y) 可以根据式(72.2)更新为当前的最优位置 (X^*,Y^*)。在最好个体周围的不同位置可以通过调整 $\boldsymbol{A}$ 和 $\boldsymbol{C}$ 的向量值来到达最优位置。图 72.2(b)描述了式(72.2)对三维空间位置更新的原理。应该注意的是，通过定义随机向量($\boldsymbol{r}$)可以达到搜索空间中位于图 72.3 所示的关

键点之间的任何位置。

为了从数学上描述鲸鱼的泡泡网捕食行为，在WOA算法中，设计了两种不同的方法，即收缩包围机制和螺旋更新位置。收缩包围机制通过式(72.1)、式(72.2)和式(72.5)随着收敛因子 $\boldsymbol{a}$ 的减小而实现。

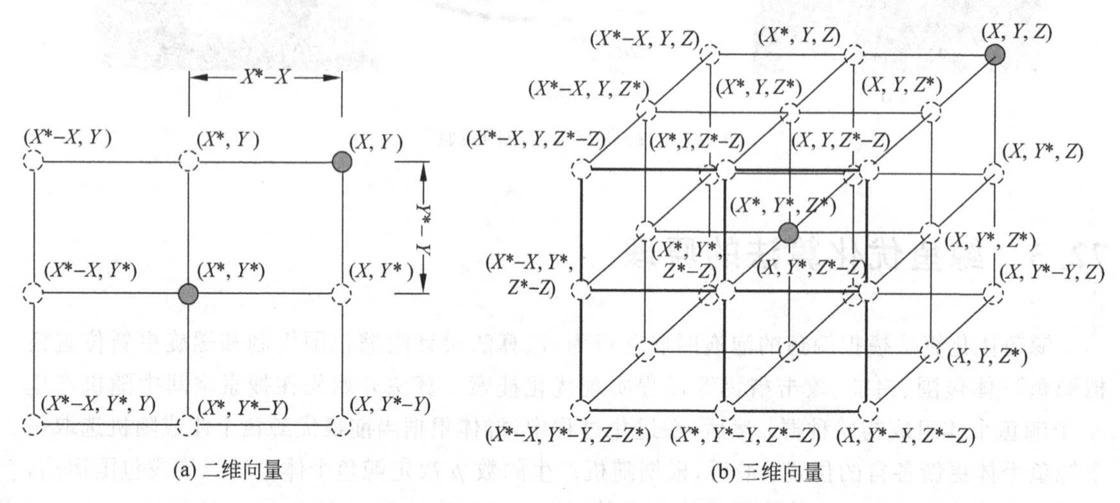

图 72.2 目前获得的最优解 X^* 的二维向量与三维向量下一个可能的位置分布

图 72.3(a)显示了在 $0 \leqslant A \leqslant 1$ 情况下，在二维空间位置 (X,Y) 可能到达的位置 (X^*, Y^*)。从图 72.3(b)可以看出，鲸鱼螺旋更新位置的方法，先计算位于 (X,Y) 的鲸鱼与位于 (X^*,Y^*) 的猎物之间的距离，再建立一个模拟鲸鱼和猎物的位置螺旋形运动的螺旋方程。

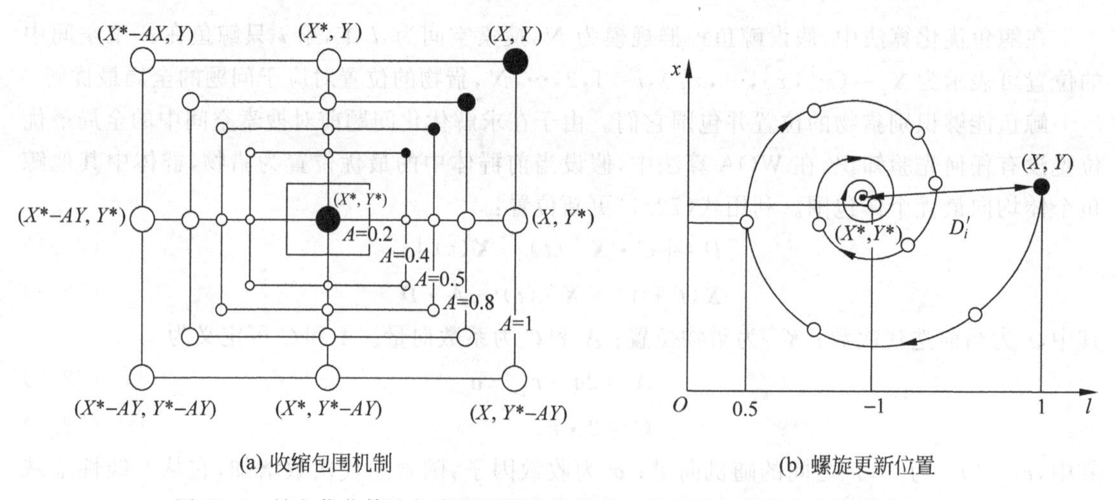

图 72.3 鲸鱼优化算法的泡泡网搜索机制的实现(X^* 是目前获得的最优解)

在螺旋更新位置方法中，模拟鲸鱼螺旋式运动以捕获猎物，其数学模型如下：

$$\boldsymbol{X}(t+1)=\begin{cases}\boldsymbol{X}^*(t)-\boldsymbol{A}\cdot\boldsymbol{D} & p<0.5\\ \boldsymbol{D}'\cdot \mathrm{e}^{bl}\cdot\cos(2\pi l)+\boldsymbol{X}^*(t) & p\geqslant 0.5\end{cases} \tag{72.6}$$

其中，$\boldsymbol{D}'=|X_p(t)-X(t)|$ 为第 i 只鲸鱼和猎物之间的距离；b 为用于限定对数螺旋形状的常数；l 为$[-1,1]$之间的随机数。需要指出的是，鲸鱼在猎物收缩圈周围游来游去，同时沿着螺旋形路径进行。为了模拟该行为，在优化过程中，选择收缩包围机制和螺旋位置更新概率 p 均为0.5。

除了泡泡网捕食行为，鲸鱼也可随机寻找食物。事实上，鲸鱼个体根据彼此位置进行随机搜索，其数学模型可表示为

$$\boldsymbol{D}=|\boldsymbol{C}\cdot\boldsymbol{X}_{\text{rand}}-\boldsymbol{X}| \tag{72.7}$$

$$\boldsymbol{X}(t+1)=\boldsymbol{X}_{\text{rand}}-\boldsymbol{A}\cdot\boldsymbol{D} \tag{72.8}$$

其中，$\boldsymbol{X}_{\text{rand}}$ 为从当前群体中随机选取的鲸鱼个体位置向量。

图 72.4 描述了在一个特解(X^*，Y^*)周围满足 $A>1$ 的一些可能的位置。

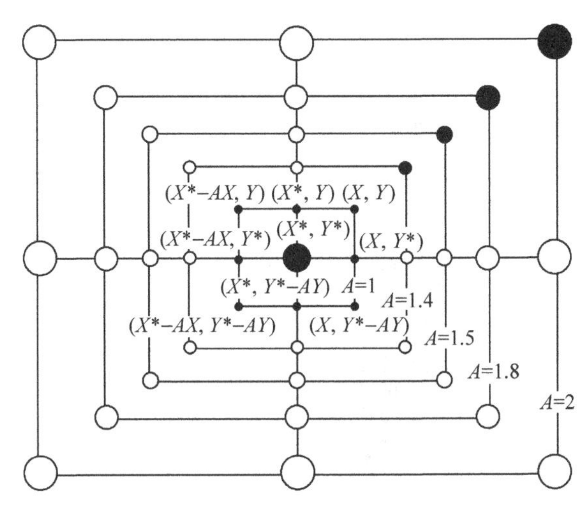

图 72.4　WOA 的搜索机制(X^* 是随机选择搜索个体)

72.5　鲸鱼优化算法的实现步骤及流程

鲸鱼优化算法的寻优过程是：首先，在搜索空间中随机产生 N 个鲸鱼个体组成初始种群；接着，在进化过程中，群体根据当前最优鲸鱼个体或随机选取一个鲸鱼个体更新各自的位置；然后，根据随机产生的数 p 决定鲸鱼个体进行螺旋或包围运动；最后，循环迭代至 WOA 算法满足终止条件。

基本 WOA 的伪代码描述如下。

```
begin
   设置种群规模，产生初始化鲸鱼种群 X_i(i=1,2,…,N);
   计算群体中每个个体的适应度值 f(X_i),i=1,2,…,N,并记录当前最优个体 X* 及位置;
   while (t<t_max)do
      for i=1 to N do
         根据式(72.5)计算收敛因子 a 的值;
         更新其他参数 A、C、l 和 p
         if 1 (p<0.5) do
            if 2 (|A|<1) do
               根据式(72.2)更新每个个体的位置;
            else if 2 (|A|≥1) do
               在群体中随机选择一个个体(X_rand);
               根据式(72.8)更新每个个体的位置;
            end if 2
```

```
        else if 1 (p≥0.5) do
            根据式(72.6)更新每个个体的位置;
        end if 1
    end for
    检查超出了搜索空间任何个体并修改它;
    计算群体中每个搜索个体的适应度值;
    更新当前最优个体 X* 及位置;
    t = t + 1
  end while
end
```

鲸鱼优化算法的流程如图 72.5 所示。

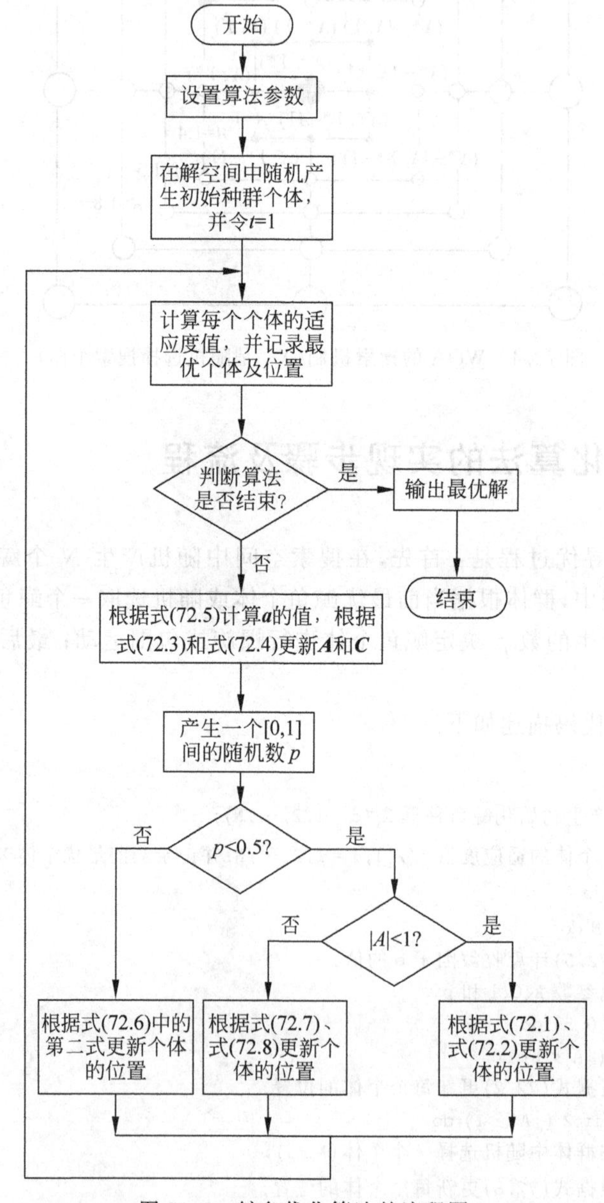

图 72.5　鲸鱼优化算法的流程图

第73章　海豚回声定位优化算法

海豚回声定位优化算法是模拟海豚依靠回声定位导航和狩猎所使用的生物声呐原理的群智能优化算法。海豚能够以点击的形式发出声音，通过持续发声并接受回声之间的时间间隔大小来判断，海豚不仅能够发现猎物，而且能够评估到猎物的距离，通过全局搜索和局部搜索，不断跟踪、瞄准直至捕捉猎物。本章首先介绍海豚的生活习性、海豚回声定位优化的原理，然后阐述海豚回声定位优化算法的描述、实现步骤及算法流程。

73.1　海豚回声定位优化算法的提出

海豚回声定位优化（Dolphin Echolocation Optimization，DEO）算法是2013年由伊朗Kaveh和Farhoudi提出的群智能优化算法，用于解决离散优化问题。该算法模拟了海豚在海洋中依靠回声定位导航和狩猎所使用的生物声呐的原理。研究表明，元启发式算法具有某些控制规则，知道这些规则有助于获得更好的优化结果。海豚回声定位优化算法同许多现有的优化方法相比，不仅具有利用控制规则的优势，而且它几乎没有要设置的参数，使用较少的计算量即可获得出色的结果。

与现有的元启发式算法如GA、ACO、PSO、BB-BC、HS、ES、SGA、TS、ICA、IACO、PSOPC相比，DEO能够根据当前问题的类型采用自身具有的合理的收敛速度，并能在用户指定的多个循环中使用较少的计算量即可获得可接受的最优结果。

73.2　海豚的生活习性

海豚是小到中等尺寸的鲸类大型食肉动物，处于食物链的顶端，除了较为凶猛的鲨鱼之外，其他海洋生物基本不对其构成威胁。多数海豚头部额隆特征显著，有助于聚集回声定位和觅食发出的声音。海豚多栖息于热带的温暖海域，通常生活在浅水或至少停留在海面附近。海豚不像其他鲸类那样长时间深度潜水，其游泳方式是整个身体以小角度跃离水面再以小角度入水，海豚游速为每小时30～40km。

有些海豚是高度社会化的物种，生活在大群体中（有时超过100 000头个体组成），呈现出许多有趣的集体行为。群内成员间有多种合作方式，如集群的海豚有时会攻击鲨鱼，通过撞击杀死它们。成员间也会协作救助受伤或生病的个体。海豚主要以鱼类和乌贼等为食，像其他齿鲸一样，海豚依赖回声定位进行捕食，甚至可以用高声强击晕猎物。

73.3 海豚回声定位的优化原理

回声定位的动物包括一些哺乳动物和一些鸟类。海豚能够以点击的形式产生声音,这些咔嗒声的频率高于用于交流声音的频率,并且在物种之间有所不同。当声音撞击物体,声波的一些能量被反射回海豚,海豚收到回声后,会再次发出咔嗒声。单击和回声之间的时间间隔使海豚能够评估它到物体的距离。海豚头部的两侧接收到的不同强度的信号,使它能够评估方向。通过持续发出咔嗒声并以这种方式接收回声,海豚可以跟踪物体。当越接近它感兴趣的猎物时,点击率就会增加,直至瞄准捕捉它们,如图 73.1 所示。

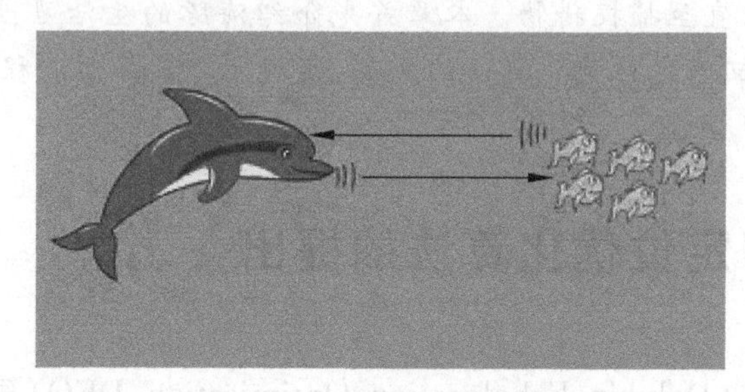

图 73.1　一只海豚正在捕捉猎物

回声定位在某些方面与优化相似,海豚利用回声定位寻找猎物的过程类似于寻找问题的最优解。最初海豚会在搜索空间里四处寻找猎物。一旦海豚接近目标,它就会限制自己的搜索,并逐渐增加它的点击量,以把注意力集中在目标位置上,直至成功捕获猎物。

通过限制海豚与目标之间的距离成比例的探索来模拟海豚回声定位的优化算法,搜索过程分为两个阶段:第一阶段在搜索空间中进行全方位的全局搜索,因此它应该寻找未探索的区域,通过探索搜索空间中的一些随机位置来执行此任务;第二阶段主要围绕前一阶段取得较好的全局搜索结果的基础上,执行局部搜索。算法通过全局搜索与局部搜索的不断迭代,实现对优化问题的求解。

73.4 海豚回声定位优化算法的数学描述

在开始优化之前,要对搜索空间排序和确定循环次数。

1. 搜索空间排序

对于要优化的每个变量,按升序或降序对搜索空间的候选项进行排序。如果候选项包括不止一个特征,则根据最重要的特征进行排序。利用这种方法,对于变量 j 创建长度为 LA_j 的向量 $\mathbf{A}_j$,该向量 $\mathbf{A}_j$ 包括第 j 变量所有可能的候选项。将这些向量放在一起,作为矩阵的列,创建矩阵 $\text{Alternatives}_{MA\times NV}$,其中 MA 为 $\max(LA_j)_{j=1:NV}$;NV 为变量的个数。

在优化过程中,收敛因子 CF 的变化被认为是曲线:

$$PP(\text{Loop}_i)=PP_1+(1-PP_1)\frac{\text{Loop}_i^{\text{Power}}}{(\text{LoopNumber})^{\text{Power}}-1} \tag{73.1}$$

其中，PP 为预定义的概率；PP_1 为随机选择解的第一次循环的收敛因子；Loop_i 为当前循环次数；Power 为曲线弯曲程度的指数，如图 73.2 所示。

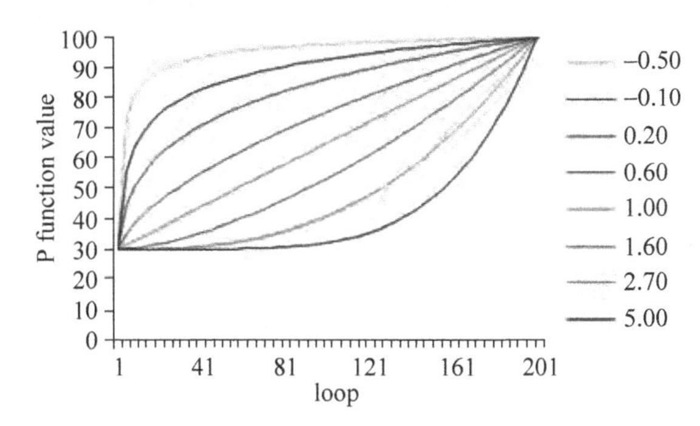

图 73.2　式(73.1)表示的收敛曲线随幂指数的变化情况

2. 循环次数

循环次数是指算法到达收敛点所经历的迭代次数。循环次数应该由用户根据算法所能提供的计算量来选择。

3. 计算累积适应度

在候选矩阵的第 j 列中找到 $L(i,j)$ 的位置，并将其命名为 A。根据海豚规则，对于 $k=-R_e$ 到 R_e，使用式(73.2)计算累积适应度为

$$AF_{(A+K)j}=\frac{1}{R_e}\cdot(R_e-|k|)\text{Fitness}(i)+AF_{(A+K)j} \tag{73.2}$$

其中，$AF_{(A+K)j}$ 为第 j 变量选择的第$(A+K)$候选的累积适应度(候选解的编号与候选矩阵的顺序相同)；R_e 为备选 A 的邻居的累积适应度受其影响的有效半径。建议该半径不大于搜索空间的 1/4；Fitness(i)为位置 i 的适合度值。找到此循环的最佳位置(j)并将其命名为“最佳位置”，找出分配给最佳位置变量的候选解，让它们的 AF 为零，即

$$AF_{ij}=0 \tag{73.3}$$

应补充一点，对于靠近边缘的候选解，若 $A+K<0$ 或 $A+K>LA_j$ 则是无效的，应使用反射特性计算 AF。在这种情况下，如果候选解到边缘的距离小于 R_e，如果将镜子放在边缘上，则假设能看到上述候选项图片的地方存在相同的候选项。

为了在搜索空间中均匀分布，将一个小的 ε 值添加到所有数组中，即 $AF=AF+\varepsilon$，其中 ε 应该根据适应度的定义方式来选择，最好小于适应度达到的最小值。

4. 候选概率

对变量 $j_{(j-1,\cdots,NV)}$ 选择 $i_{(i-1,\cdots,AL_j)}$ 的候选概率计算如下：

$$P_{ij}=\frac{AF_{ij}}{\sum_{i=1}^{LA_j}AF_{ij}} \tag{73.4}$$

对最优位置的所有变量选择的所有候选解赋等于 PP 的概率，将剩余的概率赋给其他候选解，分别用公式表示如下：

$$P_{ij}=PP \tag{73.5}$$

$$P_{ij}=(1-PP)P_{ij} \tag{73.6}$$

73.5 海豚回声定位优化算法的实现步骤及流程

(1) 随机初始化海豚的位置。创建 $\boldsymbol{L}_{NL\times NV}$ 矩阵,其中 NL 是位置数,NV 是变量数(或每个位置的维数)。

(2) 使用式(73.1)计算 PP。

(3) 计算每个位置的适应度值。定义的优化目标是使适应度值最大化。

(4) 根据海豚规则,使用式(73.2)和式(73.3)计算累积适应度。

(5) 对于变量 $j_{(j-1,\cdots,NV)}$ 根据式(73.4)计算选择 $i_{(i-1,\cdots,AL_j)}$ 的候选概率。

(6) 对最优位置所有变量选择的所有候选解,按式(73.5)分配等于 PP 的概率,按式(73.6)将剩余概率分配给其他候选解,根据分配给每个候选解的概率计算下一步位置。

(7) 将步骤(2)~步骤(6)重复到循环次数,输出最优解。

海豚回声定位优化算法的流程如图73.3所示。

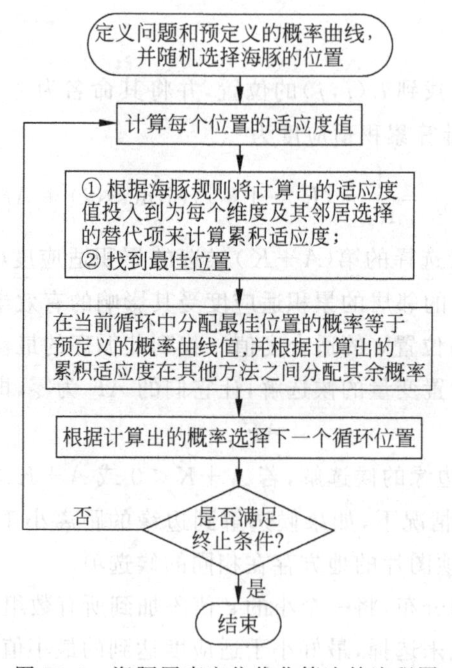

图73.3 海豚回声定位优化算法的流程图

第 74 章　海豚群算法

海豚群算法是模拟海豚回声定位、信息交流、分工合作捕食行为的群智能优化算法。海豚通过回声定位搜寻周围区域的食物，回波强度可以帮助海豚预估猎物的位置及大小。海豚群算法通过海豚搜索、呼叫、接收和捕食 4 种操作的迭代寻优以实现对函数优化问题的求解。传统群体智能优化算法只采用前进式求解方法，而海豚群算法利用回声定位的不同策略，更易求得最优解。本章首先介绍海豚回声定位的优化原理，然后阐述海豚群算法的数学描述及实现步骤。

74.1　海豚群算法的提出

海豚群算法(Dolphin Swarm Algorithm，DSA)是 2016 年由伍天琪等提出的一种模拟海豚通过回声定位搜寻猎物行为的群智能优化算法。该算法模拟海豚回声定位、信息交流、分工合作等生物特性和生活习性，通过搜索、呼叫、接收和和捕食四个关键阶段实现对函数优化问题求解。通过对 10 个基准函数测试，并将 DSA 与 PSO、GA 和 ABC 这 4 种算法性能进行比较，结果表明，DSA 在多数情况下具有良好的收敛性和适用性，特别是对于低维单峰函数、高维多峰函数、阶跃函数及随机数字函数的性能表现更好。该算法已被用于空中目标威胁评估、建筑资源调度、桁架优化等问题。

74.2　海豚群算法的优化原理

海豚群算法的机理源于对海豚种群搜寻猎物过程的模拟。海豚通过回声定位搜寻周围区域的食物，回波强度可以帮助海豚预估猎物的位置及大小。海豚搜寻到较大猎物后，将利用不同频率的声波与同伴进行信息交流，以此获取更优位置，引导个体逐渐进化，海豚群向最优位置移动，接近猎物。随后进入捕猎阶段。海豚群算法通过模拟海豚搜索、呼叫、接收和捕食行为，通过迭代进而实现对函数优化问题的求解。

74.3　海豚群算法的数学描述

1. *种群初始化及最优解的定义*

每个海豚个体 i 代表优化问题的一个可行解，表示为$\mathrm{Dol}_i=[x_1,x_2,\cdots,x_D]^{\mathrm{T}}$ $(i=1,2,\cdots,N)$，其中 N 为种群数目，D 为优化问题的维度，x_j $(j=1,2,\cdots,D)$为海豚个体在第 j 维

的取值。按照式(74.1)随机产生 N 海豚个体Dol_i：

$$\mathrm{Dol}_{i,j}=F_j+\mathrm{rand}\times(H_j-F_j),\quad j=1,2,\cdots,D \tag{74.1}$$

其中,H_j 和 F_j 分别为第 j 维变量搜索范围的上限和下限；rand 为[0,1]之间的随机数。

在 DSA 中,为每个海豚Dol_i($i=1,2,\cdots,N$)定义了两个相关变量：个体最优解 L_i($i=1,2,\cdots,N$) 和邻域最优解 K_i($i=1,2,\cdots,N$),其中 L_i 代表海豚Dol_i 在一次找到的最优解,而 K_i 代表海豚Dol_i 自己发现的或从其他相邻个体发现而得到的最优解。

在初始化的基础上,DSA 搜索过程包括搜寻、呼叫、接收、捕猎 4 个阶段。

2. 搜寻阶段

在搜索阶段,每只海豚通过发出声波来搜索自己附近的区域。设海豚个体Dol_i 随机在 M 方向发出声音 $V_i=[v_1,v_2,\cdots,v_D]^{\mathrm{T}}$($i=1,2,\cdots,M$),$V_j$($j=1,2,\cdots,D$)为每个维度的分量,即声音的方向属性。声音满足 $\|v_i\|=\mathrm{speed}$($i=1,2,\cdots,M$),其中 speed 代表声音速度属性的常数。在最大搜索时间 T_1 内,海豚个体Dol_i($i=1,2,\cdots,N$)在 t 时刻发出的声音 V_j 搜索到的新解 X_{ijt} 可表示为

$$X_{ijt}=\mathrm{Dol}_i+V_jt \tag{74.2}$$

搜索到的新解的适应度为

$$E_{ijt}=\mathrm{Fitness}(X_{ijt}) \tag{74.3}$$

求出在最大搜索时间 T_1 内海豚Dol_i 搜寻到的个体最优解 L_i 和邻域最优解 K_i,其中 L_i 满足

$$L_i=\min_{j=1,2,\cdots,M;t=1,2,\cdots,T_1}\mathrm{Fitness}(X_{ijt}) \tag{74.4}$$

最大搜索半径 $R_1=T_1\times\mathrm{speed}$。$K_i$ 代表海豚Dol_i 自身与其他相邻个体发现的最优位置,在本阶段 K_i 更新为

$$K_i=\begin{cases}L_i & \mathrm{Fitness}(L_i)<\mathrm{Fitness}(K_i)\\ K_i & \text{其他}\end{cases} \tag{74.5}$$

3. 呼叫阶段

在呼叫阶段,每只海豚都会发出声音,将其搜索结果通知其他海豚。声音传输需要时间,定义 $N\times N$ 维传输时间矩阵 TS,用$\mathrm{TS}_{i,j}$ 表示声音从海豚Dol_j 到海豚Dol_i 的剩余传播时间。初始值均为最大传输时间 T_2(人为设定),算法每迭代一次$\mathrm{TS}_{i,j}$ 减 1,代表声音在一个单位时间内传播。

在各次迭代中,当Dol_j 的邻域最优解 K_j 优于Dol_i 的邻域最优解 K_i,并且$\mathrm{TS}_{i,j}$ 大于两者之间的声音传播时间时,按式(74.6)对$\mathrm{TS}_{i,j}$ 更新为

$$\mathrm{TS}_{i,j}=\begin{cases}\left\lceil\dfrac{\mathrm{DD}_{i,j}}{A\times\mathrm{speed}}\right\rceil, & \mathrm{Fitness}(K_j)<\mathrm{Fitness}(K_i),\mathrm{TS}_{i,j}>\left\lceil\dfrac{\mathrm{DD}_{i,j}}{A\times\mathrm{speed}}\right\rceil\\ \mathrm{TS}_{i,j} & \text{其他}\end{cases} \tag{74.6}$$

其中,$\mathrm{DD}_{i,j}$ 为海豚Dol_i 与海豚Dol_j 间的距离,$\mathrm{DD}_{i,j}=\|\mathrm{Dol}_i-\mathrm{Dol}_j\|$,$i,j=1,2,\cdots,N$,$i\neq j$；$A$ 是调节声音传播速度的加速度常数。

4. 接收阶段

当算法进入接收阶段时,传输时间矩阵中所有的项$\mathrm{TS}_{i,j}$($i,j=1,2,\cdots,N$)均减 1,表示声音在一个单位时间内传播。$\mathrm{TS}_{i,j}$ 完成更新后,判断是否满足$\mathrm{TS}_{i,j}=0$ 条件。若满足条件,表示海豚Dol_j 发出的声音已经被海豚Dol_j 接收。此时将$\mathrm{TS}_{i,j}$ 重新标记为最大传播时间 T_2,选

取 K_i 和 K_j 中较优者更新 K_i，具体如式(74.7)所示：

$$K_i=\begin{cases}K_j & \mathrm{TS}_{i,j}=0,\mathrm{Fitness}(K_j)<\mathrm{Fitness}(K_i)\\ K_i & \text{其他}\end{cases} \tag{74.7}$$

5. 捕猎阶段

海豚Dol_i 与邻域最优解 K_i 之间的距离为$\mathrm{DK}_i=\|\mathrm{Dol}_i-K_i\|$，邻域最优解 K_i 与最优解 L_i 之间的距离为$\mathrm{DKL}_i=\|L_i-K_i\|$。根据$\mathrm{Dol}_i$、$L_i$、$K_i$ 三者之间的位置关系和 R_1 大小不同，分为 3 种情况给出捕猎的位置更新公式。

(1) $\mathrm{DK}_i\leqslant R_1$，如图 74.1 所示，表示海豚$\mathrm{Dol}_i$ 的邻域最优解 K_i 在搜索范围之内，此时 $K_i=L_i$，海豚Dol_i 移动的新位置如图 74.2 所示，位置更新公式为

$$\begin{cases}\mathrm{NewDol}_i=K_i+\dfrac{\mathrm{Dol}_i-K_i}{\mathrm{DK}_i}\times R_2\\ R_2=\left(1-\dfrac{2}{e}\right)\times\mathrm{DK}_i \quad e>2\end{cases} \tag{74.8}$$

其中，e 叫作“半径缩减”的常系数，e 大于 2，通常设为 3 或 4。不难看出，R_2 逐渐收敛到零。

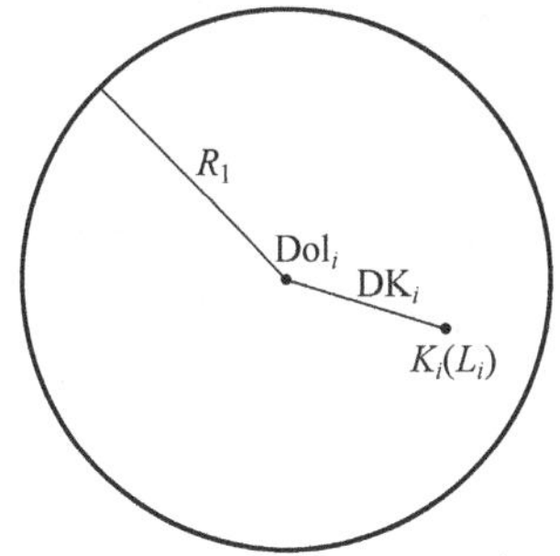

图 74.1　海豚Dol_i 处在情况(1)的捕食阶段

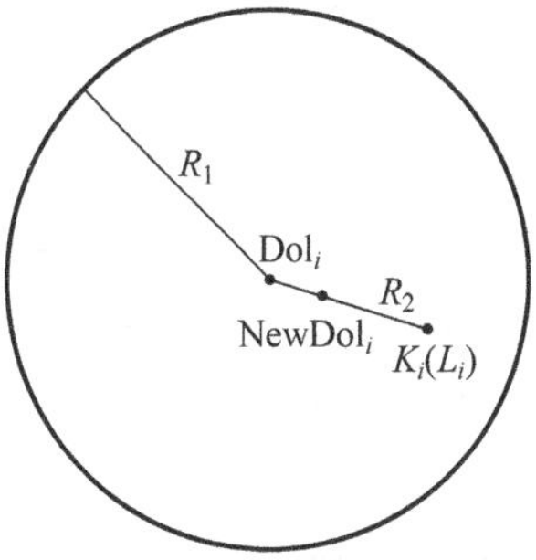

图 74.2　在情况(1)下海豚Dol_i 移动的结果

(2) $\mathrm{DK}_i>R_1$ 且$\mathrm{DK}_i\geqslant\mathrm{DKL}_i$，如图 74.3 所示，表示海豚$\mathrm{Dol}_i$ 的邻域最优解 K_i 在搜索范围之外，且 L_i 比Dol_i 更接近 K_i，海豚Dol_i 移动的新位置如图 74.4 所示，位置更新公式为

$$\begin{cases}\mathrm{NewDol}_i=K_i+\dfrac{\mathrm{Random}}{\|\mathrm{Random}\|}\times R_2\\ R_2=\left[1-\dfrac{\dfrac{\mathrm{DK}_i}{\mathrm{Fitness}(K_i)}+\dfrac{\mathrm{DKL}_i-\mathrm{DK}_i}{\mathrm{Fitness}(L_i)}}{e\times\mathrm{DK}_i\times\dfrac{1}{\mathrm{Fitness}(K_i)}}\right]\times\mathrm{DK}_i, \quad e>2\end{cases} \tag{74.9}$$

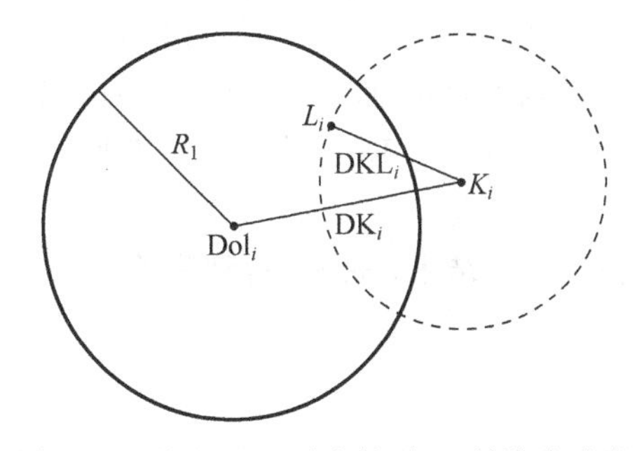

图 74.3　海豚Dol_i 处在情况(2)的捕食阶段

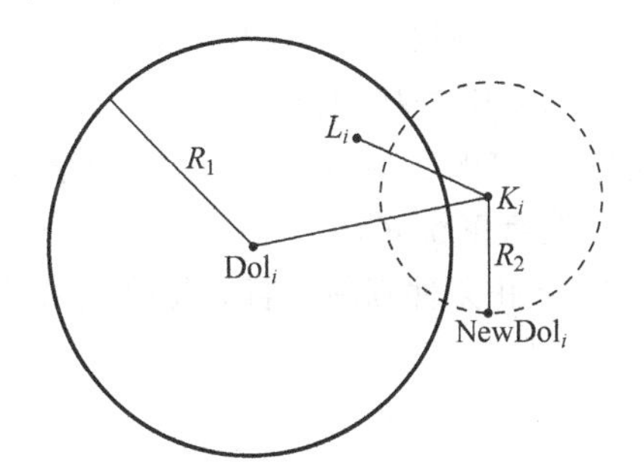

图 74.4　在情况(2)下Dol_i 移动的结果

(3) $DK_i > R_1$ 且 $DK_i < DKL_i$,如图74.5所示,表示海豚Dol_i的邻域最优解K_i在搜索范围之外,且Dol_i比L_i更接近K_i,海豚Dol_i移动的新位置如图74.6所示,位置更新公式为

$$\begin{cases} \text{NewDol}_i = K_i + \dfrac{\text{Random}}{\|\text{Random}\|} \times R_2 \\ R_2 = \left[1 - \dfrac{\dfrac{\text{DK}_i}{\text{Fitness}(K_i)} - \dfrac{\text{DKL}_i - \text{DK}_i}{\text{Fitness}(L_i)}}{e \times \text{DK}_i \times \dfrac{1}{\text{Fitness}(K_i)}}\right] \times \text{DK}_i \quad e > 2 \end{cases} \tag{74.10}$$

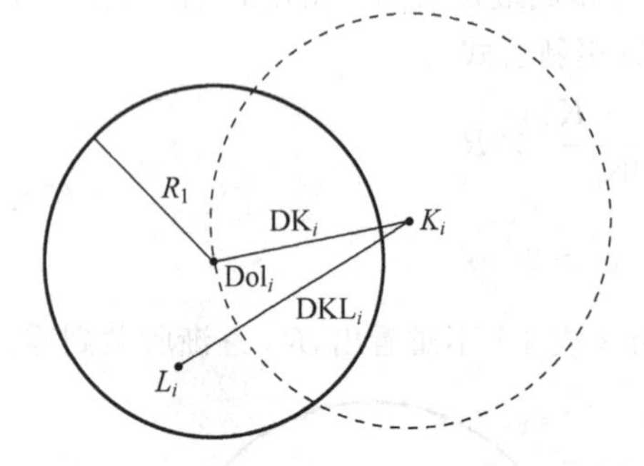

图74.5 海豚Dol_i处在情况(3)的捕食阶段

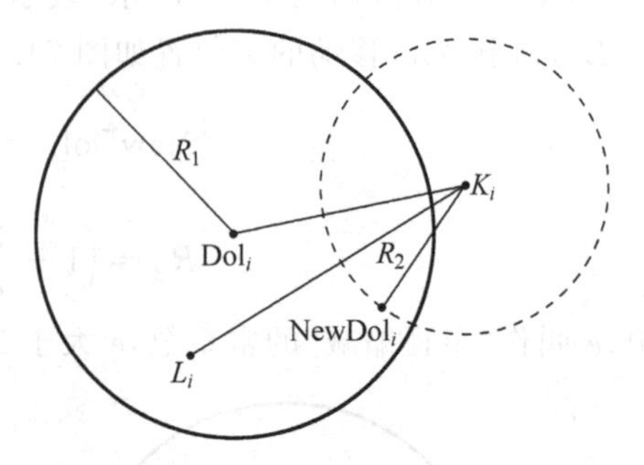

图74.6 在情况(3)下Dol_i移动的结果

获得海豚的新位置$NewDol_i$后,重新计算其适应度值,并将其与Dol_i的邻域最优解K_i进行比较,如果$Fitness(NewDol_i) < Fitness(K_i)$,则更新$K_i$,即$K_i = NewDol_i$。海豚群进入新一轮搜寻,直至满足终止条件。

74.4 海豚群算法的实现步骤

海豚群算法的实现步骤如下。

(1) 初始化种群。在D维空间中随机均匀地产生初始海豚种群$Dol = \{Dol_1, Dol_2, \cdots, Dol_N\}$;计算每只海豚的适应度$Fit_K = \{Fit_{K,1}, Fit_{K,2}, \cdots, Fit_{K,N}\}$。

(2) 搜寻阶段。利用式(74.3)~式(74.5)求出海豚Dol_i的邻域最优解K_i。

(3) 呼叫阶段。为了更新海豚Dol_i邻域最优解K_i,利用式(74.6)对声音从海豚Dol_j到海豚Dol_i的剩余传播时间$TS_{i,j}$进行更新。

(4) 接收阶段。$TS_{i,j}$完成更新后,判断若$TS_{i,j}=0$,则用式(74.7)更新邻域最优解K_i。

(5) 捕食阶段。计算DK_i和DKL_i:如果$DK_i \leqslant R_1$,则用式(74.8)计算海豚Dol_i捕猎的新位置;如果$DK_i > R_1$且$DK_i \geqslant DKL_i$,则用式(74.9)计算海豚Dol_i捕猎的新位置;如果$DK_i > R_1$且$DK_i < DKL_i$,则用式(74.10)计算海豚Dol_i捕猎的新位置。Dol_i的位置更新后,计算其适应度,然后更新K_i。

(6) 终止条件判断。若满足终止条件,输出最佳解,算法结束;否则,转到步骤(2)。

第75章　口孵鱼算法

口孵鱼算法基于生物在生态系统中生存和繁殖所采用的共生交互策略，模拟口孵鱼产出的卵要在其口中孵化成小鱼，并用大嘴作为保护幼鱼免受外界危险的屏障的优生优育机制。该算法包括口孵鱼的自主运动行为、弱小鱼苗的附加运动、轮盘赌法选择的交配个体，以及鲨鱼攻击或外界危险对口孵鱼游动的影响等环节。本章首先介绍口孵鱼的习性及其特点，以及口孵鱼算法的优化原理，然后阐述口孵鱼算法的数学描述及实现步骤。

75.1　口孵鱼算法的提出

口孵鱼(Mouth Brooding Fish，MBF)算法是2017年由Jahani和Chizari提出的一种新颖的群智能优化算法。该算法模拟生物在生态系统中生存和繁殖所采用的共生交互策略。自然界的口孵鱼用大嘴作为保护幼鱼免受外界危险的屏障，算法考虑了口孵鱼的运动行为、移动距离和在母鱼口附近对幼鱼的散布行为，提出了口孵鱼运动、幼鱼散布和保护行为算子，帮助算法寻找潜在的最优解。通过CEC2013和CEC2014基准函数进行单目标优化测试，并与其他先进优化算法比较，结果表明，该算法具有良好的性能。

75.2　口孵鱼的习性

口孵鱼是慈鲷鱼属的一种鱼类。口孵鱼产出的卵要在其口中孵化成小鱼，最大特点是在卵孵化后仍能继续保护其幼鱼并投入大量精力抚养小鱼。这些鱼类不通过生产大量鱼卵这种形式去消耗能量和资源，而是繁殖相对较少的后代并在后代完全独立之前尽心呵护。尽管后代独立以后仍然是小鱼，但它们与其他小鱼相比更成熟、体型更大并且速度更快，可以获取更好的生存机会。虽然许多水下生物都有保护自己免受伤害的策略，但并不是所有的水下生物都有保护自己幼仔的方法。口孵鱼类以其照顾和保护后代的能力而闻名。

如图75.1(a)所示，口孵鱼类用它们的嘴把卵孵化成幼鱼。在幼鱼长大过程中，作为幼鱼庇护所母鱼的嘴并没有足够的空间容纳所有小鱼，在危险的时候，一些弱小的幼鱼不得不独自面对危险和自然环境，如图75.1(b)所示。

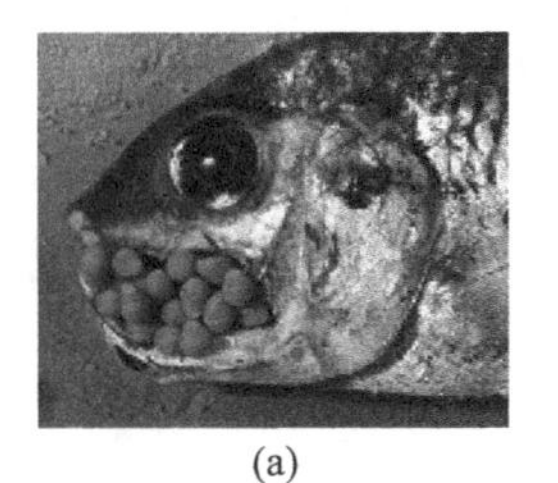

(a)

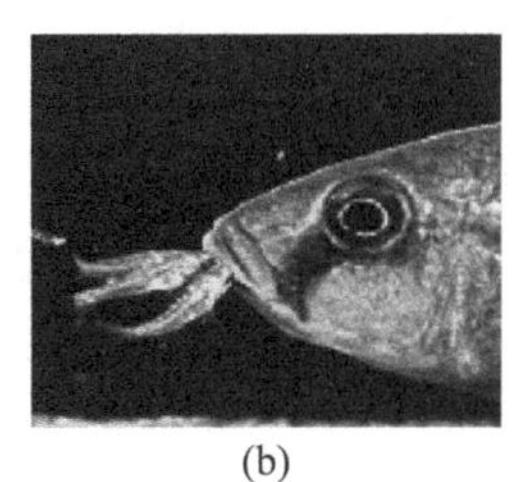

(b)

图75.1　口孵鱼用嘴孵卵及庇护幼鱼的情景

75.3 口孵鱼算法的优化原理

口孵鱼产出的卵要在母鱼口中孵化成小鱼，在卵孵化后母鱼仍能继续用口保护着幼鱼，并投入大量精力抚养小鱼。这种鱼类不通过大量产卵的形式去消耗母体的能量和资源，而是繁殖相对较少的后代并在后代完全独立之前尽心呵护，蕴含着一种优生优育的机制，体现出一种优化的思想。

口孵鱼算法通过创建人工口孵鱼群，模拟口孵鱼用大嘴作为保护幼鱼免受外界危险的屏障。在算法中考虑了口孵鱼的运动行为、移动距离和在母鱼口附近对幼鱼的散布行为，提出了口孵鱼运动、幼鱼散布和保护行为算子，帮助算法寻找潜在的最优解，并通过算法不断地迭代来实现对优化问题的求解。

75.4 口孵鱼算法的数学描述

在口孵鱼算法中，创建的每条人工口孵鱼都由一些细胞组成，如图75.2中所示，这些细胞代表了优化问题的变量。口孵鱼的运动行为和受外界影响的主要因素包括自主活动、弱小鱼苗的附加运动、轮盘赌法选择的交配个体，以及鲨鱼攻击或外界危险对口孵鱼游动的影响。

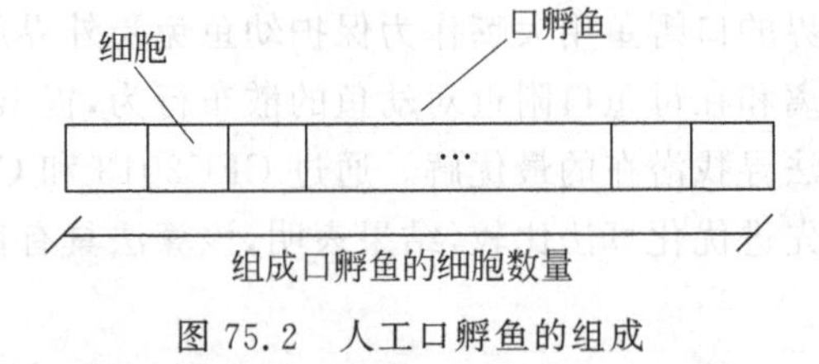

图75.2 人工口孵鱼的组成

1. 母鱼的力量或源点对口孵鱼移动的影响

这个因素只影响移动距离，对移动方向没有任何影响。源点SP是控制参数之一，在0和1之间取值。从图75.3中可以看出，通过增加母亲鱼的力量，移动距离增加，意味着口孵鱼有一个强壮的母亲，必须在海里紧紧跟随。应该注意的是，增加力量值并不总是能找到最好的解。上述作为第1影响因素可描述为

$$\text{Effect}^{(1)} = \text{SP} \times \text{Cichlids.Movements} \tag{75.1}$$

其中，SP为母鱼的原点；Cichlids.Movements为上一次运动。

在自然界中，考虑到母鱼的力量会逐渐减弱，用衰弱系数SPdamp(0.85～0.95)描述对口

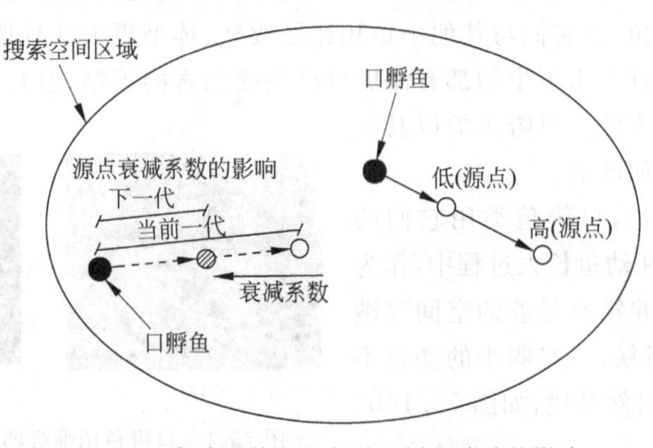

图75.3 衰减系数和源点对口孵鱼移动的影响

孵鱼游动产生的影响。在每次迭代结束时，母亲鱼的新源点计算如下：

$$\mathrm{SP} = \mathrm{SP} \times \mathrm{SPdamp} \tag{75.2}$$

2. 个体最好解对口孵鱼移动的影响

每条口孵鱼喜欢移动到它们通过迭代得到的最佳位置，这些迭代与当前位置不同，如图 75.4 所示的相同口孵鱼的最佳位置。这种移动效果可以由用户通过扩散参数来控制。

$$\mathrm{Effect}^{(2)} = \mathrm{Dis} \times (\mathrm{Cichlid.Best} - \mathrm{Cichlid.Position}) \tag{75.3}$$

其中，Dis 为扩散距离；Cichlid. Best 为个体的最好解；Cichlid. Position 为个体当前位置。

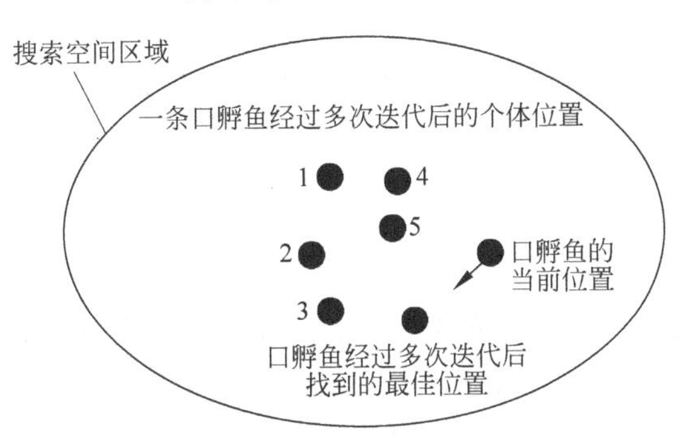

图 75.4　各口孵鱼最佳位置对运动的影响

3. 全局最好解对口孵鱼移动的影响

所有的幼鱼都倾向于移动到整个口孵鱼的最佳位置，如图 75.5 所示，各口孵鱼种群通过迭代，可以计算出向最佳位置移动的趋势：

$$\mathrm{Effect}^{(3)} = \mathrm{Dis} \times (\mathrm{Clobal.Best} - \mathrm{Cichlid.Position}) \tag{75.4}$$

其中，Clobal. Best 为全局最好解。

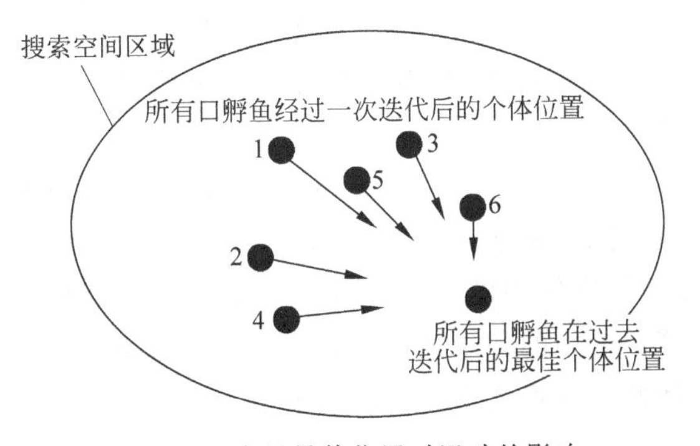

图 75.5　全局最佳位置对运动的影响

4. 大自然对口孵鱼移动的影响

大自然力量作用下口孵鱼移动的新位置 NewN. F. P 为

$$\mathrm{NewN.F.P} = 10 \times \mathrm{SP} \times \mathrm{NatureForce.Position(SelectedCells)} \tag{75.5}$$

其中，NatureForce. Position(SelectedCells)为从上一代和当前一代找到最佳位置的口孵鱼所有细胞有超过 60%差异的个体中选择的个体。如图 75.6 所示，NewN. F. P 为新的位置。通过分散量来考虑大自然对口孵鱼游动的影响计算如下：

$$\mathrm{Effect}^{(4)} = \mathit{Dis} \times (\mathrm{NewN.F.P} - \mathrm{NatureForce.Position}) \tag{75.6}$$

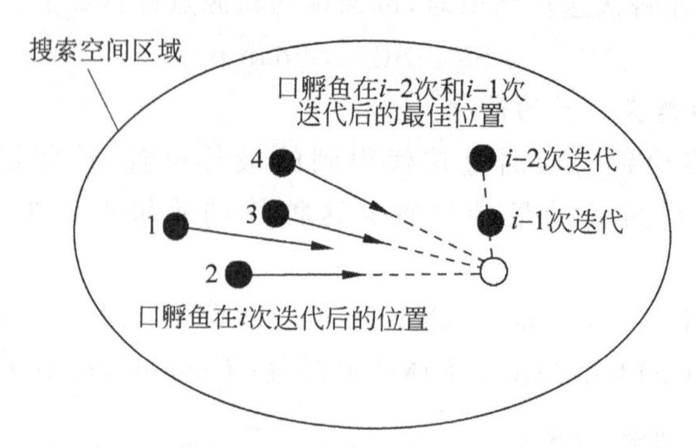

图 75.6 自然趋势对运动的影响

自然作用的因素仅仅在算法收敛效果不好时(当前迭代后得到的全局最好解较之前所有迭代中出现的全局最好解的改进不足 15%时)才会起作用。

5. 幼鱼的移动距离及超出界限的处理

在口孵鱼的基本动作中,每个幼鱼最多只能移动 ASDN 或 ASDP 的距离为

$$\mathrm{ASDP}=0.1\times(\mathrm{VarMax}-\mathrm{VarMin}),\quad \mathrm{ASDN}=-\mathrm{ASDP} \tag{75.7}$$

其中,VarMin 和 VarMax 分别为每个维度上的最小值和最大值。

随着幼鱼的移动,它有可能移动到搜索空间以外,这时需要在口孵鱼移动之前,根据镜像效应改变鱼的移动方向为

$$\mathrm{Cichlids.Movements}=-\mathrm{Cichlids.Movements} \tag{75.8}$$

6. 被母鱼遗弃小鱼的数量和移动距离

在 MBF 算法中,母鱼仅能保护口腔容纳下的小鱼,其余不得不面对自然挑战的小鱼被命名为被遗弃小鱼,算法确定出被母亲鱼会遗弃小鱼的数量为

$$\mathrm{nm}=0.04\times n\mathrm{Fish}\times \mathrm{SP}^{-0.431} \tag{75.9}$$

其中,nm 为遗弃小鱼的母鱼数量;nFish 为种群大小;SP 为母鱼的源点。

被遗弃小鱼的移动距离 UASDP、UASDN 分别为

$$\mathrm{UASDP}=4\times\mathrm{ASDP},\quad \mathrm{UASDN}=-\mathrm{UASDP} \tag{75.10}$$

被遗弃小鱼的移动及移动范围限制如图 75.7 所示。

在图 75.6 中,口孵鱼算法使用的另一个控制参数——扩散概率(Pdis),其取值范围为 0~1。扩散概率用于计算被选中的和未被选中的口孵鱼的数量。

口孵鱼算法使用扩散概率计算遗弃小鱼的数量数为

$$\mathrm{NCC}=[n\mathrm{Var}\times P\mathrm{dis}] \tag{75.11}$$

其中,nVar 为维度个数;Pdis 为分散概率;符号[•]为四舍五入取最接近的整数。

NCC 是一个显著影响鱼类直接分散的参数。于是一些个体就等于 NCC 随机选择的。如图 75.7 所示,运动第 2 部分是减去后得到的 UASDP 或 UASDN 由淡出的口孵鱼随机挑选个体。

$$\mathrm{LeftCichlids.Position}=\mathrm{UASDP}\pm\mathrm{Cichlids.P(SelectedCells)} \tag{75.12}$$

其中,Cichlids. P(SelectedCells)为按 NCC 数目随机选取的口孵鱼个体;LeftCichlids. Position 为淡出的口孵鱼第 2 部分移动后的新位置。如图 75.7 所示,口孵鱼在第 2 次移动后可以离开搜索空间区域,因此,再次用搜索空间有限。

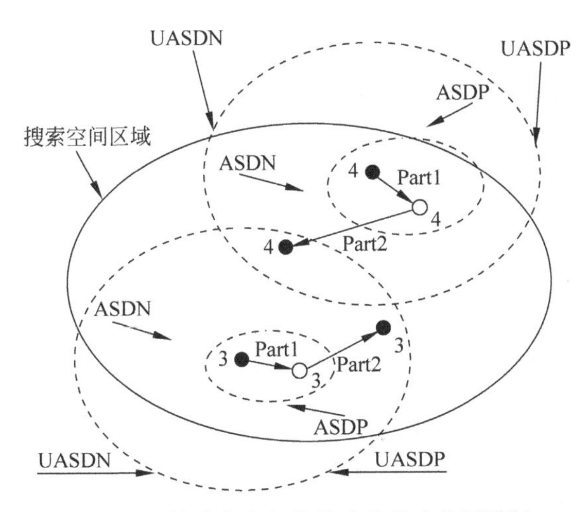

图 75.7　被遗弃小鱼的移动及移动范围限制

7. 交叉与轮盘赌法选择对口孵鱼移动的影响

通过使用概率分布或轮盘赌法从每一对口孵鱼当中选择 1 对作父母。单点交叉是由 65%的较好亲本(即具有较好的适应度值的亲本)和 35%的另一个亲本交叉概率产生的新鱼,如图 75.8 所示。这些新出生的口孵鱼用新的位置,取代了它们的父母,它们的迁移将是零。在用适应度函数对新生鱼进行评估之前,应该检查生成的子鱼的新位置是否在搜索空间内。

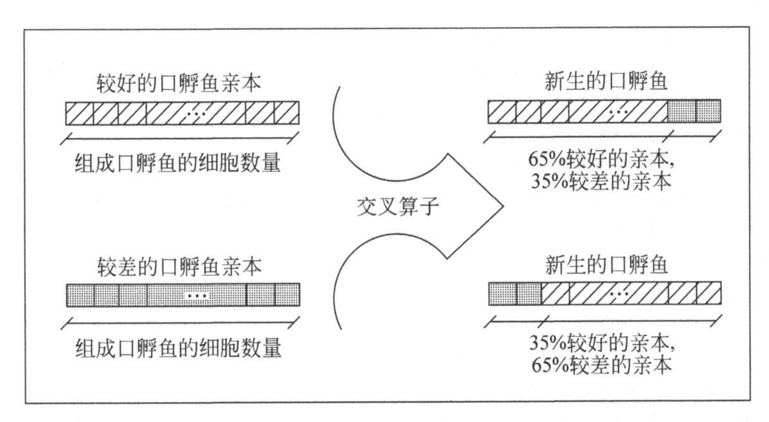

图 75.8　交叉算子

8. 鲨鱼攻击或危险对口孵鱼游动的影响

在 MBF 算法中,通过 4%的口孵鱼种群的附加运动作为鲨鱼攻击影响。

$$n_{\text{shark}} = 0.04 \times n\text{Fish} \tag{75.13}$$

其中,n_{shark} 为鲨鱼攻击效应而选择的口孵鱼的数量。这种影响利用了每一代 60%的个体变化差异的自然趋势,通过保存细胞数量和通过多少世代这个细胞与上一代的最佳结果有 60%的差异。鲨鱼袭击对 4%的口孵鱼种群的位置和活动造成的影响描述如下:

$$\text{Cichlids. NewPosition} = \text{SharkAttack} \times \text{Cichlids. Position} \tag{75.14}$$

其中,SharkAttack 为保存细胞数量和细胞改变次数的矩阵;Cichlids. Position 为从 4%种群中随机挑选的口孵鱼。受鲨鱼袭击影响,口孵鱼的运动量等于鲨鱼袭击前后口孵鱼的位置差。

75.5 口孵鱼算法的伪代码实现

口孵鱼算法的伪代码描述如下。

```
输入参数: nFish,SP,SPdamp,Dis,Pdis
首先计算: 用式(75.9)计算被母亲鱼遗弃小鱼的数量 nm; 用式(75.13)计算鲨鱼攻击效应而选择的口孵
鱼数量 n_shark
然后计算: 用式(75.7)计算每条幼鱼的移动距离 ASOP、ASDN; 用式(75.10)计算被遗弃小鱼移动距离的
限制 UASOP、UASDN
生成种群数量为 nFish 的幼鱼的初始位置
为生成的幼鱼移动赋值 0
评估所有幼鱼位置的适应度
分配当前幼鱼位置到它们最好的位置
找到所有幼鱼的最佳位置并添加到全局解
While 不满足停止条件 do                                  //MBF 主循环
    For 所有幼鱼(nFish)do                                //主要运动
        if 当前迭代后的全局最好解与之前所有迭代中
            获得的全局最好解的比值小于 0.85   then
                用式(75.1)、式(75.3)和式(75.4)分别更新第 1、第 2 和第 3 影响因素后的移动;
            Else
                用式(75.1)、式(75.3)、式(75.4)和式(75.6)更新第 1、第 2、第 3 和第 6 影响因素后的移动;
        用式(75.7)检查 ASOP、ASDN 的移动越界情况;
        用计算得到的移动位置更新幼鱼的位置;
        用镜像效应通过式(75.8)和位置限制(VarMin,VarMax)处理位置越界情况;
        评价所有幼鱼新位置的适应度;
        更新幼鱼的局部和全局最好位置;
        检查停止条件(NFE 的最大数)
    For 被遗弃的小鱼(nm)do                               //被遗弃的小鱼移动
        用式(75.11)计算被遗弃的小鱼数量 NCC
        随机选择 (NCC)小鱼个体的数量
        For 改变细胞的数量 do
            UASOP 随机加减被选择遗弃小鱼的细胞;
        用新、旧位置相减计算遗弃小鱼的移动位置;
        用式(75.7)和 UASOP、UASDN 检查移动界限;
        用计算后的移动位置更新遗弃小鱼的位置;
        用镜像效应通过式(75.8)和位置限制(VarMin,VarMax)处理位置越界情况;
        评价遗弃小鱼的新位置的适应度;
        更新幼鱼的局部和全局最好位置;
        检查停止条件(NFE 的最大数)
    用计算出的适应度值通过轮盘赌法计算交叉概率          //交叉
    For 每一对口孵鱼 do
        通过轮盘赌法选择一对作父母;
        使用 65 条较好的和 35 条较差的口孵鱼交叉操作以生成新的幼鱼,反之亦然;
        检查处理位置越界(VarMin,VarMax)情况;
        评价新生幼鱼的适应度
        更新幼鱼的局部和全局最好位置
        检查停止条件(NFE 的最大数)
```

第 76 章 河豚圆形结构算法

河豚圆形结构算法是模拟雄性河豚在海床上建造一种独特的圆形结构的过程，来实现对函数优化问题的求解。起初，河豚在圆形结构的中心移动形成山峰的图案，然后，峰谷变得更加明显，最后河豚在中央形成了随机图案。该算法的最大特点是算法参数设计来自河豚的真实圆形结构，不存在人为确定参数的困难。与其他元启发式算法相比，该算法降低了复杂度，适合于并行计算过程。

76.1 河豚圆形结构算法的提出

河豚圆形结构(Circular Structures of Puffer Fish，CSOPF)算法是 2018 年由土耳其学者 Catalbas 和 Gulten 受到河豚建造圆形物体过程的启发，提出的一种新的元启发式优化算法。通过常用的 13 个优化测试函数对 CSOPF 算法性能进行测试，并与遗传算法(GA)进行比较，结果表明，CSOPF 算法比遗传算法具有更好的性能。

CSOPF 算法的最大特点是算法参数的设计来自河豚的真实圆形结构，而人为确定参数的困难被自然消除。与其他元启发式算法相比，该算法降低了复杂度，适合于并行计算过程。

76.2 河豚的习性

河鲀(tetraodontidae; puffer fishes)是硬骨鱼纲鲀科鱼类的统称。因从河水中捕获出水时，河鲀发出类似于猪叫声的唧唧声，因而俗称河豚。河豚大都是热带海鱼，只有少数几种生活在淡水中。河豚的种类很多，图 76.1 为一种特殊类型的河豚。

河豚的身体短而肥厚，体型浑圆，主要依靠胸鳍推进。这样的体型虽然可以灵活旋转，但速度却不快。河豚生有毛发状的小刺，河豚的皮坚韧而厚实。

河豚的上下颌的牙齿都是连接在一起的，好像一块锋利的刀片。这使河豚能够轻易地咬碎硬珊瑚的外壳。河豚的食性杂，以鱼、虾、蟹、贝壳类为食，亦食昆虫幼虫、枝角类以及高等植物的叶片和丝状藻类。

河豚受到威胁时，能够快速地将水或空气吸入极具弹性的胃中，在短时间内会膨胀得很大，吓退掠食者。膨胀时全身的刺便会竖起，令掠食者难以吞食。

76.3 河豚建造圆形结构的过程

研究人员对图76.1所示的一种特殊类型的河豚(Torquigener albomaculosus)进行了研究,发现这种鱼类有一种非常特殊的能力。这种鱼类的雄性有能力在海床上建造独特而迷人的一种圆形结构,如图76.2所示。

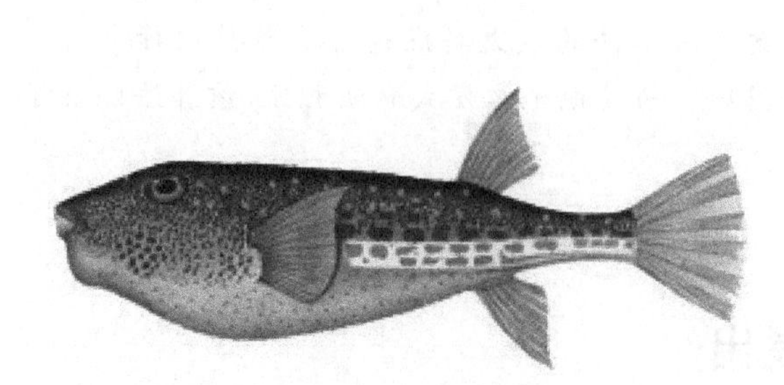

图76.1　一种特殊类型的河豚

图76.2　神秘的圆形结构

这些圆形结构多年来一直是海边的谜。近年来,研究揭示了这些结构是如何构建的,以及由哪些生物构建的。研究人员发现是雄性河豚构造了神秘结构以打动雌性鱼。另外,圆形结构的直径约为2m,所有的圆形结构在其内部都具有独特的图案。圆形结构的构建由几个子维度规则组成。建造过程分为3个阶段:早期、中期和最终阶段。在建造的早期,河豚在圆形结构的中心移动,并形成山峰的图案;在中间阶段,峰谷变得更加清晰,结构也变得更加明显;在最后阶段,河豚在中央形成了随机的花样。不同区域的沙子类型不同,外部区域使用大块沙子,中央区域使用小尺寸沙子。雄性河豚建造这样圆形结构,使中心区域水的流量减少了24.2%,以打动吸引雌性鱼。

76.4 河豚圆形结构算法的数学描述

受雄性河豚建造圆形结构过程的启发,Catalbas等认为这一建造过程适合作为元启发式优化算法来解决最小化问题。河豚圆形结构算法的步骤实际上类似于雄性河豚构造圆形结构的步骤。

最初,用户必须为圆形结构确定一些参数:峰的数量,起始点,内部和外部区域的半径以及迭代次数。在中心区域中,将创建随机向心图案。此外,必须添加新参数——半径缩小率以提高算法的成功率。圆形结构的示意如图76.3所示。

CSOPF算法的中心区与外围区的直径比和沙峰数(简称峰数)均取自河豚的真实结构。由每次迭代计算得到的最低点作为为新的起点,这样可以保证该算法成功收敛到全局最小点。

1. *定义初始参数*

在开始时,用户需要定义的初始参数:外部区域的半径(r_{out}),中心区域半径(r_{cen}),峰数

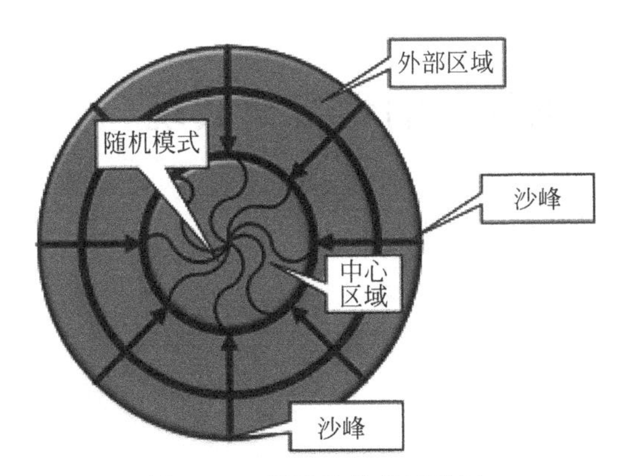

图 76.3　圆形结构的示意图

(n_{peak})和半径缩小比(d_{red})。该算法还对沙子的大小进行了建模。大块沙(s_{large})通过外部区域的大步长建模，小块沙粒(s_{small})以中心区域的小步长建模。c_{max} 是最大圆形结构数。r_c 为定义的特定值参数。

2. 圆形结构半径更新

半径取决于圆形结构的数量，对式(76.1)进行更新如下：

$$r_{c+1}=d_{red}r_c \tag{76.1}$$

3. 圆形结构初始参数设置

河豚圆形结构算法的初始参数设置如下：$n_{peak}=24$；$c_{max}=50$；$r_{out}/r_{cen}=1.5$；$s_{large}/s_{small}=5$；$d_{red}=0.7$。

4. 圆形结构随迭代次数的变化

根据迭代次数圆形结构的变化如图 76.4 所示，圆形结构的半径随着迭代次数的增加而减少，并且在中心区域的某个值以下开始出现随机模式。此外，计算点在中心区域的步长也在增加。这种增加代表了圆形结构处沙粒的大小。从图 76.4 不难看出，在少量圆形结构的情况下，该算法就可以很容易地得到函数的真实最小值。

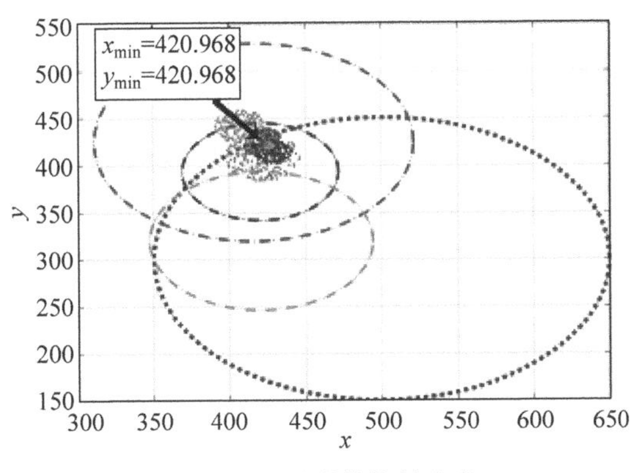

图 76.4　圆形结构的变化

参数的确定是元启发式算法最困难的问题之一，而该算法的主要贡献就是算法的参数设计灵感来自河豚的真实圆形结构，确定参数的困难在该算法中已经自然消除。CSOPF 算法与其他元启发式算法相比，复杂度降低了，适合于并行计算过程。

76.5 河豚圆形结构算法的伪代码实现

河豚的圆形结构算法的伪代码描述如下。

```
Begin
    目标函数 f(x),x=(x_1,x_2,…,x_d)^T
    定义初始参数(r_out,r_cen,n_peat,d_red)
    初始化位置向量(x_i,y_i)
    圆形结构的最大数量(S_max)
    误差指标(ε)
While (c<c_max)或满足误差指标
        评估其质量/适合度值
        根据式(76.1)更新半径.
    If  (r_s<r_cen)
        增加解的分辨率(步长),并在中心区域随机创建图案
    End
        通过沙峰的圆形结构创建面向图案中心的图案
        使用最佳位置作为新的初始位置
        c = c + 1
End While
```

第77章 樽海鞘群算法

樽海鞘群算法是一种模拟海洋生物樽海鞘群体觅食行为的群智能优化算法。樽海鞘群体在导航和觅食过程中会自发地首尾相连聚集成樽海鞘链，位于链首的樽海鞘为领导者，起引领作用，其余为跟随者。该算法采用优胜劣汰策略不断地更新领导者和跟随者，直至樽海鞘群体成功捕获到食物。本章首先介绍樽海鞘的生活习性及樽海鞘群觅食的优化机理，然后阐述樽海鞘群算法的数学描述、实现步骤、伪代码描述及其算法流程。

77.1 樽海鞘群算法的提出

樽海鞘群算法(Salps Swarm Algorithm，SSA)是2017年由澳大利亚Mirjalili等提出的模拟海洋中樽海鞘群体觅食行为的群智能优化算法。该算法结构较为简单，只有一个主要控制参数，易于实现，SSA内含能避免陷入局部最优的自适应机制，具有收敛速度快、鲁棒性强、处理低维问题优化性能良好等特点。其寻优性能优于飞蛾扑火算法、灰狼优化算法和人工蜂群算法等。SSA算法已被用于光伏系统、网络系统管理、特征选择、图像处理、目标分类、数字微分器、混合动力系统等问题的优化设计中。

多目标樽海鞘群算法(MSSA)的优化结果表明，该算法可以逼近具有较高收敛性和覆盖率的Pareto最优解。Mirjalili等用SSA和MSSA解决机翼设计和船用螺旋桨设计等具有挑战性且计算量大的工程优化设计问题，结果证明，樽海鞘群算法在解决函数优化难题和未知搜索空间的实际问题中具有优越性。

77.2 樽海鞘的生活习性

樽海鞘(英文名Salps)是一种类似海蜇的海洋无脊椎动物，以水中的浮游植物海藻等为食，通过吸入海水再喷出以获得动力，完成在水中的移动。它们具有类似于水母的半透明、稍扁平桶状的海洋生物，如图77.1所示，体成桶形，单体或群体营飘浮生活。背囊薄而透明，其上有环状肌肉带。樽海鞘在繁殖期会形成链式环状结构，如图77.2所示，后面的樽海鞘会紧贴着前面的一个，这称为樽海鞘链的群体行为，有关学者认为，这种行为是为了帮助它们快速觅食和躲避天敌。

樽海鞘通常生活在寒冷海域，它们的身体呈胶状，其透明状形态可保护自己免受天敌伤害。

图 77.1　樽海鞘的个体

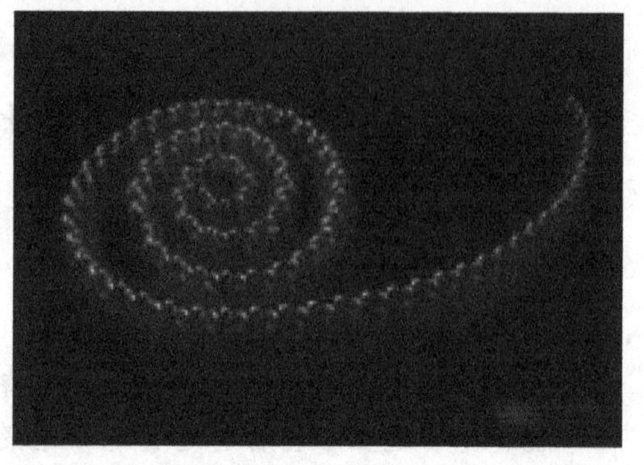

图 77.2　樽海鞘链式结构

77.3　樽海鞘群觅食的优化机理

海洋生物学家通过研究发现,在导航和觅食的过程中,樽海鞘的群体会自发地首尾相连聚集成樽海鞘链,作为种群单位进行快速游动以捕获食物。图 77.3 为单体樽海鞘与多体樽海鞘链的结构示意图。

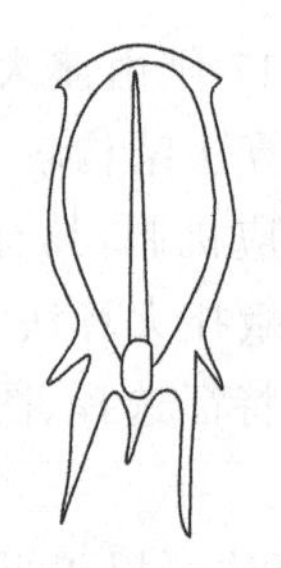

(a) 单体樽海鞘

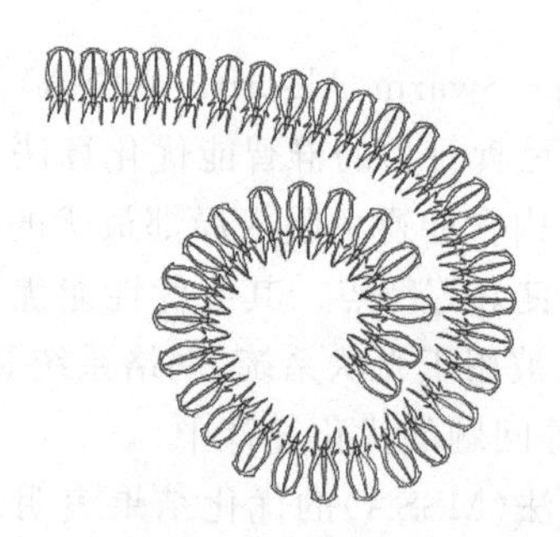

(b) 多体樽海鞘链

图 77.3　单体樽海鞘与多体樽海鞘链结构的示意图

樽海鞘群在觅食的过程中分为领导者和跟随者。领导者位于樽海鞘链之首起带领作用。跟随者是樽海鞘链中其余的樽海鞘,其仅受紧邻的前一个樽海鞘的影响来更新自己的位置。领导者会根据空间中食物的位置来调整自身的位置,同时跟随者会跟随领导者移动从而靠近食物。从图 77.2 明显看出,呈螺旋形式的樽海鞘链在移动过程中,像一张大网,非常有利于捕食。领导者受食物源(即当前的全局最优解)牵引进行全局探索,而跟随者则充分进行局部探索,大大减少了陷入局部最优的情况。

SSA 采用优胜劣汰策略,通过计算所有樽海鞘个体的适应度值,比较当前迭代的适应度值与先前最优适应度值以更新领导者和跟随者的位置,从而不断接近食物源位置。由此,可以模拟樽海鞘群的觅食行为,实现对最优化问题的求解。

77.4　樽海鞘群算法的数学描述

设搜索空间为一个 $N\times D$ 维空间,其中 N 为种群的数量,D 为空间的维度。每个樽海鞘的位置为 $x_j^i=(x_1^1,x_2^2,\cdots,x_D^N)$;目标位置为 $F=(F_1,F_2,\cdots,F_D)$。ub 和 lb 分别为各维度

搜索范围的上界、下界。食物源的位置在实际寻优过程中是未知的，因此设定具有最大适应度值的樽海鞘的位置为当前食物的位置。

1. 随机初始化种群

在 SSA 中，作为种群的樽海鞘链由领导者和跟随者两种类型的樽海鞘组成。领导者是位于樽海鞘链首的第一个樽海鞘，而其他樽海鞘则为跟随者。

根据搜索空间每一维的上下限，初始化樽海鞘位置为

$$x_j^i = \text{rand}(N, D) \times (\text{ub}(j) - \text{lb}(j)) + \text{lb}(j) \tag{77.1}$$

其中，$i=1$ 时 x_j^i 为领导者在第 j 维空间的位置；$i=2,\cdots,N$ 时 X_j^i 为跟随者 i 在第 j 维空间的位置；ub_j 和 lb_j 分别为第 j 维搜索空间的上、下限；N 为樽海鞘群的种群规模；D 为空间维度；$j=1,2,\cdots,D$。

2. 领导者位置更新

在 SSA 中，食物源的位置是所有樽海鞘个体的目标位置，领导者的位置更新与目标位置有关，且必须有一定的随机性，以发挥它在整个环境搜索过程中的带头作用，即牵引着跟随者向目标运动。领导者的位置更新公式如下：

$$x_j^i = \begin{cases} F_j + c_1((\text{ub}_j - \text{lb}_j)c_2 + \text{lb}_j) & c_3 \geqslant 0.5 \\ F_j - c_1((\text{ub}_j - \text{lb}_j)c_2 + \text{lb}_j) & c_3 < 0.5 \end{cases} \tag{77.2}$$

其中，x_j^i 为樽海鞘领导者 i 在第 j 维空间的位置；F_j 为食物源在第 j 维空间的位置；c_2、c_3 均为 (0,1) 之间均匀分布的随机数，决定领导者位置更新的方向及步长；c_1 为收敛因子，随迭代次数增加而自适应递减，用于平衡算法在迭代过程中的收敛速度，如式(77.3)所示：

$$c_1 = 2\exp[-(4 \times t/T_{\max})^2] \tag{77.3}$$

其中，t 为当前迭代次数；$T_{\max}$ 为最大迭代次数。参数 c_1 在迭代过程中自适应降低，当值较大时，有助于提升探索能力。而当值较小时，则有助于具体开发能力。系数 c_1 可以使 SSA 的探索能力和开发能力处于平衡状态，因而系数 c_1 是 SSA 中最重要的参数。

3. 跟随者位置更新

跟随者是在领导者的基础上进行更新的，不是随机移动的。为了更新跟随者的位置，利用牛顿运动定律：

$$x_j^i = \frac{1}{2}at^2 + v_0 t \tag{77.4}$$

其中，$i \geqslant 2$，x_j^i 为跟随者 i 在第 j 维中的位置；t 为迭代时间；v_0 为初始速度；a 为加速度，$a=(v_t - v_0)/\Delta t$。

由于两次迭代时间差 $\Delta t=1$，每次迭代开始时，跟随者的初速度 $v_0=0$。由于跟随者位置的更新只与它前一个樽海鞘的位置有关，因此其速度 $v_t=(x_j^{i-1} - x_j^i)/\Delta t$。在这个位置更新式(77.4)可以表示为

$$x_j^i(t) = \frac{1}{2}(x_j^i(t-1) + x_j^{i-1}(t-1)) \tag{77.5}$$

其中，t 为当前迭代次数；$x_j^i(t)$ 为当前迭代樽海鞘跟随者 i 在第 j 维中的位置；$i=2,\cdots,N$。

式(77.5)表明跟随者只受其紧邻的前一个樽海鞘的影响来更新自己的位置，因此领导者对跟随者的影响逐级递减，跟随者能够保持自己的多样性，从而降低了 SSA 陷入局部最优的概率。

77.5 樽海鞘群算法的实现步骤及程序伪代码

樽海鞘群算法的实现步骤如下：

(1) 初始化参数。设定种群规模 N，最大迭代次数 T_{max}，收敛因子 c_1 初值。

(2) 初始化种群。根据搜索空间每一维的上下限，用式(77.1)初始化每只樽海鞘的位置。

(3) 根据目标函数计算每只樽海鞘的适应度值。对樽海鞘的适应度值进行排序，将最优樽海鞘的位置选定为食物源的初始位置。

(4) 算法开始进入循环迭代。确定领导者和跟随者，位于樽海鞘链前一半数目的樽海鞘为领导者，其余为跟随者。

(5) 利用式(77.2)更新樽海鞘领导者的位置。

(6) 利用式(77.5)更新樽海鞘跟随者的位置。

(7) 对更新后个体的每一维进行边界处理，并根据更新后新的全局最优樽海鞘位置，更新食物源的位置。

(8) 判断是否满足迭代次数，若是，则输出结果；否则，返回步骤(4)。

樽海鞘群算法(SSA)的伪代码描述如下。

```
初始化樽海鞘种群 x_i(i=1,2,…,n))并考虑 ub 和 lb
While (不满足结束条件)
计算每个樽海鞘的适应度值
F = 最佳樽海鞘
通过式(77.3)更新 c_1
    for 每个樽海鞘(x_i)
        if (i == 1)
            通过式(77.2)更新领导者的位置
        else
            通过式(77.4)更新跟随者的位置
        end
    end
    根据变量的上限和下限修改樽海鞘的位置
end
返回 F
```

以上重点介绍了单目标樽海鞘群算法(SSA)，由于篇幅的关系，多目标樽海鞘群算法并没有详细介绍，这里只给出 MSSA 的伪代码描述如下。

```
初始化樽海鞘种群 x_i(i=1,2,…,n)并考虑 ub 和 lb
While (不满足结束条件)
    计算每个樽海鞘的适应度值
    确定非支配的樽海鞘
    考虑获得的非支配的樽海鞘更新存储库
    if 存储库已满
        调用存储库维护程序来删除一个存储库驻留
        将非支配樽海鞘添加到存储库中
    end
```

```
        从存储库中选择一个食物来源：F = Select Food (repository)
        通过式(77.3)更新 c1
        for 每个樽海鞘(xi)
            if (i == 1)
                通过式(77.2)更新领导者的位置
            else
                通过式(77.4)更新跟随者的位置
            end
        end
        根据变量的上限和下限修改樽海鞘的位置
    end
    返回存储库
```

第78章 珊瑚礁优化算法

珊瑚礁优化算法是一种模拟珊瑚虫繁衍生存行为和珊瑚礁筑成的群智能优化算法。珊瑚虫是海生无脊椎动物，珊瑚主要为碳酸钙，是珊瑚虫分泌出的外壳，珊瑚礁是由大量死亡珊瑚虫骨骼长期形成的礁石，已成为珊瑚虫群的生活环境。因珊瑚礁中自由空间有限，珊瑚虫之间相互争夺空间。本章首先介绍珊瑚虫、珊瑚和珊瑚礁筑成，然后阐述珊瑚礁优化算法的优化原理、珊瑚礁优化算法的数学描述及实现流程。

78.1 珊瑚礁优化算法的提出

珊瑚礁优化(Coral Reefs Optimization，CRO) 算法是2014年由西班牙Salcedo-Sanz等提出的一种模拟珊瑚虫繁衍生存行为和珊瑚礁筑成的群智能优化算法。珊瑚虫群的生存行为分成繁殖、竞争、淘汰等环节。CRO算法对一些标准测试函数测试的结果表明，相对于粒子群算法、遗传算法及和声搜索算法，它有更好的寻优精度和收敛速度。

珊瑚礁优化算法具有结构简单、易于理解、鲁棒性强、稳定性高等特点，已成功应用于多峰函数值优化，移动网络、风电场的设计等工程优化问题。

78.2 珊瑚虫生活习性及珊瑚礁筑成

珊瑚虫是海生无脊椎动物。珊瑚是珊瑚虫分泌出的外壳，其化学成分主要为碳酸钙，因此"珊瑚"一词也指这些动物的骨骼，尤其是石灰质者。珊瑚身体的细胞层由内外2个胚层组成，两胚层之间有很薄的、没有细胞结构的中胶层。食物从口进入，食物残渣从口排出，这类动物无头与躯干之分，没有神经中枢，只有弥散神经系统。当受到外界刺激时，整个动物体都有反应。

珊瑚分布在热带、亚热带地区，生活方式是在海水中自由漂浮或固着底层栖息地，其形态多呈放射状和树枝状，颜色鲜艳美丽，如图78.1(a)、(b)所示。

珊瑚虫的繁殖分为有性繁殖和无性繁殖。珊瑚虫的卵和精子由隔膜上的生殖腺产生，经口排入海水中。通常受精仅发生于来自不同个体的卵和精子之间，受精通常发生于海水中，这种称为有性繁殖，如图78.1(c)所示。有时受精亦发生在珊瑚虫自身胃循环腔内，称为无性繁殖。

珊瑚礁是由大量珊瑚虫骨骼在长期的生长过程中形成的礁石，它为珊瑚虫及许多动植物提供了生活环境。

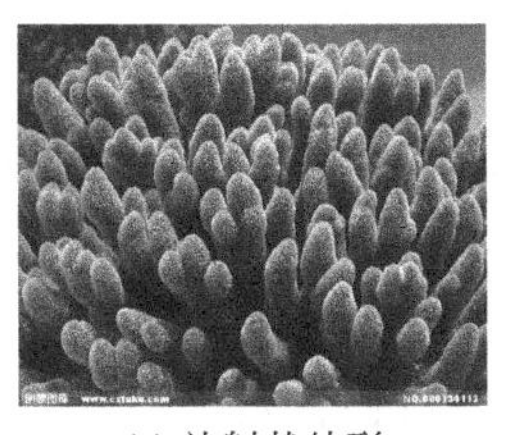

(a) 放射状外形

(b) 树枝状外形

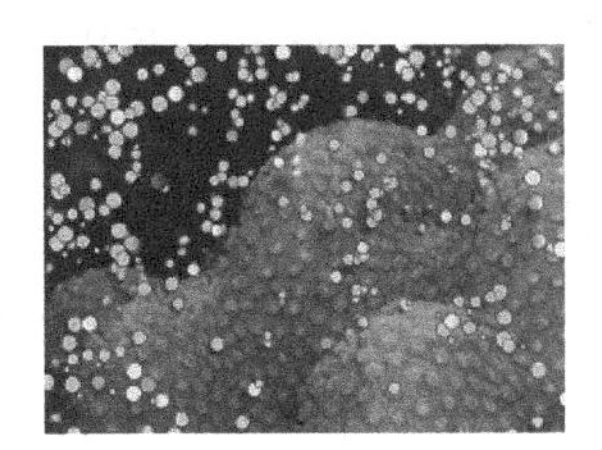

(c) 有性繁殖

图 78.1　珊瑚虫的外形及有性繁殖

78.3　珊瑚礁优化算法的优化原理

珊瑚的品种繁多,其中一个重要子类是造礁珊瑚,也称为硬珊瑚。珊瑚礁是由数百个硬珊瑚产生的碳酸钙黏合而成的。珊瑚礁通常是珊瑚群居或独自生活的场所。

一般来说,硬珊瑚需要自由空间来定居和成长。实际上在珊瑚礁环境中,自由空间是极端有限的资源。于是,物种之间相互竞争,通过不同策略争夺空间或表现出侵略性行为。当生长迅速的珊瑚虫靠近生长缓慢的珊瑚时,前者通过超越后者来攻击后者。随着时间的流逝,快速的生长中的物种杀死了下面生长较慢的物种。

珊瑚礁优化算法通过珊瑚的繁殖、竞争、淘汰等环节,来模拟不同的珊瑚虫(作为优化问题的解)在珊瑚礁礁石上进行生长和繁殖,通过与其他珊瑚虫在珊瑚礁上竞争生存空间,来实现对优化问题的求解。

78.4　珊瑚礁优化算法的数学描述

CRO 算法的数学描述除珊瑚礁初始化外,主要包括有性繁殖、更替机制、无性繁殖和毁灭机制,它们的数学描述分述如下。

1. 初始化

设珊瑚礁的大小为 $U\times V$ 的矩形,上面有 $U\times V$ 个结点可供珊瑚虫附着,此时已被附着的珊瑚礁占所有珊瑚的比例为 ρ。设珊瑚虫有雌雄异体的比例为 ξ,分裂繁殖比例为 γ,子代珊瑚虫尝试附着极限次数为 μ,每次循环淘汰的概率为 ε,淘汰数量比例为 δ,最大迭代次数为 ψ。模拟珊瑚礁的矩形网格及珊瑚虫附着的情况如图 78.2 所示。

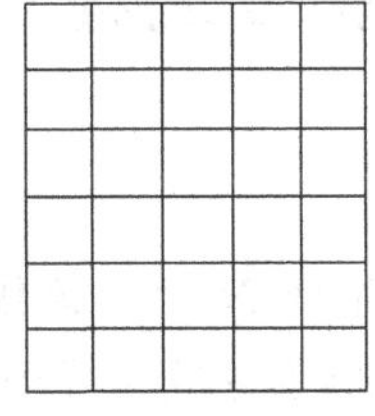

(a) 网格　　(b) 珊瑚虫附着的情况

图 78.2　模拟珊瑚礁的网格及珊瑚虫附着情况

2. 外部有性繁殖和内部有性繁殖

为了模拟珊瑚虫外部有性繁殖,设有数量为$U\times V\times\rho$的珊瑚虫已附着在珊瑚礁上,其中比例为ξ的雌雄异体珊瑚虫$U\times V\times\rho\times\xi$作为双亲$C_1$和$C_2$,并通过二进制交叉的方式结合,根据式(78.1)产生2个子代珊瑚虫c_1和c_2分别为

$$\begin{cases} c_{1,\alpha}=[(1+\phi)c_{1,\alpha}+(1-\phi)c_{2,\alpha}]/2 \\ c_{2,\alpha}=[(1-\phi)c_{1,\alpha}+(1+\phi)c_{2,\alpha}]/2 \end{cases} \quad \alpha=1,2,\cdots,\psi \tag{78.1}$$

其中,α为迭代次数,ϕ为按式(78.2)生成的随机变量

$$\phi=\begin{cases} (2\tau)^{\frac{1}{k+1}} & \tau<0.5 \\ [2(1-\tau)]^{-\frac{1}{k+1}} & \tau\geqslant 0.5 \end{cases} \tag{78.2}$$

其中,τ为区间(0,1)上的随机数;k为交叉常数。

为了模拟珊瑚虫内部有性繁殖,将除雌雄异体珊瑚虫以外的剩余$U\times V\times\rho\times(1-\xi)$数量的雌雄同体珊瑚虫$C$进行内部有性繁殖,根据式(78.3)产生一个子代珊瑚虫c为

$$c_\alpha=C_\alpha+\mathrm{rand}(-1,1)\times(C_\alpha^{\max}-C_\alpha^{\min}) \tag{78.3}$$

3. 更替机制

新产生的子代珊瑚虫需要寻找珊瑚礁进行附着,此时有数量为$U\times V\times(1-\rho)$的珊瑚礁未被附着。子代珊瑚虫随机寻找珊瑚礁,若该珊瑚礁为空,子代珊瑚虫便可以成功附着;若该珊瑚礁已经被其他珊瑚虫附着,则需计算出各自的适应度值$f(p)$,较优的将抢占该珊瑚礁。未成功附着的珊瑚虫按上述步骤重复寻找,若子代珊瑚虫在极限次数μ内仍未能成功附着,该珊瑚虫死亡。

4. 无性繁殖

所谓无性繁殖,即是分裂繁殖,将比例γ为优势的珊瑚虫通过分裂的方式产生子代珊瑚虫,并按上述更替机制寻找珊瑚礁进行附着尝试。

5. 毁灭机制

珊瑚虫会遭遇包括鱼类和海星,以及鹦鹉状或黄油状等许多类型的掠食者淘汰。此外,海洋污染和气候变化也会造成损失。为模拟上述原因造成的珊瑚虫数量的损失,CRO算法在每轮循环有ε的概率会进行淘汰,淘汰比例为δ的适应度较差的珊瑚虫。被淘汰的珊瑚虫会自动死亡,空出珊瑚礁以便其他珊瑚虫进行竞争。

78.5 珊瑚礁优化算法的实现步骤及流程

珊瑚礁优化算法的实现步骤概括如下。

(1) 初始化。设定珊瑚礁的大小$U\times V$,随机生成N个个体作为初始种群,被附着的珊瑚礁占所有珊瑚的比例为ρ,珊瑚虫有雌雄异体的比例为ξ,分裂繁殖比例为γ,子代珊瑚虫尝试附着极限次数为μ,每次循环淘汰的概率为ε,淘汰数量比例为δ,最大迭代次数为ψ。

(2) 外部有性繁殖。选择雌雄异体珊瑚虫作为双亲C_1和C_2,并通过二进制交叉的方式结合,再根据式(78.1)产生2个子代珊瑚虫c_1和c_2。

(3) 内部有性繁殖。将除雌雄异体珊瑚虫以外的剩余数量的雌雄同体珊瑚虫 C 进行内部有性繁殖,根据式(78.3)产生一个子代珊瑚虫 c。

(4) 幼虫安置。生成的子代珊瑚虫都会尝试随机寻找珊瑚礁,若该珊瑚礁为空,子代珊瑚虫便可以成功附着;若该珊瑚礁已经被其他珊瑚虫附着,则需计算出各自的适应度值 $f(p)$,较优的将抢占该珊瑚礁。若未成功附着的子代珊瑚虫按上述步骤重复寻找到极限次数 μ 仍未能成功附着,则该珊瑚虫死亡。

(5) 无性繁殖。在珊瑚礁上的所有存在的珊瑚虫都将根据它们的健康水平排序(通过适应度值),选择比例为 γ 的珊瑚虫进行复制。

(6) 毁灭机制。在每轮循环中以 ε 的概率对珊瑚礁上存在一些不健康的珊瑚虫进行淘汰,淘汰比例为 δ 的适应度较差的珊瑚虫,被淘汰的珊瑚虫会自动死亡。

重复上述步骤(2)～步骤(6),直至达到最大迭代次数 ψ 的终止条件时,珊瑚礁上适应度最优的珊瑚虫 c 即为最优解。

珊瑚礁优化算法的实现流程如图 78.3 所示。

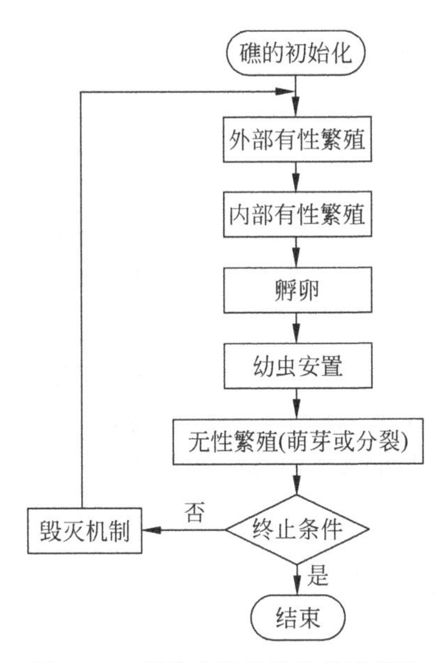

图 78.3　珊瑚礁优化算法的流程图

第79章 磷虾群算法

在磷虾觅食过程中个体的运动明显受到食物位置和虾群密度的影响，每只磷虾个体通过全局最优食物信息和相邻个体的局部位置信息的共同引导向全局最优点进行移动，从而形成稳定的虾群结构，并不断地朝着食物位置移动。磷虾群算法同时模拟磷虾觅食过程中个体的多种运动特性，兼顾了全局勘探能力与局部开采能力之间的平衡，具有控制参数少、易于实现等优点。本章介绍磷虾群聚习性，以及磷虾群算法的原理、描述、实现步骤及流程。

79.1 磷虾群算法的提出

磷虾群(Krill Herd，KH)算法是在2012年由美国学者Gandomi和Alavi首先提出的一种模拟磷虾群觅食行为求解优化问题的生物启发式算法。Gandomi等在研究磷虾的觅食过程中的运动特点时，发现磷虾个体的运动明显受到食物位置和虾群密度的影响，每个磷虾个体通过全局最优食物信息和相邻个体的局部位置信息的共同引导向全局最优点进行移动，从而形成稳定的虾群结构并不断地朝着食物位置移动。KH算法同时考虑了磷虾个体的多种运动特性，兼顾了全局勘探能力与局部开采能力之间的平衡，并具有控制参数少、易于实现等优点。经仿真和实验测试，其性能优于目前多数群体智能算法。

79.2 磷虾群算法的原理

磷虾是一种海洋无脊椎动物。磷虾分为头部、胸部及腹部3个部位。大部分磷虾的外骨骼均是透明的。磷虾有复杂的复眼，一些磷虾可以用变色来适应不同环境的光线。它们有两条触角和一些在胸部的脚，称为胸肢或胸足。所有磷虾均有5对游泳的足，称为腹肢或"游泳足"，与一般的淡水龙虾很相似。成年的磷虾大多长为1～2cm，而一些磷虾的物种可长达15cm，如图79.1所示。

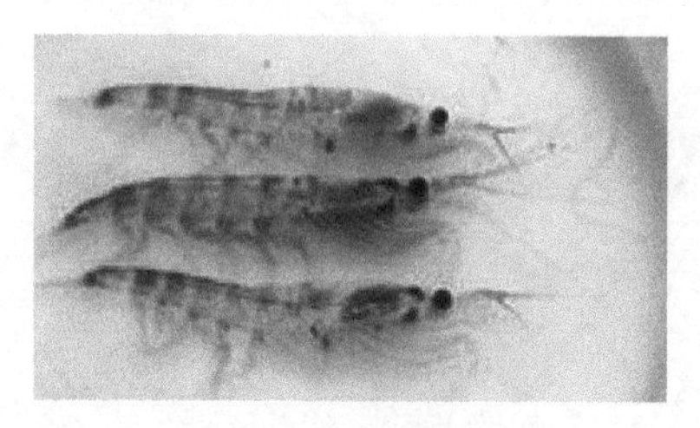

图79.1 成年磷虾

南极磷虾同样有群聚的习性,虾群聚集后一般会形成长、宽数十米到数百米的种群,每只虾的头部均朝着同一个方向排列,且整个群落会保持几小时甚至几天,这种密集且庞大的种群是该物种活动的基本单元。当遭遇天敌时,会有一部分磷虾被掠食,造成种群密度降低。为了恢复原有状态,磷虾群会朝着两个主要目标重新聚集:增加种群密度和觅得食物。

磷虾群算法是对磷虾群对于生活进程和环境演变响应行为的模拟。磷虾个体对海洋环境适应能力的大小体现为其距离食物源所处位置的远近,以及是否处于种群密度最集中地带的周围。在磷虾群算法中,这两个指标被当作判断算法目标函数值大小的标准。也就是说,磷虾个体所处位置到最大种群密度和食物源的距离越近,其目标函数值就越小。每只磷虾个体代表优化问题的一个可行解。将上述两个目标作为优化问题的目标函数,那么磷虾个体重新聚集的过程,就是算法搜索最优解的过程。

79.3 磷虾群算法的数学描述

由于遭遇天敌或者其他捕食者侵犯后,磷虾种群到食物源的距离及种群密度都会发生变化,因此把磷虾群被捕食的过程当作算法的初始化阶段。在海洋生活中,每只磷虾的位置都会随着时间变化而发生改变。具体来说,其变化主要受3个因素的影响:①受磷虾群位置变化引起的游动;②觅食行为;③个体的随机游动。

在KH算法中,n维空间的决策问题由拉格朗日模型计算如下:

$$\frac{\mathrm{d}\boldsymbol{X}_i}{\mathrm{d}t}=\boldsymbol{N}_i+\boldsymbol{F}_i+\boldsymbol{D}_i \tag{79.1}$$

其中,$\boldsymbol{N}_i$为磷虾个体受种群位置变化引起的游动;$\boldsymbol{F}_i$为觅食行为;$\boldsymbol{D}_i$为个体的随机游动。

1. 种群迁移引起的个体游动

在一个种群中,每只虾的游动使得整个磷虾群的位置每时每刻都在发生变化。为了达到群体的整体迁移,每只磷虾个体之间都会相互影响,使得种群保持高密集中。对一只磷虾来说,它的游动方向i受到来自其邻近个体、种群位置最优个体及种群排斥效应的影响。具体表示如下:

$$\boldsymbol{N}_i^{\text{new}}=N^{\max}\boldsymbol{\alpha}_i+w_n\boldsymbol{N}_i^{\text{old}} \tag{79.2}$$

$$\boldsymbol{\alpha}_i=\boldsymbol{\alpha}_i^{\text{local}}+\boldsymbol{\alpha}_i^{\text{target}} \tag{79.3}$$

其中,$N^{\max}$为最大诱导速度,通常取0.01m/s;w_n为惯性权重,取值范围为[0,1];$\boldsymbol{N}_i^{\text{old}}$为上次产生的位置变化;$\boldsymbol{\alpha}_i$为个体游动方向向量;$\boldsymbol{\alpha}_i^{\text{local}}$为邻近个体的诱导方向向量和;$\boldsymbol{\alpha}_i^{\text{target}}$为最优个体提供的方向向量。

在KH算法中,每只磷虾的邻近虾群对它的影响可以表现为吸引或者排斥两种情况。具体来说,$\boldsymbol{\alpha}_i^{\text{local}}$的构成由下式决定:

$$\boldsymbol{\alpha}_i^{\text{local}}=\sum_{j=1}^{NN}\hat{K}_{i,j}\hat{\boldsymbol{X}}_{i,j} \tag{79.4}$$

$$\hat{\boldsymbol{X}}_{i,j}=\frac{\boldsymbol{X}_j-\boldsymbol{X}_i}{\|\boldsymbol{X}_j-\boldsymbol{X}_i\|+\varepsilon} \tag{79.5}$$

$$\hat{K}_{i,j}=\frac{K_j-K_i}{K^{\text{worst}}-K^{\text{best}}} \tag{79.6}$$

其中,K^{best} 和 K^{worst} 分别为目前最大和最小的适应度值;K_i 为第 i 只磷虾个体的适应度值;K_j 为第 $j(1,2,\cdots,\text{NN})$ 相邻个体的适应度值;X 为该只磷虾的位置;NN 为邻近个体的数量。

通过采用不同的策略来选择相邻的个体。例如,邻近比可以被简单定义为寻找最近磷虾个体的数量。利用磷虾个体的实际行为,把能够发现的相邻个体到这只磷虾的最大距离定义为感应距离(d_s),如图 79.2 所示。

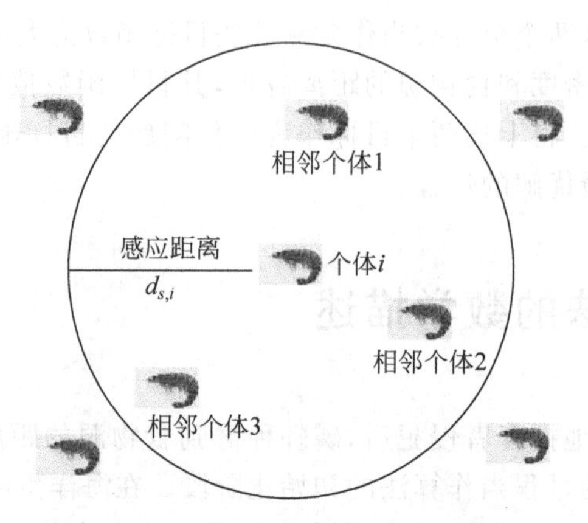

图 79.2 磷虾个体感应范围的示意图

每只磷虾的周围都有很多磷虾个体,根据磷虾群的真实游动规律,在一只磷虾的周围规定一个半径,在此半径范围内的磷虾被看作该只磷虾的邻近个体。该半径定义如下:

$$d_{s,i}=\frac{1}{5N}\sum_{j=1}^{N}\|\boldsymbol{X}_i-\boldsymbol{X}_j\| \tag{79.7}$$

其中,$d_{s,i}$ 为第 i 只磷虾的邻近个体半径,如图 79.2 所示;N 为磷虾群的总体数量。

另外,种群中处于最优位置的磷虾个体对于第 i 只磷虾的引导方向向量可以使算法搜索到全局最优解。该向量定义如下:

$$\boldsymbol{\alpha}_i^{\text{target}}=C^{\text{best}}\hat{K}_{i,\text{best}}\hat{\boldsymbol{X}}_{i,\text{best}} \tag{79.8}$$

其中,C^{best} 为位置最优个体(即最优解)对第 i 只磷虾产生影响的有效系数;$\boldsymbol{\alpha}_i^{\text{target}}$ 可以相对更加有效地引导当前解趋向于全局最优解。这里 C^{best} 的值为

$$C^{\text{best}}=2\left(\text{rand}+\frac{I}{I_{\max}}\right) \tag{79.9}$$

其中,rand 为 0~1 的随机数,有利于提高全局搜索能力;I 为当前迭代次数;$I_{\max}$ 为算法最大迭代次数。

2. 觅食行为

磷虾个体的觅食活动受两个主要因素影响:当前食物源位置和上一次觅食(迭代)时食物源所处位置。在种群数为 N 的磷虾群中,将第 i 只磷虾个体的觅食行为描述如下:

$$\boldsymbol{F}_i=v_f\boldsymbol{\beta}_i+w_f\boldsymbol{F}_i^{\text{old}} \tag{79.10}$$

$$\boldsymbol{\beta}_i=\boldsymbol{\beta}_i^{\text{food}}+\boldsymbol{\beta}_i^{\text{best}} \tag{79.11}$$

其中,v_f 为觅食速度,取 0.02m/s;w_f 为惯性权重,取值范围为[0,1];$\boldsymbol{\beta}_i^{\text{food}}$ 为食物源对个体吸引的方向向量;$\boldsymbol{\beta}_i^{\text{best}}$ 为目前第 i 个个体最优的目标函数值。

在 KH 算法中,受质心定义的启发,食物源位置的虚拟中心由每只磷虾个体的适应度值,

即每个可行解的适应度函数分布情况计算得出。每次迭代时，食物源位置描述如下：

$$\boldsymbol{X}^{\text{food}}=\frac{\sum_{i=1}^{N}\frac{1}{K_i}\boldsymbol{X}_i}{\sum_{i=1}^{N}\frac{1}{K_i}} \tag{79.12}$$

因此，第 i 只磷虾个体受食物源的吸引程度可以定义为

$$\boldsymbol{\beta}_i^{\text{food}}=C^{\text{food}}\hat{K}_{i,\text{food}}\hat{\boldsymbol{X}}_{i,\text{food}} \tag{79.13}$$

其中，$\boldsymbol{\beta}_i^{\text{food}}$为食物对于磷虾个体游动引导的方向向量；$C^{\text{food}}$ 为方向系数。由于食物对于磷虾群的吸引随着时间减弱，因此 C^{food} 定义为

$$C^{\text{food}}=2\left(1-\frac{I}{I_{\max}}\right) \tag{79.14}$$

此外，位置最优磷虾个体的方向引导$\boldsymbol{\beta}_i^{\text{best}}$表示为

$$\boldsymbol{\beta}_i^{\text{best}}=\hat{K}_{i,\text{best}}\hat{\boldsymbol{X}}_{i,\text{best}} \tag{79.15}$$

其中，$K_{i,\text{best}}$ 为第 i 只磷虾上次迭代时所寻找到的最优食物源位置。

总之，在 KH 算法中，食物源总是吸引着每只磷虾（可行解）朝着最优位置（目标函数最优）的方向游动。经过多次迭代后，磷虾会聚集在最优位置（最优解）周围，觅食行为提高了算法的全局搜索能力。

3. 磷虾个体的随机游动

每只磷虾的游动除了受种群迁移和觅食行为的影响外，其自身也会随机游动。磷虾个体自身的游动情况由最大游动速度和一个随机的方向向量决定：

$$\boldsymbol{D}_i=D^{\max}\boldsymbol{\delta} \tag{79.16}$$

其中，$D^{\max}$ 为个体最大扩散速度；$\boldsymbol{\delta}$ 为一个随机的方向向量，其元素均为 $-1\sim1$ 的随机数。从理论上说，磷虾个体的位置越好，则其随机扩散游动越不明显。随着时间的推移，即迭代次数增加，种群迁移和觅食行为对磷虾个体游动的影响越小，为了使个体的随机游动随时间减弱，需向式(79.16)中引入新的随机向量为

$$\boldsymbol{D}_i=D^{\max}\left(1-\frac{I}{I_{\max}}\right)\boldsymbol{\delta} \tag{79.17}$$

4. 磷虾群算法的寻优过程

一般来说，磷虾会朝向具有最好适应度值的位置不停移动。根据对第 i 只磷虾个体运动的公式化描述可知，如果上述每一个有效因子（K_j、K^{best}、K^{food} 或者 K_i^{best}）的相关适应度值比第 i 只磷虾个体的适应度值好，说明它具有吸引的效果；否则，说明其有排斥的效果。

由上面的方程可以清楚地看到：适应度值越好，第 i 只磷虾个体的运动效果越好。物理扩散是一个随机过程，通过使用不同的运动有效参数，在 $t\sim t+\Delta t$ 的时间间隔内，磷虾个体的位置向量按如下方程计算：

$$\boldsymbol{X}_i(t+\Delta t)=\boldsymbol{X}_i(t)+\Delta t\frac{\mathrm{d}\boldsymbol{X}_i}{\mathrm{d}t} \tag{79.18}$$

其中，Δt 为速度向量的比例因子。其值取决于搜索空间，即

$$\Delta t=C_t\sum_{j=1}^{\mathrm{NV}}(\mathrm{UB}_j-\mathrm{LB}_j) \tag{79.19}$$

其中，NV 为变量的总数；LB_j 和 UB_j 分别为第 j 变量的下限和上限（$j=1,2,\cdots,\mathrm{NV}$），两者

相减的绝对值代表整个搜索空间的范围。由经验可知,C_t 为[0,2]区间的一个常数,其值越小,算法的搜索步长就越小。

5. 遗传操作

为了提高磷虾群算法的性能,将遗传繁殖机制引入到该算法。自适应遗传繁殖机制是由经典的差分进化算法(DE)发展而来的,主要包括交叉操作和变异操作。

(1) 交叉操作。交叉操作是遗传算法的一种有效的全局优化策略,在KH算法中采用了一种自适应的向量化交叉操作。实数交叉可以通过二项式和指数两种方式来实现。X_i 的第 m 个参量 $X_{i,m}$ 定义为

$$X_{i,m}=\begin{cases}X_{r,m} & \text{rand}_{i,m}<C_r\\ X_{i,m} & \text{其他}\end{cases} \tag{79.20}$$

$$C_r=0.2K_{i,\text{best}} \tag{79.21}$$

其中,$\text{rand}_{i,m}$ 为[0,1]之间一个均匀分布的随机数; C_r 为交叉概率,随着 C_r 的增大适应度值不断减少,它可以控制整个交叉操作过程。

(2) 变异操作。变异操作在优化算法中发挥着重要的作用。它是由变异概率 M_u 控制的。这里使用的自适应变异操作定义为

$$X_{i,m}=\begin{cases}X_{\text{gbest},m}+\mu(X_{p,m}-X_{q,m}) & \text{rand}_{i,m}<M_u\\ X_{i,m} & \text{其他}\end{cases} \tag{79.22}$$

$$M_u=0.05/\hat{K}_{i,\text{best}} \tag{79.23}$$

其中,$p,q\in\{1,2,\cdots,i-1,i+1,\cdots,K\}$; μ 为[0,1]之间的数; $\hat{K}_{i,\text{best}}=K_i-K^{\text{best}}$,同样随着 M_u 的增大,适应度值不断减小。

79.4 磷虾群算法的实现步骤及流程

磷虾群算法采用实数编码,初始种群是随机产生的,种群个体进化受3种运动分量(邻居诱导、觅食活动和随机扩散)的协同影响,个体进化后,为了增大种群多样性,对每个种群个体进行交叉或变异操作,通过迭代直到满足终止条件。

实现磷虾群算法的具体步骤如下。

(1) KH算法参数设定。确定种群大小 NK; 待优化参数维数 NP; 最大迭代次数 MI; 最大诱导速度 $N^{\max}$; 觅食速度 v_f; 个体最大扩散速度 $D^{\max}$ 等。

(2) 种群初始化。在搜索空间内随机产生一组初始化种群,种群内每只磷虾个体代表待优化问题的一个可行解。

(3) 适应度评价。根据磷虾所处位置分别计算磷虾个体的适应度。

(4) 运动计算。计算种群迁移、觅食行为和个体游动引起的磷虾位置变化量。

(5) 遗传操作。加入遗传算子后综合计算变化后磷虾个体的位置。

(6) 位置更新。更新磷虾个体在搜索空间中的位置。

(7) 迭代计算。返回步骤(3)计算个体适应度值。

(8) 算法结束。检查是否满足终止条件,若满足,则输出最优个体位置(优化问题的最优

解)；否则，返回步骤(3)。

实现上述磷虾群算法的流程如图 79.3 所示。

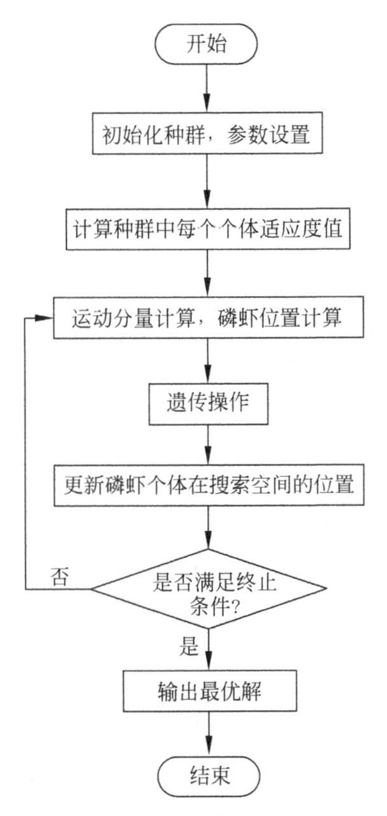

图 79.3　磷虾群算法的流程图

第80章　细菌觅食优化算法

细菌觅食优化算法是基于大肠杆菌生物模型理论，模拟大肠杆菌的觅食行为的一种仿生全局随机搜索算法。该算法通过趋向性操作、复制操作和迁徙操作，模拟大肠杆菌的趋化行为、复制行为、迁徙行为和描述生物群体感应机制的聚集行为。它具有并行处理、易跳出局部极小值、对初值和参数的选择要求低、鲁棒性好、全局搜索等特点。本章介绍大肠杆菌的结构及觅食行为，以及细菌觅食优化算法的原理、描述、实现步骤及流程。

80.1　细菌觅食优化算法的提出

细菌觅食优化(Bacteria Foraging Optimization，BFO)算法是2002年由Passino提出的一种仿生全局随机搜索算法，并将该算法应用到液位控制系统的自适应控制、决策系统的任务类型选择等。该算法依据生物学家H. Berg等提出的大肠杆菌生物模型理论，主要融合了大肠杆菌的趋化行为、复制行为、迁徙行为和描述生物群体感应机制的聚集行为。BFO算法具有并行处理、易跳出局部极小值、对初值和参数的选择要求低、鲁棒性好、全局搜索等特点。细菌觅食算法已用于模式识别、生产调度、控制工程、谐波估计问题等方面。

80.2　大肠杆菌的结构及觅食行为

大肠杆菌是一种常见的普通原核生物，由细胞膜、细胞壁、细胞质和细胞核4部分构成。其两端钝圆呈杆状，直径约1μm，长约2μm，表面遍布纤毛和鞭毛。大肠杆菌的外观示意图如图80.1所示，其结构如图80.2所示。

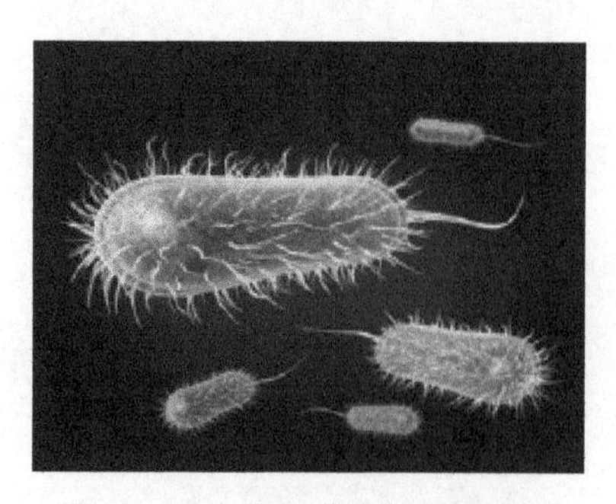

图80.1　大肠杆菌的外观示意图

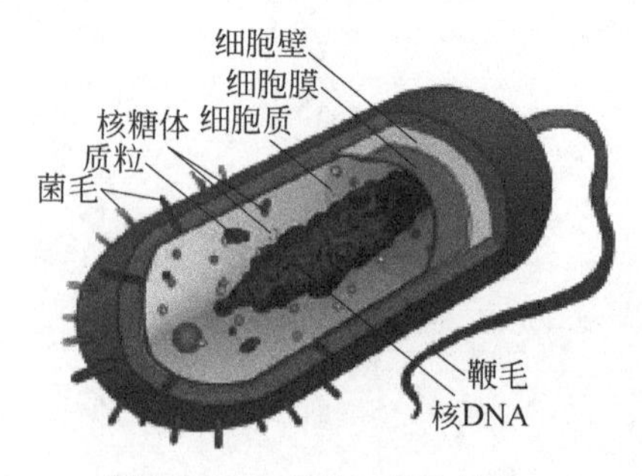

图80.2　大肠杆菌的结构

大肠杆菌生活在能满足其生存所需要的各种营养物质的人体大肠内的溶液环境中。该细菌随着自身的生长而不断变长，然后在身体的中部开始分裂成两个细菌。在给其充足的食物和适宜的温度的情况下，在很短的时间内细菌的数量呈指数增长。

大肠杆菌依靠其表面鞭毛快速转动来实现其自身的运动，逆时针摆动时，使其向前游动；顺时针摆动时，使细菌翻转改变其运动方向。如图 80.3 所示，通过游动和翻转这两个基本动作的组合来实现在空间区域中的移动。

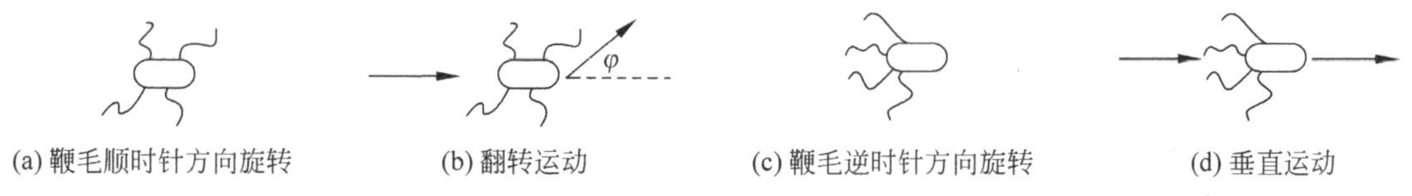

图 80.3 大肠杆菌的觅食活动

大肠杆菌的鞭毛是一种呈突起状且可运动的细胞器，通过鞭毛释放一种化学物质——引诱剂，来告知同伴在环境中营养物质的分布情况，达到通信的目的。引诱剂浓度随着离开细菌的距离增大而减小。引诱剂又具有吸引和排斥作用两种信息，而前者作用范围远大于后者。具有吸引作用的引诱剂浓度越高，代表该位置上的营养物质越多，因此吸引细菌群体就朝着该方向上运动。

大肠杆菌在觅食过程中，会记住以前某个时刻的状态，细菌通过接收到的其他细菌的化学信息，并与当前状态比较，做出一种改变自己运动趋势的决策判断，这就是细菌对环境的信息反馈机制。这种机制使细菌表现出对环境的多种适应性行为，如前进、停止、翻转等，从而完成觅食行为。

80.3 细菌觅食优化算法的原理

生物学研究表明，大肠杆菌的觅食过程分为以下步骤：

① 寻找可能存在食物源的区域；

② 决定是否进入此区域；

③ 在所选定的区域中寻找食物源；

④ 消耗掉一定量的食物后，决定是否继续在此区域觅食，或者迁移到一个更理想的区域。

大肠杆菌通过自身引导控制系统来指引其在寻找食物过程中的行为，保证向着食物源的方向前进并及时地避开有毒物质的环境，向着中性的环境移动。通过对每一次状态的改变进行效果评价，进而为下一次改变移动方向和步长大小提供信息。

通常对于当前的觅食区域会分为两种情况：一是大肠杆菌进入了营养匮乏的区域，根据它的觅食经验，适当改变其运动方向而朝着认为有丰富食物的方向移动，当然这个决定也会有失败的风险；二是大肠杆菌在某个区域待了一段时间，该区域内的食物被消耗而造成了周围的食物短缺，迫使其试着寻找另一个可能有更多食物的区域。总的来说，大肠杆菌所移动的每一步都是在其自身和周围环境约束的情况下，尽量使其在单位时间内所获得的能量达到最大。

大肠杆菌觅食所历经的上述 4 个行为过程正是对应着优化问题搜寻最优解的过程。这就是细菌觅食优化算法的优化原理。

80.4 细菌觅食优化算法的数学描述

细菌觅食优化算法包括以下部分:

① 确定问题编码方式;

② 确定适应度函数;

③ 趋向性操作、复制操作和迁徙操作;

④ 算法参数选择;

⑤ 确定算法终止条件。

1. *编码方式*

当用BFO算法求解问题时,必须建立目标问题实际表示与细菌个体之间的联系,即采用某种编码方式将解空间映射到编码空间。编码有多种方式,如二进制编码、实数编码、有序列编码、一般数据结构编码等。

2. *确定适应度函数*

将适应度函数与细菌获得食物和避开有毒物质的能力度量相联系,由问题的目标函数变化而构成适应度函数。

3. *趋向性操作、复制操作和迁徙操作*

(1) 趋向性操作。大肠杆菌在觅食过程中有两种基本运动:游动和旋转。通常,细菌在有毒等环境差的区域会较频繁地旋转,在食物丰富等环境好的区域会较多地游动。大肠杆菌的整个生命周期就是在游动和旋转这两种基本运动之间进行变换(鞭毛几乎不会停止摆动),游动和旋转的目的是寻找食物并避开有毒物质。在细菌觅食优化算法中模拟这种现象称为趋向性行为。

设细菌种群大小为S,一个细菌所处的位置表示问题的一个候选解,细菌i的信息用D维向量表示为$\boldsymbol{\theta}^i=[\theta_1^i,\theta_2^i,\cdots,\theta_D^i]$,$i=1,2,\cdots,S$,$\boldsymbol{\theta}^i(j,k,l)$表示细菌$i$在第$j$次趋向性操作第$k$次复制操作和第$l$次迁徙操作之后的位置。细菌$i$的每一步趋向性操作表示如下:

$$\boldsymbol{\theta}^i(j+1,k,l)=\boldsymbol{\theta}^i(j,k,l)+C(i)\boldsymbol{\Phi}(j) \tag{80.1}$$

其中,$C(i)>0$为向前游动的步长单位;$\boldsymbol{\Phi}(j)$为旋转后选择的一个随机前进方向。

图80.4是BFO算法的趋向性操作流程图。其中,S表示种群大小,参数m用于计数,初始时,设$i=0$,N_s表示趋向性操作中在一个方向上前进的最大步数。

(2) 复制操作。生物进化过程的规律是优胜劣汰。经过一段时间的食物搜索过程后,部分寻找食物能力弱的细菌会被自然淘汰,为了维持种群规模,剩余的细菌会进行繁殖。在细菌觅食优化算法中模拟这种现象称为复制行为。

在原始BFO算法中,经过复制操作后算法的种群大小不变。设淘汰的细菌个数为$S_r=S/2$,首先按照细菌位置的优劣排序,然后把排在后面的S_r个细菌淘汰,剩余的S_r个细菌进行自我复制,各自生成一个与自己完全相同的新个体,即生成的新个体与原个体有相同的位置,或者说具有相同的觅食能力。初始时,设$i=0$,图80.5是BFO算法的复制操作流程图。

(3) 迁徙操作。细菌个体生活的局部区域可能会突然发生变化(如温度的突然升高)或者逐渐变化(如食物的消耗),这样可能会导致在这个局部区域的细菌种群集体死亡,或者集体迁徙到一个新的局部区域。在细菌觅食优化算法中模拟这种现象称为迁徙行为。

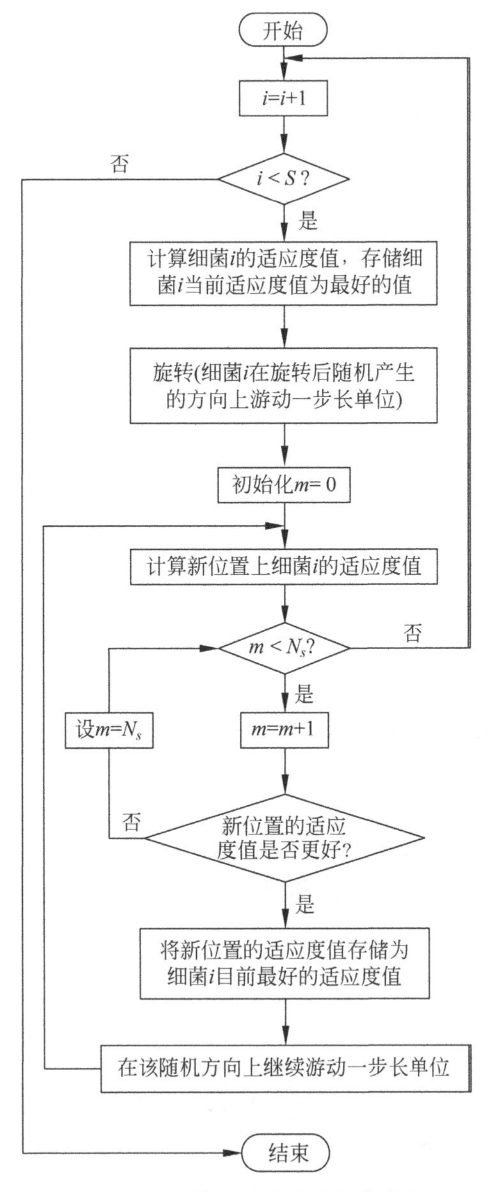

图 80.4　BFO 算法的趋向性操作流程图

迁徙操作以一定的概率发生。如果种群中的某个细菌个体满足迁徙发生的概率,则这个细菌个体灭亡,并随机地在解空间中的任意位置上生成一个新个体,这个新个体与灭亡的个体可能具有不同的位置,即不同的觅食能力。迁徙操作随机生成的这个新个体可能更靠近全局最优解,这样更有利于趋向性操作跳出局部最优解和寻找全局最优解。图 80.6 是 BFO 算法的迁徙操作流程图。初始时,设 $i=0$,rand()是[0, 1]区间上均匀分布的随机数。

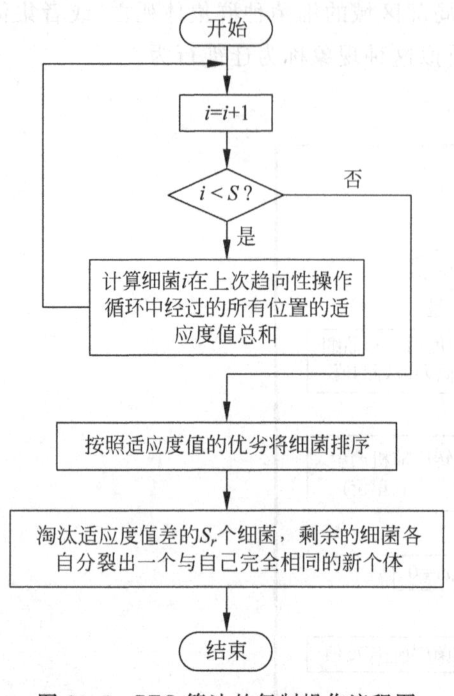

图 80.5 BFO 算法的复制操作流程图

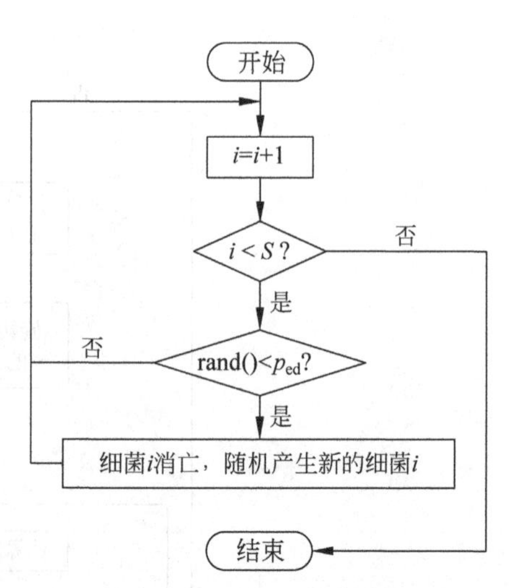

图 80.6 BFO 算法的迁徙操作流程图

80.5 细菌觅食优化算法的实现步骤及流程

实现细菌觅食算法的具体实现步骤如下。

设 N_c、N_{re}、N_{ed} 分别是趋向性、复制和迁徙操作的执行次数,j、k、l 分别是对这 3 个操作的计数参数,初始时,取 $j=0,k=0,l=0$。

(1) 初始化群体,利用评价函数对群体中的各个个体进行优劣评估。

(2) 迁移循环:$l = l+1$。

(3) 复制循环:$k = k+1$。

(4) 趋向性操作循环:$j = j+1$;对各个体进行趋向性操作。

(5) 如果 $j < N_c$,转向步骤(4)。

(6) 复制操作。

(7) 如果 $k < N_{re}$,转向步骤(3)。

(8) 迁移操作。

(9) 如果 $l < N_{ed}$,则转向步骤(2);否则整个算法结束。

图 80.7 所示为实现细菌觅食优化算法的流程图。

除了上述 3 个主要操作外,BFO 算法还有群聚性的特点。每一个细菌个体寻找食物的决策行为受两个因素的影响:一是自身觅食的目的是使个体在单位时间内获取的能量最大;二是其他个体传递的觅食的信息,即吸引力信息使个体会游向种群中心,排斥力信息保持个体与个体之间的安全距离。

设 $P(j,k,l)=\{\theta^i(j,k,l)|i=1,2,\cdots,S\}$表示种群中个体的位置,$J(i,j,k,l)$表示细菌

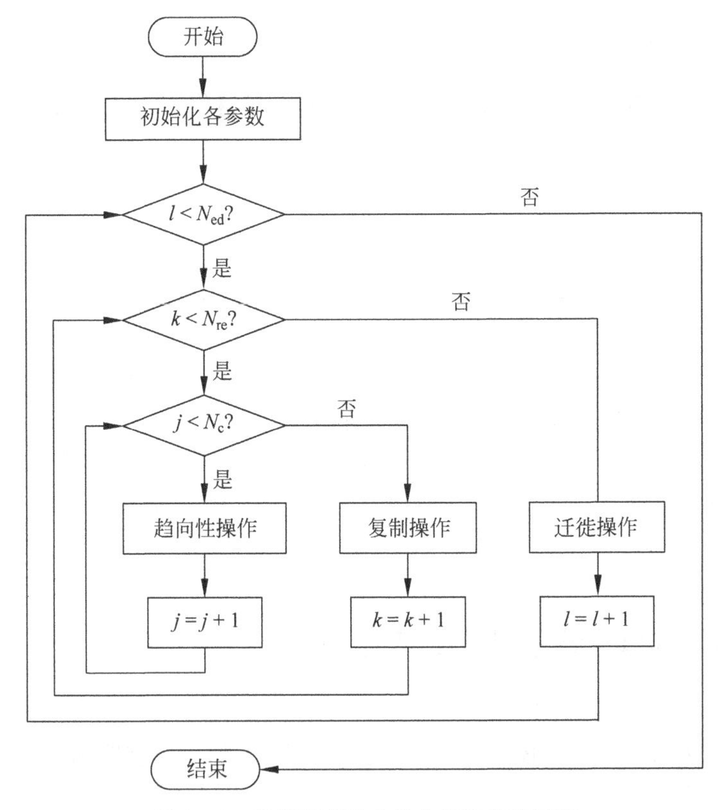

图 80.7 实现细菌觅食优化算法的流程图

i 在第 j 次趋向性操作、第 k 次复制操作和第 l 次迁徙操作之后的适应度函数值，种群细菌之间传递信息的影响值为

$$J_{cc}(\theta,P(j,k,l))=\sum_{i=1}^{S}\left[-d_{\text{attractant}}\exp\left(-w_{\text{attractant}}\sum_{m=1}^{D}(\theta_m-\theta_m^i)^2\right)\right]+\sum_{i=1}^{S}\left[h_{\text{repellant}}\exp\left(-w_{\text{repellant}}\sum_{m=1}^{D}(\theta_m-\theta_m^i)^2\right)\right] \tag{80.2}$$

考虑上述两个因素对细菌行为影响，执行一次趋向性操作后细菌 i 新的适应度函数值为

$$J(i,j+1,k,l)=J(i,j,k,l)+J_{cc}(\theta^i(j+1,k,l),P(j+1,k,l)) \tag{80.3}$$

其中，$d_{\text{attractant}}$ 为引力深度；$w_{\text{attractant}}$ 为引力宽度；$h_{\text{repellant}}$ 为斥力高度；$w_{\text{repellant}}$ 为斥力宽度。Passino 在文献中给出，$d_{\text{attractant}}=0.1$，$w_{\text{attractant}}=0.2$，$d_{\text{attractant}}=h_{\text{repellant}}$，$w_{\text{repellant}}=10$。

第 81 章　细菌(群体)趋药性算法

细菌趋药性算法是模拟细菌在化学引诱剂环境中的运动行为对函数优化问题求解的一种群智能优化算法。细菌群体趋药性算法针对只依赖单个细菌的运动行为，利用细菌过去不断地感受周围环境变化的经验来寻优，对在引诱剂环境下细菌群中细菌个体之间的信息交互模式缺乏考虑等不足进行了改进，使得细菌群体趋药性算法在全局性、快速性、高精度性等方面得到了较大的提高。本章介绍细菌趋药性算法和细菌群体趋药性算法的原理、数学描述、实现步骤等。

81.1　细菌(群体)趋药性算法的提出

趋药性算法是在 1974 年由 Bremermann 最早提出，他的研究表明细菌在引诱剂环境下的应激机制和梯度下降类似。

细菌趋药性(Bacterial Chemotaxis，BC)算法是 2002 年由 Müller 等在趋药性算法的基础上提出的，目的是模拟细菌在化学引诱剂环境中的运动行为来对函数优化问题进行求解。

细菌群体趋药性(Bacterial Colony Chemotaxis，BCC)算法是 2005 年由李威武等提出的，目的是改进 BC 算法只依赖于单个细菌不断地感受周围环境变化的经验来寻找最优解的不足。

BCC 算法同时使用单个细菌在引诱剂环境下的应激反应动作和细菌群体间的位置交换来进行函数优化。在保留单个细菌较强搜索能力的基础上，采用菌群来进行函数优化的思想，克服了 BC 算法收敛慢等缺点，具有全局性、快速性、高精度性等优点。目前已用于机器人的移动路径优化、电网开关优化配置、系统电力系统无功优化和神经网络结构优化等方面。

81.2　细菌趋药性算法的原理

细菌可以对周围环境信息做出判断，朝着使自己生存下去有利的环境移动。细菌通过比较两个不同的环境中化学物质的浓度属性，来得到所需要的方向信息，逃避有毒的环境，朝着营养丰富的区域移动。细菌这种对周围环境的运动反应被称为趋药性行为。

细菌趋药性算法只模拟单个细菌不断地感受其周围环境的变化，并且只利用过去的经验来寻找最优点的运动行为。BC 算法根据细菌在引诱剂环境下的趋药性的运动反应特性，确定细菌在该环境中的运动方式，并按照此运动方式进行移动，最终找到环境中的最佳位置。整个运动过程中，细菌的行为活动主要包括：从环境中获得信息，进行移动，在运动过程中根据环境信息不断调整运动距离和方向，找到目标函数的最优值。

81.3 细菌趋药性算法的数学描述

1. BC 算法的假设

在二维空间中，BC 算法对细菌在引诱剂环境下的反应运动做如下假设。

(1) 细菌的运动轨迹是由一系列的直线组成的，并且由速度、方向和持续时间 3 个参数决定。

(2) 在所有运动轨线中细菌的运动速度设为恒定。

(3) 细菌进行拐弯时，向左拐弯和向右拐弯的概率相同。

(4) 细菌运动的每道轨线的持续时间和相邻轨线间的夹角都由概率分布来决定。

2. BC 算法的数学描述

基于上述假设，可以得出细菌个体在二维空间中的移动向量图，如图 81.1 所示。不难看出，细菌运动的每一步都由速度、持续时间和方向决定，运动轨迹由一系列不同方向和长度的直线组成。

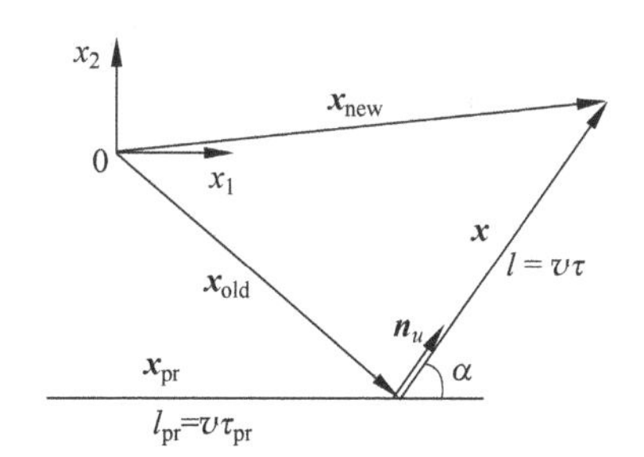

图 81.1 细菌个体在二维空间中的移动向量图

(1) 细菌的移动速度 v 假定其为常数，即

$$v=\text{const} \tag{81.1}$$

(2) 计算细菌在新轨线上的移动时间 τ。它的值由概率分布决定，即

$$P(X=\tau)=\frac{1}{T}e^{-\tau/T} \tag{81.2}$$

参数 T 由下式决定：

$$T=\begin{cases} T_0 & \dfrac{f_{pr}}{l_{pr}}\geqslant 0 \\ T_0\left(1+b\left|\dfrac{f_{pr}}{l_{pr}}\right|\right) & \dfrac{f_{pr}}{l_{pr}}<0 \end{cases} \tag{81.3}$$

其中，T_0 为最小平均移动时间；f_{pr} 为当前点和上一个点的函数值的差；l_{pr} 为变量空间中连接当前点和上一个点的向量的模；b 为与维数无关的参数。

(3) 计算新轨线的方向。根据新轨线向左偏转或向右偏转，新轨线与原来轨线的夹角分别服从下面两个高斯概率分布：

$$\begin{cases} P(X=\alpha, v=\mu)=\dfrac{1}{\sigma\sqrt{2\pi}}\exp\left[-\dfrac{(\alpha-v)^2}{2\sigma^2}\right] \\ P(X=\alpha, v=-\mu)=\dfrac{1}{\sigma\sqrt{2\pi}}\exp\left[-\dfrac{(\alpha-v)^2}{2\sigma^2}\right] \end{cases} \tag{81.4}$$

其中,它们的期望值$\mu=E(x)$和方差$\sigma=\sqrt{\mathrm{Var}(X)}$分别按如下方式给定:

如果$\dfrac{f_{\mathrm{pr}}}{l_{\mathrm{pr}}}<0$,则

$$\mu=62^\circ(1-\cos\theta) \tag{81.5}$$

$$\sigma=26^\circ(1-\cos\theta) \tag{81.6}$$

$$\cos\theta=\mathrm{e}^{-\tau_c\tau_{\mathrm{pr}}} \tag{81.7}$$

其中,τ_c为相关时间;τ_{pr}为细菌上一运动轨线的持续时间。

如果$\dfrac{f_{\mathrm{pr}}}{l_{\mathrm{pr}}}>0$,则$\mu=62^\circ,\sigma=26^\circ$。

(4) 细菌在变量空间中新的位置计算如下:

$$\boldsymbol{x}_{\mathrm{new}}=\boldsymbol{x}_{\mathrm{old}}+\boldsymbol{n}_u l \tag{81.8}$$

其中,$\boldsymbol{n}_u$为正则化的新轨线的方向向量;l为新轨线的长度。

(5) BC算法的系统参数v、T_0、τ_c、b的设定。在BC算法中,系统参数与期望计算精度ε相关,其中v设为常数,而T_0、τ_c、b的确定方式如下:

$$T_0=\varepsilon^{0.30}\times 10^{-1.73} \tag{81.9}$$

$$b=T_0\times(T_0^{-1.54}\times 10^{0.60}) \tag{81.10}$$

$$\tau_c=\left(\frac{b}{T_0}\right)^{0.31}\times 10^{1.16} \tag{81.11}$$

上述关系式是通过对一些实验函数进行试验,获得最优参数再进行回归得到的,在进化计算中,普遍采用这种策略。

81.4 细菌群体趋药性算法的基本思想

在BC算法中,搜索个体为单个细菌,很容易确定搜索个体的移动方式,算法简单易行。在整个搜索过程中,细菌采用一种近似随机梯度的搜索方法,即利用其上一步或上几步的位置信息来模拟未知的梯度信息以确定下一步的移动,并且由概率确定新的移动方向和持续时间,这些特性使BC算法具有一定全局搜索能力。

然而,基于单个个体的随机优化的BC算法也存在一些缺陷。

(1) 单个细菌确定下一步移动之前需要根据前几步的移动计算近似梯度信息,必须在解空间中勘探许多不同的点来决定走向,这增加了BC算法搜索过程的计算量,在很大程度上影响其寻优速度;

(2) 在BC算法中,细菌的移动完全由上一步或上几步的位置决定,由自己确定的梯度信息进行搜索,当寻优过程中的目标函数梯度值很小,梯度信息很难确定时,细菌将进入完全随机运动的状况,随着精度的增加,BC算法难以保证将其搜索范围限定在最优值范围附近,因

此难以找到全局最优解。

为了进一步发挥 BC 算法的长处，弥补其不足，将搜索个体变为由多个细菌组成的搜索群体，搜索过程中细菌个体之间通过信息交流，可以更充分地了解搜索空间，更明确地确定自己的移动信息，提高搜索效率和搜索精度。这就是在 BC 算法中加入群体的细菌群体趋药性算法的基本思想。

81.5　细菌群体趋药性算法的数学描述

1. 在引诱剂环境下细菌信息交互模式

在 BC 算法的整个优化过程中，单个细菌的移动方式仅仅利用其上一步或上几步的移动轨线来确定下一步的移动。由于新的移动方向和持续时间都是按概率决定的，因此 BC 算法暗含了细菌有一定的摆脱局部最优到达全局最优的能力。

研究表明，细菌群体在觅食过程中也有聚群现象，细菌群也像蚂蚁、蜜蜂等生物群体一样交换某些信息。使用同伴提供的信息，细菌将能够大大扩展它们对于环境的了解，从而能增加存活的概率。

为了研究在引诱剂环境下细菌信息交互模式，假定细菌群体间遵照以下方式进行相互联系。

(1) 在现实情境中，一种已被人们接受的菌类聚群的方式是通过释放对其他细菌起引诱剂作用的化学物质来进行联系，也可能存在很多尚未为人所知的其他方式。假定每一个细菌都有一定的感知范围，在这个范围内细菌可以感知到它附近的其他细菌及它们的状态。

(2) 假定每个细菌都有一定的智能，可根据它附近其他细菌的信息来调整移动的方式。根据 Reynolds 对于生物群体分布式行为模式的描述，假定细菌群体在一定条件下也遵守以下聚群和速度匹配等模式。

① 在每次开始移动到新的位置之前，细菌都要感知它周围的环境，试探旁边是否有其他位置更好的细菌。如果有，那么它有可能趋向移动到这些拥有较好位置的细菌分布的中心点。细菌 i 在移动步数 k 时，它附近有较好位置同伴的中心点由下式决定：

$$\text{Center}(\boldsymbol{x}_{i,k})=\text{Aver}(\boldsymbol{x}_{j,k}\mid f(\boldsymbol{x}_{j,k})<f(\boldsymbol{x}_{i,k})\,\text{AND}\,\text{dis}(\boldsymbol{x}_{j,k},\boldsymbol{x}_{i,k})<\text{SenseLimit})\tag{81.12}$$

其中，$\text{Aver}(\boldsymbol{x}_1,\boldsymbol{x}_2,\cdots,\boldsymbol{x}_n)=\left(\sum_{i=1}^{n}\boldsymbol{x}_i\right)\Big/n$；$i,j=1,2,\cdots,n$；$\text{dis}(\boldsymbol{x}_{j,k},\boldsymbol{x}_{i,k})$ 为细菌 i 和细菌 j 之间的距离。

② 如果一个细菌趋向移动到它周围同伴的中心位置，移动的长度为

$$\text{rand}()\cdot\text{dis}(\boldsymbol{x}_{i,k},\text{Center}(\boldsymbol{x}_{i,k}))$$

其中，rand()可取 0～2 且服从均匀分布的一个随机值。

③ 每个细菌在移动的过程中速度保持相同。

(3) 模拟菌群的迁徙现象。当细菌在某处连续一段时间感触到引诱剂信息的变化很小时，由于总是希望寻觅更好的食物源，它们往往会进行不同方式的迁徙活动。作为这种迁徙活动的一种模拟，当连续 N_e 步前后函数值的差的绝对值小于预先给定的 ε_e，即 $|f_{\text{pr}}|<\varepsilon_e$ 时，细菌随机迁徙到一个新的位置，并且在此将之前的所有位置信息丢失。通过迁徙活动，可帮助细

菌群体保持群体的差异性,同时,也有助于跳出局部最小点。

2. 全部参数的自适应更新策略

在优化过程中采用算法参数的自适应更新,可以加速寻优过程。在BCC算法中继续采用全部参数进行自适应更新的策略。

(1) 设定搜索过程中的初始精度和最终精度分别为$\varepsilon_{\text{begin}}$和$\varepsilon_{\text{end}}$。利用式(81.9)~式(81.11)确定参数$T_0$、$\tau_c$、$b$。$\varepsilon_{\text{begin}}$可取大于0.1的一个值,$\varepsilon_{\text{end}}$则可以取一足够小的值,如$10^{-10}$。

(2) 定义参数进化的代数N_{iter},一般可以设定为100~500。每次当达到某一搜索精度时,就进入下一精度范围,同时根据式(81.9)~式(81.11)重新确定参数T_0、τ_c、b。

(3) 当连续p_{pc}步前后函数值的差的绝对值小于ε时,即$|p_{\text{pc}}|<\varepsilon$,则此时给定的精度$\varepsilon$已经达到。

在采用全部参数自适应更新的情况下,细菌在搜索初期,当初始精度较低时,移动的步长较大,可以避免在局部范围过多地耗费时间;在搜索的后期,当细菌已经到达最优值范围附近时,细菌的移动步长将会缩短,从而保证算法最后能到达最优值。

81.6 细菌群体趋药性算法的实现步骤

BCC算法是在BC算法的基础上,进一步考虑细菌群体在引诱剂环境下的信息交换模式而构建的。为了方便,对BC算法中的精度更新方式进行改进,将原先的等差更新方式替换为级数更新方式,即$\varepsilon_{\text{new}}=\varepsilon_{\text{old}}/\alpha$,$\alpha$为精度更新常数,可取大于1的一个值。

下面以求解函数最小值为例,说明基本的BCC算法的实现步骤。

(1) 初始化各个细菌的位置。根据变量范围,随机将细菌群体分布在不同的位置。

(2) 确定初始精度$\varepsilon_{\text{begin}}$、最终收敛精度$\varepsilon_{\text{end}}$和进化精度更新常数$\alpha$。

(3) 采用式(81.9)~式(81.11)确定算法参数,并假定每个细菌都有全局的感知范围。

计算每个细菌的速度。各细菌在各不同轨线上的速度保持一致,可取$v=1$。

(4) 对处在移动步数k的细菌i,感知其周围在更好位置的其他细菌,并确定它们的中心点$\text{Center}(\boldsymbol{x}_{i,k})$和一个假定的朝这个中心方向移动的长度$\text{rand}()\cdot\text{dis}(\boldsymbol{x}_{i,k},\text{Center}(\boldsymbol{x}_{i,k}))$,确定位置$\boldsymbol{x}'_{i,k+1}$。

(5) 对于处在移动步数k的细菌i,同时根据它在上一步的位置按BC算法中给出的步骤确定在步数$k+1$时的新位置$\boldsymbol{x}''_{i,k+1}$。

(6) 计算位置$\boldsymbol{x}'_{i,k+1}$和位置$\boldsymbol{x}''_{i,k+1}$的函数值,如果$f(\boldsymbol{x}'_{i,k+1})<f(\boldsymbol{x}''_{i,k+1})$,那么细菌就在$k+1$步移向点$\boldsymbol{x}'_{i,k+1}$,否则就移向点$\boldsymbol{x}''_{i,k+1}$。

(7) 重复步骤(4)~步骤(6),直至若干次迭代后结束计算。一般在运行几百次后可以结束迭代。

在步骤(3)~步骤(6)中,同时采用全体参数更新策略进行参数更新和细菌的迁徙动作。

由于BCC算法是一种随机优化算法,为了进一步提高算法性能,避免由于算法的随机性而将原来位置较好的点抛弃的情况,引入精英保留策略。即菌群每移动一步后,位置最差的细菌将继续移动到菌群整体移动前菌群中位置最好的细菌所处的位置附近,即

$$\boldsymbol{x}_{\text{worst}}=\boldsymbol{x}_{\text{worst}}+\text{rand}()\cdot(\boldsymbol{x}_{\text{best}}-\boldsymbol{x}_{\text{worst}}) \tag{81.13}$$

其中，rand()为在(0,2)区间服从均匀分布的随机数。

利用单个细菌移动轨迹的信息和感知周围同伴的位置信息，BCC 算法具有 BC 算法易于从局部极值逃脱的优点，也拥有群体优化算法的强大的空间搜索能力。与 BC 算法相比较，BCC 算法中细菌通过与周围同伴交换信息可以大大节省在解空间中搜索的时间，所以 BCC 算法能够更快地搜索到极值点。同时，在 BCC 算法中，细菌的移动也会受到周围其他细菌的影响，细菌不容易从最后的全局最小点逃逸，而这是 BC 算法难以解决的问题。

第82章　细菌菌落优化算法

细菌菌落优化算法是模拟细菌菌落生长演化的基本规律提出的一种群智能优化算法。该算法依据细菌生长繁殖规律,制定符合算法需要的个体进化机制;根据细菌在培养液中的觅食行为,建立算法中个体泳动、翻滚、停留等运动方式;借鉴菌落中细菌的信息交互方式,建立个体信息共享机制。该算法还提供了一种新的结束方式,即在没有任何迭代次数或精度条件的前提下,算法会随着菌落的消失而自然结束,并且可以保持一定的精度。本章介绍细菌的生长、繁殖、死亡过程,以及细菌菌落优化算法的原理、设计、实现步骤及流程。

82.1　细菌菌落优化算法的提出

细菌菌落优化(Bacterial Colony Optimization,BCO)算法是在2011年由李明等提出的一种新的群智能优化算法。该算法在分析和比较细菌觅食优化(BFO)算法及细菌趋药性优化(BC)算法的基础上,根据细菌菌落的生长演化过程,建立新的细菌运动模型及繁殖和死亡机制。在搜索过程中,种群数量将按照细菌菌落生长的基本规律变化,当细菌菌落消失后,则算法可以自然结束。

该算法起初用于实函数优化问题,尤其对多峰函数,其优势比较明显;后又提出用于组合优化算法。目前该算法已用于解决电力系统无功优化、分布式电源优化配置、车辆路径优化、印刷色彩配色等问题。

82.2　细菌的生长、繁殖、死亡过程

微生物学研究表明,细菌通常具有生命周期短、繁殖快、对环境敏感等特点,细菌在培养基中的觅食过程,必然伴随着细菌生长、繁殖、死亡等一系列过程。细菌群体在培养基中的生长过程就是菌落形成、发展直到消失的演化过程,可分为延滞期、指数期、稳定期和衰亡期4个阶段。

(1) 延滞期是指单个或少量细菌接种到培养基中后适应环境的过程,在这个阶段细菌数量基本保持不变。

(2) 指数期是指一旦细菌吸收到足够的营养物质,个体将进行繁殖,由于细菌多以二分裂方式繁殖且每代繁殖时间较短,因此此时细菌群体数量将呈指数增长形成菌落。

(3) 稳定期是指由于培养基中营养物质是有限的,在这个阶段群体数量将保持稳定,也就是新繁殖的细菌数与衰亡的细菌数相等。

(4) 衰亡期是指随着营养物质的不断消耗,个体死亡速度超过新生速度,群体数量不断减

少，直至消失。

82.3　细菌菌落优化算法的原理

现有的细菌优化算法包括细菌觅食优化(BFO)算法、细菌趋药性(BC)算法及细菌群体趋药性(BCC)算法。虽然都受细菌觅食的启发，但在算法中并没有完全体现出前述细菌觅食的特点，主要表现在如下3方面。

(1) 在这些算法中，群体的数量总是保持不变，这显然不符合细菌的生长规律。但由于细菌具有生命周期短、繁殖快等特点，显然在细菌觅食过程中必然会伴随群体数量的不断变化。从这一点上看，现有的细菌算法与PSO算法没有区别，更形象地说，这些算法中的个体只是一些缩小了的"鸟"。

(2) 现有细菌算法中的个体具有相同的生命周期，换句话说，所有细菌经历相同的时间后，将同时面临繁殖或死亡的选择。事实上，营养物质的摄取将直接决定细菌的存亡，一旦细菌获得充足的营养物质，就可进行分裂繁殖；相反，一旦缺乏营养物质或遭遇有害物质，细菌就将面临死亡。

(3) 现有细菌算法中个体运动方式略显单调，虽然也有翻滚和泳动两种形式，但它们并没有充分体现细菌对环境非常敏感的特性。由于营养物质对细菌生死存亡起着至关重要的作用，因此细菌对环境始终保持高度敏感，要设计细菌的多种运动方式才能应对环境变化。

细菌菌落算法根据单个细菌生存方式及其群体菌落的生长演化过程来寻找最优解。问题的解空间相当于细菌培养液，算法中的个体相当于细菌，解空间各个位置上的适应度值对应于培养液中相应位置营养物质的浓度。考虑到营养物质是有限的，细菌不能无约束地自由繁殖，要规定菌落的最大规模。算法中制定了个体二分裂繁殖及死亡机制，即只要吸收足够的营养，达到个体繁殖条件，则相应个体一分为二；反之，当达到规定的生命周期则死亡。考虑细菌对环境始终保持高度敏感，设计细菌通过翻滚、停留、泳动的运动方式应对环境变化。

当算法执行时，将单个或少量个体置于解空间中，个体按照设定的运动规律搜索最优解。种群数量将按照细菌菌落生长的基本规律变化，当细菌菌落消失后，则算法可以自然结束。

82.4　细菌菌落优化算法的设计

为了弥补细菌优化算法存在的不足，细菌菌落优化算法设计主要表现在如下3方面。

(1) 将单个或少量个体置于解空间中，并仿照微生物生长规律，制定新的个体生存繁殖和死亡机制。当细菌连续沿浓度梯度的正方向移动的次数达到某个设定值(N_H)后，意味着细菌吸收了足够的营养，从而达到繁殖条件；相反，当细菌连续沿浓度梯度负的(从高适应度指向低适应度)方向移动的次数达到某个设定值(N_L)后，意味着细菌一直忙于奔波，吸收的营养很难维持生存，从而达到死亡条件。由于细菌繁殖速度快，因此算法中需要设定种群的最大规模S。

(2) 对于那些时而沿浓度梯度的正方向移动,时而沿浓度梯度的负方向移动的细菌,当它们这种反复的移动次数达到最长寿命(N)后,将会自然死亡。显然 N 在数值上大于 N_H 和 N_L。因此,细菌繁殖的条件是唯一的,但是死亡的情况却有两种:一种是"营养不够"的突然死亡;另一种是"年龄过大"的自然死亡。

(3) 设定算法中细菌个体具有3种基本运行方式:泳动、翻滚、停留。如果第 k 次迭代个体的适应度优于第 $k-1$ 次的适应度,则个体在 $k+1$ 次首先做短暂的停留,然后选择泳动方式;一旦第 k 次迭代个体的适应度不如第 $k-1$ 次的适应度,则个体在 $k+1$ 次直接选择翻滚方式,并且每个个体都能感知整个菌落曾经经历过的最优位置。

细菌泳动时,将沿着前一次的移动方向,向群体经历的最优位置移动的位置为

$$\boldsymbol{x}_{k+1}=\boldsymbol{x}_k+C_1\cdot r_1\cdot(\boldsymbol{x}_k-\boldsymbol{x}_{k-1})+C_2\cdot r_2\cdot(\boldsymbol{g}-\boldsymbol{x}_k) \tag{82.1}$$

细菌翻滚时,个体将沿着与前次移动方向相反的方向,向群体经历的最优位置移动的位置为

$$\boldsymbol{x}_{k+1}=\boldsymbol{x}_k-C_1\cdot r_1\cdot(\boldsymbol{x}_k-\boldsymbol{x}_{k-1})+C_2\cdot r_2\cdot(\boldsymbol{g}-\boldsymbol{x}_k) \tag{82.2}$$

细菌每次移动到浓度更高的区域,都要做短暂的停留。体现在算法上就是,当个体移动到适应度值更高的位置后,会在该位置停留并在其附近做随机搜索,这就相当于细菌进入更高浓度区域后,将做短暂停留以吸收一定的营养物质,满足自身成长需求,随机搜索的位置为

$$\boldsymbol{x}_{k+1}=\boldsymbol{x}_k+R\cdot\boldsymbol{r} \tag{82.3}$$

在式(82.1)~式(82.3)中,$\boldsymbol{x}=(x_{1,k},x_{2,k},\cdots,x_{d,k})$为第 k 次迭代时的位置;$\boldsymbol{g}=(g_1,g_2,\cdots,g_d)$为菌落所经历的最优位置;$d$ 为问题解空间的维数;r_1 和 r_2 为区间[0,1]上的随机数;R、C_1、C_2 为常数;$\boldsymbol{r}=(r_1,r_2,\cdots,r_d)$,$r_i$ 为区间[0,1]上的随机数。

与其他群集智能算法类似,BCO算法可以以迭代次数或精度作为结束条件,另外,由于BCO算法模拟了细菌菌落演化的全过程,因此当种群中个体全部死亡后,算法自然结束。

82.5 细菌菌落优化算法的实现步骤及流程

下面以配电网有功功率网络损耗最小化问题为例,给出用BCO算法求解该优化问题的具体步骤。

1. 数学模型的建立

图82.1是配电网含分布式电源的一段线路,其中 B 为线路的首端电压,V 为线路的末端电压,分布式电源容量为 $P_{DG}+jQ_{DG}$,以减少配电网的线路损耗最小为目标函数。

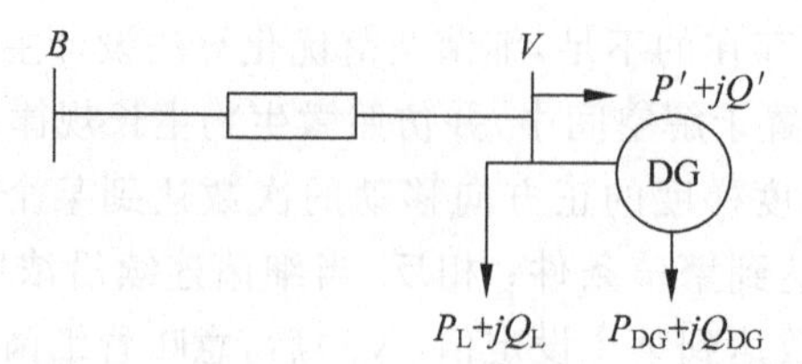

图82.1 配电网含分布式电源的一段线路

目标函数的表达式为

$$\min(\text{Ploss})=\sum_{i=1}^{N}\sum_{j=1}^{M}p_{ij} \tag{82.4}$$

其中，N 为节点集合；M 为负荷节点集合；p_{ij} 为 i 节点到 j 节点之间的线路损耗。

等式的约束条件为

$$\begin{cases}\sum_{k=1}^{L}p_k=c\\ P_i=\sum_{j=1}^{N}e_i(G_{ij}e_j-B_{ij}f_j)+f_i(G_{ij}f_j+B_{ij}e_j)\\ Q_i=\sum_{j=1}^{N}f_i(G_{ij}e_j-B_{ij}f_j)-e_i(G_{ij}f_j+B_{ij}e_j)\end{cases} \tag{82.5}$$

其中，L 为可以安装 DG 的节点个数；c 为总的注入容量；P_i、Q_i 分别为节点 i 的注入有功功率和无功功率；e_i 和 f_i 分别为节点 i 电压的实部和虚部；G_{ij}、B_{ij} 分别为节点 i、j 之间的电导、电纳。

不等式约束条件包括节点电压约束、输电线路的传输功率极限约束及 DG 安装的总容量限制 3 部分。

节点电压约束为

$$U_{i\min}<U_i\leqslant U_{i\max} \tag{82.6}$$

其中，$U_{i\max}$、$U_{i\min}$ 分别为节点电压的上、下限值。

输电线路的传输功率极限约束为

$$P_{ij}\leqslant P_{ij}^{\max} \tag{82.7}$$

其中，P_{ij} 为节点 i 到节点 j 的传输功率。

DG 安装的总容量限制为

$$\sum_{i=1}^{N}P_{\text{DG}i}<\eta P \tag{82.8}$$

其中，η 为 0.25；P 为系统负荷总容量。

2. 细菌菌落优化算法的实现步骤及流程图

细菌菌落优化算法的具体实现步骤如下。

(1) 分布式电源的容量在细菌菌落算法中对应于细菌在培养液中的位置，每一个细菌个体搜索空间的维数就是 DG 的个数，然后代入算法进行优化。

(2) 初始化一个细菌个体或者少量的细菌个体。

(3) 设定种群的最大规模，判断细菌种群的个数是否超过所设定的最大种群规模，若没有则继续进行优化；否则结束迭代。

(4) 计算细菌个体的目标函数值，根据初始化的细菌位置，调用潮流计算目标函数值，并记录当前的最优位置。

(5) 细菌个体的目标函数值优越于父代，相应更新细菌个体的位置。

(6) 判断个体满足繁殖条件或达到死亡条件。

(7) 迭代结束。判断是否达到迭代的次数或细菌个体数目是否为 0，如果达到迭代次数或细菌个体数目为 0 则结束；否则进行步骤(3)。

应用细菌菌落优化算法求解分布式电源优化配置问题的流程如图 82.2 所示。

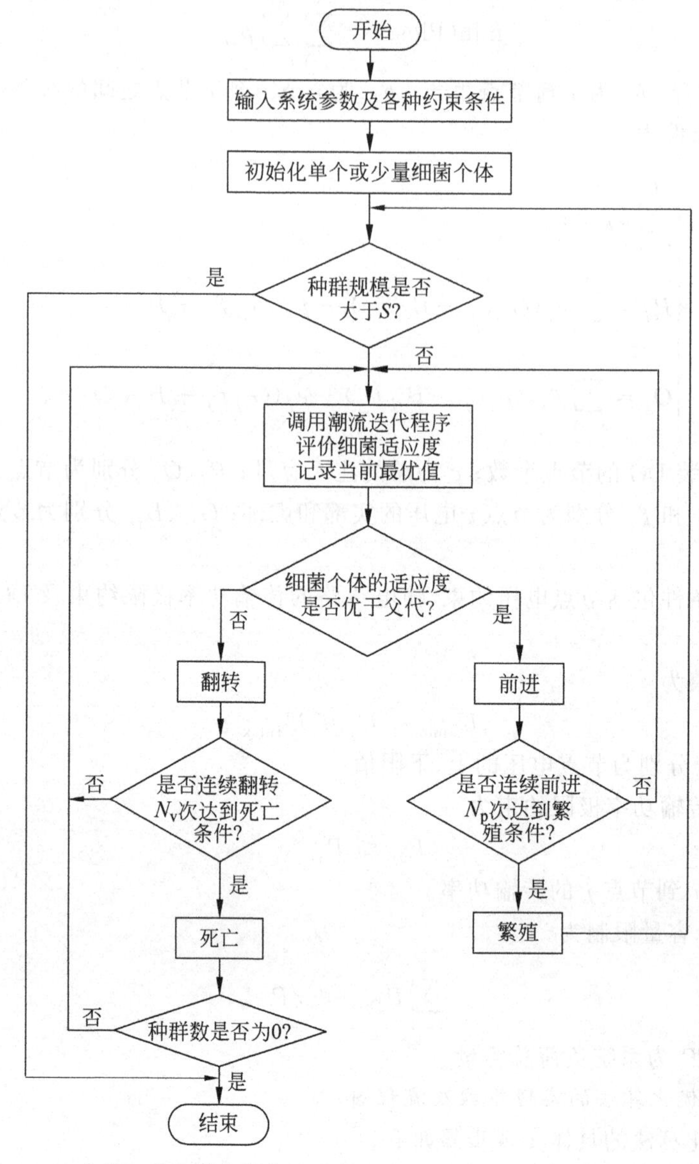

图 82.2 应用细菌菌落优化算法的求解分布式电源优化配置问题的流程图

第 83 章　病毒种群搜索算法

病毒种群搜索算法是一种新的群智能算法。病毒是一种没有细胞结构的特殊生物，它的生存依靠扩散和宿主细胞感染，宿主的免疫系统起着保护宿主细胞免受病毒感染或破坏的作用。病毒种群搜索算法通过模拟病毒扩散、宿主细胞感染以及免疫反应 3 种行为的相互作用，促使种群个体朝着全局最优解收敛，实现对优化问题求解。本章介绍病毒及其生存策略，病毒种群搜索算法的优化原理、数学描述、伪代码实现及算法流程。

83.1　病毒种群搜索算法的提出

病毒种群搜索（Virus Colony Search，VCS）算法是 2016 年由李牧东等提出的一种新的群智能算法。该算法在综合平衡算法的探索性能和开发性能的基础上，通过病毒扩散、宿主细胞感染以及免疫反应 3 种行为的相互作用，促使种群个体朝着全局最优解收敛。

通过对 40 个不同类型的测试函数，并与目前较为流行的 8 种算法比较，结果表明，VCS 算法在收敛速度、搜索精度以及稳定性方面具有优越性。2017 年，李牧东等又针对约束优化问题提出了基于反向学习的自适应 α 约束病毒种群搜索算法。

83.2　病毒及其生存策略

病毒是一种没有细胞结构的特殊生物。病毒个体极其微小，绝大多数要在电子显微镜下才能看到。它们的结构非常简单，由蛋白质外壳和内部的遗传物质组成。病毒不能独立生存，必须生活在其他生物的细胞内，一旦离开活细胞就没有任何生命活动迹象，也不能独立自我繁殖。病毒进入宿主细胞后，就可以利用细胞中的物质和能量以及复制、转录和转译能力，按照它自己的核酸所包含的遗传信息产生和它一样的新一代病毒。

病毒的生存策略可以概括为两个过程——病毒扩散和宿主细胞感染，如图 83.1 所示。病毒扩散是指病毒随机搜寻宿主细胞的过程；宿主细胞感染是指进入宿主细胞后的病毒吸收宿主细胞中供自身生长所需的营养存活，并自我繁殖，直到宿主细胞死亡。

宿主的免疫系统起着保护宿主细胞免受感染或破坏的主要作用，具有进化更好能力的病毒将为下一代保留；否则它们将被宿主免疫系统杀死。

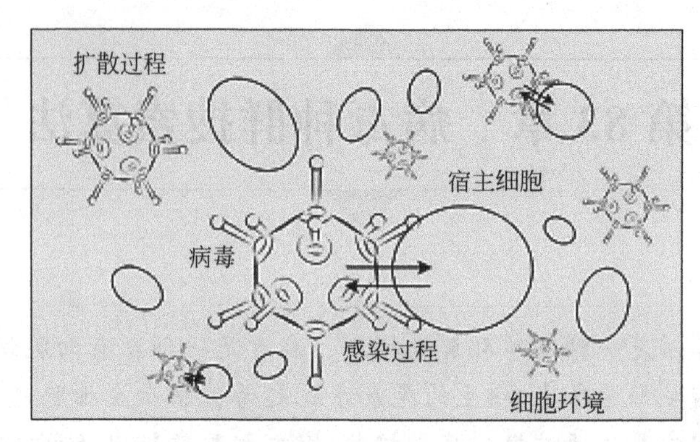

图 83.1　细胞环境中病毒生长的示意图

83.3　病毒种群搜索算法的优化原理

病毒种群搜索算法主要包含3个策略：策略1是病毒扩散阶段中的高斯游走策略；策略2是宿主细胞感染阶段中的自适应协方差进化策略；策略3是免疫反应过程中的筛选进化策略。从理论角度分析，策略1主要是为了提高算法的探索能力；策略2主要是为了加强算法的开发能力；策略3是充分利用生存能力较差的个体以提高整体的搜索效率。

VCS算法使用5个简单寻优规则：

(1) 使用两个不同的群体：病毒菌落和宿主细胞菌落。

(2) 传播过程中的每种病毒都会产生一个新的随机个体。

(3) 每种病毒感染一个宿主细胞。

(4) 每种病毒的繁殖都是基于破坏宿主细胞获得营养。

(5) 根据对宿主免疫系统的保护，只有一些最好的病毒仍然存在于每一代中，其余病毒是为了生存而进化的。

83.4　病毒种群搜索算法的数学描述

病毒种群搜索算法的3个主要策略的数学描述如下。

1. *病毒扩散*

病毒通常在空气、水或某些生物循环系统等某些特定媒介中随机扩散。高斯随机游走策略在全局寻优方面表现良好，因此病毒种群在初始化后，病毒扩散选择高斯游走策略在种群中个体位置附近随机扩散描述为

$$\mathrm{Vpop}'_i=\mathrm{Gaussian}(G^g_{\mathrm{best}},\tau)+(r_1\cdot G^g_{\mathrm{best}}-r_2\cdot \mathrm{Vpop}_i) \tag{83.1}$$

其中，Vpop'_i为更新后种群的第i个体，$i=1,2,\cdots,N$；N为种群规模；G^g_{best}为当前迭代次数g下的最优个体；$\mathrm{Gaussian}(G^g_{\mathrm{best}},\tau)$是以$G^g_{\mathrm{best}}$为均值、以$\tau=\lg(g)/g\cdot(\mathrm{Vpop}_i-G^g_{\mathrm{best}})$为方差的高斯随机游走分布；$(r_1\cdot G^g_{\mathrm{best}}-r_2\cdot \mathrm{Vpop}_i)$为围绕当前最优个体的搜索方向；$r_1$、$r_2$

为[0,1]间的随机数。

2. 宿主细胞感染

宿主细胞一旦被感染，它将被入侵病毒破坏，导致宿主细胞逐渐死亡。最后，宿主细胞"突变"变成一种新病毒。此过程主要用于实现信息交换，并改善种群的勘探性质。

CMA-ES方法是一种著名的进化算法。它不仅包含突变操作，而且通过协方差矩阵自适应考虑个体之间的交互关系，因此这种方法非常适合宿主细胞感染的行为。它的主要步骤可以总结如下。

(1) 通过以下方式更新 Hpop：

$$\mathrm{Hpop}_i^g = X_{\mathrm{mean}}^g + \sigma_i^g \cdot N_i(0, C^g) \tag{83.2}$$

其中，$N_i(0,C^g)$为均值为0、$D\times D$协方差矩阵为C^g的正态分布；D为问题的维数；g为当前迭代次数；$\sigma^g>0$为步长；X_{mean}^g的初始化为

$$X_{\mathrm{mean}}^0 = \frac{\sum_{i=1}^{N} \mathrm{Vpop}_i}{N} \tag{83.3}$$

(2) 从上一步骤中选出最优的λ个体作为父向量，并计算所选向量的中心为

$$X_{\mathrm{mean}}^{g+1} = \frac{1}{\lambda}\sum_{i+1}^{\lambda}\omega_i \cdot \mathrm{Vpop}_i^{\lambda\,\mathrm{best}} \mid \omega_i = \ln(\lambda+1) \Big/ \left(\sum_{j=1}^{\lambda}(\ln(\lambda+1)-\ln(j))\right) \tag{83.4}$$

其中，$\lambda=N/2$；ω_i为重组权重；i为最佳个体索引。计算出的两条所谓的进化路径，它们以过去的指数衰减方式跟踪种群均值的变化历史。

$$p_\sigma^{g+1} = (1-c_\sigma)p_\sigma^g + \sqrt{c_\sigma(2-c_\sigma)\lambda_w} \cdot \frac{1}{\sigma^g}(C^g)^{-1/2}(X_{\mathrm{mean}}^{g+1} - X_{\mathrm{mean}}^g) \tag{83.5}$$

$$p_c^{g+1} = (1-c_c)p_c^g + h_\sigma\sqrt{c_c(2-c_c)\lambda_w} \cdot \frac{1}{\sigma^g}(X_{\mathrm{mean}}^{g+1} - X_{\mathrm{mean}}^g) \tag{83.6}$$

其中，$\lambda_w^{-1} = \sum_{i=1}^{\lambda} w_i^2$；$(C^g)^{-1/2}$是对称的，正的，且满足$(C^g)^{-1/2}(C^g)^{-1/2}=(C^g)^{-1}$；累积参数一般设置为$c_\sigma=(\lambda_w+2)/(N+\lambda_w+3)$，$c_c=4/(N+4)$和$h_\sigma=1$，若$\|p_\sigma^{g+1}\|$大，则取$h_\sigma=0$。

(3) 步长σ^{g+1}和协方差矩阵c^{g+1}分别更新为

$$\sigma^{g+1} = \sigma^g \cdot \exp\left(\frac{c_\sigma}{d_\sigma}\left(\frac{\|p_\sigma^{g+1}\|}{E\|N(0,1)\|} - 1\right)\right) \tag{83.7}$$

$$c^{g+1} = (1-c_1-c_\lambda)C^g + c_1 p_c^{g+1}(p_c^{g+1})^{\mathrm{T}} + c_\lambda\sum_{i=1}^{\lambda} w_i \frac{\mathrm{Vpop}_i^{\lambda\,\mathrm{best}} - X_{\mathrm{mean}}^g}{\sigma^g} \cdot \frac{(\mathrm{Vpop}_i^{\lambda\,\mathrm{best}} - X_{\mathrm{mean}}^g)^{\mathrm{T}}}{\sigma^g} \tag{83.8}$$

其中，$d_\sigma=1+c_\sigma+2\max\{0,(\sqrt{\lambda_w-1}/\sqrt{N+1})-1\}$通常接近1，而$c_1$、$c_\lambda$分别为

$$c_1 = \frac{1}{\lambda_w}\left(\left(1-\frac{1}{\lambda_w}\right)\min\left\{1, \frac{2\lambda_w-1}{(N+2)^2+\lambda_w}\right\} + \frac{1}{\lambda_w}\frac{2}{(N+\sqrt{2})^2}\right) \tag{83.9}$$

$$c_\lambda = (\lambda_w - 1)c_1 \tag{83.10}$$

其中，$0\leqslant c_\lambda\leqslant 1$为更新协方差矩阵$\boldsymbol{C}$的更新率。

3. 免疫反应

如前所述,根据宿主细胞免疫系统的影响,能力较好的病毒更有可能将其保留到下一代。然而,较差的病毒必须自己进化,以防被免疫系统杀死。用来实现病毒进化的步骤如下。

(1) 根据病毒群体 Vpop 的适应度值,计算第 i 个体的选择概率为

$$\mathrm{Pr}_{\mathrm{rank}(i)}=\frac{(N-i+1)}{N} \tag{83.11}$$

其中,N 为 Vpop 的规模; $\mathrm{rank}(i)$为 Vpop 中第 i 个体的适应度值从小到大的顺序。

(2) 根据筛选进化策略,对病毒细胞中的较差个体和较好的个体分别采取不同的进化方式如下:

$$\mathrm{Vpop}''_{i,j}=\begin{cases}\mathrm{Vpop}_{k,j}-\mathrm{rand}\cdot(\mathrm{Vpop}_{h,j}-\mathrm{Vpop}_{i,j}) & r>\mathrm{Pr}_{\mathrm{rank}(i)}\\ \mathrm{Vpop}_{i,j} & r\leqslant \mathrm{Pr}_{\mathrm{rank}(i)}\end{cases} \tag{83.12}$$

其中,k,i,h 是从$[1,2,\cdots,N]$中随机选取的序号,$k\neq i\neq h$; $j\in[1,2,\cdots,d]$; rand 和 r 均为$[0,1]$间的随机数。

从算法的3种策略过程所获得的新种群的产生机制可能导致搜索边界的跨越。为此提出越界的处理方法如下:设 Up 和 Low 分别是搜索边界的上、下界。$x_{i,j}$ 为第 i 个解的第 j 维,如果 $x_{i,j}<\mathrm{Low}$ 或者 $x_{i,j}>\mathrm{Up}$,则取 $x_{i,j}=\mathrm{rand}\times(\mathrm{Up}-\mathrm{Low})+\mathrm{Low}$,其中 rand 为 $[0,1]$间的随机数。

最后通过边界控制和贪婪选择策略更新个体,并选出适应度值较好的个体,直到满足终止条件,输出优化结果。

83.5 病毒种群搜索算法实现的伪代码及算法流程

病毒种群搜索算法的伪代码模式如下。

```
输入: 种群大小 N,函数计算的最大数目 MaxFEs,被选出的最佳个体数 λ = ⌊N/2⌋
1.   g = 0;    /* 当前代 */
2.   从搜索空间中随机抽样生成 Vpop;
3.   评估 Vpop 中每个个体的适应度值
4.   FEs = N;
5.   While FEs <= MaxFEs do
     /* 病毒扩散 */
6.       for i 从 1: N do
7.           Vpop'_i = Gaussian(G^g_best · σ) + (r_1 · G^g_best − r_2 · Vpop_i)
8.       end for
9.       检查边界;
10.      评估 Vpop'的适应度 FEs = FEs + N;
11.      用 Vpop'更新 Vpop
         /* 宿主细胞感染 */
12.      for i 从 1:N do
13.          Hpop^g_i = X^g_mean + σ^g_i × N_i(0,C^g)
14.      end for
15.      检查边界;
```

```
16.        评估 Hpop 并更新 Vpop; FEs = FEs + N;
           从 Vpop 中选出最好的个体 λ,计算最好的个体 λ 的权重
```

$$X_{mean}^{g+1} = 1/\lambda \sum_{i=1}^{\lambda} \omega_i \cdot Vpop_i^{\lambda_{best}} \mid \omega_i = \ln(\lambda+1) / \sum_{j=1}^{\lambda} (\ln(\lambda+1) - \ln(j)),$$

```
           /* 免疫反应 */
17.        通过 Pr_rank(i) = (N - i + 1)/N 计算 Pr;
18.        for i 从 1: N do
19.            for j 从 1: d  do
20.                if  r > Pr_i, then Vpop''_{i,j} = Vpop_{k,j} - rand·(Vpop_{h,j} - Vpop_{i,j});
21.                else Vpop''_{i,j} = Vpop_{i,j}; end-if
22.            end- for
23.        end- for
24.        评估 Vpop''; FEs = FEs + N;
25.        用 Vpop' 更新 Vpop;
26.        g = g + 1;
27.    end while
输出: 种群中目标函数值最小的个体
```

病毒种群搜索算法的流程如图 83.2 所示。

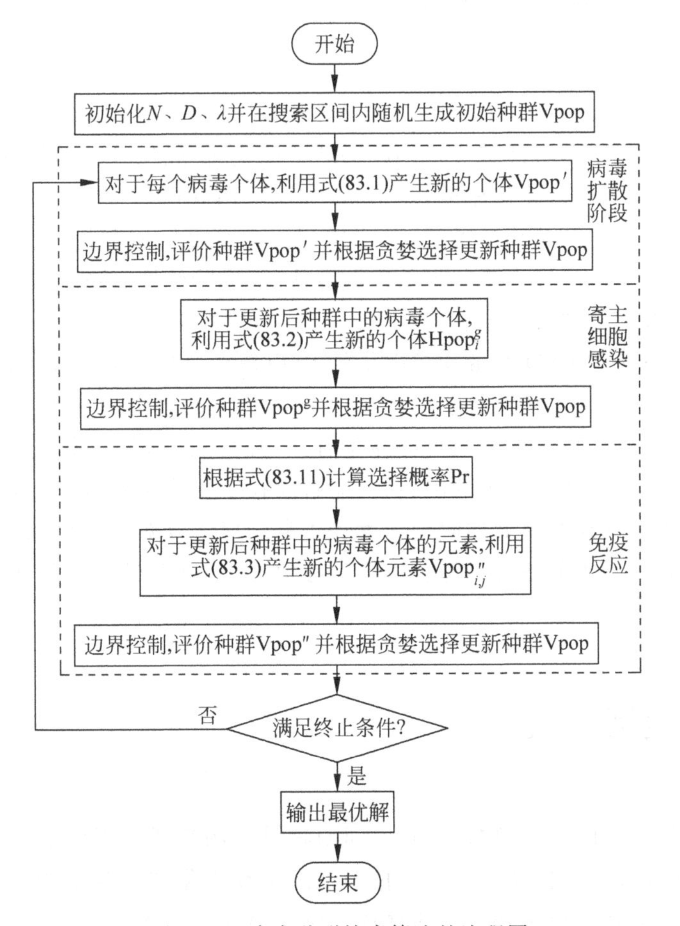

图 83.2　病毒种群搜索算法的流程图

第 84 章 猫群优化算法

猫的主要行为特征表现在对移动目标的强烈好奇和作为本性、天生的狩猎技能。猫的行为可概括为搜寻行为和追踪行为。通过把猫的两种行为转换为算法中的搜寻模式和跟踪模式，进而转变为一种迭代算法。在算法中将猫动态分成两组：一组执行搜寻模式；另一组执行跟踪模式。搜寻模式相当于全局搜索，跟踪模式相当于局部搜索。在跟踪模式下，通过类似粒子群优化算法的方式对猫的速度和位置进行更新，有效地提高了算法的收敛效率。本章介绍猫的习性，以及猫群优化算法的原理、数学描述、实现步骤及流程。

84.1 猫群优化算法的提出

猫群优化(Cat Swarm Optimization，CSO)算法是 2006 年由 Chu 和 Tsai 等通过观察和模仿猫的行为而提出的用于求解函数优化问题的群智能优化算法。这一算法把猫的行为划分成搜寻与捕猎两类，它们各自同算法中的搜寻模式和跟踪模式两类模式相呼应。猫群优化算法是将猫的搜寻与跟踪行为结合起来考虑，从而构建出求解复杂问题优化算法。2008 年，Tsai 等在猫群优化算法的基础上提出了并行的猫群算法，经实验验证，该算法可以提高猫群算法的收敛速度并且减少算法的迭代次数。

通过猫群优化算法和 PSO 及带加权因子的 PSO 算法分别对 6 个相同的测试函数进行性能对比的仿真结果表明，猫群优化算法的性能优于 PSO 和带加权因子的 PSO 算法。

猫群算法相对于传统算法的最大优势在于可以同时进行局部搜索和全局搜索，这样既可以克服遗传算法局部搜索能力不足的问题，又能解决粒子群算法容易陷入局部最优的缺陷，而相比于蚁群算法，该算法还有更好的收敛速度和更高的搜索效率。因此，猫群优化算法已用于非线性模型参数估计、聚类分析、网络路由优化、参数优化、流水车间调度问题、图像处理、数据挖掘等领域。

84.2 猫的生活习性

自然界中有三十多种猫科动物。尽管不同的猫科动物生活在不同的生存环境中，但是它们具有相同的行为模式。猫科动物的捕食技巧来源于在进化和生存中的不断的训练，对于野生猫科动物，这样的捕食技巧保证它们的食物供应和种群的延续。

相对于野生猫科动物，在室内驯养的猫，对任何移动的东西，它表现出了强烈好奇的本能。虽然所有的猫都有强烈的好奇心，但它们在大部分时间内是无效的。猫大部分的时间处于休息状态。但猫的警觉性都非常高，即使它们休息也始终保持警觉。因此，你可以轻易发现，猫通常看起来懒散，躺在某处不动，花费大量的时间处于一种休息状态，但睁开它们的眼睛环顾四周，那一刻它们正在观察环境。它们似乎是偷懒，但实际上它们还是会保持高度的警惕性，猫一旦发现猎物便跟踪猎物，并且能快速地捕获猎物。它们是聪明的和蓄意的，如图 84.1 所示。

图 84.1　懒散躺着的猫和处于警觉的猫

猫的上述行为可概括为两种模式：一种是猫在懒散、环顾四周状态时的模式，称为搜寻模式；另一种是猫在跟踪猎物目标时的状态，称为跟踪模式。这两种模式恰好类似于优化算法的全局搜索和局部搜索，这就为设计猫群优化算法带来灵感。

84.3　猫群优化算法的原理

根据猫的搜寻模式和跟踪模式这两种行为表现，利用这两个特性对猫的行为进行建模，设计猫群优化算法的相应模型也分为两种模式：搜寻模式和跟踪模式。为仿照现实生活中猫的行为，在算法中，将根据一定的分组率将猫群分成两个子群，让一少部分的猫处于跟踪模式，剩下的大部分猫处于搜寻模式。

猫群算法将猫的位置作为待优化问题的可行解。每只猫的属性包括猫的位置、猫的速度、猫的适应度值、猫处于行为模式的标识量（通常为 0 或 1）及每只猫处于初始位置。算法中根据猫的行为模式的标志位所确定的模式进行位置更新。

在搜寻模式下，每只猫的个体处于无目的的搜寻状态，通过将自身的位置复制若干次，产生若干副本，并对每个副本应用变异算子进行一个随机扰动产生新的位置，并将新产生的位置放在记忆池中，并进行适应度值计算。在记忆池中选择适应度值最高的候选点，作为猫所要移动到的下一个位置点。

在跟踪模式下，猫的运动方式类似于粒子群算法中的鸟的个体运动方式，类似于粒子群算法，利用全局最优的位置及速度等信息更新猫的当前位置，向全局最优点进行移动。

当所有猫进行完搜索模式和跟踪模式后，计算它们的适应度值并保存群体中的最优值。最后再根据分组率将猫群随机分为搜寻部分和跟踪部分，再次进行迭代寻优，如此进行反复迭代直至寻找到猫的最优位置，即为待求优化问题的最优解。

猫群算法通过不断迭代过程和在每次迭代中对猫群的重新分配模式来不断地寻找当前最优解。在寻优的过程中，两种模式的不停转换提高了算法的全局搜索和局部搜索能力。

84.4 猫群优化算法的数学描述

猫群优化算法是把猫的两种行为模式,转换为算法中的搜寻模式和跟踪模式,进而转变为一种迭代算法。其中,搜寻模式类似于全局搜索,而跟踪模式则类似局部搜索。对这两种模式分别加以描述如下。

1. 搜寻模式

搜寻模式是对猫在休息、环顾四周,寻找下一个转移地点的状态的描述。

CSO算法按照一定的分组比率将猫群随机分成搜寻模式的猫和跟踪模式的猫。如果第 i 只猫标识为搜寻模式,则把它加入搜寻模式中。对于搜寻模式下的猫,定义以下基本要素。

记忆池(SMP):在搜寻模式下,用记忆池记录并储存把猫所搜寻的自身位置点复制多份副本,记忆池的大小预先设定,它代表猫所能够搜寻的地点数量。

通过变异算子对每个副本更新位置替代原来的副本,计算新产生副本的适应度值作为候选点,在记忆池中选择适应度最优的候选点,作为猫所要移动到的下一个位置点,从而实现位置更新。

勘探维数范围(SRD):个体维数变化域,描述猫在移动位置时移动最大范围的参数。

维数改变量(CDC):个体维数改变的个数,描述猫的个体基因突变的个数。

自身位置判断(SPC):是一个布尔变量,它决定了当前位置是否有猫在下一个时刻移动至此位置,SPC并不影响SMP的值。

分组比(MR):将猫群分成搜寻模式和跟踪模式两组,它给出执行跟踪模式的猫在整个猫群中占的比例。

对于一只猫在搜寻模式下的5个操作步骤描述如下。

(1) 复制自身位置。将自身位置复制 j 份,记忆池的大小为 $j=\mathrm{SMP}$。如果SPC的值是真,则令(SMP−1),将猫的当前位置当作候选解。

(2) 执行变异操作。对于记忆池中的每个个体副本,依据CDC的大小,对当前值随机地加上或者减去SDR%,并用更新后的值代替原来的值。

当猫的编码采用遗传算法的染色体编码方式,具体执行变异操作就是对记忆池中的每个个体上需要改变基因的个数是一个零至个体上基因总长度之间的随机值。根据个体基因要改变的个数和改变的范围,在原位置上随机加一个干扰,到达新的位置替代原来位置。

(3) 计算记忆池中所有候选点的适应度值。

(4) 执行选择操作。如果所有的适应度值都完全相等的话,则将所有候选点的选择概率设为1;否则,计算每个候选点的选择概率为

$$P_i=\frac{|\mathrm{FS}_i-\mathrm{FS}_{\mathrm{best}}|}{\mathrm{FS}_{\max}-\mathrm{FS}_{\min}}\quad 0<i<j \tag{84.1}$$

其中,FS_i 为候选点 i 的适应度值;$\mathrm{FS}_{\mathrm{best}}$ 为目前最好的适应度值;$\mathrm{FS}_{\max}$、$\mathrm{FS}_{\min}$ 分别为适应度的最大值和最小值。

如果适应度函数的目标是寻找最大值的解,则取 $\mathrm{FS}_{\mathrm{best}}=\mathrm{FS}_{\min}$;如果适应度函数的目标是寻找最小值的解,则取 $\mathrm{FS}_{\mathrm{best}}=\mathrm{FS}_{\max}$。

(5) 根据选择概率从候选点中选择一个新的位置来替代旧的位置。

2. 跟踪模式

跟踪模式是对猫发现目标处于跟踪目标行为的描述。类似于粒子群算法，将整个猫群经历过的最好位置 $X_{\text{best},d}$ 作为目前搜索到的最优解。

设第 i 只猫在每个维度上的位置坐标和速度分别表示为向量 $\boldsymbol{X}_i=\{x_{i,1},x_{i,2},\cdots,x_{i,M}\}$、$\boldsymbol{V}_i=\{v_{i,1},v_{i,2},\cdots,v_{i,M}\}$，其中 $d=1,2,\cdots,M$。

(1) 对于第 k 只猫的速度更新为

$$v_{k,d}(t+1)=v_{k,d}(t)+r_1c_1(x_{\text{best},d}(t)-x_{k,d}(t)) \tag{84.2}$$

其中，$x_{\text{best},d}$ 为具有最优适应度值的猫 $X_{\text{best}}(t)$ 所处位置的第 d 分量；$x_{k,d}(t)$ 为第 k 只猫所处位置的第 d 分量；c_1 为常量；r_1 为 0～1 的随机数。

(2) 如果新的速度超过了最大速度的范围，则令其等于最大速度。具体操作是：判断每一维新的速度变化范围是否在 SDR 内，给每一维的变异加一个限制范围，其目的是为防止其变化太大，造成算法的盲目搜索。SDR 在算法执行前给出，若加入每一维改变后的值超出 SDR 的范围，则将它设定为给定边界值。

(3) 根据更新的速度，进一步更新猫的位置为

$$X_{k,d}(t+1)=X_{k,d}(t)+V_{k,d}(t+1) \tag{84.3}$$

其中，$X_{k,d}(t+1)$ 为位置更新后第 k 只猫 $X_k(t+1)$ 的第 d 分量。

84.5　猫群优化算法的实现步骤

猫群优化算法实现的具体步骤如下。

(1) 创建一个猫群，初始化 N 只猫，每只猫具有 D 维位置坐标值，$X_{i,d}$ 代表第 i 只猫的第 d 维的位置坐标值。

(2) 为每一只猫随机地赋一个初始化速度 $v_{i,d}$。按照一定的分组比(MR)将猫群随机分成搜寻模式的猫和跟踪模式的猫。

(3) 计算每一只猫的适应度值，将具有最优适应度值的猫作为当前最优猫，即局部最优解 x_{best}。

(4) 根据猫的标识量来移动不同模式的猫。如果第 n 只猫标识为搜寻模式，则把它加入搜寻模式中；否则加入到跟踪模式中。

(5) 根据分组比(MR)重新选择猫的数量并将它们设置为跟踪模式，然后将其余的猫设置为寻找模式。在搜寻模式下的猫，搜寻下一个移动目标点的状态。

(6) 在跟踪模式中，将整个猫群经历过的最好位置 X_{best} 作为目前搜索到的最优解。对于第 k 只猫的速度按式(84.2)更新，如果新的速度超过了最大速度的范围，则令其等于最大速度。

(7) 根据更新的速度，进一步按式(84.3)更新猫的位置。

(8) 根据搜寻模式和跟踪模式的分组比(MR)，选择一定数目的猫分别放入跟踪模式中和搜寻模式中。

重复步骤(3)～步骤(7)直到满足终止条件。

84.6 猫群优化算法实现的程序流程

猫群优化算法实现的程序流程如图 84.2 所示,而其中的搜寻模式流程和跟踪模式流程分别如图 84.3 和图 84.4 所示。

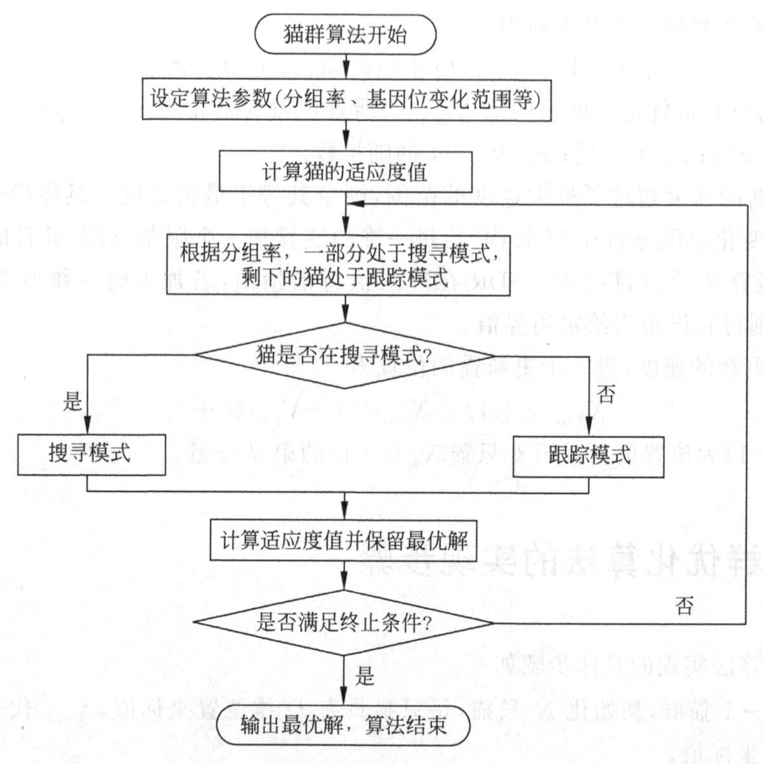

图 84.2 猫群优化算法实现的程序流程图

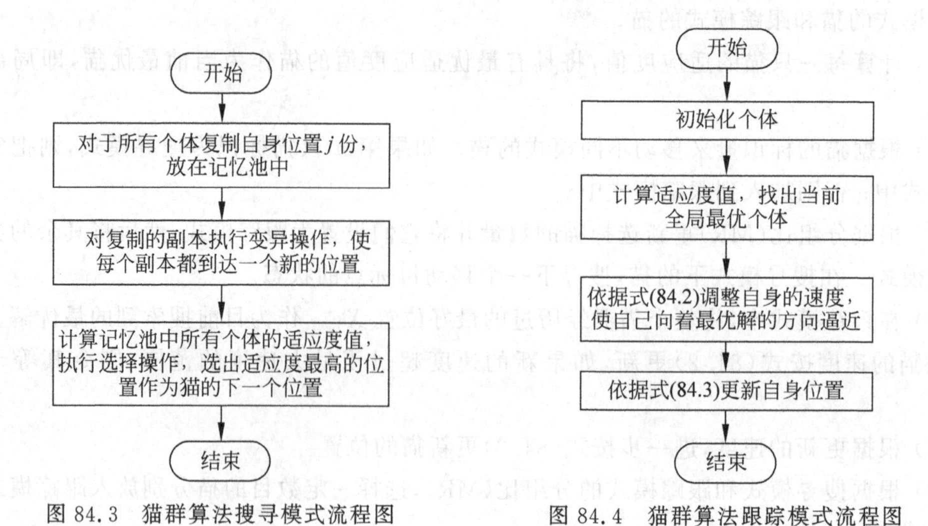

图 84.3 猫群算法搜寻模式流程图　　图 84.4 猫群算法跟踪模式流程图

第85章　鼠群优化算法

鼠群优化算法通过模拟老鼠的觅食行为，用于求解移动机器人在有障碍物的未知环境下，寻找一条从给定起点到终点的最短路径。老鼠在觅食过程中，路径选择会受到两方面的影响：一是该路径的环境吸引程度；二是老鼠的个体经验。在鼠群优化算法中引入环境因子和经验因子，通过迭代的方式寻找静态环境下机器人最佳路径，并针对路径死锁问题提出一种禁忌策略，将部分栅格归入禁忌栅格，从而有效地避免了路径死锁。本章介绍鼠群优化算法的原理、描述及实现步骤。

85.1　鼠群优化算法的提出

鼠群优化(Mouse Colony Optimization，MCO)算法是2008年由刘徐迅、曹阳等根据老鼠觅食行为提出的一种群智能优化算法。该算法针对优化求解移动机器人路径规划在有障碍物的未知静态环境下，寻找一条从给定起点安全无碰撞地绕过所有障碍物到达终点的最短路径问题。在鼠群算法中引入环境因子和经验因子，通过迭代的方式寻找静态环境下机器人最佳路径，并针对路径死锁问题提出一种禁忌策略，将部分栅格归入禁忌栅格，从而有效地避免了路径死锁。与同类优化算法相比具有一定的优越性。

85.2　鼠群优化算法的原理

鼠群在某个区域里随机寻找多个大小不同的食物，虽然所有老鼠不清楚食物的具体位置，但是每只老鼠一定都能快速找到最近的食物，同时又具有找到最近食物趋势的最优策略，即根据转移概率的大小决定是进行局部寻优还是全局寻优。每移动到一个新位置前，都要比较新位置信息(目标函数值)会使经验因子增大还是减小，如果增大就暂时保留这位置上的经验，然后和其他个体交流更新经验因子，否则继续试探别的方向。

老鼠在觅食过程中，路径选择会受到两方面的影响：一是该路径的环境吸引程度，如亮度、舒适度等；二是老鼠的个体经验，如老鼠上次在该路径上遇到美食，就会增加下次到达的概率，而受到毒药、人为袭击或其他不良干扰后，则会降低下次到达的概率。老鼠就是这样在环境吸引程度和个体经验的影响下进行觅食的。

鼠群优化算法通过模拟老鼠的觅食行为，用于求解机器人路径规划问题。该问题的求解过程就是移动机器人在有障碍物的未知环境下，寻找一条从给定起点到终点的最短路径，且要求安全无碰撞地绕过所有障碍物。老鼠从给定起点安全避碰地到达终点的过程，即为老鼠的一次旅行。老鼠每经历一次旅行，就对经过的路径好坏进行经验总结，这样会对以后选择觅食路径产生影响。老鼠经过多次旅行后,迭代过程所求得的最优解即为该算法的解。

85.3 鼠群优化算法及其环境描述

1. 环境描述

考虑移动机器人路径规划为二维空间工作环境,并采用栅格法对机器人运动空间建模,作如下假设。

假设1 移动机器人只在二维有限空间中运动,运动空间中分布着有限个静态障碍物,障碍物由多个栅格描述。

假设2 机器人每次移动只在相邻栅格之间进行,任意栅格有8个相邻栅格,即上、下、左、右和左上、左下、右上、右下。

假设3 机器人每走一步即走一个栅格的中心点,任意时刻机器人能探测到以当前栅格中心点为中心、以r为半径的区域内环境信息。

设机器人在二维平面上的凸多边形有限区域内运动,该区域内分布着有限个不同大小的障碍物,在该区域内建立直角坐标系。机器人以一定的步长R运动,则x轴和y轴分别以R为单位来划分栅格。每行的栅格数$N_x=x_{\max}/R$,每列的栅格数$N_y=y_{\max}/R$,如果区域为不规则形,则在边界处补以障碍栅格,将其补为正方形或长方形,其中障碍物占一个或多个栅格。若不满一个栅格,则以一个栅格计算。每个栅格都有对应的坐标和序列号,且序列号与坐标之间一一对应。

图85.1给出了栅格坐标与序列号之间的关系。定义左上角第一个栅格的坐标为(1,1),记为$S(1,1)$,对应的序列号为1;栅格坐标$S(2,1)$对应的序列号为2;栅格坐标$S(1,2)$对应的序列号为(N_x+1);其他以此类推。坐标(x_i,y_i)与序列号i之间的映射关系式为

$$\begin{cases}x_i=[(i-1)\bmod N_x]+1\\ y_i=\operatorname{int}[(i-1)/N_x]+1\end{cases}\tag{85.1}$$

其中,int为舍余取整运算;mod为求余运算。

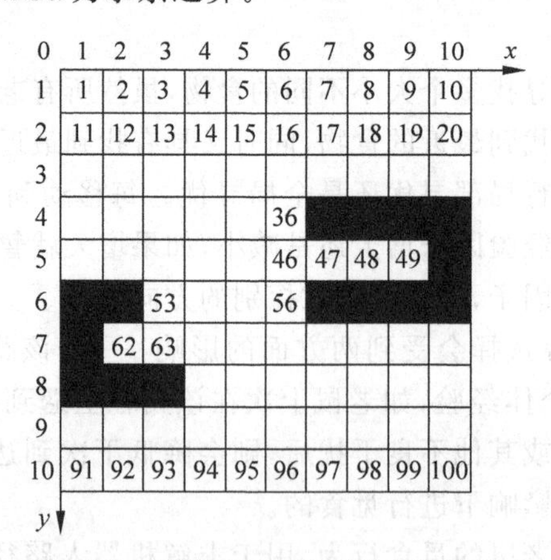

图85.1 栅格坐标与序列号之间的关系

2. 鼠群优化算法的描述

在鼠群优化算法中,t为时间变量;ψ_{ij}为路径(i,j)上的环境因子;δ_{ij}为路径(i,j)上的

经验因子；X 为问题的一个解；X^* 为问题的最优解；$f(X)$为求解问题的目标函数；$f(X^*)$为最优解的目标函数值。

【定义 85.1】 机器人运动的任意相邻栅格 i 与 j 之间的距离为

$$d(i,j)=\sqrt{(x_i-x_j)^2+(y_i-y_j)^2} \tag{85.2}$$

其中，x 和 y 为栅格坐标信息。如果栅格为单位长度，则根据假设 3，式(85.2)的值为 1 或 $\sqrt{2}$。

【定义 85.2】 机器人路径规划问题的目标函数为

$$f(X)=\sum_{(i,j)\in X} d(i,j) \tag{85.3}$$

【定义 85.3】 任意栅格 j 与终点 E 之间的距离为

$$D(j,E)=\sqrt{(x_j-x_E)^2+(y_j-y_E)^2} \tag{85.4}$$

其中，x 和 y 为栅格坐标信息。

【定义 85.4】 对于任意路径(i,j)，其环境因子表示为

$$\psi_{ij}(t)=\left[\frac{1}{d(i,j)}\right]^{k_1}\cdot\left[\frac{1}{D(j,E)}\right]^{k_2} \tag{85.5}$$

其中，k_1 和 k_2 分别为两种距离的权重。

在环境因子中加入 $D(j,E)$是为了避免路径偏离目标方向，加快算法的收敛速度。

【定义 85.5】 每次求得的解 X，对应于一个经验增量，表示为

$$\Delta X=\mu\frac{f(X^*)-f(X)}{f(X^*)} \tag{85.6}$$

式(85.6)将对老鼠觅食的路径起着促进或阻碍作用。

【定义 85.6】 设最优解 X^* 对应于时间变量 t^*，解 X 对应于时间变量 t。当 $f(X)>f(X^*)$，且 $t>t^*$ 时，定义 $T=t-t^*$ 为无效搜索次数，T_0 为无效搜索次数的阈值。

规则 1　在任意时刻 t，老鼠按概率选择下一个到达的节点，从栅格 i 到栅格 j 的转移概率之一为

$$p_{ij}(t)=\begin{cases}\dfrac{[\delta_{ij}(t)]^{\alpha}[\psi_{ij}(t)]^{\beta}}{\sum\limits_{s\in J_i}[\delta_{is}(t)]^{\alpha}[\psi_{is}(t)]^{\beta}} & j\in J_i\\ 0 & j\notin J_i\end{cases} \tag{85.7}$$

其中，J_i 是栅格 i 的邻居栅格中，除去老鼠刚刚走过的栅格和禁忌栅格的集合；α 和 β 分别为经验因子和环境因子的权重。转移概率之二为随机选择。

规则 2　当老鼠从起点到终点完成一次旅行，即求得机器人路径规划问题的一个解 X 时，路径的经验因子需要更新为

$$\delta_{ij}(t+1)=\begin{cases}\delta_{ij}(t)+\Delta\delta_{ij}(t) & (i,j)\in X\\ \delta_{ij} & (i,j)\notin X\end{cases} \tag{85.8}$$

其中，$\delta_{ij}(t)=\Delta X(t)$。

规则 3　每当求得机器人路径规划问题的一个解 X 时，最优解 X^* 对应的时间变量 t^* 和目标函数值 $f(X^*)$都需要更新，更新方式如下：

$$X^{*}=\begin{cases}X & f(X)<f(X^{*})\\ X^{*} & f(X)\geqslant f(X^{*})\end{cases}\tag{85.9}$$

$$t^{*}=\begin{cases}t & f(X)<f(X^{*})\\ t^{*} & f(X)\geqslant f(X^{*})\end{cases}\tag{85.10}$$

$$f(X^{*})=\begin{cases}f(X) & f(X)<f(X^{*})\\ f(X^{*}) & f(X)\geqslant f(X^{*})\end{cases}\tag{85.11}$$

规则 4　如果栅格 i 只有唯一邻居栅格 j 可达,则栅格 i 为路径死锁,并将其归入禁忌栅格,视为障碍物。例如,图 85.1 中黑色栅格表示障碍物,栅格 49 只有栅格 48 可达,则将栅格 49 归入禁忌栅格;以此类推,将栅格 48 归入禁忌栅格。

规则 5　如果栅格 i 是禁忌栅格 j 的唯一可达邻居栅格,则将栅格 i 归入禁忌栅格,视为障碍物。例如,图 85.1 中栅格 47 是禁忌栅格 48 的唯一达到邻居栅格(栅格 49 已归入禁忌栅格,视为障碍物),则将栅格 47 归入禁忌栅格。

规则 6　当栅格 i 只有两个可达邻居栅格 j 和 k 时,设路径(i,j)与(i,k)之间的夹角为 θ,如果 $\theta=45°$,则将栅格 i 归入禁忌栅格,视为障碍物。如图 85.1 中栅格 62 便可归入禁忌栅格。

在规则 1 中引入随机选择是为了增加解的多样性,有利于防止陷入局部最优。在规则 2 中没有蚁群算法的信息素挥发,经验因子更新是一种奖惩分明的策略,体现了算法的公平性。规则 4 和规则 5 引入禁忌栅格,并将其视为障碍物,这样就不会到达该栅格,从而解决了路径死锁问题。规则 6 也引入禁忌栅格,是为使搜索过程远离最不可能产生较优解的空间,减少劣质解的产生。根据规则 4～规则 6,图 85.2 等价于图 85.1,显然图 85.2 更容易求解。

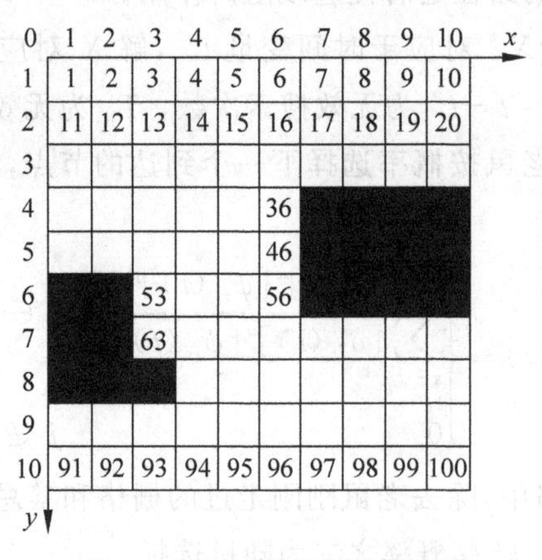

图 85.2　经过改进的等价环境

85.4　鼠群优化算法的实现步骤

基于上述各项定义及规则,用鼠群优化算法对移动机器人路径规划问题求解步骤描述如下。

(1) 随机产生机器人工作环境,并随机产生机器人运动的起点和终点。

(2) 初始化各路径的环境因子和经验因子,并令 $f(X)=f(X^*)=f(0)$。

(3) 根据规则 4～规则 6,改进机器人工作环境,增加禁忌栅格。

(4) 初始化搜索次数 $t=0$。

(5) 将老鼠置于机器人运动的起点。

(6) 根据定义 85.6 及规则 1 和规则 2,将老鼠移动到下一栅格。

(7) 如果老鼠还未到达终点,则返回步骤(6),否则,令 $t=t+1$,求得 X。

(8) 根据定义 85.5 计算经验增量,根据规则 3 更新经验因子,根据规则 4 更新 X^*、t^* 和 $f(X^*)$。

(9) 如果 t 小于规定迭代次数,则返回步骤(5);否则,输出 X^*,算法结束。

第86章　猫鼠种群算法

猫鼠种群算法在人工鱼群算法和猫群算法的基础上，仿照鱼群算法中的人工鱼群，提出的一种新的种群——老鼠群体。老鼠行为类似于人工鱼群算法中的鱼群行为。基于猫与老鼠的自然关系，引入了猫群体。猫群与鼠群之间既存在竞争关系，又存在捕食关系。猫群具有搜索行为、捕鼠行为、跟踪行为，其中前两种模式与猫群算法中行为模式相近。老鼠有觅食行为、聚群行为、跟随行为和随机行为。本章介绍猫鼠种群算法的原理、数学描述、实现步骤及流程。

86.1　猫鼠种群算法提出

猫鼠种群算法(Cat and Mouse Swarm Algorithm，CMSA)是2015年由杨珺等提出的一种猫鼠混合群智能优化算法，用于解决分散式风力发电优化配置问题。该算法仿照鱼群算法中的人工鱼群，提出了一种新的种群——老鼠群体；基于猫与老鼠的自然关系，引入了另一类种群——猫群体。猫群与鼠群之间既存在竞争关系，又存在捕食关系。通过将人工鱼群算法和猫群算法相结合，通过优化配置分散式风力发电机接入的位置和容量的仿真表明，猫鼠种群算法具有编码简单，寻优能力强，对参数不敏感等特点。

86.2　猫鼠种群算法的原理

人工鱼群算法是由李晓磊博士于2002年首次提出的，它是基于现实环境中鱼群觅食行为提出的一种新型的仿生类群体智能全局寻优方法。该算法具有自适应性强、对参数不敏感、收敛速度快并且能够并行搜索等优点。然而，也存在一些不足之处，如当鱼群数量较小时，由于人工鱼个体的行为都是局部寻优行为，因此难免个体趋同和早熟现象，从而陷入局部最优；视野和步长的随机性及随机行为的存在，使得寻优难以达到很高的精度。

针对上述的不足之处，并在猫群算法的启发下，仿照鱼群算法中的人工鱼群，增加了一种新的种群——老鼠群体。基于猫与老鼠的自然关系，引入了另一类种群——猫群体。猫群与鼠群之间既存在竞争关系，又存在捕食关系。在猫鼠种群算法中，猫具有搜索、捕鼠和跟踪行为，前两种行为类似猫群优化算法中的两种模式。鼠具有觅食、聚群、跟踪和随机行为，类似于人工鱼群算法中鱼的行为。

可以说，猫鼠种群算法是在人工鱼群算法和猫群算法融合的基础上，引入了老鼠群体，增加了群体的多样性和竞争性，从而提高了猫鼠种群算法的寻优能力。

86.3　猫鼠种群算法的数学描述

1. 猫行为的描述

在猫鼠种群算法中，猫群具有搜索行为、捕鼠行为、跟踪行为，其中前两种模式与猫群算法中猫的行为模式相近。

1）搜索行为

猫的搜索行为是指对周围的食物进行搜索并趋向食物的一种活动，其行为描述如下。

设第 i 只猫的当前位置为 X_i^{c}，根据适应度函数计算该位置的适应度值 Y_i^{c}，在其感知范围 $\mathrm{visual}^{\mathrm{c}}$（猫对食物的视野）内随机选择一个位置 X_j^{c}，并计算出对应的适应度值 Y_j^{c}。

$$X_j^{\mathrm{c}} = X_i^{\mathrm{c}} + \mathrm{visual}^{\mathrm{c}} \times \mathrm{rand} \tag{86.1}$$

其中，$\mathrm{visual}^{\mathrm{c}}$ 为猫对食物的视野；rand 为一个介于 0 和 1 之间的随机数。

在求极大值问题中，如果 $Y_i^{\mathrm{c}} < Y_j^{\mathrm{c}}$，则猫向着 X_j^{c} 方向前进一步的位置为

$$X_{\mathrm{next}}^{\mathrm{c}} = X_i^{\mathrm{c}} + \frac{X_j^{\mathrm{c}} - X_i^{\mathrm{c}}}{\| X_j^{\mathrm{c}} - X_i^{\mathrm{c}} \|} \times \mathrm{step}^{\mathrm{c}} \times \mathrm{rand} \tag{86.2}$$

其中，$\mathrm{step}^{\mathrm{c}}$ 为猫的步长。

如果 $Y_i^{\mathrm{c}} \geqslant Y_j^{\mathrm{c}}$，则按照式(86.1)重新选择位置 X_i^{c} 并判断其是否满足前进条件。这样反复尝试 $\mathrm{try\_number}^{\mathrm{c}}$ 次后，仍不满足前进条件，则这只猫将保持当前状态不变。这种情况表现了猫的懒惰特性。

2）捕鼠行为

在捕鼠行为模式下，猫将尝试抓捕老鼠。这个行为既可以让猫追寻老鼠，提高自身位置的适应度，又可以让拥挤的鼠群分散开来，避免陷入局部寻优。捕鼠行为描述如下。

设第 i 只猫的当前位置为 X_i^{c}，对应的适应度值为 Y_i^{c}。以自身位置为中心，勘探当前邻域内（$d_{ij} < \mathrm{visual}^{\mathrm{c}}$，$\mathrm{visual}^{\mathrm{c}}$ 猫对老鼠的视野）的老鼠数目为 n_f，这些老鼠形成集合 $S_i = \{X_j^{\mathrm{m}} \mid \| X_j^{\mathrm{c}} - X_i^{\mathrm{c}} \| \leqslant \mathrm{visual}^{\mathrm{c}}\}$。

若该集合 S_i 非空，表明猫的视野内有老鼠存在，即 $n_f > 0$。按照下式计算其中心位置为

$$X_{\mathrm{center}}^{\mathrm{m}} = \frac{\sum_{j=1}^{n_f} X_j^{\mathrm{m}}}{n_f} \tag{86.3}$$

计算该中心位置的适应度为 $Y_{\mathrm{center}}^{\mathrm{m}}$，如果 $[(Y_{\mathrm{center}}^{\mathrm{m}}/n_f)/Y_i^{\mathrm{c}}] < \delta_{\mathrm{c}}(\delta > 1)$，则猫认为该位置过于拥挤，为了捕捉老鼠，猫将直接跳到该中心位置，即

$$X_{\mathrm{next}}^{\mathrm{c}} = X_{\mathrm{center}}^{\mathrm{m}} \tag{86.4}$$

否则，这只猫将执行搜索行为。

3）跟踪行为

猫的跟踪行为表示猫对邻近老鼠的跟踪活动，猫既可以跟踪老鼠到达食物较多的地方，也可以为下一次捕鼠行动创造条件。猫的跟踪行为描述如下。

设第 i 只猫的当前位置为 X_i^{c}，对应的适应度值为 Y_i^{c}。猫根据自己当前的位置搜索其感

知范围(visual^c)内的老鼠,设搜索到的老鼠数量为 n_f,同样地形成集合 $S_i=\{X_j^m \mid \| X_j^c - X_i^c \| \leqslant \text{visual}^c\}$。

若该集合 S_i 非空,即 $n_f>0$,则计算这些老鼠所在位置的适应度值,找到其中适应度值最大的老鼠位置 $X_{\max}^m$,对应的适应度值为 $Y_{\max}^m$。如果 $Y_{ci}<Y_{\max}^m$,则猫朝着 $X_{\max}^m$ 方向移动一步的位置为

$$X_{\text{next}}^c = X_i^c + \frac{X_{\max}^m - X_i^c}{\| X_{\max}^m - X_i^c \|} \times \text{step}^m \times \text{rand} \tag{86.5}$$

否则这只猫将执行搜索行为。需要注意的是,其中,step^m 为老鼠的步长,而非搜索行为中的步长 step^c,这是为了使猫和老鼠保持一定的距离,也可另行设置步长。

2. 鼠群的行为描述

在猫鼠种群算法中,老鼠的行为类似人工鱼群算法中鱼群行为,只是因为猫鼠种群算法猫群的加入,老鼠也会有相应的策略与之对应。这里老鼠的行为分为觅食行为、聚群行为、跟随行为和随机行为共4种。

1) 觅食行为

觅食行为是老鼠根据自身位置寻找附近更优位置的行为,是寻找自身最优的一个过程。

设第 i 只老鼠当前位置为 X_i^m,计算该位置的适应度值为 Y_i^m。在其感知范围visual^m(老鼠对食物的视野)内随机选择一个位置 X_j^m 并计算出对应的适应度值 Y_j^m。

$$X_j^m = X_i^m + \text{visual}^m \times \text{rand} \tag{86.6}$$

同样地,如果在求极大值问题中,$Y_i^m<Y_j^m$,那么这只老鼠以step^m 朝着 X_j^m 方向前进一步为

$$X_{\text{next}}^m = X_i^m + X_j^m - X_i^m X_j^m - X_i^m \times \text{step}^m \times \text{rand} \tag{86.7}$$

如果 $Y_i^m \geqslant Y_j^m$ 则按照式(86.6)重新选择位置 X_i^m,判断其是否满足前进条件;这样反复尝试 try_number^m 次后,仍不满足前进条件,则这只老鼠将执行随机行为。

2) 聚群行为

老鼠在遇到猫时会为了自身安全而自发地聚集到一起,老鼠的聚群行为可描述如下。

设第 i 只老鼠当前位置为 X_i^m,适应度值 Y_i^m。以自身位置为中心,勘探当前邻域内的($d_{ij}<\text{visual}^m$)的老鼠数目 n_f,这些老鼠形成集合 S_i,$S_i=\{X_j^m \mid \| X_j^m - X_i^c \| < \text{visual}^m\}$。

若该集合非空,表明该老鼠的视野内有其他同伴存在,$n_f>0$。按照下式计算其中心位置为

$$X_{\text{center}}^m = \frac{\sum_{j=1}^{n_f} X_j^m}{n_f} \tag{86.8}$$

计算该中心位置的适应度值 Y_{center}^m,如果 $Y_{\text{center}}^m / n_f / Y_i^m > \delta_m (\delta<1)$ 且 $Y_i^m<Y_{\text{center}}^m$,表明伙伴中心有很多食物并不太拥挤,则朝着该中心位置的方向前进一步的位置为

$$X_{\text{next}}^m = X_i^m + \frac{X_{\text{center}}^m - X_i^m}{\| X_{\text{center}}^m - X_i^m \|} \times \text{step}^m \times \text{rand} \tag{86.9}$$

否则执行觅食行为。

3) 跟随行为

跟随行为描述当老鼠发现它周围的同伴所处的环境食物较多且不太拥挤时,它会跟随该

同伴到食物多的区域去。对这种学习能力描述如下。

设第 i 只老鼠当前位置为 X_i^m，适应度值为 Y_i^m。老鼠根据自身的当前位置搜索其视野范围内的所有伙伴中适应度值最大的那个位置 X_{max}^m，对应的适应度值为 Y_{max}^m。如果 $Y_i^m < Y_{max}^m$，就以 X_{max}^m 为中心搜索其感知范围内的同伴，数目为 n_f。当满足$[(Y_{max}^m/n_f)/Y_i^m]<\delta_m$时，则表明该位置较优且其周围不太拥挤，按照式(86.10)向着适应度最大的伙伴的方向前进一步为

$$X_{next}^m = X_i^m + \frac{X_{max}^m - X_i^m}{\| X_{max}^m - X_i^m \|} \times step^m \times rand \tag{86.10}$$

如果 $Y_i^m > Y_{max}^m$，则执行觅食行为。

4）随机行为

为了在更大范围寻找食物和同伴，老鼠有时会随机移动，对这种随机行为描述如下。

设第 i 只老鼠当前位置为 X_i^m，适应度值为 Y_i^m。老鼠以自身的位置为中心，随机地搜索视野(visual^m)范围内的一个位置 X_j^m，然后向 X_j^m 的方向以步长step^m 移动一步，即

$$X_{next}^m = X_i^m + \frac{X_j^m - X_i^m}{\| X_j^m - X_i^m \|} \times step^m \times rand \tag{86.11}$$

这是觅食行为的一个默认行为。

3. 猫和老鼠行动顺序和方式设定

对猫和老鼠的行动顺序和方法作以下设定。

(1) 老鼠首先开始动作。如果老鼠在其视野范围内发现猫的存在，则立即执行一次聚群行为；否则，在聚群行为和跟随行为中挑选一种能够到达更优位置的行为执行。

(2) 如果都没能够得到执行，则进行觅食行为；如果觅食行为还得不到执行，则执行随机行为。

(3) 猫群开始动作。猫以一定的概率随机地执行搜索行为、捕鼠行为和跟踪行为。其中，为了与鼠群进行更好的互动，捕鼠行为和跟踪行为执行的概率较大，搜索行为的概率较小。

(4) 如果以上 3 种行为都得不到执行，这只猫在这一轮将不采取任何行动。

86.4　猫鼠种群算法的实现步骤及流程

配电网中分散式风力发电机优化配置问题，要求在配电网结构和负荷不变并且要接入的分散式风力发电机个数和单个分散式风力发电机输出功率都不确定的情况下，优化配置分散式风力发电机接入的位置和容量，找到所求决策问题的最优解，实现在满足负荷需求和配电网安全稳定运行的情况下，电网建设和运行的成本最小或者电网安全可靠性最大。

应用猫鼠种群算法优化配置分散式风力发电机接入位置和容量的实现步骤如下。

(1) 初始化参数。鼠群大小 micenum；猫群大小 catnum；最多迭代次数 MAXGEN；老鼠最多试探次数 try_number_m；猫最多尝试次数 try_number_c；老鼠感知距离 visual_ml；猫感知食物距离 visual_cf；猫感知老鼠距离 visual_cl；老鼠感知拥挤度因子 delta_m；猫感知拥挤度因子 delta_c；老鼠步长 step_m；猫搜索步长 step_cs；猫跟踪步长 step_ct；搜索模式概率 p_1，跟踪模式概率 p_2，捕鼠模式概率 p_3。

(2) 编码。对分散式风力发电机的位置和容量变量采用实数编码的方法,同时假设各分散式风机安装在负荷节点上,且一个负荷节点只能安装一个分散式电源。

对于一个允许 M 个节点安装分散式电源的配电网络,分散式电源的配置方案运用一组变量来表示,老鼠对应的方案为 $x^{\mathrm{m}}=(x_{\mathrm{m}}^{1},x_{\mathrm{m}}^{2},\cdots,x_{\mathrm{m}}^{M})$,猫对应的方案为 $x^{\mathrm{c}}=(x_{\mathrm{c}}^{1},x_{\mathrm{c}}^{2},\cdots,x_{\mathrm{c}}^{M})$。$x_{i}$ 的数值大小说明了对应的负荷节点 i 的配置情况。若 $x_{i}=0$ 则说明该负荷节点没有配置分散式风机;若 $x_{i}=n$ 则表示该负荷节点上待安装分散式风机的容量为 n 倍单位装机容量。

随机初始化鼠群 X^{m} 和猫群 X^{c},计算初始适应函数 Y^{m} 和 Y^{c}。

(3) 循环计数器 gen 归零。

(4) 鼠群先采取行动。判断其自身与所有猫的距离 d,若 d 中的最小值大于老鼠的视野 visual^{m},则该老鼠执行聚群行为;否则对聚群行为和跟随行为的后果进行判断,择优而行。

(5) 猫群采取行动。每只猫分别以概率 p_1、p_2、p_3 执行搜索模式、跟踪模式、捕鼠模式。3 种模式的概率和为 1。

(6) 找到并保存所有种群中个体的最优位置和对应的适应度值。

(7) 若 gen<MAXGEN,则 gen=gen+1,转至步骤(4);否则,执行步骤(8)。

(8) 算法结束,返回最优位置和最优值。

猫鼠种群算法的流程如图 86.1 所示。

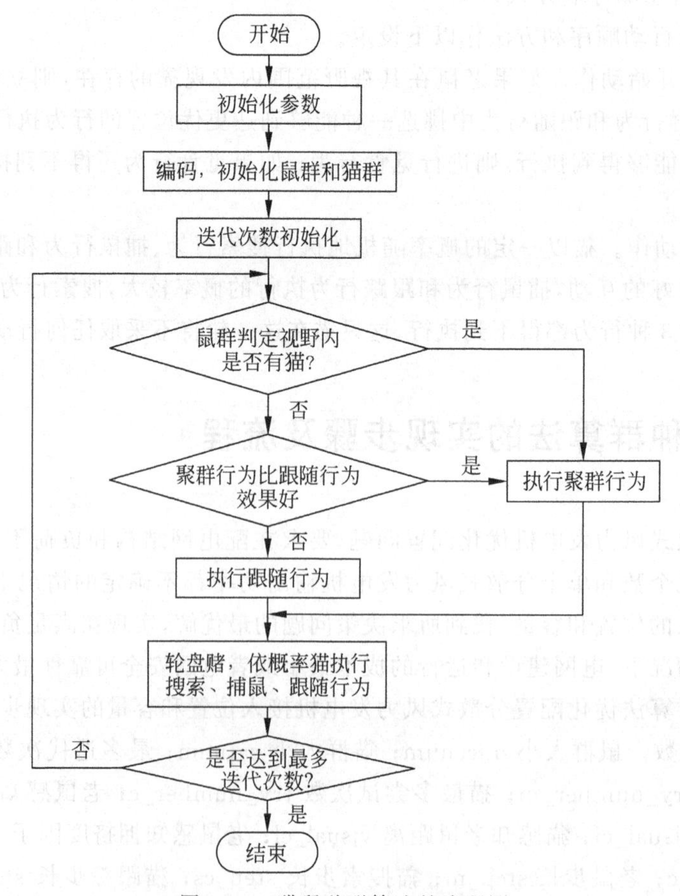

图 86.1 猫鼠种群算法的流程图

第87章　鸡群优化算法

鸡群优化算法模拟鸡群的等级制度和觅食中的竞争行为。该算法把鸡群分为若干子群,每个子群都由一只公鸡、若干母鸡和小鸡组成。不同的鸡群在具体的等级制度约束下,在觅食过程中存在着竞争,按照各自的运动规律更新位置以获得最佳的觅食位置。人工鸡群算法利用各个个体关系展开的多对多的协同交流特点和分组分类优化思路,有效避免以往的一对多交流寻优产生的早熟现象,提高对最优解的开发能力、搜索效率。本章介绍鸡群优化算法的基本思想、数学描述、实现步骤及流程。

87.1　鸡群优化算法的提出

鸡群优化(Chicken Swarm Optimization,CSO)算法是2014年由Xianbing Meng等在第五届ICSI国际会议上发表的论文(*A New Bio-inspired Algorithm: Chicken Swarm Optimization*)提出的一种新的群智能优化算法。鸡群优化算法模拟了鸡群的等级制度和觅食中的竞争行为。该算法把鸡群分为若干子群,每个子群都由一只公鸡、若干母鸡和小鸡组成。不同的鸡遵循着不同的移动规律,在具体的等级制度约束下,不同的鸡群之间在觅食过程中存在着竞争。真实的鸡群如图87.1所示。作为一个群体,在这种等级秩序下它们以组为单位合作按各自的运动规律更新位置搜索,最终搜索到最佳的觅食位置。

图87.1　真实的鸡群

鸡群优化算法已用于减速器优化设计、多分类器系数优化、配电网络重构、灾害评估等方面。

87.2　鸡群优化算法的基本思想

鸡群的等级秩序和鸡群个体之间的关系在其群体性活动中起着重要作用。等级分类如下:鸡群中公鸡搜索食物能力强,适应能力最好;小鸡搜索食物能力最弱,适应能力最差;其余全是母鸡,搜索食物能力一般。个体关系包括伙伴关系和母子关系。以分组为单位,在关系约束下按各类的运动规律协作觅食。

模仿这样的群体行为,按照适应度值来建立这种等级秩序,并随机分组建立母鸡与公鸡之间的伙伴关系,随机建立小鸡与母鸡的母子关系。适应度最好的个体在群体中占有优势地位,可以优先获得食物,并且统领适应度差的个体。适应度最好的个体类比于鸡群中的公鸡,较好的对应于母鸡,最差的对应于小鸡。

每种鸡都有各自的运动规律,按照各自的运动规律更新位置,以获得最佳的觅食位置。作为一个群体,在这种等级秩序下它们以组为单位合作,按各自的运动规律更新位置搜索,最终搜索到最佳的觅食位置。

CSO 算法正是利用各个个体关系展开的多对多的协同交流特点和分组分类优化思路,有效避免群智能优化算法中的一对多交流寻优易产生的早熟现象,从而保证算法对最优解较强的开发能力、搜索效率和鲁棒性。

87.3 鸡群优化算法的数学描述

1. 人工鸡群的构建

人工鸡群的构建按照以下 4 条理想化规则进行。

(1) 整个鸡群由若干子群构成,每个子群都由一只公鸡、若干母鸡和小鸡组成。

(2) 选择鸡群中适应度最好的若干个体作为公鸡,且选择每只公鸡都是各子群的头目;选择鸡群中适应度最差的若干个体作为小鸡;剩余的个体作为母鸡,母鸡随便选择属于哪个子群;母鸡和小鸡的母子关系也是随机建立的。

(3) 鸡群中的等级制度、支配关系和母子关系一旦建立就保持不变,直至数代以后才开始更新。

(4) 每个子群中的个体都围绕这个子群中的公鸡寻找食物,也可以阻止其他个体抢夺自己的食物。小鸡跟着它们的母亲一起寻找食物,并假设小鸡可以随机偷食其他个体已经发现的食物。鸡群中具有支配地位的个体具有良好的竞争优势,它们能比其他个体优先找到食物。

2. 鸡群中个体位置更新策略

假设搜索食物空间为 D 维,整个鸡群中所有个体总数为 N,鸡群中的公鸡、母鸡、小鸡和母亲母鸡的个数分别用 N_R、N_H、N_C、N_M 表示。$x_{i,j}(t)$表示第 i 只鸡在 j 维空间 t 时刻的位置,$i\in[1,2,\cdots,N]$,$j\in[1,2,\cdots,D]$。若优化问题为求极小值,最小适应度值所对应鸡的所处空间位置即为待优化问题的最优解。

因为整个鸡群中有公鸡、母鸡和小鸡 3 种类型,所以鸡群中的个体位置更新策略随着鸡种类的不同而不同。

(1) 公鸡位置更新策略。公鸡对应着鸡群中适应度值最好的个体,适应度好的公鸡比适应度差的公鸡能优先获得食物,适应度好的公鸡在其位置上能够在更大范围内搜索食物,实现全局搜索,它的位置更新受随机选取的其他公鸡位置的影响。公鸡对应的位置更新公式如下:

$$x_{i,j}(t+1)=x_{i,j}(t)\cdot(1+\mathrm{randn}(0,\sigma^2)) \tag{87.1}$$

$$\sigma^2=\begin{cases}1 & f_i \leqslant f_k \\ \exp\left(\dfrac{(f_k-f_i)}{|f_i|+\varepsilon}\right) & \text{其他}\end{cases} \quad k\in[1,N_C],k\neq i \tag{87.2}$$

其中，randn$(0,\sigma^2)$为均值为0、标准差为σ^2的一个正态分布的随机数；f_i为第i只公鸡的适应度；f_r为随机选取公鸡r的适应度；k为从公鸡组中随机选择的第k只公鸡，$k\neq i$，f_i、f_k $(k=1,2,\cdots,N)$分别为第i、k只公鸡所对应的适应度值；ε为一个无穷小的常数，加在分母上，为避免分母为零。

(2) 母鸡位置更新策略。母鸡搜索能力较公鸡稍差，它跟随伙伴公鸡搜索，母鸡位置的更新受伙伴公鸡位置的影响。同时，由于其偷食和它们之间存在竞争，位置更新又受其他公鸡和母鸡的影响。母鸡的位置更新公式如下：

$$x_{i,j}(t+1)=x_{i,j}(t)+S_1\cdot \text{rand}\cdot(x_{r1,j}(t)-x_{i,j}(t))+ S_2\cdot \text{rand}\cdot(x_{r_2,j}(t)-x_{i,j}(t)) \tag{87.3}$$

$$S_1=\exp((f_i-f_{r_1})/(\text{abs}(f_i)+\varepsilon)) \tag{87.4}$$

$$S_2=\exp(f_{r_2}-f_i) \tag{87.5}$$

其中，rand为[0,1]之间均匀分布的随机数；$r_1\in[1,2,\cdots,N]$为第i只母鸡自身所在群的公鸡；$r_2\in[1,2,\cdots,N]$为整个鸡群中公鸡和母鸡中随机选取的任意个体，且$r_1\neq r_2$。

(3) 小鸡位置更新策略。小鸡的搜索能力最差，跟随在母亲母鸡附近搜索，搜索范围最小，它实现对局部最优解的挖掘。小鸡的搜索范围受母亲母鸡位置的影响，它的位置更新公式如下：

$$x_{i,j}(t+1)=x_{i,j}(t)+F\cdot(x_{m,j}(t)-x_{i,j}(t)) \tag{87.6}$$

其中，m为第i只小鸡对应的母鸡，$m\in[1,N]$；F为小鸡跟随母鸡寻找食物的跟随系数，$F\in[0,2]$。

87.4 鸡群优化算法的实现步骤及流程

鸡群优化算法的实现步骤如下。

(1) 对待优化问题进行描述，对数据进行归一化处理。设置鸡群数量N、公鸡数量为N_R、母鸡数量为N_H、小鸡数量为N_C和具有"母子关系"的母鸡数量N_M；鸡群分组数目G，随机参数F和最大迭代次数T。

(2) 鸡群秩序的建立。按照鸡群体行为的4条理想化规则建立等级秩序；将鸡群分为G组，随机建立母鸡和小鸡之间的对应关系。

(3) 确定目标函数。由于鸡群优化算法是求解极小值，因此将待优化问题的目标函数的倒数作为适应度函数。

(4) 初始化操作。随机初始化鸡的位置$x_{i,j}(t)$，并计算初始化鸡群中个体的适应度值，选取当前最佳适应度值及所对应个体所处空间位置。

(5) 迭代。对随机选择的第i只鸡为公鸡、母鸡、小鸡时，分别按式(87.1)、式(87.3)和式(87.6)进行位置更新。

(6) 适应度函数计算。依据更新后的位置再计算适应度值，若更新后的适应度值优于当前最佳适应度值,则替换当前最佳个体所处空间位置,并将更新后的适应度作为当前最佳适应度值;若劣于当前最佳适应度值,则不进行个体空间位置替换。

(7) 找出当前最佳个体适应度值及所处空间位置。判断算法迭代次数(或其他终止条件)是否满足,若满足则转至步骤(8);否则重复执行步骤(4)~步骤(7)。

(8) 输出最优个体值和全局极值,算法结束。

鸡群优化算法实现的流程如图87.2所示。

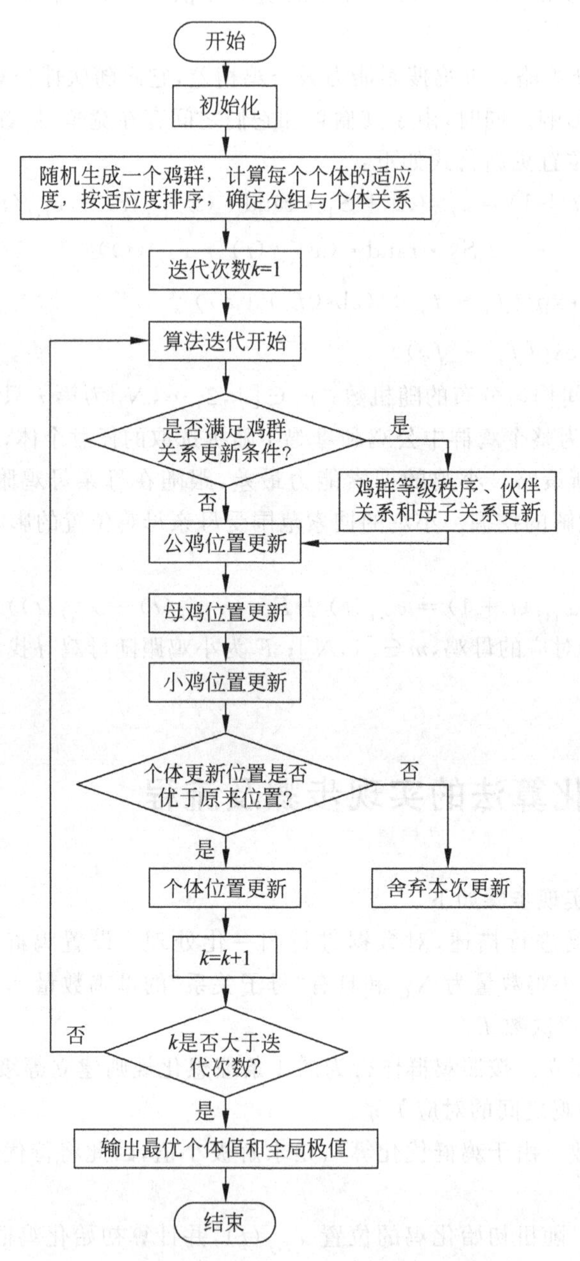

图87.2 鸡群优化算法实现的流程图

第 88 章　斑鬣狗优化算法

斑鬣狗是复杂、聪明且高度社交的动物。斑鬣狗优化算法是模拟斑鬣狗社会等级与捕食行为的群智能优化算法。斑鬣狗依靠自身的视觉、听觉、嗅觉来捕获猎物。该算法把斑鬣狗的捕食行为分为搜寻、追赶、包围、攻击 4 个过程，并分别建立数学模型。斑鬣狗优化算法具有原理简单、需调节的参数少、易于实现、具有较强的全局搜索能力等特点。本章介绍斑鬣狗的社会等级及捕食行为，阐述斑鬣狗优化算法的数学描述、实现步骤和流程。

88.1　斑鬣狗优化算法的提出

斑鬣狗优化算法(Spotted Hyena Optimizer，SHO)是 2017 年由印度学者 Gaurav Dhiman 与 Vijay Kumar 提出的模拟斑鬣狗社会等级与捕食行为的群智能优化算法，并将它应用于函数优化与工程优化设计。2018 年，他们又提出多目标优化问题的斑鬣狗优化算法。2019 年，他们用斑鬣狗优化算法解决复杂非线性约束工程问题。斑鬣狗优化算法具有原理简单、需调节的参数少、易于实现、具有较强的全局搜索能力等特点。

通过 29 个测试函数以及焊接梁、弹簧、压力容器、减速机、加载结构等 6 个工程优化设计问题测试结果表明，与其他优化算法(如 GWO、PSO、MFO、MVO、SCA、GSA、GA 和 HS)相比，SHO 的收敛速度与优化精度具有极强的竞争力，它可以处理各种类型带约束的优化问题，比其他优化算法速度快，能提供更好的解。

88.2　斑鬣狗的社会等级及捕食行为

斑鬣狗是大型食肉动物，它们通常生活在欧亚热带稀树草原、次生荒漠、热带雨林等地区。斑鬣狗通常群居生活和狩猎，一个斑鬣狗种群可拥有 100 多个成员。为了扩大它们的种群，它们通常会通过血缘关系或以某种方式与另一个斑鬣狗联系在一起。

在斑鬣狗家族中，雌性成员占主导地位并生活在其氏族中。成年雄性成员离开它们的氏族去寻找并加入新的氏族。在这个新家族里它们是获得餐食份额最低的成员。加入氏族的雄性成员永远与同一个成员(朋友)很长一段时间待在一起。而雌性总是可以确保待在一个稳定的地方。

斑鬣狗是复杂、聪明且高度社交的动物，它们有能力无休止地争夺领土和食物。斑鬣狗也称为笑鬣狗，因为它的声音与人类的笑声非常相似。它们的日常交流是通过特殊的方式传声，比如摆姿态和专门呼叫信号之类的彼此联系。它们使用多种感觉程序来识别其亲属和其他成员。它们还可以识别第三方亲属并排定氏族之间的关系，并在进行社会决策时使用这些知识。

斑鬣狗依靠自身的视觉、听觉、嗅觉来捕获猎物。它们的捕食行为分为搜寻、追赶包围、攻击4个过程,如图88.1所示。

(a) 搜索和追踪猎物

(b) 追赶猎物

(c) 包围猎物

(d) 攻击猎物

图88.1 斑鬣狗的狩猎行为

88.3 斑鬣狗优化算法的寻优原理

动物之间的社会关系是人们获得建立算法数学模型的来源。斑鬣狗优化算法的设计灵感源于受斑鬣狗的社会关系及捕食行为的启发。在大自然中动物的社会关系是动态变化的。动物之间的社会关系可分为三类:第一类包含环境因素,如资源的可获得性及与其他动物之间的竞争;第二类关注动物个体之间的行为或素质的社会偏好;第三类是动物物种之间的社会关系。

一些斑鬣狗聚集成群组有助于在捕食过程中相互之间的有效合作,也可以使它们的适应性最大化。斑鬣狗优化算法通过对斑鬣狗的社会关系进行数学建模及对斑鬣狗的跟踪、追赶、包围和攻击捕食行为的模拟,来实现对寻优问题优化求解。

88.4 斑鬣狗优化算法的数学描述

通过建立斑鬣狗捕猎过程的数学模型来分别描述包围、追捕、攻击和搜索猎物的行为。

1. 包围猎物

斑鬣狗能够很快寻找到猎物的位置并迅速地包围猎物。包围猎物在斑鬣狗优化算法中起到全局搜索作用。为了对斑鬣狗的社会等级进行数学建模,认定当前最好的斑鬣狗搜索个体位置为猎物的位置,也是斑鬣狗处于搜寻最优的位置。斑鬣狗会随着猎物的移动而不断更新它们当前的位置。描述包围猎物行为的数学模型如下:

$$\boldsymbol{D}_h=|\boldsymbol{B}\cdot\boldsymbol{P}_p(x)-\boldsymbol{P}(x)| \tag{88.1}$$

$$\boldsymbol{P}(x+1)=\boldsymbol{P}_p(x)-\boldsymbol{E}\cdot\boldsymbol{D}_h \tag{88.2}$$

其中,$\boldsymbol{D}_h$ 为猎物和斑点鬣狗之间的距离;x 表示当前迭代;$\boldsymbol{B}$ 和 $\boldsymbol{E}$ 是系数向量;$\boldsymbol{P}_p$ 表示猎物的位置向量;$\boldsymbol{P}$ 是斑点鬣狗的位置向量;$|\ |$和·分别表示取绝对值和向量相乘。向量 $\boldsymbol{B}$ 和 $\boldsymbol{E}$ 的计算如下:

$$\boldsymbol{B}=2\boldsymbol{rd}_1 \tag{88.3}$$

$$\boldsymbol{E}=2\boldsymbol{h}\cdot\boldsymbol{rd}_2-\boldsymbol{h} \tag{88.4}$$

$$\boldsymbol{h}=5-(t(5/T)) \tag{88.5}$$

其中，$t=1,2,\cdots,T$；T 为最大迭代次数；$\boldsymbol{rd}_1$ 和 $\boldsymbol{rd}_2$ 均为[0,1]随机向量；$\boldsymbol{h}$ 表示在迭代到最大迭代次数的过程中由 5 线性地减少到 0，以利于适当地保持探索和开发之间的平衡。

在如图 88.2 所示的二维空间中，斑鬣狗(A,B)可以根据式(88.1)和式(88.2)将其位置更新为猎物(A^*,B^*)的位置。通过调整向量 $\boldsymbol{B}$ 和 $\boldsymbol{E}$ 的值，当前位置可以到达的位置数是不同的。在如图 88.3 所示的三维空间中，通过使用式(88.1)和式(88.2)，斑鬣狗可以在猎物周围随机更新自己的位置。因此，同样的概念可以进一步扩展为 n 维搜索空间。

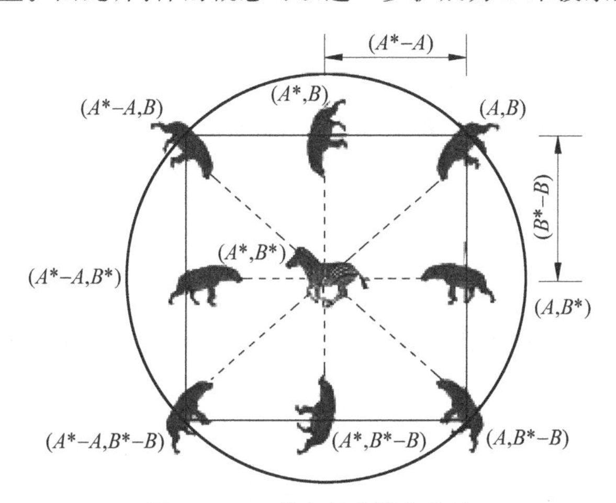

图 88.2　二维空间中鬣狗位置

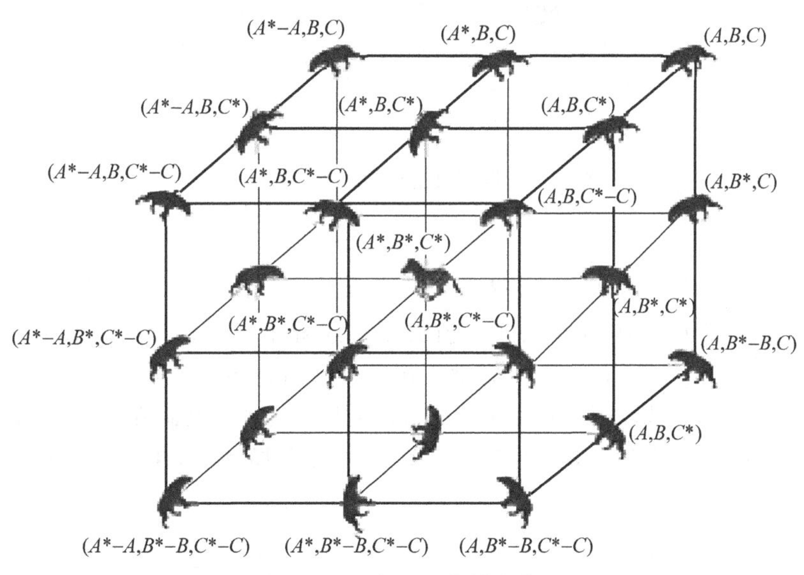

图 88.3　三维空间中鬣狗位置

2. 追捕猎物

斑鬣狗通常会群居生活与追捕猎物，并依靠可信赖的同伴和自己熟悉猎物的所在位置的能力。为了建立斑鬣狗追捕猎物行为的数学模型，认定最优斑鬣狗的个体位置是猎物所在位置，其他斑鬣狗的搜寻个体构成一个群落，都朝向更好个体的位置移动，并且保留目前更新的最好值，将以上追捕猎物的过程用下面 3 个等式描述如下：

$$\boldsymbol{D}_h=|\boldsymbol{B}\cdot\boldsymbol{P}_h-\boldsymbol{P}_k| \tag{88.6}$$

$$\boldsymbol{P}_k = \boldsymbol{P}_h - \boldsymbol{E} \cdot \boldsymbol{D}_h \tag{88.7}$$

$$\boldsymbol{C}_h = \boldsymbol{P}_k + \boldsymbol{P}_{k+1} + \cdots + \boldsymbol{P}_{k+N} \tag{88.8}$$

其中,$\boldsymbol{P}_h$ 为第一个最优斑鬣狗的位置;$\boldsymbol{P}_k$ 为其他斑鬣狗的位置;N 为斑鬣狗的数量,计算方法如下:

$$N = \text{count}_{\text{nos}}(\boldsymbol{P}_h, \boldsymbol{P}_{h+1}, \boldsymbol{P}_{h+2}, \cdots, (\boldsymbol{P}_h + \boldsymbol{M})) \tag{88.9}$$

其中,M 是[0.5,1]中的随机向量;nos 为定义斑鬣狗的数量;$\boldsymbol{C}_h$ 为 N 个最优解的群组。

3. 攻击猎物

攻击猎物在斑鬣狗优化算法中,起到局部搜索的开发作用。为了建立攻击猎物的学模型,可以降低向量 $\boldsymbol{h}$ 的值。向量 $\boldsymbol{E}$ 的变化也减小了,以改变向量 $\boldsymbol{h}$ 的值,该值可以在迭代过程中从5减小为0。图88.4显示 $|E|<1$ 一群斑鬣狗向猎物攻击,其行为的数学描述为

$$\boldsymbol{P}(x+1) = \frac{\boldsymbol{C}_h}{N} \tag{88.10}$$

其中,$\boldsymbol{P}(x+1)$ 为最佳解,利用该最佳解来更新其他搜索个体的位置。SHO 算法允许其搜索个体更新其位置并攻击猎物。

图 88.4　鬣狗攻击猎物行为($|E|<1$)

4. 搜索猎物

搜索猎物的主力斑鬣狗分布在以 $\boldsymbol{C}_h$ 向量值表示的斑鬣狗群组的内部,它们相互分开搜寻并包围猎物。SHO 算法用 E 的随机值大于1或者小于−1来表示斑鬣狗是处于扩大搜索猎物阶段。图88.5显示 $|E|>1$ 有助于斑鬣狗远离猎物。此外,通过向量 $\boldsymbol{B}$ 为猎物提供随机权重,不仅用于初始迭代,而且还用于最终迭代。这种机制在最终迭代中比以往任何时候都更能避免局部最优。$\boldsymbol{B}>1$ 有助于算法进行全局搜索,$\boldsymbol{B}<1$ 更利于算法的局部搜索。

图 88.5　鬣狗搜索猎物行为($|E|>1$)

88.5　斑鬣狗优化算法的实现步骤及流程

(1) 初始化斑鬣狗种群 $P_i(i=1,2,\cdots,n)$。

(2) 初始化参数 h、B、E 和 N，并定义最大迭代次数 T 作为终止条件。

(3) 计算每个斑鬣狗的适应度值。

(4) 在给定的搜索空间中搜索最优个体。

(5) 定义一组最优解，用式(88.8)和式(88.9)进行聚类，直到找到满意的结果为止。

(6) 利用式(88.10)更新搜索个体位置。

(7) 检查斑鬣狗的越界情况，并对超出边界的个体进行位置调整。

(8) 计算更新搜索个体的适应度值，如果比先前的最优解更好，则更新向量 $\boldsymbol{P}_h$。

(9) 更新斑鬣狗群组 $\boldsymbol{C}_h$ 以更新搜索个体的适合度值。

(10) 如果满足停止条件，返回目前的最优解，则算法终止，否则返回到第(5)步。

斑鬣狗优化算法的实现流程如图 88.6 所示。

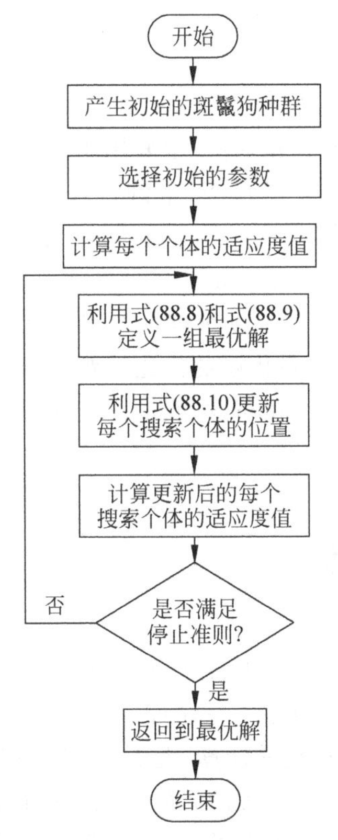

图 88.6　斑鬣狗优化算法的实现流程图

第89章 猴群算法

猴群算法是一种模拟猴群爬山过程的群智能优化算法。该算法包括攀爬过程、瞭望过程、空翻过程。攀爬过程用于找到局部最优解；瞭望过程为了找到优于当前解，并接近目标值的点；空翻过程是为让猴子更快地转移到下一个搜索区域，以便搜索到全局最优解。仿真结果表明，对于高维度且有很大数量局部最优解的问题，猴群算法可以找到最优解或者近似最优解。猴群算法已用于传感器优化布置、能量优化管理、输电网规划、入侵检测、云计算资源分配等方面。本章介绍猴群算法的原理、描述、实现步骤及流程。

89.1 猴群算法的提出

猴群算法(Monkey Algorithm，MA)是2008年由Ruiqing Zhao和Wansheng Tang提出的一种模拟猴群爬山过程的群智能优化算法，主要用于解决带有连续变量的全局数值最优化问题。该算法主要包括攀爬过程、望-跳过程、空翻过程。其中，攀爬过程用于实现局部最优解；望-跳过程为了找到优于当前解并接近目标值的点；空翻过程是为让猴子更快地转移到下一个搜索区域。反复执行上述过程直至获得全局最优解。

猴群算法为更有效地解决高达10 000维度的全局最优化问题提供了重要机制。仿真结果表明，对于高维度且拥有大量局部最优解的优化问题，猴群算法可以找到全局最优解或者近似最优解。猴群算法已用于传感器优化布置、能量优化管理、输电网规划、入侵检测、云计算资源分配等方面。

89.2 猴群算法的原理

智能优化算法如果面临最优化问题中目标函数是一个多峰函数，那么决策向量维数的增加会导致局部最优解的数量呈指数增加。一方面，一个算法有可能被高维度最优化问题的局部最优解困住；另一方面，因为大规模的计算，大量的CPU时间被占用。为了解决上述问题，设计猴群算法是受大自然中猴群爬山过程的启发，模拟猴群在群山中爬山攀高直至最后登到群山之顶的过程。猴群爬山及在山顶上猴子的望-跳状态，如图89.1所示。

猴群算法将待优化问题的可行域映射为所有猴子的活动区域，所有猴子构成一个共同探寻该目标区域最高山峰的一个猴群。每只猴子所在活动区域中的位置代表着该优化问题的一个候选解。

猴群算法包括初始化，猴子的攀爬过程、望-跳过程和空翻过程。初始化是为了给猴群中每个猴子一个初始的位置，根据一定的算法产生，并且需要符合最优化问题的限制条件。

图 89.1　猴群爬山及在山顶上猴子的瞭望状态

当猴子通过攀爬过程到达了一个山顶，向四周瞭望以寻找邻近的更高的山峰，如果发现临近的更高峰，则跳跃过去继续攀爬至其山顶。将"瞭望"和"跳跃"过程合起来，简称为"望-跳过程"(Watch-Jump Process)。在反复经过攀爬过程和望-跳过程之后，每个猴子都找到了自己所在初始位置附近区域内的最高山峰(局部最优解)。

为了发现更高的山峰，避免被困在局部峰顶，猴子必须空翻到更远的地方，在新的区域再次攀爬。猴子通过攀爬、望-跳、空翻 3 种基本行动方式向着较高的山峰不断行进。经过一定次数的循环进化后，或者达到了一定的终止条件后，算法终止。站得最高的猴子所在的位置即对应于全局最优解或者近似最优解。这就是利用猴群算法对优化问题求解的原理。

89.3　猴群算法的数学描述

猴群算法的描述共包括 5 部分：初始化、攀爬过程、望-跳过程、空翻过程、算法终止条件。

1. 初始化

定义正整数 M 为猴子种群的大小，问题的维数为 n，第 i 只猴子 $x_i(i=1,2,\cdots,M)$ 的位置向量表示为 $\boldsymbol{x}_i=(x_{i1},x_{i2},\cdots,x_{in})$，这个位置向量代表优化问题的一个可行解。

算法开始首先要为每个猴子位置初始化，假定一个区域包含潜在的最优解可以在事先确定。通常，这个区域被定义成理想的形状，如 n 维立方体，计算机可以很容易从立方体中采集样本点。然后这个点从数据立方体中随机产生，如果它是可适用的，则作为这个猴子的起始点；否则从数据立方体中重新采样，直到产生可用的点。重复以上步骤 M 次，就可获得 M 个可用的点 $\boldsymbol{x}=(x_1,x_2,\cdots,x_M)$，作为 M 个猴子的初始位置。

2. 攀爬过程

攀爬过程是通过算法的步步迭代，使猴子的位置从初始值向着接近目标函数的新位置转移。基于梯度的算法如牛顿下山法，假设信息在和目标函数相关联的梯度向量是可用的。然而，目前在递归优化算法中出现的同时扰动随机逼近(SPSA)算法，它不依赖于梯度信息或者测量信息。这类算法是基于对目标函数的梯度值近似这一原则。因此，可以使用 SPSA 的思想设计猴子 i 的攀爬过程如下。

(1) 随机产生向量 $\Delta\boldsymbol{x}_i=(\Delta x_{i1},\Delta x_{i2},\cdots,\Delta x_{in})$，$\Delta x_{ij}$ 满足

$$\Delta x_{ij}=\begin{cases}a & \text{占 } 1/2 \text{ 概率}\\ -a & \text{占 } 1/2 \text{ 概率}\end{cases}\quad j=1,2,\cdots,n \tag{89.1}$$

其中，参数 $a(a>0)$ 为攀爬过程的步长，其值大小根据具体情况而定，a 越小解就越精确。例

如,取 $a=0.000\,01$。

(2) 计算目标函数在点 x_i 的伪梯度为

$$f'_{ij}(\boldsymbol{x}_i)=\frac{f(\boldsymbol{x}_i+\Delta\boldsymbol{x}_i)-f(\boldsymbol{x}_i-\Delta\boldsymbol{x}_i)}{2\Delta\boldsymbol{x}_{ij}} \tag{89.2}$$

其中,$j=1,2,\cdots,n$;向量 $f'_i(\boldsymbol{x}_i)=(f'_{i1}(\boldsymbol{x}_i),f'_{i2}(\boldsymbol{x}_i),\cdots,f'_{in}(\boldsymbol{x}_i))$为目标函数 $f(\cdot)$在点 x_i 处的伪梯度。

(3) 令 $\boldsymbol{y}=(y_1,y_2,\cdots,y_n)$,$j=1,2,\cdots,n$,计算 $y_j=x_{ij}+a\cdot\mathrm{sgn}(f'_{ij}(\boldsymbol{x}_i))$。

(4) 如果 $\boldsymbol{y}$ 是可用的,则用 $\boldsymbol{y}$ 更新 $\boldsymbol{x}_i$;否则 $\boldsymbol{x}_i$ 不变。

(5) 重复上述步骤(1)～(4),直到迭代时邻域中目标函数的值几乎没有变化或最大允许迭代次数(称为爬升数,由 N_c 表示)已经达到为止。

3. 望-跳过程

结束了攀爬过程的每只猴子都到了自己的山顶,然后让每只猴子环视四周,瞭望是否有比当前更高的点。如果有,那么它就从当前点跳到那里。这里定义一个正数变量 b 作为猴子的视力,表明猴子可以观看到的最大距离。b 要根据实际情况来定,最优化问题的可行域越大,参数 b 应该取得越大。例如,b 取为 0.5。

实现望-跳过程具体描述如下。

(1) 令 $\boldsymbol{y}=(y_1,y_2,\cdots,y_n)$,计算 $y_j=\mathrm{rand}(x_{ij}-b,x_{ij}+b)$,$j=1,2,\cdots,n$。

(2) 如果 $f(y_j)\geqslant f(x_i)$,并且 y_j 是可用的,那么用 y_j 来更新 x_i,否则重复步骤(1),直到合适的 y 点被找到。

(3) 重复采用 y 作为初始位置的攀爬过程。

4. 空翻过程

空翻过程的主要目的是确保猴子能够找到新的搜索区域,而不至于陷入局部搜索。可以选定所有猴子当前位置的重心作为一个支点,然后所有猴子会沿着指向支点的方向空翻。特别的是,猴子 i 会采用以下方式从当前位置空翻到下一个点,$i=1,2,\cdots,M$。实现空翻的具体过程描述如下。

(1) 随机从空翻区间$[c,d]$产生实数 α,空翻区间$[c,d]$通常视具体情况而定,它决定着猴子能够空翻的最大距离。例如,取$[c,d]=[-1,1]$。

(2) 令 $\boldsymbol{p}=(p_1,p_2,\cdots,p_n)$为空翻支点,$y_j$ 的计算公式为

$$y_j=x_{ij}+\alpha(p_j-x_{ij}) \tag{89.3}$$

其中,$p_j=\dfrac{1}{M}\sum\limits_{i=1}^{M}x_{ij}$,$j=1,2,\cdots,n$。如果 $\alpha\geqslant 0$,猴子沿着当前位置指向空翻支点的方向空翻;否则沿着相反方向空翻。

空翻支点的选取不是唯一的,还可以采用下面两种计算形式:

$$y_j=p'_j+\alpha(p'_j-x_{ij}) \tag{89.4}$$

$$y_j=x_{ij}+\alpha\,|\,p'_j-x_{ij}\,| \tag{89.5}$$

其中,$p'_j=\dfrac{1}{M-1}\left(\sum\limits_{i=1}^{M}x_{ij}-x_{ij}\right)$,$j=1,2,\cdots,n$。

(3) 如果 $\boldsymbol{y}=(y_1,y_2,\cdots,y_n)$是可用的,则令 $x_i=y$;否则,重复上述步骤(1)和(2)直至可用的 y 被找到为止。

5. 算法终止条件

与通常的智能算法相似,猴群算法可以有以下两条终止准则。

(1) 当达到预先设定的搜索代数时计算法终止。结束了攀爬过程,望-跳过程和空翻过程,猴群算法在循环了一个给定的循环次数后停止算法。需要指出的是,最好的位置不一定是必须是在最后的迭代中产生,也有可能是在初始的时候一直保持下来,如果猴子在新的迭代过程中发现更好的解,那么新解将覆盖旧解,这个位置当迭代结束时,就会被当作最优解给出来。

(2) 当所找到的最优解连续 K 代不发生变化时计算终止。其中,K 的取值应根据问题规模的大小确定。所谓一代,是指猴群经过攀爬、望-跳和空翻过程之后完成的一次搜索过程。

89.4　猴群算法的实现步骤及流程

猴群算法实现的具体步骤如下。

(1) 给定算法的所有参数。猴群规模 M,攀爬步长 α,攀爬次数 N_c,瞭望视野 b,望-跳的次数 N_w,空翻区间$[c,d]$,整个循环代数 N 等,并在可行域内随机生成初始猴群。

(2) 利用攀爬过程搜索局部最优解。

(3) 利用望-跳过程搜索更优位置,并向更优的位置攀爬。

(4) 利用空翻过程跳到新的区域重新进行搜索。

(5) 检查是否满足终止条件,如果满足则输出最优解及目标值,算法结束;否则转到步骤(2)。

猴群算法的流程如图 89.2 所示。

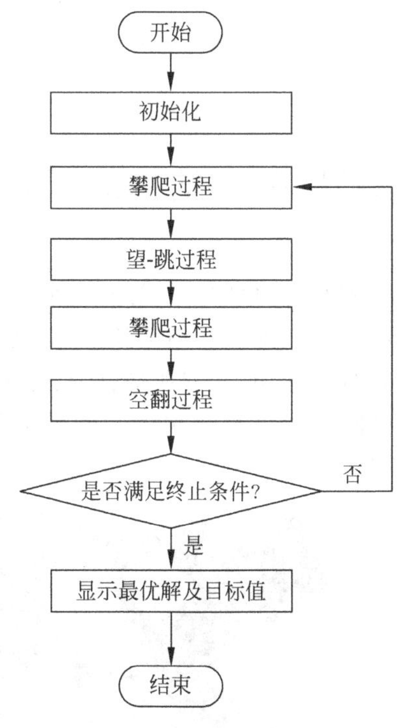

图 89.2　猴群算法的流程图

第 90 章　蜘蛛猴优化算法

蜘蛛猴优化算法是模拟蜘蛛猴种群裂变-融合(FFSS)社会组织觅食行为的群智能优化算法。当季节性因素导致食物供应短缺时,群体成员之间对食物的竞争,使得蜘蛛猴群形成裂变-融合社会系统。这样可以最大限度地减少群体成员之间的直接觅食竞争,因此它们将自己分成子群体以寻找食物。本章首先介绍蜘蛛猴习性及裂变-融合结构的觅食行为,然后阐述蜘蛛猴优化算法的优化原理、数学描述及实现步骤。

90.1　蜘蛛猴优化算法的提出

蜘蛛猴优化(Spider Monkey Optimization,SMO)算法是 2014 年由 Bansal 等模拟蜘蛛猴觅食行为及种群裂变-融合(FFSS)社会组织行为的群智能优化算法。

通过对 26 种测试函数的测试并与多种优化算法的比较结果表明,对于大多数问题的可靠性(成功率)、效率(函数评估的平均次数)和准确性(平均目标函数值),SMO 是具有竞争力的,它类似于 DE、PSO、ABC 和 CMA-ES 算法。该算法具有原理简单、高效、控制参数少的优点。因此,已用于认知无线电频谱分配、天线设计、图像分割、自动图像灰度聚类、优化 PID 控制参数、电容器配置等方面。

90.2　蜘蛛猴习性及裂变-融合结构的觅食行为

蜘蛛猴一般以黑色最多,也有褐色、灰色的。它的形体和在树上爬的动作,酷似一只蜘蛛,故称为蜘蛛猴。蜘蛛猴的身体又瘦又小,四肢又细又长,头部又小又圆,尾巴特别细长。这条卷曲的尾巴异常敏感,既有平衡身体的作用,又有抓拾食物、悬吊躯体的功能。蜘蛛猴的手指和脚趾上有长长的指甲,帮助它们灵活地攀爬树木。蜘蛛猴科以坚果、浆果和昆虫为食。图 90.1 示出了蜘蛛猴的一些图片。

图 90.1　蜘蛛猴

蜘蛛猴生活在热带森林中，善于树栖生活。它们是群居动物，每 50 只左右生活在一起。蜘蛛猴会分成多个子群在大群的栖息地的核心区域内，由一只雌性蜘蛛猴领导团队寻找食物。为防止找不到足够食物，又把子群分成了平均有 3 个成员的小组分别搜寻。

当季节性因素导致食物供应短缺时，群体成员之间对食物的竞争，使得蜘蛛猴群形成裂变-融合社会系统。这样可以最大限度地减少群体成员之间的直接觅食竞争，因此它们将自己分成子群体以寻找食物。然后，这些子群的成员根据食物的供应情况在子群内外使用视觉和声音进行交流。蜘蛛猴也使用姿势分享它们的意图和观察，例如性接受姿势和攻击姿势。这样的蜘蛛猴裂变-融合社会系统有利于个体群体成员增加交配机会和免受捕食者的伤害。

90.3　蜘蛛猴优化算法的优化原理

蜘蛛猴算法是通过模拟现实生活中蜘蛛猴基于裂变-融合社会结构（FFSS）的觅食行为而设计的一种群体智能优化算法。蜘蛛猴裂变-融合社会结构（FFSS）的动物群体通常有 40～50 个成员。雌性蜘蛛猴（全局领导者）带领团队，并负责寻找食物来源。如果它无法为该群体获得足够的食物，它会将群体分成 3～8 个成员不等的更小的小组独立觅食，以减少成员之间的觅食竞争。

小组也由雌性蜘蛛猴（当地领导者）领导，它是每天规划有效觅食路线的决策者。这些小组的成员之间根据食物的供应情况并在亚组内外维持领土边界进行交流。小组成员的位置通过全局领导者、本地领导者、小组成员的位置的反馈进行不断更新。

SMO 算法的具体的觅食策略分为如下 4 个步骤：

(1) 小组开始觅食并评估它们与食物的距离。

(2) 根据与食物的距离，小组成员更新它们的位置，并再次评估与食物来源的距离。

(3) 本地领导者更新其在组内的最佳位置，如果该位置未达到更新指定次数，则该组的所有成员开始向不同方向搜索食物。

(4) 全局领导者更新其最佳位置，并在停滞的情况下将组拆分为更小的规模亚组。

上述 4 个步骤会连续执行，直到找到目标食物。

90.4　蜘蛛猴优化算法的数学描述

SMO 是一个基于试错的协作迭代过程，包括 6 个阶段：本地领导阶段、全局领导阶段、本地领导学习阶段、全局领导学习阶段、本地领导决策阶段和全局领导者决策阶段。

1. 种群初始化

SMO 算法生成均匀分布的 N 只蜘蛛猴初始种群，其中每只蜘蛛猴 $SM_i(i=1,2,\cdots,N)$ 是一个 D 维向量，D 是优化问题中的变量数量。SM_i 代表种群中的第 i 只蜘蛛猴。每只蜘蛛猴对应于所考虑问题的一个潜在解。每只 SM_i 初始化如下：

$$SM_{ij} = SM_{\min j} + U(0,1)(SM_{\max j} - SM_{\min j}) \tag{90.1}$$

其中,$SM_{\max j}$ 和 $SM_{\min j}$ 分别为第 i 只猴第 j 维上下边界;$U(0,1)$为在[0,1]范围内均匀分布的随机数。

2. 本地领导者阶段

在本地领导者阶段,每只猴子 SM 根据本地领导者以及小组成员的经验信息修正其当前位置,并计算新位置的适应度值。如果新位置的适应度值高于旧位置,则更新位置如下:

$$SM_{\text{new}ij} = SM_{ij} + U(0,1)(LL_{kj} - SM_{ij}) + U(-1,1)(SM_{rj} - SM_{ij}) \tag{90.2}$$

其中,SM_{ij} 为第 i 只猴子的第 j 维分量;LL_{kj} 为第 k 组本地领导者的第 j 维分量,SM_{rj} 为第 k 组内第 r 只猴子的第 j 维分量,r 在该小组内随机选取,且 $r \neq i$;$U(-1,1)$为 $[-1,1]$ 上的均匀分布随机数。

3. 全局领导者阶段

在本地领导者阶段完成之后,开始全局领导者阶段。所有猴子通过全局领导者以及本地小组成员的经验信息更新其位置如下:

$$SM_{\text{new}ij} = SM_{ij} + U(0,1)(GL_j - SM_{ij}) + U(-1,1)(SM_{rj} - SM_{ij}) \tag{90.3}$$

其中,GL_j 表示全局领导者的第 j 维分量;$j \in \{1,2,\cdots,D\}$,且随机选取。

在全局领导者阶段,蜘蛛猴根据适应度值计算的概率大小来更新其位置,从而使好的解获得更大的开发机会。概率计算公式如下:

$$\text{prob}_i = 0.9 \times \frac{\text{fitness}_i}{\text{max\_fitness}} + 0.1 \tag{90.4}$$

其中,fitness_i 为第 i 只蜘蛛猴的适应度值;max_fitness 为小组内个体最大适应度值。

比较新、旧位置的适应度值,留下适应度高的位置。适应度值的计算公式如下:

$$\text{fitness}_i = \begin{cases} 1/(1 + f(x_i)) & f(x_i) \geqslant 0 \\ 1 + |f(x_i)| & f(x_i) < 0 \end{cases} \tag{90.5}$$

其中,fitness_i 为第 i 只蜘蛛猴的适应度值;$f(x_i)$为相应的目标函数值。

4. 全局领导者学习阶段

全局领导者运用贪婪选择过程来更新其位置,将整个种群中具有最大适应度值的蜘蛛猴选为全局领导者;检查全局领导者的位置是否更新,若位置没有更新,则全局限制计数加1。

5. 本地领导者学习阶段

局部领导者运用贪婪选择过程来更新它们的位置,将每个局部群体中具有最高适应度值的蜘蛛猴选为本地领导者;若本地领导者的位置没有更新,则本地限制计数加1。

6. 本地领导者决策阶段

如果任何当地领导者的位置没有更新到一个预定的迭代次数(Global Leader Limit),则该组中的所有成员都可以根据扰动率 (pr) 的大小采取通过随机初始化,或者通过使用全局领导者和当地领导者的组合信息来更新它们的位置如下:

$$SM_{\text{new}ij} = SM_{ij} + U(0,1)(GL_j - SM_{ij}) + U(-1,1)(SM_{rj} - LL_{kj}) \tag{90.6}$$

其中,$U(0,1)$为在[0,1]范围内均匀分布的随机数;$U(-1,1)$为[−1,1]上的随机数。

7. 全局领导者决策阶段

在这个阶段,全局领导者的位置受到监控,如果它不会更新到预定的迭代次数,则全局领导者将种群划分成更小的群体。如图 90.2～图 90.5 所示，先分成 2 组，然后 3 组，以此类推，直到形成最大组数(MG)。

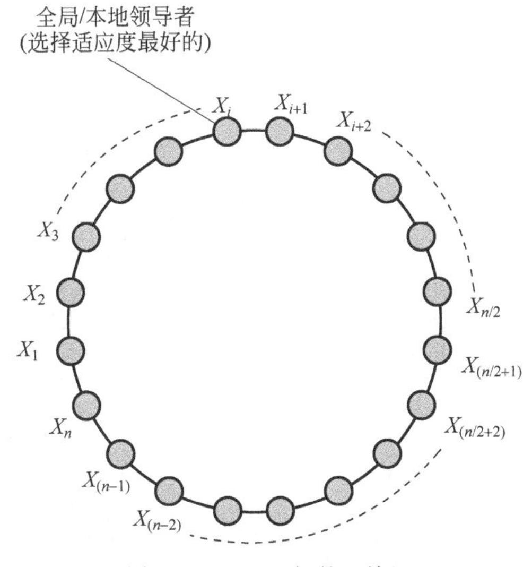

图 90.2　SMO 拓扑：单组

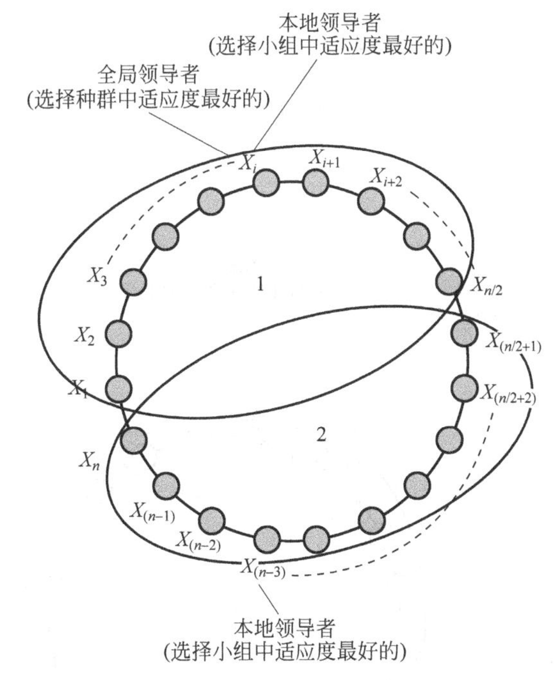

图 90.3　SMO 拓扑：种群分为两组

每次在全局领导者决策阶段，局部领导者学习过程是发起选举新组成团体的地方领导人。即使这样形成最大组数的情况，全局领导者的位置也没有更新，然后全局领导者将所有的小组融合成一个组。SMO 算法的上述思想正是模拟蜘蛛猴聚变-裂变社会组织的结构。

通过以上过程使得蜘蛛猴群不断更新位置，直至目标函数在连续迭代的优化值没有变化，或到达预先设定迭代次数，此时算法终止，输出最优位置和最优函数值。

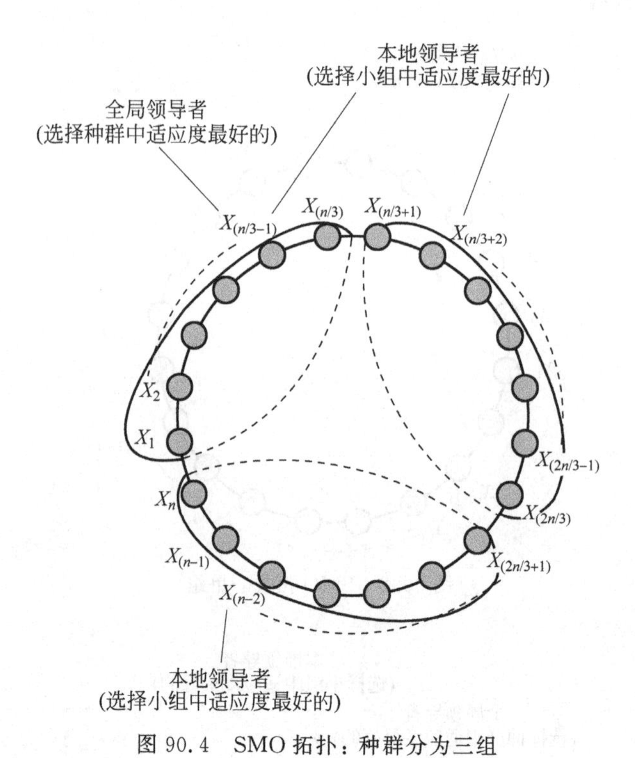

图 90.4　SMO 拓扑：种群分为三组

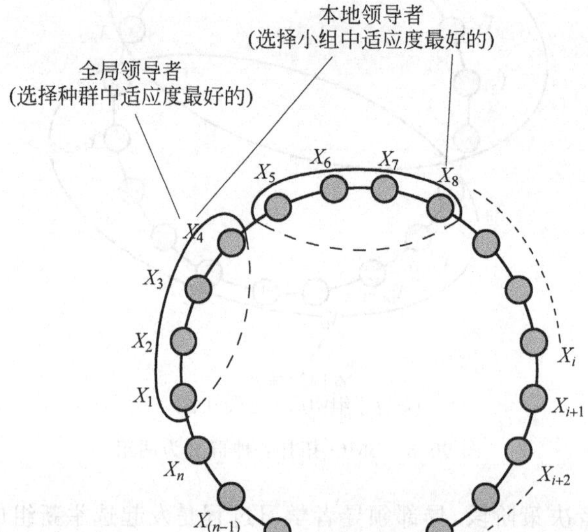

图 90.5　SMO 拓扑：最小规模组

90.5 蜘蛛猴优化算法的实现步骤

(1) 对种群的规模 P,总的迭代次数 N,本地领导者限制次数 LLL,全局领导者限制次数 GLL,扰动率 pr 进行初始化。

(2) 计算个体的适应度值,即判断个体距离食物源的距离。

(3) 依据贪婪准则选出本地领导者和全局领导者。利用式(90.1)给出种群中每个蜘蛛猴的初始位置。计算出蜘蛛猴群中个体当前位置的适应度值,找出当前最优位置及对应的适应度值并记录,将每个小组中适应度值最优的蜘蛛猴选为局部领导者后,将局部领导者中具有最优适应度值的猴子选为全局领导者。

(4) 如果满足停止条件,则输出最优解,算法结束;否则,执行如下步骤。

① 为了找到最优解(食物来源),在本地领导者阶段,依据自身经验、本地领导者经验,及小组成员经验,用式(90.2)来产生新位置。

② 在现有位置和新生成的位置之间,采用贪婪选择过程,根据它们的适应度值选择出一个更好的位置。

③ 在全局领导者阶段,利用式(90.4)根据适应度值计算每个小组成员更新位置的概率值 prob_i。

④ 通过自己的经验、全局领导者经验和小组成员的经验,为 prob_i 选定的所有小组成员更新位置。

⑤ 对所有小组成员进行贪婪选择,更新本地领导者和全局领导者的位置。

⑥ 如果任何本地领导者更新次数未达到预先设定的本地领导者限制次数 LLL,则重新指导该特定小组的所有成员用本地领导者决策策略进行觅食。

⑦ 如果全局领导者更新次数未达到预先设定的全局领导者限制次数 GLL,则利用全局领导人决策策略将该组分成更小的组,转到步骤(2)继续执行。

第91章　狼群算法

狼群算法基于对狼群严密的组织系统及其精妙的协作捕猎方式体现出的群体智能行为的分析，抽象出游走、召唤、围攻3种群体智能行为及“胜者为王”的头狼产生规则和“强者生存”的狼群更新机制。通过构建包括头狼、探狼、猛狼的人工狼群和猎物的分配原则模拟狼群的群智能行为，从而实现对复杂函数的寻优。本章介绍狼的习性及狼群特征，以及狼群算法的原理、数学描述、实现步骤及流程。

91.1　狼群算法的提出

狼群算法(Wolf Pack Algorithm，WPA)是在2013年由吴虎胜等提出的一种新的群智能优化算法。该算法通过模拟狼群捕食行为及其猎物分配方式，抽象出游走、召唤、围攻3种智能行为，“胜者为王”的头狼产生规则及“强者生存”的狼群更新机制，构建了狼群算法，并基于马尔可夫理论证明了算法的收敛性。将该算法应用于15个典型复杂函数优化问题，并同经典的粒子群算法、鱼群算法和遗传算法进行仿真比较结果表明，该算法具有较好的全局收敛性和计算鲁棒性，尤其适合高维、多峰的复杂函数优化求解。

狼群算法已用于求解多峰函数优化、0-1背包问题、TSP问题、优化调度、航迹规划、传感器优化布置等方面。

91.2　狼的习性及狼群特征

狼是分布最广的群居群猎动物。严酷的生活环境和千百年的进化，造就了狼群严密的组织系统及其精妙的协作捕猎方式。狼过着群居生活且都有其明确的社会分工，它们团结协作为狼群的生存与发展承担着各自的责任。

狼是群居性极高的物种，一群狼的数量为5～12只，可多达40只，通常由一对优势对偶领导。成年狼奔跑速度极快，每小时可达55km，奔跑耐力也很好。智能颇高，彼此可以用气味、叫声沟通。狼群有领域性，通常都有其活动范围。群之间的领域范围不重叠，会以嚎叫声向其他狼群宣告范围，如图91.1所示。

一个狼家族中只有一只成年雄性狼，其主要职责是防范其他雄性的侵入，并防止本狼群中雌性狼的逃跑。但是，在这个由多只雌性狼组成的家族里，只有雌性头狼有生育后代的权力，其他雌性狼的工作就是帮助养育、保护雌性头狼所生的幼崽。即便如此，雌性头狼除了要哺育后代外，还要时刻看管不允许其他雌性狼与雄性狼交配，一旦它发现某只雌性狼与雄性狼有交配的倾向，其就会向它发起非常凶残的攻击；如果它交配成功了，雌性头狼就会将其咬死，因

图 91.1　狼群及其嚎叫的图片

而,交配成功后的雌性狼大多会逃之夭夭。

狼还有一个养小不养老的特性。所谓的养小,是指狼的父母只将幼狼养育至 1 岁左右能够狩猎,随后就会毫不留情地将其赶出家门。但其只会赶走后代中的雄性,多数雌性后代还会留在狼父母身边一段时间,学习养育后代的技能。不养老是指当雄性狼因各种原因无力担当保护家庭的责任时,其就会被外来的强健成年雄性狼取而代之,原来狼家庭中的雄性狼不是战死就是逃离,雌性头狼也同样面临着这一问题。

91.3　狼群算法的原理

狼与狼之间的默契配合成为狼获得成功的决定性因素。不管做任何事情,它们总能依靠团体的力量去完成。在狼的生命中,没有什么可以替代锲而不舍的精神,正因为这种精神才使得狼得以千辛万苦地生存下来。

狼的耐心总是令人惊奇,它们可以为一个目标耗费相当长的时间而丝毫不觉厌烦。敏锐的观察力、专一的目标、默契的配合、好奇心、注意细节及锲而不舍的耐心,使狼总能获得成功。狼的态度很单纯,那就是对成功坚定不移地向往。狼群的凝聚力、团队精神和训练成为决定它们生死存亡的决定性因素。正因为如此,狼群很少真正受到其他动物的威胁。

狼群算法把狼群分成 3 种不同类型的狼: 头狼、探狼、猛狼。

(1) 头狼。狼群中最具有智慧和最凶猛的是头狼,它是在“弱肉强食、胜者为王”式的残酷竞争中产生的首领。根据狼群所感知到信息的头狼不断地进行决策,负责整个狼群的指挥和把关保护,既要避免狼群陷入危险境地,又要指挥狼群以期尽快捕获猎物。

(2) 探狼。寻找猎物时,狼群只会派出少数感官敏锐的探狼在猎物可能活动的范围内游猎,根据空气中猎物留下的气味进行自主决策,气味越浓的位置表明狼离猎物越近,探狼始终会朝着气味最浓的方向搜寻。

(3) 猛狼。探狼一旦发现猎物的踪迹,就会立即向头狼报告,头狼视情通过嚎叫召唤周围的猛狼来对猎物进行围攻,周围的猛狼闻声则会自发地朝着该猛狼的方向奔袭,向猎物进一步逼近。

猎物的分配遵循以下原则。在猛狼捕获到猎物后,狼群并不是平均分配猎物,而是按“论功行赏,由强到弱”的方式分配,即先将猎物分配给最先发现、捕到猎物的强壮的狼,而后再分配给弱小的狼。尽管这种近似残酷的食物分配方式会使得弱小的狼由于食物缺乏而饿死,但此规则可保证有能力捕到猎物的狼获得充足的食物,进而保持其强健的体质,在下次捕猎时仍可顺利地捕到猎物,从而维持着狼群主体的延续和发展。

狼驾驭变化的能力使它们成为地球上生命力最顽强的动物之一。狼群个体在头狼的指挥下从寻找猎物、捕猎直到捕获到猎物的过程中,蕴含着狼群中个体相互协作,在搜索空间中迅速搜索到目标的优化思想。

狼群算法是基于对狼群严密的组织系统及其精妙的协作捕猎方式体现出的群体智能行为的系统分析,抽象出游走、召唤、围攻3种群体智能行为及"胜者为王"的头狼产生规则和"强者生存"的狼群更新机制。通过构建包括头狼、探狼和猛狼3种类型的人工狼群和猎物的分配原则模拟狼群的群智能行为,从而实现对复杂函数的寻优。

91.4 狼群算法的数学描述

狼群算法采用基于人工狼主体的自下而上的设计方法和基于职责分工的协作式搜索路径结构,如图91.2所示。通过狼群个体对猎物气味、环境信息的探知、人工狼相互间信息共享和交互,以及人工狼基于自身职责的个体行为决策最终实现了狼群捕猎的全过程。

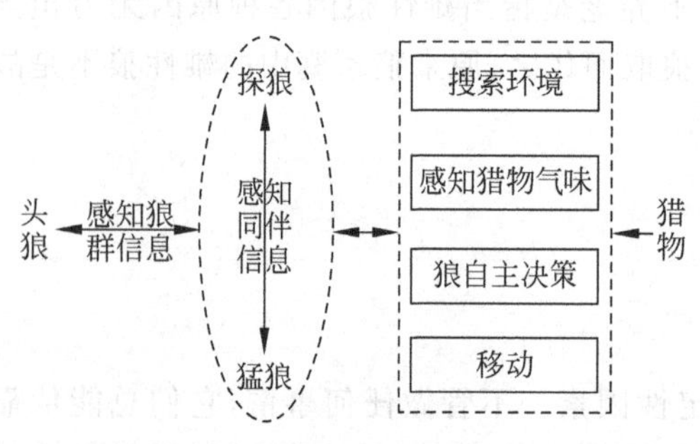

图91.2 狼群算法捕猎模型

1. 狼群算法的一些定义

设狼群的猎场为一个 $N \times D$ 维的欧氏空间,其中 N 为狼群中人工狼的总数,D 为待寻优的变量数。

设某一人工狼 i 的状态可表示为 $X_i=(x_{i1}, x_{i2}, \cdots, x_{iD})$,其中 x_{id} 为第 i 匹人工狼在欲寻优的第 $d(d=1,2,\cdots,D)$ 维变量空间中所处位置。人工狼所能感知到的猎物气味浓度为 $Y=f(X)$,其中 Y 是目标函数值;人工狼 p 和 q 之间的距离定义为其状态向量间的Manhattan距离,即

$$L(p,q)=\sum_{d=1}^{D}\left|x_{pd}-x_{ql}\right|$$

当然也可依据具体问题选用其他的距离度量。

由于实际中求极大值与极小值问题之间可相互转换,因此以下皆以极大值问题进行讨论。

2. 智能行为和规则的描述

头狼、探狼和猛狼之间的默契配合成就了狼群近乎完美的捕猎行动,而"由强到弱"的猎物分配又促使狼群向最有可能再次捕获到猎物的方向繁衍发展。将狼群的整个捕猎活动抽象为3种智能行为:游走行为、召唤行为、围攻行为,以及"胜者为王"的头狼产生规则和"强者生存"的狼群更新机制。

(1) 头狼产生规则。在初始的解空间中,具有最优目标函数值的人工狼即为头狼;在迭代过程中,将每次迭代后最优狼的目标函数值与前一代中头狼的值进行比较,若更优则对头狼位置进行更新,若此时存在多匹的情况,则随机选一匹成为头狼。头狼不执行3种智能行为而直接进入下次迭代,直到它被其他更强的人工狼替代为止。

(2) 游走行为。将解空间中除头狼外最佳的S_num匹人工狼视为探狼,在解空间中搜索猎物,S_num随机取$[n/(\alpha+1), n/\alpha]$之间的整数,α 为探狼比例因子。探狼 i 首先感知空气中的猎物气味,即计算该探狼当前位置的猎物气味浓度 Y_i。若 Y_i 大于头狼所感知的气味浓度 Y_{lead},表明猎物离探狼 i 已相对较近,且探狼最有可能捕获该猎物。于是 $Y_{\text{lead}}=Y_i$,探狼 i

替代头狼并发起召唤行为；若 $Y_i<Y_{\text{lead}}$，则探狼先自主决策，探狼向 h 个方向分别前进一步（此时的步长称为游走步长 step_a）并记录每前进一步后所感知的猎物气味浓度后退回原位置，则向第 $p(p=1,2,\cdots,h)$ 个方向前进后，探狼 i 在第 d 维空间中所处的位置为

$$x_{id}^{p}=x_{id}+\sin(2\pi\times p/h)\times \text{step}_a^d \tag{91.1}$$

此时，探狼所感知的猎物气味浓度为 Y_{ip}，选择气味最浓的且大于当前位置气味浓度 Y_{i0} 的方向前进一步，更新探狼的状态 X_i，重复以上的游走行为直到某匹探狼感知到的猎物气味浓度 $Y_i>Y_{\text{lead}}$ 或游走次数 T 达到最大游走次数 $T_{\max}$。

应该指出的是，由于每匹探狼的猎物搜寻方式存在差异，h 的取值是不同的，实际中可依据情况取 $[h_{\min},h_{\max}]$ 间的随机整数，h 越大探狼搜寻得越精细，但同时速度也相对较慢。

(3) 召唤行为。头狼通过嚎叫发起召唤行为，召集周围的 M_num 匹猛狼向头狼所在位置迅速靠拢，其中 $M\_\text{num}=\text{n}-S\_\text{num}-1$；听到嚎叫的猛狼都以相对较大的奔袭步长 step_b 快速逼近头狼所在的位置，则猛狼 i 第 $k+1$ 次迭代时，在第 d 维变量空间中所处的位置为

$$x_{id}^{k+1}=x_{id}^{k}+\text{step}_b^d\cdot(g_d^k-x_{id}^k)/|g_d^k-x_{id}^k| \tag{91.2}$$

其中，g_d^k 为第 k 代群体头狼在第 d 维空间中的位置。

式(91.2)由两部分组成，前者为人工狼当前位置，体现狼的围猎基础；后者表示人工狼逐渐向头狼位置聚集的趋势，体现头狼对狼群的指挥。

奔袭途中，若猛狼 i 感知到的猎物气味浓度 $Y_i>Y_{\text{lead}}$，则 $Y_{\text{lead}}=Y_i$，该猛狼转化为头狼并发起召唤行为；若 $Y_i<Y_{\text{lead}}$，则猛狼 i 继续奔袭直到它与头狼 s 之间的距离 d_{is} 小于 d_{near} 时加入到对猎物的攻击行列，转入围攻行为。

设待寻优的第 d 维变量取值范围为 $[\max_d,\min_d]$，则判定距离 d_{near} 可由下式估算得到：

$$d_{\text{near}}=\frac{1}{Dw}\sum_{d=1}^{D}|\max_d-\min_d| \tag{91.3}$$

其中，w 为距离判定因子，其不同取值将影响算法的收敛速度，一般而言，w 增大会加速算法收敛，但 w 过大会使得人工狼难以进入围攻行为，缺乏对猎物的精细搜索。

召唤行为体现了狼群的信息传递与共享机制，并融入了社会认知观点，通过狼群中其他个体对群体优秀者的“追随”与“响应”，充分显示出算法的社会性和智能性。

(4) 围攻行为。经过奔袭的猛狼已经离猎物较近时，猛狼要联合探狼对猎物进行紧密的围攻以期将其捕获。这里将离猎物最近的狼，即头狼的位置视为猎物的移动位置。

具体地说，对于第 k 代狼群，设猎物在第 d 维空间中的位置为 G_d^k，则狼群的围攻行为可用方程(91.4)表示为

$$x_{id}^{k+1}=x_{id}^{k}+\lambda\cdot\text{step}_c^d\cdot|G_d^k-x_{id}^k| \tag{91.4}$$

其中，λ 为 $[-1,1]$ 间均匀分布的随机数；step_c^d 为人工狼 i 执行围攻行为时的攻击步长。

若实施围攻行为后，人工狼感知到的猎物气味浓度大于其原位置状态所感知的猎物气味浓度，则更新该人工狼的位置；否则，人工狼的位置不变。

设寻优的第 d 个变量取值范围为 $[\min_d,\max_d]$，则 3 种智能行为中所涉及游走步长 step_a、奔袭步长 step_b、攻击步长 step_c 在第 d 维空间中的步长存在如下关系：

$$\text{step}_a^d=\text{step}_b^d/2=2\cdot\text{step}_c^d=|\max_d-\min_d|/S \tag{91.5}$$

其中，S 为步长因子，表示人工狼在解空间中搜寻最优解的精细程度。

(5) “强者生存”的狼群更新机制。猎物按照“由强到弱”的原则进行分配，导致弱小的狼会被饿死。在算法中，去除目标函数值最差的 R 匹人工狼，同时随机产生 R 匹人工狼。R 越

大则新产生的人工狼就越多,有利于维护狼群个体的多样性,但若 R 过大算法就趋近于随机搜索;若 R 过小,则不利于维护狼群的个体多样性,算法开辟新的解空间的能力减弱。由于实际捕猎中捕获猎物的大小、数量是有差别的,进而导致了不等数量的弱狼被饿死。因此,这里 R 取 $[n/(2\beta), n/\beta]$ 之间的随机整数,β 为群体更新比例因子。

91.5 狼群算法的实现步骤及流程

狼群算法实现的具体步骤如下。

(1) 数值初始化。初始化狼群中人工狼的位置 X_i 及其数目 N;最大迭代次数 $k_{\max}$,探狼比例因子 α;最大游走次数 $T_{\max}$;距离判定因子 w;步长因子 S;更新比例因子 β。

(2) 选取最优人工狼为头狼,除头狼之外最佳的 S_num 匹人工狼被选为探狼,并执行游走行为,直到某匹探狼 i 侦察到的猎物气味浓度 Y_i 大于头狼所感知的猎物气味浓度 Y_{lead} 或达到最大游走次数 $T_{\max}$,则转至步骤(3)。

(3) 根据式(91.2)人工猛狼向猎物奔袭,若途中猛狼感知到猎物气味浓度 $Y_i > Y_{\text{lead}}$,则 $Y_{\text{lead}} = Y_i$,替代头狼并发起召唤行为;若 $Y_i < Y_{\text{lead}}$,则人工猛狼继续奔袭直到 $d_{is} \leqslant d_{\text{near}}$,转至步骤(4)。

(4) 按式(91.4)对参与围攻行为的人工狼的位置进行更新,执行围攻行为。

(5) 按"胜者为王"的头狼产生规则,对头狼的位置进行更新;再按照"强者生存"的狼群更新机制进行群体更新。

(6) 判断是否达到优化精度要求或最大迭代次数 $k_{\max}$,若达到则输出头狼的位置,即为所求问题的最优解;否则转至步骤(2)。

根据上述步骤,狼群算法的流程如图 91.3 所示。

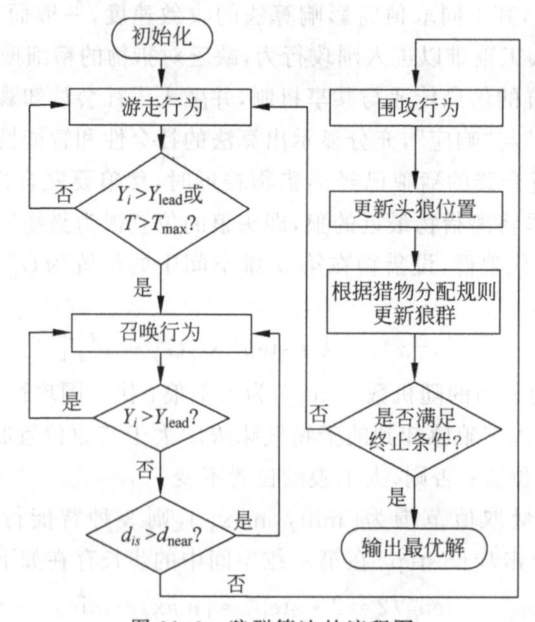

图 91.3 狼群算法的流程图

第92章　灰狼优化算法

灰狼优化算法模拟自然界中灰狼社会等级和狩猎行为。通过4种类型的灰狼(α、β、δ、ω)来模拟社会等级。通过实施狩猎，寻找猎物，包围猎物和攻击猎物来模拟狼的捕猎行为。该算法通过29个测试函数及用于3个经典工程设计问题，并与多种智能优化算法对比的结果表明，该算法在求解精度和收敛性方面具有明显的优势。该算法具有原理简单、并行性、参数少、易于实现，较强的全局搜索能力等特点。本章介绍灰狼的社会等级及狩猎行为，以及灰狼优化算法的数学描述、实现步骤及流程。

92.1　灰狼优化算法的提出

灰狼优化(Grey Wolf Optimizer,GWO)算法是2014年由澳大利亚学者Mirjalili等提出的一种群智能优化算法。GWO算法模拟自然界中灰狼种群等级机制和捕猎行为。通过4种类型的灰狼(α、β、δ、ω)来模拟社会等级。通过狼群跟踪、包围、追捕、攻击猎物等过程来模拟狼的捕猎行为，实现优化搜索目的。GWO算法具有原理简单、并行性、易于实现，需调整的参数少且不需要问题的梯度信息，有较强的全局搜索能力等特点。

在函数优化方面，通过对29个基准函数的测试表明，GWO算法在求解精度和收敛性方面明显优于粒子群优化(PSO)、重力搜索算法(GSA)、差分进化(DE)、进化规划(EP)和进化策略(ES)的结果。

Mirjalili等还将GWO算法用于解决3个经典工程设计问题(拉伸/压缩弹簧、焊接梁和压力容器设计)，并提出了在光学工程领域的拟议方法的实际应用。经典工程设计问题和实际应用的结果证明不仅可以在不受约束的问题上而且在受约束的问题上显示出高性能。同时，GWO算法适用于具有未知搜索空间的挑战性问题。

92.2　灰狼的社会等级及狩猎行为

灰狼是位于食物链顶端以群居为主的食肉动物，通常一个狼群中有5～12只住在一起。狼群中具有非常严格的社会等级，如图92.1所示。一个灰狼群体的社会等级层次分为4级。

第一级是α狼，又称头狼，主要负责决定狩猎、食物分配、睡觉地点、醒来时间等。α狼只允许在群中交配，但α狼不一定是群中最强的成员，而是管理层中最好的成员。

第二级是β狼，它是α狼的下属狼，协助α狼做决策或狼群的其他活动。β狼强化了α狼对整个狼群的命令，并给α狼以反馈。β狼是公狼或母狼，最好的β狼可能成为α狼的候选狼，以防其中一个α狼消失或变得很老。

第三级是δ狼,又称普通狼,它服从α狼的命令,但也命令其他低级狼。它扮演一个顾问的角色。

第四级为ω狼,是最低级的灰狼,ω狼充当替罪羊的作用,它们总是不得不把好吃的都让给所有其他高级狼,最后才被允许吃猎物。在一些情况下,ω狼也是群中的保姆,负责照顾狼群中幼狼、弱者、病者和受伤的狼。

灰狼群体的社会等级机制在实现群体高效捕杀猎物的过程中发挥着至关重要的作用。在捕食猎物时,群体中其他灰狼在头狼α的带领下有组织地对猎物进行围攻。首先,狼群通过气味等信息追踪猎物并逐渐靠近;然后,在确定猎物位置后,狼群包围猎物;最后,逐渐缩小包围圈,攻击猎物。研究表明,灰狼狩猎主要包括如下阶段:跟踪、追踪和接近猎物;追踪、包围和骚扰猎物,直到停止移动;攻击猎物。这些步骤如图92.2所示,其中图A为跟踪猎物,图B、C、D为接近和追踪猎物,而图E为骚扰和包围猎物。

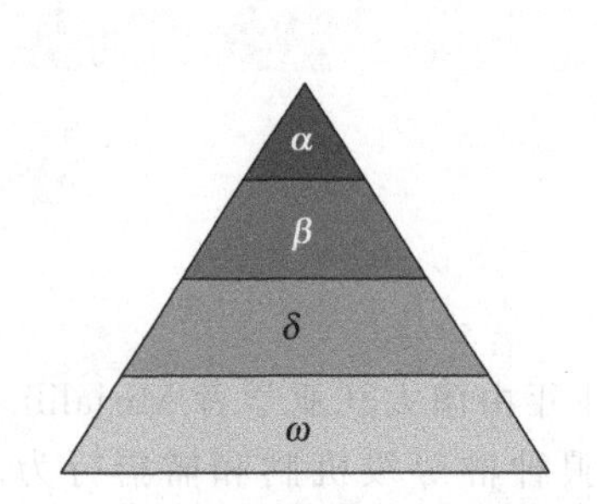

图92.1 狼群等级层次的划分

图92.2 灰狼的狩猎行为

92.3 灰狼优化算法的数学描述

GWO算法模拟了灰狼搜寻猎物的过程,以下分别介绍灰狼的社会等级、狩猎及包围、攻击和搜索猎物。

1. 社会等级

设计GWO算法时,狼群中每一个灰狼代表了种群的一个潜在解,为了描述灰狼的社会等级,将α狼的位置视为最优解;将β和δ狼的位置分别作为优解和次优解;ω狼的位置作为其余的候选解。在GWO算法中,由α、β和δ引导搜索(优化),而ω狼跟随前面3种狼。

2. 包围猎物

灰狼狩猎时需要包围猎物,包围行为的数学描述为

$$\boldsymbol{D}=|\boldsymbol{C}\cdot\boldsymbol{X}_p(t)-\boldsymbol{X}(t)| \tag{92.1}$$

$$\boldsymbol{X}(t+1)=\boldsymbol{X}_p(t)-\boldsymbol{A}\cdot\boldsymbol{D} \tag{92.2}$$

其中,t为当前迭代次数;$\boldsymbol{A}$和$\boldsymbol{C}$为协同系数向量;$\boldsymbol{X}_p$为猎物的位置向量;$\boldsymbol{X}$为灰狼的位置向量。向量$\boldsymbol{A}$和$\boldsymbol{C}$的计算如下:

$$\boldsymbol{A}=2\boldsymbol{a}\cdot\boldsymbol{r}_1-\boldsymbol{a} \tag{92.3}$$

$$\boldsymbol{C}=2\cdot\boldsymbol{r}_2 \tag{92.4}$$

其中,$\boldsymbol{a}$的分量在迭代过程中从2线性地减少到0;$\boldsymbol{r}_1$、$\boldsymbol{r}_2$是[0,1]中的随机向量。

从图 92.3 中给出的二维位置向量和一些可能的邻居可以看到，在式(92.1)和式(92.2)中的作用。从图 92.3(a)可以看出，灰狼的位置(X,Y)可以根据猎物的位置(X^*,Y^*)更新其位置。通过调整 $\boldsymbol{A}$ 和 $\boldsymbol{C}$ 向量的值，可以相对于当前位置到达周围不同的最佳位置。例如，(X^*-X,Y^*)可以通过设置 $\boldsymbol{A}=(1,0)$和 $\boldsymbol{C}=(1,1)$。

图 92.3(b)描绘了灰狼在三维空间中的可能更新的位置。注意，随机向量 $\boldsymbol{r}_1$ 和 $\boldsymbol{r}_2$ 允许狼到达图 92.3 所示的点之间的任何位置。因此，灰狼可以通过使用式(92.1)和式(92.2)在任意随机位置更新其在猎物周围空间内的位置。同样也可以扩展到具有 n 维的搜索空间，并且灰狼将围绕到目前为止获得的最好位置，以超立方体(或超球体)移动。随机参数 A 和参数 C 帮助候选解具有不同随机半径的超球体。

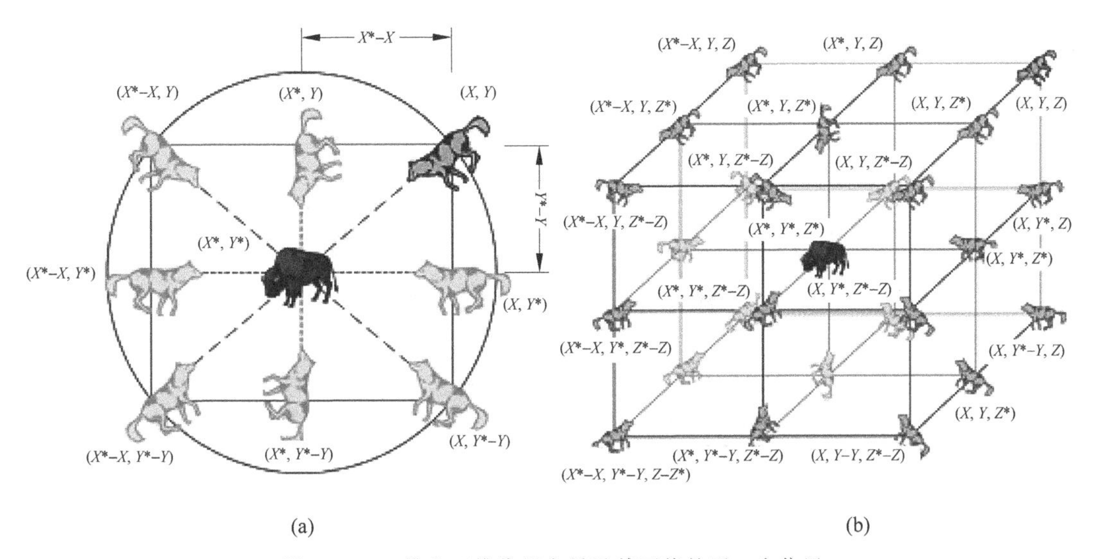

图 92.3　二维和三维位置向量及其可能的下一个位置

3. 狩猎

灰狼有能力识别猎物的位置并包围它们。狩猎通常由 α 狼引导，β 和 δ 也可能偶尔参与狩猎。然而，在一个抽象搜索空间中，灰狼并不知道最优解(猎物)的精确位置。为了模拟灰狼的狩猎行为，假设 α(最优候选解)、β 和 δ 拥有更多关于猎物潜在位置的知识。因此，在每次迭代过程中，保存迄今为止获得的 3 个最优解，迫使其他狼(包括 ω)根据最优搜索的位置采用以下公式更新它们的位置：

$$\boldsymbol{D}_\alpha=|\boldsymbol{C}_1\cdot\boldsymbol{X}_\alpha-\boldsymbol{X}|,\quad \boldsymbol{D}_\beta=|\boldsymbol{C}_2\cdot\boldsymbol{X}_\beta-\boldsymbol{X}|,\quad \boldsymbol{D}_\delta=|\boldsymbol{C}_3\cdot\boldsymbol{X}_\delta-\boldsymbol{X}| \tag{92.5}$$

$$\boldsymbol{X}_1=\boldsymbol{X}_\alpha-\boldsymbol{A}_1\cdot(\boldsymbol{D}_\alpha),\quad \boldsymbol{X}_2=\boldsymbol{X}_\beta-\boldsymbol{A}_2\cdot(\boldsymbol{D}_\beta),\quad \boldsymbol{X}_3=\boldsymbol{X}_\delta-\boldsymbol{A}_3\cdot(\boldsymbol{D}_\delta) \tag{92.6}$$

$$\boldsymbol{X}(t+1)=\frac{\boldsymbol{X}_1+\boldsymbol{X}_2+\boldsymbol{X}_3}{3} \tag{92.7}$$

图 92.4 给出 ω 狼或其他狼(候选狼)如何根据二维搜索空间中的 α、β 和 δ 狼来更新其位置。从中可以看出，最终位置将在搜索空间中由 α、β 和 δ 狼的位置定义的圆内的随机位置。换句话说，α、β 和 δ 狼估计猎物的位置，其他狼围绕猎物随机更新它们的位置。

4. 攻击猎物

灰狼在猎物停止移动时通过攻击猎物来完成猎捕。为了描述接近猎物，根据式(92.3)减少 $\boldsymbol{a}$ 的值，$\boldsymbol{A}$ 的值也随之波动。换句话说，$\boldsymbol{A}$ 是区间$[-2a,2a]$中的随机向量，其中 a 在迭代

过程中从2减少到0。当$\boldsymbol{A}$的随机值在[−1,1]中时,搜索下一位置可以是候选狼的当前位置和猎物之间的任何位置。图92.5(a)给出了$|\boldsymbol{A}|<1$强迫狼攻击猎物的情况。

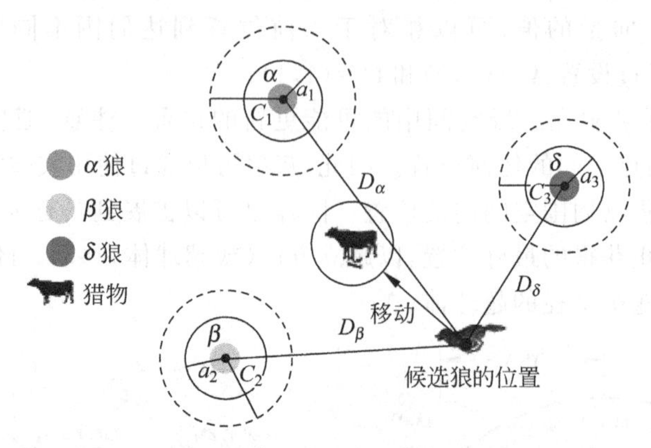

图92.4 GWO算法最优解向量位置更新过程

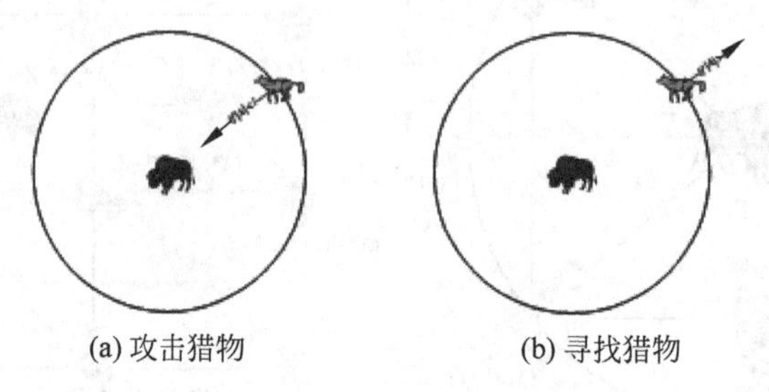

图92.5 攻击猎物与寻找猎物

5. *搜索猎物*

灰狼主要根据α、β和δ狼的位置搜索。它们互相分散寻找猎物,然后聚集在一起攻击猎物。为了模拟搜索的分散性,利用$\boldsymbol{A}$大于1或小于−1的随机值来强迫搜索狼远离猎物。这样会使GWO算法强调勘探,有利于全局搜索。图92.5(b)给出$|\boldsymbol{A}|>1$迫使灰狼远离猎物,希望能找到一个新的猎物。

在GWO算法中,另一个勘探系数是$\boldsymbol{C}$。式(92.4)中的$\boldsymbol{C}$向量为[0,2]中的随机值。该分量为猎物提供随机权重,以便随机强调($\boldsymbol{C}>1$)或不强调($\boldsymbol{C}<1$)猎物在式(92.1)中定义距离的影响。这有助于GWO算法在整个优化中显示更随机的行为,有利于勘探和避免局部最优。应该指出的是,为了在初始迭代和迭代结束加强搜索,$\boldsymbol{C}$在迭代过程中是随机值。特别是在最后的迭代过程中该系数有利于算法跳出局部最优。

在狼的狩猎路径中出现的障碍物,实际上阻止它们快速和方便地接近猎物。$\boldsymbol{C}$向量起到障碍物在阻碍狼接近猎物的效果。根据狼的位置,它可以给猎物一个随机权重,使它更难和更远接近狼;反之亦然。

92.4 灰狼优化算法的实现步骤及流程

GWO算法中搜索过程从随机创建灰狼群体(候选解)开始。α、β和δ狼估计猎物的可能位置。每个候选解更新其与猎物的距离。

一般情况控制参数 a 取值在[0,2]范围内,且随着算法迭代次数增大而线性递减。参数 a 从 2 减少到 0,分别强调勘探和开发的作用。以便在全局搜索能力与局部搜索能力之间达到平衡。当 a 较大时,算法搜索步长较大,全局搜索能力较强,有利于跳出局部最优;而当 a 较小时,主要是在前解的附近搜索,局部搜索能力较强,有利于算法收敛。

当 $|\boldsymbol{A}|>1$ 时,候选解倾向于偏离猎物,意味着灰狼进行全局搜索;而当 $|\boldsymbol{A}|<1$ 时,倾向于接近猎物,意味着灰狼在局部搜索。参数 a 和 A 的自适应调整能保证 GWO 算法在勘探和开发之间平稳过渡。当 GWO 算法满足结束条件而终止。

GWO 算法的伪代码描述如下。

```
灰狼群初始化:Xi(i=1,2,…,n)
参数初始化:a、A 及 C
计算每只搜索狼的适应度值
Xα 为最好的搜索狼
Xβ 为第二位好的搜索狼
Xδ 为第三位好的搜索狼
While (t<最大的迭代次数)
    for 对每只搜索狼用式(92.7)更新当前的位置
    end for
    更新 a,A 及 C
    计算所有搜索狼的适应度值
    更新 Xα、Xβ 及 Xδ
    t=t+1
end While
返回 Xα
```

GWO 算法的流程如图 92.6 所示。

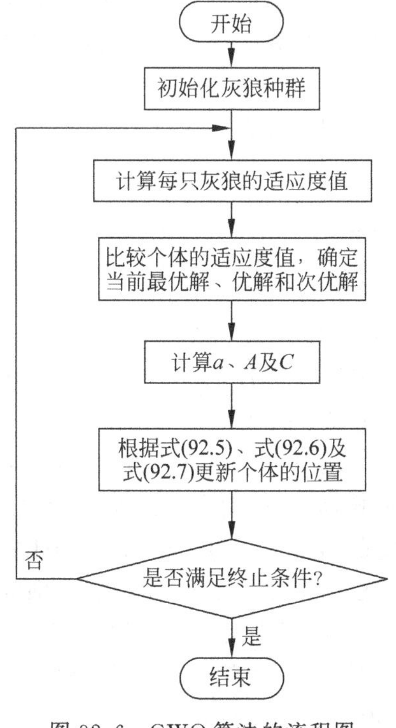

图 92.6　GWO 算法的流程图

第93章　狮子优化算法

狮子优化算法模拟狮群的社会行为及在捕猎、交配、地域标记、防御和其他竞争过程中体现出的优化思想。算法包括生成解空间、狩猎机制、向安全地方移动、漫游行为、交配。初始种群由一组随机生成的狮子组成，把每个狮子视为优化问题的一个可行解。狮子在狩猎、移动等活动中不断地更新自己的位置以提高自身的捕猎能力。本章介绍狮子的习性，以及狮子优化算法的原理、描述及实现步骤。

93.1　狮子优化算法的提出

狮子优化算法(Lion Optimization Algorithm，LOA)是2016年由伊朗学者Yazdani等提出的一种新的群智能优化算法，它模拟狮群社会行为及其在狩猎、交配、地域标记、防御和其他竞争过程中体现出的优化思想。

狮子优化算法中的初始种群是由一组随机生成的狮子组成的，把每个狮子视为优化问题的一个可行解。在初始种群中选择一定比例的狮子作为游牧狮子，其余的随机分成多个子群。狮群成员数的一定比例为雌性，其余的为雄性。在每个狮群中，一些雌狮在狩猎时有特定的包围猎物并捕捉它的战略。在每一个狮群中的一些雌性去狩猎，剩余的雌性向安全地方移动以进行全局搜索。通过漫游实现狮子优化算法的强有力的局部搜索。

有关模拟狮子行为的算法，还有2012年由Wang Bo等提出的狮群优化(Lion Pride Optimizer，LPO)及由Rajakumr提出的狮群算法(Lions Algorithm，LA)，此处不再赘述。

93.2　狮子的生活习性

狮子是野生猫科的群居动物，有两种类型的社会组织：居民和游牧民。居民是指常驻在狮群中的狮子；而游牧民是指脱离狮群的狮子。一个狮群有20～30个成员，狮群通常包括5个雌性，它们的雄性幼崽和一个或多个的成年雄性。但是肯定只有一头雄狮是领头的狮王。年轻雄狮当性成熟时将被排除在它们出生的狮群之外，成为游牧民。它们偶尔或成对或单独地移动。但狮子可能改变生活方式，居民可能成为游牧民；反之亦然。

狮群中的雌狮基本上是稳定的，它们一般自出生起直到死亡都待在同一个狮群，所以它们是狮群的核心。多数雌幼狮成熟以后留在原来的狮群里，个别的则被赶走然后加入别的狮群。狮子会在一年的任何时间交配，一只雌狮在发情时可以和多个伴侣交配。狮群也会接纳新来的雌狮。但雄狮常常是轮换的，它们在一个狮群通常只待两年，要么是被年轻力壮且更有魅力的雄性赶走，要么是自己离家出走以寻找新恋情和家庭。

每一个狮群的领地区域相当明确，成年雄狮往往并不总待在狮群里，它们不得不在领地四周常年游走，通过尿液气味和咆哮标记保卫整个领地。狮王能够在狮群中待多久，这要看它们是否有足够的能力击败来势汹汹的外来雄狮。幼小的雄狮长到足够强大后会向当前狮王发起挑战，试图取而代之。

在狮群中，雌狮是主要的狩猎者。狮子集体协调狩猎会带来更大成功的概率，所以通常几个雌狮一起狩猎，从不同的点包围猎物，赶上猎物与快速攻击，一口咬住猎物的颈部直到它窒息死去。在进食顺序上，雄狮具有无可非议的优先权，可得到最多最好的肉，母狮次之，而幼狮们则只能等着捡些碎骨残肉，甚至什么都得不到。

93.3　狮子优化算法的原理

狮子优化算法的初始种群是由一组随机生成的狮子组成的，把每个狮子视为优化问题的一个可行解。选择初始种群 $N\%$的狮子作为游牧狮子，其余的(常驻狮子)随机分成 P 子集，称为子群。狮群成员数的 $S\%$为雌性，其余的为雄性；而这种性别比率在游牧狮子中，则相反。

在 LOA 算法中，一个狮群的领地由每个成员最佳访问位置的区域组成。在每个狮群中，随机选择一些雌狮去狩猎：首先朝猎物移动；然后包围并捕捉它。其余的雌狮向着领地的不同位置移动。狮群中的雄狮子，在疆土上漫游。雌狮在狮群与一个或一些居民雄性交配。在每个狮群中，年轻雄性当它们达到成熟时被排除在母亲的狮群之外，成为游牧狮子，它们的权力少于常住雄性。

此外，游牧狮子(雄性和雌性)在搜索空间中随机移动找到一个更好的地方(解)。如果外来强大的游牧雄狮侵犯常驻雄狮，常驻雄狮被游牧狮子赶出狮群。游牧雄狮成为常驻雄狮。一些常驻雌狮从一个狮群移民到另一个，或者改变它们的生活方式，成为游牧雌狮；反之亦然。一些游牧雌狮加入狮群，使狮群再进化。由于许多因素，如缺乏食物和竞争，最弱的狮子将饿死或被杀。上述过程将继续，直到满足终止条件，获得问题的最优解。

93.4　狮子优化算法的数学描述

1. 生成解空间

LOA 算法首先随机生成解空间，每一个解被称为“狮子”。在 N_{var} 维优化问题中，一个狮子表示如下：

$$\text{Lion}=[x_1,x_2,\cdots,x_{N_{var}}] \tag{93.1}$$

每个狮子的适应度函数为

$$f(\text{Lion})=f(x_1,x_2,\cdots,x_{N_{var}}) \tag{93.2}$$

在搜索空间中随机生成 N_{pop} 解。随机选择生成解的 $N\%$为游牧狮子，将其余的狮子随机分为 P 组。LOA 算法把每个解都赋予一个特定的性别，并在优化期间保持不变。

为了模拟上述情况，在每个组最后一步形成的整个群体的 $S\%$(75%～90%)设为雌性，而其余作为雄性。相反，对于游牧狮子，雄性的比例为$(1-S)\%$，其余为雌性。为每个狮子搜索过程标记其最佳访问位置，根据每个狮群由其成员标记的最佳位置形成属于那个狮群的领地。

2. 狩猎机制

在每个狮群中,一些雌狮在狩猎时有特定的包围猎物并捕捉它的策略。如图 93.1 所示,将狮子分成 7 个不同的包围角色,分组为左翼、中心和右翼位置。在狩猎期间,每个雌狮由自身位置和其他成员位置来校正其位置。基于对立的学习(OBL)方法是一种有效解决优化问题的方法。基于对立的学习的原理,如图 93.2 所示,下面给出有关相反点的定义。

设 $X(x_1,x_2,\cdots,x_{N_{\text{var}}})$ 是 N_{var} 空间的一个点,其中 $x_1,x_2,\cdots,x_{N_{\text{var}}}$ 是实数,且 $x_i\in[a_i,b_i],i=1,2,\cdots,N_{\text{var}}$。$X$ 的相反点为 $\breve{X}(\breve{x}_1,\breve{x}_2,\cdots,\breve{x}_{N_{\text{var}}})$,其中 $\breve{x}_i=a_i+b_i-x_i,i=1,2,\cdots,N_{\text{var}}$。

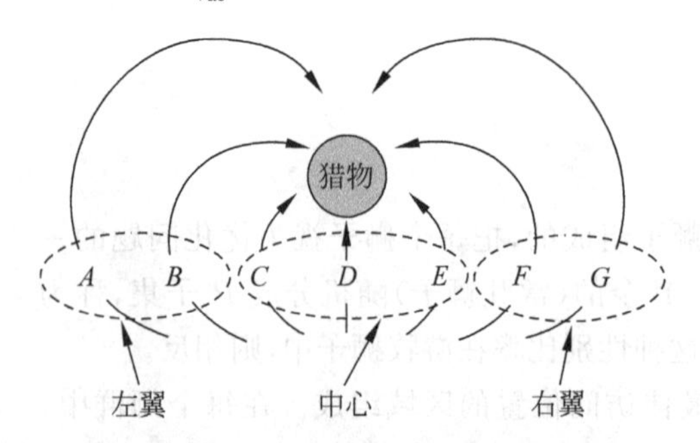

图 93.1 一般狮子狩猎行为的示意图

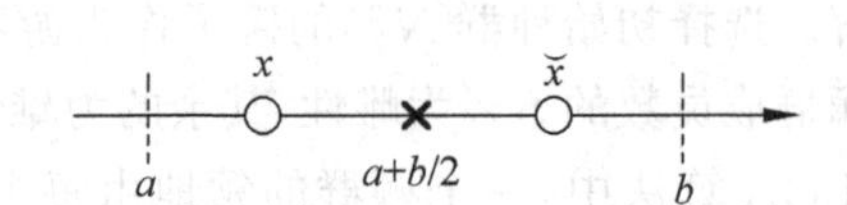

图 93.2 在$[a,b]$中定义候选解 x 的相反点 $\breve{x}$

如图 93.1 所示,猎人随机分为 3 个小组。具有最多猎人的组作为中心,其他两个组分别为左翼、右翼。考虑一个虚拟猎物(PREY)在猎人的中心:

$$\text{PREY}=\sum\text{Hunter}(x_1,x_2,\cdots,x_{N_{\text{var}}})/(\text{猎人人数})$$

狩猎期间,猎人被一个接一个地随机选择,并且每个选择的猎人攻击猎物,此过程将根据选定的狮子属于该小组进行定义。在整个狩猎过程中,如果一个猎人能够提高自己的狩猎能力,PREY 将逃脱猎人。并且 PREY 更新位置如下:

$$\text{PREY}'=\text{PREY}+\text{rand}(0,1)\times\text{PI}\times(\text{PREY}-\text{Hunter})\tag{93.3}$$

其中,PREY 为猎物的当前位置;Hunter 为雌狮攻击猎物的新位置;PI 为改善雌狮适应度的百分比。提出用以下公式来模拟雌狮包围猎物,左翼和右翼雌狮的新位置生成如下:

$$\text{Hunter}'=\begin{cases}\text{rand}(2\times(\text{PREY}-\text{Hunter}),\text{PREY}), & 2\times(\text{PREY}-\text{Hunter})<\text{PREY}\\ \text{rand}(\text{PREY},2\times(\text{PREY}-\text{Hunter})), & 2\times(\text{PREY}-\text{Hunter})>\text{PREY}\end{cases}\tag{93.4}$$

其中,PREY 为猎物的当前位置;Hunter 为猎人当前的位置,同时 Hunter′又是猎人的新位置。

另外,猎人中心的新位置更新如下:

$$\text{Hunter}'=\begin{cases}\text{rand}(\text{PREY},\text{Hunter}), & \text{Hunter}<\text{PREY}\\ \text{rand}(\text{PREY},\text{Hunter}), & \text{Hunter}>\text{PREY}\end{cases}\tag{93.5}$$

其中,rand(a,b)为在 a 和 b 之间生成的随机数,其中 a 和 b 分别是上限和下限。

在 LOA 算法中,一个中心狮子和翼狮子包围猎物的示例如图 93.3 所示。上述捕获机制对于获得最优解具有突出的优点:一是这种策略在猎物周围提供一个圆形的邻居,并让猎人从不同方向接近猎物;二是因为一些猎人使用相反的位置,所以这种策略提供了逃离局部最优解的机会。

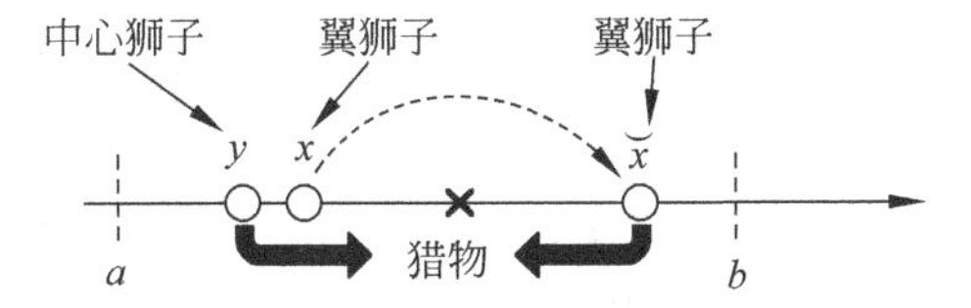

图 93.3 在 LOA 算法中包围猎物的示例

3. 向安全地方移动

在每个狮群中的一些雌性去狩猎，剩余的雌性走向领土其中的一个区域。因为每个狮群的领土包括到目前为止每个成员最好的位置，所以在 LOA 迭代过程中它协助保存迄今为止获得的最好解，它可以作为有价值的可靠信息来改善 LOA 的解。因此，雌狮的新位置为

$$P'_{F.\text{Lion}}=P_{F.\text{Lion}}+2D\times\text{rand}(0,1)\{R1\}+U(-1,1)\times\tan(\theta)\times D\times\{R2\} \tag{93.6}$$

其中，$P_{F.\text{Lion}}$ 为雌狮的当前位置；$P'_{F.\text{Lion}}$ 为雌狮的新位置；D 为显示雌狮的位置和通过竞争所选择狮群领地上的点；$\{R_1\}$ 为一个向量，起点是以前雌狮的位置，它是朝向所选位置的方向。$\{R_2\}$ 垂直于 $\{R_1\}$，$\{R_1\}\cdot\{R_2\}=0$，$\|\{R_2\}\|=1$。

在 LOA 的最后一次迭代中，狮子在竞争中成功是指提高了它的最好位置。P 组狮子在迭代 t 的成功定义为

$$S(i,t,P)=\begin{cases}1 & \text{Best}^t_{i,P}<\text{Best}^{t-1}_{i,P}\\ 0 & \text{Best}^t_{i,P}=\text{Best}^{t-1}_{i,P}\end{cases} \tag{93.7}$$

其中，$\text{Best}^t_{i,P}$ 为狮子 i 直到迭代 t 发现的最好位置。

大量的成功表明狮子收敛到远离最佳点的点。同样，少量的成功表明狮子是围绕最优解摆动而没有显著性改进。所以这个因素可以作为表征竞争能力的大小，使用成功值 $K_j(s)$ 计算公式为

$$K_j(s)=\sum_{i=1}^{n}S(i,t,P)\quad j=1,2,\cdots,P \tag{93.8}$$

其中，n 为狮群中狮子的数量；$K_j(s)$ 为最后一次迭代中适应度有所改善的狮群 j 的狮子数量。所以每个狮群的竞争规模在每次迭代中都是自适应的。这意味着当成功值减少，竞争规模增加，并导致增加多样性。因此，竞争的大小计算如下：

$$T_j^{\text{Size}}=\max\left(2,\text{ceil}\left(\frac{K_j(s)}{2}\right)\right)\quad j=1,2,\cdots,P \tag{93.9}$$

为了模拟每头雄狮在狮群领土上的漫游行为，随机选择狮群领地的 $R\%$ 供雄狮访问。如果常驻雄狮访问一个新的位置比当前最好的位置更好，则更新它的最好解。这种漫游是一个强有力的局部搜索，能帮助狮子优化算法进行搜索并改善它的解。狮子朝着所选区域移动区域乘以 x 单位。其中 x 是均匀分布的随机数可表示为

$$x\sim U(0,2\times d) \tag{93.10}$$

其中，d 为雄狮的位置和选定的领地区域之间的距离。从雄狮的位置到选定领地区域的向量表示原始的运动方向。为了在当前解周围提供较宽的搜索区域并增强该方法属性，将向该方向添加一个角度 θ。已证明，选择 θ 在 $(-\pi/6)$ 和 $(\pi/6)$ 之间均匀分布的角度已足够。

为了避免陷入局部最优，提出游牧狮子自适应漫游辅助算法的新位置如下：

$$\text{Lion}'_{ij}=\begin{cases}\text{Lion}_{ij} & \text{rand}_j>\text{pr}_i\\ \text{RAND}_j & \text{其他}\end{cases} \tag{93.11}$$

其中,$Lion_i$ 为第 i 只游牧狮子的当前位置; j 为维数; $rand_j$ 为[0,1]内均匀分布的随机数; RAND 为在搜索空间中生成的随机向量; pr_i 为每个游牧狮子独立计算的概率。pr_i 可表示为

$$pr_i = 0.1 + \min\left(0.5, \frac{Nomad_i - Best_{nomad}}{Best_{nomad}}\right) \quad i = 1,2,\cdots,\text{雄狮数} \tag{93.12}$$

其中,$Nomad_i$ 和 $Best_{nomad}$ 分别为第 i 只游牧狮子在当前位置适应度值和游牧狮子最好适应度值。

4. 交配

在每一个狮群中,雌狮的 Ma%与一个或几个常驻雄狮交配。这些雄狮从同一狮群随机选择雌性生产后代。游牧狮子的不同之处在于,一个游牧雌性只与其中一个随机选择的雄性交配。通过父母的线性组合配对操作产生两个新的后代。在选择雌狮和雄狮进行交配后,根据以下等式产生新的幼崽:

$$\text{Offspring}_j 1 = \beta \times \text{Femal Lion}_j + \sum \frac{(1-\beta)}{\sum_{i=1}^{NR} S_i} \times \text{Male Lion}_j^i \times S_i \tag{93.13}$$

$$\text{Offspring}_j 2 = (1-\beta) \times \text{Femal Lion}_j + \sum \frac{\beta}{\sum_{i=1}^{NR} S_i} \times \text{Male Lion}_j^i \times S_i \tag{93.14}$$

其中,j 为维数; 如果选择雄性 i 进行配合,则 S_i 等于1,否则等于0; NR 为狮群中的常驻雄性的数量; β 为随机生成的数字,具有正态分布,平均值为0.5,标准差为0.1。

随机选择两个新的后代之一为雄性; 另一个为雌性。对所产生后代的每个基因以概率 Ma%进行突变。用随机数替换基因值。通过交配,LOA 之间性别信息共享,而新的幼崽继承了两性的性格。

93.5 狮子优化算法的伪代码实现

狮子优化算法的伪代码描述如下。

```
1. 随机生成狮子群体 Npop(Npop 为初始群体数)
2. 初始化狮群和游牧狮子
  (1) 随机选择初始群体的 N% 为游牧狮子,其余的随机分为 P 组,形成每个狮群的领地
  (2) 每个狮群中整个狮子的 S%(性别比率)为雌性,其余为雄性.这个比率对游牧狮则相反
3. for 每个狮群 do
  (1) 随机选择的一些雌性狩猎
  (2) 在狮群中每个留下的雌狮去选择领地上的一个最好的位置
  (3) 对于每个居民雄性,随机选择 R%(漫游百分比)的领地去巡查.狮群中的雌性与一个或几个居民
      雄狮以 Ma%(交配概率)交配,新的幼崽变得成熟
  (4) 最弱的雄狮从狮群被驱逐,成为游牧狮子
4.for 游牧狮子 do
  (1) 游牧狮子在搜索空间随机移动
  (2) 狮群受到游牧雄狮随机攻击
5. for 每个狮群 do
   一些雌狮从狮群中以移民率 I 移民并成为游牧狮子.
6. do
  (1) 首先,基于它们的适应度值对每个性别的游牧狮子进行排序;然后,选择其中最好的雌性并分配
      到填充迁移雌性的空位
  (2) 相对于每个性别的最大允许数量,具有最小适应度值的游牧狮子将被移除
如果不满足终止条件,则转到步骤 3
```

第 94 章　北极熊优化算法

北极熊优化算法是一种模拟北极熊寻找食物行为的群智能优化算法。该算法将北极熊在北极冰地和海洋中寻找猎物行进的过程作为全局搜索策略，将北极熊的具体捕猎行为作为局部搜索策略。此外，北极熊优化算法采用控制种群出生和死亡的机制来模拟自然条件下北极熊的繁衍生存行为。本章首先介绍北极熊的生活习性及其捕猎行为、北极熊优化算法的优化原理，然后阐述北极熊优化算法的数学描述、实现步骤及算法伪代码。

94.1　北极熊优化算法的提出

北极熊优化(Polar Bear Optimization，PBO)算法是 2017 年由 Dawid 等提出的模拟北极熊寻找食物行为的群智能优化算法。该算法对北极熊在北极冰地和海洋中寻找猎物行进的过程建模作为全局搜索策略，对北极熊具体捕猎行为建模作为局部搜索策略，并在模型中引入了类似于自然条件的控制熊出生和死亡机制，这种动态机制有效地降低计算复杂性，从而实现对优化问题的求解。

通过 13 个基准函数对 PBO 算法功能测试的结果表明，PBO 算法优化过程平稳地收敛到了最优值。对高压容器、齿轮组、焊接梁和压缩弹簧工程问题设计表明，PBO 算法不仅设计结果好，而且优化效率高。PBO 算法模型以可用于多维搜索空间的形式表示。用于构成全局搜索模型的系数通常是随机选择的，因此 PBO 能够在不同约束条件下使搜索域变窄的各种空间中搜索最优值。该算法已用于热源厂热量生产效率优化问题。

94.2　北极熊的生活习性及其捕猎行为

北极熊生活在北极冰封区域，它是现今体型最大的陆地食肉动物之一，成年北极熊直立起来高达 2.8m，肩高 1.6m。在冬季来临前，由于脂肪大量积累，它们的体重可高达 650kg。北极熊奔跑的时速可达 40km，还能在海里以时速 10km 游近百千米远。

北极熊主要捕食海豹，也捕猎其他小型哺乳动物。北极熊一般有两种捕猎模式，最常用的是“守株待兔”法。它们会事先在冰面上找到海豹的呼吸孔，然后极富耐力地在旁边等候几小时。等到海豹一露头，它们就会发动突然袭击。如果海豹在岸上，北极熊可以在海面上很远的距离以外，以迅速的移动方式和极快的捕猎速度抓住猎物。另外一种模式就是直接潜入冰面下，直到靠近岸上的海豹才发动进攻，这样的优点是直接截断海豹的退路。图 94.1 示出了冰面上北极熊和潜入水中的北极熊图片。

图 94.1　浮冰面上的北极熊和潜入水中的北极熊

94.3　北极熊优化算法的优化原理

北极熊已适应了北极冰封区域非常严酷的环境,并成功地存活下来,成为北极的统治者。无论在冰面或是在水中,它们都能毫不费力地在大范围内进行搜索和捕捉猎物,如图 94.2 所示。北极熊可以跳上浮冰并随冰漂浮到更好的捕猎地点,它们的这种位置变换模式如图 94.3 所示。在到达它们的目的地之后,北极熊通过在猎物周围以绕圈的方式逐渐靠近,从而寻找最佳位置来完成攻击。这种捕猎行为在算法中采用三叶草叶片形态的函数来模拟,图 94.4 示出了北极熊在攻击前的移动路径。

图 94.2　北极熊寻找包围海豹

北极熊寻找食物和狩猎方式与自然界的优化问题非常相似。将北极熊在严寒的北极冰面上和海洋中寻找食物的极端环境视为解空间,将寻找到的猎物作为优化问题的最优解。在算法寻优过程中,算法设计特定的策略来避免陷入局部最优。北极熊寻找食物时北极的恶劣环境会使它们被困甚至死亡,因此,它们进化出了非常有效的机制帮助它们成功生存下来。

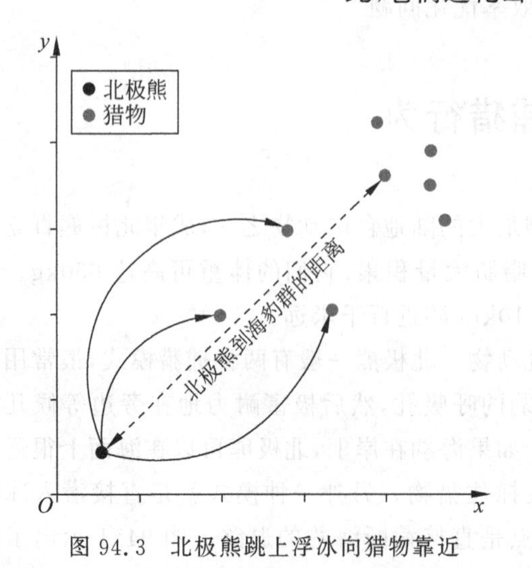

图 94.3　北极熊跳上浮冰向猎物靠近

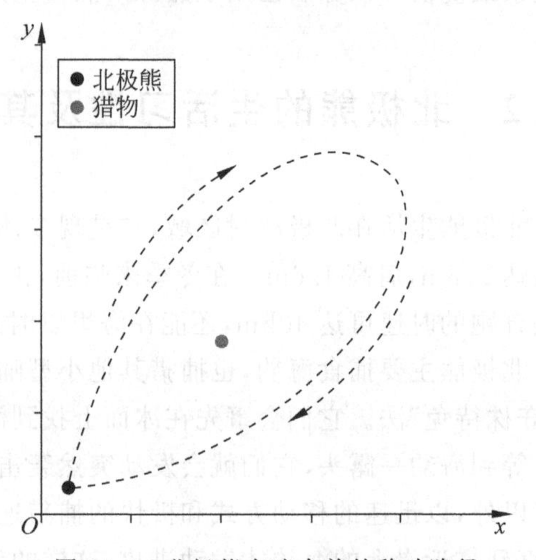

图 94.4　北极熊在攻击前的移动路径

在北极熊优化算法中，北极熊的捕猎策略有两个阶段，将北极熊在北极冰地和海洋中行进的过程作为全局搜索策略，将北极熊的具体捕猎行为作为局部搜索策略。此外，算法采用了控制种群出生和死亡的机制来模拟自然条件下北极熊的繁衍生存动态行为。因此，北极熊优化算法能够实现对优化问题的求解。

94.4　北极熊优化算法的数学描述

1. 北极熊个体与群体的描述

设北极熊种群由 k 个体组成，每只北极熊在 n 维空间中用一个点表示为 $\bar{x}=(x_0,x_1,\cdots,x_{n-1})$，在第 t 次迭代时，第 i 个体的第 j 维度的坐标用 $\bar{x}_j^i(t)$ 表示。

2. 浮冰漂移全局搜索策略

如果一只饥饿的北极熊在它最邻近的范围内找不到任何东西吃，那么它就会跳上一个大而稳定的浮冰，浮冰在很长一段时间内不会因为北极熊体重太大而破裂。北极熊利用浮冰朝远处可能有海豹的聚集地漂移。漂移可能需要几天时间，在这段时间内北极熊也在周围的冰面和水域中寻找食物。

北极熊的浮冰漂移行为在算法中用式(94.1)描述为

$$\bar{x}_j^i(t)=\bar{x}_j^i(t-1)+\mathrm{sgn}(\omega)\cdot\alpha+\gamma \tag{94.1}$$

其中，α 为区间(0,1]之间的随机数；γ 为[0,ω]区间内的随机数；sgn(·)为符号函数，根据 ω 的取值为负、0、正，sgn(ω)的值分别为−1、0、1；ω 是两个北极熊 i、j 之间的欧氏距离，其计算式为

$$d((\bar{x})^{(i)},(\bar{x})^{(j)})=\sqrt{\sum_{k=0}^{n-1}((x)^{(i)}-(x)^{(j)})^2} \tag{94.2}$$

PBO 算法的每个个体在迭代过程中都根据式(93.1)进行全局搜索，但只有在某只熊探索到比当前位置更好的位置时，才更新自己的位置。因为只有当北极熊距离海豹聚集地更近时，才有更大希望捕获成功，如图 93.2 所示。

3. 捕猎海豹局部搜索策略

在捕猎过程中，北极熊在北极冰面上探寻潜在的猎物，它不仅观察冰面上的情况，水下的情况也在它的监视之下。为了发现猎物，北极熊悄悄地向最佳地点移动。一旦北极熊基本到达攻击位置或者被海豹发现，它就以最大速度攻击猎物。海豹通常最有可能待在冰上，然而当有危险的时候，它们也会跳入水中。当北极熊找到海豹并被海豹发现时，也会立刻跳入水中，利用潜水和游泳的优势在水下迅速追上猎物并把它的牙齿刺入海豹体内，随后北极熊把海豹拖到浮冰上吃掉。

在 PBO 算法中，北极熊的上述捕捉海豹的策略为局部搜索策略。每只熊的移动方式采用修改的三叶草方程式即式(94.3)描述如下：

$$r=4a\cos\phi_0\sin\phi_0 \tag{94.3}$$

其中，a 和 ϕ_0 为描述北极熊视野半径用的两个参数；$a\in[0,0.3]$为限定北极熊的能见距离；$\phi_0\in(0,\pi/2]$为围绕猎物周围翻滚的角度。

上述的视野半径 r 通过空间坐标系的方程组即式(94.4)用于描述种群中每只熊自身移动

过程中每一维度上坐标的更新过程如下：

$$\begin{cases} x_0^{\text{new}} = x_0^{\text{old}} \pm r\cos\phi_1 \\ x_1^{\text{new}} = x_1^{\text{old}} \pm [r\sin\phi_1 + r\cos\phi_2] \\ x_2^{\text{new}} = x_2^{\text{old}} \pm [r\sin\phi_1 + r\sin\phi_2 + r\cos\phi_3] \\ \qquad \cdots \\ x_{n-2}^{\text{new}} = x_{n-2}^{\text{old}} \pm \left(\sum_{k=1}^{n-2} r\sin\phi_k + r\cos\phi_{n-1}\right) \\ x_{n-1}^{\text{new}} = x_{n-1}^{\text{old}} \pm \left(\sum_{k=1}^{n-2} r\sin\phi_k + r\sin\phi_{n-1}\right) \end{cases} \tag{94.4}$$

其中，$\phi_1, \phi_2, \cdots, \phi_{n-1} \in [0, 2\pi)$。式中的"+"号表示北极熊向前探寻；如果位置不理想，北极熊就向"−"号的方向探寻；两个方向都不理想，北极熊就原地不动。如果北极熊是在二维平面上进行捕猎，则它的行进路径与三叶草某片叶子的形状极其相似，如图94.3所示。

4. *动态种群规模调整策略*

为了模拟北极熊饥饿引发熊群繁衍与灭绝行为，在PBO算法执行初期，熊群规模只是最大容量的75%，剩余的25%为后期最差个体的消亡、最好个体繁殖后代和熊群规模增长做准备。在算法的每一次迭代中，个体因饥饿而死亡或者在成功捕猎后繁殖后代，这个机制体现了北极的严酷条件。算法引入k作为[0,1]区间上的随机数，采用式(94.5)确定熊的死亡或繁殖策略为

$$\begin{cases} \text{Death(死亡)} & k < 0.25 \\ \text{Reproduction(繁殖)} & k > 0.75 \end{cases} \tag{94.5}$$

上述死亡策略针对最虚弱的一只熊，北极熊死亡的条件是种群数量要保证多于种群规模的50%。繁殖是针对第t次迭代中，除了最好个体之外，前10%中最好的1个个体，繁衍行为按式(94.6)进行

$$\overline{x}_j^{\text{reproduced}}(t) = \frac{\overline{x}_j^{\text{best}}(t) + \overline{x}_j^{i}(t)}{2} \tag{94.6}$$

94.5 北极熊优化算法的实现步骤及伪代码

北极熊优化算法的实现步骤如下。

(1) 定义参数：适应度函数f、解维度、迭代次数T、种群最大规模n和视野最大距离等。

(2) 随机生成初始$75\%n$种群并记录最好解。

(3) 对种群中的每个北极熊，随机设置每个维度的斜角度值ϕ。

(4) 用式(94.3)计算搜索半径r。

(5) 用式(94.4)在"+"号情况下，计算北极熊新位置，如果新位置更好，则更新当前位置。

(6) 用式(94.4)在"−"号情况下，计算北极熊新位置，如果新位置更好，则更新当前位置。

(7) 根据式(94.1)和ω，决策北极熊的位置。

(8) 对种群进行排序，选出排在第一位的北极熊，并判断是否更新全局最优解。

(9) 从当前种群10%的最好解中，随机选择1个与全局最优解不相同的解。

(10) 随机产生 k 值，如果 $k<0.25$，北极熊的数量大于 $50\%n$，则移除种群中排序在最后一个个体。

(11) 如果熊的数量小于 $n-1$，则用式(94.6)繁殖 1 只新北极熊加入种群。

(12) 判断是否达到最大迭代次数，如果是则输出全局最优解，算法结束；否则，转到步骤(3)。

北极熊优化算法的伪代码描述如下。

```
1.  开始
2.  定义算法的参数：适应度函数 f,空间解的大小⟨a,b⟩,迭代次数 t,种群的最大规模 n,视力最大距离 θ,
3.  随机产生种群 75％的 n 只熊,
4.  i：= 0,
5.  while i≤T do
6.      for 种群中每只北极熊 x̄(t)^old do
7.          随机找出所有角度值 φ
8.          用式(94.3)计算半径 r,在加号情况下用式(94.4)计算北极熊 x̄(t)^new 新位置
9.          if f(x̄(t)^new)<f(x̄(t)^old) then
10.             x̄(t)^old = x̄(t)^new
11.         else
12.             在减号情况下用式(94.4)计算北极熊 x̄(t)^new 的新位置
13.             if f(x̄(t)^new)<f(x̄(t)^old) then
14.                 x̄(t)^old = x̄(t)^new
15.             end if
16.         end if
17.     end for
18.     随机选择熊的前 10％中的一只熊,
19.     根据式(94.1)计算这只熊的新位置
20.     if f(x̄(t)^new)<f(x̄(t)^old) then
21.         x̄(t)^old = x̄(t)^new,
22.     end if
23.     根据适应度值对种群进行排序
24.     选择 k∈⟨0,1⟩
25.     if i<t-1 且 k>0.75 then
26.         从种群中排名前 10％的北极熊中选择两个,并添加一个,使用式(94.6)复制一个,
27.     else,如果熊的数量 > 0.5 n 并且 k < 0.25 then
28.         移除种群中最差的个体
29.     end if
30.     i++
31. end while
32. 输出整个种群中最优北极熊 x̄^best
33. 停止
```

第95章　大象放牧优化算法

大象放牧优化算法是模拟大象放牧行为的一种新的群体智能优化算法，用于求解连续空间全局优化问题。该算法包括氏族更新操作和分离操作两个阶段。氏族中的大象执行局部搜索，离开氏族的公象执行全局搜索。该算法具有结构简单、控制参数少以及易于和其他方法相结合等特点。本章首先介绍大象的生活习性、大象放牧优化算法的优化原理，然后阐述大象放牧优化算法的数学描述、算法实现以及二进制象群优化算法的原理及实现。

95.1　大象放牧优化算法的提出

大象放牧优化算法(Elephant Herding Optimization，EHO)是2015年由Wang等模拟自然界中大象的放牧行为提出的一种新的群体智能优化算法，用于求解无约束全局优化问题。EHO算法具有结构简单、控制参数少以及易于和其他方法相结合等特点，能够很好地解决寻优问题。因此被成功用于多级别阈值、支持向量机参数优化、调度等问题。

95.2　大象的生活习性

大象是世界上现存最大的陆地哺乳动物。大象是群居性动物，通常以家族为单位活动，有时几头象聚集起来，有时结成上百头大象群。大象主要栖息于热带草原、丛林和河谷地带，以嫩叶、野果、野草、野菜、嫩竹等植物为食，食量极大，一只成年大象每日进食量在300kg左右。大象的平均寿命在80岁左右。

大象的外形特征有头大，耳大如扇，四肢粗大如圆柱以支持巨大身体，膝关节不能自由屈伸。大象鼻子有尖尖的牙齿、长长的鼻子几乎与体长相等，呈圆筒状，伸屈自如。象鼻子全部是由发达的肌肉组成的，鼻孔开口在末端，鼻尖有指状突起，能拣拾物品。象鼻子柔韧，缠卷起来灵活自如，作为大象自卫和取食的有力工具，可以捡拾重达1t的物体，也可以捡拾花生那样小的食物。

大象可以用人类听不到的次声波交流，在无干扰的情况下，一般能传播11km。如果遇上气流导致的介质不均匀，只能传播4km。如果在这种情况下还要交流，大象群会一起跺脚，产生强大的“轰轰”声，这种方法最远可传播32km。

大象的种类主要有非洲象和亚洲象两种，分别如图95.1和图95.2所示。非洲象比亚洲象体型高大。非洲象由母象为首领，每天活动的时间、行动路线、觅食地点、栖息场所等均听从母象指挥；亚洲象则相反，由成年公象承担保卫家庭安全的责任。

图 95.1　非洲大象群

图 95.2　亚洲大象群

95.3　大象放牧优化算法的优化原理

在 EHO 算法中，模拟大象种群考虑放牧行为需要考虑以下 3 条规则：

(1) 大象的种群由一些氏族组成，每个氏族都有固定数量的大象。

(2) 公象长大并进入青春期时，一定数量的公象会离开它们家族群，每一代都远离主要大象群单独生活。

(3) 每个氏族都由一头母象作为女族长，领导氏族中的大象共同生活。

在大象放牧优化算法中，每头大象（位置）代表优化问题的一个可行解，属于一个氏族。EHO 算法包括两个阶段：氏族更新，氏族分离。氏族更新操作模拟上述大象放牧行为的规则(1)和(2)，而规则(3)是通过分离操作来模拟的。

在 EHO 算法中，通过执行氏族更新操作更新氏族中每头大象的位置，得到新的大象氏族位置，这是执行局部搜索的过程，氏族在更新过程中不会互相影响。通过执行分离操作优化氏族中位置较差的大象位置，这是执行全局搜索过程。EHO 算法通过氏族更新操作和分离操作的反复迭代，直至获得全局最优解。

95.4　大象放牧优化算法的数学描述

在大象放牧优化算法中，氏族内的大象执行局部搜索，而离开氏族的公象执行全局搜索。

1. 氏族更新操作

来自不同群体的大象在族长的领导下一起生活。族长是氏族中适应度最好的大象。每头大象的位置都根据其自身位置和族长的位置进行更新，族长的位置根据氏族中心的位置进行更新，具体更新形式描述如下。

随机初始化大象种群，将大象种群分为 n 个氏族，每个氏族中有 j 头大象。在每次迭代中，大象 j 的位置都会随氏族 ci 族长（适应度值最好的位置 $X_{\text{best},ci}$）的位置更新如下：

$$X_{\text{new},ci,j}=X_{ci,j}+\alpha(X_{\text{best},ci}-X_{ci,j})r \tag{95.1}$$

其中，$X_{\text{new},ci,j}$ 和 $X_{ci,j}$ 分别为氏族 ci 中大象 j 更新后和更新前的位置；$X_{\text{best},ci}$ 为氏族 ci 中

适应度值最好的位置；α 为决定女族长影响的比例因子，$\alpha\in[0,1]$；r 为在[0,1]范围内产生的随机数。

如果由于 $X_{\text{best},ci}=X_{ci,j}$，每个氏族 ci 中女族长的位置不能被式(95.1)更新，则氏族 ci 中女族长的位置 $X_{\text{best},ci}$ 更新为

$$X_{\text{new},ci,j}=\beta X_{\text{center},ci} \tag{95.2}$$

其中，$X_{\text{center},ci}$ 为氏族 ci 中大象的平均位置；β 为在[0,1]范围内取值的系数。氏族 ci 在 d 维度上的中心 $X_{\text{center},ci,d}$ 定义为

$$X_{\text{center},ci,d}=\frac{1}{n_{ci}}\sum_{j=1}^{n_{ci}}X_{ci,j,d} \tag{95.3}$$

其中，d 为维度，$1\leqslant d\leqslant D$，D 为总维数；n_{ci} 为氏族 ci 中大象的数量；$X_{ci,j,d}$ 为大象个体 $X_{ci,j}$ 的第 d 维。

2. 氏族分离操作

公象在长大后会离开它们的群体，以增加群体的全局搜索能力和密度。在每个氏族 ci 中，具有适应度值最差的大象会被移动到新的位置如下：

$$X_{\text{worst},ci}=X_{\min}+\text{rand}\cdot(X_{\max}-X_{\min}+1) \tag{95.4}$$

其中，$X_{\text{worst},ci}$ 为氏族 ci 中适应度值最差的公象位置；$X_{\min}$ 和 $X_{\max}$ 分别为搜索空间的下限和上限；rand 为在[0,1]范围内产生的随机数。

95.5 大象放牧优化算法的实现步骤及伪代码

EHO 算法的基本步骤如下：

(1) 初始化种群，设置最大迭代次数。

(2) 用适应度函数计算每个大象个体的适应度值，得到当前最优个体位置。

(3) 用式(95.1)更新种群中每头大象个体的位置，用式(95.2)更新当前最优个体的位置。

(4) 计算更新之后的每头大象个体的适应度值，评估种群，得到更新后的种群最优和最差的大象个体位置。

(5) 用式(95.4)更新当前最差个体位置，保留更好的解。

(6) 判断是否达到最大迭代次数，若是，则输出当前最优个体位置以及对应的适应度值，算法结束；否则，返回步骤(2)。

大象放牧优化算法的伪代码描述如下。

```
Step1: 初始化.置计数器 t = 1; 初始化种群,最大迭代次数 MaxGen.
Step2: while t < MaxGen do
       对所有大象根据它们的适应度值进行排序.
       for ci = 1: n(对于大象种群中的所有氏族)do
           for j = 1: n_ci(对于氏族 ci 中的所有大象)do
               通过式(95.1)更新 x_ci,j 并生成 x^new_ci,j
               if x_ci,j = x_best,ci then
                   通过式(95.2)更新 x_ci,j 并生成 x^new_ci,j.
               end if
           end for j
```

```
        end for ci = 1: n(对于大象种群中的所有氏族)do
                用式(95.4)更新氏族 ci 中最差大象的位置
        评估新更新位置的种群.
        t = t + 1.
Step3: end while
```

大象放牧优化算法的流程如图 95.3 所示。

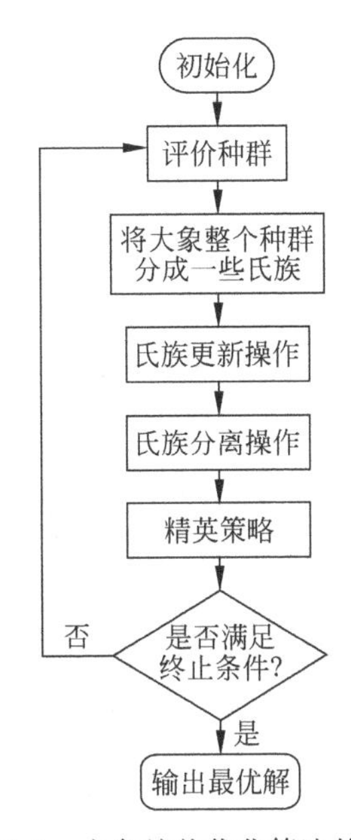

图 95.3　大象放牧优化算法的流程

95.6　二进制象群优化算法的原理及伪代码实现

二进制象群优化算法(Binary variant based on Elephant Herding Optimization, BinEHO)是 2020 年由 Hakli 提出的,将 EHO 算法推广用于求解离散变量优化问题。

由于 EHO 算法搜索策略产生连续值,为使其适应于二分搜索空间的方法有很多,例如四舍五入操作、传递函数、交叉和突变。该转换过程中最重要的一点是保护而不是削弱优化算法的搜索能力。基本的 EHO 算法具有良好的探索能力,易于实现,且不会陷入局部最优。在 EHO 算法的搜索方程中,根据氏族中的女族长来更新大象的新位置。为了保持母象对新位置大象的影响,适用于二进制值的方程采用如下形式:

$$X_{\text{new},ci}^{j,d} = X_{\text{best},ci}^{d} \tag{95.5}$$

其中,$X_{\text{new},ci}^{j,d}$ 为氏族 ci 中大象 j 第 d 维的新值;$X_{\text{best},ci}^{d}$ 为氏族 ci 中第 d 维的女族长。

由式(95.5)可知,个体的所有维度均为二进制值 0 和 1。重要的是,有多少维度会被这个方程更新。如果在基本的 EHO 算法中,所有的维数都在同一时间更新,那么氏族中的每一头大象都类似于女族长。另一方面,一维更新导致收敛速度慢,这也是基本 EHO 算法存在的问题之一。

为了克服这些问题,使用维度率(DR)参数来确定将更新多少个维度。假设维数(D)为 10,DR 为 0.4,如图 95.4 所示为每头大象的更新过程。将要更新的维度数按 DR×D 计算,这些维度是随机选择的,它们彼此不相等。

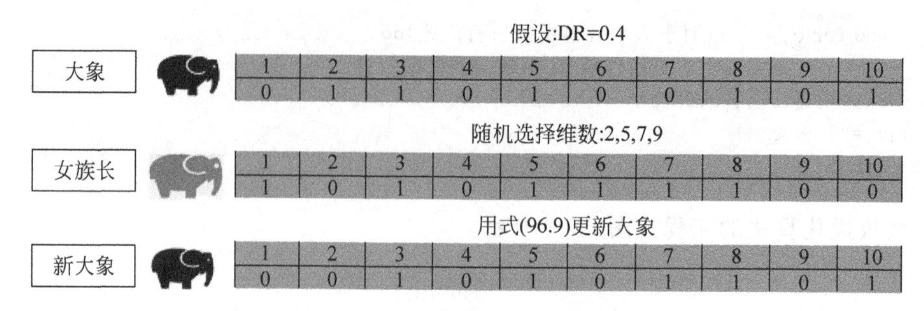

图 95.4　每头大象的更新过程

与基本的 EHO 算法解的搜索方程即式(95.1)一样,女族长的位置不会由用于二进制的方程即式(95.5)改变。除此之外,由于二进制原因,式(94.2)不适合计算氏族的中心位置来更新女族长。因此,用变异算子来更新女族长,增加种群的多样性。为了避免女族长(每个氏族中最好的大象)的高度扰动,只对一个维度进行变异,且这个维度是随机选择的。图 95.5 给出了一个突变操作的示例。

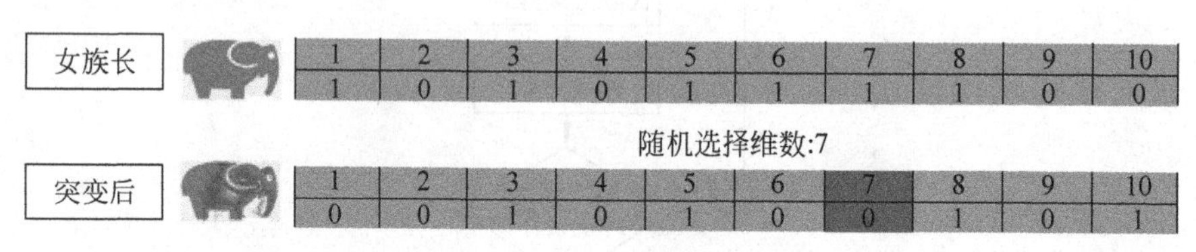

图 95.5　母象二进制的突变过程

通过利用基本 EHO 算法的原理和优点,氏族更新算子通过这两种操作适应了二进制值。在 BinEHO 算法中的分离算子,每个氏族中最差的大象是用 0 和 1 值随机生成的。当 EHO 算法适应二分搜索空间时,它变得更加简单。在 BinEHO 算法中不需要 α、β 和 $X_{\text{center},ci}$,因此它只有一个 DR 参数。

二进制象群优化算法的氏族更新操作和分离操作的伪代码描述如下。

```
氏族更新操作
DCount = ceil(DR×D)将 DCount 舍入到大于或等于最接近 DCount 的整数
for ci = 1: n Clan(对于大象种群中的所有氏族)
    for j = 1: n_ci(对于氏族 ci 中的所有大象)
        维度池 = (1,2,…,D)
        if 大象 j 不等同女族长
            for d = 1 : DCount
                从维池中任选一个维数
                用所选择的维数更新式(95.5)
                从维度池中删除所选的维度
            end
        else                                    //对于氏族 ci 的女族长
            对女族长执行突变操作
        end
    end
end
氏族分离操作
for ci = 1: nClan(对于大象种群中的所有氏族)
    用随机生成的 0 和 1 值的新大象替换氏族 ci 中最差的大象
end
```

第 96 章 象群水搜索算法

象群水搜索算法是一种模拟干旱期间大象群体水源搜索策略的群智能优化算法。在该算法中，象群在本地局部区域寻找水源(局部搜索)或去更偏远的地方寻找水源(全局搜索)，并以概率对两种搜索形式进行切换。在算法迭代中，包括大象速度更新、位置更新、惯性权重更新和切换概率更新环节。本章首先介绍大象的特征及其水搜索策略、象群水搜索算法设计的基本规则，然后阐述象群水搜索算法的数学描述、象群水搜索算法的伪代码。

96.1 象群水搜索算法的提出

象群水搜索算法(Elephant Swarm Water Search Algorithm，ESWSA)是 2018 年由 Mandal 提出的一种求解全局优化问题新的群智能优化算法。该算法主要模拟干旱期间大象群体水搜索策略，以及它们短距离和长距离的不同的通信技术。大象群的速度和位置会根据当前速度和局部最佳位置或全局最佳位置以概率条件更新。

该算法针对全局优化的许多广泛使用的基准函数进行了测试，并与多种优化算法对比，结果表明，ESWSA 的性能优异。针对两个著名的受约束的 3 杆桁架和拉力弹簧设计表明，ESWSA 在计算时间、最佳拟合度和标准偏差方面都非常出色。ESWSA 非常简单，相对容易实现，已被用于计算生物学基于 RNN 的 GRN 推理。

96.2 大象的特征及其水搜索策略

大象是世界上最大的陆生群居哺乳动物，它们通常分成一些群落生活，若干群落组成一个更大的象群。大象不仅具有大耳朵、长鼻子、长牙、粗大四肢、巨大身体结构，而且还有非常发达的传感和通信系统，富有良好的记忆力，表现出高级智能。

大象具有使用听觉、嗅觉、视觉、触觉和特殊的感官能够检测振动、声音识别的能力。大象能发出的声波从 5～10 000Hz。大象的视力据说在强光下明显减弱，达到最大范围 46～100m。大象能用头部、眼睛、嘴巴、耳朵、鼻子甚至整个身体都被用来向彼此或其他物种传递信息。大象是触觉极强的动物，能够使用它们的鼻子、象牙、脚、尾巴等交流，在大象之间表达攻击性、防御性和探索性行为等。

在干旱时期及干燥的天气里，大象根据目前的状况可以利用一种或多种通信系统或搜索方法寻找水资源。从河流、水洞、湖泊、池塘等水源地，一头成年大象平均每天要喝 150～250kg 的水。如果该地区非常干燥，干旱持续时间很长，它们为了找到食物和水会迁移到很远的地方。如果干旱的区域面积小，大象通常不会走远。当干旱地域很大的时候，大象可以去更偏远的地方寻找水源,直到雨季。它们用脚、树干和獠牙挖到干涸的河床,或到其他地方去发现地表下蕴藏着丰富的水源。

96.3 象群水搜索算法设计的基本规则

象群水搜索算法的设计基于以下4条基本规则。

(1) 在干旱季节,大象结成几个群体四处游荡寻找水源。每组象群由若干头大象组成,它们和所有象群一起努力寻找水源。每组中最老的大象负责决策关于小组搜索水资源的行动。

(2) 每当大象群发现水源时,领导者通过震地、声音、视觉和触觉等向其他群体传递水源的数量和质量信息。

(3) 大象有非常强的记忆力。每头大象团队能记住由自己团队发现的到当前为止最好的水源位置(局部最优解)和到当前为止被整个群体或所有群体发现的水资源(全局最优解)。基于记忆这些解,大象群可以从一个点移动到另一个点,在搜索过程中,根据全局搜索、局部搜索和位置规则,每个大象组的速度和位置会逐渐更新。大象的长距离和短距离通信技术分别在全局搜索和局部搜索中占主导地位。

(4) 局部水搜索和全局水搜索通过交换概率控制。小组的领导者根据概率决定在水搜索期间在本地搜索和全局搜索之间进行切换。由于物理上的接近性和其他因素(如远距离信号的衰减),本地水搜索在整个搜索活动中可能具有很大的比例。

96.4 象群水搜索算法的数学描述

对于一个优化问题,每个象群是根据其特定的速度来识别的,每头大象的位置类似于优化问题的相应解。对于最大化问题,适应度值直接与水资源数量和质量成正比。更好的水资源信息表示更好的解。

1. *种群初始化*

对于d维优化问题,大象种群中第i族群由N头大象组成,第t次迭代的第i族群为$X_{i,d}^t=(x_{i1},x_{i2},\cdots,x_{id})$,速度表示为$V_{i,d}^t=(v_{i1},v_{i2},\cdots,v_{id})$。当前迭代时第$i$族群的局部最优解为$P_{\text{best},i,d}^t=(P_{i1},P_{i2},\cdots,P_{id})$,并且全局最优解为$G_{\text{best},d}^t=(G_1,G_2,\cdots,G_d)$。

大象的初始位置和速度在整个搜索空间随机确定。设置$X_{\max}$和$X_{\min}$分别为大象位置的上界和下界。

2. *速度更新*

在算法迭代时,大象的速度和位置会根据以下规则分别更新如下:

$$V_{i,d}^{t+1}=\omega^t\cdot V_{i,d}^t+\text{rand}(1,d)\odot(G_{\text{best},d}^t-X_{i,d}^t)\quad \text{rand}>p(\text{对全局搜索})\tag{96.1}$$

$$V_{i,d}^{t+1}=\omega^t\cdot V_{i,d}^t+\text{rand}(1,d)\odot(P_{\text{best},i,d}^t-X_{i,d}^t)\quad \text{rand}\leqslant p(\text{对局部搜索})\tag{96.2}$$

其中,rand$(1,d)$为$[0,1]$内生成的d维随机数组;符号⊙表示逐元素乘法;ω^t为当前迭代的惯性权重,用以调节探索和开发之间的平衡;p为切换概率,用于在全局和局部水搜索之间根据随机变量的大小进行切换,有助于降低局部最优的可能性。每次迭代后都会更新全局最优解和局部最优解。

3. 位置更新

象群的位置按照下面的方法更新为

$$X_{i,d}^{t+1}=V_{i,d}^{t+1}+X_{i,d}^{t} \tag{96.3}$$

4. 惯性权重更新

惯性权重更新采用如下形式：

$$\omega^{t}=\omega_{\max}-\left(\frac{\omega_{\max}-\omega_{\min}}{t_{\max}}\right)t \tag{96.4}$$

其中，t 为迭代次数；ω^{t} 为第 t 次迭代时的惯性权重；$\omega_{\max}$ 和 $\omega_{\min}$ 分别为惯性权重的最大值和最小值；$t_{\max}$ 为最大迭代次数。

5. 切换概率更新

在 ESWSA 的基本算法中，切换概率取常数 $p=0.6$。2020 年，Mandal 提出将切换概率更新采用随迭代次数变化的形式为

$$p(t)=p_{\max}-\left(\frac{p_{\max}-p_{\min}}{t_{\max}}\right)t \tag{96.5}$$

其中，$p(t)$为第 t 次迭代时的切换概率；$p_{\max}$ 和 $p_{\min}$ 分别为切换概率的最大值和最小值。

完成所有迭代后，大象逐渐更新位置并达到最佳位置——水源，即最小化问题的最优解。

6. ESWSA 和 PSO 算法搜索策略对比

PSO 算法粒子速度的更新，即新的搜索方向受到粒子当前速度、迄今为止粒子的最优位置和群体的最优位置 3 个因素影响。可以认为，粒子的最优位置是影响局部搜索的主要因素，群体的最优位置是影响全局搜索的主要因素。

ESWSA 在局部搜索时，速度的更新是根据当前大象最佳位置，即围绕当前最佳位置进行搜索；在全局搜索时，速度的更新是根据当前大象全局最佳位置，即向全局最优解搜索。在局部搜索和全局搜索两者之间，通过切换概率 p 进行切换。然而，在粒子群算法中，搜索同时受到当前最优解和全局最优解的影响。这是 ESWSA 和 PSO 在搜索策略方面的主要区别。图 96.1(a)、(b)分别描述了 PSO 和 ESWSA 在迭代时速度和位置更新所确定的新的搜索方向。

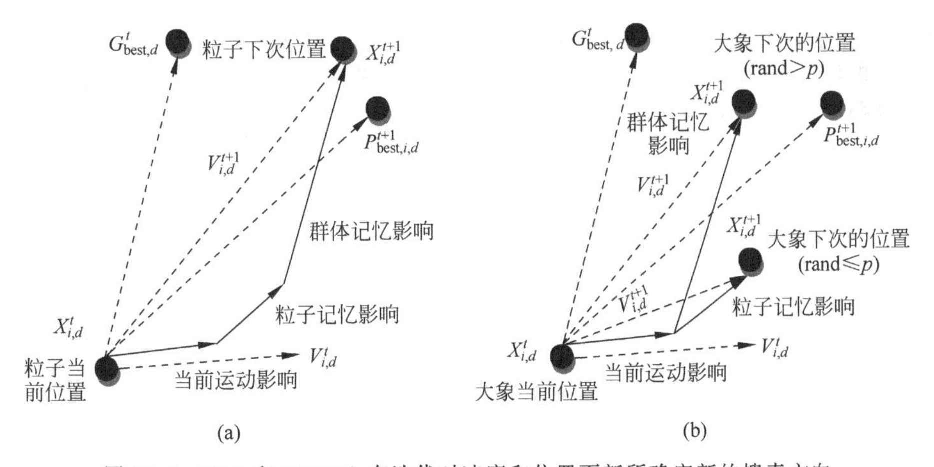

图 96.1　PSO 和 ESWSA 在迭代时速度和位置更新所确定新的搜索方向

96.5 象群水搜索算法的伪代码实现

象群水搜索算法的伪代码描述如下。

```
开始 ESWSA
定义 N,d,t_max,X_max,X_min,p 和目标函数 f;                //输入
for i = 1 : N                                             //初始化
    初始化 X_i,d 和 V_i,d;
    P_best,i,d = X_i,d;
end;
评估所有 N 个象群位置的适合度值 f(X_i,d);                  //评估并找到最佳
G_best,d = Min(f);
根据式(96.4)权重更新规则为 ω^t 赋值;                       //ω^t 赋值
for t = 1 to t_max                                        //开始迭代
    for I = 1 : N
        if rand > p                                       //全局搜索
            全局水搜索或使用式(96.1)更新大象的速度 V_i,d;
        else;                                             //局部搜索
            局部水搜索或使用式(96.2)更新大象的速度 V_i,d;
        end if;
        使用式(96.3)更新位置 X_i,d;                        //更新位置
        评估适合度值 f(X_i,d);
        if f(X_i,d)< f(P^t_best,i,d);                     //更新当前最优
            G^t_best,d = P^t_best,i,d
        end if;
        if f(P^t_best,i,d)< f(G^t_best,d)                 //更新全局最优
            G^t_best,d = P^t_best,i,d
        end if;
    end for;
    X* = G^t_best,d
end for;                                                  //结束迭代
返回 X* 和 f(G^t_best,d)                                   //输出
结束 ESWSA
```

第 97 章　自私兽群优化算法

自私兽群优化算法是模拟一群受到某种捕食风险影响的动物个体所表现出来的自私群体行为的群智能优化算法。自私兽群是指由具有自私属性的个体组成的兽群。当群居动物感知到被捕猎的危险时，每个个体都会聚集在一起来增加生存的机会。自私兽群优化算法把动物种群分为自私猎物群和捕食者群，通过模拟在自然界中猎物躲避捕食风险时的行为和狩猎者猎杀行为来实现算法的搜索过程。本章介绍自私兽群的基本概念，阐述优化算法的优化原理、数学描述、实现步骤及算法流程。

97.1　自私兽群优化算法的提出

自私兽群优化(Selfish Herd Optimizer，SHO)算法是 2017 年由 Fausto 等提出的一种新的群智能优化算法。当自然界的兽群遭受到捕食者攻击时，个体总是尽量聚集到种群中心而远离捕食者。该算法把动物种群分为自私猎物群和捕食者群，通过模拟在自然界中猎物躲避捕食风险时的行为和狩猎者猎杀行为来实现算法的搜索过程，并通过控制两组个体的数目来实现全局搜索和局部搜索之间的平衡。该算法具有精度高、鲁棒性强等特点。

97.2　自私兽群优化算法的优化原理

汉密尔顿提出的自私兽群理论指出，当群居动物感知到被捕猎的危险时，被捕猎的动物中的每个个体都会通过与其他同种动物聚集在一起来增加生存的机会。这种个体产生聚集行为可能会增加它们在捕食者攻击中生存的机会，而不考虑这种行为对其他猎物生存机会的影响。处在群体边缘的个体更容易受到攻击，这也导致群体边缘的个体逃离群体，以增加它们被捕食者攻击时的生存机会。

自私兽群优化算法假设整个搜索空间是一个开放的平原，把动物种群分为两组：一组是生活在聚集中的猎物(自私的群体)；另一组是在寻找聚集中猎物的捕食者。动物种群中，要么是猎物，要么是捕食者。通过这两种个体来模拟一群饥饿的捕食者和受到攻击的自私猎物群体之间的掠夺性互动行为。这两种搜索个体都是由捕食者-猎物关系所激发的独特进化算子单独进行的。这样能使自私兽群优化算法在不改变种群大小的情况下改善全局搜索与局部搜索之间的平衡。

在求解优化问题时，可以使用自私兽群优化算法随机构造多个个体作为优化问题的初始解，并按照一定比例对种群中个体进行分组，通过两组个体的自私行为进行信息交互，不断改善个体适应度值，最终实现对优化问题的求解。

97.3 自私兽群优化算法的数学描述

1. 种群初始化

随机初始化动物种群(猎物和捕食者)。在预先给定参数的上下边界之间,随机均匀分布个体的初始位置为

$$a_{i,j}^{0}=x_{j}^{\text{low}}+\text{rand}\cdot(x_{j}^{\text{high}}-x_{j}^{\text{low}}) \tag{97.1}$$

其中,$a_{i,j}^{0}$ 为种群中个体的位置;rand 为[0,1]之间的一个随机数;x_{j}^{high} 和 x_{j}^{low} 分别为第 j 维变量的上下界。

在自私兽群优化算法中,取猎物组个体占种群整体数量 N 的70%~90%。设 N_h 为猎物组的个体数量,N_p 为狩猎者组的个体数量,则猎物组中猎物数量的计算公式为

$$N_h=\text{floor}(N\cdot\text{rand}(0.7,0.9)) \tag{97.2}$$

其中,floor(•)为向下取自变量的整数值。狩猎者组中狩猎者数量为

$$N_p=N-N_h \tag{97.3}$$

2. 种群个体的生存价值

在生物学中,个体的生存价值是评估狩猎者捕捉猎物、猎物避开捕捉、成功杀死攻击中的猎物,从而生存下来的能力标准。在SHO算法中,每个个体都会被分配一个生存价值,个体 i 生存价值的计算式为

$$SV_i=\frac{f(a_i)-f_{\text{best}}}{f_{\text{worst}}-f_{\text{best}}} \tag{97.4}$$

其中,$f(\cdot)$为目标函数;f_{best} 和 f_{worst} 分别为目标函数的最大值和最小值。对70%~90%的猎物计算生存价值,生存价值最高的作为猎物领袖,生存价值越低的作为最容易被捕获的猎物。

3. 种群个体之间的交流及位置的更新

种群中的个体交流,主要是猎物个体在收到捕杀威胁和狩猎者追捕猎物时所传递的信息,这个信息是由个体所在位置和周围个体位置影响产生的生存价值决定的。个体 j 对个体 i 的影响系数计算式为

$$\varphi_{i,j}=SV_j\cdot\mathrm{e}^{-d_{i,j}^2} \tag{97.5}$$

其中,$d_{i,j}=\|s_i-s_j\|$。

每个猎物会受到4种个体的影响如下。

(1) 猎物受到领导者的影响

$$\varphi_{i,L}=SV_L\cdot\mathrm{e}^{-d_{i,L}^2} \tag{97.6}$$

(2) 猎物受到离它最近且生存价值高于它的猎物个体的影响

$$\varphi_{i,c}=SV_c\cdot\mathrm{e}^{-d_{i,c}^2} \tag{97.7}$$

(3) 猎物受到猎物组中主要成员的影响

$$\varphi_{i,M}=SV_M\cdot\mathrm{e}^{-d_{i,M}^2} \tag{97.8}$$

(4) 猎物受到狩猎者的影响

$$\varphi_{i,p}=SV_p\cdot e^{-d_{i,p}^2} \tag{97.9}$$

4. 猎物组个体之间交流及个体位置更新

一个自私兽群的领袖是群体成员中最聪明、最强壮、最能干的个体，领导着其他成员的行动。自私兽群的首领通常是聚集在一起的兽群中有最大机会生存或攻击捕猎者的个体。同样地，在每次迭代中，算法指定一组个体中的一个个体作为一个自私组的领导者。这个个体是通过考虑群体中每个个体的生存价值来选择的，如下所示：

$$h_L^k=(h_i^k\in H^k\mid SV_{h_i^k}=\max_{j\in\{1,2,\cdots,N_k\}}(SV_{h_j^k})) \tag{97.10}$$

在兽群中，除领导者外，其他个体分为追随者(H_F^k)和逃兵(H_D^k)。SHO算法将这两个组在每次迭代中定义如下：

$$H_F^k=\{h_i^k\in h_L^k\mid SV_{h_i^k}\geqslant \mathrm{rand}(0,1)\} \tag{97.11}$$

$$H_D^k=\{h_i^k\in h_L^k\mid SV_{h_i^k}\geqslant \mathrm{rand}(0,1)\} \tag{97.12}$$

在兽群追随者中，根据它们的生存能力，把内部的个体分成一组主要的牧群成员(H_d^k)和一组次要的牧群成员(H_s^k)。在SHO算法中，将猎物组中的成员划分为主、从成员，如下所示：

$$H_d^k=\{h_i^k\in h_F^k\mid SV_{h_i^k}\geqslant SV_{h_D^k}\} \tag{97.13}$$

$$H_s^k=\{h_i^k\in h_F^k\mid SV_{h_i^k}< SV_{h_D^k}\} \tag{97.14}$$

其中，$SV_{h_i^k}$ 为兽群聚集的平均生存价值，定义如下：

$$SV_{h_i^k}=\frac{\sum_{i=1}^{N_h}SV_{h_i^k}}{N_h} \tag{97.15}$$

定义个体在自私兽群中最接近最好位置的邻居表示如下：

$$h_{c_i}^k=(h_j^k\in H^k,h_j^k\neq[h_i^k,h_L^k]\mid SV_{h_j^k}>SV_{h_i^k},r_{i,j}=\min_{j\in\{1,2,\cdots,N_h\}}(\|h_i^k-h_j^k\|)) \tag{97.16}$$

其中，$r_{i,j}$ 为兽群列表中的成员 i 和 j 之间的欧氏距离；k 为当前迭代次数。

领导者在下一代中的地位更新公式如下：

$$h_L^{k+1}=\begin{cases}h_L^k+c^k & SV_{h_L^k}=1\\ h_L^k+s^k & SV_{h_L^k}<1\end{cases} \tag{97.17}$$

$$f(h_L^k)=f_{\mathrm{best}}\rightarrow SV_{h_L^k}=1 \tag{97.18}$$

$$c^k=2\alpha\varphi_{h_L^k,p_M^k}^k(p_M^k-h_L^k) \tag{97.19}$$

$$s^k=2\alpha\varphi_{\varphi_L^k,X_{\mathrm{best}M}^k}^k(X_{\mathrm{best}}^k-h_L^k) \tag{97.20}$$

在兽群中，追随者(H_F^k)和逃兵(H_D^k)的下一代位置的更新公式如下：

$$h_i^k=\begin{cases}h_L^k+f_i^k & h_i^k\in H_D^k\\ h_L^k+d_i^k & h_i^k\in H_s^k\end{cases} \tag{97.21}$$

$$f_i^k=\begin{cases}2(\beta\varphi_{h_i,h_L}^k(h_L^k-h_i^k)+\gamma\varphi_{h_i,h_L}^k(h_L^k-h_i^k)) & h_i^k\in H_D^k\\ 2\delta\varphi_{h_i,h_L}^k(h_M^k-h_i^k) & h_i^k\in H_s^k\end{cases}\tag{97.22}$$

$$d_i^k=2(\beta\varphi_{h_i,x_{\text{best}L}}^k(x_{\text{best}}^k-h_i^k)+\varepsilon\boldsymbol{r}\cdot(1-SV_{h_i^k}))\tag{97.23}$$

其中,$\boldsymbol{r}$ 为随机产生的方向向量。

5. 狩猎者组个体之间交流及个体位置更新

狩猎者组中个体的位置更新是根据狩猎者的狩猎过程来模拟更新的,狩猎者在自己的可猎杀范围内选择一个猎物进行猎杀,公式如下:

$$p_i^{k+1}=p_i^k+2\rho(h_r^k-p_i^k)\tag{97.24}$$

式中,ρ 为[0,1]之间的随机数;h_r^k 为狩猎者在猎杀半径内要选择的猎杀对象。

6. 猎杀行为

当多个猎物进入狩猎者攻击半径的范围时,狩猎者将根据轮盘赌的概率选择杀死猎物。

$$\boldsymbol{\Gamma}_{p_i,h_j}=\frac{\omega_{p_i,h_j}}{\sum\limits_{h_M\in T_{F_i}}\omega_{p_i,h_m}}\tag{97.25}$$

7. 交配行为

在交配阶段,猎物组成员通过轮盘赌的方法决定每个个体对子代个体的影响程度,表达式为

$$M_i=\frac{SV_i}{\sum\limits_{j=1}^{N_h}SV_j}\tag{97.26}$$

在这一阶段过程结束后,使用适应函数对新的个体进行评估,更换猎物组中的最弱个体。

97.4 自私兽群优化算法的实现步骤及流程

(1) 初始化相关参数,用式(96.1)随机产生初始种群,并用式(96.2)和式(96.3)把种群分为猎物组和狩猎者组。

(2) 计算每个个体的适应度值,选出最优个体和最差个体,用式(96.4)计算每个个体的生存价值。

(3) 用式(96.17)和式(96.21)对猎物组个体位置更新。

(4) 用式(96.24)对狩猎者组个体的位置更新。

(5) 用式(96.25)进行猎杀操作,并将猎杀的猎物个体存储到集合中。

(6) 用式(96.26)在原来剩余的猎物中执行交配操作,选择个体进行更新。

(7) 重新计算每个个体的适应度值,选出最优个体和最差个体,重新计算每个个体的生存价值。

(8) 如果满足终止条件,则输出全局最优解,算法结束;否则,转到步骤(3)。

自私兽群优化算法的流程如图97.1所示。

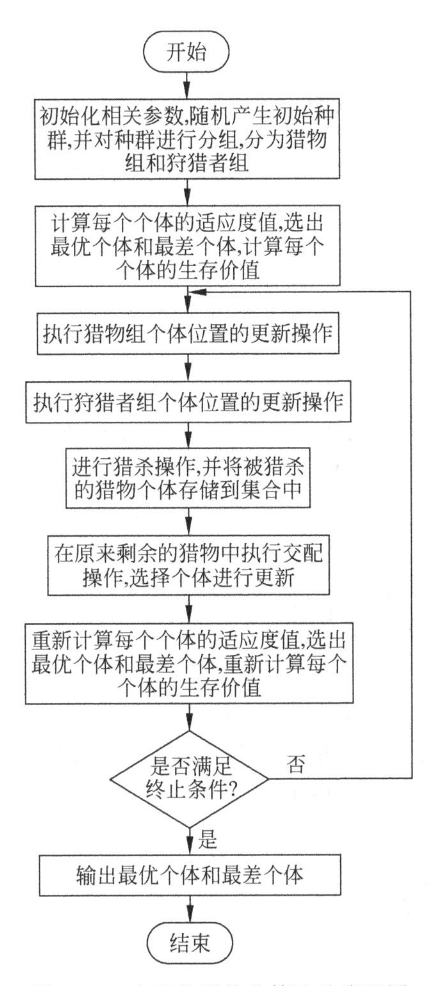

图 97.1　自私兽群优化算法的流程图

第 98 章　捕食搜索算法

动物捕食策略首先是在整个搜索空间进行全局搜索，直至找到一个较优解；然后在较优解的附近区域进行集中搜索，如果搜索很多次也没有找到更优解，则放弃局域搜索；最后再在整个搜索空间进行全局搜索；如此循环，直至找到最优解或近似最优解为止。捕食搜索算法是模拟动物捕食策略的仿生优化算法，用于解决组合优化问题。本章介绍动物捕食策略，以及捕食搜索算法的基本思想、数学描述、实现步骤及流程。

98.1　捕食搜索算法的提出

捕食搜索(Predatory Search, PS)算法是 1998 年由巴西学者 Linhares 提出的一种用于解决组合优化问题的模拟动物捕食行为的空间搜索策略，并分别用于旅行商问题(TSP)和超大规模集成电路设计(VLSI)问题，都取得了较好的效果。

98.2　动物捕食策略

动物学家在研究动物的捕食行为时发现，很多动物尽管它们的身体构造千差万别，但捕食的搜索策略都惊人的相似。当这些动物在搜索猎物的时候，它们首先快速地沿着某一方向搜索(该方向的选择通常是随机的)，直到它们捕捉到猎物。此后，它们就会放慢速度，在发现猎物的地点附近一个很小的范围内继续搜索，试图找到更多的猎物。如果过了一段时间仍然没有发现新的猎物，它们就会放弃目前精密搜索的范围，转向其他的区域，重新进行新的大范围搜索。几种动物捕食的片段如图 98.1 所示。

捕食动物的搜索过程分为 3 个不同的步骤。

图 98.1　几种动物捕食的片段

(1) 捕食动物必须为了捕食而搜索。

(2) 捕食动物追逐和攻击猎物。

(3) 处理并吃掉猎物。

不同的捕食动物在搜索过程每一个步骤中需要不同的消耗。以狮子为例,因为它们捕食的是斑马或者瞪羚羊——形体较大容易被发现,在搜索的过程中不需要太多的消耗。对于这样的猎食者来说,它们在追逐和攻击阶段(攻击者可能有意外发生)及进食阶段(其他动物可能参与分享猎物)需要更多的消耗。而对于鸟类或者蜥蜴等捕食小昆虫的动物来说,由于昆虫较小的形体(有时小于捕食者的1%)很难被发现,搜索的过程需要很大的消耗。对于这些捕食动物来说,搜索阶段比攻击和处理阶段重要得多。自然选择的过程使这些动物进化出了有效的搜索策略。

对于搜索过程有重要需求的捕食动物来说,采取著名的区域限制搜索策略:在没有发现猎物和猎物的迹象时在整个捕食空间沿着一定的方向以很快的速度寻找猎物;一旦发现猎物或者发现有猎物的迹象,它们就立即改变自己的运动方式,减慢速度,不停地巡回,在发现猎物或者有猎物迹象的附近区域进行集中的区域搜索,持续不断地接近猎物。在搜寻一段时间没有找到猎物后,捕食动物将放弃这种集中的区域,而继续在整个捕食空间寻找猎物。在不同的物种如鸟类、蜥蜴、许多的捕食昆虫等行为中都有描述。这一捕食行为看上去对于不同的环境和猎物分布都是适应的和有效率的。例如,如果猎物在搜索空间内是聚集的或者随机分布的,区域限制搜索能够通过在猎物附近进行持续的搜索从而最大化搜索成功的概率。动物的这种捕食过程中的搜索策略可以概括为以下两个搜索。

搜索1 (全面搜索):在整个搜索空间进行全面搜索,直到发现猎物或者有猎物的迹象而转到搜索2进行区域限制搜索。

搜索2 (区域限制搜索):在猎物或者有猎物的迹象的附件区域进行集中搜索,直到搜索很多次也没有找到猎物而放弃局部搜索,转到搜索1进行全面搜索。

动物学家的研究表明,动物的这种捕食搜索策略的效率是非常高的。此策略很好地平衡了对整个猎物空间的搜探(全局搜索)和对猎物聚集区域的开发(局部搜索)。这种平衡正是智能优化算法所追求的目标。全局搜索可以发现猎物聚集的区域;集中的局部搜索可以在猎物集中的区域仔细地搜索猎物,防止漏掉猎物。由于捕食者大部分时间用在猎物聚集区,而猎物聚集区相对于整个搜索空间更容易发现猎物,搜索动物的这种捕食策略是很高效的。

98.3　捕食搜索算法的基本思想

通过模拟动物捕食策略的捕食搜索算法在寻找问题的最优解的时候,它首先在整个搜索空间进行全局搜索,直至找到一个较优解;然后在较优解的附近区域进行集中搜索,如果搜索很多次也没有找到更优解,则放弃局域搜索;最后再在整个搜索空间进行全局搜索:如此循环,直至找到最优解或近似最优解为止。

捕食搜索算法并没有给出全局搜索和局域搜索的具体算法,实际上它是一种全局搜索和局域搜索的平衡策略。捕食搜索策略很好地协调了局部搜索与全局搜索之间的转换:在较差的区域进行全局搜索以找到较好的区域;然后在较好的区域进行集中的局域搜索,以使解得到迅速改善;全局搜索是在解空间中进行广度勘探,而局域搜索可以对较好区域进行深度开发。因为捕食搜索的局域搜索只集中在一个相对很小的区域进行,所以搜索速度很快,而且全局搜索可以提高搜索的质量,使搜索避免陷入局部最优点。

应该指出的是,上述捕食搜索策略,只有当猎物聚集时,捕食者用这种策略效率才高;否则局域搜索等于徒劳。因此,捕食搜索算法不是一种具体的寻优计算方法,并没有给出在局部和全局如何进行具体的搜索,其本质上是一种平衡局部搜索和全局搜索的策略,所以可将其称为捕食搜索策略。局部搜索和全局搜索,广度勘探和深度开发,搜索速度和优化质量是困扰着所有算法的矛盾;而捕食搜索非常巧妙地平衡了这个矛盾。捕食搜索在较差的区域进行全局搜索以找到较好的区域,然后在较好的区域进行集中地局部搜索,以使解得到迅速地改善。捕食搜索的全局搜索负责在解空间中进行广度勘探,捕食搜索的局部搜索负责对较好区域进行深度开发;捕食搜索的局部搜索由于只集中在一个相对很小的区域进行,因此,搜索速度很快,捕食搜索的全局搜索可以提高搜索的质量,使搜索避免陷入局部最优点。

98.4 捕食搜索算法的数学描述

捕食搜索算法把组合优化问题定义为一个二元组(Ω,Z),其中Ω是解的集合,函数$Z:\Omega\to\mathbf{R}$代表每个解到对应适应度值的变换。

1. 移动

【定义 98.1】 假设每个解s存在一个邻域$N(s)\subset\Omega$,定义$N'(s)\subset N(s)$,其中$N'(s)$包含了$N(s)$中的元素的5%,即

$$|N'(s)|=|N(s)|/20 \tag{98.1}$$

定义$N(s)$中的一个解到另一个解的变换为移动。

以求解含有n城市的TSP问题为例,用从1到n的每个自然数组成的集合元素表示城市,元素所在的位置表示被访问的顺序。例如,状态$s=(x_1,x_2,\cdots,x_n)$表示旅行商访问的路线为$x_1\to x_2\to,\cdots,\to x_n\to x_1$。

一个解为一个循环路线,给定一个解s,采用2-opt算法进行状态的转移,即将其子串

$$x_q,x_{q+1},\cdots,x_{q+r} \tag{98.2}$$

排列顺序逆转后则得到一个新的解为

$$x_{q+r},\cdots,x_{q+1},x_q \tag{98.3}$$

其中,$1\leqslant q,q+r\leqslant n$。组合所有可能的$q$和$r$就得到$s$的邻域$N(s)$。

2. 可达

【定义 98.2】 如果对于任意两个状态s_0、s_m和某个$R\in\mathbf{R}$,存在一个序列

$$s_0,s_1,s_2,\cdots,s_{m-1},s_m \tag{98.4}$$

若对于所有正整数$0\leqslant k<m$,都有$s_{k+1}\in N(s_k)$,则称解s_m是从s_0可达的。

3. 限制

在捕食搜索算法中,使用限制(Restriction)来表征较优解的邻域大小。通过限制的调节,实现搜索空间的增大和减小,从而达到勘探能力和开发能力的平衡。

【定义 98.3】 若对于某个$R\in\mathbf{R}$,对于路径上的所有状态有$Z(s_k)\leqslant R$,则称这条路径服从限制R。

可以将映射$A:\Omega\times\mathbf{R}\to 2^{\Omega}$定义为从$s$可达的服从限制$R$的所有解的集合$A(s,R)\subset\Omega$。这样,给定一个最好解$b$和一个限制$R$,围绕$b$的一个受限搜索区域可以表示为$A(b,R)\subset\Omega$。为了实现一个在已知最好解的附近逐渐扩大的搜索区域,可以定义一个由NumLevel+1限制

级别组成的序列：限制[L]，其中 $L\in\{0,1,\cdots,\text{NumLevel}\}$ 称为限制的级别。

图 98.2 为解空间对可行解施加限制的示意图。其中可行解用圆圈表示，在 Z 坐标上的投影表示对应解的适应度值。每个解 x 被映射到一组邻居 $N(x)$，并将其映射到对应的适应度值 $Z(x)$，通过设置“低”或“高”限制级别来区分在已经找到的最优解附近搜索空间的大小。

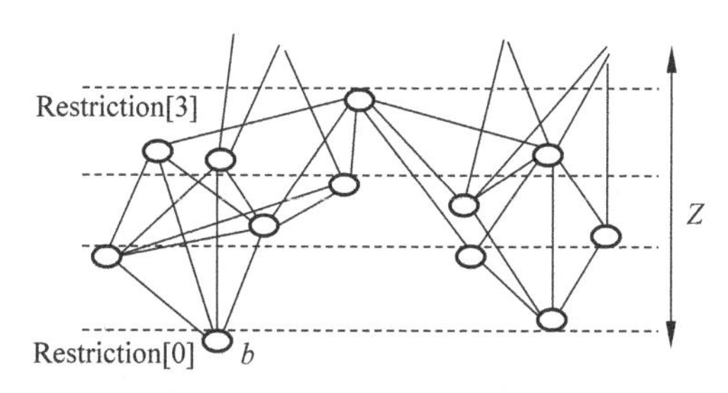

图 98.2　在解空间对可行解施加限制的示意图

图 98.2 所示的限制级别被分为 4 个等级：Restriction[0]、Restriction[1]、Restriction[2]、Restriction[3]。在图中的解 b 附近使用限制 Restriction[3]可用集合表示为 $A(b,\text{Restriction}[3])$。

搜索算法的主要迭代来自限制为 $L[0]$的搜索 1，从邻域中取样，如果样品中的最好解的适应度值小于限制 L，则将其作为最新的解，重新开始。处于可操作性的考虑，算法的每一步取一个较小的子集，取邻域的 5%。若算法的每一步都将整个集合 $N(s)$作为样本，则会导致无限循环使算法无法实现。值得指出的是，邻域中的最好解即使其适应度值大于当前解也会被接受，当移动出一个局部最优解之后，算法必然还要返回到该点，因为该点是邻域 $N(s)$的最好解。

每一次尝试性的移动之后，有一个指针来记录在该区域内迭代的次数。当指针到达一个关键点之后，增加限制的等级 L，从而不断加大搜索的区域。当 L 到达某一个值 Lthreshold 时，意味着算法已经在所限制的区域内进行了多次有效的搜索而没有找到改进的解，于是算法放弃区域限制的搜索方式，将 L 设置为一个较高的值 LhighThreshold。这个较高的值表示在建立一列取样时得到的一个较差解的适应度值，在这样一个限制约束下，算法可以搜索很大的区域，很快跳出原来所限制的较小的区域。

发现一个改进的解时，需要一些特殊的操作。

(1) 若找到更好的解则更新最优解 b。

(2) 从 b 的邻域中计算得到一列限制等级。

(3) 将 L 设为 0，从而让算法在 b 的附近进行细致的搜索。

这也正是区域限制的搜索方式被触发的时刻，实现这样的捕食搜索策略可以看作是捕食的改进解，而不是捕食很好的解。另一个可行的触发区域搜索的方式可以是在常规搜索中发现较好的解，这样的触发条件将弱于前述方式。

98.5　捕食搜索算法的实现步骤及流程

捕食搜索算法的实现步骤如下。

(1) 随机选取一个可行解 s，$s\in\Omega$(解空间)，counter$=0$，$L=0$。

(2) 若 $L<\text{NumLevel}$，则随机选取 $N(s)$的 5%构造出 $N'(s)$，并取其中最小解 proposal，

然后转到步骤(3)；否则结束。

(3) 若 proposal$\in A(b,[L])$，令 solution=proposal，并转到步骤(4)；否则转到步骤(5)。

(4) 如果 Z(solution)<$Z(b)$，令 b=solution，level=0，counter=0，重新计算限制，然后转到步骤(2)；否则转到步骤(5)。

(5) 令 counter=counter+1。如果 counter>Lthreshold，则令 $L=L+1$，counter=0，然后转到步骤(6)；否则转到步骤(2)。

(6) 如果 L=Lthreshold，令 L=LhighThreshold(通过限制级别$[L]$的跳跃，实现从局域搜索到全局搜索的转换)，然后转到第步骤(2)；否则直接转到步骤(2)。

在上述步骤(4)中，如果 Z(solution)<$Z(b)$，重新计算限制，限制的计算具体操作如下。

(1) 搜索 NumLevel 次迄今为止发现最好解 b 的邻域，计算 Z 得到 NumLevel 适应度值。

(2) 把这 NumLevel 个适应度值与发现的最好解的适应度值按升序列表。

(3) 把排列在后的 NumLevel 依次赋给限制

$$\text{Restriction}[1], \text{Restriction}[2], \cdots, \text{Restriction}[\text{NumLevel}]$$

而 Restriction[0]的值取为刚获得的最好的适应度值 $Z(b)$。

把选取适应度值列表中较小的部分值作为局域搜索限制，而选取较大的部分作为全局搜索限制。显然，当算法从较小部分适应度赋值的限制跳跃到较大部分适应度赋值的限制时，即实现了局域搜索到全局搜索的转换。

捕食搜索算法的流程如图 98.3 所示。

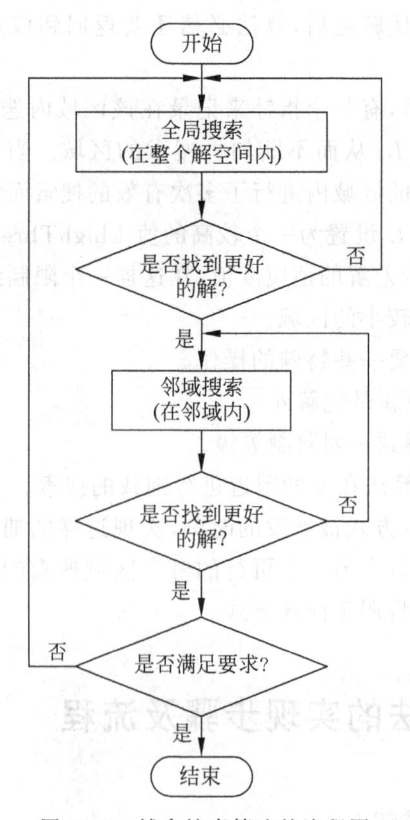

图 98.3 捕食搜索算法的流程图

第 99 章　自由搜索算法

自由搜索算法是模拟多种动物的习性：采用蚂蚁的信息素指导其活动行为，还借鉴马牛羊个体各异的嗅觉和机动性感知能力的特征，提出了灵敏度和邻域搜索半径的概念，通过信息素和灵敏度的比较确定寻优目标。在算法中个体位置更新策略是独立的，与个体和群体的经历无关，个体的搜索行为是通过概率描述的。因此，该算法具有更大的自由性、独立性和不确定性，体现了"以不确定应对不确定，以无穷尽应对无穷尽"的自由搜索优化思想。本章介绍自由搜索算法的优化原理、数学描述、实现步骤及流程。

99.1　自由搜索算法的提出

自由搜索(Free Searech，FS)算法是 2005 年由英国学者 Penev 和 Littlefair 提出一种群智能优化算法。自由搜索算法不是模拟某一种社会性群居动物的生物习性，而是博采众长，模拟多种动物的生物特征及生活习性。它不仅采用蚂蚁的信息素通信机制，以信息素指导其活动行为，而且还借鉴高等动物感知能力和机动性的生物特征。它模拟了生物界中相对高等的群居动物，如马牛羊等的觅食过程，如图 99.1 所示。

图 99.1　马牛羊的觅食过程

该算法虽然也是一种基于群体的优化算法，但它与蚁群算法、粒子群算法、鱼群算法等群智能算法不同，表现在两方面：一是在算法中个体的位置更新策略是独立的，与个体和群体的经历无关；二是个体的搜索行为不受限制，而是通过概率描述的。所以说，FS 算法具有更大的自由性、独立性和不确定性。这种算法正体现了 Penev 和 Littlefair"以不确定应对不确定，以无穷尽应对无穷尽"的自由搜索优化思想。

该算法借鉴动物个体存在各异的嗅觉和机动性，提出了灵敏度和邻域搜索半径的概念，并利用蚂蚁释放信息素的机理，通过信息素和灵敏度的比较确定寻优目标，对于函数优化结果显示出良好的性能。目前，该算法已用于函数优化、灌溉制度的优化、无线传感器网络节点定位等问题。

99.2 自由搜索算法的优化原理

自由搜索算法中个体模仿的是比起蚂蚁、鸟之类相对高等的动物——马牛羊等的觅食行为。利用个体的嗅觉感知、机动性和它们之间的关系进行抽象建模。在该模型中,个体具有各异的特征,感知被定义为灵敏度,感知使个体在搜索域内具有不同的辨别能力。不同的个体有不同的灵敏度,并且在寻优过程中,个体的灵敏度会发生变化,即同一个体在不同的搜索步中有不同的灵敏度。

在寻优过程中,个体不断地调节其灵敏度,类似于自然界的学习和掌握知识的过程。在寻优过程中,个体考虑过去积累的经验知识,但是并不受它们的限制,它们可在规定的范围内的任意区域自由搜索,因此该算法由此而得名,这一点也正是自由搜索算法的创新之处。自由搜索算法的一个重要特点是其灵活性,个体既可以进行局部搜索,也可以进行全局搜索,自己决定搜索步长。个体各异的活动能力使算法具有充分的灵活性,灵活性正是该算法的可贵之处。

在算法模型中,一个搜索循环(一代)个体移动一个搜索步(Walk),每个搜索步包含 T 小步(Step)。个体在多维空间作小步移动,其目的是发现目标函数更好的解。信息素大小和目标函数解的质量成正比,完成一个搜索步以后,信息素将完全更新。FS算法的个体实际上是搜索过程中的标记信息素位置的一种抽象,这种抽象是对搜索空间认知的记忆。这些知识适用于所有个体在下一步搜索开始时选择起始点,这一过程持续到寻优结束。

在寻优过程中,每个个体对于信息素都有自己的嗅觉灵敏度和倾向性,个体利用其灵敏度在搜索步中选择坐标点,这种选择是信息素和灵敏度的函数,个体可以选择任意标记信息素的坐标点,只要该点的信息素适合于它的灵敏度,并且在寻优过程中,灵敏度会发生变化,即同一个体在不同的搜索步中有不同的灵敏度。增大灵敏度,个体将局部搜索,趋近于整个群体的当前最佳值;减小灵敏度,个体可以在其他邻域进行全局搜索。

在搜索步中,个体在预先设定的邻域空间内小步移动,不同个体的邻域大小不同,同一个个体在搜索过程中邻域空间也可以变化。搜索步中的移动小步反映了个体的活动能力,它可小可大、可变化。邻域空间是改变个体搜索范围的工具,邻域空间反映个体的灵活性,仅受到整个搜索空间的约束。

自然界的动物个体具有各异的嗅觉灵敏度和活动范围,即使同一个个体在不同时期、不同环境,其感知灵敏度和活动范围也不同。自由搜索算法在利用信息素、灵敏度和邻域搜索半径的概念来刻画不同动物个体存在嗅觉和机动能力的差异程度的基础上,还对个体的灵敏度、搜索步、信息素通过概率的方法,在随机搜索中实现自适应调节,并利用和灵敏度的比较确定寻优目标。个体之间使用信息素进行间接通信,信息素的大小与目标函数值成正比。个体有一定的记忆能力,因此个体行为考虑过去的经验和知识,但不受其限制,有自主决定能力。简单智能的个体相互合作形成高智能群体,群体在整个搜索空间完成遍历搜索,可以实现全局寻优的目的。FS算法的核心思想是"以不确定性对应不确定,以无穷尽对应无穷尽",这就是FS算法的优化原理。

99.3 自由搜索算法的数学描述

自由搜索算法的数学描述分为初始化、搜索和终止判断3部分。

设 m 为种群个体数量;$j(j=1,2,\cdots,m)$代表第 j 个体;k 为标记信息素的个体;n 代表目标函数的变量数(搜索空间维数)；$i(i=1,2,\cdots,n)$为变量的第 i 维数；G 为搜索终止代数；$g(g=1,2,\cdots,G)$为当前搜索迭代数；T 为一个搜索循环个体搜索小步数；$t\ (t=1,2,\cdots,T)$为当前搜索步数；R_j 为个体的邻域半径，R_{ji} 表示个体 j 第 i 维变量在搜索空间的搜索半径。

1. 初始种群产生方法

(1) 随机赋初值法。

$$x_{ji}(0)=x_{i\min}+(x_{i\max}-x_{i\min})\cdot \text{random}_{ji}(0,1) \tag{99.1}$$

其中，random(0,1)为(0,1)之间内均匀分布的随机数；$x_{i\min}$ 和 $x_{i\max}$ 分别为第 i 维变量的最小值和最大值。这是随机赋初值方式。m 个个体位于搜索空间 m 个随机坐标点上。

(2) 选取确定值法。

$$x_{ji}(0)=a_{ji} \tag{99.2}$$

其中，$a_{ji}\in[x_{i\min},x_{i\max}]$，$a_{ji}$ 是一个确定的数；m 个个体位于搜索空间 m 个确定的坐标点。

(3) 选取单一值法。

$$x_{ji}(0)=c_i \tag{99.3}$$

其中，$c_i\in[x_{i\min},x_{i\max}]$为一常数；在搜索开始前 m 个个体都位于搜索空间中同一个坐标点。

2. 个体的搜索策略

搜索的过程中，个体的行动可以描述成以下形式：

$$x_{ji}(t)=x_{ji}(0)-\Delta x_{ji}(t)+2\Delta x_{ji}(t)\cdot \text{random}_{tji}(0,1) \tag{99.4}$$

$$\Delta x_{ji}(t)=R_{ji}\cdot(X_i^{\max}-X_i^{\min})\cdot \text{random}_{tji}(0,1) \tag{99.5}$$

【定义 99.1】 在搜索的过程中，目标函数被定义为个体的适应度：

$$f_j=\max(f_{ji}),\quad f_j(t)=f(x_{ji}(t)) \tag{99.6}$$

其中，$f(x_{ji}(t))$为个体 j 完成第 t 搜索步后的适应度；f_j 为完成 T 搜索步后个体 j 最大的适应度。

【定义 99.2】 信息素定义如下：

$$P_j=f_j/\max(f_j) \tag{99.7}$$

其中，$\max(f_j)$为种群完成一次搜索后的最大适应度值。

【定义 99.3】 灵敏度定义如下：

$$S_j=S_{\min}+\Delta S_j \tag{99.8}$$

$$\Delta S_j=(S_{\max}-S_{\min})\cdot \text{random}_j(0,1) \tag{99.9}$$

其中，$S_{\max}$ 和 $S_{\min}$ 分别为灵敏度的最大值和最小值；$\text{random}_j(0,1)$是均匀分布的随机数。规定

$$P_{\max}=S_{\max},\quad P_{\min}=S_{\min} \tag{99.10}$$

其中，$P_{\max}$ 和 $P_{\min}$ 分别为信息素的最大值和最小值。

在进行一轮搜索结束后，确定下一轮搜索的起点。更新策略为

$$x'_{ji}(0)=\begin{cases}x_{ji}(k) & P_k\geqslant S_j\\ x'_{ji}(0) & P_k<S_j\end{cases} \tag{99.11}$$

即信息素大于灵敏度的个体以上一轮标记的位置为新一轮的搜索起始，其他的个体以上一轮的搜索起始点重复搜索。式(99.11)中，k 为标记位数，$k=1,2,\cdots,m$；$j=1,2,\cdots,m$。

3. 终止策略

自由搜索算法的终止策略如下。

(1) 目标函数达到目前函数的全局最优解 $f_{\max}\geqslant f_{\text{opt}}$。

(2) 当前迭代次数 g 达到终止代数 G：$g\geqslant G$。

(3) 同时满足上述两个终止条件。

99.4 自由搜索算法的实现步骤及流程

自由搜索算法的实现步骤如下。

(1) 初始化。

① 设定搜索初始值。种群规模 m,搜索代数 G,搜索小步总数 T 和个体的邻域半径 R_{ji}。

② 产生初始种群。按式(99.1)～式(99.3)之一产生初始种群。

③ 初始化搜索。根据上述两步产生的初始值,生成初始信息素,利用初始信息素 $P_j \to x_k$,得到初始搜索结果 P_k, X_{kp}。

(2) 搜索过程。

① 计算灵敏度。按式(99.8)和式(99.9)计算灵敏度 S_j。

② 确定初始点。选择新一轮搜索的起始点,$x'_{0j}=x_k(S_j, P_k)$。

③ 搜索步计算。计算目标函数 $f_{tj}(x'_{0j}+\Delta x_t)$,其中 Δx_t 由式(99.5)计算。

④ 释放信息素。按式(99.7)计算信息素 P_j,并按式(99.11)利用信息素 $P_j \to x_k$,得到本次搜索结果。

(3) 判断终止条件。若不满足,则跳转至步骤(2);若满足,则输出搜索结果,算法结束。

自由搜索算法的流程如图99.2所示。

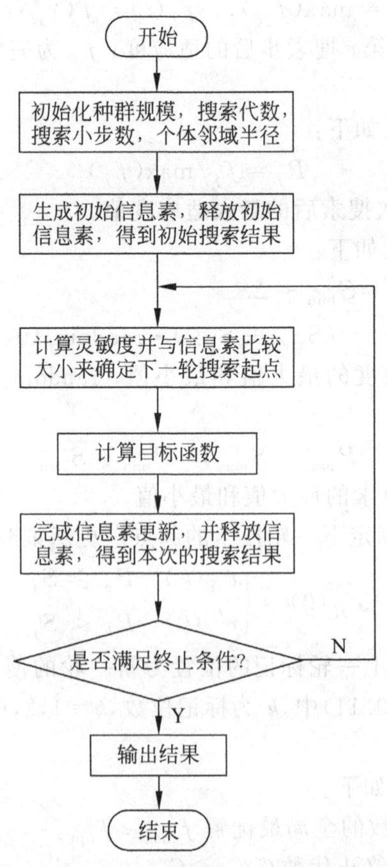

图99.2 自由搜索算法的流程图

第100章　食物链算法

食物链是生态系统中普遍存在的自然现象,自然界中生物按其取食和被食的关系而组成的链状结构称为食物链。食物链算法基于生态学的观点,利用人工生命模拟自然生态系统中捕食和被捕食种群的自组织行为,从人工生命个体简单的局部控制出发,遵照它们的自组织行为从底层涌现(Emergence)出来的"自下而上"的基本原则,通过定义几个物种以及物种之间的取食关系和一些简单的规则,从而构造一种具有生态特征的人工生命的仿生算法。本章介绍捕食食物链、人工捕食策略、人工生命食物链的基本思想,以及食物链算法的数学描述、实现步骤及流程。

100.1　食物链算法的提出

食物链算法(Food Chain Algorithm,FCA)是2005年由喻海飞、汪定伟针对供应链管理问题提出的一种基于人工生命的仿生算法。食物链算法借鉴了作为复杂自适应系统的生态系统进化的观点,引入生命能量系统的相互作用关系及其在生态系统进化中的影响。目的是通过计算机来创造人工生命,利用人工生命体之间及与人工生命环境之间的相互作用,进而产生群落涌现现象,并以此来实现全局寻优的过程。该算法的有关研究已用于供应链管理、分销网络优化等方面,其改进算法用于多目标置换流水车间调度问题。

100.2　捕食食物链

食物链是生态系统中普遍存在的一个自然现象,所谓食物链,是通过一系列取食和被食的关系而在生态系统中传递,各种生物按其取食和被食的关系而排列的链状顺序,称为食物链。

捕食食物链是以绿色植物为起点到食草动物进而到食肉动物的食物链,如植物→植食性动物→肉食性动物;草原上的青草→野兔→狐狸→狼;湖泊中的藻类→甲壳类→小鱼→大鱼。食物链使生态系统中的各种生物成分之间产生直接或间接的联系。

一般来说,由于受能量传递效率的限制,食物链的环节不会多于5个。这是因为能量在沿着食物链的营养级流动时,能量不断减少。根据热力学第二定律,在经过几个营养级后所剩下的能量不足以再维持一个营养级的生命了。Pimm和Cohen先后对100多个食物链进行了分析,表明大多数食物链有3个或4个营养阶层,而有5个或6个营养阶层的食物链比例很小。最简单的食物链是由3个环节构成的,如草→老鼠→狐狸捕食食物链的关系,如图100.1所示。

图 100.1 (草→老鼠→狐狸)捕食食物链的关系

100.3 人工捕食策略

捕食是指一种生物消耗另一种其他生物活体的全部或部分身体,直接获得营养以维持自己生命的现象。前者称为捕食者,后者称为猎物。捕食是物种之间最基本的相互关系之一。捕食是在长期进化过程中形成的一个生态学现象,捕食可限制种群的分布和抑制种群的数量,捕食者和被捕食者在形态、生理和行为上对这种关系都有着多方面的适应性,这种适应性的形成常常表现为协同进化的性质。动物所有的捕食行为都需要时间和消耗能量,动物为了自身的生存和繁殖后代,必须在复杂的环境中花费时间觅食、躲避敌害、寻找隐蔽场所等,因此动物必须在这些问题上找到最好的办法,来完成它们的繁殖需要。

在长期的协同进化过程中,捕食者逐渐形成了一系列捕食策略。从经济学角度分析,动物的任何一种行动都会给自己带来收益,同时动物也会为此付出一定的代价(投资)。自然选择总是倾向于使动物从所发生的行为中获得最大的收益(收益-投资),这就是最佳摄食理论的主要思想。

行为生态学和社会生物学家认为动物是计划的策略家,每时每刻都在评估自己的行为并总是选择最好的方案。自然选择总是倾向于使动物最有效地传递它们的基因,因而也是最有效地从事各种活动,包括使它们在时间分配和能量利用方面达到最适合状态。根据生态学理论的许多研究发现,动物在觅食时总是以较少的时间和能量耗费去获得较多高质量食物。

为了提高人工生命捕食效率,构造最简单的人工生命猎物选择模型:假设当前仅有两只猎物的模型,当两只猎物的能量含量分别为 E_1 和 E_2;处理猎物的时间(可以转化为人工生命在邻域内移动的步数)分别为 h_1 和 h_2 时,那么捕食者选择猎物1的前提条件为

$$\frac{E_1}{h_1} \geqslant \frac{E_2}{h_2} \tag{100.1}$$

即单位时间内从猎物1中获得的能量高时,捕食者应当选择猎物1。此时捕食者的目标是使可消化能量的摄入最大。如果猎物的数量很多,那么根据不等式,可以将食物的能量价值排序。

人工生命捕食策略遵照以下3个基本原则。

(1) 猎物的可利用价值按其单位时间内猎物获得的能量高低排序,即人工生命尽可能少移动位置获取尽量多的能量,以维持生存或繁殖的机会。

(2) 捕食者捕食一类“猎物”的原则是0-1原则,要么全不吃,要么全吃。

(3) 捕食者不应放弃可利用价值高的食物,而是否利用那些价值较低的食物取决于可利用价值高的猎物丰度。

人工生命捕食策略是设计食物链算法的重要思想依据。

100.4 人工生命食物链的基本思想

日本学者 D. Hyaashi、韩国学者 BO-Suk Yang 等提出了一种具有生态特征的人工生命算法，他们利用了人工生命的涌现集群(Emergent Colonization)及人工生命可以动态地和环境相互作用的特点，也就是利用在整个生命系统中，人工生命微观的相互作用可能导致涌现集群的特点来实现全局寻优的过程。

人工生命算法的基本思想如图 100.2 所示，根据 BO-Suk Yang 描述的算法，定义 4 种资源，分别用标有 Resource(B)、Resource(W)、Resource(R)和 Resource(G)的长方形表示；定义 4 种人工生命，分别用标有 Blue、White、Red 和 Green 的圆形表示；定义人工生命与资源间的取食关系：White 生物吃 Resource(B)资源，产生 White 废物；White 废物，成为 Red 生物的资源；以此类推。

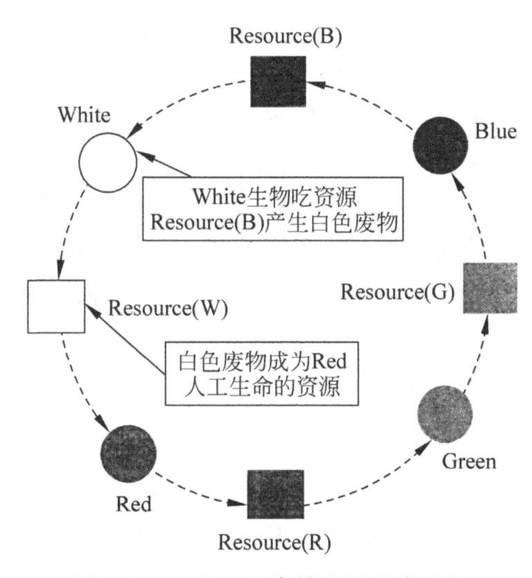

图 100.2 人工生命算法的基本思想

人工生命在人工生命环境中构造的食物链中移动，寻找不同类型的食物，消费食物和进行食物交易，并进行交配、繁殖和死亡等活动。人工生命为了生存必须消费足够的废物来维持它的最低能量水平；它的每个活动都将导致能量的损益，当人工生命的能量积累到成长能量水平时，它将成长；如果它的能量小于消亡能量水平，则将从人工生命世界中消亡；其他则维持现状。上述思想就是构造基于人工生命模拟食物链算法的基本思想。

100.5 食物链算法的数学描述

人工生命世界(Artificial life world，Aworld)是人工生命研究的重要平台，它是由一个位于笛卡儿平面坐标上的 $N\times N$ 离散点构成的人工生命系统。在 Aworld 中，每个点可以是食物资源，也可以是某类人工生命(Artificial Life，ALife)。例如，在图 100.3 中定义黑色图标“■、◆、▲、●”分别为 4 种资源；定义白色图标“◇、○、△、□”分别为 4 种人工生命；定义它们的取食关系：生物◇取食资源■，产生废物⊙；而废物⊙成为生物●的资源；以此类推构成食物链。

人工生命在人工生命世界中的每个活动都将导致能量的损益,当人工生命的能量积累到成长能量水平时,它将进行繁殖复制行为;人工生命必须维持一定的能量水平,如果它的能量小于消亡能量水平,则该人工生命将死亡;其他则维持现状。

人工生命有传感系统,能够发现在其邻域范围内的食物及其他人工生命。在食物链算法中,邻域 δ 为一个有上、下限的二维连续的欧拉空间,即

$$C=\{x \in R^2, \| x-x_s \| < \delta\} \tag{100.2}$$

其中,x_s 为人工生命的当前位置;δ 为人工生命移动的邻域。每个人工生命仅在它的邻域 δ 内移动。如图100.3所示,人工生命 x_s 当寻找到食物资源时,该个体获得能量,同时其位置也由原来的位置移动到 x_s',觅食的邻域范围也得到更新。

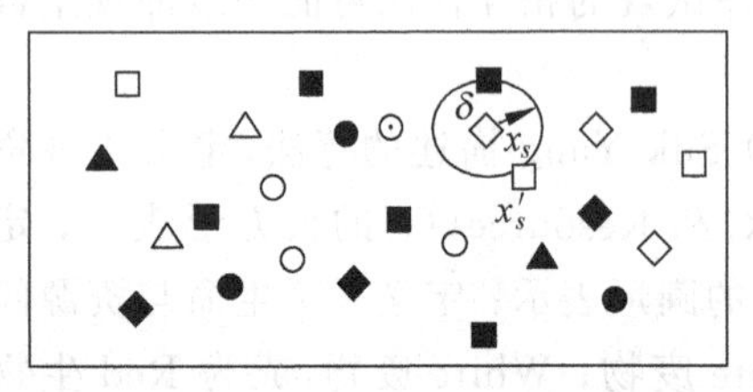

图100.3 人工生命系统

如果把人工生命的位置看成优化问题的解,则人工生命就可以看成在解空间搜索的智能体。人工生命选择涌现集群的动机类似于最优化机制,如最小化一个函数的值,而在人工生命系统中,涌现集群将发生在那些有着更低目标函数值的期望区域。人工生命和食物资源的地点就是目标函数的优化变量,目标函数可以通过替代它们的位置得到目标函数值。当人工生命将可能产生一个涌现集群点的过程,目标函数同时得到最优化。

下面定义人工生命基本特征:人工生命的能量属性、代谢规则、活动邻域。

【定义100.1】 人工生命的能量属性:初始能量水平 e_i^0,成熟能量水平 e_i^g,消亡能量水平 e_i^d,它们分别表示人工生命初始能量、成熟能量的大小、消亡能量的最低能量值。

【定义100.2】 人工生命的代谢规则:分别定义成熟能量水平 e_i^g、消亡能量水平 e_i^d 和初始能量水平 e_i^0 之间的关系,这里采用如下的线性规则:

$$e_i^g=(1+\varepsilon)e_i^0 \quad \varepsilon \in (0,1) \tag{100.3}$$

$$e_i^d=(1+\eta)e_i^0 \quad \eta \in (0,1) \tag{100.4}$$

其中,ε 及 η 均为常数。在 ε 较小、η 较大情况下,食物链算法比较稳定。

【定义100.3】 人工生命活动邻域:人工生命活动邻域 δ 定义为运算次数 t 与最大的运算次数 T 的函数关系为

$$\delta_t=\delta_0 r^{\left(1-\frac{t}{T}\right)^{\lambda}} \tag{100.5}$$

其中,δ_0 为初始人工生命活动邻域的大小;δ_t 为迭代至第 t 次时人工生命活动邻域的大小;r 为(0,1)之间的任一随机数;λ 为一个影响非一致性程度的参数,它起着调整局部搜索区域的作用,其取值一般为2~5。

邻域 δ 的大小不仅对于控制人工生命的个体的碰撞,减少算法对人工生命个体协调的难度,而且对于控制人工生命数量及人工生命自然选择的进化行为都具有重要影响。从计算的角度看,邻域 δ 对算法的运算速度与算法收敛性都具有重要的影响。

100.6 食物链算法的实现步骤及流程

根据上述食物链算法描述,具体计算步骤如下。

(1) 初始化。产生几种相等数量的人工生命构成食物链,并随机布置在人工环境中;设置每种人工生命的初始能量 e_i^0、成熟能量水平 e_i^g 和消亡能量水平 e_i^d;人工生命在其邻域内

产生同等数量的食物资源，并随机布置在其活动邻域 δ 内。设定最大循环代数 T。

(2) 捕食行为。人工生命在其活动邻域 δ 内捕食，寻找最优的食物资源。如果找到，则记忆当前最优的食物资源位置($\mathrm{Opt}_{\mathrm{local}}$，局部最优解)，并得到食物资源的所含能量 E_e。如果当前局部最优位置比该人工生命记忆的全局最优解更好($\mathrm{Opt}_{\mathrm{globat}}$，全局最优解)，则更新该人工生命的全局最优位置；如果在其邻域内不能找到任何食物资源，则人工生命也因捕食活动消耗能量 E_p。若食物链中所有人工生命都完成一次搜索，算法进入下一步。

(3) 更新位置。所有的人工生命移动到当前最优的食物资源位置(局部最优解)。

(4) 改变人工生命活动邻域 δ_t。所有人工生命按设定的规则，改变其活动邻域 δ_t 大小。

(5) 生产食物。人工生命重新产生新的食物资源，并随机布置在其邻域内。

(6) 新陈代谢。检测人工生命能量状态，如果食物链中某个人工生命的能量 e_i 达到成熟能量水平 e_i^g，则在该人工生命繁殖一个新的人工生命，并随机布置在邻域内。重置父代人工生命能量到初始能量水平 e_i^0；如果食物链某个人工生命的能量低于其消亡能量水平 e_i^d，则它将死掉，同时从人工环境中移走。

(7) 增长代数。循环代数增加 1，若代数小于最大循环代数 T 返回步骤(2)；否则结束计算。

根据上述计算步骤，食物链算法的流程如图 100.4 所示。

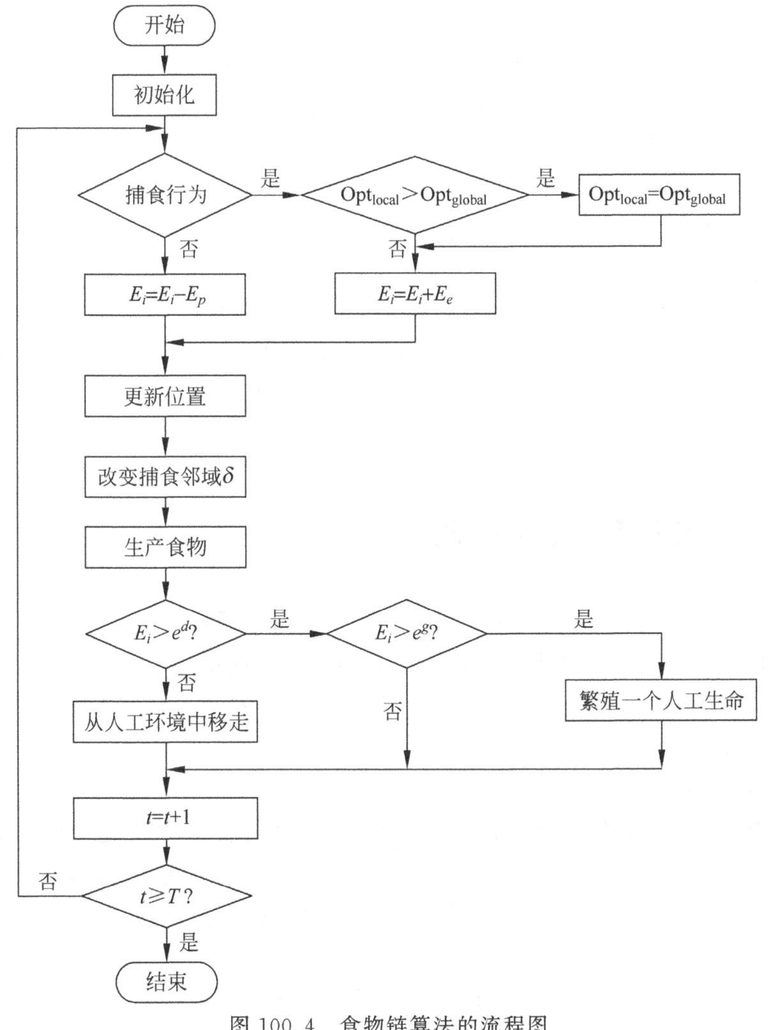

图 100.4 食物链算法的流程图

第101章 共生生物搜索算法

共生生物搜索算法模拟共生生物体在生态系统中生存和繁殖所采用的相互作用策略。在该算法中，新的一代解模仿两种生物之间的生物相互作用，通过个体之间的互利共生、偏利共生、寄生进行信息交互，改善个体适应度值，进而取得优化问题的最优解，并通过种群内个体间的合作与竞争产生群体智能指导优化搜索。该算法用于解决函数优化问题，具有不使用调谐参数、操作简单、控制参数少、易于实现、稳定性较好、优化能力强的特点。本章介绍共生生物搜索算法的原理、数学描述、实现步骤及流程。

101.1 共生生物搜索算法的提出

共生生物搜索(Symbiotic Organisms Search，SOS)算法是2014年由Cheng和Prayogo提出的一种基于群体的元启发式优化算法。该算法模拟了共生生物体在生态系统中生存和繁殖所采用的相互作用策略。SOS算法的互利共生、偏利共生和寄生3个阶段的操作简单，只需简单的数学运算即可。此外，与竞争算法不同，SOS算法不使用调谐参数，这提高了性能稳定性。因此，SOS算法稳健且易于实现，尽管使用较少的控制参数而不是竞争算法，却能够解决各种数值优化问题。

SOS算法对26个基准函数和4个实际的结构设计问题进行的测试结果表明，SOS算法能够比以前测试的算法获得更好的结果。相比于遗传算法(GA)、粒子群算法(PSO)和人工蜂群算法(ABC)等智能优化算法，该算法具有操作简单、控制参数少、稳定性较好，并且优化能力强的特点。

101.2 共生生物搜索算法的原理

共生源于希腊词“生活在一起”，用来描述不同生物的同居行为。当今，共生习惯上描述任何两个不同物种之间的关系。共生关系是两种不同物种之间的生存关系，共生使两物种均获益，或者使一种获益另一种不受影响，或者使一种获益另一种受影响。在自然界中最常见的共生关系有以下3种。

1. 互利共生

互利共生表示两种不同物种之间的共生关系，两种物种都从中获益。共生生物中蜜蜂与花就是互惠互利的一个例子，如图101.1所示。蜜蜂采蜜活动从花中受益，而且也有利于花粉的分布授粉。蜜蜂与花朵之间的相互作用可以达到共同获益的目的。

2. 偏利共生

偏利共生是两种生物间共生关系的一种，是指某两物种间的一种生物会因这个关系而获得生存上的利益,而另一种生物在这个关系中,并没有获得任何益处,但也没有获得任何害处,只是带动对方去获取利益。图 101.2 列出了偏利共生关系的鲫鱼与鲨鱼共生生物。

图 101.1　蜜蜂与花的互利共生

图 101.2　鲫鱼与鲨鱼的偏利共生

3. 寄生共生

寄生共生是指寄生物和不同物种之间的共生关系,其中一种有益;另一种受到伤害。图 101.3 给出了寄生关系为蚊子叮咬人体的作用,对蚊子有益,而对人有害。

多组共生生物在生态系统中生活在一起,如图 101.4 所示。一般来说,生物体发展共生关系作为适应其环境变化的策略,这种关系有利于生物机体长期增进健康和提高生存优势。

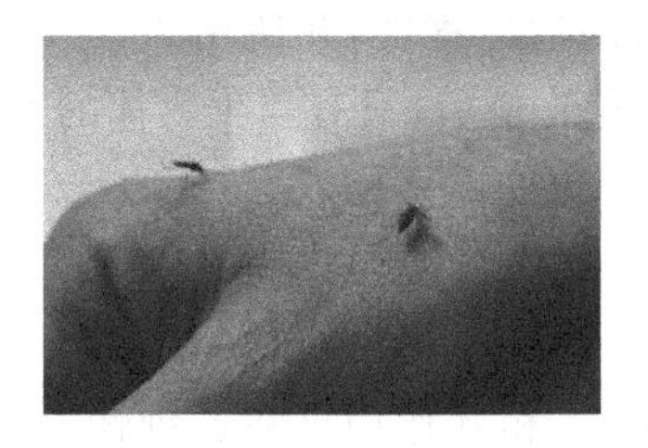

图 101.3　蚊子叮咬人的寄生关系

图 101.4　生态系统中生活在一起的多组共生生物

根据自然界中不同生物间的生存关系,SOS 算法模拟一个配对生物关系中共生的相互作用,个体在具有不同功能的搜索算子的共同作用下搜索最有效的生物体,使种群不断进化,逐步向最优解逼近,用于解决连续搜索空间的数值优化问题。

SOS 算法起始于生态系统的群体。在初始生态系统中,在搜索空间随机产生一组生物。每个生物体代表相应问题的一个候选解。生态系统中的每个生物体都有一定的固有评价值,来反映了适应期望目标的程度,即适应度值。在 SOS 算法中,新的一代解是模仿生态系统中两种生物之间的生物相互作用,通过个体之间的互利共生、偏利共生及寄生进行信息交互,改善个体适应度值,进而取得优化问题的最优解。

101.3　共生生物搜索算法的数学描述

在生物界中,生物通过共生的种群关系来增强自身对环境的适应能力,SOS 算法模拟这一特性实现寻优过程。其中,生物个体对应优化问题的可能解,对环境的适应能力对应于适应度函数。SOS 算法在求解优化问题时,随机构造多个个体作为优化问题的初始解,通过种群内个体间的合作与竞争产生群体智能指导优化搜索。下面分别对模拟互利共生、偏利共生、寄生 3 种共生关系进行数学描述。

1. 互利共生

SOS 算法建立互利共生搜索机制的具体过程如下。

在SOS算法中,X_i 是与生态系统的第 i 成员相匹配的生物体。然后从生态系统中随机选择另一种生物体 X_j 与 X_i 进行交互。两个生物体之间有着互惠互利的关系,目的是增加生态系统的相互生存优势。基于 X_i 与 X_j 之间的共生,计算 X_i 与 X_j 的新候选解。对于个体 i,随机选择个体 $j(j\neq i)$,按式(101.1)进行互利共生搜索:

$$X_{i\text{new}}=X_i+\text{rand}(0,1)\cdot(X_{\text{best}}-M_V\cdot B_1) \tag{101.1}$$

$$X_{j\text{new}}=X_j+\text{rand}(0,1)\cdot(X_{\text{best}}-M_V\cdot B_2) \tag{101.2}$$

$$M_V=\frac{1}{2}(X_i+X_j) \tag{101.3}$$

其中,$i,j\in\{1,2,\cdots,N\}$,$i\neq j$;rand(0,1)为[0,1]之间取随机数的缩放因子;X_{best} 为当前迭代的最优个体;B_1、B_2 分别为{1,2}中的随机数,表示互利共生的生物相互间的受益因子;M_V 为两个“生物”间关系特征的“互利向量”。

方程式(101.1)的中间变量($X_{\text{best}}-M_V\cdot B_1$)反映了个体通过与最优个体的相互作用,逐渐增强自身的生存优势,从而趋向最优位置,达到寻优目的。根据达尔文进化论,“只有适应的生物将获胜”。所有的生物都被迫增加它们适应生态系统的程度。它们中的一部分使用与人共生关系来增加它们的生存适应。这里使用 X_{best} 代表最高适应程度,并使用 X_{best} 与全局解之比来模拟最高适应度,作为两种生物体适应增长的目标点。最后,只有当生物体的适应度优于其相互之间的相互作用时才更新生物体。

2. 偏利共生

SOS算法模拟偏利共生搜索机制的具体过程如下。

类似于共生阶段,从生态系统随机选择生物体 X_j 与 X_i 相互作用。在这种情况下,生物 X_i 希望从相互作用中获益。然而,生物体本身既不受益,也不受关系的影响。X_i 的新候选解是根据生物体 X_i 和 X_j 之间的偏利共生,其模型如式(101.4)所示。按照规则,生物体 X_i 只有在其新的适应度优于其相互作用的前提下才被更新为

$$X_{i\text{new}}=X_i+\text{rand}(-1,1)\cdot(X_{\text{best}}-X_j) \tag{101.4}$$

其中,rand(−1,1)为[−1,1]之间的随机数;($X_{\text{best}}-X_j$)反映个体 X_j 增强 X_i 的生存优势而使其不断向最优个体 X_{best} 靠拢。若新个体适应度值优于原个体,则更新原个体。

3. 寄生

SOS算法建立寄生搜索机制的具体过程如下。

在SOS算法中,随机选择 X_i 中的部分维度上的参数进行随机修改,得到一个变异个体,称为“寄生向量”,记作 X_{pv};然后从种群中随机选出一个个体 $X_j(j\neq i)$ 作为 X_{pv} 的“宿主”。计算“寄生向量”和“宿主”的适应度值并进行比较。若“寄生向量”的适应度值更好,那么生物 X_j 将会被其取代,否则 X_j 将具有免疫性,继续存活并保留在种群中。

101.4 SOS算法的实现步骤及流程

SOS算法实现的主要步骤如下。

(1) 初始化。首先设置种群规模参数 N、问题维数 D、最大循环次数 $G_{\max}$ 和终止条件;按式(101.1)生成初始种群。按式(101.5)随机生成 N“生物”个体作为初始种群,每个“生物”为一个初始解,即

$$X_i = L_b + \text{rand}(1,D)(U_b - L_b) \tag{101.5}$$

其中，X_i 为生态系统中第 $i(i=1,2,\cdots,N)$“生物”；D 为解的维数；$\text{rand}(1,D)$ 为 $1\times D$ 维的缩放因子向量；U_b、L_b 分别为搜索空间的上界和下界。

（2）计算种群中个体的适应度，根据适应度确定当前最优解 X_{best}。

（3）设置 $i=1$。

（4）随机选择 $X_j(i\neq j)$ 与 X_i 进入互利共生搜索操作，按式(101.1)和式(101.2)进行更新操作，生成新个体，选择较优个体进入下一步。

（5）按式(101.4)进行偏利共生操作，生成新个体。

（6）对 X_i 进入寄生操作，生成“寄生向量”X_{pv} 并与随机个体 $X_j(j\neq i)$ 进行评价，选择其中适应度高的保留在种群中。

（7）$i=i+1$；如果所有的目标个体都已完成更新操作，即当 $i=N$，则进行下一步；否则返回步骤(2)。

（8）当达到终止条件时，算法停止；否则返回步骤(2)，开始下一次迭代。

共生生物搜索算法的流程如图 101.5 所示。

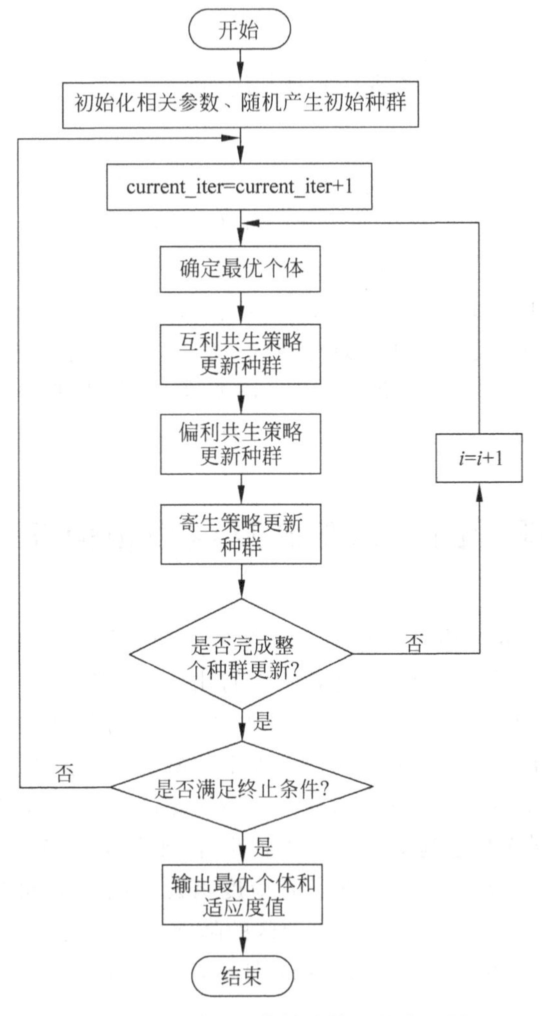

图 101.5　共生生物搜索算法的流程图

第102章　生物地理学优化算法

生物地理学优化算法源于物种在栖息地之间迁移过程中蕴含的优化思想。物种数量的概率曲线是一个存在极值的曲线，物种数量的概率大，意味着物种通过迁移机制等自然地达到了地理分布的平衡状态，对应求解优化问题获得了极值。该算法视栖息地为可行解，通过迁移策略可实现信息共享，相当于全局搜索，而变异策略相当于局部搜索。通过反复迭代，不断提高栖息地的适应性，即提高了解的质量，最终找到问题的最优解。本章介绍生物地理学的基本概念、生物物种迁移模型，以及生物地理学优化算法的原理、数学描述、实现步骤及流程。

102.1　生物地理学优化算法的提出

生物地理学优化(Biogeography-Based Optimization，BBO)算法是2008年由美国州立大学Simon教授提出的一种新型的群体智能优化算法。Simon教授受生物地理学启发，通过设计迁移算子、变异算子、清除算子，分别模仿生物地理学栖息地之间的物种迁移、变异及其消亡过程。生物物种数量的概率曲线是具有极值的曲线形式，当物种数量对应概率最大，意味着生物物种通过迁移机制等自然地达到了地理分布的平衡状态，这为优化问题的解决开辟了新的思路。BBO算法已用于电力系统安全优化及经济调度、图像处理、旅行商问题、车间调度、机器人轨迹规划、离散变量函数优化、参数估计等方面。

102.2　生物地理学的基本概念及生物物种迁移模型

生物地理学是一门研究生物组织地理分布，生物物种在各栖息地之间的分布特征、迁移模型及其灭绝规律的科学。下面介绍生物地理学中的几个基本概念。

(1) 栖息地。自然界中的生物群体生活、居住、分布在不同的区域，称其为栖息地。

(2) 物种迁移。各个栖息地由于受到自然界中的飘移、风力、飞行物等影响，生物物种在不同栖息地之间的相互迁移(迁出、迁入)，称为物种迁移，如图102.1所示。

(3) 适宜度指数。某个栖息地非常适合生物生存，则称该栖息地具有较高的适宜度指数(Habitat Suitability Index，HSI)。它类似于适应度函数，用于表示每个候选解的质量。

(4) 适宜度指数向量。适宜度指数与该地区的降雨量、温度、湿度和植物覆盖率等因素相关，这些因素形成一个描述栖息地适宜度的向量，称为适宜度指数向量(Suitable Index Vector，SIV)。

由于每个栖息地受自然条件限制，所容纳的生物物种数量有限。高HSI栖息地的物种数量较多,生存空间饱和,竞争激烈,导致大量物种迁出到相邻的栖息地,少量的物种迁入;然而对于一些自然条件偏差具有 HSI 值低的栖息地,由于物种稀少导致较多的物种迁入,而迁出的物种就会较少。但当一个栖息地的 HSI 一直很低时,可能会发生一些自然灾害造成该栖息地的某些物种遭到灾难而趋于灭绝,这样就会有新的物种迁入来更新该栖息地生存状态。

栖息地之间的生物物种迁入、迁出行动由迁入率和迁出率决定。下面以单个栖息地的生物迁移为例,以数学模型说明物种迁移规律,物种迁移的数学模型如图 102.2 所示。

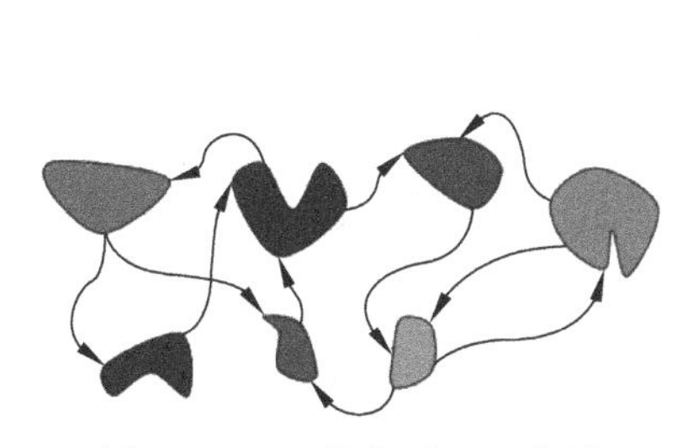

图 102.1　生物物种的迁移图

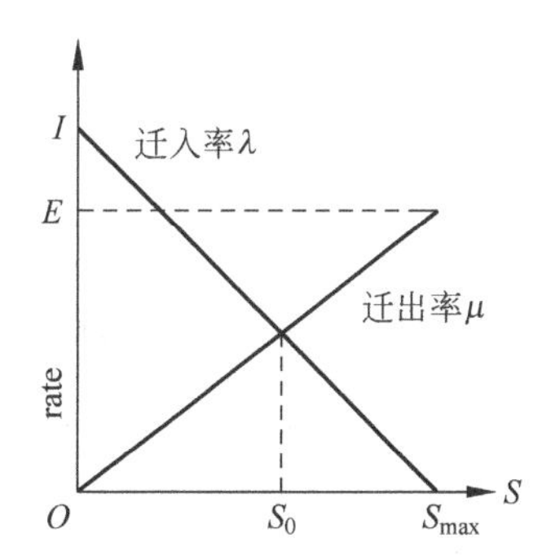

图 102.2　物种迁移的数学模型

由图 102.2 可知,一个栖息地迁入率 λ 和迁出率 μ 都是关于物种数量的函数。下面简单分析迁入、迁出率与物种数量之间的关系。

(1) 生物物种的迁入情况。当栖息地的物种数量为 0 时,迁入率最大值为 I。随着不断迁入,栖息地的物种数量越来越多,提供给新迁入生物物种的生存空间逐渐减少,因此生物物种迁入率 λ 也逐渐变小。最后,当该栖息地的生物物种数量达到饱和状态时,即物种数量值为 $S_{\max}$,此时迁入率 $\lambda=0$。

(2) 生物物种的迁出情况。当栖息地的物种数量为 0 时,迁出率 μ 为 0。随着生物物种数量的不断增加,栖息地内部的竞争也愈激烈,迁出率逐渐增加。当栖息地的生物物种数量达到饱和时,迁出率 μ 为最大值,即 $\mu=E$。

由上面分析可知,随着物种数量逐渐增加,迁入率 λ 逐渐减少,迁出率 μ 逐渐增加。当 $\lambda=\mu$ 时,该栖息地物种数量 S_0 达到平衡状态。S_0 会随着环境的变化而发生偏移。

设 P_s 表示某一栖息地容纳生物物种数量为 S 时的概率,则从 t 到 $t+\Delta t$ 时刻,P_s 的变化情况可表示为

$$P_s(t+\Delta t)=P_s(t)(1-\lambda_s\Delta t-\mu_s\Delta t)+P_{s-1}\lambda_{s-1}\Delta t+P_{s+1}\mu_{s+1}\Delta t \tag{102.1}$$

由式(102.1)可知,栖息地在 t 时刻生物物种数量为 S,在 $t+\Delta t$ 时刻仍有 S 个生物物种,必须满足下列条件之一。

(1) 在 t 时刻有 S 生物物种,并且从 t 时刻到 $t+\Delta t$ 时间段内没有生物物种迁移。

(2) 在 t 时刻有 $(S-1)$ 生物物种,并且在 t 时刻到 $t+\Delta t$ 的时间段内仅有一个生物物种迁入该栖息地。

(3) 在 t 时刻有 $(S+1)$ 生物物种,并且在 t 时刻到 $t+\Delta t$ 的时间段内仅有一个生物物种迁出该栖息地。

当在 Δt 非常小的时间段内,有超过一个物种发生迁移的概率可忽略不计。令 $\Delta t\to 0$,对式(102.1)取极限,则有

$$\dot{P}_s=\begin{cases}-(\lambda_s+\mu_s)P_s+\mu_{s+1}P_{s+1} & S=0\\ -(\lambda_s+\mu_s)P_s+\mu_{s-1}P_{s-1}+\mu_{s+1}P_{s+1} & 1\leqslant S\leqslant S_{\max}-1\\ -(\lambda_s+\mu_s)P_s+\mu_{s-1}P_{s-1} & S=S_{\max}\end{cases} \tag{102.2}$$

当迁入率 λ_s 和迁出率 μ_s 为关于生物物种数量的线性函数时，由式(102.2)可以推得生物物种为 S 时的概率 P_s 为

$$P_s=\begin{cases}\dfrac{1}{1+\sum\limits_{s=1}^{n}\dfrac{\lambda_0\lambda_1\cdots\lambda_{s-1}}{\mu_1\mu_2\cdots\mu_s}} & S=0\\ \dfrac{\lambda_0\lambda_1\cdots\lambda_{s-1}}{\mu_1\mu_2\cdots\mu_s\left(1+\sum\limits_{s=1}^{n}\dfrac{\lambda_0\lambda_1\cdots\lambda_{s-1}}{\mu_1\mu_2\cdots\mu_s}\right)} & 1\leqslant S\leqslant n\end{cases} \tag{102.3}$$

由式(102.3)可得到栖息地生物物种数量与其对应概率之间的关系如图102.3所示。

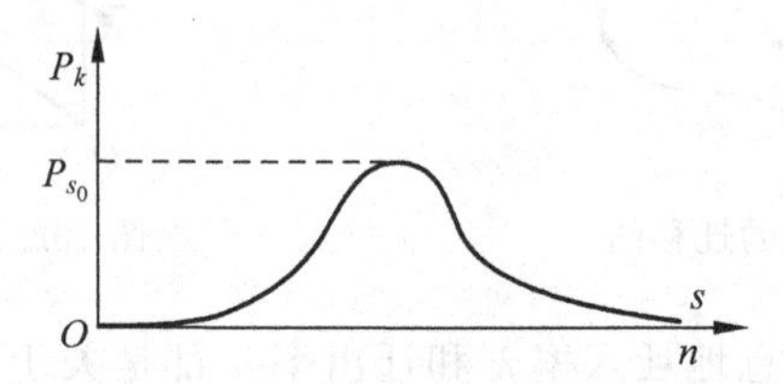

图102.3　物种数量与其对应概率之间的关系

由图102.3曲线可以看出，生物物种数量的概率曲线并不是随着生物物种数量的增加而增加。生物物种数量较少或较多时，其对应概率都比较小；当生物物种数量达到某一平衡状态 S_0 时，其对应概率最大。生物物种数量的概率大，意味该栖息地的生态系统处于一个相对平衡状态，发生变异的可能性小。反之，生物物种数量概率较小，栖息地的生态系统处于不稳定状态，栖息地容易受外界突发事件的影响，发生突然变异，从而导致栖息地的生物物种数量剧烈增多或减少。因此，栖息地发生突然变异的概率与该栖息地的生物物种数量成反比。物种数量为 S 的栖息地发生变异的概率为

$$m_s=m_{\max}\cdot\left(1-\frac{P_s}{P_{\max}}\right) \tag{102.4}$$

其中，P_s 为物种数量为 S 的概率；$m_{\max}$ 为事先给定的最大变异概率；$P_{\max}=\max\{P_s\}$。

为简单起见，令 $n=S_{\max}$，$P=[P_0,P_1,\cdots,P_n]^{\mathrm{T}}$，将 $\dot{P}(S=0,1,\cdots,n)$ 写成矩阵方程的形式为

$$\dot{P}=\boldsymbol{A}P \tag{102.5}$$

其中，系数矩阵 $\boldsymbol{A}$ 为

$$\boldsymbol{A}=\begin{bmatrix}-(\lambda_0+\mu_0) & \mu_1 & 0 & \cdots & 0\\ \lambda_0 & -(\lambda_1+\mu_1) & \mu_2 & \cdots & \vdots\\ \vdots & \cdots & \ddots & & \vdots\\ \vdots & \cdots & \lambda_{n-2} & -(\lambda_{n-1}+\mu_{n-1}) & \mu_n\\ 0 & \cdots & 0 & \lambda_{n-1} & -(\lambda_n+\mu_n)\end{bmatrix} \tag{102.6}$$

从图102.2可以看出，λ_s 和 μ_s 都是关于 S 的线性函数，分别表示为

$$\mu_s = \frac{E \cdot S}{n} \tag{102.7}$$

$$\lambda_s = I \cdot \left(1 - \frac{S}{n}\right) \tag{102.8}$$

其中,n 为栖息地容纳生物种类最大数量。

通常考虑最大迁入率和最大迁出率相等 $I=E$ 的特殊情况,可得

$$\lambda_s + \mu_s = E \tag{102.9}$$

而且矩阵 $\boldsymbol{A}$ 变为

$$\begin{aligned}\boldsymbol{A} &= E\begin{bmatrix} -1 & 1/n & 0 & \cdots & 0 \\ n/n & -1 & 2/n & \cdots & \vdots \\ \vdots & \cdots & & \ddots & \vdots \\ \vdots & \cdots & 2/n & -1 & n/n \\ 0 & \cdots & 0 & 1/n & -1 \end{bmatrix} \\ &= E\boldsymbol{A}'\end{aligned} \tag{102.10}$$

其中,$\boldsymbol{A}'$是由上述方程所定义的。

可以看出,0 是 $\boldsymbol{A}'$的一个特征值,对应于特征向量为

$$\begin{aligned}&\boldsymbol{v} = [v_1, v_2, \cdots, v_{n+1}]^{\mathrm{T}} \\ &v_i = \begin{cases} \dfrac{n!}{(n-1-i)(i-1)!} & i = 1,2,\cdots,i' \\ v_{n+2-i} & i = i'+1, i'+2, \cdots, n+1 \end{cases}\end{aligned} \tag{102.11}$$

其中,i'为大于或等于$(n+1)/2$一个很小的正数。

对于特征方程 $\boldsymbol{A}'\boldsymbol{v}=k\boldsymbol{v}$ 的解,当系数 k 和向量$\boldsymbol{v}$ 均未知时,如取 $n=4$,可得

$$\boldsymbol{v} = [1 \quad 4 \quad 6 \quad 4 \quad 1]^{\mathrm{T}} \tag{102.12}$$

推论 1 $\boldsymbol{A}'$的特征值以 k 的形式为

$$k = \left\{0, \frac{-2}{n}, \frac{-4}{n}, \cdots, -2\right\} \tag{102.13}$$

上述推论并没有证明,但是可以观察出它对所有的 n 值都是适用的。

【定理 102.1】 当某一栖息地的物种种类处于稳定稳态时,对应的概率为

$$P(\infty) = \frac{v}{\sum\limits_{i}^{n+1} v_i} \tag{102.14}$$

其中,v 和 v_i 的定义在式(102.11)中已给出。(证明略)

102.3 生物地理学优化算法的原理

由上述生物物种迁移规律的分析,从图 102.2 和图 102.3 曲线可以看出,生物物种数量的概率曲线并不是随着生物物种数量的增加而增加,而是一个存在极值的曲线形式。生物物种数量的概率大,意味该栖息地的生态系统处于一个相对平衡状态。生物物种通过迁移机制等自然地达到了地理分布的平衡状态,这为优化问题的解决开辟了一种新的思路。

BBO算法中的一个栖息地对应于优化问题中的一个候选解(可行解),栖息地的适宜度向量SIV对应于解中的各个分量,而适宜度指数HSI则对应于解的适应度。具有高HSI的栖息地代表较优的解,而具有低HSI的栖息地代表较差的解。模拟物种迁移的过程,较优的解将自身的特征分享给较差的解,而较差的解可以从获得新特征来提高自己的质量。在进化的每一代中,其原始种群(栖息地)不会消失,而是通过迁移来提高种群的适应度,反过来又通过适应度来决定迁移率的大小。迁移策略可实现信息共享,相当于全局搜索,而变异策略相当于局部搜索。通过反复迭代,不断提高栖息地适应性,即提高了解的质量,最终找到问题的最优解。

102.4 生物地理学优化算法的数学描述

在BBO算法中,一个生态系统 H^n 由 n 栖息地 H 组成群体,即算法的种群规模为 n。每个栖息地由 D 维适宜度向量组成,其向量 $\boldsymbol{x}_i=(x_{i1},x_{i2},\cdots,x_{iD})$,$i=1,2,\cdots,n$ 表示优化问题在 D 维搜索空间中的可行解。栖息地 i 的适宜度可以通过 $f(x_i)$ 进行评价。全局的变量还包括系统迁移率 P_{mod} 和系统变异率 $m_{\max}$。栖息地 i 参数还包括其容纳的种群数量 s_i,s_i 根据栖息地的适宜度 $f(x_i)$ 进行计算,s_i 小于或等于设定的最大种群数量 $S_{\max}$;利用种群数量 s_i 可通过式(102.8)和式(102.6)分别计算出其对应的迁入率 λ_{s_i} 和迁出率 μ_{s_i},利用式(102.2)可计算出栖息地 i 容纳 s_i 种生物种群的概率 P_{s_i}。通过计算栖息地 H 的适宜度指数大小来评价可行解的优劣。

下面分别介绍迁移算子、变异算子、清除算子的描述。

(1) 迁移算子。迁移算子 $\Omega(\lambda,\mu)$ 是一个概率算子,BBO算法利用迁移算子进行栖息地之间的信息共享,每一次迁移操作是根据迁入概率和迁出概率共同决定的。首先根据栖息地 H_i 的迁入概率 λ_i 决定该栖息地的每个分量是否需要修改;若需要修改,然后根据迁出率 μ_j 选择被迁入的栖息地 H_j;最后将栖息地 H_j 的SIV替换到栖息地 H_i 的SIV。

迁移算子 $\Omega(\lambda,\mu)$ 的算法简单描述如下。

```
根据迁入概率 λi 选择 Hi
   if Hi 被选中
   for j = 1 to n
       根据迁出概率 μj 选择 Hj
       if rand(0,1)<μj
           Hi(SIV) = Hj(SIV)
       end
   end
end
```

(2) 变异算子。BBO算法利用变异算子 $M(\lambda,\mu)$ 表示栖息地受突发事件的影响,某种环境指标发生突然改变。变异算子根据栖息地的先验概率随机改变指数变量,提高种群的多样性。如上所述,栖息地变异概率与生物物种数量成反比例,即物种数量较大或较少的栖息地更容易发生变异操作。

变异算子 $M(\lambda,\mu)$ 的算法简单描述如下。

```
for j = 1 to m
    利用 λi 和 μi 计算概率 Pi
    根据 Pi 选择 Hi(j)
    if Hi(j)被选择
        用一个随机产生的 SIV 取代 Hi(j)
    end
end
```

(3) 清除算子。在 BBO 算法的迭代过程中,迁移算子只是简单地用迁出解的 SIV 代替迁入解的 SIV。这样容易产生相似解,导致种群的多样性变差。BBO 算法设计清除算子,将种群中的解两两相互比较,若相等,则用一个随机产生的解取代其中之一,以清除相似解。

清除算子的算法简单描述如下。

```
for i = 1 to n
    for j = i + 1 to n
        if Hi = Hj
            SIV = radint(1,Dim)
            用一个随机产生的 SIV 取代 Hi(SIV)
        end
    end
end
```

BBO 算法主要过程是:计算每一个栖息地的迁入率 λ 和迁出率 μ;按迁移策略,根据 λ 和 μ 依概率修改栖息地,同时计算其 HSI,即计算解集的适宜度;应用变异算子 M 进行变异操作,重新计算变异后的 HSI,如果满足终止条件,则输出结果并停止运算;否则,进行下一步迭代。

102.5　生物地理学优化算法的实现步骤及流程

生物地理学优化算法的具体实现步骤如下。

(1) 初始化 BBO 算法参数:设定栖息地数量 n;优化问题的维度 D;栖息地种群最大容量 $S_{\max}$;迁入率函数最大值 I 和迁出率函数最大值 E;最大变异率 $m_{\max}$;迁移率 P_{mod} 和精英个体留存数 z。

(2) 对栖息地初始化。随机初始化每个栖息地的适宜度向量 $\boldsymbol{x}_i, i=1,2,\cdots,n$。每个向量都对应于一个对于给定问题的可行解。

(3) 计算栖息地 i 的适宜度 $f(x_i)$, $i=1,2,\cdots,n$,并计算栖息地 i 对应的物种数量 s_i、迁入率 λ_{s_i} 以及迁出率 $\mu_{s_i}, i=1,2,\cdots,n$。

(4) 执行迁移操作。利用 P_{mod} 循环(栖息地数量 n 作为循环次数)判断栖息地 i 是否进行迁入操作。如果确定栖息地 i 需要进行迁入操作,则循环利用迁入率 λ_{s_i} 判断栖息地 i 的特征分量 x_{ij} 是否进行迁入操作(问题维度 D 作为循环次数),若栖息地 i 的特征分量 x_{ij} 被确定,则利用其他栖息地的迁出率 μ_{s_i} 进行轮盘选择,选出栖息地 k 的对应位替换栖息地 i 的对应位。重新计算栖息地 i 的适宜度 $f(x_i)$，$i=1,2,\cdots,n$。

(5) 执行变异操作。根据式(102.3)更新每个栖息地的种群数量概率 P_{s_i}。然后根据式(102.4)计算每个栖息地的变异率，进行变异操作，变异每一个非精英栖息地，用 m_{s_i} 判断栖息地 i 的某个特征分量是否进行变异。重新计算栖息地 i 的适宜度 $f(x_i)$。

(6) 判断是否满足终止条件。如果满足，输出结果并停止运算；否则跳转到步骤(3)。

生物地理学优化算法的流程如图 102.4 所示。

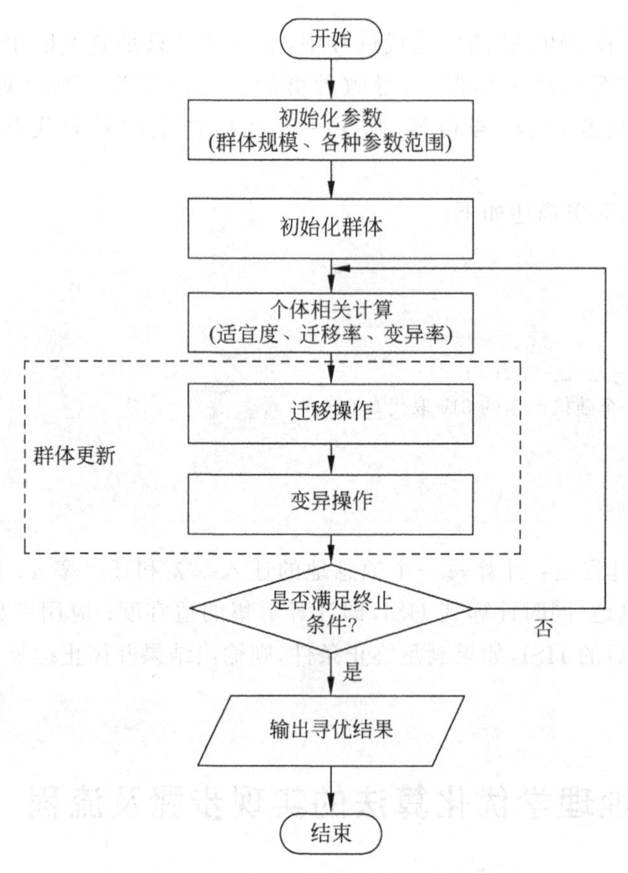

图 102.4　生物地理学优化算法的流程图

第103章　竞争优化算法

竞争优化算法使用蚁群、粒子群、人工蜂群和猫群4种优化算法作为竞争者，并通过帝国竞争算法来决定哪些算法可以存活，哪个算法的群体必须增加及哪个算法必须减少。在每次迭代结束时4个物种优化算法交互竞争，识别最弱的物种并基于轮盘赌法使其最弱的成员给予其他物种以帮助它们加强。模拟结果表明，由于竞争优化算法使每个算法的成员可能移民到其他算法，竞争优化算法支持了没有一个优化算法适用于所有优化问题的事实。本章介绍竞争优化算法的原理、算法描述、实现步骤及流程。

103.1　竞争优化算法的提出

竞争优化算法(Competitive Optimization Algorithm，COOA)是2016年由Sharafi等提出的一种模拟各种生物，如蚂蚁、鸟、蜜蜂和猫在自然生存中竞争行为的多种群智能优化算法。在该算法中，每个优化算法可以适用于一些目标函数，并且可能不适合另一个。在上述所有生物之间根据它们的表现，基于帝国竞争算法(ICA)设计竞争规则，以利于这些优化算法可以相互竞争成为最好。通过帝国竞争算法决定哪些算法可以存活，哪个算法的群体必须增加以及哪个算法必须减少。

将竞争优化算法与启发式全局优化方法进行比较，对具有不同和高维度的多个基准测试函数的模拟结果表明，竞争优化算法不仅防止过早收敛，而且提高了每次迭代的收敛速度，同时显著改进了最终优化精度。此外，模拟结果表明，由于竞争优化算法使每个算法的成员可能移民到其他算法，它消除了尝试找到最优优化算法的错误想法。这些结果支持了没有一个优化算法适用于所有优化问题的事实。

103.2　竞争优化算法的原理

竞争优化算法设计的基本思想认为没有单独的优化算法能够成功地求解所有优化问题的最优解。因此，选用蚂蚁、鸟、蜜蜂和猫的社会生活作为自然界中各种动物的代表，使用ACO、PSO、ABC和CSO 4种优化算法(分别在本书第34章、第36、37章、第84章介绍)作为竞争者。基于这些生物的运动行为的4种算法并行工作，并通过帝国竞争算法来决定哪些算法可以存活，哪个算法的群体必须增加以及哪个算法必须减少。

在COOA算法的每次迭代结束时，基于上述4个物种优化算法的交互竞争，识别最弱的物种并基于轮盘赌法使其最弱的成员给予其他物种以帮助它们加强。这个过程总是在算法的每次迭代结束时完成。

下面简要概述PSO、CSO、ABC、ACO及ICA在COOA中用到的5种优化算法。

1. *粒子群优化算法*

粒子群优化算法(PSO)的灵感来自鸟类和鸟类运动行为,它适用于解决所谓"群体是n维空间中的点或表面优化问题"。在这样空间中假设每个粒子都有一个初始速度。然后,这些粒子根据初始速度值,结合自身和社会的经验,在空间中移动,在每次迭代结束时计算适应度函数。经过若干次迭代之后,粒子会以更好的适应度函数加速。每个粒子的速度在PSO算法的每次迭代中根据式(103.1)更新。根据前一个速度和每个粒子的位置用式(103.2)计算粒子的新位置。

$$v_i(t+1)=w\cdot v_i(t)+r_1\cdot c_1\cdot(x_{\text{best},i}(t)-x_i(t))+r_2\cdot c_2\cdot(x_{g\text{best}}(t)-x_i(t)) \tag{103.1}$$

$$x_i(t+1)=x_i(t)+v_i(t+1) \tag{103.2}$$

其中,x_i为第i粒子的位置;v_i为第i粒子的速度;$x_{\text{best},i}$为第i粒子个体的最好位置;$x_{g\text{best}}$为群体所有粒子个体的最佳位置;w为惯性权重;t为当前的迭代算法运行次数;r_1和r_2为在[0,1]范围内的两个随机数;c_1和c_2为用户定义的两个常数。

2. *猫群优化算法*

猫群优化算法(CSO)模拟猫的搜寻和跟踪模式,利用粒子的位置和猫的行为模型来解决优化问题。在CSO中,为了解决优化问题,必须确定猫的数量。每只猫具有m维的位置,m维的速度。适应函数值对应着猫的位置,识别猫是否处于搜寻模式或跟踪模式。如果需要,每次迭代的结束,更新猫的位置。最大适应度值对应猫的位置,即最优解。

搜寻模式下的猫,处于休息,环顾四周,搜寻下一个移动目标点的状态,搜寻模式类似于优化问题中的全局搜索。如图103.1所示,该模式下的猫,定义以下几个参数。

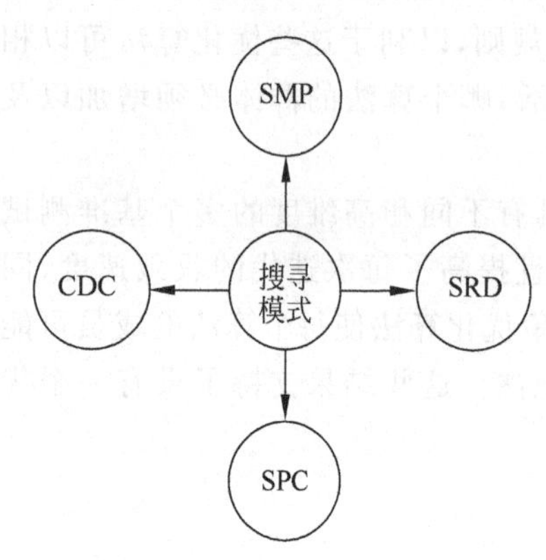

图103.1 搜寻模式的4个重要因素

(1) 搜索记忆池(SMP):每一只搜寻模式下的猫应被复制的份数。

(2) 勘探范围(SRD):猫在移动位置时移动最大范围的规定参数。

(3) 突变比率(CDC):每只猫突变维度个数。

(4) 位置自虑(SPC):决定猫已站立的点可以是猫移动到的候选点之一,它是一个布尔值。

混合率(MR):确定搜寻和跟踪模式中猫的比例关系参数。

跟踪模式模拟猫对一些目标的跟踪行为。每只猫的位置根据目标改变自身每个维度的速度。跟踪模式使用下式更新每只猫的位置:

$$v_{k,d}(t+1)=w\cdot v_{k,d}(t)+r_1\cdot c_1\cdot(x_{g\text{best},d}(t)-x_{k,d}(t)) \tag{103.3}$$

$$x_{k,d}(t+1)=x_{k,d}(t)+v_{k,d}(t+1) \tag{103.4}$$

其中,$x_{g\text{best},d}$为所有猫中最好的位置;w为惯性权重;t为算法迭代;$v_{k,d}$为第k猫在第d维中的速度;$x_{k,d}$为第k猫在第d维中的位置;r_1为在[0,1]范围内的随机数;c_1为增加每只猫的速度的加速度系数。

3. *人工蜂群算法*

人工蜂群算法(ABC)中,人工蜜蜂在搜索空间中发现具有高花蜜的食物来源(解)的位置数量并最终获得最高的花蜜。人工蜂群算法把蜜蜂分为三组:雇佣蜂(引领蜂)、跟随蜂和侦察蜂。雇佣蜂的数量等于随机确定的食物源数量。雇佣蜂和跟随蜂各占蜂群数量的一半，每个食物源只有一个雇佣蜂。在每个搜索周期中，雇佣蜂去寻找密源，并估计其花蜜量。然后与跟随蜂分享食物源的花蜜和位置信息。跟随蜂根据食物源的花蜜量来选择食物源。当一个食物源被放弃时，它所对应的雇佣蜂就变成了侦察蜂。找到一个新的食物源后，侦察蜂将再次变成雇佣蜂。在确定食物源的新位置后，将开始一个新的迭代。重复这些迭代过程，直到终止条件满足。

ABC 算法只有两个输入(控制)参数：弹出和限制。弹出是种群规模，限制是指解计数器的计数不会随循环次数而变化。最初，ABC 算法使用式(103.5)生成随机分离的 NS 解。

$$X_{i,j}=X_j^{\min}+\text{rand}(0,1)(X_j^{\max}-X_j^{\min}) \tag{103.5}$$

其中，$i=1,2,\cdots,NS$；$j=1,2,\cdots,D$；NS 是食物源数量(可能解)，等于种群大小的一半；D 是解空间的维数；$X_j^{\min}$ 和 $X_j^{\max}$ 分别为 j 维的下限和上限。

初始化后，对每个群体的个体进行评估，并记录最好解。每个雇佣蜂通过式(103.6)在现在的邻居产生一个新的食物源为

$$V_{i,j}=X_{i,j}+\phi_{i,j}\cdot(X_{i,j}-X_{k,j}) \tag{103.6}$$

其中，k 必须不同于 i，$k\in\{1,2,\cdots,NS\}$；$j\in\{1,2,\cdots,D\}$是随机选择的索引；$\phi_{i,j}$ 是在$[-1,1]$范围内的随机数。新的解 $V_{i,j}$ 使用以前的解 $X_{i,j}$ 进行修改，并从其邻近解 $X_{k,j}$ 中随机选择一个位置。一旦新的解 V_i 得到，便对其进行评估和比较。如果 V_i 的完整性比 X_i 好，X_i 被 V_i 替代并成为新的食物源；否则，X_i 被保留。在所有雇佣蜂完成搜索过程之后，雇佣蜂与跟随蜂分享食物源的花蜜量和位置。对于每个跟随蜂选择食物源的概率计算如下：

$$p_i=\frac{\text{fitness}_i}{\sum_{i=1}^{NS}\text{fitness}_i} \tag{103.7}$$

其中，fitness_i 为食物源的目标函数。当跟随蜂通过式(103.6)选择食物源时，如果任何食物源的位置不能通过预定数量的循环进行改进，则假设食物源被放弃。之后，相应的雇佣蜂变成一个侦察蜂，算法通过式(103.5)生成一个新的解。最后，最好的解被记住，算法重复雇佣蜂、跟随蜂和侦察蜂的搜索过程，直到满足终止条件。

4. 蚁群优化算法

蚁群优化算法(ACO)的灵感来自蚂蚁寻求其蚁穴和食物源之间最短路径的行为。蚂蚁离开它们的蚁穴，它们随意地漫步在蚁穴周围，通过集体合作发现食物来源。寻找到食物源后，蚂蚁在路径上放置一些称为信息素的特殊化学物质，并返回它们的蚁穴。其他蚂蚁遵循由信息素创建的路径来发现自己的路径。如果它们最终在道路尽头找到食物，它们就会放置一些信息素回到蚁穴。

经过一些迭代，大多数蚂蚁选择在道路上铺设了更多的信息素的路径。应该注意的是，信息素会慢慢挥发，因此放置了信息素的长路径减少了对蚂蚁的吸引力。与此相反，由于信息素在较短路径上的密度较高，因此它们更有可能吸引蚂蚁。该算法最初用来解决旅行商问题之类的组合优化问题。

蚁群优化算法进行连续优化问题是 Dorigo 和 Socha 在 2008 年提出的。在离散模其中，虽然选择范围是特定数字，但在连续模式中，上述范围是无限性的。根据式(103.8)高斯分布用于产生新的解为

$$f(x,\mu,\sigma^2)=\frac{1}{\sqrt{2\pi\sigma^2}}\mathrm{e}^{-(x-\mu)^2/(2\sigma^2)} \tag{103.8}$$

其中,σ 为标准差；μ 为均值。需要注意的是,如果问题空间是 n 变量,S_i 是第 i 解为

$$S_i=(S_i^1,S_i^2,\cdots,S_i^n)$$

其中,S_i^j 为第 i 解空间的第 j 维值。在种群空间存档中包括如下的 k 解：

$$S_1=(S_1^1,S_1^2,\cdots,S_1^n);\quad S_2=(S_2^1,S_2^2,\cdots,S_2^n);$$

$$S_3=(S_3^1,S_3^2,\cdots,S_3^n);\quad \cdots;\quad S_k=(S_k^1,S_k^2,\cdots,S_k^n)$$

目标是利用这些解的知识能够产生新的解,与旧的解进行比较,并选择一个 k 元组。因此,需要不确定的概率分布函数来产生新的解。Socha 和 Dorigo 定义了高斯分布与均值的 s_i^j,以及解每个维度的标准差 σ_i^j。因此,为了从一个好的分布中受益,一个维度的新解,所有与相应维度的相关分布以及解档案中所有可用的解,都应该结合起来考虑,以获得一个通用分布函数。连续优化的蚁群算法基于解存档起到了蚂蚁种群空间的作用。

每行代表种群中成员的目标函数值 $f(S_i)$。解的归档从最佳目标函数值排序到最差目标函数值。ω_i 值是在其他解中选择第 i 解的概率。一般分布函数可以围绕每个维度进行搜索。对于解档案中的所有相应维度,式(103.9)给出通用的分布函数为

$$G^i(x)=\sum_{l=1}^{k}\omega_l\cdot g_l^i(x) \tag{103.9}$$

其中,ω_l 值的计算根据式(103.10)为

$$\omega_l=\frac{1}{q^k\sqrt{2\pi}}\mathrm{e}^{-\frac{(l-1)^2}{2q^2k^2}} \tag{103.10}$$

其中,q 为常数参数；k 为解存档大小。通过式(103.11)对 ω_l 归一化为

$$p_l=\frac{\omega_l}{\sum_{r=1}^{k}\omega_r} \tag{103.11}$$

使用 p_l 值要比 ω_i 好得多。解档案中第 i 解的第 i 维度的标准差计算如下：

$$\sigma_l^i=\gamma\sum_{e=1}^{k}\frac{|x_e^i-x_l^i|}{k-1} \tag{103.12}$$

其中,$\gamma>0$,对于解存档的所有维度都相等。

5. 帝国竞争算法

在帝国竞争算法(ICA)中,假设一些国家作为问题的解,每个国家都定义为一个 N_{var} 维向量：country=$[x_1,x_2,\cdots,x_{N_{\text{var}}}]$,其中 N_{var} 是搜索空间的维数。

使用目标函数评估每个国家的步骤如下：

$$\text{costfunction}=f(\text{country})=f(x_1,x_2,\cdots,x_{N_{\text{var}}}) \tag{103.13}$$

所有国家的数量都等于 N_{pop}。在这个算法中,国家可以分为帝国主义和殖民地两大类。因此,最初国家群体中的最佳成员 N_{imp} 被认为是帝国主义者,而其余的成员 N_{col} 是殖民地。目标函数决定了每个国家的力量,而帝国主义者越强大,殖民地越多。帝国主义者及其所管辖的国家称为帝国。

帝国主义的殖民地数量直接依赖于其目标函数。因此,每个帝国主义者的目标函数计算如下：

$$M_n = c_n - \max_i \{c_i\} \tag{103.14}$$

其中,c_n 为第 n 帝国主义者的目标函数值;M_n 为 c_n 的新值。为了归一化,所有 M_n 的计算如下:

$$P_n = \left| \frac{M_n}{\sum_{i=1}^{N_{\text{imp}}} M_i} \right| \tag{103.15}$$

每个帝国主义者的殖民地数目是根据式(103.16)计算的,其中 NC_n 是第 n 帝国主义者的殖民地的数目为

$$NC_n = \text{Round}(P_i \cdot N_{\text{col}}) \tag{103.16}$$

每个帝国通常都有竞争。如果一个殖民地的位置比帝国主义者更好,他们的位置交换,一个帝国的总势力计算如下:

$$TC_n = \text{Cost}(\text{imperialist}_n) + \delta \cdot \text{mean}\{\text{Cost}(\text{Colonies of imperialist}_n)\} \tag{103.17}$$

其中,$0<\delta<1$。之后,所有帝国彼此都在竞争。根据 TC_n 值,选择最弱的帝国及其最弱的成员。再基于 TC_n 值和轮盘赌法,最弱的成员转换为另一个帝国。

103.3 竞争优化算法的描述

如图 103.2 所示,在开始时,具有蚂蚁、蜜蜂、猫及鸟类 4 个物种相同数量的初始种群。在图 103.2 中,蚂蚁的初始种群空间用■表示,蚂蚁根据式(103.8)~式(103.12)在搜索它们的环境;蜜蜂的初始种群空间用★表示,并根据式(103.5)~式(103.7)搜索它们的环境;猫的初始种群空间用●表示,并根据式(103.3)和式(103.4)搜索其环境;鸟类的初始种群空间用▲表示,并根据式(103.1)和式(103.2)搜索其环境。所有物种都根据自己的知识和逻辑开始工作。在每次迭代中,最弱物种的成员将不能生存。因此,其他物种获得更多实力,增加它们种群的数量。经过一些迭代之后,只有一个物种保留,这意味着基于优化问题的特征,导致最佳结果的优化算法之一将是主导优化算法。

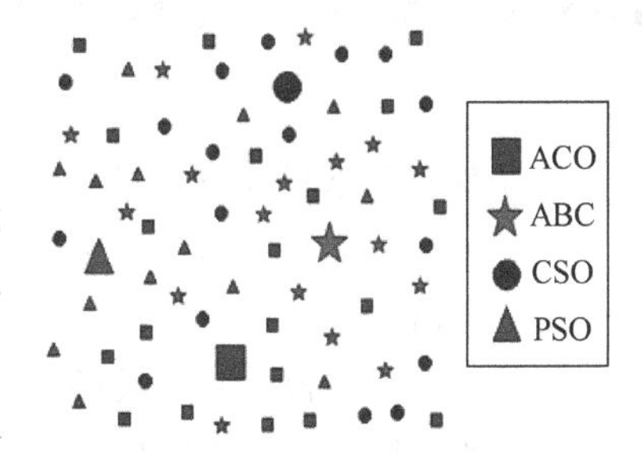

图 103.2 各种算法的初始种群

为了使用 ICA 来整合 PSO、ACO、CAT 和 ABC,每个物种被认为是一个帝国,其最佳粒子被认为是它的帝国主义者。每个物种的其他成员被认为是殖民地。帝国之间基于 ICA 的竞争,但每个帝国成员的演变是基于他们自己的算法。例如,ACO 中每个蚂蚁的位置变化由式(103.8)~式(103.12)计算。

每个帝国最弱的殖民地可能从它的帝国移居到另一个帝国。当它移民到一个新的帝国,它使用搜索空间新帝国的算法。与大多数进化算法相关的一个棘手的问题是,当优化算法达到接近最佳的水平可能不会有良好的性能,导致停滞。在竞争优化算法中,在一些迭代之后,除一种类型之外的所有物种可能灭绝,并且一种类型的生物存活。

如图 103.3 所示,蜜蜂的物种是存活的,而其他的已经消失。作为结果,一旦物种中的一个保留,COOA 算法仅使用 4 个优化算法中的一个继续它的工作。尽管剩余物种的种群是其

初始种群的4倍,但它的优化算法可能不具有很强的性能,可能导致停滞不前。解决这个问题的方法如下:一旦单一物种一直保持作为优化算法的交互竞争的获胜者,最终的物种的最佳目标函数值的曲线将会停滞不前,如图103.4所示。

图103.3　剩下物种进一步优化处理图

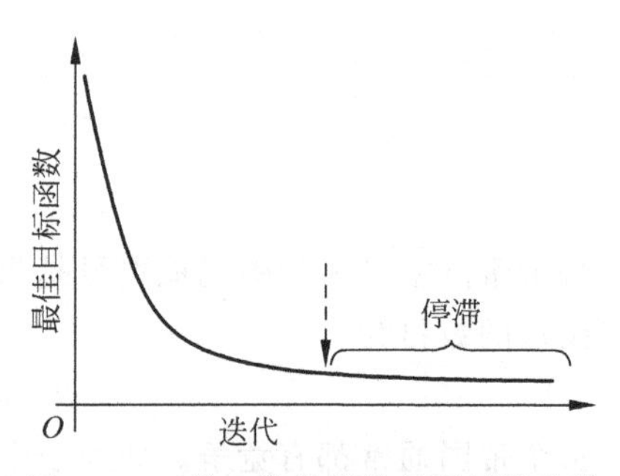

图103.4　单一物种最佳目标函数曲线

最终物种的种群数量包括4个初始种群的全部数量。这个最终群体需要平等和随机分配给所有4个初始物种。之后,所有4种物种的新位置都要重复执行该算法的所有过程。值得一提的是,如果一个物种再次出现,同样的过程也需要重复。此操作可防止快速收敛到一种算法和可能导致获得更好的解。这意味着经过一番迭代之后,问题空间将会越来越小,需要更强大的策略去找出更好的解。所应用的另一个策略是,如果当前活跃物种的数量多于一个,并且注意到该算法的10次迭代没有明显的改善,如果发生停滞,则需要激活失活物种,并且均匀和随机地在所有物种之间分配种群。

103.4　竞争优化算法的实现步骤及流程

竞争优化算法的实现步骤如下。

(1) 在4个物种之间平等和随机产生全部的初始群体。

(2) 评估4组的初始种群。

(3) 每个小组根据其成员的策略和社会行为开始工作。

(4) 评估所有4个组的成员。

(5) 计算每个活跃组的势力,等于最好成员的目标函数值加上所有成员目标函数值均值的系数。

(6) 根据群体的势力确定最弱群体及其最弱成员。如果成员数量等于零,而不考虑该成员,则需要停用此组。

(7) 除了在之前的步骤中选择的最弱一个外,基于轮盘赌法选择一个活跃的组。

(8) 将确定的最弱成员投入到上一步骤中所选择的组。

(9) 每个小组将根据其成员的战略和生存社会行为工作。

(10) 计算活跃组的成员的目标函数值。

(11) 如果只剩下活动组或发生停滞,当前最终群体的个体应该是平等地随机分为所有4个初始组,激活的组再次被激活。

(12) 保存每个活跃组的最佳结果。

(13) 如果未达到停止条件,转到步骤(4);否则,转入下一步骤。

(14) 输出结果。

竞争优化算法实现的流程如图 103.5 所示。

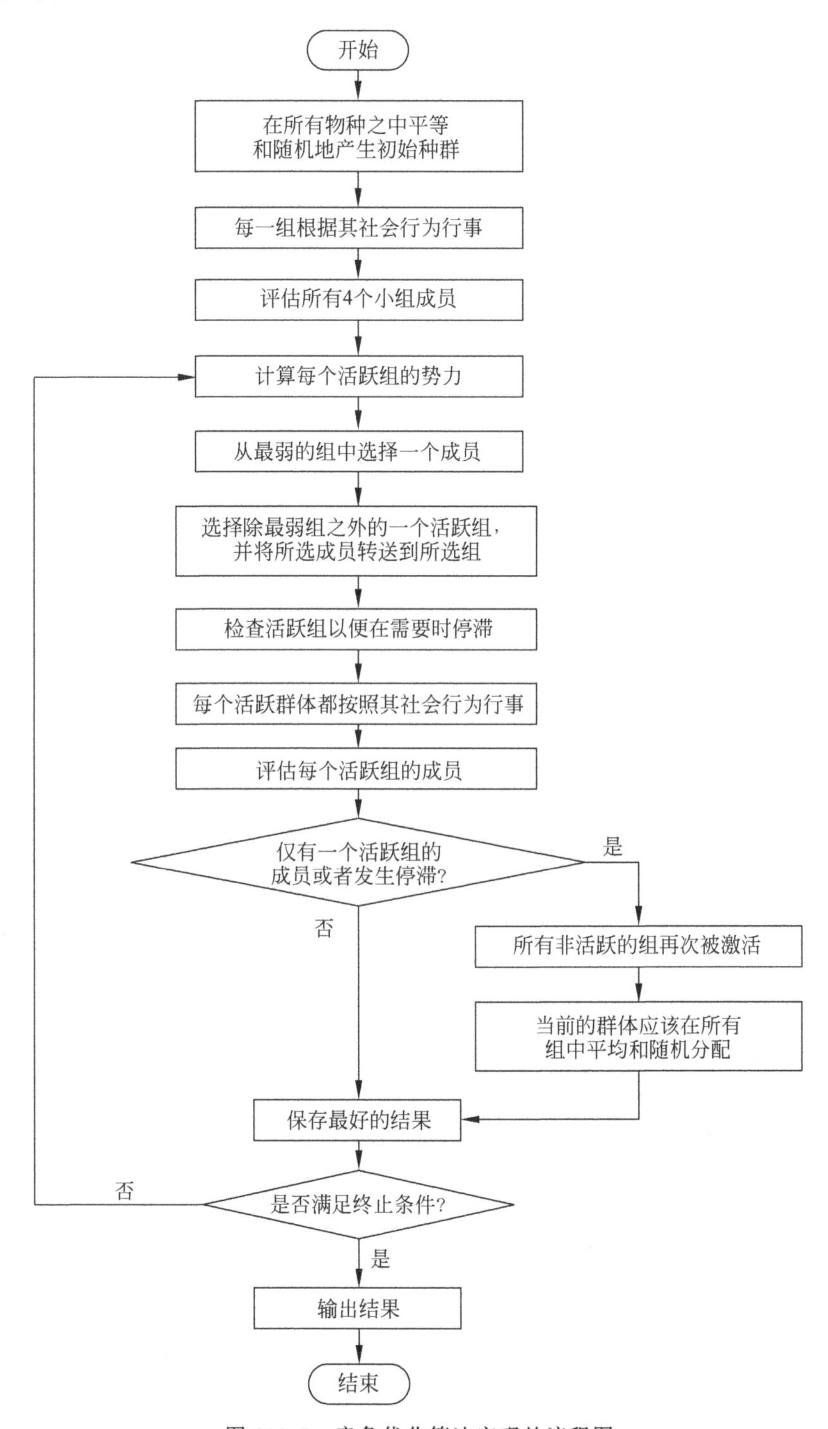

图 103.5　竞争优化算法实现的流程图

第四篇　仿植物生长算法

仿植物生长算法是指从不同角度或某些方面来模拟种子、花、草、树木、森林等植物在生长过程中的向光性机理、光合作用、根吸水性、种子繁殖、花朵授粉及杂交育种等表现出的自适应、竞争、优胜劣汰、不断进化，进而实现优化的行为过程。本篇介绍模拟植物生长算法、小树生长算法、入侵草优化算法和杂交水稻优化算法等11种仿植物生长算法。

1. 模拟植物生长算法

该算法模拟植物生长的向光性机理，将优化问题的解空间当作植物的生长环境，将最优解当作光源，建立枝叶在不同光线强度环境下的快速生长的演绎模式，并同基于植物向光性机理的概率生长模型相结合，实现对优化问题的求解。

2. 人工植物优化算法

植物生长过程中，光线的单方向照射，使枝条在进行光合作用合成生长所需能量的同时，会借助光照作用产生向光性运动。植物的生长过程是一个不断演化、进化的优化过程，模拟植物这样的生长过程用于对优化问题的求解。

3. 人工藻类算法

该算法受到作为光合作用物种的微藻生活习性的启发，通过模拟微藻运动的适应过程和进化过程，采用半随机选择并选择光源以避免局部最小值和平衡的螺旋运动方法，实现对函数优化问题的求解。

4. 小树生长算法

该算法将小树从播种到生长过程视为一个优化过程，将优化问题的解空间看作种植小树的苗圃。通过均匀播种使可行解在解空间均匀分布；在树苗成长阶段通过交叉、分支、疫苗接种3种操作过程反复迭代，实现对优化问题的求解。

5. 自然树生长竞争算法

该算法模拟自然树枝条生长、凋落过程，考虑阳光和营养因素的作用，建立了自然树生长的竞争模型，定义阳光适应度函数、营养因子、遮挡因子和凋落条件，使树枝在可行域中向最优状态不断生长和演化，最终获得问题的最优解。

6. 根树优化算法

该算法模拟沙漠缺乏水的植物根系寻找最近水位的行为，将有水的地方视为问题的最优解。通过用特殊定向导电的一组根在寻找水的位置时定向运动，远离水的地方的候选解被更接近水的最优解替换。通过一组根的不断迭代，直到获得问题的最优解。

7. 森林优化算法

该算法模拟森林中树木从播种到生长的优胜劣汰过程，随着时间变化，新的树取代了旧的树，在合适的地理环境中具有最佳生长条件时，优秀的树木可以生存很长一段时间。把问题的每个潜在解都视为一棵树，该算法适于求解连续非线性优化问题。

8. 入侵草优化算法

该算法模拟杂草入侵殖民地并快速繁殖的过程,用杂草表示随机产生的可行解,种子表示杂草的后代,杂草根据各自的适应度值按比例产生种子,适应度值高的杂草产生的种子个数多。不断重复上述过程,可以得到杂草的最大数,相当于优化问题的最优解。

9. 种子优化算法

植物种子的传播方式有多种,例如大部分豆科植物成熟后,种子被弹射到植株的附近,也有个别会飞出很远或因其他原因远离植株。有的地块很肥沃从而生出更多的种子,有的区域不适合植株生长就很快被淘汰。整个种子群体以此方式循环进化,直到得到理想的优化结果,或者直到每代中的最优种子不再变化为止。

10. 花朵授粉算法

该算法模拟自然界中显花植物花朵授粉过程,融合了布谷鸟优化算法和蝙蝠算法的优点,利用转换概率参数实现了动态控制全局搜索和局部搜索之间相互转换的进程,较好地解决了全局搜索和局部搜索平衡问题,同时采用了莱维飞行机制,使得算法具有良好的全局寻优能力。

11. 杂交水稻优化算法

该算法模拟杂交水稻三系法育种的过程,把水稻种子的基因视为搜索空间的解,把杂交或自交产生的新水稻种子作为新的可行解。在种群初始化后,通过将种群划分、杂交操作、自交操作、重置操作过程反复迭代,使种子杂交优势不断得以进化,以实现对优化问题的求解。

第 104 章　模拟植物生长算法

模拟植物生长算法基于植物向光性机理为启发式准则，将优化问题解空间视为植物的生长环境，将最优解当作光源，根据真实植物的向光性机理，建立枝干在不同光线强度环境下快速生长的演绎模式，并将生长规则为基础的植物系统演绎方式和以植物向光性机理为基础的概率生长模型两者结合形成优化模式，实现人工植物在优化问题解空间从初始状态到完整形式的没有新树枝生长的终态过程。本章介绍模拟植物生长算法的原理、数学描述及实现步骤。

104.1　模拟植物生长算法的提出

模拟植物生长算法(Plant Growth Simulation Algorithm，PGSA)是 2005 年由李彤等提出的求解整数规划的一种仿生全局优化算法。模拟植物生长算法将整数规划的可行域当作植物的生长环境，将全局最优解(吸引子)当作光源，模拟真实植物的向光性机理(形态素浓度理论)，建立枝叶在不同光线强度环境下(吸引域)向光源(全局最优解)快速生长的动力机制。人工自组织生长模型是建立以生长规则为基础的植物系统演绎方式和以植物向光性理论为基础的概率生长模型，两者结合所形成的动力学过程是实现人工植物在整数规划可行域相空间中从初始状态到完整形式的终态(没有新的树枝生长)的过程。

模拟植物生长算法已被用于多级规划、组合优化、整数规划等基础研究领域及物流、核工业、电力、水利等领域。

104.2　模拟植物生长算法的原理

植物可看作由大量枝、节组成的系统，以简单的重写规则和分枝规则为基础，荷兰数学家林登迈耶建立的关于植物描述、分析和发育模拟的形式语法，称为 L-系统，该方法成功地对植物生长做了形式化的描述，其核心思想概括为以下几点。

(1) 种子破土而出长出茎秆，在茎秆一些节的部位长出新枝。

(2) 大多数新枝上又长出更新的枝，这种分枝行为反复进行。

(3) 不同的枝彼此有相似性，整个植物有自相似结构。

植物生长过程就是以一种全局最优的方式尽可能长满生长空间的过程，其中蕴含着丰富的优化机理，将这一机理转化为算法即为模拟植物生长算法的基本原理。

104.3 模拟植物生长算法的数学描述

把L-系统与计算机图形学、分形学结合起来,完善了植物生长的分枝模型。为了简要起见,设分枝发生在二维平面上,每次分枝长出的均为单位长1,或者旋转一定的角度α(如45°),从"种子"a开始,采取重写加分枝的植物生长规则,在二维平面上,这个系统生长过程的前3步如图104.1所示。在所规定的生长规则的反复重写下,可得到如图104.2所示的植株。

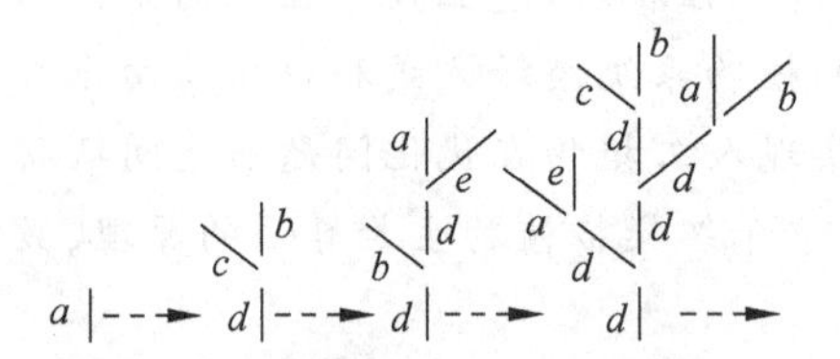

图104.1 植物生长L-系统生长过程

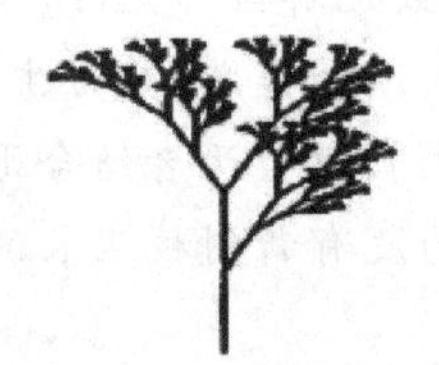

图104.2 模拟植株图

模拟植物生长算法基于4个基本概念:树根、树干、树枝和生长点。按照整数规划和分形几何学的特点,将树干和树枝的简单自相似结构定义为,在生长点按$2n$(n为变量的维数)个方向生长并产生新枝,新枝之间旋转角度α设定为90°。分枝长度一般情况下设定为1(或大于1的整数)。将以上植物生长方式定义为T-系统。

1. *模拟植物生长的演绎方式*

(1) 将整数规划初始可行解作为树根,根据可行域或有界闭箱(无约束问题)的范围确定树干长度,即图104.3所示中ac和df。

(2) 在树干上设定生长点,如图104.3中a、b、c、d、e、f,点c初始新枝为ci、ch、cg。

(3) 在新枝上的生长点按T-系统以长度为1生长(如点i产生j、k、l、m)。若将可行域中的复杂情况表示为势能地形,则某新生长点i的分枝方式放大后情况如图104.4所示。这种分枝行为反复进行,当没有新枝产生时,生长过程结束。

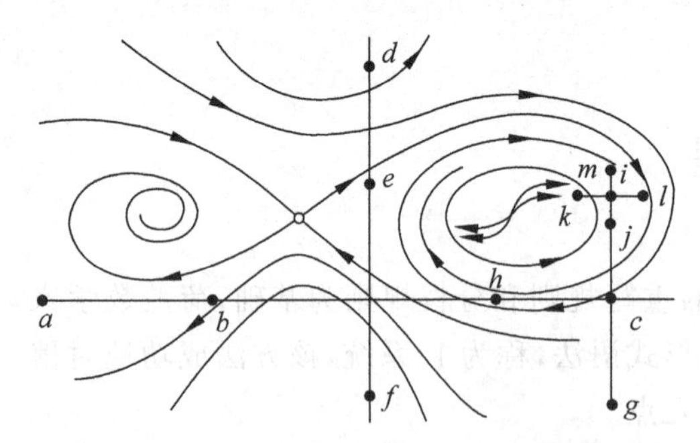

图104.3 多峰函数可行域中的植物结构

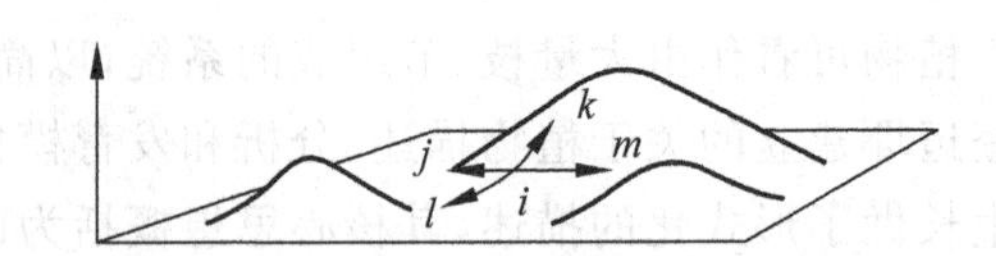

图104.4 植物生长点所处势能地形及生长方式

按照T-系统完成的模拟植物结构,仅是对植物生长的一种形式化描述,怎样保证树枝向最优解方向蔓延,这一问题依据植物向光性特点加以实现。

2. *模拟植物向光性的概率生长模型*

植物的向光性问题涉及用复杂动力系统为生物生长建模的形态发生模型。在生长中的茎梗的顶部,生长出来一个芽,包含着未分化的细胞。叶序问题涉及作为叶芽细胞、分枝细胞和其他导致叶芽和分枝的分化细胞的生长模式的形成。一个细胞被看作是一个流体袋，其中有均匀的化学组分，其中的一种化学组分是生长激素，称为形态素。这种形态素的浓度 x 是此模型的观察参量，随着参量在 0 和 1 之间变动，模型的状态空间是一条线段。这种形态素的浓度决定细胞的生长函数是否开始起作用，即细胞分裂，枝芽开始出现。

新的生长点（细胞）产生后，形态素浓度将根据新系统所在环境的改变，重新进行分配。在多细胞系统中，如果把任意一个细胞形态素浓度记为 $p^t(t=1,2,\cdots,k+q)$，则多细胞封闭系统形态素状态空间的浓度和是恒定的（设定为 1）。生物学实验已表明，决定植物细胞分裂和枝芽的生长素信息（形态素浓度）并非是预先一个个赋予细胞的，而是细胞系统依据从其环境中接收到了它的位置信息，植物表现出明显的向光性特点。

为模拟植物生长的向光性过程，设树干长度为 M，上面有 K 个初始生长点（排除比树根差的点）$S_M=(S_{M1},S_{M2},\cdots,S_{MK})$，每个生长点的形态素浓度为 $P_M=(P_{M1},P_{M2},\cdots,P_{MK})$。

设树枝的单位长度为 $m(m<N)$，上面有 q 个生长点 $S_m=(S_{m1},S_{m2},\cdots,S_{mq})$，其形态素浓度为 $P_m=(P_{m1},P_{m2},\cdots,P_{mq})$，计算树干及树枝上各生长点形态素浓度值为

$$P_{Mi}=\frac{f(x_0)-f(S_{Mi})}{\sum_{i=1}^{k}(f(x_0)-f(S_{Mi}))-\sum_{j=1}^{q}(f(x_0)-f(S_{mj}))} \tag{104.1}$$

$$P_{mj}=\frac{f(x_0)-f(S_{mj})}{\sum_{i=1}^{k}(f(x_0)-f(S_{Mi}))-\sum_{j=1}^{q}(f(x_0)-f(S_{mj}))} \tag{104.2}$$

其中，x_0 为初始可行解（树根，初始基点），$f(\cdot)$为目标函数值。

在式(104.1)和式(104.2)中，各生长点形态素浓度是由各点对于树根的相对位置及该位置的环境信息（目标函数值）所确定的，这与真实植物细胞的形态素浓度生成机理相一致。因此，树干及树枝上 $k+q$ 个生长点均对应 $k+q$ 个形态素浓度值，每次产生新枝，该浓度值都将发生变化。

由式(104.1)和式(104.2)不难证明

$$\sum_{i=1}^{k}\sum_{j=1}^{q}(P_{Mi}+P_{mj})=1 \tag{104.3}$$

形态素浓度较高的生长点（细胞）将具有较大的优先生长的机会，其算法可描述为：设在树干和树枝上共有 $k+q$ 个生长点$(x_1,x_2,\cdots,x_{k+q})$，按照式(104.1)和式(104.2)分别计算其形态素浓度值为$(p_1,p_2,\cdots,p_{k+q})$，由式(104.3)可知 $p_1+p_2+\cdots+p_{k+q}=1$，因此其状态空间（或概率空间）如图 104.5 所示。计算机系统不断产生随机数，这些随机数就像不断向区间[0,1]上投掷的小球，小球落在 $p_1,p_2,\cdots,p_m$ 的某一个状态空间中，所对应的生长点（细胞）就得到优先生长的权利。

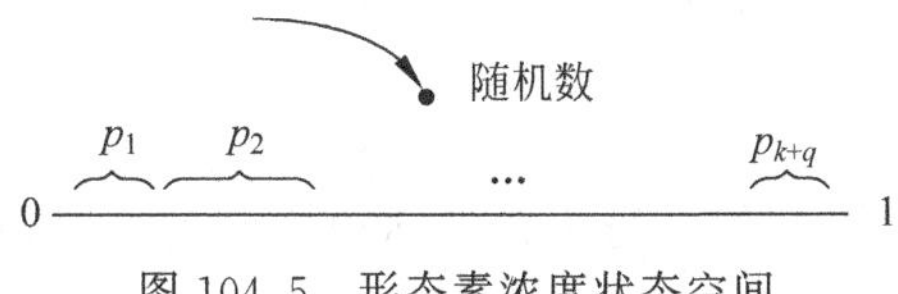

图 104.5 形态素浓度状态空间

这个过程反复进行，在以上植物生长的动力机制作用下，模拟植物的树枝按照上面建立的T-系统生长模型在可行域中向全局最优点快速蔓延，直至没有新枝产生为止。

104.4 模拟植物生长算法的实现步骤

首先考虑无约束情形,定义在 X 上的连续函数 $f(x)$

$$\begin{cases}\min f(x) \\ x \in X_I \quad x=(x_1,x_2,\cdots,x_n)\end{cases} \tag{104.4}$$

其中,X 为 R^n 中的有界闭箱,X_I 表示 X 中整点的全体。X 可以根据具体问题来确定,如一维问题为一个直线区间$[a,b]$,二维问题可定义为圆形或矩形,高维问题可按各个分量的直线区间来定义 $x_1\in[a_1,b_1],x_2\in[a_2,b_2],\cdots,x_n\in[a_n,b_n]$,其中 $a_1,b_1,a_2,b_2,\cdots,a_n,b_n$ 应取整数。

模拟植物生长算法的计算步骤如下。

(1) 确定初始基点 $x^0\in X_I$,确定步长 λ^0(为正整数),求出 $f(x^0)$,并令

$$X_{\min}=x^0,\quad f_{\min}=f(x^0),\quad k=0$$

(2) 过 x^0 点做平行数轴的直线段,满足

$$a_1\leqslant x_1^0\leqslant b_1,a_2\leqslant x_2^0\leqslant b_2,\cdots,a_n\leqslant x_n^0\leqslant b_n$$

称这些直线段为树干,并以 x^0 为中心,按坐标轴的正负方向,以 λ^0 为步长在各直线段上寻求树干上的生长点 $S_{i_1,j_1}^0,i_1=1,2,\cdots,n,j_1=1,2,\cdots,m_{i_1}$。$S_{i_1,j_1}^0$ 表示第 i_1 树干的第 j_1 个生长点的坐标,m_{i_1} 表示第 i_1 树干上的生长点的最大序号。

(3) 求出基点和生长点的函数值 $f(x^0),f(S_{i_1,j_1}^0),i_1=1,2,\cdots,n,j_1=1,2,\cdots,m_{i_1}$;求出 $f^*(S_{p_1,q_1}^0)=\min\{f(x^0),f(S_{i_1,j_1}^0),i_1=1,2,\cdots,n,j_1=1,2,\cdots,m_{i_1}\}$。

① 若 $f^*(S_{p_1,q_1}^0)<f_{\min}$,则取 $X_{\min}=S_{p_1,q_1}^0,f_{\min}=f^*(S_{p_1,q_1}^0)$。

② 若 $f^*(S_{p_1,q_1}^0)=f_{\min}$,保留 x^0 点,则取 $X_{\min}=S_{p_1,q_1}^0$。

(4) 求出各生长点的生长概率(形态素浓度)。

① 若 $f(x^0)\leqslant f(S_{i_1,j_1}^0)$,则生长概率 $P_{i_1,j_1}=0$。

② 若 $f(x^0)>f(S_{i_1,j_1}^0)$,则有 $P_{i_1,j_1}=[f(x^0)-f(S_{i_1,j_1}^0)]\Big/\left[\sum\limits_{i_1=1}^{n}\sum\limits_{j_1=1}^{m_{i_1}}(f(x^0)-f(S_{i_1,j_1}^0))\right]$,

其中 i_1、j_1 不包含 $P_{i_1,j_1}=0$ 的情形,显然 $\sum\limits_{i_1=1}^{n}\sum\limits_{j_1=1}^{n_{i_1}}P_{i_1,j_1}=1$ 成立。

(5) 新的基点生成。在(0,1)上任选一个随机数 η_0 满足 $\sum\limits_{i_1=1}^{l_1}\sum\limits_{j_1=1}^{\mu_1-1}P_{i_1,j_1}<\eta_0\leqslant\sum\limits_{i_1=1}^{l_1}\sum\limits_{j_1=1}^{\mu_1}P_{i_1,j_1}$,则选取 $S_{l_1\mu_1}^0$ 为新的基点。

(6) $x^1=S_{l_1\mu_1}^0$,$k=1$,过 x^1 做平行于各坐标轴的直线段,其中

$$a_1\leqslant x_1^1\leqslant b_1,a_2\leqslant x_2^1\leqslant b_2,\cdots,a_n\leqslant x_n^1\leqslant b_n$$

称这些线段为树枝(它与树干的区别为其规模小于树干),确定步长 $\lambda^1(\lambda^1\leqslant\lambda^0)$为正整数,过 x^1 沿正负方向找出树枝上的生长点 S_{i_2,j_2}^1 $(i_2=1,2,\cdots,n;j_2=1,2,\cdots,m_{i_2})$,$S_{i_2,j_2}^1$ 表示第

i_2 树枝中第 j_2 个生长点的坐标，m_{i_2} 表示第 i_2 树枝上生长点的最大序号。

(7) 求出基点和生长点的函数值 $f(x^1)$，$f(S^1_{i_2,j_2})(i_2=1,2,\cdots,n;\ j_2=1,2,\cdots,m_{i_2})$，求出 $f^*(S^1_{p_2,q_2})=\min\{f(x^1),f(S^1_{i_2,j_2}),i_2=1,2,\cdots,n;\ j_2=1,2,\cdots,m_{i_2}\}$。

① 若 $f^*(S^1_{p_2,q_2})<f_{\min}$，则取 $x_{\min}=S^1_{p_2,q_2}$，$f_{\min}=f(S^1_{p_2,q_2})$，并删除保留点。

② 若 $f^*(S^1_{p_2,q_2})=f_{\min}$，则保留点 $S^0_{p_1,q_1}$，则取 $x_{\min}=S^1_{p_2,q_2}$。

(8) 求出生长点的生长概率(形态素浓度)。

① 求树干上各生长点的生长概率如下。

a. 若 $f(x^0)\leqslant f(S^0_{i_1,j_1})$，则有概率 $P_{i_1,j_1}=0$。

b. 若 $f(x^0)>f(S^0_{i_1,j_1})$，则有概率 $P_{i_1,j_1}=\dfrac{f(x^0)-f(S^0_{i_1,j_1})}{\Delta_1+\Delta_2}$，其中，$\Delta_1=\sum\limits_{i_1=1}^{n}\sum\limits_{j_1=1}^{m_{i_1}}(f(x^0)-f(S^0_{i_1,j_1}))$，$\Delta_2=\sum\limits_{i_2=1}^{n}\sum\limits_{j_2=1}^{m_{i_2}}(f(x^0)-f(S^1_{i_2,j_2}))$，其中 i_1、j_1 不包含 $P_{i_1,j_1}=0$ 的情况，i_2、j_2 不包含 $P_{i_2,j_2}=0$ 的情形。

② 求树枝上生长点的生长概率如下。

a. 若 $f(x^0)\leqslant f(S^1_{i_2,j_2})$，则有概率 $P_{i_2,j_2}=0$。

b. 若 $f(x^0)>f(S^1_{i_2,j_2})$，则有概率 $P_{i_2,j_2}=\dfrac{f(x^0)-f(S^1_{i_2,j_2})}{\Delta_1+\Delta_2}$，其中 i_1、j_1 不包含 $P_{i_1,j_1}=0$ 的情况，i_2、j_2 不包含 $P_{i_2j_2}=0$ 的情形。显然有 $\sum\limits_{i_1=1}^{n}\sum\limits_{j_1=1}^{m_{i_1}}P_{i_1,j_1}+\sum\limits_{i_2=1}^{n}\sum\limits_{j_2=1}^{m_{i_1}}P_{i_2,j_2}=1$ 成立。

(9) 新的基点生成：在(0,1] 上任选一个随机数 η_1 使其满足

① 若 $\sum\limits_{i_1=1}^{l_2}\sum\limits_{j_1=1}^{\mu_2-1}P_{i_1,j_1}<\eta_1\leqslant\sum\limits_{i_1=1}^{l_2}\sum\limits_{j_1=1}^{\mu_2}P_{i_1,j_1}$，则取新基点 $S^0_{l_2,\mu_2}$(树干上的点)。

② 若 $\left(\sum\limits_{i_1=1}^{n}\sum\limits_{j_1=1}^{m_{i_1}}P_{i_1,j_1}+\sum\limits_{i_2=1}^{l_2}\sum\limits_{j_2=1}^{\mu_2-1}P_{i_2,j_2}\right)<\eta_1\leqslant\left(\sum\limits_{i_1=1}^{n}\sum\limits_{j_1=1}^{m_{i_1}}P_{i_1,j_1}+\sum\limits_{i_2=1}^{l_2}\sum\limits_{j_2=1}^{\mu_2}P_{i_2,j_2}\right)$，则取新基点 $S^1_{l_2,\mu_2}$(树枝上的点)，统一写成 $S^{(d-1)}_{l_2,\mu_2}$($d=1$ 或 2)。

(10) 当 $k=K$ 时，令 $x^K=S^{(d-1)}_{l_K,\mu_K}$ 为新的基点，过 x^K 做平行于坐标轴的直线段，其中 $a_1\leqslant x^K_1\leqslant b_1,a_2\leqslant x^K_2\leqslant b_2,\cdots,a_n\leqslant x^K_n\leqslant b_n$，称这些线段为第 K 组树枝，确定步长 $\lambda^K(\lambda^K\leqslant\lambda^{K-1}\leqslant\cdots\lambda^1\leqslant\lambda^0)$，$\lambda^K$ 为正整数。过 x^K 沿着坐标轴的方向，以 λ^K 为步长找出该树枝上的生长点为 $S^K_{i_{K+1},j_{K+1}}(i_{K+1}=1,2,\cdots,n;\ j_{K+1}=1,2,\cdots,m_{i_{K+1}})$表示在该组树枝中第 i_{K+1} 树枝上第 j_{K+1} 生长点的坐标；$m_{i_{K+1}}$ 表示第 i_{K+1} 树枝上生长点的最大序号。

(11) 求基点和生长点的函数值 $f(x^K)$，$f(S^K_{i_{K+1},j_{K+1}})$，$i_{K+1}=1,2,\cdots,n$；$j_{K+1}=1,2,\cdots,m_{i_{K+1}}$。求出 $f^*(S^K_{p_{K+1},q_{K+1}})=\min\{f(x^K),f(S^K_{i_{K+1},j_{K+1}})\}$，$i_{K+1}=1,2,\cdots,n$；$j_{K+1}=1,2,\cdots,m_{i_{K+1}}$。

① 若 $f^*(S^K_{p_{K+1},q_{K+1}})<f_{\min}$，则取 $x_{\min}=S^K_{p_{K+1},q_{K+1}}$，删除所有保留点 $f_{\min}=f^*(S^K_{p_{K+1},q_{K+1}})$。

② 若 $f^*(S^K_{p_{K+1},q_{K+1}})=f_{\min}$，则保留 $S^{K-1}_{p_{K1},q_K}$，取 $x_{\min}=S^K_{p_{K+1},q_{K+1}}$。

(12) 求出各生长点的生长概率(形态素浓度)。

① 求树干上的点的生长概率如下。

a. 若 $f(x^0)\leqslant f(S^0_{i_1,j_1})$ 时,则有概率 $P_{i_1,j_1}=0$。

b. 若 $f(x^0)>f(S^0_{i_1,j_1})$ 时,则有概率 $P_{i_1,j_1}=\dfrac{f(x^0)-f(S^0_{i_1,j_1})}{\Delta_1+\Delta_2+\cdots+\Delta_{K+1}}$,其中,$\Delta_1=\sum\limits_{i_1=1}^{n}\sum\limits_{j_1=1}^{m_{i_1}}(f(x^0)-f(S^0_{i_1,j_1}))$;$\Delta_2=\sum\limits_{i_2=1}^{n}\sum\limits_{j_2=1}^{m_{i_2}}(f(x^0)-f(S^1_{i_2,j_2}))$;…;$\Delta_{K+1}=\sum\limits_{i_{K+1}=1}^{n}\sum\limits_{j_{K+1}=1}^{m_{i_{K+1}}}(f(x^0)-f(S^K_{i_{K+1},j_{K+1}}))$,式中下标不包括概率为零的情形。

② 当 $K=1$ 时树枝上点的生长概率如下。

a. 若 $f(x^0)\leqslant f(S^1_{i_2,j_2})$ 时,则有概率 $P_{i_2,j_2}=0$。

b. 若 $f(x^0)>f(S^1_{i_2,j_2})$ 时,则有概率 $P_{i_2,j_2}=\dfrac{f(x^0)-f(S^1_{i_2,j_2})}{\Delta_1+\Delta_2+\cdots+\Delta_{K+1}}$,式中下标不包括概率为零的情形。

③ 当 $k=K$ 时,该组树枝上各点的生长概率如下。

a. 若 $f(x^0)\leqslant f(S^K_{i_{K+1},j_{K+1}})$ 时,则有概率 $P_{i_{K+1},j_{K+1}}=0$。

b. 若 $f(x^0)>f(S^K_{i_{K+1},j_{K+1}})$ 时,则有概率 $P_{i_{K+1},j_{K+1}}=\dfrac{f(x^0)-f(S^K_{i_{K+1},j_{K+!}})}{\Delta_1+\Delta_2+\cdots+\Delta_{K+1}}$,式中下标不包括概率为零的情形。显然 $\sum\limits_{i_1=1}^{n}\sum\limits_{j_1=1}^{m_{i_1}}P_{i_1,j_1}+\sum\limits_{i_2=1}^{n}\sum\limits_{j_2=1}^{m_{i_2}}P_{i_2,j_2}+\cdots+\sum\limits_{i_{K+1}=1}^{n}\sum\limits_{j_{K+1}=1}^{m_{i_{K+1}}}P_{i_{K+1},j_{K+1}}=1$ 成立。

(13) 新的基点的生成,在(0,1]上任选一个随机数 η_K 满足:

① 若 $\sum\limits_{i_1=1}^{l_{K+1}}\sum\limits_{j_1=1}^{\mu_{K+1}-1}P_{i_1,j_1}<\eta_K\leqslant\sum\limits_{i_1=1}^{l_{K+1}}\sum\limits_{j_1=1}^{\mu_{K+1}}P_{i_1,j_1}$,则取新基点 $S^0_{i_{K+1},\mu_{K+1}}$。

② 若 $\left(\sum\limits_{i_1=1}^{n}\sum\limits_{j_1=1}^{m_{i_1}}P_{i_1,j_1}+\sum\limits_{i_2=1}^{l_{K+1}}\sum\limits_{j_2=1}^{\mu_{K+1}-1}P_{i_2,j_2}\right)<\eta_K\leqslant\left(\sum\limits_{i_1=1}^{n}\sum\limits_{j_1=1}^{m_{i_1}}P_{i_1,j_1}+\sum\limits_{i_2=1}^{l_{K+1}}\sum\limits_{j_2=1}^{\mu_{K+1}}P_{i_2,j_2}\right)$,则取新基点 $S^1_{i_{K+1},u_{K+1}}$(为第一组树枝上的点)。

③ 若 $\left(\sum\limits_{i_1=1}^{n}\sum\limits_{j_1=1}^{m_{i_1}}P_{i_1,j_1}+\sum\limits_{i_2=1}^{l_{K+1}}\sum\limits_{j_2=1}^{\mu_{K+1}-1}P_{i_2,j_2}+\cdots+\sum\limits_{i_{K+1}=1}^{l_{K+1}}\sum\limits_{j_{K+1}=1}^{\mu_{K+1}-1}P_{i_{K+1},j_{K+1}}\right)<\eta_K\leqslant\left(\sum\limits_{i_1=1}^{n}\sum\limits_{j_1=1}^{m_{i_1}}P_{i_1,j_1}+\sum\limits_{i_2=1}^{l_{K+1}}\sum\limits_{j_2=1}^{\mu_{K+1}}P_{i_2,j_2}+\cdots+\sum\limits_{i_{K+1}=1}^{l_{K+1}}\sum\limits_{j_{K+1}=1}^{\mu_{K+1}}P_{i_{K+1},j_{K+1}}\right)$,则取新基点 $S^K_{i_{K+1},\mu_{K+1}}$(为第 K 组树枝上的点),统一写成 $S^{(d-1)}_{i_{K+1},\mu_{K+1}}$($d=1,2,\cdots,K+1$ 其中之一)。

(14) 若 $f_{\min}$ 的值 m 次重复出现(即没有新的生长点),则取 $f^*_{\min}=f_{\min}$ 为最优值,$x^*=x_{\min}$ 及保留点为最优解。否则,取 $x^{K+1}=S^{(d-1)}_{i_{K+1},\mu_{K+1}}$,取 $k=K+1$,转回步骤(10)。

注意,若遇到如下特殊情况:当初始基点 x^0 的函数值均小于树干上所有生长点的函数值,则记下此点的坐标向量和其函数值,然后重新选择新的初始基点来代换 x^0,新的迭代完成后需要将结果与该点进行比较以决定取舍。

当有约束的情形，考虑有约束的函数 $f(x)$

$$\begin{cases} \min f(x) \\ x \in \Omega \in R^n \end{cases} \tag{104.5}$$

其中，$\Omega=\{x,g_j(x),j=1,2,\cdots,m\}$，$x$ 为整数向量。

假设 Ω 为有界区域，则构造一个有界闭箱 X，将 Ω 完全包含在 X 内。在计算生长点时，凡 $x\in\Omega$ 的保留；凡 $x\notin\Omega$ 的舍弃。这样，对有约束的情形也可以采用上述的模拟植物生长算法进行求解。

第105章　人工植物优化算法

在植物生长过程中，由于光线的单方向照射，枝条在进行光合作用合成生长所需的能量的同时，会感受到外界光照强度并借助外界光照的作用来引导枝条生长产生趋向光源的向光性运动，以保证植物尽快向光源方向生长。人工植物优化算法通过设计光合作用算子、向光性算子及顶端优势算子来模拟植物生长过程，用于对优化问题求解。本章介绍植物的光合作用、向光性、人工植物优化算法的优化原理、数学描述、实现步骤及流程。

105.1　人工植物优化算法的提出

人工植物优化算法(Artificial Plant Optimization Algorithm，APOA)是2012年由崔志华、杨红娟等提出的一种模拟植物生长过程的随机智能优化算法。该算法基于植物生长的向光性及光合作用机制，通过设计的光合作用算子、向光性算子及顶端优势算子综合考虑了植物生长过程的光合作用、向光性等影响。人工植物优化算法已用于混沌系统控制、神经网络训练、生物信息学、无线传感网络覆盖优化等方面。

105.2　人工植物优化算法的优化原理

模拟植物生长算法(PGSA)的思想源于形态发生模型，仅从外观上模拟了植物的生长过程，没有从植物生长的机理上进行模拟，仅考虑了植物的向光性机制，并没有考虑光合作用等植物生长所必需的其他机制。因而，在一定程度上影响了算法的性能。

实际上，在植物生长过程中，各枝条相互协作、相互影响，趋利避害，总是向着光照强度更强的位置生长，而避开光照强度较弱的位置。光合作用为植物的生长提供了必需的能量(与枝条的当前光照强度有关)及有机物，对植物的生长起到了至关重要的作用，尤其是其合成的能量决定了各枝条的理论生长范围。

由于光线的单方向照射，枝条在进行光合作用合成生长所需要能量的同时，会借助外界光照的作用产生趋向光源的向光性运动。在此运动中，植物通过感受到的外界光照强度来引导枝条生长(等于位置的更新)。以保证植物尽快向光源方向生长。从这个角度出发，植物在阳光照射下的生长过程是一个不断演化、进化的优化过程，因此，可模拟这样的植物生长过程用于优化问题求解。

为了利用植物生长这一现象来构造优化算法，应将植物生长过程与优化问题求解过程相类比。由于光照强度引导植物生长的方向,并为植物生长提供必要的能量,因此可将其视为一种适应度。搜索空间中的点可以看作是枝条,搜索的过程可以看作是植物生长的过程。人工植物优化算法与优化问题的对应关系如表105.1所示。

表105.1　人工植物优化算法与优化问题的对应关系

优化问题的定义域$[x_{\min},x_{\max}]$	植物的生长环境
算法的迭代次数t	植物的生长期
全局最优解x_{best}^k	光照强度最强的位置
目标函数$f_i(x_i^k)$	光照强度
个体i	植物上的一根枝条
个体位置移动$x_i^k(t)$	枝条的生长
总个体数m	总的枝条数

105.3　人工植物优化算法的数学描述

通过考虑无约束优化问题来介绍人工植物优化算法的数学描述。设优化函数的目标函数为

$$\min\phi=f(x) \tag{105.1}$$

$$X\in S=\{X\mid g_i(x)\leqslant 0,i=1,2,\cdots,d\} \tag{105.2}$$

其中,X表示d维的优化变量;$\phi=f(x)$是代表优化函数的目标函数;$g_i(x)$是一个约束函数,它们都是定义在X上的实值函数;S被称为约束域。

1. 光合作用算子及其描述

光合作用是一个利用光照将二氧化碳和水作为可利用的物质转化成有机化合物并释放出氧气的过程。光合作用是植物最重要的生理过程之一,是自然界中最基本的物质代谢和能量代谢,是生态系统能量流动的起点。绿色植物的光合作用是利用太阳能把二氧化碳和水合成有机物,并释放出氧气的过程。

植物在利用光能制造有机物的同时,也吸收一部分光能并将其转变为化学能,储藏在有机物中,实现了光能的吸收、传递与储藏。正是这种能量的转化,为植物生长提供了赖以生存的能量及有机物。

从表105.1人工植物优化算法与优化问题对应关系可知,优化问题中的目标函数对应着人工植物优化算法中的光照强度,即适应度函数。由于不同的适应度函数其范围有所不同,因此,为了更方便地用于解决优化问题,将其规范化后限制在[0,1]范围内,实现转换的公式如下。

$$\text{Score}_i(t)=\frac{f_{\text{worst}}(t)-f(x_i(t))}{f_{\text{worst}}(t)-f_{\text{best}}(t)} \tag{105.3}$$

其中,$f_{\text{worst}}(t)$和$f_{\text{best}}(t)$分别代表在时间t时最弱的和最强的初始光照强度;$f(x_i(t))$表示枝条i的初始光照强度(稳定值)。

光是植物进行光合作用的动力,是其生存和发育最重要的环境因子之一。随着光照强度的变化,植物能够在形态及生理方面产生可塑性反应,以适应变化的光环境。植物光合作用的光响应曲线描述的就是光照强度与植物一个很重要的光合作用的指标——光合速率之间的关系。通过分析光合-光响应曲线可得出反映植物光合作用特性的相关生理参数,如最大净光合速率、暗呼吸速率、光饱和点及光补偿点等。其中,光合速率表征了光合作用能力的大小,其定义为:单位时间、单位叶面积的二氧化碳吸收量或氧气的释放量,也可用单位时间、单位叶面积干物质积累量来表示。

对光合-光响应曲线的拟合已提出了许多函数模型,其中直角双曲线模型是最简单且最重要的模型,用于拟合植物的光合-光响应曲线,衡量每个枝条产生能量的多少,其模型如下。

$$PR_i(t)=\frac{\alpha\cdot \mathrm{Score}_i(t)\cdot P_{\max}}{\alpha\cdot \mathrm{Score}_i(t)+P_{\max}}-R_d \tag{105.4}$$

其中,$PR_i(t)$代表第 i 枝条在时间 t 时的光合速率;$\mathrm{Score}_i(t)$表示第 i 枝条在时间 t 的光照强度;α 为光合作用光响应曲线在光照强度为零时的斜率,即光响应曲线的初始斜率或初始量子效率;$P_{\max}$ 为最大净光合速率;R_d 为暗呼吸速率。α、$P_{\max}$ 和 R_d 这 3 个参数都用于控制光合速率的大小(根据相关文献它们分别设定为 0.055,30.2,1.44)。

在每次迭代中,所有枝条都根据上述方程从光合作用中获得能量生长。

2. 向光性算子及其描述

植物生长器官受单方向光照射而引起生长弯曲的现象称为向光性,这种反应是植物为捕获更多光能而建立起来的对不良光照条件的适应机制之一。

一般而言,光合速率与植物的生长期也有很大关系。通常情况下,植物生长中期的光合速率最强,但到生长末期其光合速率就会下降很多。这表明植物不同的生长阶段与产生光合作用能量的多寡密切相关。

为了描述这种光合速率的特性,人工植物优化算法根据种群中各个枝条不同的光合速率,将枝条分为生长期枝条和成熟期枝条两类。

(1) 生长期枝条。处于植物生长中期的枝条光合速率较强,将光合速率大的枝条视为生长期枝条。生长期枝条较短,几乎不受重力因素的影响,没有发生弯曲,在算法中仅需考虑向光性的影响。生长期枝条受光照强度大的枝条所在位置吸引,具有一定的向光性运动,并向光照强度高的方向生长。植物枝条的生长可用位置的改变来表示,生长期枝条的生长以概率(p_m)按下面规则更新其位置。

$$x_i^k(t+1)=x_i^k(t)+(x_{\mathrm{best}}^k(t)-x_i^k(t))\cdot \mathrm{growth}\cdot r \tag{105.5}$$

其中,$x_{\mathrm{best}}^k(t)$为个体最好位置;growth 为权重;r 为(0,1]之间的随机数。

(2) 成熟期枝条。把光合速率小的枝条视为成熟期枝条,成熟期枝条的长度较长,受重力因素影响较大,故枝条的生长会发生弯曲,使得枝条生长有一定的角度。成熟期枝条的生长以概率($1-p_m$)按下面的规则进行位置更新。

$$x_i^k(t+1)=x_i^k(t)+\mathrm{growth}\cdot r\cdot D_i^k(\mathrm{angle}_i^k) \tag{105.6}$$

其中,$D_i^k(\mathrm{angle}_i^k)=(d_i^1,d_i^2,\cdots,d_i^n)$为直角坐标系转换为笛卡儿坐标系后的弯曲度;$\mathrm{angle}_i^k$ 为枝条 i 的实际计算弯曲度;d_i^n 为枝条角度进行坐标转换时的第 n 维的弯曲度。

为了计算方便,需把 angle_i^k 转换成笛卡儿坐标系下的弯曲度 $D_i^k(\mathrm{angle}_i^k)$,其转换公式如下。

$$d_i^1=\prod_{p=1}^{n-1}\cos(\text{angle}_i^p) \tag{105.7}$$

$$d_i^k=\sin(\text{angle}_i^k)\prod_{p=1}^{n-1}\cos(\text{angle}_i^p) \tag{105.8}$$

$$d_i^n=\sin(\text{angle}_i^{n-1}) \tag{105.9}$$

其中,d_i^1 是弯曲度为 1 维的转换公式；d_i^k 是弯曲度为 k 维的转换公式；d_i^n 是弯曲度为 n 维的转换公式。角度的演化公式为

$$\text{angle}_i^k(t+1)=\text{angle}_i^k(t)+\theta_i^k \tag{105.10}$$

其中,θ_i^k 是枝条弯曲度的一个角度增量,其计算公式为

$$\theta_i^k=K_{0i}^k\sqrt{|\cos(\text{beta}+\text{angle}_i^k)-\cos(w+\text{angle}_i^k)|} \tag{105.11}$$

其中,beta 为 $\left[\frac{\pi}{40},\frac{\pi}{2}\right]$ 之间的常量；w 为 $\left[\frac{\pi}{20},\frac{\pi}{2}\right]$ 之间的常量；K_{0i}^k 是一个参数,其计算公式为

$$K_{0i}^k=2\sqrt{\frac{|p_i^k|}{0.25\pi R_e}} \tag{105.12}$$

其中,R_e 为(0,2]之间的常量；p_i^k 为第 i 枝条的光合速率。

植物的生长可用位置的改变来表示,即用 x_i 的不断更新来模拟枝条的不断生长。枝条在生长的过程中,不仅会受到光源对其光合作用的影响,也会受到其他所有枝条感受到的光照强度的影响,在这种综合光照强度的影响下,枝条进行着一种趋光运动,即向光性。因此,在设计向光性算子时综合光照强度的影响,模拟 i 的生长规则设计为

$$x_i(t+1)=x_i(t)+\text{Gp}\cdot F_i(t)\cdot\text{rand}() \tag{105.13}$$

其中,Gp 为一个反映能量转化率的参数,用于控制指定迭代步长内的生长幅度；$F_i(t)$为综合光照强度；rand()为一个均匀分布的随机数。

对于每个枝条 i 的 $F_i(t)$计算公式为

$$F_i(t)=\frac{F_i^{\text{total}}(t)}{\|F_i^{\text{total}}(t)\|} \tag{105.14}$$

其中,$\|\cdot\|$ 表示欧氏距离,$F_i^{\text{total}}(t)$的计算公式为

$$F_i^{\text{total}}(t)=\sum_{j\neq i}F_{i,j}(t) \tag{105.15}$$

$$F_{i,j}(t)=\begin{cases}0, & \|x_i(t)-x_j(t)\|=0\\ \text{coe}\cdot\dfrac{\mathrm{e}^{-\text{dim}\cdot\text{PR}_j(t)}-\mathrm{e}^{-\text{dim}\cdot\text{PR}_i(t)}}{\|x_i(t)-x_j(t)\|}, & \text{其他}\end{cases} \tag{105.16}$$

$$\text{coe}=\begin{cases}1, & f(x_i(t))>f(x_j(t))\\ -1, & \text{其他}\end{cases} \tag{105.17}$$

其中,dim 表示问题域的维度；coe 为用于控制生长方向的参数；PR 表示植物枝条。

从上述公式可以看出,每个枝条都会受到其他所有枝条感受到的光照强度对其综合光照强度 $F_i(t)$的影响,并随着枝条之间距离的远近而变化。

3. 顶端优势算子

枝条在生长的过程中,不仅需要自身的能量选择生长方向,同时也会受到其他所有枝条的影响。植物的顶端优势是顶芽完全或部分抑制侧芽生长的现象,它是植物调节自身生长的主要环节。植物在生长发育过程中,顶芽和侧芽之间有着密切的关系。顶芽旺盛生长时,会抑制侧芽生长。如果由于某种原因顶芽停止生长,一些侧芽就会迅速生长。对于植物的顶端优势,可以通过人工剪枝的方法去除顶芽,有选择地让一些侧芽来代替顶芽。去除顶端优势,也可任顶芽存在,保持顶端优势,让顶芽得以生长,从而使枝条有选择地生长。但是并不排除有其他外在的不可预知的因素存在来影响枝条的生长。

在是否去除顶端优势及去除之后顶芽会被哪个侧芽替代,可以分为3种情况来考虑。通过引入一个随机发生的小概率事件,根据不同情况分别更新枝条位置的规则如下。

(1) 顶芽不被替代,继续抑制侧芽生长。这种情况发生的概率最大不超过 rate,即 rand(1)<rate,更新规则为

$$x_i^k(t+1)=x_{\text{best}}^k(t)+(x_{\text{best}}^k(t)-x_{\text{worst}}^k(t))\cdot \text{growth}\cdot r \tag{105.18}$$

其中,rand(1)是(0,1]之间的一个随机数;rate 是(0,1]之间的一个常量;x_{best}^k、x_{worst}^k 分别表示光照强度最强及最弱的枝条位置;r 表示(0,1]之间的随机数。

(2) 去除顶端优势,让侧芽替代顶芽。这种情况发生的概率将不超过 $1/n$(n 表示枝条的维度),代替顶芽的侧芽生长规则为

$$x_i^k(t+1)=x_{\max}(t)+(x_{\max}(t)-x_{\min}(t))\cdot r \tag{105.19}$$

(3) 在前两种情况都没有发生的情况下,此时顶芽和侧芽都已脱落,枝条已经长成,将不受到顶端优势影响。因此,光照强度最强的位置不改变,继续使用以前的生长规则为

$$x_i^k(t+1)=x_{\text{best}}^k(t) \tag{105.20}$$

将这条规则用于中高维数值优化时,可以增加多样性,避免陷入局部最优。

105.4 人工植物优化算法的实现步骤及流程

人工植物优化算法的实现步骤如下。

(1) 初始化每个枝条的位置向量,每个枝条的弯曲度 angte_i^k,确定光强度的最佳位置;设置参数,包括迭代次数 t、总枝条数 p、维度 n 及其他相关参数。

(2) 分别确定在时间 t 时最佳和最差的光强度(视为适应度)为

$$f_{\text{best}}(t)=\min\{f(x_j(t)),j=1,2,\cdots,s\}$$

$$f_{\text{worst}}(t)=\max\{f(x_j(t)),j=1,2,\cdots,s\}$$

(3) 执行光合作用算子操作,根据式(105.4)确定光合速率。

(4) 执行向光性算子操作,根据式(105.13)~式(105.17)更新每个分支的位置向量。

(5) 确定迄今为止每个分支个体具有高光强度的历史最佳位置。

(6) 确定群体的历史最高光强度。

(7) 根据枝条光合速率的不同将枝条分为两类:生长期枝条(p_m×枝条总数)和成熟期枝条($(1-p_m)$×枝条总数);对生长期的枝条根据式(105.5)进行位置更新,对成熟期的枝条根据式(105.6)进行位置更新,并对更新后的最优位置的枝条执行顶端优势算子操作。

(8) 如果满足终止条件，输出最优解，算法终止；否则，转到步骤(2)。

人工植物优化算法的流程如图 105.1 所示。

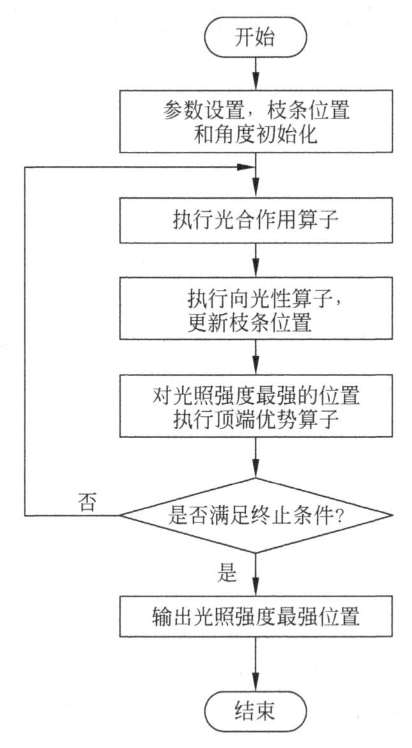

图 105.1　人工植物优化算法的流程图

第106章 人工藻类算法

藻类是指以光合作用产生能量供生长的植物,单细胞藻类浮游植物小到只有几微米,被称为微藻。藻类植物适应环境能力强,可以在营养贫乏、光照强度微弱的环境中生长。人工藻类算法通过模拟微藻类运动行为的适应和进化过程,该算法包括“进化过程”“适应”和“螺旋运动”3个基本部分。采用半随机选择同时选择光源以避免局部最小值和平衡的螺旋运动方法,实现对函数优化问题求解。本章介绍藻类的生长特性、人工藻类算法的数学描述、伪代码表示及程序流程。

106.1 人工藻类算法的提出

人工藻类算法(Artificial Algae Algorithm,AAA)是2015年由土耳其学者Uymaz等提出的一种新型的仿植物生长优化算法。该算法受藻类光合作用行为的启发,通过模拟光合物种微藻类生活行为的进化过程、适应过程和螺旋运动模式,实现对函数优化问题求解。由于适应和进化过程的贡献,在选择光源时采用半随机选择,以避免局部最小值,使螺旋运动相互平衡。

在AAA的基础上,通过修改藻类群落,为模拟微藻类的勘探和开发过程提供螺旋运动,通过实施多光源移动,把人工藻类算法(AAA)修改为多光源人工藻类算法(AAAML)。在AAAML中,选择每个维度为一个不同的光源,用螺旋运动改善勘探和开发之间平衡的能力更强。

通过多种不同维度基准函数将人工藻类算法与人工蜂群算法(ABC)、蜜蜂算法(BA)、微分进化(DE)、蚁群优化(ACO)等进行对比,并通过压力容器设计优化问题验证了算法的性能。

106.2 藻类的生长特性

藻类是指以光合作用产生能量的生物,一般被认为是简单的植物。它们基本上是没有根、茎、叶分化的原植体植物。藻类与细菌和原生动物不同之处在于,藻类产生能量的方式为光合自营性,它们能够从二氧化碳和水中合成自己的食物材料。藻类植物能利用光能把无机物合成有机物,供自身需要。

藻类植物在形态上千差万别,单细胞藻类浮游植物小的只有几微米,被称为微藻。藻类植物对环境条件要求不高,适应环境能力强,可以在营养贫乏、光照强度微弱的环境中生长。

1. 藻类的增长过程

通常采用批次测试结果来确定特定的微生物的增长速率，即每单位生物量的生长速率采用以下等式：

$$\frac{\mathrm{d}X}{\mathrm{d}t}=\mu X \tag{106.1}$$

其中，$\mathrm{d}X/\mathrm{d}t$ 为单位时间内生物量的变化；X 为生物量浓度(mg/L)；μ 为生长速率；t 为时间。

在适当的温度和任何指定的照明下，供应充足的二氧化碳和营养盐类的一批培养物的典型生长曲线如图 106.1 所示。

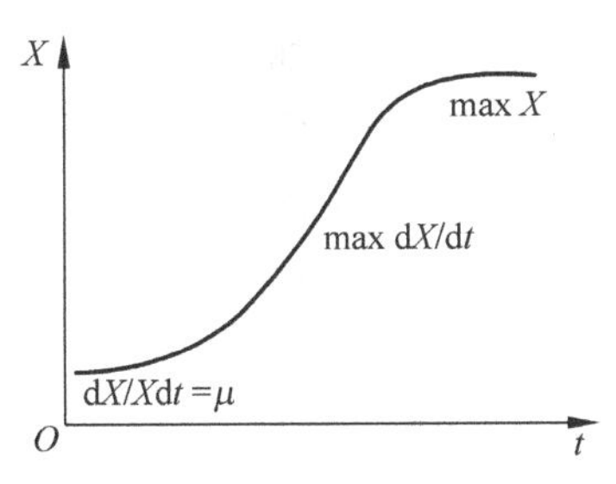

图 106.1　藻类的典型生长曲线

只要在低细胞浓度下，相互遮蔽可以忽略不计，细胞数量的增加是指数的且特定生长速率 $\mathrm{d}X/X\mathrm{d}t=\mu$ 为常数。只要所有细胞维持在高入射照度光饱和以上，尽管相互遮蔽，指数阶段可以继续。随着细胞浓度增加，光吸收接近 100%时，培养物收入的近似恒定的能量反映细胞数量的线性增加，即 $\mathrm{d}X/\mathrm{d}t$ 为常数。此后，细胞数量的任何进一步增加仅增加基础或内源性代谢的开销需求。无论入射照明如何，有效照明将最终接近一个值，生长的补偿点和培养物中细胞的数量将接近最大值。

现代细胞生长动力学奠基人 Monod 提出，在微生物生长曲线的对数期和平衡期，细胞的比生长率与限制性底物浓度的关系用 Monod 方程描述为

$$\mu=\frac{\mu_{\max}S}{K_S+S} \tag{106.2}$$

其中，$\mu_{\max}$ 为最大特定生长率(1/时间)；K_S 为基质饱和常数(质量/体积)；S 为底物浓度。

在存在足够的光和氮的条件下，藻类的生长速率受到可用的无机碳(总无机碳或溶解的 CO_2)量的限制。在混合培养物有机碳光合作用和氧化代谢同时发挥作用。有些微藻也可以在黑暗中使用有机底物作为碳和能源异养生长。在营养培养中也观察到异养支配对光嗜酸性控制的连续变化。

2. 光和藻类

光通常以辐照度表示为单位时间通过单位区域的光子数($\mu\cdot$ einsteins/m^2s，爱因斯坦≈6×10^{23} 个光子)或能量的数量($\mathrm{W/m^2}$)。作为光合作用的藻类具有大量的颜料，这也阻碍了光的渗透。藻类生物量的生产一般受到光照的限制，微藻类的种植面临着光衰减和光捕获能力的问题。在培养物混合密度高的微藻中，光衰减发生在培养物表面下方几厘米处，反应器内的光分布不均匀，必须考虑藻类适应平均光强度。当光穿透液体表面时，其强度随深度呈指数衰减。这种指数性质确保了辐照度即使相当大变化对光线穿透深度几乎没有影响。因此，光在每单位面积有限的生长速率近似恒定。

3. 藻类对环境的适应

光强度、温度和液体成分单独或组合在一起的变化对藻类生长特性具有相当大的影响。这种变化引起不同代谢活动的变化。这些变化可以是光呼吸、光氧化、光异养、光抑制。光呼吸消耗能量,这可以防止细胞在富含二氧化碳的大气中产生的光氧化损伤。它的形成是通过强光,减少二氧化碳供应或增加氧气浓度。在一些混养培养物中,使用有机碳源、光合成机制和氧化同化独立地起作用,因此二氧化碳的光吸收和氧化同化作用伴随进行。光异养是一种营养的形式,其中光被捕获并且通过着色的藻类用作能量源,从环境中吸收溶解的有机化合物。光抑制是通过高辐照度降低光合速率。据报道,这是一个与时间相关的过程,似乎涉及激活光合作用的过程可逆或不可逆的问题。

微藻类在不同的光照、温度和碳源条件下,都具有不同的代谢特性。这些特性反过来确定在某些条件下,如对于寒冷环境和/或较低光强度的显性物种,硅藻占主导地位,而对于较高温度和/或较高光强度条件,绿藻在混合培养物中占主导地位。这种优势平衡了在不同条件下的去除过程,并且表明混合培养物具有针对变化条件调节自身的能力,并且通过该性质,可以在各种条件下实现去除。

106.3 人工藻类算法的数学描述

通过藻类特性的理想化,把人工藻类对应于问题空间中的每个解。人工藻类与真实藻类相似,可以向光源移动,通过螺旋运动进行光合作用。它们可以适应环境,能够改变优势物种,并且可以通过有丝分裂进行繁殖。

人工藻类算法由“进化过程”“适应”和“螺旋运动”3个基本部分组成。

藻类群是一群生活在一起的藻类细胞,整个群体由藻类群落组成。在该算法中,整个藻类群体可用矩阵描述为

$$\boldsymbol{X}_{N\times D}=\begin{bmatrix} x_1^1 & x_1^2 & \cdots & x_1^D \\ x_2^1 & x_2^2 & \cdots & x_2^D \\ \vdots & \vdots & & \vdots \\ x_N^1 & x_N^2 & \cdots & x_N^D \end{bmatrix} \tag{106.3}$$

其中,$\boldsymbol{X}_{N\times D}$ 中的 N 表示整个藻类群体包含藻类群落的个数;D 表示每个藻类群落包含藻细胞的维数。

第 i 藻类群落可用向量描述为

$$\boldsymbol{x}_i=[x_i^1,x_i^2,\cdots,x_i^D] \tag{106.4}$$

其中,x_i^j 表示藻细胞在第 i 藻类群落的第 j 维。

当单个藻类细胞被分裂产生两个新的藻类细胞时,它们相邻地存活,并且当这两个细胞分开时,新的4个细胞一起生存等。藻类群体表现得像单个细胞一起移动,外力(如剪切力或一些不适当的条件)可以使其分开,随着生命的继续,每个分开的部分又变成新的菌落。在最佳点存在的菌落被命名为最佳菌落,它由最佳藻类细胞组成。

1. 进化过程

在充足的营养条件下,如果藻类菌群接收到足够的光,它会生长,并在时间 t 中自身繁殖

产生两个新的藻类细胞，类似于真正的有丝分裂。相反，没有接收足够光的藻类菌群存活了一段时间，但最终死亡。

在时间 $i+1$ 中的第 i 藻类群落的大小由下式给出。

$$G_i^{t+1}=\mu_i^t G_i^t \quad i=1,2,\cdots,N \tag{106.5}$$

其中，G_i^t 为在时间 t 中第 i 藻类群落的大小；N 为系统中藻类群落的数量。

藻类群落随着它们获得的营养物量高而生长得更多。最小藻类群落的每个藻类细胞在进化过程中死亡，最大藻类群落的藻类细胞被复制，如式(106.6)～式(106.8)。

$$\text{biggest}^t=\max G_i^t \quad i=1,2,\cdots,N \tag{106.6}$$

$$\text{smallest}^t=\min G_i^t \quad i=1,2,\cdots,N \tag{106.7}$$

$$\text{smallest}_m^t=\text{biggest}_m^t \quad m=1,2,\cdots,D \tag{106.8}$$

其中，D 为问题维数；biggest 为最大的藻类群落；smallest 为最小的藻类群落。

在 AAA 中，藻类群落根据它们在时间 t 的大小分类。在任何随机选择的维度中，最小藻类群的藻细胞死亡，而最大群落的藻细胞复制自身。

2. 适应过程

在环境中不能充分生长的藻类群落试图适应环境，向优势物种变化。不能充分生长的藻类群落试图将其自身类似于环境中最大的藻类群落，就是一个适应过程。该过程结束于算法中饥饿水平的变化。每个人工藻类的初始饥饿值为零。当接收的光不足时，藻细胞饥饿值随着时间 t 增加，人工藻的最高饥饿值描述为

$$\text{starving}^t=\max A_i^t, \quad i=1,2,\cdots,N \tag{106.9}$$

人造藻饥饿值具有的适应形式为

$$\text{starving}^{t+1}=\text{starving}^t+(\text{biggest}^t-\text{starving}^t)\times \text{rand}, \quad \text{rand}<A_p \tag{106.10}$$

其中，A_i^t 是在时间 t 第 i 藻类群落的饥饿值；starving^t 是在时间 t 具有最高饥饿值的藻类群落；适配参数(A_p)确定在时间 t 是否采用自适应过程；A_p 是[0,1]区间的常数。

3. 螺旋运动

藻细胞菌落通常试图保持靠近水表面游动，因为在那里存在足够的光。它们用它们的鞭毛在液体中螺旋状地游动，如图 106.2 所示，这样可以克服重力和黏滞阻力向前运动。藻细胞的运动是不同的。随着藻细胞的生长摩擦表面变大，螺旋运动的频率增加以增强其局部搜索能力。每个藻类细胞可以与自身能量成比例地移动。藻类细胞在时间 t 的能量与该时间内营养物吸收的量成正比。因此，藻细胞越靠近表面，它越有更多的能量，它就有更多的机会在液体内移动。相反，摩擦表面较小，它们在液体中的移动距离更长。它们可以减少与其能量成比例地移动，因此，它们的全局搜索能力更强。

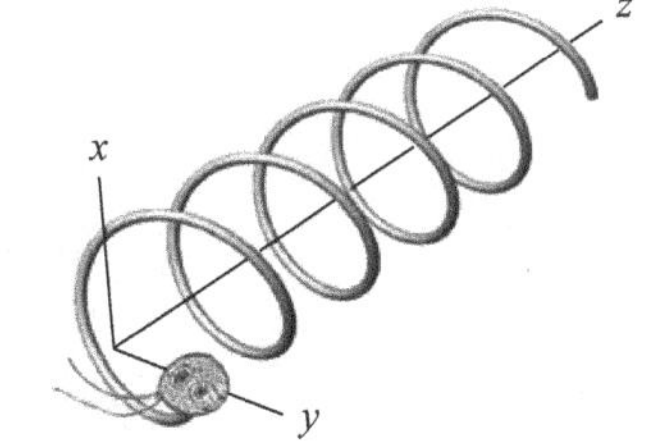

图 106.2　螺旋运动模式

在现实生活中藻类细胞的运动是螺旋状的。在 AAA 中，把限制运动的重力视为 0，黏性阻力视为剪切力，它与藻细胞大小成比例。它是球形的，其大小是它在模型中的体积。因此，摩擦表面变为半球的表面积，描述为

$$\tau(x_i)=2\pi r^2 \tag{106.11}$$

$$\tau(x_i)=2\pi\left(\frac{3G_i}{4\pi}\right)^{\frac{2}{3}} \tag{106.12}$$

其中,$\tau(x_i)$为摩擦表面积。

藻细胞的三维螺旋运动是随机确定的。其中的一个维度是由式(106.13)提供的线性移动,其他两个维度是由式(106.14)和式(106.15)提供的角运动。式(106.11)用于一维问题,藻细胞/菌群在单一方向上移动。在二维问题中,藻类运动是正弦的,因此用式(106.13)和式(106.15)。在3个或更多维度的情况下,藻类运动是螺旋的,使用式(106.13)～式(106.15)。摩擦面和到光源的距离决定了运动的步长。

$$x_{im}^{t+1}=x_{im}^{t}+(x_{jm}^{t}-x_{im}^{t})(\Delta-\tau^{t}(x_i))p \tag{106.13}$$

$$x_{ik}^{t+1}=x_{ik}^{t}+(x_{jk}^{t}-x_{ik}^{t})(\Delta-\tau^{t}(x_i))\cos\alpha \tag{106.14}$$

$$x_{il}^{t+1}=x_{il}^{t}+(x_{jl}^{t}-x_{il}^{t})(\Delta-\tau^{t}(x_i))\sin\beta \tag{106.15}$$

其中,x_{ik}^t、x_{il}^t和x_{im}^t分别是第i藻类细胞在时间t的x、y和z坐标;$\alpha,\beta\in[0,2\pi]$;$p\in[-1,1]$;Δ表示剪切力;$\tau^t(x_i)$是第i藻类细胞的摩擦表面积。

106.4 人工藻类算法的伪代码实现及流程

人工藻类算法的伪代码描述如下。

```
目标函数 f(x),x=(x_1,x_2,…,x_d)
随机初始化有n个藻类群落的群体
评估n个藻类群落的大小(G)
定义算法参数(剪切力Δ,能量损耗e,适配参数A_p)
while (t<最大计算时间)
    评估n个藻细胞能量(E)和摩擦表面积(τ)
    for i=1:n
            若饥饿是真
            while (E(x_i)>0)
                在所有解中通过锦标赛方法选择j个
                随机选择三维螺旋运动,k,l和m
                    x_ik^(t+1) = x_ik^t + (x_jk^t - x_ik^t)(Δ - τ_i)cosα
                    x_il^(t+1) = x_il^t + (x_jl^t - x_il^t)(Δ - τ_i)sinβ
                    x_im^(t+1) = x_im^t + (x_jm^t - x_im^t)(Δ - τ_i)p
                α,β是在[0,2π]区间内随机的角度,p是[-1,1]区间内的随机数
                评估新解
                运动造成的能量损失 E(x_i)=E(x_i)-(e/2)
                if 藻类群落i饥饿是假,用更好的新解替换它
                else 代谢引起的能量损失 E(x_i)=E(x_i)-(e/2) end if
            end while
            if 饥饿是真,增加饥饿 A(x_i)  end if
    end for
    评估藻类群体的大小(G)
    选择一个维度进行再现,r
    smallest_r^t = biggest_r^t
    if rand<A_p
            starving^(t+1) = starving^t + (biggest^t - starving^t)×rand
```

```
        end if
        找到当前最好解
    end while
```

人工藻类算法的一般流程如图 106.3 所示。

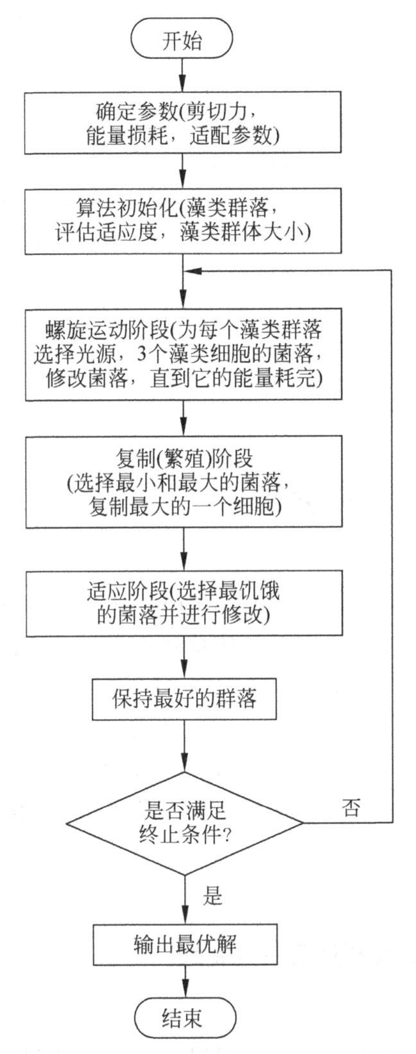

图 106.3　人工藻类算法的一般流程图

第 107 章　小树生长算法

小树生长算法是模拟小树从播种到生长过程的一种仿植物生长优化算法。该算法将一个种植小树的苗圃看作优化问题的解空间。在播种阶段，通过均匀播种使可行解均匀分布在解空间；在成长阶段，使用交叉、分支和疫苗接种 3 个算子。通过定义小树思考能力的概念，使初始化生成的小树种群具有多样性。算法中使用相似性来决定小树的相互作用，因而小树也将是相似的。此外，由于算法中使用的算子基于相似度，因此种群具有收敛性。本章介绍小树生长算法的优化原理、小树生长算法的数学描述，以及播种树苗、交叉、分枝和接种疫苗算法的伪码描述。

107.1　小树生长算法的提出

小树生长算法(Saplings Growing up Algorithm，SGA)是 2006 年由土耳其学者 Karci 和 Alatas 受小树播种和成长启发而提出的一种仿植物生长优化方法。

小树生长算法包含两个阶段：播种阶段和成长阶段。均匀播种采样是为了使可行解在解空间均匀分布；成长阶段包含 3 个算子，即交配、分支和疫苗接种。在创立 SGA 时，Karci 等定义了小树思考能力的概念，并且演示了初始化生成的小树种群具有多样性。种群的相似性决定了小树的相互作用，而且，小树也将是相似的。此外，由于在算法中使用的算子基于相似度，因此种群具有收敛性。

107.2　小树生长算法的优化原理

小树生长算法是将小树从播种到生长过程视为一个优化过程，将一个种植小树的苗圃看作优化问题的解空间。因此，所有的树苗必须在苗圃中均匀分布，如图 107.1 所示。除非是多标准问题，每个树苗都是一个潜在的可行解。而在多标准的情况下，所有的树苗均为可行解。如果一个农民要播种树苗，为了使它们更加快速生长，他将尽量等间隔种植。

为了通过模拟树苗成长来解决优化问题，最初生成的任意可行解必须在可行的搜索空间均匀分布。为了实现苗圃中的播种，使用遗传算法均匀产生种群的方法来生成初始种群。每棵树苗由多个分支组成，最初每棵树苗是不包含任何分支的一个整体。

播种以后，幼苗一定会成长。在 SGA 中，应用交叉算子使目前存在的树苗交换遗传信息用于产生一棵新的树苗。两棵小树苗的交叉过程能否发生，取决于当前的一对树苗之间的距离。在自然界中的风和其他因素会影响交叉的概率。通过匹配算子，小树苗可以从交叉对象处获得一个分支或将其分支送予交叉对象，因此，满足交叉条件，将在每对分支中发生交叉过

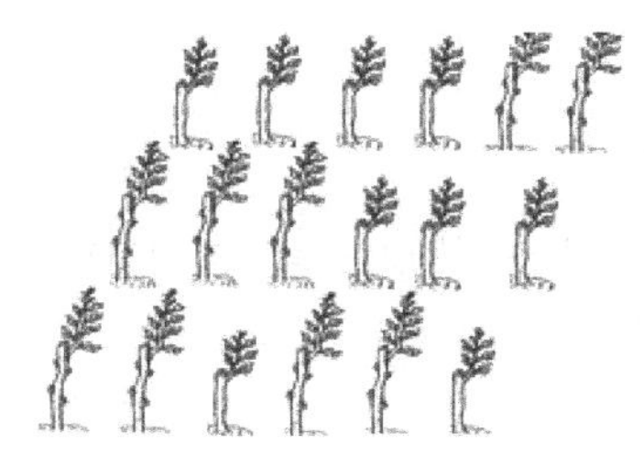

图 107.1　苗圃内均匀种植的小树

程。交叉条件涉及两个小树苗间的交叉率。生成一个随机数,若它小于或等于这个交叉率,则对这些树苗进行交叉操作。

在两棵树苗相似的情况下,这两棵不同的树苗实现疫苗接种。现有的相似树通过接种疫苗算子产生新的树苗。接种疫苗的成功率是与两棵小树苗的相似度成正比的。为了确定树苗的质量,引用遗传算法用目标函数来度量树苗的优劣程度。

在 SGA 中交叉和疫苗接种操作中使用种群相似度。交叉算子是利用树苗之间相似性的全局搜索算子。当算法执行时,交叉算子采用相似度测量来实现全局性搜索。接种疫苗也采用了相似性的概念,相似的树苗被接种疫苗。树苗中存在竞争与合作。然而,种群的相似度概率大于或等于 0.5。这意味着一个类似的种群具有多样性,这是一个获得更好结果的理想情况。种群相似性决定了树苗的相互作用,进而它们将变得相似。此外,由于算法中使用的算子使用相似性,因此,种群具有收敛性,这就意味着 SGA 算法具有全局优化功能。

107.3　小树生长算法的数学描述

如果播种树苗是为了使它们更加快速的生长,就应尽量等间隔种植。因此,为了通过模拟树苗成长来解决优化问题,一个种植小树的苗圃视为解空间,最初生成的任意可行解必须在可行的搜索空间均匀分布。为了实现在苗圃中播种,使用遗传算法均匀产生种群的方法来生成初始种群。每棵树苗由多个分支组成,最初每棵树苗不包含任何分支,它是一个整体。

播种后,幼苗一定会成长。目前存在的树苗通过交叉算子(记为⊗)来交换遗传信息以产生一棵新的树苗。对于每一对树苗会有一个交叉因子,通过每一对树苗之间的距离来影响它们交叉或不交叉。

设两棵小树苗表示为 $G=g_1g_2\cdots g_i\cdots g_n$ 和 $H=h_1h_2\cdots h_i\cdots h_n$。一对树苗 G 和 H 之间能否发生交叉取决于当前它们之间的距离。令树苗 G 和 H 不交叉的概率 $P(G,H)$ 为

$$P(G,H)=\frac{\left(\sum_{i=1}^{n}(g_i-h_i)^2\right)^{1/2}}{R} \tag{107.1}$$

$$R=\left(\sum_{i=1}^{n}(u_i-l_i)^2\right)^{1/2} \tag{107.2}$$

其中,u_i 为当前所选中的一对树苗之间距离的上限;l_i 为其距离的下限。两棵树苗 G 和 H 之间的交叉概率 $P_m(G,H)$ 为

$$P_m(G,H)=1-\frac{\left(\sum_{i=1}^{n}(g_i-h_i)^2\right)^{1/2}}{R} \tag{107.3}$$

除了树苗之间的距离来影响它们交叉与否外，自然界中的风和其他因素也会影响交叉的概率。通过匹配算子，小树苗可以从交叉对象处获得一个分支或将其分支送予交叉对象，因此，$G\otimes H$ 可能新产生 $2n$ 棵树苗。

若 $P_m(G,H)$ 满足交叉条件，交叉过程将在每对分支(g_i 和 h_i)中发生。交叉条件为 $P_m(G,H)$ 与 G 和 H 的交叉率有关。生成一个随机数，若它小于或等于这个交叉率，则对这些树苗进行交叉操作。

为使树苗上的一些点的一个分支成长，在其附近应该没有产生过其他分支。假设第一个分支在点1发生，如图107.2所示，则点2上生成分支的概率小于点3上分支的生成概率。该思想可以被用作一种局部搜索方法，这相当于一个当前解的局部变化。

图107.2 可能生成分支的点的影响

如果在点1处有一个分支在成长，则在点1之外的其他点一个分支的成长概率与 $1-1/d^2$ 成正比，其中 d 是该点和点1之间的距离；在点2处一个分支的生长概率是 $1-1/d_1^2$，其中 d_1 是点1和点2之间的距离；在点3的一个分支生长概率是 $1-1/(d_1+d_2)^2$，d_2 为点2和点3之间的距离。

令 $G=g_1g_2\cdots g_i\cdots g_n$ 为一棵树苗。如果一个分支发生在点 g_i(g_i 的值是变化的)，则在点 g_j 处一个分支中发生的概率可以通过线性和非线性两种方式来计算。

g_i 和 g_j 之间的距离可以表示为 $|j-i|$ 或 $|i-j|$。如果 g_i 是一个分支，那么在线性情况下，g_j 作为一个分支的概率是 $P(g_j|g_i)=1-(|j-i|)^{-2}, i\neq j$。$P(g_j|g_i)$ 类似于条件概率，但它并不是纯粹的条件概率。在非线性情况下，概率可以为 $P(g_j|g_i)=1-\mathrm{e}^{-(|j-i|)^2}$。若 $i=j$，则 $P(g_j|g_i)=0$。

两个相似的不同的树苗 $G=g_1g_2\cdots g_i\cdots g_n$ 和 $H=h_1h_2\cdots h_i\cdots h_n$，$1\leqslant i\leqslant n$，$g_i,h_i\in\{0,1\}$，它们之间实现疫苗接种成功率与它们之间的相似度成正比，树苗的相似度计算为

$$\mathrm{Sim}(G,H)=\sum_{i=1}^{n}g_i\oplus h_i \tag{107.4}$$

若 $\mathrm{Sim}(G,H)\geqslant \mathrm{threshold}$，疫苗接种过程为

$$G'=\begin{cases}g_i, g_i=h_i\\ \mathrm{random}(1), g_i\neq h_i\end{cases}\qquad H'=\begin{cases}h_i, h_i=g_i\\ \mathrm{random}(1), h_i\neq g_i\end{cases} \tag{107.5}$$

其中，G'和H'为对G和H施加疫苗接种操作所得的结果。树苗不是一定被接种疫苗，进行免疫接种的苗木必须满足相似度($\mathrm{Sim}(G,H)\geqslant$threshold)所定义的不等式。阈值的初始值取决于解决问题者。阈值越小，解的精度越高；阈值越大，解的精度越低。

假设一棵树苗的长度是n(树苗有n分支)，初始种群包含m棵树苗。初始种群中大量的知识和它的类型必须是已知的。产生S_1和S_2两棵小树苗组成初始群体，如图107.3所示。

$$S_1=\boxed{s_1s_2\cdots\cdots s_n}\qquad S_2=\boxed{\bar{s}_1\bar{s}_2\cdots\cdots\bar{s}_n}$$

图107.3 两棵小树苗S_1和S_2组成的初始群体

最初的这两棵树苗是确定性产生的，然后基于播种树苗算法中的规则生成剩余的树苗直到生成整个种群。当$k=1$、$k=2$时生成的群体结构如图107.4所示。

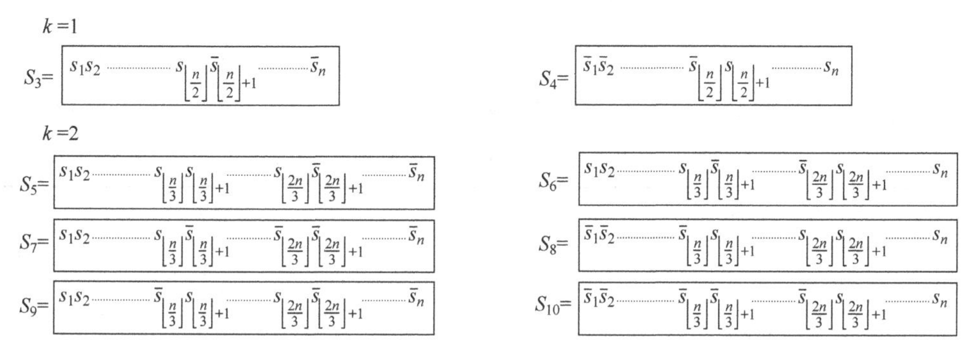

图107.4 $k=1$、$k=2$时生成的群体结构

对于任意分支S_i，$1\leqslant i\leqslant n$，1和0的数目是相等的。这种情况对于所有分支都是有效的，因此Karci给出如下定理。

定理107.1 种群的相似度的概率大于或等于0.5。

证明 种群的相似性意味着$\forall S_i,S_j,1\leqslant i,j\leqslant m,i\neq j,\mathrm{Sim}(S_i,S_j)>0$。为了证明这个定理，必须确定初始种群中包含的知识。$\mathrm{Sim}(S_i,S_j)=n$表示树苗S_i和S_j不相似，它们的相似度为零，因为它们没有具有相同值的分支。

最初产生的树苗及$k=1$、$k=2$时产生的树苗分别如图107.5～图107.7所示。

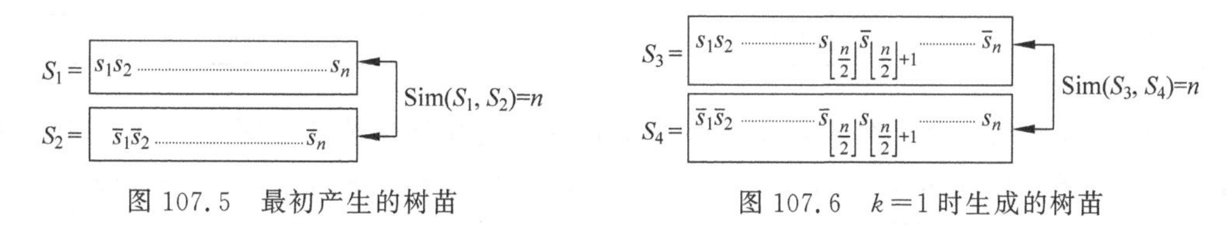

图107.5 最初产生的树苗　　图107.6 $k=1$时生成的树苗

这种情况对于k的所有取值是保守的。初始种群中不相交的树苗数目是$m/2$，共有$\binom{m}{2}$对。因此，有$\binom{m}{2}-m/2$的树苗有分支，其值彼此相等。因此可得

$$\frac{\binom{m}{2}-\frac{m}{2}}{\binom{m}{2}}=\frac{m-2}{m-1},\quad 其中\ m\geqslant 3,\quad \frac{m-2}{m-1}\geqslant 0.5$$

种群相似度在SGA的交叉和疫苗接种操作中使用。交叉算子是利用树苗之间相似性的

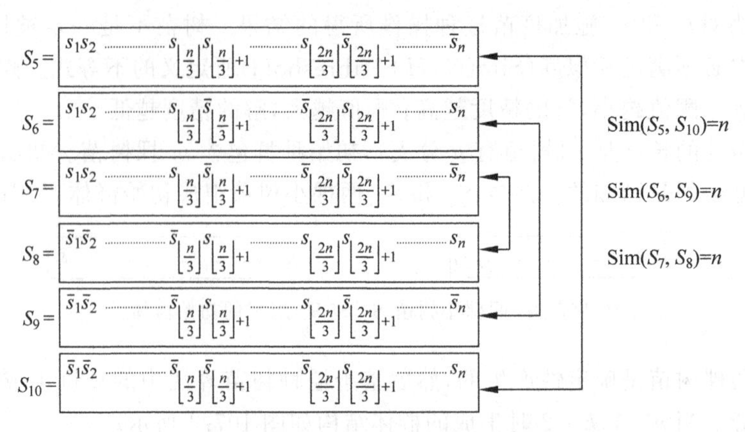

图 107.7　$k=2$ 时生成的树苗

一个全局搜索算子。令 S_0、S_1、S_2 和 S_3 为树苗,使用二进制编码形式,如表 107.1 所示。在成长过程中,若交叉点确定为 2、3、2、1、4 和 3,则生成如表 107.2 所示的 12 个新树苗。

表 107.1　初始生成的树苗

树　　苗	二进制编码
S_0	00000
S_1	11111
S_2	00011
S_3	11100

表 107.2　交叉后生成的新树苗

交叉操作	新候选树苗	新候选树苗
$S_0 \otimes S_1$	11000	00111
$S_0 \otimes S_2$	00000	00011
$S_0 \otimes S_3$	11000	00100
$S_1 \otimes S_2$	01111	10011
$S_1 \otimes S_3$	11101	11110
$S_2 \otimes S_3$	11111	00000

接种疫苗算子是一个搜索算子,其目的是通过现有的相似树苗产生新的树苗。在接种疫苗时,$\mathrm{Sim}(S_0,S_1)=0$; $\mathrm{Sim}(S_0,S_2)=3$; $\mathrm{Sim}(S_0,S_3)=2$; $\mathrm{Sim}(S_1,S_2)=2$; $\mathrm{Sim}(S_1,S_3)=3$; $\mathrm{Sim}(S_2,S_3)=0$。若阈值大于 3,接种疫苗的过程将不会被执行。若阈值小于 3,S_0 和 S_3,S_1 和 S_2 将接种疫苗,$S_0 \oplus S_3=\{01100,01100\}$,$S_1 \oplus S_2=\{00011,00111\}$。

当 SGA 算法执行时,交叉算子采用相似度测量来实现全局性搜索。接种疫苗也采用了相似性的概念,类似的树苗被接种疫苗。树苗中存在竞争与合作。就 SGA 生成的种群有不相交的树苗。然而,种群的相似度概率大于或等于 0.5,这意味着一个类似的种群具有多样性,这是一个获得更好结果的理想情况。种群相似性决定了树苗的相互作用,进而它们将变得相似。正因为算法中使用了相似性算子,所以种群具有收敛性。

107.4　小树生长算法的伪代码实现

Karci 等给出的播种树苗算法、交叉算法、分支算法和接种疫苗算法的伪代码描述如下。

算法 1　播种树苗算法

```
//P 是种群,I 是指数集,Ie 是扩大的指数集.
1.  创建两个树苗,如其中一个 P[1]包含所有分支的变量作为上限,另一个 P[2]包含所有分支的变量作为下限.
2.  指数←3
3.  k←2
4.  while P 不饱和 do
    令 ie 为 Ie 的元素,每个 ie 都以其对应于部分的位值扩大.
    i←1
    while P 不饱和并且对 k(i≤2^k - 2)的特定值都不产生树苗 do
    i 是 k 位二进制数,ie 对应于 i 的二进制数的扩大值,i 的每个位被扩大到 P[0]和 P[1]的对应部分的长度.
    for j←1 to n do
    if ie 的第 j 位是 1,P[I]的第 j 分支等于 P[1] * x
    else P[I]的第 j 分支等于 P[1] * r
        r 是在[0,1]间的随机数且为一实数
    指数←指数 + 1
  i←i + 1
k←k + 1
```

算法 2　交叉算法

```
1.  j←i + 1, …, n
2.  计算 Pm(G,H) = (1/R)(Σ_{i=1}^{n}(gi - hi)^2)^{1/2}
3.  i←1,2, …, n
4.    if Pm(G,H)≥random[0,1]
5.      G←G - gi, H←H - hi
6.      G←G + hi H←H + gi                    //G←G + hi,hi 加到 gi 的位置,
        H←H + gi,gi 加到 hi 的位置.
```

算法 3　分支算法

```
1.  i←1,2, …, n
2.    j←i + 1, …, n
3.        if  没有分支
4.            P(gj|gi) = 1,执行分支过程
5.        else
6.            P(gj|gi) = 1 - (|j - i|)^-2, i≠j 或 P(gj|gi) = 1 - e^-(|j-i|)^2
7.            if  P(gj|gi)≥random[0,1],
8.                gj 是一个分支
```

算法4　接种疫苗算法

1. $i \leftarrow 1, 2, \cdots, n$
2. $\mathrm{Sim}(G,H) = \sum_{i=1}^{n} g_i \oplus h_i$
3. if $\mathrm{Sim}(G,H) \geqslant r$
4. $G' = \begin{cases} g_i & \text{if} \quad g_i = h_i \\ \mathrm{random}(1) & \text{if} \quad g_i \neq h_i \end{cases}$　$H' = \begin{cases} h_i & \text{if} \quad h_i = g_i \\ \mathrm{random}(1) & \text{if} \quad h_i \neq g_i \end{cases}$

其中r是由求解问题定义的阈值,random(1)是生成0或1的随机数。

第108章　自然树生长竞争算法

自然树生长竞争算法是一种模拟自然界中树木生长竞争的优化算法。该算法利用自然树生长过程中生长、凋落矛盾统一的原理，提出枝条生长和凋落的动力机制。根据自然树生长的内在动力并考虑阳光和营养因素的作用，建立了自然树生长的竞争模型。通过定义阳光适应度函数、营养因子、遮挡因子和凋落条件，该算法使树枝在可行域中向最优状态不断生长和演化，最终获得问题的最优解。本章介绍自然树生长竞争算法的优化机理、自然树生长的竞争类型，以及自然树生长竞争算法的设计、实现步骤及流程。

108.1　自然树生长竞争算法的提出

自然树生长竞争算法（Tree Growth Competition Algorithm，TGCA）是2007年由Gaiwen Guo，Kama Huang（郭改文，黄卡玛）提出的一种模拟自然界中树木生长竞争的优化算法。该算法利用自然树生长过程中生长、凋落矛盾统一的原理，建立了自然树生长的竞争模型，构造了模拟自然树生长的竞争算法。该算法起初用于复杂曲线的拟合，并与标准遗传算法进行对比，该算法具有运行速度快、内存占用率低、拟合精确度高等优点；与经典的最小二乘法进行对比，该算法内存占有率低且具有抗噪特性。

TGCA机理比较简单，容易理解和接受，已用于复杂曲线的拟合、树状天线优化设计问题。

108.2　自然树生长竞争算法的优化机理

从生物学原理看，自然树生长的内在动力是要获得充足的阳光进行光合作用，延续种群的发展。自然界的树木的生长受到光照、温度、降水、气体成分、土壤物理化学性质、季节、气候、昆虫、海拔高度及其他动植物等环境因素的影响，其过程是非常复杂的。设计自然树生长竞争算法抓住主要矛盾，将自然树的复杂生长过程抽象出来，只考虑树干和树枝的生长与凋落，而不考虑树根和树叶的生长，也不考虑树的生殖过程。

树枝的生长和凋落由阳光和营养因子共同确定：树在生长过程中为了获得足够的阳光进行光合作用，树枝必须向阳光迅速生长，这就使得树体顶端的枝条具有天然的竞争优势，优先生长，遮挡先前生长的枝叶，被遮挡的枝叶因得不到足够的阳光渐渐凋落；但同时，树枝的生长也需要从土壤中获取营养物质，离根部越远的树枝因得不到充足的土壤营养物质而减缓生长，甚至可能凋落。因此，树的生长过程是适应环境的最优化过程，树的最终形态是适应环境的最佳结果。

从系统动力学的观点看,最优化过程相当于在问题的可行解空间内从一个初态向着吸引源(最优解)不断演化的过程。模拟自然树生长的竞争算法,根据自然树生长的内在动力并考虑阳光和营养因素的作用,建立枝条生长和凋落的动力机制,使树枝在可行域中向最优状态不断生长和演化,最终获得问题的最优解。

108.3 自然树生长的竞争模型

自然树生长的竞争模型可描述为四元素组

$$GCM = (F, T, G, A) \tag{108.1}$$

其中,F 为阳光环境;T 为由树枝形成的人造树;G 为树木生长影响因子;A 为一个控制人造树生长的算法,最终达到最佳状态。

(1) 阳光 F。在植物学中,阳光是吸引树木生长的能量来源。在 GCM 四元组中,F 表示阳光的虚拟函数,对具体优化问题中它就是吸引源。

(2) 树体 T。种子发芽变成树干 a_0,从根作为起始点,a_0 产生分支 a_1。之后,它的分支再次产生分枝 $a_i(i=1,2,\cdots,n)$,所以树的成长是一个迭代过程:

$$U(0,1) < \rho \text{ 且 } f \rightarrow F \tag{108.2}$$

其中,$U(0,1)$为均匀分布的随机数发生器;$\rho \in (0,1)$为常数;f 为树的形状函数,即优化对象。

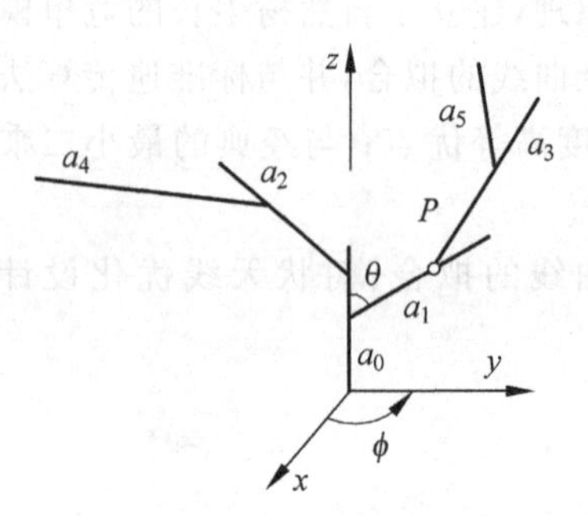

图 108.1 一个自然树的空间结构

自然树的空间结构如图 108.1 所示。在球面坐标系(r,θ,ϕ)中,假定枝条可以位于随机点 P 处的前一分支 a_1,θ 和 ϕ 被分别看作是 P 点和 z 轴及 x 轴的分离角度。

为了长大,一棵树必须充分吸收阳光实现光合作用。为此,定义整棵树的阳光适应性表达式为

$$\eta = \exp(-|F - f|) \tag{108.3}$$

显然,树枝的诞生和生长应该使 $f \rightarrow F$,即 $\eta \rightarrow 1$。

(3) 生长因子 G。

$$G = \{\alpha_i, \beta_i\}, \quad i = 0,1,2,\cdots \tag{108.4}$$

其中,i 表示分支数;α_i,β_i 分别表示树枝 a_i 的营养因子和遮挡因子。

① 营养因子 α。自然树生长从土壤传播到每一个枝条必需的营养。所以分支 a_i 的营养因子定义为从根到顶部的总长度的归一化值为

$$\alpha_i = \exp\left(-\sum_{r=0}^{m} |a_r|\right) \tag{108.5}$$

其中,m 为分支 a_i 连接到树干 a_0 的分支总数;$|a_r|$为当前分支 a_r 的长度。

② 遮挡因子 β。在有效营养的条件下,天然树木的生长也受到遮挡因子的影响。它与一个阴影区域有关系。因此,分支 a_i 的遮挡因子定义为

$$\beta_i = s_{i,\mathrm{ctoss}} / s_i \tag{108.6}$$

其中,s_i 和 $s_{i,\mathrm{ctoss}}$ 分别是分支 a_i 的总面积和阴影面积;$s_i = a_i \times w_i$,w_i 为分支 a_i 的假设宽度(不考虑叶子)。$s_{i,\mathrm{ctoss}}$ 可以通过分支 a_i 及其上分支在水平面中投影的交叉区域来计算。

③ 生长方程。在阳光和营养的作用下，分支 a_i 竞争向光性的生长方程式为

$$a_i^t = a_i^{t-1} + Dw^t(\lambda)^t \quad t = 1,2,\cdots,T \tag{108.7}$$

其中，T 为每年树枝向光探测生长的次数；$\lambda \in (0,1)$ 表示分支生长速度；w^t 为控制速度的权重，由初值 w^{int}、终值 w^{end} 及探测的次数 T 确定；D 由下式决定：

$$D = \begin{cases} a_i / \mid a_i \mid & \eta_{a_i^t} > \eta_{a_i^{t-1}} \\ -a_i / \mid a_i \mid & \eta_{a_i^t} \leqslant \eta_{a_i^{t-1}} \end{cases} \tag{108.8}$$

在 t 次探测生长的过程中，只要 $\eta_{a_i^t} > \eta_{a_i^{t-1}}$ 就生长一个增量，否则反方向探测。显然，竞争向光生长始终使整棵树的阳光适应度增大。

④ 凋落条件。考虑到树枝的生长还与营养和被其他枝条遮挡有关，在探测生长结束后，如果满足式(108.9)中的凋落条件，则树枝 a_i 进行凋落：

$$a_i = \begin{cases} 0 & \alpha_i \leqslant \varepsilon_1 \text{ 或 } \beta > \varepsilon_2 \\ a_i^T & \text{其他} \end{cases} \tag{108.9}$$

其中，ε_1、ε_2 为(0,1)之间的常数，它们分别表示枝条营养因子的最低阈值和遮挡因子的最大阈值。虽然枝条的凋落可能使当年整棵树的阳光适应度下降，但是这为整棵树生长的整个迭代过程是有利的。

(4) 动态评估算法。

动态评估算法 $A = (A_1, A_2, A_3, A_4)$，其中 A_1 是用式(108.2)产生分枝的算子；A_2 是用式(108.7)和式(108.8)描述分支竞争光转化生长的算子；A_3 是用式(108.5)和式(108.6)计算分支营养因子和遮挡因子的算子；A_4 是用式(108.9)表示分支衰落条件的算子。

108.4　自然树生长竞争算法的数学描述

自然界树的生长过程非常复杂，为了简单起见，仅考虑枝条的生长和凋落过程。自然树生长竞争算法的数学描述如下。

首先种子从根基点发芽成为树干 a_0，在 a_0 上又产生树枝，其次在树干及树枝上产生分枝 $a_i(i=1,2,\cdots,n)$。因此，树的生长过程是一个反复迭代的过程。新枝条的发芽点可以是旧枝条上的任意点。由于树的生长要获取最大阳光进行光合作用，因此整棵树的阳光适应度定义如下。

【定义 108.1】　阳光适应度

$$\eta = \exp(-c_0 \mid \phi - f \mid) \tag{108.10}$$

其中，ϕ 为虚拟的阳光函数，它与解决的问题有关，对于最优化问题而言，它就是吸引源；f 为与树的形态有关的函数，对于最优化而言，它就是需要优化的对象；c_0 为调整阳光适应度的正常数。显然，分枝的产生和枝条的生长应该使 $f \to \phi$，即 $\eta \to 1$。

树的生长需要的营养物质是从土壤输送到每一根枝条的，由于受到重力的作用，营养物质的输送距离是有限制的。因此，定义每一根枝条的营养因子为枝条顶端距根部总长度的归一化值。

【定义 108.2】 枝条 α_i 的营养因子

$$\alpha_i = \exp\left|-\sum_{r=0}^{m} \mid l_r \mid\right| \tag{108.11}$$

其中，m 为营养从根部传送到枝条 α_i 的顶端所经过的总枝条数目；$|l_r|$ 为第 r 根枝条的长度。

在营养充足的条件下，树枝的生长还受到遮挡因子的影响，而遮挡因子与树枝竞争向光生长过程中阳光适应度的变化有关，其描述如下。

【定义 108.3】 枝条 a_i 的遮挡因子

$$\beta_i = \eta - \eta_{a_i} \tag{108.12}$$

其中，η_{a_i} 为枝条 a_i 向光生长竞争结束时的阳光适应度；η 为当前树体上所有枝条向光竞争生长结束时的阳光适应度。特别地，新生枝条的遮挡因子为0。而每一年中枝条 a_i 的向光竞争生长过程可用下式描述为

$$l_i^t = l_i^{t-1} + Dw^t(\lambda)^t \quad i = 1,2,\cdots,T \tag{108.13}$$

其中，T 为每年树枝向光探测生长的次数；w^t 为生长速率权重，由初值 w^{int}、终值 w^{end} 及探测的次数确定为

$$w^t = (w^{\text{int}} - w^{\text{end}})(T-t)/T + w^{\text{end}} \tag{108.14}$$

D 初值为1，D 在探测生长过程中由下式决定：

$$D = \begin{cases} l_i / \mid l_i \mid & \eta_{a_i}^t > \eta_{a_i}^{t-1} \\ -l_i / \mid l_i \mid & \eta_{a_i}^t \leqslant \eta_{a_i}^{t-1} \end{cases} \tag{108.15}$$

在本次探测生长的过程中，只要 $\eta_{a_i}^t > \eta_{a_i}^{t-1}$ 就生长一个增量，否则反方向探测。显然，向光生长竞争始终使整棵树的阳光适应度增大。考虑到树枝的生长还与营养和被其他枝条遮挡有关，在探测生长结束后，如果满足式(108.16)中的凋落条件，则树枝 l_i 进行凋落。

$$l_i = \begin{cases} 0 & \alpha_i \leqslant \varepsilon_1 \text{ 或 } \beta > \varepsilon_2 \\ l_i^T & \text{其他} \end{cases} \tag{108.16}$$

其中，ε_1、ε_2 为(0,1)之间的常数，它们分别表示枝条营养的最低阈值和遮挡的最大阈值。虽然枝条的凋落可能使当年整棵树的阳光适应度降低，但从整个生长过程看，这有利于整棵树向阳光适应度最好的方向生长。

108.5 自然树生长竞争算法的实现步骤及流程

模拟自然树生长竞争算法的实现步骤如下。

(1) 初始化。设 k 为当前代数、K 为最大生长代数、E 为设定的最佳阳光适应度、分枝概率为 p 等相关参数。

(2) 选根基点。

(3) 生长主干。

(4) 如果满足终止条件，则输出结果，算法结束；否则，转入步骤(5)。

(5) 以概率 p 向光产生分枝。

(6) 利用式(108.13)计算分枝竞争向光生长。

(7) 利用式(108.11)及(108.12)分别计算枝条营养因子和遮挡因子。

(8) 利用式(108.16)有条件地凋落。

(9) $k \to k+1$,转入步骤(4)。

自然树生长竞争算法的流程如图 108.2 所示。

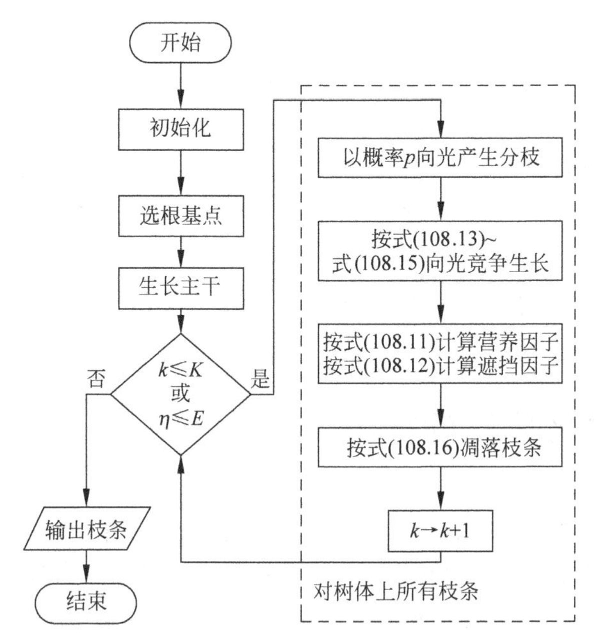

图 108.2　自然树生长竞争算法流程图

第 109 章　根树优化算法

根树优化算法是一种新型仿植物生长优化算法。它模拟沙漠缺乏水资源的植物根系，在运动中寻找最近水位的行为，把有水的地方视为问题的最好解。赋予植物根“闻”到周围有水地方的直觉行为，通过使用了特殊定向导电的一组根来确定水位，使其在寻找有水的位置过程中具有定向运动的功能。对每株植物的根通过目标函数评估并赋予其适应度值。远离水的地方的候选解被更接近水的解替换，通过一组根的不断迭代，直到获得问题的最优解。本章介绍根树优化算法的基本原理、数学描述及实现步骤。

109.1　根树优化算法的提出

根树优化(Rooted Tree Optimization,RTO)算法是 2016 年由阿尔及利亚学者 Labbi 等提出的一种新型仿植物根系生长优化算法。该算法模拟沙漠缺乏水资源的植物根系，在运动中寻找最近水位的行为。RTO 算法把这些有水的地方视为问题的最好解。通过使用特殊定向导电的一组根在寻找水的位置时具有定向运动，远离水的地方的候选解被更接近水的较优解替换。通过一组根的不断迭代，直到获得问题的最优解。

通过测试 23 个标准的非线性函数并与多种优化方法进行比较结果表明，RTO 算法在解的质量和收敛特性方面的有效性。进一步通过具有约束的发电机组经济调度(ED)的非凸最小化问题的仿真结果表明，在燃料成本和鲁棒性方面优于其他方法。

109.2　根树优化算法的基本原理

一个根寻找水的能力是有限的，但一组根可以一起发现最好的地方得到水，而且它们中的大多数位于这个地方的周围，或者在将植物与水资源相连的路径上。为了创建优化算法，对于根的行为提出假设：根据根头(尖)所在位置的湿度来决定如何选择其取向。这些根部随机移动，但当一个或多个根发现湿润时，它们呼吁其他根以强化它们现有的路径/位置，从而成为大多数根系的新起点，因而得到最初的水。图 109.1 表示植物根在寻找水(解)时如何表现的情景。根据 RTO 算法，远离水位(具有较小的湿度)的解被省略，或者由随机取向的新根替代。此外，远离水的根可以被靠近上一代最佳的根代替。具有相当大湿度的根则保持它们的取向。

根树优化算法模拟沙漠缺乏水资源的植物根系，在运动中寻找最近水位的行为。把沙漠植物的根认为具有能“闻”到周围有水地方的直觉行为，这些有水的地方提供了问题的最好解。为了确定水位，通过使用了特殊定向导电的一组根，使其在寻找有水的位置过程中具有定向运动的功能。

RTO 算法首先使用一组随机解(一组根)开始搜索,其次基于给定的目标函数来评估每个群体成员并且赋予其适应度值。选择最佳候选解转移用于下一代/迭代,而其他被丢弃并且通过每一代中的新一组随机解来补偿。远离水的地方的解被省略,并用新的根随机取代(它们可以被更接近最佳根上一代的根替换)。使用最大循环次数作为停止条件。在循环结束时,具有最佳适应度的解将是问题的最优解。

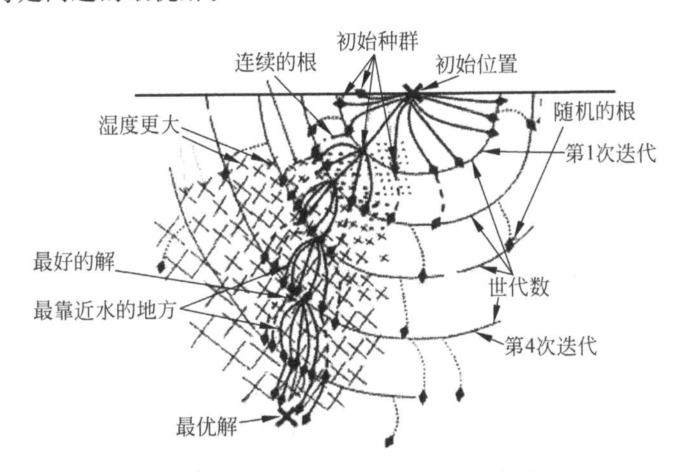

图 109.1　植物的根寻找水(解)的行为

109.3　根树优化算法的数学描述

RTO 算法首先随机创建一个初始种群。为了确定 RTO 算法从一个初始种群转移到一个新的种群,下面定义了一些专用术语。

根:指候选解或建议的解。

湿度(D_w):指用于评估候选解在种群其余解中的适应程度。

(1) 最接近水的根的比率(R_n)。

R_n 表示候选解数量对于应该聚集在较湿地方(最好解)整个种群的比率。它将是从上一代处在干燥(湿度很弱)地方的根的延续者,据下式计算最接近水的根的新群体为

$$x^{\text{new}}(i,It+1)=x^{\text{best}}(It)+c_1\times D_w(i)\times \text{randn}\times l/(N\times It) \tag{109.1}$$

其中,It 为迭代步数;$x^{\text{new}}(i,It+1)$为新的候选解的第($It+1$)步迭代;$x^{\text{best}}(It)$为上一步迭代生成的最好解;i 为候选数;N 为总体规模;l 为参数的上限;randn 为[$-1,1$]区间的正态随机数;新的候选解 x^{new} 是有上边界和下边界的。

(2) 延续根在其取向上的速率(R_c)。

R_c 是延续根在其取向上的速率。在水附近出现的这些根的速率是延续了以前的方式,这些根的新群体用以下公式计算:

$$x^{\text{new}}(i,It+1)=x(i,It)+c_2\times D_w(i)\times \text{rand}\times (x^{\text{best}}(It)-x(i,It) \tag{109.2}$$

其中,$x(It)$为第($It+1$)迭代步的前一个候选项;rand 为[0,1]之间的随机数。

(3) 随机根的比率(R_r)。

R_r 是为了增加获得全局解的速度用来表示候选解数目占种群总数量的随机根的比率。

它们用于替代上一代湿度较弱的根,随机根的新种群根据以下公式计算:

$$x^{\text{new}}(i,It+1)=x_r(It)+c_3\times D_w(i)\times \text{randn}\times l/It \tag{109.3}$$

其中,x_r 为从上一代随机选择的个体;c_1、c_2 和 c_3 为可调参数。

R_n、R_r 和 R_c 根据所研究的问题通过实验来确定,它们是影响收敛性的变量。比率 R_r 的取值总比其他的小,目的在于保留远离本地解的随机性。其作用类似于遗传算法中的突变。D_w 值引入到根的研究功能中,以便根据候选源来确定研究空间。

109.4 RTO 算法的实现步骤

RTO 算法的步骤如下:

(1) 随机创建生成初始种群,由变量限制在搜索空间内的 N 候选项组成,并确定 R_n、R_r 和 R_c 的数值。

(2) 评估所有种群成员,以测量其湿度(D_w)为

$$D_w(i)=\begin{cases}\dfrac{f_i}{\max(f_i)} & \text{对于求极大值问题}\\[2ex] 1-\dfrac{f_i}{\max(f_i)} & \text{对于求极小值问题}\end{cases} \tag{109.4}$$

或者直接使用适应度函数,或使用其他合适的公式。

(3) 种群重新排序和更新。根据湿度(D_w)对种群重新排序,根据 R_n、R_r 和 R_c,通过式(109.1)~式(109.3)用新的种群替换,如图 109.2 所示。

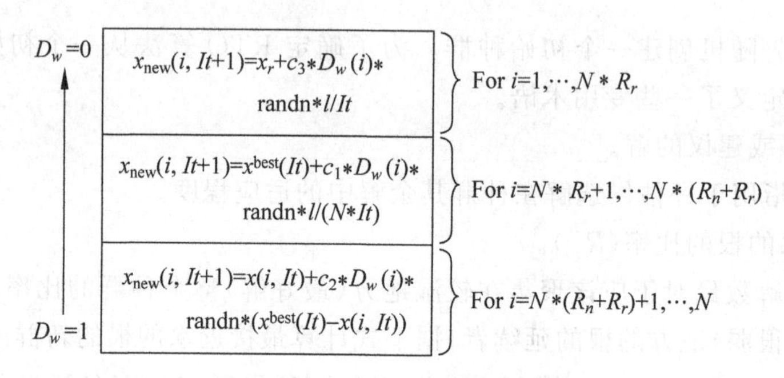

图 109.2　用新的种群替换关系

其中,$R_n+R_r+R_c=1$。从具有最低 D_w 的候选解开始,直到得到一个适当湿度的候选解。

(4) 如果没有达到终止标准,则返回步骤(2)。

RTO 算法的伪码包括两个主要过程:一是初始化;二是在终止标准不满足的情况下重复循环体。其伪码描述如下。

```
RTO 算法
Begin
    //初始化:
    设置参数 Rn,Rr 和 Rc
    给定最大迭代数,矩阵,种群规模
```

```
    设置迭代计数器 it = 1
    在搜索(X_min,X_max)范围内,随机生成初始种群 X^(1)
    //循环
    Repeat
        评价每个根的 D_w                    //D_w:湿度,根:个体
        根据湿度对种群重新排序
        根据湿度位置识别候选者 x_best       //整体种群中的全局最佳
        For i = 1 to R_r × RTO 规模 do
            从当前种群中随机选择个体 x_r^(It)
            x_r^(It+1) = x_r^(It) + c_1 × D_(W_i) × randn × |x_max + x_min|/It
        End for
        For i = R_r × RTO 规模 + 1 do (R_r + R_n) × RTO 规模 do
            x_r^(It+1) = x_best + c_3 × D_(W_i) × randn × |x_max + x_min|/(It × RTO 规模)
        End for
        For i = (1 - R_c) × RTO 规模 + 1 to R_r × RTO 规模 do
            x_i^(It+1) = x_i^(It) + c_1 × D_(W_i) × rand × (x_best, x_i^(It))
        End for
        更新 x_best
        i = i + 1
    until for 不满足终止标准               //& It <最大迭代次数
End
```

第110章 森林优化算法

森林优化算法模拟森林中树木从播种到生长不断竞争的优胜劣汰过程,随着时间变化,新的树取代了旧的树,优秀的树木可以生存很长一段时间,通常是在合适的地理环境具有最佳的生长条件。该算法把一棵树视为问题的潜在解。算法的操作包括初始化、局部播种、种群限制、全局播种、最好树的更新。森林优化算法适合于求解连续非线性优化问题。本章介绍森林优化算法的原理、数学描述、主要步骤伪代码及程序流程。

110.1 森林优化算法的提出

森林优化算法(Forest Optimization Algorithm,FOA)是2014年由Ghaemi等提出的一个新的仿植物生长的进化算法,用于解决单目标无约束非线性连续型优化问题。它的设计灵感源于对森林中树木存活时间的观察,森林优化算法模拟利用种子传播找到生存条件优越的地理位置从而生长出参天大树的方式,来搜索优化问题的最优解。算法的操作包括初始化、局部播种、种群限制、全局播种、最好树的更新。

FOA算法对一些基准函数的测试与遗传算法(GA)和粒子群优化(PSO)相比,表明了它的良好优化性能。此外,Ghaemi还测试了FOA特征加权对一个实际优化问题的性能,结果表明FOA对来自UCI存储库的一些数据具有良好性能。

110.2 森林优化算法的原理

适者生存,不适者淘汰,这是自然界中的普遍规律。在一片森林里,随着时间的慢慢推移,有的树只存活几年就会死亡,取而代之的是新生长的树,只有小部分的树能存活数十年至数百年。一棵树是否能长久地生存下去,是由很多因素共同决定的。其中一条重要的因素就是地理位置。一个好的地理位置意味着在自然竞争中占有先天的优势,拥有优越的生存条件,如肥沃的土壤、丰富的水资源、充足的阳光等。

一棵树获取生存条件优越的地理位置的关键在于树的种子传播,种子传播直接决定未来新树的地理位置。如果种子被散播在比较好的地理位置,新树得到较好的生存资源,存活的时间会相对较长;相反,如果种子被散播在较差的位置,新树的生存资源较少,相应的存活时间就短。

在森林中,种子传播的方式有两种:局部播种(就地播种)和全局播种(远处播种)。局部播种指的是树的种子随机散落在树的附近区域,然后发芽成长的过程;全局播种指的是由于自然界中的一些因素,如水流、风、动物等,树的种子被传播到距离比较远的地方,并分布在广泛的区域中，然后在远处发芽成长的过程。许多研究表明在森林中的全局播种更重要，远距离传播比本地种子传播更重要。

森林优化算法通过模拟当地的种子播种和树木种子的长距离播种，分别作为 FOA 中的局部播种和全局播种。本地播种帮助树木在当地更好地种植种子。此外，动物或其他自然因素通过全局播种在广泛地区分发种子，以摆脱当地最优。FOA 就是模拟利用种子传播找到生存条件优越的地理位置，从而生长出参天大树的方式来搜索优化问题的最优解。

110.3　森林优化算法的数学描述

FOA 从建立树的种群初始，使每棵树代表问题的一种潜在解。一棵树除了变量的值外，具有表示树木年龄的相关部分。树的年龄设置为 0，在初始化树之后，局部播种操作将从 0 岁的树生成新的幼树(或事实上的种子)，并将新树添加到森林中。然后，除了新生成的树之外，所有的树都变老了(年龄增加 1)。接下来，对森林中的树木的种群进行控制，一些树木将从森林中剔除，并且将它们形成用于全局播种阶段的候选群体。

在全局播种阶段，选择一部分候选群体在森林中移动得很远。全局播种阶段为森林增加了一些新的潜在解，以摆脱局部最优。首先，根据其适应度值将森林中的树排序，具有最大适应度值的树被选为最好树，并且其年龄被置为 0，以便避免老化。其次，从森林中去除最好的树(因为局部播种阶段所有树的年龄增加，包括最好树的年龄)。继续执行这些过程，直到满足终止标准。下面详细介绍森林优化算法的细节。

(1) 初始化森林。在森林优化算法中，一棵树表示问题的一个潜在解。每棵树都有自己的年龄 Age，一定数量的树组成森林，即一个解集合。编码方式采用实数编码，一棵树用长度为 $1\times(N_{\text{var}}+1)$ 的数组表示为

$$\text{Tree}=[\text{Age},v_1,v_2,\cdots,v_{N_{\text{var}}}] \tag{110.1}$$

在 FOA 中用树表示问题的解如图 110.1 所示，其中 N_{var} 是问题的维度，Age 表示相关树的年龄。其他维的值都是问题在每个维度上的变量取值。

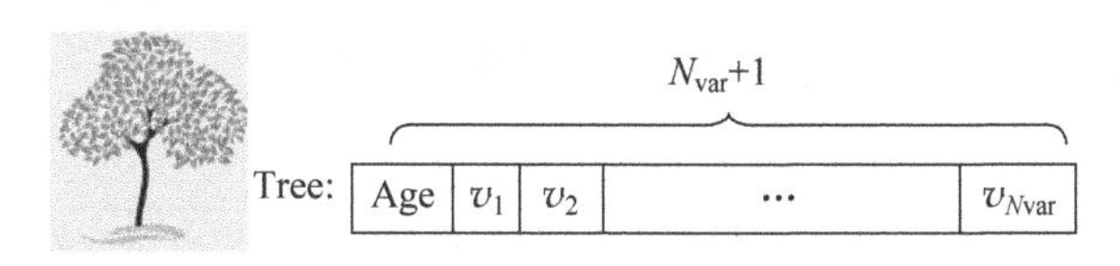

图 110.1　FOA 解的表示

随着算法的进行，每迭代一次，对于局部播种或全局播种新生成的所有树的年龄就会增加 1。树的年龄有上限值，最大允许年龄称为“寿命”。当一棵树的年龄值超过“寿命”时，该树会从森林中被剔除。在算法的每次迭代中都要更新问题的最优解，并且要将最优解所对应的树的年龄置为 0，即在每次迭代结束时，将最优树年龄置 0，变成一棵新树。

在初始化森林阶段，首先设置参数，根据所需解决的问题，随机地产生相应数量的树，构成一片森林，将所有刚产生的树的年龄设置为 0，其次进入算法的下一阶段的就地播种(局部播种)。

(2) 树的局部播种。在森林里，一棵树在传播种子时，种子中的绝大多数只是散落在树临近的四周。在这种较小的临近空间中阳光、水分、土壤等资源是有限的，因此由局部播种产生

的新树与新树之间以及新树与老树之间存在异常激烈的生存竞争。只有能更好地适应环境的树才会生存下去,对于不适应环境的树就会被自然淘汰。森林优化算法模拟就地播种的过程,将其用于算法的局部搜索。

在局部播种阶段,播种的对象是森林中所有年龄为0的树,年龄不为0的树不进行就地播种。局部播种具体操作为:每一棵年龄为0的树在自身的基础上进行微小变化产生一定数量的新树,新树的年龄设置为0,并将其添加到森林里,其他所有树的年龄增加1。一棵树通过两次局部播种,即该算法两次迭代过程如图110.2所示,其中树木里面写的数字显示相关树的"年龄"值,从中可以看出,局部播种产生的新树与老树具有很高的相似性。

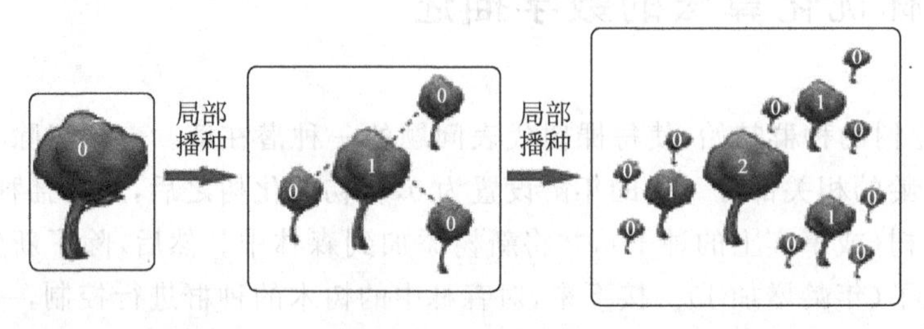

图110.2 一棵树的局部播种两次迭代的示例

通过执行局部播种阶段将好树的邻居添加到森林中。否则,没有希望的树将随着算法的每次迭代而变老,并且在一些迭代之后最终死亡。

在森林优化算法中,把一棵0岁的树所产生新树的数量标记为LSC(Local Seeding Changes),该参数的值在图110.2中为3,即对一棵0岁的树执行局部播种操作将产生3棵新树。此参数应根据问题域的维度确定,可以通过实验来找到LSC参数的最佳值。

生成一棵新树的具体过程如下:首先通过复制产生出一棵与老树相同的新树,其次在该新树所有维中随机地选择一维;再次随机地产生一个微量$r\in[-\Delta x,\Delta x]$,将微量r加到被选中的维变量值上,以改变其参数值;最后将新树的年龄置0,老树的年龄加1,将新树添加到森林中。

用于实际四维连续空间问题的局部播种操作示例如图110.3所示,其中LSC的值被认为是2,r和r'是在$[-\Delta x,\Delta x]$中随机生成的两个值。Δx是一个小值,它小于相关变量的上限。这样,搜索过程在有限的间隔内完成,并且可以模拟局部搜索。

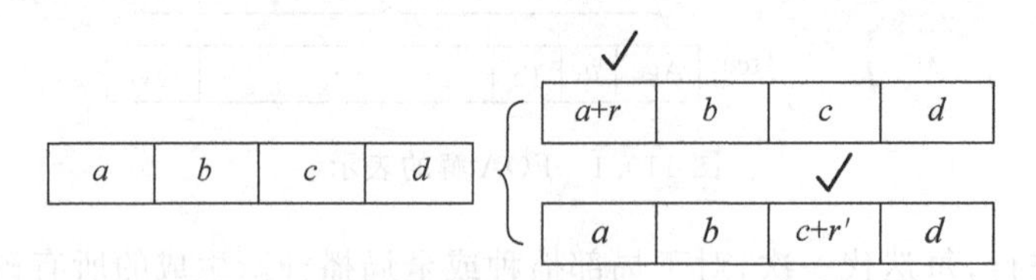

图110.3 用于四维连续空间的局部播种操作的示例

为了执行局部播种操作,随机选择一个变量。然后,其值与小随机值$r\in[-\Delta x,\Delta x]$相加。对于每个年龄为0的树重复该过程为LSC时间。局部播种的数值示例如图110.4所示,其中,LSC的值为1;Δx为1。结果,一个变量的值将与$[-1,1]$中的随机生成的值相加,如$r'=0.4\in[-\Delta x,\Delta x]=[-1,1]$,$3+r'=3.4$。现在,具有0年龄的新树将被添加到森林中。

局部播种操作向森林中添加了许多树,为了避免变量的值变到小于或大于相关变量的下限和上限,将小于变量下限的值和大于上限的值截断到限定值。这就是森林优化算法中的种

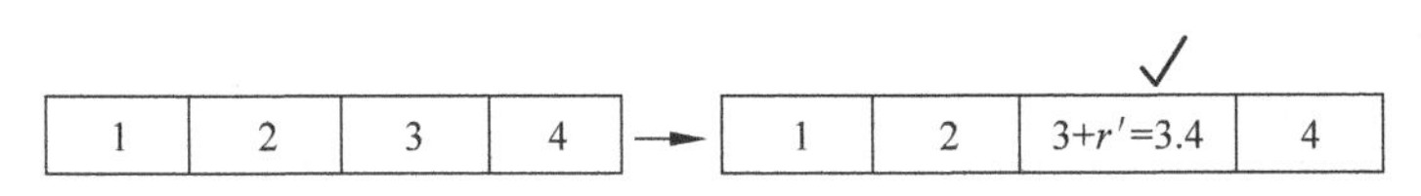

图 110.4　一棵树上的局部播种的数值示例

群限制问题。

(3) 种群限制。森林中的树木数量必须限制以防止无限扩张。有两个限制树木数量的参数："存活时间"(Life Time)和"区域限制"(Area Limit)参数。首先，年龄超过"存活时间"参数的老树和不太适合环境的树从森林中移除，并且将它们形成候选种群。第二个限制是"区域限制"，在根据树的适应度值对树进行排序之后，如果树的数量大于森林的限制，则从森林中移除额外树并将其添加到候选种群。在测试中"区域限制"参数的值被认为与初始树木的数量相同。因此，在执行此阶段之后，森林中的树的数量将等于初始的树种群数量。在森林的种群限制之后，按预定树木预定年龄的百分比对候选群体进行全局播种。

(4) 树的全局播种。全局播种操作是按照候选种群预定年龄的百分比进行的。这个百分比是算法的另一个参数定义为"转移率"(Transfer Rate)。全局播种具体操作为：首先，按照转移率从候选种群中选择树；其次，在每棵树每一维的参数取值范围内，随机产生一个数值，并将该数值赋值给该维的参数，其值的改变量是算法的另一个参数，定义为"全局播种变化"或GSC(Global Seeding Changes)。将具有 0 岁的树添加到森林中。这个操作在搜索空间中执行全局搜索。

在连续空间中执行一棵树全局播种操作的示例如图 110.5 所示。全局播种操作的数值示例如图 110.6 所示，其中 GSC 参数的值为 2，并且所有变量的范围相同，均为[－5,5]。这样，随机选择的 2 个变量的值与[－5,5]中的其他值交换，如－0.7 和 1.5。

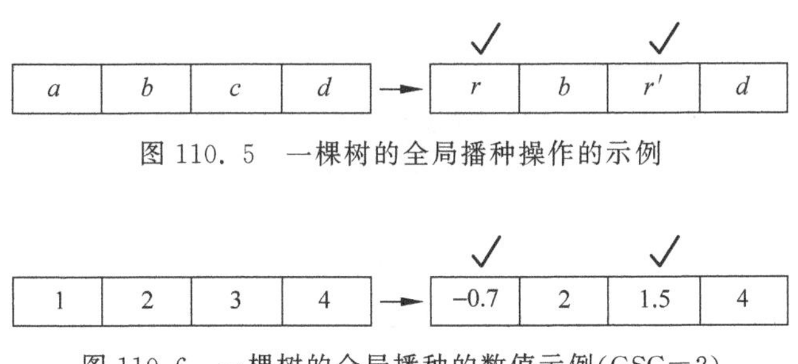

图 110.5　一棵树的全局播种操作的示例

图 110.6　一棵树的全局播种的数值示例(GSC＝2)

(5) 对最好树的更新。根据树的适应度值进行分类之后，将具有最高适应度值的树被选为最好树。然后，将最好树的年龄置为 0，以避免局部播种阶段最好树的老化。如前所述，对"0"年龄的树执行局部播种，所以，通过局部播种操作将可能使最好树的位置进行优化。

(6) 停止条件。同其他进化算法一样，可以考虑 3 个停止条件：预定的迭代次数；几次迭代后最好树的适应度值没有变化；达到规定的精确度水平。

110.4　森林优化算法的实现步骤及流程

FOA 实现的伪代码如下。

```
FOA 算法(寿命, LSC, GSC,转移率,区域限制)
输入:寿命, LSC, GSC,转移率,区域限制
输出:接近目标函数 f(x)的最优解
1.用随机树初始化森林
  1.1  每棵树是(D+1)维向量 X,对 D 维问题 X=(age, x_1,x_2,…,x_D)
  1.2  每棵树的年龄初始化为 0
2.While 不满足停止条件 do
  2.1  在 0 岁的树下执行局部播种
       · For i=1:"LSC"
       -  随机选择所选树的变量
       -  添加一个小量 dx∈[-Δx,Δx]到随机选择的变量
       · 将所有树的年龄增加 1,除了在这个阶段中新生成的树
  2.2  种群限制
       · 删除年龄大于寿命参数的树,并将它们添加到候选种群中
       · 根据树的适应度值排序
       · 从森林的末端删除超过区域限制参数额外的树,将它们添加到候选种群中
  2.3  全局播种
       · 选择候选种群转移率的百分比
       · For 每棵被选择的树
       -  选择被随机选中树的 GSC
       -  使用其他随机生成的值在可变范围中更改每个变量的值,并向森林中添加一个带有年龄
          0 的新树
  2.4  更新到目前为止最好的树
       · 根据树的适应度值排序
       · 将最好树的年龄设置为 0
3. 返回最好的树作为结果
```

森林优化算法的流程如图110.7所示。

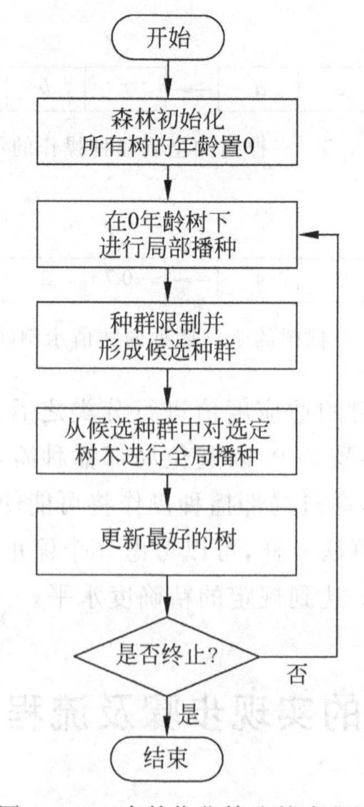

图110.7　森林优化算法的流程图

第111章　入侵草优化算法

入侵草优化算法模拟杂草入侵时种子生长繁殖、空间扩散和竞争性消亡的过程实现进化操作。该算法在优秀个体的基础上，有计划地搜索整个空间，而且繁殖过程中子代会按照正态分布的规律在父代附近分布。在种群进化过程的早期与中期借助于对正态分布标准差的控制能够维持多样性，从而更全面地搜索解空间；在末期集中搜索优秀个体的附近区域，使之可以逐步地收敛到全局最优解。该算法原理简单易于实现，能有效地收敛于问题的最优解。本章介绍杂草生长的入侵性及入侵草优化算法的原理、数学描述、实现步骤及流程。

111.1　入侵草优化算法的提出

入侵草优化（Invasive Weed Optimization，IWO）算法是2006年由伊朗学者Mehrabian等提出的一种模拟自然界杂草入侵过程的仿生算法，用于解决连续空间的优化问题。该算法首先被Mehrabian等用于解决阻尼比不确定四阶系统的二阶控制器参数优化问题。

入侵草优化算法又称杂草算法或野草算法。该算法给予了一些不可行解生存和繁殖的机会，使那些比可行解带有更多信息的潜在可行解有机会被提取出来。此外，入侵草优化算法具有易于理解、易于实现和鲁棒性强等优点，所以其应用领域非常广，涉及函数优化、模式识别、自动控制、机械设计、数据挖掘、决策分析等领域，如文本特征提取、天线阵列设计、DNA序列计算、图像聚类、约束工程设计、核动力装置故障诊断等。

IWO算法还存在一些不足，如优化性能受参数设置的影响较大，同其他优化算法相比在搜索广度上有了很大的改进，但是在深度上不如PSO、EM等算法。没有考虑多变量之间的相关性，个体之间不存在信息交换。在离散优化方面有待进一步研究。

111.2　杂草生长的入侵性

所谓杂草，是指那些生长力旺盛的、具有入侵性的、对栽培的农作物构成严重威胁的植物，又被称为野草，如图111.1所示。杂草天生精力充沛、自适应性强，杂草入侵的一般过程为：适应环境、乘机居留、占据地盘、结籽繁殖、扶养种群、随机应变、逐渐密集、适者生存、竞争消亡，适应性好的个体获得更多的生存机会。杂草有着旺盛的生存能力，尽管人们经过成千上万年的耕作，从手工除草，到使用50多年的除草剂除草，但杂草从来就没有被消灭。数千年的历史可以说明，杂草是一个“永远的赢家”。

占据一定区域的杂草克隆行为的一般特征如下。

（1）农作物没有充分利用的资源为野草创造了发展空间。

图 111.1　入侵的杂草

(2) 杂草通过扩散、就近繁殖不断占据整个田地,进而入侵更有利的空间。

(3) 生物多样性是杂草具有很好地夺取有利生存空间的特性,随着时间的推移,通过自然选择和竞争生存,成为本体化改进的杂草。

(4) 杂草总能在农忙季节开始的最佳时间,在植物群落中使其适应性达到最大化。

(5) 杂草的这些特性在庄稼群落整合并相互作用。

杂草群体的适应性主要由相互冲突的3部分组成:自然繁殖、竞争生存和逃避掠夺。

杂草通过散播和迅速占据农作物之间的有利空间,入侵耕作系统(田地)。其具体行为可以描述为:每个入侵的杂草通过占据田地里未被利用的资源,成长为开花的杂草,然后每一个开花的杂草独立地生成新的种子。每一个开花的杂草可以散播的种子数取决于其在种群中表现的适应度好坏。新生成的种子被随机地散播在田地里,并迅速成长为开花的杂草。由于资源有限,当最大杂草个数达到该块田地所能容纳的最大值时,遵循适者生存法则,只有适应度好的个体才能存活下来,并产生新的种子。这种杂草之间的竞争过程使得杂草的适应性不断地得到提高和改进。

111.3　入侵草优化算法的原理

入侵草优化算法将杂草表示随机产生的可行解,种子表示杂草的后代,种群表示所有杂草的集合。该算法包括根据杂草适应度为基准的繁殖机制、种子正态分布的扩散机制和子父代竞争排斥机制,具体说明如下。

(1) 入侵草优化算法以适应度为基准的繁殖机制。杂草根据各自的适应度值按比例产生种子,适应度值高的杂草产生的种子个数多,适应度值低的杂草产生的种子的个数少。不断重复上述过程可以得到杂草的最大数。

(2) 入侵草优化算法使用正态分布的扩散机制。在杂草算法中子代是以正态分布方式在父代个体周围扩散,既具有在搜索空间中的全局开拓能力,又具有在某个局部小区域内的开发能力。在迭代初期,通过大的标准差值,使种子个体以正态分布的方式扩散到距离父代杂草很远的地方,此时种群勘探能力较强。当迭代进行到后期时,标准差逐渐变小,从而缩小种子的扩散范围,原先的优势群体更容易得到兴盛发展,此时开发能力较强。入侵草优化算法兼顾全局搜索和局部搜索,并能根据迭代次数不同对二者强度进行调节。

(3) 子父代竞争排斥机制。在杂草算法中,当繁殖达到种群上限时,不是简单地从父代中筛选优秀个体进行繁殖,而是先让所有个体自由繁殖,扩散完成后,再将父代和子代一起进行排列,按照适应度值大小进行淘汰。这种机制给予那些适应度值低的个体繁殖的机会,如果它们的后代的适应度值更好,这些后代就可以生存下来,并能最大限度保留有用信息,同时能避免早熟和陷入局部最优。

重复生长繁殖、空间扩散和竞争排斥操作，直至算法获得设定的最优解。

111.4　入侵草优化算法的数学描述

(1) 种群初始化。将一定数目的杂草以随机方式在 D 维空间扩散分布，一般情况下，初始种群中的杂草个数可根据实际问题进行调整。

(2) 生长繁殖。每个杂草种子生长到开花，然后根据其适应性(繁殖能力)产生种子。各杂草所产生的种子个数为

$$w_n = \frac{f - f_{\min}}{f_{\max} - f_{\min}}(s_{\max} - s_{\min}) + s_{\min} \tag{111.1}$$

其中，f 为当前杂草的适应度值，是通过把当前个体代入需要优化的问题得到的估值；$f_{\max}$ 和 $f_{\min}$ 分别为当前种群中杂草对应的最大和最小适应度值；$s_{\max}$ 和 $s_{\min}$ 分别为单个杂草所能产生种子的最大值和最小值，为可调参数。

杂草克隆产生种子过程的示意图如图 111.2 所示，杂草个体根据其自身适应度值产生种子，每个个体产生的种子数随着可能的最小值到最大值线性增加。Mehrabian 和 Lucas 认为，在进化过程中一些不可行个体可能带有更多的有用信息，如果它可能穿过一个不可行区域(特别是非凸的可行搜索空间)，则系统更容易到达最优点。因此，入侵草优化算法源于自然的杂草繁殖机理给不可行解一定的生存和繁殖机会。

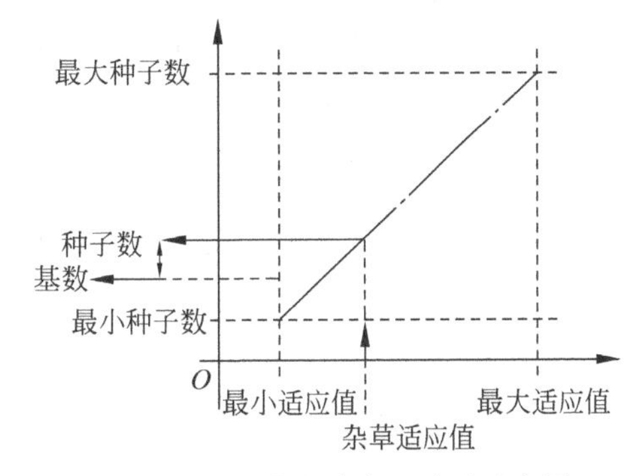

图 111.2　杂草克隆产生种子示意图

(3) 空间扩散。产生的种子随机地散布在整

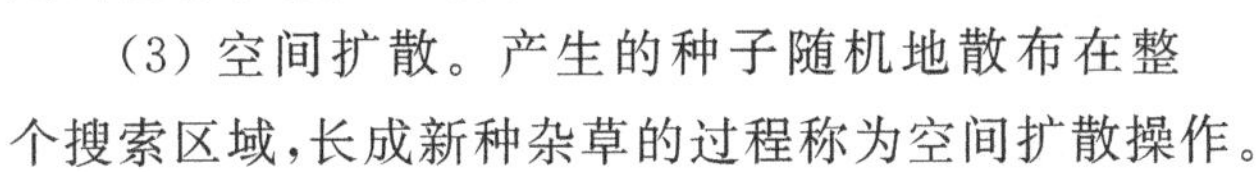
个搜索区域，长成新种杂草的过程称为空间扩散操作。

杂草产生的种子个体按均值为 0、标准差为 σ_i 的正态分布在其父代杂草个体附近的 D 维空间进行扩散，每轮迭代对应不同的标准差，随着迭代的进行，标准差从 σ_{ini} 一直变动到 σ_{fin}，计算标准差的公式为

$$\sigma_i = \frac{(i_{\max} - i)^n}{i_{\max}^n}(\sigma_{\text{ini}} - \sigma_{\text{fin}}) + \sigma_{\text{fin}} \tag{111.2}$$

其中，i 为算法当前的迭代代数；$i_{\max}$ 为最大迭代次数，为预设的算法终止点；σ_{ini} 和 σ_{fin} 分别为标准差的初始值和最终值，须预先根据实际问题进行设定；n 为非线性调和因子。根据 $N(0,\sigma_i^2)$随机产生扩散值，该值与杂草个体叠加，即为对应的种子个体。

通过式(111.2)可看出，种子刚开始以较大的步长分布在杂草周围，这时的种群多样性大，算法具有很强的全局搜索能力；随着进化代数的增加，步长逐渐减小，表现为种子逐渐聚集在杂草周围，种群多样性小，这时算法会在优势个体周围进行挖掘，相当于局部搜索。

(4) 竞争排斥。只有具有较好适应性的杂草个体才能生存并产生种子，其他则消亡的操作称为竞争排斥。经过数代的生长繁殖后，克隆产生的后代数目将超过环境资源的承受能力，这时通过预先设定的最大种群数目 $p_{\max}$，对种群数量进行控制。在算法迭代过程中，种群中

的所有杂草和其后代按照适应度值从大到小排序,只有适应度值最好的前 $p_{\max}$ 杂草个体才能存活下来,其余个体都将被环境排除。

111.5 入侵草优化算法的实现步骤及流程

算法的具体步骤如下。

(1) 初始化群体。一定数量的野草在 D 维空间中随机地扩散分布,通常可根据实际情况调整初始种群中的野草个数。

(2) 生长繁殖。根据式(111.1)计算每个杂草产生的种子个数。

(3) 空间扩散。根据式(111.2)计算子代个体正态分布的标准差。

(4) 竞争排斥。经过若干代繁殖后,将最大种群大小确定为预先设定的最大种群数目,达到最大种群数目时先按先前步骤自由繁殖,再以种群上限要求为标准,将父代和子代一起按照适应度值大小进行淘汰。

(5) 判断是否达到最大进化迭代次数,若达到最大进化迭代次数,输出最优个体即最优解;否则转向步骤(2)。

入侵草优化算法流程如图111.3所示。

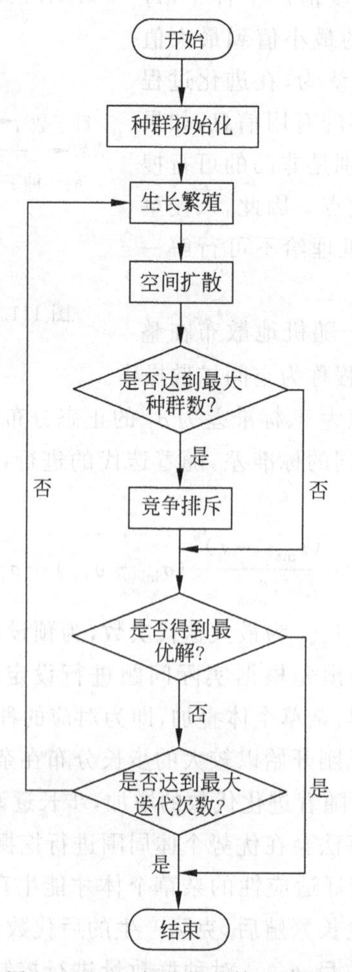

图111.3 入侵草优化算法流程图

第112章　种子优化算法

种子优化算法受自然界种子传播方式的启发，将待优化问题的问题域看作是土地，目标点所在的区域看作是最肥沃之地，根据目标函数值的大小来确定该区域的肥沃程度。如果种子落到肥沃区域，其成长的概率和繁衍后代的机会就会很大；否则，就很可能被淘汰。经过多代繁衍，最终会有一棵植株生长在最富饶的土地上。该算法模拟植物生存的自适应现象，逐代进化，寻找最优结果，求解复杂的优化问题。本章介绍种子优化算法的基本思想、数学描述、基于正态分布的种子算法及其流程。

112.1　种子优化算法的提出

种子优化算法(Seed Optimization Algorithm, SOA)是张晓明、王儒敬等受自然界种子传播方式的启发，在2008年提出的一种模拟植物生存自适应现象的种子算法。

种子优化算法将待优化问题的问题域看作是土地，把目标点所在的区域看作是最肥沃之地。根据目标函数值来确定该区域的肥沃程度：越是接近最优目标值，其所代表的土地就越肥沃；否则，目标值就越贫瘠。一包种子被随机撒到土地上面，如果种子落到肥沃区域，其成长的概率和繁衍后代的机会就会很大；否则，就很可能被淘汰。经过多代繁衍，最终会有一棵植株生长在最富饶的土地上。经过种子算法的抽象，将演化过程大大压缩，表现为在某几个强大植株附近大量涌现后代植株，如此循环往复，逐代不断进化，最终寻找到最优结果，用于求解复杂的优化问题。

对种子优化算法的全局寻优性能进行了分析证明，并通过典型优化问题的实例仿真结果表明，该算法具有较好的寻优性能。该算法与粒子群优化算法等智能算法相比，主要区别在于个体的移动方式不一样，SOA中个体对父代种子响应程度更高，搜索效率也更高。

112.2　种子优化算法的基本思想

众所周知，植物种子的传播方式有很多种，其中包括散射传播，如大部分的豆科植物就采用这种传播方式，如图112.1所示。当豆子成熟后，干燥而坚硬的外皮在太阳的照射下，发生爆裂，种子就会被弹射到植株周围，大部分种子会分布到植株的附近区域，也有个别会飞出很远或因为其他原因远离植株。种子就会在所降落的区域发育成长。有的会变得很茁壮，生出更多的种子，说明其所在地块很肥沃；有的可能很快被自然淘汰，说明其所在区域不适合植株生长。久而久之，会出现大量植株聚集在肥沃的地块，而贫瘠之地不会有植株。

种子优化算法模拟自然界种子传播方式，将待优化问题的问题域看作是土地，将目标点所

图 112.1 豆科种子从发育成长到成熟发生爆裂种子散落

在的区域看作是最肥沃之地,根据目标函数值来确定该区域的肥沃程度。

生物种群分布演化也称为种群分布格局,它是种群生物学特性对生存环境长期适应、自身进化和选择的结果。生物种群分布演化格局主要包括随机分布、集群分布、均匀分布。已有研究表明,随机分布在自然界中很少出现。绝大多数研究表明,在自然种群中均匀分布非常少见。大部分植物的演化分布属于集群分布,最典型的类型包括正态分布和负二项分布。

种子优化算法经过对种子基于分段函数模型的算法抽象,将演化过程大大压缩,表现为在某几个强大植株附近大量涌现后代植株,如此循环往复,逐代不断进化,最终寻找到最优结果,用于求解复杂的优化问题。

112.3 种子优化算法的数学描述及实现流程

种子优化算法中个体用实值向量 $\boldsymbol{X}=\{x_1,x_2,\cdots,x_n\}$ 来表示,n 的大小由问题本身决定。大量种子组成的种子群体用 sum 表示,大小由初始化设定。种子被随机播撒到问题空间,其中适应度最大的几个种子称为父代种子(父种),根据父代种子的适应度大小决定其后代的大小和分布情况。

后代种子的分布以父代种子的周边为主。父代种子的适应度值越大,其后代种子的数量就越多;否则,其后代种子的数量就越少,而且种子的分布更具有随机性。后代种子基本播撒方程为

$$\boldsymbol{X}[i]=\begin{cases}\boldsymbol{X}[i], & \boldsymbol{X}[i]\text{ 为父种}\\ \boldsymbol{X}_{\mathrm{mb}}+\mathrm{rand}()\cdot\boldsymbol{Y}(i), & \boldsymbol{X}[i]\text{ 不为父种}\end{cases}\tag{112.1}$$

其中,$\boldsymbol{X}[i]$为种子 i;$\boldsymbol{X}_{\mathrm{mb}}$ 为种子 i 的父种;$\boldsymbol{Y}(i)$为 i 的父种 $\boldsymbol{X}_{\mathrm{mb}}$ 传播范围的向量函数,可根据问题的情况进行调整并定义为

$$\boldsymbol{Y}(i)=\begin{cases}\boldsymbol{\alpha}, & i\leqslant(\mathrm{sum}\cdot a\%)\\ \boldsymbol{\beta}, & (\mathrm{sum}\cdot a\%)\leqslant i\leqslant(\mathrm{sum}\cdot b\%)\\ \vdots & \vdots\\ \boldsymbol{\gamma}, & \text{其他}\end{cases}\tag{112.2}$$

其中,$\boldsymbol{\alpha},\boldsymbol{\beta},\cdots,\boldsymbol{\gamma}$ 均为位置变动的常数向量,可以根据实际问题进行设置;$a\%,b\%,\cdots$分别为父代种子周围种子的分布比例,同样可以根据实际问题进行设置,如图 112.2 所示。另外,部分种子的分布不遵循该方程,而是根据父代种子的分布,选择父代种子之间的中间位置进行定位,用于增强算法的全局寻优性能。

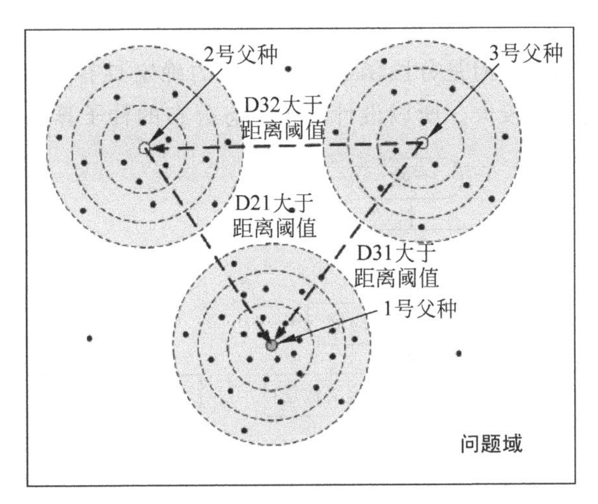

图 112.2　种子分布示意图

后代种子生成后，对所有种子的适应度大小再进行评价，选择适应度最优的种子作为候选的父代种子。然后计算候选的父代种子与同代其他父代种子的欧氏距离是否满足设定的距离阈值，主要用来保证父代种子在空间上有较为合理的分布，避免算法过早收敛，提高算法的搜索效率和全局寻优性能。最后决定该种子是否作为本代的父代种子。父代种子选择流程如图 112.3 所示。

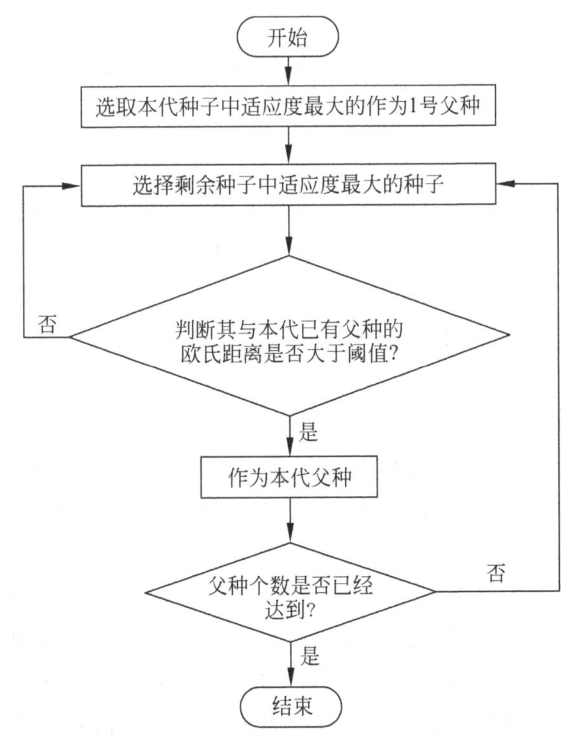

图 112.3　父代种子选择流程图

根据种子的进化方程，在生成的每个父代种子的传播范围内生成相应的后代种子群体。整个种子群体以此方式循环进化，直到得到理想的优化结果或 1 号父代种子(每代中的最优种子)不再变化为止。基本种子优化算法流程如图112.4所示。基于分段函数的种子优化算法原理简单,种群分布结构清晰,但是分段函数及其参数的确定具有较高的主观因素,与自然界真实的种群分布演化相差也较大。所以设计基于正态分布的种子算法就更有实际应用价值。

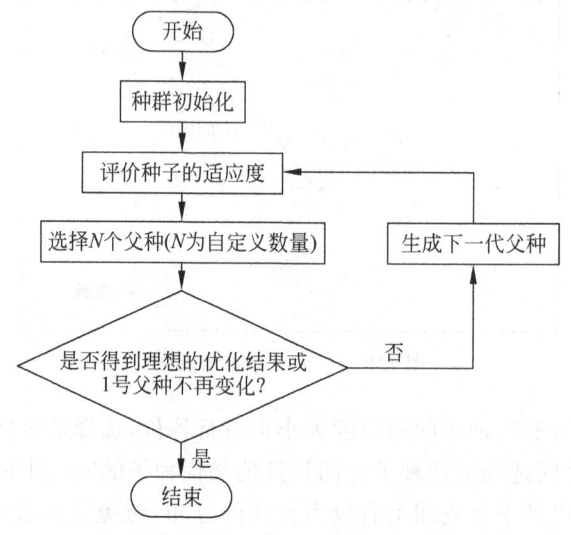

图112.4 基本种子优化算法流程图

112.4 基于正态分布的种子优化算法及实现流程

1. 正态分布

正态分布又称为高斯分布,它是数学、物理及工程等领域中非常重要的一种概率分布。

正态分布在统计学的许多方面有着重大的影响力,也是自然界中最常见的一种分布类型,通常记作 $N(\mu,\sigma^2)$。正态分布的概率密度函数记为

$$f(X)=\frac{1}{\sigma\sqrt{2\pi}}\mathrm{e}^{-(X-\mu)^2/(2\sigma^2)},\quad -\infty < X < +\infty \tag{112.3}$$

其中,μ 为期望值(均值);σ 为标准差;σ^2 为方差。

服从正态分布随机变量的概率取值的一般规律:取与期望值越近的值的概率越大,而取离期望值越远的值的概率越小;标准差越小,分布越集中在期望值附近,标准差越大,分布越分散。正态分布的密度函数的特点是,关于期望值 μ 对称,在 μ 处达到最大值,在正(负)无穷远处的概率取值都为0。概率密度函数曲线呈钟形,如图112.5所示,在 $\mu\pm\sigma$ 处存在拐点。

标准正态分布是指满足期望值为0,标准差为1的正态分布。多维随机向量具有类似的概率规律时,称此随机向量遵从多维正态分布。多维正态分布有很好的性质,如多维正态分布的边缘分布仍为正态分布,随机向量经任何线性变换得到的随机向量仍服从多维正态分布,特别是它的线性组合为一元正态分布。

2. 基于正态分布的种子优化算法

基于正态分布的种群分布演化模型的主要思想是,让每个父代种子生成的后代个体按照正态分布在父代种子周围布局,个体布局所参照的正态分布的期望值为当前父代种子对应结

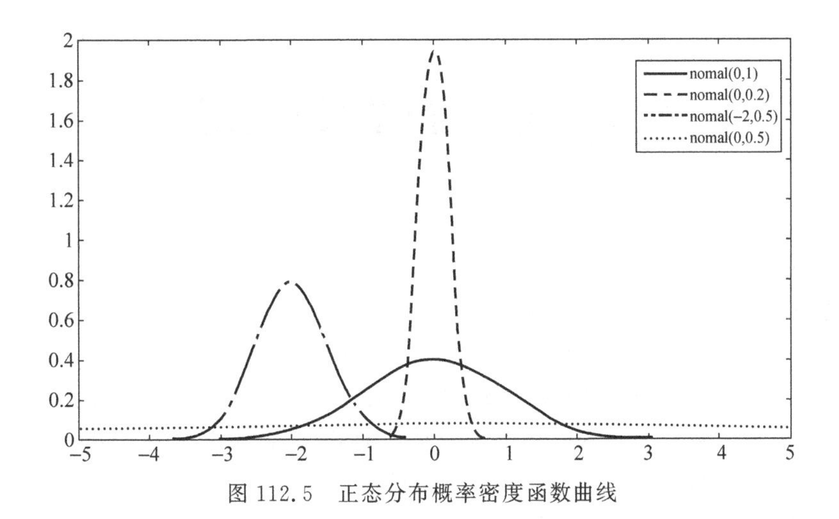

图 112.5　正态分布概率密度函数曲线

果位置的坐标值，方差的设置参照目标问题的定义域和问题的进展动态更改。例如，可以根据问题特点设置方差为父代种子当前坐标值的 10 倍，等级越低的父种，其对应的后代种群规模越小，其后代分布的方差值越大。父代种子生成后代个体的流程如图 112.6 所示。

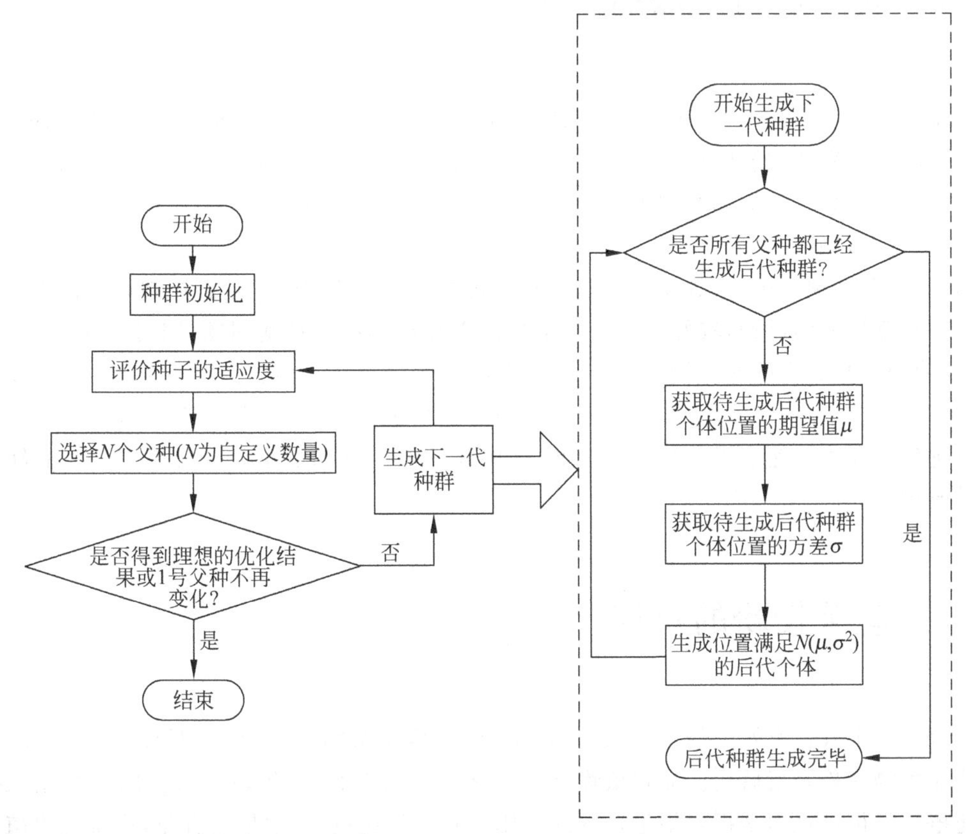

图 112.6　基于正态分布的后代个体生成的流程图

基于正态分布的 BOA 与 PSO 算法的仿真结果对比表明，基于正态分布的 BOA 在收敛速度和寻优结果上都优于 PSO 算法。

第 113 章　花朵授粉算法

花朵授粉算法是受自然界中显花植物花朵授粉过程的启发而提出的一种新的元启发式群智能优化算法。算法假设为，生物异花授粉是带花粉的传粉者通过 Levy 飞行进行全局授粉过程；非生物自花授粉是局部授粉过程；花的繁衍概率和参与的两朵花的相似性成比例关系；转换概率控制全局授粉与局部授粉之间的转换，在整个授粉活动中显著偏重于局部授粉。该算法具有实现简单、参数少、易调节的特点。本章介绍花朵授粉的特征、花朵授粉算法的数学描述、实现步骤及流程。

113.1　花朵授粉算法的提出

花朵授粉算法(Flower Pollination Algorithm，FPA)是 2012 年由英国 Yang Xin-She 提出的一种新的元启发式群智能优化算法。该算法受自然界中显花植物花朵授粉过程的启发，融合了布谷鸟优化算法和蝙蝠算法的优点，2013 年 Yang Xin-She 用该算法来解决多目标优化问题，并取得了较好的结果。

由于 FPA 实现简单、参数少、易调节，利用转换概率参数实现了动态控制全局搜索和局部搜索之间相互转换的进程，较好地解决了全局搜索和局部搜索平衡问题，同时采用了 Levy 飞行机制，使得其具有良好的全局寻优能力。目前，FPA 已用于函数优化、文本聚类、无线传感网络、电力系统等领域。然而，花朵授粉算法与蝙蝠算法、粒子群算法类似，也存在易陷入局部最优且进化后期收敛速度慢等缺点。为此，国内外学者针对基本花朵授粉算法存在的缺点进行多种改进。

113.2　花朵授粉的特征

在自然界中被人类发现的植物大约有 37 万种，显花植物大约有 20 万种，而其中 80%的植物依靠生物授粉繁衍后代。显花植物已经进化了大约 1.25 亿年，在演化过程中，花朵授粉在显花植物繁衍过程中承担着举足轻重的作用。对于显花植物，如果没有花，很难想象植物世界是个什么样子。人类的发展和生存与显花植物也是息息相关的，如苹果等水果都是花朵授粉的结果。花朵授粉是通过花粉的传播来实现的，而花粉的传播主要是依靠昆虫及动物来完成的。在实际授粉过程中，一些花朵仅吸引和依靠一种特定的昆虫来成功授粉，即一些花朵与传粉者之间形成了一种非常特别的花-传粉者伙伴关系。

授粉形式主要有非生物和生物两种，大约 90% 的显花植物是属于生物授粉植物，即花粉主要是通过动物或昆虫来传播而实现繁衍后代。大约 10% 的显花植物是属于非生物授粉植物，不需要任何传粉者来传播花粉，而是通过自然风，或者扩散途径来完成传粉，以实现子代的繁殖。在依赖生物传粉的显花植物中大约有 85% 的植物是由蜜蜂完成传粉的，蜜蜂在实际传粉中可能只对一些特定显花植物进行传粉，而忽视其他种类的显花植物，这样以便以最小的代价获得最大的收益。同时对于一些显花植物而言，也获得更多的传粉机会，繁衍更多的后代。

根据显花植物的授粉对象不同，可分为异花授粉和自花授粉两种。在一般情况下，异花授粉是两性花，一般一朵花的雌蕊接受的花粉是另一朵花的雄蕊的花粉，这就是所谓的异花授粉。由于传粉者（鸟、蜜蜂等）能飞行很长的距离，故异花授粉可以发生在远距离的地方，这种方式称为全局授粉。另外，鸟和蜜蜂在飞行过程中的跳或飞行的步长服从 Levy 分布。

自花授粉是显花植物成熟的花粉粒传到同一朵花的柱头上或同一种显花植物的不同花之间进行传粉，并能正常地受精结实的过程。自花授粉又称为局部授粉。猕猴桃、杏的自花授粉及蜜蜂为黄瓜授粉如图 113.1 所示。

(a) 猕猴桃的自花授粉

(b) 杏的自花授粉

(c) 蜜蜂为黄瓜授粉

图 113.1　自花授粉及蜜蜂为黄瓜授粉

113.3　花朵授粉算法的数学描述

自然界中的花粉授粉过程非常复杂，通过模拟花粉授粉过程来设计算法时，很难完全真实地模拟出花粉授粉过程中的每一个细节，加之要逼真地模拟花粉授粉的过程会使得算法特别复杂，不仅需要大量的计算资源，导致算法的计算效率很低，而且实际应用价值也不大。为了使算法简单易行，花朵授粉算法是模拟自然界中显花植物花朵传粉的过程，该算法理想条件的假设如下。

(1) 生物异花授粉是带花粉的传粉者通过 Levy 飞行进行全局授粉的过程。

(2) 非生物自花授粉是局部授粉过程。

(3) 花的常性可以被认为是繁衍概率和参与的两朵花的相似性成比例关系。

(4) 转换概率 $p\in[0,1]$ 控制全局授粉与局部授粉之间的转换，由于物理上的邻近性和风等其他因素的影响，在整个授粉活动中 p 显著偏重于局部授粉。

然而，在现实的自然界中，每一棵显花植物可以开好多朵花，每朵花能产生数百万甚至数十亿的花粉配子。但是，为了把问题简单化，假设每棵显花植物仅开一朵花，且一朵花仅产生一个花粉配子。因此,问题经过简化后,意味着一朵花或一个配子就对应于优化问题中的一个解。根据上述假设条件,对花朵授粉算法描述如下。

花朵授粉算法的初始阶段,首先随机初始化一个包含 n 个个体的种群 $P(t)=\{X_i^t\}$,其中 $X_i^t=(x_{i,1}^t,x_{i,2}^t,\cdots,x_{i,j}^t,\cdots,x_{i,d}^t)$,$i=1,2,\cdots,d$; $j=1,2,\cdots,n$; n 为种群大小; d 为优化问题的维数; t 为当前演化代数。

在随机初始化种群之后,FPA 对当前种群中的每个个体的适应度值进行评价,并找出适应度值最优的个体保存为当前全局最优解。然后 FPA 不断执行其交叉授粉和自花授粉两个算子操作,直到满足其结束条件。

在每一代中,FPA 以交叉授粉概率执行交叉授粉算子操作,同时以概率 p_c 执行自花授粉算子操作繁衍后代,其中交叉授粉操作算子的设计思想是借鉴自然界中蜜蜂、蝴蝶等动物在不同品种的花之间以 Levy 分布方式对花进行全局授粉的规律,其定义如下:

$$X_i^{t+1}=X_i^t+L(X_i^t-g_*) \tag{113.1}$$

其中,X_i^{t+1}、X_i^t 分别是第 $t+1$ 代、第 t 代的解; g_* 为全局最优解; L 为步长,L 的计算公式为

$$L\sim\frac{\lambda\Gamma(\lambda)\sin(\pi\lambda/2)}{\pi}\cdot\frac{1}{s^{1+\lambda}}\quad(s>>s_0>0) \tag{113.2}$$

其中,λ 为缩放因子,$\lambda=3/2$; $\Gamma(\lambda)$为标准的伽马函数; s 为移动步长。L 服从 Levy 分布。

自花授粉操作算子的设计思想是模拟自然界中同一品种的花之间近距离相互接触实现局部授粉的方式,其定义如下:

$$X_i^{t+1}=X_i^t+\varepsilon(X_j^t-X_k^t) \tag{113.3}$$

其中,ε 为[0,1]上服从均匀分布的随机数; X_j^t、X_k^t 为相同植物种类的不同花朵的花粉。

113.4 花朵授粉算法的实现步骤及流程

基本花朵授粉算法的实现步骤如下。

(1) 初始化各个参数,包括花朵种群数 n,搜索空间维数 d,转换概率 p。初始设置当前演化代数 $t=0$,种群中的个体 $i=1$。

(2) 随机产生初始种群,计算每个个体的适应度值,并求出当前解的最优值。

(3) 在[0, 1]之间产生一个服从均匀分布的随机实数 rand,如果转换概率 $p>$rand 条件成立,按式(113.1)对可行解进行更新,并进行越界处理。

(4) 如果转换概率 $p<$rand 条件成立,按式(113.3)对可行解进行更新,并进行越界处理。

(5) 按步骤(3)计算或转向步骤(6),得到的新解对应的适应度值,若新解的适应度值优,则用新解和新解对应的适应度值分别替换当前解和当前适应度值,否则保留当前解和当前的适应度值。

(6) 如果新解对应的适应度值比全局最优值优,则更新全局最优解和全局最优值。

(7) 判断结束条件,若满足,退出程序并输出最优值及最优解,否则,转向步骤(3)。

从上述 FPA 算法的实现步骤可知,步骤(3)和步骤(4)是 FPA 算法的关键步骤,对应于优化问题时的全局搜索和局部搜索。转换概率 p 是全局搜索和局部搜索之间转换的决定因素。

花朵授粉算法的流程如图 113.2 所示。

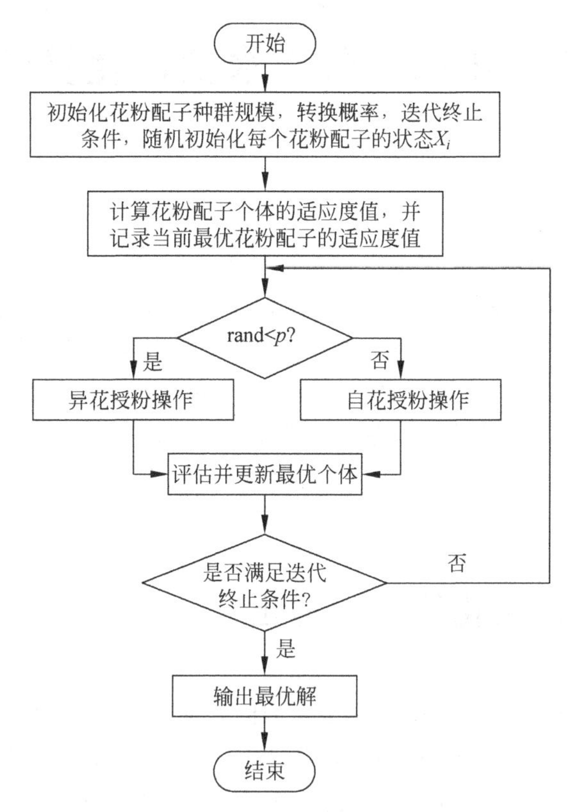

图 113.2　花朵授粉算法的流程图

第114章　杂交水稻优化算法

杂交水稻优化算法是模拟杂交水稻三系法育种的优化算法。不育系为生产大量杂交种子提供了可能性,借助保持系来繁殖不育系,用恢复系给不育系授粉来生产雄性恢复且有优势的杂交水稻。该算法把水稻种子的基因视为搜索空间的解。通过杂交或自交产生的新水稻种子作为新的可行解,用潜在的且更好的解取代了较差的解来实现种子的进化。本章介绍杂交水稻育种技术、杂交水稻优化算法的优化原理、数学描述、实现步骤、伪代码及算法流程。

114.1　杂交水稻优化算法的提出

杂交水稻优化(Hybrid Rice Optimization,HRO)算法是2016年由叶志伟等受基因差异表达和远缘物种的杂种优势生物学机理的启发,提出的一种基于三系法杂交水稻育种机理的进化算法。根据三系法杂交水稻生产育种的方式将群体分为不同的部分,并按照一定的方式演化,发挥生物进化和杂种优势。通过6个基准函数对HRO的性能进行测试,并同粒子群优化算法(PSO)、差分进化算法(DE)、遗传算法(GA)和人工蜂群算法(ABC)等在相同运行环境下进行了比较。结果表明,HRO算法具有较好的搜索效率和寻优的鲁棒性。

114.2　杂交水稻育种技术及其分类

选用两个在遗传上有一定差异且优良性状又能互补的水稻品种进行杂交,生产具有杂种优势的第一代杂交种(即杂交水稻),用于生产。杂交水稻具有明显的杂种优势,主要表现在生长旺盛、根系发达、穗大粒多、抗逆性强等方面。杂交水稻育种方式可分为三系法、二系法和一系法。

三系法育种把水稻种子按从劣到优依次划分为三个品系:不育系、保持系和恢复系,如图114.1所示。不育系(A Line)中的品种通常雄性器官退化或发育不良,故不育系自交不结实,但异交可结实;保持系(B Line)中的品种能自交结实,且保持系给不育系传粉时能使不育系品种变为能够结实的正常品种;恢复系(R Line)中的品种能自交结实。三系杂交水稻是指雄性不育系、保持系和恢复系三系配套育种。不育系为生产大量杂交种子提供了可能性,借助保持系来繁殖不育系,用恢复系给不育系授粉来生产雄性恢复且有优势的杂交稻。

二系法育种是指利用光温敏不育系配制的杂交稻。一系法育种是指通过不分离的种子繁殖方法使杂种一代的优势固定下来。目前,三系法杂交水稻仍是利用杂种优势的主要类型。

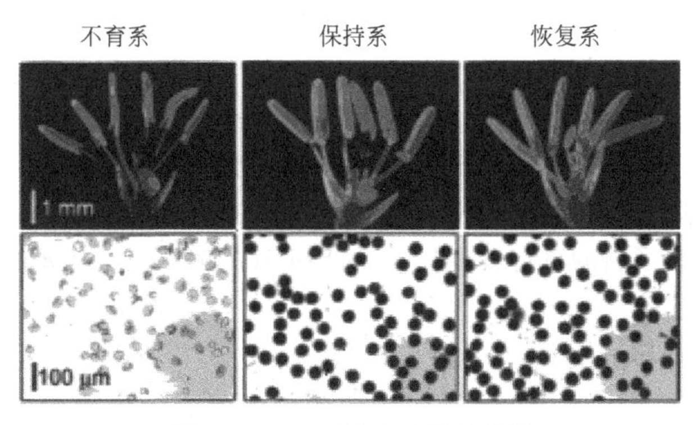

图 114.1　三系杂交水稻示意图

114.3　杂交水稻优化算法的优化原理

杂交水稻优化算法主要模拟杂交水稻三系法的两种育种行为：一是通过不育系与保持系杂交来对不育系进行更新；二是通过恢复系自交来更新下一代的恢复系。杂交水稻三系法育种过程如图 114.2 所示。

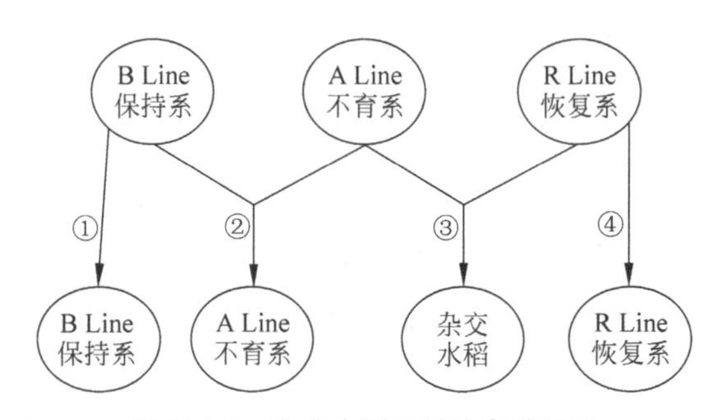

图 114.2　杂交水稻三系法育种过程

HRO 算法将水稻基因作为搜索空间内的解，用适应度值来衡量水稻基因的优劣，并根据基因的优劣将解划分为三系，分别执行不同操作算子进行种群更新。首先，为提高算法的全局搜索能力，以杂种优势理论为依托，将保持系与不育系进行杂交操作，产生新的不育系个体，杂交优势能迅速缩小种群个体之间的差距，这是一种进化过程。其次，恢复系个体进行自交操作使具有中等适应度值的个体能够快速地到达当前最优解，旨在提高算法的局部开发能力。最后，为避免算法出现早熟问题，算法引入重置操作，当自交次数达到预定次数时，则本轮育种过程中恢复系个体不再进行自交操作，而进行重置操作。

114.4　杂交水稻优化算法的数学描述

为了模拟杂交水稻三系法育种机制，制定的理想化规则如下。

(1) 杂交操作和自交操作都是以水稻种子的基因作为基本操作单元。

(2) 在杂交和自交过程中,具有较好性能的水稻种子将保留在下一代。

(3) 每一代种子数量不变,一个种子只能与另一个种子进行杂交或自交。

(4) 每一代的不育系、保持系和恢复系的水稻种子比例不变。

基于上述规则,HRO算法利用水稻种子的基因作为搜索空间的解。利用适应度值来衡量基因的品质,并根据其基因品质将水稻种子分为不育系、恢复系和保持系。通过杂交或自交产生的新水稻种子代表了新的可行解,用潜在的且更好的解取代了较差的解。

1. *种群初始化*

水稻种子基因序列初始化为

$$x_i^d = x_{\min}^d + r_1(x_{\max}^d - x_{\min}^d) \tag{114.1}$$

其中,x_i^d 为水稻种群中第 i 水稻种子的基因序列;$x_i=\{x_1,x_2,\cdots,x_n\}$为一向量;$d\in\{1,2,\cdots,D\}$为变量 x 的维度;$x_{\max}^d$ 和 $x_{\min}^d$ 分别为变量 x 第 d 维分量的最大取值和最小取值;r_1 为[0,1]范围内的随机数。

2. *种群划分*

若水稻种群数为 N,通常取种群个数为3的倍数。以求解函数最小值为例,根据水稻种子基因序列的适应度值优劣排序,如图114.3所示,将水稻种群依次划分为保持系、恢复系和不育系,各系的种群数量相同。

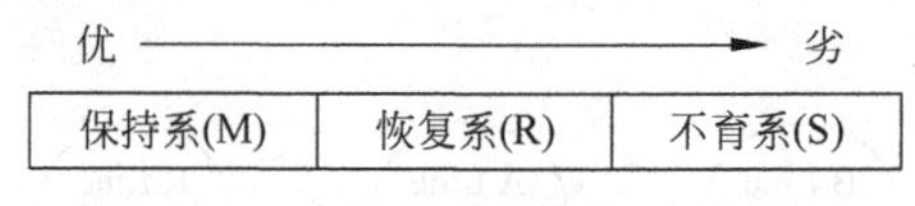

图114.3 水稻种群划分三系的示意图

适应度值位于前1/3的水稻种子被划分为保持系 $M=\{x_1,x_2,\cdots,x_m\}$;排列在保持系之后,接下来1/3的水稻种子被划分为恢复系 $R=\{x_{m+1},x_{m+2},\cdots,x_{2m}\}$;排列在最后1/3的水稻种子被定义为不育系 $S=\{x_{2m+1},x_{2m+2},\cdots,x_n\}$。

3. *杂交操作*

杂交操作旨在提升算法的全局探索能力,将父本和母本的基因重组成新的基因序列,即为杂交操作。可以从不育系和保持系中选择雄性亲本或雌性亲本进行杂交,产生新个体。

选择采用贪婪选择,将计算得出的新个体的适应度值与参与杂交的不育系个体的适应度值相比较,适应度值较好(即性状表现较好)的水稻种子保留到下一代,通过杂交得到的新个体的基因由式(114.2)计算可得

$$x_{\text{new}}^d(t+1) = \frac{r_2 \cdot x_{mi}^d(t) + r_3 \cdot x_{nj}^d(t)}{r_2 + r_3} \tag{114.2}$$

其中,x_{new}^d 为不育系中第 j 个体 d 维分量;r_2 和 r_3 为[-1,1]范围内的随机数,且 $r_2+r_3\neq 0$;当 $i=j$ 时为对应杂交,即本轮产生的新个体的每一维都是由参与本轮育种的保持系母本与不育系母本一一对应杂交而产生;与之对应,当 $i\neq j$ 时,称为随机杂交。

4. *自交操作*

自交育种过程是水稻种子随机选择其他水稻种子沿着当前最优解的方向更新基因。自交操作是恢复系中个体向当前最优个体靠近的过程。

根据贪心策略,若新生个体优于原有个体,则将新生个体保留至下一代,自交次数 time_{sk} 加1;与之对应,当新生个体劣于原有个体,则保留原有个体至下一代,自交次数不变。又当

$f(X_{new})>f(X_{best})$时，X_{new}取代当前最优个体，并且置$time_{sk}=0$。最后，如果$time_{sk}\geqslant maxTime$，则下一轮育种过程中，该个体不进行自交操作，而是进行重置操作。恢复系水稻种子的基因通过式(114.3)更新为

$$x_{new}^{d}=x_{ri}^{d}(t)+r_4\cdot(x_{best}^{d}-x_{ri}^{d}(t)) \tag{114.3}$$

其中，x_{new}^{d}为恢复系中第k次自交过程中产生的第d维新基因；x_{best}^{d}为在本次迭代过程中最优个体的第d维基因；x_{ri}^{d}为恢复系中第i个体的第d维基因；r_4为$[0,1]$范围内的随机数。

5. 重置操作

重置操作的目的是提升算法的局部开发能力。当恢复系的自交次数达到上限时，重置操作被激活，搜索空间中随机一组新基因，替换原有的个体基因。同时，自交次数将被设置为零。当恢复系中的个体达到最大自交操作数时，按式(114.4)重置为

$$x_{new}^{d}=x_{ri}^{d}+x_{min}^{d}+r_5\cdot(x_{max}^{d}-x_{min}^{d}) \tag{114.4}$$

其中，x_{new}^{d}为重置操作产生的新个体的第d维基因；x_{ri}^{d}为恢复系中参与重置操作的第i个体的第d维基因；x_{max}^{d}和x_{min}^{d}分别为搜索空间内决策变量x第d维分量的上、下决策边界。每执行一次重置操作，需置$time_{sk}=0$。

114.5　杂交水稻优化算法的实现

杂交水稻优化算法的主要步骤如下。

(1) 初始化参数和水稻种子。在函数优化问题中，水稻种子的基因序列长度为函数自变量的维度。

(2) 计算每个水稻种子的适应度值，根据适应度值的大小对水稻种子进行排序，记录当前最优水稻种子的基因序列及对应的适应度值，在函数优化问题中，是记录寻找到的目标函数值的最小值及对应的自变量的取值。

(3) 对水稻种子的类型进行划分，将适应度值较优的1/3的种子作为保持系，适应度值较差的1/3的种子作为不育系，剩下的1/3的种子作为恢复系。

(4) 保持系与不育系种子杂交出新不育系种子。

(5) 恢复系种子自交产生新恢复系种子，若超出了最大自交次数，则重置。

(6) 确定是否满足终止条件。如果满足终止条件，则算法结束，输出最优解；否则，返回步骤(2)。

杂交水稻优化算法的伪代码描述如下。

```
目标函数 f(X),X = (x_1,x_2,…,x_d)
产生 n 粒水稻种子的初始种群.
随机初始化基因 X_i,i = 1,2,…,n,设 t_i = 0.
设置 k = 0.
while  (k < 最大迭代次数)
    按 f(X)将种群从最好到最差排序.
    保持系:  M = {X_1,X_2,…,X_m},m = ⌊n/3⌋
    恢复系:  R = {X_m+1,X_m+2,…,X_2m}
    不育系:  S = {X_2m+1,X_2m+2,…,X_n}
    for (保持系中的每一粒种子 X_i)
```

```
        由式(114.2)杂交操作得到新基因.
        选择不育系对应的水稻种子基因 X_{n-i} 做比较
        if 新基因更好
            then 用新基因更新 X_{n-i}
         end if
    end for
    for (恢复系中的每一粒种子 X_i)
        if 搜索次数 t_i < t_max
            通过式(114.3)自交获得新基因
            if 新的基因比它自身更好
                用新的基因代替旧的基因
                设置 t_i = 0
            else
                设置 t_i = t_i + 1
            end if
        else
            用式(113.4)将 X_i 更新
        end if
    end for
    设置 k = k + 1
end while
```

杂交水稻优化算法的流程如图 114.4 所示。

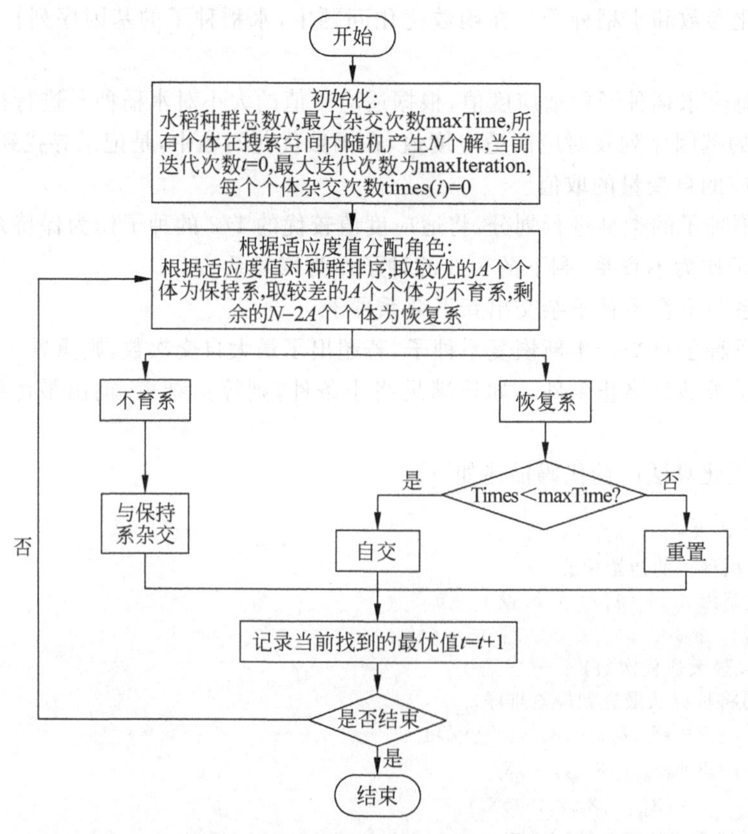

图 114.4　杂交水稻优化算法的流程图

第五篇　仿自然优化算法

仿自然优化算法指从不同角度或某些方面来模拟风、雨、云、闪电、水循环系统等自然现象；模拟宇宙大爆炸、万有引力、热力学、电磁力、光的折射、电子、量子力学等自然科学中物理学、化学乃至数学定律；模拟金属退火、涡流形成等过程；模拟哲学的对立统一的阴阳平衡学说；模拟生态系统的自组织临界性、混沌现象、随机分形等非线性科学中的不断演化、进化、自适应过程等一大类优化算法的统称。本篇介绍40种仿自然优化算法。

1. 模拟退火算法

在金属材料高温退火过程中，高温加热金属使其熔解为高能量的液体，然后徐徐降温，最终进入能量最低的结晶状态。这个过程与一个组合优化最小代价问题的求解过程相对应。该算法通过热静力学操作安排降温过程，通过随机张弛操作搜索在特定温度下的平衡态。它能以一定的概率"爬山"及"突跳性搜索"以避免陷入局部最优解，并最终趋于全局最优解。

2. 混沌优化算法

混沌运动具有伪随机性、规律性和遍历性等特点，它能在一定范围内按其自身的规律不重复地遍历所有状态。该算法将混沌状态引入优化变量中，并把混沌运动的遍历范围放大到优化变量的取值范围，然后利用混沌运动具有遍历性等特点，使搜索更加有效。通过变尺度改变混沌变量的搜索空间，可进一步提高混沌优化算法的搜索效率。

3. 混沌黄金分割搜索算法

该算法将混沌映射和黄金分割搜索相结合，使用混沌转换器作为全局搜索，将问题的搜索空间使用混沌映射转换为局部搜索空间。混沌映射可以探索以满足黄金分割搜索算法的单模条件。黄金分割搜索作为局部搜索，实现在n维搜索空间上搜索到最优解，用于求解多模、单模式非线性函数优化问题。

4. 随机分形搜索算法

一个对象或数量的组成部分以某种方式与整体相似的形体被称为分形，分形的自相似性反映了自然界中一类物质的局部与局部、局部与整体在形态、功能、信息、时间与空间等方面的具有统计意义上的自相似性。随机分形搜索算法是基于扩散属性出现分形的原理，用于解决约束和无约束连续变量全局优化问题。

5. 电子搜索算法

该算法基于玻尔原子理论模拟电子在原子核周围轨道上的运动过程。搜索空间类似于各种原子所在的分子空间，可行解的域类似于分布着不同原子的分子空间，围绕原子核旋转运动的电子改变它们的轨道。该搜索算法通过原子扩散、电子轨道跃迁、原子核迁移3种操作的反复迭代，直至电子达到最高能级的状态，以实现对优化问题的求解。

6. 量子搜索算法

量子搜索算法用量子比特的概率幅表示染色体编码，使得一个染色体可以表示成多个量子态的叠加，采用量子逻辑门能对量子位状态进行变换，采用量子位编码使种群更具多样性。

Grover搜索算法是早期提出的量子搜索算法。量子计算可用于对传统智能优化算法进行加速,包括量子遗传算法、量子蚁群算法、量子粒子群算法等。

7. 量子谐振子优化算法

在量子力学中,量子谐振子模型具有比较完备的理论体系。在量子空间中,由于微观粒子势阱的约束而表现出一种规律的量子谐振运动,量子谐振子不仅具有智能优化算法的一般特性,而且具有全局的收敛性、基态最优性。该算法模拟量子谐振子在势阱的约束下从高能态向基态快速收敛的过程,实现对优化问题的求解。

8. 智能水滴优化算法

自然界中河水在重力作用及与河床相互作用下,导致河水流动沿着弯转、曲折而自然形成的河道往往是最优的。流动中的水滴一般具有一定的速度,并携带一定泥土。该算法利用智能水滴群体构造路径,通过水滴速度更新、携带泥土量更新及位置概率选择的反复迭代运算,使得智能水滴群体构造出最优或接近最优的路径。

9. 水循环算法

水从陆地、江河湖海等受热蒸发到天空后,先凝成云,后成雨,再返回陆地和海洋,如此往复。太阳辐射热量和重力作用使水尽可能消耗最小的能量走最短的路径从高处向低处流动。水循环系统是相当稳定的复杂适应系统,它保持地球的水平衡。水循环算法将雨滴作为个体,通过降雨、汇流、蒸发等操作的反复迭代,实现对优化问题的求解。

10. 水波优化算法

模拟水波的传播、折射和碎浪现象,将问题的搜索空间视为海床,将问题的每个解视为一个"水波"。水波的适应度与其到海床的垂直距离成反比:距海平面越近的点对应的解越优,相应的水波能量越高。较优的解在较小范围内搜索,而较差的解在较大范围内搜索,从而促进整个种群不断向更优的目标进化,进而达到最优化的目的。

11. 人工雨滴算法

模拟自然降雨的雨滴形成、雨滴自身变化和降雨循环过程,该算法将雨滴视为问题的一个可行解,将降落到地面上的雨滴从高向低处流动汇聚到的最低点视为全局最优解。该算法通过雨滴产生、雨滴降落、雨滴碰撞、雨滴汇流、蒸汽更新5个操作的反复迭代,实现对函数优化问题的求解。

12. 云搜索优化算法

模拟自然界云的生成、动态运动、降雨和再生成现象,生成与移动的云可以弥漫于整个搜索空间,使算法具有较强的全局搜索能力;收缩与扩张的云团有多种变化,使算法具有较强的局部搜索能力;降雨后产生新的云团可以保持云团的多样性,使搜索避免陷入局部最优,该算法用于函数优化问题。

13. 气象云模型优化算法

模拟自然界中云的生成、移动和扩散行为。该算法通过云的移动行为和扩散行为组成了逆向搜索方法,种群以"云"的存在方式向整个搜索空间散布,用于提高种群的多样性,保证算法的全局搜索;而云的生成行为主要指在当前全局最优位置附近进行局部搜索,保证算法的收敛性。

14. 风驱动优化算法

模拟大气的流动,由于风的运动可以自动补偿大气压力的不平衡,用牛顿第二定律来描述一个极小空气单元(空气质点)的运动规律,以空气质点的最终流动位置为候选解,通过在每一次迭代中的速度和位置的更新,可用于对多模和多维问题,连续问题和离散问题的优化求解。

15．宇宙大爆炸算法

模拟宇宙进化的持续大爆炸和大收缩过程。在大爆炸阶段，在待优化问题的目标函数解空间中随机产生多个候选解（碎片解）；在大收缩阶段，将大爆炸中产生的“碎片解”收缩到一个候选解（原子解）。持续上述爆炸和收缩过程，直到找到最优化解。

16．烟花算法

该算法模拟烟花爆炸中炸点扩散机制，把一个烟花视为优化问题解空间的一个可行解。烟花爆炸产生火星点并扩散的过程被视为在自己的邻域内搜索候选解的过程。烟花算法通过爆炸算子（爆炸产生火花）、变异算子（产生高斯变异火花）、映射规则（火花越界处理）和选择策略（选择下一代烟花）4种操作的反复迭代，实现对优化问题求解。

17．中心引力优化算法

该算法把优化问题的解看成空间中带有质量的质子，通过一组质子在多维空间按照天体力学万有引力的迭代公式在空间移动进行搜索，寻找最优值。三维空间中的小天体往往都在大质量天体的轨道周围聚集，这与寻找目标函数的最大值相似。其中质量是根据质子位置变化由用户定义的目标函数值，该算法用于多维函数全局的优化。

18．引力搜索算法

通过从可行域中随机地产生一组初始解，把它们看成是带有一定质量的粒子，这个质量大小决定了粒子对其他粒子吸引力的强弱。通过求出合力及加速度，再对粒子进行速度及位置更新。个体之间通过引力作用相互吸引，促使小物体朝着质量最大的物体移动，从而逐渐逼近最优解。

19．引力场优化算法

数十亿年前仅有灰尘和星云飘移在宇宙中，之后灰尘在自身引力作用下长时间凝聚后形成岩石，岩石迅速开始加快凝聚和碰撞，并吸附周围的小石块，岩石越积越大，最终形成太阳系的所有行星。模拟行星形成的星云盘模型，将其抽象为数学模型，并相应减少一些效应，增加一些效果，构建的引力场优化算法用于多峰值函数优化问题。

20．极值动力学优化算法

生物演化模型是研究生态系统不同物种相互关联、协同进化的模型，这样的生态系统处于远离平衡态时具有自组织临界性。同一生态系统中的不同物种进化时的每一步的演化都起因于最小适应度物种的变异，进而引起其最近邻居及其他物种的变异。该算法将自组织临界态类比为优化问题最优解，可用于组合优化问题的动态求解。

21．拟态物理学优化算法

该算法模拟生物觅食的拟态物理学，利用牛顿万有引力定律定义个体之间的虚拟作用力，制定个体之间的引力、斥力规则，使得适应度较好的个体吸引适应度较差的个体，适应度较差的个体排斥适应度较好的个体。最好个体则不受其他个体的吸引或排斥。通过引力、斥力规则反复迭代过程，实现对优化问题的求解。

22．分子动理论优化算法

该算法为解决优化算法中兼顾收敛性和种群多样性问题，将问题的每个解视为一个分子，各分子在当前最优分子的吸引或排斥作用下运动，从而完成搜索过程。为增强跳出局部极值的能力，对于不受力的分子，通过模拟分子热运动而进行随机扰动。基于分子相互作用和热运动机制，较好地解决全局优化过程中收敛性和种群多样性问题。

23．碰撞体优化算法

根据物理学动量守恒定律和能量守恒定律，在一个孤立系统中，如果没有外力作用于物体时,两个物体发生碰撞后速度和位置都会发生改变,使物体在搜索空间内移动到更好的位置,以此来得到一个更好的解,当所有物体的位置不再发生改变或者迭代次数达到最大迭代次数时,该算法即获得最优解。

24. 气体分子动力学优化算法

气体的原子理论指出,每种物质都是由大量非常小的分子或原子组成。气体的所有特性(压力、体积和温度)基本上都是组成气体的分子作用的结果。在封闭容器中,理想气体在恒定压力和较低温度下,气体分子最终会聚在容器温度的最低点,这相当于优化问题搜索到的全局最优解。

25. 进化质心算法

根据物理学和力学中质量概念、物体的平衡思想,从统计学上讲,质量中心是空间中质量分布的平均位置。该算法把优化问题的目标函数表示为种群中每个解的质量,目的是将非负函数最大化,就可以通过进化质心把个体转化到所有个体的质量最大的地方,实现对优化问题的求解。

26. 平衡优化算法

该算法模拟质量平衡方程描述控制体积中输入、输出和产生质量的守恒关系。在算法中,搜索个体是粒子及其浓度,粒子类似于溶液,浓度类似于粒子群优化算法的粒子位置。在初始化后,通过适应度评估、候选解、平衡池、指数项、生成率和浓度更新等操作的反复迭代,实现对连续优化问题求解。

27. 类电磁机制算法

模拟电磁场带电粒子间的吸引-排斥机制,该算法利用电磁场中合力的计算公式,给粒子所带电荷量赋予新的意义,依据吸引-排斥机制,并吸取了传统优化方法以及随机优化方法的优点,用于求解无约束优化问题。

28. 热传递搜索算法

该算法根据热力学和热传递定律,模拟传导、对流和辐射3个阶段传递热搜索过程以实现热平衡。以热传递过程的分子簇作为群体,搜索个体是分子。在整个搜索期间,以等概率执行算法的每个阶段。通过引入传导因子、对流因子和辐射因子来控制所有3种搜索过程中的勘探和开发之间的适当权衡,实现对约束优化问题的求解。

29. 热交换优化算法

该算法模拟牛顿冷却定律——物体与环境的温差与热量散失的速率成比例地变化。将每个粒子作为冷却对象,和其发生热交换的是周围的另一个粒子。算法通过初始化与评估、组的保存与创建、定义参数、局部最优逃逸和个体温度更新等操作的迭代,实现对优化问题的求解。

30. 螺旋运动进化算法

该算法模拟自然和宇宙中遇到的多种螺旋运动形式,将螺旋运动过程视为一个非线性动力学系统,并使用非线性动态系统模型来模拟螺旋运动的进化行为。通过吸引子、动态突变算子及线性缩放选择策略等操作的反复迭代,使群体在不断演变过程中获得更好的解,最终获得全局最优解。该算法可用于解决实值函数优化问题。

31. 螺旋优化算法

该算法模拟自然界存在的螺旋现象、螺旋结构和螺旋运动形式。从本质上讲,螺旋结构的形成不仅所需的能量最少,而且占用空间也最小。因此,螺旋结构的形成过程蕴含着一种最优化的机制。该算法在初始化后,通过确定步进速率、更新搜索点、更新中心等操作的反复迭代,实现对函数优化问题的求解。

32. 涡流搜索算法

涡流又称漩涡，它是由具有两股或两股以上方向且流速、温度等存在差异的水流、气流等相互接触、互相吸引而形成的螺旋状合流。涡流搜索算法通过很多嵌套的环来对涡流建模，最外面的环定位在搜索空间的中心，作为初始解，在其周围高斯分布随机产生候选解，通过对当前解的更新，不断缩减半径搜索，直到获得最优解。

33. 闪电搜索算法

该算法源于雷电自然现象，将定义为放电体的闪电快速粒子的梯级先导传播机制作为假说，认为放电体的快速粒子参与梯级先导的二叉树结构的形成及在交叉点处同时形成两个先导尖端机制。通过过渡放电体、空间放电体和引导放电体 3 种放电体的放电概率特性和曲折特征来创建随机分布函数，并对约束优化问题进行求解。

34. 光线优化算法

该算法模拟物理学中光线折射现象，具有由问题变量组成的多个粒子，这些粒子被视为光线。基于斯奈尔的光折射定律，当光从光疏介质到光密介质传播时，发生折射并且其方向改变。这种行为在优化过程的早期阶段帮助粒子探索搜索空间，并使它们在最后阶段收敛。光线的转换用于发现全局最优解或近全局最优解。

35. 化学反应优化算法

该算法模拟化学反应中分子之间各种反应而引起分子间的碰撞和能量转化过程的相互作用，应用代码不断迭代和数值比较来寻找确定代码里规定的最小系统势能，通过最小系统势能的确定来求解最优解问题。

36. 正弦余弦算法

许多智能优化算法都必须处理好搜索过程中探索（全局搜索）和开发（局部搜索）之间的平衡关系。正弦余弦算法是利用正弦函数和余弦函数的数学性质，通过自适应改变正弦和余弦函数的振幅来寻找搜索过程中探索和开发之间的平衡，并最终找到全局最优解，用于求解函数优化问题。

37. 阴-阳对优化算法

宇宙中的许多事物都受到双重性制约、在两个相反的力或状态的冲突下运行。这些双重性在中国哲学中被称为阴和阳两方面。一方面逐渐改变到另一方面，不断地重复，这两方面之间的平衡导致了和谐。阴-阳对优化算法试图在哲学原理上实现阴阳平衡，使得优化算法中探索和开发之间的矛盾行为互补，以有效地搜索最优解。

38. 五行环优化算法

该算法根据中国古代哲学五行学说，认为宇宙间的一切事物都是由金、水、木、火、土五种物质元素组成，它们之间存在着相生相克的关系，通过建立五行环模型描述动态系统的平衡关系，用于求解组合优化和连续函数优化问题。

39. 多元宇宙优化算法

该算法基于多元宇宙理论，模拟多元宇宙种群在白洞、黑洞和虫洞的共同作用下的运动行为。将白洞和黑洞用于全局探测阶段，而虫洞用于局部开采阶段。通过白洞或黑洞轨道和虫洞对初始宇宙进行循环迭代来实现对函数优化问题的求解。

40. 人工生态系统优化算法

该算法根据地球生态系统中能量流动过程蕴含着的优化机理，对生态系统中的生产者、消费者和分解者建立模型，在随机初始化一个生态系统后，通过更新生产者位置、更新消费者位置、更新分解者位置等操作的反复迭代，实现对函数优化问题的求解。

第 115 章　模拟退火算法

模拟退火算法是一种最早提出的模拟金属材料高温退火过程的自然算法。金属退火过程从高温加热熔解为高能量的液体，到徐徐降温最终进入能量最低的结晶状态，与一个组合优化最小代价问题的求解过程相对应。模拟退火算法通过热静力学操作安排降温过程；通过随机张弛操作搜索在特定温度下的平衡态。它能以一定的概率"爬山"及"突跳性搜索"以避免陷入局部最优解，并最终趋于全局最优解。本章介绍固体退火过程的统计力学原理、模拟退火算法的数学描述及实现步骤等。

115.1　模拟退火算法的提出

模拟退火(Simulated Annealing,SA)算法最早是在 1953 年由 Metropolis 等提出的，而后在 1983 年由 Kirkpatrick 等人将其用于组合优化问题。SA 是根据物理中固体物质的退火过程与一般组合优化问题之间的相似性而提出的，它模仿了金属材料高温退火液体结晶的过程。

模拟退火算法是一种通用的全局优化算法，广泛用于生产调度、控制工程、机器学习、神经网络、图像处理、模式识别及 VLSI 等领域。

115.2　固体退火过程的统计力学原理

将固体高温加热至熔化状态，再徐徐冷却使之凝固成规整晶体的热力学过程称为固体退火，又称物理退火。金属(高温)退火(液体结晶)过程可分为以下 3 个过程。

(1) 高温过程。在加温过程中，粒子热运动加剧且能量在提高，当温度足够高时，金属熔解为液体，粒子可以自由运动和重新排列。

(2) 降温过程。随着温度下降，粒子能量减少，运动减慢。

(3) 结晶过程。粒子最终进入平衡状态，固化为具有最小能量的晶体。

固体退火过程可以视为一个热力学系统，是热力学与统计物理的研究对象。前者是从由经验总结出的定律出发，研究系统宏观量之间联系及其变化规律；后者是通过系统内大量微观粒子统计平均值计算宏观量及其涨落，更能反映热运动的本质。

固体在加热过程中，随着温度的逐渐升高，固体粒子的热运动不断增强，能量在提高，于是粒子偏离平衡位置越来越大。当温度升至熔解温度后，固体熔解为液体，粒子排列从较有序的结晶态转变为无序的液态，这个过程称为熔解，其目的是消除系统内可能存在的非均匀状态，使随后进行的冷却过程以某一平衡态为起始点。熔解过程系统能量随温度升高而增大。

冷却时,随着温度徐徐降低,液体粒子的热运动逐渐减弱而趋于有序。当温度降至结晶温度后,粒子运动变为围绕晶体格子的微小振动,由液态凝固成晶态,这一过程称为退火。为了使系统在每一温度下都达到平衡态,最终达到固体的基态,退火过程必须徐徐进行,这样才能保证系统能量随温度降低而趋于最小值。

115.3 模拟退火算法的数学描述

一个组合优化最小代价问题的求解过程,利用局部搜索从一个给定的初始解出发,随机生成新的解,如果这一代解的代价小于当前解的代价,则用它取代当前解;否则舍去这一新解。不断地随机生成新解,重复上述步骤,直至求得最小代价值。组合优化问题与金属退火过程类比情况如表115.1所示。

表115.1 组合优化问题与金属退火过程类比情况

金属退火过程	组合优化(模拟退火算法)
热退火过程数学模型	组合优化中局部搜索的推广
熔解过程	设定初温
等温过程	Metropolis抽样过程
冷却过程	控制参数下降
温度	控制参数
物理系统中的一个状态	最优化问题的一个解
能量	目标函数(代价函数)
状态的能量	解的代价
粒子的迁移率	解的接受率
能量最低状态	最优解

在退火过程中,金属加热到熔解后会使其所有分子在状态空间 S 中自由运动。随着温度徐徐下降,这些分子会逐渐停留在不同的状态。根据统计力学原理,早在1953年Metropolis就提出一个数学模型,用以描述在温度 T 下粒子从具有能量 $E(i)$ 的当前状态 i 进入具有能量 $E(j)$ 的新状态 j 的原则。

若 $E(j)\leqslant E(i)$,则状态转换被接受;若 $E(j)>E(i)$,则状态转换以如下概率被接受:

$$P_r = \mathrm{e}^{\frac{E(i)-E(j)}{KT}} \tag{115.1}$$

其中,P_r 为转移概率;K 为Boltzmann常数;T 为材料的温度。

在一个特定的环境下,如果进行足够多次的转换,将能达到热平衡。此时,材料处于状态 i 的概率服从Boltzmann分布:

$$\pi_i(T) = P_T(s=i) = \mathrm{e}^{-\frac{E(i)}{KT}} \Big/ \sum_{j\in S} \mathrm{e}^{-\frac{E(j)}{KT}} \tag{115.2}$$

其中,s 表示当前状态的随机变量;分母称为划分函数,表示状态空间 S 中所有可能状态之和。

(1) 当高温 $T\to\infty$ 时,则有:

$$\lim_{T\to\infty} \pi_i(T) = \lim_{T\to\infty}\left(\mathrm{e}^{-\frac{E(i)}{KT}} \Big/ \sum_{j\in S} \mathrm{e}^{-\frac{E(j)}{KT}}\right) = \frac{1}{|S|} \tag{115.3}$$

这一结果表明在高温下所有状态具有相同的概率。

(2) 当温度下降,$T\to 0$ 时,则有:

$$\begin{aligned}\lim_{T\to 0}\pi_i(T) &= \lim_{T\to 0}\frac{e^{-\frac{E(i)-E_{\min}}{KT}}}{\sum_{j\in S}e^{-\frac{E(j)-E_{\min}}{KT}}}\\ &= \lim_{T\to 0}\frac{e^{-\frac{E(i)-E_{\min}}{KT}}}{\sum_{j\in S_{\min}}e^{-\frac{E(j)-E_{\min}}{KT}}+\sum_{j\notin S_{\min}}e^{-\frac{E(j)-E_{\min}}{KT}}}\\ &= \begin{cases}\dfrac{1}{|S_{\min}|}, & i\in S_{\min}\\ 0, & \text{其他}\end{cases}\end{aligned} \tag{115.4}$$

其中,$E_{\min}=\min_{j\in S}E(j)$ 且 $S_{\min}=\{i:E(i)=E_{\min}\}$,可见,当温度降至很低时,材料倾向进入具有最小能量状态。

退火过程在每一温度下热力学系统达到平衡的过程,系统状态的自发变化总是朝着自由能减少的方向进行,当系统自由能达到最小值时,系统达到平衡态。在同一温度,分子停留在能量最小状态的概率比停留在能量最大状态的概率要大。

当温度相当高时每个状态分布的概率基本相同,接近平均值 $1/|S|$,$|S|$ 为状态空间中状态的总数。随着温度下降并降至很低时,系统进入最小能量状态。当温度趋于 0 时,分子停留在最低能量状态的概率趋向 1。

Metropolis 算法描述了液体结晶过程:在高温下固体材料熔化为液体,分子能量较高,可以自由运动和重新排序;在低温下,分子能量减弱,自由运动减弱,迁移率减小,最终进入到能量最小的平衡态,分子有序排列凝固成晶体。

模拟退火算法需要两个主要操作:一个是热静力学操作,用于安排降温过程;另一个是随机张弛操作,用于搜索在特定温度下的平衡态。SA 的优点在于它具有跳出局部最优解的能力。在给定温度下,SA 不但进行局部搜索,而且能以一定的概率"爬山"到代价更高的解,以避免陷入局部最优解。基于 Metropolis 接受准则的"突跳性搜索"可避免搜索过程陷入局部极小,并最终趋于全局最优解,而传统的"瞎子爬山"方法显然做不到这一点,表现出对初值具有依赖性。

在统计力学中,熵被用来衡量物理系统的有序性。处于热平衡状态下熵的定义为

$$H(T)=-\sum_{i\in S}\pi_i(T)\cdot\ln\pi_i(T) \tag{115.5}$$

在高温 $T\to\infty$ 时,

$$\lim_{T\to\infty}H(T)=-\sum_{i\in S}\frac{1}{|S|}\cdot\ln\frac{1}{|S|}=\ln|S| \tag{115.6}$$

在低温 $T\to 0$ 时,

$$\lim_{T\to 0}H(T)=-\sum_{i\in S_{\min}}\frac{1}{|S_{\min}|}\cdot\ln\frac{1}{|S_{\min}|}=\ln|S_{\min}| \tag{115.7}$$

通过定义平均能量及方差,进一步可以求得

$$\frac{\partial H(T)}{\partial T}=\frac{\sigma_T^2}{K^2T^3} \tag{115.8}$$

由式(115.8)不难看出,熵随着温度下降而单调递减。熵越大系统越无序,固体加高温熔化后系统分子运动无序,系统熵大;温度缓慢下降使材料在每个温度都松弛到热平衡,熵在退火过程中会单调递减,最终进入有序的结晶状态,熵达到最小。

115.4 模拟退火算法的实现步骤及流程

在实际应用中,SA必须在有限时间内实现,因此需要下述条件。

(1) 起始温度。

(2) 控制温度下降的函数。

(3) 决定在每个温度下状态转移(迁移)参数的准则。

(4) 终止温度。

(5) 终止SA的准则。

用模拟退火算法解决优化问题包括三部分内容:一是对优化问题的描述,在解空间上对所有可能解定义代价函数;二是确定从一个解到另一个解的扰动和转移机制;三是确定冷却过程。下面通过SA求解旅行商问题(TSP)来说明算法的实现步骤。

旅行商要求以最短的行程不重复地访问 N 城市并回到初始城市,令 $\boldsymbol{D}=[d_{XY}]$ 为距离矩阵,d_{XY} 为城市 $X\to Y$ 之间距离,其中 $X,Y=1,2,\cdots,N$。用SA求解TSP问题的步骤如下。

(1) TSP的解空间 S 被定义为 N 城市的所有循环排列

$$\Xi=\{\xi(1),\xi(2),\cdots,\xi(N)\} \tag{115.9}$$

其中,$\xi(k)$ 表示从 k 城市出发访问下一城市,定义旅程的总代价函数为

$$f(\Xi)=\sum_{X=1}^{N} d_{X,\xi(X)} \tag{115.10}$$

(2) 任选两城市 X 和 Y,采用二交换机制,通过反转 X 和 Y 之间访问城市的顺序而获取新的旅程。给定一个旅程为

$$(\xi(1),\xi(2),\cdots,\xi^{-1}(X),X,\xi(X),\cdots,\xi^{-1}(Y),Y,\xi(Y),\cdots,\xi(N)) \tag{115.11}$$

对城市 X 和 Y 施加交换,可得新旅程为

$$(\xi(1),\xi(2),\cdots,\xi^{-1}(X),X,\xi^{-1}(Y),\cdots,\xi^{-1}(X),Y,\xi(Y),\cdots,\xi(N)) \tag{115.12}$$

旅程代价的变化为

$$\Delta f=d_{X,\xi^{-1}(Y)}+d_{\xi(X),Y}-d_{X,\xi(X)}-d_{\xi^{-1}(Y),Y} \tag{115.13}$$

这一转移机制符合Metropolis准则,即

$$\text{接受新旅程的概率}=\begin{cases}1, & \Delta f\leqslant 0\\ \mathrm{e}^{-\frac{\Delta f}{T}}, & \text{其他}\end{cases} \tag{115.14}$$

(3) 实施冷却过程。在有限时间条件下模拟退火算法的冷却过程有多种形式,一种较为简单的降温函数为

$$T_{k+1}=\alpha T_k \tag{115.15}$$

其中,α 通常接近1,Kirkpatrick等人用于组合优化问题时取 $\alpha=0.9$;T_k 代表第 k 次递减时的温度。

图115.1给出了应用模拟退火算法求解TSP问题的流程。图115.1中 i 和 j 标记旅程;

k 标记温度；l 为在每个温度下已生成旅程的个数；T_k 和 L_k 分别表示第 k 步温度和允许长度；E_i 和 E_j 分别为当前旅程和新生成的旅程；$f(E)$为代价函数，$\Delta f = f(E) - f(E_i)$；rand[0,1]为 0 和 1 之间均匀分布的随机数。

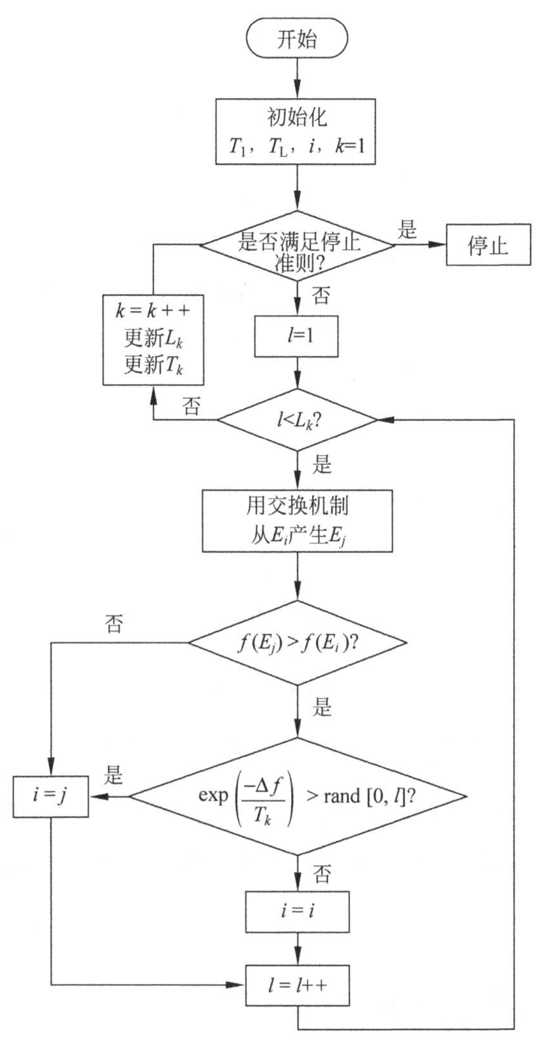

图 115.1　模拟退火算法求解 TSP 问题的流程图

第116章 混沌优化算法

混沌是非线性确定系统中由于内在随机性而产生的一种复杂的动力学行为，它具有伪随机性、规律性和遍历性等特点。混沌运动能在一定范围内按其自身的规律不重复地遍历所有状态。混沌优化算法的基本思想是用类似载波的方法将混沌状态引入到优化变量中，并把混沌运动的遍历范围放大到优化变量的取值范围，然后利用混沌运动具有遍历性、随机性、规律性的特点，使搜索更加有效。本章介绍混沌学与Logistic映射、混沌优化算法的实现步骤和变尺度混沌优化算法的实现步骤。

116.1 混沌优化算法的提出

混沌优化算法(Chaos Optimization Algorithm，COA)是1997年由李兵和蒋慰孙提出的。混沌是存在于非线性系统中的一种较为普遍的现象，混沌并不是一片混乱，而是一类有着精致内在结构的动力学行为。混沌运动具有随机性、规律性、遍历性等特点，混沌运动能在一定范围内按其自身的规律不重复地遍历所有状态。因此，利用混沌变量进行优化搜索，会比随机搜索更具优越性。

COA的基本思想是用类似载波的方法将混沌状态引入到优化变量中，并把混沌运动的遍历范围放大到优化变量的取值范围，然后利用混沌运动具有遍历性、随机性、规律性的特点，使搜索更加有效。

116.2 混沌学与Logistic映射

1. 混沌现象及混沌学

非线性动力系统在相空间的长时间行为可归纳为3种形式：第一种是运动轨线趋于一点(定态吸引子)。第二种是运动轨线趋于一个闭合曲线或曲面(周期吸引子)。第三种是控制参数取值在一定范围内，运动轨线在相空间内被吸引到一个有限的区域。在这个区域内，既不趋于一个点，也不趋于一个环，而做无规则的随机运动，称此为奇怪吸引子，这种动态行为便是混沌。

混沌是非线性确定系统中由于内在随机性而产生的外在复杂表现，是一种貌似随机的伪随机现象。混沌不是简单无序的，而是没有明显的周期和对称，具有丰富的内部层次的有序结构，是非线性系统中的一种新的存在形式。

麻省理工学院的Lorenz教授1963年在分析气象数据时发现，初值十分接近的两条曲线的最终结果会相差很大，并提出了形象的“蝴蝶效应”，从而获得了混沌的第一个例子。Lorenz

曾经提出了一个通俗的定义：一个真实的物理系统，当排除了所有的随机性影响以后，仍有貌似随机的表现，那么这个系统就是混沌的。

混沌学是研究确定性的非线性动力学系统所表现出来的复杂行为产生的机理、特征表述、从有序到无序的演化与反演化的规律及其控制的科学。

2. Logistic 映射

在生态领域中，Logistic 映射通过对马尔萨斯人口论的线性差分方程模型进行修正，用非线性模型描述的人口模型，称为 Logistic 方程，写成如下差分方程的形式：

$$x_{n+1}=\mu x_n(1-x_n) \tag{116.1}$$

其中，μ 为一个正的常数。

下面考虑 $\mu\in[1,4]$情况下，用图解法对 Logistic 映射这一有限差分方程进行求解。

当 $x=0$ 时，种群灭绝。x 的最大值不能超过 1，因此，x 的取值范围为 $x\in(0,1)$。为使 $x<1$，则控制参数 $\mu<4$。由于增长率 $r=\mu-1$，应保证 $r>0$，因此必须使 $\mu>1$。

图 116.1 给出了一维 Logistic 映射的图解情况，给定初值 $x_0=0$，经过若干次迭代后，该种群数量达到一个平衡值，即 $x_{n+1}=x_n=x^*$，如图 116.1(a)中直线与曲线的交点 x^* 为 Logistic 方程的定态解或不动点，$x^*=1-(1/\mu)$，其中 $\mu=0.28$。

当增大控制参数使 $\mu=3.14$ 时，原来的不动点 x^* 变得不稳定，由一对新的不动点 x_1^* 与 x_2^* 所取代，形成了如图 116.1(b)所示周期 2 的振荡，使系统交替地处于 x_1^* 与 x_2^* 两个不动点上。再增大 μ 值，周期 2 的两个不动点又会变成不稳定，并各自又产生一对新的不动点，而形成周期 4 的振荡。

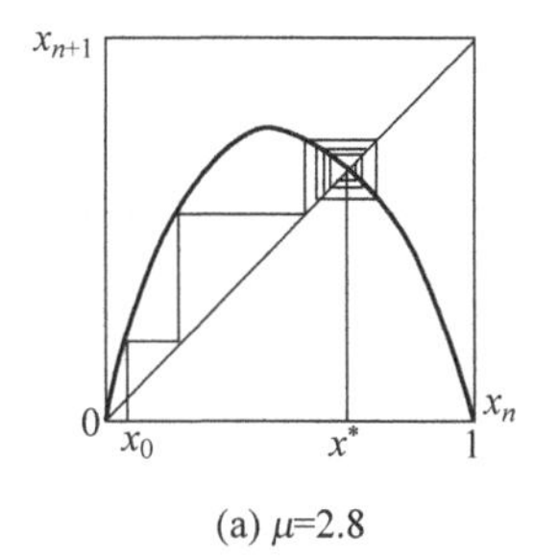

(a) μ=2.8

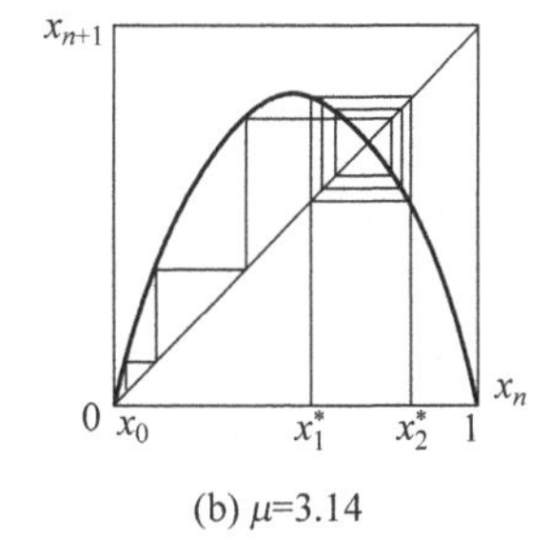

(b) μ=3.14

图 116.1　一维 Logistic 映射的图解过程

3. 混沌的特性

(1) 规律性：混沌是由确定性非线性迭代方程产生的复杂动力学行为，表面上看起来没有明显的周期和对称，杂乱无规则的混沌是一种有结构的无序，具有无穷层次嵌套的有序结构。混沌具有倍周期分岔，混沌带具有倍周期逆分岔，奇异吸引子具有自相似性。

Feigenbaum 发现，随着 n 的增加，混沌分岔相邻分支间距越来越小，而相邻分支间距离之比 δ_n 却越来越稳定。当 $n\to\infty$时，$\delta_n=4.6692\cdots=\delta$。进一步研究发现，$\delta$ 常数与 Logistic 映射、指数映射、正弦映射等均无关。非线性方程虽然不同，但它们在倍周期分支这条道路上却以相同的速率走向混沌。普适常数 δ 揭示了混沌的内在规律性。

Feigenbaum 还发现，混沌具有无穷层次嵌套的大大小小的复杂自相似图形，从小到大的自相似尺度比例是不变的一个常数 $\alpha=2.5029\cdots$。

上述这些特性都反映出混沌的内在规律性。

(2) 随机性：混沌具有类似随机变量的杂乱表现——随机性，又称为伪随机性。当发生混沌对系统的长时间的动力学行为不可预测,这是混沌的无序的一面;混沌运动具有轨道不稳定性,混沌带倍周期逆分支的每条混沌带是一个区间,混沌变量 x 到底落在每个区间的哪个具体部位,则完全是随机的。

(3) 遍历性:混沌由于对初始条件极端敏感性,导致混沌运动具有轨道不稳定性,因此混沌运动能在一定范围内不重复地历经所有状态。

随着 μ 值进一步增大,类似地会出现周期 $8,16,\cdots,2^n$ 的倍周期分岔现象,直至进入混沌区,如图116.2所示,μ 值从2.9变化到4.0时分岔直至很多的情况。相邻分岔点的间距是以几何级数递减,很快收敛到某一临界值。

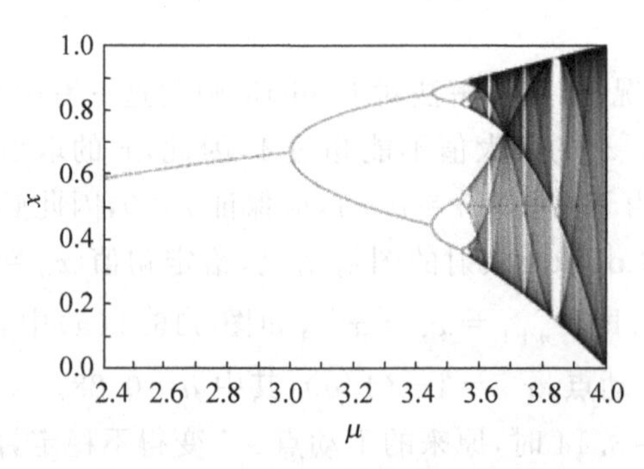

图116.2 Logistic 映射分岔混沌图

116.3 混沌优化算法的实现步骤

混沌优化算法(COA)的思想是利用混沌的遍历性特点,使混沌算法在计算过程中可以不重复地经历一定范围内的所有状态。通过采用 Logistic 映射模型系统产生混沌变量,并将产生的混沌变量映射到优化变量的取值区间,然后进行混沌搜索。

设一类连续对象的优化问题为

$$\min f(x_i),\quad i=1,\cdots,n;\ \text{s.t. } a_i \leqslant x_i \leqslant b_i \tag{116.2}$$

首先选择用于载波的混沌变量,选用式(116.1)所示的 Logistic 映射,其中 μ 是控制参量,取 $\mu=4$。设 $0\leqslant x_0\leqslant 1, n=0,1,2,\cdots$ 不难证明,$\mu=4$ 时式(116.1)完全处于混沌状态。利用混沌对初值敏感的特点,赋予式(116.1) i 微小差异的初值,即可得到 i 个混沌变量。

混沌优化算法(COA)实现的基本步骤如下。

(1) 算法初始化。置 $k=1, k'=1$;对式(116.1)中的 x_n 分别赋予 i 具有微小差异的初值,则可得到 i 个轨迹不同的混沌变量 $x_{i,n+1}$。

(2) 通过式(116.3)用载波的方法将选定的 i 个混沌变量 $x_{i,n+1}$ 分别引入到式(116.2)的 i 优化变量中使其变成混沌变量 $x'_{i,n+1}$,并将混沌变量的变化范围分别"放大"到相应的优化变量的取值范围。

$$x'_{i,n+1}=c_i+d_i x'_{i,n+1} \tag{116.3}$$

其中,c_i、d_i 为常数,相当于"放大"倍数。

(3) 用混沌变量进行迭代搜索。

令 $x_i(k)=x'_{i,n+1}$,计算相应的性能指标 $f_i(k)$。令 $x_i^*=x_i(0)$,$f^*=f(0)$。

if $f_i(k) \leqslant f^*$

then $f^* = f_i(k), x_i^* = x_i(k)$

else if $f_i(k) > f^*$

then 放弃 $x_i(k)$,

$k := k+1$

(4) 如果经过步骤(3)的若干步搜索 f^* 都保持不变,则按式(116.4)进行第二次载波；反之,返回步骤(3)

$$x_{i,n+1}^* = x_i^* + \alpha_i x_{i,n+1} \tag{116.4}$$

其中,$\alpha_i x_{i,n+1}$ 为遍历区间很小的混沌变量；α_i 为调节常数,可以小于1；x_i^* 为当前最优解。

(5) 用二次载波后的混沌变量继续迭代搜索。

令 $x_i(k') = x_{i,n+1}^*$,计算相应的性能指标 $f_i(k')$。

if $f_i(k') \leqslant f^*$

then $f^* = f_i(k'), x_i^* = x_i(k')$

else if $f_i(k') > f^*$

then 放弃 $x_i(k')$,

$k' := k'+1$

(6) 如果满足终止条件则终止搜索,输出最优解 x_i^*、f^*；否则,返回步骤(5)。

116.4　变尺度混沌优化算法的实现步骤

上述混沌优化算法(COA)对于搜索空间小时效果显著,但当搜索空间大时却不能令人满意。因此,张彤等提出变尺度混沌优化算法,通过优化过程中不断缩小优化变量的搜索空间,不断加深优化变量的搜索精度,提高搜索效率。

变尺度混沌优化算法仍然采用式(116.1)表示的 Logistic 映射模型,其中 $\mu=4$。若需优化 n 个参数,则任意设定(0,1)区间 n 个相异的初值(注意,不能为式(116.1)的不动点 0.25,0.5,0.75)得到 n 个轨迹不同的混沌变量。

对求解式(116.2)描述的连续对象全局极小值问题,变尺度混沌优化算法采用如下步骤实现。

(1) 初始化。$k=0, r=0$；$x_i^k = x_i(0), x_i^* = x_i(0)$；$a_i^r = a_i, b_i^r = b_i$,其中,$i=1,2,\cdots,n$；$k$ 为混沌变量迭代标志；r 为细搜索标志；$x_j(0)$为(0,1)区间 n 个相异的初值；x_i^* 为当前得到的最优混沌变量,当前最优解 f^* 初始化为一个较大的数。

(2) 把 x_i^k 映射到优化变量取值区间成为 mx_i^k

$$mx_i^k = a_i^r + x_i^k(b_i^r - a_i^r) \tag{116.5}$$

(3) 用混沌变量进行优化搜索。

若 $f(mx_i^k) < f^*$ 则 $f^* = f(mx_i^k)$；否则继续。

(4) $k := k+1$；$x_i^k := 4x_i^k(1.0 - x_i^k)$。

(5) 重复步骤(2)～步骤(4)直到一定步数内 f^* 保持不变为止,然后进行以下步骤。

(6) 缩小各变量的搜索范围

$$a_i^{r+1}=mx_i^*-\gamma(b_i^r-a_i^r) \tag{116.6}$$

$$b_i^{r+1}=mx_i^*+\gamma(b_i^r-a_i^r) \tag{116.7}$$

其中,$\gamma\in(0,0.5)$;$mx_i^*=a_i^r+x_i^*(b_i^r-a_i^r)$为当前最优解。为使新的搜索范围不致越界,需要做如下处理:

若 $a_i^{r+1}<a_i^r$,则 $a_i^{r+1}=a_i^r$;若 $b_i^{r+1}>b_i^r$,则 $b_i^{r+1}=b_i^r$。

另外,x_i^* 还需做还原处理如下:

$$x_i^*=\frac{mx_i^*-a_i^{r+1}}{b_i^{r+1}-a_i^{r+1}} \tag{116.8}$$

(7) 把 x_i^* 与 x_i^k 的线性组合作为新的混沌变量,用此混沌变量进行搜索,即

$$y_i^k=(1-\alpha)x_i^*+\alpha x_i^k \tag{116.9}$$

其中,α 为一较小的数。

(8) 以 y_i^k 为混沌变量进行步骤(2)～步骤(4)的操作。

(9) 重复步骤(7)和步骤(8)的操作,直到一定步数内 f^* 保持不变为止。然后进行以下步骤。

(10) $r:=r+1$,减小 α 的值,重复步骤(6)～步骤(9)的操作。

(11) 重复步骤(10)若干次后结束寻优计算。

(12) 此时的 mx_i^* 即为算法得到的最优变量,f^* 为算法得到的最优解。

混沌运动虽然从理论上能遍历空间内的所有状态,但是当空间较大时遍历的时间较长。因此,考虑变尺度逐渐缩小寻优变量的搜索空间,从步骤(6)可以看出,寻优区间最慢将以 2γ 的速率减小。另外,当前的最优变量 mx_i^* 不断朝着全局最优点靠近,故不断减小式(116.9)中 α 的值,让 mx_i^* 在小范围内寻优,从而达到细搜索的目的。需要注意的是,步骤(5)～步骤(9)的运行次数较多,以利于当前的最优变量到达全局最优点附近。

第117章　混沌黄金分割搜索算法

混沌黄金分割搜索算法是将混沌映射和黄金分割搜索相结合的优化算法。该算法使用混沌转换器作为全局搜索，将问题的搜索空间使用混沌映射转换为局部搜索空间，黄金分割搜索作为局部搜索。混沌映射可以勘索以满足黄金分割搜索算法的单模条件，实现在 n 维的搜索空间上求解多/单模式非线性函数优化问题。通过基准函数和齿轮系设计问题的优化结果表明，该算法是一种先进的高效优化算法。本章介绍混沌黄金分割搜索算法的原理、结构、实现步骤及流程。

117.1　混沌黄金分割搜索算法的提出

混沌黄金分割搜索算法(Chaotic Golden Section Search Algorithm，CGA)是2016年由伊朗学者Koupaei等提出的一种将混沌映射和黄金分割搜索相结合的新算法，用于求解多/单模态目标函数的非线性优化问题。为此，该算法使用两种搜索方法：

(1) 使用混沌转换器作为全局搜索，将问题的搜索空间可以使用混沌映射转换为局部搜索空间。混沌映射可以勘探以满足黄金分割搜索(GSS)算法的单模条件。

(2) 黄金分割搜索作为局部搜索：在 n 维的搜索空间上应用黄金分割搜索来实现搜索到最优解。

为了研究CGA的性能，通过20个基准函数和一个工程齿轮系设计问题的实验结果表明，CGA是一种先进的高效优化算法。通常，CGA可以保持全局搜索和局部搜索之间的平衡，对高维问题优化结果证明，该算法具有鲁棒性，获得最优解的运行时间最短。

117.2　混沌黄金分割搜索算法的原理及数学描述

混沌行为与随机性类似，尽管它们是由确定性迭代公式产生的。混沌优化方法是基于混沌运动在原始问题可行空间的规律性，因此，收敛指标令人满意。混沌优化方法的实证验证表明，这种算法具有全局搜索能力，且仅在小的可行空间有效。

黄金分割搜索(GSS)算法是一种优化单目标函数有效的通用方法。该算法利用分割区域的概念寻求最优解。虽然GSS具有一些重要的优点，如收敛速度快，易于实现和保证收敛。但它有一些不足之处。传统的黄金分割搜索不能支持多模态函数，仅限于单模态和一维目标函数。

为了克服传统黄金分割搜索的缺陷，将黄金分割搜索和混沌映射相融合，旨在通过混沌映射来减少搜索空间。一方面，它满足目标函数的单模条件。因此，可以用黄金分割搜索方法求解新的可行空间上的非线性优化问题。另一方面,通过使用混沌映射来引入多模式 n 维 GSS。为此,使用两种搜索程序:第一,混沌转换器可以使用混沌映射将问题的搜索空间转换为局部的搜索空间,以满足GSS算法的优化问题的单模条件;第二,n-D 黄金分割搜索适用于搜索空间作为局部搜索。上述搜索思想就是混沌黄金分割搜索算法的优化原理。

1. 基本混沌优化方法的数学描述

一般来说,一维混沌映射可以表示如下:

$$x(n+1)=f(\mu_1,\mu_2,\cdots,\mu_m,x(n)),\quad n=1,2,3,\cdots \tag{117.1}$$

其中,$\mu_i,i=1,2,\cdots,m$ 为控制参数;x 为变量。混沌映射的行为取决于控制参数 $\mu_i,i=1,2,\cdots,m$ 的值。每当一个混沌变量 x 的初始值非常小的变化,将会产生混沌变量 x 的下一个值有很大差异。

一维混沌映射的两个例子,Logistic 映射和 Chebyshev 映射分别表示如下:

$$x(n+1)=ax(n)(1-x(n))x(0)\in(0,1),x(0)\notin\{0,0.25,0.5,0.75,1\} \tag{117.2}$$

$$x(n+1)=\cos(k\cos^{-1}(x(n))),x\in(-1,1) \tag{117.3}$$

Logistic 映射,在 $a=4$ 时产生一个混沌序列,如图 117.1 所示。Chebyshev 映射,在 $k=2$ 时也会产生一个混沌序列,都处于混乱状态。研究结果表明,混沌变量有 3 个基本特征:伪随机性、遍历性和非对称性。混沌优化方法是利用这 3 个特征,基于混沌映射产生的数字序列的一种优化方法。将混沌的随机性和混沌的遍历性和优化算法相融合,不仅可以提高优化算法的局部搜索能力,还可以提高快速全局收敛能力。

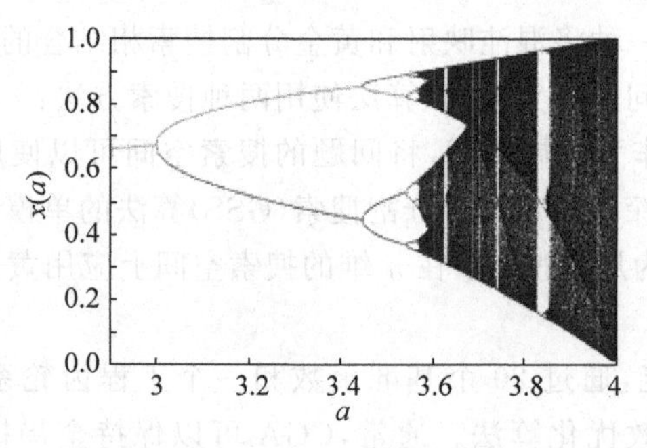

图 117.1 Logistic 映射的分岔图

2. 黄金分割搜索算法的数学描述

黄金分割搜索是由 Kiefer 在 1953 年提出的一种寻优方法。此方法可以应用的对象为单模态函数,适用于求解不可微分或难以微分的对象函数优化问题。

黄金分割的目标是在$[l,u]$内找到最小 $f(x),x\in R$。在 GSS 算法中,首先计算两个点 $x_1,x_2\in[l,u]$如下:

$$c=\frac{-1+\sqrt{5}}{2} \tag{117.4}$$

$$x_1=cl+(1-c)u \tag{117.5}$$

$$x_2=(1-c)l+cu \tag{117.6}$$

然后,在这些点处评估目标函数。如图 117.2 所示,如果 $f(x_1)<f(x_2)$,那么最小点必然属于$[l,x_2]$;否则,最小点必然属于$[x_1,u]$。这个过程一直持续到停止标准得到满足为止。如上所述,显然每次迭代有$[l,x_2]$和$[x_1,u]$两个搜索段。在下一次迭代中,只选择其中

的一段。因此,有必要两段宽度相同。所以,在某些条件下,较大的一段被更多地重复,并且收敛速度降低。图 117.2 给出了在区间$[l,u]$内寻找最小点的黄金分割搜索算法的第一次迭代。

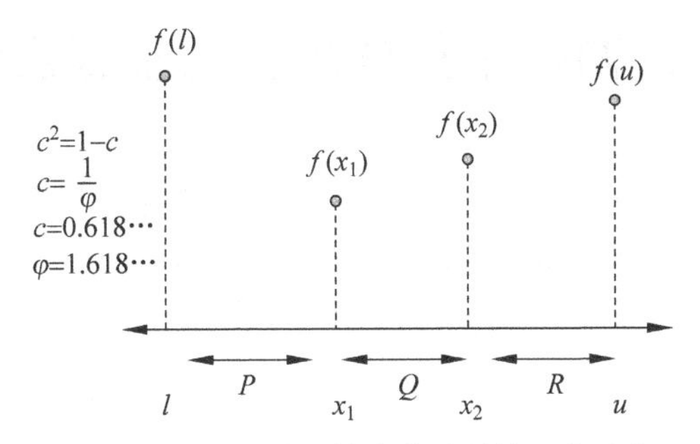

图 117.2　黄金分割搜索算法的第一次迭代

根据图 117.2,可得:

$$P+Q=Q+R \tag{117.7}$$

$$\frac{P}{Q}=\frac{R}{Q}=\frac{Q+R}{P}=\frac{1}{c}=\varphi \tag{117.8}$$

从式(117.7)和式(117.8)得出 $\varphi=1.618\,033\,98\cdots$和 $c=0.618\,033\,98\cdots$,因此,如果 N 是迭代次数,则 φ^N 是黄金分割搜索算法的收敛速率。在 GSS 算法中,搜索间隔可以缩小到小于原始间隔 $N=15$ 的 1.0%。

117.3　混沌黄金分割搜索算法的结构

CGA 算法是基于混沌映射和黄金分割搜索方法的混合优化算法。图 117.3 给出了混沌黄金分割搜索算法的基本结构。

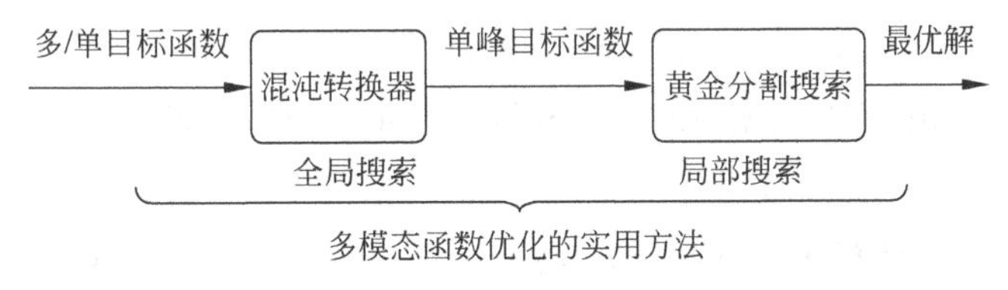

图 117.3　混沌黄金分割搜索算法的基本结构

(1) 混沌转换器:使用混沌的概念将问题的搜索空间转换为小的搜索空间。混沌映射可以勘探一个子空间,以满足 GSS 优化问题的单模条件。

(2) 黄金分割搜索:n-D 黄金分割搜索适用于在搜索空间上获得最优解。

虽然 GSS 算法是优化非线性函数有效的通用方法,但是该算法不能用于多模函数。优化多模函数的主要关键是实现具有单模条件的适当可行子区域。为了解决这个问题,使用混沌理论为多模函数找到一个合适的单模子区域,利用 n 维 GSS 算法来优化多/单模目标函数——CGA 方法,首先通过由 FCW 技术启发的混沌映射为一个多模函数获得最佳单模子区域,然后,对目标函数适当执行 n 维 GSS 算法将作为最佳子区域中的最优解返回。这样,可以防止目标函数陷于局部最优。

总之,混沌黄金分割搜索算法通过混沌转换器可以显著地改善全局搜索,防止陷入局部最优,而利用 n 维 GSS 算法可以改善局部搜索的方法。CGA 可以保持全局和局部搜索之间平衡。

117.4 混沌黄金分割搜索算法的实现步骤及流程

混沌黄金分割搜索算法用于解决的非线性优化问题描述如下:

$$\min f(\boldsymbol{x}), \quad \boldsymbol{x} \in D \subseteq R^n$$

其中,$f(\boldsymbol{x})$为非线性多模/单模函数;$\boldsymbol{x}=(x_1,x_2,\cdots,x_n)$;$\boldsymbol{L}=(l_1,l_2,\cdots,l_n)$;$\boldsymbol{U}=(u_1,u_2,\cdots,u_n)$;$D=[\boldsymbol{L},\boldsymbol{U}]=\{(x_1,x_2,\cdots,x_n)\mid l_i\leqslant x_i\leqslant u_i,i=1,2,\cdots,n\}$;$D=[\boldsymbol{L},\boldsymbol{U}]$为搜索空间。

CGA 算法的实现步骤如下。

(1) 初始化。初始化参数:$N_1,N_2,\gamma_1(i),i=1,2,\cdots,n$。其中,$N_1$ 是实现单模可行子空间所需的迭代次数;N_2 是 n 维 GSS 算法中扫描步数;$\gamma_1(i)$是在(0,1)范围内的随机数。

(2) 在混沌转换器的搜索空间$[\boldsymbol{L},\boldsymbol{U}]$中计算最佳单模子区域。在$[\boldsymbol{L},\boldsymbol{U}]$中产生混沌,$\boldsymbol{x}^l=(\boldsymbol{x}_1^l,\boldsymbol{x}_2^l,\cdots,\boldsymbol{x}_n^l)$,$\boldsymbol{x}^u=(\boldsymbol{x}_1^u,\boldsymbol{x}_2^u,\cdots,\boldsymbol{x}_n^u)$,对 $i=1,2,\cdots,n$。$\boldsymbol{x}_i^l=l_i+\gamma_1(i)(u_i-l_i)$,$\boldsymbol{x}_i^u=u_i-\gamma_1(i)(u_i-l_i)$。

如果 $\boldsymbol{x}_i^u<\boldsymbol{x}_i^l$,那么 $ll\leftarrow\boldsymbol{x}_i^u$,$\boldsymbol{x}_i^u\leftarrow\boldsymbol{x}_i^l$,$\boldsymbol{x}_i^l\leftarrow ll$。其中,$\boldsymbol{x}^l=(\boldsymbol{x}_1^l,\boldsymbol{x}_2^l,\cdots,\boldsymbol{x}_n^l)$和 $\boldsymbol{x}^u=(\boldsymbol{x}_1^u,\boldsymbol{x}_2^u,\cdots,\boldsymbol{x}_n^u)$是步骤(2)的输出。

(3) 如果 $f(\boldsymbol{x}')<f(\boldsymbol{L})$,则 $\boldsymbol{L}\leftarrow\boldsymbol{x}'$;否则 $\boldsymbol{L}$ 不变。

(4) 如果 $f(\boldsymbol{x}^u)<f(\boldsymbol{U})$,则 $\boldsymbol{U}\leftarrow\boldsymbol{x}^u$;否则 $\boldsymbol{U}$ 不变。

(5) 通过混沌映射,如 Chebyshev 映射 $\gamma_1(i)=\cos(2\arccos(\gamma_1(i)))$或 Logistic 映射 $\gamma_1(i)=4\gamma_1(i)[1-\gamma_1(i)]$生成 $\gamma_1(i),i=1,2,\cdots,n$。

(6) 重复步骤(2)~步骤(6),直到满足停止标准 N_1 为止。

在步骤(2)~步骤(6)中,搜索空间$[\boldsymbol{L},\boldsymbol{U}]$转换成最好的单模子空间$[\boldsymbol{x}^{l*},\boldsymbol{x}^{u*}]$,其中 $\boldsymbol{x}^{l*}=(\boldsymbol{x}_1^{l*},\boldsymbol{x}_2^{l*},\cdots,\boldsymbol{x}_n^{l*})$,$\boldsymbol{x}^{u*}=(\boldsymbol{x}_1^{u*},\boldsymbol{x}_2^{u*},\cdots,\boldsymbol{x}_n^{u*})$。

(7) 在$[\boldsymbol{x}^{l*},\boldsymbol{x}^{u*}]$中局部搜索,使用 GSS 算法在单模可行区域获得全局最优。

GSS 的常数:$c\leftarrow(-1+\sqrt{5})/2$

对于 $j=1,2,\cdots,n$,计算 $\boldsymbol{x}_j^1=\boldsymbol{x}_j^{u*}-c(\boldsymbol{x}_j^{u*}-\boldsymbol{x}_j^{l*})$,$\boldsymbol{x}_j^2=\boldsymbol{x}_j^{l*}+c(\boldsymbol{x}_j^{u*}-\boldsymbol{x}_j^{l*})$,其中,$\boldsymbol{x}^1=(\boldsymbol{x}_1^1,\boldsymbol{x}_2^1,\cdots,\boldsymbol{x}_n^1)$及 $\boldsymbol{x}^2=(\boldsymbol{x}_1^2,\boldsymbol{x}_2^2,\cdots,\boldsymbol{x}_n^2)$是 GSS 算法中每次迭代的输出。

(8) 如果 $f(\boldsymbol{x}^1)<f(\boldsymbol{x}^2)$(在$[\boldsymbol{x}^1,\boldsymbol{x}^{u*}]$中达到全局最优值),则 $\boldsymbol{x}^{l*}\leftarrow\boldsymbol{x}^1$;否则 $\boldsymbol{x}^{u*}\leftarrow\boldsymbol{x}^2$(在$[\boldsymbol{x}^{l*},\boldsymbol{x}^2]$中达到全局最优值)。

(9) 如果满足停止标准 N_2,则进入停止并输出 $\boldsymbol{x}^{l*}$ 作为最优解;否则,转到步骤(7)。

从上述的 CGA 可以看出,c 是一个无理数。它对于确定混沌的边缘具有重要作用,换句话说,它规定了秩序与混沌之间过渡的边界。因此,$c=(-1+\sqrt{5})/2$ 在确定全局最优时起着非常重要的作用。如前所述,Chebyshev 映射当 $k=2$ 时是一个混沌映射。事实上,$k=2$ 时的 Chebyshev 映射可以是修改后的 Logistic 映射 $\gamma_{n+1}(i)=1-2\gamma_n^2(i)$,它们二者之间只差一个负号。虽然,Chebyshev 映射的混沌序列的概率密度函数 $\gamma_{n+1}=\cos(2\arccos(\gamma_n))$和 Logistic 映射 $\gamma_1(i)=4\gamma_1(i)[1-\gamma_1(i)]$彼此相似,它们的可变域 γ 是不同的。

图 117.4 给出了 Logistic 映射和 Chebyshev 映射的概率密度函数图。由图不难看出,

Logistic 映射混沌序列的概率密度函数类似于 Chebyshev 映射的概率密度函数：强密度都接近间隔的两端，而弱密度接近间隔的中间，可能会对全局搜索产生明显的影响。CGA 相对优于其他方法，是因为使用混沌过程减少搜索空间。此外，该方法还可提高搜索精度。

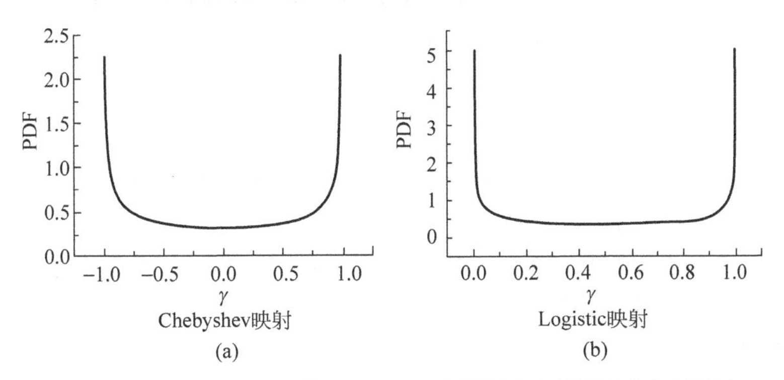

图 117.4 Chebyshev 映射和 Logistic 映射混沌序列的概率密度函数

混沌黄金分割搜索算法的流程图如图 117.5 所示。

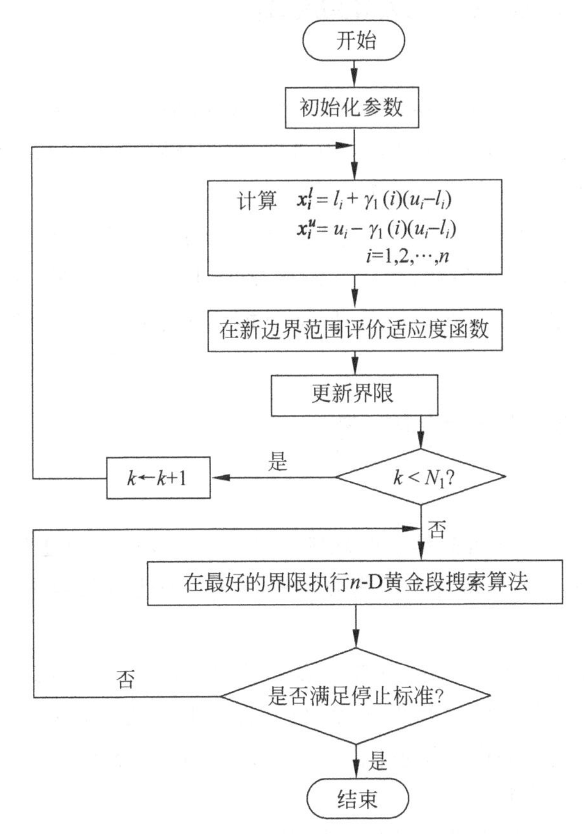

图 117.5 混沌黄金分割搜索算法的流程图

第118章 随机分形搜索算法

分形是指一个对象或数量的组成部分以某种方式与整体相似的形体，分形的自相似性反映了自然界中一类物质的局部与局部、局部与整体在形态、功能、信息、时间与空间等方面的具有统计意义上的自相似性。随机分形搜索算法是基于扩散属性出现分形的新见解，用于解决约束和无约束连续变量全局优化问题。本章介绍随机分形搜索的原理、分形搜索算法和随机分形搜索算法的数学描述及其实现步骤。

118.1 随机分形搜索算法的提出

随机分形搜索(Stochastic Fractal Search，SFS)算法是2015年由Salimi提出的一种新颖的元启发式搜索算法，用于解决约束和无约束连续变量全局优化问题。该算法的主要创新性在于基于扩散属性出现分形的新见解来解决优化问题。

为了检验随机分形搜索算法的优化性能，Salimi通过多种优化算法对23种测试函数的优化性能对比结果，以及对工程用弹簧、焊接梁的优化设计结果均表明，这种基于分形属性的算法在最小迭代次数内不仅能满足快速收敛性，而且能满足精度要求，同时操作简单。

118.2 随机分形搜索的原理

传统的欧几里得几何学只研究理想的规则的几何图形，不能描述自然界存在大量不规则的几何图形。1975年曼德布罗特首先使用分形的概念来描述自然界中不规则的几何图形，相继创立了分形几何理论。

自然界中在一个水系上的主流分布着许多支流，支流上又有小支流；在地形中，山中有山，景中有景；在大气中，大涡旋中有小涡旋，小涡旋中套着更小的涡旋。它们都具有自相似的结构，把具有自相似结构的那些几何体称为分形体，简称为分形。

分形几何具有以下3个特点：

(1) 分形几何图形从整体上看是处处不规则的；

(2) 分形几何图形在不同尺度上的规则性又是相同的，即局部形状和整体形态有自相似性；

(3) 分形几何无特征尺度和标度。

自然界中存在的海岸线、山脉、河川等都具有变化无常的布朗运动轨迹，它们的图形难以通过相似变换与仿射变换来获得。这样复杂的分形图形在大小不同尺度上却表现出随机性，将生成过程中具有随机性的分形称为随机分形。

自然界中存在着许多凝聚的现象，它们都具有分形的特性。有限扩散凝聚过程(DLA)可用于模拟自相似结构，称其为DLA模型。DLA模型的基本思想是在二维欧氏空间中取一个正方形，将它分成许多相同的小方格，形成方形点阵。在其中央置一静止的粒子作为种子，然后再与种子粒子较远处，随机产生另一个粒子并在点阵中随机地行走，当与种子粒子相遇时，它们就粘在一起形成凝聚态。当粒子走到边界时，被边界吸收而将它去掉。按周期性的边界条件，使它从另一边进入方阵继续随机行走。如此循环下去，形成自中心向周围延长生长的大大小小的分支，最终形成如图118.1所示的树枝结构。

图118.1 树枝结构

118.3 分形搜索算法的数学描述

分形搜索的第一个方法采用分形增长方法(DLA方法)，这种方法为搜索到一个可行解使用以下3个简单规则。

(1) 每个粒子都有一个电势能。

(2) 每个粒子扩散导致生成其他一些随机粒子，并且种子的能量被分割给生成的粒子。

(3) 在每一代只有少数的最佳粒子保持，而忽视其余的粒子。

假设$P(1\leqslant P\leqslant 20)$粒子是在搜索空间中找到的问题解，开始时，每个粒子$P_i$具有相等能量$E_i$被随机地放置在的搜索空间中，即

$$E_i=\frac{E}{P} \tag{118.1}$$

其中，E_i为所考虑问题解的最大电势能。为了使分形搜索算法运行，在每一代使每个粒子被扩散，并产生一些其他粒子Levy飞行。Levy飞行是涉及多级随机交错步骤的一种特殊类型的布朗运动，每一次随机交错的对象会跳跃到空间的另一个区域。可以模拟DLA模型生长使用的Levy分布公式为

$$L(x)=\frac{1}{\pi}\int_0^{\infty}\exp(-\alpha q^{\beta})\cos(qx)\mathrm{d}x \tag{118.2}$$

其中，β为分布指数，$0<\beta\leqslant 2$；α为分布比例因子。

如图118.2所示，粒子扩散围绕该粒子生成具有不同随机位置的新粒子。描述扩散过程中每一个点的Levy飞行方程式(118.3)及高斯分布方程式(118.4)如下：

$$x_i^q=x_i+\alpha_i^q\otimes\text{Levy}(\lambda) \tag{118.3}$$

$$x_i^q=x_i+\beta\times\text{Gaussian}(P_i,|BP|)-(\gamma\times BP-\gamma'\times P_i) \tag{118.4}$$

其中，q为从主要粒子扩散获得的粒子数，$1\leqslant q\leqslant$最大扩散数；符号$\otimes$为卷积乘法；β在式(118.4)中等于$(\log(g))/g$，其中g为迭代的次数；$\text{Gaussian}(P_i,|BP|)$为高斯分布，其中$P_i$和$BP$分别为均值和标准差；$BP$被称为最佳点的位置；$\gamma$和$\gamma'$为0和1之间的随机参数。

为了兼顾Levy和高斯行走的优点，分形搜索算法在它们之间随机交换。也就是说，因为Levy分布通常用于保证算法快速收敛，而利用高斯步长获得更好估计的最终结果。

由于搜索方法完全依赖于随机游走，不能保证快速收敛。因此，α参数在快速收敛方面起

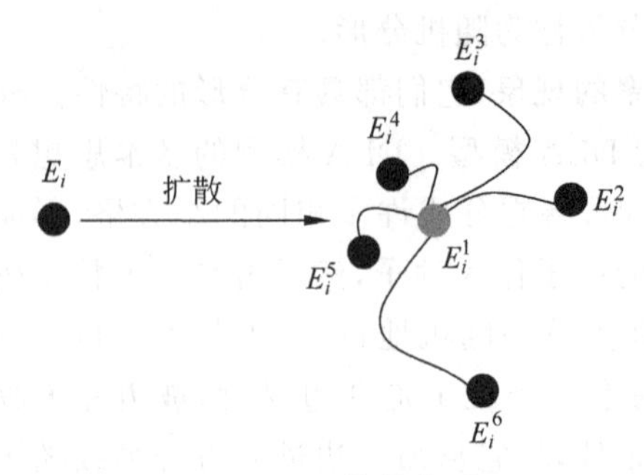

图 118.2 扩散粒子

着重要的作用。考虑关于 α 的两个方程：一个用于在更广的搜索空间；另一个用于找到更高精度的解。分别描述如下：

$$\alpha_i = \frac{\log(\min(\hat{E})) \times (U - D)}{g \times \log(E_i)} \tag{118.5}$$

$$\alpha_i = \frac{U - D}{(g \times \log(E_i))^{\varepsilon}} \tag{118.6}$$

其中，$\min(\hat{E})$为在整个系统中粒子的最小能量；U 和 D 为搜索空间的上限和下限；g 为世代数；E_i 为粒子 P_i 的能量；ε 为用于固定的功率，通常固定为 3/2。

粒子扩散后，主要考虑如何将粒子能量在其他产生的粒子之间分配。一个简单的分配能量的想法是，适应度越好的粒子，所获得能量越大。q 是粒子 P_i 通过能量 E_i 扩散而产生的粒子数量。每个扩散的粒子具有 f_j 的值，其中 $j=1,2,\cdots,q$。分配能量的方程定义如下：

$$E_i^j = \left[\left(\frac{f_j}{f_i + \sum_{k=1}^{q} f_k}\right)\right] \times E_i \tag{118.7}$$

其中，f_j 为扩散前主要粒子的适应度值。

尽管这个模型在迭代过程中，局部和全局搜索都表现良好，但是在迭代期间由于扩散产生的新粒子增加了搜索的复杂性。为了解决这个问题，只有几个最好的粒子进入下一代(不到每代中所有粒子的 10%)。从丢弃粒子获得的能量被剩余的粒子和产生的新粒子消耗掉。

假设 ϕ 是从丢弃粒子获得的所有能量之和。令 μ 是剩余粒子和产生新粒子之间的能量分布率。剩余粒子分配的能量方程如下：

$$E_{\text{new}}^t = E_{\text{old}}^t + \left[\left(\frac{f_t}{\sum_{k=1}^{\xi} f_k}\right) \times \phi\right] \times \mu \tag{118.8}$$

其中，E_{old}^t 和 E_{new}^t 分别为粒子 t 在能量分配前、后的能量；ξ 为迭代中所有粒子的数量。对于将要扩散的每个粒子，在搜索空间中计算随机创建和放置的粒子数量公式为

$$\vartheta = \frac{\log(\text{丢弃粒子数})}{\log(\text{最大扩散})} \tag{118.9}$$

创建的每个粒子分配能量描述如下：

$$E'_c = \frac{\phi \times (1-\mu)}{\vartheta} \quad c = 1,2,\cdots,\vartheta \tag{118.10}$$

118.4　分形搜索算法的实现步骤

标准的分形搜索优化算法伪代码描述如下。

```
初始化 用具有相等能量 E_i 的 N 粒子组成群体
While g<最大生成或(停止标准) Do
 {
    For 系统中每一个粒子 P_i Do
    {
       Call 扩散过程:
       {
          q=(最大扩散数×rand [0,1]
          If q 的适应度评价没有通过用户允许误差
          {
             利用式(118.5)确定较大的 Levy 飞行系数 α_i
          }
          Else
          {
             利用式(118.6)确定较小的 Levy 飞行系数 α_i
          }
          For j=1 to q Do
          {
             % 在 Levy 和 Gaussian 分布之间切换随机游走
             If rand [0,1] < 0.5
             {
                X'_i = x_i - rand[-1,1] × (rand[0,1] × Best Point - rand[0,1] × X_i) + a⊗Levy
             }
             Else
             {
                X'_i = (rand[0,1] × Best Point - rand[0,1] × X_i) - Gaussian(mu, sigma)
                Where mu = X_i, sigma = | log(g)/g × best point |
             }
          }
       }
       为根据方程式(118.7)扩散过程中创建的粒子 P_i 分配能量
    }
    按照适应度的强弱对所有粒子排序
    选择 δ% 的最佳粒子(通常 δ=1)和丢弃(100-δ)% 的粒子
    根据式(118.10)在选择最佳的粒子和丢弃的粒子之间分配能量
}
```

118.5　随机分形搜索算法的数学描述及实现步骤

为了克服分形搜索算法参数多及粒子之间没有信息交流，而独立地执行搜索的缺点，Salimi 对分形搜索进行改进设计后，称为随机分形搜索(SFS)算法。

SFS算法包括扩散过程和更新过程：扩散过程类似于分形搜索，但与分形搜索中的扩散阶段不同，在SFS算法中采用静态扩散过程，这意味着扩散过程产生的最佳粒子是唯一颗粒，并且其余颗粒被丢弃；更新过程模拟组中的点如何根据组中其他点的位置更新其位置，SFS算法的更新过程还使用一些随机方法，这样的更新过程会增加探索的多样化属性。

为了从扩散过程产生新的粒子，通过对Levy飞行和高斯步行的研究表明，虽然Levy在几代中比高斯步行收敛快，但高斯分布比Levy分布在确定全局最小值方面更有优势。因此，不同于使用Levy平面分布的分形搜索，高斯步行是SFS算法的DLA生长过程中使用的唯一随机游走。通常，参与扩散过程的高斯步长如下：

$$\mathrm{GW}_1=\mathrm{Gaussian}(\mu_{\mathrm{BP}},\sigma)+(\varepsilon\times BP-\varepsilon'\times P_i) \tag{118.11}$$

$$\mathrm{GW}_2=\mathrm{Gaussian}(\mu_P,\sigma) \tag{118.12}$$

其中，ε和ε'为在[0,1]均匀分布的随机数；BP和P_i分别为组中的最佳点和第i粒子的位置；μ_{BP}恰好等于$|BP|$；μ_P等于$|P_i|$。计算高斯参数标准偏差σ的公式为

$$\sigma=\left|\frac{\log(g)}{g}\times(P_i-BP)\right| \tag{118.13}$$

为了激励个体更多的局部化搜索，并得到更接近的解，随着个体生成数量的增加，使用$[(\log(g))/g]$以减小高斯跳跃的大小。

假设是D维的全局优化问题，每个个体的表示是D维向量。在初始化过程中，在规定最小和最大的问题边界约束下，每个点都是随机初始化。第j粒子P_j的初始化公式为

$$P_j=\mathrm{LB}+\varepsilon\times(\mathrm{UB}-\mathrm{LB}) \tag{118.14}$$

其中，UB和LB为问题约束的上限和下限。如前所述，ε是一个在[0,1]连续区域均匀分布的随机数。所有点初始化后，计算每个点的适应度值以获得最佳点(BP)。所有点根据扩散特性围绕它们当前位置在搜索空间漫游。

为了增加探索空间以便获得更好的勘探特性提出两个统计：第一个统计过程在每个单独的向量指数上执行；第二个统计方法应用于所有的点。对于第一个统计过程，首先，根据适应度值对所有的点排序；然后，给出该组每个点i服从均匀分布的概率值为

$$Pa_i=\frac{\mathrm{rank}(P_i)}{N} \tag{118.15}$$

其中，$\mathrm{rank}(P_i)$为P_i在组中其他点中的排序；N为组中所有点数。事实上，式(118.15)表明点越好，概率越高。该式使在下一代通过好解的机会将增加。对于组中每个点P_i，如果满足$Pa_i<\varepsilon$，则对P_i的第j分量用式(118.16)更新；否则保持不变。

$$P'_i(j)=P_r(j)-\varepsilon\times(P_t(j)-P_i(j)) \tag{118.16}$$

其中，P'_i为P_i更新后的位置；P_r和P_t为组中随机选择的点；ε为从连续空间[0,1]中选择的均匀分布的随机数。

执行第一个统计程序是关于点的分量，第二个统计方法是考虑组中其他点的位置来改变点的位置。这种性质提高了勘探的质量，满足了多样化的特性。在第二过程开始之前，再次用式(118.15)对从第一统计过程中获得的所有点排序。

类似于第一统计过程，如果对于一个新点P'_i满足条件$Pa_i<\varepsilon$，则根据式(118.17)和式(118.18)修改P'_i的当前位置，否则不进行更新。式(118.17)和式(118.18)分别为

$$P''_i = P'_i - \hat{\varepsilon} \times (P'_t - BP) \quad \varepsilon' \leqslant 0.5 \tag{118.17}$$

$$P''_i = P'_i + \hat{\varepsilon} \times (P'_t - P'_r) \quad \varepsilon' > 0.5 \tag{118.18}$$

其中，P'_r 和 P'_t 为从第一过程获得的随机选择的点；$\hat{\varepsilon}$ 为由高斯正态分布产生的随机数。如果新的点 P''_i 的适应度值好于 P'_i，则 P'_i 被替换。

标准随机分形搜索算法伪代码描述如下。

```
初始化  一个具有 N 点的群体
While g<最大迭代数(停止标准)Do
  {
      For 系统中每一个点 P_i Do
      {
         Call 扩散过程如下:
         {
            q= 最大扩散次数
            For j = 1 to q Do
            {
            If (用户应用第一个高斯步法解决问题)
            {
               用式(118.11)创建一个新点
            }
            Else(用户设置第二个高斯步法解决问题)
            {
               用式(118.12)创建一个新点
            }
         }
      }
  }
  Call 更新过程如下
  {
       第一次更新过程:
       用式(118.15)对所有点排序
       For 系统中的每个点 P_i Do
          {
            For P_i 中的每个分量 j Do
                {
                If rand[0,1] ≥P_{a_i}
                   {
                      用式(118.16)更新分量
                   }
                Else
                {
                      什么都不做
                }
            }
       第二次更新过程:
       再次用式(118.15)对第一次更新过程获得的所有点排序
       For 系统中的每个新点 P'_i Do
          {
             If (rand[0,1]≥P'_{a_i} )
```

```
                  {
                      根据式(118.17)和式(118.18)更新位置
                  }
                  Else
                  {
                          什么都不做
                  }
              }
          }
      }
```

第 119 章　电子搜索算法

电子搜索算法是基于玻尔原子理论模拟电子在原子核周围轨道上运动过程的一种新型元启发式算法。该搜索算法包括原子扩散、电子轨道跃迁、原子核迁移 3 个阶段。搜索空间类似于各种原子所在的分子空间，可行解的域类似于分布着不同原子的分子空间，围绕原子核旋转运动的电子改变它们的轨道，以达到最高能级的状态，这类似于特定目标函数的最优解。本章介绍玻尔原子模型与里德伯格公式、电子搜索算法的优化原理、数学描述、实现步骤和算法流程图。

119.1　电子搜索算法的提出

电子搜索算法(Electro-Search Algorithm，ESA)是 2017 年由 Tabari 和 Ahmad 提出的一种新型启发式算法。它的设计灵感源于电子在原子核周围轨道上的运动。ESA 算法基于玻尔(Bohr)原子理论模型及里德伯格(Rydberg)公式等，通过原子扩散、电子轨道跃迁、原子核迁移 3 个阶段来模拟电子在原子核周围的运动。在迭代过程中，ESO 还采用了一种称为轨道调谐器的系统内部参数调整方法。通过数值实验表明，该方法在求解大多数测试函数最优值方面的表现优于多种传统的启发式算法。

119.2　玻尔原子模型与里德伯格公式

1. 玻尔原子模型

原子是表征所有化学元素的最小物质单位。原子由一个原子核和一个或多个围绕它旋转的电子组成。原子核是由一个或多个质子和通常相同数量的中子组成，质子和电子分别有正负电荷，中子不带电荷。图 119.1 示出了玻尔的原子模型，由质子和中子组成密集的中心区域称为原子核，电子围绕原子核运行，类似于行星围绕太阳的运动。

质子和中子依靠原子核中的核力相互吸引，电子和质子之间的电磁力要比核力作用强。在玻尔模型中量子力学的基本特征是原子中的粒子仅限于一组离散的值或“量化”级别。玻尔理论认为，核外电子在特定的原子轨道上运动，轨道具有固定的能级，介于轨道两者之间的轨道根本就不稳定。图 119.2 显示了氢原子的这种量子化能级。

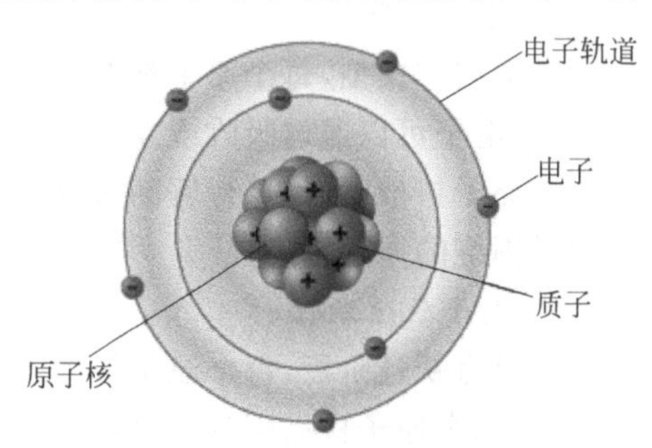

图 119.1　玻尔的原子模型

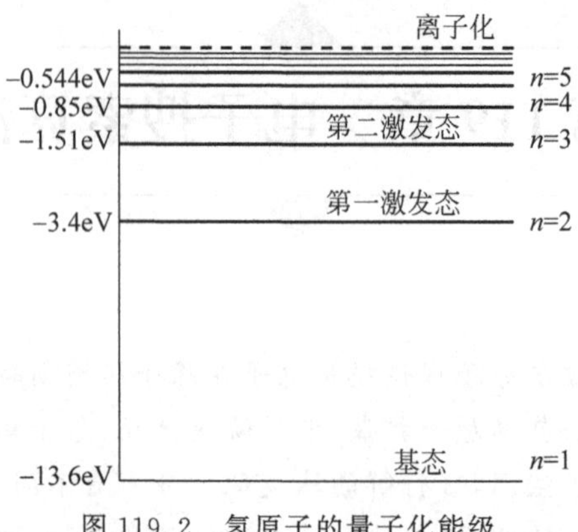

图 119.2　氢原子的量子化能级

这些能量级别由整数标记,该整数表示为量子数。最低的能态通常称为基态。与基态相比,能量越来越高的称为第一激发态、第二激发态……以此类推。

2. 里德伯格公式

电子从其原始能级移动到更高能级后,它可能通过发射光子穿过任何中间能级返回到初始状态。原子的不同能级决定了发射光子的波长。在氢原子的情况下,发射光子的能量由下式给出:

$$E = E_i - E_f = R_E\left(\frac{1}{n_f^2} - \frac{1}{n_i^2}\right) \tag{119.1}$$

其中,n_f 和 n_i 分别是最终能级和初始能级;R_E 是里德伯格能量。考虑到光子能量和波长之间的关系 $R_E = hc/\lambda$,发射光子的波长由里德伯格公式描述如下:

$$\frac{1}{\lambda} = R\left(\frac{1}{n_f^2} - \frac{1}{n_i^2}\right) \tag{119.2}$$

其中,R 为里德伯格常数,$R = R_E/hc$。

119.3　电子搜索算法的优化原理

优化问题寻找候选解类似于电子寻找更高的能量水平(即更好的适应度),轨道能级的这种变化是由玻尔模型和里德伯格公式描述。电子搜索算法包括原子扩散、电子轨道跃迁、原子核迁移3个阶段。

1. 原子扩散

根据玻尔模型,每个原子都有一个原子核,电子可以围绕在原子核周围在特定的轨道上运行,这些电子可以通过吸收或发射特定的能量在轨道之间进行迁移。

在原子扩散阶段,可行解随机分布在搜索空间上,一个原子代表一个初始解,由一个被电子轨道围绕的原子核组成。

2. 电子轨道跃迁

在轨道跃迁阶段,每个原子核周围的电子移动到具有更高能级的轨道上,一旦电子占据新的轨道,每个原子核周围具有最高能量级(即最佳适应度函数值)的电子被选为最佳电子,并被标记为 e_{best},用作下一阶段中原子位置迁移过程中的最佳电子。

3. 原子核迁移

原子分别通过光子的吸收和发射进行电子激发和去激发，如图 119.3 所示，其中图的上半部分表示原子通过吸收光子使电子激发，电子轨道跃迁到能级高一级的轨道；相反，图的下半部分表示原子通过发射光子使电子去激发，电子轨道返回到能级低一级的轨道。

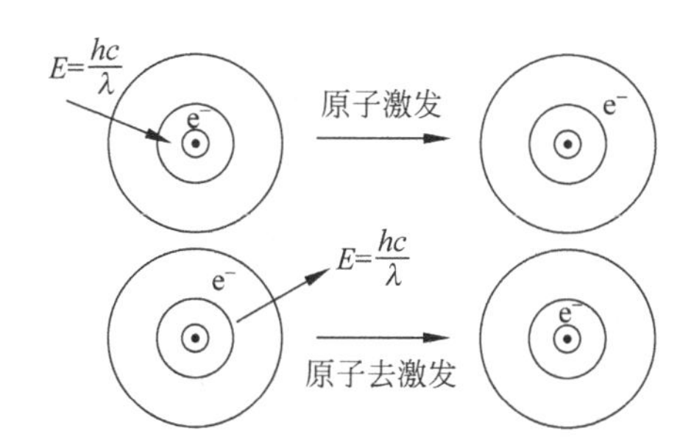

图 119.3　原子分别通过光的吸收和发射进行电子激发和去激发

原子核新的位置是基于两个原子之间的能级差决定的。每个原子核的迁移距离由当前全局最佳原子核的位置、围绕着每个原子核的最佳电子、能量常数和原子核当前位置共同决定。迁移后的原子核的新位置根据其原位置和计算出的迁移距离确定，并受到加速系数的影响。通过这一过程，所有原子逐渐向全局最优点方向迁移。电子搜索算法就是通过原子扩散、电子轨道跃迁和原子核迁移的反复迭代，直至获得优化问题的最优解。

119.4　电子搜索算法的数学描述

1. 初始化

在搜索空间内产生随机分布的候选解。每个候选解类似于一个由原子核以及围绕核运行的电子组成的原子。

2. 电子轨道跃迁

每个原子核周围的电子可以通过吸收特定量的能量在轨道间之间跃迁到能级较高的轨道。每个原子核的模型可以表示为

$$e_{i,j}=N_i+(2\cdot \mathrm{rand}(0,1)-1)(1-1/n^2)\cdot r \tag{119.3}$$

其中，$e_{i,j}$ 为第 i 原子核周围的第 j 电子；N_i 为第 i 原子核当前的位置；$n\in\{2,3,4,5\}$ 为能级，n 决定了电子可以到达原子核附近的位置；r 为原子轨道半径，第 1 次迭代是随机设置的，之后的迭代由式(119.4)中的 D_k 计算得到。一旦电子占据新的轨道，每个核周围具有最高能量级的电子，称为最佳电子 e_{best}。

3. 原子核迁移

根据里德伯格公式，原子核跃迁的新位置是由两个原子之间的能级差决定的，利用光子放出的能量确定新核的位置。对于任意一个原子，原子核的迁移距离可以用向量公式表示为

$$\boldsymbol{D}_k=(\boldsymbol{e}_{\mathrm{best}}-\boldsymbol{N}_{\mathrm{best}})+Re_k\otimes(1/\boldsymbol{N}_{\mathrm{best}}^2-1/\boldsymbol{N}_k^2) \tag{119.4}$$

$$\boldsymbol{N}_{\mathrm{new},k}=\boldsymbol{N}_k+Ac_k\cdot\boldsymbol{D}_k \tag{119.5}$$

其中，$\boldsymbol{D}_k$ 为第 k 次迭代原子核迁移的位置向量；$\boldsymbol{e}_{\mathrm{best}}$ 为每个原子核周围的最佳电子；N_{best} 为当前全局最佳原子核位置；$\boldsymbol{N}_k$ 为当前原子核位置；Re_k 为能量常数；Ac_k 为加速系数；符

号⊗表示逐元素向量乘法。$\boldsymbol{N}_{\text{new},k}$ 为第 k 次迭代原子核迁移后的新位置向量。

通过上述原子核迁移过程的不断进行,所有原子逐渐向全局最优点方向迁移。这一迁移过程的收敛速度取决于算法的参数 Re 和 Ac。这两个参数在第1次迭代时随机设置,在随后每一次的迭代中根据轨道调整法通过式(119.6)和式(119.7)计算分别改变为

$$Re_{k+1}=Re_k+\left(Re_{\text{best}}+\sum_{i=1}^{m}\frac{Re_i/f_{N_i|Re_i}}{1/f_{N_i|Re_i}}\right)\Big/2 \tag{119.6}$$

$$Ac_{k+1}=Ac_k+\left(Ac_{\text{best}}+\sum_{i=1}^{m}\frac{Ac_i/f_{N_i|Ac_i}}{1/f_{N_i|Ac_i}}\right)\Big/2 \tag{119.7}$$

其中,m 为原子个数;Re_k 和 Ac_k 为每个原子核相应的算法系数;f 为原子核的适应度值;Re_{best}、Ac_{best} 为当前全局最佳原子核位置 N_{best} 所对应的算法系数;Re_{k+1} 和 Ac_{k+1} 分别为第 $k+1$ 代的里德伯格能量常数和第 $k+1$ 代的加速系数。

通过这种方法,利用所有重新定位原子的轨迹信息就可以将所有其他原子导向全局最优点方向的迁移。

119.5 电子搜索算法的实现步骤

电子搜索算法的实现步骤如下。

(1) 初始化参数:原子个数 m,电子的能级数 n,终止循环迭代次数,能量常数 Re 和加速系数 Ac 初值随机设置。

(2) 原子扩散:每个原子核和电子均在搜索空间中随机生成。

(3) 电子轨道跃迁:第1次迭代原子轨道半径是随机设置的,之后由式(119.4)中的 D_k 计算得到每个原子的原子轨道半径,并根据式(119.3)生成位于不同能级轨道上的 m 电子。

(4) 计算所有原子核和电子的适应度值,适应度值最大的原子核作为最佳原子核,每个原子核周围的电子适应度值最大的作为每个原子的最佳电子。

(5) 原子核迁移:根据式(119.4)和式(119.5)计算每个原子核的迁移距离;计算迁移后原子核的适应度值。

(6) 比较迁移前后原子核的适应度值,如果迁移后的新原子核的适应度值大于迁移前的原子核的适应度值,则令新原子核代替旧原子核,否则保留旧原子核,保持原子总数不变。

(7) 判断是否满足循环终止条件,如果满足终止条件,则输出当前最佳原子核及其适应度值,算法结束;否则,则根据式(119.6)和式(119.7)更新参数 Re 和 Ac,转到步骤(2)。

第 120 章　量子搜索算法

量子搜索算法用量子态向量表示信息，用量子比特的概率幅表示染色体编码。一个染色体可以表示成多个量子态的叠加，使量子计算更具并行性，采用量子位编码使种群更具多样性。因此，Grover 提出的量子搜索算法可对经典的搜索算法进行实质性的加速，为将量子信息和量子计算用于优化计算开辟了先河。本章介绍量子计算基础、Grover 量子搜索算法的原理、搜索步骤及量子遗传算法的原理及实现步骤。

120.1　量子搜索算法的提出

量子搜索算法（Quantum Search Algorithm，QSA）是 1996 年由 Grover 在第 28 届美国计算机学会举办的计算机理论国际会议上发表的论文 *A fast quantum mechanical algorithm for database search* 中提出的，因此量子搜索算法又被称为 Grover 算法。在一台经典计算机上，假设有 N 条可能路径，用经典寻优方法遍历经过这些路径，显然要用 $O(N)$ 次运算决定最短路径，而采用 Grover 量子搜索算法只需要 $O(\sqrt{N})$ 次运算。因此，Grover 算法实现了对经典搜索算法的二次加速。近些年来，国内外学者对 Grover 算法进行了多种改进，并将量子计算与多种进化算法、群智能优化算法相结合，提出了量子遗传算法、量子蚁群算法、量子粒子群优化算法等，在很大程度上提高了原算法的收敛速度。

120.2　量子计算基础

1. 量子比特

1）单量子比特

在经典计算中，采用 0、1 二进制数表示信息，称它们为比特（bit）；在量子计算中，采用 $|0>$ 和 $|1>$ 表示微观粒子电子的两种基本状态，称其为量子比特（Quantum Bit，Qubit）。图 120.1 给出了围绕单个原子旋转的电子的两种状态，分别为 $|0>$ 和 $|1>$ 状态。

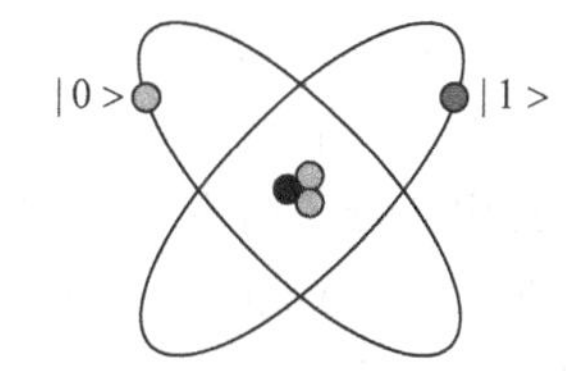

图 120.1　围绕单个原子旋转的电子的两种状态

在量子计算中，称 $|0>$ 和 $|1>$ 为单量子比特的基态，单量子比特的任意状态都可以表示为这两个基态的组合。称“$|>$”为狄拉克（Dirac）记号，它在量子力学中表示状态。比特和量子比特的区别在于，量子比特的状态除为 $|0>$ 和 $|1>$ 之外，还可以是其线性组合的叠加态。例如：

$$|\psi>=\alpha|0>+\beta|1> \tag{120.1}$$

其中,α 与 β 是一对复数,称为量子态的概率幅,即量子态 $|\psi>$ 因测量导致或者以 $|\alpha|^2$ 的概率坍缩(Collapsing)到 $|0>$,或者以 $|\beta|^2$ 的概率坍缩到 $|1>$,且满足:

$$|\alpha|^2+|\beta|^2=1 \tag{120.2}$$

由式(120.2)可将式(120.1)改写为

$$|\psi>=\cos\frac{\theta}{2}|0>+\mathrm{e}^{\mathrm{i}\varphi}\sin\frac{\theta}{2}|1> \tag{120.3}$$

其中,$\cos\frac{\theta}{2}$ 和 $\mathrm{e}^{\mathrm{i}\varphi}\sin\frac{\theta}{2}$ 是复数,$\left|\cos\frac{\theta}{2}\right|^2$ 和 $\left|\mathrm{e}^{\mathrm{i}\varphi}\sin\frac{\theta}{2}\right|^2$ 分别表示量子位处于 $|0>$ 或 $|1>$ 的概率,且满足如下归一化条件:

$$\left|\cos\frac{\theta}{2}\right|^2+\left|\mathrm{e}^{\mathrm{i}\varphi}\sin\frac{\theta}{2}\right|^2=1 \tag{120.4}$$

满足式(120.4)的一对复数 $\cos\frac{\theta}{2}$ 和 $\mathrm{e}^{\mathrm{i}\varphi}\sin\frac{\theta}{2}$ 也称为一个量子比特相应状态的概率幅。

2) 双量子比特

一个双量子比特有 4 个基态:$|00>$、$|01>$、$|10>$、$|11>$。一对量子比特也可处于这 4 个基态的叠加,因而双量子比特的状态可描述为

$$|\psi>=a_{00}|00>+a_{01}|01>+a_{10}|10>+a_{11}|11> \tag{120.5}$$

类似于单量子比特的情形,测量结果 $|00>$、$|01>$、$|10>$、$|11>$ 出现的概率分别是 $|a_{00}|^2$、$|a_{01}|^2$、$|a_{10}|^2$、$|a_{11}|^2$,上述概率之和为 1 的归一化条件为

$$\sum_{x\in\{0,1\}^2}|a_x|^2=1 \tag{120.6}$$

对于一个双量子比特系统,可以只测量 4 个基态中的 1 个量子比特,如单独测量第 1 个量子比特,得到 0 的概率为 $|a_{00}|^2+|a_{01}|^2$,而测量后的状态变为

$$|\psi'>=\frac{a_{00}|00>+a_{01}|01>}{\sqrt{|a_{00}|^2+|a_{01}|^2}} \tag{120.7}$$

得到 1 的概率为 $|a_{10}|^2+|a_{11}|^2$,而测量后的状态变为

$$|\psi'>=\frac{a_{10}|10>+a_{11}|11>}{\sqrt{|a_{10}|^2+|a_{11}|^2}} \tag{120.8}$$

2. 量子逻辑门

1) 单比特量子门

在量子计算中,通过对量子位状态进行一系列酉变换,在一定时间间隔内实现逻辑变换功能的量子装置,称为量子门。单比特量子门可以由 2×2 矩阵表示,对用作量子门的矩阵 $\boldsymbol{U}$ 的唯一要求是具有酉性,即 $\boldsymbol{U}^+\boldsymbol{U}=\boldsymbol{I}$,其中,$\boldsymbol{U}^+$ 是 $\boldsymbol{U}$ 的共轭转置;$\boldsymbol{I}$ 是单位阵。

常用的量子门有多种,但 Hadamard 门(记为 $\boldsymbol{H}$)是最常用的量子门,其作用是先使 $|\psi>$ 绕 y 轴旋转 90°,再绕 x 轴旋转 180°,即对应于球面上的旋转和反射。另一个常用的单比特量子门是量子旋转门 $\boldsymbol{R}$,该门可以使单量子比特的相位旋转 θ 弧度。

$$|\psi'>=\boldsymbol{R}|\psi>=\begin{bmatrix}\cos\theta & -\sin\theta\\ \sin\theta & \cos\theta\end{bmatrix}\begin{bmatrix}\cos\varphi\\ \sin\varphi\end{bmatrix}=\begin{bmatrix}\cos(\varphi+\theta)\\ \sin(\varphi+\theta)\end{bmatrix} \tag{120.9}$$

2）多比特量子门

多比特量子门的原型是受控非门（Controlled-NOT 或 CNOT），其线路及矩阵描述如图 120.2 所示。

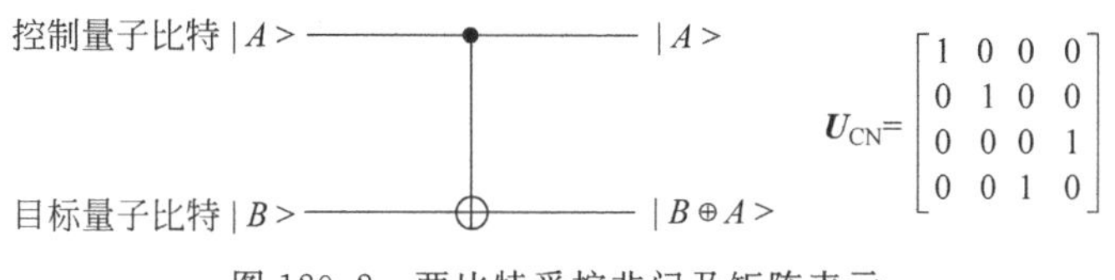

$$U_{CN}=\begin{bmatrix}1&0&0&0\\0&1&0&0\\0&0&0&1\\0&0&1&0\end{bmatrix}$$

图 120.2 两比特受控非门及矩阵表示

$\boldsymbol{U}_{CN}$ 门有两个输入量子比特：控制量子比特和目标量子比特。上面的线表示控制量子比特$|A>$，下面的线表示目标量子比特$|B>$；输出也为两个量子比特。其中控制量子比特保持$|A>$不变，目标量子比特为两个输入比特的异或$|B\oplus A>$。其作用可描述如下：若控制量子比特置为 0，则目标量子比特的状态保持不变；若控制量子比特置为 1，则目标量子比特的状态将翻转，可表示为$|00>\rightarrow|00>$、$|01>\rightarrow|01>$、$|10>\rightarrow|11>$、$|11>\rightarrow|10>$。

上述作用可借助酉矩阵 $\boldsymbol{U}_{CN}$ 来描述，如当输入为基态$|00>$时，控制量子比特为$|A>=|0>$，目标量子比特为$|B>=|0>$。此时，该基态的向量表示为$[1\ 0\ 0\ 0]^{T}$，经过酉矩阵 $\boldsymbol{U}_{CN}$ 的作用过程可描述为

$$\begin{bmatrix}1&0&0&0\\0&1&0&0\\0&0&0&1\\0&0&1&0\end{bmatrix}\begin{bmatrix}1\\0\\0\\0\end{bmatrix}=\begin{bmatrix}1\\0\\0\\0\end{bmatrix}$$

因此，基态$|00>$经 $\boldsymbol{U}_{CN}$ 作用后仍为$|00>$。

受控非门可视为经典异或门的推广，因为该门的作用可以表示为$|a,b>\rightarrow|a,b\oplus a>$，其中$\oplus$是模 2 加法，而这正是异或运算所要求的。也就是说，控制量子比特和目标量子比特作异或运算，并将结果存储在目标量子比特中。

3. 量子门的通用性

在 d 维 Hilbert 空间上的任意酉矩阵可以写成两级酉矩阵的乘积形式，而单比特量子门和受控非门可以实现 n 量子比特状态空间上的任意两级酉运算。这些结果结合在一起就可以利用单比特量子门和受控非门实现 n 量子比特上的任意酉运算。当一组量子门线路能以任意精度逼近任意酉运算时，称这组门对量子计算是通用的。

120.3 Grover 量子搜索算法的原理

首先介绍基于量子黑箱（Oracle）的搜索思想。考虑含有 N 元素空间的搜索问题。为简单起见，假设 $N=2^n$，搜索问题恰好有 M 个解。每个元素指标可以存储在 n 比特中（$1\leqslant M\leqslant N$）。不妨把搜索问题表示成输入为 $0\sim N-1$ 的整数 x 的函数 f，定义若 x 是搜索问题的一个解 $f(x)=1$，而如果 x 不是搜索问题的解，则 $f(x)=0$。

设有一个量子黑箱（以下简称黑箱），其中的一个量子比特可以识别搜索问题的解。这个黑箱实际上起着一个酉算子 $\boldsymbol{O}$ 的作用，$\boldsymbol{O}$ 的定义为

$$|x>|q>\xrightarrow{O}|x>|q\oplus f(x)> \tag{120.10}$$

其中,$|x>$为一个指标寄存器,$\oplus$为模2加法,$|q>$为黑箱中一个单量子比特,当$f(x)=1$时翻转,否则不变。于是可以通过初始状态$|x>|0>$,应用黑箱检查其中的量子比特是否翻转到$|1>$,若翻转到$|1>$,则x是搜索问题的一个解;否则不是搜索问题的解。

若x不是搜索问题的解,则黑箱中的状态$|x>(|0>+|1>)/\sqrt{2}$并不改变;若x是搜索问题的解,则$|0>$和$|1>$在黑箱的作用下相交换,输出状态为$-|x>(|0>-|1>)/\sqrt{2}$。因此黑箱的作用是

$$|x>\left(\frac{|0>-|1>}{\sqrt{2}}\right)>\xrightarrow{O}(-1)^{f(x)}\ |x>\left(\frac{|0>-|1>}{\sqrt{2}}\right) \tag{120.11}$$

必须指出的是,黑箱中的单量子比特在搜索过程中始终保持为$(|0>-|1>)/\sqrt{2}$状态,因此在下面算法的讨论中省略不写。此时,黑箱的作用可以简写成

$$|x>\xrightarrow{O}(-1)f^{(x)}\ |x> \tag{120.12}$$

为了进一步认识量子黑箱理论上的作用,考虑大数$m=pq$的质因子分解问题,为确定p和q,经典计算通过搜索$2\sim\sqrt{m}$的所有数以找到其中较小的一个素因子,这种搜索过程需要大约$\sqrt{m}$次试除得到结果,而量子搜索算法可以加速这个搜索过程。由上述可知,黑箱对输入状态$|x>$的作用相当于用x除m,并且检验是否可以除尽,如果是,就翻转由式(120.12)决定的比特。这种方法能以很大的概率给出两个素因子中较小的一个。其关键在于:即使不知道m的因子,也可以具体构造一个可以识别搜索问题的黑箱。利用基于黑箱的量子搜索算法可以通过调用$O(m^{1/4})$黑箱搜索$2\sim\sqrt{m}$的范围,即大致需要进行$m^{1/4}$次试除,而经典算法需要$\sqrt{m}$次,显然基于搜索技术的经典算法可以被量子搜索算法加速。

120.4 Grover 算法的搜索步骤

Grover算法搜索过程如图120.3所示,其中输入侧使用一个n量子比特寄存器和一个含有若干量子比特的Oracle工作空间。该算法的目的是使用最少的Oracle调用次数求出搜索问题的一个解。

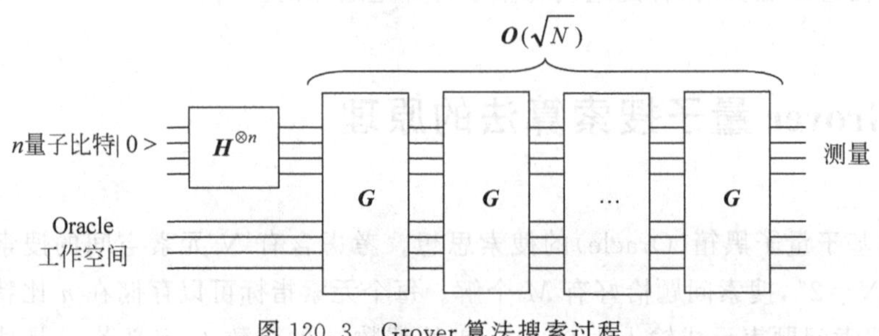

图120.3 Grover算法搜索过程

由图120.3可知,算法需要反复执行$\boldsymbol{O}(\sqrt{N})$次搜索过程,每次搜索过程称为一次Grover迭代。为此,首先从计算基的初态$|0>^{\otimes n}$开始,用Hadamard变换使计算机处于均衡

叠加态,即

$$|\psi>=\frac{1}{\sqrt{N}}\sum_{x=0}^{N-1}|x> \tag{120.13}$$

然后通过$\boldsymbol{O}(\sqrt{N})$次 Grover 迭代完成搜索过程。实现 Grover 迭代的量子线路如图 120.4 所示,可分为如下 4 步。

(1) 应用 Oracle 算子 $\boldsymbol{O}$,检验每个元素是否为搜索问题的解。

(2) 对步骤(1)的结果施加 Hadamard 变换 $H^{\otimes n}$。

(3) 对步骤(2)的结果在计算机上执行条件相移,使$|0>$以外的每个计算基态获得-1的相位移动,即

$$|x>\to-(-1)^{\delta_{x0}}|x> \tag{120.14}$$

(4) 对步骤(3)的结果施加 Hadamard 变换 $H^{\otimes n}$。

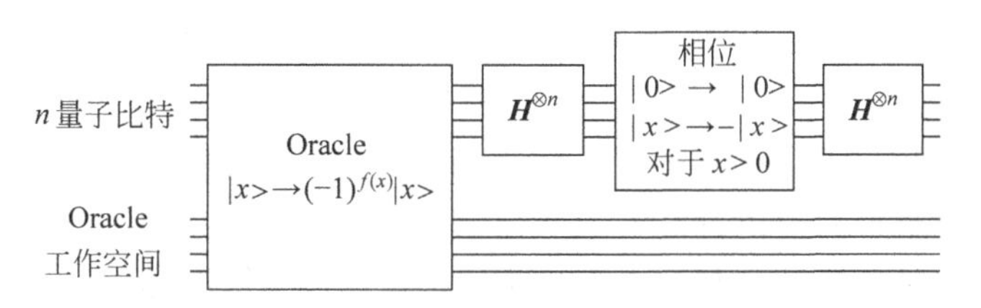

图 120.4　使用 Grover 迭代的量子线路

在上述过程中,步骤(2)和步骤(4)的 Hadamard 变换各需要 $n=\log_2 N$ 次运算,步骤(5)的条件相移只需用 $O(n)$个门即可实现。Oracle 的调用次数依赖特定应用,这个例子中 Grover 只需要一个 Oracle 调用。必须指出的是,上述步骤(2)~步骤(4)总的作用效果是

$$\boldsymbol{H}^{\otimes n}(2|0><0|-I)\boldsymbol{H}^{\otimes n}=2|\psi><\psi|-\boldsymbol{I} \tag{120.15}$$

其中,$|\psi>$是所有基态的均衡叠加态,于是 Grover 迭代可以写成

$$\boldsymbol{G}=(2|\psi><\psi|-I)\boldsymbol{O} \tag{120.16}$$

120.5　量子遗传算法的原理及实现步骤

2000 年,K. H. Han 等人将量子位和量子门的概念引入进化算法,提出了一种量子遗传算法(Quantum Genetic Algorithm, QGA),并用一类组合优化问题验证了算法的有效性。因此,这种算法的提出推动了量子计算和智能优化算法的融合发展。

1. 量子遗传算法的原理

QGA 是基于量子位和量子叠加态的概念提出的。量子位或量子比特是量子计算中的最小信息单位。一个量子位可以处于$|0>$态、$|1>$态,以及$|0>$和$|1>$之间的任意叠加态。如果一个系统有 m 量子位,则该系统可同时描述 2^m 状态,然而在观测时,该系统将坍缩为一个确定的状态。

在 QGA 中采用基于量子位的编码方式,一个量子位可由其概率幅定义为$\begin{bmatrix}\alpha\\ \beta\end{bmatrix}$,同理 m 量子位可定义为

$$\begin{bmatrix}\alpha_1 & \alpha_2 & \cdots & \alpha_m \\ \beta_1 & \beta_2 & \cdots & \beta_m\end{bmatrix} \tag{120.17}$$

其中,$|\alpha_i|^2+|\beta_i|^2=1, i=1,2,\cdots,m$。这种描述的优点是可以表达任意量子叠加态。例如,有一个3比特量子系统,拥有3对概率幅如下:

$$\begin{bmatrix}1/\sqrt{2} & 1 & 1/2 \\ 1/\sqrt{2} & 0 & \sqrt{3}/2\end{bmatrix} \tag{120.18}$$

则系统状态可描述为

$$\frac{1}{2\sqrt{2}}\,|\,000> + \frac{\sqrt{3}}{2\sqrt{2}}\,|\,001> + \frac{1}{2\sqrt{2}}\,|\,100> + \frac{\sqrt{3}}{2\sqrt{2}}\,|\,101> \tag{120.19}$$

以上结果表明,系统呈现$|000>$、$|001>$、$|100>$、$|101>$的概率分别是1/8、3/8、1/8、3/8。所以由式(120.19)描述的3比特量子系统能够同时包含4个状态的信息。

由于量子系统能够描述叠加态,因此基于量子位编码的进化算法,对于式(120.19)描述的染色体而言,1条染色体就足以描述4个状态,所以基于量子染色体描述的种群具有多样性。当$|\alpha_i|^2$或$|\beta_i|^2$趋近于0或1时,多样性将逐渐消失,量子染色体会收敛到一个确定状态。这就表明量子染色体同时具有勘探和开发两种能力。

量子遗传算法与遗传算法类似,QGA也是一种概率搜索算法,拥有一个量子种群$Q(t)=\{q_1^t,q_2^t,\cdots,q_n^t\}$。其中,$n$表示种群规模;$t$表示遗传代数;$q_j^t$表示一条量子染色体。其定义如下:

$$q_j^t=\begin{bmatrix}\alpha_1^t & \alpha_2^t & \cdots & \alpha_m^t \\ \beta_1^t & \beta_2^t & \cdots & \beta_m^t\end{bmatrix} \tag{120.20}$$

其中,m是量子位数,即量子染色体的长度,$j=1,2,\cdots,n$。

2. *量子遗传算法的实现步骤*

(1) 将种群初始化"Initialize $Q(t)$",即将全部n条染色体的$2mn$概率幅都初始化为$1/\sqrt{2}$,它表示在$t=0$代,每条染色体以相同的概率$1/\sqrt{2^m}$处于所有可能状态的线性叠加态之中,即

$$|\,\psi_{q_j^0}> = \sum_{k=1}^{2^m}\frac{1}{\sqrt{2^m}}|\,s_k> \tag{120.21}$$

其中,s_k是由二进制串$(x_1x_2\cdots x_m)$描述的第k状态,$x_i=0,\ 1,i=1,2,\cdots,m$。

(2) 通过观察$Q(t)$的状态来生成二进制解集$P(t)=(x_1^t,x_2^t,\cdots,x_n^t)$,每个解$x_j^t(j=1,2,\cdots,n)$为一个长度为$m$的二进制串,其值由相应量子位的概率$|\alpha_i^t|^2$或$|\beta_i^t|^2(i=1,2,\cdots,m)$决定。

(3) 计算$P(t)$中每个解的适应度值,存储最优解。

在循环中,首先通过观察种群$Q(t-1)$的状态,获得二进制解集$P(t)$,计算每个解的适应度值,然后为获得更加优良的染色体,通过将二进制解集$P(t)$与当前存储的最优解比较,用适当的量子门$\boldsymbol{U}(t)$更新种群$Q(t)$。量子门可根据实际问题具体设计,通常采用的量子旋转门定义如下:

$$\boldsymbol{U}(\theta)=\begin{bmatrix}\cos\theta & -\sin\theta \\ \sin\theta & \cos\theta\end{bmatrix} \tag{120.22}$$

其中,θ为旋转角度。

(4) 选择 $P(t)$ 中的当前最优解，若该最优解优于目前存储的最优解，则用该最优解将其更新。经过不断循环，直至获得全局最优解。

值得指出的是，QGA 并未使用交叉、变异遗传算子，种群规模及量子染色体的数量始终是恒定不变的。由于在 QGA 中使用了量子叠加态，从而 QGA 比普通遗传算法具有更好的种群多样性和收敛性。

量子染色体 q_j 的更新是通过量子旋转门实现的，第 i 量子位 (α_i, β_i) 的更新过程可描述如下：

$$\begin{bmatrix} \tilde{\alpha}_i \\ \tilde{\beta}_i \end{bmatrix} = \begin{bmatrix} \cos\theta_i & -\sin\theta_i \\ \sin\theta_i & \cos\theta_i \end{bmatrix} \begin{bmatrix} \alpha_i \\ \beta_i \end{bmatrix} \tag{120.23}$$

其中，$\theta_i = s(\alpha_i \beta_i)\Delta\theta_i$，$\Delta\theta_i$ 和 $s(\alpha_i \beta_i)$ 的取值可通过查表 120.1 获得。

表 120.1　量子旋转门中 θ_i 的查询表

x_i	b_i	$f(x) \geqslant f(b)$	$\Delta\theta_i$	$s(\alpha_i\beta_i)$			
				$\alpha_i\beta_i > 0$	$\alpha_i\beta_i < 0$	$\alpha_i = 0$	
0	0	False	0	0	0	0	0
0	0	True	0	0	0	0	0
0	1	False	0	0	0	0	0
0	1	True	0.05π	-1	$+1$	± 1	0
1	0	False	0.01π	-1	$+1$	± 1	0
1	0	True	0.025π	$+1$	-1	0	± 1
1	1	False	0.005π	$+1$	-1	0	± 1
1	1	True	0.025π	$+1$	-1	0	± 1

上述表中 $f(x)$ 是目标函数；$s(\alpha_i \beta_i)$ 是 θ_i 的符号；b_i 和 x_i 分别是最优解和当前解中第 i 个值。

上述 QGA 对 0-1 背包问题的仿真结果表明，量子遗传算法在优化结果和运行时间两方面均优于基本遗传算法。

第 121 章 量子谐振子优化算法

量子谐振子优化算法通过模拟量子谐振子在势阱的约束下从高能态向基态快速收敛的过程，实现对优化问题的求解。微观粒子在量子空间由于势阱的约束表现出一种规律的量子谐振运动，量子谐振子不仅具有智能算法的一般特性，而且具有全局的收敛性、基态最优性。本章首先介绍量子谐振子优化算法的基本原理，然后阐述量子谐振子优化算法的数学描述、实现步骤及算法流程，最后简要介绍多尺度量子谐振子模型算法的迭代操作过程。

121.1 量子谐振子优化算法的提出

量子谐振子优化算法（Quantum Harmonic Oscillator Optimization Algorithm，QHOA）是 2012 年由肖黎彬、王鹏等提出的仿自然计算优化算法。该算法基于量子谐振子基态的最优特性和智能优化算法的对应关系，理论上证明了由量子谐振子模型构建的算法能够在搜索空间中形成高斯曲线的分布形式，并能够在势阱的约束下快速收敛到最优解。通过选取三组实验数据用该算法求解旅行商问题，并与模拟退火算法进行比较，结果表明，量子谐振子算法具有更好的寻优能力和收敛性。

2013 年王鹏等提出了高维函数全局优化问题的多尺度量子谐振子算法（Multi-scale Quantum Harmonic Oscillator Optimization Algorithm，MQHOA），它通过对 15 种典型二维优化测试函数和 6 种典型的高维优化测试函数测试的结果表明，多尺度量子谐振子算法可以快速精确地获得高维函数的全局最优解，并采用降频方法提高对具有高频成分函数的搜索速度。

121.2 量子谐振子优化算法的基本原理

在量子力学中，量子谐振子模型具有比较完备的理论体系，并且基态的高斯曲线分布和量子谐振子的谐振过程有很大的关系。通过分析发现，量子谐振子运动过程和智能优化算法具有如下密切的对应关系。

（1）量子谐振子由于受到势能曲线的约束，在无外界条件干预的前提下，整个过程是一个从高能级跃迁至低能级的收敛过程，这和一般智能算法寻优的收敛过程非常相似。

（2）模拟谐振子在基态的时候呈现高斯曲线的分布形式，其寻找最优解的概率具有全局最大值，而如同智能优化算法要以最大概率寻找到全局最优解。

（3）基态的高斯曲线分布函数可以定性地描述找到最优解的最大概率，并且可以通过控制频率的变化改变其概率密度的分布状态来改变它的收敛情况，这与智能优化算法中通过调整控制参数以提高算法收敛性也是相似的。

量子谐振子不仅具有智能算法的一般特性——全局的收敛性、基态最优性，而且具有完备的理论体系。这些构成了设计量子谐振子优化算法的理论基础。量子谐振子与智能优化算法的对应关系如表 121.1 所示。

表 121.1　量子谐振子与智能优化算法的对应关系

数 学 描 述	智 能 优 化	量子谐振子
随机抽样	解	状态
评价函数	目标函数	概率密度函数
最佳抽样	最优解	基态
整个样本空间	整个搜索空间	整个能量状态
筛选抽样	接受准则	跃迁
变换抽样领域	邻域解空间	能级改变

121.3　量子谐振子优化算法的数学描述

1. 量子谐振子的物理模型

量子谐振子的基本模型也是在弹性势能牵引下的运动，在谐振子势能条件下，根据量子谐振子的薛定鄂方程，解出量子谐振子的波函数概率密度如下：

$$|\psi_n(x)|^2=\frac{1}{\sqrt{2^n n!}}\left(\frac{mw}{\pi\hbar}\right)^{1/4}e^{-\frac{mw}{2\hbar}x^2}H_n(\alpha x) \tag{121.1}$$

其中，ψ 为波函数；m 为粒子的广义质量；w 为粒子的振动频率；$\hbar$为普朗克常量；H 为哈密顿算符；n 为能级数，能级公式如下所示：

$$E=(n+1/2)\hbar w \tag{121.2}$$

一维谐振子的振动过程在不同级数下的谐振子波函数如图 121.1 所示，其中横坐标 x 表示微观粒子所处的位置，纵坐标$|\psi_n(x)|^2$ 表示微观粒子在每个能级下对应的分布概率。图中向上开口的曲线模拟了量子空间的势阱形式，由于在量子空间中微观粒子会受到原子核的力的作用，它使得势能函数曲线在空间的某一有限范围内势能最小，形如陷阱，物理上将这种陷阱称为势阱。一维谐振子模型的势能函数表示为

$$V=\frac{1}{2}mw^2x^2 \tag{121.3}$$

量子空间的能级是以分立的形式存在的，由式(121.2)可知，能级的能量会随着能级的增加而逐渐增加，因而导致微观粒子在每个能级 E_n 上的运动剧烈程度不同，每个能级对应的粒子概率分布形式也不同。

从图 121.1 可以看出，随着能级的降低，量子谐振子的概率密度分布越来越集中于中心点处，在势阱的约束下随着能级递减逐渐收敛到基态能级 E_0 的位置，且在基态以高斯曲线的形式分布，在量子力学中，量子谐振子在基态的高斯曲线分布具有全局唯一性和最大概率分布值。

2. 量子谐振子的跃迁准则

在量子空间中，微观粒子的运动是随机的，它不会一直停留于某个能级，这导致了量子谐

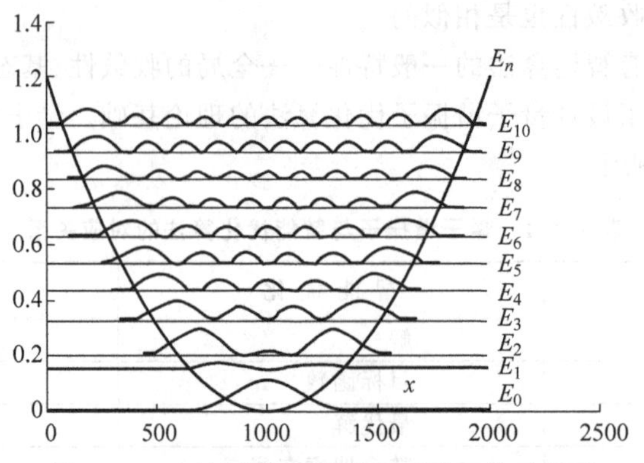

图 121.1 不同能级下的谐振子波函数示意图

振子不会永远停留在某一能级振动。当它振动到一定的时刻会受到一些外力干扰或者自身衰变而向下一个能级跃迁(在量子力学中将这种现象称为跃迁)。量子跃迁的概率是随机的,而这种随机概率和量子空间分布形式有很大的关系。

在高能态时,量子的振动趋于经典振动,由于经典区域的粒子不服从泡利不相容原理,因此,每个能量状态下的概率可以用玻尔兹曼分布来表示为

$$f_B(E)=\exp\left(-\frac{E-E_F}{k_0T}\right) \tag{121.4}$$

式(121.4)表示能量为 E 的一个量子态被一个电子占据的概率,也可以理解为在高能态时,能级 E 的状态不被占据的概率为

$$f_1=1-\exp\left(-\frac{E-E_F}{k_0T}\right) \tag{121.5}$$

在低能态时,量子振动属于服从费米分布的量子振动,其表达式为

$$f_F(E)=\frac{1}{1+\exp\left(-\dfrac{E-E_F}{k_0T}\right)} \tag{121.6}$$

因此,在低能态时,能级 E 不被占据的概率为

$$f_2=1-\frac{1}{1+\exp\left(-\dfrac{E-E_F}{k_0T}\right)} \tag{121.7}$$

由于在每个能量状态下,概率密度表示粒子存在某个位置的概率,而玻尔兹曼分布和费米分布则表示粒子存在某个能量状态下的概率。因此,式(121.5)和式(121.7)可用于构造量子谐振子算法的跃迁准则。

由于量子谐振子在不同的能级分布下具有不同的分布规律,因此,运用这种规律可以针对不同的解空间构造不同的跃迁准则。根据 WKB(Wentzel-Kramers-Brillouin) 近似,可以将量子空间分为经典区域和量子区域,在经典和量子之间有一个经典转向点,在经典转向点处,$E_{动}=V$。因此在算法构造时可以引入该经典转向点判据,根据 WKB 近似,在经典区域 $E_{动}>V$,跃迁概率为 f_1,任意设置随机变量 R_1,若 $f_1\geqslant R_1$,则跃迁到下一能级,否则继续以随机概率$|\psi_n(x)|^2$ 在当前能级搜索解;在量子区域 $E_{动}<V$,跃迁概率为 f_2,任意设置随机变量 R_2,若 $f_2\geqslant R_2$,则跃迁到下一能级,否则继续以随机概率$|\psi_n(x)|^2$ 在当前能级搜索解。

综上分析，可以建立如下的跃迁准则：在高能态时，$E_{动}>V$，若 $f_1-\text{srand}(0,1)\geqslant 0$，则能级跃迁到下一级；否则继续在该能级下搜索解，并将比较当前解与目标解。若当前解比目标解更优，则保存当前解；否则依然保存上一次更优的解。在低能态时 $E_{动}<V$，若 $f_2-\text{srand}(0,1)\geqslant 0$，则跃迁到下一能级搜索解；否则继续在该能级搜索解，并将比较当前解与目标解。若当前解比目标解更优，则保存当前解；否则依然保存上一次更优的解。

121.4　量子谐振子优化算法的实现

量子谐振子寻优过程由初始解 S 和能级初始值 E_n 开始，首先在搜索空间产生初始解，然后对当前解的适应度值进行分析，通过能级跃迁准则进行搜索空间的迭代和筛选，直到 $n=0$ 时搜索到全局最优解。具体实现步骤如下。

(1) 初始化整个状态解空间，确定谐振子初始能级 E_n 和能级数 n，初始势能 V。

(2) 随机产生一系列可行解 s'，对可行解进行适应度分析。

(3) 计算函数值 $f(s')$，与目标函数值 $f(s)$ 比较，若 $\Delta f=|f(s')-f(s)|\geqslant\Delta\varepsilon$（$\Delta\varepsilon$ 为一个非常小的量），保存 $f(s')$ 并更新最优解。

(4) 如果 $\Delta f=|f(s')-f(s)|<\Delta\varepsilon$，判定当前的 $E_{动}$ 和 V，在高能态时 $E_{动}>V$，若 $f_1-\text{srand}(0,1)\geqslant 0$，则 $n=n-1$，否则继续在该能级以 $|\psi_n(x)|^2$ 的概率搜索解。而在低能态时 $E_{动}<V$，若 $f_2-\text{srand}(0,1)\geqslant 0$，则 $n=n-1$；否则继续在该能级以 $|\psi_n(x)|^2$ 的概率搜索解。

(5) 若满足终止条件 $n=0$（基态），则输出当前近似解或最优解，结束程序，否则转步骤(2)继续执行，直到满足终止条件为止。

量子谐振子优化算法的流程如图 121.2 所示。

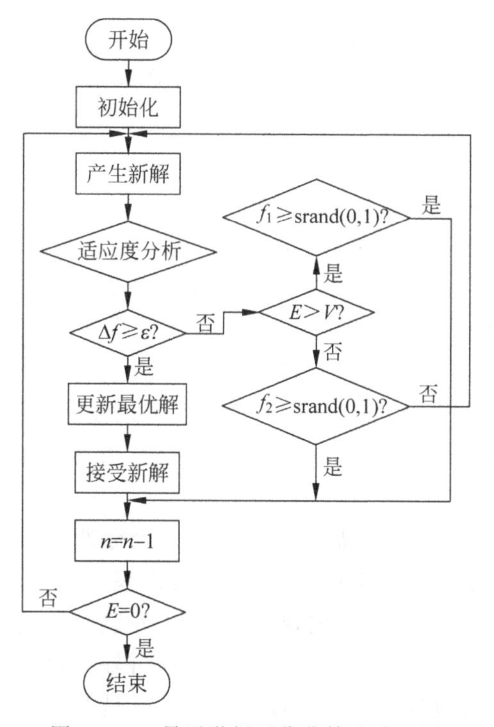

图 121.2　量子谐振子优化算法流程图

121.5 多尺度量子谐振子算法

1. 多尺度量子谐振子模型

高维函数优化问题可以分为两个迭代过程：一是对优化函数进行不同尺度的采样，从而获得优化函数的信息；二是在同一个尺度对搜索区域进行聚焦，缩小收缩范围。这两个过程交替进行，直到尺度缩小到指定的精度时，算法停止。完备的采样能力和精确的搜索聚焦能力使MQHOA算法能较为准确地在高维空间实现对最优解的搜索。

1) 多尺度优化函数二进信息采样模型

多尺度优化函数采样迭代时，采用高斯分布函数簇对优化函数进行非均匀采样，采样的概率密度以各个高斯分布的中心位置向两边逐步减小，高斯函数的标准差 σ 就表征了算法采样的尺度，总的函数簇的个数为 k(群体参数)，高维函数的各维变量分别按相应的高斯分布生成 m 个值(采样参数)，构成高维空间中的 m 个采样点。

采用二进高斯函数作为二进小波尺度函数对不同尺度的优化函数进行采样，可以保证对优化函数在该尺度信息的不遗漏采样，从而保留优化函数在该尺度的全部信息。多尺度量子谐振子算法的采样过程与小波分解过程相反，多尺度量子谐振子算法是先提取大尺度下的信息，通过谐振子波函数进行搜索，区域聚焦后，在小的聚焦区域进行小尺度的信息提取，直到尺度满足收敛条件时停止。

2) 同一尺度下的量子谐振子搜索聚焦模型

在优化函数为多维一致连续函数的条件下，同一个尺度 k 个高斯采样区域的聚集行为可以认为是在多维优化函数信息引导下的量子谐振子的波函数从高能态向基态的变化逐渐收敛的过程：从高能态多个高斯函数的叠加，逐步收敛到基态单一高斯分布的稳定状态。

量子谐振子波函数向基态的变化过程描述了优化算法在同一尺度多个高斯采样区域在迭代过程中的不断聚焦过程，算法在某一个尺度收敛后，k 个高斯采样区域将近似地聚集在标准差为 σ 高斯分布的区域中，实现了算法采样区域的收缩聚焦。

2. 多尺度量子谐振子算法的迭代操作过程

MQHOA算法迭代操作非常简单，一次迭代的基本过程如下：以数组 A 中的 k 个高维坐标为中心，分别按标准差为 σ 的高斯采样分布在 k 个区域生成 m 个新的高维坐标采样 $(x_1,x_2,\cdots,x_d)$，其中 d 为优化函数的维数，k 个区域总共会生成 $k\times m$ 个新的坐标采样，依据目标函数值选择最好的 k 个坐标采样更新数组 A。

在实际计算中，生成新采样时，可以对每一个维度分别独立采用高斯分布函数来生成新的值，如某一个坐标采样的第 i 个维度新值的生成概率分布为高斯分布 $N(x_i,\sigma^2)$，各维度都各自独立实现新值的生成。

MQHOA算法完成一次迭代操作后，数组 A 中的坐标便更新为当前最好的 k 个高维坐标点，这时分别计算 k 个高维坐标点各个维度坐标的标准差 σ_k，当 k 个高维坐标点的 d 个维度的坐标标准差 σ_k 都小于当前尺度的 σ 值时，将 σ 除以2，重新开始迭代操作，直到当前尺度的标准差 σ 除以2后小于指定的最小尺度 $\sigma_{\min}$ 时，算法停止，并输出数组 A 中结果最好的坐标位置。

MQHOA算法的整个收敛过程由两个过程组成：一是在不同尺度采样的计算迭代过程称为尺度收敛过程；二是波函数向基态聚集的迭代过程称为量子谐振子收敛过程。

第122章 智能水滴优化算法

智能水滴优化算法模拟自然界中河水在地球重力作用及与河床相互作用的过程，导致河水流动沿着弯转、曲折而自然形成的河道往往是最优的。流动中水滴一般具有一定的速度和携带一定泥土的两个属性。智能水滴优化算法使用智能水滴群体构造路径，通过水滴的速度更新、携带泥土量更新及位置概率选择的反复迭代运算，使得智能水滴群体构造出所有路径中出现最优或接近最优路径。本章介绍智能水滴优化算法的基本原理、数学描述及其求解 TSP 问题的步骤及流程。

122.1 智能水滴优化算法的提出

智能水滴(Intelligent Water Drops，IWD)优化算法是 2007 年由伊朗学者 Shah-Hosseini 提出的。该算法模拟了自然界中河水和河床在相互作用的过程，地球重力的作用使水滴以一定的加速度运动，由于障碍物的限制，导致河水沿着弯转、曲折的河道流向湖泊或海洋，而不是地心。这样自然形成的河道往往是最优的，这里的最优化是考虑河流从源头到目的地的距离及环境中障碍物存在的综合效果。

2007 年，Shah-Hosseini 首先将智能水滴优化算法用于解决 TSP 问题。2008 年，他针对 TSP 问题提出改进的智能水滴优化算法(MI-WD-TSP)，并使用网上提供的 TSP 库 TSPLIB95 进行了仿真，仿真结果表明，智能水滴算法圆满地接近最优解。IWD 优化算法已成功用于解决旅行商问题、生产调度、供应链管理、车辆路线问题、机器人路径规划、网络路由、数据通信、图像压缩及图像恢复等问题。

122.2 智能水滴优化算法的基本原理

自然界中流动的水滴主要出现在河流中，这样巨大的移动群体组成的河流，流经的河道正是由这个巨大的水滴群体创造的。河水流经的环境影响河流的走向，而环境也被激烈运动的水滴群体而改变。例如，环境中坚硬的巨石对于河水的流动就有巨大的阻挡作用，而柔软的泥土对河水的阻碍就要小得多。

事实上，水滴是由于地球重力的作用而不断运动的。地球重力的方向是指向地心的，因此，假如没有障碍物阻隔的话，水滴应该沿直线向地心运动。这也是从水滴的源头到目的地的最短距离。地球重力的影响使得水滴以一定的加速度运动，随着运动距离的增加其速度也会不断地增大。然而，现实中，并不存在能使水滴从源头到地心的理想直线最短路径。相反，由于河流周围环境中障碍物的限制，水滴运动的实际路径与理想路径大不相同。因此，实际看到的河流弯转、曲折,河流的终点也不是地心,而是湖泊和海洋,也可能是更大的河流。经过观察发现,这样建立起来的河道的综合效果往往是最优的。

河流中的水滴具有属性之一是其具有一定的速度。此外,水滴还能够携带一定量的泥土。这样一来,水滴就能够将泥土从一个地方向前搬移到另一个地方。河流中移动的水滴从一个点到达前方下一个点的过程,如图 122.1 所示。由于水滴本身携带一定量的泥土,导致河床下降。图 122.1 中浅灰色的部分表示河床。如果河流中具有相同量泥土的两个水滴从一个点移动到下一个点,如图 122.2 所示。标记更大箭头的水滴具有较高的速度。当两个水滴到达右侧的下一个点时,速度更快的水滴比另外一个收集更多泥土,在图 122.2 中用一个更大的圆球表示。

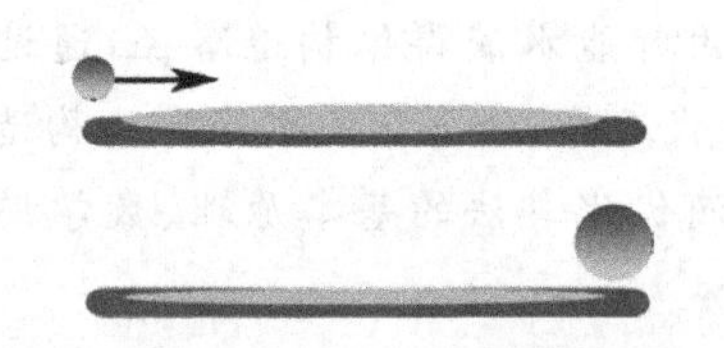

图 122.1　左侧流动的小水滴携带河床的泥土到右侧变为大水滴

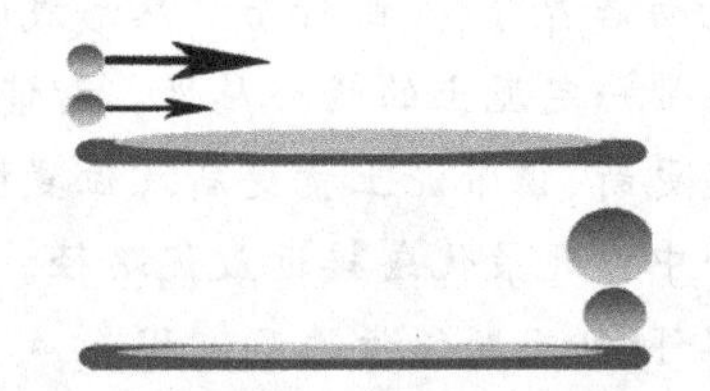

图 122.2　从左侧河床向右侧流动更快的水滴比慢的水滴携带更多的泥土

水滴的上述属性可表述为:流速快的水滴比流速慢的水滴携带更多的泥土。水滴能够在泥土量较小的路径中获取比在泥土量大的路径中更大的速度增量。泥土量较多的路径对运动的水滴起到了更大的阻滞作用,水滴在这种路径中速度增长缓慢,也就只能带走较少量的泥土。这个过程实际上是自然界中的正反馈行为。

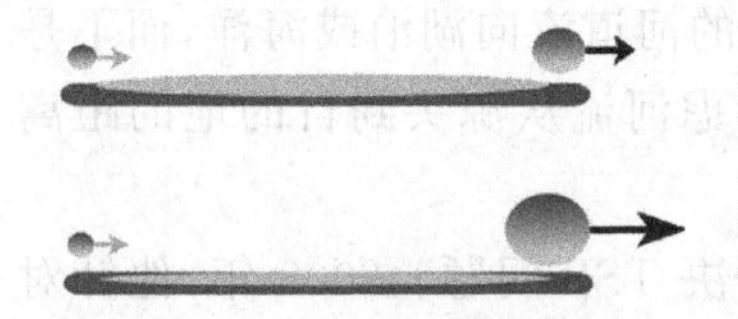

图 122.3　两个相同水滴流经两条不同的路径

如图 122.3 所示,两个相同的水滴以相同速度流经两条不同的路径。泥土少的路径,让流动的水滴收集更多的泥土,并获得更快的速度,而泥土多的路径抵抗流动的水滴,它可以让流动的水滴收集较少泥土,获得较快的速度。

从源头到目的地的路径中可能存在多条分支,水滴会更倾向于选择最为易行的一条。而水滴在路径中流动的难易程度是由路径中的泥土量衡量的。泥土量较少的路径,水滴的流动会更容易,而在泥土量较多的路径里,水滴的流动更加困难。水滴的另一个属性可以表述为:水滴当面临多条可选择路径的时,会以更大的概率选择泥土量较少的一条。

在智能水滴优化算法中,将流经路径的难易程度换算为在路径上的泥土含有量。如果一个分支路径中的泥土含有量高于其他分支,则变得不如其他路径理想。选择这个分支路径的概率函数与该路径上的泥土量成反比。在自然界中,无数的水滴流在一起形成的最佳路径到达它们的目的地。换句话说,智能水滴优化算法是以水滴群体为基础的智能机制,使用智能水滴群体构造路径,并随着时间的推移,最优化或接近最优的路径会在所有这些路径中出现。这就是智能水滴优化算法的基本原理。

122.3　智能水滴优化算法的数学描述

流动中水滴一般具有两个属性:具有一定的速度和携带一定量的泥土。水滴在河流中流动时能够将泥土从一个地方搬运到另一个地方。由于水滴速度越快其动能越大,因此泥土会从流速较高的地方被搬运到流速较低的地方；当流速减缓时，泥土在地球重力作用下会沉积下来。因此，可以总结出水滴流速与泥土之间的关系概括为下述3个规则。

(1) 流速快的水滴比流速慢的水滴携带更多的泥土。

(2) 水滴在泥土较少的路径比泥土较多的路径获得更大的速度增量。

(3) 水滴会以更大的概率选择泥土较少的路径前进。

智能水滴优化算法的目的就是要寻找一条最优路径。流动中水滴的速度和携带的泥土会随着水滴的流动而连续变化，而在智能水滴优化算法中，把水滴假设抽象为离散运动。水滴含有两个属性：运动速度 $\mathrm{vel}^{\mathrm{IWD}}$ 与泥土含量 $\mathrm{soil}^{\mathrm{IWD}}$。在寻找最优路径的过程中，智能水滴的 $\mathrm{vel}^{\mathrm{IWD}}$ 和 $\mathrm{soil}^{\mathrm{IWD}}$ 是不断变化的。假设水滴的当前位置为 i，在运动到下一位置 j 的过程中，将发生变化的过程描述如下。

(1) 智能水滴在选择路径时会倾向于选择泥土量更少的路径，即选择路径 (i,j) 的与泥土量 $\mathrm{soil}(i,j)$ 成反比关系，用 $p^{\mathrm{IWD}}(i,j)$ 表示智能水滴在位置 i 选择 j 作为下一位置的概率为

$$p^{\mathrm{IWD}}(i,j)=\frac{f(\mathrm{soil}(i,j))}{\sum\limits_{k\notin \mathrm{vc(IDW)}} f(\mathrm{soil}(i,k))} \tag{122.1}$$

其中，f 是与路径中泥土量相关的函数，即

$$f(\mathrm{soil}(i,j))=\frac{1}{\varepsilon_s+g(\mathrm{soil}(i,j))} \tag{122.2}$$

其中，常量 ε_s 为很小的正数，如取0.01，用来防止函数 f 的分母为0；函数 g 用来确保将位置 i 与位置 j 之间的路径泥土量转换为正数，其表达式为

$$g(\mathrm{soil}(i,j))=\begin{cases}\mathrm{soil}(i,j) & \min\limits_{l\notin \mathrm{vc(IDW)}}(\mathrm{soil}(i,l))\geqslant 0\\ \mathrm{soil}(i,j)-\min\limits_{l\notin \mathrm{vc(IDW)}}(\mathrm{soil}(i,l)) & \text{其他}\end{cases} \tag{122.3}$$

其中，函数 $\min(\cdot)$ 为当前位置与所有可能的下一个位置之间泥土量的最小值；vc(IDW)为访问城市的集合。

(2) 更新每个智能水滴的速度。智能水滴在 $t+1$ 时刻从位置 i 移动到下一位置 j 的速度变为

$$\mathrm{vel}^{\mathrm{IDW}}(t+1)=\mathrm{vel}^{\mathrm{IDW}}(t)+\frac{a_v}{b_v+c_v\cdot \mathrm{soil}(i,j)} \tag{122.4}$$

其中，a_v、b_v、c_v 都为用户选定的大于0的参数。路径上的泥土量 $\mathrm{soil}(i,j)$ 和智能水滴中的泥土量都是由 $\Delta\mathrm{soil}(i,j)$ 来更新的。

(3) 智能水滴携带的泥土量 $\Delta\mathrm{soil}^{\mathrm{IWD}}$ 非线性反比于水滴经过路径 (i,j) 所需的时间变量 $\mathrm{time}(i,j;\mathrm{vel}^{\mathrm{IWD}})$，并且与路径 (i,j) 的泥土减少量 $\Delta\mathrm{soil}(i,j)$ 相等，即

$$\Delta\,\mathrm{soil}(i,j)=\Delta\,\mathrm{soil}^{\mathrm{IWD}} \tag{122.5}$$

$$\Delta\,\mathrm{soil}(i,j)=\frac{a_s}{b_s+c_s\cdot \mathrm{time}(i,j;\mathrm{vel}^{\mathrm{IWD}})} \tag{122.6}$$

其中，a_s、b_s、c_s 都是用户选择的大于0的参数；$\mathrm{time}(i,j,\mathrm{vel}^{\mathrm{IWD}})$ 是智能水滴以速度 $\mathrm{vel}^{\mathrm{IWD}}$ 从位置 i 移动到位置 j 需要的时间，为

$$\mathrm{time}(i,j;\mathrm{vel}^{\mathrm{IWD}})=\frac{\|\boldsymbol{c}(i)-\boldsymbol{c}(j)\|}{\max(\varepsilon_v,\mathrm{vel}^{\mathrm{IWD}})} \tag{122.7}$$

其中,$c(\cdot)$表示二维位置向量;$\| c(i)-c(j) \|$表示路径(i,j)的距离;ε_v为一小的正数,取$\varepsilon_v = 0.0001$。

(4) 当水滴从位置i到达位置j后,路径(i,j)所含泥土量将局部更新为

$$\begin{cases} \text{soil}(i,j) = (1-\rho) \cdot \text{soil}(i,j) - \rho \cdot \Delta\,\text{soil}(i,j) \\ \text{soil}^{\text{IDW}} = \text{soil}^{\text{IDW}} + \Delta\,\text{soil}(i,j) \end{cases} \tag{122.8}$$

其中,soil^{IDW}为智能水滴从位置i到达位置j携带的泥土量;ρ为小于1的正数,取$\rho=0.9$。

(5) 当所有水滴按照上述步骤从初始点到达目标点后,每个水滴都有着不同的路径解T^{IWD},然后根据评价函数选择出迭代最优的路径解T^{IB}为

$$T^{\text{IB}} = \arg(\max_{\text{all IWDs}} q(T^{\text{IWD}})) \tag{122.9}$$

其中,$\arg(\cdot)$函数用于获得最优解的元素;$q(\cdot)$为解的评价函数。

(6) 为提高下一群水滴搜索最优路径的能力,需要形成反馈机制对迭代最优解T^{IB}的路径进行全局泥土量的更新如下:

$$\text{soil}(i,j) = (1-\rho) \cdot \text{soil}(i,j) + \rho \cdot \frac{2 \cdot \text{soil}^{\text{IWD}}}{N_{\text{c}}(N_{\text{c}}-1)} \quad \forall (i,j) \in T^{\text{IB}} \tag{122.10}$$

其中,ρ为0~1之间的更新系数;N_{c}为路径的节点数,对TSP问题取$N_{\text{c}}=N_{\text{IWD}}$(智能水滴群体的水滴数)。

(7) 对当前最优路径解T^{IB}进行更新的原则是:如果找到的最优路径解T^{TB}优于T^{IB},则$T^{\text{TB}}=T^{\text{IB}}$,且$\text{Len}(T^{\text{TB}})=\text{Len}(T^{\text{IB}})$,其中$\text{Len}(\cdot)$表示解的路径长度。

122.4 智能水滴优化算法求解TSP问题的步骤及流程

智能水滴优化算法把TSP问题描述为一个完全有向图$G=(C,L)$,其中,$C=\{c_1,c_2,\cdots,c_n\}$表示n个城市节点集合;L表示节点之间的边集合。求解TSP问题的目标是在完全有向图G中,从出发的城市不重复地经过G中的所有城市再回到原出发城市找出一条最短的路径。

智能水滴优化算法用于解决TSP问题的具体步骤如下。

(1) 设置初始参数:智能水滴群体的水滴数为N_{IWD};城市数为N_{c},这里选择$N_{\text{IWD}}=N_{\text{c}}$;第$i$城市的笛卡儿坐标表示$c(i)=[x_i,y_i]^{\text{T}}$为常值;水滴速度的更新参数$a_v=1000$,$b_v=0.01$,$c_v=1$;水滴携带泥土量的更新参数$a_s=1000$,$b_s=0.1$,$c_s=1$;水滴的初始速度和携带的泥土量应由用户根据问题设置,这里选择水滴初始携带泥土量InitSoil=1000,水滴初始速度InitVel=100。

(2) 初始化动态参数:对于每个智能水滴创建一个访问城市的集合$V_{\text{c}}(\text{IWD})=\{\}$,每个智能水滴的初始速度设为InitVel,而携带泥土量设为0。

(3) 每个智能水滴随机选择一个城市,并将它置于那个城市。

(4) 对被访问过的城市,需要更新禁忌表tabulist={},被访问过的城市要依次加进禁忌表中。对所有智能水滴访问的城市进行更新,包括刚才访问过城市的水滴。

(5) 对于没有完成整条路径的水滴重复以下步骤。

① 用式(122.1)计算智能水滴在城市i选择城市j作为下一个访问城市的概率。

② 对于每一个水滴从城市 i 选择城市 j，用式(122.4)更新水滴具有的速度。

③ 用式(122.6)及式(122.7)计算此时两个节点之间减少的泥土量 $\Delta \mathrm{soil}(i,j)$。

④ 用式(122.8)更新两个节点之间的泥土量和水滴本身携带的泥土量。

(6) 通过式(122.9)找出最优解(即最短路径)。

(7) 用当前迭代的最优解 T^{IB} 代替之前的最优解 T^{TB}。

(8) 转到步骤(2)直到达到最大迭代次数。

(9) 直到找到全局最优解 T^{TB}，代替每一次迭代的最优解 T^{IB}。

智能水滴优化算法的基本流程如图 122.4 所示。

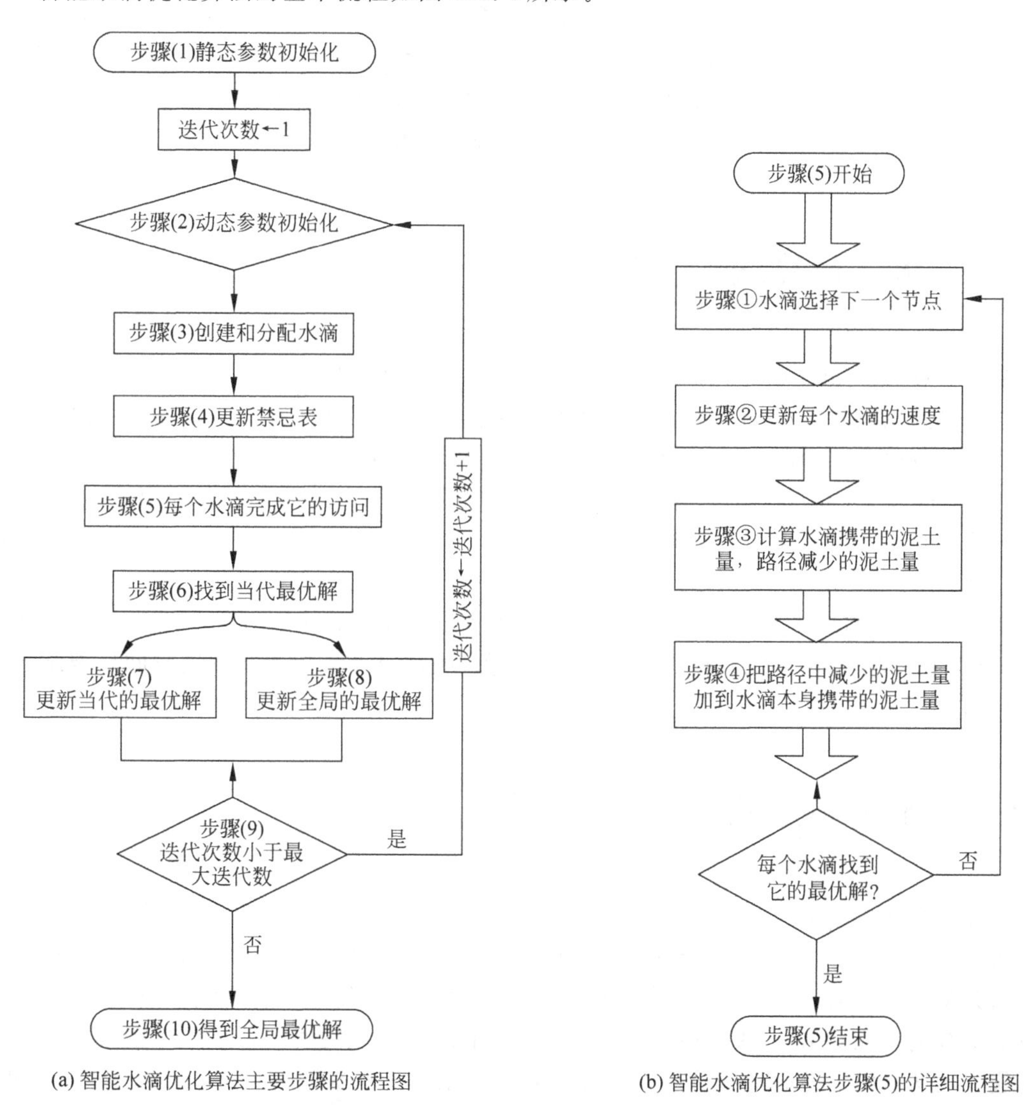

图 122.4　智能水滴优化算法的基本流程图

第123章　水循环算法

水循环是指水从陆地、江河湖海等受热蒸发到天空,先凝结成云,后形成雨,再返回陆地和海洋的往复过程。来自太阳的辐射热量和重力作用使水尽可能消耗最小的能量走最短的路径从高向低处流动。水循环使得地球的水平衡总是相当稳定,天然的水循环这一复杂适应系统蕴含着优化机理。水循环算法将雨滴作为个体,通过降雨、汇流、蒸发等操作模拟水循环过程的优化机理。本章介绍水循环过程、水循环算法的基本原理、数学描述、实现步骤及流程。

123.1　水循环算法的提出

水循环算法(Water Cycle Algorithm,WCA)是2012年由Eskandar等人受地球上水循环过程这一自然现象的启发,而提出的一种求解约束问题的全局优化算法。该算法根据水循环中的降水具有由溪流、河流流向大海的特点,先以降雨层初始化形成一个初始粒子群(降水),选择最佳粒子位置(最好降雨层)作为大海;然后,选择一些较好的降雨层作为河流,其余的降雨层被认为是流入河流或海洋的溪流。通过计算降雨层的适应度值,并将其进行对比,选取最优解(大海)。

水循环算法通过11个约束基准测试函数和工程设计问题的优化结果表明,与许多其他优化方法相比较,WCA一般比其他优化方法具有更好的解。WCA已用于解决空间桁架结构优化设计、有约束多目标优化等问题。

123.2　水循环过程

地球上存在着的水处于不断运动中。水循环是指水从陆地、江河、湖泊、海洋蒸发到天空,然后再返回陆地、江河、湖泊、海洋的循环过程。天然水循环的能量来自太阳的辐射热量,太阳的热量为从地球表面、海洋、湖泊等蒸发提供能量。植物失去的水分在空气中,这就是所谓的蒸腾。最终的水汽凝结,形成云中的微小液滴,遇到冷空气、土地时,形成降水(雨、雨夹雪、雪或冰雹),这些水回到大地或海洋。部分水沉淀跑到地面,一些被困在岩石或黏土层的地下水,这就是所谓的地下水。但最重要的水向下流动为径流(地上或地下),最终返回到海洋。

太阳不断地加热海洋中的水,使水蒸发为空气中的水蒸气,可以直接使冰、雪升华为水蒸气。从植物蒸腾和土壤蒸发的水随上升气流的水汽进入大气,温度升高导致水蒸气凝结成云。全球各地的气流推动水蒸气,云粒子发生碰撞、长大,从高空大气层掉下来,形成降水(雨、雨夹雪、雪或冰雹)。大多数降水回落到海洋或地上。随着时间的推移,水返回到海洋,又开始了水的循环。

大自然中水循环过程示意图，如图 123.1 所示。在河流和湖泊中的水蒸发，而植物在光合作用过程中产生的水被蒸腾。蒸发的水蒸气进入大气中，产生云，然后在寒冷中凝结，形成降水（雨或雪等）又回到地面上。

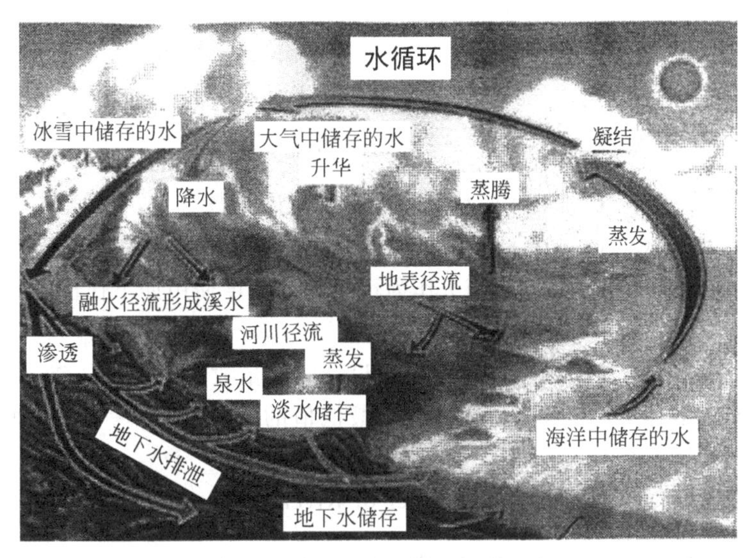

图 123.1　大自然中水循环过程示意图

123.3　水循环算法的基本原理

水循环是指地球上的水在太阳的辐射热量和地心引力等作用下，以蒸发、降水和溪流等方式进行周而复始的运动过程。水循环过程是多环节的自然过程，构成了一个复杂的适应系统。

地球表面上方和下方的水在重力作用下连续移动，经过从河流到海洋，从海洋到大气，蒸发、浓缩、沉淀、渗透、径流和地下流动的一系列物理过程。在这样的过程中，水经过不同的阶段：液体、固体（冰）和气体（蒸汽）。虽然随着时间的推移，地球上水的平衡仍然相当稳定。全球性的水循环涉及蒸发、大气水分输送、地表水和地下水循环及多种形式的水量储蓄。降水、蒸发和径流是水循环过程的 3 个最主要环节，这三者构成的水循环途径决定着全球的水量平衡。这种平衡和稳定过程反映了水循环过程中蕴含着优化的原理。具体表现在水不仅总是从高处向低处流动，而且都是尽可能流向一个最短的路径，因为这样消耗的能量最小。水循环算法正是模拟水循环过程，实现对约束优化问题的求解。

123.4　水循环算法的数学描述

1. *创建初始种群*

水循环算法采用“雨滴”作为个体，创建初始雨滴群体就是降雨初始化。降雨中的每层雨滴代表优化问题中的一组单独的解，均为一组实数，是在给定范围内产生的随机数组。

在 N_{var} 维优化问题中，雨滴的大小作为问题变量的 $1\times N_{\mathrm{var}}$ 数组定义如下：

$$\text{Raindrop} = [x_1, x_2, \cdots, x_{N_{\text{var}}}] \tag{123.1}$$

初始雨滴群体通过随机生成 $N_{\text{pop}} \times N_{\text{var}}$ 维的矩阵 $\boldsymbol{X}$ 表示为

$$\boldsymbol{X} = \begin{bmatrix} x_1^1 & x_2^1 & \cdots & x_{N_{\text{var}}}^1 \\ x_1^2 & x_2^2 & \cdots & x_{N_{\text{var}}}^2 \\ \vdots & \vdots & & \vdots \\ x_1^{N_{\text{pop}}} & x_2^{N_{\text{pop}}} & \cdots & x_{N_{\text{var}}}^{N_{\text{pop}}} \end{bmatrix} \tag{123.2}$$

其中,矩阵的行和列的数量分别是种群数量和设计变量的个数。

每一个决策变量值($x_1, x_2, \cdots, x_{N_{\text{var}}}$)可以表示为浮点数(真实值),或作为一个预先定义的一组连续和不连续的问题。评价雨滴 i 作为可行解的程度使用如下代价函数:

$$C_i = \text{Cost}_i = f(x_1^i, x_2^i, \cdots, x_{N_{\text{var}}}^i) \quad i = 1, 2, \cdots, N_{\text{pop}} \tag{123.3}$$

其中,N_{pop} 和 N_{var} 分别为初始雨滴群体数量和设计的变量数目。

首先,创建雨滴群体 N_{pop},N_{sr} 是选择代价最低值的河流(用户参数)和海洋(一个)的总数目,其计算公式如下:

$$N_{\text{sr}} = \text{Number of Rivers} + \underbrace{1}_{\text{Ser}} \tag{123.4}$$

其余的雨滴的数量(雨滴形成的溪流,流入河流或可能直接流入海)由式(123.5)来计算。

$$N_{\text{Raindrops}} = N_{\text{pop}} - N_{\text{sr}} \tag{123.5}$$

为了设计和确定雨滴对河流和海洋的流动密度,每条溪流流入特定的河流或者海洋。因此流入指定河流和海洋的溪流数目 NS_n 的计算公式如下:

$$NS_n = \text{round}\left\{\left|\frac{\text{Cost}_n}{\sum_{i=1}^{N_{\text{sr}}} \text{Cost}_i}\right| \times N_{\text{Raindrops}}\right\} \quad n = 1, 2, \cdots, N_{\text{sr}} \tag{123.6}$$

其中,Cost 为流入特定的河流或海洋溪流的代价函数(适应度函数)。

2. *溪流、河流和海的位置更新*

如上所述,由雨滴引起的溪流彼此结合以形成新的河流。一些溪流也可以直接流入大海,所有的河流和溪流最终流到大海(最优点)。图 123.2 给出了一个特定河流的流向示意图,其中黑点表示流,星号表示河流。

如图 123.2 中所示,一个流沿着它们之间的连线流入到河边,一个随机选择的距离为

$$X \in (0, C \times d) \quad C > 1 \tag{123.7}$$

其中,C 是 1 和 2 之间的一个值,最好选择为 2;d 表示溪流和河流之间的当前距离;X 的值是介于 0 和 $C \times d$ 之间的随机数(均匀的或是任何适当的分布)。C 的值大于 1,能使溪流在不同的方向流向河流,这也同样适用于流向大海的河流。因此,定义溪流和河流的新位置为

$$X_{\text{Stream}}^{i+1} = X_{\text{Stream}}^i + \text{rand} \times C \times (X_{\text{River}}^i - X_{\text{Stream}}^i) \tag{123.8}$$

$$X_{\text{River}}^{i+1} = X_{\text{River}}^i + \text{rand} \times C \times (X_{\text{Sea}}^i - X_{\text{River}}^i) \tag{123.9}$$

其中,rand 是 0~1 的均匀分布的随机数。如果溪流所提供的解比其他河流连接的解更好,那么河流和溪流的位置进行交换(即流变成河流,河流变流)。同样,这种交换也用于河流和海洋之间的交换。图 123.3 描述在其他溪流中一个最好解的流和河流的位置交换,其中星号表示河流,黑点表示溪流。

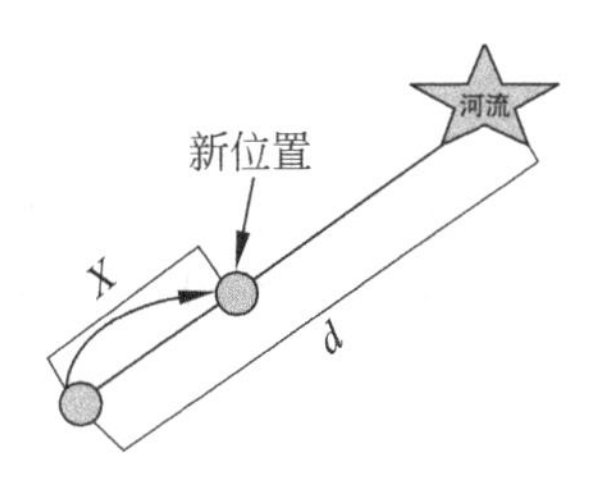

图 123.2 一个特定河流的流向示意图

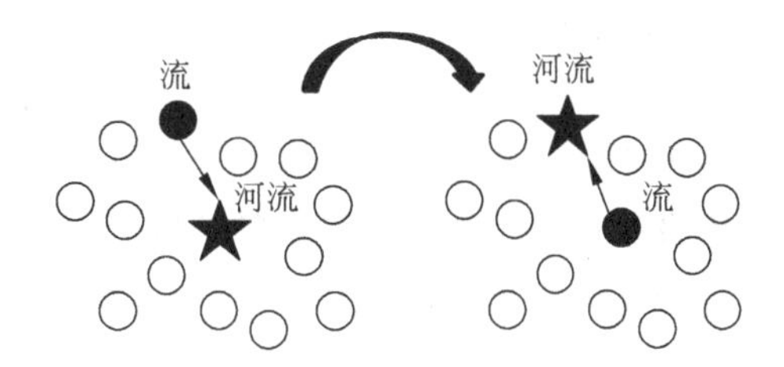

图 123.3 溪流中一个最好解的流和河流的位置交换

3. 蒸发条件

蒸发是防止算法早熟收敛最重要的因素之一。在 WCA 中,为了避免陷入局部最优,假设蒸发过程中会使海水同流向海洋的溪流、河流一样蒸发。

如果一条河流和海洋之间的距离 $|X_{\text{Sea}}^{i}-X_{\text{River}}^{i}|<d_{\max}, i=1,2,\cdots,N_{\text{sr}}-1$,则蒸发和降雨过程结束,表明河流已入海。其中,$d_{\max}$ 是一个接近零的小数。在这种情况下,施加蒸发过程,经过一段足够的蒸发后,在自然界中看到开始下雨。因此,$d_{\max}$ 可以用来调节邻近海(最优解)的搜索强度,$d_{\max}$ 值自适应地降低为

$$d_{\max}^{i+1}=d_{\max}^{i}-\frac{d_{\max}^{i}}{\text{max iteration}} \tag{123.10}$$

其中,max iteration 为最大迭代数。

4. 降雨过程

在 WCA 中满足蒸发条件后,施加降雨过程。新的雨滴在不同的地点(与 GA 变异算子的作用类似)形成溪流。对于新形成的溪流,要确定它的位置可使用下式:

$$X_{\text{Stream}}^{\text{new}}=\text{LB}+\text{rand}\times(\text{UB}-\text{LB}) \tag{123.11}$$

其中,LB 和 UB 分别为由给定的问题定义的下限和上限;rand 为 0~1 之间的随机数。

同样,认为最新形成的雨滴像一条流向大海的河。假设其他新的雨滴形成新的流,流入河流或可能直接流入海。为了提高约束问题算法的收敛速度和计算性能,式(123.12)仅适用于流直接流入海,目的是鼓励在约束问题可行区域产生的流直接流向附近的海(最优解)。

$$X_{\text{Stream}}^{\text{new}}=X_{\text{sea}}+\sqrt{\mu}\cdot\text{randn}\cdot(1,N_{\text{var}}) \tag{123.12}$$

其中,randn 为正态分布的随机数;μ 为一个系数,它表示搜索区域附近海域的范围,μ 值设定为 0.1 较为合适。μ 值越大,退出可行解区域的可能性越大,而较小的 μ 值会导致搜索算法在附近海面的较小区域搜索。因此,μ 决定着新产生个体的分散程度。

从以上公式可以看出,降雨分为两种:一种降雨将在问题空间内产生随机个体,以增加种群个体的多样性;另一种降雨过程则在海洋附近产生降雨,以便在当前最优值附近继续寻找其他较优值。

5. 约束处理

在搜索空间中,溪流和河流可能违反特定问题的约束或设计变量的限制。在当前的工作中,基于修改后的可行解机制来处理这个问题,约束处理采用进化策略中的以下 4 个规则。

规则 1:任何可行解要优于不可行解,一些可行解是在某些不可行解中优选中产生的。

规则 2:当不可行解是违反约束条件极少的情况下被视为可行解。在第一次迭代从 0.01 到最后一次迭代 0.001 的不可行解被认为是可行解。

规则3：在两个可行解中，首选具有目标函数值更好的一个。

规则4：在两个不可行解中，选择违反约束总数较小的一个。

使用规则1和规则4搜索是面向可行解域而不是不可行解域。使用规则3指导搜索到可行解域中良好的解。对于大多数的结构优化问题，全局最小值位于或接近一个设计可行空间的边界。通过应用规则2，溪流和河流接近边界，并能以较高的概率达到全局最小值。图123.4给出了水循环算法示意图。

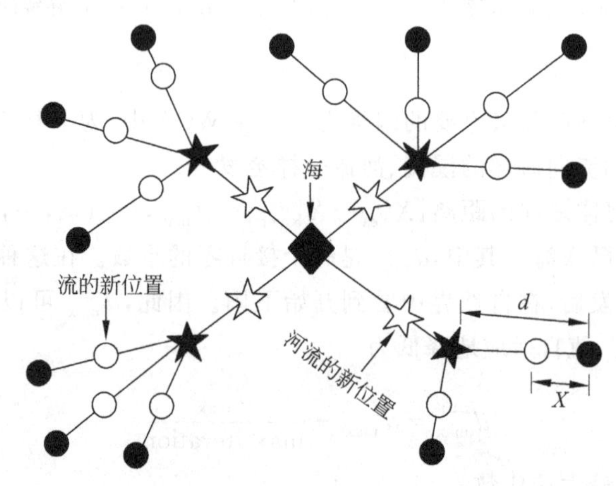

图123.4　水循环算法示意图

6. 收敛准则

当完成一次迭代计算后，检查是否达到最大迭代次数。如果是，则终止迭代计算；否则，继续进行迭代计算。

123.5　水循环算法的实现步骤及流程

水循环算法的实现步骤概括如下。

(1) 选择初始参数：河流和海洋的总数 N_{sr}；海洋(最优解)个数为1，极小值为 d_{max}；雨滴的群体数 N_{pop}；最大迭代次数 max iteration。

(2) 随机生成初始雨滴群体，并用式(123.2)、式(123.4)和式(123.5)形成初始降雨、河流和海。

(3) 使用式(123.3)计算每一个雨滴的代价值(适应度值)。

(4) 使用式(123.6)确定河流和海洋流的密度。

(5) 通过式(123.8)使溪流流向河流。

(6) 使用式(123.9)确定河流流入海的最下坡的位置。

(7) 河流同溪流交换位置给出最好解，如图123.3所示。

(8) 类似于步骤(7)，如果找到一条河的解比海的更好，则河流与海的位置交换。

(9) 检查是否满足蒸发条件。

(10) 如果满足蒸发条件时，使用式(123.11)和式(123.12)产生降雨过程。

(11) 利用式(123.10)减少用户定义的参数 d_{max} 的值。

(12) 如果满足停止条件,则算法停止运行;否则返回到步骤(5)。

水循环算法的流程如图 123.5 所示。

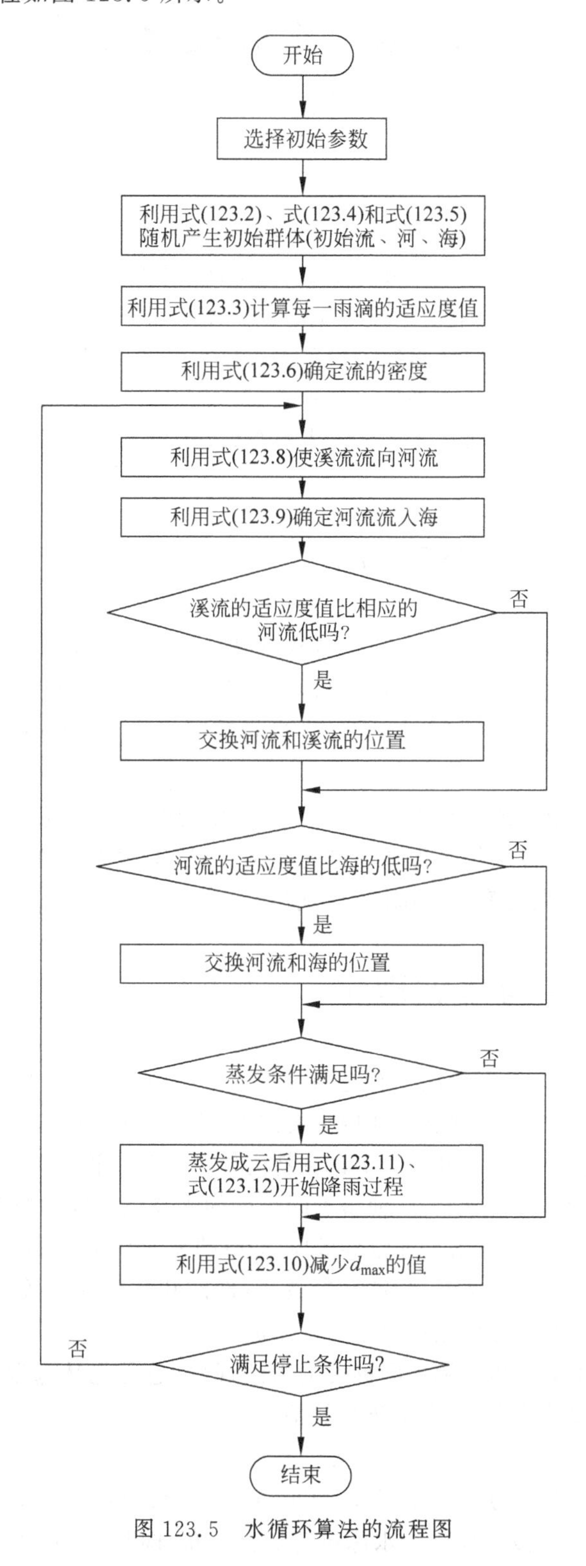

图 123.5　水循环算法的流程图

第124章　水波优化算法

水波优化算法是一种模拟水波的传播、折射和碎浪现象的启发式算法。它将问题的搜索空间类比为海床,将问题的每个解类比于一个"水波"对象。水波的适应度与其到海床的垂直距离成反比:距海平面越近的点对应的解越优,相应的水波能量越高,水波的波高就更大、波长就更小。这使得较优的解在较小的范围内进行搜索,而较差的解在较大的范围内进行搜索,从而促进整个种群不断向更优的目标进化,进而达到最优化的目的。本章介绍水波现象与浅水波理论,以及水波优化算法的基本原理、数学描述、算法实现步骤及流程。

124.1　水波优化算法的提出

水波优化(Water Wave Optimization, WWO)算法是2015年由郑宇军等提出的一种基于浅水波理论的仿自然优化算法。该算法通过模拟水波的传播、折射和碎浪现象,在问题空间中将种群中的每个个体类比于一个"水波"对象进行高效搜索。WWO算法的结构简单,控制参数较少,所用的种群规模也较小。

一组重要的基准函数的测试结果表明,WWO算法的综合性能高于生物地理学优化、重力搜索算法、觅食搜索、蝙蝠算法等其他新兴进化算法。WWO算法已被成功用于一个铁路调度问题,在实际工程优化问题上有较广阔的应用前景。

124.2　水波现象与水波理论

水波现象,引人入胜。典型的例子有涟漪荡漾的毛细波,有海滩上的滚滚碎波,有大海上的惊涛骇浪,更有潮汐、冲浪、海啸和海洋内层的内波,千变万化,形态各异。

在所有波动现象中,水波区别于其他波的独特之处在于自由平面的存在,且为其他波动所不及。首先,水波有非常显著的频散特性,使得不同长度的水波以不同的"相速"传播,更有不同的"群速",传输波能。此外,还有水波的非线性效应(即解的叠加原理不再成立)随波幅而增加。

由于水波分为浅水波和深水波、长波和短波、线性波和非线性波等,因此水波理论领域的研究内容极其广泛。水波优化算法主要涉及浅水波理论。

建立水波模型用于描述和预测不同种类的水波现象,总是先从选取适当的尺度和参数开始。在这些主要的物理参数中,两个主要参数是:

$$\alpha = a/h,\quad \varepsilon = h^2/\lambda^2 \tag{124.1}$$

用来衡量一个(或一列)波幅为 a,波长为 λ,在水深为 h 上的行波(或驻波),由 α 来描述波的非线性效应,ε 描述波的频散效应。若水深再有变化分布,即与 α 和 ε 形成水波理论的3个主要参数。此外,还有代表其他物理特性的参数等,此处不再赘述。

124.3　水波优化算法的基本原理

水波优化算法源于对浅水波理论的模拟。模拟浅水中高幅、长波的一阶近似理论称为经典浅水理论。引入静水压假设，完全略去流体在垂直方向的加速度效应。由这一假设可以把每一浅水长波流动比喻为一个确定的可压缩气体流动，浅水中的任何一个长波，其波速随当地波高一起增减，即波峰前缘越走越陡，而波后缘越走越缓(直至原假设不复成立)。此比拟首先用于描述浅水中的涌潮，也有实际现象可以观察。

水波的传播速度和波高有关，波形中不同高度的各点传播速度与高度成正比。如图 124.1 所示，水波波长越长且波高越低的点，则具有更低的能量；反之，若水波波长越短且波高越高的点，则具有的能量越高。

波速等于波长除以行走一个波长距离的时间(周期)，因为水波周期是不变的，所以波长会随水深而变化。

水波在传播中，如果水波入射方向不垂直于等深线，那么它的方向将被折射。可以看到，在深水区发散的水波纹线将收敛于浅水区，如图 124.2 所示。

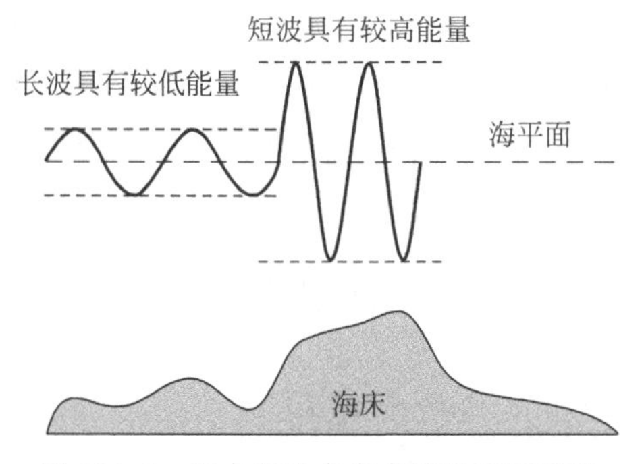

图 124.1　深水和浅水中水波的不同形状

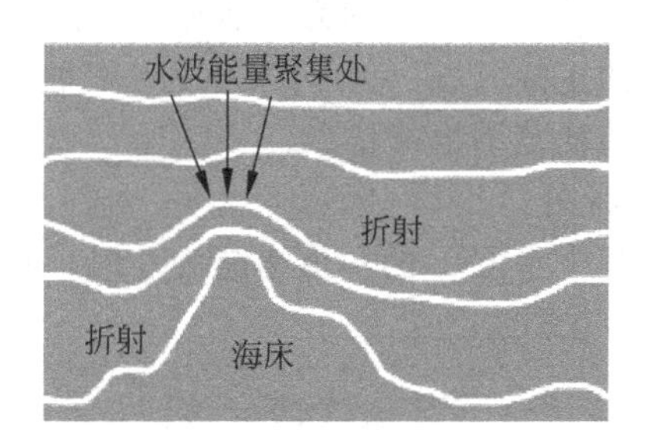

图 124.2　水波的折射

水波在传播过程中，当波移动到一个水深低于某一阈值的位置时，波峰速度超过了波速。因此，波峰会变得越来越陡峭，最终发生破碎，成为一系列的孤波，或者是当波面上的粒子垂直加速度大于重力加速度时，就会出现碎波，如图 124.3 所示。

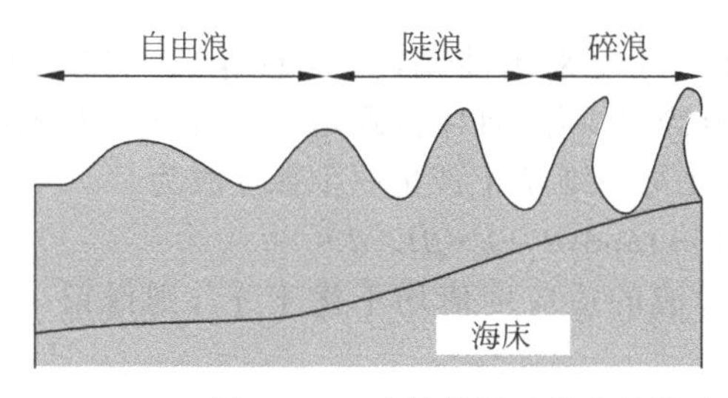

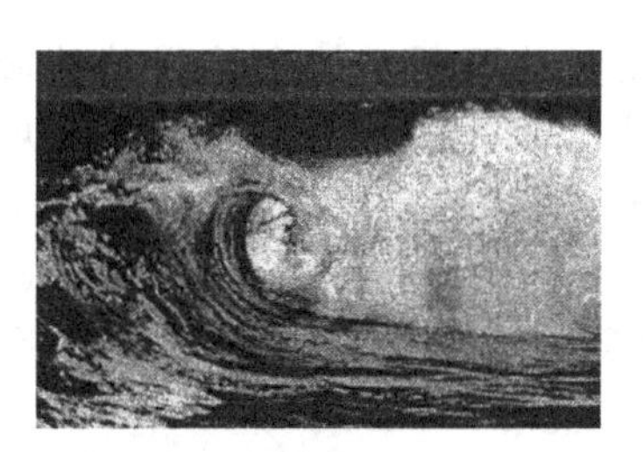

图 124.3　水波传播过程中最终破碎的过程及碎浪的照片

WWO 算法将问题的搜索空间类比为海床，将问题的每个解类比于一个“水波”对象，水波的适应度与其到海床的垂直距离成反比。距离海平面越近的点，对应的解越优，相应的水波能量越高，那么水波的波高 h 更大、波长 λ 更小，如图 124.2 所示。这使得较优的解在较小的范围内进行搜索，而较差的解在较大的范围内进行搜索，从而促进整个种群不断向更优的目标进化,这就是水波优化算法的基本原理。

124.4 水波优化算法的数学描述

WWO算法在初始化时将每个水波的 h 值设置为一个整数常量 $h_{\max}$,λ 值设置为0.5。WWO算法在进化过程中,设计了水波的传播、折射和碎浪3种基本操作来进行全局搜索。

1. 传播

在WWO算法的每次迭代中,种群中的每个水波都会传播一次。设问题的维度为 D,当前水波 X 在每一维的位置记为 $x(d)$,其传播后在每一维的新位置变为

$$x'(d)=x(d)+\mathrm{rand}(-1,1)\lambda L(d) \tag{124.2}$$

其中,rand(−1,1)为[−1,1]范围里的一个均匀分布的随机数;$L(d)$为搜索空间在第 d 维的长度($1\leqslant d\leqslant D$)。如果某一维的新位置超出了有效范围,则将其随机设置为有效范围内的一个位置。

令 f 表示问题的适应度函数,传播后计算新波 x' 的适应度值,如果 $f(x')>f(x)$,则 x' 在种群中取代 x,其波高重置为 $h_{\max}$;反之,x 会被保留,而其波高 h 由于能量的损耗而减1。每次迭代后,算法对种群中的每个水波 X 的波长更新如下:

$$\lambda=\lambda\cdot\alpha^{-(f(X)-f_{\min}+\varepsilon)/(f_{\max}-f_{\min}+\varepsilon)} \tag{124.3}$$

其中,$f_{\max}$ 和 $f_{\min}$ 分别为当前种群中的最大和最小适应度值;α 为波长的衰减系数;ε 为一个极小的正数(以避免分母发生为0的情况)。由式(124.3)可知,适应度值越大则波长越短,相应的传播范围也就越小。

2. 折射

当某个水波 x 的 h 值递减为0时,对其进行折射操作以避免搜索停滞,折射后每一维的位置计算公式如下:

$$x'(d)=N\left(\frac{x^*(d)+x(d)}{2},\frac{|x^*(d)-x(d)|}{2}\right) \tag{124.4}$$

其中,x^* 为目前位置所找到的最优解;$N(\mu,\sigma)$为均值 μ、方差 σ 的高斯随机数。折射后新波 x' 的波高同样重置为 $h_{\max}$,同样使得解的适应度与波长成反比,波长更新公式如下:

$$\lambda'=\lambda\frac{f(x)}{f(x')} \tag{124.5}$$

3. 碎浪

水波能量的不断增加会使得其波峰变得越来越陡峭,直至破碎成一连串的孤立波。WWO算法对每个新找到的最优解 x^* 执行碎浪操作,具体方式是先随机选择 k 维(k 是介于1和一个预定义参数 $k_{\max}$ 之间的随机数),在每一维 d 上产生一个孤立波为

$$x'(d)=x(d)+\mathrm{rand}(0,1)\cdot\beta L(d) \tag{124.6}$$

其中,β 为碎浪系数。如果生成的所有孤立波的适应度值均不优于 x^*,则保留 x^*;否则将 x^* 替换为最优的一个孤立波。

124.5 水波优化算法的实现步骤及流程

设初始种群规模为 n,求解优化问题的维数为 D,目标适应度函数 $f(x)$,算法所找到的最优解 x^*。基本WWO算法步骤描述如下。

(1) 随机初始化一个种群,计算每个水波(解)x 的适应度值 $f(x)$,找出其中的最优解 x^*。

(2) 若满足终止条件，则返回当前已找到的最优解 x^*，算法结束。

(3) 对种群中的每个解 x 执行下列过程。

① 按式(124.2)执行传播操作，得到一个新波 x'。

② 若 $f(x')>f(x)$，则用 x'替换 x。

a. 若 $f(x')>f(x^*)$，则用 x'替换 x^*，按式(124.6)对 x 执行碎浪操作。

b. 将种群中的 x 转换为 x'。

③ 否则，将 x 的波高 h 减 1。

若 $h=0$，则按式(124.4)和式(124.5)对 x 执行折射操作。

④ 按式(124.3)更新每个水波的波长。

(4) 更新种群中的所有解的波长，而后转步骤(2)。

水波优化算法的实现流程如图 124.4 所示。

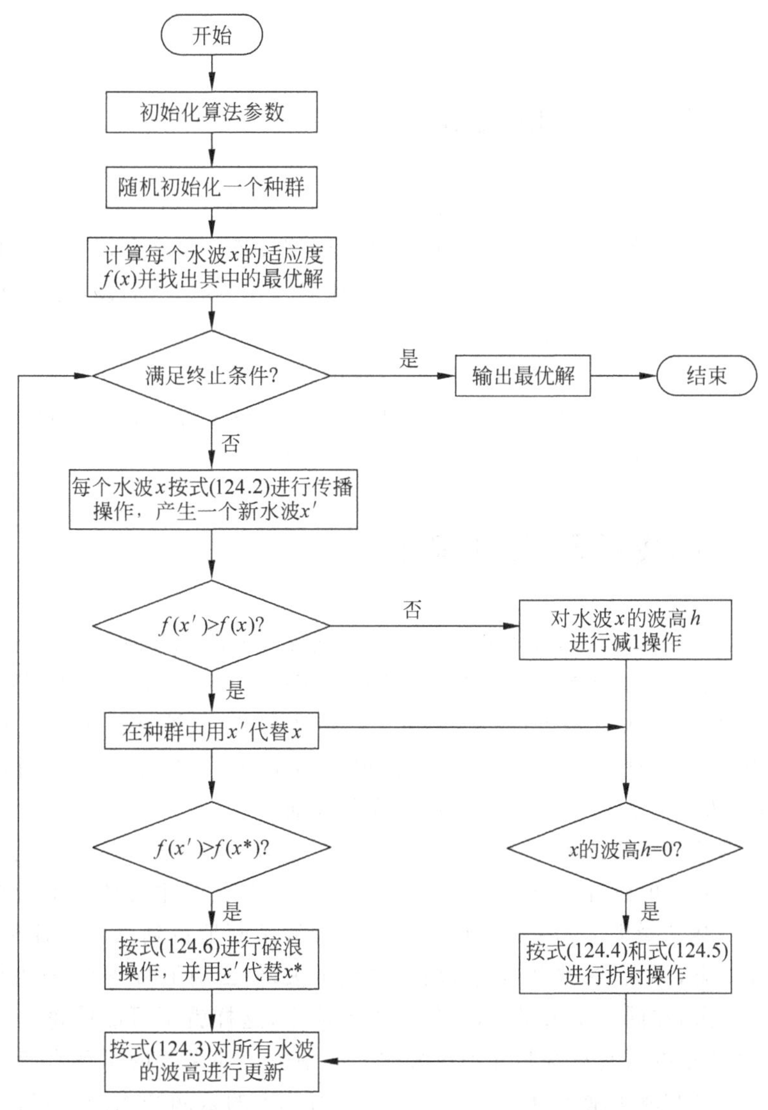

图 124.4　水波优化算法的实现流程图

第 125 章　人工雨滴算法

人工雨滴算法是受自然降雨的启发，模拟雨滴形成、雨滴自身变化、降雨循环过程而设计的一种启发式优化算法。该算法将雨滴视为优化问题的一个可行解，将降落到地面上的雨滴从高向低处流动汇聚到的最低点视为全局最优解。人工雨滴算法包括 5 个操作：雨滴产生、雨滴降落、雨滴碰撞、雨滴汇流、蒸汽更新。本章介绍雨滴形成及降雨过程分析，以及人工雨滴算法的基本思想、数学描述、实现步骤及流程。

125.1　人工雨滴算法的提出

人工雨滴算法(Artificial Raindrop Algorithm，ARA)是在 2015 年由 Jiang Qiaoyong 和 Wang Lei 等提出的。该算法受自然界中的降雨过程启发，通过观察降雨过程对地表面的全覆盖及雨水在地表面凹处的汇聚，联想降雨与求解优化问题相对应，从而设计出一种新的模拟自然现象的元启发式优化算法，而后又推出 ARA 的更新版 ARA_E。通过对 14 个标准测试函数及用于训练神经网络对两个非线性函数逼近问题的仿真，并将 ARA_E 与 WCA、PSO、ABC、GSO、SOA、CS、BMO、SSO、COR、GSA、MBA、SFS、SMS、ISA 等优化算法进行对比，结果表明，人工雨滴优化算法(ARA_E)在整体性能上具有竞争力。

125.2　雨滴形成及降雨过程分析

雨滴是怎样形成的？雨是从云中降落的水滴。地球上的陆地和海洋等存在的水表面受到太阳光的照射受热蒸发变成水蒸气，水蒸气上升到一定高度之后遇冷便凝聚变成小水滴。这些小水滴都很小，直径为 0.0001～0.0002mm。它们又小又轻，被空气中的上升气流托在空中。就是这些小水滴在空中聚成了云，它们在云里互相碰撞，合并成大水滴，当它们大到空气托不住的时候，就从空中落了下来，形成了雨滴降到地面。

降到地面雨滴的体积要比云中小水滴增大一百多万倍。而体积的变大一是依靠凝结和凝华增大；二是依靠云滴的碰撞并增大。在雨滴形成的初期，云滴主要依靠不断吸收云团四周的水汽来使自己凝结和凝华。如果云团内的水汽能源源不断地得到供应和补充，使云滴表面经常处于过饱和状态，那么，这种凝结过程将会继续下去，使云滴不断增大，成为雨滴。但有时云内的水汽含量有限，在同一块云里，水汽往往供不应求，这样就不可能使每个云滴都增大为较大的雨滴，有些较小的云滴只好归并到较大的云滴中去。如果云内出现水滴和冰晶共存的情况，那么，这种凝结和凝华增大过程将大大加快。当云中的云滴增大到一定程度时，由于大云滴的体积和重量不断增加，它们在下降过程中不仅能赶上那些速度较慢的小云滴，而且还会“吞并”更多的小云滴而使自己壮大起来。当大云滴越长越大，最后大到空气再也托不住它时，便从云中直落到地面,成为我们常见的雨水。

对雨滴自身的分析,假设雨滴落到平滑的地表面,对单个雨滴来说,主要抽象出其反应、扩散和消耗这 3 个重要特征,分别对应为点的作用、对周围的作用和自身作用。举例来说,当单个雨滴落到地表面,对这一点发生作用(在不考虑质量的情况下)为反应;单个雨滴本身具有一定的质量,落地后会向周围作用,作用为一个面,即为扩散;随着时间的推移和雨滴的扩散,如水分的蒸发、地面对雨水的吸收等,雨滴的质量会逐渐减少,这是自身发生了作用,即为消耗。而对多个雨滴来说,如果发生碰撞,主要表现为融合,相互结合形成一个较大的雨滴。也就是说,雨滴本身能够在一定范围内实现对地表面的搜索。

对降雨过程的分析。假设雨滴落到一个凹凸不平的地表面,将下雨过程分为两部分:第一部分,从空中到地表面,即雨滴未接触任何其他物质,在不考虑风等外力改变雨滴落点位置的前提下,其仅受到重力、浮力等外力的影响,下落速度有所改变,雨滴质量发生改变,下落的距离对于雨滴质量的变化起到决定作用;第二部分,从地表面到凹处(地表面的相对最低点),即由于雨滴本身具有一定的质量,接触地表面后必然要受到重力的作用而向下流动。雨滴一直流动,直到流动到最低点停止,此时可以观察到在地表面的凹处,汇聚了一定量的雨滴。

从雨滴形成、雨滴自身及降雨过程的分析来看,对于一个自身凹凸不平的地表面,完整的降雨过程(雨量充足)是对地表面的全覆盖,而汇聚在地表面凹处的雨滴实际就是实现了对所有地表面极小值点的搜索。整个降雨过程是对整个地球表面最低处的全局搜索。

125.3　人工雨滴算法的基本思想

人工雨滴算法的设计灵感源于对自然降雨现象的观察和分析。通过对雨滴的形成、雨滴自身变化、降雨过程进行分析和研究,建立描述雨滴的计算模型。ARA 将雨滴视为具有一定质量的粒子,以群的形式存在,通过粒子不断的扩散、流动和汇聚操作,模拟降雨过程雨点不断地飘落,到达地面时向低处流动,更多的雨点汇聚流向凹处,直到流到地表面最低点停止。此时可以观察到在地表面的凹处,汇聚了一定量的雨滴。每一个雨滴的流动表现出一个完整的对地表面凹处的局部搜索过程,而整个降雨过程是对地表面最低点的全局搜索过程,如图 125.1 所示。

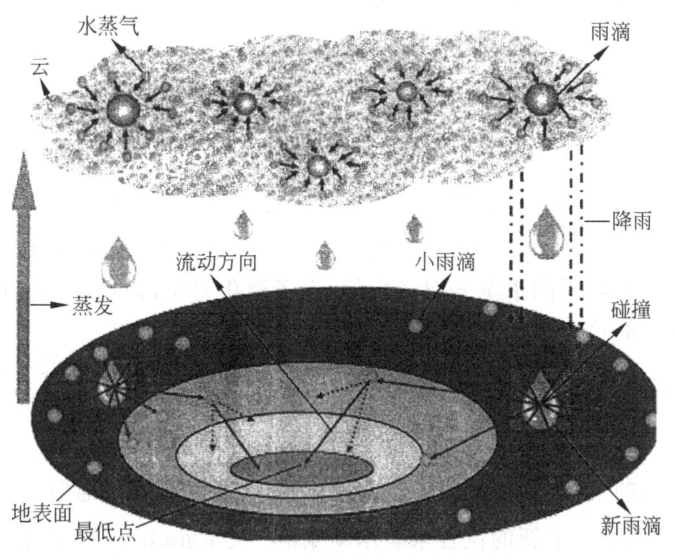

图 125.1　雨滴的变化过程示意图

雨滴的适应度值由相应的高度评价，海拔最低的位置对应于最优解。不难看出，降雨过程对应优化问题的求解过程。通过雨滴的相应高度来评价其性能，显然海拔最低的位置对应于最优解。

人工雨滴算法原理示意如图125.2所示。降雨过后雨水在太阳光照射中受热又会不断蒸发，返回大气中，形成云，在适当条件下，又会降雨，如此反复一次，对应着优化算法完成一个搜索周期。

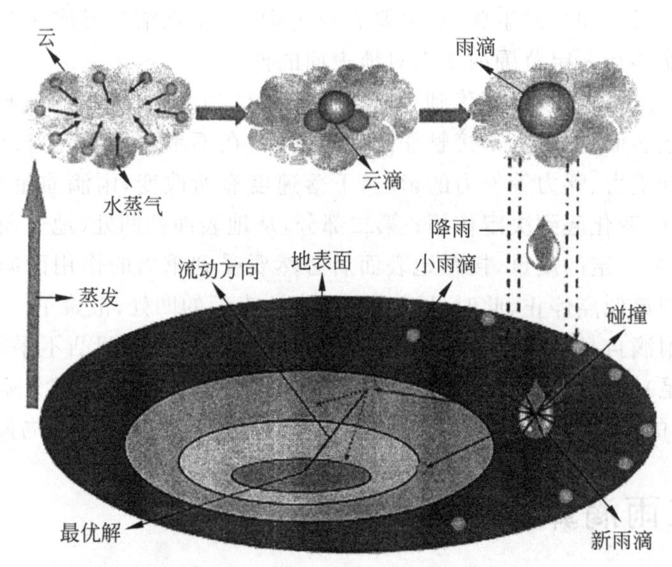

图125.2　人工雨滴算法原理示意图

125.4　人工雨滴算法的数学描述

人工雨滴算法(ARA)的操作过程可以概括为5个阶段：雨滴产生、雨滴降落、雨滴碰撞、雨滴汇流、蒸汽更新。每一操作过程分别描述如下。

1. 雨滴产生

在搜索空间随机放置 N 个蒸汽微粒作为初始种群，每个蒸汽粒子都有相应的位置，粒子 i 的位置坐标如下：

$$\text{Vapor}_i=(x_i^{(1)},x_i^{(2)},\cdots,x_i^{(d)},\cdots,x_i^{(D)}),\quad i=1,2,\cdots,N \tag{125.1}$$

其中，N 为雨滴群的规模；D 为问题的维数；$x_i^{(d)}$ 为蒸汽粒子 i 在第 D 维的位置。

雨滴是通过不断吸收周围水蒸气而产生的，为了简化起见，假设该雨滴位置是水蒸气环境的几何中心。因此它的位置可以定义如下：

$$\text{Raindrop}=\left(\frac{1}{N}\sum_{i=1}^{N}x_i^{(1)},\frac{1}{N}\sum_{i=1}^{N}x_i^{(2)}\cdots,\frac{1}{N}\sum_{i=1}^{N}x_i^{(d)},\cdots,\frac{1}{N}\sum_{i=1}^{N}x_i^{(D)}\right) \tag{125.2}$$

2. 雨滴降落

在忽略外部因素的情况下，雨滴将通过自由落体从云中降落到地面。显然一组雨滴的位置是变化的，雨滴移动到一个新的位置来表示新雨滴。令$\text{Raindrop}^{(d_i)}$是第 d_i 维雨滴的位置，其中 $d_i\,(i=1,2,3,4)$从集合$\{1,2,\cdots,D\}$中任意选择。雨滴$\text{New_Raindrop}^{(d_1)}$可以通过雨滴

$Raindrop^{(d_2)}$、$Raindrop^{(d_3)}$和$Raindrop^{(d_4)}$的线性组合获得。同样，其他的 New_Raindrop 可定义如下：

$$\begin{cases} New\_Raindrop^{(d)} = Raindrop^{(d_2)} + \phi \cdot (Raindrop^{(d_3)} - Raindrop^{(d_4)}) & d = d_1 \\ New\_Raindrop^{(d)} = Raindrop^{(d)} & 其他 \end{cases} \tag{125.3}$$

其中，ϕ 为$(-1,1)$内的随机数，$d=1,2,\cdots,D$。

3. 雨滴碰撞

当 New_Raindrop 接触地面，由于速度和质量的原因它会分裂成许多小雨滴。然后这些小雨滴($Small\_Raindrop_i, d=1,2,\cdots,N$)将飞向四面八方扩散。因此，$Small\_Raindrop_i$ 可设计如下：

$$Small\_Raindrop_i = New\_Raindrop + \mathrm{sign}(\alpha - 0.5) \cdot \log(\beta) \cdot (New\_Raindrop - Vapor_k) \tag{125.4}$$

其中，k 为从集合$\{1,2,\cdots,D\}$中任意选择的指数；α 和β 为$(0,1)$范围内两个均匀分布的随机数；sign 为符号函数。

4. 雨滴汇流

在重力的作用下，这些$Small_Raindrop_i(i=1,2,\cdots,N)$将向从高至低的海拔高度方向流动，它们最终会停止在海拔较低的地方(即最优解)。在算法进化的过程中，这些较好的解可以提供更好的搜索方向的信息。因此，设计雨滴池(RP)的目的是跟踪到目前为止搜索发现较低的位置，雨滴池的更新过程如下。

(1) RP 初始化为搜索空间的任何可行解。

(2) 现有种群的最优解在每次迭代后添加到 RP 中。

(3) 如果 RP 的大小超过预先给定的阈值，则在 RP 中随机删除一些可行解以稳定 RP 的大小，减少计算量。

此外，雨滴 $\boldsymbol{d}_i$ 的流动方向由$Small_Raindrop_i(i=1,2,\cdots,N)$和两个向量 $\boldsymbol{d}1_i$、$\boldsymbol{d}2_i$ 的线性组合来决定，$\boldsymbol{d}_i$、$\boldsymbol{d}1_i$ 及 $\boldsymbol{d}2_i$ 描述如下：

$$\boldsymbol{d}1_i = \mathrm{sign}(F(RP_{k_1}) - F(Small\_Raindrop_i)) \cdot (RP_{k_1} - Small\_Raindrop_i) \tag{125.5}$$

$$\boldsymbol{d}2_i = \mathrm{sign}(F(RP_{k_2}) - F(Small\_Raindrop_i)) \cdot (RP_{k_2} - Small\_Raindrop_i) \tag{125.6}$$

$$\boldsymbol{d}_i = \tau_1 \cdot rand1_i \cdot \boldsymbol{d}1_i + \tau_2 \cdot rand2_i \cdot \boldsymbol{d}2_i \tag{125.7}$$

其中，RP_{k_1} 和RP_{k_2} 为 $RP(k_1,k_2 \in \{1,2,\cdots,|RP|\})$中的任意两个可行解；$\tau_1$ 和 τ_2 为 $Small\_Raindrop_i$ 的两个流动步长参数；$rand1_i$ 和$rand2_i$ 为$(0,1)$内的均匀分布的随机数；$F(\cdot)$为适应度函数。因此，$New\_Small\_Raindrop_i$ 可以定义如下：

$$New\_Small\_Raindrop_i = Small\_Raindrop_i + \boldsymbol{d}_i \tag{125.8}$$

然而，$Small\_Raindrop_i$ 在实际环境中不可能一直在流动，有必要引入一个参数 Max_Flow_Number 控制流动的最大数目。之后，它们将保持在海拔相对较低的位置或在流动后蒸发。

5. 蒸汽更新

在雨滴汇流结束时，雨滴通过蒸发的水蒸气就会返回大气进一步形成新的雨滴。为了提高 ARA 的计算性能和收敛速度，在蒸汽更新中，从 New_Small_Raindrop∪Vapor 中使用排序方法，选出 N 个最佳的解作为下一代雨滴群体。

125.5 人工雨滴算法的循环过程流程

人工雨滴算法(ARA)的循环过程流程如图125.3所示。循环过程包括蒸汽初始化、雨滴产生、雨滴降落、雨滴碰撞、雨滴汇流、雨滴更新、蒸汽更新，终止。

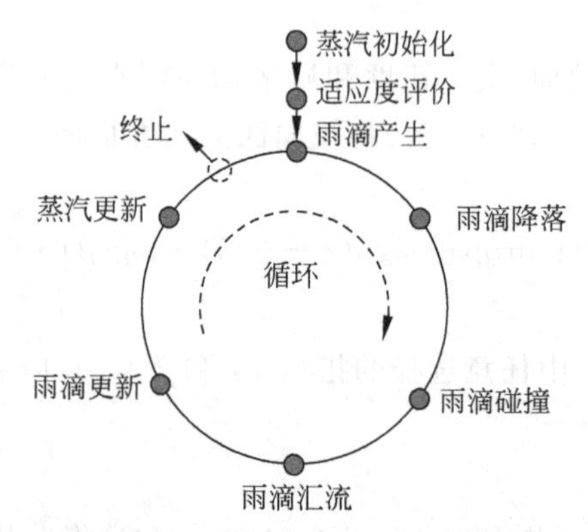

图125.3 人工雨滴算法(ARA)的循环过程流程图

第126章　云搜索优化算法

云搜索优化算法是模拟自然界云的生成、动态运动、降雨和再生成现象所建立的一种搜索优化算法。移动的云可以弥漫于整个搜索空间,使得新算法具有较强的全局搜索能力;收缩与扩张的云团在形态上会有千奇百怪的变化,使得算法具有较强的局部搜索能力;降雨后产生新的云团可以保持云团的多样性,使搜索避免陷入局部最优。用于函数优化的仿真结果表明,该算法具有精确的、稳定的全局求解能力。本章介绍云搜索优化算法的基本思想、数学描述及实现步骤。

126.1　云搜索优化算法的提出

云搜索优化(Clouds Search Optimization,CSO)算法是2011年由曹炬和殷哲提出的一种模拟自然云的搜索算法。该算法是基于云的生成、动态运动、降雨和再生成等自然现象建立的一种搜索优化算法。生成与移动的云可以弥漫于整个搜索空间,使得该算法具有较强的全局搜索能力;收缩与扩张的云团在形态上会有千奇百怪的变化,使得算法具有较强的局部搜索能力;降雨后产生新的云团可以保持云团的多样性,使搜索避免陷入局部最优。

通过对13种测试函数的仿真结果表明,该算法具有精确、稳定的全局求解能力,并证明了该算法能依概率1收敛于全局最优解。

126.2　云搜索优化算法的基本思想

地面上的水和江、河、湖泊中的水,受到太阳光的照射变热而蒸发,在高空冷凝形成小水滴或小冰晶,混合后可统一称为小水滴。随时间推移,小水滴会变多,当它的大小达到人眼可辨识的程度时就在天空形成朵朵云团,如图126.1所示。

图126.1　天空形成的朵朵飘浮移动云团照片

各朵云团不断运动,一方面在空中整体进行有一定规律的飘浮移动。高低气压差会产生由高气压处流向低气压处的气流,气流运动产生风,各朵云团大体会在风的作用下由气压高处飘到气压低处,似乎在寻找一个共同的目的地。另一方面,云团自身的形态也不断变化。新生云团中的水滴杂乱无章地飘散开,在周围气流、内部气压及不均匀温度分布的影响下,水滴慢慢聚集,之后有规律地收缩或扩张,形成千奇百怪的姿态。云团继续飘移时吸收小水滴、小冰晶及空气中的灰尘,待云团达到一定重量,若其温度过低,会形成降雨,云团即刻消失,在天空中的某个位置又会有新的云团产生。

移动的云团可以覆盖整个地球的上空,具有较强的弥漫性,云团的动态运动又与鸟群、鱼群有类似的群体运动特性,而降雨再产生新云团的过程又与生物进化论中的优胜劣汰机制相似。模拟云的生成、动态运动、降雨和再生成等自然现象,可以构建一种新的优化算法——云搜索优化算法。

126.3 云搜索优化算法的数学描述

1. 算法相关概念

云团:由水滴组成,带动水滴一起移动,其形状抽象为一个球。

云团半径:云团球形体的半径,大小 R 为 $\lambda(X_{\max}-X_{\min})$,其中 $\lambda\in(0,1)$ 为半径因子;$X_{\min}$ 为优化问题搜索空间的下限;$X_{\max}$ 为优化问题搜索空间的上限。

水滴:优化问题的潜在最优解,云团的组成部分,第 i 朵云团中的第 j 水滴在空间中的位置记为 $X_{ij}=(X_{ij1},X_{ij2},\cdots,X_{ijn})$。

云团中心水滴:每朵云团都有一个处于云团中心位置的水滴,即云团球体形状的球心,第 i 朵云团的中心水滴的位置记为 X_{i1}。

水滴速度:水滴移动的速度,第 i 朵云团的第 j 水滴的移动速度记为 v_{ij}。

水滴适应度值:在求最大值的函数优化问题中为水滴坐标对应的函数值,在求最小值的函数优化问题中为水滴坐标对应的函数值的相反数,第 i 朵云团的第 j 水滴的适应度值记为 f_{ij}。

云团平均适应度值:云团中所有水滴的适应度值的均值,第 i 朵云团的平均适应度值记为 f_{ave_i}。

云团最优水滴:云团中适应度值最大的水滴,第 i 朵云团最优水滴的位置记为 $X_{i\mathrm{best}}$。

全局最优水滴:所有云团的所有水滴中适应度值最大的一个水滴,其位置记为 X_{gbest}。

最优水滴云团:全局最优水滴所在的云团,该云团中第 j 个水滴的位置记为 $X_{\mathrm{gbest}j}$。

云团气压:每个云团都有着自己的气压值,为处理问题方便,该值粗略地定为每个云团的平均适应度值的相反数。

云团温度:每个云团都有自己的温度值,为处理问题方便,该值粗略地定为每个云团的平均适应度值。

最优云团:气压值最小的云团,该云团的第 j 水滴的位置记为 $X_{\mathrm{pmin}j}$。

2. 云搜索优化算法

CSO 算法的整个搜索过程分为云团的生成飘移、降雨生云和内部水滴的抖动(即收缩和扩张)3 个步骤。云团的生成和飘移形成对空间的全局搜索,有较强的弥漫性;降雨生云是避免陷入局部最优、保持群体多样性的有效手段；水滴抖动是对云团内部进行局部搜索，能有效判断云团所在之处是否为最优区域，并能有效提高求解精度。3个步骤同时进行可以有效提高求解效率。

云团的飘移是由于气压差引发气流运动造成的，气压差存在于云团间，不同云团的水滴间，甚至相同云团的不同水滴之间。云团的飘移受到这3种气压差的影响，分别简化为最优云团对其他云团、全局最优水滴对其他云团及云团最优水滴对该水滴所处云团飘移的影响。

最优云团对第 i 朵云团飘移速度方向的影响因子定义为

$$\alpha_i=(X_{p\min\text{best}}-X_{i1})/\|X_{p\min\text{best}}-X_{i1}\| \tag{126.1}$$

全局最优水滴对第 i 朵云团的飘移速度方向的影响因子记为

$$\beta_i=(X_{\text{gbest}}-X_{i1})/\|X_{\text{gbest}}-X_{i1}\| \tag{126.2}$$

第 i 云团的云团最优水滴对该云团飘移速度方向的影响因子定义为

$$\gamma_i=(X_{i\text{best}}-X_{i1})/\|X_{i\text{best}}-X_{i1}\| \tag{126.3}$$

3种气压差产生的速度大小记为常数 M_1，根据影响的程度定义为

$$M_1=0.5\|X_{p\min\text{best}}-X_{i1}\|+0.3\|X_{\text{gbest}}-X_{i1}\|+0.2\|X_{i\text{best}}-X_{i1}\| \tag{126.4}$$

下面分3类给出云团在飘移后速度、位置的更新公式。

第一类：非最优水滴云团和最优云团的第 $t+1$ 次迭代速度、位置的更新公式为

$$v_{ij}^{(t+1)}=aM_1(b_1\alpha_i+b_2\beta_i+b_3\gamma_i) \tag{126.5}$$

$$X_{ij}^{(t+1)}=X_{ij}^{(t)}+v_{ij}^{(t+1)} \tag{126.6}$$

其中，a 为[0,1]区间的随机数；b_1、b_2、b_3 为飘动因子。

第二类：最优云团只受全局最优水滴与内部云团最优水滴的影响，更新公式为

$$v_{p\min j}^{(t+1)}=aM_2(0.5\beta_{p\min}+0.5\gamma_{p\min}) \tag{126.7}$$

$$X_{p\min j}^{(t+1)}=X_{p\min j}^{(t)}+v_{p\min j}^{(t+1)} \tag{126.8}$$

其中，a 为[0,1]区间的随机数；M_2 的确定与 M_1 的类似，即为

$$M_2=0.5\|X_{\text{pbest best}}-X_{p\min 1}\|+0.5\|X_{\text{g min best}}-X_{p\min 1}\| \tag{126.9}$$

第三类：最优水滴处云团的更新公式为

$$X_{\text{gbest}j}=X_{\text{gbest}j}+X_{\text{gbest}}-X_{\text{gbest1}} \tag{126.10}$$

云团必须飘动足够的时间，吸收足够多的小水滴、小冰晶与灰尘，并满足温度条件才能降雨。设置参数 rt 与降雨率 rain%，将云团按温度值由高到低排序，若某云团的排序在后 rain%，且飘动代数超过 rt，则会进行降雨，同时在搜索空间中随机产生新的云团。

收缩与扩张也需云团飘动一定的代数，待云团中的水滴稳定地聚集后才发生，以参数 s 表示需飘移的代数。收缩过程可简化为云团中的所有水滴向中心水滴的聚拢过程，当水滴与中心水滴的距离小于 ε 时，中心水滴便沿坐标轴方向扩张出新的水滴，此为扩张过程。

收缩时水滴的位置更新公式为

$$X_{ij}=X_{ij}+a(X_{i1}-X_{ij}) \quad j\neq 1 \tag{126.11}$$

其中，a 为[0,1]区间的随机数。

扩张时水滴的位置更新公式为

$$X_{ij}=X_{i1}+r\boldsymbol{n} \quad j\neq 1 \tag{126.12}$$

其中，r 为[0,R]区间的随机数；R 为云团的半径；n 轮流为(1,0,…,0)，(1,0,…,0)，…，(0,0,…,1)，(−1,0,…,0)，(0,−1,…,0)，…，(0,0,…,−1)中的一个。

126.4 云搜索优化算法的实现步骤

设目标函数和解空间均为n维,空间中每一维限定在$[X_{\min},X_{\max}]$区间。云团的个数为C_n,每个云团中的水滴数为W_n。总的迭代次数为N,当前迭代次数为t。

(1) 在空间中随机产生C_n点,作为C_n朵云团的中心水滴位置,当前的代数为云团生成时间。第i朵云团的生成时间记为CG_i,最后按公式$\lambda[X_{\max}-X_{\min}]$计算云团半径$R$,其中$\lambda\in(0,1)$。

(2) 每个云团随机产生$\phi_1,\phi_2,\cdots,\phi_{n-1},r$等参数$W_n-1$次,用来产生除中心水滴外的$W_n-1$个水滴,其中$0\leqslant\phi_{n-1}\leqslant 2\pi$;$0\leqslant\phi_1,\phi_2,\cdots,\phi_{n-2}\leqslant\pi$;$0<r\leqslant R$,第$i$朵云团中第$j$水滴的位置计算如下:

$$\begin{cases}X_{ij1}=r\cos\phi_1+X_{i11}\\X_{ij2}=r\sin\phi_1\cos\phi_2+X_{i12}\\X_{ij3}=r\sin\phi_1\sin\phi_2\cos\phi_3+X_{i13}\\\vdots\\X_{ij(n-1)}=r\sin\phi_1\sin\phi_2\cdots\sin\phi_{n-2}\cos\phi_{n-1}+X_{i1(n-1)}\\X_{ijn}=r\sin\phi_1\sin\phi_2\cdots\sin\phi_{n-2}\sin\phi_{n-1}+X_{i1n}\end{cases}\tag{126.13}$$

其中,$i=1,2,\cdots,C_n$;$j=1,2,\cdots,W_n$;$X_{ij}=(X_{ij1},X_{ij2},\cdots,X_{ijn})$为第$i$朵云团中第$j$水滴的位置;$X_{i1}=(X_{i11},X_{i12},\cdots,X_{i1n})$为第$i$朵云团的中心水滴位置。

(3) 计算所有云团内部水滴的适应度值及云团气压值,找出云团最优水滴、全局最优水滴、最优水滴云团、最优云团,将最优解更新为全局最优水滴的函数值。

(4) 飘动过程。首先用式(126.5)和式(126.6)更新非最优水滴云团和最优云团的位置;其次用式(126.7)和式(126.8)更新最优云团的位置;最后用式(126.10)更新最优水滴云团位置。

(5) 计算所有云团内部水滴的适应度值及云团温度值,将云团按温度值由高到低进行排序,找出温度最低的rain%的云团。

(6) 降雨过程。步骤(5)找出的云团中飘移代数大于等于rt的即刻消失,并按照步骤(1)和步骤(2)产生新的云团。

(7) 收缩扩张过程。云团飘动代数达到s后,用式(126.11)和式(126.12)收缩或扩张。

(8) 迭代次数$t=t+1$,若$t\leqslant N$,返回步骤(3);否则输出最优值。

第127章　气象云模型优化算法

气象云模型优化算法是模拟自然界中云的生成、移动和扩散行为而提出的一种随机优化算法。该算法通过云的移动行为和扩散行为组成了逆向搜索方法，种群以“云”的存在方式向整个搜索空间散布，用于提高种群的多样性，保证算法的全局搜索；而云的生成行为主要完成在当前全局最优位置附近进行搜索的任务，用于算法的局部搜索，保证算法的收敛性。本章介绍气象云模型算法的基本思想、数学描述、实现步骤及流程。

127.1　气象云模型优化算法的提出

气象云模型优化(Atmosphere Clouds Model Optimization，ACMO)算法是2013年由郝占聚提出的一种新随机优化算法。该算法模拟自然界中云的生成、移动和扩散行为。其中，云的移动行为和扩散行为组成了逆向搜索方法，种群以“云”的存在方式向整个搜索空间散布，用于提高种群的多样性，保证算法的全局搜索；而云的生成行为主要完成在当前全局最优位置附近进行搜索的任务，用于算法的局部搜索，保证算法的收敛性。

127.2　气象云模型优化算法的基本思想

气象云模型优化算法与云搜索优化(CSO)算法相似，但是两种算法的演化机制完全不同。CSO算法的整个搜索过程包括云团的生成漂移、降雨生云及内部水滴的抖动3个步骤，而ACMO算法将整个搜索空间模拟成由不同区域组成的空间，每个区域有自己的湿度值和气压值，算法的优化过程是通过云的生成、云的移动和云的扩张3部分完成的。它将搜索空间各地区的湿度值类比于所求问题空间各地区的适应度值；用各地区的气压值模拟历史上云滴飘过的数量，也就是记录该地区被搜索过的次数。运行过程中，在湿度值高的地区产生云，而生成的云则根据当地的大气压值，由气压高的区域向气压低的区域移动，并在移动的过程中逐渐扩散、消亡或聚集。

在该算法中，整个群体并不是朝极值点靠近，而是以“云”的存在方式从极值点向整个搜索空间进行扩散，这种由云的移动行为和扩散行为形成的逆向搜索方法可以使种群多样性不会随着迭代的进行而快速下降，同时能够保证算法的空间覆盖度，提高算法的全局搜索能力。云的生成使一部分种群在全局最优点附近进行局部搜索，保证算法的收敛性。这种以逆向搜索为主、正向搜索为辅的搜索机制对于多模态函数的求解具有一定的优势，也是气象云模型与其他智能优化算法的最大区别。

127.3 气象云模型优化算法的数学描述

1. 正态云与云滴数

气象云模型优化算法中云的概念是通过正态云(正态分布云)模型描述的，设U是一个用精确数值量表示的定量论域空间，云C是U上的定性概念，定量值$x \in U$是C的一次随机实现。每一个x称为一个云滴，众多云滴在U上的分布称为云。云的整体特性可以用3个数字特征(期望、熵、超熵)和云滴数n来反映，其中，期望、熵和超熵分别反映云的中心位置、云的覆盖范围及云的厚度特性。

假设在第t次迭代中存在m朵云，表示为$C^t=\{C_1^t, C_2^t, \cdots, C_j^t, \cdots, C_m^t\}$，对应的云滴数表示为$n^t=\{n_1^t, n_2^t, \cdots, n_j^t, \cdots, n_m^t\}$。所有的云滴数必须满足以下两条特性：

$$\begin{cases} n_j > \mathrm{dN} \quad \forall j=1,2,\cdots,m \\ \sum_{j=1}^{m} n_j \leqslant N \end{cases} \tag{127.1}$$

其中，dN表示一朵云的最少云滴数；N表示每次迭代的总云滴数的最大值。为了表示方便，一朵云的3个数字特征分别记为$C.\mathrm{Ex}$、$C.\mathrm{En}$、$C.\mathrm{He}$，云滴的分布表示为

$$C(x) \sim N(C.\mathrm{Ex}, \mathrm{E}_{\mathrm{n}}'^2) \tag{127.2}$$

其中，$\mathrm{En}' \sim N(C.\mathrm{En}, (C.\mathrm{He})^2)$，$N(C.\mathrm{En}$和$(C.\mathrm{He})^2)$表示期望为$C.\mathrm{En}$、方差为$(C.\mathrm{He})^2$的正态分布。

2. 区域及其湿度、气压值的定义

【定义127.1】 定义区域是依据某种规则对搜索空间U进行划分后的子空间。假设将U的每一维分成M个小区间

$$L_i=(u_i-l_i)/M, \quad i=1,2,\cdots,D \tag{127.3}$$

其中，L_i表示第i维的长度；u_i和l_i分别表示第i维的上下界；D是维数。整个搜索空间被分割成了M^D个区域，每个区域满足以下特性：

$$\begin{cases} \bigcup_{i=1}^{M^D} U_i = U \\ U_i \cap U_j = \varnothing, \quad \forall i,j \in \{1,2,\cdots,M^D\}, i \neq j \end{cases} \tag{127.4}$$

【定义127.2】 区域的湿度值定义为到目前为止在该区域找到的最佳适应度值，表示为

$$X_i^* = \underset{x \in U_i}{\mathrm{argmax}} f(x), \quad H_i = f(X_i^*) \tag{127.5}$$

其中，f是目标函数；x表示落入区域U_i的任意云滴；X_i^*表示对应最大适应度值的位置；H_i表示区域U_i的湿度值。

【定义127.3】 区域的气压值描述该区域被搜索过的次数，即曾经落入该区域的云滴总数，表示为

$$P_i = \mathrm{CNT}(x \in U_t) \quad i=1,2,\cdots,M^D \tag{127.6}$$

其中，CNT用于统计满足要求的数据个数。

3. 云的产生、扩散、聚集规则

将搜索空间分割成一个个互不重叠的小区域，每个区域都有自己的湿度值和气压值。云的产生、扩散、聚集行为遵循下面的规则。

(1) 湿度值超过一定阈值的区域才能产生云。

(2) 云由气压值高的区域以一定速度飘向气压值低的区域。

(3) 云在移动的过程中，根据前后两次经过区域的气压差值进行扩散或聚集；当云扩散到一定程度或其云滴数小于某一定值时，认为此云消失。

(4) 在每一次云的移动或扩散后都会及时更新各个区域的湿度值和气压值，为下一次云的各种动作做准备，同时确定最佳适应度值的位置。

127.4 气象云模型优化算法的实现步骤及流程

气象云模型优化算法的整个搜索过程除初始化外，主要还包括云的生成、云的移动和云的扩散3部分。其中，云的生成保证算法的局部搜索能力；而云的移动和扩散行为构成算法的“逆向搜索”方法，用于算法的全局搜索。

1. 初始化阶段

初始化阶段主要用于完成区域分割、区域湿度值和气压值的初始化与参数的设置等。区域湿度值和气压值的初始化过程，通过在搜索空间随机散布整个种群并根据式(127.5)和式(127.6)来完成。

2. 云的生成

云的生成包括云模型的3个数字特征(Ex,En,He)及云滴数的计算。在生成云之前确定4个参数：可以生成的云的区域，从而确定云的中心位置；熵，用于确定云覆盖的范围大小；超熵，用于确定生成云的厚度；云滴数。

1) 确定可以生成云的区域

假设只有湿度值大于某一阈值的区域才能生成云。湿度阈值的计算公式定义为

$$H_t = H_{\min} + \lambda \times (H_{\max} - H_{\min}) \tag{127.7}$$

其中，$H_{\min}$ 和 $H_{\max}$ 分别表示整个搜索空间中最小湿度值和最大湿度值；λ 是阈值因子。进而可以生成云的区域集为 $R=\{i \mid H_i > H_t, i=1,2,\cdots,M^D\}$。

阈值因子 λ 决定了生成云的区域，间接影响到新生成云的云滴数。当 λ 设置得太大时，可以生成云的区域太少，容易使算法陷入局部最优；反之，当设置得太小时，可以生成云的区域太多，以至于分配到每个新生成云的云滴数会很少，云的存活期太短，不利于算法的收敛。经实验测试分析后，取 $\lambda=0.7$ 较为适宜。

2) 计算熵值和超熵值

为了保证算法的收敛精度，采取新生成云的熵值随迭代逐渐减小策略。初始阈值定义为

$$\mathrm{En}M^0 = \frac{L/M}{A} \tag{127.8}$$

其中，L 向量表示搜索空间的长度；参数 A 决定云的初始覆盖范围。根据云模型的3En规

则,设定 $A=6$ 表示在第一次迭代时生成的云可以基本上覆盖一个区域。

在第 t 次迭代中新生成云的熵值定义为

$$\mathrm{En}M^{t}=\zeta\times\mathrm{En}M^{D} \tag{127.9}$$

其中,ζ 是收缩因子,$0<\zeta<1$。这里 ζ 采用 sigmoid 函数形式,即

$$\zeta=1/(1+\mathrm{e}^{-(8-16\times(t/t_{\max}))}) \tag{127.10}$$

其中,t 表示当前迭代次数;$t_{\max}$ 表示迭代总数。

在迭代初期,ζ 只是缓慢地减小。又根据式(127.9)可知,迭代初期生成的云的熵值较大,使云可以覆盖到较大的地区,进而可以搜索到更大范围,保证了算法的空间覆盖度;而在迭代后期,ζ 保持较长时间的较小值,相当于云在湿度最大值的周围进行精确搜索,从而提高算法的收敛精度。

已有研究结果可知,当超熵值较大时云的凝聚程度较小,离散程度大,搜索半径较大,适合跳出小局部。因此,设计新生成云的超熵值随迭代以 sigmoid 函数形式增加。所以,设计新生成云的超熵值的计算公式为

$$\mathrm{He}M^{t}=\mathrm{He}M^{0}\times\left(\frac{1}{1+\mathrm{e}^{8-16\times(t/t_{\max})}}\right) \tag{127.11}$$

其中,$\mathrm{He}M^{0}$ 表示初始的超熵值,经实验测试后取 $\mathrm{He}M^{0}=0.5$;t 表示当前迭代次数;$t_{\max}$ 表示迭代总数。

3) 计算新生成云的云滴数

假设新生成云的云滴数大小与生成新生成云区域的湿度值有关:湿度值越大,该区域生成的云的云滴越多;相反,新生成云的云滴数就越少。设在第 t 次迭代中可以生成的云滴总数记为 $n\mathrm{New}$,计算公式为

$$n\mathrm{New}=N-\sum_{j=1}^{m}n_{j}^{t} \tag{127.12}$$

其中,N 是搜索空间可以同时存在的最大云滴数;m 是第 t 次迭代中存在的云的个数;n_{j}^{t} 表示第 t 次迭代中云 C_j 的云滴数。前面已指出,一朵云的云滴数必须大于一定的值 dN,否则认为该云朵已消失。因此,如果由式(127.12)计算得到 $n\mathrm{New}$ 的值小于 dN,则认为本次迭代没有云生成,否则再计算每朵云的云滴数。

假设生成云的区域集合 R 有 k 个元素,新生成的云记为 $C_{m+1}^{t},C_{m+2}^{t},\cdots,C_{m+j}^{t},\cdots,C_{m+k}^{t}$,新生成云的云滴数与生成该云的区域的湿度值成正比,公式表示为

$$n_{m+j}^{t}=\frac{H_{R(j)}}{\sum_{j=1}^{k}H_{R(j)}}\times n\mathrm{New} \tag{127.13}$$

其中,$j=1,2,\cdots,k$;$H_{R(j)}$ 表示区域的湿度值。

检查所有经式(127.13)计算得到的云滴数,如果存在任意 $n_{m+j}<\mathrm{dN},0<j\leqslant k$,则剔除集合 R 中湿度值最低的区域,并重新计算每朵云的云滴数,直至所有的云滴数都大于 dN。

经过上述 3 步后新生成的云的数值特征可以表示为 $C_{m+j}^{t}.\mathrm{Ex}=X_{S(j)}^{*}$,$C_{m+j}^{t}.\mathrm{En}=\mathrm{En}M^{t}$,$C_{m+j}^{t}.\mathrm{He}=\mathrm{He}$,$0<j<k$。

3. 云的移动

生成的云将飘向比当前区域气压低的地方，在移动过程中云逐步扩散或聚集，直至到达目的地或达到消亡的指标而消亡。

假设云 $C_j^t(j=1,2,\cdots,m)$ 当前位于区域 U_S，随机选择一个气压值低于当前区域的区域作为目标区域 U_T。区域 U_S 与区域 U_T 之间的气压差为 $\Delta P=P_S-P_T$，云的期望位置更新公式为

$$C_j^{t+1}.\mathrm{Ex}=C_j^t.\mathrm{Ex}+\bar{\mathbf{V}}_j^{t+1}\quad 0<j\leqslant m \tag{127.14}$$

云的移动速度公式表示为

$$\bar{\mathbf{V}}_j^{t+1}=\mathbf{e}\times 6\times C_j^t.\mathrm{Ex} \tag{127.15}$$

其中，$\mathbf{e}$ 表示移动方向的单位向量；$6\times C_j^t.\mathrm{En}$ 表示移动速度大小。为了保证 ACMO 算法搜索的全局性，设置速度大小与该云覆盖范围近似相等，根据云模型的 3En 规则，速度大小设置为 $6\times C_j^t.\mathrm{En}$。

$\mathbf{e}$ 的计算公式为

$$\mathbf{e}=\frac{(1-\beta)\times\bar{\mathbf{V}}_j^t+\beta\cdot(X_T^*-C_j^t.\mathrm{Ex})}{\|(1-\beta)\cdot\bar{\mathbf{V}}_j^t+\beta\cdot(X_T^*-C_j^t.\mathrm{Ex})\|} \tag{127.16}$$

其中，β 是气压因子，其计算公式为

$$\beta=\frac{\Delta P}{P_{\max}-P_{\min}} \tag{127.17}$$

其中，$P_{\max}$ 和 $P_{\min}$ 分别表示到目前为止搜索空间的最大气压差和最小气压差；位置 X_T^* 的适应度值代表区域 U_T 的湿度值。

由于云在空中移动时因为蒸发或摩擦等原因，其能量会减少，因此每次迭代后每朵云的云滴数通过削弱率 γ 减少 $\gamma\times100\%$，这样云滴数的更新公式为

$$n_j^{t+1}=n_j^t\times(1-\gamma) \tag{127.18}$$

如果计算后的云滴数小于 dN，那么该云朵被认为已消亡。γ 主要用于控制云消失的速度，如果 γ 非常大，会使云在还没有离开生成区域或没有扩散开来就消失了，这将导致算法只能在湿度值最大区域及其周围区域进行搜索，全局搜索能力很低；而如果 γ 设置的非常小，云的存活时间很长，导致新生成的云很小，而且也仅可能在有限的区域生成，对于多模态函数，有可能陷入局部最优点。经实验测试后取 $\gamma=0.2$。

4. 云的扩散

所有的云滴会在云移动的过程中扩散或聚集，假设云 $C_j^t(0<j\leqslant m)$ 当前位于区域 U_S，移动后云所处的区域为 U_T。云的扩散公式表示为

$$C_j^{t+1}.\mathrm{En}=(1+\alpha)\times C_j^{t+1}.\mathrm{En} \tag{127.19}$$

其中，α 是扩散因子，其公式为

$$\alpha=\begin{cases}\dfrac{\Delta P}{P_{\max}} & U_T\neq U_S\\ 0.3 & \text{其他}\end{cases} \tag{127.20}$$

其中，$\Delta P=P_S-P_T$ 是区域 U_S 和 U_T 之间的气压值；$P_{\max}$ 表示搜索空间的最大气压差。随着云的熵值的增大，设置相应云的超熵值 He 减小，这样可以使云的离散程度较小，保证云在

新的位置进行全面搜索。He的计算公式如下：

$$C_j^{t+1}.\mathrm{He}=(1-\alpha)\times C_j^t.\mathrm{He} \tag{127.21}$$

ACMO算法在每次生成云或在云移动扩散之后更新所有区域的湿度值和气压值，以便算法确定下一步云的生成位置、移动方向等。

气象云模型优化算法的流程如图127.1所示。

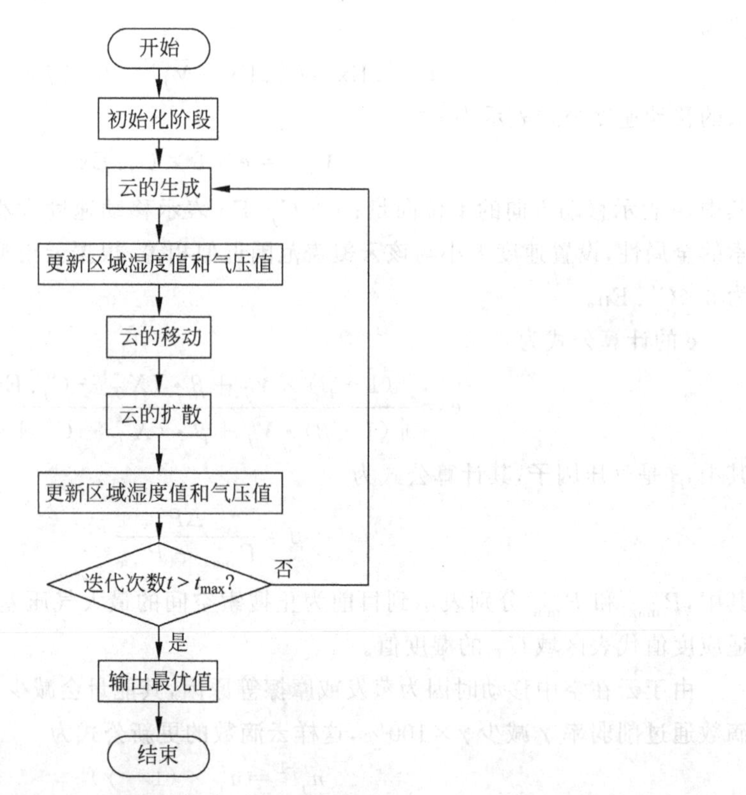

图127.1 气象云模型优化算法的流程图

第 128 章　风驱动优化算法

风驱动优化算法源于对大气流动的模拟，由于风的运动可以自动补偿大气压力的不平衡，根据牛顿第二定律来描述一个极小空气单元（空气质点）的运动规律，以空气质点的最终流动位置为候选解，通过在每一次迭代中的速度和位置的更新，完成对问题的最优求解。该算法简单，易于实现，可调参数较少，能够有效跳出局部极值寻找到最优极值，可以用于对多模和多维问题、连续问题和离散问题的优化求解。本章介绍风驱动优化算法的原理、数学描述、实现步骤及流程。

128.1　风驱动优化算法的提出

风驱动优化（Wind Driven Optimization，WDO）算法是 2010 年由美国宾夕法尼亚州立大学的 Bayraktar 等提出的一种仿自然启发式的全局优化算法。该算法模拟大气中简化的空气质点受力运动模型，应用牛顿第二定律并结合理想气体状态方程，推导出空气质点在每一次迭代中的速度和位置的更新方程。该算法起初用于解决电磁学优化问题。

该算法简单，易于实现，可调参数较少，能够有效跳出局部极值寻找到最优极值，可以处理多模和多维问题，也可以处理连续优化问题和离散优化问题。目前，该算法已用于解决双层规划优化、桥梁有限元模型、锅炉排放预测、PID 控制参数优化等问题。

128.2　风驱动优化算法的原理

风一般是指大气的水平运动。风的形成是由于地球上高纬度与低纬度之间的温度差异，形成了南北之间的气压梯度，地面各个部位受热不均匀，导致空气的冷热程度不一样，热空气膨胀变轻后上升；冷空气冷却变重后下降，这样冷热空气便产生流动，形成了风。地球在自转，使空气水平运动发生偏向的力，称为地转偏向力。

由大气动力学知识可知，影响风吹动的主要有 4 种力：摩擦力、重力、气压梯度力、科氏力。第一种摩擦力使空气质点削弱或“继承”先前的速度；第二种重力使空气质点从当前位置成比例向坐标中心靠近，避免空气质点困于或跳出搜索边界，可视为空气质点“自我认知”的增强学习过程；第三种气压梯度力使空气质点移向最优压力点（即全局最优位置），可视为空气质点综合考虑自身以往的经历对下一步自身位置的“探测”部分；第四种科氏力使空气质点吸收同伴的经验，增强空气质点之间信息的共享及相互合作，可视为“开发”部分，也可称为“社会认知”部分。

地球大气成分和结构十分复杂，风驱动优化算法为了模拟大气流动过程，将大气的任一微小部分(空气微团、空气单元)作为"点"来处理,称为空气质点。根据非惯性坐标系中牛顿第二定律并结合理想气体状态方程,通过简化模型从而得出 WDO 算法。

在 WDO 算法中每一个空气质点代表一个候选解,通过对空气质点的速度更新方程和位置更新方程来开发解空间,引用大气动力学中的压力函数值作为适应度值来评价个体或解的优劣。WDO 算法通过对空气质点不断的速度更新和位置更新,来跟踪两个极值来搜索解空间的最优值:一个为迄今为止空气质点搜索到的最优解;另一个是迄今为止整个种群搜索到的最优解。通过算法的不断迭代运算,最终获得全局最优解。

128.3 风驱动优化算法的数学描述

1. 基本术语

为了便于对风驱动优化算法进行数学描述,首先介绍算法中用到的各个术语。

空气质点:一个独立的个体,是极小的空气单元,其坐标代表当前优化问题的候选解。

群体:一群预定数量的空气质点。

位置:空气质点的坐标,可被映射到当前优化问题的维度上。

速度:每次迭代中位置移动的变化量。

压力:分配给空气质点的一个值,代表空气质点与所设计性能的匹配程度,相当于适应度值。

排列:根据压力值在每次迭代中对空气质点的排序。

2. 大气动力学基础

大气动力学是经典力学中牛顿定律在地球大气中的应用,大气运动和经典流体力学的一个主要区别是:大气运动是处于旋转的地球表面上的。为了模拟风的运动,构造风驱动优化算法,必须完成对风的抽象化及适当简化处理,并给出空气单元的速度和位置更新的描述。

对于每一维的空气质点,其搜索位置范围及更新速度的范围可以根据具体问题进行设定。不同地区的温度不同导致空气密度和大气压不同,不同大气压使空气由气压高的地区流向气压低的地区。导致这种流动原因是气压梯度(∇P),它可以通过距离的变化计算出来,在直角坐标系中表示如下:

$$\nabla P=\left(\frac{\partial P}{\partial x},\frac{\partial P}{\partial y},\frac{\partial P}{\partial z}\right) \tag{128.1}$$

特别是,当风从高压地区向低压地区做匀速运动时。考虑到空气有限的质量和体积(∂V),压强梯度力($\boldsymbol{F}_{\mathrm{PG}}$)表示如下:

$$\boldsymbol{F}_{\mathrm{PG}}=-\nabla P\delta V \tag{128.2}$$

其中,式(128.2)右端添加的负号表明气压梯度降低的方向。

在对风的抽象化中,假设大气是均匀的,并符合流体静力学平衡。由直角坐标系中流体动力学方程,空气的水平流动强于垂直流动,即认为风只有水平运动,风的产生原因全部来自水平压力的变化。

3. 速度更新

根据牛顿第二运动定律,作用在空气单元上的合力方向下的加速度 $\boldsymbol{a}$ 计算如下:

$$\rho\boldsymbol{a}=\sum\boldsymbol{F}_i \tag{128.3}$$

其中，ρ 为极小空气单元的密度；$\boldsymbol{F}_i$ 为作用在空气单元上的力。

为了把空气压力和空气密度和温度联系起来，可以利用如下气体定律：

$$P=\rho RT \tag{128.4}$$

其中，P 为压力；R 为通用气体常量；T 为温度。

压强梯度力是使空气单元流动的基本力，然而存在阻止空气单元流动的摩擦力 $\boldsymbol{F}_{\mathrm{F}}$，由于作用在大气上的摩擦力非常复杂，在这里简化如下：

$$\boldsymbol{F}_{\mathrm{F}}=-\rho\alpha\boldsymbol{u} \tag{128.5}$$

其中，α 为摩擦系数；$\boldsymbol{u}$ 为风的速度向量。

在实际的三维空间里，重力 $\boldsymbol{F}_{\mathrm{G}}$ 是一个垂直于地球表面的力。然而，如果把地球中心当作直角坐标系的原点，重力可简化为

$$\boldsymbol{F}_{\mathrm{G}}=\rho\delta V\boldsymbol{g} \tag{128.6}$$

其中，δV 为空气粒子的有限体积；$\boldsymbol{g}$ 为重力加速度。

地球的旋转造成参考坐标系旋转，从而增加了科氏力。科氏力使风的方向从它的出发点发生偏转，偏转的角度和地球的旋转、对流层的纬度及空气单元的流动速度有直接关系。科氏力的定义如下：

$$\boldsymbol{F}_C=-2\boldsymbol{\Omega}\times\boldsymbol{u} \tag{128.7}$$

其中，$\boldsymbol{\Omega}$ 为地球旋转角速度向量；$\boldsymbol{u}$ 为风的速度向量。

将上述作用于空气单元的 4 种力及 $\boldsymbol{a}=(\Delta\boldsymbol{u}/\Delta t)$ 代入牛顿第二定律，可得：

$$\rho\frac{\Delta\boldsymbol{u}}{\Delta t}=(\rho\delta V\boldsymbol{g})+(-\nabla\boldsymbol{P}\delta V)+(-\rho\alpha\boldsymbol{u})+(-2\boldsymbol{\Omega}\times\boldsymbol{u}) \tag{128.8}$$

在式(128.8)中，设 $\Delta t=1,\delta V=1$，则上式可化简为

$$\rho\Delta\boldsymbol{u}=(\rho\boldsymbol{g})+(-\nabla\boldsymbol{P})+(-\rho\alpha\boldsymbol{u})+(-2\boldsymbol{\Omega}\times\boldsymbol{u}) \tag{128.9}$$

利用式(128.4)，可将密度写成压力的形式，并将温度和普通气体常数代入式(128.9)可得

$$\frac{P_{\mathrm{cur}}}{RT}\Delta\boldsymbol{u}=\left(\frac{P_{\mathrm{cur}}}{RT}\boldsymbol{g}\right)-\nabla\boldsymbol{P}-\frac{P_{\mathrm{cur}}}{RT}\alpha\boldsymbol{u}+(-2\boldsymbol{\Omega}\times\boldsymbol{u}) \tag{128.10}$$

其中，P_{cur} 为在当前压力值。将式(128.10)两边同时除以(P_{cur}/RT)可得

$$\Delta\boldsymbol{u}=\boldsymbol{g}-\left(\nabla\boldsymbol{P}\frac{RT}{P_{\mathrm{cur}}}\right)-\alpha\boldsymbol{u}+\left(\frac{-2\boldsymbol{\Omega}\times\boldsymbol{u}RT}{P_{\mathrm{cur}}}\right) \tag{128.11}$$

其中，$\Delta\boldsymbol{u}=\boldsymbol{u}_{\mathrm{new}}-\boldsymbol{u}_{\mathrm{cur}}$，$\boldsymbol{u}_{\mathrm{cur}}$ 及 $\boldsymbol{u}_{\mathrm{new}}$ 分别表示当前迭代和下一次迭代的速度。代入式(128.11)可得

$$\boldsymbol{u}_{\mathrm{new}}=(1-\alpha)\boldsymbol{u}_{\mathrm{cur}}+\boldsymbol{g}+\left(-\nabla\boldsymbol{P}\frac{RT}{P_{\mathrm{cur}}}\right)+\left(\frac{-2\boldsymbol{\Omega}\times\boldsymbol{u}RT}{P_{\mathrm{cur}}}\right) \tag{128.12}$$

根据重力定义，在一维坐标系[-1,1]范围中(图 128.1(a))表示空气质点的重力 $\boldsymbol{F}_{\mathrm{G}}$，向量 $\boldsymbol{g}$ 可表示为 $\boldsymbol{g}=|\boldsymbol{g}|(0-\boldsymbol{u}_{\mathrm{cur}})$；类似的在图 128.1(b)中，$\boldsymbol{F}_{\mathrm{PG}}$ 方向为空气质点从高压区指向低压区，即从当前位置指向最优压力点，压强梯度压力$\nabla\boldsymbol{P}$ 是使空气单元从当前位置移动到最优压力位置的一个力。因此有 P 的大小为空气单元当前的压力 P_{cur} 与目前发现的最优压力 P_{opt} 的差，压强梯度压力的方向由当前位置 x_{cur} 指向最优位置 $\boldsymbol{x}_{\mathrm{out}}$。$\nabla\boldsymbol{P}$ 可以简单表示为

$$\nabla\boldsymbol{P}=|P_{\mathrm{opt}}-P_{\mathrm{cur}}|(\boldsymbol{x}_{\mathrm{opt}}-\boldsymbol{x}_{\mathrm{cur}}) \tag{128.13}$$

其中，P_{cur} 为空气质点当前位置的压力值；P_{out} 为种群中到目前为止找到的最优压力值；$\boldsymbol{x}_{\mathrm{cur}}$ 为当前位置；$\boldsymbol{x}_{\mathrm{opt}}$ 为最优位置。式(128.12)中 $\boldsymbol{g}$ 和$-\nabla\boldsymbol{P}$ 可以认为是由向量图(图 128.1(a)

和图 128.1(b))表示的两个向量,并非物理定义的表达式,这样做的目的是为了简化方程,将式(128.12)中 $\boldsymbol{g}$ 和 $-\nabla \boldsymbol{P}$ 写成标量与方向乘积形式,那么可以改写为

$$\boldsymbol{u}_{\text{new}}=(1-\alpha)\boldsymbol{u}_{\text{cur}}-g\boldsymbol{x}_{\text{cur}}+\left(\frac{RT}{P_{\text{cur}}}\mid P_{\text{out}}-P_{\text{cur}}\mid(\boldsymbol{x}_{\text{opt}}-\boldsymbol{x}_{\text{opt}})\right)+\left(\frac{-2\boldsymbol{\Omega}\times uRT}{P_{\text{cur}}}\right) \tag{128.14}$$

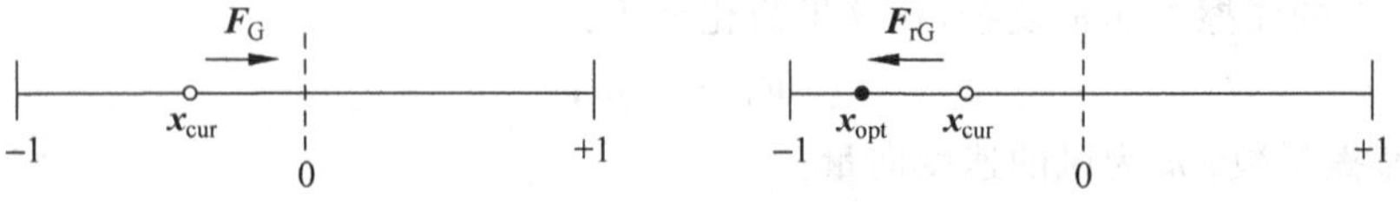

(a) 重力$\boldsymbol{F}_{\text{G}}$使空气单元从$\boldsymbol{x}_{\text{cur}}$向坐标系原点移动　(b) 梯度力$\boldsymbol{F}_{\text{PG}}$使空气单元从$\boldsymbol{x}_{\text{cur}}$向$\boldsymbol{x}_{\text{opt}}$移动

图 128.1　一维坐标系中重力 $\boldsymbol{F}_{\text{G}}$ 和压强梯度力 $\boldsymbol{F}_{\text{PG}}$ 的作用示意图

科氏力等于地球自转速度和空气单元加速度的向量积。科氏力的影响可以简单地表示为由其他相同空气单元随机选择速度 $u_{\text{cur}}^{\text{other dim}}$ 来代替,设 $c=-2|\boldsymbol{\Omega}|RT$,把简化的科氏力代入式(128.14),可得

$$\boldsymbol{u}_{\text{new}}=(1-\alpha)\boldsymbol{u}_{\text{cur}}-g\boldsymbol{x}_{\text{cur}}+\left(\frac{RT}{P_{\text{cur}}}\mid P_{\text{opt}}-P_{\text{cur}}\mid(\boldsymbol{x}_{\text{opt}}-\boldsymbol{x}_{\text{cur}})\right)+\left(\frac{c\,\boldsymbol{u}_{\text{cur}}^{\text{other dim}}}{P_{\text{cur}}}\right) \tag{128.15}$$

为了防止压力值过高,风速可能会变得非常大,风驱动优化算法的性能也会降低。可以利用排序法把所有空气单元以压力值按降序排序,这样可以把方程式(128.15)写为

$$\boldsymbol{u}_{\text{new}}=(1-\alpha)\boldsymbol{u}_{\text{cur}}-g\boldsymbol{x}_{\text{cur}}+\left(RT\left|\frac{1}{i}-1\right|(\boldsymbol{x}_{\text{opt}}-\boldsymbol{x}_{\text{cur}})\right)+\left(\frac{c\,\boldsymbol{u}_{\text{cur}}^{\text{other dim}}}{i}\right) \tag{128.16}$$

其中,i 代表所有空气单元的排名。式(128.16)即为风驱动优化算法空气单元的速度更新公式。

4. 位置更新

空气单元的位置更新公式如下:

$$\boldsymbol{x}_{\text{new}}=\boldsymbol{x}_{\text{cur}}+(\boldsymbol{u}_{\text{new}}\Delta t) \tag{128.17}$$

其中,$\boldsymbol{x}_{\text{cur}}$ 为搜索空间中空气单元的当前位置;$\boldsymbol{x}_{\text{new}}$ 为下一个循环状态新的位置。在搜索空间中,所有的空气单元在随机位置以随机速度移动,一般取 $\Delta t=1$。

WDO 算法在搜索进化过程中不仅用压力函数值来评价个体或解的优劣,并作为以后空气单元位置更新的依据,通过迭代使初始解逐步趋向最优解。压力函数是空气单元优化算法与控制系统结合的纽带,指导着算法按控制目标要求不断迭代。利用式(128.16)和式(128.17),每一个空气单元的速度和位置在每次迭代中都会得到调整,如同空气单元向最优位置移动一样,因此,最后的迭代结果获得的是最优解。

为了使 WDO 算法正常运行,必须确定空气单元*运动范围。对于每一维度,风驱动优化算法只允许空气单元在设定的范围内运动。在任何维度中,如果空气单元试图冲出这些界限,那么这些特殊的维度位置就被设置为界限值。因此空气单元位置约束如下:

* 大气的任一微小部分(空气单元、空气微团)可以作为点来处理,称为空气质点。二者区别在于强调其体积时用空气单元。空气单元密度,而用质点就谈不上密度,理想化处理,单元很微小视为粒子或质点。

$$u_{new}^{*}=\begin{cases}u_{max} & u_{new}>u_{max}\\ -u_{max} & u_{new}<-u_{max}\end{cases} \tag{128.18}$$

128.4　风驱动优化算法的实现步骤及流程

风驱动优化算法的实现步骤如下。

(1) 初始化群体规模，设置最大迭代次数、相关参数(α、g、RT、c)、搜索边界及定义压力函数(即适应度函数)。

(2) 随机初始化空气质点，随机分配起始速度和位置。

(3) 计算当前迭代中空气质点的压力值(适应度值)，并按照压力值将种群重新排列。

(4) 通过式(128.16)更新空气质点的速度。

(5) 通过式(128.17)更新空气质点的位置。

(6) 若未达到终止条件，则转步骤(3)。

最后一次迭代过程中的压力值被记为最优结果。一般将终止条件设定为一个足够好的压力值(适应度值)或达到一个预定的最大迭代次数。

风驱动优化算法的流程如图128.2所示。

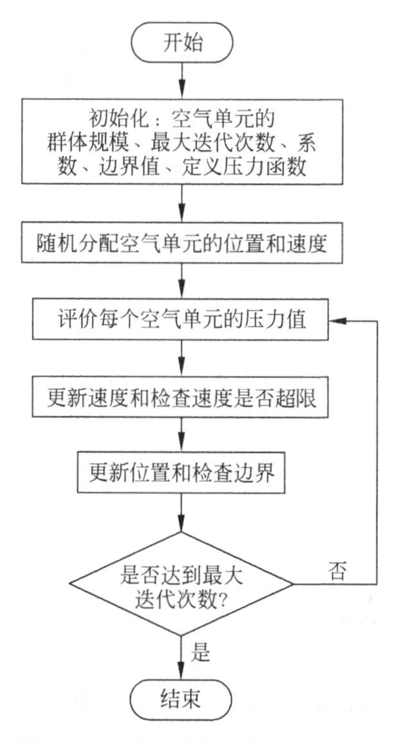

图128.2　风驱动优化算法的流程图

第129章　宇宙大爆炸算法

宇宙进化的大爆炸和大收缩理论认为，宇宙形成时能量分布是随机耗散的，同时，也会因为引力向一个局部集中收敛。宇宙大爆炸算法模拟宇宙进化的持续大爆炸和大收缩过程：在大爆炸阶段，在待优化问题的解空间中随机产生 N 个候选解(碎片解)；在大收缩阶段，将大爆炸中产生的碎片解收缩到一个候选解(原子解)。宇宙大爆炸算法持续上述爆炸和收缩过程，直到找到优化问题的最优解。该算法相对简单，具有较好的函数优化能力。本章介绍宇宙大爆炸算法的基本思想、数学描述、实现步骤及流程。

129.1　宇宙大爆炸算法的提出

宇宙大爆炸(Big Bang-Big Crunch，BB-BC)算法是2006年由土耳其学者Erol和Eksin提出的一种仿自然优化算法。算法思想源于宇宙大爆炸和收缩理论——该理论认为在宇宙形成的过程中能量分布是随机耗散的，同时也会因为引力向一个局部集中收敛，而收敛的这一局部在优化算法中成为全局最优点。大爆炸算法是一个持续的大爆炸(Big Bang)和大收缩(Big Crunch)的过程，在持续的爆炸和收缩过程中搜索目标函数解空间，从而找到目标函数的全局最优点。

宇宙大爆炸算法的原理简单易懂，对参数的设置要求不高，程序实现相对容易，算法对环境变化的适应性强。BB-BC算法具有较好的函数优化能力，目前主要用于经济调度、平面桁架结构的参数优化、复合材料压板的优化等方面。

2009年，由Rashedi等人提出了引力搜索算法(Gravitational Search Algorithm，GSA)其原理来自物理学中的最常见的万有引力现象，通过模拟粒子之间万有引力的作用而引起相互趋向运动来指导寻优的过程。可见，宇宙大爆炸算法与引力搜索算法有类似之处，但二者之间还是有区别的。

129.2　宇宙大爆炸算法的基本思想

BB-BC算法的思想来源于宇宙进化理论。宇宙的进化过程主要分为两个阶段：大爆炸阶段和大收缩阶段。在大爆炸阶段，爆炸产生的碎片无序地、随机地分散于宇宙的整个空间之中；在大收缩阶段，无序的碎片由于引力收缩为一个唯一的原子点。大爆炸算法的思想就是起源于该思想，在大爆炸阶段，在待优化问题目标函数的解空间内随机产生 N 个候选解(称为"碎片解")；在大收缩阶段，通过一定的算法操作，将大爆炸中产生的"碎片解"收缩到一个候选解(称为"原子解")上。

BB-BC 算法是一个持续的爆炸和收缩过程，算法的每次收缩都会收缩于一个原子解，在下次爆炸中以该原子解为一个中心点进行爆炸，以三维空间为例，爆炸过程就是以该原子解为球心，碎片向整个球体的空间中移动的过程(该球体的半径称为爆炸半径)。BB-BC 算法的运行过程就是上述持续的爆炸和收缩过程，直到满足算法的终止条件才会结束。在大爆炸算法运行过程中，算法会随机搜索优化问题目标函数的整个候选解空间，从而找到优化问题的最优解或者次优解。

129.3 宇宙大爆炸算法的数学描述

在 BB-BC 算法中，为了模拟和利用宇宙持续爆炸和收缩的过程，将问题解的搜索空间看成是整个宇宙空间。具体来说，对于一个无约束优化问题(仅考虑连续变量的问题，对离散变量问题算法需要进一步的改进；对有约束的优化问题一般可以经过转换化为无约束优化问题)的解，一般为一个 n 维连续变量，需要求该目标函数的最小值(求最大值的优化问题可转换化为求最小值的问题)，通常可描述如下形式：

$$\mathrm{Min} f(x), \quad x \in \mathbf{R}^n \tag{129.1}$$

其中，$f(x)$为需要优化问题的目标函数；x 为目标函数的候选解，用 n 维向量表示为 $x_i=(x_{i1},x_{i2},\cdots,x_{in})$。其各个分量 $x_{ij}\in[X_{\min},X_{\max}]$，$i=1,2,\cdots,n$；$j=1,2,\cdots,d$；其中 $X_{\min}$、$X_{\max}$ 分别为搜索空间各坐标的最小值和最大值(假设优化问题解的所有分量都有相同的搜索上下界限，在实际问题中它们可能不同，可以通过适当的变换转化为这种形式)。通过这种形式的表示，可以将对问题的求解过程转化为在特定空间中的搜索过程。

BB-BC 算法的运行过程是在优化问题的解空间中搜索最优解的过程。BB-BC 算法在每次迭代结束后，所有碎片解都会集中到一个原子解上，然后下一代算法将上一代算法得到的原子解作为中心点，产生当代的碎片解。经过一定次数的迭代或者达到满足算法终止条件时，算法运行终止。下面具体介绍大爆炸和大收缩的数学描述。

1. 大爆炸——原子解的爆炸

BB-BC 算法在初次迭代中，碎片解是在优化目标函数的解空间中随机产生，并随机地分布在目标函数的整个解空间中。从算法迭代的第二代起，在上一代收缩过程中得到的原子解为一个中心点，在当代解的空间中爆炸产生当代的碎片解。原子解的爆炸是一个随机的过程，原子解在各维空间方向上的爆炸是相互独立的，同时各个碎片解的产生过程也是相互独立的。描述大爆炸产生碎片解的公式如下：

$$X_{ik}=X_{ck}+\frac{ra(X_{\max}-X_{\min})}{1+t} \tag{129.2}$$

其中，X_{ik} 为第 i 碎片解的第 k 维坐标上的分量；X_{ck} 为上一代算法在收缩过程中得到原子解第 k 维坐标上的分量；r 为在$(-1,1)$区间取值的一个随机数；a 为收缩因子，在算法运行过程中为一个常数；t 为算法运行的迭代次数；$X_{\max}$、$X_{\min}$ 分别为目标函数解空间的上界和下界。

在碎片解的产生过程中，部分碎片解可能会超出目标函数解空间的范围，需要对碎片解的部分维度空间进行矫正，对超出碎片解分量上界的分量设为 $X_{\max}$，超出碎片解分量下界的分量设为 $X_{\min}$。

原子解的爆炸示意图如图 129.1 所示，其中虚斜线代表原子解爆炸产生的斥力，碎片解在解空间中四散，虚线框的圆代表原子解。

2. 大收缩——碎片解的收缩

BB-BC 算法的大收缩过程紧随着大爆炸。大收缩过程主要是多个碎片解收缩为一个唯一原子解的过程。每一代的碎片解产生后，求出所有碎片解的适应度值，然后通过算法收缩公式进行碎片解的收缩得到原子解。在 BB-BC 算法中，每代算法结束后都会得到一个唯一的收缩点(原子解)。原子解的产生主要有以下两种方式。

(1) 以每代算法中的最优解作为下代算法的原子解。这种方式每一代的收缩点的计算方式相对简单，只要遍历当代所有的碎片解，就可以找出适应度值最优的碎片解。

(2) 根据当代全部碎片解的空间位置及该碎片解的适应度值综合考虑得到原子解。在这种方式下，原子解的产生主要与算法每一代的碎片解的数量(这里设算法运行过程中每一代碎片解的数量是一个固定值)及碎片解的适应度值有关。该种方式原子解的产生公式如下：

$$X_{ck}=\frac{\sum_{i=1}^{N}\frac{1}{f_i}x_{ik}}{\sum_{i=1}^{N}\frac{1}{f_i}} \tag{129.3}$$

其中，X_{ck} 为收缩点是当代收缩点在 n 维空间中第 k 维的坐标分量；f_i 为第 i 碎片解的适应度值；N 为算法碎片解的总数，x_{ik} 为第 i 候选解在第 k 维坐标上的分量。

碎片解的收缩示意图如图 129.2 所示，其中虚斜线代表原子解的引力牵引，虚线框的圆代表收缩产生的原子解。

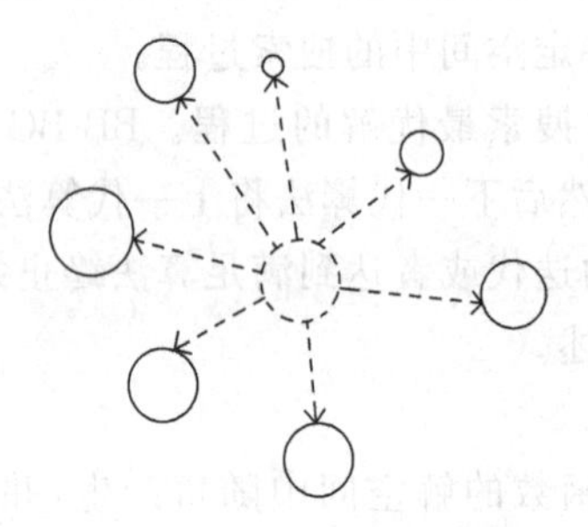

图 129.1 原子解的爆炸示意图

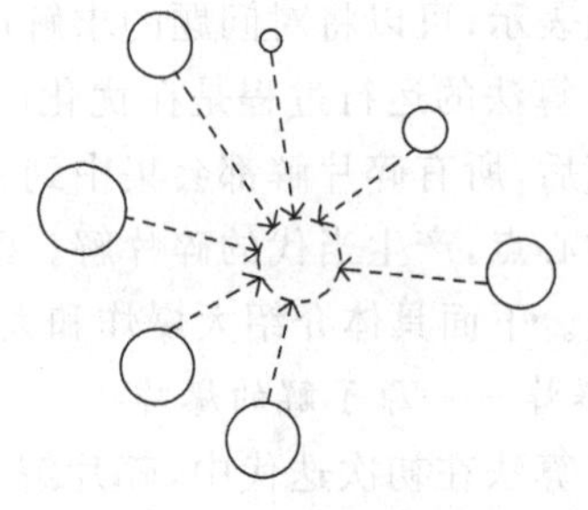

图 129.2 碎片解的收缩示意图

129.4 BB-BC 算法实现步骤及流程

BB-BC 算法的实现步骤如下。

(1) 初始化。大爆炸大收缩算法的种群在 BB-BC 算法的第一代中，由于没有原子解，因此算法会在优化问题目标函数解的整个空间中随机产生碎片解。

① 在问题解的搜索空间内随机初始化 N 个碎片解。

② 根据所要优化的问题的目标函数，求出各个碎片解的适应度值，令 $t=1$。

(2) 大收缩过程。根据得到的各个碎片解的适应度值，通过算法收缩公式(129.3)得到当代原子解。

(3) 大爆炸过程。

① 依据步骤(2)中得到的原子解,根据大爆炸公式(129.2)得到新的碎片解。

② 对①中得到的碎片解进行解空间维度矫正。

(4) 判断是否满足停止准则。若满足停止准则,则停止迭代并输出结果;否则转向步骤(2)。

停止准则在具体实现中有两方面的限制:一是最大迭代次数的限制,即如果达不到算法的最大迭代次数,算法不会停止;二是优化问题的目标函数的改进与否的限制,即当算法经过10代的迭代目标函数最优值波动小于 10^{-6} 时算法终止,视为算法已找到最优解或陷入局部最优停止迭代。

根据上述步骤,大爆炸算法的流程如图129.3所示。

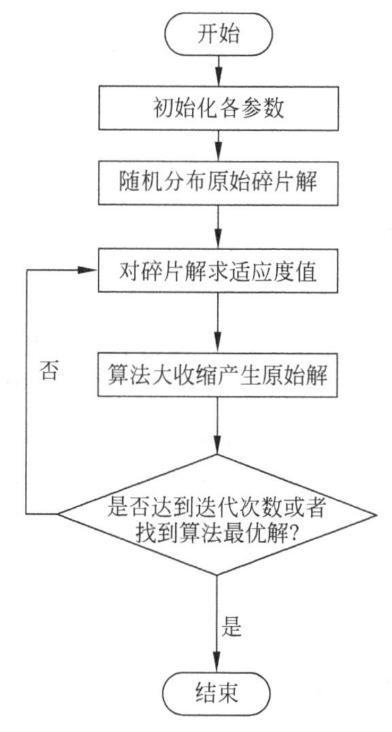

图129.3　大爆炸算法的流程图

第130章 烟花算法

烟花算法是模拟烟花爆炸中炸点扩散机制的一种全局搜索算法。该算法把一个烟花视为优化问题解空间的一个可行解。烟花爆炸产生火星点扩散过程被视为在自己的邻域内搜索候选解的过程。烟花算法通过爆炸算子(爆炸产生火花)、变异算子(产生高斯变异火花)、映射规则(火花越界处理)和选择策略(选择下一代烟花)4种操作来实现对优化问题求解。本章首先介绍烟花算法的优化原理,然后阐述烟花算法的数学描述、实现步骤及算法流程。

130.1 烟花算法的提出

烟花算法(Fireworks Algorithm,FA)是2010年由谭营和郑少秋提出的仿自然优化算法。其设计的灵感源于对烟花爆炸产生火花现象的观察。该算法因为具有局部搜索能力和全局搜索能力的自调节机制,所以具有良好的优化性能。通过对标准函数的测试,并比较了12种不同优化算法优化性能的结果表明,烟花算法表现良好。优化结果明显好于粒子群算法和遗传算法。基于烟花算法已设计出多种衍生算法,并应用于滤波器设计、网络重构、多卫星控制资源调度等领域。

130.2 烟花算法的优化原理

点燃的烟花发射到夜空中,在夜空中爆炸产生的火花绽放出美丽的图案。烟花算法将寻优问题的搜索空间类比于烟花爆炸的空间,并把一个烟花视为最优化问题搜索空间的一个可行解,那么烟花爆炸产生火花的过程可视为火花粒子在自己的邻域内搜索解的过程。如图130.1所示为真实的烟花爆炸和优化问题搜索解的过程类比情况。

(a) 单个烟花爆炸产生火花

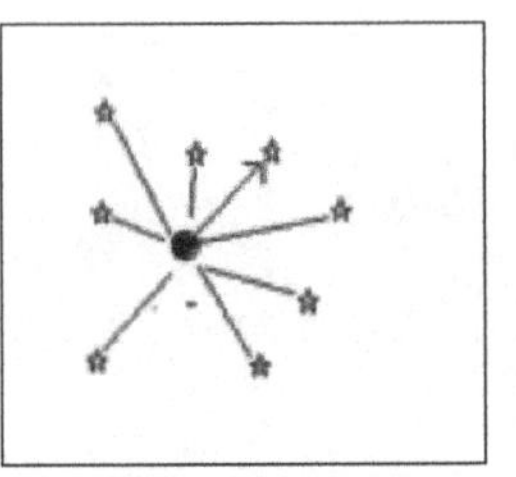

(b) 优化问题搜索过程

图130.1 真实的烟花爆炸和优化问题解搜索过程类比情况

烟花算法通过爆炸算子产生爆炸火花，利用变异算子产生高斯变异火花，通过映射规则对越界火花进行处理，利用选择策略产生下一代种群。

在烟花算法中，首先随机产生 N 个烟花作为初始化种群，然后让群体中的每个烟花经历爆炸和高斯变异过程产生新的火花粒子，并应用设定的映射规则，保证新的火花粒子仍处于可行域内。烟花、爆炸火花和高斯火花共同构成一个种群，其中爆炸火花和高斯变异火花都由烟花转化而来。然后根据烟花弹和火花的位置，利用目标函数评价它们的适应度值，适应度值高的位置则可以认为是接近目标函数最优个体的位置。最后在保留最优个体的前提下，按基于距离的选择策略从生成的所有个体中选择出余下的 $N-1$ 个体，共同组成下一代初始烟花种群。这样周而复始迭代下去，直到满足精度要求或达到设定的最大迭代次数。

为了能使算法有效地进行搜索，要求解空间中解的邻域有意义，同时需要保证在某一有限范围内，解和其邻域内其他可行解具有靠近的相似性质。这个要求是烟花算法应用于优化问题求解有效的关键。此外，烟花种群中各个烟花还需要根据相对于其他烟花的适应度值进行资源分配和信息交互，使得整个种群能够在全局搜索能力和局部搜索能力之间达到平衡。

130.3　烟花算法的数学描述

假设待求解的优化问题形式为

$$\min f(x) \in R, \quad x \in \Omega \tag{130.1}$$

其中，Ω 为解的可行域。

使用烟花算法对优化问题即式(130.1)求解的目标是在可行域 Ω 内，寻找一点 $\boldsymbol{x}$，使得 $\boldsymbol{x}$ 具有全局最小的适应度值。烟花算法主要包括 4 部分：爆炸算子、变异操作、映射规则和选择策略。下面分别介绍它们的数学描述。

1. 爆炸算子

在可行域 Ω 内将一定数量的烟花初始化，对烟花位置的适应度值进行评估。为了使不同位置的烟花差异化，一般适应度较好(即适应度值较小)的烟花能够获取更多的资源，在较小的范围内产生更多的火花，具有对于该烟花位置的强大局部搜索能力。反之，适应度值较大的烟花只能获取相对较少的资源，在较大的范围内产生数量较少的火花，具有一定的全局搜索能力。烟花发生爆炸产生适应度好的烟花和适应度差的烟花示意图如图 130.2 所示。

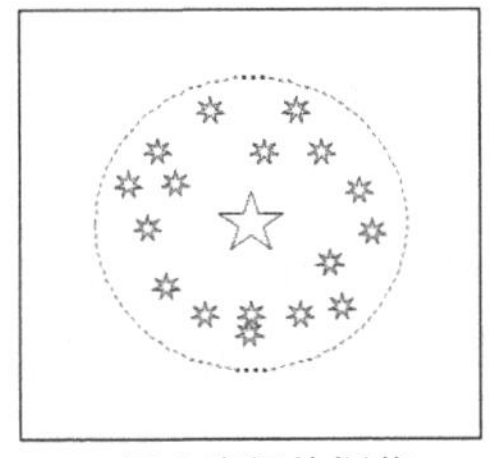

(a) 适应度好的烟花

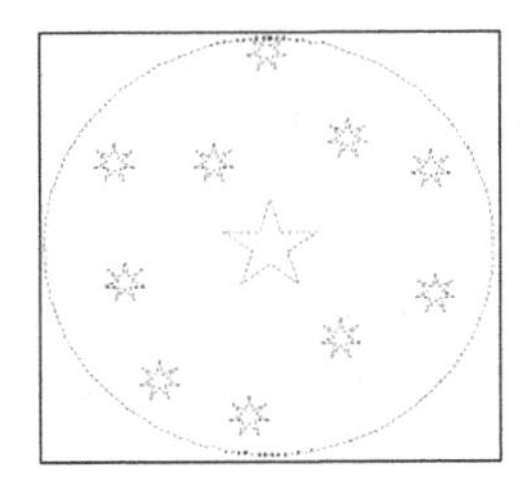

(b) 适应度差的烟花

图 130.2　烟花发生爆炸产生火花的示意图

为了达到烟花差异化的目的，即兼顾开采性和勘探性，在烟花算法中，每个烟花的爆炸半径和爆炸产生的火花数目根据其相对于烟花种群中其他烟花适应度值计算得到的。

对于烟花 x_i 的爆炸半径 A_i 和爆炸火花数目 S_i 分别为

$$A_i = \hat{A}\frac{f(x_i) - y_{\min} + \varepsilon}{\sum_{i=1}^{N}(f(x_i) - y_{\min}) + \varepsilon} \tag{130.2}$$

$$S_i = M\frac{y_{\max} - f(x_i) + \varepsilon}{\sum_{i=1}^{N}(y_{\max} - f(x_i)) + \varepsilon} \tag{130.3}$$

其中,$y_{\min}=\min(f(x_i))$和$y_{\max}=\max(f(x_i))$分别为当前烟花种群中适应度最小值和最大值,$i=1,2,\cdots,N$;$\hat{A}$为一常数,用来调整爆炸半径的大小;M为一常数,用来调整产生的爆炸火花数目的大小;ε为一个计算机的最小量,用来避免分母为零的操作。

在式(130.3)中,为了限制适应度好的烟花所在位置不会产生过多的爆炸火花,同时使适应度差的烟花所在位置不会产生过少的火花粒子,对产生的火花个数限制如下:

$$\hat{S}_i = \begin{cases} \text{round}(aM) & S_i < aM \\ \text{round}(bM) & S_i > bM, a < b < 1 \\ \text{round}(S_i) & \text{其他} \end{cases} \tag{130.4}$$

其中,a和b为两个常数;round(·)为四舍五入取整函数。

在FA中的位移操作主要对烟花的每个维度产生偏移值,计算公式为

$$\Delta x_i^k = x_i^k + \text{rand}(0, A_i) \tag{130.5}$$

其中,rand$(0,A_i)$为在烟花爆炸幅度A_i范围内的均匀随机数。

2. 变异算子

为了增加爆炸火花种群的多样性,烟花算法引入了变异算子用于产生高斯变异火花。首先在烟花种群中随机选择一个烟花x_i,然后对该烟花随机选择一定数量的维度进行高斯变异操作。对于烟花x_i的某一个选择得到的维度k执行高斯变异操作如下:

$$\hat{x}_{ik} = x_{ik} \times e \tag{130.6}$$

其中,$e \sim N(1,1)$;$N(1,1)$为均值为1、方差为1的高斯分布。

3. 映射规则

在爆炸算子和变异操作分别产生爆炸火花和高斯变异火花的过程中,可能产生的火花会超出可行域Ω的边界范围。当火花x_i在维度k上超出边界,将通过式(130.7)映射到一个新的位置如下:

$$\hat{x}_{ik} = x_{LB,k} + |\hat{x}_{ik}| \,\%\, (x_{UB,k} - x_{LB,k}) \tag{130.7}$$

其中,$x_{UB,k}$和$x_{LB,k}$分别为解空间在维度k的上下边界。

4. 选择策略

为使烟花种群中优秀的信息能够传递到下一代种群中,在产生爆炸火花和高斯变异火花后,算法会在候选者集合(包括烟花、爆炸火花和高斯变异火花)中选择一定数量的个体作为下一代烟花。

设候选者集合为K,烟花种群大小为N。候选者集合中适应度值最小烟花会被确定选作下一代烟花,而对于剩下的$(N-1)$种烟花使用轮盘赌的方法在候选者集合中进行选择。对于候选者x_i被选择的概率计算公式为

$$p(x_i) = \frac{R(x_i)}{\sum_{x_j \in K} x_j} \tag{130.8}$$

$$R(x_i)=\sum_{x_j\in K}d(x_i-x_j)=\sum_{x_j\in K}\|x_i-x_j\| \tag{130.9}$$

其中，$R(x_i)$为当前个体到候选者集合 K 除 x_i 所有个体之间距离之和。在候选者集合中，如果个体的密度较高，即该个体周围有很多其他候选者个体时，该个体被选择的概率会降低。

130.4　烟花算法实现步骤及流程

烟花算法实现的具体步骤如下。

(1) 参数初始化：烟花数目 N、最大火花数、变异火花数、最大爆炸幅度范围和限制火花数量参数；设置问题的维度、边界范围和目标精度，最大迭代次数。

(2) 种群初始化：在搜索空间中随机产生 N 个烟花。

(3) 计算每个烟花的适应度值，选取种群中最好和最差烟花的适应度值。

(4) 用式(130.3)、式(130.4)计算每个烟花产生的最大火花数，用式(130.2)计算每个烟花的爆炸半径。

(5) 用式(130.5)对烟花随机选择的若干维度进行随机位移，最终生成爆炸火花；如果新生成的火花超过搜索空间范围，则采用映射规则式(130.7)将火花映射到边界范围内。

(6) 在种群中随机选择一个烟花的若干维度用式(130.6)产生高斯变异火花。若变异后的维度位置超越边界，则使用映射规则式(130.7)将该维度的位置映射到边界范围内。

(7) 选择 N 个烟花作为下一代烟花种群：计算种群中所有个体(烟花、爆炸火花和高斯变异火花)的适应度值，找到适应度值最优的个体作为下一代烟花，其余($N-1$)个烟花通过式(130.8)和式(130.9)进行选择。

(8) 若当前最优适应度值满足目标精度或满足最大迭代次数，则输出结果，算法结束；否则，转向步骤(3)。

烟花算法的流程如图 130.3 所示。

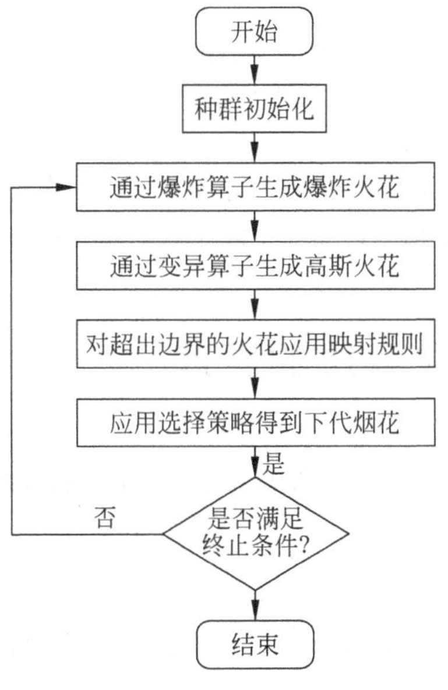

图 130.3　烟花算法的流程图

第131章 中心引力优化算法

中心引力优化算法是一种确定性的启发式优化算法，用于多维函数全局优化。它源于天体力学中的万有引力动力学。该算法把优化问题的解看成空间中带有质量的质子，通过一组质子在多维空间按照两个来源于天体力学万有引力的迭代公式在空间移动进行搜索，查找最优值。三维空间中的小天体，往往都是在大质量天体的轨道周围聚集，这与寻找目标函数最大值或最优值相似。算法中的质量是根据质子位置变化由用户定义的目标函数值。本章介绍中心引力优化算法的原理、数学描述及实现步骤。

131.1 中心引力优化算法的提出

中心引力优化(Central Force Optimization，CFO)算法是2007年由Formato基于天体力学中的万有引力动力学提出的启发式多维搜索优化算法。由于万有引力规则和物体的运动都是确定性的，因此该算法是一种完全确定性的优化算法。CFO算法利用一组质子在万有引力作用下的运动，搜索决定空间的最优值，而这组质子按照来源于两个天体力学的迭代方程在空间移动。

Formato指出，在天体物理学中，三维空间中小的天体，往往都是在大质量天体的轨道周围聚集(Trap)，这和定位目标函数的最大值或是最优值相似。在此基础上给出了CFO算法的迭代公式。因为算法的每一次迭代都是确定的，并且在迭代方程中没有任何的随机因子，所以该算法具有确定性。最初Formato将CFO算法应用于一些电磁学中的优化负载问题，后来，他又对基本CFO算法做了改进。基本CFO算法原理简单、容易实现且具有较强的全局寻优能力，可用于求解无约束优化问题。

孟超等通过天体力学的数学分析方法推导得出CFO算法收敛的结论，利用柯西-比卡定理从理论上证明了CFO算法的质子收敛性，为进一步深入研究该算法提供了理论依据。

131.2 中心引力优化算法的原理

牛顿的万有引力定律描述两个物体的质量 m_1 及 m_2 间的吸引力为

$$F=\gamma \frac{m_1 m_2}{r^2} \tag{131.1}$$

其中，r 为 m_1 和 m_2 之间的距离；γ 为万有引力常数。因为力作用在两个质量中心的连线上，所以称为中心引力。

每一个质量是向另一个加速，质量 m_2 作用于质量 m_1 获得的加速度向量为

$$\boldsymbol{a}_1=-\gamma\frac{m_2\hat{\boldsymbol{r}}}{r^2} \tag{131.2}$$

其中，$\hat{\boldsymbol{r}}$ 为一个单位向量，它指向从质量 m_2 到质量 m_1 的连线。在恒定加速度下从时间 t 到 $t+\Delta t$ 时刻粒子的位置向量为

$$\boldsymbol{R}(t+\Delta t)=\boldsymbol{R}_0+\boldsymbol{V}_0\Delta t+\frac{1}{2}\boldsymbol{a}\Delta t^2 \tag{131.3}$$

其中，$\boldsymbol{R}(t+\Delta t)$为 $t+\Delta t$ 时刻粒子的位置；$\boldsymbol{R}_0$ 和 $\boldsymbol{V}_0$ 分别为 t 时刻的位置向量和速度向量。

在标准三维笛卡儿坐标系统中，位置向量 $\boldsymbol{R}=x\hat{\boldsymbol{i}}+y\hat{\boldsymbol{j}}+z\hat{\boldsymbol{k}}$，其中 $\hat{\boldsymbol{i}}$、$\hat{\boldsymbol{j}}$、$\hat{\boldsymbol{k}}$ 分别是沿 x、y 和 z 轴的单位向量。因为 CFO 算法搜索任意维度的空间，这些方程将被推广到 N_d 维决策空间。

下面通过一个简单例子解释一下中心引力优化算法的物理基础。考虑以下假设问题：没有太阳系的拓扑结构的先验知识，确定太阳系的最大行星的位置。因为最大行星可能产生最大的引力场，一种方法是通过太阳系"放飞"一组探测卫星，同时以离散的时间步长回射每个卫星的位置。

经过足够长的时间，大多数探测卫星的轨道由式(131.2)和式(131.3)控制，可能会聚集在具有最大引力场的行星轨道周围。式(131.2)和式(131.3)统称为"运动方程"。

在天体物理学中，三维空间中小的天体，往往都会在大质量天体的轨道周围聚集，这和定位目标函数的最大值或是最优值相似。CFO 算法的行星质量模拟用户在每个探测点定义的目标函数值的函数，CFO 算法推广三维物理空间中的运动方程，以搜索多维决策空间目标函数的极大值，这就是设计中心引力优化算法的基本原理。

131.3　中心引力优化算法的数学描述

CFO 算法是用于解决以下问题：决策空间定义在 $x_i^{\min}\leqslant x_i\leqslant x_i^{\max}, i=1,2,\cdots,N_d$，其中 x_i 是决策变量。确定作为"适应度"的目标函数 $f(x_1,x_2,\cdots,x_{N_d})$全局最大值在该空间中的位置。$f(x_1,x_2,\cdots,x_{N_d})$的拓扑在决策空间是未知的。它可以是连续的或不连续的，高度多模式的或"平滑的"，并且其可以在决策变量之间施加一组约束 Ω。

为了更直观地解释三维决策空间中 CFO 算法的原理，如图 131.1 所示，将 CFO 视为以一组离散"时间"步在空间"飞行"的一组"质点"。在每个时间步长，每个质点的位置通过运动方程计算得到的 3 个空间坐标描述。在每个质点的轨迹决定空间有一个对应的目标函数值，即一个适应度值。

位置向量 $\boldsymbol{R}_j^p$ 指定每个时间步长下每个质点的位置。指数 p 和 j 分别表示质点数和时间步数。在 N_d 维决策空间中，位置向量表示为

$$\boldsymbol{R}_j^p=\sum_{k=1}^{N_d}x_k^{p,j}\hat{\boldsymbol{e}}_k \tag{131.4}$$

其中，$x_k^{p,j}$ 为在时刻 j 处的质点 p 的坐标；$\hat{\boldsymbol{e}}_k$ 为沿 x_k 轴的单位向量。

随着时间的推移，质点经过决策空间沿着运动方程所控制的轨迹飞行，而这要受到每个其

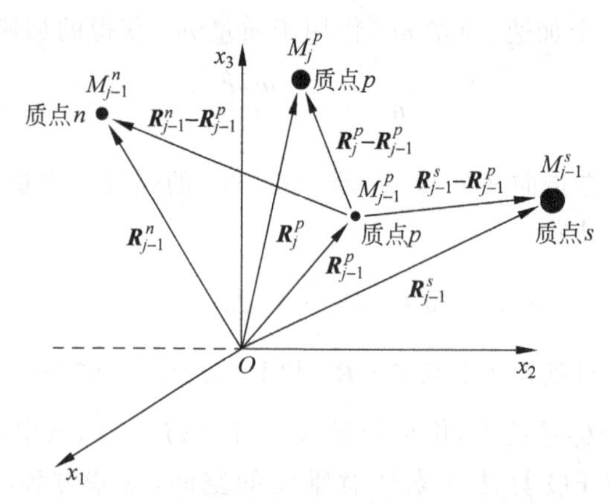

图 131.1　中心引力优化算法典型的三维决策空间

他质点位置由用户定义的适应度函数所产生的“引力”的影响。

例如，质点 p 在 $j-1$ 时刻从位置 $\boldsymbol{R}_{j-1}^p$ 到 j 时刻的位置 $\boldsymbol{R}_j^p$，其中时刻 $j-1$ 和 j 之间的间隔为 Δt。在 $j-1$ 时刻质点 p 的位置处的适应度由下式给出：

$$M_{j-1}^p=f(x_1^{p,j-1},x_2^{p,j-1},\cdots,x_{N_d}^{p,j-1}) \tag{131.5}$$

每个其他质点也具有与它相关联的适应度 $M_{j-1}^k,k=1,\cdots,p-1,p+1,\cdots,N_p$，其中 N_p 是质点的总数。

在图 131.1 中，每个质点位置的适应度表示为在位置向量尖端处的黑圆点的大小，隐喻对应关系与太阳系中的“行星”的大小类似。较大的圆点对应于更大的适应度值(更大“行星”具有更大重力吸引力)。因此，图中的数值从最大到最小的位置向量排序分别为 $\boldsymbol{R}_{j-1}^s$、$\boldsymbol{R}_j^p$、$\boldsymbol{R}_{j-1}^n$、$\boldsymbol{R}_{j-1}^p$，排名反映在每个向量尖端圆的相对大小。质点 p 从位置 $\boldsymbol{R}_{j-1}^p$ 移动到 $\boldsymbol{R}_j^p$ 沿着由其初始位置和由在每个其他质点位置处的适应度函数(或者其定义的一些函数)构成的“质量”产生的总加速度决定的轨迹来确定。在 CFO 算法实施中使用基于质点 n 的质点 p 所经历的“加速度”为

$$\frac{G\cdot U(M_{j-1}^n-M_{j-1}^p)\cdot(M_{j-1}^n-M_{j-1}^p)^\alpha\cdot(\boldsymbol{R}_{j-1}^n-\boldsymbol{R}_{j-1}^p)}{|\boldsymbol{R}_{j-1}^n-\boldsymbol{R}_{j-1}^p|^\beta} \tag{131.6}$$

类似地，质点 s 产生质点 p 的加速度为

$$\frac{G\cdot U(M_{j-1}^s-M_{j-1}^p)\cdot(M_{j-1}^s-M_{j-1}^p)^\alpha\cdot(\boldsymbol{R}_{j-1}^s-\boldsymbol{R}_{j-1}^p)}{|\boldsymbol{R}_{j-1}^s-\boldsymbol{R}_{j-1}^p|^\beta} \tag{131.7}$$

其中，G 为 CFO 的“重力常数”($G>0$)，它对应于式(131.1)中的 γ。

注意，式(131.2)中的负号是考虑加速度表达式中顺序的差异，包含目标函数系数的分子中的项。例如 $(M_{j-1}^s-M_{j-1}^p)^\alpha$ 对应于式(131.2)中的“质量”。与式(131.2)的一个重要差异是单位阶跃函数 $U(\cdot)$，将在下面解释。根据标准表示法，绝对值符号表示向量幅度。

$$|\boldsymbol{A}|=\left(\sum_{i=1}^{N_d}\alpha_i^2\right)^{\frac{1}{2}} \tag{131.8}$$

其中，a_i 为向量 $\boldsymbol{A}$ 的标量分量。

“CFO 空间”中的加速度表达式与其物理空间所对应方程式(131.2)完全不同。

第一个差异是没有对应于指数 $\alpha>0$ 和 $\beta>0$ 的物理参数，并且在式(131.2)中没有单位阶

跃函数 $U(\cdot)$。在物理空间* 中,α 和 β 分别取值为 1 和 3（注意,分子不包含单位向量,如式(131.2)）。

在 CFO 空间中,算法设计者可以自由地分配与物理宇宙中发生的重力加速度大小和距离完全不同的重力加速度变化。这个灵活性包括在自由参数 α 和 β 中。CFO 测试运行显示了算法的收敛对指数值敏感,并且这些指数的一些值比其他值更好。

CFO 算法的"重力"和真正的重力差在另外两个非常重要方法。CFO 算法的"质量"是用户定义的适应度函数值。在实现中,"质量"是目标函数系数的差 $M_{j-1}^{s}-M_{j-1}^{p}$。算法设计者也可以自由选择其他函数。

使用适应度值的差,而不使用适应度值本身的原因是为了避免其他非常接近的质点过度的"拉"的引力。位于决策空间附近的质点可能具有类似的值,可能导致对目标质点过大的引力。

第二个差异是单位阶跃函数,即

$$U(z)=\begin{cases}1 & z\geqslant 0\\ 0 & \text{其他}\end{cases}\tag{131.9}$$

因为 CFO 算法基于隐喻,所以 CFO 空间可以是物理上存在的不可实现的奇怪对象。实际质量必须是正的,但在 CFO 空间中不是这样的质量。假设质量适应度函数定义的差异如上所述,质量可以是正或负,取决于哪个更大。包括单位阶跃函数以避免"负"质量的可能性。它迫使 CFO 算法只产生正的质量,因此在性质上具有吸引力。如果允许负质量,则相应的加速度将是排斥的；而不是有吸引力的。排斥性重力作用是使质点远离大的适应度值；而不是趋向它们。

上述表达式仅表示由于质点 n 和 s,质点 p 经历的加速度。考虑到质点 p 上的每个其他质点产生的加速度,p 从位置 $\boldsymbol{R}_{j-1}^{p}$"飞行"到 $\boldsymbol{R}_{j}^{p}$ 经历的总的加速度通过对所有其他质点求和给出：

$$\boldsymbol{a}_{j-1}^{p}=G\sum_{k=1,k\neq p}^{N_p}U(M_{j-1}^{k}-M_{j-1}^{p})\cdot(M_{j-1}^{k}-M_{j-1}^{p})^{\alpha}\frac{(\boldsymbol{R}_{j-1}^{k}-\boldsymbol{R}_{j-1}^{p})}{\mid\boldsymbol{R}_{j-1}^{k}-\boldsymbol{R}_{j-1}^{p}\mid^{\beta}}\tag{131.10}$$

因此,在时刻 j 处质点 p 的新位置向量变为

$$\boldsymbol{R}_{j}^{p}=\boldsymbol{R}_{j-1}^{p}+\boldsymbol{V}_{j-1}^{p}\Delta t+\frac{i}{2}\boldsymbol{a}_{j-1}^{p}\Delta t^{2},\quad j\geqslant 1\tag{131.11}$$

其中,$\boldsymbol{V}_{j-1}^{p}$ 是在时刻 $j-1$ 结束时质点 p 的"速度"；$\boldsymbol{V}_{j-1}^{p}=(\boldsymbol{R}_{j-1}^{p}-\boldsymbol{R}_{j-2}^{p})/\Delta t,j\geqslant 2$；在这些方程中,速度项和时间增量 Δt 二者都没有必要保持与重力运动学相似的形式,但 Δt 显然不能为 0。

为简单起见,CFO 算法运行中 $\boldsymbol{V}_{j-1}^{p}$ 和 Δt 分别任意设置为等于 0 和 1。Δt 的恒定值最好吸收到重力常数 G 中。变化 Δt 有改变质点"报告"其位置间隔的效果。这样做是否能提高 CFO 算法的收敛性,尚需进一步研究。

131.4　中心引力优化算法的实现步骤

在 CFO 算法中,质点的位置、质量和加速度是寻优个体的 3 个特征量。其中,质点的位置和问题的解相对应,并通过其加速度进行位置的更新；质点的质量大小由其位置的优劣决定,

---

* 物理空间是理论上的,而物理宇宙是实际物理空间。

个体位置越好，其质量越大，对应的解也越好。质点的质量通过其对应的目标函数值进行计算。在进行初始化后，群体在搜索空间内进行连续飞行，并在万有引力的作用下，逐渐向质量最大的质点方向移动，最终找到质量最大的质点，从而得到质量最大质点所对应的最优解。

具体算法实现的基本步骤如下。

(1) 初始化每个质点的位置和加速度，质点的初始加速度设为零。

(2) 把目标函数看成适应度函数，计算每个质点的适应度值，并确定适应度值最优质点的位置。

(3) 用式(131.10)更新质点的加速度。

(4) 用式(131.11)更新质点的位置。

(5) 随着CFO算法的进行，一些质点可能“飞”到定义的可行域(决策空间)之外。为了避免在不允许的区域中搜索最大值，如果发生这种情况，质点应该返回到决策空间。有许多可能的方法来返回越界的质点。例如，对越界的质点，按照式(131.12)进行越界处理如下：

$$R_j^p(i)=\begin{cases}x_{\min}(i)+\dfrac{1}{2}(R_{j-1}^p(i)-x_{\min}(i)), & R_j^p(i)<x_{\min}(i)\\ x_{\max}(i)-\dfrac{1}{2}(x_{\max}(i)-R_{j-1}^p(i)), & R_j^p(i)>x_{\max}(i)\end{cases} \tag{131.12}$$

其中，$R_j^p(i)$为在第j次迭代中第p质点的第i位置分量；$x_{\max}(i)$和$x_{\min}(i)$分别为第i分量的上界和下界。

(6) 若未达到最大迭代次数；则返回步骤(2)；否则，算法停止，输出计算结果。

第132章 引力搜索算法

引力搜索算法是受自然界中万有引力现象的启发而提出的仿自然优化算法。它通过群体中各粒子之间的万有引力相互作用产生的群体指导优化搜索。它从可行域中随机地产生一组初始解，把它们看成是带有一定质量的粒子，这个质量大小决定了粒子对其他粒子吸引力的强弱。通过求出合力及加速度，再对粒子进行速度及位置更新。个体之间通过引力作用相互吸引，促使物体朝着质量最大的物体移动，从而逐渐逼近求出优化问题的最优解。本章介绍引力搜索算法的原理、数学描述、实现步骤及流程。

132.1 引力搜索算法的提出

引力搜索算法(Gravitational Search Algorithm，GSA)是2009年由Rashedi等提出的一种新的启发式优化算法。该算法源于对物理学中的万有引力进行模拟产生的仿自然优化算法。万有引力定律指出："宇宙中的每个粒子吸引其他粒子的力和它们的质量成正比，和它们之间的距离成平方。"GSA的原理是通过将搜索粒子看作一组在空间运行的物体，物体间通过万有引力相互作用吸引，物体的运行遵循动力学的规律。适应度值较大的粒子其惯性质量越大，因此万有引力会促使物体们朝着质量最大的物体移动，从而逐渐逼近求出优化问题的最优解。

对一组标准的测试函数进行优化的结果表明，在大多数情况下，GSA获得了优异的结果，在所有情况下都与PSO、RGA和CFO优化性能相当。GSA具有较强的全局搜索能力与收敛速度。

132.2 引力搜索算法的原理

万有引力是自然界中存在的基本作用力之一，其作用是用于增加粒子间相互靠近的趋势。1687年牛顿在《自然哲学的数学原理》上发表的万有引力定律是解释物体之间的相互作用的引力定律。万有引力定律指出，任意两个质点通过连心线方向上的引力相互吸引，该引力的大小与它们的质量乘积成正比，与它们之间的距离成反比。其引力作用表示为

$$F=G\frac{M_1M_2}{R^2} \tag{132.1}$$

其中，F为引力的分力；G为重力常数；M_1和M_2分别为第一和第二粒子的质量；R为两个粒子之间的距离。牛顿第二定律表明，当一个力F施加到粒子上时，其加速度a仅取决于力

及其质量 M,即

$$a = \frac{F}{M} \tag{132.2}$$

基于式(132.1)和式(132.2),宇宙的所有粒子之间都存在吸引力,两个粒子之间距离的增加意味着减小它们之间的引力。如图132.1所示,粒子 M_1 分别受到其他3个粒子的作用力,并产生一个的合力 F_1 与向该方向运动的加速度 a_1。在图132.1中,由于粒子 M_3 的质量最大,M_1 受到的合力方向和 M_1 与 M_3 的中心连线力 F_{13} 更接近。因此,万有引力搜索算法模拟粒子的引力作用,当群体间存在质量大的粒子时,其他粒子都会向质量大的粒子运动,使算法收敛到最优解。另外,引力的作用不需要任何传播介质,所有粒子无论距离远近都受到其他粒子的牵引,所以万有引力搜索算法具有很强的全局性。

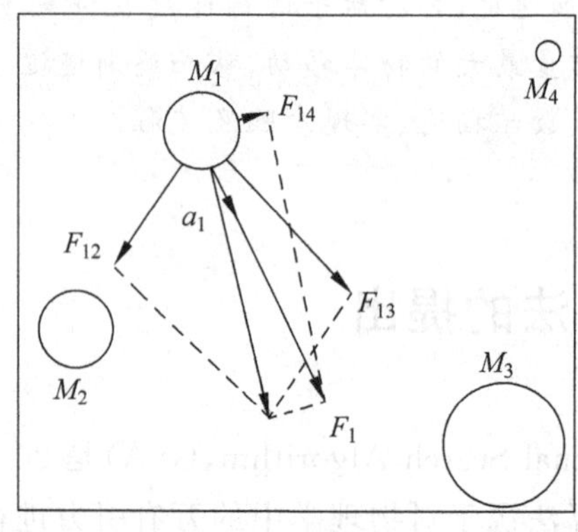

图132.1 粒子之间引力作用的图示

由于逐渐减小的引力的影响,实际上"引力常数"G 是随着宇宙实际年龄的增加而变化的。引力常数 G 随着时间的推移而减小的定义为

$$G(t) = G(t_0) \times \left(\frac{t_0}{t}\right)^{\beta} \quad \beta < 1 \tag{132.3}$$

其中,$G(t)$为 t 时刻引力常数 G 的值;$G(t_0)$为第一个宇宙量子间隔时刻 t_0 引力常数的值。

在理论物理学中定义了以下3种质量。

(1) 主动引力质量 M_a 是对特定物体引力场强度的量度。具有主动重力质量小的物体的引力场弱于具有主动质量大的物体。

(2) 被动引力质量 M_p 是物体与引力场相互作用强度的量度。在相同的引力场下,具有较小被动引力质量的物体经受比具有较大被动引力质量物体更小的力。

(3) 惯性质量 M_i 是物体当施加力时抵抗改变其运动状态的量度。当施加力时,具有大惯性质量的物体更缓慢地改变其运动,而具有小惯性质量的物体快速改变它。

考虑到上述情况,重写牛顿定律。通过质量 j 作用于质量 i 的引力 F_{ij} 与主动引力质量 j 和被动引力质量 i 的乘积成比例,并且与它们之间距离的平方成反比。a_i 与 F_{ij} 成正比并与 i 的惯性质量成反比。更精确地说,可以重写式(132.1)和式(132.2)如下:

$$F_{ij} = G\,\frac{M_{aj} M_{pi}}{R^2} \tag{132.4}$$

$$a_i = \frac{F_{ij}}{M_{ii}} \tag{132.5}$$

其中，M_{aj} 和 M_{pi} 代表粒子 j 的主动引力质量和粒子 i 的被动引力质量；R 为粒子 i 和粒子 j 间的距离；M_{ii} 为粒子 i 的惯性质量。

虽然惯性质量、被动引力质量和主动引力质量在概念上是不同的，但没有实验毫不含糊地表明它们之间的任何区别。

132.3 引力搜索算法的数学描述

在引力搜索算法中，将优化问题的解视为一组在空间运行的粒子，粒子之间通过万有引力作用相互吸引，粒子在万有引力的作用下使得粒子朝着质量最大的粒子移动，而质量最大的粒子占据最优位置，从而可求出优化问题的最优解。算法通过个体间的万有引力相互作用实现优化信息的共享，引导群体向最优解区域搜索。

在该算法中，每个粒子均包含 4 个特征：位置、惯性质量、主动引力质量和被动引力质量，粒子的位置就是问题的解。GSA 算法的具体描述如下。

假设在一个 D 维搜索空间中包含 N 粒子，第 i 个粒子的位置为

$$X_i=(x_i^1,x_i^2,\cdots,x_i^d,\cdots,x_i^n),\quad i=1,2,\cdots,N \tag{132.6}$$

其中，x_i^d 为第 i 个粒子在第 d 维的位置。

GSA 可以被认为是一个孤立的群体系统。它就像一个小群粒子服从引力和运动的牛顿定律的人工世界，更确切地说，粒子服从以下定律。

(1) 引力定律：每个粒子吸引每个其他粒子，两个粒子之间的引力直接与它们质量的乘积成比例，并且与它们之间的距离 R 成反比。根据实验结果表明，使用 R 要比使用 R^2 有更好的结果。

(2) 运动定律：任何质量的粒子的当前速度等于其先前速度与速度变化部分之和。任何质量的粒子的速度或加速度的变化等于作用在系统上的力除以惯性质量。

在特定时间 t，将作用在从质量 j 到质量 i 上的力定义如下：

$$F_{ij}^d=G(t)\frac{M_{pi}(t)\times M_{aj}(t)}{R_{ij}(t)+\varepsilon}(x_j^d(t)-x_i^d(t)) \tag{132.7}$$

其中，M_{aj} 为与粒子 j 相关的主动引力质量；M_{pi} 为与粒子 i 相关的被动引力质量；$G(t)$为在时间 t 的重力常数；ε 为小常数；$R_{ij}(t)$为两个粒子 i 和 j 之间的欧几里得距离：

$$R_{ij}(t)=\| X_i(t),X_j(t)\|_2 \tag{132.8}$$

为了给出该算法的随机特性，假设在维度 d 中作用于粒子 i 的总力是从其他粒子施加的力的第 d 分量的随机加权和：

$$F_i^d(t)=\sum_{j=1,j\neq i}^{N}\text{rand}_j F_{ij}^d(t) \tag{132.9}$$

其中，rand_j 为区间[0,1]中的随机数。

在时间 t 粒子 i 在第 d 维上的加速度 $a_i^d(t)$通过运动定律表示为

$$a_i^d(t)=\frac{F_i^d(t)}{M_{ii}(t)} \tag{132.10}$$

其中，M_{ii} 为第 i 粒子的惯性质量。

此外，粒子下一步的速度是当前速度加上其加速度。因此，其速度和位置可以计算如下：

$$v_i^d(t+1)=\text{rand}_i \times v_i^d(t)+a_i^d(t) \tag{132.11}$$

$$x_i^d(t+1)=x_i^d(t)+v_i^d(t+1) \tag{132.12}$$

其中,rand_i 为区间[0,1]中的均匀随机变量。

下面对重力常数 G 进行初始化,并且将随时间减小以控制搜索精度。取 G 是初始值 G_0 和时间 t 的函数如下:

$$G(t)=G_0 \mathrm{e}^{-\alpha t/T} \tag{132.13}$$

其中,T 为最大迭代次数;α 为衰减系数,取值为 20。G_0 取值为 100 时使得算法的寻优结果更为稳定。

引力和惯性质量是通过对适应度进行评估来计算的。这意味着具有较重质量的粒子有更高的吸引力,速度更慢。假设引力和惯性质量相等,质量的值使用适应度值计算,引力和惯性质量的更新按下式计算:

$$M_{ai}=M_{pi}=M_{ii}=M_i \quad i=1,2,\cdots,N \tag{132.14}$$

$$m_i(t)=\frac{\text{fit}_i(t)-\text{worst}(t)}{\text{best}(t)-\text{worst}(t)} \tag{132.15}$$

$$M_i(t)=\frac{m_i(t)}{\sum_{j=1}^{N} m_j(t)} \tag{132.16}$$

其中,$\text{fit}_i(t)$为时间 t 粒子 i 的适应度值。对于最小化问题,worst(t)及 best(t)定义如下:

$$\text{best}(t)=\min_{j\in\{1,2,\cdots,N\}} \text{fit}_j(t) \tag{132.17}$$

$$\text{worst}(t)=\max_{j\in\{1,2,\cdots,N\}} \text{fit}_j(t) \tag{132.18}$$

对于最大化问题,等式(132.17)和式(132.18)变为式(132.19)和式(132.20):

$$\text{best}(t)=\max_{j\in\{1,2,\cdots,N\}} \text{fit}_j(t) \tag{132.19}$$

$$\text{worst}(t)=\min_{j\in\{1,2,\cdots,N\}} \text{fit}_j(t) \tag{132.20}$$

为了避免陷入局部最优,算法必须在开始时使用全局搜索。经过一些迭代,视为全局搜索的勘探必须逐步减弱,视为局部搜索的开发必须加强。要控制勘探和开发来提高 GSA 的绩效,通过使用作为时间函数的 K_{best},从初值为 K_0 开始,并随着时间线性减小,以这样的方式,在开始时对所有粒子施加力,在结束时将只有一个粒子向其他粒子施加力。因此,式(132.9)可以修改为

$$F_i^d(t)=\sum_{j\in K_{\text{best}},\, j\neq i} \text{rand}_j F_{ij}^d(t) \tag{132.21}$$

其中,K_{best} 为具有最佳适应度值和最大质量的 K 粒子的集合。

132.4 引力搜索算法的实现步骤及流程

GSA 算法主要包括两大步骤:一是计算其他粒子对自己的引力大小,并通过引力计算出相应的加速度;二是根据计算得到的加速度更新粒子的位置。

引力搜索算法的具体实现步骤如下。

(1) 搜索空间识别。

(2) 初始化。随机初始化所有粒子的位置与加速度，并设置迭代次数及算法中的参数。

(3) 对每个粒子计算该粒子的适应度值。

(4) 对于 $i=1,2,\cdots,N$，利用式(132.13)、式(132.16)、式(132.17)和式(132.18)分别更新 $G(t)$、$M_i(t)$、best(t) 和 worst(t)。(注意：这里按最小化问题考虑。)

(5) 计算不同方向力的总和。

(6) 利用式(132.7)～式(132.10)更新加速度。

(7) 利用式(132.11)、式(132.12)分别更新所有粒子的速度和位置。

(8) 重复步骤(3)～步骤(7)，直到达到满足终止条件。

(9) 输出最优解，结束。

引力搜索算法的流程如图 132.2 所示。

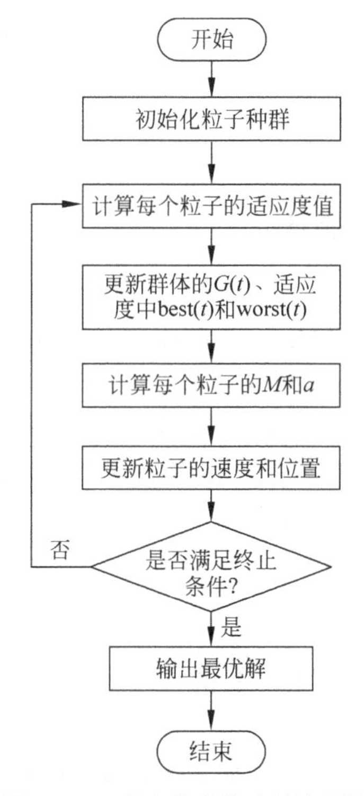

图 132.2　引力搜索算法的流程图

第133章 引力场算法

星云盘模型用于描述太阳系行星的形成过程，宇宙中暗星云通过各种形式组合在一起成为恒星，而宇宙灰尘则被恒星排除，它们在引力的作用下不断凝聚并最终成为行星。引力场算法模拟天体力学行星形成的星云盘模型，通过将该理论内容抽象为数学模型，并相应减少一些效应，增加一些效果，设计了分解算子、移动算子、吸附算子，从而构建了引力场算法。在多峰值函数优化问题上效果显著。本章介绍行星和恒星的形成理论、引力场算法的基本思想、描述、实现步骤及流程。

133.1 引力场算法的提出

引力场算法(Gravitation Field Algorithm，GFA)是2013年由郑明等提出的。这种算法的设计思想源于模拟天体力学的行星形成理论——太阳系星云盘模型(Sun System Nebular Disk Model，SNDM)，通过将该理论内容抽象为数学模型，并相应减少一些效应，增加一些效果，设计了分解算子、移动算子、吸附算子，从而构建了引力场算法。

该算法在多峰值函数优化问题上效果尤为突出，已用于生物工程、算法优化、复杂网络等领域。

133.2 行星和恒星的形成理论

天体力学的行星形成理论——太阳系星云盘模型的基本思想可以概括如下：数十亿年前不存在太阳系，仅有灰尘和星云飘移在宇宙之中。之后灰尘在自身引力作用下进行凝聚，长时间后形成岩石，这是太阳系的一个标志性时期。然后岩石迅速开始加快凝聚和碰撞，并吸附周围的小石块，岩石越积越大最终形成太阳系的所有行星。

在宇宙中，恒星诞生于宇宙中的暗星云。暗星云最主要的是氢分子和伴有少数其他元素的分子，暗星云大部分都是分子云。分子云像其他天体一样具有引力场，尽管分子云的密度非常小，但它的质量往往比太阳大一万倍以上，它们的引力场决定了它们的演化。

暗星云凝聚成为恒星产生的第一阶段是成为分子云核，它会受到引力、湍流和磁场3种作用力。引起塌缩的引力在和抵抗塌缩的湍流等气体压力在不断的对抗中相互平衡，一旦质量达到一定程度，将会塌缩为恒星。高密度、低温度形成小恒星，低密度、高温度形成大恒星。磁场穿透分子云及分子云的自转在恒星的形成中起到阻滞作用，但最终还是会形成恒星。

原恒星通过塌缩获得大部分能量，但是原恒星需要进一步将氢分子进行解离，以阻止恒星的进一步塌缩，并在表面发出辐射。原恒星成为恒星的主要特征是光输出，恒星内部能量通过对流和辐射两种形式到达表面。新生恒星开始主要是通过对流产生能量，渐渐地将转变为辐射传递，当完全在内部用氢燃烧并聚合成氦时，主序前星到达主序：恒星诞生。太阳系是人类可以直接观察到的恒星系统。

随着恒星的形成，它们周围的盘、壳将会下落和消失。当星周物质完全不存在时恒星称为Ⅲ级天体。Ⅲ级天体时期消失的盘物质有可能会被星风吹走凝结成为粒子、石子和石块并最终成为行星。

当星子之间相互碰撞时增大的趋势会占主导，几百万个星子相互碰撞的结果会形成月球般大小的星体，如水星。经过一千万到一亿年就会形成地球般大小的天体，太阳系最初几亿年都是在这种暴力碰撞中度过的。水星、金星、地球和火星等类的行星都被公认经历了上述过程。月球的形成有力地佐证了 SNDM 模型。

133.3　引力场算法的基本思想

引力场算法的基本思想是将粒子群体抽象成一个宇宙灰尘系统，群体中的每个粒子都视为一粒灰尘，某时刻状态最优的灰尘即为中心灰尘，环境灰尘感知中心灰尘对其的引力作用和自转因素的作用，从而更新自身的状态位置。

SNDM 模型与 GFA 算法的对应关系如表 133.1 所示。

表 133.1　SNDM 模型与 GFA 算法的对应关系

SNDM 模型	GFA 算法
所有灰尘	所有可行解
灰尘的质量	解的质量(评价函数)
灰尘间的引力作用	比例移动
引力场作用大小	距离参数
小灰尘推离开大灰尘	自转
小灰尘被大灰尘吸收	吸收
形成行星	局部最优解
行星间相互吸收形成最大行星	全局最优解

GFA 算法是对 SNDM 模型构建抽象数学模型而所提出的优化算法。算法开始时，模型中的所有灰尘表示所有可行解，并且都会被随机初始化或者根据先验知识进行初始化。下一步是对所有的灰尘(可行解)加一个权重：质量。这个值往往是根据质量或称目标函数计算出来的，并作为灰尘优劣的评价标准。然后，GFA 开始计算，在任意两个灰尘之间存在的引力作用下，小灰尘受到大灰尘引力作用并向大灰尘方向移动，同时受到自转系数的影响小灰尘推离大灰尘，但引力作用占主导地位。之后灰尘慢慢聚集并最后形成行星：最优解。

如果想要找到全局最优解，则行星之间会进一步吸引并形成最大的行星。如果想搜寻多个局部最优解，则形成行星后将不再变化。为了给定一个最大灰尘的限制，也可以用距离参数来减少它的引力场作用。该算法的关键问题是解空间的分解问题，方法多种多样，在一维和二维空间下较容易分解，而多维空间的情况较为复杂，比较合理的就是随机分解算子。

133.4 引力场算法的数学描述

下面分别介绍GFA算法的初始化灰尘群体、解空间分解算子、移动算子和吸附算子。

1. 初始化灰尘群体

GFA算法初始化部分模拟SNDM模型中的暗星云部分,在目标函数的可行域范围内随机定义N个灰尘颗粒,其中N就代表初始可行解的个数或称群体规模,而灰尘颗粒$d_i(i=1,2,\cdots,N)$则表示所需求问题的可行解。d_i可以是标量,也可以是向量。当d_i是向量时定义向量的维度为M;特别地,当M等于i时,d_i为标量。

对任意维度向量的可行域取值范围皆为连续数据的待求解问题,随机初始化过程描述如下:对于第i灰尘颗粒(可行解)d_i的第j维空间,设其可行域范围为$[X_{j\text{start}},X_{j\text{end}}]$。在此范围内随机设定一个值$d_{ij}$,$j=1,2,\cdots,M$,则$M$次随机取值之后就确定出第$i$灰尘的取值。连续定义$N$个灰尘颗粒的随机取值之后,就生成初始化群体。此处$M$的大小由所需求问题的性质决定。

2. 解空间分解算子

把整个解空间分为很多碎片,每个碎片称为一个组,在一个组中具有最大质量值的特定的灰尘称为中心灰尘,其他灰尘称为环境灰尘。环境灰尘的质量值都比中心灰尘质量值小或与中心灰尘质量值相等,它们都处在中心灰尘的引力作用之下。此处引力作用为单向作用而非双向作用,与纯粹的物理模型不同,在空间中引力作用会使环境灰尘向中心灰尘方向移动。

当解向量变量的维数等于1时,解空间分解可以在一个实数轴上分段分解,每一段的长度可以随机或平均。此形式如图133.1所示。

图133.1 两种解向量变量维度为1的解空间分解方式

图133.1(a)表示空间所在数轴的随机分解方式,一共分7段;图133.1(b)表示解空间数轴的平均分解为7段。每一段长度都等于总长度的1/7。在这种分解方式下,每一段长度都等于总长度的$1/G$,这里的G表示所分段数。

当自变量向量的维度等于2时,将整个二维空间面积随机划定为G个连续不重叠区域,每个区域的面积都小于或等于总面积。特别的是,当且仅当G等于1时不重叠面积区域等于总面积。所有组的面积和等于总面积。如图133.2所示,整个解空间分为互不重叠的3组,在每个组内方块代表环境灰尘,圆点代表中央灰尘,且每个组内的面积都小于总面积,所有面积的和等于总面积。

在平均分解策略下,每个组的面积相同,组内每一个中心灰尘的引力作用可以定义如下:

$$S=\frac{x}{a}\times\frac{y}{b} \tag{133.1}$$

其中,x为质量方程的x轴的定义域,y为质量方程y轴的定义域。这种平均分解策略如

图 133.3 所示：a 等于 2，b 等于 3，整个分解方式共分 6 个组，每个组的面积均相等，面积为总面积的 1/6，所有面积的和等于总面积。

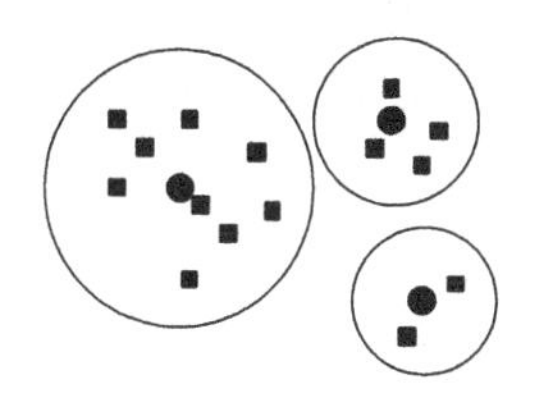

图 133.2　二维自变量向量下的随机解空间分解

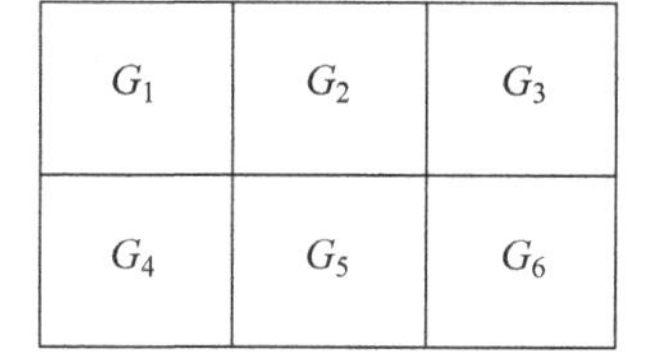

图 133.3　$G=6$ 时二维空间平均分解策略

二维空间平均分解的一个特殊方式称为最大公约数法，就是要找到一个恰当的分解方式使每个组的面积都不相同。首先根据质量方程和先验知识定义一个组的总数 G；然后把 G 分解为两个最大公约数因子相乘的形式如下：

$$G=a\times b \tag{133.2}$$

其中，a 和 b 都是整数。

对于高维空间分解使用随机分组分解法。先定义组数 G，在此次迭代过程中，每一个灰尘颗粒随机隶属于某一组 i 中，所有灰尘与组的隶属关系确定之后在各自组内进行移动算子和吸附算子运算。这种方法也适合于一维空间的分解操作，如图 133.4 所示。

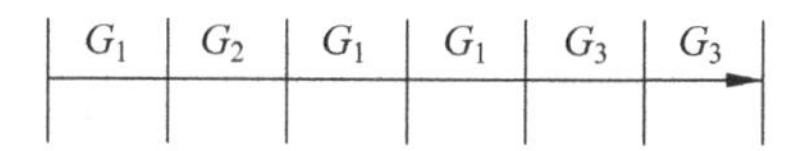

图 133.4　一维空间随机分组分解法

在图 133.4 所示一维空间随机分组分解法中，共分为 3 组，每一点都被随机分配，分配后计算并决定中心灰尘。第 1、3 和 4 点被分到第 1 组，第 2 点被分到第 2 组，第 5、6 点被分到第 3 组。二维空间的点也是如此，会被随机分配，切记每组不重叠。

二维空间分组示意图如图 133.5 所示，共分为 3 个组，空间中的每一点被随机分配到每一组中。圆形代表第 1 组，正方形代表第 2 组，三角形代表第 3 组。在每一组内进行迭代计算，及相应的移动算子和吸附算子操作。高维空间也是类似的随机分组方式，此处不再赘述。

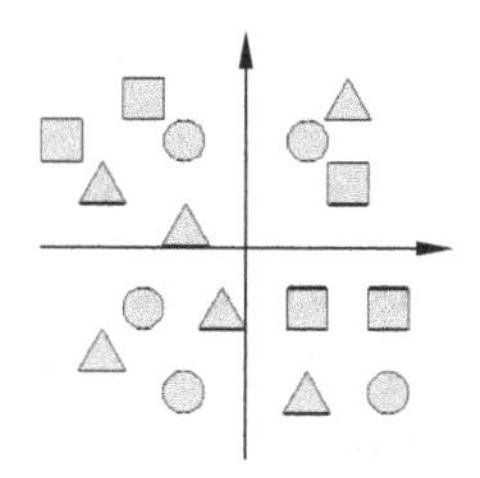

图 133.5　二维空间分组示意图

分组后组内成员是否改变有以下两种策略：定期重组策略是在分组后的一定迭代次数内，整个算法的最优解有所改变，则分组不变并继续进行下面的算法运算；不变分组策略是随机分组后组内成员永远不变，直到相应算子运算结束。算法的前期应该采用定期重组策略，而算法的后期应该采用不变分组策略。两种策略的转变由当前迭代次数决定。

3. 移动算子和自转系数

移动算子决定某一组内的所有灰尘哪一个是峰值并规定此峰值为中心灰尘，其他灰尘为环境灰尘。同时,让环境灰尘受中心灰尘的引力作用向中心灰尘单向移动,中心灰尘不发生移动,这与真实的物理模型有所简化。

在移动算子作用下会让移动的环境灰尘改变位置信息,通过质量函数运算会不断改变原有环境灰尘的质量值。若某个环境灰尘的质量超过了中心灰尘,它将成为本组新的中心灰尘,原中心灰尘降为环境灰尘,本组所有环境灰尘运动方向指向新的中心灰尘。

在任意一组内仅包含一个中心灰尘,在本次移动算子迭代时中心灰尘不会移动,但其他组内环境灰尘会朝着中心灰尘移动。灰尘变量 d_i 有3类成员变量:一是它所在的组别;二个是它本身的变量值;三是中心灰尘还是环境灰尘的标志量,若是环境灰尘,则取0;若为中心灰尘,则取1。

移动策略相对较多,本算法采用的移动方法为

$$\mathrm{Pace}_i = M \times \mathrm{dis}_i \tag{133.3}$$

其中,M 为移动距离的权重值,可采用0.0618作为权重值;dis_i 为中心灰尘和环境灰尘之间的欧氏距离。对于高维空间来讲,欧氏距离计算复杂,所以采取将其降格到每一维数轴上的直线距离,即 dis_i 表示两个多维空间向量之间的直接向量差,称为直接相减法。

需要注意的是,此处任意维度空间的移动过程在式(133.3)中已经体现出被完全分解,均被分解为 M 个方向上的一维空间移动过程,其中 M 表示整个空间的维数,则此时只需考虑一维移动空间上的收敛情况。经过数学证明GFA一维空间收敛,但无法证明组合后的 M 维空间也收敛。

在环境灰尘向中心灰尘移动的过程中,它的位置信息就会发生变化,所以其相应的质量值也会随之变化,甚至会超过中心灰尘,成为新的质量中心。如果环境灰尘的移动步伐过大,很有可能会越过不该越过的函数部分。作为移动算子不能指望步伐无限小,此时需要提出一个解决方案来最大限度地限制这种情况的发生,由此便提出了自转系数。

正像SNDM模型中星体自转会抛出灰尘那样,通过移动算子的自转系数的作用,把环境灰尘推向离开中心灰尘,推向离开的方向不一定沿着原来的前进方向,它是将环境灰尘在任意维度方向上都推向离开随机数的距离,所以从概率论角度很难再回到原来的前进方向。但是为了能够保持不会将环境灰尘推离太远,需要设定一个被推开的最大距离,设有 M 维解空间,则会有 M 个移动上限。这个上限采用绝对数值会减缓收敛步伐或可能会使算法无法收敛,所以采用的是当前距离的一个相对值,如式(133.4)所示:

$$\mathrm{withdraw}_{\max} = 2 \times \mathrm{dis} \times 0.618 \tag{133.4}$$

其中,$\mathrm{withdraw}_{\max}$ 表示单次被抛开的最大距离,式(133.4)的右侧是当前距离下进行移动的两倍。注意,式(133.3)中的dis从第一次移动起就不会发生变化,而一旦进行了自转操作,式(133.3)中的dis就要发生变化,更新为自转操作后的当前距离,以保证环境灰尘在移动后会落在中心灰尘之上,并且移动算子的迭代次数重新归0并重新进行移动算子操作。

自转系数基本上是一个概率值,它是由中心灰尘和环境灰尘之间距离所决定的,距离越大自转系数越小,距离越小自转系数越大。自转系数是随着GFA算法运行不断变化的。

最好为每个环境灰尘设立一个独立的自转系数,以显示自转系数与距离的关系。同时为了进一步体现它与距离的关系,这个值本身是会随着移动算子的迭代次数而不断增大的,如式(133.5)所示。

$$\mathrm{factor}(i+1) = \begin{cases} \mathrm{factor}_{\max} & \mathrm{factor}(i+1) \geqslant \mathrm{factor}_{\max} \\ \mathrm{factor}(i) + 0.03 & \mathrm{factor}(i+1) < \mathrm{factor}_{\max} \end{cases} \tag{133.5}$$

其中，factor($i+1$)表示再一次发生移动操作后的自转系数值，i 的值是从 0 到无限大的非负整数，表示发生此次移动操作的次数减 1。$factor_{max}$ 表示自转系数的最大值，这个值不宜过大；否则就会在很大程度上延长算法的收敛时间，在此定义为 0.3。而 factor(0)的值是 0，则最多 10 次移动操作后，自转系数就会达到最大值，若再发生移动操作，自转系数也不会再发生变化。

上述的移动算子在每一次移动或抛出时的新位置是否仍然在解空间之中需要检验。若新位置仍在解空间之中，则此步移动算子运行结束，进入下一次迭代；若新位置不在解空间之中，则重新在周围位置寻找一个新位置，并检验随机位置是否在解空间之中。此时进入检验循环，直到找到符合解空间位置约束要求的位置才能退出循环，进入移动算子的下一步迭代。这里仍需加一个约束，即最大迭代次数设置为 20，若 20 次迭代次数内仍未找到符合解空间位置的新位置，则此灰尘执行吸附算子操作。

4. 吸附算子

吸附算子的确定方法如下：当环境灰尘与中心灰尘之间的距离足够小之时，如小于某个阈值，或者是在一定的移动算子迭代次数内中心灰尘与环境灰尘仍未靠拢，则环境灰尘被中心灰尘吸附，可以采用直接删除的简单方法。

吸附算子吸收结束之后，直接进入解空间分解算子的下一次迭代，所以没有被删除的灰尘都将降格为环境灰尘并重新分组。若算法收敛或满足结束条件，则算法结束。

133.5　引力场算法的实现步骤及流程

实现 GFA 算法的主要实现步骤如下。

(1) 随机初始化灰尘(群体)。

(2) 用随机分组分解法对解空间分解。

(3) 将多维空间灰尘移动分解为多个一维空间移动，并在多个一维空间中执行移动算子操作。

(4) 对每一个移动后的灰尘颗粒执行吸附算子操作。

(5) 对每一个没有被吸收的环境灰尘按照自转系数概率执行自转操作。

(6) 若本组内满足组内收敛条件则转入步骤(7)，否则转入步骤(3)，进行下一次移动算子迭代。

(7) 若已满足 GFA 算法结束条件，算法结束，输出最终解；否则转入步骤(2)，进行下一次解空间分解迭代。

上述的组内收敛条件(满足任意一个条件即可)：

① 组内迭代一定次数，如 100 次；

② 组内灰尘数量足够少，如小于或等于 3 个；

③ 组内中心灰尘与每一个环境灰尘之间的距离足够小，如小于初始距离的 1/20。

上述的算法结束条件(满足任意一个条件即可)：

① 整个算法迭代一定次数，如 50 次；

② 整个空间灰尘足够少，如小于或等于 5 个。

引力场算法的流程如图133.6所示。

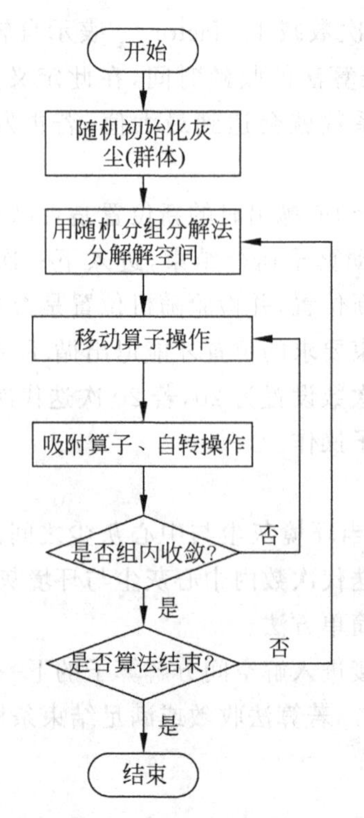

图133.6 引力场算法的流程图

第 134 章　极值动力学优化算法

Bak-Sneppen 生物演化模型(简称 BS 模型)是研究生态系统不同物种相互关联、协同进化的模型,这样的开放系统处于远离平衡态时具有自组织临界性。极值动力学优化算法应用 BS 模型的自组织临界过程模拟组合优化问题的动态求解过程,自组织临界态可类比为优化问题的最优解。该算法中,物种的每一步演化都归因于系统的最小适应度物种的变异,进而引起其最近邻居的变异。该算法具有收敛速度快、局部搜索能力强、只有变异算子、无可调参数等优点。本章介绍生物演化模型、极值动力学优化算法的原理、描述、实现步骤、流程及特点。

134.1　极值动力学优化算法的提出

极值动力学优化(Extremal Optimization,EO)算法是 1999 年由 Boettcher 和 Percus 提出的一种基于自组织临界理论的智能优化算法。该算法将生物演化模型的自组织临界过程类比为组合优化问题最优解的动态求解过程。BS 模型从生物进化的角度研究了开放系统处于远离平衡态时的自组织临界性。在该模型中,同一生态系统中的不同物种相互关联(如通过食物链的方式),协同进化。物种的每一步演化都归因于系统的最小适应度物种的变异,进而引起其最近邻居的变异,一个物种的变异直接影响到其他的物种。

不同于遗传算法等总是借助于对种群中的所有个体实施选择、交叉和变异等遗传操作来达到寻优的目的,EO 算法总是不断地变异解的最差组元来进行优化求解。正是这种内在的极值动力学机制,使得极值动力学优化算法具备很强的爬山能力,尤其在求解带有相变点(Phase Transitions)的组合优化问题时,更是展现出强大的优势。

EO 算法不仅具有收敛速度快、局部搜索能力强、易于实现、计算量小等特点,而且仅有变异算子,不需要调整参数(对于基本 EO 算法)。极值动力学优化算法最初被用于求解一些组合优化问题和物理学问题,包括图分解、图着色、旋转玻璃等问题。后来经过改进,逐渐用于旅行商问题、函数优化问题、过程建模、预测控制等。

134.2　BS 生物演化模型

1993 年,Bak 和 Sneppen 提出了一种生物演化模型,简称 BS 模型,它可以定义如下:L^d 个物种被排在一个具有周期边界的 d 维网格中,每个物种的适应度为 f_i,适应度的初值取区间[0,1]上的随机数(此处的网格代表一个生态系统,网格上的每个“顶点”代表一个物种,“边”代表物种之间的某种关联);在每个时间段,具有最小适应度值的物种和它的 $2d$ 个邻居发生变异,即让这 $2d+1$ 个物种在区间[0,1]上重新获取新的随机数。

BS模型能够自发演化到一种临界状态,达到这种状态时,系统具有两个重要特征。

(1) 所有物种的适应度值都均匀地分布在某个临界值 f_c 与 1 之间;对于一维的情形 $f_c \approx 0.667$,对于二维的情形,$f_c \approx 0.329$。

(2) 系统的演化表现出雪崩动力学行为,雪崩时间 S 服从幂律(Power-law)分布:$P(S) \sim S^{-\tau}$。对于一维的情形,$\tau \approx 1.071$;对于二维的情形,$\tau \approx 1.245$。

BS模型从生物进化的角度研究生态系统这样的开放系统处于远离平衡态时的自组织临界性。BS模型虽然简单,却能展示出生物演化的一些重要特征,如"断续平衡"现象。断续平衡首先是在生物学上被观察到的,其基本思想是:大多数物种在其一生的多数时期处于没有什么生命攸关的郁滞期,但不时地被一些持续时间较短且长短不一的突发事件所打断(如远古时期的恐龙灭绝事件)。

BS模型之所以被称为极值动力学模型,是因为物种的每一步演化都归因于系统的最小适应度物种的变异,进而引起其最近邻居的变异。所以,BS模型构成了EO算法的基础。

134.3 极值动力学优化算法的原理

BS模型研究的生态系统是一个开放系统,与外界不断进行物质、能量和信息的交换,系统就好像受到一股外部驱动力的不断驱使,总是选择适应度最差的物种及其邻居发生变异,这样系统才可以不断地演变。极值动力学优化算法正是模拟BS模型的自组织临界过程,把自组织临界态类比为优化问题的最优解,从而实现组合优化问题的动态求解。

自组织临界性理论认为,由多个组元所构成并相互作用的远离平衡态的、开放的、复杂动力学系统,能够通过漫长的自组织过程而演化到混沌边缘的弱混沌(Weakly Chaotic)临界状态。处于该状态的一个微小的扰动可能会通过类似"多米诺效应"的机制被放大,随后扩散到整个系统。在该临界态系统的时空动力学行为不再具有特征时间和特征空间尺度,而表现出覆盖整个系统的满足幂律分布的时空关联,小事件引起的连锁反应能对系统中较大数量的组成元素发生影响,从而导致大规模事件的发生,且其时间尺度和空间尺度均服从幂律分布。自组织临界性理论揭示了自然界中普遍存在的标度律、标度不变性及其内在的分形动力学机制,建立了非线性动力学、自相似性与 $1/f$ 噪声之间一种联系。

生态系统的内部组元为物种,种群的内部组元为染色体,而单一染色体的内部组元为基因。这些内部组元间通过相互作用或关联构成了一个复杂系统。自组织临界性是指不管系统处于何种初始状态,不需要调整任何参数,整个系统就可以演化到一个自组织临界状态,在该状态下,系统呈现出幂律分布。EO算法利用内在的极值动力学机制,总是不断地变异近似解的最差组成部分来达到寻优的目的,使得EO算法具备很强的爬山能力,尤其在求解带有相变点的组合优化问题时EO算法更是显示出极大的优势。

具有自组织临界性的系统通过内部组元之间的相互作用就可以达到自组织临界状态。由自组织临界性定义可知,不需要调节任何参数,系统就能自组织地演化到一个临界态。故自组织优化算法无须可调参数就可以寻优。为构造一个自组织优化算法必须符合以下条件。

(1) 研究对象是由多个内部组元构成的,并通过它们直接或间接地相互作用或关联而构成的复杂系统。

(2) 研究对象必须要有相应的演化机制来保证为开放系统。

(3) 算法无须可调参数就可以寻优。

因为BS模型是一个开放系统,通过内部组元之间的相互作用而不需要调节任何参数,系统就能自组织地演化到一个临界态。所以模拟BS模型自组织临界过程的极值动力学优化算法满足上述3个条件。该算法将自组织临界态类比为优化问题的最优解。通过模拟生物进化模型总是选择当前解中适应度最差的组元及其相互关联的组元进行变异,驱动整个优化系统向自组织临界状态演化。极值动力学优化算法模拟远离平衡态的系统,借助于断续平衡产生的波动性使算法具有更好的持续搜索和跳出局部最优解的能力,直至获得全局最优解。

134.4　极值动力学优化算法的描述

BS模型指出,复杂开放系统通过多种内部组元相互作用的演化,可以使系统自主地达到远离平衡态的一个临界状态,并维持在这个状态。在临界状态下,一个微小的扰动会对大量数目的组元产生影响,造成"雪崩"现象,从而使整个系统表现出自组织临界性。

EO算法与大多数进化算法不同的是,它没有引入种群的概念,也就是说,只有单一个体或染色体,而个体内部的组元为基因或基因片段。这样个体的所有组元就构成了一个复杂系统,它也表现出自组织临界性。

基本的EO算法是一种自组织优化算法。图134.1给出了BS模型、自组织优化算法和EO算法之间的关系。

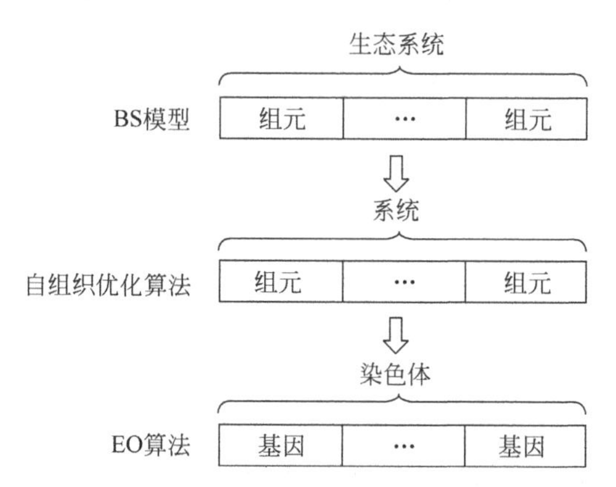

图134.1　BS模型、自组织优化算法和EO算法之间的关系

EO算法从基因层次上模拟了生物系统的自组织过程,通过不断地对最差或较差的基因及其邻居进行变异,实现了对染色体的自我完善。EO算法有着强大的局部搜索能力,但是全局优化性能不足,导致在优化早期过分注重局部搜索,不能快速地定位在全局最优点附近。EO算法只对一个解进行搜索,从而降低了算法的计算复杂度。

因为EO算法只有唯一的变异操作,所以对EO算法的描述就是对变异的描述,归结为对最差或较差的基因及其邻居进行变异。那么,EO算法是如何定义最差组元的呢?基本的EO算法根据个体内部组元对个体目标函数值的贡献大小来赋予每个组元的适应度值,适应度值最小的组元就是最差组元。在每次迭代中,总是选择适应度最差的组元及其邻居来进行随机的变异。从而使得所有组元都能协同进化,个体的适应度不断地得到改善,实现对个体的自我完善。使得个体总是朝着最优的结构演化,大大加速了收敛的速度;同时,通过改变与最差组元相邻的组元,使得整个系统能够协同进化。不管个体初始状态如何,在只给定组元总数的情况下,系统会演化到一种临界状态,最终可以找到近似最优解或最优解。

134.5 极值动力学优化算法的实现步骤及流程

对于一个极小化问题,EO算法的基本实现步骤如下。

(1) 随机产生一个初始个体 $S=\{x_1,x_2,\cdots,x_n\}$,设迄今为止找到的最优解为 S^*,其目标函数值为 $C(S^*)$,则初始 $S^*=S,C(S^*)=C(S)$。

(2) 对于当前的个体 S,进行如下操作。

① 计算每个组元 x_i 的适应度 $\lambda_i,i\in\{1,2,\cdots,n\}$。

② 对 n 个体适应度进行排序,找出适应度值最小的组元 x_j,即,$\lambda_j<\lambda_i,i=1,2,\cdots,n$,则 x_j 就是在最差的组元。

③ 在当前个体 S 的邻域中选择一个邻居 $S'\in N(S)$,对最差组元 x_j 进行变异。

④ 如果 $C(S')<C(S^*)$,无条件接受 $S^*=S'$。

⑤ 如果当前的目标函数 $C(S)$ 小于迄今为止找到的最优目标函数值 $C(S^*)$ 并且惩罚函数的值为0,则令 $S^*=S,C(S^*)=C(S)$。

(3) 重复执行步骤(2),直到满足终止条件(即当前代数达到最大迭代次数,或者近似解满足精度要求)。

(4) 返回最优解 S_{best} 和最优目标函数值 $C(S_{\text{best}})$。

极值动力学优化算法的流程如图134.2所示。

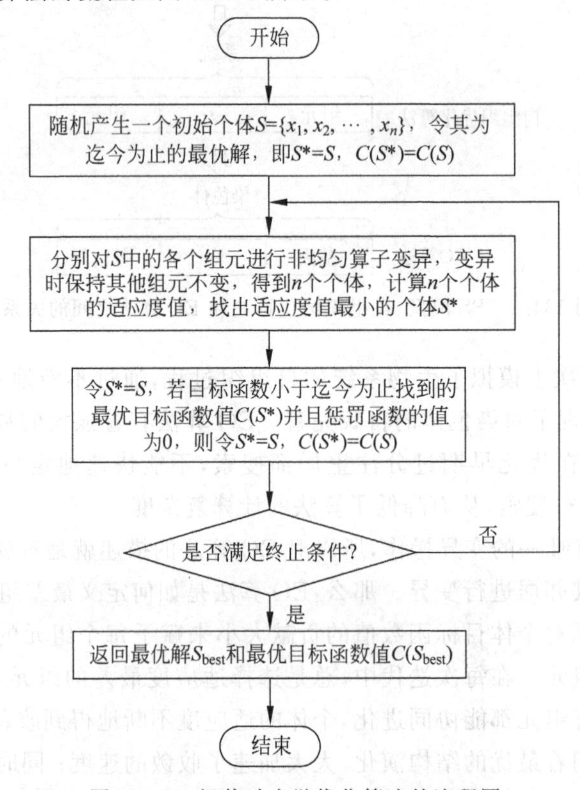

图134.2 极值动力学优化算法的流程图

134.6　极值动力学优化算法的特点

极值动力学优化算法与其他智能优化算法相比具有以下主要特点。

(1) EO算法与大多数进化算法不同的是，它没有引入种群的概念，它只有单一个体或染色体，而个体内部的组元为基因或基因片段。这样个体的所有组元就构成了一个复杂系统，它也表现出自组织临界性。

(2) 极值动力学优化算法通过内部组元之间的相互作用，不需要调节任何参数，系统就能自组织地演化到一个临界态——近似最优解或最优解。

(3) 极值动力学优化算法将待求解问题分解为相似的局部组元，为每个局部组元定义适应度，通过局部比较和相互作用突现全局的最优。

(4) 非平衡性(准平衡性)使得极值动力学优化算法运行到后期，仍有很大的波动性，从而保持了较好的全局搜索能力。

(5) 极值动力学优化算法通过淘汰最差适应度值的局部分量实现优化，体现了一种新的寻优方式，为智能优化算法的研究开拓了新的思路。优化问题作为一个动态演化的系统，被极值动力学优化算法加以分解，对资源的竞争导致最差的组元被淘汰或被迫变异，由此整个群落进化到自组织临界状态，获得对有限资源的高效利用。

由于上述特点，极值动力学优化算法提供了求解NP难问题的一种有效途径。极值动力学优化算法源于复杂系统中自组织临界的思想，从优化问题内部变量之间的联系出发，将问题本身作为一个演化的复杂系统，视角独特、实现简单且效率高。在如下几方面极值动力学优化算法还有待研究和改进。

(1) 加强算法的理论研究，迄今为止，极值动力学优化算法的收敛性还没有得到严格的理论分析和证明。因此，在现有模型的基础上，结合复杂系统理论，从系统的角度研究算法的动态变化过程，对极值动力学优化算法的收敛性进行理论分析和证明，对于极值动力学优化算法的推广应用具有至关重要的意义。

(2) 现有的极值动力学优化算法对最差组元的更新基于随机搜索的思想，效率较低。应将极值动力学优化算法与其他高效率的局部搜索方法(如梯度下降法)有效地结合起来，在更新组元的过程中加入寻优方向的指引，以提高算法局部搜索效率和求解精度。

(3) 极值动力学优化算法中的适应度要根据不同问题的解空间特点来定义，而适应度定义的好坏会影响到整个算法的性能。如何合理设计组元划分和定义适应度函数，使优化问题快速演化到效率最高的临界状态进行求解，是一个值得研究的热点方向。

第135章 拟态物理学优化算法

拟态物理学优化算法模拟生物觅食的拟态物理学来求解优化问题。利用牛顿万有引力定律定义个体之间的虚拟作用力，制定个体之间的引力、斥力规则，使得适应度较好的个体吸引适应度较差的个体，适应度较差的个体排斥适应度较好的个体。最好个体则不受其他个体的吸引或排斥。通过引力、斥力规则反复迭代使得整个种群不断向更好的搜索区域移动，直至获得全局最优解。本章介绍拟态物理学，以及拟态物理学优化算法的基本思想、数学描述及实现步骤。

135.1 拟态物理学优化算法的提出

拟态物理学优化（Artificial Physics Optimization，APO）算法是2010年由谢丽萍和曾建潮提出的一种全局优化算法。该算法受拟态物理学方法的启发，针对物理个体与理想粒子的特征异同问题，通过建立拟态物理学方法与基于种群优化算法的映射关系而设计出来。

在拟态物理学优化算法中，每个样本解被看作一个具有质量、速度和位置属性的物理个体。个体质量是用户定义的有关其目标适应度的函数，个体的适应度越好质量就越大，个体间的虚拟作用力也越大。利用牛顿万有引力定律定义个体之间的虚拟作用力，制定了个体之间的引力、斥力规则，使得适应度较好的个体吸引适应度值较差的个体，适应度较差的个体排斥适应度较好的个体。最好个体则不受其他个体的吸引或排斥。该方法利用这种引力、斥力规则，通过迭代使得整个种群不断向更好的搜索区域移动，从而获得全局最优解。

该算法及其改进算法已用于多目标函数优化、分布式电源的最佳接入、变压器状态评价、船舶避碰决策、水库防洪调度、无线网络覆盖优化等问题。

135.2 拟态物理学基础

拟态物理学（physicomimetics or Artificial Physics，AP）是2004年由美国学者Spear和Cordon为了通过模拟分子机制，控制群机器人系统而提出的。因为该方法受物理力学定律的启发，实质上是模拟牛顿第二力学定律（$F=ma$），所以称其为拟态物理学。

在拟态物理学框架中，机器人被抽象为在二维或三维空间中运动的微粒。每个微粒都有坐标X和速度V。微粒在空间中的连续运动用多个极小离散时间段Δt内的位移量ΔX近似描述。在每个时间段Δt内，微粒的位移量$\Delta X=V\Delta t$，速度变化量$\Delta V=F\Delta t/m$，其中F为微粒所受其他微粒和环境作用力的合力；m为微粒的质量。因此，微粒在时刻t的位置和速度分别为

$$X(t)=X(t-1)+V(t)\Delta t \tag{135.1}$$

$$V(t)=V(t-1)+F\Delta t/m \tag{135.2}$$

用 F_{max} 限定每个微粒所受力的最大值，这样可以用来限制微粒的加速度，而用 V_{max} 限定每个微粒运动速度的最大值。

在基于拟态物理学原理的机器人编队系统中，利用牛顿万有引力定律定义机器人之间的虚拟作用力的大小，用公式表示如下：

$$F=Gm_im_j/r^p \tag{135.3}$$

其中，$F<F_{max}$；G 为万有引力常数；r 为机器人之间的距离；p 为用户定义的一个权重，取值范围是[$-5,5$]；一般情况下假设 $p=2$，$F_{max}=1$；所有机器人的虚拟质量都设置为 1，即 $m_i=1$。R 表示引力和斥力间平衡的距离，当 $r<R$ 时，虚拟力表现为斥力；当 $r>R$ 时，虚拟力表现为引力；当 $r=R$ 时，微粒间斥力和引力达到平衡。

目前，拟态物理学已广泛用于群机器人系统的分布式控制、群机器人编队、群机器人避障控制、群机器人覆盖任务等。

135.3　拟态物理学优化算法的基本思想

在受鸟群觅食行为启发的微粒群算法中，微粒参考自身和群体最优个体的飞行经验，动态调整飞行速度以搜索问题空间的最好解。若从拟态物理角度理解微粒的这一行为，则是微粒飞行受自身和种群历史最优位置的吸引，整个群体在这种引力作用下有飞向更好搜索区域的能力。然而，这一行为的缺陷是一旦某一个体在搜索过程中陷入了局部最优解，而且这个解足够好，该个体就将吸引其他个体也陷入这个局部极值，而不去勘探其他未发现的解空间。

由于微粒认知和社会学习能力有限，仅参考自身和种群最优个体信息，却忽略附近可能存在最好解的种群中次优个体及比自身适应度更好的其他个体信息，导致种群个体的搜索空间有限，种群多样性较差，因此算法容易陷入局部极值。

事实上，在鸟群觅食过程中，个体在飞行过程中不仅仅参考了自身和群体最好个体的飞行经验，同时也参考了周围其他同伴的飞行经验。从拟态物理的角度分析鸟群觅食行为：假设鸟群个体之间存在引力或斥力作用；在飞行过程中，鸟群个体根据感知进行信息交互，感知食物量多的个体对感知食物量少的个体产生引力作用，未感知到食物或感知食物量少的个体对感知食物量多的个体产生斥力作用；每只鸟在所有其他同伴对其作用力的合力作用下调整自身的飞行速度，鸟群在这种相互作用力的驱动下实现觅食过程。

从拟态物理的角度阐释生物觅食行为具有合理性。同时，从拟态物理的角度模拟生物觅食还可以得出生物个体根据感知食物量不同而相互吸引或排斥的作用力规则，即鸟群个体受感知食物量比自身较多的同伴的吸引，受到未感知或感知食物量比自身少的同伴的排斥。这一模拟生物觅食的拟态物理方法可以为与生物觅食具有相似性的优化问题的求解提供新思路，这一模拟生物觅食的引斥力规则可以为构造新的搜索策略提供借鉴。

图 135.1 给出了生物觅食、拟态物理学方法和优化问题三者之间的关系。该图表明，由于生物觅食与求解优化问题的相似性，则用于模拟生物觅食的拟态物理方法可以为求解优化问题构造新的优化算法。为此，谢丽萍等建立了拟态物理学方法与优化算法之间的映射关系，如图 135.2 所示。通过这种映射关系，可以将拟态物理学方法用于解决优化问题。

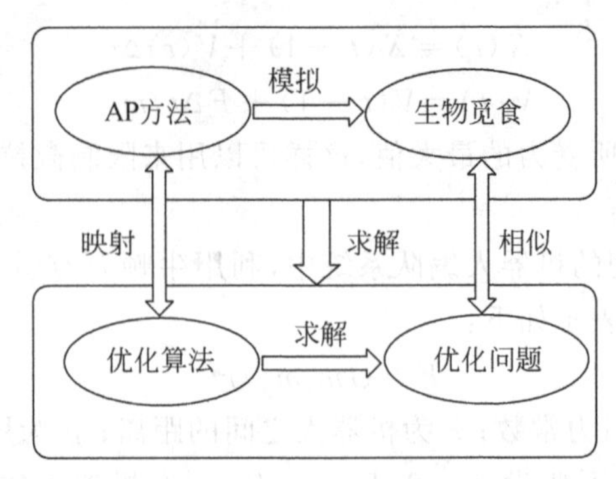

图 135.1 生物觅食、拟态物理学方法和优化问题三者之间的关系

由图 135.2 可以看出两者之间有很多相似之处：

① 都是基于种群的方法；

② 问题的实现都是通过种群个体的速度和位置迭代更新发挥作用，且都是离散行为；

③ 种群个体具有完备的空间位置知识，并能通过虚拟通信获悉其他个体的位置信息，即个体是全局定位的。

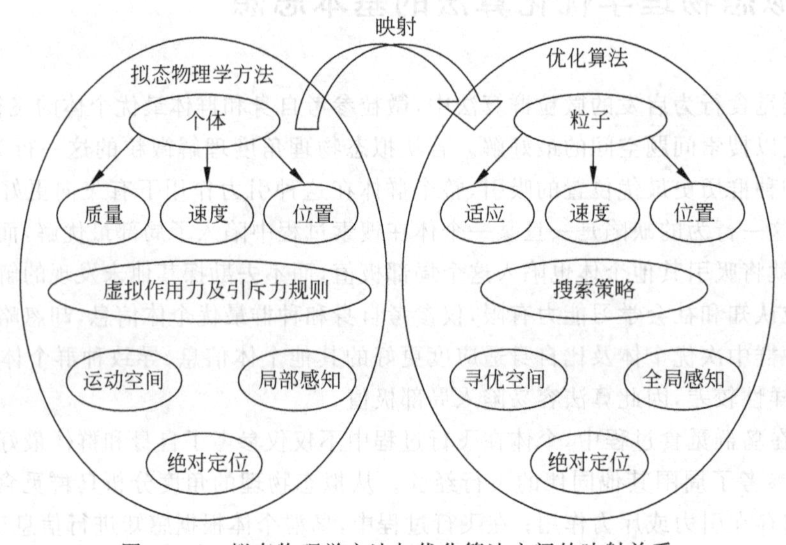

图 135.2 拟态物理学方法与优化算法之间的映射关系

两者的不同之处在于问题空间的虚实、搜索策略迥异及任务执行者的理想化程度不同引起的问题复杂性有差别。因此，个体质量与个体间作用力规则的构造是设计优化算法的两个关键点。一是个体质量函数的设计。通过构造物理个体质量和寻优粒子适应度的映射关系，建立由拟态物理学方法通向基于种群的优化算法的桥梁；二是个体间的作用力计算表达式的定义和引斥力规则的制定。

在求解目标函数的最小值问题中，建立了个体适应度与其虚拟质量之间的反比例关系，使得个体适应度值越小质量越大，产生的引力也就越大。同时制定了适应度值较优个体吸引适应度值较差的个体，适应度值较差的个体排斥适应度值较优个体的引斥力规则。特别地，为了保留种群最优，最优个体不受其他个体的作用力。在该引斥力规则引导下，个体朝着适应度越来越优的方向运动，整个群体能在该合力作用下向更好的搜索区域运动。以上就是拟态物理学优化算法设计的基本思想。

135.4 拟态物理学优化算法的数学描述

考虑全局优化问题

$$\min\{f(X):X \in \Omega \subset R^n\},F:\Omega \to R^n \to R^l \tag{135.4}$$

其中,$\Omega:=\{X\in\Omega \mid x_k^{\min}\leqslant x_k\leqslant x_k^{\max},k=1,2,\cdots,n\}$; n 为问题的维数; $x_k^{\max}$ 和 $x_k^{\min}$ 分别为问题可行域第 k 维上界、上界; N_{pop} 为种群的大小; $f(X)$为待优化问题的目标函数。

APO 算法包括初始化种群、计算每个个体所受合力、按该合力的大小和方向运动 3 部分。下面分别加以描述。

1. 初始化种群

设 $X_i(t)=(x_{i,1}(t),x_{i,2}(t),\cdots,x_{i,n}(t))$为个体 i 在时刻 t 的位置,则 $x_{i,k}$ 表示个体 i 在第 k 维的位置分量; 设 $V_i(t)=(v_{i,1}(t),v_{i,2}(t),\cdots,v_{i,n}(t))$表示个体 i 在时刻 t 的速度,则 $v_{i,k}$ 表示个体 i 在第 k 维的速度分量; 设 $F_{ij,k}$ 为个体 j 对个体 i 在第 k 维的作用力。

在初始状态下,设个体的初始速度为零,个体间作用力为零,个体所受合力亦为零。同时计算初始状态下每个个体适应度的大小 $f(X_i)$,并选出最优个体 X_{best}。

2. 计算每个个体所受合力

(1) 计算每个个体质量。个体的质量不是常量,是一个用户定义的有关其适应度的函数,如式(135.5)所示。

$$m_i=\begin{cases}K & i=\text{best}\\ \mathrm{e}^{\frac{f(x_{\text{best}})-f(x_i)}{\max\{f(x_i)-f(x_{\text{best}}),i=1,2,\cdots,m\}}} & i\neq \text{best}\end{cases} \tag{135.5}$$

其中,m_i 表示个体 i 的质量。显然,个体适应度越大其质量就越大。由于所求问题的适应度函数有负值情况,而实际个体质量应是一个正数,不能为负数。因此,选用指数函数将除了最好个体以外的所有个体的质量限定在(0,1)之间,而最好个体的质量设为 K(K 为大于 1 正的常数)。

(2) 计算个体间虚拟作用力。若按实际物理空间,在式(135.3)中 $p=2$,该作用力驱动下的优化搜索存在两个问题。一是个体间无法靠近,从而导致算法的局部搜索能力较差。当个体间距离小于 1 时,个体间的虚拟作用力会随二者的逐渐靠近而迅速趋于无穷大,从而使得二者将以较大步长运动,却不能相互靠近导致不能进行精细搜索; 二是算法的全局搜索效率较低。因为个体 i 在远离最优个体 i_{best} 的情况下,几乎不受最优个体 i_{best} 的吸引,反而会受与其距离较近个体的影响,其运动背离更好搜索区域方向。因此,设定参数 $p=1$ 以提高算法的局部精细搜索能力和全局搜索效率,并通过比较两个个体的适应度值大小来决定它们之间作用力方向。两个个体间的作用力如式(135.6)所示。

$$F_{ij,k}=\begin{cases}G\dfrac{m_i m_j}{(x_{j,k}-x_{i,k})} & f(X_j)<f(X_i)\\[2ex] G\dfrac{m_i m_j}{(x_{i,k}-x_{j,k})} & f(X_j)\geqslant f(X_i)\end{cases} \tag{135.6}$$

其中,$\forall i\neq j$ 且 $i\neq X_{\text{best}}$,$G=1$。若个体 j 的适应度优于个体 i,则 $F_{ij,k}$ 表现为引力,即个体 j 吸引个体 i; 反之,则 $F_{ij,k}$ 表现为斥力,即个体 j 排斥个体 i。式(135.6)不仅给出了个体间作用

力的大小,还给出了作用力方向。从式(135.6)还可以看出,最优个体不受其他个体的作用力。

(3) 计算合力。计算种群中的个体,除最优个体之外,所受其他个体的作用力的合力,表达式如下:

$$F_{i,k}=\sum_{j=1,j\neq i}^{N_{\text{pop}}} F_{ij,k} \quad \forall i \neq i_{\text{best}} \tag{135.7}$$

其中,$F_{i,k}$ 为个体 i 在第 k 维所受的合力。由于 X_{best} 是适应度值最小个体,因此它将作为一个具有绝对吸引力的个体,吸引种群的其他个体。

当个体 i 接近最好个体 X_{best} 时,二者的距离大小趋于零,即 $|x_{\text{best},k}-x_{i,k}|\to 0$,由式(135.6)可知 $|x_{i\text{best},k}|\to\infty$,使得个体 i 所受合力 $F_{i,k}$ 的值很大。这样,个体 i 无法在最优个体附近进行精细搜索。因此,将个体所受合力大小做了限定 $F_{i,k}\in[F_k^{\min},F_k^{\max}]$。当某个体 i 位于最优个体 X_{best} 和个体 j 中间,且 $|r_{ij}|\ll|r_{i\text{best}}|$ 和 $f(X_i)>f(X_j)<f(X_{\text{best}})$ 时,则个体 j 和最优个体 X_{best} 对个体 i 的引力作用方向相反。由式(135.5)可知 $0<m_i<m_j<1<m_{\text{best}}=K$。当 $K=1$ 时,由式(135.6)可得 $|F_{ij}|\gg|F_{i\text{best}}|$,个体 i 将会朝着与 X_{best} 相反的方向运动。因此,将最好个体的质量 K 设置的足够大,使得 $|F_{ij}|<|F_{i\text{best}}|$,且使得 $\boldsymbol{F}_{i,k}$ 与 $\boldsymbol{F}_{i\text{best}}$ 的方向保持一致,这样个体 i 将会朝着 X_{best} 的方向运动。

3. 计算个体运动速度和位置

个体运动模拟牛顿第二定律,在其速度方程中引入了一个(0,1)之间的随机变量 λ,这样,该算法就变为了一种随机算法。个体将以不为零的概率访问问题可行域中的很多点,使得算法的多样性大大提高。具体来说,除最优个体之外,任意个体 i 在时刻 $t+1$ 每一维的速度和位移的进化方程如下:

$$v_{i,k}(t+1)=w\cdot v_{i,k}(t)+\lambda\cdot F_{i,k}/m_i \quad \forall i\neq \text{best} \tag{135.8}$$

$$x_{i,k}(t+1)=x_{i,k}(t)+v_{i,k}(t+1) \quad \forall i\neq \text{best} \tag{135.9}$$

其中,w 为惯性权重,且 $w\in(0,1)$;λ 为一个(0,1)之间的随机变量;个体的运动限制在问题的可行域内,即 $x_{i,k}\in[x_k^{\min},x_k^{\max}]$,$v_{i,k}\in[v_k^{\min},v_k^{\max}]$。

135.5 拟态物理学优化算法的实现步骤

拟态物理学优化算法的具体实现步骤如下。

(1) 初始化种群。在问题可行域中随机选择种群个体每一维的初始位置和速度;计算个体适应度值,并选出最优个体;进化代数 $t=0$。

(2) 计算个体所受合力。

① 根据式(135.5)计算个体质量。

② 根据式(135.6)计算个体所受其他个体的作用力。

③ 根据式(135.7)计算个体所受合力。

(3) 根据式(135.8)计算个体的下一代速度。

(4) 根据式(135.9)计算个体的下一代位置。

(5) 计算个体适应度,更新种群最优个体及其适应度。

(6) 如果没有达到结束条件,进化代数 $t=t+1$,返回步骤(2);否则,停止计算,并输出最优结果。

第 136 章　分子动理论优化算法

分子动理论优化算法是在研究以粒子群优化算法为代表的群体优化算法的基础上，为解决优化算法中兼顾收敛性和种群多样性问题而提出的。该算法将问题的每个解视为一个分子，各分子在当前最优分子的吸引或排斥作用下运动而完成搜索过程。为增强算法跳出局部极值的能力，对于不受力的分子，通过模拟分子热运动而进行随机扰动。基于分子相互作用和热运动机制，较好地解决了全局优化过程中收敛性和种群多样性问题。本章介绍分子动理论的相关知识，以及分子动理论优化算法的原理、数学描述、算法实现步骤及流程。

136.1　分子动理论优化算法的提出

分子动理论优化算法（Optimization Algorithm Based on Kinetic-molecular Theory，简写为 KMTOA）是 2013 年由范朝冬博士受到分子热运动的启发而提出的一种全局优化算法，用于解决函数优化问题。该算法将问题的每个解视为一个分子，各分子在当前最优分子的吸引或排斥作用下运动而完成搜索过程；为增强算法跳出局部极值的能力，对于不受力的分子，通过模拟分子热运动而进行随机扰动。基于分子相互作用和热运动机制，KMTOA 在搜索过程中能较好地兼顾收敛性和种群多样性，其收敛性得到了证明。

KMTOA 具有结构简单、鲁棒性好、种群多样性好等优点，已用于解决函数优化、图像分割、电平逆变器谐波优化、最优潮流计算等问题。但该算法也存在某些不足，如求解精度不高、易陷入局部极值等问题。范朝冬等对基本分子动理论优化算法相继提出了一些改进算法：M-精英协同进化分子动理论优化算法；基于结晶过程的分子动理论优化算法；将人工记忆原理引入分子动理论优化算法，设计了一种基于记忆分子动理论优化算法。

136.2　分子动理论的相关知识

分子动理论是统计力学的一个组成部分，它认为物质是由不停运动着的分子所组成的，并以分子运动的集体行为来说明物质的有关物理性质，特别是热力学特性。它从微观角度解释气体分子的热运动的本质特征，建立了宏观物理量与微观物理量内在联系，并对扩散、热传递和黏滞现象等气体的性质从微观上进行了解释，同时从分子运动的观点解释和推证了一些基本的气体实验定律。分子运动论促进了人们对分子间相互作用机制的理解，分子动理论主要包括三方面内容。

1. 物体由分子组成

组成宏观物体的物质是由大量的分子组成的，分子是很小的，其线度的数量级一般为

10^{-10} m。此外,气体、液体和固体的分子间都存在着空隙,以气体为例,分子之间的距离大概是其自身线度的10倍,分子所占据的体积大概为其自身体积的1000倍左右。所以,理想情况下的气体,可以忽略分子自身的大小,而将其看成是一个质点。

2. 分子热运动

组成物体的所有分子都不停地做无规则运动,并且沿着各个方向运动的分子都存在,这种分子扩散运动的速度和物体的温度有关,物体温度越高,分子扩散越快,表明温度是衡量分子运动激烈程度的重要标志,所以,分子的无规则运动也称为热运动。温度越高,表明分子运动的越激烈。

3. 分子间作用力

组成物体的各分子间存在着一种力的作用,当分子间相距远时该作用力很小,几乎可以忽略;当分子彼此靠近时表现出互相吸引的作用力;当分子间距离很近时表现出互相排斥的作用力。

分子间作用力 F 的大小与它们之间距离 r 之间的关系如图136.1所示。分子间的引力和斥力随着分子间距离的增大而减小,随着分子间距离的减小而增大,而且斥力比引力变化快。其中 r_0 为分子间的引力和斥力平衡距离。

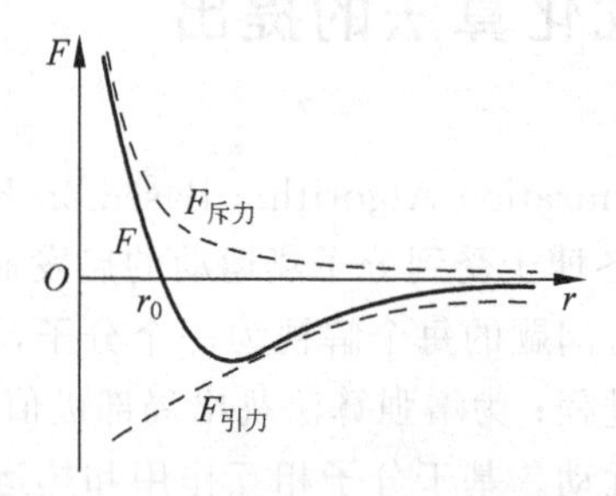

图136.1 分子间作用力 F 与它们之间距离 r 的关系

分子间的力称为范德华力,近似可用兰纳-琼斯位能函数式表示如下:

$$F = 4\varepsilon\left(\left(\frac{\sigma}{r}\right)^{12} - \left(\frac{\sigma}{r}\right)^{6}\right) \tag{136.1}$$

其中,σ 为尺寸参数;ε 为能量参数;r 为分子间距;12次项为斥力部分;6次项为引力部分。

136.3 分子动理论优化算法的原理

在基于种群的启发式算法中,如遗传算法、微粒群算法、类电磁机制算法等,算法均由可行域中的一组随机点出发,依据随机点的目标函数值,通过一定的搜索策略使其收敛到问题的最优解。虽然各种算法的原理不同,采用了不同的搜索策略,但是各种算法在搜索过程中都需要应对收敛性和种群多样性问题。然而,分子的热运动规则为解决这一问题提供了新途径。分子永不停息地做无规则的热运动,利用分子间存在的相互作用的引力和斥力,模仿分子热运动机制,设计一种兼顾收敛性和种群多样性的优化算法是可行的。

为了利用分子动理论进行优化算法设计,必须建立基于分子动理论的算法模型,充分利用对优化算法有用的因素,忽略无关紧要的因素。为此,提出如下几点假设。

(1) 假设算法的迭代过程为气体分子的降温过程。在这一过程中,分子的运动速率逐渐降低，热运动强度逐渐减弱。

(2) 分子间的作用力仅表现为最优粒子对其他粒子的作用力。也就是说，只有最优粒子才能对其他粒子产生分子力，从而保证粒子对最优个体的收敛。

(3) 所受合力不为零的粒子，不进行无规则运动。此时受力粒子在合力的指导下进行移动。

(4) 不受力的粒子进行分子的无规则热运动。从而确保分子群体的多样性，增加全局搜索能力，跳出局部解。

(5) 由分子动理论的相关知识可知，分子间距离越小，分子斥力越大。为避免最优粒子附近的粒子由于受强大的斥力而发散，确保粒子对最优值的收敛。假设分子力与分子间距没有必然联系，而是可以根据算法需要对分子引斥力产生条件及相应的计算公式进行定义。

在上述假设的基础上，针对分子动理论中分子间的引斥力规则，提出了分子受引力、斥力及不受力时所需满足的条件；对于不受力的分子，通过模拟分子热运动，使得个体能跳出局部解。如图 136.1 所示，分子间的距离 r 与 r_0 的大小关系有以下 3 种情况。

① 当 $r>r_0$ 时，即分子受引力。种群中其他个体向最优个体方向运动。根据牛顿定律，可计算出个体的引力加速度。

② 当 $r<r_0$ 时，此时分子合力表现为斥力。种群个体向最优个体方向运动。

③ 当 $r=r_0$ 时，此时分子所受合力为零，处于平衡位置。对处于平衡位置的粒子给以随机扰动加速度，通过规定粒子在解空间中位置的上、下界。利用随机扰动以增加种群的多样性。通过迭代，不断地更新粒子速度和位置，直至使算法获得全局最优解。

分子动理论与优化算法模型的对应关系如图 136.2 所示，从中不难看出分子动理论优化的基本原理。

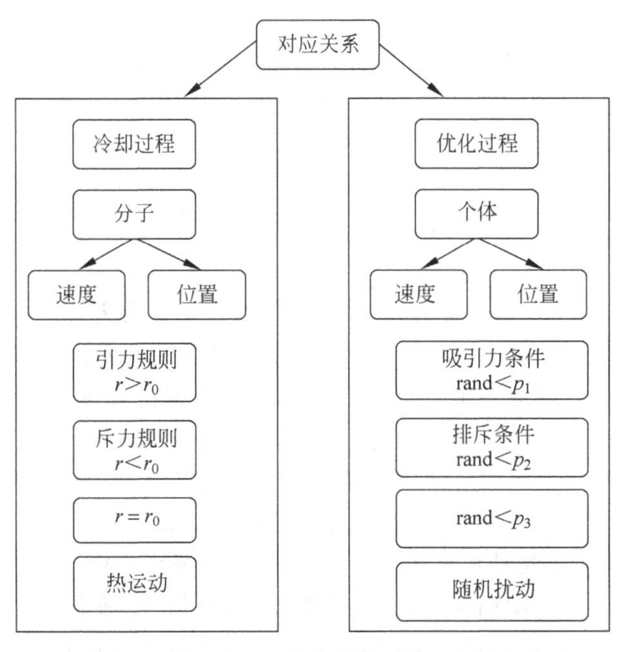

图 136.2　分子动理论与优化算法模型的对应关系

136.4 分子动理论优化算法的数学描述

分子动理论优化算法针对分子动理论中分子间的吸引-排斥规则,提出了分子受引力、斥力及不受力时所需要满足的条件,并定义了相应的计算公式;对于不受力的分子,通过模拟分子无规则的热运动,使粒子能够跳出局部解。该算法通过设计的吸引算子、排斥算子、波动算子和粒子移动规则的反复迭代实现优化过程,分别介绍如下。

1. 吸引算子

在分子动理论中,分子受引力的条件是分子间距离 $r>r_0$。由于优化算法必须保证各个粒子向最优个体收敛,而分子动理论中基于分子间距离的引力条件难以满足粒子的收敛性。因此算法提出一种新的引力产生条件:rand $< p_1$(rand 为 0~1 的随机变量,下同),分子引力计算公式如下:

$$F_i = GM_i M_{\text{best}}(X_{\text{best}} - X_i) \tag{136.2}$$

其中,F_i 为粒子 X_i 所受的引力;G 为引力常数;M_i、M_{best} 分别为粒子 X_i 和最优个体 X_{best} 的质量。

根据牛顿定律,由式(136.3)可知,粒子 X_i 的引力加速度 a_i 的计算公式如下:

$$a_i = \frac{F_i}{M_i} = GM_{\text{best}}(X_{\text{best}} - X_i) \tag{136.3}$$

2. 排斥算子

为了增加种群的多样性,算法模拟了分子斥力,然而分子动理论中基于分子距离的斥力产生条件虽能帮助粒子的发散,却不能满足粒子的收敛性。因此,对比上述分子引力的产生条件,算法假设最优个体 X_{best} 对粒子 X_i 产生斥力的条件为 rand$<p_2$。分子斥力的计算公式如下:

$$F_i = -GM_i M_{\text{best}}(X_{\text{best}} - X_i) \tag{136.4}$$

故粒子 X_i 的斥力加速度 a_i 的计算公式如下:

$$a_i = \frac{F_i}{M_i} = -GM_{\text{best}}(X_{\text{best}} - X_i) \tag{136.5}$$

3. 波动算子

在分子动理论中,处于平衡位置的分子不受力,即所受合力为零。在算法优化过程中,受力为零的粒子无助于算法收敛及种群多样性。但优化算法往往易陷入局部极值,为了充分地利用受力为零的粒子进行寻优操作,将受力为零的粒子模拟仿真热运动以增强算法的寻优搜索能力。若满足 rand$<p_3$(其中 $p_3=1-p_1-p_2$)的粒子为处于平衡位置的粒子,则这部分粒子所受合力为零。受高斯变异的启示,将这部分粒子的随机扰动加速度定义为

$$a_{ij} = A(X_{\max j} - X_{\min j})N(0,1) \quad \text{rand} < p_m \tag{136.6}$$

其中,a_{ij} 为粒子 X_i 的 j 维扰动加速度;$p_m \in [0,1]$为变异率;$X_{\max j}$、$X_{\min j}$ 分别为解空间第 j 维的位置上、下界;A 为振动幅度,由于分子振动的剧烈程度随着温度的降低而逐渐减弱,因此算法取 $A=(1-0.9t/T)$,其中 t 为当前迭代次数,T 为算法的总迭代次数;$N(0,1)$为服从正态分布随机变量。

4. 粒子移动

因分子的运动强度随着温度的降低而减弱,所以分子的运动速率随着温度的降低而逐渐

减小。定义第 $t+1$ 次迭代时，粒子 X_i 的速度为

$$V_i(t+1)=(0.9-0.5t/T)V_i(t)+a_i \tag{136.7}$$

第 $t+1$ 次迭代时，粒子 X_i 的位置为

$$X_i(t+1)=X_i(t)+V_i(t+1) \tag{136.8}$$

136.5　分子动理论优化算法的实现步骤及流程

分子动理论优化算法的实现步骤如下。

(1) 初始化算法参数。包括种群中个体初始位置及初始速度。

(2) 计算个体的适应度值，选出最优个体。

(3) 判断是否符合引力产生条件，如果符合，则按式(136.3)计算引力加速度；否则，判断是否符合斥力产生条件，如果符合，则按式(136.5)计算斥力加速度；否则，进行分子热运动操作，按式(136.6)计算扰动加速度。

(4) 根据式(136.7)计算个体的速度，并按照式(136.8)进行个体移动。

(5) 对种群中的最优个体进行精英保留处理。

(6) 是否满足终止条件。如果不满足，则返回步骤(2)；否则，输出计算结果。

分子动理论优化算法的流程如图 136.3 所示。

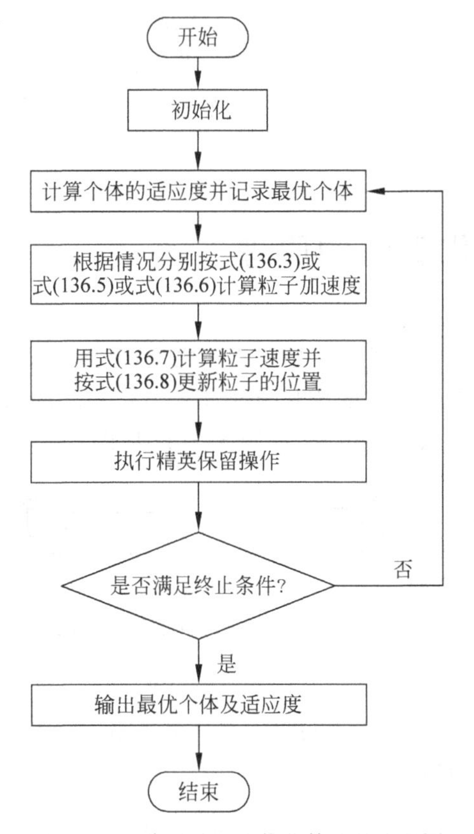

图 136.3　分子动理论优化算法的流程图

第137章　碰撞体优化算法

碰撞体优化算法是基于物理学动量守恒定律和能量守恒定律的元启式发算法。在一个孤立系统中，如果没有外力作用于物体之上时，两个物体发生碰撞后，速度和位置都会发生改变，使物体在搜索空间内移动到更好的位置，以此得到一个更好的解。当所有物体的位置不再发生改变或者迭代次数达到最大迭代次数时，算法获得最优解。本章首先介绍碰撞体优化算法的原理，然后阐述碰撞体优化算法的数学描述、实现步骤及算法流程。

137.1　碰撞体优化算法的提出

碰撞体优化(Colliding Bodies Optimization，CBO)算法是2014年由Kaveh和Mahdavi提出的仿自然优化算法。该算法设计灵感源于两个物体发生碰撞后速度和位置都会发生改变，使物体在搜索空间内移动到更好的位置，以此得到一个更好的解。当所有物体的位置不再发生改变或者迭代次数达到最大迭代次数时，算法获得最优解。

物体碰撞优化算法及其改进算法已用于优化桁架结构、混凝土桥梁成本、城市规划布局、资源分配等问题。

137.2　碰撞体优化算法的原理

在一个孤立系统中，如果没有外力作用于物体之上，碰撞的发生遵循动量守恒定律和能量守恒定律。在一维空间上，两个物体的质量分别是 m_1 和 m_2，质量为 m_1 的物体撞向质量为 m_2 的物体。两个物体的速度会发生改变，如图137.1所示。

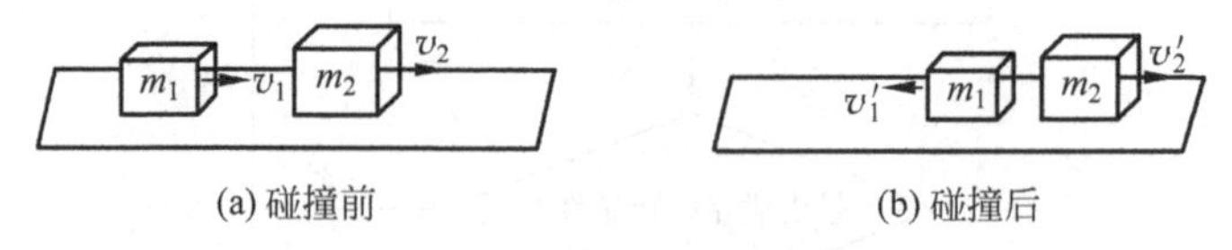

(a) 碰撞前　　(b) 碰撞后

图137.1　两个物体碰撞前后的情况

根据动量守恒定律可得

$$m_1 v_1 + m_2 v_2 = m_1 v_1' + m_2 v_2' \tag{137.1}$$

同样地，根据能量守恒定律可得

$$\frac{1}{2} m_1 v_1^2 + \frac{1}{2} m_2 v_2^2 = \frac{1}{2} m_1 v_1'^2 + \frac{1}{2} m_2 v_2'^2 + Q \tag{137.2}$$

其中，v_1 和 v_2 分别为碰撞前第1个物体和第2个物体的初始速度；v_1' 和 v_2' 分别为第1个物体和第 2 个物体碰撞后的速度；m_1 和 m_2 分别为第 1 个物体和第 2 个物体的质量；Q 为碰撞过程中的能量损失。

碰撞后，两个物体的速度的改变分别为

$$v'_1=\frac{(m_1-\varepsilon m_2)v_1+(m_2+\varepsilon m_2)v_2}{m_1+m_2} \tag{137.3}$$

$$v'_2=\frac{(m_2-\varepsilon m_1)v_2+(m_1+\varepsilon m_1)v_1}{m_1+m_2} \tag{137.4}$$

其中，ε 为两个碰撞物体的恢复系数(COR)。COR 等于分离时的相对速度与靠近时的相对速度之比，为

$$\varepsilon=\frac{|v'_2-v'_1|}{|v_2-v_1|}=\frac{v'}{v} \tag{137.5}$$

根据这个恢复系数值会发生两种可能的碰撞情况：一种是弹性碰撞，另一种是非弹性碰撞。

(1) 在理想的条件下，弹性碰撞不会有能量损失($Q=0,\varepsilon=1$)。在实际情况下，碰撞的过程中，会有一部分能量转换为内能和其他形式的能量。在这种情况下，碰撞后两个物体分离时的速度和相对速度比较大。

(2) 在非弹性碰撞的情况下，碰撞发生时存在能量损失，其中部分动能在碰撞($Q\neq 0,\varepsilon\leqslant 1$)中改变为某种其他形式的能量的碰撞。在这种情况下，两个物体的分离时的速度和相对速度比较小。

137.3　碰撞体优化算法的数学描述

1. 种群初始化

在搜索空间中随机确定每一个碰撞体的初始位置如下：

$$x_i^0=x_{\min}+\mathrm{rand}(x_{\max}-x_{\min})\quad i=1,2,\cdots,2n \tag{137.6}$$

其中，x_i^0 为第 i 碰撞体的初值向量；$x_{\min}$ 和 $x_{\max}$ 分别为变量的最小、最大允许值向量；rand 为[0,1]内的一个随机数；$2n$ 为碰撞体的个数。

2. 定义每个碰撞体的质量

$$m_k=\frac{\dfrac{1}{\mathrm{fit}(k)}}{\sum_{i=1}^{n}\dfrac{1}{\mathrm{fit}(i)}}\quad i=1,2,\cdots,2n \tag{137.7}$$

其中，$\mathrm{fit}(i)$为第 i 物体的适应度值；$2n$ 为总的种群个数。从式(137.7)可以看出，适应度值越小的个体，其质量越大。适应度值越大的个体，其质量越小。因此用 $1/\mathrm{fit}(i)$代替 $\mathrm{fit}(i)$以方便计算。

3. 将碰撞体种群分为静止组和移动组

根据适应度值升序排列，把碰撞体种群平均分成相等的静止组和移动组。如图 137.2(a)所示，排在前面的适应度值小的个体为静止组，静止的个体在碰撞前的初始化速度为 0：

$$v_i=0,\quad i=1,2,\cdots,n \tag{137.8}$$

如图 137.2(b)所示，排在后面的适应度值大的个体为移动组，移动的每个个体向静止的

个体发生碰撞,用物体位置的变化表示这些物体在碰撞前的速度为

$$v_i = x_{i-n} - x_i \quad i=1,2,\cdots,2n \tag{137.9}$$

其中,v_i 和 x_i 分别为该组第 i 碰撞体的速度向量和位置向量;x_{i-n} 为 x_i 在前一组中的第 i 碰撞对的位置。

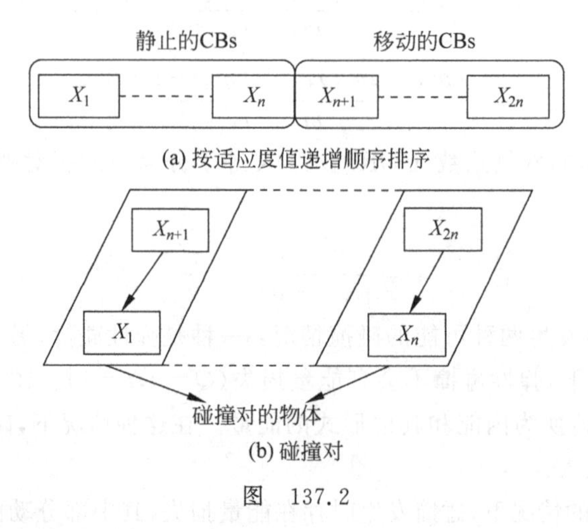

图 137.2

4. 计算碰撞后移动物体和静止物体的速度

在碰撞后,每组碰撞物体的速度使用式(137.3)、式(137.4)以及碰撞前的速度进行计算。碰撞后移动组中每个物体的速度为

$$v_i' = \frac{(m_i - \varepsilon m_{i-n})v_i}{m_i + m_{i-n}} \quad i=n+1,\cdots,2n \tag{137.10}$$

其中,v_i 和 v_i' 分别为移动组中第 i 物体碰撞前、后的速度;m_i 为第 i 物体的质量;m_{i-n} 为第 i 碰撞对物体的质量。

碰撞后静止组中每一物体的速度为

$$v_i' = \frac{(m_{i+n} + \varepsilon m_{i+n})v_{i+n}}{m_i + m_{i+n}} \quad i=1,2,\cdots,n \tag{137.11}$$

其中,v_{i+n} 和 v_i' 分别为移动组中第 i 碰撞对物体碰撞前的速度和静止组中第 i 物体碰撞后的速度;m_{i+n} 为第 i 移动碰撞对物体的质量;m_i 为第 i 碰撞体的质量;ε 为弹力恢复系数。

恢复系数是CBO算法的控制参数,控制探测和开发的权重,其定义为碰撞之后两个物体分离时的相对速度与两个物体碰撞时相对速度的比,它线性减小到零,其计算公式为

$$\varepsilon = 1 - \frac{\text{iter}}{\text{iter}_{\max}} \tag{137.12}$$

其中,iter 为实际迭代次数;$\text{iter}_{\max}$ 为最大迭代次数。

恢复系数在算法迭代初期,ε 的值靠近1,相对速度比接近1,有利于算法进行全局搜索。在算法迭代后期,ε 的值靠近0,相对速度比接近0,有利于算法进行局部搜索。

5. 碰撞体种群碰撞后的位置更新

使用静止碰撞体的位置和发生碰撞后生成的速度来计算碰撞体的新位置。每个移动碰撞体的位置更新公式为

$$x_i^{\text{new}} = x_{i-n} + \text{rand} \circ v_i' \quad i=1,2,\cdots,2n \tag{137.13}$$

其中,x_i^{new} 和 v_i' 分别为第 i 运动体更新后的位置和碰撞后的速度;x_{i-n} 为第 i 静止碰撞体对

更新前的位置；rand 为[−1,1]之间的随机数；符号“∘”为点乘运算。

静止碰撞体碰撞后的位置更新公式为

$$x_i^{\text{new}} = x_i + \text{rand} \circ v_i' \quad i = 1, 2, \cdots, n \tag{137.14}$$

其中，x_i^{new}、x_i 和 v_i' 分别为第 i 运动体更新后的位置、更新前的位置和碰撞后的速度。

137.4 碰撞体优化算法的实现步骤及流程

CBO 算法包括初始化、搜索过程和终止准则控制 3 部分，具体步骤如下。

(1) 种群初始化。在搜索空间中用式(137.6)随机确定每一个碰撞体的初始位置。

(2) 比较每个碰撞体的适应度值，并按升序排序。

(3) 创建碰撞体种群组。把碰撞体种群分为两个数量相等的组——静止组、移动组。然后定义用于碰撞的碰撞对(见图 137.2(b))。

(4) 用式(137.7)～式(137.9)计算碰撞前每组碰撞体的质量和速度值。

(5) 用式(137.10)和式(137.11)计算碰撞后每组碰撞体的速度值。

(6) 碰撞体种群更新。用式(137.13)和式(137.14)计算碰撞体的新位置。

(7) 终止条件满足吗？如果满足，则输出最优解，算法结束；否则，转到(2)。

碰撞体优化算法的流程如图 137.3 所示。

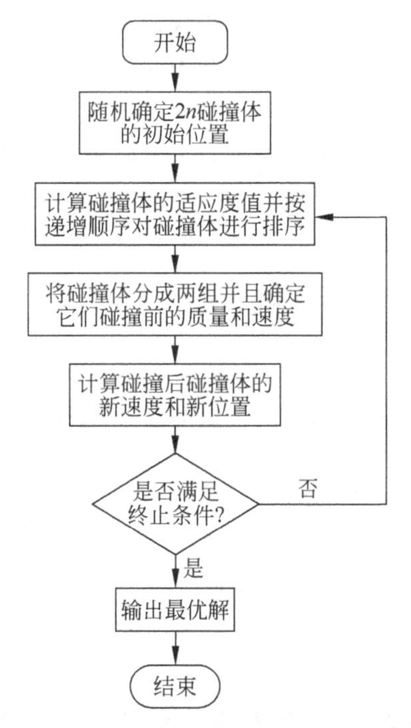

图 137.3 碰撞体优化算法的流程图

第138章 气体分子动力学优化算法

气体分子动力学优化算法是模拟气体分子动力学行为的一种仿自然优化算法。气体的原子理论指出，每种物质都是由大量非常小的分子或原子组成。气体的所有特性(压力、体积和温度)基本上都是组成气体的分子作用的结果。在封闭容器中，理想气体在恒定压力和较低的温度下，气体分子最终会聚在容器温度的最低点。这相当于优化问题搜索到的全局最优解。本章介绍气体分子的动力学理论、气体分子动力学优化算法的数学描述及算法的伪代码。

138.1 气体分子动力学优化算法的提出

气体分子动力学优化(Kinetic Gas Molecule Optimization，KGMO)算法是2014年由Moein和Logeswaran基于气体分子动力学行为提出的一种仿自然优化算法。

通过23个标准基准函数测试，并与GSA和PSO比较的结果表明，KGMO算法不仅可以在不到150次迭代中快速收敛到全局最小值，而且更加准确。KGMO算法能够更好地收敛于全局最优，而不会陷入局部最小值。可以预期，KGMO算法将能够改善需要解决优化问题的大多数系统的性能。

138.2 气体分子的动力学理论

气体的原子理论指出，每种物质都是由大量非常小的粒子(分子或原子)组成。气体的所有特性(包括压力、体积和温度)基本上都是组成气体的分子作用的结果。描述气体分子行为的理想气体分子动力学理论有如下5条假设。

(1) 气体由一组以直线运动的小颗粒(分子)组成，该运动服从牛顿定律。

(2) 气体中的分子不占体积，视它们为质点。

(3) 分子之间的碰撞是完全弹性的，碰撞过程中不会获得或损失任何能量。

(4) 分子之间没有吸引力或排斥力。

(5) 分子的平均动能为$3kT/2$，其中T为绝对温度，k为玻尔兹曼常数，其值为1.38×10^{-23}。

理想气体定律指出

$$PV=NkT \tag{138.1}$$

其中，P为气体施加的压力；V为容器的体积；N为气体中的分子数。

动能方程式推导如下：

$$\Delta k = w = F\Delta s = ma\Delta s \tag{138.2}$$

其中，Δk 为新旧位置之间气体分子动能的差；w 为做功所消耗的能量；F 为施加的牛顿力；Δs 为单位时间间隔内气体分子位置的差；m 为气体分子的质量。

对运动学方程式进行整理，可以得到

$$v^2 = v_0^2 + 2a\Delta s \Rightarrow a\Delta s = \frac{v^2 - v_0^2}{2} \tag{138.3}$$

其中，v 为新位置的气体分子速度；v_0 为初始位置的气体分子速度；a 为气体分子的加速度。将式(138.3)代入式(138.2)，可以得到

$$\Delta k = m\left(\frac{v^2 - v_0^2}{2}\right) \tag{138.4}$$

将式(138.4)展开，可以得到

$$\Delta k = \frac{1}{2}mv^2 - \frac{1}{2}mv_0^2 \tag{138.5}$$

显然，静止物体的动能应为零。因此，物体的动能表示为

$$k = \frac{1}{2}mv^2 \tag{138.6}$$

138.3 气体分子动力学优化算法的原理

为了说明所提出算法的原理，考虑一个封闭的垂直圆柱体，空气压力在其中支撑顶部上盖(活塞)的重量，如图 138.1 所示。基于式(138.1)描述的理想气体，在恒定的压力和较低的温度下，气体分子在容器温度较低的部分(见式(138.6))会聚，因为较低的温度会引起较少的运动。如图 138.1 所示，容器的左下部温度最低，气体分子在几个时间间隔内会聚，最终会聚在温度最低点。这相当于优化问题搜索到全局最优解。上述原理正是设计气体分子动力学优化算法的理论基础。

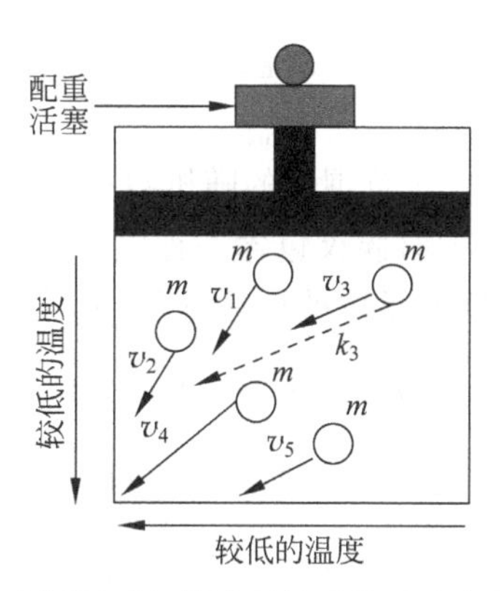

图 138.1 在恒压下气体分子的动能随速度降低而降低

在 KGMO 算法中，气体分子是搜索空间中的个体，用动能来衡量其性能。气体分子在容器中移动，直到它们聚集在容器中具有最低温度和动能的部分。在容器中，气体分子基于弱的分子间范德华力而相互吸引，其中，电流是分子中正、负电荷引起的。在 KGMO 算法中，每个

气体分子都有4个特征量——位置、动能、速度和质量。每个气体分子的动能决定其速度和位置。气体分子探索整个搜索空间,以到达温度最低的点。

138.4 气体分子动力学优化算法的数学描述

考虑含有 N 气体分子的系统,第 i 分子的位置为

$$X_i=(x_i^1,\cdots,x_i^d,\cdots,x_i^n)\quad i=1,2,\cdots,N \tag{138.7}$$

其中,x_i^d 为第 i 分子在第 d 维中的位置。第 i 分子的速度表示为

$$V_i=(v_i^1,\cdots,v_i^d,\cdots,v_i^n)\quad i=1,2,\cdots,N \tag{138.8}$$

其中,v_i^d 为第 i 分子在第 d 维中的速度。

气体分子在圆柱体内的运动基于玻尔兹曼分布,这意味着气体的速度与分子动能的指数成正比。反之该动能定义为

$$k_i^d(t)=\frac{3}{2}NbT_i^d(t),\quad K_i=(k_i^1,\cdots,k_i^d,\cdots,k_i^n)\quad i=1,2,\cdots,N \tag{138.9}$$

其中,N 为气体分子的数量;b 为玻尔兹曼常数;$T_i^d(t)$为在时间 t 第 d 维第 i 分子的温度。

分子速度通过式(138.10)更新为

$$v_i^d(t+1)=T_i^d(t)wv_i^d(t)+C_1\mathrm{rand}_i(t)(gbest^d(t)-x_i^d(t))+$$
$$C_2\mathrm{rand}_i(t)(pbest_i^d(t)-x_i^d(t)) \tag{138.10}$$

其中,$T_i^d(t)$为收敛因子;w 是反映气体分子减慢其运动速度的惯性权重;$\mathrm{rand}_i(t)$为时间 t 处间隔[0,1]中的均匀随机变量,用于为搜索算法提供随机特征;C_1 和 C_2 是两个加速度常数。向量 $pbest_i=(pbest_i^1,pbest_i^2,\cdots,pbest_i^n)$为第 i 气体分子的最佳先前位置,并且 $gbest=(gbest^1,gbest^2,\cdots,gbest^n)$为容器中所有分子中最好的先前位置;随时间呈指数下降的收敛因子 $T_i^d(t)$的计算式为

$$T_i^d(t)=0.95\times T_i^d(t-1) \tag{138.11}$$

每个分子的位置和速度在相应范围内由随机向量初始化,并把$[-v_{\max},v_{\max}]$作为气体分子速度的极限。如果$|v_i|>v_{\max}$,则$|v_i|=v_{\max}$。

每个气体分子的质量为 $0<m\leqslant 1$ 范围内的随机数;一旦被识别,在整个算法执行过程中它将保持恒定,因为假定容器在任何时候仅包含一种气体。随机数用于在算法的不同执行过程中模拟不同类型的气体。根据物理学中的运动方程,分子的位置定义为

$$x_{t+1}^i=\frac{1}{2}a_i^d(t+1)t^2+v_i^d(t+1)t+x_i^d(t) \tag{138.12}$$

其中,a_i^d 为第 i 分子在第 d 维的加速度。从加速度方程,可以得到

$$a_i^d=\frac{(\mathrm{d}v_i^d)}{\mathrm{d}t} \tag{138.13}$$

另一方面,根据气体分子定律

$$\mathrm{d}k_d^i=\frac{1}{2}m(\mathrm{d}v_i^d)^2\Rightarrow \mathrm{d}v_i^d=\sqrt{\frac{2(\mathrm{d}k_i^d)}{m}} \tag{138.14}$$

因此,由式(138.13)和式(138.14),定义加速度为

$$a_d^i = \frac{\sqrt{\frac{2(\mathrm{d}k_i^d)}{m}}}{\mathrm{d}t} \tag{138.15}$$

在 Δt 时间内，式(138.15)可以改写为

$$a_d^i = \frac{\sqrt{\frac{2(\mathrm{d}k_i^d)}{m}}}{\Delta t} \tag{138.16}$$

因此，在单位时间间隔内，加速度为

$$a_d^i = \sqrt{\frac{2(\mathrm{d}k_i^d)}{m}} \tag{138.17}$$

然后，从式(138.12)和式(138.17)知，计算分子的位置为

$$\begin{aligned} x_{t+1}^i &= \frac{1}{2}a_i^d(t+1)\Delta t^2 + v_i^d(t+1)\Delta t + x_i^d(t) \Rightarrow \\ x_{t+1}^i &= \frac{1}{2}\sqrt{\frac{2(\Delta k_i^d)}{m}}(t+1)\Delta t^2 + v_i^d(t+1)\Delta t + x_i^d(t) \end{aligned} \tag{138.18}$$

最后，考虑到分子质量(m)在算法的每次执行中都是一个随机数，但在一次执行中对所有分子都是一样的，为简便起见，在单位时间间隔内，位置更新为

$$x_{t+1}^i = \frac{1}{2}\sqrt{\frac{2(\Delta k_i^d)}{m}}(t+1) + v_i^d(t+1) + x_i^d(t) \tag{138.19}$$

最小适应度值可以使用式(138.20)得到

$$\begin{cases} pbest_i = f(x_i) & f(x_i) < f(pbest_i) \\ gbest_i = f(x_i) & f(x_i) < f(gbest_i) \end{cases} \tag{138.20}$$

每个气体分子都试图通过使用当前位置与 $pbest_i^d$ 之间的距离以及当前位置与 $gbest_i$ 之间的距离来修改其位置 x_i^d。

138.5 气体分子动力学优化算法的伪代码实现

KGMO 算法的伪码描述如下。

```
For 每个气体分子 {
    重复初始化气体分子,直到满足所有约束条件
}
Do{
    For 每个粒子{
        计算适应度值
        If 计算出的适应度值好于现有的最佳适应度值(pbest)或不存在 pbest {
            将当前值设置为新的 pbest
        }
    }
    For 每个粒子{
        If 到目前为止 pbest 粒子优于全局最佳适应度值(gbest)或不存在 gbest
```

```
            将当前粒子 pbest 设置为新的 gbest
          }
        根据式(138.9)计算每个气体分子的动能
        利用式(138.10)和式(138.19)分别更新粒子速度和位置
    }
}while 没有达到最大迭代次数或最小误差精度
```

第139章　进化质心算法

进化质心算法是把物理学和力学中质量概念、物体的平衡思想用于优化算法求解优化问题。从统计学上讲，质量中心是空间中质量分布的平均位置。优化问题的目标函数表示种群中每个解的质量，目的是求最大化非负函数，就可以通过质心进化把个体转化到所有个体的质量最大的地方，实现对优化问题的求解。本章介绍物体的质心概念与优化问题、质心进化算法的数学描述及算法伪代码。

139.1　进化质心算法的提出

进化质心算法(Evolutionary Centers Algorithm，ECA)是2019年由Jesus-Adolfo等受粒子系统质心的启发而提出的一种新的仿自然优化算法。该算法基于物理学和力学的质量中心的概念，为种群中最差的个体创造了迁移到搜索空间更好区域的新方向，它是一种在d维空间实参数单目标优化算法。ECA算法简单，除种群规模外，仅需对邻居数和步长两个参数进行微调，对不同类型的搜索空间始终能够获得全局最优值。

通过CEC 2017竞赛基准函数验证了该算法的有效性，并与此类竞争中的最佳算法(jSO)和用于非线性优化的经典方法(SQP)进行对比结果表明，ECA是一种有前途的优化算法。

139.2　基于物体质心的优化原理

质心是任何物体的几何属性。直观地说，它是一个物体重量的平均位置。因此，如果一个物体可以自由旋转，我们可以完全描述任何物体在空间中的运动，即物体的质心从一个地方到另一个地方的平移，以及物体在自由旋转时绕其质心的旋转。这就是说，使用质心概念可以把个体转化到所有个体的质量最大的地方。这样，质心的概念就和求函数极大值问题相联系起来。

质心的概念很早以前由古希腊的物理学家、数学家和工程师阿基米德提出。阿基米德做了一些关于均匀场引力的假设，从而得到我们现在所说的质心的数学性质。从统计学上讲，质量中心是空间中质量分布的平均位置。

定义139.1　质心是在空间中质量$U=\{u_1,u_2,\cdots,u_k\}$分布中心的唯一点c，该空间具有相对于该点的位置向量的加权和为零的性质。也就是说

$$\sum_{i=1}^{K}m(u_i)(u_i-c)=0\rightarrow c=\frac{1}{M}\sum_{i=1}^{K}m(u_i)\cdot u_i \tag{139.1}$$

其中，$m(u_i)$为u_i的质量；M为u中向量质量的和；$m(\cdot)$为一个非负函数。

为了把质心的概念、物体的平衡思想用于优化算法求解优化问题,需要以下命题来确保ECA的解在凸空间中保持稳定性。

命题 139.1 如果 c 是质点 U 的质心,那么对于所有 $u \in U$

$$d(c, u) \leqslant \operatorname{diam}(U) \tag{139.2}$$

其中,$\operatorname{diam}(U) := \sup\{d(u, v) \mid u, v \in U\}$。也就是说,$U$ 的质心永远不会超出包含 U 的最小凸集。

优化问题的目标函数总体上表现为每个解的质量,即 $f = m$。假设想要求最大化非负函数 f,就可以通过进化质心把个体转化到所有个体的质量最大的地方,实现对优化问题的求解。

139.3 进化质心算法的数学描述

设在种群 $P = \{x_1, x_2, \cdots, x_N\}$ 中有 N 解 x_i。选择一个拥有 K 解的子集 $U \subset P$,则在 U 中可以获得它的质心 c。然后在 U 中随机选择解 $u_r \in U$,以及已经生成的质心 c,可以通过式(139.3)生成一个方向来定位一个新的解

$$h_i = x_i + \eta_i (c_i - u_r) \tag{139.3}$$

其中

$$c_i = \frac{1}{W} \sum_{u \in U} f(u) \cdot u, \quad W = \sum_{u \in U} f(u) \tag{139.4}$$

如果 f 是常数,那么 U 的质心就是 U 的几何中心。也就是说,对于每一个 $x \in R^D$,假设 $f(x) = \alpha$,α 为正常数,则质心为

$$c_i = \frac{1}{K\alpha} \sum_{u \in U} \alpha \cdot u = \frac{1}{K} \sum_{u \in U} u \tag{139.5}$$

因此,对于恒定质量函数,由质量中心收敛到几何中心。在实际的问题中,函数在某些区域可能是平坦的,那么该算法在处理这类问题时可能会遇到一些困难。

如果 f 不是常数情况,解、质心及几何中心的分布如图 139.1 所示,其中 c_m 为质心,c_g 为黑点的几何中心。黑点半径是它的质量。显然,对于质量最大的解,质心的位置离它的位置最近。

图 139.2 示出了一代 ECA 解更新的表示形式,图框上方的 P 表示一代种群,图中的灰色点表示解的子集 U 的元素。

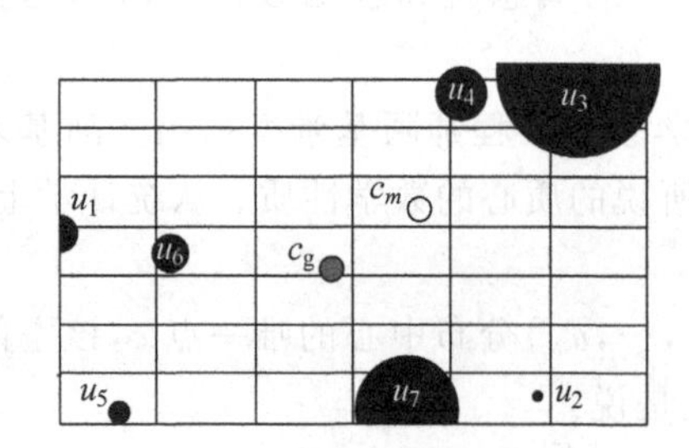

图 139.1 f 不是常数时的解、质心及几何中心的分布示意图

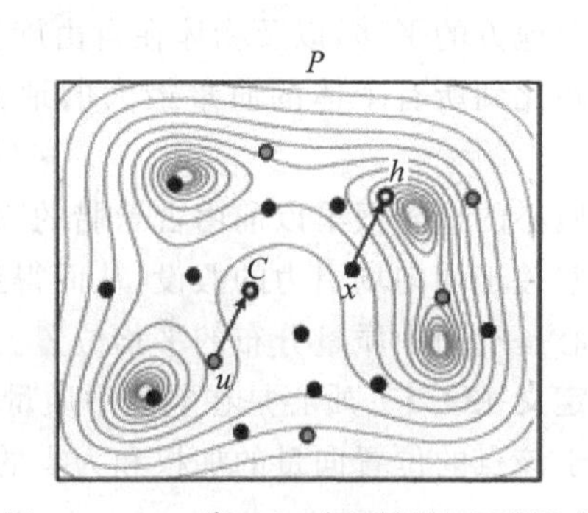

图 139.2 一代 ECA 解更新的表示形式

139.4　进化质心算法的伪代码实现

进化质心算法的伪代码描述如下。

```
1.  程序 ECA(K = 7, η_max = 2)
2.      N←2K * D
3.      生成和评估具有 N 个体的初始种群P = {x_1 , x_2 , … , x_N}
4.      while 未达到终止标准时 do
5.          A = ∅
6.          for P 中的每个 x do
7.              生成 U⊂P 使得 card (U) = K
8.              使用 U 和式(139.4)计算 c
9.              η←rand(0, η_max)
10.             h←x + η * (c - u)其中取 u∈U 的随机值
11.             if  f(x)< f(h)then
12.                 在 A 中附加 h
13.             end if
14.         end for
15.         P←P∪A 中的最佳个体
16.     end while
17.     输出 P 中的最优解
18. end 程序
```

应该指出,ECA 只有两个参数:邻居数 K 和步长 $\eta_{\max}$。对于较大的 K 值,ECA 收敛更快,建议 $K=7$,$\eta_{\max}=2$。

第 140 章 平衡优化算法

平衡优化算法是一种基于物理学质量平衡方程的优化算法，用于求解连续优化问题。质量平衡方程描述了控制体积中输入、输出和产生质量的守恒关系。该算法的搜索个体是粒子及其浓度，粒子类似于溶液，浓度类似于 PSO 算法的粒子位置。算法包括初始化、适应度评估、候选解、平衡池、指数项和生成率等操作。本章首先介绍质量平衡方程、平衡优化算法的原理，然后阐述平衡优化算法的数学描述、伪代码实现及算法流程。

140.1 平衡优化算法的提出

平衡优化(Equilibrium Optimizer，EO)算法是 2019 年由 Faramarzi 等提出的一种基于物理的模拟动态控制体积质量平衡的优化算法。EO 算法的设计灵感来自控制体积的通用质量平衡方程，用于估计动态和平衡状态，并求解连续优化问题。EO 包括用于随机更改解的高探索性和开发性的搜索机制，有助于在整个优化过程中避免局部极小值。在 EO 算法中，搜索个体是粒子及其浓度，粒子类似于溶液，浓度类似于 PSO 算法中的粒子位置。浓度是随机更新的，以拟合称为平衡候选解的解。这个随机更新被定义为生成率项，可改善 EO 的初步探索行为。

通过 58 个基准函数和压力容器、焊接梁和拉伸/压缩弹簧设计 3 个工程问题的测试，利用定量和定性的指标分析并与几个高性能的优化算法比较，结果表明，EO 算法对于测试的大多数问题时，能以更高的效率获取最优解或接近最优解。EO 算法已被用于微电网系统、经济调度问题、生物特征选择和最优潮流问题等方面。

140.2 平衡优化算法的原理

EO 算法的设计原理来自物理学的质量平衡方程。质量平衡方程为控制体积中输入质量、输出质量和产生质量的守恒提供了物理基础。一般的质量平衡方程用一阶常微分方程表示，其中质量随时间的变化等于进入系统的质量减去离开系统的质量加上内部生成质量，如式(140.1)所示：

$$V\frac{\mathrm{d}C}{\mathrm{d}t}=QC_{\mathrm{eq}}-QC+G \tag{140.1}$$

其中，V 为被控制体积；C 为控制体积内的浓度；$V(\mathrm{d}C/\mathrm{d}t)$为被控体积内质量变化率；$Q$ 为控制体积的输入输出流量；C_{eq} 为控制体积内无生成的平衡态浓度；G 为控制体积内的质量生成率。

当$V(\mathrm{d}C/\mathrm{d}t)$为零时达到了稳定的平衡状态。将式(140.1)重新排列,可以作为(Q/V)的函数来求解$(\mathrm{d}C/\mathrm{d}t)$;其中$(Q/V)$表示停留时间的倒数,在此称为$\lambda$,或者周转率(即$\lambda=Q/V$)。随后,也可以把式(140.1)重新排列,求解控制体积(C)中的浓度随时间(t)的变化:

$$\frac{\mathrm{d}C}{\lambda C_{\mathrm{eq}}-\lambda C+\dfrac{G}{V}}=\mathrm{d}t \tag{140.2}$$

将式(140.2)对时间积分

$$\int_{C_0}^{C}\frac{\mathrm{d}C}{\lambda C_{\mathrm{eq}}-\lambda C+\dfrac{G}{V}}=\int_{t_0}^{t}\mathrm{d}t \tag{140.3}$$

可得结果

$$C=C_{\mathrm{eq}}+(C_0-C_{\mathrm{eq}})F+\frac{G}{\lambda V}(1-F) \tag{140.4}$$

其中,F的计算如下

$$F=\exp[-\lambda(t-t_0)] \tag{140.5}$$

其中,t_0和C_0是初始开始时间和浓度,取决于积分时间间隔。在已知周转率的条件下,式(140.4)用于估计控制体积的浓度,在已知生成率等条件下也可用于通过简单线性回归计算平均周转率。

140.3　平衡优化算法的数学描述

在EO算法中,粒子类似于溶液,浓度类似于PSO算法中的粒子位置。

1. 初始化和适应度评估

与大多数元启发式算法相似,EO算法使用初始种群来启动优化过程。根据搜索空间中均匀随机初始化的粒子数和维数构造初始浓度如下:

$$C_i^{\mathrm{initial}}=C_{\min}+\mathrm{rand}_i(C_{\max}-C_{\min})\quad i=1,2,\cdots,n \tag{140.6}$$

其中,C_i^{initial}为第i粒子的初始浓度向量;$C_{\min}$和$C_{\max}$分别表示维数的最小值和最大值;rand_i为[0,1]区间内的随机向量;n为作为总体的粒子数。对粒子的适应度值进行评估,然后进行分类,以确定平衡候选解。

2. 候选解和平衡池

平衡状态是EO算法的最终收敛状态,期望是全局最优。在优化过程开始时,尚不了解平衡状态,用确定平衡候选解以提供粒子的搜索模式。根据不同类型问题下的不同实验,这些候选解是在整个优化过程中确定的4个最佳粒子,再加上另一个粒子,其浓度是上述4个粒子的算术平均值。这4个候选解可帮助EO算法拥有更好的勘探能力,而平均水平可帮助EO算法开发。候选解的数量是任意的,它取决于优化问题的类型。使用少于4个候选解降低了该方法在多峰函数和复合函数中的性能,但会改善单峰函数的结果。超过4个候选解会有相反的影响。上述5个粒子称为平衡候选解,用于构建一个向量,称为平衡池:

$$\boldsymbol{C}_{\mathrm{eq,pool}}=\{\boldsymbol{C}_{\mathrm{eq}(1)},\boldsymbol{C}_{\mathrm{eq}(2)},\boldsymbol{C}_{\mathrm{eq}(3)},\boldsymbol{C}_{\mathrm{eq}(4)},\boldsymbol{C}_{\mathrm{eq}(\mathrm{ave})}\} \tag{140.7}$$

在每次迭代中,每个粒子都以相同概率通过候选粒子之间的随机选择来更新其浓度。例如,在第1次迭代中,第1个粒子基于$\boldsymbol{C}_{\mathrm{eq}(1)}$;然后,在第2次迭代中,它可能根据$\boldsymbol{C}_{\mathrm{eq}(\mathrm{ave})}$……

直到优化过程结束,每个粒子都将经历所有候选解的更新过程,更新次数大致相同。

3. 指数项(F)

对主要浓度更新规则有贡献的下一项是指数项(F)。该项的准确定义将有助于EO算法在探索和开发两者之间取得合理的平衡。由于在实际控制量中,周转率可能随时间变化,假设为[0,1]区间内的随机向量。

$$F=\mathrm{e}^{-\boldsymbol{\lambda}(t-t_0)} \tag{140.8}$$

其中,时间t定义为迭代次数的函数,随着迭代次数的增加而减少,即为

$$t=(1-\frac{\mathrm{Iter}}{\mathrm{Max\_iter}})^{(a_2\frac{\mathrm{Iter}}{\mathrm{Max\_iter}})} \tag{140.9}$$

其中,Iter和Max_iter分别为当前迭代次数和最大迭代次数;a_2是一个常数,用于管理开发能力;为了通过减慢搜索速度和提高算法的探索和开发能力来保证收敛性,还进一步考虑:

$$\boldsymbol{t}_0=\frac{1}{\boldsymbol{\lambda}}\ln(-a_1\mathrm{sign}(\boldsymbol{r}-0.5)[1-\mathrm{e}^{-\boldsymbol{\lambda}t}])+t \tag{140.10}$$

其中,a_1为控制探索能力的常数,a_1越高,勘探能力越好,开发能力较低;同样地,a_2越高,开发能力越好,勘探能力越低;$\mathrm{sign}(\boldsymbol{r}-0.5)$影响勘探开发方向;$\boldsymbol{r}$为0和1之间的随机向量。对于本算法解决的所有问题,a_1和a_2分别取为2和1。这些参数可以根据需要针对不同问题进行调优。

将式(139.10)代入式(139.8)得到修正的式为

$$\boldsymbol{F}=a_1\mathrm{sign}(\boldsymbol{r}-0.5)[\mathrm{e}^{-\boldsymbol{\lambda}t}-1] \tag{140.11}$$

4. 生成率(G)

生成率是EO算法中最重要的一项,用于改善开发阶段提高解的精确性。在工程应用中,有许多模型可以表示为生成率的时间函数。将生成率定义为一阶指数衰减形式的多用途模型如下:

$$\boldsymbol{G}=\boldsymbol{G}_0\mathrm{e}^{-\boldsymbol{k}(t-t_0)} \tag{140.12}$$

式中,G_0为生成率初值;k为衰减常数。为了有一个更好的控制和系统的搜索模式,并限制随机变量的数量,假设$k=\lambda$,并使用先前导出的指数项。因此,最后一组生成率方程如下:

$$\boldsymbol{G}=\boldsymbol{G}_0\mathrm{e}^{-\boldsymbol{\lambda}(t-t_0)}=\boldsymbol{G}_0\boldsymbol{F} \tag{140.13}$$

其中

$$\boldsymbol{G}_0=\boldsymbol{GCP}(\boldsymbol{C}_{\mathrm{eq}}-\boldsymbol{\lambda C}) \tag{140.14}$$

$$\boldsymbol{GCP}=\begin{cases}0.5r_1 & r_2\geqslant GP\\0 & r_2<GP\end{cases} \tag{140.15}$$

其中,r_1和r_2为[0,1]中的随机数;$\boldsymbol{GCP}$通过重复相同的值由式(140.15)得出。GCP定义为生成率控制参数,它包含了生成项对更新过程贡献的概率,该概率指定了多少个粒子使用生成项来更新其状态,它由另一个称为生成概率(GP)来确定。这种贡献的机制是由式(140.14)和式(140.15)决定的。式(140.15)出现在每个粒子的层面上,例如,如果GCP为零,G等于零,并且该特定粒子的所有维度在没有生成率项的情况下都更新了。当$GP=0.5$时,可以实现探索与开发之间的良好平衡。

5. 浓度的更新规则

每个粒子通过3项规则独立更新其浓度的公式如下:

$$\boldsymbol{C}=\boldsymbol{C}_{\mathrm{eq}}+(\boldsymbol{C}-\boldsymbol{C}_{\mathrm{eq}})\cdot F+\frac{\boldsymbol{G}}{\boldsymbol{\lambda}V}(1-\boldsymbol{F}) \tag{140.16}$$

其中,第1项是平衡浓度,第2项和第3项代表浓度的变化。第2项负责在全局搜索空间寻找到一个最佳点,这一项对勘探贡献更大。第3项受生成率控制,对于浓度的小变化更有助于开发,有助于解更完善和准确。根据参数,如粒子和平衡候选物的浓度以及周转率(λ)的不同,第2、3项可能有相同或相反的符号。相同的符号使变异变大,有助于更好地全局搜索;相反的符号使变异变小,有助于局部搜索。

图140.1展示了式(140.16)中的3项在一维情况下是如何促进探索和利用的。c_1-c_{eq}代表式(140.16)中的第2项,$c_{eq}-\lambda c_1$代表第3项(G为G_0的函数)。生成率项由式(140.13)~式(140.15)控制这些变化。因为λ随着每个维度的变化而变化,这种大的变化只发生在λ值很小的维度上。值得一提的是,该特性的工作原理类似于进化算法中的变异操作,极大地帮助了EO算法对解的开发。

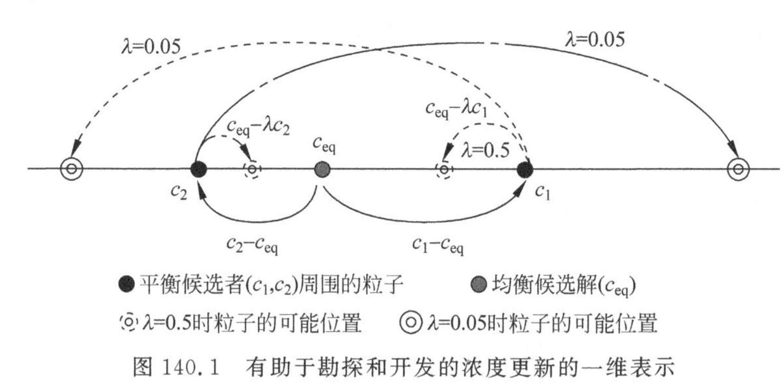

图140.1　有助于勘探和开发的浓度更新的一维表示

140.4　平衡优化算法的伪代码及实现流程

平衡优化算法的伪代码描述如下。

```
初始化粒子总体 i = 1, …, n
分配大量均衡候选解的适应度
分配自由参数 a1 = 2;a2 = 1;GP = 0.5;
While Iter < Max_iter
        For i = 1: n
        计算第 i 粒子的适应度值
            If fit(Ci)< fit(Ceq1)
                用 Ci 替代 Ceq1 且用 fit(Ci)替代 fit(Ceq1)
            Elseif fit(Ci)> fit(Ceq1)与 fit(Ci)< fit(Ceq2)
                用 Ci 替代 Ceq2 和用 fit(Ci)替代 fit(Ceq2)
            Elseif fit(Ci)> fit(Ceq1)与 fit(Ci)> fit(Ceq2)与
                  fit(Ci)< fit(Ceq3)
                用 Ci 替代 Ceq3 和用 fit(Ci)替代 fit(Ceq3)
            Elseif fit(Ci)> fit(Ceq1)与 fit(Ci)> fit(Ceq2)与
                  fit(Ci)> fit(Ceq3)与 fit(Ci)< fit(Ceq4)
                用 Ci 替代 Ceq4 和用 fit(Ci)替代 fit(Ceq4)
            End(If)
        End(For)
    Cave = (Ceq1 + Ceq2 + Ceq3 + Ceq4)/4
```

```
构建均衡池 C_eq,pool = {C_eq(1), C_eq(2), C_eq(3), C_eq(4), C_eq(ave)}
完成内存节省(if Iter>1)
分配 t = (1 - Iter/Max_iter)^(a2 Iter/Max_iter)                式(140.9)
   For i = 1: n
      从均衡池中随机选择一个候选向量
      生成随机向量λ,r
      建立方程 F = a1 sign(r - 0.5)[e^(-λt) - 1]                式(140.11)
      建立方程 GCP = { 0.5r1   r2 ≥ GP
                     { 0       r2 < GP                           式(140.15)
      建立方程 G0 = GCP(C_eq - λC)                                式(140.14)
      建立方程G == G0 F                                           式(140.13)
      更新浓度 C = C_eq + (C - C_eq)·F + G/(λV)(1 - F)             式(140.16)
   End(For)
   Iter = Iter + 1
End while
```

平衡优化算法的流程如图 140.2 所示。

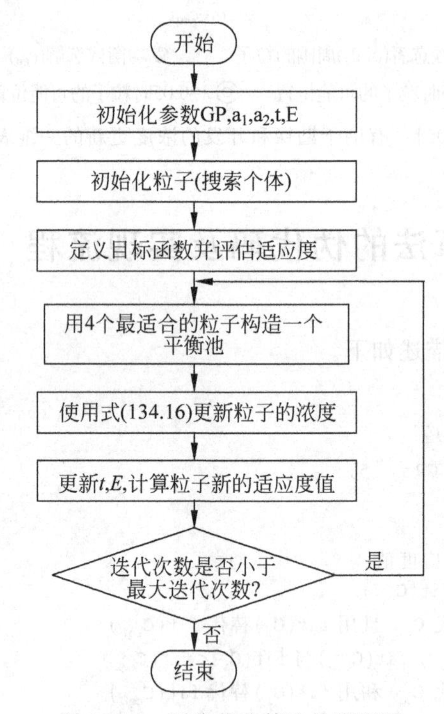

图 140.2 平衡优化算法的流程图

第141章　类电磁机制算法

类电磁机制算法是模拟电磁场带电粒子间吸引-排斥机制的一种随机启发式全局优化算法。该算法利用电磁场中合力的计算公式，给粒子所带电荷量赋予新的含义，依据吸引-排斥机制，并吸取传统优化方法以及随机优化方法的优点，具有寻优原理简单、需要资源较少和收敛速度较快的优点，已经成功地用于求解无约束优化问题。本章介绍库仑定律，以及类电磁机制算法的基本思想、数学描述、实现步骤及流程。

141.1　类电磁机制算法的提出

类电磁机制(Electromagnetism-like Mechanism，EM)算法是2003年由Birbil和Fang提出的一种随机启发式全局优化算法。该算法的设计思想受到电磁场带电粒子间的吸引-排斥机制的启示，通过模拟电磁场中合力的计算公式，给粒子所带电荷量赋予新的含义，依据吸引-排斥机制，并吸取传统优化方法以及随机优化方法的优点，具有寻优原理简单、需要资源较少和收敛速度较快的优点，已经成功地用于求解无约束优化问题，如混沌系统的同步与控制、图像检索、配电网重构、电力系统多目标优化调度等领域。

141.2　库仑定律

著名的库仑定律指出，存在于真空环境中的两个静止的点电荷，它们之间的相互作用力的大小与二者所带电量数值的乘积成正比，与二者之间距离数值的平方成反比，力的方向沿着它们的连线，并且同种电荷相排斥，异种电荷相吸引。库仑定律可表示为

$$\boldsymbol{F}_{12}=k\,\frac{q_1 q_2}{r_{21}^2}\boldsymbol{r}_{21} \tag{141.1}$$

其中，$\boldsymbol{F}_{12}$ 为电荷 q_2 对 q_1 的作用力；k 为静电常数；$\boldsymbol{r}_{21}$ 为由 q_2 到 q_1 方向的单位向量。电磁场中两电荷间受力作用图如图141.1所示。

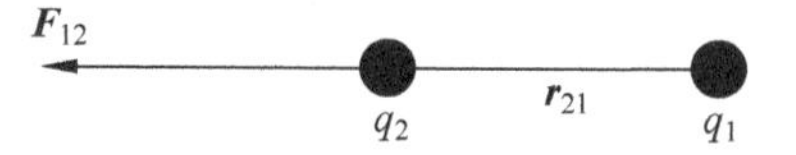

图141.1　电磁场中两电荷间受力作用图

当 q_1、q_2 同为正或同为负电荷时，$\boldsymbol{F}_{12}$ 为排斥力，方向为沿着 $\boldsymbol{r}_{21}$ 的方向；当 q_1、q_2 为一正一负时，$\boldsymbol{F}_{12}$ 为吸引力，方向沿着 $\boldsymbol{r}_{21}$ 的方向。通过扭秤实验测量真空中的库仑定律可表示为

$$F_{12}=\frac{q_1q_2}{4\pi\varepsilon_0\varepsilon_r r^2}\cdot e_r \tag{141.2}$$

141.3 类电磁机制算法的基本思想

类电磁机制算法的优化思想是以电磁场中的库仑定律作为原始模型，给粒子所带电荷量赋予新的含义，通过模拟电磁场中合力的计算公式，模拟电磁场中带电粒子之间的吸引排斥机制，并通过对粒子局部搜索、电荷量计算、合力计算及粒子的移动更新等准则，使得种群中所有粒子都朝着最优解的方向进行移动，在经过若干次迭代后找到问题的全局最优解。

类电磁机制算法首先在可行域内随机地产生一组初始解(初始种群)，每个解视为一个带电粒子。每个粒子均受到空间中其他粒子的力(吸引力或排斥力)的作用，引导着粒子向全局最优的位置移动。和物理学中的电磁理论类似，每个解都带有一定的电荷量，粒子电荷量的大小由待优化的目标函数值来决定。目标函数值越优(即越小)，该粒子的吸引力就越强。

通过计算其他粒子对当前粒子施加的合力来确定该粒子下一步的移动方向。由确定的粒子更新规则来产生下一代粒子。重复上述迭代过程，直至所有粒子最终移动收敛到某一极小邻域，并满足人为定义的终止条件后，得到优化问题的最优解。

类电磁机制算法和其他许多基于种群的随机搜索算法相似，也采取了局部搜索策略来改善种群中的粒子，经典算法中以简单的随机线性搜索算法作为局部搜索策略。选取3个粒子说明类电磁机制的吸引-排斥机制，如图141.2所示，表示粒子1的移动方向。假设粒子2的目标函数值劣于粒子1的目标函数值，因此粒子2对粒子1具有排斥力，记为$\boldsymbol{F}_{21}$；粒子3的目标函数值优于粒子1的目标函数值，因此粒子3对粒子1具有吸引力，记为$\boldsymbol{F}_{31}$，根据合力的叠加原理，可得到粒子1所受到的力$\boldsymbol{F}_1$的大小和方向。因此，沿着合力$\boldsymbol{F}_1$的方向以一定的步长移动粒子1，这样粒子1完成了一次位置的更新。同理，移动空间中的粒子2和粒子3，直到初始化种群中的所有粒子完成了一次位置的更新后，类电磁机制算法就完成了一次迭代过程，每个粒子都朝着最优的位置移动了一次。如此反复下去，直至找到全局最优的函数值。

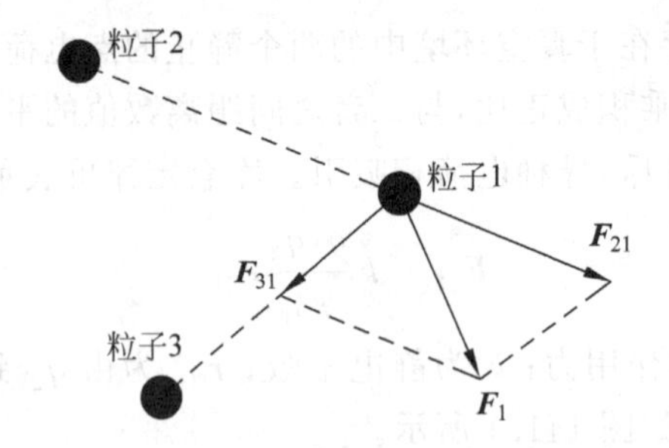

图141.2 粒子间的吸引-排斥机制示意图

141.4 类电磁机制算法的数学描述

类电磁机制算法的描述包括4部分：种群初始化、局部搜索、电荷量及力的计算、粒子移动。每一部分的具体描述介绍如下。

1. 种群初始化

种群初始化是从已知的可行域中随机产生 m 个粒子 $\{x_1, x_2, \cdots, x_n\}$ 作为初始种群，其中 $x_i = \{x_i^1, x_i^2, \cdots, x_j^n\}$，$n$ 为问题的维数。这些粒子的每一维坐标是在 $[l_k, u_k]$ 范围内随机生成的，其中 k 表示第 k 维 $(k=1,2,\cdots,n)$，l_k 表示第 k 维坐标的下限，u_k 表示第 k 维坐标的上限。然后，将每个粒子的坐标代入目标函数求出粒子的目标函数值。最后，将当前目标函数值最优（即最小）的粒子记为 x_{best}。

2. 局部搜索

局部搜索用于更新粒子的局部信息。该过程在单个粒子的邻域范围内寻找更好的粒子并用其替换当前粒子，以改进种群的质量。局部搜索可分为 3 种情况：无局部搜索、对所有种群粒子进行局部搜索、只对当前最优粒子进行局部搜索。

（1）无局部搜索的 EM 算法。即使某粒子已很靠近局部最优解也不会导致算法陷入局部最优而无法跳出。实验结果表明，由于没有局部信息，算法的求解时间缩短了，而解的平均值仍然令人满意。对大多数函数来说，该类类电磁机制算法找到的解接近全局已知最优值，只是解的精度不够高。利用这种算法也验证了类电磁机制算法的全局收敛性。

（2）对所有种群粒子进行局部搜索的 EM 算法。这种 EM 算法有两个优点：一是可对拥有吸引作用的粒子进行更加全面的搜索；二是使具有排斥作用的粒子拥有更大的概率去搜索可能存在最优解却从未被搜索过的区域。实验结果表明，该版本的 EM 算法的求解精度提高了，但这是以使用更多的函数迭代次数来换取的，这就使得算法的执行时间变长了，尤其是对一些高维测试函数来说，求解时间会更长。

（3）只对当前最优粒子进行局部搜索的 EM 算法。只对当前最优粒子进行局部搜索的类电磁机制算法也称为经典类电磁机制算法。经典算法使用最简单的随机线性搜索方法进行局部搜索，根据局部搜索因子，对每个粒子的每一维计算其可行移动步长，然后按照该步长进行搜索，直到找到比目前最优粒子更好的粒子或局部搜索次数达到最大局部搜索次数，则停止该局部搜索过程。局部搜索后将会产生新的种群粒子，重新计算所有粒子的目标函数值，并仍将此时最优粒子记为 x_{best}。

然而，经典类电磁机制算法对于一些拥有多个局部最优解的函数，易陷入局部最优，可能导致算法因陷入局部最优而最终未能找到全局最优解。

3. 电荷量及力的计算

粒子的电荷量由该粒子的目标函数值决定。粒子在不断更新的过程中，其电荷量也会不断变化。粒子 x_i 的电荷量 q_i 决定了其所受其他粒子的吸引力或者排斥力的大小，由此构造的电荷量计算公式为

$$q_i = \exp\left(-n\frac{f(x_i) - f(x_{\text{best}})}{\sum_{k=1}^{m}(f(x_{ik}) - f(x_{\text{best}}))}\right) \quad i = 1,2,\cdots,m \tag{141.3}$$

由式(141.3)可以看出，目标函数值越优（越小）的粒子所带的电荷量越大，并且其对目标函数值较差粒子拥有的吸引力就越强。这里的粒子不同于真正的电磁场中的带电粒子，且每一个粒子所带的电荷量都是(0,1]的正数。合力计算可将当前粒子所获得的局部信息与全局信息有效地结合起来，为算法下一步的寻优提供依据。基本电磁理论的叠加原理是：某个粒

子受到其他粒子施加的电磁力大小与这两个粒子之间距离的平方成反比,并且与两者所带电荷数的乘积成正比。首先计算每个粒子受到其他粒子的作用力;然后模仿电磁场中的叠加原理,计算每个粒子受到其他所有粒子所施加的合力。设 F_i 表示粒子 x_i 所受到的合力,则:

$$F_i=\sum_{j\neq i}^{m}\begin{cases}(x_j-x_i)\dfrac{q_iq_j}{\|x_j-x_i\|^2} & f(x_j)<f(x_i)\\[2ex](x_i-x_j)\dfrac{q_iq_j}{\|x_j-x_i\|^2} & f(x_j)\geqslant f(x_i)\end{cases}\tag{141.4}$$

其中,$i=1,2,\cdots,m$。

由式(141.4)可知,粒子的受力方向是由粒子的优劣确定的,即目标函数值较优的粒子将吸引目标函数值较差的粒子,而目标函数值较差的粒子将排斥目标函数值较优的粒子。由于对应的目标函数值最小,因此它将吸引所有其他的粒子向其移动。此外,粒子所受的合力是种群中所有其他粒子对该粒子作用力的向量和。由此可知,对于种群中任意一个粒子,所受合力的方向总是指向目标函数值较优的区域,这也确保了算法的有效性。

4. 粒子移动

在对所有粒子 $x_i(i=1,2,\cdots,m)$ 完成合力 F_i 的计算后,粒子将沿着合力的方向以一个随机步长进行移动到新的位置为

$$x_i=x_i+\lambda\frac{F_i}{\|F_i\|}(\mathbf{RNG})\quad i=1,2,\cdots,m\tag{141.5}$$

其中,$\lambda\in(0,1)$为随机数。在移动过程中,其可行移动范围由向量 $\mathbf{RNG}=(v_1,v_2,\cdots,v_n)$ 给出,其中 $v_k(k=1,2,\cdots,n)$表示向上边界 u_k 和下边界 l_k 移动的可行步长。且有:

$$v_k=\begin{cases}(u_k-x_i^k) & F_i^k>0\\(x_i^k-l_k) & F_i^k\leqslant 0\end{cases}\quad k=1,2,\cdots,n;i=1,2,\cdots,m\tag{141.6}$$

其中,F_i^k 为第 i 个粒子 x_i 所受合力的第 k 维分量。

根据以上过程,每个粒子的位置得到更新,也就完成了EM算法的一次迭代。

141.5 类电磁机制算法的实现步骤及流程

EM算法实现包括4个步骤:初始化、局部搜索、电荷量及力的计算、粒子移动。

(1) 种群初始化。从已知的可行域中随机产生 m 个粒子$\{x_1,x_2,\cdots,x_n\}$作为初始种群,其中 $x_i=\{x_i^1,x_i^2,\cdots,x_i^n\}$,$n$ 为问题的维数。然后计算每个粒子的目标函数 $f(x_i)$,并将函数值最优的粒子记为 x_{best}。

(2) 局部搜索。局部搜索用于更新当前一个粒子。通过在一定范围内搜索比该粒子更优的粒子,并使得该粒子朝更精确的解移动,达到局部更新的效果。对当前最优粒子进行局部搜索,将局部搜索完后的最优粒子仍然记为 x_{best}。

(3) 利用式(141.3)与式(141.4)分别计算粒子 $i(i=1,2,\cdots,m)$的电荷量 q_i 及它所受到其他粒子吸引-排斥的合力 F_i。

(4) 粒子移动。利用式(141.5)将粒子沿着合力的方向移动到新的位置。

类电磁机制算法的流程如图 141.3 所示。

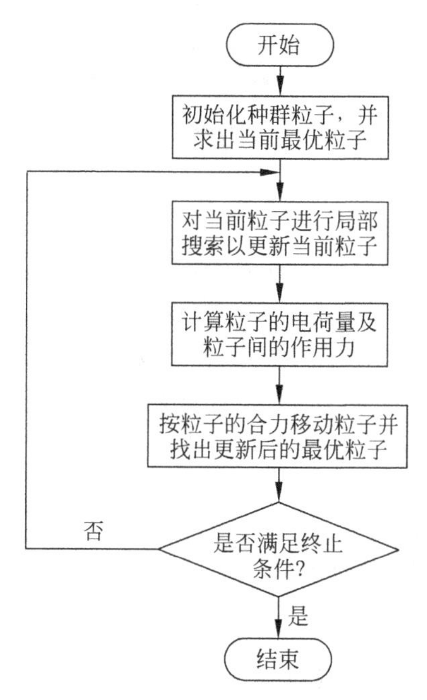

图 141.3　类电磁机制算法的流程图

第 142 章　热传递搜索算法

热传递搜索算法是受热力学和热传递定律的启发而提出的一种仿自然优化算法。该算法搜索过程通过传导、对流和辐射 3 个阶段和热传递来实现系统的热平衡。算法的群体是热传递过程的分子簇,搜索的个体是分子。在整个搜索过程中以等概率执行算法的每种传热阶段,并通过引入传导因子、对流因子和辐射因子来控制所有 3 种热传递过程中的勘探和开采之间的适当平衡。本章介绍热传递搜索算法的原理、数学描述及流程。

142.1　热传递搜索算法的提出

热传递搜索(Heat Transfer Search,HTS)算法是 2015 年由 Patel 和 Savsani 提出的一种启发式优化算法。HTS 算法受热力学和热传递定律的启发,"任何系统"总是试图通过以传导、对流和辐射的形式进行热传递来实现与其周围的热平衡状态。HTS 算法的搜索过程包括传导、对流、辐射 3 个阶段。HTS 算法模拟热平衡系统的热平衡行为,当系统的分子以传导、对流和辐射的形式传递热时,可以实现热平衡。在整个搜索过程中以等概率执行算法的每个传热阶段。

将 HTS 算法用于 CEC 2006 定义的 24 个带约束的标准问题测试,对最优解、平均解、成功率、计算量和收敛速率指标与其他多个优化算法的比较结果表明,对约束优化问题 HTS 算法比其他自然启发的优化算法具有更好的性能。

142.2　热传递搜索算法的原理

HTS 算法模拟热平衡系统的行为。如果系统内部及系统和环境之间存在热平衡,则系统保持在稳定状态;如果存在任何热不平衡,则系统试图通过本身内的热传递模式(传导、对流和辐射)在系统内或系统与周围环境之间建立热平衡。在系统内或系统与周围环境之间存在温度差是用于启动任何模式热传递的驱动力。

1. 传导

传导是指能量从系统的较高能量的粒子传递到相邻的较低能量的粒子。当两者彼此直接接触时,也可以在系统和周围环境之间进行热传导。傅里叶热传导定律可表示为

$$Q_{\mathrm{cond}} = -kA\frac{\mathrm{d}T}{\mathrm{d}x} = -\frac{\mathrm{d}T}{\mathrm{d}x/kA} = -\frac{1}{\mathrm{Resistance}} \times \mathrm{d}T = -\mathrm{Conductance} \times \mathrm{d}T \tag{142.1}$$

其中,k 为系统的热导率,它是系统传导热能力的量度;A 为热量转移面积;$\mathrm{d}T$ 为温度差;$\mathrm{d}T/\mathrm{d}x$ 为温度梯度。系统的热导率是温度函数,其值在热传递过程中变化。

2. 对流

对流是指系统和运动中的相邻流体之间的能量传递模式,它涉及组合传导和流体运动的影响。观察到对流热传递的速率与温度差成比例,并通过牛顿冷却定律表示为

$$Q_{\mathrm{conv}} = hA(T_{\mathrm{ms}} - T_{\mathrm{surr}}) \tag{142.2a}$$

为了将牛顿冷却定律与对流阶段使用的优化方程相关联，将牛顿冷却定律简化如下：

$$\begin{aligned} Q_{\text{conv}} &= hA(T_{\text{ms}} - T_{\text{surr}}) = -hA(T_{\text{surr}} - T_{\text{ms}}) \\ &= \text{Convection element}(T_{\text{surr}} - T_{\text{ms}}) \end{aligned} \tag{142.2b}$$

其中，h 为对流传热系数；A 为传热面积；T_{ms} 为系统的平均温度；T_{surr} 为流体周围的温度。

对流传热系数取决于各种参数，如流体运动的性质、流体的性质、体积流体速度等。因此，其值在热传递期间是可变的。

3. 辐射

辐射是指具有温度的系统以电磁波的形式把热向外散发的传热方式。温度高于绝对零度的所有物体都会发出热辐射。辐射热传递的速率取决于绝对温度水平，由斯蒂芬-波尔兹曼定律方便地表示为

$$Q_{\text{rad}} = \varepsilon\sigma A(T_{\text{s}}^4 - T_{\text{surr}}^4) \tag{142.3a}$$

其中，σ 为斯蒂芬-波尔兹曼常数；ε 为系统的发射率；A 为传热面积；T_{s} 为系统温度；T_{surr} 为周围的温度。

将斯蒂芬-波尔兹曼方程与优化相关联，用于辐射相位的方程简化如下：

$$\begin{aligned} Q_{\text{rad}} &= \varepsilon\sigma A(T_{\text{s}}^4 - T_{\text{surr}}^4) \\ &= \varepsilon\sigma A(T_{\text{s}}^2 + T_{\text{surr}}^2)(T_{\text{s}}^2 - T_{\text{surr}}^2) \\ &= \varepsilon\sigma A(T_{\text{s}}^2 + T_{\text{surr}}^2)(T_{\text{s}} + T_{\text{surr}})(T_{\text{s}} - T_{\text{surr}}) \\ &= \text{Radiation element}(T_{\text{s}} - T_{\text{surr}}) \end{aligned} \tag{142.3b}$$

因此，系统通过系统内或系统与周围环境之间的上述热传递现象改变其能量水平，并且中和任何现有的热不平衡。这样，系统就实现了稳定的状态。

模拟上述传导、对流和辐射热传递过程就是 HTS 算法实现对优化问题求解的基本原理。

142.3　热传递搜索算法的数学描述

HTS 算法是基于群体的优化方法，群体类似于参与热传递过程的具有不同温度的水平分子簇。在 HTS 算法中，搜索的个体是分子，不同的设计变量表示分子的不同温度，分子的能级表示问题的目标函数值(适应度值)。最优解被视为周围环境，其余的解被视为一个系统。

HTS 算法通过一组解来获得全局最优解。在系统和周围之间或在系统内部存在热不平衡，任何系统总是试图减少这种热不平衡以获得热平衡状态。在 HTS 算法的优化过程中，如果群内的解与目标函数存在差异，则解尝试改善其值。这种改进可以考虑利用当前解与最优解、来自群体的随机解或来自群体解的平均值之间的差异来完成。

HTS 算法的搜索过程分别通过传导、辐射和对流热传递来中和系统的热不平衡。在 HTS 算法中，热传递的 3 种模式以等概率发生，等概率由每一代中的参数 R 控制，R 是在 0 和 1 之间变化均匀分布的随机数。根据 R 的值，可以执行 3 种模式中的任何一个模式来更新当前这一代的解。通过引入传导因子，对流因子和辐射因子来控制所有 3 个阶段搜索过程中勘探和开发之间的适当平衡。

HTS 算法从随机生成的 n 个解的初始群体开始，其中 n 表示群体规模。每个解是一个 m 维向量。其中，m 是优化参数(设计变量)的数量。在初始化之后，通过遵循传导，对流或辐射阶段的搜索过程在每一代 $g(g=1,2,\cdots,G_{\max})$ 中更新群体。此外，如果 HTS 算法中更新的解产生更好的适应度，则其被接受，因此在 HTS 算法中采用贪婪选择过程。在贪婪选择之

后,群体的最坏解被精英解替代;如果存在重复解,则被随机生成的解替换。

下面以目标函数 $f(X)$ 最小化问题,介绍搜索过程3个阶段的具体描述。

1. 传导阶段

在这部分算法中,系统试图通过传导传热来中和热不平衡。所以,能量更高的分子会将其能量转移到更低能量的分子。设系统(群体)的分子数为 n,分子的不同温度水平设计为变量 m。在传导阶段的第一部分生成 $g \leqslant G_{\max}/\mathrm{CDF}$,其中CDF是传导因子,对解更新如下:

$$X_{j,i}^{\text{new}} = X_{k,i}^{\text{old}} + \mathrm{CDS}_1 \quad f(X_j) > f(X_k) \tag{142.4}$$

$$X_{k,j}^{\text{new}} = X_{j,i}^{\text{old}} + \mathrm{CDS}_2 \quad f(X_k) > f(X_j) \tag{142.5}$$

其中,$j=1,2,\cdots,n$;$j \neq k, k \in (1,2,\cdots,n)$;$k$ 是从群体中随机选择的解;$i \in (1,2,\cdots,m)$,i 是一个随机选择的设计变量。此外,每一代中每个解仅有一个维度(即设计变量)在传导阶段被更新。CDS_1 和CDS_2 由传导步骤给出如下:

$$\mathrm{CDS}_1 = -R^2 X_{k,i}^{\text{old}} \tag{142.6}$$

$$\mathrm{CDS}_2 = -R^2 X_{j,i}^{\text{old}} \tag{142.7}$$

其中,R 是等于选择传导阶段概率值的变量。作为所有3种类型的热传递以相等的概率发生,R 的值可以为0～0.3333、0.3333～0.6666或0.6666～1。在进行了许多实验之后,设置执行传导阶段 R 值的范围为0～0.333 3。在式(142.6)和式(142.7)中,R^2 对应于傅里叶方程(142.1)的热导率,$X_{k,i}$ 和 $X_{j,i}$ 对应于温度梯度。任何系统的电导率都取决于式(142.1)的热导率,任何系统的热导率都取决于温度。在传热期间,系统的温度连续变化,因此其热导率和电导也连续变化。因此,为了反映这种依赖温度的电导特性,它由变量 R 建模,其在导通阶段的每一代开始时可以达到0～0.3333的任何值。此外,为了利用搜索空间,这个随机变量通过对其值进行平方,使其可以遵循精确搜索来建模。在传导阶段的第二部分生成 $g \leqslant G_{\max}/\mathrm{CDF}$,解被更新为

$$X_{j,i}^{\text{new}} = X_{k,i}^{\text{old}} + \mathrm{CDS}_3 \quad f(X_j) > f(X_k) \tag{142.8}$$

$$X_{k,j}^{\text{new}} = X_{j,i}^{\text{old}} + \mathrm{CDS}_4 \quad f(X_k) > f(X_j) \tag{142.9}$$

其中,CDS_3 和 CDS_4 由传导步骤给出如下:

$$\mathrm{CDS}_3 = r_i X_{k,i}^{\text{old}} \tag{142.10}$$

$$\mathrm{CDS}_4 = r_i X_{j,i}^{\text{old}} \tag{142.11}$$

其中,r_i 是[0,1]范围中的随机数。在式(142.10)和式(142.11)中,r_i 对应于傅里叶方程式(142.1)的热导率,并且 $X_{k,i}$ 和 $X_{j,i}$ 对应于式(142.1)的温度梯度。因此,r_i 的值在0和1之间变化将勘探搜索空间。传导因子CDF决定了传导阶段的勘探和开发趋势。在进行许多试验后,对于传导阶段,CDF的值设置为2。

2. 对流阶段

在该算法的对流阶段中,系统尝试通过对流热传递来中和热不平衡。在该阶段中,系统的平均温度与周围温度相互作用以在系统和周围环境之间建立热平衡。在HTS算法中,周围被视为最好解。在任何迭代 g(其中 $g < G_{\max}/\mathrm{COF}$,COF是对流因子)处,$X_{\mathrm{s}}$ 是环境的温度,X_{ms} 是系统的平均温度。系统拥有的能量高于周围(即 $f(X_{\mathrm{s}}) < f(X_{\mathrm{ms}})$)。因此,系统的分子试图减少其能量,根据下式更新解:

$$X_{j,i}^{\text{new}} = X_{j,i}^{\text{old}} + \mathrm{COS} \tag{142.12}$$

其中,$j=1,2,\cdots,n$;$i=1,2,\cdots,m$。此外,群体的每个设计变量在对流阶段更新,COS由对流阶段给出如下:

$$\mathrm{COS} = R(X_{\mathrm{s}} - X_{\mathrm{ms}} \times \mathrm{TCF}) \tag{142.13}$$

其中，R 是等于选择对流阶段概率值的变量。经过多次试验，在该阶段中将 R 的值设置为 0.6666～1 的范围。在式(142.13)中，R 对应于牛顿冷却定律式(142.2b)的对流元素。X_s 和 X_{ms} 对应于周围温度(T_{surr})和系统的平均温度(T_{ms})。系统的温度在热传递期间改变。周围环境被视为散热器或热源，因此周围环境的温度保持不变。考虑到这种影响，引入温度变化因子 TCF。因此，TCF 是可以改变系统的平均温度的温度变化因素。TCF 的值基于以下等式随机决定：

$$\mathrm{TCF}=\mathrm{abs}(R-r_i) \qquad g \leqslant G_{\max}/\mathrm{COF} \tag{142.14}$$

$$\mathrm{TCF}=\mathrm{round}(1+r_i) \quad g \geqslant G_{\max}/\mathrm{COF} \tag{142.15}$$

其中，r_i 是[0,1]范围中的随机数；TCF 的值在式(142.14)的对流阶段在 0 和 1 之间随机变化。在式(142.15)的对流阶段 TCF 的值变为 1 或 2。在 HTS 算法中，TCF 的不同值用作勘探和开发之间的平衡。COF 是对流因子，它决定了对流阶段的勘探和开发的趋势。在进行许多试验后，对于该阶段 COF 的值被设置为 10。

3. 辐射阶段

在算法的辐射阶段，系统尝试通过辐射热传递来中和热不平衡。系统与周围(即最优解)或系统内(即其他解)相互作用以建立热平衡。在辐射阶段的第一部分中生成 $g \leqslant G_{\max}/\mathrm{RDF}$(其中 RDF 是辐射因子)，系统的能量减少，解的更新如下：

$$X_{j,i}^{\mathrm{new}}=X_{k,i}^{\mathrm{old}}+\mathrm{RDS}_1 \quad f(X_j)>f(X_k) \tag{142.16}$$

$$X_{k,j}^{\mathrm{new}}=X_{j,i}^{\mathrm{old}}+\mathrm{RDS}_2 \quad f(X_k)>f(X_j) \tag{142.17}$$

其中，$j=1,2,\cdots,n$；$j\neq k$，$k\in(1,2,\cdots,n)$；k 是从群体中随机选择的解；$i=1,2,\cdots,m$。解的所有设计变量在辐射阶段每一代都要更新。RDS_1 和 RDS_2 由辐射阶段给定如下：

$$\mathrm{RDS}_1=R(X_{k,i}^{\mathrm{old}}-X_{j,i}^{\mathrm{old}}) \tag{142.18}$$

$$\mathrm{RDS}_2=R(X_{j,i}^{\mathrm{old}}-X_{k,i}^{\mathrm{old}}) \tag{142.19}$$

其中，R 是等于选择辐射阶段概率值的变量。辐射阶段 R 取值范围为 0.3333～0.6666。在式(142.18)和式(142.19)中，R 对应于式(142.3b)斯蒂芬-波尔兹曼定律的辐射元素，X_k 和 X_j 分别为系统和周围的温度。在生成 $g \geqslant G_{\max}/\mathrm{RDF}$ 的辐射阶段第二部分中，解被更新为

$$X_{j,i}^{\mathrm{new}}=X_{k,i}^{\mathrm{old}}+\mathrm{RDS}_3 \quad f(X_j)>f(X_k) \tag{142.20}$$

$$X_{k,j}^{\mathrm{new}}=X_{j,i}^{\mathrm{old}}+\mathrm{RDS}_4 \quad f(X_k)>f(X_j) \tag{142.21}$$

其中，RDS_3 和 RDS_4 由辐射阶段给定如下：

$$\mathrm{RDS}_3=r_i(X_{k,i}^{\mathrm{old}}-X_{j,i}^{\mathrm{old}}) \tag{142.22}$$

$$\mathrm{RDS}_4=r_i(X_{j,i}^{\mathrm{old}}-X_{k,i}^{\mathrm{old}}) \tag{142.23}$$

其中，r_i 为[0,1]范围中的随机数；RDF 为决定勘探和开发趋势的辐射因子。在进行了许多试验后，对于辐射阶段，RDF 的值设置为 2。

142.4　热传递搜索算法实现的详细流程

HTS 算法的搜索机制由 3 个阶段组成。每一阶段又被细分为两部分：一部分是由迭代次数控制的；另一部分取决于传导、对流和辐射因子。因此，根据这些因素的值，在每个阶段的第一或第二部分中可以发生设计变量值的或大或小的变化。设计变量的大变化对应于搜索空间的勘探，而设计变量的小变化对应于搜索空间的开发。因此，在 HTS 算法中通过引入用于勘探和开发的不同搜索机制来进行勘探和开发之间的适当权衡。

热传递搜索算法的详细流程如图 142.1 所示。

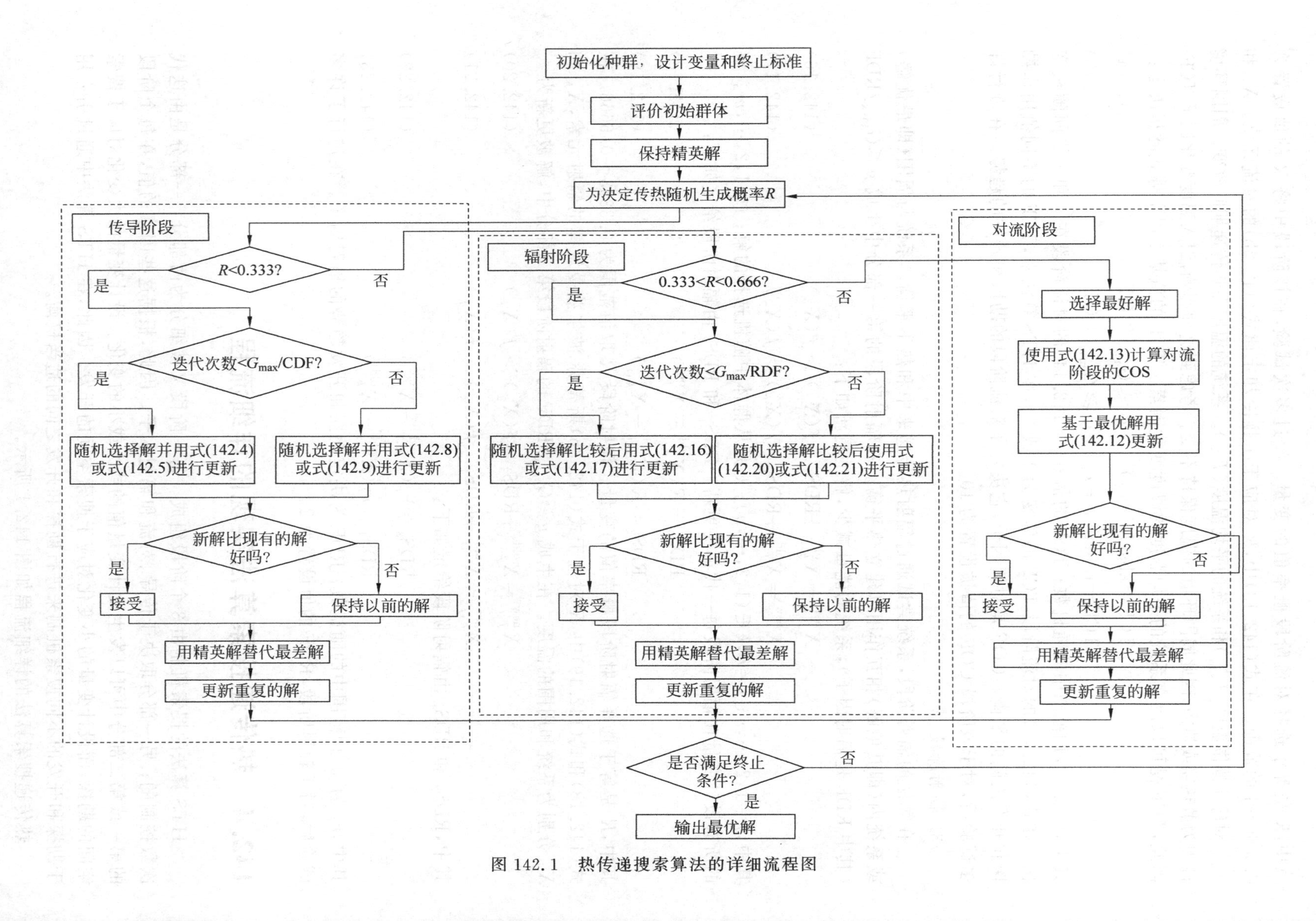

图 142.1 热传递搜索算法的详细流程图

第143章 热交换优化算法

热交换优化算法是模拟物体与环境的温差与热量散失的速率成比例地变化的牛顿冷却定律而提出的一种仿自然优化算法。用于动态优化调整PI控制器参数来提高混合储能系统的性能。该算法视每个粒子为冷却对象，和其发生热交换的是周围的另一个粒子。算法通过初始化与评估、组的保存与创建、定义参数、局部最优逃逸和个体温度更新等步骤实现对优化问题的求解。本章首先介绍热交换优化算法的物理学基础，然后阐述热交换优化算法的数学描述、在动态优化PI控制器参数中的应用及实现流程。

143.1 热交换优化算法的提出

热交换优化(Thermal Exchange Optimization，TEO)算法是2020年由Subhashre Choudhury提出的一种仿自然优化算法，用于动态优化PI控制器参数。

热交换优化的思想源于牛顿冷却定律(Newton's law of cooling)，该定律是温度高于周围环境的物体向周围媒质传递热量逐渐冷却时所遵循的规律。当物体表面与周围存在温度差时，单位时间从单位面积散失的热量与温度差成正比，该比例系数称为热传递系数。

TEO算法中的每个粒子称为冷却对象，和其发生热交换的是周围的另一个粒子。该算法通过初始化与评估、组的保存与创建、定义β和t、局部最优逃逸和个体温度更新等步骤实现优化PI控制参数以提高混合储能系统的性能。

143.2 热交换优化的物理学基础

作为热交换优化物理学基础的牛顿冷却定律指出，物体与环境的温差与热量散失的速率成比例地变化。在TEO算法中每个粒子都称为冷却对象，通过将其与周围的另一个粒子进行热交换。新的温度最好是搜索空间中的更新位置，可以针对具有集总热容量的对象显示该温度。热从表面散失的速率表示如下：

$$dQ/dt = h(T_0 - T_b)A \tag{143.1}$$

其中，Q为粒子之间流动的热量；h为物体的总传热系数(单位是$W \cdot m^{-2} \cdot K^{-1}$)；$T_0$是对象在$t=0$时的温度(单位是K)；$T_b$是环境温度(单位是K)；$A$为物体表面的面积(单位是$m^2$)。

随着温度dT的下降，存储热量的变化等于时间dt中的热量损失。因此，式(143.1)可以表示为

$$V\rho c\,\mathrm{d}T = -hA(T - T_b)\mathrm{d}t \tag{143.2}$$

其中,V 为对象的体积(单位是 m^3);ρ 为密度(单位是 $\mathrm{kg}\cdot\mathrm{m}^{-3}$);$c$ 为比热(单位是 $\mathrm{J}\cdot\mathrm{kg}^{-1}\cdot\mathrm{K}^{-1}$)。

通过对式(143.2)积分可得

$$(T - T_b)/(T_0 - T_b) = \exp[(-hA/V\rho c)t] \tag{143.3}$$

假设上式中指数项的系数为常数 β,式(143.3)可以重新整理为

$$T = T_b + (T_0 - T_b)\cdot\exp(-\beta t) \tag{143.4}$$

143.3 热交换优化算法的数学描述

1. 初始化与评估

使用式(143.5)在 m 维搜索空间中为每个个体随机生成初始温度,并通过目标函数计算每个个体的适应度值。

$$\boldsymbol{T}_i^0 = \boldsymbol{T}_{\min} + \mathrm{rand}(\boldsymbol{T}_{\max} - \boldsymbol{T}_{\min}) \tag{143.5}$$

其中,$\boldsymbol{T}_i^0$ 为第 i 个体初始状态的解向量;$\boldsymbol{T}_{\max}$ 和 $\boldsymbol{T}_{\min}$ 为具有 0 和 1 项的行矩阵,它们描述了所设计变量的上限和下限;rand 为每个元素在 [0,1]之间有随机值的向量;n 为所取个体的总数。

2. 组的保存和创建

保存最好的 $\boldsymbol{T}$ 向量,可以利用它们的值来提高性能,而不会增加计算成本。这需要一种热存储器(TM)来保存几个最好的解,同时会进一步添加最好解,还可以丢弃多个并行数的最差解。根据目标函数的值将对象按升序排列。然后,通过划分个体形成两个相等的组,并定义 T_1 为环境对象 $T_{(n/2)+1}$ 的冷却对象。反之亦然。

3. 定义 β 和 t

在自然界中,只要物体具有如式(143.4)中的 β 值较低时,物体之间就会稍微交换温度。受此特性的启发,每个物体的 β 值由式(143.6)确定,因此,具有最小 β 值的最小成本目标的位置略有变化。

$$\beta = \frac{\text{成本(个体)}}{\text{成本(最坏的个体)}} \tag{143.6}$$

时间与迭代次数相关,因此,t 的值由式(143.7)计算为

$$t = \frac{\text{当前迭代时间}}{\text{最大迭代次数}} \tag{143.7}$$

4. 局部最优逃逸(i)

当个体接近局部最优时,它们必须像元启发式算法那样逃离陷阱。为了逃脱,使用式(143.8)保持环境温度的变化如下:

$$T_i^{\mathrm{env}} = [1 - (c_1 + c_2\cdot(1-t)\cdot\mathrm{rand})]\cdot T_i^{\mathrm{p\text{-}env}} \tag{143.8}$$

其中,$T_i^{\mathrm{p\text{-}env}}$ 是对象之前的温度,进一步修改为 T_i^{env};c_1 和 c_2 是控制参数,取值为 0 或 1;$(1-t)$ 被假定随着 t 的增加而线性减少,随机值将导致开发的增强。c_2 控制$(1-t)$,当不需要递减时,可以取值为零。c_1 控制随机值的大小,当不需要递减过程时 c_1 包含随机性。

5. 个体温度更新

按照式(143.8),对每个个体使用式(143.9)更新温度为

$$T_i^{\text{new}} = T_i^{\text{env}} + (T_i^{\text{old}} - T_i^{\text{new}}) \cdot \exp(-\beta t) \tag{143.9}$$

6. 局部最优逃逸(ii)

参数 Pro 是在[0,1]之间指定的一个值,以决定是否需要更改每个冷却物体的值。将 Pro 的值与[0,1]范围的正态分布随机值 Ran(i)值进行比较。如果 Ran(i)<Pro,则随机选择该个体的一个维度,并使用式(143.10)重构其值如下:

$$T_{i,j} = T_{j,\min} + \text{random}(T_{j,\max} - T_{j,\min}) \tag{143.10}$$

其中,$T_{i,j}$ 为第 i 个体的第 j 变量的值;$T_{j,\max}$ 和 $T_{j,\min}$ 分别为第 j 变量的上下边界值。

式(143.10)仅更改了个体的一个维度以保护其结构,并提供了移动到搜索空间中的任何位置的机会,以实现更好的多样性。

7. 检查终止条件

TEO 算法以最大迭代次数为终止条件。如果条件仍然不满足,则该过程将以新的迭代开始,否则将停止,并输出最优解。

143.4　热交换优化算法的实现流程

以热交换优化算法动态优化混合储能系统 PI 控制器参数为例,说明 TEO 算法的具体实现过程。

1. 混合储能系统的 PI 控制

为了维持储能系统的发电和需求两者之间的平衡,将两个或多个储能系统构成混合储能系统,并通过各种技术特性适当结合,有助于获得系统的理想性能。图 143.1 为电池和超级电容器构成的混合储能系统结构示意图。为了使用 PI 控制器来控制构成混合储能系统的电流电池和超级电容器的能量损耗,Subhashre Choudhury 提出采用热交换优化算法动态优化 PI 控制参数,以保证混合储能系统满足高能量需求、高功率密度和更长使用寿命的最佳运行状态。

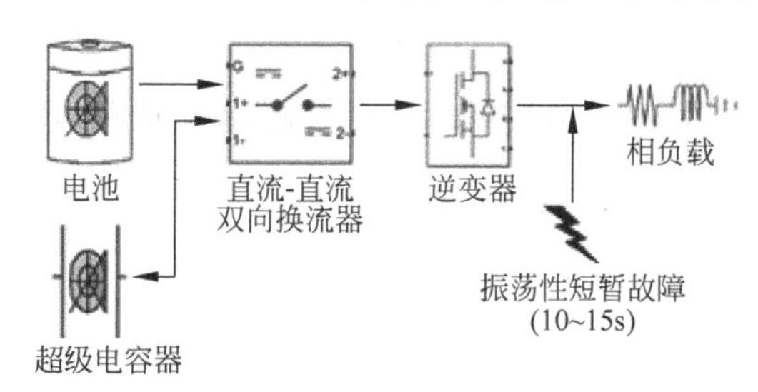

图 143.1　电池和超级电容器构成的混合储能系统结构示意图

控制混合储能系统的 PI 控制规律表示如下:

$$u(t) = K_{\text{p}} \cdot e(t) + K_{\text{i}} \cdot \int e(t) \tag{143.11}$$

其中,$u(t)$为 PI 控制系统的输出;$e(t)$为 PI 控制系统期望输出与实际输出的差值;K_{p} 和 K_{i} 分别为 PI 控制器的比例系数和积分系数。

对 PI 控制系统的性能评价采用积分时间绝对误差(ITAE)指标,在时间从 0 到 t 的周期

内使误差(e_1 和 e_2)最小化，电池(Q_1)和超级电容器(Q_2)的两个指标函数如下：

$$Q_1=\int(e_1(t))^2\mathrm{d}t \tag{143.12}$$

$$Q_2=\int(e_2(t))^2\mathrm{d}t \tag{143.13}$$

其中，$e_1(t)=\Delta P=P_{\mathrm{Bat}}-P_{\mathrm{inv}}$ 为电池的有功损耗产生的误差；$e_2(t)=\Delta\mathrm{SOC}=\mathrm{SOC}_{\mathrm{initial}}-\mathrm{SOC}_{\mathrm{final}}$ 为超级电容器损耗产生的误差，SOC 定义超级电容器 Q_2 为充电状态；$\mathrm{SOC}_{\mathrm{initial}}$ 和 $\mathrm{SOC}_{\mathrm{final}}$ 分别是 Q_2 充电初始和最终的状态；$e_2(t)$为 Q_2 的充电误差。

2. 热交换优化算法优化 PI 控制器参数的实现流程

热交换优化算法优化 PI 控制器参数的流程如图 143.2 所示。

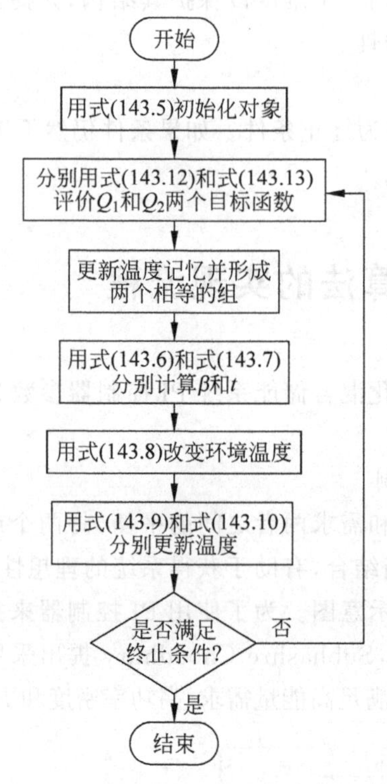

图 143.2 TEO 算法优化 PI 控制器参数的流程图

第144章　螺旋运动进化算法

螺旋运动进化算法是模拟自然和宇宙中遇到的多种螺旋运动形式的优化算法，用于解决实值函数优化问题。该算法把螺旋运动过程视为一个非线性动力学系统，并使用非线性动态系统模型来模拟螺旋运动的进化行为。通过吸引子、动态突变算子及线性缩放选择策略，使群体在不断演变中获得更好的解，并最终获得全局最优解。本章首先介绍螺旋运动进化算法的基本思想，然后阐述螺旋运动进化算法的数学描述、螺旋运动进化算法的伪代码。

144.1　螺旋运动进化算法的提出

螺旋运动进化算法(Spiral Movements Evolutionary Algorithm，SMEA)是2010年由韩国Gang-Gyoo Jin等提出的一种仿自然螺旋运动形式的优化算法，用于实值函数优化问题。该算法基于自然界和宇宙中遇到的多种螺旋运动形式，并使用非线性动态系统模型来模拟螺旋运动的进化行为。该算法通过吸引子、动态突变算子及线性缩放选择策略，使群体在不断演变中获得更好的解，最终获得全局最优解。本章通过对23种测试函数和其他优化算法对比的结果表明，螺旋运动进化算法具有较好的性能。

144.2　螺旋运动进化算法的基本思想

自然界和宇宙中经常出现螺旋运动形式，例如银河系、热带气旋、龙卷风和罗曼尼科西兰花，如图144.1所示。特别地，引起大雨和破坏性风暴的热带气旋在温暖的海水和低气压区域上发展，并沿围绕其中心的方向(称为风眼)旋转。尽管它们的路径随天气变化而发生很大变化，但热带系统通常会沿着周围高压区域的山脊移动。螺旋星系的外观与热带气旋相似，绕着被称为凸起的恒星集的中心旋转。

(a) 银河系

(b) 热带气旋

(c) 龙卷风

(d) 罗曼尼科西兰花

图144.1　宇宙和自然界中的螺旋运动形式示例

螺旋运动过程被视为一个非线性动力学系统,在一定条件下,非线性动力学系统稳态收敛于一个中心区域,称为吸引子。这种动力学吸引子的作用类似于一般进化算法中的选择操作,这种选择机制隐含在螺旋运动形式中。然而,吸引子的选择作用有利于克服常用的轮盘赌法选择的缺点,如在选择过程中,最适合的个体由于其随机选择的特性可能会在选择过程中消失,而高绩效的个体由于其多副本的特性,可能会在早期阶段迅速占据种群的主导地位,尤其是在种群规模较小的情况下。

在一定条件下,螺旋运动过程这一非线性动力学系统的稳态收敛于吸引子的过程和优化问题搜索最优解的过程类似,这就是螺旋运动进化算法用于求解优化问题的基本思想。

144.3 螺旋运动进化算法的数学描述

螺旋运动进化算法通过吸引子、动态突变及线性缩放选择策略,使群体在不断演变中获得更好的解,最终获得全局最优解。

1. 吸引子

设 $\boldsymbol{x}=[x_1 \quad x_2 \quad \cdots \quad x_n]^{\mathrm{T}}$ 为搜索空间的向量

$$\boldsymbol{X}^n=\{x \mid x_j^{(L)} \leqslant x_j \leqslant x_j^{(U)}, 1 \leqslant j \leqslant n\} \tag{144.1}$$

其中,$f: X^n \rightarrow [0,\infty)$为适应度函数;$n$ 为向量元素的数量;$x_j^{(U)}$ 和 $x_j^{(L)}$ 分别为第 j 元素 x_j 的上下边界。

设 $P(k)$为迭代 k 时 N 亲本的种群,且 $\boldsymbol{x}_b(k)$为在 $P(k)$中适应度值最佳解向量。考虑每个向量和最佳向量的线性组合如下:

$$\boldsymbol{x}_i(k+1)=\lambda_i \boldsymbol{x}_i(k)+(1-\lambda_i)\boldsymbol{x}_b(k) \quad 1 \leqslant i \leqslant N \tag{144.2}$$

其中,$\boldsymbol{x}_i(k+1)$为新的向量;λ_i 为一个实数值。

定义 $\mathrm{e}_i(k)=x_i(k)-x_b(k)$,$\mathrm{e}_i(k+1)=x_i(k+1)-x_b(k)$,则式(144.2)可以改写为

$$\mathrm{e}_i(k+1)=\begin{bmatrix} \lambda_i & \cdots & 0 \\ \vdots & \ddots & \vdots \\ 0 & \cdots & \lambda_i \end{bmatrix} \mathrm{e}_i(k) \quad 1 \leqslant i \leqslant N \tag{144.3}$$

这个方程是一个具有多个特征值 λ_i 的自治系统,只要 $0 \leqslant \lambda_i \leqslant 1$,$x_i(k+1)$就位于两点 $x_i(k)$ 和 $x_b(k)$之间的直线上。

为了模拟螺旋运动,给每个向量,在迭代 k 时绕 $x_b(k)$旋转的螺旋轨迹上的个体分配一个新向量。考虑 Jordan 形式的模型如下:

$$\mathrm{e}_i(m+1,k+1)=\boldsymbol{J}_i \mathrm{e}_j(m,k) \quad 1 \leqslant i \leqslant N \tag{144.4a}$$

$$\boldsymbol{J}_i=\begin{bmatrix} \lambda_i & \omega_i & 0 & \cdots & 0 \\ 0 & \lambda_i & \omega_i & \cdots & 0 \\ \vdots & \vdots & \ddots & \ddots & 0 \\ 0 & 0 & \cdots & \lambda_i & \omega_i \\ 0 & 0 & \cdots & 0 & \lambda_i \end{bmatrix} \tag{144.4b}$$

其中,m 为一个参数,表示 $x_i(k)$与 $x_b(k)$在螺旋轨迹上的接近程度,称为吸引水平;ω 为一个决定运动程度和方向的参数。吸引水平 m 由 $x_i(k)$和 $x_b(k)$的适应度决定如下:

$$m = \left\lfloor m_{\max}\left(1 - \frac{f_i(k)}{f_b(k)}\right)\right\rfloor \quad 0 \leqslant m \leqslant m_{\max} \tag{144.5}$$

其中，$m_{\max}$ 为最大级别数；运算符$\lfloor x \rfloor$是小于或等于 x 的最大整数。

证明式(144.4)的解 $\mathrm{e}_i(0,k)=\mathrm{e}_i(k)$很简单，将其代入式(144.4)，可得

$$\mathrm{e}_i(m,k+1) = \boldsymbol{J}_j^m \mathrm{e}_i(0,k) \quad 1 \leqslant i \leqslant N, 0 \leqslant m \leqslant m_{\max} \tag{144.6a}$$

其中

$$\boldsymbol{J}_j^m = \begin{bmatrix} \lambda_i^m & \omega_i m \lambda_i^{m-1} & \dfrac{\omega_i^2 m(m-1)\lambda_i^{m-2}}{2!} & \cdots & \dfrac{\omega_i^{n-1} m!}{(n-1)!(m-n+1)!}\lambda_i^{m-n+1} \\ 0 & \lambda_i^m & \omega_i m \lambda_i^{m-1} & \ddots & \vdots \\ 0 & 0 & \lambda_i^m & \ddots & \dfrac{\omega_i^2 m(m-1)\lambda_i^{m-2}}{2!} \\ \vdots & \vdots & \vdots & \ddots & \omega_i m \lambda_i^{m-1} \\ 0 & 0 & 0 & \cdots & \lambda_i^m \end{bmatrix} \tag{144.6b}$$

因此，新向量变为

$$\boldsymbol{x}_i(k+1) = \mathbf{e}_i(m,k+1) + \boldsymbol{x}_b(k) = \boldsymbol{J}_i^m [\boldsymbol{x}_i(k) - \boldsymbol{x}_b(k)] + \boldsymbol{x}_b(k) \tag{144.7}$$

为了使用该算子成功执行整个搜索过程，不得将新向量尝试在搜索空间之外扩展。由于新算子具有 3 个调整参数，正确选择这些参数对于保证稳定性非常重要。因此，将 λ_i 保持在 0 和 1 之内，并且在生成不可行向量的情况下，可以将 ω_i 每次迭代减小一半，以将其传转移到可行区域内的新位置。

具有给定初始向量和参数的一个函数的二维相轨迹如图 144.2 所示，其中符号“×”和“○”分别表示吸引前后的向量，“●”表示最佳向量。从式(144.4)～式(144.7)和图 144.2 中可以看出，该算子的基本思想是，根据它们适应度将 $x_i(k)$引导到 $x_b(k)$。弱势个体比强势个体经历更多的运动，而个体的重复被最小化。在这个操作过程中，仅复制具有与最佳适应度相同的个体。弱势个体(有可能在 GA 的轮盘赌的选择中会被淘汰)有机会根据 m 的适当选择被分配到最优附近的一个点。另一方面，作为最具竞争力的强势个体被允许保持在它们原来的位置附近，并向最佳方向移动很小的位置。

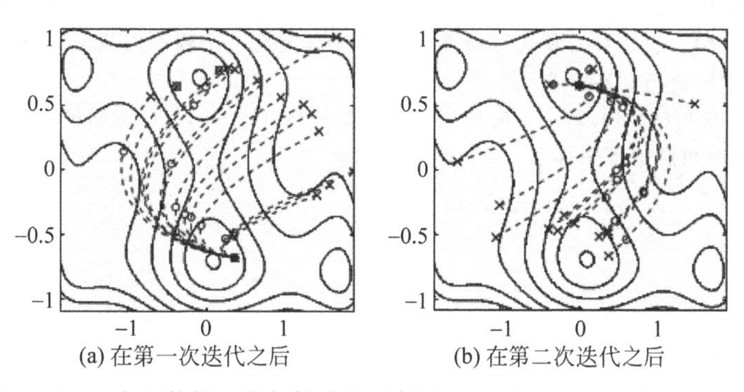

图 144.2　一个函数的二维相轨迹的示例($\lambda_i=0.8, \omega_i=-0.2, m_{\max}=20$)

2. 动态突变

一旦根据它们的适应度原则通过吸引子产生了子个体，探索新搜索区域的过程将通过变

异操作进一步执行。这里的动态突变采用了 Michalewicz 提出的非均匀突变,具体变异方法如下。

在第 k 次迭代过程中,对于给定的个体 $x_i(k)=[x_{i,1}^k,x_{i,2}^k,\cdots,x_{i,n}^k]$ 每个元素经历变异过程的机会完全相等。假设选择了具有一定突变概率 p_m 对 $x_{i,j}^k$ 进行突变,则通过向原始元素 $x_{i,j}^k$ 加上或减去扰动量来产生突变元素 $\tilde{x}_{i,j}^k$,如下所示:

$$\tilde{x}_{i,j}^k=\begin{cases}x_{i,j}^k+\Delta(k,x_j^{(U)}-x_{i,j}^k) & p_m=q\\ x_{i,j}^k-\Delta(k,x_{i,j}^k-x_j^{(L)}) & p_m=1-q\end{cases} \tag{144.8}$$

其中,$\Delta(k,y)$ 为摄动函数,它依赖于迭代 k 和原始值相对搜索边界的距离 y。当 k 增加时,这个函数在 $[0,y]$ 范围内返回的值接近 0。这个性质使得算子操作在早期(k 较小时)均匀地搜索,在后期(当 k 接近最大迭代次数 T 时)集中局部地搜索。因此函数 $\Delta(k,y)$ 可以表述为

$$\Delta(k,y)=y[1-r^{(1-k/T)^b}] \tag{144.9}$$

其中,r 为 $[0,1]$ 中均匀分布的随机数;b 为一个确定不均匀程度的策略参数。

3. 线性缩放选择策略

像其他选择操作一样,吸引子也必须谨慎使用。当强势个体在早期出现并主导种群时,进化算法会失去其多样性,这会导致过早收敛。在后期阶段,当整体性能变得更好,个体聚集到一个点,可能会难以区分好个体和更好的个体,这样会阻碍了解的收敛速度。因此,采用称为线性缩放选择策略来保持选择强度。尽管吸引子确保最优个体生存到下一代,突变可能会破坏它。因此,在大多数进化算法中使用精英策略。

144.4 螺旋运动进化算法的伪代码实现

螺旋运动进化算法的伪代码描述如下。

```
算法 SMEA 的总体程序
设置 k = 0 和参数
随机初始化大小为 N 的种群 P(0)
评估适应度值 f_i,1≤i≤N,并选择最佳个体{x_b,f_b}
While <终止条件不满足>
    使用式(144.5)、式(144.6)及式(144.7)为每个个体分配一个新的向量 x_i(k+1),1≤i≤N
    应用式(143.8)进行动态突变
    评估适应度值 f_i(k+1),1≤i≤N,并选择最佳个体{x_b(k+1),f_b(k+1)}
    运用精英策略更新最佳个体
    置 k=k+1
End While
```

第145章　螺旋优化算法

螺旋优化算法是一种模拟自然界螺旋现象、螺旋结构和螺旋运动形式的仿自然优化算法。螺旋结构是自然界中最普遍的一种形状，从本质上讲，螺旋结构的形成不仅所需的能量最少，而且占用空间也最小。因此螺旋结构的形成过程蕴含着一种最优化的机制。本章首先介绍螺旋结构、螺旋模型与最优化机制，然后阐述螺旋优化算法的数学描述、基本螺旋优化算法的实现步骤及收敛的螺旋优化算法的实现步骤。

145.1　螺旋优化算法的提出

螺旋优化(Spiral Optimization，SPO)算法是2011年由日本学者Tamura和Yasuda受自然螺旋现象的启发提出的一种仿自然优化算法。该算法模拟螺旋现象以求解连续优化问题。从结构上讲，SPO算法是一种没有目标函数梯度的多点搜索算法，它使用了可以描述为确定性动力系统的多个螺旋模型。当搜索点沿着对数螺旋轨迹向共同中心(定义为当前最佳点)移动时，可以找到更好的解，并更新共同中心。在基本的螺旋优化算法的基础上，Tamura和Yasuda在2020年又提出了收敛的螺旋优化算法，并证明了其收敛性。

145.2　螺旋结构、螺旋模型与最优化机制

1. 螺旋结构

奇妙的螺旋形是自然界中最普遍、最基本的物质运动形式。这种螺旋现象对于认识宇宙形态有着重要的启迪作用，大至涡旋星系，小至DNA分子，都是在这种螺旋形中产生。

螺旋结构是自然界中最普遍的一种形状，本质上讲，螺旋结构的形成不仅所需的能量最少，而且占用空间也最小。不难看出，螺旋结构的形成蕴含着一种最优化的机制。螺旋结构占据一个拥挤的空间，例如在一个生物细胞稠密的环境里，高分子链就具有规则的螺旋状构造，这不仅让信息能够紧密地结合其中，而且能够形成一个表面，允许其他微粒在一定的间隔处与它相结合。DNA的双螺旋结构允许进行DNA的转录和修复。

在气象学中，受地球自转影响，在北半球，低压区形成左旋的气旋，高压区形成右旋的气旋。南半球则正好相反。破坏力极大的飓风和龙卷风都是旋转的气流。

在自然界中经常出现的螺旋现象，如鹦鹉螺壳、低压气旋、旋涡流分别如图145.1(a)、(b)、(c)所示。对数螺旋的一个显著特点是，它们生成螺旋的离散过程可以成为实现元启发式的有效行为。二维螺旋优化正是利用了对数螺旋的特性，如图145.1(d)所示。

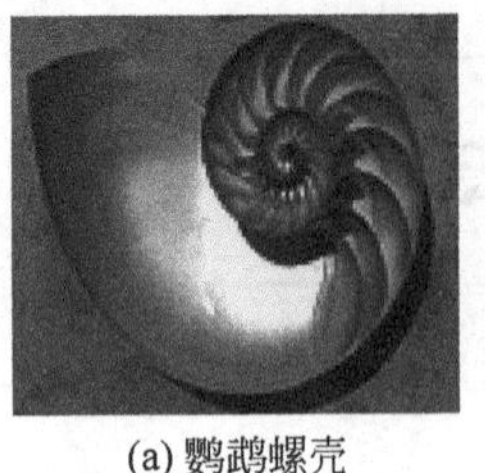

(a) 鹦鹉螺壳

(b) 低压气旋

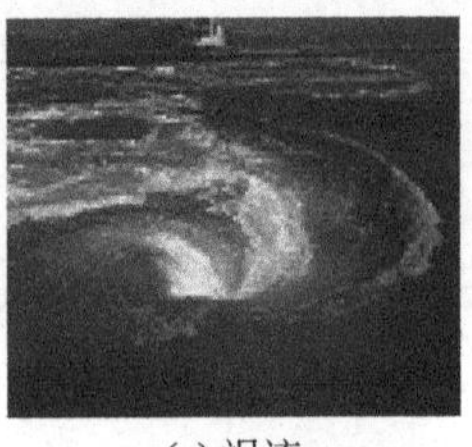

(c) 涡流

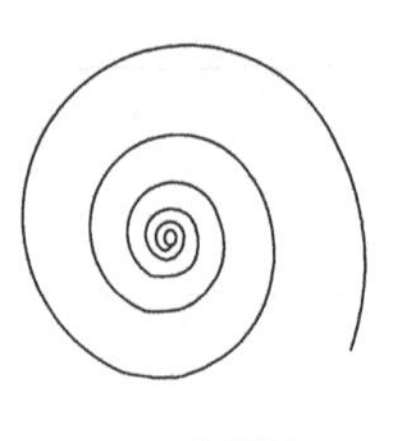

(d) 对数螺旋

图 145.1 自然界中的螺旋现象和对数螺旋

2. 二维螺旋模型

将二维正交坐标系中的点 x 绕原点向左旋转 θ 时，如图 145.2 所示，x' 可表示为

$$x' = \boldsymbol{R}_{1,2}^{(2)}(\theta)x \tag{145.1}$$

其旋转矩阵

$$\boldsymbol{R}_{1,2}^{(2)}(\theta) = \begin{bmatrix} \cos\theta & -\sin\theta \\ \sin\theta & \cos\theta \end{bmatrix} \tag{145.2}$$

使用该旋转矩阵 $R_{1,2}^{(2)}(\theta)$，可以构造式(145.3)描述的对数螺旋模型，该模型生成一个点从 x_1-x_2 平面上的任意初始点 0 收敛到原点，同时离散绘制出对数螺旋。

$$\begin{bmatrix} x_1(k+1) \\ x_2(k+1) \end{bmatrix} = r\boldsymbol{R}_{1,2}^{(2)}(\theta) \begin{bmatrix} x_1(k) \\ x_2(k) \end{bmatrix} := \boldsymbol{S}_2(r,\theta)x(k), \quad x(0)=x_0 \tag{145.3}$$

其中，$0<\theta<2\pi$ 为每 k 步绕原点的旋转角度；$0<r<1$ 为每 k 步各点到原点距离的收敛速率；$\boldsymbol{S}_2(r,\theta)$ 为一个稳定矩阵。须指出，这个螺旋模型有不同的表达形式，但它们本质上是相同的，具有相同的行为。图 145.3 显示了螺旋模型的行为和两个参数的作用。然而，式(145.3)的螺旋模型因为中心只在原点，而没有足够的灵活性及应用程序的可操作性。因此，改进式(145.3)的螺旋模型，使其中心位于任意一点 x^*，如式(145.4)所示：

$$x(k+1) = \boldsymbol{S}_2(r,\theta)x(k) - (S_2(r,\theta) - I_2)x^* \tag{145.4}$$

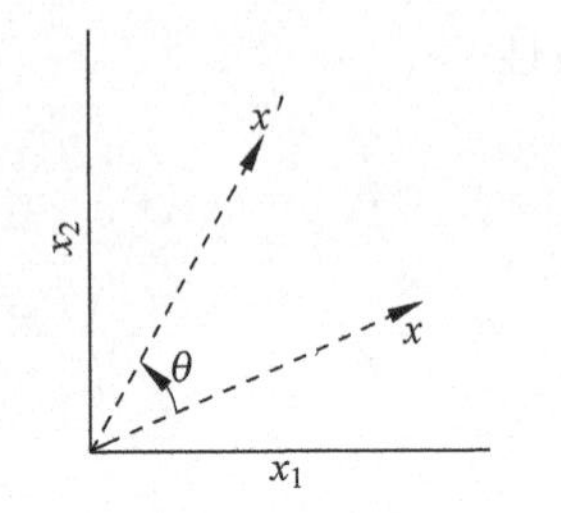

图 145.2 在 x_1-x_2 平面上旋转

式(145.4)是通过将式(145.3)的原点平移到任意一点 x^* 得到的。通过将误差变量 $e(k)=x(k)-x^*$ 替代 $e(k+1)=\boldsymbol{S}_2(r,\theta)e(k)$，式(145.4)可以确定轨迹到 x^* 的收敛性。

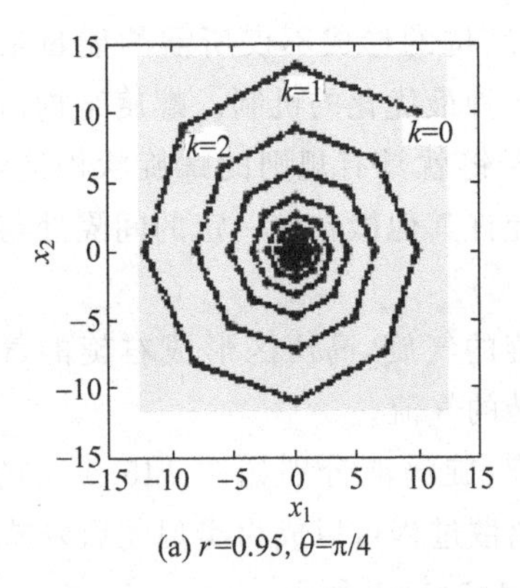

(a) $r=0.95$, $\theta=\pi/4$

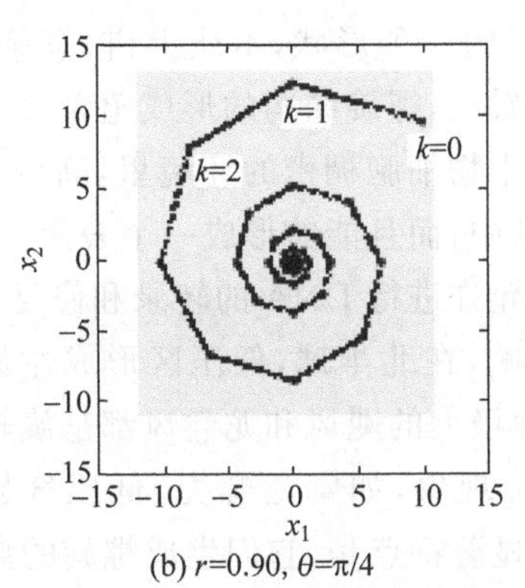

(b) $r=0.90$, $\theta=\pi/4$

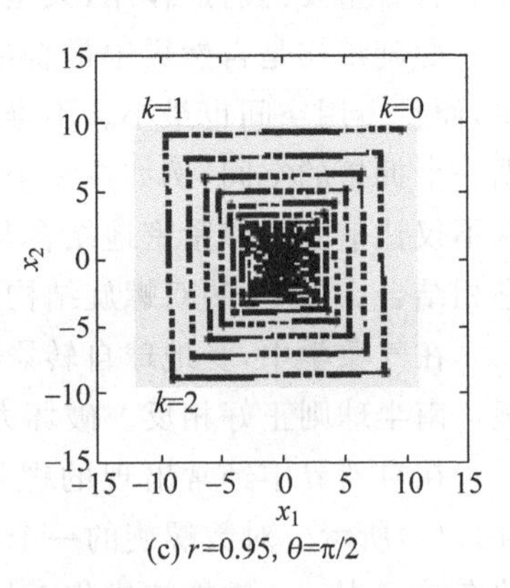

(c) $r=0.95$, $\theta=\pi/2$

图 145.3 式(145.4)中 r 和 θ 不同取值的收敛轨迹示例

145.3　螺旋优化算法的数学描述

SPO 算法利用 n 维螺旋模型生成的对数螺旋模型是一个动态系统，其状态 $x(k)\in\mathbf{R}^n(n\geqslant 2)$从初始点 $x(0)$以对数螺旋轨迹收敛到中心 $x^*\in\mathbf{R}^n$ 的过程可描述如下：

$$x(k+1)=x^*+r\boldsymbol{R}(\theta)(x(k)-x^*)\quad k=0,1,2,\cdots \tag{145.5}$$

其中，$r\boldsymbol{R}(\theta)(x(k)-x^*)$为螺旋向量；$r>0$ 为在 $x(k)$与 x^* 之间距离的每 k 步的步进速率；$\theta\in(-\pi,\pi]$为 $x(k)$围绕中心 x^* 的每 k 步旋转速率；$\boldsymbol{R}(\theta)\in\mathbf{R}^{n\times n}$ 通常为通过任意乘以 τ 类型的基本旋转矩阵 $\boldsymbol{R}_{i_l,j_l}(\theta)\in\mathbf{R}^{n\times n}(l=1,2,\cdots,\tau)$定义的复合旋转矩阵：

$$\boldsymbol{R}(\theta)=(-1)^{\beta}\boldsymbol{R}_{i_1,j_1}(\theta)\times\cdots\times\boldsymbol{R}_{i_\tau,j_\tau}(\theta)\quad \beta\in\{0,1\} \tag{145.6}$$

$$\boldsymbol{R}_{i_l,j_l}(\theta)=\begin{array}{c} \\ \\ \\ i_l \\ \\ \\ \\ j_l \\ \\ \\ \\ \end{array}\overset{\begin{array}{ccccccccc} & & i_l & & & & j_l & & \end{array}}{\begin{bmatrix} 1 &&&&&&&& \\ & \ddots &&&&&&& \\ && 1 &&&&&& \\ && \cos\theta &&&& -\sin\theta && \\ &&& 1 &&&&& \\ &&&& \ddots &&&& \\ &&&&& 1 &&& \\ && \sin\theta &&&& \cos\theta && \\ &&&&&& 1 && \\ &&&&&&& \ddots & \\ &&&&&&&& 1 \end{bmatrix}} \tag{145.7}$$

其中，$\boldsymbol{R}_{i_l,j_l}(\theta)$的空白元素均为 0；$i_l,j_l\in\{1,2,\cdots,n\}$，$i_l<j_l$，$l=1,2,\cdots,\tau$。

在式(145.5)中，当 $\boldsymbol{R}(\theta)=\boldsymbol{R}_{1,2}(\theta)$，$\boldsymbol{x}^*=[5\quad 5]^{\mathrm{T}}$，$\boldsymbol{x}(0)=[10\quad 10]^{\mathrm{T}}$ 时的轨迹示例如图 145.4 所示。图 145.4 是二维空间中 3 种类型参数设置。当 $\boldsymbol{R}(\theta)=\boldsymbol{R}_{2,3}(\theta)\boldsymbol{R}_{1,3}(\theta)\boldsymbol{R}_{1,2}(\theta)$，$\boldsymbol{x}^*=[5\quad 0\quad 5]^{\mathrm{T}}$，$\boldsymbol{x}(0)=[15\quad 15\quad 15]^{\mathrm{T}}$ 时，图 145.5 显示了在三维空间中 3 种类型参数设置的轨迹示例。

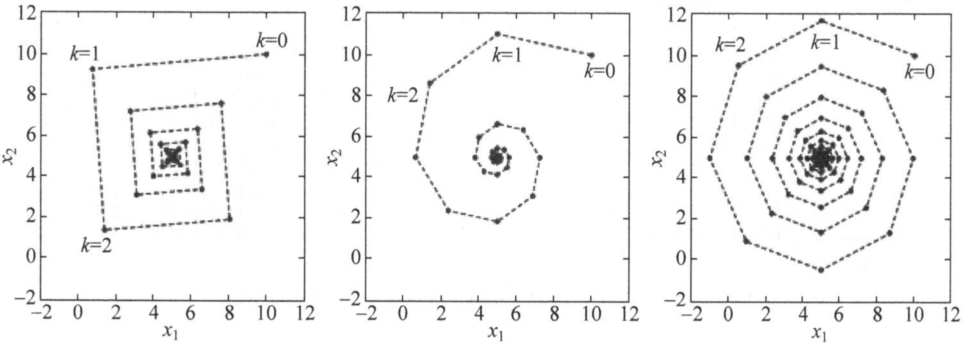

(a) $n=2,\ \theta=\pi/2,\ r=0.85$　(b) $n=2,\ \theta=\pi/4,\ r=0.85$　(c) $n=2,\ \theta=\pi/4,\ r=0.95$

图 145.4　二维空间中 3 种类型参数设置下的螺旋轨迹示例

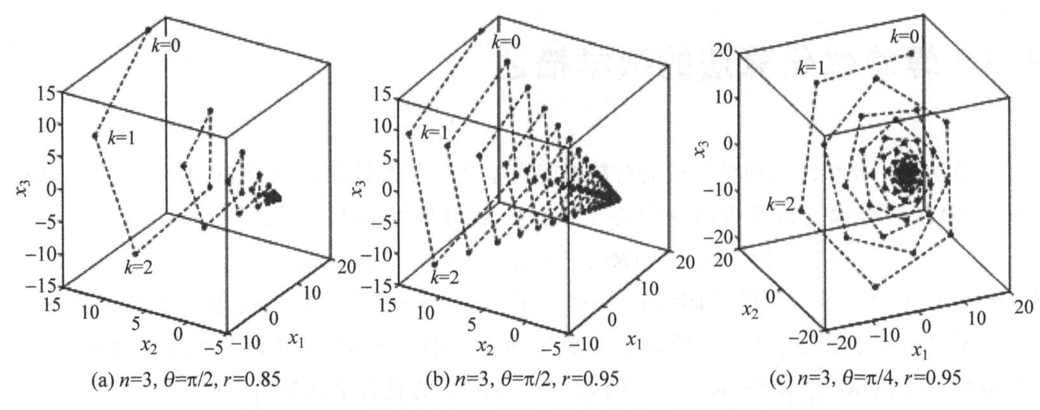

图 145.5　三维空间中 3 种类型参数设置下的螺旋轨迹示例

在这二维和三维空间两种情况下，我们都可以观察到 x^* 周围产生的螺旋轨迹和参数的影响。

145.4　基本螺旋优化算法的实现步骤

螺旋轨迹是很有趣的自然搜索现象，它们的多样化和集约化特性是元启发式很重要的属性。集约化是局部的、密集地搜索，而多样化是全局的、粗略地搜索。

基本 SPO 算法(SPO 算法 1)　用以实现最小化目标函数 $f: \mathbf{R}^n \to R(n \geqslant 2)$

$$\underset{x \in \mathbf{R}^n}{\text{minimize}} f(x)$$

该算法使用螺旋模型即式(145.5)($m \geqslant 2$)分别将固定的步进速率 r 和给定的恒定中心 x^* 替代为可调步进速率 $r(k)$ 和定义的共同中心 $x^*(k)$，直到将第 k 次迭代为止的 $x^*(k)$ 作为最优解。

图 145.6 示出了搜索过程从初始状态出发的点可以继续前进，并将中心定义为当前最优解，利用多样化到集约化的螺旋轨迹朝着最优解的方向发展。该算法可以进一步推广为每个搜索点选择不同的设置。

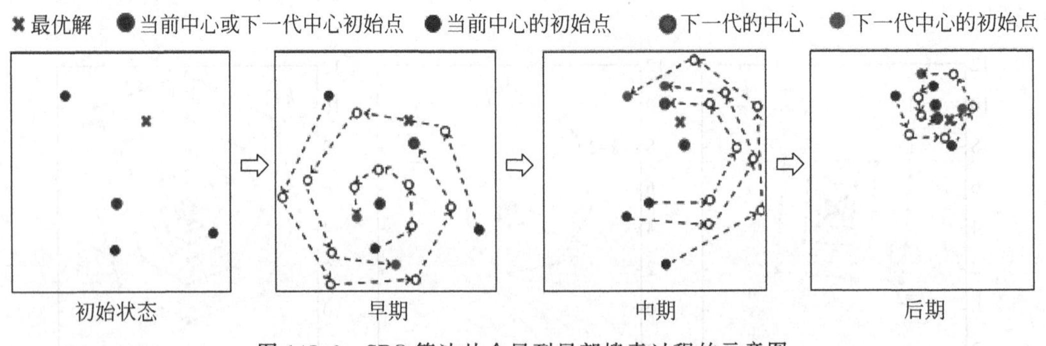

图 145.6　SPO 算法从全局到局部搜索过程的示意图

基本螺旋优化算法(SPO 算法 1)的实现步骤如下。

(1) 设置搜索点数 $m \geqslant 2$、旋转矩阵 $\boldsymbol{R}(\theta)$、步进速率 $r(k)$ 规则以及终止标准。

(2) 指定初始搜索点 $x_i(0)(i=1,2,\cdots,m)$具有不同的目标函数值并确定中心：

$$x^*(0)=x_{i_b}(0),\quad i_b=\min\{\underset{i=1,2,\cdots,m}{\arg\min}\{f(x_i(0))\}\},\quad \text{然后设置 } k=0。$$

(3) 根据设置的规则确定步进速率 $r(k)$。

(4) 更新搜索点如下：

$$x_i(k+1)=x^*(k)+r(k)R(\theta)(x_i(k)-x^*(k))\quad i=0,1,2,\cdots,m$$

(5) 更新中心如下：

$$x^*(k+1)=\begin{cases}x_{i_b}(k+1), & f(x_{i_b}(k+1))<f(x^*(k))\\ x^*(k), & f(x_{i_b}(k+1))\geqslant f(x^*(k))\end{cases}$$

其中，$i_b=\min\{\underset{i=1,2,\cdots,m}{\arg\min}\{f(x_i(k+1))\}\}$。

(6) 设置 $k:=k+1$，如果满足终止条件，则输出 $x^*(k)$，算法结束；否则，返回步骤(3)。

145.5 收敛的螺旋优化算法及其实现步骤

1. 螺旋优化算法的收敛的条件

在 SPO 算法 1 中，复合旋转矩阵 $\boldsymbol{R}(\theta)$、步进速率 $r(k)$及初始点 $x_i(0)(i=1,2,\cdots,m)$的设置对算法性能有很大影响，因此，它们的设计是决定 SPO 算法搜索性能的关键因素。

从结构上讲，SPO 算法可以属于非线性规划中的直接搜索范畴。目前已有很多直接搜索算法的研究。比较现代的广义模式搜索在目标函数连续可微的情况下，被普遍且严格地证明收敛到一个驻点。广义模式搜索迭代进行是在当前最佳点上，添加一些有限的搜索向量，并根据目标值调整向量的大小。

通过对广义模式搜索机制的理论分析，关于收敛性方面可以总结以下两点。

(1) 第 1 点：至少有一个搜索向量的方向为一种下降方向，在任何迭代的当前最佳点上有界远离梯度的正交方向。

(2) 第 2 点：至少包括一个下降方向搜索向量的大小只有在搜索失败时才减少。

第 1 点是非线性规划中具有下降方向的最小化算法收敛证明的典型条件。第 2 点在具有下降方向的算法中是自然的，因为当一个下降方向向量的大小足够小时，目标函数就会减少。

考虑上述两点，Tamura 和 Yasuda 经过详细推导和证明，建立了复合旋转矩阵 $\boldsymbol{R}(\theta)$、步进速率 $r(k)$和初始点 $x_i(0)(i=1,2,\cdots,m)$满足收敛的 3 个条件。

考虑满足第 1 点，复合旋转矩阵 $\boldsymbol{R}(\theta)$和初始点 $x_i(0)(i=1,2,\cdots,m)$应满足至少有一个螺旋向量对于任何迭代 k_0，在中心 $x^*(k_0)$每 n 次迭代生成一个下降方向。为此应满足以下条件。

条件 1：设定复合旋转矩阵 $\boldsymbol{R}(\theta)$，即式(145.7)中的$(i_1,j_1),(i_2,j_2),\cdots,(i_\tau,j_\tau)$，$\beta$ 和 θ 满足以下条件：

① $\boldsymbol{R}(\theta)$是一个周期为 $2n$ 的周期矩阵且 $\boldsymbol{R}(\theta)^{2n}=I_n$。

② 对于任何 $i\in\mathrm{II}=(0,1,\cdots,2n-1)$，存在唯一的 $j\in\mathrm{II}$ 使 $\boldsymbol{R}(\theta)^i=-\boldsymbol{R}(\theta)^j$。

条件 2：设定初始点 $x_i(0)\in\mathbf{R}^n$ 满足以下条件：对于每个 $i\in(1,2,\cdots,m)$，存在 $p\in(1,2,\cdots,m)$，$l_1,l_2,\cdots,l_n\in\mathrm{II}=(0,1,\cdots,2n-1)$使得 $R(\theta)^{l_1}d_{p,i}(\theta),\cdots,R(\theta)^{l_n}d_{p,i}(0)$是线性

独立的,其中 $d_{p,i}(0)=x_p(0)-x_i(0)$。

考虑从第2点对步进速率 $r(k)$ 设置条件。先考虑在迭代过程中判断搜索成功或失败的标准,因为螺旋向量动态地作为添加到当前最佳点的搜索向量,使用 $2n$ 次迭代跨度作为判断成功或失败的标准。如果当前最佳点在新设置后的 $2n$ 次迭代中更新,则搜索过程成功;否则,判断为搜索过程失败。再考虑 $r(k)$ 的切换值,用于在失败的情况下减少或在成功的情况下不减少。为此给出如下条件3。

条件3:定义将中心重新更新为 k^* 时的迭代,通过以下规则设置参数 $r(k)$:

$$r(k)=\begin{cases}1 & (k^*\leqslant k\leqslant k^*+2n-1)\\ h & k\geqslant k^*+2n\end{cases} \tag{145.8}$$

其中,$h\in(0,1)\subset R$。

2. 收敛的螺旋优化算法的实现步骤

收敛的螺旋优化算法(SPO算法2)的实现步骤如下。

(1) 设置搜索点数 $m\geqslant 2$ 和终止标准,复合旋转矩阵 $\boldsymbol{R}(\theta)$ 设置为条件1和条件3,其中 $h\in(0,1)$。

(2) 指定初始搜索点 $x_i(0)(i=1,2,\cdots,m)$ 与条件2和不同的目标函数值,并确定中心 $x^*(0)=x_{i_b}(0),i_b=\min\{\underset{i=1,2,\cdots,m}{\arg\min}\{f(x_i(0))\}\}$,然后设置 $k=0$ 和 $k^*=0$。

(3) 设置参数 $r(k)$:

$$r(k)=\begin{cases}1 & (k^*\leqslant k\leqslant k^*+2n-1)\\ h & k\geqslant k^*+2n\end{cases}$$

(4) 更新搜索点:

$$x_i(k+1)=x^*(k)+r(k)R(\theta)(x_i(k)-x^*(k)) \quad i=0,1,2,\cdots,m$$

(5) 更新中心:

$$x^*(k+1)=\begin{cases}x_{i_b}(k+1), & f(x_{i_b}(k+1))<f(x^*(k))\\ x^*(k), & f(x_{i_b}(k+1))\geqslant f(x^*(k))\end{cases}$$

其中,$i_b=\min\{\underset{i=1,2,\cdots,m}{\arg\min}\{f(x_i(k+1))\}\}$,如果 $x_i^*(k+1)\neq x^*(k)$,则 $k^*=k+1$。

(6) 设置 $k:=k+1$,如果满足终止条件,则输出 $x^*(k)$,算法结束;否则,返回步骤(3)。

第146章　涡流搜索算法

涡流搜索算法模拟涡流现象的生成过程实现对单解优化问题的求解，该算法把涡心(涡流中心)视为问题的最优解。基于单解的涡流搜索算法通过很多嵌套的环来建模，最外面的环定位在搜索空间的中心作为初始解，在其周围施加高斯分布随机产生候选解，通过对当前解的更新，不断自适应缩减半径搜索，直到获得最优解。涡流搜索算法具有参数较少，迭代迅速，能够在较短的时间内找到最优解的优点。实验结果表明，涡流搜索算法的搜索能力强。本章介绍涡流搜索算法的原理、数学描述、算法的实现及流程。

146.1　涡流搜索算法的提出

涡流搜索(Vortex Search，VS)算法是2015年由土耳其学者Doğan与Ölmez受搅拌液体时产生的涡流模式的启发，而提出的一种基于单解的元启发式搜索算法。涡流搜索算法采用一种根据迭代次数自适应调整搜索半径的策略，以达到在搜索过程中勘探与开发之间的平衡。

涡流搜索算法参数较少，迭代迅速，能够在较短的时间内找到最优解。通过对50多个标准测试函数优化性能与其他优化算法的对比结果表明，涡流搜索算法的搜索能力超过了单解的模拟退火算法、模式搜索算法和人工蜂群算法，与一种改进的粒子群算法相当。

146.2　涡流搜索算法的原理

1. 涡流现象与涡流模式

涡流(Vortex)也称旋涡。旋涡无处不在，可以说有差异的地方就有形成旋涡的可能。旋涡是两股或两股以上方向、流速、温度等存在差异的能量，如气流、水流、电流、磁流、泥石流等相互接触时，互相吸引而缠绕在一起形成的螺旋状合流。合流在旋涡平面轴线方向形成一进一出的出入口。在入口处，合流被吸入；在出口处，合流被喷出。

旋涡是一种自然现象，当水流遇低洼处所激成的螺旋形水涡，如图146.1所示。可用一个简单的实验产生旋涡：在一个有下水的洗手盆中接满水，打开下水阀门，水面开始平稳地下降，当我们用指头(或一种半径很小的圆柱)在正对着下水阀上方水面周围旋转搅动时，片刻间就会生成水的旋涡。旋涡的模式如图146.2所示，一般旋涡内部有一涡量的密集区，称涡核，其运动类似刚体旋转。

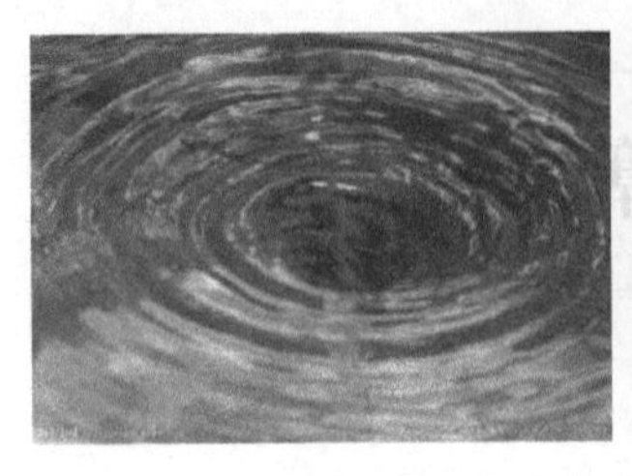
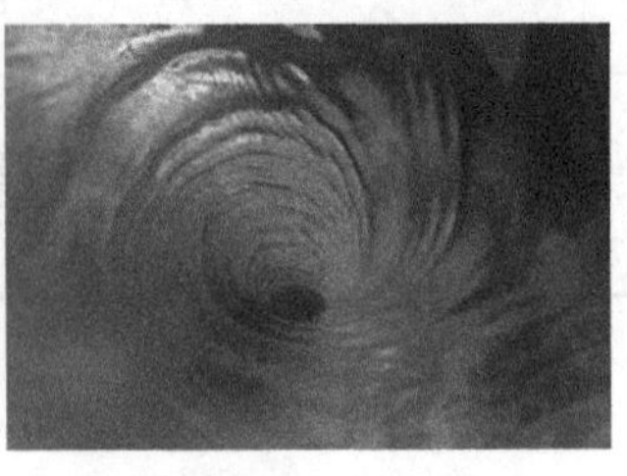

图 146.1 大自然水中的旋涡图片

图 146.2 旋涡的模式

自然界的水体在3种情况都可形成旋涡：两股水流的流向相反时；水体内部存在温度差、密度差时；水面上存在气流等。自然水体中旋涡的旋转速度一般分为3层：最外层，处在旋涡外部的旋速最快，流体的圆周速度与半径成反比；中间层，处在旋涡内部的旋速次之，旋速与半径成正比，称为急旋区；最内层，处在旋涡中心周围的旋速最小，在涡心(涡流中心)上圆周速度为零，旋涡一过即恢复平静，故称为平稳层。

2. 涡流搜索算法的原理

涡流现象的生成过程和单解的优化问题求解过程类同，涡流搜索算法把涡心视为问题的最优解。涡流搜索算法对最优解的搜索过程类比涡流从外层、中层到内层，直至到涡心的涡流模式。在产生的涡流从外向内直到涡心的旋转速度由大到小，相当于在单解搜索空间高效的全局搜索，越靠近最优解(涡心)的区域进行局部搜索越慢，体现了全局搜索和局部搜索很好的平衡。因此，涡流搜索算法具有参数较少，迭代迅速，能够在较短的时间内找到最优解的优点。

146.3 涡流搜索算法的数学描述

在单解算法中，当对当前解施加小的改变时，搜索体现出较强的局部性；相反，若对当前解施加大的改变，则相当于在搜索空间随机搜索。在初始阶段，采用大半径进行探索，而一旦算法收敛到局部解的附近，则需要小半径局部开发，以使当前解向着最优解逼近。

1. 产生初始解

在 d 维空间中，涡流搜索可由很多嵌套的环来建模。首先，最外面的环定位在搜索空间的中心，最初的中心 μ_0 可用下式计算：

$$\mu_0 = \frac{\text{upperlimit} + \text{lowerlimit}}{2} \tag{146.1}$$

其中，upperlimit 和 lowerlimit 均为 d 维向量，分别表示搜索空间的上下边界。

2. 产生候选解

在涡流算法中，在 d 维空间的初始中心 μ_0 周围，通过使用高斯分布随机产生候选解集 $C_t(s)=\{s_1,s_2,\cdots,s_k\}$，$t$ 代表迭代次数。当 $t=0$ 时，初始候选解集 $C_0(s)=\{s_1,s_2,\cdots,s_k\}$，$k=1,2,\cdots,n$，$n$ 代表候选解集中解的个数。随机产生的候选解的二元高斯分布的一般形式为

$$p(\boldsymbol{x} \mid \boldsymbol{\mu},\boldsymbol{\Sigma}) = \frac{1}{\sqrt{(2\pi)^d \mid \boldsymbol{\Sigma} \mid}} \exp\left\{-\frac{1}{2}(\boldsymbol{x}-\boldsymbol{\mu})^{\mathrm{T}} \boldsymbol{\Sigma}^{-1}(\boldsymbol{x}-\boldsymbol{\mu})\right\} \tag{146.2}$$

其中，$\boldsymbol{x}$ 为 $d\times1$ 维随机变量；$\boldsymbol{\mu}$ 为 $d\times1$ 维样本均值(涡流中心)向量；$\boldsymbol{\Sigma}$ 为协方差矩阵。

假如$\boldsymbol{\Sigma}$ 对角元素相等，而且非对角元素都为0，涡流搜索采用球形高斯分布产生候选解，

此时，计算协方差矩阵$\boldsymbol{\Sigma}$的公式如下：

$$\boldsymbol{\Sigma}=\sigma^2\boldsymbol{I}_{d\times d} \tag{146.3}$$

其中，σ^2为方差；$\boldsymbol{I}_{d\times d}$为$d\times d$维单位矩阵。初始标准差的计算式为

$$\sigma_0=\frac{\max(\text{upperlimit})-\min(\text{lowerlimit})}{2} \tag{146.4}$$

其中，初始均方差σ_0也可以看作在二维优化问题中涡流外圈的初始半径r_0。算法在搜索初始阶段有必要弱化局部性，所以选择初始半径r_0为一个较大的值。因此，通过设置大半径的最外圈，初始阶段实现了对搜索空间的全覆盖。

3. 当前解的更新

在选择阶段，从$C_0(s)$中选择一个最好的候选解s'替换当前解μ_0，前提是候选解必须在搜索空间边界内才能被选择，超出边界范围的解将变换进入到边界内，计算公式如下：

$$s_k^i=\begin{cases}\text{rand}\cdot(\text{upperlimit}^i-\text{lowerlimit}^i)+\text{lowerlimit}^i & s_k^i<\text{lowerlimit}^i\\ s_k^i & \text{lowerlimit}^i\leqslant s_k^i\leqslant\text{upperlimit}^i\\ \text{rand}\cdot(\text{upperlimit}^i-\text{lowerlimit}^i)+\text{lowerlimit}^i & s_k^i>\text{upperlimit}^i\end{cases} \tag{146.5}$$

其中，$k=1,2,\cdots,n$；$i=1,2,\cdots,n$；rand是一个符合均匀分布的随机数。将最优解作为搜索空间的新中心，缩减新的圈半径r_1，围绕新的中心周围产生新的候选解集$C_1(s)$，在候选解集$C_1(s)$中评价所选的最优解$s'\in C_1(s)$。若最优解s'优于之前得到的最优解，则更新最优解。接下来将最好的候选解作为缩减半径后第3圈的中心，重复上述过程直至满足终止条件。

涡流算法的搜索过程示意图如图146.3所示。这种搜索方式一旦终止，该算法生成的模式出现的旋涡结构模式，如图146.4所示，其中最小圆的中心就是算法发现的最优点。该图描述二维优化问题上限和下限均在(−10,10)之间时旋涡结构的一种典型模式。

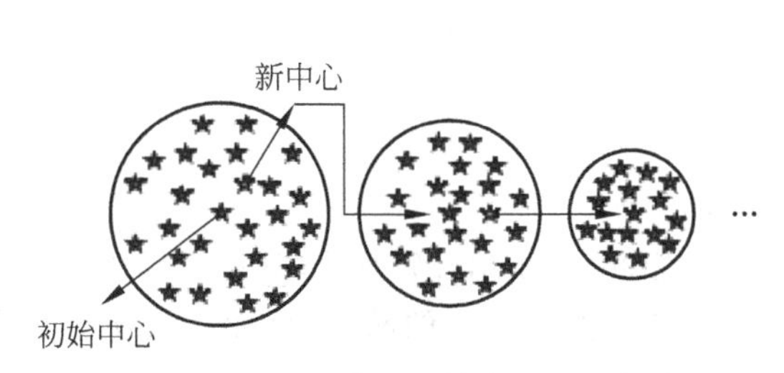

图146.3　涡流算法的搜索过程示意图

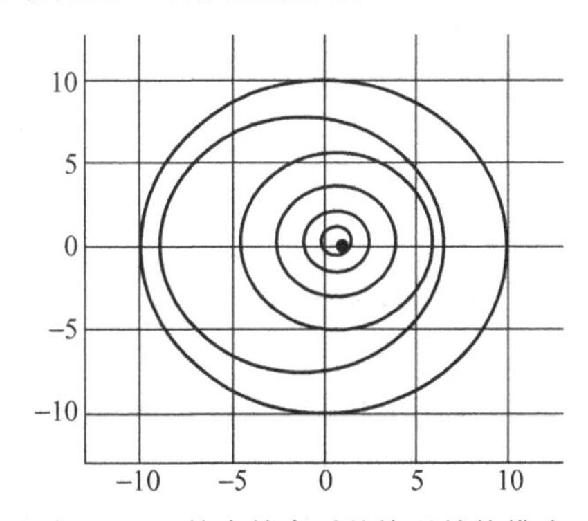

图146.4　搜索结束后的旋涡结构模式

4. 半径缩减方法

在涡流算法中，每一步迭代采用不完全伽马函数的逆函数缩减半径值的公式为

$$\gamma(x,a)=\int_0^x \mathrm{e}^{-t}t^{a-1}\mathrm{d}t \tag{146.6}$$

其中，$x>0$为随机变量；$a>0$为分辨率参数。在搜索过程中逐代更新为

$$a_t=a_0-\frac{t}{\text{MaxItr}} \tag{146.7}$$

为确保在开始阶段覆盖所有搜索空间，选择$a_0=1$，t为当前步数，MaxItr为限定步数。

搜索半径 r_i 的初值 r_0 由 $\gamma(x,a)$ 函数产生:

$$r_0=\sigma_0\cdot(1/x)\cdot\gamma(x,a) \tag{146.8}$$

其中,$x=0.1$;$a\in[0,1]$。

利用图146.5所示函数 $(1/x)\cdot\gamma(x,a)$($x=0.1$ 且 $a\in[0,1]$)关于参数 a 的曲线特性,可实现搜索半径 r_i 的自适应调整。在 $a=1$ 即迭代尚未开始时,$(1/x)\cdot\gamma(x,a)\approx1$,此时 $r_0\approx\sigma_0$,因此,σ 的初始值 σ_0 可认为与 r_0 相等,如图146.6所示。

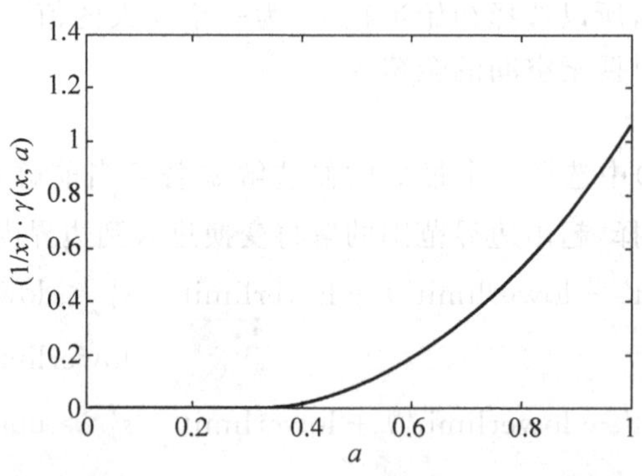

图146.5 $(1/x)\cdot\gamma(x,a)$ 关于 a 的函数曲线

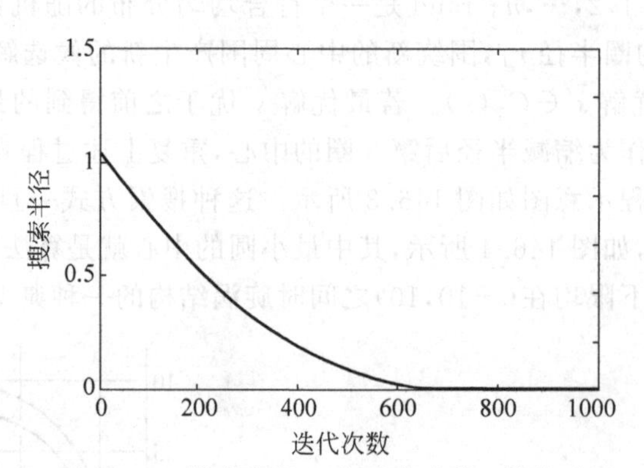

图146.6 搜索半径 r_i 与迭代次数 i 的关系

每步迭代搜索半径更新公式为

$$r_t=\sigma_0(1/x)\gamma(x,a_t) \tag{146.9}$$

在搜索边界内,搜索步长的大小对搜索过程的影响如图146.7所示,其中图146.7(a)、(b)、(c)的搜索步长分别为0.1、0.05、0.02。可见,随着搜索步长的减小,反而迭代次数却在增加。研究表明,当搜索步长为0.1时,搜索性能最好。

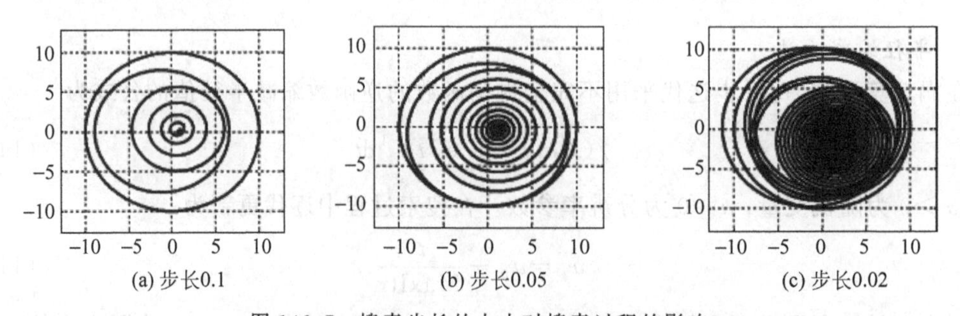

图146.7 搜索步长的大小对搜索过程的影响

涡流搜索方法使搜索半径在前半部分线性缩小，侧重于全局勘探；后半部分指数缩小，侧重于局部开发，从而可较好地实现勘探与开发之间的平衡。

146.4　涡流搜索算法的实现及流程

下面分别给出基于启发式的单解高级算法及涡流搜索算法的伪代码描述。

1. 基于启发式的单解高级算法

```
输入  初始解 s_0
t = 0
重复
    /* 从 s_t 生成候选解 */
    生成(C(s_t));
    /* 从 C(s)选择一个解替代当前解 s_t */
    s_{t+1} = Select(C(s_t));
    t = t + 1;
直到  满足终止条件
输出  得到的最优解
```

2. 涡流搜索算法的伪代码描述

```
输入  初始中心 μ_0 用式(146.1)计算
      初始半径 r_0(或标准差 σ_0)用式(146.8)计算
      到目前为止发现的最优解的适应度 f(s_best) = inf
t = 0;
重复
      /* 通过使用中心 μ_t 与标准差(半径)r_t 的高斯分布生成候选解 */
      生成(C_t(s));
      如果 C_t(s)超过边界,那么通过式(146.5)变换到界内
      /* 从 C_t(s)中选择最优解替代当前的中心 μ_t */
      s' = Select(C_t(s));
      若 f(s')<f(s_best)
            s_best = s'
            f(s_best) = f(s')
      否则  保持到目前为止发现的最优解 s_best
      结束
      /* 中心总是转移到目前为止发现的最优解 */
      μ_{t+1} = s_best
      /* 为下一次迭代降低标准偏差(半径) */
      r_{t+1} = Decrease(r_t)
      t = t + 1
直到  达到最大迭代次数
输出  得到的最优解
```

基本涡流搜索算法的流程如图 146.8 所示。

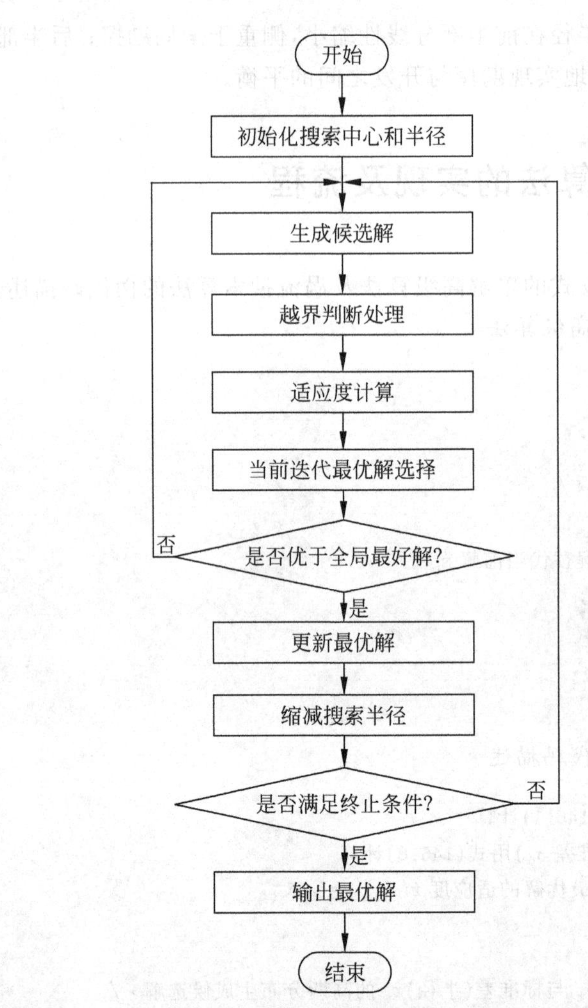

图 146.8　基本涡流搜索算法的流程图

第 147 章　闪电搜索算法

闪电搜索算法模拟最常见的线形闪电现象，基于梯级先导传播机制的闪电快速粒子定义为放电体，假定每个放电体包含一个梯级先导者和一个通道，过渡放电体的数量代表初始群体规模，且每个放电体个体均表示一组待优化问题的空间随机候选解。当前最大能量的引导放电体所处的顶端位置即为待优化问题的空间最优解。本章介绍闪电搜索算法的原理、数学描述、实现步骤及流程。

147.1　闪电搜索算法的提出

闪电搜索算法(Lightning Search Algorithm，LSA)是 2015 年由 Shareef 等提出的仿自然优化算法。该算法源于雷电自然现象，将定义为放电体的闪电快速粒子的梯级先导传播机制作为假说，认为放电体的快速粒子参与梯级先导的二叉树结构的形成及在交叉点处同时形成两个先导尖端机制，而不是使用传统的一步梯级先导机制。通过过渡放电体、空间放电体和引导放电体 3 种放电体的放电概率特性和曲折特征来创建随机分布函数对约束优化问题进行求解。

利用 24 种基准函数对 LSA 进行测试的结果表明，与具有高收敛速率的其他 4 种优化方法相比提供了更好的结果。LSA 具有调节参数少、收敛精度高和全局寻优能力强等优点，已在函数优化、TSP 寻优等方面获得应用。

147.2　闪电搜索算法的原理

闪电是一种迷人的复杂自然现象。闪电是云与云之间、云与地之间和云体内各部位之间的强烈放电。闪电有线形闪电、球形闪电和链形闪电多种形式。最常见的闪电是线形闪电，它是一些非常明亮的白色、粉红色或淡蓝色的亮线，它很像地图上的一条分支很多的河流，又好像悬挂在天空中的一棵蜿蜒曲折、枝杈纵横的大树。

在雷暴期间通常产生电荷，底层为阴电，顶层为阳电，而且还在地面产生阳电荷，如影随形地跟着云移动。电荷分离通常发生在具有高于正电荷和低于负电荷的内云内。暴风云在云底与地面间形成强大的电场。在电荷越积越多、电场越来越强的情况下，在云的底端首先出现大气被强烈电离的一段气柱，称为梯级先导。这种电离气柱逐级向地面延伸，在离地面很近时，地面便突然向上回击，回击的通道以更高速度从地面到云底，沿着上述梯级先导开辟出的电离通道，发出光亮无比的光柱，即第一次闪击，如图 147.1 所示。接着又类似第一次那样产生第二次、第三次、第四次闪击。通常由 3 或 4 次闪击构成一次闪电过程。在此短时间内，窄狭的闪电通道上要释放巨大的电能,因而形成强烈的爆炸,产生冲击波,然后形成声波向四周传开,这就是雷声或说“打雷”。实际上,打雷和闪光是同时发生的,由于光的速度远大于声波速度,因此人们先看到闪光,后听到雷声。

闪电放电的概率特性和曲折特征源自雷电。在闪电常见表现形式中,下行负地闪是雷电研究中研究最多的自然现象之一。LSA 基于下行负地闪梯级先导传播机制,主要通过 3 种放电体的数学模型模拟来实现,即过渡放电体、试图成为领先者的空间放电体、源于过渡放电群体并代表最佳位置的引导放电体。LSA 依据 3 种放电体的放电概率特性和曲折特征来创建随机分布函数对待优化问题进行求解。

图 147.1 从暴风云降下的梯级先导

147.3 闪电搜索算法的数学描述

1. 放电体的梯级先导传播

在闪电搜索算法中,将源于雷电自然现象,并基于梯级先导传播机制的闪电快速粒子定义为放电体,该放电体的概念与粒子群算法(PSO)和重力搜索算法(GSA)中使用的“粒子”或“个体”等术语相似。

假定每个放电体包含一个梯级先导者和一个通道,过渡放电体的数量代表初始群体规模,且每个放电体个体均表示一组待优化问题的空间随机候选解;待优化问题的空间最优解即为当前最大能量的引导放电体所处的顶端位置。

2. 放电体特性

在正常条件下,穿过大气的放电体在与空气中的分子和原子弹性碰撞时将失去其动能,放电体的速度可表示为

$$v_{\mathrm{p}}=\left[1-\left(1/\sqrt{1-(v_0/c)^2}-sF_i/mc^2\right)^{-2}\right]^{-1/2} \tag{147.1}$$

其中,v_{p} 和 v_0 分别为放电体的当前速度和初速度;c 为光速;F_i 为恒定电离速率;m 为放电体的质量;s 为放电体所行进的路径长度。

式(147.1)清楚地表明速度是梯级先导顶端位置能量和放电体质量的函数,当质量小或者行进路径较长时,放电体几乎没有电离或探测大空间的潜能,它只能电离或开发附近的空间。因此,LSA 算法通过使用梯级先导的相对能量来控制算法的勘探和开发能力。

一个梯级先导者的另一个重要特性是分岔,即同时出现两个对称的分支。在分岔期间创建的任何其他通道都会使放电体的数量增加一个,因此增加了群体大小。在 LSA 算法中,可以通过两种方法实现分岔。首先,通过创建对称通道,使用式(147.2)实现两个相对的放电体碰撞。

$$\bar{p}_i = a + b - p_i \tag{147.2}$$

其中,$\bar{p}_i$ 和 p_i 分别为一维系统中两个相对的放电体；a 和 b 为边界极限。

在第二种类型的分岔中,由于在多次传播试验之后最不成功的引导者的能量再分配,因此假定通道出现在成功的梯级先导者顶端。通过将允许的最大试验次数定义为通道时间,可以重新分配不成功的先导者。在这种情况下,阶梯先导的种群规模不会增加。

3. 放电体建模和梯级先导移动

(1) 过渡放电体。设一个群体规模为 N 的梯级先导 $\mathrm{SL}=[\mathrm{sl}_1,\mathrm{sl}_2,\cdots,\mathrm{sl}_N]$,其满足待优化问题解的 N 个随机放电体的位置表示为 $\boldsymbol{P}^{\mathrm{T}}=[\boldsymbol{P}_1^{\mathrm{T}},\boldsymbol{P}_2^{\mathrm{T}},\cdots,\boldsymbol{P}_N^{\mathrm{T}}]$。在表示解的随机空间中利用标准均匀分布概率来创建过渡放电体的标准均匀分布概率密度函数 $f(x^{\mathrm{T}})$可以表示为

$$f(x^{\mathrm{T}})=\begin{cases}1/b-a & a \leqslant x^{\mathrm{T}} \leqslant b \\ 0 & x < a \text{ 或 } x^{\mathrm{T}} \leqslant b\end{cases} \tag{147.3}$$

其中,x^{T} 为可提供候选解或梯级先导 sl_i 的初始顶端能量 $E_{\mathrm{sl}\text{-}i}$ 的随机数；a 和 b 分别为解空间的边界范围。

(2) 空间放电体。设空间放电体的位置 $p^S=[p_1^S,p_2^S,\cdots,p_N^S]$,利用具有形状参数 μ 的指数分布函数生成的随机数进行数学建模,其指数分布概率密度函数 $f(x^S)$表示为

$$f(x^S)=\begin{cases}\dfrac{1}{\mu}\mathrm{e}^{-x^S/\mu} & x^S \geqslant 0 \\ 0 & x^S < 0\end{cases} \tag{147.4}$$

式(147.4)表明,空间放电体的位置或者下一次迭代的方向可以通过形状参数 μ 来控制。在 LSA 中,μ_i 表示引导放电体 p^L 和空间放电体 p_i^S 之间的距离。根据这一定义,p_i^S 在第 $t+1$ 次迭代位置可以描述为

$$p_{i\text{-new}}^S = p_i^S \pm \mathrm{exprand}(\mu_i) \tag{147.5}$$

其中,exprand 是一个指数随机数。如果 p_i^S 是负的,则生成的随机数应该被减去,因为式(147.4)只提供正值。然而,新的位置 $p_{i\text{-new}}^S$ 不能保证梯级先导传播通道的形成,除非放电体能量 $E_{p\text{-}i}^S$ 大于梯级先导者 $E_{\mathrm{sl}\text{-}i}^S$ 扩展通道或直到找到一个好的解。如果 $p_{i\text{-new}}^S$ 在 $t+1$ 次迭代提供了良好的解,则对应的梯级先导者 sl_i 被扩展到新的位置 $\mathrm{sl}_{i\text{-new}}$,并且 p_i^S 被更新为 $p_{i\text{-new}}^S$；否则,它们保持不变,直到下一步。如果 $p_{i\text{-new}}^S$ 新扩展超越了最近新的位置 $\mathrm{sl}_{i\text{-new}}$,那么在这个过程中它就成为引导放电体。

(3) 引导放电体。利用具有形状参数 μ 和尺度参数 σ 的标准正态分布生成的随机数进行数学建模,其正态概率密度函数 $f(x^L)$表示为

$$f(x^L)=\frac{1}{\sigma\sqrt{2\pi}}\mathrm{e}^{-(x^L-\mu)^2/2\sigma^2} \tag{147.6}$$

式(147.6)表明,随机生成的放电体可以从形状参数定义的当前位置搜索所有方向。这个放电体还具有由尺度参数定义的开发能力。在 LSA 中,用于引导放电体 p^L 的 μ_L 被视为 p^L,并且尺度参数 σ_L 随着其朝向地球方向的进程或找到最好的解而以指数规律减小。这样,p^L 在 $t+1$ 次迭代中位置可写为

$$p_{\mathrm{new}}^L = p^L + \mathrm{norm}(\mathrm{rand}(\mu_L,\sigma_L)) \tag{147.7}$$

其中,norm(rand())是由正态分布函数生成的随机数。同样,新的导引放电体的位置 p_{new}^L 不

保证梯级先导的传播,除非引导放电体能量 $E_{p\text{-}i}^{L}$ 大于梯级先导 $E_{\text{sl-}i}$ 以延伸到一个满意的解。如果 p_{new}^{L} 在 $t+1$ 次迭代中提供了良好的解,那么相应的梯级先导 sl_i 扩展到一个新的位置 $\text{sl}_{L\text{-new}}$,并且 p^L 被更新为 p_{new}^{L};否则,就像在空间放电体的情况下一样,它们将保持不变,直到下一个步骤。

图 147.2 是 LSA 算法在求球函数全局最小值第 5 次迭代后梯级先导者的 5 个通道位置示意图。

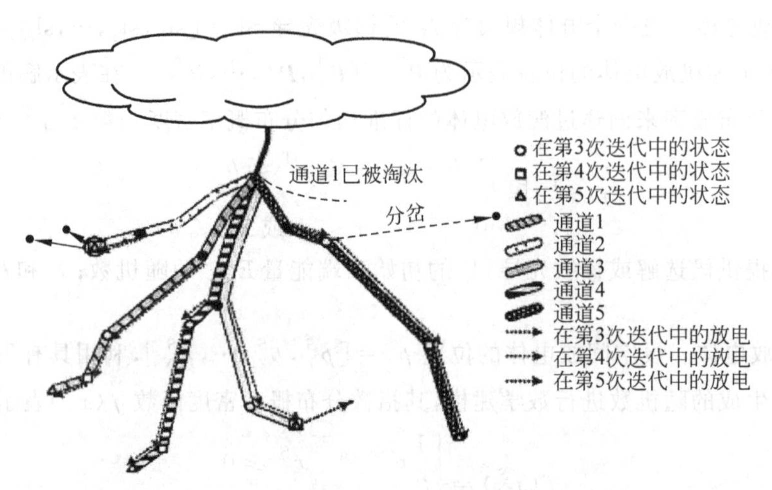

图 147.2　LSA 算法在求球函数全局最小值第 5 次迭代后梯级先导者的 5 个通道位置示意图

147.4　闪电搜索算法的实现步骤及流程

LSA 算法的实现步骤如下。

(1) 初始化算法参数。设置最大迭代次数 M;群体数目 N;通道时间 T;初始顶端能量 $E_{\text{sl-}i}$。

(2) 群体空间位置初始化,初始化过渡放电体位置。确定待优化目标函数,设置当前迭代次数 t。

(3) 利用目标函数进行性能评估,即评估放电体能量 E_p。

(4) 更新空间放电体顶端能量 E_{sl}。若 $E_p > E_{\text{sl}}$ 或 $p_{i\text{-new}}^{S}$ 为较好解,则相应的梯级先导 sl_i 扩展到一个新的位置 $\text{sl}_{i\text{-new}}$,更新 p_i^S 至新空间放电体位置 $p_{i\text{-new}}^{S}$;否则,p_i^S 保持不变,直到下一次迭代。若 $p_{i\text{-new}}^{S}$ 延伸到 $\text{sl}_{i\text{-new}}$ 并优于当前迭代,则空间放电体将变成引导放电体。

(5) 更新引导放电体顶端能量 E_{sl}。若 $E_p > E_{\text{sl}}$,更新 p^L 至新引导放电体位置 p_{new}^{L};若 p_{new}^{L} 在第 $t+1$ 次迭代提供了较优解,则相应的梯级先导 sl_i 被扩展到新位置 $\text{sl}_{L\text{-new}}$,且 p^L 更新为 p_{new}^{L};否则,引导放电体 p^L 位置保持不变,直到下一次迭代。

(6) 判断是否达到最大通道时间 T。若是,则淘汰最差通道,重置通道时间,并更新放电体新方向和能量 E_p;若否,则直接更新放电体新方向和能量 E_p。

(7) 评估放电体能量 E_p,并扩展通道。若 $E_p > E_{\text{sl}}$,则放电体进行梯级先导传播或生成通道,淘汰较低能量的通道,且 p^L 更新为 p_{new}^{L};若 $E_p \leqslant E_{\text{sl}}$,则引导放电体 p^L 位置保持不变，直到下一次迭代。

(8) 判断算法是否满足终止条件，若满足，则转到步骤(9)；否则，令 $t=t+1$，重复执行步骤(4)～步骤(8)。

(9) 输出最优解，即具有最大能量的引导放电体位置。算法结束。

闪电搜索算法的实现流程如图 147.3 所示。

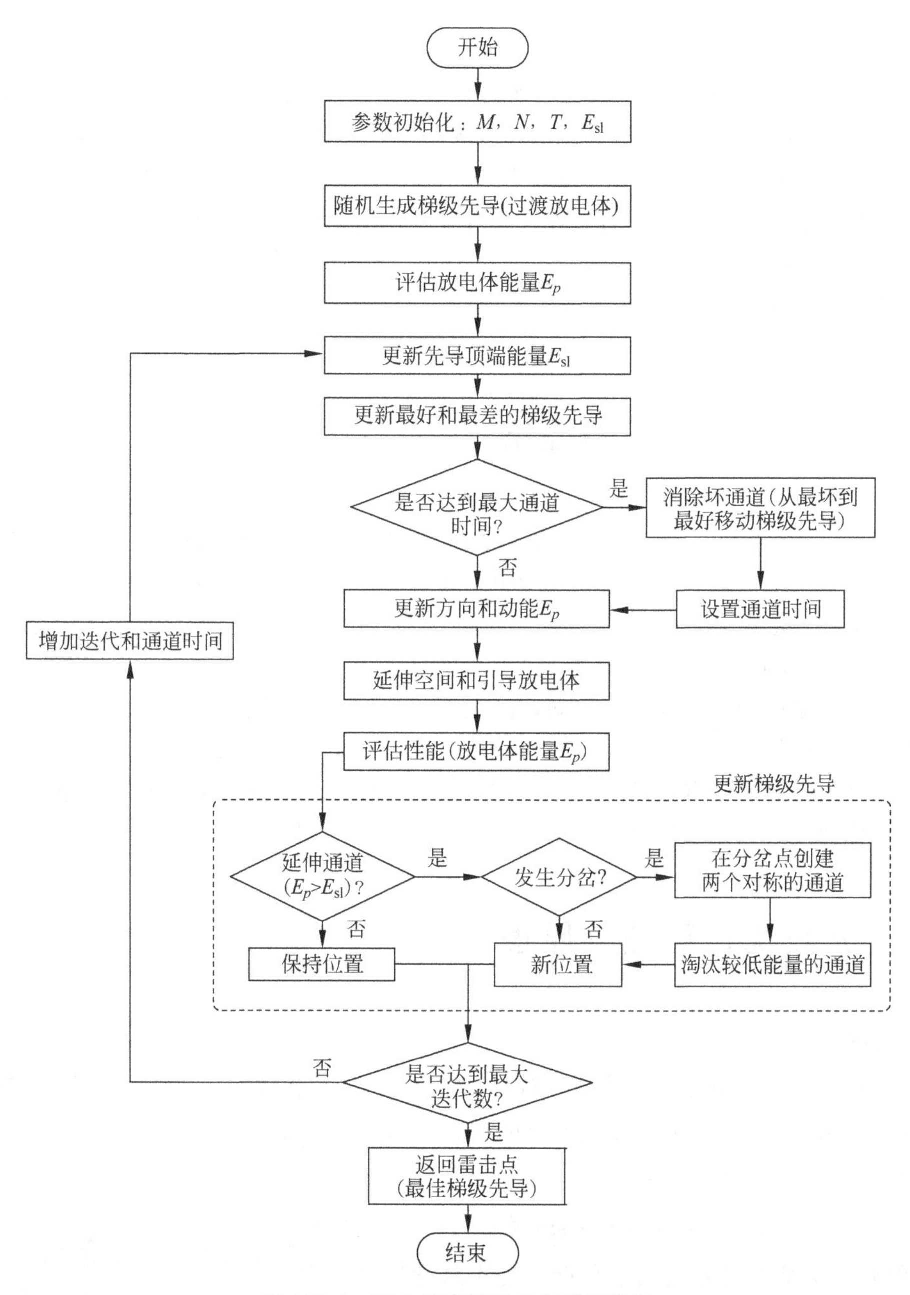

图 147.3　闪电搜索算法的实现流程图

第 148 章　光线优化算法

光线优化算法模拟物理学中光线的折射现象，用于求解结构最优化问题。该算法由问题变量组成的多个粒子被认为是光线。基于斯涅尔的光折射定律，当光从光疏介质到光密介质传播时发生折射改变其方向。这种行为在优化过程的早期阶段帮助粒子勘探搜索空间，并使它们在最后阶段收敛。光线的转换用于发现全局或近全局解。基准函数和工程问题的测试结果表明，该算法具有良好的效率，可以用于解决结构优化问题。本章介绍光的折射定律、光线优化算法的原理、数学描述及流程。

148.1　光线优化算法的提出

光线优化(Ray Optimization，RO)算法是 2012 年由 Kaveh 和 Khayatazad 提出的一种新的元启发式优化方法。该算法受到物理学中光线从一种介质到另一种介质发生折射现象的启发。在光线优化算法中，由问题的变量组成的多个粒子被认为是光线。基于斯涅尔的光折射定律，当光从光疏介质到光密介质传播时，会产生折射并且其方向发生改变。这种行为在优化过程的早期阶段帮助粒子勘探搜索空间，并使它们在最后阶段收敛。光线的转换用于发现全局或接近全局最优解。

为了验证 RO 算法的有效性，通过对一些基准函数的优化，以及工程上的压缩弹簧优化设计及焊接梁优化设计结果表明，RO 算法具有良好的效率，可用于解决结构优化问题。

148.2　光线优化算法的原理

1. 光的折射定律

当光穿过某些所谓电介质的透明材料时，光发生折射。根据斯涅尔的折射定律，每种透明材料都具有折射率。用 n_d 表示较亮材料的折射率，用 n_t 表示较暗材料的折射率，斯涅尔定律可表示为

$$n_d \cdot \sin(\theta) = n_t \cdot \sin(\phi) \tag{148.1}$$

其中，θ 和 ϕ 分别是入射光线向量和折射光线向量与两个表面法线 $\boldsymbol{n}$ 之间的角度，如图 148.1 所示。由入射光线向量的方向和较亮及较暗介质的折射率，可以找到折射光线向量 $\boldsymbol{t}$ 的方向。

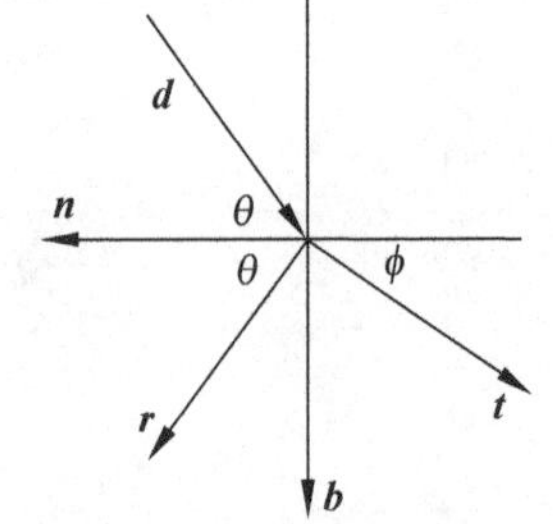

图 148.1　入射和折射光线及其特征

2. 跟踪二维空间中的光线

寻找 $\boldsymbol{t}$ 的计算是相当冗长的，但并不困难。为了简便，我们

使用图 148.1，其中，向量 $\boldsymbol{d}$、$\boldsymbol{n}$ 和 $\boldsymbol{b}$ 均是单位向量，这使公式变得简单。可以用 $\boldsymbol{n}$ 和 $\boldsymbol{b}$ 表示 $\boldsymbol{t}$。

设 $\boldsymbol{t}_n$ 是沿着 $\boldsymbol{n}$ 方向 $\boldsymbol{t}$ 的分量；$\boldsymbol{t}_b$ 是沿着 $\boldsymbol{b}$ 方向 $\boldsymbol{t}$ 的分量。由于 $\boldsymbol{d}$ 是单位向量，因此有：

$$\cos(\phi)=\frac{\|\boldsymbol{t}_n\|}{\|\boldsymbol{t}\|}=\|\boldsymbol{t}_n\| \tag{148.2}$$

类似地

$$\sin(\phi)=\|\boldsymbol{t}_b\| \tag{148.3}$$

而

$$\boldsymbol{t}_n=-\|\boldsymbol{t}_n\|\cdot\boldsymbol{n} \tag{148.4}$$

及

$$\boldsymbol{t}_b=\|\boldsymbol{t}_b\|\cdot\boldsymbol{b} \tag{148.5}$$

因此有

$$\boldsymbol{t}=-\cos(\phi)\cdot n+\sin(\phi)\cdot\boldsymbol{b} \tag{148.6}$$

t 用已知量 $\boldsymbol{b}$ 表示，使用 $\boldsymbol{b}$ 因为它是平行于 $\boldsymbol{d}$ 垂直 $\boldsymbol{n}$ 投影的单位长度向量。设 $\boldsymbol{d}_n$ 是沿着 $\boldsymbol{n}$ 方向 $\boldsymbol{d}$ 的分量，$\boldsymbol{d}_b$ 的是沿着 $\boldsymbol{b}$ 方向 $\boldsymbol{d}$ 的分量，即垂直于 $\boldsymbol{n}$ 方向的分量。因此，有

$$\boldsymbol{d}=\boldsymbol{d}_n+\boldsymbol{d}_b \tag{148.7}$$

于是，

$$\boldsymbol{d}_b=\boldsymbol{d}-\boldsymbol{d}_n=\boldsymbol{d}-(\boldsymbol{d}\cdot\boldsymbol{n})\cdot\boldsymbol{n} \tag{148.8}$$

此外，由于 $\boldsymbol{d}$ 是单位向量，因此有

$$\sin(\theta)=\frac{\|\boldsymbol{d}_b\|}{\|\boldsymbol{d}\|}=\|\boldsymbol{d}_b\| \tag{148.9}$$

因而

$$\boldsymbol{b}=\frac{\boldsymbol{d}_b}{\|\boldsymbol{d}_b\|}=\frac{\boldsymbol{d}-(\boldsymbol{d}\cdot\boldsymbol{n})\cdot\boldsymbol{n}}{\sin(\theta)} \tag{148.10}$$

通过式(148.1)，可用 $\boldsymbol{n}$、$\boldsymbol{d}$、$\boldsymbol{n}_d$ 和 $\boldsymbol{n}_t$ 来表示 $\boldsymbol{t}$ 的形式为

$$\begin{aligned}\boldsymbol{t}&=-\cos(\phi)\cdot\boldsymbol{n}+\sin(\phi)\cdot\boldsymbol{b}\\&=-\cos(\phi)\cdot\boldsymbol{n}+\sin(\phi)\cdot\frac{\boldsymbol{d}-(\boldsymbol{d}\cdot\boldsymbol{n})\cdot\boldsymbol{n}}{\sin(\theta)}\\&=-\cos(\phi)\cdot\boldsymbol{n}+\frac{\boldsymbol{n}_d}{\boldsymbol{n}_t}\cdot(\boldsymbol{d}-(\boldsymbol{d}\cdot\boldsymbol{n})\cdot\boldsymbol{n})\end{aligned} \tag{148.11}$$

现在用已知量表示 $\cos(\phi)$，可得到

$$\cos(\phi)=\sqrt{1-\sin^2(\phi)} \tag{148.12}$$

并利用式(148.1)，得到

$$\cos(\phi)=\sqrt{1-\frac{\boldsymbol{n}_d^2}{\boldsymbol{n}_t^2}\cdot\sin^2(\theta)} \tag{148.13}$$

最后，得到

$$\boldsymbol{t}=-\boldsymbol{n}\cdot\sqrt{1-\frac{\boldsymbol{n}_d^2}{\boldsymbol{n}_t^2}\cdot\sin^2(\theta)}+\frac{\boldsymbol{n}_d}{\boldsymbol{n}_t}\cdot(\boldsymbol{d}-(\boldsymbol{d}\cdot\boldsymbol{n})\cdot\boldsymbol{n}) \tag{148.14}$$

其中，$\boldsymbol{t}$ 是归一化向量。

3. 跟踪三维空间中的光线

在跟踪二维空间中的光线时，将 $\boldsymbol{d}$、$\boldsymbol{t}$、$\boldsymbol{n}$ 置于 $z=0$ 平面。在三维空间中，一个平面可以

通过在一个点处彼此相交的两个向量,如 $\boldsymbol{n}$ 和 $\boldsymbol{d}$。因此,在三维空间中的光线跟踪是在任意方向的平面中发生的二维空间中光线跟踪的特殊状态。如果可以找到两个彼此垂直的归一化向量,如 $\boldsymbol{i}^*$ 和 $\boldsymbol{j}^*$,那么可以根据这些单位向量重写 $\boldsymbol{n}$ 和 $\boldsymbol{d}$。最后,在新坐标系中找到 $\boldsymbol{t}$ 之后,可以根据主坐标系进行重新排列。其中一个新的单位向量 $\boldsymbol{n}$ 可以作为 $\boldsymbol{i}^*$。另一个可以通过以下关系找到:

$$\boldsymbol{n} \cdot \boldsymbol{d} = \|\boldsymbol{n}\| \cdot \|\boldsymbol{d}\| \cdot \cos(\omega) = \cos(\omega) \tag{148.15}$$

其中,ω 是 $\boldsymbol{n}$ 和 $\boldsymbol{d}$ 之间的角度。如果,

$$\boldsymbol{n} \cdot \boldsymbol{d} = 0 \tag{148.16}$$

那么 $\omega=\pi/2$,并且 $\boldsymbol{d}$ 将是 $\boldsymbol{j}^*$,并且若

$$0 < \boldsymbol{n} \cdot \boldsymbol{d} \leqslant 1 \tag{148.17}$$

那么 $\boldsymbol{j}^*$ 的方向将由 $\left(\boldsymbol{n}-\dfrac{\boldsymbol{d}}{\boldsymbol{n}\cdot\boldsymbol{d}}\right)$ 决定,因为

$$\boldsymbol{n} \cdot \left(\boldsymbol{n}-\frac{\boldsymbol{d}}{\boldsymbol{n}\cdot\boldsymbol{d}}\right) = \boldsymbol{n}\cdot\boldsymbol{n} - \frac{\boldsymbol{n}\cdot\boldsymbol{d}}{\boldsymbol{n}\cdot\boldsymbol{d}} = 1-1=0 \tag{148.18}$$

最后得到

$$\boldsymbol{j}^* = \frac{\left(\boldsymbol{n}-\dfrac{\boldsymbol{d}}{\boldsymbol{n}\cdot\boldsymbol{d}}\right)}{\operatorname{norm}\left(\boldsymbol{n}-\dfrac{\boldsymbol{d}}{\boldsymbol{n}\cdot\boldsymbol{d}}\right)} \tag{148.19}$$

其中,norm 是 MATLAB 提供的在向量空间里对向量赋予长度和大小的函数。类似地,若

$$-1 \leqslant \boldsymbol{n} \cdot \boldsymbol{d} < 0 \tag{148.20}$$

则可以通过以下方式获得 $\boldsymbol{j}^*$:

$$\boldsymbol{j}^* = \frac{\left(\boldsymbol{n}+\dfrac{\boldsymbol{d}}{-\boldsymbol{n}\cdot\boldsymbol{d}}\right)}{\operatorname{norm}\left(\boldsymbol{n}+\dfrac{\boldsymbol{d}}{-\boldsymbol{n}\cdot\boldsymbol{d}}\right)} \tag{148.21}$$

现在,在新形式中,$\boldsymbol{n}$ 和 $\boldsymbol{d}$ 表示为

$$\boldsymbol{n}^* = (1,0) \tag{148.22}$$

而且

$$\boldsymbol{d}^* = (\boldsymbol{d}\cdot\boldsymbol{i}^*, \boldsymbol{d}\cdot\boldsymbol{j}^*) \tag{148.23}$$

因此,在二维空间中计算 $\boldsymbol{t}^*=(t_1^*, t_2^*)$,获得三维空间中的 $\boldsymbol{t}$ 为

$$\boldsymbol{t} = t_1^* \cdot \boldsymbol{i}^* + t_2^* \cdot \boldsymbol{j}^* \tag{148.24}$$

应该指出,为了避免 MATLAB 中的奇异性,表 148.1 列出了 $\boldsymbol{n}\cdot\boldsymbol{d}$ 的一些变化情况。

表 148.1 $\boldsymbol{n}\cdot\boldsymbol{d}$ 的一些变化情况

归一化向量	$-0.05 \leqslant \boldsymbol{n}\cdot\boldsymbol{d} \leqslant 0.05$	$0.05 \leqslant \boldsymbol{n}\cdot\boldsymbol{d} \leqslant 1$	$-1 \leqslant \boldsymbol{n}\cdot\boldsymbol{d} \leqslant -0.05$
$\boldsymbol{i}^*$	$\boldsymbol{n}$	$\boldsymbol{n}$	$\boldsymbol{n}$
$\boldsymbol{j}^*$	$\boldsymbol{d}$	$\boldsymbol{j}^* = \dfrac{\left(\boldsymbol{n}-\dfrac{\boldsymbol{d}}{\boldsymbol{n}\cdot\boldsymbol{d}}\right)}{\operatorname{norm}\left(\boldsymbol{n}-\dfrac{\boldsymbol{d}}{\boldsymbol{n}\cdot\boldsymbol{d}}\right)}$	$\boldsymbol{j}^* = \dfrac{\left(\boldsymbol{n}-\dfrac{\boldsymbol{d}}{-\boldsymbol{n}\cdot\boldsymbol{d}}\right)}{\operatorname{norm}\left(\boldsymbol{n}-\dfrac{\boldsymbol{d}}{\boldsymbol{n}\cdot\boldsymbol{d}}\right)}$

148.3　光线优化算法的数学描述

1. 解向量划分和评估步骤

像所有其他元启发式方法一样，RO 算法也有一个包含设计问题变量的问题。如前所述，RO 算法考虑的光线追踪问题是在二维和三维空间中解决的，但是需要引入用于在高维空间中执行该算法的具体步骤。

假设一个解向量有 4 个设计变量。首先确定该解向量的目标函数。根据 RO 算法，这个解向量必须移动到搜索空间中的新位置。为此，将解向量划分为两组，每组有两个变量。然后将第一组移动到基于二维空间的新位置，并且第二组被移动到另一个二维空间中的新位置。这样，就有包含 4 个变量的一个新的解向量，以便确定目标函数。

如果另一个问题的解向量有 7 个变量，那么将它分成两组两个变量和一组 3 个变量，并在两个二维空间和一个三维空间中重复上述移动过程。在移动之后，将它们结合在一起形成一个单位解向量。对于任何其他数量的变量，可以执行分组为两个和 3 个变量。因此，通过使用这种方法，处理更高维度的问题，并且可以返回到算法的第一步骤。在此步骤中，粒子必须分散在搜索空间中，并且此要求由以下方式提供：

$$\boldsymbol{X}_{ij}=\boldsymbol{X}_{j,\min}+\mathrm{rand}(\boldsymbol{X}_{j,\max}-\boldsymbol{X}_{j,\min}) \tag{148.25}$$

其中，$\boldsymbol{X}_{ij}$ 为第 i 个粒子的第 j 变量；$\boldsymbol{X}_{j,\min}$ 和 $\boldsymbol{X}_{j,\max}$ 分别为第 j 变量的最小和最大极限；rand 为范围为 0～1 的随机数。

在该步骤结束时，在针对每个粒子的目标函数评估之后，最优粒子的位置被保存为全局最优，每个粒子的位置被保存为对应的局部最优。

2. 运动向量和运动划分步骤

对于上述每个粒子，应该根据它们的划分来分配一组运动向量。如果粒子有一个 3 变量组和两个 2 变量组，它必须分别具有一个 3 变量运动向量组和两个 2 变量运动向量组。对于第一次运动，这些向量通过下式获得：

$$\boldsymbol{V}_{ij}=-1+2\cdot\mathrm{rand} \tag{148.26}$$

其中，$\boldsymbol{V}_{ij}$ 是第 i 个粒子的第 j 分量，它可以属于 2 变量或 3 变量组。确定每个 2 变量组或 3 变量组的分量后，必须将这些分量转换为归一化向量。

通过添加每个粒子的移动向量将它们移动到新位置，但存在超越边界的可能性，因此必须对越界粒子加以修改，使其回到接近边界处形成新的运动向量(具体方法见相关文献)。

在运动补偿和目标函数的评估之后，再次将在该阶段迄今为止的最好粒子选择为全局最优，并对于每个粒子将该阶段迄今为止的最优位置选择为其局部最优。

3. 粒子移动起点和收敛步骤

考虑每个粒子必须移动到其新位置，首先必须确定每个粒子移动的起点，这个点称为原点。并定义为

$$\boldsymbol{O}_i^k=\frac{(\mathrm{ite}+k)\cdot\mathrm{GB}+(\mathrm{ite}-k)\cdot\mathrm{LB}_i}{2\cdot\mathrm{ite}} \tag{148.27}$$

其中，$\boldsymbol{O}_i^k$ 为第 i 个粒子在第 k 次迭代的起点；ite 为优化过程的总迭代次数；GB 和 LB_i 分别为第 i 个粒子的全局最优解和局部最优解。

式(148.27)表明,在迭代开始时,原点大约在局部最优解和全局最优解的中间。通过进行迭代,实现了勘探和开发之间的一个平衡。通过迭代的中间步骤,原点将接近全局最优,并且被赋予勘探权力。

如前所述,光线跟踪用于移动和收敛阶段。每束光线通过它的介质都有一个归一化向量。在优化过程中,运动向量是该向量的正倍数。当光线进入一个新的较暗的介质时,其向量的方向将根据介质表面的初始方向和法线之间的角度及折射率的比例进行转换。折射后,新方向将比初始方向更接近法线,因此可以说它收敛于法线。因此,如果在优化过程中,法线被选择为一个起点为 O 的向量,其结束点是粒子的当前位置,则应该预期粒子将收敛到 O 点。在优化过程中,通过对 O 点的改进,粒子可以获得最优效果。因为 $\boldsymbol{n}$ 和入射光线向量 $\boldsymbol{d}$ 是最后得到的运动向量,可以创建新的运动向量的方向。但需要注意的是,$\boldsymbol{n}$ 和最后的运动向量可能不是一个单位向量,利用式(148.14),这些向量必须被归一化。从折射率对搜索过程的影响可以看出,当折射率接近1时,勘探增强,但通过减小该值,搜索过程发生快速收敛。

根据式(148.14)确定新的运动向量的方向,它是一个归一化向量,它需要一个合理的系数。因此,寻找新方向后运动向量的最终形式为

$$\boldsymbol{V}_{i,l}=\boldsymbol{V}'_{i,l}\cdot \mathrm{norm}(\boldsymbol{X}_{i,l}-\boldsymbol{O}_{i,l}) \tag{148.28}$$

其中,$\boldsymbol{V}_{i,l}$、$\boldsymbol{X}_{i,l}$、$\boldsymbol{O}_{i,l}$ 和 $\boldsymbol{V}'_{i,l}$ 分别是属于第 l 组的归一化运动向量、粒子的当前位置、第 i 个粒子的原点和被优化的运动向量。

在某些情况下,对于一个粒子,$\boldsymbol{O}_{i,l}$ 及其当前位置是相同的,从而不能获得法线方向。当粒子是最好的粒子时,就会出现这个问题。因此,允许它在相同的方向移动是合理的,因为找到了更充分的解,但是这个向量的长度应当根据下式改变:

$$\boldsymbol{V}_{i,l}^{k+1}=\frac{\boldsymbol{V}_{i,l}^{k}}{\mathrm{norm}(\boldsymbol{V}_{i,l}^{k})}\cdot \mathrm{rand}\cdot 0.001 \tag{148.29}$$

其中,$\boldsymbol{V}_{i,l}^{k}$ 为属于第 l 组的第 i 个粒子第 k 次迭代的运动向量;$\boldsymbol{V}_{i,l}^{k+1}$ 为第$(k+1)$次迭代的运动向量;rand 为0~1的随机数。

对于精细随机的搜索,初始归一化向量乘以0.001及0~1的随机数。每种元启发式算法都应该具有随机性质来找到最好的解。RO算法通过添加随机变化来改变运动向量。换句话说,有一种可能性,它指定一个运动向量是否必须改变的随机指标(Stoch)。如果出现这种情况,则会考虑一个新的运动向量的形式为

$$\boldsymbol{V}_{ijl}^{(k+1)}=-1+2\cdot \mathrm{rand} \tag{148.30}$$

其中,$\boldsymbol{V}_{ijl}^{(k+1)}$ 是第$(k+1)$次迭代中属于第 l 组第 i 个粒子的第 j 分量。定义这个向量的长度应该考虑下面的关系式:

$$\boldsymbol{V}_{il}^{k+1}=\frac{\boldsymbol{V}_{il}^{(k+1)'}}{\mathrm{norm}(\boldsymbol{V}_{il}^{(k+1)'})}\cdot \frac{a}{d}\cdot \mathrm{rand} \tag{148.31}$$

其中,a 是通过以下关系式计算:

$$a=\sqrt{\sum_{i=1}^{n}(\boldsymbol{X}_{i,\max}-\boldsymbol{X}_{i,\min})^2}\quad n=\begin{cases}2 & \text{对 2 变量组}\\ 3 & \text{对 3 变量组}\end{cases} \tag{148.32}$$

其中,$\boldsymbol{X}_{i,\max}$ 和 $\boldsymbol{X}_{i,\min}$ 是属于运动向量的第 i 分量变量的最大和最小极限;d 是将 a 划分为更小的段以用于有效搜索的数字。研究发现,如果 d 和随机指标分别选为7.5和0.35,将获得最佳优化结果。

148.4　光线优化算法的流程

光线优化算法的流程如图 148.2 所示。RO 算法满足以下终止条件之一，将停止优化过程。

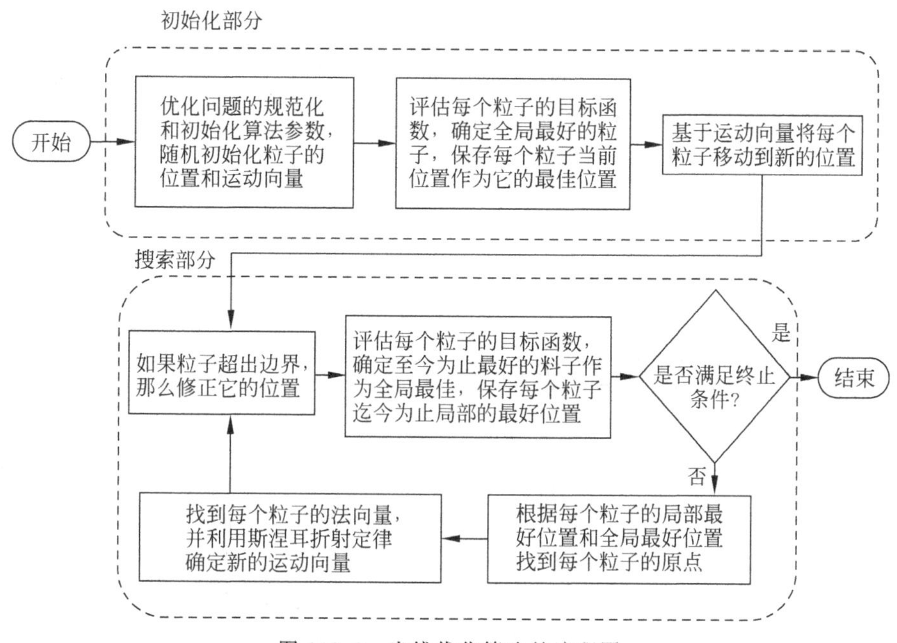

图 148.2　光线优化算法的流程图

(1) 通过接近定义的最大迭代次数，优化过程终止。

(2) 如果达到预定义的迭代次数，目标函数没有改善，将停止优化过程。

(3) 如果发现找到的最优解同指定目标函数的实际最优解比较是错误的，则优化过程终止。

如果这些条件全都未得到满足，则优化的过程将继续下去，并且随着新的运动向量，粒子将移动到新的位置。继续算法的迭代循环，直到达到预定的终止条件结束。

第149章 化学反应优化算法

化学反应优化算法模拟化学反应中分子之间各种反应引起分子间碰撞的相互作用，往往是沿着最小的能量消耗路径进行并最终到达最低能量稳定状态的能量转化过程，应用代码不断迭代并进行数值比较来寻找确定代码中规定的最小系统势能，通过碰壁、分解、碰撞、化合4个基本操作寻求最小系统势能来解决最优化问题。该算法用于组合优化问题，具有较强的跳出局部最优的能力。本章介绍化学反应优化算法的原理、数学描述、实现步骤及流程。

149.1 化学反应优化算法的提出

化学反应优化(Chemical Reaction Optimization，CRO)算法是2010年由Lam等提出的一种仿自然优化算法。该算法模拟化学反应中分子之间各种反应而引起分子间的碰撞和能量转化过程的相互作用，引领反应朝着势能面上最低势能稳定方向进行的现象，按能量守恒原则，采用4种基本反应，应用代码不断迭代并进行数值比较来寻找确定代码中规定的最小系统势能，通过最小系统势能的确定可以解决许多寻求最优解的问题。Lam等对化学反应算法的收敛性进行了验证，又提出了针对函数优化的实数编码的化学反应算法(CRCRO)。

CRO算法模拟化学动力学和热力学的独特机制，使其具有群体规模动态变化，个体之间信息交换手段丰富，具有简单通用、鲁棒性强、自适应等特点。该算法在解决组合优化、函数优化问题，特别是高维多模态函数的单目标优化问题时，收敛速度快、鲁棒性强，可以有效避免陷入局部最优。因此，CRO算法已用于求解TSP问题、二次分配、配电网重构、网络节点优化、神经网络训练、模糊学习、最优潮流计算、传感器分布、经济调度等问题。

149.2 化学反应优化算法的原理

每个化学反应系统都试图达到最小的自由能量，这意味着化学反应倾向于释放能量，因此，反应后的产物通常比反应物具有更少的能量。在稳定性方面，物质的能量越低，则越稳定。所以，反应后的产物总是比反应物更稳定。因为，优化问题与化学反应之间有着对应关系，它们都希望针对不同的目标寻求全局最低限度，并且这个过程是逐步演变的。

在化学反应中，反应过程往往是沿着最小的能量消耗路径来进行的。化学反应优化算法就是根据这一自然现象与最优化问题中寻求极值点的共同特点开发出来的。CRO算法模仿化学反应中分子所发生变化的情况，其目的在于捕捉到反应过程中能量变化最小的那条路径，从而实现对组合优化问题的求解。

CRO算法包括两个关键因素：分子和基本反应。

1. 分子

分子由原子构成，原子的种类、键长、角度及转矩等决定了所构成分子的特性，一个分子的所有特性统称为分子结构。分子的能量分为势能（Potential Energy，PE）和动能（Kinetic Energy，KE）。CRO算法将化学系统中各种分子结构与其对应的势能构成的多维表面称为势能面。

在CRO算法中，分子是执行算法寻优操作的个体，每个分子包括3个重要的组成部分：分子结构、势能、动能。各个组成部分的含义如下。

（1）分子结构：分子结构用来表示每个分子所特有的原子组成和结构，用ω表示。分子结构的确定取决于目标函数可行解的维度，若问题有n个操作变量，那么相应的分子中就具有n个原子。

（2）势能（PE）：表示当前分子结构ω，即$PE_{\omega}=f(\omega)$，分子的势能决定分子结构的稳定性，是化学反应的最终衡量标准，是所求问题的目标函数。

（3）动能（KE）：由于算法的评价机制可以归纳为$PE_{\omega}+KE\geqslant PE_{\omega}$，因此，动能决定分子的活性，表示当前$\omega$具有的跳出局部最优解开发新的搜索区间的能力，是判断系统能否发生分子反应的量化值。

2. 基本反应

化学反应的最终结果是化学反应产物，其形成的过程是反应势能逐渐减小的过程。CRO算法的基本运算单元由分子（ω）和容器壁（Buffer）两部分组成，其中分子具有势能和动能两种能量，而容器壁是发生化学反应的环境。

在化学反应过程中，在分子之间会发生一系列的碰撞，其碰撞不止在分子之间进行，也会在分子与容器壁间进行。图149.1给出了4种基本化学反应，图149.1(a)是分子碰壁反应；图149.1(b)是分解反应；图149.1(c)是分子碰撞；图149.1(d)是化合反应。化学反应算法模拟了分子碰壁反应、分解反应、分子碰撞和化合反应4个化学反应操作。

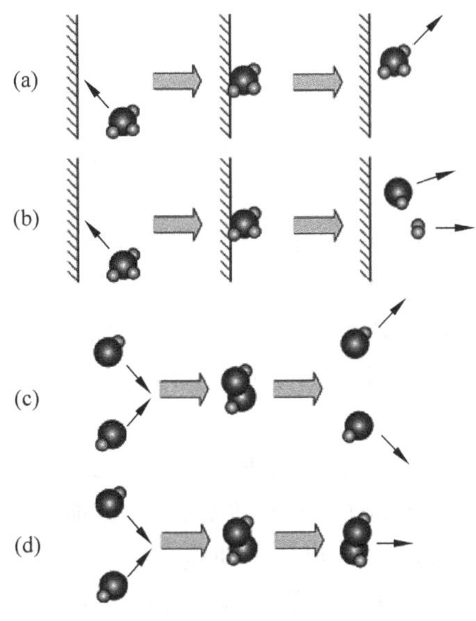

图149.1　分子的碰壁、分解、碰撞和化合

在CRO算法中,求最优解就是去勘探势能面的不同部分,以便能找到势能最低的点。在正常情况下,势能面非常大以至于不可能在一个合理的时间内去检验其上面的每一个点。因此,必须有意识地勘探势能面中以高概率驻留最小值的区域,为此,通过分子的碰撞以及碰撞后的化学反应,引领分子向可能的最低能量状态转移来进行搜索。

在搜索过程中,通过多种交换方式,能量在分子间不断地重新分配。为此,CRO算法提出了中心能量缓冲器(Central Energy Buffer,CEB)和能量交换的概念,且分子的数量在反应过程中是动态变化的。

CRO算法首先采用分子与容器壁之间及分子之间的无效碰撞来对邻近区域进行搜索,同时碰撞反应会使分子向能量最低的状态进行转变。当在邻域内寻找不到更低能量的状态时,利用分子的分解和合成构成的多样化有效碰撞跳出局部范围,往较远的区域继续进行搜索,直到搜索到整个势能面能量状态最低时,停止搜索。

149.3 化学反应优化算法的数学描述

首先给出分子的化学特性与优化算法的对应关系,如表149.1所示。

表149.1 分子的化学特性与优化算法的对应关系

分子的化学特性	优化算法的含义
分子	个体
分子结构	解
分子势能	目标函数值
分子动能	适应度
碰撞次数	当前总的运行次数
最小结构	当前的最优解
最小值	当前的优化函数值
最小碰撞次数	获得最优解的运行次数

实现化学反应优化算法主要依靠4个化学反应操作,分别描述如下。

1. *碰壁反应*

单个分子碰撞容器并被弹回的过程,被视为分子与容器壁之间的无效碰撞。由于反应发生得不剧烈,因此反应前后的分子结构ω变化是不大的。如果当前分子结构为ω,则反应产生的新分子结构$\omega'=\text{Neighbor}(\omega)$一定在其附近。反应发生的条件为

$$\text{PE}_{\omega}+\text{KE}_{\omega}\geqslant \text{PE}_{\omega'} \tag{149.1}$$

可以得到:

$$\text{KE}_{\omega'}=(\text{PE}_{\omega}+\text{KE}_{\omega}-\text{PE}_{\omega'})\times q \tag{149.2}$$

其中,PE_{ω}、KE_{ω}分别表示结构为ω的分子的势能和动能;$\text{PE}_{\omega'}$为碰撞后分子的势能;$\text{KE}_{\text{LossRate}}$为分子动能的损失率,用来限制分子动能一次损失的百分比;$q\in[\text{KE}_{\text{LossRate}},1]$,$(1-q)$表示碰撞过程中损失到环境中的动能系数。$(\text{PE}_{\omega}+\text{KE}_{\omega}-\text{PE}_{\omega'})\times(1-q)$表示在碰壁反应中分子所消耗掉的量。这部分能量用于支持后续分子的分解而存储在中心缓冲器中,buffer更新为

$$\text{buffer}=\text{buffer}+(\text{PE}_\omega+\text{KE}_\omega-\text{PE}_{\omega'})\times(1-q) \tag{149.3}$$

该无效碰撞可看作是在原分子结构周围进行小范围搜索，即在原来的分子结构上加入一个小的扰动，即

$$\omega'(i)=\omega(i)+\delta(i) \tag{149.4}$$

其中，$\delta(i)$为第 i 维扰动，是由高斯概率密度分布函数产生的，$i=1,2,\cdots,n$，n 为分子结构的维数。

2. 分解反应

分子分解反应是指单个分子碰撞容器被弹回，并分解成为两个或更多分子的过程。由于会产生全新分子，所以反应过程必然伴随着大量能量转移，新产生的分子势必会有与反应前截然不同的分子结构。若当前分子结构为 ω，新产生的分子结构为 ω_1'和 ω_2'，则反应条件必须满足：

$$\text{PE}_\omega+\text{KE}_\omega\geqslant\text{PE}_{\omega_1'}+\text{PE}_{\omega_2'} \tag{149.5}$$

其中，PE_ω、KE_ω 分别为结构为 ω 的分子的势能和动能；$\text{PE}_{\omega_1'}$、$\text{PE}_{\omega_2'}$ 分别为结构为 ω_1'、ω_2'的分子的势能。

结构为 ω_1'、ω_2'的两个分子的动能分别为

$$\text{KE}_{\omega_1'}=\text{Temp}_1\times k_1 \tag{149.6}$$

$$\text{KE}_{\omega_2'}=\text{Temp}_1\times(1-k_1) \tag{149.7}$$

其中，$\text{Temp}_1=\text{PE}_\omega+\text{KE}_\omega-\text{PE}_{\omega_1'}-\text{PE}_{\omega_2'}$；$k_1$ 为均匀产生于区间[0, 1]的随机数。分子分解产生了激烈碰撞，碰撞前后的分子结构改变很大。

一般情况下，各个分子的势能相差不大，分子的动能随着化学反应过程中分子不断与容器壁之间的无效碰撞而逐渐减小，从而使得式(149.5)难以成立。为了鼓励分解，利用存储在CEB 中的能量给予补充，具体做法如下。

(1) 如果式(149.5)不成立，判断是否满足：

$$\text{PE}_\omega+\text{KE}_\omega+\text{buffer}\geqslant\text{PE}_{\omega_1'}+\text{PE}_{\omega_2'} \tag{149.8}$$

如果式(149.8)成立，则分解后分子的动能分别为

$$\text{KE}_{\omega_1'}=(\text{Temp}_1+\text{buffer})\times m_1\times m_2 \tag{149.9}$$

$$\text{KE}_{\omega_2'}=(\text{Temp}_1+\text{buffer}-\text{KE}_{\omega_1'})\times m_3\times m_4 \tag{149.10}$$

同时更新 buffer 中的能量为

$$\text{buffer}=\text{Temp}_1+\text{buffer}-\text{KE}_{\omega_1'}-\text{KE}_{\omega_2'} \tag{149.11}$$

其中，m_1、m_2、m_3、m_4 是各自独立在[0, 1]区间均匀产生的随机数。

(2) 如果式(149.5)与式(149.8)都不满足，则分子维持原有的结构、势能和动能。想要满足式(149.5)的反应条件非常困难，因此过程中也允许 buffer 协助反应的进行，即

$$\text{PE}_\omega+\text{KE}_\omega+\text{buffer}\geqslant\text{PE}_{\omega_1'}+\text{PE}_{\omega_2'} \tag{149.12}$$

buffer 也随之更新为

$$\text{buffer}=\text{Temp}_1+\text{buffer}-\text{KE}_{\omega_1'}-\text{KE}_{\omega_2'} \tag{149.13}$$

对于分子的分解，可采用如下步骤产生新分子：①将原分子结构 ω 赋给两个新分子结构 ω_1'和 ω_2'；②从$\{1,2,\cdots,n\}$中随机选取两个数 i 和 j，按照式(149.4)分别给 $\omega_1'(i)$和 $\omega_2'(j)$加扰动；③返回步骤①，如此循环 $n/2$ 次；输出 ω_1'和 ω_2'，新分子产生结束。

3. 分子碰撞

分子之间的无效碰撞是指两个分子互相碰撞后各自弹开的过程。反应的剧烈程度和碰壁反应相似,反应结果只对各自的分子结构有轻微的影响。假使原始分子结构为 ω_1 和 ω_2,通过反应可以在各自邻域产生新的分子结构 ω_1' 和 ω_2'。如果满足反应的条件为

$$PE_{\omega_1} + KE_{\omega_1} + PE_{\omega_2} + KE_{\omega_2} \geqslant PE_{\omega_1'} + PE_{\omega_2'} \tag{149.14}$$

其中,PE_{ω_1}、KE_{ω_1} 分别为结构为 ω_1 的分子的势能和动能;PE_{ω_2}、KE_{ω_2} 分别为结构为 ω_2 的分子的势能和动能;$PE_{\omega_1'}$、$PE_{\omega_2'}$ 分别为结构为 ω_1' 和 ω_2' 的分子的势能。

碰撞后结构为 ω_1' 和 ω_2' 的两个分子的动能分别为

$$KE_{\omega_1'} = Temp_2 \times k_2 \tag{149.15}$$

$$KE_{\omega_2'} = Temp_2 \times (1 - k_2) \tag{149.16}$$

其中,$Temp_2 = PE_{\omega_1} + PE_{\omega_2} + KE_{\omega_1} + KE_{\omega_2} - PE_{\omega_1'} - PE_{\omega_2'}$;$k_2$ 为在[0, 1]区间均匀产生的随机数。如果反应条件公式(149.14)不成立,则分子保持原有的属性不变。

4. 化合反应

化合反应是指两个或多个分子发生碰撞并一起组成一个新分子的过程。假设两个原始分子的结构分别为 ω_1 和 ω_2,两者合成新分子结构为 ω',由于化合反应十分剧烈,因此 ω' 与反应物分子结构有很大不同。该反应发生的条件为

$$PE_{\omega_1} + KE_{\omega_1} + PE_{\omega_2} + KE_{\omega_2} \geqslant PE_{\omega'} \tag{149.17}$$

其中,$PE_{\omega'}$ 为合成新的分子势能。可以得到合成新的分子 ω' 的动能为

$$KE_{\omega'} = PE_{\omega_1} + KE_{\omega_1} + PE_{\omega_2} + KE_{\omega_2} - PE_{\omega'} \tag{149.18}$$

如果式(149.17)反应条件不成立,则分子维持合成前的分子结构和能量属性不变。由于反应产物所带有的 $KE_{\omega'}$ 要比原子的 KE_{ω_1} 和 KE_{ω_2} 大得多,因此化合反应所得到的新分子 ω' 有更强的跳出局部最优的能力。

149.4 化学反应优化算法的实现步骤及流程

在算法的初始化中,设置算法参数:PopSise 是分子种群中分子的总数;dec 是分子分解的临界值;syn 是分子合成的临界值;$KE_{LossRate}$ 是动能的损失率;CollRate 是分子之间的碰撞比率,它决定参与反应的分子个数是单分子还是两个分子;iniBuffer 是中心能量缓冲器的初始值;FElimit 是目标优化函数的一个限制值,如果目标优化函数达到 FElimit 则停止迭代。

化学反应优化算法的具体实现步骤如下。

(1) 设置初始参数,输入实际系统的采样数据。

(2) 初始化分子种群。计算出它们的目标函数值,取最小点为 x_{min},计算当前点的势能并保存到 f_{min} 中。

(3) 从[0,1]间取一个随机数 t,如果 $t <$ CollRate,则从初始分子群中任意选取两个分子;否则,任意选取一个分子。

(4) 如果最优解连续出现的次数达到 dec,就进行分子的分解;否则将进行分子与容器壁之间的无效碰撞。

(5) 如果选取的两个分子的动能同时小于 syn,就进行分子的合成；否则进行分子之间的无效碰撞。

(6) 每次反应完成后把反应前的分子更新为反应后的分子。接着计算反应后的分子的势能并更新当前的最优解 $x_{\min}$ 及最小值 $f_{\min}$。

(7) 判断是否满足终止条件,若满足则终止计算；否则转到步骤(3)。

(8) 输出最优解。

化学反应优化算法的流程如图 149.2 所示。

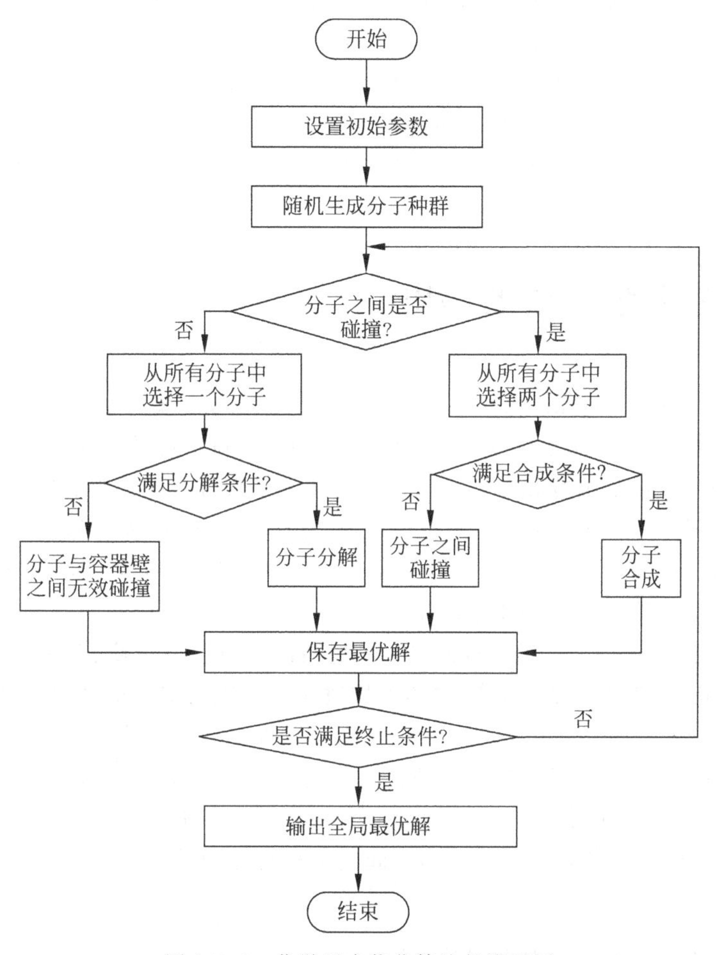

图 149.2　化学反应优化算法的流程图

第150章　正弦余弦算法

许多智能优化算法都存在两个相同的阶段：勘探阶段和开发阶段。为了提高优化算法的勘探效率，必须处理好搜索过程中勘探（全局搜索）和开发（局部搜索）之间的平衡关系。正弦余弦算法是利用正弦函数和余弦函数的数学性质，通过自适应改变正弦和余弦函数的振幅来寻找搜索过程中勘探和开发之间的平衡，并最终找到全局最优解。该算法由设置的参数较少，易于实现。本章介绍正弦余弦算法的原理、数学描述及伪代码实现。

150.1　正弦余弦算法的提出

正弦余弦算法(Sine Cosine Algorithm，SCA)是2016年由澳大利亚Mirjalili提出的一种新型仿自然优化算法。该算法通过创建多个随机候选解，利用正弦余弦数学模型来求解最优化问题。SCA是基于正弦函数和余弦函数值的变化来实现优化搜索的：当正弦函数值或余弦函数值大于1或者小于−1时，算法进行全局勘探；当正弦函数值或者余弦函数值为−1～1时，算法进行局部开发。该算法还集成了几个随机变量和自适应变量，以利于在优化的不同进程中寻找勘探和开发之间的平衡。

对SCA优化性能进行了3项基准测试：一是测试函数包括单峰、多模态和复合函数；二是使用几种性能指标（搜索历史、轨迹、解的平均适应度和优化中的最好解）来定性观察并确认SCA在不同的二维测试函数上的性能；三是优化飞机机翼横截面的实例。测试函数的性能指标结果证明，SCA能够勘探搜索空间的不同区域，避免局部最优化，有效地利用优化的搜索空间区域，达到全局最优。利用SCA优化设计的平滑的翼型具有非常低的阻力，这表明该算法可以高效地优化求解约束和解决未知搜索空间的工程实际问题。

150.2　正弦余弦算法的原理

一般情况下，智能优化算法的初始点往往随机选取一系列点，虽然这样不能保证算法在一次迭代过程中就能找到全局最优点或者满意解，但如果有足够的初始点和迭代次数，其收敛到最优解的可能性就会大大增加。

在智能优化算法领域，忽略算法本身的不同之外，每种算法在优化过程中都有两个相同的阶段：勘探(Exploration)阶段和开发(Exploitation)阶段。勘探阶段是进行全局勘探，是指算法在优化过程中在整个搜索空间范围内进行搜索，以确定全局最优解所处的区域；开发阶段是进行局部搜索，是指算法对搜索空间中有可能包含最优解的局部区域进行精细搜索，以找到全局最优解的具体位置。在勘探阶段，优化算法通过结合某随机点在一系列随机点中快速寻找搜索空间中的可行解，而在开发阶段随机点逐渐发生变化，且随机点的变化速度明显低于勘探阶段。

在正弦余弦算法中，首先随机产生 m 个个体的位置。假设优化问题的每个解对应搜索空间中相应个体的位置，在下一次迭代中，第 i 个个体的位置的更新是通过定义一个随机参数改变正弦和余弦函数的振幅来选择在两个位置之间或之外的位置。因此，这种机制分别保证了正弦和余弦函数的振幅在[－2，－1]和[1，2]时是勘探阶段，而在[－1，1]时则是开发阶段。SCA 在寻找可行解过程中，通过设置调整参数自适应改变正弦和余弦函数的振幅来维持勘探和开发之间的平衡，并最终找到全局最优解。

150.3　正弦余弦算法的数学描述

在正弦余弦算法中，首先随机产生 m 个个体的位置，假设优化问题的每个解对应搜索空间中个体的位置，并用 $\boldsymbol{X}_i=(X_{i1},X_{i2},\cdots,X_{in})^{\mathrm{T}}$ 表示第 $i(i=1,2,\cdots,m)$ 个体的位置。其中，n 为个体的维度；当前所有个体经历的最好位置表示为 $\boldsymbol{P}_b=(P_{b1},P_{b2},\cdots,P_{bn})^{\mathrm{T}}$。在下一次迭代中，第 i 个个体的位置更新分为两个阶段：

$$X_i^{t+1}=X_i^t+r_1\times\sin(r_2)\times|r_3P_i^t-X_i^t| \tag{150.1}$$

$$X_i^{t+1}=X_i^t+r_1\times\cos(r_2)\times|r_3P_i^t-X_{ii}^t| \tag{150.2}$$

其中，X_i^t 为当前解的第 i 维第 t 次迭代的空间位置；r_1、r_2 和 r_3 分别为随机数；P_i^t 为第 i 维第 t 次迭代目标点的空间位置。

通过对式(150.1)和式(150.2)的组合，位置更新公式如下：

$$X_i^{t+1}=\begin{cases}X_i^t+r_1\times\sin(r_2)\times|r_3P_i^t-X_i^t| & r_4<0.5\\ X_i^t+r_1\times\cos(r_2)\times|r_3P_i^t-X_{ii}^t| & r_4\geqslant 0.5\end{cases} \tag{150.3}$$

其中，r_4 为[0，1]中的随机数。

从更新方程(150.3)可以看出，SCA 有 4 个主要的参数：r_1、r_2、r_3 和 r_4。其中，参数 r_1 为常数 a，其作用是决定下一次迭代时第 i 个个体的空间位置区域或移动方向，该区域或移动方向可以位于候选解和目标之间空间的内部或外部；参数 r_2 为[0，2π]之间的一个随机数，其作用是决定下一次迭代时的移动步长；参数 r_3 为[0，2]之间的一个随机权重，即随机强调($r_3>1$)或淡化($r_3<1$)对所定义距离的影响；参数 r_4 为[0，1]之间的一个随机数，表示如何选择在式(150.3)中的正弦和余弦分量之间的切换方式，当 $r_4<0.5$ 时，按正弦形式进行位置更新，当 $r_4\geqslant0.5$ 时，按余弦形式进行位置更新。

由于在更新方程式(150.3)中使用了正弦(sine)和余弦(cosine)函数，因此 Mirjalili 将该算法命名为正弦余弦算法。正弦和余弦函数在更新方程式(150.3)中的影响如图 150.1 所示，图中示出了当 r_1 取值在不同范围时解的搜索区域。从图中可以看出，在搜索空间中，更新方程式(150.3)是如何定义两个位置之间的搜索空间的。

应该注意的是，尽管在图 150.1 中给出了二维模型，但是方程式(150.3)可以扩展到更高的维度。正弦和余弦函数的循环性质允许将个体从一个位置迭代到另一个位置上。这样可以保证开发阶段产生的位置在这两个位置之间。为勘探更多解空间，下一次位置应该在两个位置之外，这可以通过改变正弦和余弦函数的幅值范围来实现。

在[-2,2]范围内的正弦和余弦函数影响的概念模型,如图150.2所示。从图150.2可以看出,下一次位置的更新是如何通过改变正弦和余弦函数的振幅来选择在两个位置之间或之外的。下一次位置在两个位置之间或之外的获取可通过式(150.3)定义一个随机参数r_2,其范围为[0,2π]。因此,可以保证分别对搜索空间的勘探和开发。正弦和余弦函数的振幅在[-2,-1]和[1,2]时是勘探阶段,在[-1,1]时则是开发阶段。

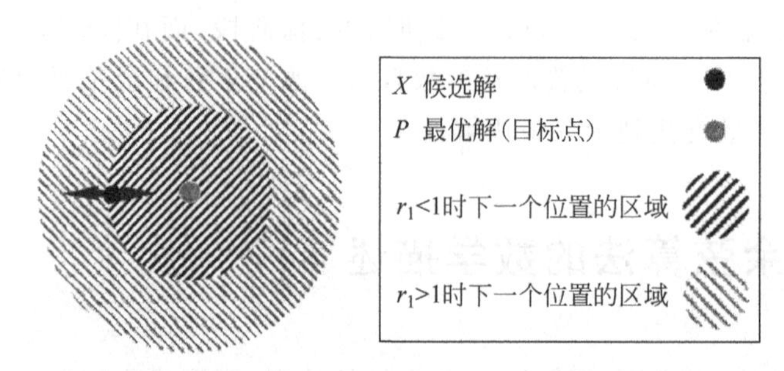

图150.1 不同的r_1的值对解搜索区域的影响

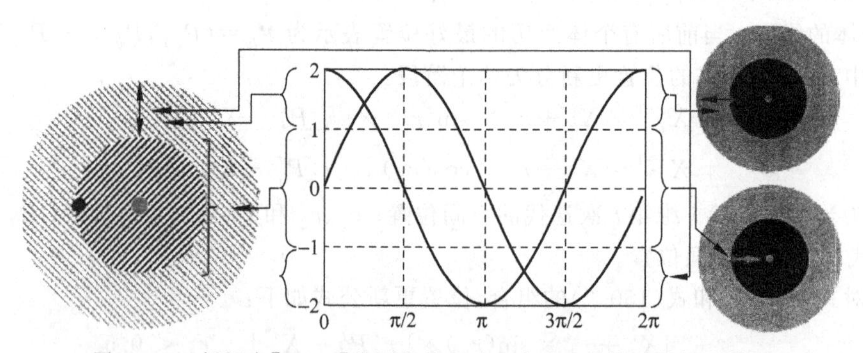

图150.2 振幅在[-2,2]范围内的正弦和余弦函数影响的概念模型

正弦余弦算法为了实现勘探和开发阶段的平衡,将自适应更新方程(150.3)中正弦和余弦函数的振幅定义如下:

$$r_1 = a - t\frac{a}{T} \tag{150.4}$$

其中,t为目前迭代次数;T为最大迭代次数;a为常数。

图150.3给出了式(150.4)如何在迭代过程中减小正弦余弦函数的范围。从图150.3可以推断,当正弦和余弦函数在范围为(1,2]和[-2,-1)时,SCA在搜索空间进行勘探。而当在[-1,1]的间隔范围内时,该算法在搜索空间进行开发。

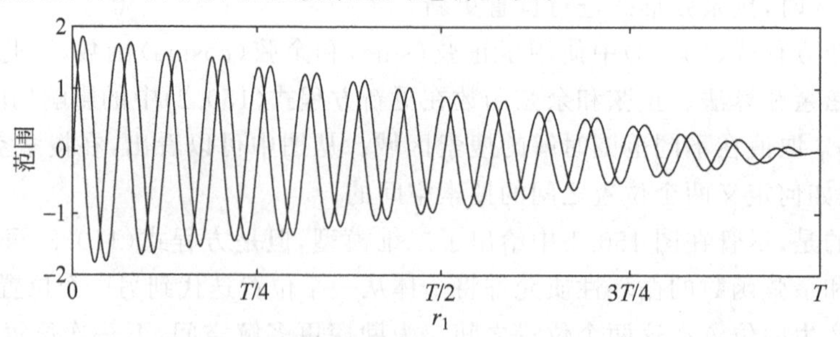

图150.3 正弦和余弦范围的递减模式($a=3$)

150.4　正弦余弦算法的伪代码实现

SCA优化过程由一组随机解开始，然后保存到目前为止获得的最好解，将其分配为目标点，并更新其相关的其他解。同时，更新正弦和余弦函数的范围，以强调随着迭代计数器增加而对搜索空间的利用。当迭代计数器默认高于最大迭代次数时，SCA终止优化过程。然而，可以考虑任何其他终止条件，如功能评估的最大数量或获得的全局最优解的精度。

正弦余弦算法的伪代码描述如下。

```
基本 SCA 算法伪代码
初始化算法参数: 种群规模 N; 控制参数 a; 最大迭代次数 t_max
在解空间中随机初始化 N 个个体组成初始种群
计算每个个体的适应度值,并记录最优个体位置
while (t < t_max)
  for i = 1 to N do
    for j = 1 to d do
      根据式(150.4)计算控制参数 r_1 的值
      if r_4 < 0.5
      根据式(150.3)中正弦函数部分更新位置
    else
      根据式(150.3)中余弦函数部分更新位置
    end for
  end for
end while
```

经过以上操作，SCA能在理论上得到优化问题的全局最优解，主要有以下几个原因。

(1) 针对给出问题，SCA创建并改进一系列候选解，与基于个体的算法相比，其本质有益于全局勘探和局部优化。

(2) 当正弦和余弦函数返回值大于1或小于−1时，将勘探搜索空间之外的不同区域。

(3) 当正余弦值返回在[−1,1]时，将开发期望的搜索空间区域。

(4) 使用恰当的正弦余弦函数的范围，实现SCA从搜索到开发的平滑过渡。

(5) 最接近全局最优的解作为目标点被储存在变量中，使其在优化过程中不会丢失。

(6) 在优化过程中，候选解总是在当前最佳候选解周围更新它们的位置，并趋向于搜索空间中的最佳区域。

(7) 由于SCA将优化问题视为一个黑箱子，因此它很容易用于解决不同领域的优化问题。

第 151 章　阴-阳对优化算法

宇宙中的许多事物都是受双重性的制约、在两个相反的力或状态的冲突下工作的。这些双重性在中国哲学中被描绘为阴和阳两方面，如果没有一个，另一个就不会存在。一方面逐渐改变到另一方面，这个周期不断地重复，这两个方面之间的平衡导致了和谐。阴-阳对优化算法将全局搜索和局部搜索分别视为阴和阳两方面，试图在哲学原理上实现阴阳平衡，使得优化算法中勘探和开发之间固有的矛盾行为互补，以有效地搜索确定最优解。本章介绍阴-阳对优化算法的思想、描述及伪代码实现。

151.1　阴-阳对优化算法的提出

阴-阳对优化(Yin-Yang-Pair Optimization，YYPO)算法是 2016 年由 Varun Punnathanam 等提出的一种新的元启发式优化算法。阴-阳对优化算法是基于在搜索空间勘探和开发之间保持平衡的一种复杂度低的随机算法。它根据优化问题中的决策变量的数量使用两个点，并生成附加点。它有 3 个用户定义的参数，为用户提供管理其搜索的灵活性。

利用对单目标实参数算法竞赛的问题集测试了 YYPO 算法的性能，将结果与其他优化算法(如人工蜂群、蚁狮优化、差分进化、灰狼优化、多方向搜索、模式搜索和粒子群优化)比较。基于非参数统计检验的结果表明，YYPO 算法相对于其他算法具有较强竞争的性能，同时计算时间复杂性显著降低。

151.2　阴-阳对优化算法的基本思想

阴阳是中国古代哲学的基本范畴。阴阳学说认为：世界是物质性的整体，宇宙间一切事物不仅其内部存在着阴阳的对立统一，而且其发生、发展和变化都是阴阳两方面对立统一的结果。

宇宙中的许多事物都受双重性的制约，都处于两个相反状态的矛盾之中。例如，光明和黑暗、身体和心灵、男性和女性、好与坏、生与死。在科学领域，波-粒子关系、正电荷和负电荷、常数和变量以及二进制数字 1 和 0 都是典型的例子。

这些双重性在中国哲学中被描绘为彼此互补和相互依存的阴和阳两个极端，如果没有一个，另一个就不会存在。一方面逐渐改变到另一方面，这个周期不断地重复，因此这两方面之间的平衡导致了和谐。图 151.1 所示为描述阴阳关系的图片。

在进化计算中，开发和勘探代表了两种冲突行为，开发和勘探行为与阴阳之间的相关性是显而易见的。因此，处理好它们之间的适当平衡是优化算法成功运行的关键。

图 151.1 描述阴阳关系的图片

大多数元启发式算法均是模拟一种特定的现象、行为或机制等来解决优化问题的。相反,阴-阳对优化算法不是基于任何特定机制或物理现象,而是试图在哲学原理上实现阴阳平衡,使得进化优化算法中勘探和开发之间固有的矛盾行为互补,以有效地搜索确定最优解。这就是阴-阳对优化算法设计的基本思想。

151.3 阴-阳对优化算法的数学描述

在 YYPO 算法中,所有的决策变量都被处理为归一化形式(在 0 和 1 之间),并借助于变量边界适当地缩放搜索半径对适应度进行评估。

YYPO 算法采用两个点 P_1 和 P_2,其中点 P_1 被设计成专注于开发;而点 P_2 被设计为专注于勘探可变空间。这两个点提供了在勘探和开发之间建立平衡关系的灵活性,并能使预期目标达到理想的性能。

点 P_1 和点 P_2 作为由 δ_1 和 δ_2 定义半径的勘探可变空间超球体的中心。这些半径是自适应的,使得 δ_1 和 δ_2 分别具有周期性减小和增加的趋势。应当注意的是,δ_1 和 δ_2 不是用户定义的参数,而是模拟一对收敛发散的超球体。

阴-阳对优化算法包括两个主要阶段:分割阶段和存档阶段。分割阶段在每次迭代时都会遇到,并用于围绕两个点勘探半径为 δ 的超球体;而存档阶段出现在迭代(I)的动态间隔处,并且使用用户定义的扩展/收缩因子(α)来更新 δ_1 和 δ_2。

下面用 D 表示问题维度(问题的决策变量数量),对阴-阳对优化算法描述如下。

阴-阳对优化算法从在域$[0,1]^D$ 内随机生成两个点开始,并评价它们的适应度。两点连线中的一个点记为 P_1,另一个点记为 P_2。设置用户定义的参数最小和最大值 $I_{\min}$ 和 $I_{\max}$,指定扩展/收缩因子 α,并将 δ_1 和 δ_2 的值设定为 0.5。存档更新的数量在 $I_{\min}$ 和 $I_{\max}$ 之间随机生成。此后,开始迭代循环,并比较两个点的适应度。如果 P_2 比 P_1 更好,两个点和它们相应的 δ 值被互换,确保迭代以点 P_1 开始。这两个点都存储在档案中,每个点和它的 δ 值一起进入分割阶段。

1. 分割阶段

在分割阶段给定一个点 P_1 或点 P_2,以及其对应的搜索半径 δ_1 和 δ_2。虽然这两个点都要经历分割阶段,但是每次只有单个点 P 与其搜索半径 δ 经历一次分割阶段。分割阶段设计应尽可能在超球面(具有半径 δ 的点 P 周围)变化的方向上产生新的点,同时保持一定程度的随机性。可以通过等概率来决定采用下述两种方法中的一种来实现分割。

(1) 单路分割。在这种方法中,复制点 P 的 $2D$ 个相同副本存储为 S,其可以看作一个大小为 $2D\times D$ 的矩阵。在 S 中,每个点的一个变量使用下式进行修改:

$$
\begin{aligned}
&S_j^j = S^j + r\delta \\
&S_{D+j}^j = S^j - r\delta \quad j=1,2,3,\cdots,D
\end{aligned}
\tag{151.1}
$$

其中,下标表示点号;上标表示正在被修改的决策变量号;r 表示 0~1 的随机数。应该注意的是,在 S 中的每个修改都生成一个新的 r,因此总共需要 $2D$ 个随机数。

(2) D 路向分割。在该方法中,复制点 P 的 $2D$ 个相同副本存储为 S,其可以看作是一个大小为 $2D\times D$ 维矩阵。生成一个包含长度为 D 的二维随机二进制字符串的二进制矩阵 $\boldsymbol{B}$,使得每个二进制字符串都是唯一的。随后,每个点的每个变量使用下式进行修改:

$$
\begin{aligned}
&S_k^j = S^j + r(\delta/\sqrt{2}) \quad B_k^j = 1 \\
&S_k^j = S^j - r(\delta/\sqrt{2}) \quad \text{其他} \quad k=1,2,3,\cdots,2D;\ j=1,2,3,\cdots,D
\end{aligned}
\tag{151.2}
$$

其中,下标表示点数(或行);上标表示决策变量数(或列);r 表示 0 和 1 之间的随机数。应该注意的是,在 S 中每个点的每个变量生成一个新的 r,从而总共需要 $2D\times D$ 个随机数。可以通过随机选择 $0\sim 2^D-1$ 的二维的唯一整数,并将其转换成长度为 D 的二进制字符串来生成二进制矩阵 $\boldsymbol{B}$。

在上述两种方法中,任何超出缩放变量的约束范围(即低于 0 或大于 1)的变量都要在(0,1)区间中为其赋一个随机值加以纠正。用两种方法生成的 $2D$ 个新点重新对它们各自的适应度进行评估,并且用最好的点取代经历分割阶段的点。值得注意的是,通过分割阶段获得的点可能潜在地低于经历分割阶段的点。YYPO 算法的一个独特特征是:生成的点的数量取决于问题维度,对于较大维度的问题产生更多的点。这种自适应行为有助于算法处理不同维度的问题。因此,在分割阶段的结束时,两个点(P_1 和 P_2)已被替换。在指定的存档更新数(I)之后,执行存档阶段,否则启动下一次迭代。

2. 存档阶段

存档阶段在存档更新已经达到所需数量之后启动,需要注意的是,存档包含在该阶段的 $2I$ 点,对应于在分割阶段之前的每次更新时添加的两个点(P_1 和 P_2)。如果档案中的最佳点比点 P_1 更合适,它与点 P_1 互换。随后,如果存档中的最佳点比点 P_2 更合适,则该点替换 P_2。应当注意的是,如果点 P_1 已经与存档的一个点进行了交互,那么目前在存档中包含的前一点仍然被认为是替换点 P_2。

因此,存档阶段保存最佳点的思想,确保了算法的单调收敛性,即在任何一次迭代所确定的最佳点不会丢失。之后,更新搜索半径 δ_1 和 δ_2 使用以下式:

$$
\begin{aligned}
&\delta_1 = \delta_1 - (\delta_1/\alpha) \\
&\delta_2 = \delta_2 + (\delta_2/\alpha)
\end{aligned}
\tag{151.3}
$$

在存档阶段结束时,存档矩阵设置为无效,并且在其指定的边界($I_{\min}$ 和 $I_{\max}$)内随机生成存档更新(I)数量的新值。δ_2 的最大值限定为 0.75,因为 δ_2 非常高的值可能导致对搜索空间的无效勘探。虽然 δ_2 的上限(如限制为 0.2)的大变化必然影响算法的性能。例如,将 δ_2 限制为低值将阻碍算法勘探整个搜索空间的能力。另一方面,如果 δ_2 是无限制的或非常高的

(>1),从点 P_2 产生的新的解将有更高的倾向于超出有限的搜索空间。因此,将 δ_2 的上限设置在 0.75 附近的值,在所有情况下都会获得令人满意的性能。

存档阶段完成,当前迭代结束,随后开始下一次迭代,直到满足用户提供的终止标准。因此,两个阶段的 YYPO 算法可以有效地引导算法发现最优解。

151.4　阴-阳对优化算法的伪代码实现

为清楚起见,YYPO 算法的代码可分为两部分:主算法和分割阶段。在分割阶段中需要对适应度进行评估,其中在每次迭代中对 $4D$ 个点进行评估,执行迭代分割阶段两次(分别为点 P_1 和点 P_2)。这意味着对于算法的维度 D 和 T 迭代的问题,包括两个初始点的适应度评价的总数是 $4DT\pm2$。因此,对于固定数量的性能评估该算法将对较低维度问题执行较大的迭代次数。此外,该算法不需要识别和替换任何重复的解,而有效地利用性能评估就能够快速确定最优解。

阴-阳对优化算法的伪代码描述如下。

```
主算法
1. 设置用户定义的参数(I_min,I_max 和 α),终止条件以及决策变量的下限和上限变量.
2. 初始化两个随机点 P_1 = {P_1^1,P_1^2,P_1^3,…,P_1^D}和 P_2 = {P_2^1,P_2^2,P_2^3,…,P_2^D},其中 D 是维数,且 0≤(P_1^j,P_2^j)≤
   1,j = 1,2,…,D;初始化 δ_1 = 0.5,δ_2 = 0.5;i = 0;在 I_min 和 I_max 之间生成 I
3. 评估 P_1 和 P_2 的适应度
4. do
5. if P_2 比 P_1 更适合,交换 P_1 和 P_2,δ_1 和 δ_2,end
6. 将 P_1 和 P_2 存储在档案中,i = i + 1
7. 执行 P_1 和 P_2 的分割操作,并接收更新的 P_1 和 P_2 及它们各自的适合度值
8. if i = I
9. if 存档中的最佳点比 P_1 更适合
10. 存档中的最佳点和 P_1 互换,end
11. if 存档中的最佳点比 P_2 更适合
12. 存档中的最佳点就是新的 P_2,end
13. 用方程(151.3)更新 δ_1 和 δ_2
14. 清除存档,在存档大小范围内生成新的 I
设置 i = 0,end
15. while 不满足终止标准
分割阶段
    输入:点 P 及其相应的 δ
    输出:更新点 P 及其适应度
1. 随机生成数 R(0≤R≤1)
2. if R < 0.5
3. 生成 P 的 2D 副本并将其存储在 S 中
4. 使用式(151.1)修改 S 中的每个点,end
5. else
```

6. 随机生成 2D×D 维的二进制矩阵 **B**,使得每行是唯一的
7. 生成 P 的 2D 副本并将其存储在 S 中
8. 使用式(151.2)修改 S 中的每个点,**end**
9. 评估 S 中的每个点的适应度
10. **if** S 中的任何变量小于 0 或大于 1,用 0～1 的随机生成的数字替换它
11. 更新 P 等于 S 中最佳点

第152章　五行环优化算法

五行环优化算法是基于中国古代哲学五行学说的系统动态平衡方法提出的，用于解决组合优化和连续函数优化问题。五行学说认为宇宙间的一切事物都是由金、水、木、火、土五种物质元素所组成，它们之间存在着相生相克的关系，可以描述动态系统的平衡关系。本章首先介绍五行学说及它们之间相生相克关系，然后阐述五行环模型的建立、五行环优化算法的优化原理、数学描述、算法的实现步骤及流程。

152.1　五行环优化算法的提出

五行环优化算法(Five-Elements Cycle Optimization，FECO)是2017年由刘漫丹借鉴中国古代哲学五行元素理论的系统动态平衡方法提出的，用于解决连续函数优化问题。该算法基于五行元素相生相克原理建立了五行环模型，构建了元素空间结构以及元素更新方法等关键环节。为了检验五行环优化算法的优化性能，针对23个标准测试函数，将五行环优化算法与其他17种启发式优化算法进行了比较，仿真结果表明，五行环优化算法在求解连续函数优化问题上具有较好的优化性能。

152.2　五行学说及相生相克关系

五行学说是中国古代的一种唯物主义的哲学思想，该学说认为宇宙间的一切事物都是由金、水、木、火、土5种物质元素组成，自然界各种事物和现象的发展变化，都是这5种物质不断运动和相互作用的结果。五行元素之间存在着相生相克的关系，如图152.1所示，五行学说描述了动态系统的平衡关系。

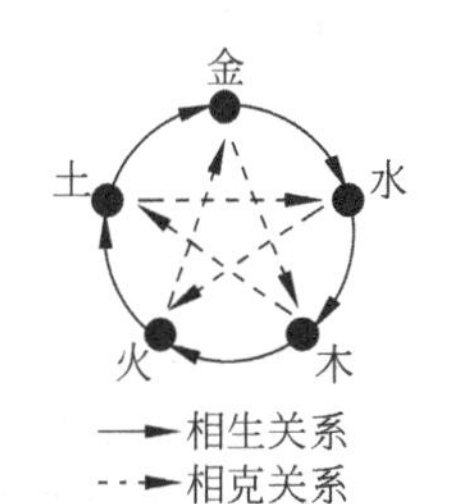

图152.1　五行元素的相生相克关系

相生关系表现为"金生水，水生木，木生火，火生土，土生金"。相生关系类比于母子关系，子元素从母元素处获取养分从而使自己强大；相克关系表现为"木克土，土克水，水克火，火克金，金克木"。相克关系类比于祖孙关系，孙辈元素被祖辈元素约束挟制，从而使自己的生长受到制约。通过相生相克关系，所有的元素既相互制约又相互促进，形成一种动态平衡关系。

152.3 五行环优化算法的优化原理

中国古代哲学思想中的阴阳五行学说为人们提供了一种描述系统的方法,这一学说试图以自然力量来解释自然现象。阴阳五行学说将一个系统中的所有元素赋予阴、阳,以及金、水、木、火、土的属性,不同属性的元素之间具有不同的作用方式,这些作用方式相互关联、相互竞争、相互协助,从而使得系统具有动态平衡的特性,系统的能量函数随时间变化,最终达到最小。这一现象就为人们将这种作用方式进行抽象、提炼,形成一种优化算法的思想基础。

基于上述思想,Zhao 提出了 YYO(Yin-Yang Optimization)算法,该算法通过平衡个体的阴、阳属性,使其定义的和谐函数趋于0,从而实现优化问题的求解;Cui 等提出了 NFESA(Naive Five-Element String Algorithm)算法,该算法借鉴五行相生原理,采用五进制对个体进行编码,并基于五进制基因型表达衍生出更多候选解,从而提高搜索效率,该算法用于求解连续函数优化问题;Punnathanam 等提出了 YYPO(Yin-Yang-Pair Optimizer)算法,该算法基于种群空间中代表对立面的阴和阳的两个解进行搜索,这两个解分别表达了对搜索空间的空间探索性和局域挖掘,通过分裂操作和存档操作,实现空间探索与局域挖掘之间的平衡,算法用于求解连续函数优化问题,获得了满意的优化性能。

刘漫丹基于五行相生相克原理建立了五行环模型(Five-Elements Cycle Model,FECM)。通过计算个体之间的相互作用关系,衡量出个体适应度值的优劣,随后根据个体的优劣进行解的更新,通过迭代找出旅行商问题的最好解,在此基础上提出了解决连续函数优化问题的五行环优化算法。

152.4 五行环模型的建立

假设一个动态系统由5个元素组成,定义 k 时刻5个元素的质量分别为 $m_i(k)>0, i=1, 2, \cdots, 5$。其中 $m_1(k)$表示金元素的质量,$m_2(k)$表示水元素的质量,$m_3(k)$表示木元素的质量,$m_4(k)$表示火元素的质量,$m_5(k)$表示土元素的质量。在 k 时刻,将每个元素受到的力定义为 $F_i(k)$,$F_i(k)$是其他4个元素施加到元素 i 上的力。

为说明 $m_1(k)$和 $F_i(k)$之间的关系,以 $i=3$ 的木元素为例,可将 $F_3(k)$分解为4部分。第1部分记为 $F_{3\text{-}1}(k)$,是其母元素(水)向其施加的“生”力,因来自母元素的“生”力将使该元素变强壮,因此定义这个力为正值。$F_{3\text{-}1}(k)$的大小与当前时刻的木元素质量 $m_3(k)$和水元素质量 $m_2(k)$相关,当 $m_2(k)\geqslant m_3(k)$时,木元素在“生”力的作用下变得更强壮,且 $m_2(k)$越大(或者 $m_3(k)$越小),则 $F_{3\text{-}1}(k)$的值越大。然而,如果木元素本身比其母元素更强壮,即 $m_2(k)<m_3(k)$,那么其母元素将受到损伤,因此 $F_{3\text{-}1}(k)$的符号将会反转。采用自然对数函数来表达以上关系,即 $F_{3\text{-}1}(k)$可表示为

$$F_{3\text{-}1}(k)=\ln[m_2(k)/m_3(k)] \tag{152.1}$$

其中,$F_3(k)$的第2部分记为 $F_{3\text{-}2}(k)$,这部分力来自其祖辈元素(金)的“克”力,该力应为负值,因为“克”力将使该元素变得衰弱。同样地,$F_{3\text{-}2}(k)$的值取决于木元素质量 $m_3(k)$和金元素质量 $m_1(k)$。当 $m_1(k)\geqslant m_3(k)$时,木元素在“克”力作用下变得更衰弱,且 $m_1(k)$越大,或

者 $m_3(k)$越小，则 $F_{3\text{-}2}(k)$的绝对值越大。如果木元素本身比其祖辈元素更强壮，即$m_1(k)<m_3(k)$，那么 $F_{3\text{-}2}(k)$的符号将反转。$F_{3\text{-}2}(k)$可表示为

$$F_{3\text{-}2}(k)=-\ln[m_1(k)/m_3(k)] \tag{152.2}$$

同样地，$F_3(k)$的第 3 部分记为 $F_{3\text{-}3}(k)$，它是木元素施加给其子元素(火)的"生"力，木元素在施加力的过程中损耗了自身，因此该力应为负值。$F_3(k)$的第 4 部分记为 $F_{3\text{-}4}(k)$，它是木元素施加给其孙辈元素(土)的"克"力，木元素在施加力的过程中同样也损耗了自身，因此该力也应为负值。$F_{3\text{-}3}(k)$和 $F_{3\text{-}4}(k)$可分别表示为

$$F_{3\text{-}3}(k)=-\ln[m_3(k)/m_4(k)] \tag{152.3}$$

$$F_{3\text{-}4}(k)=-\ln[m_3(k)/m_5(k)] \tag{152.4}$$

将 $F_3(k)$表示为上述 4 部分的叠加，考虑到 4 部分的作用并非完全相同，定义 w_{gp}、w_{rp}、w_{ga}和 w_{ra} 分别为上述 4 部分的权重系数，这些权重应为 [0,1] 区间的正实数。

同样地，将 $F_3(k)$推演至 $F_i(k)(i=1,2,3,4,5)$，则得到各式如下所示：

$$\begin{cases}F_1(k)=w_{gp}\ln[m_5(k)/m_1(k)]-w_{rp}\ln[m_4(k)/m_1(k)]-\\ \qquad w_{ga}\ln[m_1(k)/m_2(k)]-w_{ra}\ln[m_1(k)/m_3(k)]\\ F_2(k)=w_{gp}\ln[m_1(k)/m_2(k)]-w_{rp}\ln[m_5(k)/m_2(k)]-\\ \qquad w_{ga}\ln[m_2(k)/m_3(k)]-w_{ra}\ln[m_2(k)/m_4(k)]\\ F_3(k)=w_{gp}\ln[m_2(k)/m_3(k)]-w_{rp}\ln[m_1(k)/m_3(k)]-\\ \qquad w_{ga}\ln[m_3(k)/m_4(k)]-w_{ra}\ln[m_3(k)/m_5(k)]\\ F_4(k)=w_{gp}\ln[m_3(k)/m_4(k)]-w_{rp}\ln[m_2(k)/m_4(k)]-\\ \qquad w_{ga}\ln[m_4(k)/m_5(k)]-w_{ra}\ln[m_4(k)/m_1(k)]\\ F_5(k)=w_{gp}\ln[m_4(k)/m_5(k)]-w_{rp}\ln[m_3(k)/m_5(k)]-\\ \qquad w_{ga}\ln[m_5(k)/m_1(k)]-w_{ra}\ln[m_5(k)/m_2(k)]\end{cases} \tag{152.5}$$

每个元素在力的作用下，其质量由 $m_i(k)$变为 $m_i(k+1)$，变化规则的表达式为

$$m_i(k+1)=m_i(k)\cdot f_M(F_i(k))\quad i=1,2,3,4,5 \tag{152.6}$$

其中，$f_M(\cdot)$为一非线性函数，用来表达元素在受力作用下其质量的变化规律，例如，可采用 logsig 函数，同时将式(152.5)和式(152.6)中的五行元素关系拓展至 L 元素关系，可得到五行环模型(Five-Elements Cycle Model，FECM)的表达式为

$$\begin{cases}F_i(k)=w_{gp}\ln[m_{i-1}(k)/m_i(k)]-w_{rp}\ln[m_{i-2}(k)/m_i(k)]-\\ \qquad w_{ga}\ln[m_i(k)/m_{i+1}(k)]-w_{ra}\ln[m_i(k)/m_{i+2}(k)]\\ m_i(k+1)=m_i(k)\cdot\dfrac{2}{1+\exp(-F_i(k))}\end{cases} \tag{152.7}$$

其中，$i=1,2,\cdots,L$。当 $i=1$ 时，用 L 替代 $i-1$，用 $L-1$ 替代 $i-2$；当 $i=2$ 时，用 L 替代 $i-2$；当 $i=L-1$ 时，用 1 替代 $i+2$；当 $i=L$ 时，用 1 替代 $i+1$，用 2 替代 $i+2$。

152.5　五行环优化算法的实现及流程

1. 解的表达与种群结构

将连续函数 $f(x)$的每一个解对应于五行环模型中的每一个元素，在 FECO 算法中，将所

有元素（即当前所有可行解）划分为 q 个环，每个环包含 L 个元素，即种群规模为 $L\times q$。

用 $x_{ij}(k)$表示第 k 代第 j 环中的第 i 元素，$x_{ij}(k)$即为 $f(x)$的一个解。$m_{ij}(k)$是元素 $x_{ij}(k)$的质量，对应为目标函数 $f(x_{ij}(k))$的值。$x_{ij}(k)$受到的来自第 j 环中的其他元素的作用力 $F_{ij}(k)$的表达式为

$$
\begin{aligned}
F_{ij}(k)=&w_{gp}\ln[m_{(i-1)j}(k)/m_{ij}(k)]-w_{rp}\ln[m_{(i-2)j}(k)/m_{ij}(k)]-\\
&w_{ga}\ln[m_{ij}(k)/m_{(i+1)j}(k)]-w_{ra}\ln[m_{ij}(k)/m_{(i+2)j}(k)]
\end{aligned}
\tag{152.8}
$$

FECO 是一个迭代算法。当 $k=0$ 时，随机产生 $L\times q$ 个初始元素 $x_{ij}(0)(i=1,2,\cdots,L;j=1,2,\cdots,q)$，并计算它们的质量（即目标函数），表示为 $m_{ij}(0)$。同时，设置初始的 $F_{ij}(0)$均为 0。在第 k 代时，首先计算元素 $x_{ij}(k)$的质量 $m_{ij}(k)$，并通过式(152.8)计算其受力 $F_{ij}(k)$。$F_{ij}(k)$的值表征了元素 $x_{ij}(k)$的优劣，根据 $F_{ij}(k)$决定元素从 $x_{ij}(k)$更新至 $x_{ij}(k+1)$的方式。随着迭代过程的进行，较好的元素被保留，较差的元素被替换，当达到最大迭代代数时，可获取优化问题的最优解。

2. *元素的更新*

$x_{ij}(k+1)$的更新依赖于 $F_{ij}(k)$。如果 $F_{ij}>0$，说明 $x_{ij}(k)$是一个较好解，因为从系统平衡的角度分析，$m_{ij}(k)$越小，$F_{ij}(k)$才会越大，大的受力才能使该元素变得强壮，从而使各元素质量进一步趋同。在这种情况下，$x_{ij}(k)$应该保留在解空间中，因此有

$$
x_{ij}(k+1)=x_{ij}(k),\quad F_{ij}(k)>0 \tag{152.9}
$$

如果 $F_{ij}(k)\leqslant 0$，说明 $x_{ij}(k)$可能不是一个较好解，因为其受力 $F_{ij}(k)$为负，表明系统期望该元素变得更加衰弱，这说明其本身的质量 $m_{ij}(k)$比较大。因 $m_{ij}(k)$是一个 D 维向量，将其表示为$[x_{ij,1}(k),x_{ij,2}(k),\cdots,x_{ij,d}(k),\cdots,x_{ij,D}(k)]^{\mathrm{T}}$。在这种情况下，应该对 $m_{ij}(k)$进行替换，而且应该在较好解的邻域内产生新解，为此将 $x_{ij,D}(k)$进行更新为

$$
\begin{cases}
x_{ij,d}(k+1)=x_{i^*j,d}(k)+r_s\times p_s\times[x_{i^*j,d}(k)-x_{ij,d}(k)], & r_m<p_m\\
x_{ij,d}(k+1)=x_{\mathrm{best},d}(k)+r_s\times p_s\times[x_{\mathrm{best},d}(k)-x_{i^*j,d}(k)], & r_m\geqslant p_m
\end{cases}
\tag{152.10}
$$

其中，p_s 为一个尺度因子；p_m 为一个预先给定的概率值；r_s 为$[-1,1]$区间的随机数；r_m 为$[0,1]$区间的随机数；$x_{i^*j}(k)$是第 j 环中受力最大的元素，即 $F_{i^*j}(k)\geqslant F_{ij}(k)(i^*\in\{1,2,\cdots,L\},i\ \forall\{1,2,\cdots,L\})$，$x_{i^*j}(k)=[x_{i^*j,1}(k),x_{i^*j,2}(k),\cdots,x_{i^*j,d}(k),\cdots,x_{i^*j,D}(k)]^{\mathrm{T}}$；$x_{\mathrm{best}}$ 是当前最优解，$x_{\mathrm{best}}=[x_{\mathrm{best},1},x_{\mathrm{best},2},\cdots,x_{\mathrm{best},d},\cdots,x_{\mathrm{best},D}]^{\mathrm{T}}$。

式(152.10)的含义是，$x_{ij}(k)$在给定的概率 p_m 下，被替换为第 j 个环中受力定义下的最好元素 $x_{i^*j}(k)$的变异解，在 $1-p_m$ 概率下，$x_{ij}(k)$被替换为当前全局最优解 x_{best} 的变异解。

3. *FECO 算法的实现步骤流程*

初始化阶段包括设置初始参数 L、q、最大迭代代数 max iteration、尺度因子 p_s、给定概率 p_m、权重系数 $w_{gp},w_{rp},w_{ga},w_{ra}$。设置或计算初始值 $x_{ij}(0)$，$m_{ij}(0)$和 $F_{ij}(0)$。通常情况下，L 的典型取值为 5，q 可取 10～100，p_s 可取 0.1～2.0，p_m 应在$[0,1]$区间取值，权重系数可简单地设为 $w_{gp}=w_{rp}=w_{ga}=w_{ra}=1$。

在第 k 代时，对于第 j 个环中的元素，它们的受力 $F_{ij}(k)(i=1,2,\cdots,L)$根据 $m_{ij}(k)$进行计算，而 $m_{ij}(k)$则根据元素 $x_{ij}(k)$计算得到。根据 $F_{ij}(k)$决定采用式(152.9)还是式(152.10)对元素进行更新，得到 $x_{ij}(k+1)$。在迭代过程中，不断记录当前的最好解 x_{best}

直至 $k \geqslant$ max iteration 时可获得全局最优解。

FECO 算法的流程如图 152.2 所示。

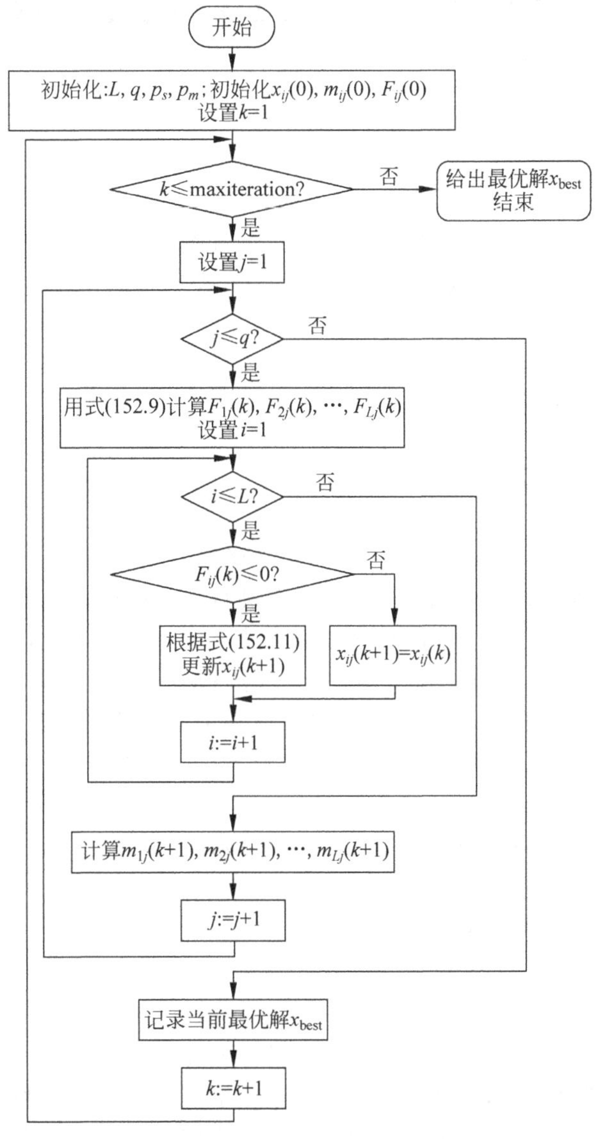

图 152.2　FECO 算法的流程图

第153章　多元宇宙优化算法

多元宇宙优化算法基于多元宇宙理论，模拟多元宇宙种群在白洞、黑洞和虫洞共同作用下的运动行为。该算法将白洞和黑洞用于全局探测阶段，而将虫洞用于局部开采阶段。通过白洞/黑洞轨道和虫洞对初始宇宙进行循环迭代来实现对函数优化问题的求解。多元宇宙优化算法具有参数少、结构简单、执行效率高、易于理解等优点。本章首先介绍多元宇宙理论，然后阐述多元宇宙优化算法的数学描述、实现步骤和算法流程。

153.1　多元宇宙优化算法的提出

多元宇宙优化(Multi-Verse Optimizer，MVO)算法是2016年由Mirjalili等人受物理学多元宇宙理论的启发，通过模拟虫洞由白洞向黑洞进行转移的原理而提出的一种仿自然优化算法。MVO算法具有参数少、结构简单、执行效率高和易于理解等优点。

将MVO算法与灰狼优化、粒子群优化、遗传算法和引力搜索算法对比，通过对19个基准函数测试性能比较结果表明，MVO算法能够提供非常有竞争力的结果，优于大多数文献中的最佳算法。用于5个实际工程设计问题的结果显示了MVO算法在解决未知搜索空间实际问题中的潜力。MVO算法及改进算法已用于解决经济负荷调度、光伏发电机组、年峰值负荷预测、无功优化调度、无人机路径规划、聚类分析和多目标优化等问题。

153.2　多元宇宙理论

多元宇宙理论认为，宇宙源于宇宙大爆炸，每次大爆炸都会产生一个宇宙。“多元”指的是除了我们生活的宇宙之外，还会存在其他宇宙。多个宇宙相互作用，甚至可能在多重宇宙中相互碰撞。每一个宇宙都在膨胀，并存在一个膨胀率。宇宙间存在黑洞和白洞，黑洞引力很大，能够通过虫洞链接到另一个时空，黑洞会吸入所有物质(甚至是光)。白洞则是在黑洞吸收过多物质后而开始吐出物质。

黑洞是当一定质量的物质坍缩到它一定的半径之内而形成的天体，其密度非常大，产生巨大的引力会让黑洞周围的时空扭曲，时空曲率变得无穷大。在这里时间的流逝几乎静止，连光线都无法逃脱。

白洞和黑洞的物理性质是完全相反的，很可能是一一对应的。换句话说，每有一个黑洞，就会有一个对应的白洞存在。这边黑洞吃了多少东西，那边白洞就会吐出多少东西。物理学家认为，大爆炸可视为白洞，并且可能是主要的组成部分。

虫洞被科学家认为是将宇宙的不同部分连接在一起的那些洞，它是一种能够跨越时空维度的“通道”，人类可以通过虫洞实现超远距离的“瞬间移动”，甚至能够穿越时空，抵达过去或者未来。

白洞、黑洞和虫洞的示意图如图 153.1 所示。

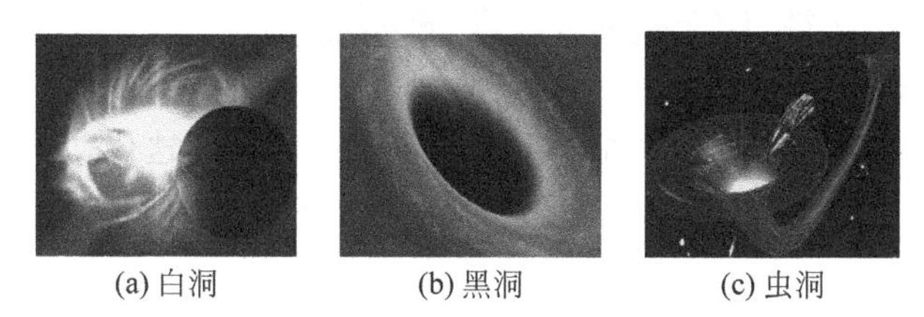

图 153.1　白洞、黑洞和虫洞的示意图

153.3　多元宇宙优化算法的原理

多个宇宙通过白洞、黑洞和虫洞相互作用以达到稳定状态，这种稳定状态可视为能量达到最小的过程中蕴含着优化的机制。MVO 算法正是模拟多元宇宙种群在白洞、黑洞和虫洞共同作用下的运动行为。

MVO 算法依据多元宇宙理论中白洞、黑洞和虫洞 3 个主要概念来建立数学模型，定义候选解为宇宙，候选解的适应度为宇宙的膨胀率。在迭代过程中，每一个候选解为黑洞，适应度好的宇宙依据轮盘赌原理成为白洞、黑洞和白洞交换物质（维度更换），部分黑洞可以通过虫洞链接穿越到最优宇宙附近（群体最优附近搜索）。

MVO 算法在优化过程中，将白洞和黑洞用于全局搜索，将虫洞用于局部搜索。必须指出，宇宙个体的位置是一个假想的概念，事实上，宇宙个体的位置是由其内部物体的运动所改变的。MVO 算法在执行优化的过程中遵循以下规则。

(1) 如果一个宇宙的膨胀率越高，则生成白洞的概率就越高；如果一个宇宙的膨胀率相对较低，则它更有可能生成黑洞。

(2) 生成白洞的宇宙会排斥物体，相反地，生成黑洞的宇宙会吸收物体。

(3) 不考虑膨胀率的高低，其他宇宙都有可能通过虫洞将物体传送至当前最优宇宙。

为了实现上述规则，引入了一个称为白洞/黑洞轨道的概念。虫洞总是建立在某个宇宙和当前最优宇宙之间，而白洞/黑洞轨道可以建立在任何两个宇宙之间。MVO 算法就是通过白洞/黑洞轨道和虫洞对初始宇宙进行循环迭代实现对优化问题求解。MVO 算法的概念模型如图 153.2 所示，其中 $I(U_1)>I(U_2)>\cdots>I(U_{n-1})>I(U_n)$。

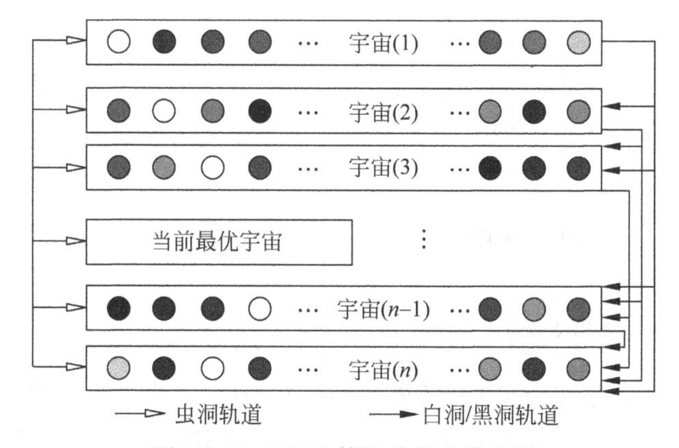

图 153.2　MVO 算法的概念模型图

153.4 多元宇宙优化算法的数学描述

MVO 算法通过白洞/黑洞轨道和虫洞对初始宇宙进行循环迭代,其中宇宙代表着问题的可行解,宇宙中的物体代表解的分量,宇宙的膨胀率代表解的适应度值。

1. 初始化

对于 d 维优化问题,随机初始化多元宇宙种群 $\boldsymbol{U}$,并用矩阵表示为

$$\boldsymbol{U}=\begin{bmatrix} x_1^1 & x_1^2 & \cdots & x_1^d \\ x_2^1 & x_2^2 & \cdots & x_2^d \\ \vdots & \vdots & & \vdots \\ x_n^1 & x_n^2 & \cdots & x_n^d \end{bmatrix} \tag{153.1}$$

其中,n 是宇宙数量; d 是宇宙内物体数量; $U_i=(x_i^1,x_i^2,\cdots,x_i^d)$为第 i 宇宙; x_{ij} 是第 i 宇宙的第 j 物体。

2. 选择

在迭代过程中,对每个宇宙的膨胀率进行计算,并根据宇宙的膨胀率通过轮盘赌法来产生白洞/黑洞轨道。轮盘赌法选择保证了膨胀率高的宇宙具有较大的概率生成白洞,膨胀率低的宇宙具有较大的概率生成黑洞。物体在不同宇宙之间通过白洞/黑洞轨道传输的数学表达式为

$$x_i^j=\begin{cases} x_k^j & r_1 < NI(U_i) \\ x_i^j & r_1 \geqslant NI(U_i) \end{cases} \tag{153.2}$$

其中,$NI(U_i)$为第 i 宇宙的归一化膨胀率,是指在所有宇宙膨胀率 $f(NI(U_i))$的基础上进行归一化之后,宇宙 U_i 所对应归一化之后的膨胀率; r 为[0,1]之间的随机数; x_{ij} 表示第 i 宇宙的第 j 参数; x_k^j 为第 k 宇宙的第 j 参数,第 k 宇宙是通过轮盘赌法选择出的白洞宇宙。

3. 移动

为了维持宇宙的多样性,同时提高宇宙的膨胀率,在单个宇宙和最优宇宙之间由虫洞来随机移动物体穿过空间。这种虫洞移动机制的数学表达式为

$$x_i^j=\begin{cases} \begin{cases} x_{\text{best}}^j+\text{TDR}\times((ub_j-lb_j)\times r_4+lb_j) & r_3<0.5 \\ x_{\text{best}}^j-\text{TDR}\times((ub_j-lb_j)\times r_4+lb_j) & r_3\geqslant 0.5 \end{cases} & r_2<\text{WEP} \\ x_i^j & r_2\geqslant \text{WEP} \end{cases} \tag{153.3}$$

其中,r_2、r_3 和 r_4 为[0,1]之间的随机数; x_{best}^j 为当前最优宇宙 x_{best} 的第 j 参数; ub_j 和 lb_j 分别为第 j 参数的上界和下界; WEP 为虫洞存在的概率,TDR 为移动速率,它们的数学表达式分别为

$$\text{WEP}=\text{WEP}_{\min}+l\cdot\left(\frac{\text{WEP}_{\max}-\text{WEP}_{\min}}{L}\right) \tag{153.4}$$

$$\text{TDR}=1-\frac{l^{1/p}}{L^{1/p}} \tag{153.5}$$

其中,$\text{WEP}_{\max}$ 和$\text{WEP}_{\min}$ 分别为 WEP 的最大值和最小值; l 为当前迭代次数; L 为最大迭代次数; p 是 TDR 的调节系数,可以是常数,也可以是随着迭代变化的自适应值,一般情况下,以算法提出过程中的默认值为准,取值为 6。

153.5　多元宇宙优化算法的实现步骤及流程

多元宇宙优化算法的实现步骤如下。

(1) 随机初始化一个多元宇宙种群 U 及宇宙个体位置，定义目标函数 $f(U)$。

(2) 定义算法参数$\mathrm{WEP}_{\max}$、$\mathrm{WEP}_{\min}$、最大迭代次数 L，以及变量 p、n、d、l。

(3) 计算宇宙个体的适应度值，通过比较获得当前最优宇宙。

(4) 根据式(153.4)、式(153.5)分别更新虫洞存在概率 WEP 和物体移动速率 TDR，并进行边界检查与处理。

(5) 根据式(153.2)执行轮盘赌法选择出一个白洞。

(6) 根据式(153.3)计算出更新后的最优宇宙，若优于当前最优宇宙，则将其替换；反之仍保留当前最优宇宙。

(7) 终止准则判断。若达到最大迭代次数或最小精度要求，则输出最优宇宙和适应度值，算法结束；否则，返回步骤(3)。

多元宇宙优化算法的流程如图 153.3 所示。

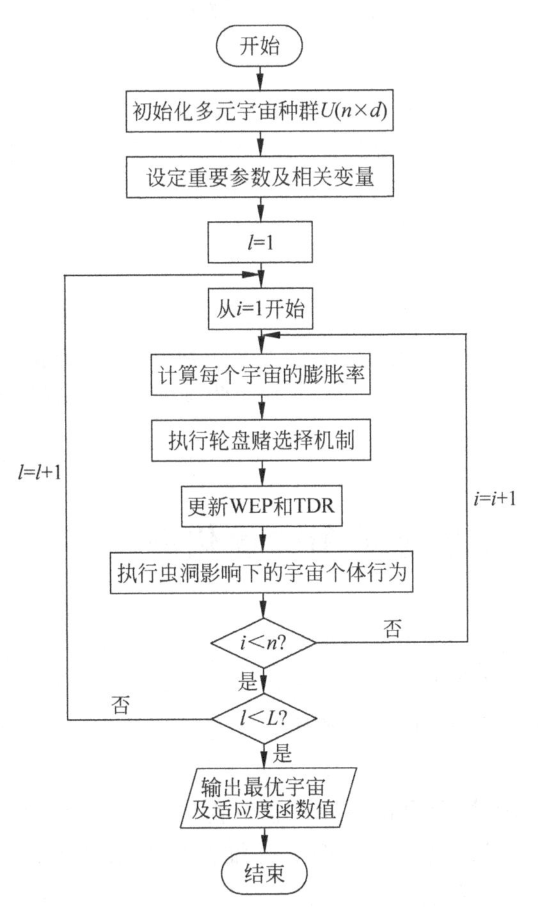

图 153.3　MVO 算法的流程图

第154章　人工生态系统优化算法

人工生态系统优化算法是模拟地球生态系统中能量流动的一种仿自然优化算法。该算法通过对生态系统中的生产者、消费者和分解行为的模拟来达到求解函数优化问题的目的。生产者的行为旨在加强AEO算法勘探和开发之间的平衡能力；消费者的行为用于改进AEO算法的探索能力；分解者行为旨在提升AEO算法的开发性能。本章首先介绍生态系统的概念及生态平衡的优化原理，然后阐述人工生态系统优化算法的数学描述、算法的伪代码。

154.1　人工生态系统优化算法的提出

人工生态系统优化（Artificial Ecosystem-based Optimization，AEO）算法是2019年由Zhao等提出的仿自然优化算法。该算法的概念和设计思想源于对自然驱动的地球生态系统中能量流的模拟。AEO算法通过生产算子、消费算子和分解算子对生态系统中的生产、消费和分解的三种独特行为进行模拟，通过人工生态系统向着健全、稳定、平衡态演化过程，来实现求解函数优化问题。

AEO算法除群体规模和最大迭代次数外，几乎没有可调参数，不仅易于实现，而且具有较好的寻优精度和全局搜索能力。通过对31个基准函数和8个实际工程问题的测试比较结果表明，AEO算法的总体优化性能具有优势，尤其在收敛速度和计算量方面，比其他算法更具竞争力。

154.2　生态系统及生态平衡的优化原理

生态系统的概念早在1955年由英国生态学家A. G. Tansley提出。生态系统是在一定时间和空间内，生物与其生存环境以及生物与生物之间相互作用，彼此通过物质循环、能量流动和信息交换，形成的一个不可分割的自然整体。生态系统是生物与环境之间进行能量转换和物质循环的基本功能单位。

生态系统可以分为非生物和生物两种。非生物包括阳光、水、空气和其他非生物元素。生物包括所有活生物体。能量流和营养循环是维持生态系统中正常生态秩序的主要驱动力。在生态系统中，所有活生物体都起着重要作用。活的生物可以分为生产者、消费者和分解者。

生产者不需要从其他生物获取能量，并且大多数生产者都是由任何一种绿色植物通过光合作用直接获取食物能量。

消费者自己不能生产食物，必须以生产者或其他消费者为食，以获得能量和营养。消费者可分为食肉动物、食草动物和杂食动物。

分解者是一种以死植物（生产者）和动物（消费者）或活生物体的废物为食的生物。分解者包括大多数细菌和真菌。当生物死亡时，分解者将其分解并转化为简单的分子，例如二氧化碳、水和矿物质。然后，这些能量形式可能会被生产者吸收以再次制造糖和氧气，并通过光合作用重新开始循环。相互交互的生产者、消费者和分解者构成了一条食物链。

如图 154.1 所示，许多重叠的食物链形成一个食物网，其中箭头指出了生态系统中的能量流的转移途径。能量总是从高能量的生物流向低能量的生物。这种能量转移机制能够维持生物物种的多样性和稳定性，并能够使一个健全而稳定的生态系统长期保持生态平衡。

AEO 算法中的生态系统如图 154.2 所示。在这个生态系统中，所有个体都按照适应度值的降序排列，箭头代表能量流向。最差的个体 x_1（最高的适应度值）和最好的个体 x_n（最低的适应度值）分别是生产者和分解者，其他个体是消费者。假设 x_2 和 x_5 是草食动物，x_3 和 x_7 是杂食动物，x_4 和 x_6 是食肉动物。

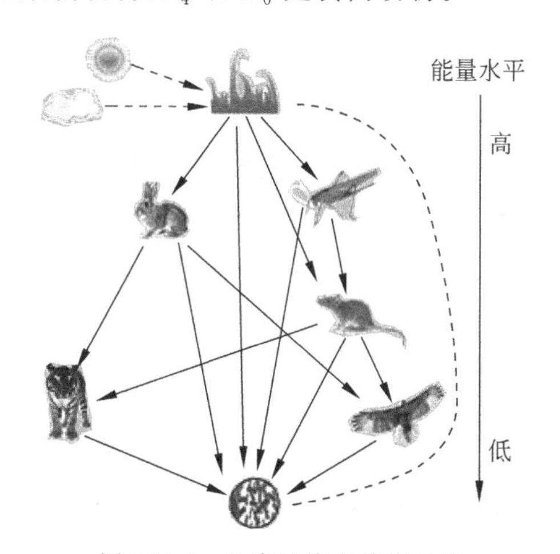

图 154.1　生态系统中的能量流

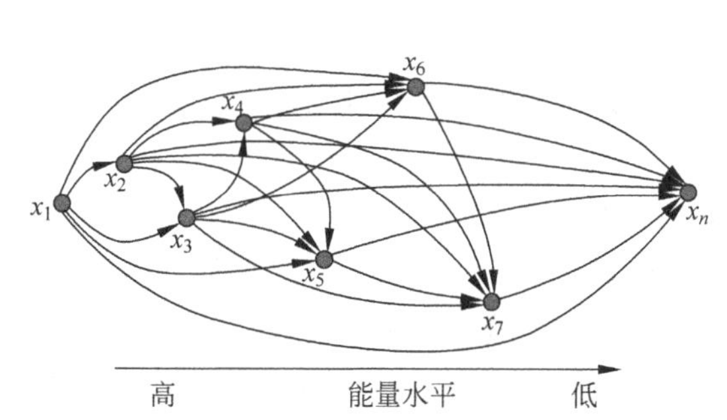

图 154.2　AEO 算法中的生态系统

生态系统具有以下特征：

(1) 生态系统具有自我调节能力。

(2) 能量流动、物质循环和信息传递是生态系统的三大功能。

(3) 生态系统中营养级数目一般不会超过 4～5 个。

(4) 生态系统是一个半开放的动态系统，要经历一个从简单到复杂、从不成熟到成熟的演变过程，这是生态系统向着健全、稳定、平衡态发展的过程，它蕴含着优化的机理。因此，可以用人工生态系统模拟自然的生态系统构造优化算法。

154.3　人工生态系统优化算法的数学描述

人工生态系统优化算法使用了生产、消耗和分解三个算子。生产算子旨在增强勘探与开发之间的平衡能力；消耗算子用于改进算法的探索能力；分解算子用于促进算法的开发能力。

AEO 算法遵循以下准则：

(1) 生态系统作为一个种群，包括3种类型生物体——生产者、消费者和分解者。

(2) 种群中只有一个个体分别作为生产者和分解者，其他个体作为消费者。

(3) 种群中每个个体选择具有相同的概率成为食肉动物、食草动物或杂食动物。

(4) 种群中每个个体的能量水平由适应度值进行评价，适应度值按降序排列，适应度值越高，表示最小化问题的能量水平越高。

1. 生产者的数学模型

在生态系统中，生产者可以利用CO_2、水、阳光以及分解者提供的营养来产生食物能量。在 AEO 算法中，种群中的生产者(最差个体)通过搜索空间上下限和分解者(最优个体)进行更新，更新后的个体将引导种群中的其他个体搜索不同的区域。模拟生产者行为的生产算子数学模型如下：

$$x_1(t+1)=(1-a)x_n(t)+ax_{\text{rand}}(t) \tag{154.1}$$

$$a=(1-t/T)r_1 \tag{154.2}$$

$$x_{\text{rand}}=r(U-L)+L \tag{154.3}$$

其中，x_1 为生产者个体空间位置；x_n 为当前群体中最佳个体空间位置；x_{rand} 为搜索空间中随机产生的个体的空间位置；a 为权重系数，用于随着迭代次数的增加，使个体从随机产生的位置向最佳个体的位置线性漂移；n 为种群大小；t 为当前迭代次数；T 为最大迭代次数；L 和 U 分别为下限和上限；r_1 为[0,1]范围内的随机数；r 为[0,1]范围内的随机向量。

式(154.1)表明，在早期迭代中，$x_1(t+1)$可能会指导其他个体在搜索空间中进行广泛的探索；在以后的迭代中，$x_1(t+1)$可能会指导其他个体在 x_n 周围的区域集中进行开发。

2. 消费者的数学模型

生产者提供食物能量后，每个消费者均可随机选择能量水平较低的消费者或生产者，或两者兼有获得食物能量。

(1) 如果消费者被随机选择为草食动物，它只以生产者为食。模拟草食动物行为的数学模型为

$$x_i(t+1)=x_i(t)+C\cdot(x_{\text{i}}(t)-x_1(t)) \quad i\in[2,3,\cdots,n] \tag{154.4}$$

$$C=\frac{1}{2}\ \frac{v_1}{|v_2|} \quad v_1\sim N(0,1),v_2\sim N(0,1) \tag{154.5}$$

其中，x_i 为第 i 消费者个体的空间位置；C 为具有 Levy 飞行特性的消费因子；$N(0,1)$为均值为0、标准差为1的正态分布概率密度函数。

(2) 如果消费者被随机选择为食肉动物，它只能随机选择能量水平较高的消费者为食。模拟食肉动物行为的数学模型为

$$\begin{cases}x_i(t+1)=x_i(t)+C\cdot((x_i(t)-x_j(t)) \quad i\in[3,4,\cdots,n]\\ j=\text{randi}([2i-1])\end{cases} \tag{154.6}$$

其中，x_j 为具有较高能量水平的消费者和生产者。

(3) 如果消费者被随机选择为杂食动物，它可以同时选择能量水平较高的消费者和生产者为食。模拟杂食动物消费行为的数学模型为

$$\begin{cases} x_i(t+1)=x_i(t)+C\cdot(r_2\cdot(x_i(t)-x_j(t))+ \\ \qquad (1-r_2)\cdot(x_i(t)-x_j(t)) \quad i=3,4,\cdots,n \\ j=\text{randi}([2i-1]) \end{cases} \tag{154.7}$$

其中，r_2 为[0,1]范围内的随机数。

对于这个消费算子，AEO 算法会更新搜索个体相对于总体中最差的个体或随机选择的个体的位置，或两者同时进行。这种行为倾向于强调探索并允许 AEO 算法执行全局搜索。

3. 分解者的数学模型

就生态系统的功能而言，分解是至关重要的过程，它为生产者的生长提供了必要的营养。在分解过程中，当种群中的每个个体死亡时，分解者将对其残留物进行(化学)分解。

为提高算法的开发性能，AEO 算法允许每个个体的下一个位置围绕最佳个体(分解者)传播，通过调节分解因子 D 和权重系数 e、h 来更新群体中第 i 消费者 x_i 的空间位置。模拟分解行为的数学模型为

$$x_i(t+1)=x_n(t)+D\cdot(e\cdot x_n(t)-h\cdot x_i(t)) \quad i=1,2,\cdots,n \tag{154.8}$$

$$D=3u, \quad u\sim N(0,1) \tag{154.9}$$

$$e=r_3\cdot\text{randi}([12])-1 \tag{154.10}$$

$$h=2\cdot r_3-1 \tag{154.11}$$

其中，r_3 为[0,1]之间的随机数。

154.4 人工生态系统优化算法的伪代码实现

AEO 算法通过随机生成一个种群来开始优化。在每次迭代中，第一个搜索个体根据式(154.1)更新其位置。对于其他个体，在式(154.1)中有相同的概率来选择式(154.4)、式(154.6)或式(154.7)来更新自己的位置。如果一个个体被赋予了更好的适应度，就接受它。然后，每个个体根据式(154.8)更新自己的位置。如果一个个体在更新过程中超出了上下边界，它将在搜索空间被随机生成。所有的更新均以交互方式进行，直到 AEO 算法满足一个终止条件。最后，返回到目前为止找到的最优解。

人工生态系统优化算法的伪代码描述如下。

```
随机初始化一个生态系统 Xi(解)并计算适应度 Fiti 和迄今为止找到的最优解 Xbest
While 不满足停止标准 do
        //生产者//
    For 个体 Xi 使用式(154.1)更新其解.
        //消费者//
    For 个体 Xbest(i = 1,2, … ,n)
        //草食动物//
        If  rand<1/3 则使用式 (154.4)更新其解.
        //杂食动物//
            Else If 1/3≤rand≤2/3 则使用式(154.7)更新其解.
        //食肉动物//
                Else 使用式(154.6)更新其解.
              End If
        End If
```

```
        计算每个个体的适应度.
        用目前找到的最优解来更新 X_best.
            //分解者//
        使用式(154.8)更新每个个体的位置.
        计算每个个体的适应度.
        用迄今为止找到的最优解来更新 X_best.
    End While
    返回 X_best
```

第六篇　涌现计算

“涌现计算”是指利用元胞自动机、蚂蚁群体等人工生命系统或实际的黏菌生物群体，在为解决优化问题所设计的环境中，使上述群体中的个体按照给定的移动规则在初始条件下进行移动。通过个体之间、个体与群体之间及个体与环境之间的相互作用，使得这样的人工生命系统或实际微生物系统不断地演化，向着自适应、自组织方向进化，最终涌现出待优化问题的最优解或接近最优解。通过上述方法获得的最优解往往不是数字解，而是反映优化问题所需要的图像或最优路径曲线等。本篇介绍一维、二维元胞自动机、蚂蚁系统觅食路径、数字人工生命、黏菌的铁路网络的涌现计算 5 个例子。

1. 一维元胞自动机的涌现计算

一维元胞自动机是一维的方格世界，每个方格代表一个元胞，其颜色只有黑白两种，它在下一时刻的颜色仅由它左右两侧元胞颜色决定。Jims Crutchfield 运用遗传算法对所有可能的一维元胞自动机进行搜索，通过不断进化，系统能够完成对初始的黑白元胞的比例(密度)进行分类任务。

2. Conway 生命游戏的涌现计算

Conway 提出的二维细胞自动机把平面分割成很多方格，每一格都代表有“生”或“死”两种状态的一个细胞。Conway 生命游戏用以模拟细胞生存进化，在细胞的基础上，加入了存活、死亡、繁殖的数学规则集合，根据初始方案的不同，细胞会在整个游戏过程中形成各种图案。

3. 蚂蚁系统觅食路径的涌现计算

蚂蚁群体觅食行为的涌现计算不同于蚁群算法，它是在二维空间抽象一个蚂蚁群体觅食虚拟环境(巢穴、食物源、蚂蚁、障碍物)，蚂蚁通过信息素在它们之间及与环境之间进行信息交互，按照制定的觅食行为、避障和播撒信息素规则进行觅食，最终在环境中涌现出从蚁穴到食物源的一条最短路径。

4. 数字人工生命 Autolife 的涌现行为

Autolife 是由一群完成自主决策的数字生命体 Agent 组成的复杂适应系统。Autolife 生命体具有自繁殖能力，具有适应性的组织自构建、自修复能力。Autolife 通过能量资源隐性地、自发地实现自然选择。Autolife 耦合环境后能构成图灵机模型，具有作为隐喻构造某种涌现计算的潜在能力。

5. 黏菌的铁路网络涌现计算

黏菌是一种介于动物和真菌之间的一类黏菌生物，个体通常微小，变形体呈不规则直线不规律生长，能凭借体形的改变产生的黏力在阴湿避光处吞食固体食物。当它们生长在一个相互联系的网络系统中，会不断适应环境以有利于它们觅食和发现利用新资源。综合起来，这样的生物网络对于生物觅食等付出的代价是最优的。

第155章　一维元胞自动机的涌现计算

元胞自动机的概念最早由冯·诺依曼提出。一维元胞自动机是一个一维的方格世界，每一个方格代表一个元胞，每一个元胞的颜色只有黑白两种，其下一时刻的颜色仅由它左右两侧的元胞颜色决定。任意一个元胞加上它左右两个元胞的颜色组合共有8种情况，这样的规则指定当前元胞在下一时刻的颜色。Crutchfield运用遗传算法对所有可能的一维元胞自动机进行搜索，通过不断进化，系统终于实现了对初始的黑、白元胞的比例进行分类。本章介绍元胞自动机的概念、一维元胞自动机的结构及规则、涌现计算的原理及其举例。

155.1　元胞自动机概念的提出

元胞自动机(Cellular Automata,CA)概念的提出要追溯到20世纪50年代。在图灵提出人的大脑是一台离散态的计算机思想的同期，冯·诺依曼开始从计算的视角思考生命的本质问题，他认为自我复制是有生命物体的独一无二的特征。

为了构造一个能够自我复制的机器，冯·诺依曼提出了元胞自动机的概念。在此期间，他的同事数学家乌拉姆曾给予他一定启发。他最终证明了起码有一种确实能够自我繁衍的元胞自动机模型的存在。尽管这个模型极其复杂，但这种模型确实存在的事实回答了自我复制乃是生命物体的本质问题。从此，由元胞自动机来构造具有生命特征的机器就成为了科学界一个新的研究方向。

155.2　元胞自动机的结构与规则

元胞自动机最基本的组成部分是元胞，又称为单元、基元或细胞。元胞分布在离散的一维、二维或多维欧几里得空间的网格上，这就形成了元胞自动机的结构。元胞在网格上如何移动就是元胞自动机的规则，最简单的元胞自动机的规则是每个格子只有两种可能的状态，只涉及最近邻居格位的移位规则。

从严格意义上说，元胞只能有一个状态变量，但在实际应用中，可以将其进行扩展，使得每一个元胞可拥有多个状态变量。在实际应用中，元胞的状态一般是$\{s_0, s_1, \cdots, s_n\}$整数形式的离散集。对于其他类型的取值，如“红”“白”等颜色取值，可以映射到整数集上。

一维元胞自动机是一个一维的方格世界*，如图155.1所示。其中，每一个方格(元胞)是由黑白两种颜色构成的，并且每一个元胞下一时刻的颜色仅仅由它左右两侧的元胞颜色决定。

* 一维的方格世界指用若干方格一个接一个地分布在一维坐标上。

每个元胞的颜色只有黑白两种,这样,任意一个元胞加上它左右两个元胞的颜色组合就有8种情况:黑黑黑、黑黑白、黑白黑、白黑黑、黑白白、白黑白、白白黑、白白白。只要为这8种情况下的每一种都指定当前元胞在下一时刻的颜色,就完全定义了一维元胞自动机的规则。如果元胞黑色用0表示,元胞白色用1表示,那么上述的元胞黑白两种颜色组合表示的8种状态分别为000、001、010、011、100、101、110、111。

图155.1　一维元胞自动机

一维元胞自动机的运行情况可以用一幅二维图形来展现,如图155.2所示。在图155.2(a)中,每一个横行表示这个元胞自动机在某一时刻的状态,从上往下则表示时间运行的状态,每一个元胞都根据它左右两个邻居的颜色对自己的颜色进行更新。元胞自动机的二维动态展现如图155.2(b)所示。

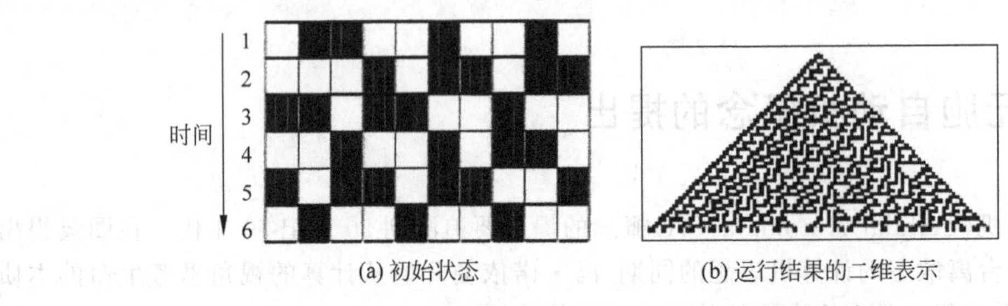

(a) 初始状态　　(b) 运行结果的二维表示

图155.2　一维元胞自动机的运行初始状态及运行结果

一维的元胞自动机完全是一个确定性的系统,由于规则是固定的,因此,只要给定初始状态(第1行的黑白排列情况),那么元胞自动机所画出的图像就是固定的。

这里完全可以把这个元胞自动机看作是一个计算系统,只要把该自动机的初始条件看作是这个元胞自动机的输入数据,而把运行(如100步)之后的黑、白元胞的分布情况看作它的计算结果,那么给定一组输入条件之后,这个元胞自动机就会完成一系列的局部操作,最终在第100步的时候给出一个结果。当元胞自动机的规则确定之后,不同的输入一般会对应不同的输出结果。但问题是,一般情况下,这个元胞自动机不会进行有意义的运算,因为它的规则太任意了。

155.3　一维元胞自动机涌现计算的原理

为了更好地理解涌现计算是怎样在计算机中发生的,Crutchfield用一维元胞自动机这样一类最简单的涌现系统来实现涌现计算。由于一维元胞自动机是一类典型的通过局部相互作用生成复杂全局模式的系统,因此,分析这类系统能使人们更好地了解系统涌现计算的运作机制。

能不能设计某种非常简单的计算任务,从而在各种各样的元胞自动机(规则不同)中找到一种合适的自动机来完成指定的计算任务呢?Crutchfield运用遗传算法对所有可能的一维元胞自动机进行搜索,通过不断进化,系统终于找到了一些能完成简单运算的元胞自动机。例如,Crutchfield 设计的一个简单的运算任务就是对初始的黑白元胞的比例进行分类。如果在初始条件下,黑色的元胞偏多一些,元胞自动机 100 步后的输出就必须全部都是黑色元胞;反之,则要求元胞自动机在 100 步后全部输出白色。这样,如果把初始的黑白元胞看作输入,把 100 步后的结果看作输出,那么这个一维元胞自动机就能够完成密度分类这个简单的任务,如图 155.3 所示。

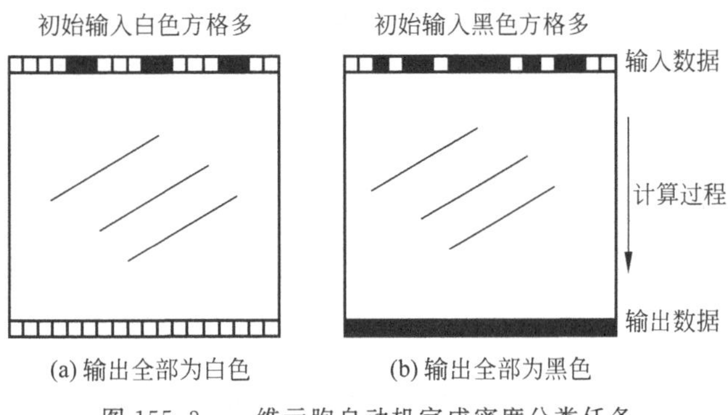

图 155.3　一维元胞自动机完成密度分类任务

这个任务表面上看起来很简单,然而对于元胞自动机来说却非常难。因为每个元胞只能与它左右两个邻居通信,而看不到输入时候的整体情况。在计算过程中,每一个元胞也只能根据左右邻居的颜色机械地按照固定的规则变换颜色,不存在某个超级元胞能够对所有的元胞发号施令以决定系统的运行。也就是说,这群元胞必须学会相互协调合作,才能完成对于它们来说非常复杂的任务。

然而,通过遗传算法,Crutchfield 终于找到了这种能够完成密度分类任务的一维元胞自动机,如图 155.4 所示。图 155.4(a)中的初始黑色元胞密度为 0.48,该元胞自动机正确给出了全部是白色的答案;图 155.4(b)中的初始密度为 0.51,该元胞自动机正确给出了全部是黑色的答案。

(a) 黑色元胞密度0.48

(b) 黑色元胞密度0.51

图 155.4　用遗传算法找到的可以成功分类初始元胞黑色密度的自动机

遗传算法终于找到了可以正确分类的元胞自动机,那么究竟这些简单的自动机是如何完成这种复杂的计算任务的呢? Crutchfield 进一步研究发现,这些成功分类的自动机的运行图都具备一个明显的特征:有很多横框区域的大斜线,以及一些明显的三角形块状区域。一般情况下,在元胞自动机的运行图中,一条黑色的斜线就相当于一个传播的信号(黑色元胞的信息从一侧传递到另一侧)。也就是说,这些元胞之间会建立一种相互通信的机制。当初始的某一个区域有更多黑色元胞的时候,在这些元胞的边界处就会产生某种“粒子”(有一些传播的元胞组成),从而与白色元胞区域产生对消的现象。这样,通过不断地"粒子对消",就完成了黑色元胞数与白色元胞数的比较,最后输出正确的运算结果。

为了看清楚这些简单的元胞自动机的运行原理,Crutchfield 甚至过滤掉那些规则的三角形块状区域,而使边界的"粒子"凸显出来,如图 155.5 所示。从图中可以看出,这些粒子(标为希腊字母的线条)在时空中运动,把信息从世界的一端传递到另一端,并与其他的粒子相互碰撞、反应,生成其他的粒子或湮灭,从而完成对于这些元胞自动机来说非常复杂的计算任务。

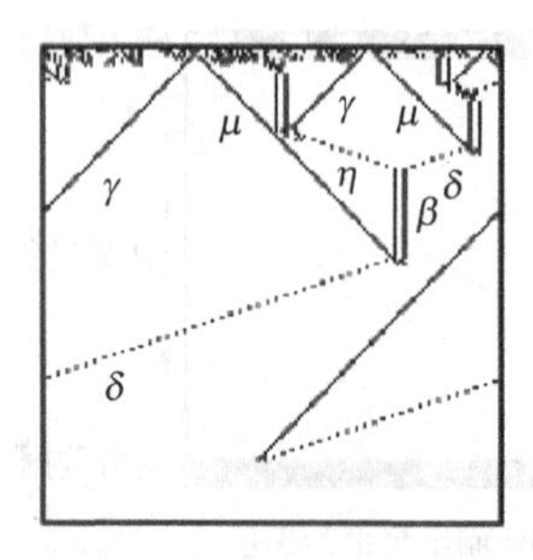

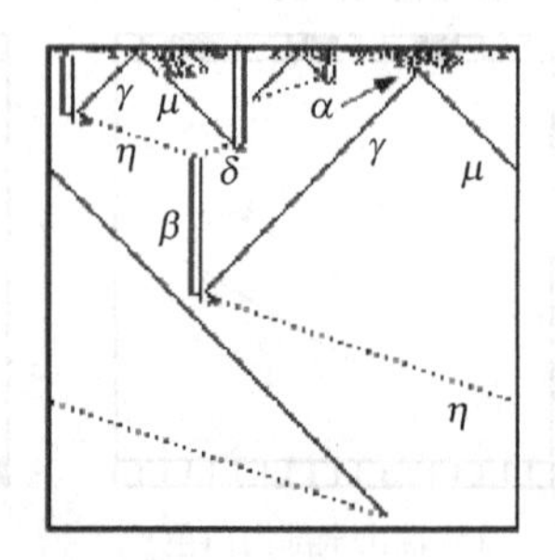

图 155.5 "粒子碰撞"图

综上所述,Crutchfield 所研究的演化元胞自动机属于一类涌现计算模型,每个元胞都只能完成简单的局部运算,但是这些元胞相互作用从而完成了全局的运算。Crutchfield 的研究进一步指出,这些简单的并行相互作用的元胞之所以能够完成全局运算,其中一个最重要的因素就是它们可以通过"粒子"进行跨区域的通信,从而使不同区域的两个或多个元胞之间能够发生相互作用而实现整体的协调与合作。

Crutchfield 的研究指出,涌现计算的一个重要的必要条件就是:信息的流动。只有信息的流动才能完成不同区域的通信,从而真正让本来相互分散的个体连接成一个整体。

第156章　Conway生命游戏的涌现计算

Conway生命游戏不是一个普通的计算机游戏，它是1970年剑桥大学数学家Conway提出的一个二维细胞自动机。二维细胞自动机的结构是把平面分割成很多方格，每一个格子代表一个细胞，每一个细胞都有"生"或"死"两种状态。Conway生命游戏用于模拟细胞的生存进化过程，在细胞的基础上加入了存活、死亡、繁殖的数学规则集合，根据初始方案的不同，细胞会在整个游戏过程中形成各种图案。本章介绍二维细胞自动机的结构、规则、Conway生命游戏的演化过程、基于MATLAB的生命游戏仿真设计、算法的实现步骤及流程。

156.1　Conway生命游戏的提出

约翰·何顿·康威(John Horton Conway)1937年12月26日生于英国利物浦，数学家，活跃于有限群的研究、趣味数学、纽结理论、数论、组合博弈论和编码学等领域。康威年少时就对数学有很强烈的兴趣：4岁时，其母发现他背诵2的幂次方表；11岁时，升读中学的面试，被问及他长大后想干什么，他回答想在剑桥当数学家。后来康威果然在剑桥大学攻读数学，成为剑桥大学的数学家。

生命游戏(Game of Fife)是1970年由剑桥大学的数学家康威提出的一个二维的细胞自动机。最初它在1970年10月《科学美国人》杂志的"数学游戏"专栏刊出。康威构想：一群细胞在平面中以一定的条件成长时，会受到什么制约？他认为细胞不会无限制地成长，于是他定义细胞在过度孤单与拥挤时会死亡，他提出的构想是比最早研究细胞自动机的科学家冯·诺依曼(John von Neumann)的设计更为简单的细胞自动机。

Conway生命游戏不是一个普通的计算机游戏，它模拟细胞的生存进化过程，在细胞的基础上加入了存活、死亡、繁殖的数学规则集合，根据初始方案的不同，细胞会在整个游戏过程中形成各种图案。

目前，细胞自动机已经在地理学、交通网络、经济学、计算机科学等领域得到了广泛的应用。

156.2　二维细胞自动机的结构和规则

二维细胞自动机的结构类似把平面分割成很多方格的棋盘，假设平面网格上，每个网格代表一个生命细胞，这些细胞有两种状态："生"或"死"，给网格涂黑色代表此细胞为活，涂白色代表此细胞为死。图156.1所示为一个生命游戏的繁衍过程简图。如果平面网格无限大(事实上,可以把有限网格上下、左右边界相接),那么每个网格有8个邻居。这8个细胞的状态将对它们所包围的细胞状态产生影响。

生命游戏实际上是一类特殊的图像矩阵变换。英国数学家Conway和他的学生在1970年前后,经过大量实验,在给定的初始状态下,确定了生命游戏在平面网格上每个网格所代表的生命细胞的演化规则。

(1) 如果一个细胞周围有3个细胞为生,则该细胞为生(即该细胞若原先为死,则转为生;若原先为生,则保持不变)。

(2) 如果一个细胞周围有两个细胞为生,则该细胞的生死状态保持不变。

(3) 在其他情况下,该细胞为死(即该细胞若原先为生,则转为死;若原先为死,则保持不变)。

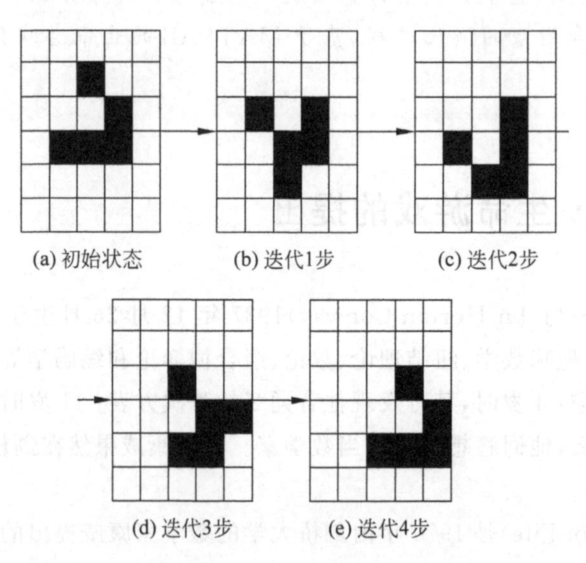

图156.1 生命游戏繁衍过程简图

为了便于理解,将上述生命细胞的演化规则可以写为以下4条规则。

(1) 当前细胞为死亡状态时,当周围有3个存活细胞时,该细胞变成存活状态。(模拟生命繁殖)

(2) 当前细胞为存活状态时,当周围低于两个(不包含两个)存活细胞时,该细胞变成死亡状态。(模拟生命数量稀少)

(3) 当前细胞为存活状态时,当周围有两个或3个存活细胞时,该细胞保持原样。(模拟生命存活)

(4) 当前细胞为存活状态时,当周围有3个以上的存活细胞时,该细胞变成死亡状态。(模拟生命数量过多)

可以把最初的细胞结构定义为种子,当所有种子细胞同时被上述规则处理后,可以得到第一代细胞图。按规则继续处理当前的细胞图,可以得到下一代的细胞图,周而复始。

156.3　Conway 生命游戏的演化

在 Conway 生命游戏的进行中，杂乱无序的细胞会逐渐演化出各种精致、有形的结构；这些结构往往有很好的对称性，而且每一代都在变化形状。一些形状已经锁定，不会逐代变化。有时，一些已经成形的结构会因为一些无序细胞的“入侵”而被破坏。但是经常能从杂乱中产生出形状和秩序。

虽然生命游戏的规则非常简单，但如果最开始细胞的分布位置不同，细胞今后的“命运”也会截然不同。有时候，这些细胞会形成固定不动的稳定局面，下一刻、再下一刻、再再下一刻的情形完全相同，就像一块无生命的石头，如图 156.2 所示，其中涂有颜色的方格代表有生命的细胞。

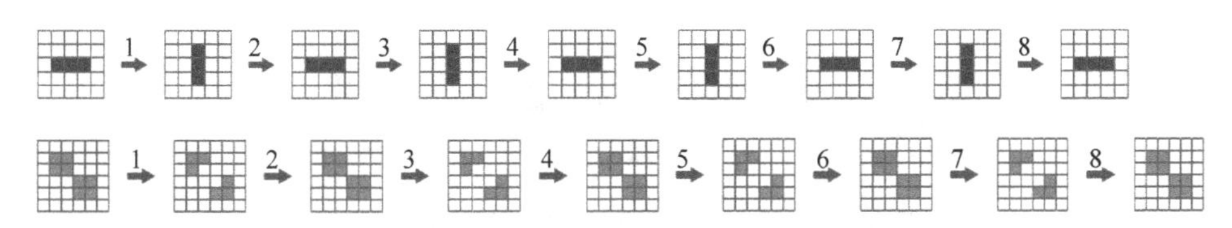

图 156.2　细胞以一种固定不动的稳定局面变化

有时候，这些细胞会形成一个不断往前运动的小物体，就好像一个小生命一样，如图 156.3 所示。

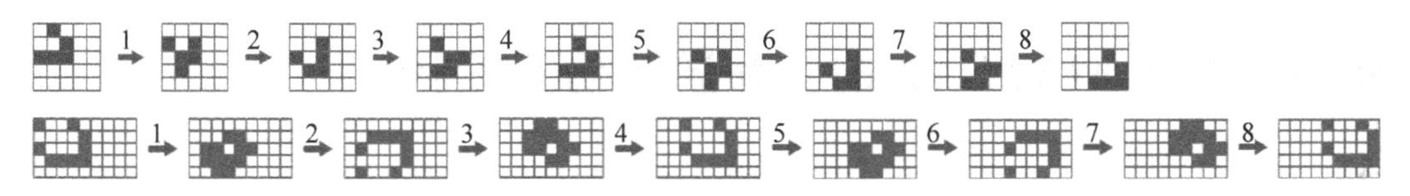

图 156.3　细胞形成一个不断往前运动的小物体

还有时候，这些细胞会迅速扩散开来，变得异常复杂，如图 156.4 所示，就好像一个小小的世界中孕育着无数的可能。

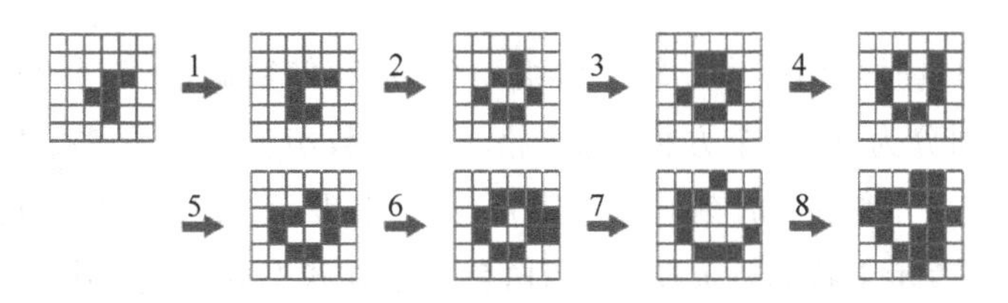

图 156.4　细胞迅速扩散开来而变得异常复杂

这里不妨让“小生命”继续发展下去，如图 156.5 所示，来看看这个小世界是如何变得越来越丰富多彩的。

在这个生命游戏中，还可以设定一些更加复杂的规则。例如，当前方格的状况不仅由父一代决定，而且还考虑祖父一代的情况。设计者还可以随意设定某个方格细胞的“死活”，以观察对这个生命游戏演化的影响。

我们生活的世界是一个丰富多彩的世界，有欢笑、有悲伤、有生息、有凋零，但支持着这一

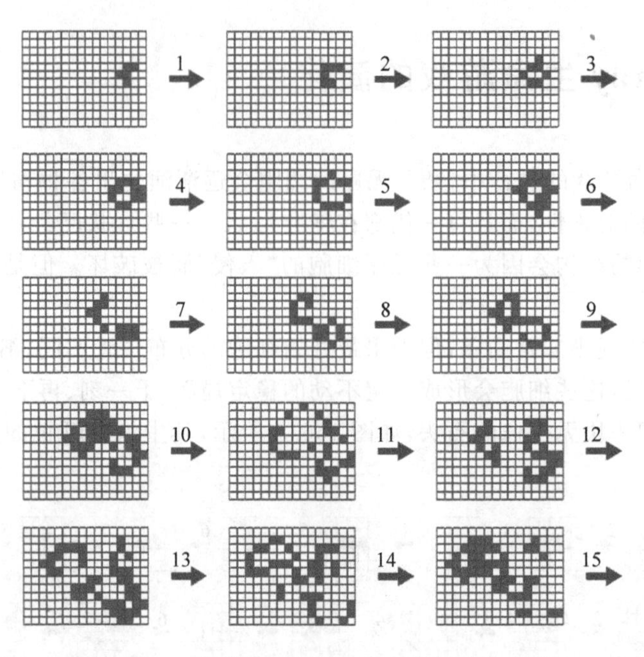

图 156.5 细胞继续发展变得越来越丰富多彩

切的自然法则其实非常简单。Conway 生命游戏形象地展示了这个道理,这也许就是这个游戏被称为"生命游戏"的原因。

156.4 基于MATLAB的生命游戏仿真设计

MATLAB 软件的数值计算和图形处理功能强大,基本数据结构是矩阵,便于模拟众多的元胞状态;软件提供了完备的数学工具函数和大量的功能函数来实现常用数学算法,便于编写按照规则不断演变的这个过程;同时编程环境是一个可视化的图形用户界面(GUI),便于人机交互。

在设计元胞自动机时采用一个二维的数组 $m(n,t)$ 存储数据,在一个 MATLAB 的 Figure 窗口中把一个 axis 划分为 $n\times t$ 个方格,每个格子对应数组的一个元素,其中 t 表示时间、n 表示元胞空间;第 i 个元胞在 t 时刻的状态用 $m(i,t)$ 来表示,其中 0 表示死亡,1 表示元胞是活的;分别用黑色来表示 1 状态的元胞,而用白色表示 0 状态的元胞;其边界条件采用如下形式:邻居为第 i 个元胞的左右各一个元胞,即邻居长度为 1;而转变规则对于给定编号的初等元胞自动机而言是确定的。

生命游戏常用的邻居有 3 种类型:Von.Neumann 型、Moore 型和扩展 Moore 型,如图 156.6 所示。

图 156.6 中白色的元胞为中心元胞,黑色的元胞为其邻居。其中 Moore 型有 8 个邻居,即一个元胞的邻居有东、西、南、北,以及东北、西北、东南、西南方向共 8 个元胞。采用 Moore 型邻居结构时,生命游戏的演化规则描述为:

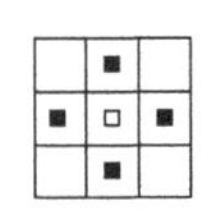

(a) Von.Neumann型

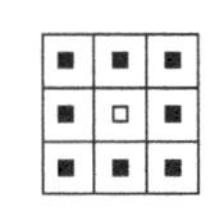

(b) Moore型

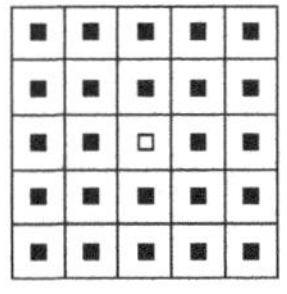

(c) 扩展Moore型

图 156.6　二维元胞机邻居的三种类型

若 $S(t)=1$,则

$$S(t+1)=\begin{cases}1 & S'=2,3\\0 & S'\neq 2,3\end{cases}\tag{156.1}$$

若 $S(t)=0$,则

$$S(t+1)=\begin{cases}1 & S'=3\\0 & S'\neq 3\end{cases}\tag{156.2}$$

其中,$S(t)$表示 t 时刻元胞的状态；S'为 8 个相邻元胞中活着的元胞数。

为了根据 Conway 规则得出由 t 时刻元胞的状态计算其下一时刻 $t+1$ 时的状态,首先采用二维矩阵 $\boldsymbol{X}(m,m)$定义元胞在 t 时刻的状态,通过定义 4 个方向向量来求相邻矩阵,然后求出邻居的和并用矩阵表示,最后根据 Conway 规则计算出下一时刻 $t+1$ 时元胞的状态。

(1) 确定元胞相邻矩阵。

定义 4 个方向向量：

```
n=[1  1:m-1];          //表示上方(北方)向量
e=[1:m-1  m];          //表示右方(东方)向量
s=[m  2: m];           //表示下方(南方)向量
w=[2:m  1];            //表示左方(西方)向量
```

(2) 计算元胞邻居的和。

根据 Moore 邻居模型每个元胞的邻居有东、南、西、北、东南、西南、东北、西北 8 个元胞,因此,一个元胞周围活着的元胞数目的和 $\boldsymbol{N}$ 用矩阵表示为：

$$\begin{aligned}\boldsymbol{N}=&X(n,:)+X(s,:)+X(:,e)+X(:,w)+X(n,e)+\\&X(n,w)+X(s,e)+X(s,w)\end{aligned}\tag{156.3}$$

(3) 计算下一时刻元胞状态。

根据 Conway 生命游戏的生命细胞的演化规则(见 156.2 节),用 MATLAB 语言表述上述演化规则如下：

$$X=(X\&(N==2))\mid(N==3)\tag{156.4}$$

156.5　基于 MATLAB 生命游戏仿真算法的实现步骤及流程

基于 MATLAB 生命游戏仿真算法实现的主要步骤如下。

(1) 用随机数初始化元胞状态。

(2) 从用户界面输入转换规则(0～255)。

(3) 处理转换规则号使它成为一个算法子程序。

具体算法：从 t 时刻读入初始值 $m(1:n,t)$；由规则判断和生成下一时刻每一个元胞的状态 $m(1:n,t+1)$。

(4) 从 $1-t$ 循环调用该子程序。

(5) 用户界面输出。

整个仿真程序运行后，单击“开始”按钮，用户通过图形界面输入元胞的初始状态；给出邻居的定义和局部规则后，程序即可自动运行，程序按照选好的初始状态依照规则不断演变下去，产生丰富的各种演化模式。在演变过程中可以随时单击“停止”按钮查看当前生命形态，同时显示当前的迭代次数；单击“继续”按钮继续执行；或者单击“开始”按钮重新开始；或者单击“关闭”按钮退出程序，整个仿真程序流程简图如图 156.7 所示。

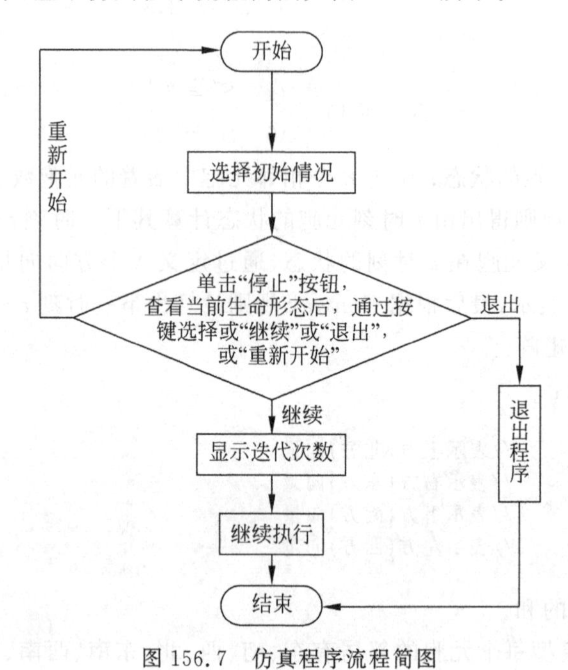

图 156.7 仿真程序流程简图

第157章　蚂蚁系统觅食路径的涌现计算

蚁群优化算法是利用人工蚁群模拟真实蚁群觅食行为，依据蚂蚁路径转移概率和信息素更新两个公式反复迭代运算来实现对组合优化问题的数值求解。蚂蚁群体觅食路径的涌现计算不同于蚁群算法，它是在二维空间抽象一个蚂蚁群体觅食虚拟环境（巢穴、食物源、蚂蚁、障碍物），蚂蚁通过信息素在它们之间，以及它们与环境之间进行信息交互，按照制定的觅食行为、避障和播撒信息素规则进行觅食，最终在环境中涌现出从蚁穴到食物源的一条最短路径。本章介绍蚂蚁群体觅食行为的涌现现象、模型的构建、觅食路径的涌现计算步骤等。

157.1　蚂蚁群体觅食行为的涌现现象

蚂蚁是一种最古老的群居的社会性昆虫。蚂蚁个体的结构和行为很简单，但由这些简单蚂蚁个体构成的群体——蚁群，却表现出高度结构化的社会组织。蚂蚁社会成员不仅有组织、有分工，还通过奇妙的信息素系统传递信息。蚁群在觅食、构筑巢穴、搬运食物、防御入侵等方面都能够完成远远超出蚂蚁个体能力的复杂任务。

昆虫学家的观察和研究发现，蚂蚁有能力在没有任何可见提示下找出从蚁穴到食物源的最短路径，并且能随环境的变化而变化来搜索新的路径，产生新的选择。事实上，蚂蚁个体之间是通过接触提供的信息传递来协调其行为的，并通过组队相互支援，当聚集的蚂蚁数量达到某一临界数量时，就会涌现出有条理的蚁群大军。蚂蚁的觅食行为完全是一种自组织行为，蚂蚁通过自我组织来选择通往食物源的路径。

正如霍兰所指出的，涌现的本质就是由小生大、由简入繁。蚂蚁群体觅食行为正是体现涌现现象最典型的例子。下面介绍有关蚂蚁系统觅食路径的涌现计算结果。

157.2　蚂蚁群体觅食行为模型的构建

构建蚂蚁群体觅食行为模型的目的是，使蚁群觅食行为演化过程在一定的时间、空间和特定环境条件限制下，实现蚁群寻找从巢穴到食物源最短路径的过程。在觅食行为中，蚂蚁是主体，它们从巢穴出发，根据信息素的指引寻找食物源或返回巢穴。

食物源、巢穴及可能出现的障碍物、信息素以及蚂蚁所处的空间范围等条件是环境因素，食物源、巢穴、障碍物的位置、信息素含量的多少等是环境参数。蚂蚁获得觅食最短路的过程是主体根据环境参数所进行的各种选择，以及主体间相互协作随时间演化到涌现出结果。蚂蚁的觅食行为模型可以描述为一个三元组：

<环境,主体,环境参数>

它们构成了蚂蚁觅食行为模型的基本结构,如图 157.1 所示。

蚂蚁所在的空间抽象为一个虚拟的世界,环境中有巢穴、食物源、蚂蚁、障碍物。为了蚂蚁之间的信息交互,环境中还提供食物信息素、巢穴信息素。每只蚂蚁仅能根据需要感知其活动范围内的一种信息素,并根据自身的状态释放另一种信息素,同时,环境以一定的速度让信息素消失。

蚂蚁觅食仿真环境参数包括仿真的初始条件、步长、终止条件等,如蚂蚁觅食行为模型参数的初始值、蚂蚁的初始数量、蚂蚁的属性和行为规则参数的初始值、仿真结束的时间条件与状态条件、蚂蚁的运行轨迹以及针对仿真的目的定义的其他变量等。

一般情况下,蚂蚁的觅食环境如图 157.1 所示,蚂蚁所处的虚拟世界可用平面直角坐标系下的某个区域进行定义。如图 157.2 所示,二维的觅食空间 V_2 定义为:

$$V_2=\{p(x,y)\mid x\in(0,\text{width}),y\in(0,\text{height}),x,y\in N\}$$

其中,width×height 为坐标的定义域,它是由 width 行 height 列所构成的网格,每个网格可用点 $p(x,y)$来描述。

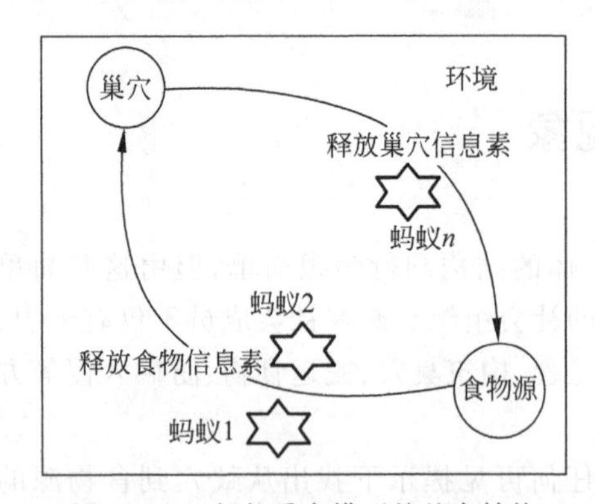

图 157.1 蚂蚁觅食模型的基本结构

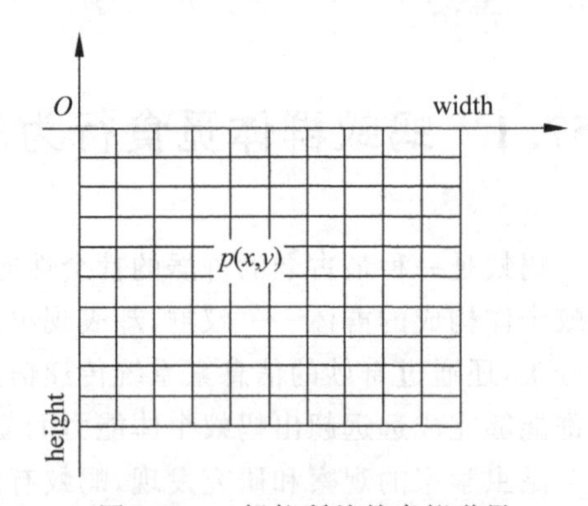

图 157.2 蚂蚁所处的虚拟世界

蚂蚁觅食环境还需给出空间内巢穴、食物、障碍物等环境信息。定义 grid(x,y)描述空间内每点处的环境信息,根据 grid(x,y)的取值来定义空间内每点是巢穴、障碍物、食物或空无一物,其具体取值对应的状态如表 157.1 所示。

表 157.1 grid(x,y)取值对应的状态表

变 量	取 值	状 态
grid(x,y)	1	障碍物
grid(x,y)	2	巢穴
grid(x,y)	3	食物
grid(x,y)	0	空无一物

蚂蚁需要根据环境中信息素的种类和浓度进行决策,为此定义环境中信息素参量:

$$\text{pheromone}(x,y)=(\text{kind},\text{capability})$$

其中,pheromone(x,y)为点 $p(x,y)$处的信息素对象,pheromone(x,y)会产生两个量值,其中 kind 表示信息素的种类,kind=0 表示由刚从巢穴中出来的蚂蚁释放的巢穴信息素,kind=1 为食物的信息素,即蚂蚁发现食物后释放的信息素;capability 表示点 $p(x,y)$处信息素的含量。

157.3　蚂蚁主体觅食行为规则及模型参数

1. 蚂蚁主体及其行为属性

将觅食模型中的单个蚂蚁看作一个自主决策的智能主体，它们是模型基本的、核心的组成元素，用 ant 来标识一个智能蚂蚁。每个 ant 会感知周围的环境，并根据规则制定决策、采取行动。蚂蚁采取行动需要获得环境信息，必须具有如下属性。

(1) 感知范围：规定蚂蚁感知半径变量为 VR，当 VR=1 时，则蚂蚁所能观测到的就是周围的 8 个邻居。

(2) 运动速度：蚂蚁爬行的速度即每次行动所能走的最大距离 V，通常令蚂蚁移动速度与感知半径相等，即 V=VR。

(3) 内部状态变量：蚂蚁需要判断所处的内部状态利用变量 state 描述，当 state=0 时，表示正在寻找食物；当 state=1 时，表示正在寻找巢穴。

(4) 运动方向：给定蚂蚁在随机寻找过程中的一个主方向，利用变量 Main_diect 来描述，其取值为$(0,2\pi]$。蚂蚁大部分时间会随机地沿着这个主方向移动，同时会以一种小概率更改这个主方向。

(5) 蚂蚁犯错误的概率：为了不让蚂蚁僵死在固定的道路上，还需允许蚂蚁适当地犯错误，蚂蚁犯错误的概率用变量 mistake 来描述，其大小反映了正反馈和创新性的抉择。

2. 蚂蚁的行为规则

行为是蚂蚁进行观察并与其他蚂蚁和环境进行交互的手段。在每个仿真周期，蚂蚁的反应式行为规则包括判断、决策、行动 3 个步骤，并且通过信息素的沟通和协作，最后集中于最短路径。蚂蚁的反应式行为过程如图 157.3 所示。蚂蚁的具体行为规则描述如下。

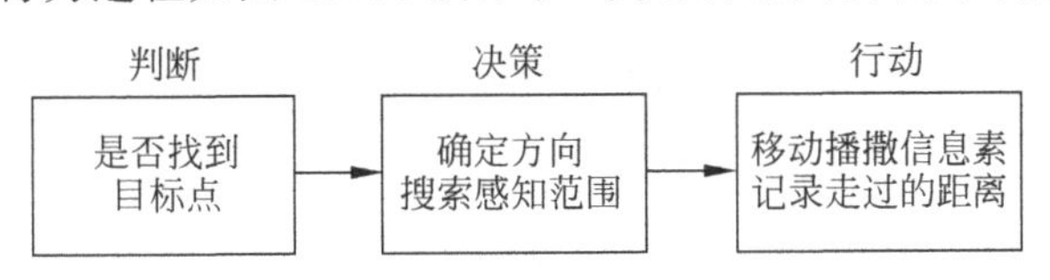

图 157.3　蚂蚁反应式行为的基本过程

1) 觅食移动规则

觅食移动规则是在没有障碍物的情况下，蚂蚁寻找目标点并进行移动的规则。觅食移动规则首先要明确蚂蚁的内部变量 state 的状态。

若 state=0，表示蚂蚁正在寻找食物，则首先在感知半径 VR 内寻找是否有食物，有则移动过去，state 转换为 1，并执行播散信息素规则；若没有，则寻找食物信息素。kind=1 为食物信息素，它们分别引导蚂蚁搜索食物点和巢穴，当 kind=1 时，蚂蚁还可以判断感知半径 VR 内信息素浓度 capability，从而朝向信息素多的位置移动，此时允许其以小概率 mistake 犯错误，因此并一定向信息素最多的点移动；若感知半径 VR 内没有信息素，则蚂蚁会按照既定的主方向 Main_diect 运动，并且在运动的方向有一个随机的小的扰动。

若 state=1，则蚂蚁需要寻找巢穴，其规则与寻找食物的规则一致，只是它感知的是巢穴信息素，而非食物信息素。

2) 避障规则

当感知半径 VR=1 时，当前点与由觅食移动规则确定的目标点之间没有障碍物；当感知半径大于1时,判断当前点与由觅食移动规则确定的目标点形成的直线路径上是否存在障碍物,若存在障碍物,则它会改变主方向,按照觅食移动规则重新设置新的目标点,再次判断当前点与目标点之间是否有障碍物。

3）播撒信息素规则

蚂蚁在食物点或巢穴点根据自己的状态 state,装满与状态相反的信息素总量 Pheromone_count ,即若寻找食物,则装满巢穴信息素,并且在每移动一步后播撒一次信息素,每次播撒的量值为 phe,phe 随着离开巢穴或食物源的时间等比递减,即随着时间的延长,播撒的信息素 phe 越来越少,设定播撒规则为

$$\text{phe} = \alpha \times \text{Pheromone\_count}$$

$$\text{Pheromone\_count} = \text{Pheromone\_count} - \text{phe}$$

其中,α 为比例系数,通常选为5%。

根据这几条行为规则,蚂蚁主体之间不直接进行交互,而是通过在环境中播撒信息素这个纽带,把各个蚂蚁关联起来,实现了信息的交互,即基于刺激-反应的协调方式,从而最终寻找到食物到巢穴的最短距离。

3. 蚁群觅食行为模型参数的设置

蚁群觅食行为模型参数的设置如表157.2所示。

表157.2　蚁群觅食行为模型参数设置

参数名称	参数表示	取　值
环境尺寸	height×width	300×300
食物点位置	EndPt	[250,230]
巢穴点位置	OriginPt	[20,20]
障碍物数组	obsP	—
蚂蚁个数	antCounr	20、50、80
仿真时间	Itime	60s、120s、180s
犯错概率	mistake	0.01、0.005、0.001
感知半径	VR	1、3、10
最大信息素量	MAX_Pheromone	500 000

157.4　基于Agent的蚂蚁群体觅食行为的涌现计算步骤及流程

基于 Agent 的蚁群觅食行为模型是运用自底向上、基于主体交互角度研究真实蚂蚁觅食过程的方法,通过在微观层面对不断交互的主体行为和决策建模,在宏观层面涌现出智能行为的过程。

利用 Java 语言编程进行蚁群觅食行为的涌现计算仿真。仿真程序分为界面和算法执行两部分,主要由界面类、画布类、自定义地图类、环境类、地图类、信息素类、蚂蚁类和设置对话框类等组成。蚁群觅食行为的涌现计算步骤如下。

(1) 界面类初始化,生成一个初始地图。

(2) 环境类初始化,建立蚂蚁数组和信息素阵列,设置各种参数,初始化统计信息。

(3) 等待开始执行信号。

(4) 获得信号后创建线程并启动。

(5) 进入如图 157.4 所示的蚂蚁行为循环，直到检测到停止信号。

(6) 线程停止后重置蚂蚁数组与统计信息，转入步骤(3)。

(7) 启动结束信号，程序结束。

基于 Agent 的蚂蚁群体觅食行为的涌现计算流程如图 157.4 所示。仿真结果如图 157.5 和图 157.6 所示，它们分别是上述蚂蚁群体觅食行为的基本模型在没有障碍物和有障碍物的情况下的仿真结果。

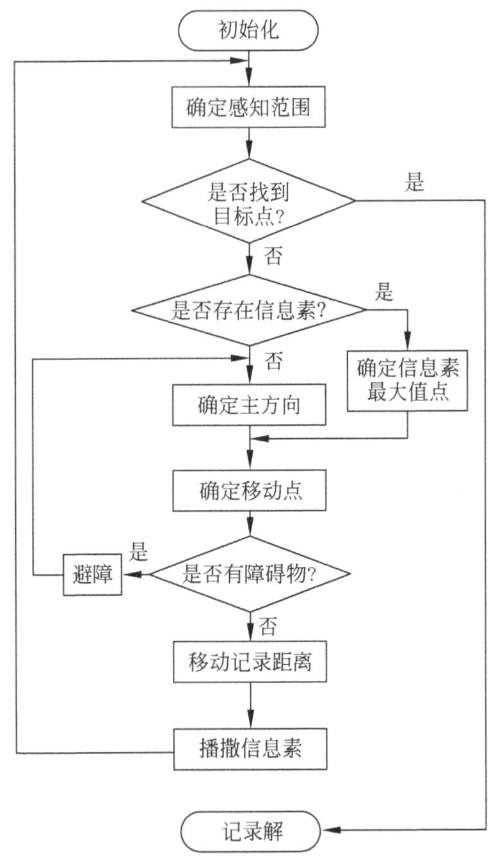

图 157.4　基于 Agent 的蚁群觅食行为的涌现计算流程图

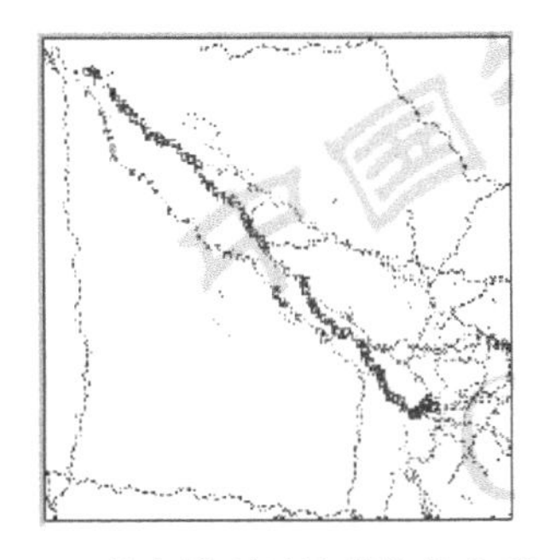

图 157.5　基本模型无障碍物信息素分布

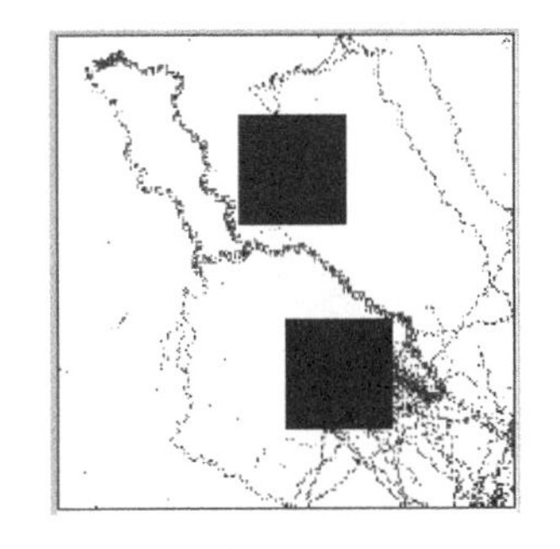

图 157.6　基本模型有障碍物信息素分布

为了获得更好的涌现计算结果,需要对上述基本模型进行改进,包括3方面:参数的自适应选择改进策略;信息素挥发速率及感知速率的改进;增加感知信息的路径选择和信息素更新的奖惩规则等。改进后的仿真结果如图157.7和图157.8所示。比较蚂蚁群体觅食行为的基本模型和改进后的模型仿真结果可以看出,改进后蚁群觅食路径无论有无障碍物,都优于基本模型的寻优路径。

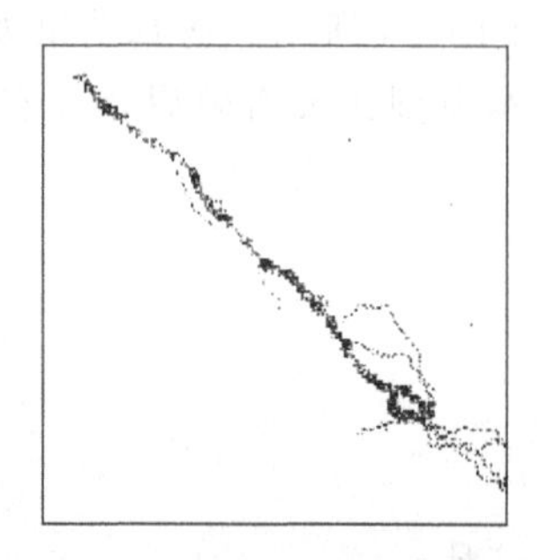

图157.7 改进模型无障碍物信息素分布

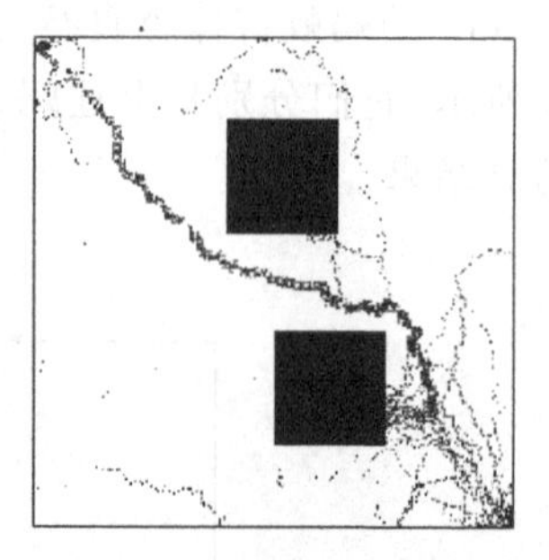

图157.8 改进模型有障碍物信息素分布

由上述结果不难看出,基于Agent的蚂蚁群体觅食行为的涌现计算结果给出了一条寻优路径曲线,这可以理解为模拟结果,而不是像蚁群算法那样只给出一个数值结果。

第158章　数字人工生命Autolife的涌现行为

Autolife是由一群完成自主决策的数字生命体Agent组成的复杂适应系统，与Tierra、Avida等数字生命系统相比，它的概念简单且操作直观。Autolife生命体既具有自繁殖能力，又具有适应性的组织自构建、自修复能力。Autolife通过能量资源隐性地、自发地实现自然选择。这样的组织形成与演化有助于对现实复杂适应系统中的组织形成深刻而抽象的理解。将Autolife和环境耦合在一起就能构成图灵机模型，具有作为隐喻构造某种涌现计算的潜在能力。

本章介绍Autolife模型的基本思想、规则描述、动态行为、组织的自创生与自修复等。

158.1　Autolife模型的提出

数字人工生命模型Autolife是2005年由张江和李学伟在《复杂系统与复杂性科学》期刊第1期上名为"用数字人工生命模型探索复杂适应系统"的论文中提出的。其目的是用该模型探索复杂适应系统的演化、涌现规律及其作为隐喻构造某种涌现计算的潜在应用价值。

该模型将数字生命看作自主决策的Agent，用有限自动机对它们建模，同时程序允许Agent通过变异和繁殖而完成开放式的进化。进而通过计算机仿真研究Autolife涌现出来的数字生命个体行为，研究人工生命群体在均匀和非均匀动态环境下组织的涌现、适应性演化、自组织、自修复、衰亡等行为。最后，指出了从个体行为趋向混沌边缘到数字生命群体产生的适应性行为，再到组织的涌现、演化和自修复等现象都能够在这个简单而直观的模型中自发涌现，表明Autolife模型对真实复杂系统的隐喻及其潜在的应用价值。

158.2　Autolife模型的基本思想

通过观察Tierra、Avida等人工生命模型不难发现，要想把进化机制引入到计算机程序中，进化系统必须满足以下性质。

(1) 数字生命具有自我繁殖能力。

(2) 选择的压力通过资源的竞争而自发实现。

(3) 生命可以通过变异而开发出任意的计算功能(即数字生命要支持通用计算)。

虽然遗传算法、遗传编程也有变异的作用及选择机制，但不能满足自我繁殖的要求，这样整个种群的更替就是机械的、死板的。自我繁殖是指生命体自己决定是否繁殖自己、何时繁殖自己以及繁殖的数量。

Autolife 和 Tierra、Avida 都为每个数字生命提供了一个虚拟计算机,目的是允许变异自由无限地对数字生命进行编程。根据图灵的发现,只要是通用计算机就能模拟一台其他计算机的计算。所以数字生命中的虚拟计算机就给了数字生命可以任意编程的空间。此外,为了实现对生命的选择压力,开发进化模型没有简单地采用适应度函数的概念,而是通过让生命体对资源的竞争而隐性地自发实现适应度排序和选择作用。

基于上述思想,Autolife 模型中的数字生命也必须满足上述 3 条性质。然而,Autolife 的数字生命模型采取了大大简化的处理方法,同时加强了数字生命界面的展示能力。

158.3 Autolife 模型的规则描述

Autolife 模型中的数字生命是一群能够完成自主决策的 Agent,它们生活在一个 400×400 的网格环境中,每个时刻只能占用一个方格,并且可以自由地在这个网格环境中移动,所有生命的表现在它的不同的移动轨迹上,用户可以直接观察到,如图 158.1 所示。

在该网格环境中,除了分布有生命体外,还有食物资源。黑色的方格表示 Agent,灰色的方格表示食物,白色的表示背景。

这个数字环境中 Agent 根据内部的指令在环境中移动,环境根据每个 Agent 的行为动作来对这个生命体(Agent)进行奖惩。Agent 可以在环境中移动并吃掉以灰色方格表示的食物。每个 Agent 都能进行自主的决策并能繁殖进化。Agent 还拥有一些能量值不同的行动,不同的行动会消耗不同的能量,能量消耗完了,该 Agent 就会“死去”。

每个生命体都是一个自主的 Agent,它能够感知与它相邻的局部数字环境并做出决策。在任意时刻,Agent 都会有一个朝向(包括上、下、左、右),这样它能够感知到的环境就是它面前的 3 个方格,如图 158.2 所示。

图 158.1 人工生命网格环境示意图

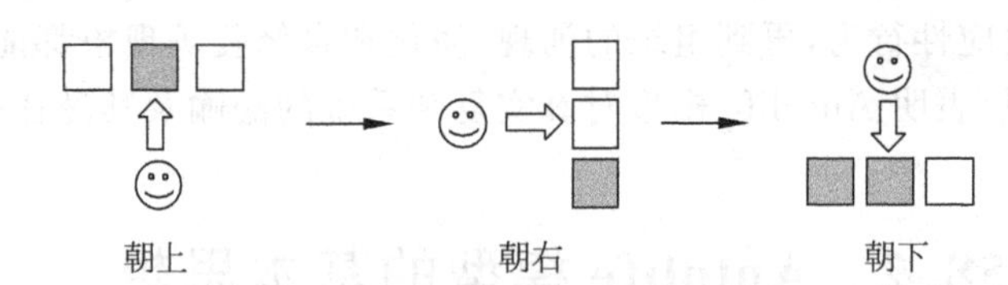

图 158.2 Agent 的朝向示意图

可以用一个长度为 3 的二进制字符串给每个 Agent 面对的环境状态进行编码。0 表示该方格没有食物,1 表示有食物。那么 3 个方格按照逆时针的方向就可以被编码成一个二进制串。图 158.2 中的编码分别为 010、100、110。这样 Agent 所面临的所有可能输入就构成了集合 $I = \{000, 001, 010, 011, 100, 101, 110, 111\}$。

每个 Agent 内部的模型采用一个规则表达形式,规则中的每一项就是一个产生式规则:

if [input] and [state] then [action] and [next state]

上述规则表明,数字生命需要根据它从环境中得到的输入信息及它当前的内部状态,查决策规则表决定它的动作响应。Agent 决策规则如表 158.1 所示。

输入信息是 I 集合中的一项,内部状态是 S 集合中的一项,用自然数 0、1、2……表示生命体的内部状态。数字生命还有一个可选择的行动集合 $A=\{0,1,2,3\}$,其中 0 表示向前行进一个方格,1 表示左转 90°,2 表示右转 90°,3 表示当前 Agent 将自己进行一次复制,并且前行一个方格。生命体的每一次行动就是根据当前的输入状态 i 和内部状态 s,决定输出动作 o 和下一时刻新的内部状态 s'。它们之间关系可用一个转换函数表示为

$$\Delta: I \times S \rightarrow O \times S, \quad \text{for} \quad \forall i \in I, s \in S, \Delta(i,s)=(o,s') \tag{158.1}$$

其中 I、S、O 均有有限集,Δ 为转换规则,如表 158.1 所示,并将此表记为 T,规则个数记为 l。

表 158.1　Agent 决策规则表

编　　号	输入 i	内部状态 s	输出 o	内部状态 s'
1	000	1	1	2
2	010	3	0	1
3	100	2	2	2
⋮	⋮	⋮	⋮	⋮

上述的整个数字生命体加上环境就构成了一个图灵机模型。图灵机由一个无限长的纸带、读写头、内部状态和控制程序组成,从读写头读出一个方格的信息,并根据当前的内部状态对程序进行查表,确定下一时刻的内部状态和输出动作。如果把二维环境看作图灵机模型中的纸带,把数字生命的规则看作图灵机模型中的规则,那么因为生命可以根据规则在纸带上移动并可以对其内容进行更改,所以数字生命的每一步动作就是在进行异步图灵计算。

在 Autolife 模型中,虽然每个数字生命并不能像 Tierra、Avida 等系统中的数字生命那样进行完全的通用计算,但是它们和环境耦合在一起就能构成图灵机模型,因而理论上也能完成任意复杂的计算任务。通过变异的作用,数字生命可以对规则进行任意的更改,因而可以创造任意的图灵程序。此外,Autolife 还省去了虚拟计算机的设计,因为每个生命完成的只不过是一个简单的查表工作。

Autolife 中的每个数字生命并不需要复杂的编程来实现自我繁殖,相反它仅仅采用了一条指令 $o=3$(输出动作为 3)来繁殖自身,于是系统会在它周围的方格创建一个新的个体,并复制原生命的规则表给新的个体。但由于在什么输入情况下、什么时间及在什么地方进行繁殖完全是由数字生命的规则表决定的,因此生命的繁殖也是由生命自身决定的,因而也是一种自我繁殖。

为了促使整个物种的进化,Autolife 中的数字生命在繁殖时会发生变异,也就是说,对后代的规则表的复制并不是一成不变的。规则表在复制的时候会小概率地变化长度,以及增减内部状态数目,这就为变异出任意复杂的程序提供了可能。

Autolife 系统中只有一种资源,这就是能量。数字生命做出不同的行动都要消耗不同数值的能量,同时它还可以吃掉环境中的食物来增加自己的能量。当能量用完了,该生命也就死亡了。所以选择的作用不是直接施加给每个生命体的,而是让生命体自己进行决定的。因为每个生命的行为规则表是不同的,同时规则表会指示数字生命如何采取行动序列,因而也就决定了该生命如何消耗它的能量数值。

在某一环境下,该规则表指导的生命体可能会很快消耗掉所有的能量,那就说明该生命体不适应这种环境;相反,也有可能同样的规则表在完全不同的环境下指导了数字生命有效的行动序列,就说明数字生命适应当前的这种环境。因此,适应与不适应是由规则表和环境两方面因素共同决定的。

用户可以通过改变各种可能的食物输入而营造不同的数字环境,这会影响数字生命群体不同的反应。同样,也可以让系统自发决定食物的分布方式,Autolife 模型会出现自增长、自组织的现象。构建 Autolife 模型的关键之处并不在于个体生命进化的技巧,而在于生命所构成群体的巧妙的运动方式。

158.4 不同环境下的人工生命群体动态行为

1. 均匀环境下的群体动态行为

当系统源源不断地往环境中注入食物的时候,会引起数字生命数量的显著变化。通常可观察到:首先数字生命经历生育大爆炸阶段。很快,Autolife 的世界中的数字生命个数就会呈现指数型生长,由于环境世界提供食物的速度是一个固定的常数,因此这些数字生命就会遇到资源相对匮乏的情况,致使大部分的生命体很快死亡,数量呈指数型下降。大部分生命体死亡之后,环境的资源相对又丰富了起来,于是剩下的生命体又会大量繁殖,接着又会出现食物短缺,又会出现新一轮的数量下降……经过几轮的反复后,数字生命体学会了保持一个相对的比率繁殖,这种出生比率基本会与食物的添加速率相平衡。

2. 非平衡环境下的群体动态行为

不同的环境会造就不同的数字生命行为。这种影响不仅仅体现在个体行为上,也会体现在不同的群体行为上。如果在 Autolife 数字环境中添加食物并不是一种均匀方式,而是集中往某个区域快速增加,并且这个添加食物区域还会动态变化,那么数字生命群体会逐渐适应这种环境,产生意想不到的动态行为。

如图 158.3 所示,这 3 幅图是系统在采用不同的动态方式往环境中添加食物的情况下,Autolife 生命体中产生的适应行为。其中,每种动态地添加食物的行为都遵循一个数学方程,它描述了食物添加点的轨迹。出乎意料的是,数字生命群体采用不同的构形来记忆环境添加食物的轨迹,并且有的生命体还会对食物的添加形成某种预测能力。它们能够事先知道下一个食物添加点是什么位置,然后跑到前面去等待。

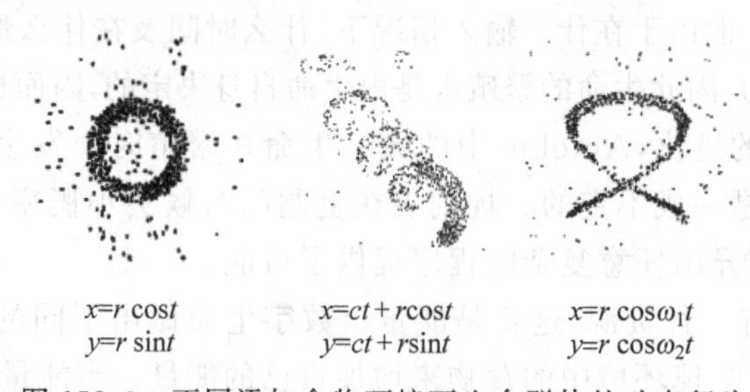

图 158.3 不同添加食物环境下生命群体的动态行为

158.5 组织的自创生与自修复功能

前面讨论的 Autolife 模型能够不断地进化并对各种各样的环境进行不同的适应性反应,但存在生命体不能对环境直接更改的缺陷。

下面向每个数字生命的行动集合中加入一项来表示生命的播种动作。如果某个生命体执行这个动作,那么系统就会让它向环境中播撒一粒种子。这个种子进入数字环境后经过 10 个仿真周期的时间就会由于“光合作用”而形成新的食物。一般一粒种子可以生成两个单位的食物。而生命体因为播种而消耗的能量刚好等于它吃掉一个食物所增加的能量。这样一来,生命体通过播种可以获得能量的增加,它们不需要用户从外界给环境中添加食物就能自己养活自己。

仅仅是对 Autolife 的一个小规则改变,却使得 Autolife 的生命体学会了形成组织,如图 158.4 所示,这些数字生命从开始进化没多久,就形成了 3 个组织。由于生命体学会了播种可以带来更多的能量,在不断播种的情况下,就会培养更多的生命体生存。因而这是一个正反馈的过程,组织会在瞬间成长并逐渐庞大起来。当组织庞大到一定的规模后,会出现两种情况：一是会分裂；二是衰败直至灭亡。组织庞大后还容易形成寄生现象,就是可能会产生某一类的数字生命,它们不会产生更多的种子,而只是消耗其他生命体播种产生的食物。

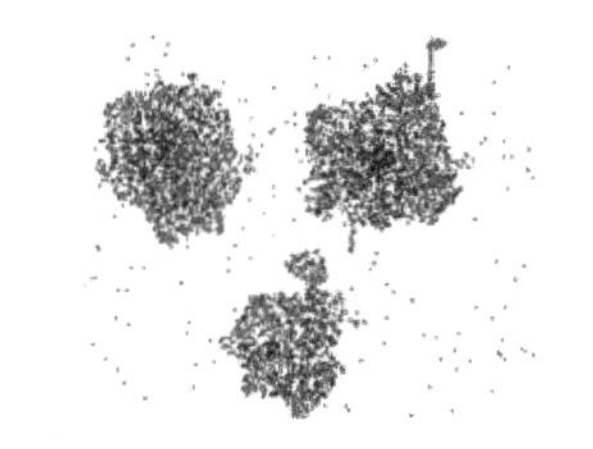

图 158.4　组织的自我涌现

数字生命体形成的组织是一个自我构建的系统,组织一旦形成就在数字生命的上一层形成了新层次的生命个体,因此每一个组织就是一个独立的“活的”生命。这类高层次的生命个体是自我构建的,不需要其他条件的干预,这些生命体组织就自创生出来。

另外,这些高层次的个体还具有自我修复的能力。当一个组织形成后,可以把组织中的小部分数字生命杀死。通过试验人们发现,这个组织会像一个生命有机体一样产生出新的数字生命个体填补那部分空缺。这就是生命体形成了组织后的自我维持、自我修复功能,如图 158.5 所示。

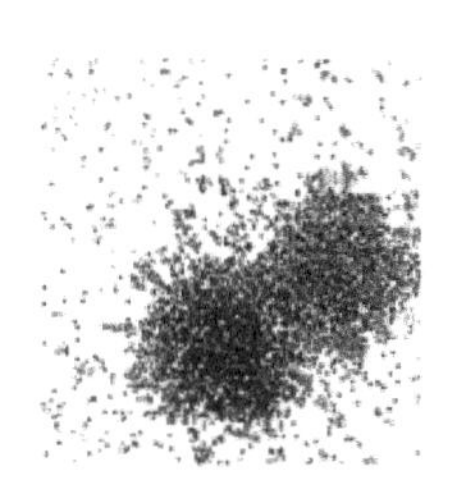

开始形成的组织

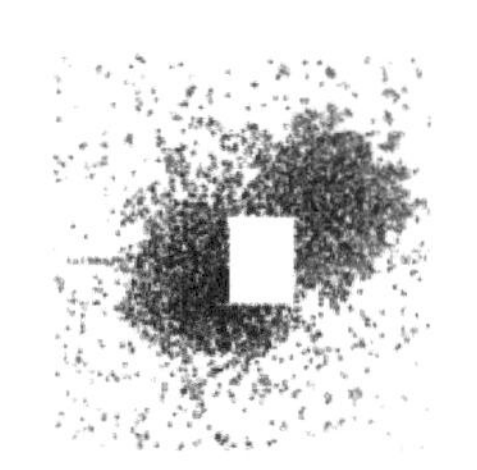

在中心挖掉一个方洞

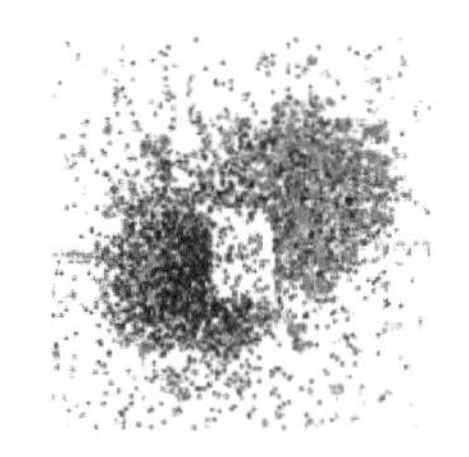

组织开始进行自我修复

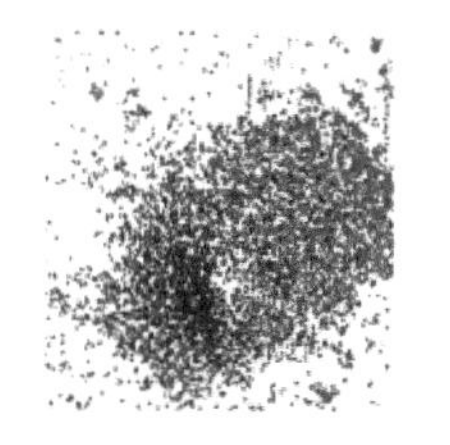

基本完成自我修复

图 158.5　组织的自我修复功能

在对 Autolife 的组织试验中,还会发现这样的现象：在试验刚刚运行时,一些尺寸庞大、机构臃肿的组织很容易出现,然而它们很快就分裂和灭亡,Autolife 的生命体学会了创生具有小规模的、尺寸中等的、具有更高适应性的组织,它们可以在数字世界中灵活地进行移动。

158.6　Autolife 模型的意义

Autolife 是一种开放式的进化模型,系统的进化能力不是人为事先设计好的,而是自发演化出来的结果。传统的基于适应度函数的方法(如遗传算法、遗传编程)限制了生物进化的范围,所以这种方法并不是开放式的。自我繁殖是实现开放式进化的基础。这里的自我繁殖是指生命在什么时候、采用何种方式进行繁殖完全是由它自己决定的,而不是外在环境干预的结果。

在支持通用计算方面,与传统的模型相比,Autolife模型采取了大大简化的处理方法,它并没有像Tierra和Avida那样给每个生命个体内嵌入一个虚拟计算机,但Autolife中的每个Agent却支持通用计算。通过与环境的耦合,Autolife实际上等价于图灵机。如果把不同的环境看作是不同的控制指令,那么Autolife中的适应性Agent个体就是执行这些指令的计算机,输出就是它们的群体适应性行为,于是人们可以通过改变不同的环境指令给Autolife模型"编程序",然而Autolife执行程序的过程不是精确死板的,而是灵活适应的。

与像Tierra、Avida、Ameoba等这样的数字人工生命系统相比,Autolife模型还具有概念简单且操作直观的特点。用户可以清楚、方便地进行图形界面操作。而且系统涌现和进化的结果可以被用户直观观察到。虽然Autolife远比其他数字生命的模型简单,然而它所涌现出的现象却异常丰富。

Autolife的个体行为进化规律表明:只有在个体的决策处于混沌边缘的条件下才有助于适应性的增强。传统的决策理论强调一种效用最大化的行为,然而这不一定适用于复杂多变的环境。因为最大化某个单一的目标相当于过分强调中央集权式的管理方法,这意味着组织会演变得过于结构化、秩序化而失去活力;但同时也不能让个体常常处于无规律的变化状态,这无助于有意义的模式形成。所以,应该尽量保证个人或组织的决策处于混沌的边缘。

虽然Autolife模型是一个计算机中的虚拟世界,然而它却用简单的模型映射了真实的复杂系统。因此,Autolife运用隐喻的方式可以更加清晰地认识现实复杂适应系统的理论和现象。不同的环境会造就完全不同的复杂系统的适应性行为;多变的环境有助于系统适应性和复杂性的提高。

第159章　黏菌的铁路网络涌现计算

一些生物生长在一个相互联系的网络系统中，这样的网络不断适应环境以有利于它们觅食和发现利用新资源。这样的生物网络对于生物觅食付出的代价、觅食效率和维持它们的生长繁衍，包括竞争可能遭遇到失败的威胁，综合起来是最优的。日本的Tero教授等利用一团黏菌设计了一条连通东京及其附近城市的铁路网，实验人员将黏菌构建的食物运输网络与实际的东京附近地铁网络进行比较，发现这两种网络非常相似。本章介绍黏菌及其特性、黏菌觅食的涌现行为、黏菌交通网络的涌现计算过程、黏菌网络的性能及路径寻优模型。

159.1　黏菌涌现计算的提出

受到生物网络进化的启发，日本北海道大学的Tero教授等在科学杂志*Science*(2010年1月)发表了名为*Rules for Biologically Inspired Adaptive Network Design*的论文。他们利用现实世界的一团多头绒泡菌设计一条连通东京及其附近36个城市的铁路网，实验人员将黏菌构建的食物运输网络与实际的东京附近地铁网络进行比较，发现这两种网络非常相似，从而实现了不用计算机而用黏菌解决铁路网优化设计问题的别开生面的涌现计算。

159.2　黏菌及其习性

多头绒泡菌(Physarum Polycephalum)是一种单细胞多核的黏菌类生物。黏菌俗称鼻涕虫，是一种黏菌门的组织，英文名称为Slime mold。黏菌是介于动物和真菌之间的一类生物，约有500种。黏菌的个体通常都很微小，但内部结构和生活习性却极其特殊，其变形体呈不规则直线不规律生长。直径数厘米，能凭借体形改变而产生的黏力在阴湿处的腐木或枯叶上缓慢爬行，并能吞食固体食物。黏菌是一种避光性微生物，它的摄食网络不会扩散到有光的地方。黏菌的大多数种类生长在森林中阴暗和潮湿的地方，多在腐木、落叶或其他湿润的有机物上。图159.1所示为几种黏菌的图片，图159.2所示为多头绒泡菌的生长过程。

黏菌的生活史中，一段是动物性的，另一段是植物性的。黏菌的营养阶段是一团裸露的原生质，内含许多二倍体的核。原质丝黏稠，无定形，有黄、红、粉红、灰色等各种鲜艳的颜色，可用原质丝捕食食物。能做变形虫式运动、吞食固体食物，与原生动物的变形虫很相似。黏菌的孢子囊有柄或无柄，单个或成堆，也有美丽鲜艳的颜色。成熟孢子有厚壁、深色，在不利条件下可存活数年之久。在生殖时黏菌以裂殖方式进行无性繁殖，以形成孢子囊和孢子的方式进行有性繁殖。

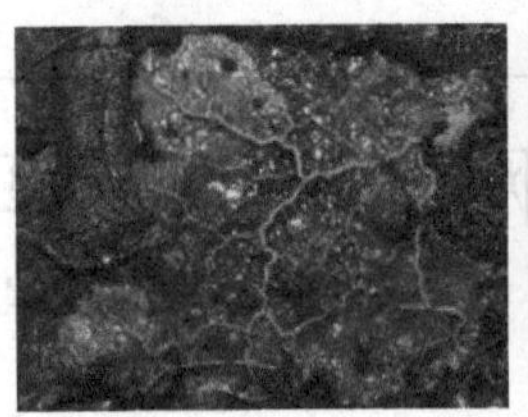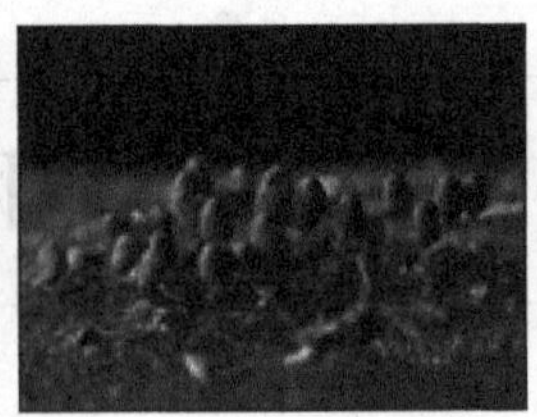

图 159.1　几种黏菌的图片

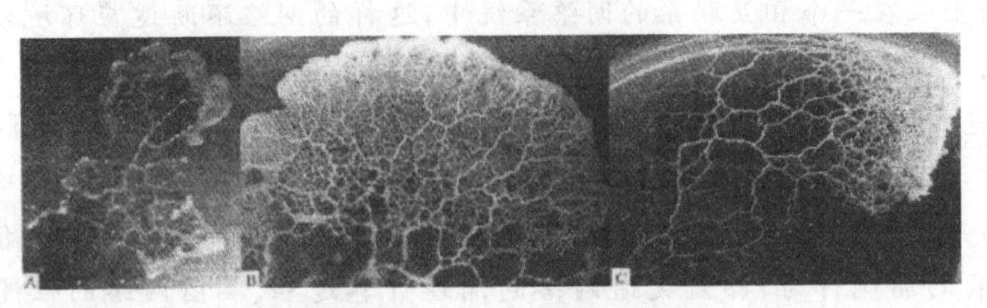

图 159.2　多头绒泡菌生长过程

159.3　黏菌觅食的涌现行为

一些生物生长在一个相互联系的网络系统中,这样的网络不断适应环境以有利于它们觅食和发现利用新资源。黏菌就是这样一种微生物,下面研究它们的觅食行为。

日本北海道大学的 Tero 研究团队将食物源燕麦片放置在适宜黏菌生长的潮湿表面上,燕麦片放置的位置与东京周围的各个城市的位置相同,并让黏菌从东京位置向外生长。这些黏菌进行自组织、向外扩散并形成一种网络,其连接方式在功效、可靠性及成本上都堪比真实世界的东京铁路网络。

当摄食网络建立之后,黏菌又是怎样维持这样的网络呢?当摄食环境出现变化时,这种黏菌是否会有相应的应激反应呢?针对这些问题,通过大量的生物实验,研究人员发现了以下几个特性。

(1) 当摄食网络形成后,如果新加入一个食物源,黏菌的整个身体即原生质管道首先探知哪一部分管道最接近新加入的食物源,然后将这部分的管道分叉生成支路靠近和覆盖食物源以吸取营养,使得新加入的食物源也成为其身体的一个活动区域。

(2) 当一个食物源被消化完全后,连接这个食物源的管道逐渐萎缩直至最后消失。

(3) 当连接某一食物源的管道被人为切断后,过了一段时间黏菌会在同一位置新生长出一条管道。

(4) 当摄食管道被不利的因素,如受光照等影响时,影响到的管道逐渐萎缩变细直至消失,与此同时,可能有另一条避开不利因素并连接同一食物源的管道逐渐生成。

黏菌本身仅是一个低等的单细胞生物,它们可以通过连续的形变而缓慢移动,当这团裸露的细胞在空间上遇到多个分散的食物源的时候,就会构建起一些运输营养的通道。而这样的通道正是黏菌在不断觅食过程中,进行一轮又一轮的进化而形成的优化网络。Tero 教授等正是利用了黏菌的这种天性,在实验室中为黏菌设计了一个人工食物源环境,让这群简单的原生质团形成了运输营养的网络。这就是利用黏菌不断适应环境,达到了运输营养的成本、效率和可靠性的适当平衡，从而实现整体优化的涌现计算的功能。

2012 年 10 月 12 日，据美国国家地理网站报道，科学家们发现有证据显示一种没有大脑的单细胞生物黏液菌似乎具备某种记忆能力。在对一种名称为多头绒泡菌的黏液菌进行实验时，澳大利亚悉尼大学的科学家们注意到这种生物会避免重复自己之前走过的路径，这一现象让科学家们开始怀疑其是否具备借助某种“外部空间记忆”实现导航的能力。

159.4　黏菌交通网络的涌现计算过程

Tero 教授等将一张东京及附近城市的地图作为黏菌生长的环境，试验的边界为太平洋海岸线（白色边界）。在初始时刻，让黏菌集中在地图上的东京点，如图 159.3 中 A 所示，食物只放在东京点（A 中左中部较大的白点）。接着逐渐扩大到地图东京地区的 36 个主要城市（白点）放上黏菌喜欢吃的食物，然后让这群黏菌在实验地图上缓慢变形、游走。

起初，这群简单的细胞群体在地图上扩散，几小时后，当它们遇到了食物之后就开始精炼这些模式而形成若干运输食物的隧道；再经过几小时后，一些较大的运输隧道开始慢慢成长，而更多的小型隧道逐渐消失；最终，只有几个主干隧道保留了下来。经过一天多的时间，它们最终演化出了一条条食物运输网络。图 159.3 所示为黏菌食物运输网络演化过程的几张照片，其中 A 作为初始时间，B、C、D、E、F 分别是经过 5、8、11、16、26 小时食物运输网络的形成情况图片。

仔细观察图 159.3 中的每幅图片，可以看到，起初食物仅在 A 的东京点，经过 5 小时黏菌群体在地图上扩散后，运输食物的隧道已经扩散到附近城市，形成以东京为核心的扇形区域，如图 159.3 中 B 所示。随着时间的推移，这样的扇形区域向着附近城市不断扩大，其形状像枫树叶，所形成的黏菌食物运输网络似乎就是枫树叶上的叶脉。

实验人员将黏菌构建的食物运输网络与实际的东京附近地铁网络进行比较，发现这两种网络非常相似。如图 159.4 所示，其中 A 为黏菌构建的食物运输网络，而 B 为现实的东京附近的地铁网络。两个网络无论是在结构还是在形状上都非常相似。显然这群看起来笨拙无比、没有任何智能可言的黏菌的确完成了可观的计算任务：修筑轨道网络。更有趣的是，为了修建这样一套有效率的网络运输系统，具有超凡智力的人类设计师也要花费数十年的时间。

就这样，这些简单得不能再简单、低级得不能再低级的黏菌通过简单的相互作用就在整体上实现了一次可观的涌现计算。

图 159.3 中 A 为在 $t=0$ 时，一个小的黏菌团放置在东京的位置，并在实验区域及沿太平洋海岸线（白色边界）的每一个主要城市、地区（白点）额外补充上食物；B～F 分别表示黏菌从最初的食物源扩展到侵入相邻更近的食物源，渐渐形成觅食效率不断提高的互连的食物源网络。

图 159.4 中 A 为在没有照明的情况下，黏菌从勘探可用空间所获得的网络；B 是通过一个照明器具在地理上来限制黏菌网络增长更多的低海拔的阴影区域，同时也给海洋和内陆湖泊添加照明，以防止黏菌网络的强劲增长；C 和 D 分别为由黏菌产生的网络和东京地区的铁路网络的对比；E 和 F 分别是连接相同城市节点集的最小生成树（MST）和通过对最小生成树添加附加链接的一个模型网络。

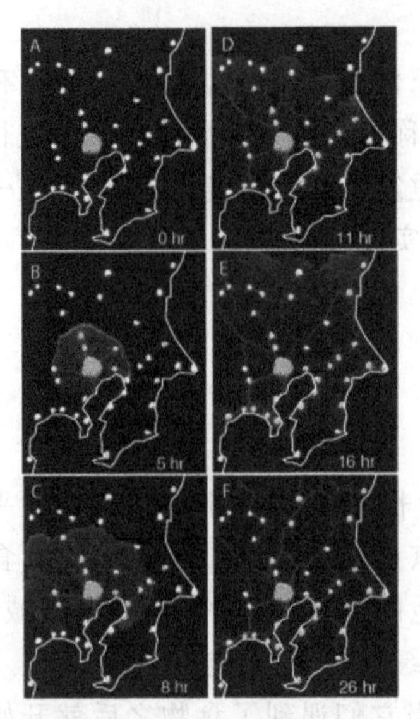

图 159.3　从东京逐渐扩大城市食物投放后黏菌运输网络的形成过程

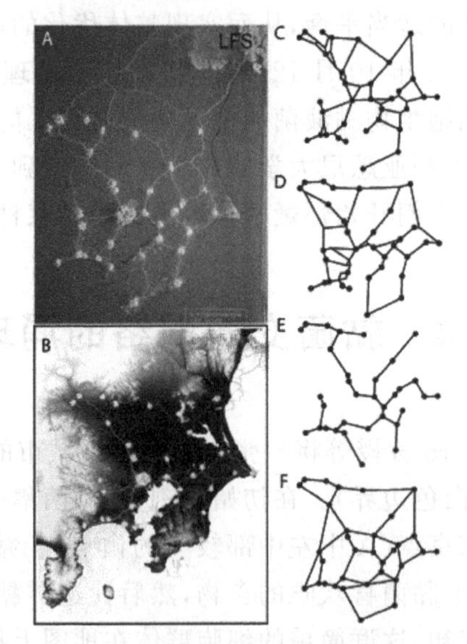

图 159.4　黏菌涌现计算出的运输网络与东京铁路网络对比情况

比较图 159.4 中 A 和图 159.4 中 F 可以看出,尽管黏菌网络与铁路网络在拓扑上具有相似性,但其中的一些差异可能是山区或湖泊的地理特征制约了铁路网络。将这些限制条件通过强光强加在黏菌网络的相应区域,这样随着黏菌避免强光,就产生了与实际的铁路网络(图 159.4 中 D)在更大范围保持一致的网络(图 159.4 中 B 和 C),这样的网络成了连接所有城市最短的网络(图 159.4 中 E),再添加越来越多城市交叉连接后,最终就成了完全连接东京湾所有城市的最大网络(图 159.4 中 F)。

159.5　黏菌网络的性能及路径寻优模型

为了评价黏菌网络的性能,将其与东京真实的铁路网进行对比。为此,把表征每个网络特征的成本、运输效率和健壮性的 MST 的值都归一化,分别用 TL_{MST}、MD_{MST} 和 FT_{MST} 表示。东京铁路网的 MST 值 $TL_{MST} \approx 1.8$,黏菌网络的 MST 值平均为 $1.75 \pm 0.30(n=21)$。两个网络的运输性能也类似,黏菌网络和铁路网络分别为 $MD_{MST}=0.85$ 和 0.85 ± 0.04。

为了进一步分析黏菌在生物实验中所表现出的智能行为,日本研究小组基于对黏菌的生物背景深入了解,提出了该优化行为背后可能的原因。

第一,黏菌会最大化它覆盖着食物源的身体的面积,以更多地吸收其中的营养成分。

第二,通过覆盖在食物源之间身体内化学信号的交换,使得细胞内达到高效的通信。

因此,这两条原因也意味着黏菌所具有的智能策略,使它能够解决一些较为复杂的问题。通过多次观察生物实验,研究者们得出了以下两条经验性的规律。

(1) 未连接到食物源的盲端管道(管道两端有一端是封闭的)趋于消失。

(2) 当出现两条或多条连接同样两个食物源的管道路径时,较长的管道将会慢慢萎缩至消失。

在进一步探索其生物机制的基础上,研究人员发现在黏菌自身的管道网络中,管道中液体的流量与管道的导通性(即管道的粗细程度)存在着一种正反馈机制。当管道中的流量增加时,会促使该段管道变粗,导通性也随之增加,而管道变粗又会进一步促进该管道内的流量增加,即管道流量与管道导通性之间存在正反馈机制,如图 159.5 所示。

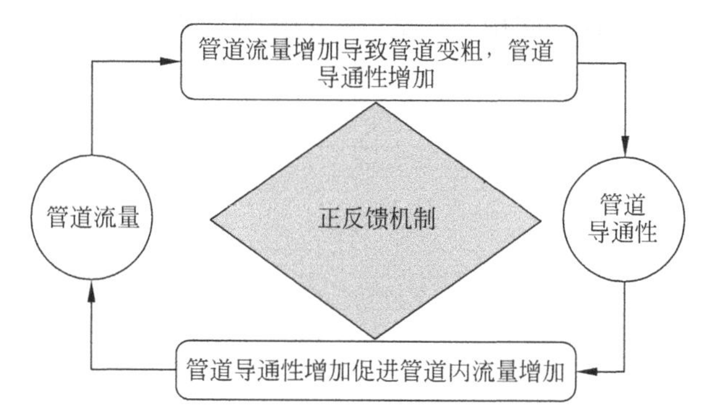

图 159.5　管道流量与管道导通性之间的正反馈机制

基于管道流量和管道导通性之间的这种正反馈机制,日本的研究小组抽象出了多头绒泡菌路径寻优的数学模型。首先,将目标网络抽象为黏菌的身体管道网络,路径寻优的起点和终点抽象为两个食物源,网络中边的权重抽象为黏菌管道的长度。然后根据黏菌的正反馈生物机制,将管道流量和管道导通性这两个重要属性加入到该数学模型中。首先考虑到管道内细胞质的流动,将每条管道中的流量用哈根-泊肃叶方程计算

$$Q_{i,j}=\frac{\pi r_{i,j}^{4}(p_i-p_j)}{8\eta L_{i,j}} \tag{159.1}$$

其中,$L_{i,j}$ 和 $r_{i,j}$ 分别表示连接节点 i 和 j 的管道长度和半径; η 是流体的黏滞系数; p_i 表示流体在节点 i 的压力。定义节点 i 和 j 之间管道的导通性 $D_{i,j}$ 为

$$D_{i,j}=\frac{\pi r_{i,j}^{4}}{8\eta} \tag{159.2}$$

则式(159.1)可改写为

$$Q_{i,j}=\frac{D_{i,j}}{L_{i,j}}(p_i-p_j) \tag{159.3}$$

假设定量的流体从一食物源流入,从另一个食物源流出,那么根据流量守恒原则流入某个节点的流量之和应该等于从该节点流出的流量之和。所以针对网络中的每个节点,可用基尔霍夫方程组来描述该状态如下:

$$\sum_j \frac{D_{i,j}}{L_{i,j}}(p_i-p_j)=\begin{cases}-I_0 & j\text{ 点为流入点 S}\\ +I_0 & j\text{ 点为流出点 T}\\ 0 & j\text{ 点为普通点}\end{cases} \tag{159.4}$$

通过假设流出点 T 的压力为 p_i,求解该线性方程组,可获得该时刻所有节点的压力,进而运用式(159.3)可计算所有管道中的流量。

根据管道流量和管道导通性之间的正反馈机制,研究人员建立了以下适应性方程:

$$\frac{\mathrm{d}}{\mathrm{d}t}D_{i,j}=f(|Q_{i,j}|)-D_{i,j} \tag{159.5}$$

该方程描述管道传导性随流量变化的趋势,其离散化形式可写为:

$$D_{i,j}(n+1)=f((|\ Q_{i,j}(n+1)\ |)-D_{i,j}(n+1))\times\Delta t+D_{i,j}(n) \tag{159.6}$$

通过上式,可求出下一时刻的导通性。重复以上过程,直至管道中流体运动达到稳定状态,即管道流量或管道导通性不再变化。研究人员发现,其中 $f(Q_{i,j})$ 函数的形式将会对该路径寻优过程的效率和结果造成影响。当 $f(Q_{i,j})=Q^{\mu}$,且 $\mu=1$ 时,非最短路径集的管道(或边)的导通性逐渐收敛于0,而最短路径集中的管道(或边)的导通性将逐渐收敛于1,这表明该数学模型总能找到给定两点间的最短路径,且该结果不受管道导通性初始赋值的影响。

附录A 智能优化算法的理论基础：复杂适应系统理论

1. 系统科学

系统科学和复杂适应系统理论是深入研究智能优化算法本质特性的理论基础。系统科学是研究系统的结构、状态、特性、行为、功能及其在特定环境和外部作用下演化规律的科学。

1968年，现代系统论开创者贝塔朗菲(L. V. Bertalanffy)把系统定义为相互作用的多元素的复合体。我国著名科学家钱学森把系统定义为：由相互作用和相互依赖的若干组成部分结合成的具有特定功能的有机体。不难看出，组成一个系统包括以下3个要素。

(1) 多元性。系统由两个或两个以上的许多部分组成，这些部分又称为元素、单元、基元、组分、部件、成员、子系统等。各种组分形成了多元性，而具有不同性质各异的组分又形成了多样性。

(2) 相关性/相干性。组成系统的各部分之间存在着直接或间接的相互联系、相互作用、相互影响、相互制约。线性系统中的元素间的相互作用称为相关性，非线性系统中元素间的相互作用称为相干性。

(3) 整体性。组成系统的各部分作为一个整体具有某种功能，这一要素表明系统作为一个整体，具有整体结构、整体状态、整体特性、整体行为、整体功能，系统整体性是与其功能性相统一的。系统科学将整体具有的而部分不具有的特性称为整体涌现性。

从系统具有线性、非线性、复杂性的角度分为线性系统、非线性系统、复杂系统。线性系统的整体功能等于各部分功能之和，即$1+1=2$。非线性系统的整体功能不等于各部分功能之和，即$1+1\neq2$。复杂系统的整体功能大于局部功能之和，即$1+1>2$。

2. 复杂适应系统理论

1994年，霍兰(Holland)(在圣菲研究所成立十周年的报告会上)在对自然、生物、社会等领域存在的大量复杂系统演化规律的探索和对复杂性产生机制的研究基础上，首次提出了复杂适应系统比较完整的理论。1995年，他又在《隐秩序——适应性造就复杂性》专著中，系统地论述了复杂适应系统(Complex Adaptive System，CAS)理论。

复杂适应系统理论把系统中的个体(成员)称为具有适应性的主体(Adaptive Agent)，简称为主体，或称为智能体。这里的适应性指主体与其他主体之间、与环境之间能够进行“信息”交流，并在这种不断地反复地交流过程中逐渐地“学习”或“积累经验”，又根据学到的经验改变自身的结构和行为方式，提高主体自身和其他主体的协调性及对环境的适应性。从而推动系统的不断演化，并能在不断的演化过程中使系统的整体性能得以不断进化，最终使系统整体涌现出新的功能。

为了描述主体在适应和演化过程中的行为特征，霍兰定义了包括4个特性和3个机制在内的以下7个基本概念。

(1) 聚集。聚集是指主体通过“黏合”形成较大的、更高一级的主体(介主体)，又是简化复杂系统的一种标准方法。聚集不是对简单个体的合并,也不是对某些个体的吞并,而是较小的、较低层次的个体,在一定的条件下,通过某种特定的聚集形成较大、较高层次上的新型个体。较为简单的主体的聚集相互作用,必然会涌现出复杂的大尺度行为。下面是一个熟悉的例子:单个蚂蚁、蜜蜂的行为简单,环境一变就只有死路一条。但蚂蚁、蜜蜂聚集形成的群体所构筑的蚁巢、蜂巢的适应性极强,可以在各种恶劣的环境下生存很长一段时间。它就像一个由相对不聪明的部件组成的聪明的生物体。此外,有大量相互连接的神经元表现出的智能,或者有各种抗体组成的免疫系统所具有的奇妙特性等。复杂适应系统理论就是要识别出使简单体形成具有高度适应性的聚集体的机制。

(2) 标识。在聚集体形成的过程中,有一种机制始终起着区别于主体的作用,称为标识。它的作用如同商标、标识语和图标一样,它让主体通过标识去选择一些不易分辨的主体或目标。标识能够促进选择性的相互作用。总之,标识是隐含在CAS中具有共性的层次组织机构背后的机制。

(3) 非线性。非线性是指个体自身行为、特性的变化,以及个体间的相互作用并非遵循简单的线性关系。特别是个体主动地适应环境及与其他个体反复交互的作用中,非线性更为突出。在智能优化算法中反复的交互作用是通过程序迭代运算实现的,而迭代常常把非线性通过反馈(正反馈、负反馈)加以放大,使系统的演化、进化过程变得曲折、复杂。

CAS理论认为非线性来源于主体的主动性和适应性,主体行为的非线性是产生系统复杂性的内在根源。非线性有助于加快复杂适应系统的演化进程。

(4) 流。在个体与个体、个体与环境之间存在物质、能量和信息的交换,这种交换类似流的特性。在CAS中,用{节点,连接者,资源}对这种流加以描述。通常,节点是主体(处理器),连接者是可能的相互作用,节点会随主体的适应或不适应而出现或消失。因此,无论是流还是网络,都会在随时间流失和经验积累的不断变化而改变着适应性的模式。

乘数效应是流和网络的主要特征,即通过传递后的效应会递增;再循环效应是流和网络的另一个重要特性。相同的信息或材料资源输入,再循环会使每个节点产生更多的资源,因而增加了输出。

(5) 多样性。CAS理论认为,多样性既非偶然也非随机,具有持存性和协调性。因为任何单个主体的持存都依赖于其他主体提供的完善协调的生态环境。当从系统中移走一个主体,会产生一个“空位”,系统就会经过一系列的反应产生一个新的主体来补充空位。新的主体占据被移走主体的相同生态位,并提供大部分失去的相互作用。当主体的蔓延开辟了新的生态位,产生了可以被其他主体通过调整加以利用新的相互作用的机会时,多样性也就产生了。

产生多样性的原因在于主体不断的适应过程是一种动态模式,每一次适应都为进一步的相互作用和新的生态位提供了可能性。多样性的形成还与“流”有密切的关系。自然界“优胜劣汰”的自然选择过程,就是通过“流”增加再循环,导致增加多样性的过程。

(6) 内部模型。主体的内部模型是指用规则描述内部结构的变化,用以代表主体实现预知的内部机制。主体在接受外部刺激,做出适应性反应的过程中能合理地调整自身内部结构的变化,使主体预知再次遇到这种情况或类似情形时会随之产生的后果。因此,主体复杂的内部模型(内部规则)是主体适应性的内部机制的精髓,它是主体在适应过程中逐步建立的。

(7) 积木块。人们常常把一个复杂问题分解成若干简单部分来处理,同样CAS理论把复杂适应系统内部模型通过搭积木的方法用已测试过的规则进行组合,从而产生处理新问题的规则。将已有的规则称为积木块,也理解为模块。

当把某个层次的积木块还原为下一层次积木块的相互作用和组合时，就会发现其内部的规律。霍兰提出内部模型和积木机制的目的在于强调层次的概念，当超越层次的时候，就会有新的规律和特征产生。

3. 复杂适应系统的运行机制

在上述7个基本概念的基础上，霍兰提出了建立主体适应和学习行为的基本模型分为以下3个步骤。

1）建立描述系统行为特征的规则模型

基于规则对适应性主体行为描述是最基本的形式。最简单的一类规则为：

```
IF(条件为真)THEN(执行动作)
```

即刺激→反应模型。如果将每个规则想象成某种微主体，就可以把基于规则的对信息输入输出作用扩展到主体间的相互作用上去。如果主体就被描述为一组信息处理规则的形式为：

```
IF(有合适信息)THEN(发出指定的信息)
```

那么，使用IF-THEN规则描述主体有关的信息输入和输出，就能处理主体规则间的相互作用。

通常情况下，主体通过探测器（观察-信息）对刺激的分类来感知环境，可以通过使用一组二进制探测器来描述主体感知和选定的信息，并使用一组效应器（信息-行动）作为输出反映主体行为的信息。探测器是对来自环境的刺激信息进行编码以形成标准化信息，而效应器与探测器相反，是对标准化的信息进行解码。综上不难看出，使用规则描述适应性主体的行为特征，使用探测器描述主体过滤环境信息的方式，再用效应器作为适应性主体输出的描述工具。这3部分构成了执行系统的模型。

2）建立适应度确认和修改机制

上述描述系统行为特征的规则模型给出了主体在某个时刻的性能，但还没有表现出主体的适应能力，因此必须考察主体获得经验时改变系统的行为方式。为此，对每一个规则的信用程度要确定一个数值，称为适应度，用来表征该规则适应环境的能力。这一过程实际上是向系统提供评价和比较规则的机制。每次应用规则后，个体将根据应用的结果修改适应度，这实际上就是"学习"或"积累经验"。

3）提供发现或产生新规则的机制

为了发现新规则，最直接的方法就是找到新规则的积木，利用规则串中选定位置上的值作为潜在的积木。这种方法类似于用传统的手段评价染色体上单个基因的作用，就是要确定不同位置上的各种可选择基因的作用，通过确定每种基因和等位基因（每个基因有几种可选择的形式）的贡献来评价它们。通常要为染色体赋一个数值，称为适应度，用来表示其可生存后代的能力。从规则发现的观点看，等位基因集合的重组更有意义。

产生新规则采用如下3个步骤。

（1）选择。从现存的群体中选择字符串适应度大的作为父母。

（2）重组。对父母串配对、交换和突变易产生后代串。

（3）取代。后代串随机取代现存群体中的选定串。

循环重复多次，连续产生许多后代，随着后代的增加，群体和个体都在不断进化。上述的遗传算法利用交换和突变可以进一步创造出新规则，在微观层次上遗传算法是复杂适应系统理论的基础。

4. 复杂适应系统理论的特点

复杂适应系统理论具有以下特点。

(1) 复杂适应系统中的主体是具有主动性的、适应性的、“活的”实体。这个特点特别适合于经济系统、社会系统、生物系统、生态系统等复杂系统建模。这里的“活的”个体并非是生物意义上的活的个体,它是对主体的主动性和适应性这一泛指的、抽象概念的升华,这样就把个体的主动性、适应性提高到了系统进化的基本动因的位置,从而有利于考察和研究系统的演化、进化,同时也有利于个体的生存和发展。

(2) CAS 理论认为主体之间、主体与环境之间的相互作用和相互影响是系统演化和进化的主要动力。一方面,在 CAS 中的个体属性差异可能很大,它完全不同于物理系统中微观粒子的同质性。正因为这一点使得 CAS 中的个体之间的相互作用关系变得更加复杂化。另一方面,CAS 中的一些个体能够聚集成更大的聚集体,这样使得 CAS 的结构多样化。“整体作用大于部分之和”的含义指的正是这种个体和(或)聚集体之间相互作用的“增值”,这种相互作用越强,越增值,就导致系统的演化过程越复杂多变,进化过程越丰富多彩。

(3) CAS 理论给主体赋予了聚集特性,能使简单主体形成具有高度适应性的聚集体。主体的聚集效应隐含着一种正反馈机制,极大地加速了演化的进程。因此,可以说没有主体的聚集,就不会有自组织,也就没有系统的演化和进化,更不会出现系统整体功能的涌现。从个体间的相互作用到形成聚集体,再到系统整体功能的涌现,这是一个从量变到质变的飞跃。

(4) CAS 理论把宏观和微观有机地联系起来,这一思想体现在主体和环境的相互作用中,即把个体的适应性变化融入整个系统的演化中统一加以考察。微观上大量主体不断相互作用、相互影响,导致系统宏观的演化和进化,直到系统整体功能的涌现,反映了大量主体相互作用的结果。CAS 理论很好地体现了微观和宏观的二者之间的对立统一关系。

(5) 在 CAS 理论中引进了竞争机制和随机机制,从而增加了复杂适应系统中个体的主动和适应能力。

5. 智能优化算法的实质

目前已提出的多种智能优化算法都属于用计算机软件实现的计算智能系统,又称为软计算智能系统。因为绝大部分智能优化算法都有个体、群体,都存在个体与个体、个体与群体、群体与群体间的相互作用、相互影响等,这种相互作用都存在着非线性、随机性、适应性,以及存在着仿生的智能性等特点,因此,智能优化算法是一个智能优化计算系统,属于人工复杂适应性系统。

人工复杂适应系统的目的在于,使系统中的个体及由个体组成的群体系统具有一种主动性和适应性,这种主动性和适应性使该系统在不断演化中得以进化,而又在不断进化中逐渐提高以达到优化的目的。从而,使这样的系统能够以足够的精度去逼近待优化任意复杂问题的解。因此,作者认为具有智能模拟求解和智能逼近的特点是智能优化算法的本质特征,而体现其本质特征的正是“适应性造就了复杂性”这一复杂适应系统理论的精髓。

为了更好地研究、设计和应用各种智能优化算法求解工程优化问题,通常需要解决好如下具有共性的问题。

(1) 把待优化的工程问题通过适当的变换,转化为适合于某种具体智能优化算法的模型,以便应用具体优化算法进行求解。

(2) 设计优化算法中的个体、群体的描述,建立个体与个体、个体与群体、群体与群体之间相互作用的关系，确定描述个体行为在演化过程中适应性的性能指标。由于各种优化算法存在差异，因此这里所指的个体和群体的概念是泛指的、广义的。从系统科学的角度就是系统的三要素：一是个体；二是由许多个体构成相互作用的群体；三是不断相互作用的群体在一定的条件下涌现出整体的优化功能。

（3）在智能优化算法的设计中，要解决好全局搜索（勘探）与局部搜索（开发）的辩证关系。如果注重局部搜索而轻视全局搜索，易使算法陷于局部极值而得不到全局最优解；如果注重全局搜索而轻视局部搜索，易导致长时间、大范围搜索而接近不了全局最优解。为此，需要处理好确定性搜索与概率搜索之间的关系。在一定的意义上，可以认为确定性搜索有利于全局搜索，而概率搜索有利于局部搜索。这二者之间是相互利用、相互影响的，因此，必须处理好这二者之间的辩证关系。

（4）目前设计的智能优化算法多半存在算法参数偏多，因此如何选择合理的算法参数本身就是一个优化问题。如果在优化过程中对参数在线寻优，往往存在寻优时间是否允许的问题。一般是通过在仿真实验中比较优化效果来确定某个算法参数，或者根据设计者的经验选取。也有采用自适应调整参数的设计方法。但总体来说，在目前已有的自适应调整参数的公式中，还是有人为给定的常数，缺乏利用优化过程中动态的有用信息作为反馈，自动地调整算法的参数。控制论的创始人维纳曾指出："目的性行为可以用反馈来代替"，如何在智能优化算法中利用优化过程中的动态信息反馈来自动设定或自动调整算法参数是值得深入研究的课题。

参考文献

说明：受篇幅所限，本参考文献以电子文件形式给出。请扫描下方二维码获取。